Student Solutions Manual

for

Stewart, Redlin, and Watson's

Precalculus
Mathematics for Calculus

Fifth Edition

Andrew Bulman-Fleming

THOMSON

BROOKS/COLE

Australia • Brazil • Canada • Mexico • Singapore • Spain • United Kingdom • United States

Contents

1 Fundamentals 1

1.1   Real Numbers   1

1.2   Exponents and Radicals   3

1.3   Algebraic Expressions   5

1.4   Rational Expressions   8

1.5   Equations   12

1.6   Modeling with Equations   16

1.7   Inequalities   21

1.8   Coordinate Geometry   29

1.9   Graphing Calculators; Solving Equations and Inequalities Graphically   39

1.10   Lines   44

1.11   Modeling Variation   49

Chapter 1 Review   50

Chapter 1 Test   56

☐ FOCUS ON PROBLEM SOLVING   General Principles   61

2 Functions 65

2.1   What is a Function?   65

2.2   Graphs of Functions   68

2.3   Increasing and Decreasing Functions; Average Rate of Change   73

2.4   Transformations of Functions   75

2.5   Quadratic Functions; Maxima and Minima   80

2.6   Modeling with Functions   86

2.7   Combining Functions   90

2.8   One-to-One Functions and Their Inverses   93

Chapter 2 Review   97

Chapter 2 Test   103

☐ FOCUS ON MODELING   Fitting Lines to Data   105

3 Polynomial and Rational Functions   107

3.1   Polynomial Functions and Their Graphs   107

3.2   Dividing Polynomials   113

3.3   Real Zeros of Polynomials   116

3.4   Complex Numbers   130

3.5   Complex Zeros and the Fundamental Theorem of Algebra   132

3.6   Rational Functions   136

Chapter 3 Review   144

Chapter 3 Test   150

☐ FOCUS ON MODELING   Fitting Polynomial Curves to Data   153

4 Exponential and Logarithmic Functions   155

4.1   Exponential Functions   155

4.2   Logarithmic Functions   160

4.3   Laws of Logarithms   163

4.4   Exponential and Logarithmic Equations   165

4.5   Modeling with Exponential and Logarithmic Functions   168

Chapter 4 Review   171

Chapter 4 Test   175

☐ FOCUS ON MODELING   Fitting Exponential and Power Curves to Data   177

5 Trigonometric Functions of Real Numbers   181

5.1   The Unit Circle   181

5.2   Trigonometric Functions of Real Numbers   183

5.3   Trigonometric Graphs   185

5.4   More Trigonometric Graphs   190

5.5   Modeling Harmonic Motion   194

Chapter 5 Review   196

Chapter 5 Test   199

☐ FOCUS ON MODELING   Fitting Sinusoidal Curves to Data   201

6 Trigonometric Functions of Angles   205

6.1   Angle Measure   205

6.2   Trigonometry of Right Angles   206

6.3   Trigonometric Functions of Angles   209

6.4   The Law of Sines   211

6.5   The Law of Cosines   213

Chapter 6 Review   215

Chapter 6 Test   217

☐ FOCUS ON MODELING   Surveying   219

7 Analytic Trigonometry   221

7.1   Trigonometric Functions   221

7.2   Addition and Subtraction Formulas   224

7.3   Double-Angle, Half-Angle, and Product-Sum Formulas   226

7.4   Inverse Trigonometric Functions   230

7.5   Trigonometric Equations   233

Chapter 7 Review   237

Chapter 7 Test   240

☐ FOCUS ON MODELING   Traveling and Standing Waves   241

8 Polar Coordinates and Vectors   243

8.1   Polar Coordinates   243

8.2   Graphs of Polar Equations   245

8.3   Polar Form of Complex Numbers; DeMoivre's Theorem   248

8.4   Vectors   253

8.5   The Dot Product   256

Chapter 8 Review   257

Chapter 8 Test   260

☐ FOCUS ON MODELING   Mapping the World   263

9 Systems of Equations and Inequalities   265

9.1   Systems of Equations   265

9.2   Systems of Linear Equations in Two Variables   270

9.3   Systems of Linear Equations in Several Variables   273

9.4   Systems of Linear Equations: Matrices   276

9.5   The Algebra of Matrices   281

9.6   Inverses of Matrices and Matrix Equations   284

9.7   Determinants and Cramer's Rule   288

9.8   Partial Fractions   295

9.9   Systems of Inequalities   300

Chapter 9 Review   304

Chapter 9 Test   312

☐ FOCUS ON MODELING   Linear Programming   317

10 Analytic Geometry   321

10.1   Parabolas   321

10.2   Ellipses   323

10.3   Hyperbolas   326

10.4   Shifted Conics   329

10.5   Rotation of Axes   333

10.6   Polar Equations of Conics   337

10.7   Plane Curves and Parametric Equations   340

Chapter 10 Review   345

Chapter 10 Test   350

☐ FOCUS ON MODELING   The Path of a Projectile   355

11 Sequences and Series   357

11.1   **Sequences and Summation Notation**   357

11.2   **Arithmetic Sequences**   359

11.3   **Geometric Sequences**   361

11.4   **Mathematics of Finance**   365

11.5   **Mathematical Induction**   366

11.6   **The Binomial Theorem**   371

Chapter 11 Review   373

Chapter 11 Test   376

□ **FOCUS ON MODELING**   Modeling with Recursive Sequences   379

12 Limits: A Preview of Calculus   381

12.1   **Finding Limits Numerically and Graphically**   381

12.2   **Finding Limits Algebraically**   382

12.3   **Tangent Lines and Derivatives**   385

12.4   **Limits at Infinity; Limits of Sequences**   387

12.5   **Areas**   389

Chapter 12 Review   392

Chapter 12 Test   395

□ **FOCUS ON MODELING**   Interpretations of Area   397

1 Fundamentals

1.1 Real Numbers

1. **(a)** Natural number: 50

   (b) Integers: $0, -10, 50$

   (c) Rational numbers: $0, -10, 50, \frac{22}{7}, 0.538, 1.2\overline{3}, -\frac{1}{3}$

   (d) Irrational numbers: $\sqrt{7}, \sqrt[3]{2}$

3. Commutative Property for addition

5. Associative Property for addition

7. Distributive Property

9. Commutative Property for multiplication

11. $x + 3 = 3 + x$

13. $4(A + B) = 4A + 4B$

15. $3(x + y) = 3x + 3y$

17. $4(2m) = (4 \cdot 2)m = 8m$

19. $-\frac{5}{2}(2x - 4y) = -\frac{5}{2}(2x) + \frac{5}{2}(4y) = -5x + 10y$

21. **(a)** $\frac{3}{10} + \frac{4}{15} = \frac{9}{30} + \frac{8}{30} = \frac{17}{30}$

   (b) $\frac{1}{4} + \frac{1}{5} = \frac{5}{20} + \frac{4}{20} = \frac{9}{20}$

23. **(a)** $\frac{2}{3}\left(6 - \frac{3}{2}\right) = \frac{2}{3} \cdot 6 - \frac{2}{3} \cdot \frac{3}{2} = 4 - 1 = 3$

   (b) $0.25\left(\frac{8}{9} + \frac{1}{2}\right) = \frac{1}{4}\left(\frac{16}{18} + \frac{9}{18}\right) = \frac{1}{4} \cdot \frac{25}{18} = \frac{25}{72}$

25. **(a)** $\dfrac{\frac{2}{3} - \frac{2}{3}}{\frac{2}{3}}$... $= 2 \cdot \frac{3}{2} - \frac{2}{3} \cdot \frac{1}{2} = 3 - \frac{1}{3} = \frac{9}{3} - \frac{1}{3} = \frac{8}{3}$

   (b) $\dfrac{\frac{1}{12}}{\frac{1}{8} - \frac{1}{9}} = \dfrac{\frac{1}{12}}{\frac{1}{8} - \frac{1}{9}} \cdot \frac{72}{72} = \frac{6}{9 - 8} = \frac{6}{1} = 6$

27. **(a)** $2 \cdot 3 = 6$ and $2 \cdot \frac{7}{2} = 7$, so $3 < \frac{7}{2}$

   (b) $-6 > -7$

   (c) $3.5 = \frac{7}{2}$

29. **(a)** False

   (b) True

31. **(a)** False

   (b) True

33. **(a)** $x > 0$

   (b) $t < 4$

   (c) $a \geq \pi$

   (d) $-5 < x < \frac{1}{3}$

   (e) $|p - 3| \leq 5$

35. **(a)** $A \cup B = \{1, 2, 3, 4, 5, 6, 7, 8\}$

   (b) $A \cap B = \{2, 4, 6\}$

37. **(a)** $A \cup C = \{1, 2, 3, 4, 5, 6, 7, 8, 9, 10\}$

   (b) $A \cap C = \{7\}$

39. **(a)** $B \cup C = \{x \mid x \leq 5\}$

   (b) $B \cap C = \{x \mid 1 < x < 4\}$

41. $(-3, 0) = \{x \mid -3 < x < 0\}$

43. $[2, 8) = \{x \mid 2 \leq x < 8\}$

45. $[2, \infty) = \{x \mid x \geq 2\}$

47. $x \leq 1$ $\Leftrightarrow$ $x \in (-\infty, 1]$

49. $-2 < x \leq 1$ $\Leftrightarrow$ $x \in (-2, 1]$

51. $x > -1$ $\Leftrightarrow$ $x \in (-1, \infty)$

53. (a) $[-3, 5]$

   (b) $(-3, 5]$

55. $(-2, 0) \cup (-1, 1) = (-2, 1)$

57. $[-4, 6] \cap [0, 8) = [0, 6]$

59. $(-\infty, -4) \cup (4, \infty)$

61. (a) $|100| = 100$

   (b) $|-73| = 73$

63. (a) $||-6| - |-4|| = |6 - 4| = |2| = 2$

   (b) $\frac{-1}{|-1|} = \frac{-1}{1} = -1$

65. (a) $|(-2) \cdot 6| = |-12| = 12$

   (b) $\left|\left(-\frac{1}{3}\right)(-15)\right| = |5| = 5$

67. $|(-2) - 3| = |-5| = 5$

69. (a) $|17 - 2| = 15$

   (b) $|21 - (-3)| = |21 + 3| = |24| = 24$

   (c) $\left|-\frac{3}{10} - \frac{11}{8}\right| = \left|-\frac{12}{40} - \frac{55}{40}\right| = \left|-\frac{67}{40}\right| = \frac{67}{40}$

71. (a) Let $x = 0.777\ldots$ So $10x = 7.7777\ldots$ $\Leftrightarrow$ $x = 0.7777\ldots$ $\Leftrightarrow$ $9x = 7$. Thus, $x = \frac{7}{9}$.

   (b) Let $x = 0.2888\ldots$ So $100x = 28.8888\ldots$ $\Leftrightarrow$ $10x = 2.8888\ldots$ $\Leftrightarrow$ $90x = 26$. Thus, $x = \frac{26}{90} = \frac{13}{45}$.

   (c) Let $x = 0.575757\ldots$ So $100x = 57.5757\ldots$ $\Leftrightarrow$ $x = 0.5757\ldots$ $\Leftrightarrow$ $99x = 57$. Thus, $x = \frac{57}{99} = \frac{19}{33}$.

73. Distributive Property

75. (a) When $L = 60$, $x = 8$, and $y = 6$, we have $L + 2(x + y) = 60 + 2(8 + 6) = 60 + 28 = 88$. Because $88 \leq 108$ the post office will accept this package.
   When $L = 48$, $x = 24$, and $y = 24$, we have $L + 2(x + y) = 48 + 2(24 + 24) = 48 + 96 = 144$, and since $144 \not\leq 108$, the post office will *not* accept this package.

   (b) If $x = y = 9$, then $L + 2(9 + 9) \leq 108$ $\Leftrightarrow$ $L + 36 \leq 108$ $\Leftrightarrow$ $L \leq 72$. So the length can be as long as 72 in. = 6 ft.

77. Let $x = \dfrac{m_1}{n_1}$ and $y = \dfrac{m_2}{n_2}$ be rational numbers. Then $x + y = \dfrac{m_1}{n_1} + \dfrac{m_2}{n_2} = \dfrac{m_1 n_2 + m_2 n_1}{n_1 n_2}$, $x - y = \dfrac{m_1}{n_1} - \dfrac{m_2}{n_2} = \dfrac{m_1 n_2 - m_2 n_1}{n_1 n_2}$, and $x \cdot y = \dfrac{m_1}{n_1} \cdot \dfrac{m_2}{n_2} = \dfrac{m_1 m_2}{n_1 n_2}$. This shows that the sum, difference, and product of two rational numbers are again rational numbers. However the product of two irrational numbers is not necessarily irrational; for example, $\sqrt{2} \cdot \sqrt{2} = 2$, which is rational. Also, the sum of two irrational numbers is not necessarily irrational; for example, $\sqrt{2} + (-\sqrt{2}) = 0$ which is rational.

79.

x	1	2	10	100	1000
$\frac{1}{x}$	1	$\frac{1}{2}$	$\frac{1}{10}$	$\frac{1}{100}$	$\frac{1}{1000}$

As x gets large, the fraction $\frac{1}{x}$ gets small. Mathematically, we say that $\frac{1}{x}$ goes to zero.

x	1	0.5	0.1	0.01	0.001
$\frac{1}{x}$	1	$\frac{1}{0.5} = 2$	$\frac{1}{0.1} = 10$	$\frac{1}{0.01} = 100$	$\frac{1}{0.001} = 1000$

As x gets small, the fraction $\frac{1}{x}$ gets large. Mathematically, we say that $\frac{1}{x}$ goes to infinity.

81. (a) Subtraction is not commutative. For example, $5 - 1 \neq 1 - 5$.

(b) Division is not commutative. For example, $5 \div 1 \neq 1 \div 5$.

1.2 Exponents and Radicals

1. $\dfrac{1}{\sqrt{5}} = 5^{-1/2}$

3. $4^{2/3} = \sqrt[3]{4^2} = \sqrt[3]{16}$

5. $\sqrt[5]{5^3} = 5^{3/5}$

7. $a^{2/5} = \sqrt[5]{a^2}$

9. (a) $-3^2 = -9$

(b) $(-3)^2 = 9$

(c) $(-3)^0 = 1$

11. (a) $\dfrac{4^{-3}}{2^{-8}} = \dfrac{\left(2^2\right)^{-3}}{2^{-8}} = \dfrac{2^{-6}}{2^{-8}} = 2^{-6-(-8)} = 2^{-6+8}$
$= 2^2 = 4$

(b) $\dfrac{3^{-2}}{9} = \dfrac{3^{-2}}{3^2} = \dfrac{1}{3^{2-(-2)}} = \dfrac{1}{3^4} = \dfrac{1}{81}$

(c) $\left(\dfrac{1}{4}\right)^{-2} = (4)^2 = 16$

13. (a) $\sqrt{16} = \sqrt{4^2} = 4$

(b) $\sqrt[4]{16} = \sqrt[4]{2^4} = 2$

(c) $\sqrt[4]{\dfrac{1}{16}} = \sqrt[4]{\left(\dfrac{1}{2}\right)^4} = \dfrac{1}{2}$

15. (a) $\sqrt[3]{\dfrac{8}{27}} = \dfrac{\sqrt[3]{8}}{\sqrt[3]{27}} = \dfrac{2}{3}$

(b) $\sqrt[3]{\dfrac{-1}{64}} = \dfrac{\sqrt[3]{-1}}{\sqrt[3]{64}} = -\dfrac{1}{4}$

(c) $\dfrac{\sqrt[5]{-3}}{\sqrt[5]{96}} = \sqrt[5]{\dfrac{-3}{96}} = \sqrt[5]{\dfrac{-1}{32}} = \dfrac{\sqrt[5]{-1}}{\sqrt[5]{32}} = -\dfrac{1}{2}$

17. (a) $\left(\dfrac{4}{9}\right)^{-1/2} = \left(\dfrac{2^2}{3^2}\right)^{-1/2} = \dfrac{2^{-1}}{3^{-1}} = \dfrac{3}{2}$

(b) $(-32)^{2/5} = \left[(-2)^5\right]^{2/5} = (-2)^2 = 4$

(c) $-32^{2/5} = -\left(\left(2^5\right)^{2/5}\right) = -2^2 = -4$

19. When $x = 3$, $y = 4$, $z = -1$ we have
$\sqrt{x^2 + y^2} = \sqrt{3^2 + 4^2} = \sqrt{9 + 16} = \sqrt{25} = 5$.

21. When $x = 3$, $y = 4$, $z = -1$ we have

$(9x)^{2/3} + (2y)^{2/3} + z^{2/3} = (9 \cdot 3)^{2/3} + (2 \cdot 4)^{2/3} + (-1)^{2/3} = \left(3^3\right)^{2/3} + \left(2^3\right)^{2/3} + (1)^{1/3} = 3^2 + 2^2 + 1 = 9 + 4 + 1 = 14$

23. $\sqrt{32} + \sqrt{18} = \sqrt{16 \cdot 2} + \sqrt{9 \cdot 2} = \sqrt{4^2 \cdot 2} + \sqrt{3^2 \cdot 2} = 4\sqrt{2} + 3\sqrt{2} = 7\sqrt{2}$

25. $\sqrt[5]{96} + \sqrt[5]{3} = \sqrt[5]{32 \cdot 3} + \sqrt[5]{3} = \sqrt[5]{2^5 \cdot 3} + \sqrt[5]{3} = 2\sqrt[5]{3} + \sqrt[5]{3} = 3\sqrt[5]{3}$

27. $a^9 a^{-5} = a^{9-5} = a^4$

29. $\left(12x^2y^4\right)\left(\tfrac{1}{2}x^5y\right) = \left(12 \cdot \tfrac{1}{2}\right)x^{2+5}y^{4+1} = 6x^7y^5$

31. $\dfrac{x^9 (2x)^4}{x^3} = 2^4 \cdot x^{9+4-3} = 16x^{10}$

33. $b^4 \left(\tfrac{1}{3}b^2\right)\left(12b^{-8}\right) = \tfrac{12}{3}b^{4+2-8} = 4b^{-2} = \dfrac{4}{b^2}$

35. $(rs)^3 (2s)^{-2} (4r)^4 = r^3 s^3 2^{-2} s^{-2} 4^4 r^4 = r^3 s^3 2^{-2} s^{-2} 2^{2 \cdot 4} r^4 = 2^{-2+8} r^{3+4} s^{3-2} = 2^6 r^7 s = 64 r^7 s$

37. $\dfrac{\left(6y^3\right)^4}{2y^5} = \dfrac{6^4 y^{3 \cdot 4}}{2y^5} = \dfrac{6^4}{2} y^{12-5} = 648 y^7$

39. $\dfrac{\left(x^2 y^3\right)^4 \left(xy^4\right)^{-3}}{x^2 y} = \dfrac{x^8 y^{12} x^{-3} y^{-12}}{x^2 y} = x^{8-3-2} y^{12-12-1} = x^3 y^{-1} = \dfrac{x^3}{y}$

41. $\dfrac{\left(xy^2 z^3\right)^4}{\left(x^3 y^2 z\right)^3} = \dfrac{x^4 y^8 z^{12}}{x^9 y^6 z^3} = x^{4-9} y^{8-6} z^{12-3} = x^{-5} y^2 z^9 = \dfrac{y^2 z^9}{x^5}$

43. $\left(\dfrac{q^{-1} r s^{-2}}{r^{-5} s q^{-8}}\right)^{-1} = \dfrac{q r^{-1} s^2}{r^5 s^{-1} q^8} = q^{1-8} r^{-1-5} s^{2-(-1)} = q^{-7} r^{-6} s^3 = \dfrac{s^3}{q^7 r^6}$

45. $\sqrt[4]{x^4} = |x|$

47. $\sqrt[4]{16x} = \sqrt[4]{2^4 x^8} = 2x^2$

49. $\sqrt{a^2 b^6} = a^{2/2} b^{6/2} = ab^3$

51. $\sqrt[3]{\sqrt{64x^6}} = \left(8 |x^3|\right)^{1/3} = 2|x|$

53. $x^{2/3} x^{1/5} = x^{(10/15 + 3/15)} = x^{13/15}$

55. $\left(-3a^{1/4}\right) (9a)^{-3/2} = \left(-1 \cdot 3a^{1/4}\right) \left(3^2 a\right)^{-3/2} = \left(-1 \cdot 3a^{1/4}\right) \left(3^{-3} a^{-3/2}\right) = -1 \cdot 3^{1-3} \cdot a^{1/4 - 3/2}$
$$= -1 \cdot 3^{-3} a^{-5/4} = \dfrac{-1}{3^3 \cdot a^{5/4}} = \dfrac{-1}{9a^{5/4}}$$

57. $(4b)^{1/2} \left(8b^{2/5}\right) = \sqrt{4} \cdot 8b^{1/2} b^{2/5} = 16 b^{(5/10 + 4/10)} = 16 b^{9/10}$

59. $\left(c^2 d^3\right)^{-1/3} = c^{-2/3} d^{-1} = \dfrac{1}{c^{2/3} d}$

61. $\left(y^{3/4}\right)^{2/3} = y^{(3/4) \cdot (2/3)} = y^{1/2}$

63. $\left(2x^4 y^{-4/5}\right)^3 \left(8y^2\right)^{2/3} = 2^3 x^{12} y^{-12/5} 8^{2/3} y^{4/3} = 2^{3+2} x^{12} y^{(-12/5 + 4/3)} = \dfrac{32 x^{12}}{y^{16/15}}$. [Note that $8^{2/3} = \left(8^{1/3}\right)^2 = 2^2$.]

65. $\left(\dfrac{x^6 y}{y^4}\right)^{5/2} = \dfrac{x^{15} y^{5/2}}{y^{10}} = x^{15} y^{5/2 - 10} = x^{15} y^{-15/2} = \dfrac{x^{15}}{y^{15/2}}$

67. $\left(\dfrac{3a^{-2}}{4b^{-1/3}}\right)^{-1} = \dfrac{3^{-1} a^2}{4^{-1} b^{1/3}} = \dfrac{4a^2}{3b^{1/3}}$

69. $\dfrac{(9st)^{3/2}}{\left(27 s^3 t^{-4}\right)^{2/3}} = \dfrac{27 s^{3/2} t^{3/2}}{9 s^2 t^{-8/3}} = 3 s^{3/2 - 2} t^{3/2 + 8/3} = 3 s^{-1/2} t^{25/6} = \dfrac{3t^{25/6}}{s^{1/2}}$

71. (a) $69{,}300{,}000 = 6.93 \times 10^7$

(b) $7{,}200{,}000{,}000{,}000 = 7.2 \times 10^{12}$

(c) $0.000028536 = 2.8536 \times 10^{-5}$

(d) $0.0001213 = 1.213 \times 10^{-4}$

73. (a) $3.19 \times 10^5 = 319{,}000$

(b) $2.721 \times 10^8 = 272{,}100{,}000$

(c) $2.670 \times 10^{-8} = 0.00000002670$

(d) $9.999 \times 10^{-9} = 0.000000009999$

75. (a) $5{,}900{,}000{,}000{,}000$ mi $= 5.9 \times 10^{12}$ mi

(b) 0.0000000000004 cm $= 4 \times 10^{-13}$ cm

(c) 33 billion billion molecules $= 33 \times 10^9 \times 10^9 = 3.3 \times 10^{19}$ molecules

77. $\left(7.2 \times 10^{-9}\right) \left(1.806 \times 10^{-12}\right) = 7.2 \times 1.806 \times 10^{-9} \times 10^{-12} \approx 13.0 \times 10^{-21} = 1.3 \times 10^{-20}$

79. $\dfrac{1.295643 \times 10^9}{\left(3.610 \times 10^{-17}\right) \left(2.511 \times 10^6\right)} = \dfrac{1.295643}{3.610 \times 2.511} \times 10^{9+17-6} \approx 0.1429 \times 10^{19} = 1.429 \times 10^{19}$

81. $\dfrac{(0.0000162)(0.01582)}{(594621000)(0.0058)} = \dfrac{\left(1.62 \times 10^{-5}\right) \left(1.582 \times 10^{-2}\right)}{\left(5.94621 \times 10^8\right) \left(5.8 \times 10^{-3}\right)} = \dfrac{1.62 \times 1.582}{5.94621 \times 5.8} \times 10^{-5-2-8+3} 0.074 \times 10^{-12}$
$$= 7.4 \times 10^{-14}$$

83. (a) $\dfrac{1}{\sqrt{10}} = \dfrac{1}{\sqrt{10}} \cdot \dfrac{\sqrt{10}}{\sqrt{10}} = \dfrac{\sqrt{10}}{10}$

(b) $\sqrt{\dfrac{2}{x}} = \sqrt{\dfrac{2}{x}} \cdot \sqrt{\dfrac{x}{x}} = \dfrac{\sqrt{2x}}{x}$

(c) $\sqrt{\dfrac{x}{3}} = \sqrt{\dfrac{x}{3}} \cdot \sqrt{\dfrac{3}{3}} = \dfrac{\sqrt{3x}}{3}$

85. (a) $\dfrac{2}{\sqrt[3]{x}} = \dfrac{2}{\sqrt[3]{x}} \cdot \dfrac{\sqrt[3]{x^2}}{\sqrt[3]{x^2}} = \dfrac{2\sqrt[3]{x^2}}{x}$

(b) $\dfrac{1}{\sqrt[4]{y^3}} = \dfrac{1}{\sqrt[4]{y^3}} \cdot \dfrac{\sqrt[4]{y}}{\sqrt[4]{y}} = \dfrac{\sqrt[4]{y}}{y}$

(c) $\dfrac{x}{y^{2/5}} = \dfrac{x}{\sqrt[5]{y^2}} \cdot \dfrac{\sqrt[5]{y^3}}{\sqrt[5]{y^3}} = \dfrac{x\sqrt[5]{y^3}}{y}$

87. (a) b^5 is negative since a negative number raised to an odd power is negative.

(b) b^{10} is positive since a negative number raised to an even power is positive.

(c) ab^2c^3 we have (positive) (negative)^2 (negative)^3 = (positive) (positive) (negative) which is negative.

(d) Since $b - a$ is negative, $(b - a)^3 = $ (negative)^3 which is negative.

(e) Since $b - a$ is negative, $(b - a)^4 = $ (negative)^4 which is positive.

(f) $\dfrac{a^3c^3}{b^6c^6} = \dfrac{(\text{positive})^3\,(\text{negative})^3}{(\text{negative})^6\,(\text{negative})^6} = \dfrac{(\text{positive})\,(\text{negative})}{(\text{positive})\,(\text{positive})} = \dfrac{\text{negative}}{\text{positive}}$ which is negative.

89. Since one light year is 5.9×10^{12} miles, Centauri is about $4.3 \times 5.9 \times 10^{12} \approx 2.54 \times 10^{13}$ miles away or 25,400,000,000,000 miles away.

91. Volume = (average depth) (area) = $\left(3.7 \times 10^3 \text{ m}\right)\left(3.6 \times 10^{14} \text{ m}^2\right)\left(\dfrac{10^3 \text{ liters}}{\text{m}^3}\right) \approx 1.33 \times 10^{21}$ liters

93. The number of molecules is equal to

$$(\text{volume}) \cdot \left(\dfrac{\text{liters}}{\text{m}^3}\right) \cdot \left(\dfrac{\text{molecules}}{22.4 \text{ liters}}\right) = (5 \cdot 10 \cdot 3) \cdot \left(10^3\right) \cdot \left(\dfrac{6.02 \times 10^{23}}{22.4}\right) \approx 4.03 \times 10^{27}$$

95. (a) Using $f = 0.4$ and substituting $d = 65$, we obtain $s = \sqrt{30fd} = \sqrt{30 \times 0.4 \times 65} \approx 28$ mi/h.

(b) Using $f = 0.5$ and substituting $s = 50$, we find d. This gives $s = \sqrt{30fd}$ $\Leftrightarrow$ $50 = \sqrt{30 \cdot (0.5)\,d}$ $\Leftrightarrow$ $50 = \sqrt{15d}$ $\Leftrightarrow$ $2500 = 15d$ $\Leftrightarrow$ $d = \frac{500}{3} \approx 167$ feet.

97. (a) Substituting the given values we get $V = 1.486\dfrac{75^{2/3} \cdot 0.050^{1/2}}{24.1^{2/3} \cdot 0.040} \approx 17.707$ ft/s.

(b) Since the volume of the flow is $V \cdot A$, the canal discharge is $17.707 \cdot 75 \approx 1328.0$ ft^3/s.

99. (a) $\dfrac{18^5}{9^5} = \left(\dfrac{18}{9}\right)^5 = 2^5 = 32$

(b) $20^6 \cdot (0.5)^6 = (20 \cdot 0.5)^6 = 10^6 - 1,000,000$

101. (a) Since $\frac{1}{2} > \frac{1}{3}$, $2^{1/2} > 2^{1/3}$.

(b) $\left(\frac{1}{2}\right)^{1/2} = 2^{-1/2}$ and $\left(\frac{1}{2}\right)^{1/3} = 2^{-1/3}$. Since $-\frac{1}{2} < -\frac{1}{3}$, we have $\left(\frac{1}{2}\right)^{1/2} < \left(\frac{1}{2}\right)^{1/3}$.

(c) We find a common root: $7^{1/4} = 7^{3/12} = \left(7^3\right)^{1/12} = 343^{1/12}$; $4^{1/3} = 4^{4/12} = \left(4^4\right)^{1/12} = 256^{1/12}$. So $7^{1/4} > 4^{1/3}$.

(d) We find a common root: $\sqrt[3]{5} = 5^{1/3} = 5^{2/6} = \left(5^2\right)^{1/6} = 25^{1/6}$; $\sqrt{3} = 3^{1/2} = 3^{3/6} = \left(3^3\right)^{1/6} = 27^{1/6}$. So $\sqrt[3]{5} < \sqrt{3}$.

1.3 Algebraic Expressions

1. Type: trinomial. Terms: x^2, $-3x$, and 7. Degree: 2.

3. Type: monomial. Terms: -8. Degree: 0.

5. Type: four-term polynomial. Terms: x, $-x^2$, x^3, and $-x^4$. Degree: 4.

7. $(12x - 7) - (5x - 12) = 12x - 7 - 5x + 12 = 7x + 5$

9. $\left(3x^2 + x + 1\right) + \left(2x^2 - 3x - 5\right) = 5x^2 - 2x - 4$

11. $\left(x^3 + 6x^2 - 4x + 7\right) - \left(3x^2 + 2x - 4\right) = x^3 + 6x^2 - 4x + 7 - 3x^2 - 2x + 4 = x^3 + 3x^2 - 6x + 11$

13. $8\left(2x + 5\right) - 7\left(x - 9\right) = 16x + 40 - 7x + 63 = 9x + 103$

15. $2\left(2 - 5t\right) + t^2\left(t - 1\right) - \left(t^4 - 1\right) = 4 - 10t + t^3 - t^2 - t^4 + 1 = -t^4 + t^3 - t^2 - 10t + 5$

17. $\sqrt{x}\left(x - \sqrt{x}\right) = x^{1/2}\left(x - x^{1/2}\right) = x^{1/2}x - x^{1/2}x^{1/2} = x^{3/2} - x$

19. $\left(3t - 2\right)\left(7t - 5\right) = 21t^2 - 15t - 14t + 10 = 21t^2 - 29t + 10$

21. $\left(x + 2y\right)\left(3x - y\right) = 3x^2 - xy + 6xy - 2y^2 = 3x^2 + 5xy - 2y^2$

23. $\left(1 - 2y\right)^2 = 1 - 4y + 4y^2$

25. $\left(2x^2 + 3y^2\right)^2 = \left(2x^2\right)^2 + 2\left(2x^2\right)\left(3y^2\right) + \left(3y^2\right)^2 = 4x^4 + 12x^2y^2 + 9y^4$

27. $\left(2x - 5\right)\left(x^2 - x + 1\right) = 2x^3 - 2x^2 + 2x - 5x^2 + 5x - 5 = 2x^3 - 7x^2 + 7x - 5$

29. $\left(x^2 - a^2\right)\left(x^2 + a^2\right) = \left(x^2\right)^2 - \left(a^2\right)^2 = x^4 - a^4$ (difference of squares)

31. $\left(\sqrt{a} - \dfrac{1}{b}\right)\left(\sqrt{a} + \dfrac{1}{b}\right) = \left(\sqrt{a}\right)^2 - \left(\dfrac{1}{b}\right)^2 = a - \dfrac{1}{b^2}$ (difference of squares)

33. $\left(1 + a^3\right)^3 = 1 + 3\left(a^3\right) + 3\left(a^3\right)^2 + \left(a^3\right)^3 = 1 + 3a^3 + 3a^6 + a^9$ (perfect cube)

35. $\left(x^2 + x - 1\right)\left(2x^2 - x + 2\right) = x^2\left(2x^2 - x + 2\right) + x\left(2x^2 - x + 2\right) - \left(2x^2 - x + 2\right)$
$$= 2x^4 - x^3 + 2x^2 + 2x^3 - x^2 + 2x - 2x^2 + x - 2 = 2x^4 + x^3 - x^2 + 3x - 2$$

37. $\left(1 + x^{4/3}\right)\left(1 - x^{2/3}\right) = 1 - x^{2/3} + x^{4/3} - x^{6/3} = 1 - x^{2/3} + x^{4/3} - x^2$

39. $\left(3x^2y + 7xy^2\right)\left(x^2y^3 - 2y^2\right) = 3x^4y^4 - 6x^2y^3 + 7x^3y^5 - 14xy^4 = 3x^4y^4 + 7x^3y^5 - 6x^2y^3 - 14xy^4$ (arranging in decreasing powers of x)

41. $\left(x + y + z\right)\left(x - y - z\right) = \left[x + \left(y + z\right)\right]\left[x - \left(y + z\right)\right] = x^2 - \left(y + z\right)^2 = x^2 - \left(y^2 + 2yz + z^2\right) = x^2 - y^2 - 2yz - z^2$

43. $-2x^3 + 16x = -2x\left(x^2 - 8\right)$

45. $y\left(y - 6\right) + 9\left(y - 6\right) = \left(y - 6\right)\left(y + 9\right)$

47. $2x^2y - 6xy^2 + 3xy = xy\left(2x - 6y + 3\right)$

49. $x^2 + 2x - 3 = \left(x - 1\right)\left(x + 3\right)$

51. $8x^2 - 14x - 15 = \left(2x - 5\right)\left(4x + 3\right)$

53. $\left(3x + 2\right)^2 + 8\left(3x + 2\right) + 12 = \left[\left(3x + 2\right) + 2\right]\left[\left(3x + 2\right) + 6\right] = \left(3x + 4\right)\left(3x + 8\right)$

55. $9a^2 - 16 = \left(3a\right)^2 - 4^2 = \left(3a - 4\right)\left(3a + 4\right)$

57. $27x^3 + y^3 = \left(3x\right)^3 + y^3 = \left(3x + y\right)\left[\left(3x\right)^2 + 3xy + y^2\right] = \left(3x + y\right)\left(9x^2 - 3xy + y^2\right)$

59. $x^2 + 12x + 36 = x^2 + 2\left(6x\right) + 6^2 = \left(x + 6\right)^2$

61. $x^3 + 4x^2 + x + 4 = x^2\left(x + 4\right) + 1\left(x + 4\right) = \left(x + 4\right)\left(x^2 + 1\right)$

63. $2x^3 + x^2 - 6x - 3 = x^2\left(2x + 1\right) - 3\left(2x + 1\right) = \left(2x + 1\right)\left(x^2 - 3\right)$. This can be further factored as $\left(2x + 1\right)\left(x - \sqrt{3}\right)\left(x - \sqrt{3}\right)$.

65. $x^3 + x^2 + x + 1 = x^2\left(x + 1\right) + 1\left(x + 1\right) = \left(x + 1\right)\left(x^2 + 1\right)$

67. $x^{5/2} - x^{1/2} = x^{1/2}\left(x^2 - 1\right) = \sqrt{x}\left(x - 1\right)\left(x + 1\right)$

69. Start by factoring out the power of $\left(x^2 + 1\right)$ with the smallest exponent, that is, $\left(x^2 + 1\right)^{-1/2}$. So
$$\left(x^2 + 1\right)^{1/2} + 2\left(x^2 + 1\right)^{-1/2} = \left(x^2 + 1\right)^{-1/2}\left[\left(x^2 + 1\right) + 2\right] = \frac{x^2 + 3}{\sqrt{x^2 + 1}}.$$

71. $12x^3 + 18x = 6x\left(2x^2 + 3\right)$ **73.** $x^2 - 2x - 8 = \left(x - 4\right)\left(x + 2\right)$

75. $2x^2 + 5x + 3 = (2x + 3)(x + 1)$

77. $6x^2 - 5x - 6 = (3x + 2)(2x - 3)$

79. $25s^2 - 10st + t^2 = (5s - t)^2$

81. $4x^2 - 25 = (2x - 5)(2x + 5)$

83. $(a + b)^2 - (a - b)^2 = [(a + b) - (a - b)][(a + b) + (a - b)] = (2b)(2a) = 4ab$

85. $x^2(x^2 - 1) - 9(x^2 - 1) = (x^2 - 1)(x^2 - 9) = (x - 1)(x + 1)(x - 3)(x + 3)$

87. $8x^3 + 125 = (2x)^3 + 5^3 = (2x + 5)[(2x)^2 - (2x)(5) + 5^2] = (2x + 5)(4x^2 - 10x + 25)$

89. $x^6 - 8y^3 = (x^2)^3 - (2y)^3 = (x^2 - 2y)[(x^2)^2 + (x^2)(2y) + (2y)^2] = (x^2 - 2y)(x^4 + 2x^2y + 4y^2)$

91. $x^3 + 2x^2 + x = x(x^2 + 2x + 1) = x(x + 1)^2$

93. $x^3 + 3x^2 - x - 3 = (x^3 + 3x^2) + (-x - 3) = x^2(x + 3) - (x + 3) = (x + 3)(x^2 - 1) = (x + 3)(x - 1)(x + 1)$

95. $2x^3 + 4x^2 + x + 2 = (2x^3 + 4x^2) + (x + 2) = 2x^2(x + 2) + (1)(x + 2) = (x + 2)(2x^2 + 1)$ (factor by grouping)

97. $(x - 1)(x + 2)^2 - (x - 1)^2(x + 2) = (x - 1)(x + 2)[(x + 2) - (x - 1)] = 3(x - 1)(x + 2)$

99. Start by factoring $y^2 - 7y + 10$, and then substitute $a^2 + 1$ for y. This gives

$$(a^2 + 1)^2 - 7(a^2 + 1) + 10 = [(a^2 + 1) - 2][(a^2 + 1) - 5] = (a^2 - 1)(a^2 - 4) = (a - 1)(a + 1)(a - 2)(a + 2).$$

101. $5(x^2 + 4)^4(2x)(x - 2)^4 + (x^2 + 4)^5(4)(x - 2)^3$

$$= 2(x^2 + 4)^4(x - 2)^3[(5)(x)(x - 2) + (x^2 + 4)(2)] = 2(x^2 + 4)^4(x - 2)^3(5x^2 - 10x + 2x^2 + 8)$$

$$= 2(x^2 + 4)^4(x - 2)^3(7x^2 - 10x + 8)$$

103. $(x^2 + 3)^{-1/3} - \frac{2}{3}x^2(x^2 + 3)^{-4/3} = (x^2 + 3)^{-4/3}[(x^2 + 3) - \frac{2}{3}x^2] = (x^2 + 3)^{-4/3}(\frac{1}{3}x^2 + 3) = \dfrac{\frac{1}{3}x^2 + 3}{(x^2 + 3)^{4/3}}$

105. (a) $\frac{1}{2}[(a + b)^2 - (a^2 + b^2)] = \frac{1}{2}[a^2 + 2ab + b^2 - a^2 - b^2] = \frac{1}{2}(2ab) = ab.$

(b) $(a^2 + b^2)^2 - (a^2 - b^2)^2 = [(a^2 + b^2) - (a^2 - b^2)][(a^2 + b^2) + (a^2 - b^2)]$

$$= (a^2 + b^2 - a^2 + b^2)(a^2 + b^2 + a^2 - b^2) = (2b^2)(2a^2) = 4a^2b^2$$

(c) LHS $= (a^2 + b^2)(c^2 + d^2) = a^2c^2 + a^2d^2 + b^2c^2 + b^2d^2.$

RHS $= (ac + bd)^2 + (ad - bc)^2 = a^2c^2 + 2abcd + b^2d^2 + a^2d^2 - 2abcd + b^2c^2 = a^2c^2 + a^2d^2 + b^2c^2 + b^2d^2.$

So LHS = RHS, that is, $(a^2 + b^2)(c^2 + d^2) = (ac + bd)^2 + (ad - bc)^2.$

(d) $4a^2c^2 - (c^2 - b^2 + a^2)^2 = (2ac)^2 - (c^2 - b^2 + a^2)$

$$= [(2ac) - (c^2 - b^2 + a^2)][(2ac) + (c^2 - b^2 + a^2)] \text{ (difference of squares)}$$

$$= (2ac - c^2 + b^2 - a^2)(2ac + c^2 - b^2 + a^2)$$

$$= [b^2 - (c^2 - 2ac + a^2)][(c^2 + 2ac + a^2) - b^2] \text{ (regrouping)}$$

$$= [b^2 - (c - a)^2][(c + a)^2 - b^2] \text{ (perfect squares)}$$

$$= [b - (c - a)][b + (c - a)][(c + a) - b][(c + a) + b] \text{ (each factor is a difference of squares)}$$

$$= (b - c + a)(b + c - a)(c + a - b)(c + a + b)$$

$$= (a + b - c)(-a + b + c)(a - b + c)(a + b + c)$$

(e) $x^4 + 3x^2 + 4 = (x^4 + 4x^2 + 4) - x^2 = (x^2 + 2)^2 - x^2 = [(x^2 + 2) - x][(x^2 + 2) + x]$

$$= (x^2 - x + 2)(x^2 + x + 2)$$

107. The volume of the shell is the difference between the volumes of the outside cylinder (with radius R) and the inside cylinder (with radius r). Thus $V = \pi R^2 h - \pi r^2 h = \pi \left(R^2 - r^2\right) h = \pi \left(R - r\right)\left(R + r\right) h = 2\pi \cdot \dfrac{R + r}{2} \cdot h \cdot \left(R - r\right)$. The average radius is $\dfrac{R + r}{2}$ and $2\pi \cdot \dfrac{R + r}{2}$ is the average circumference (length of the rectangular box), h is the height, and $R - r$ is the thickness of the rectangular box. Thus $V = \pi R^2 h - \pi r^2 h = 2\pi \cdot \dfrac{R + r}{2} \cdot h \cdot \left(R - r\right) = 2\pi \cdot$ (average radius) $\cdot$ (height) $\cdot$ (thickness)

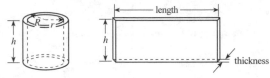

109. (a) The degree of the product is the sum of the degrees.

(b) The degree of a sum is at most the largest of the degrees — it could be smaller than either. For example, the degree of $\left(x^3\right) + \left(-x^3 + x\right) = x$ is 1.

111. (a) $A^4 - B^4 = \left(A^2 - B^2\right)\left(A^2 + B^2\right) = \left(A - B\right)\left(A + B\right)\left(A^2 + B^2\right)$

$A^6 - B^6 \quad = \left(A^3 - B^3\right)\left(A^3 + B^3\right)$ (difference of squares)

$\quad = \left(A - B\right)\left(A^2 + AB + B^2\right)\left(A + B\right)\left(A^2 - AB + B^2\right)$ (difference and sum of cubes)

(b) $12^4 - 7^4 = 20{,}736 - 2{,}401 = 18{,}335$; $12^6 - 7^6 = 2{,}985{,}984 - 117{,}649 = 2{,}868{,}335$

(c) $18{,}335 = 12^4 - 7^4 = \left(12 - 7\right)\left(12 + 7\right)\left(12^2 + 7^2\right) = 5\left(19\right)\left(144 + 49\right) = 5\left(19\right)\left(193\right)$

$2{,}868{,}335 \quad = 12^6 - 7^6 = \left(12 - 7\right)\left(12 + 7\right)\left[12^2 + 12\left(7\right) + 7^2\right]\left[12^2 - 12\left(7\right) + 7^2\right]$

$\quad = 5\left(19\right)\left(144 + 84 + 49\right)\left(144 - 84 + 49\right) = 5\left(19\right)\left(277\right)\left(109\right)$

113. (a) $x^4 + x^2 - 2 = \left(x^2 - 1\right)\left(x^2 + 2\right) = \left(x - 1\right)\left(x + 1\right)\left(x^2 + 2\right)$

(b) $x^4 + 2x^2 + 9 = \left(x^4 + 6x^2 + 9\right) - 4x^2 = \left(x^2 + 3\right)^2 - \left(2x\right)^2 = \left[\left(x^2 + 3\right) - 2x\right]\left[\left(x^2 + 3\right) + 2x\right]$

$\quad = \left(x^2 - 2x + 3\right)\left(x^2 + 2x + 3\right)$

(c) $x^4 + 4x^2 + 16 = \left(x^4 + 8x^2 + 16\right) - 4x^2 = \left(x^2 + 4\right)^2 - \left(2x\right)^2$

$\quad = \left[\left(x^2 + 4\right) - 2x\right]\left[\left(x^2 + 4\right) + 2x\right] = \left(x^2 - 2x + 4\right)\left(x^2 + 2x + 4\right)$

(d) $x^4 + 2x^2 + 1 = \left(x^2 + 1\right)^2$

1.4 Rational Expressions

1. The domain of $4x^2 - 10x + 3$ is all real numbers.

3. Since $x - 4 \neq 0$ we have $x \neq 4$. Domain: $\{x \mid x \neq 4\}$

5. Since $x + 3 \geq 0 \;\Leftrightarrow\; x \geq -3$. Domain; $\{x \mid x \geq -3\}$

7. $\dfrac{3\left(x + 2\right)\left(x - 1\right)}{6\left(x - 1\right)^2} = \dfrac{3\left(x - 1\right) \cdot \left(x + 2\right)}{3\left(x - 1\right) \cdot 2\left(x - 1\right)} = \dfrac{x + 2}{2\left(x - 1\right)}$

9. $\dfrac{x - 2}{x^2 - 4} = \dfrac{x - 2}{\left(x - 2\right)\left(x + 2\right)} = \dfrac{1}{x + 2}$

11. $\dfrac{x^2 + 6x + 8}{x^2 + 5x + 4} = \dfrac{\left(x + 2\right)\left(x + 4\right)}{\left(x + 1\right)\left(x + 4\right)} = \dfrac{x + 2}{x + 1}$

13. $\dfrac{y^2 + y}{y^2 - 1} = \dfrac{y\left(y + 1\right)}{\left(y - 1\right)\left(y + 1\right)} = \dfrac{y}{y - 1}$

15. $\dfrac{2x^3 - x^2 - 6x}{2x^2 - 7x + 6} = \dfrac{x\left(2x^2 - x - 6\right)}{\left(2x - 3\right)\left(x - 2\right)}$

$\quad = \dfrac{x\left(2x + 3\right)\left(x - 2\right)}{\left(2x - 3\right)\left(x - 2\right)} = \dfrac{x\left(2x + 3\right)}{2x - 3}$

17. $\dfrac{4x}{x^2 - 4} \cdot \dfrac{x + 2}{16x} = \dfrac{4x}{\left(x - 2\right)\left(x + 2\right)} \cdot \dfrac{x + 2}{16x} = \dfrac{1}{4\left(x - 2\right)}$

19. $\dfrac{x^2 - x - 12}{x^2 - 9} \cdot \dfrac{3 + x}{4 - x} = \dfrac{(x-4)(x+3)}{(x-3)(x+3)} \cdot \dfrac{x+3}{-(x-4)} = \dfrac{x+3}{-(x-3)} = \dfrac{3+x}{3-x}$

21. $\dfrac{t-3}{t^2+9} \cdot \dfrac{t+3}{t^2-9} = \dfrac{(t-3)(t+3)}{(t^2+9)(t-3)(t+3)} = \dfrac{1}{t^2+9}$

23. $\dfrac{x^2+7x+12}{x^2+3x+2} \cdot \dfrac{x^2+5x+6}{x^2+6x+9} = \dfrac{(x+3)(x+4)}{(x+1)(x+2)} \cdot \dfrac{(x+2)(x+3)}{(x+3)(x+3)} = \dfrac{x+4}{x+1}$

25. $\dfrac{2x^2+3x+1}{x^2+2x-15} \div \dfrac{x^2+6x+5}{2x^2-7x+3} = \dfrac{2x^2+3x+1}{x^2+2x-15} \cdot \dfrac{2x^2-7x+3}{x^2+6x+5} = \dfrac{(2x+1)(x+1)}{(x-3)(x+5)} \cdot \dfrac{(2x-1)(x-3)}{(x+1)(x+5)}$

$\qquad\qquad = \dfrac{(2x+1)(2x-1)}{(x+5)(x+5)} = \dfrac{(2x+1)(2x-1)}{(x+5)^2}$

27. $\dfrac{\dfrac{x^3}{x+1}}{\dfrac{x}{x^2+2x+1}} = \dfrac{x^3}{x+1} \cdot \dfrac{x^2+2x+1}{x} = \dfrac{x^3(x+1)(x+1)}{(x+1)x} = x^2(x+1)$

29. $\dfrac{x/y}{z} = \dfrac{x}{y} \cdot \dfrac{1}{z} = \dfrac{x}{yz}$

31. $2 + \dfrac{x}{x+3} = \dfrac{2(x+3)}{x+3} + \dfrac{x}{x+3} = \dfrac{2x+6+x}{x+3} = \dfrac{3x+6}{x+3} = \dfrac{3(x+2)}{(x+3)}$

33. $\dfrac{1}{x+5} + \dfrac{2}{x-3} = \dfrac{x-3}{(x+5)(x-3)} + \dfrac{2(x+5)}{(x+5)(x-3)} = \dfrac{x-3+2x+10}{(x+5)(x-3)} = \dfrac{3x+7}{(x+5)(x-3)}$

35. $\dfrac{1}{x+1} - \dfrac{1}{x+2} = \dfrac{x+2}{(x+1)(x+2)} + \dfrac{-(x+1)}{(x+1)(x+2)} = \dfrac{x+2-x-1}{(x+1)(x+2)} = \dfrac{1}{(x+1)(x+2)}$

37. $\dfrac{x}{(x+1)^2} + \dfrac{2}{x+1} = \dfrac{x}{(x+1)^2} + \dfrac{2(x+1)}{(x+1)(x+1)} = \dfrac{x+2x+2}{(x+1)^2} = \dfrac{3x+2}{(x+1)^2}$

39. $u+1+\dfrac{u}{u+1} = \dfrac{(u+1)(u+1)}{u+1} + \dfrac{u}{u+1} = \dfrac{u^2+2u+1+u}{u+1} = \dfrac{u^2+3u+1}{u+1}$

41. $\dfrac{1}{x^2} + \dfrac{1}{x^2+x} = \dfrac{1}{x^2} + \dfrac{1}{x(x+1)} = \dfrac{x+1}{x^2(x+1)} + \dfrac{x}{x^2(x+1)} = \dfrac{2x+1}{x^2(x+1)}$

43. $\dfrac{2}{x+3} - \dfrac{1}{x^2+7x+12} = \dfrac{2}{x+3} - \dfrac{1}{(x+3)(x+4)} = \dfrac{2(x+4)}{(x+3)(x+4)} + \dfrac{-1}{(x+3)(x+4)}$

$\qquad = \dfrac{2x+8-1}{(x+3)(x+4)} = \dfrac{2x+7}{(x+3)(x+4)}$

45. $\dfrac{1}{x+3} + \dfrac{1}{x^2-9} = \dfrac{1}{x+3} + \dfrac{1}{(x-3)(x+3)} = \dfrac{x-3}{(x-3)(x+3)} + \dfrac{1}{(x-3)(x+3)} = \dfrac{x-2}{(x-3)(x+3)}$

47. $\dfrac{2}{x} + \dfrac{3}{x-1} - \dfrac{4}{x^2-x} = \dfrac{2}{x} + \dfrac{3}{x-1} - \dfrac{4}{x(x-1)} = \dfrac{2(x-1)}{x(x-1)} + \dfrac{3x}{x(x-1)} + \dfrac{-4}{x(x-1)} = \dfrac{2x-2+3x-4}{x(x-1)} = \dfrac{5x-6}{x(x-1)}$

49. $\dfrac{1}{x^2+3x+2} - \dfrac{1}{x^2-2x-3} = \dfrac{1}{(x+2)(x+1)} - \dfrac{1}{(x-3)(x+1)}$

$\qquad = \dfrac{x-3}{(x-3)(x+2)(x+1)} + \dfrac{-(x+2)}{(x-3)(x+2)(x+1)} = \dfrac{x-3-x-2}{(x-3)(x+2)(x+1)} = \dfrac{-5}{(x-3)(x+2)(x+1)}$

51. $\dfrac{\dfrac{x}{y} - \dfrac{y}{x}}{\dfrac{1}{x^2} - \dfrac{1}{y^2}} = \dfrac{\dfrac{x^2-y^2}{xy}}{\dfrac{y^2-x^2}{x^2y^2}} = \dfrac{x^2-y^2}{xy} \cdot \dfrac{x^2y^2}{y^2-x^2} = \dfrac{xy}{-1} = -xy.$ An alternative method is to multiply the

numerator and denominator by the common denominator of both the numerator and denominator, in this case x^2y^2:

$\dfrac{\dfrac{x}{y} - \dfrac{y}{x}}{\dfrac{1}{x^2} - \dfrac{1}{y^2}} = \dfrac{\left(\dfrac{x}{y} - \dfrac{y}{x}\right)}{\left(\dfrac{1}{x^2} - \dfrac{1}{y^2}\right)} \cdot \dfrac{x^2y^2}{x^2y^2} = \dfrac{x^3y - xy^3}{y^2-x^2} = \dfrac{xy(x^2-y^2)}{y^2-x^2} = -xy.$

53. $\dfrac{1+\dfrac{1}{c-1}}{1-\dfrac{1}{c-1}} = \dfrac{\dfrac{c-1}{c-1}+\dfrac{1}{c-1}}{\dfrac{c-1}{c-1}+\dfrac{-1}{c-1}} = \dfrac{\dfrac{c}{c-1}}{\dfrac{c-2}{c-1}} = \dfrac{c}{c-1}\cdot\dfrac{c-1}{c-2} = \dfrac{c}{c-2}$. Using the alternative method, we obtain

$$\dfrac{1+\dfrac{1}{c-1}}{1-\dfrac{1}{c-1}} = \dfrac{\left(1+\dfrac{1}{c-1}\right)}{\left(1-\dfrac{1}{c-1}\right)}\cdot\dfrac{c-1}{c-1} = \dfrac{c-1+1}{c-1-1} = \dfrac{c}{c-2}.$$

55. $\dfrac{\dfrac{5}{x-1}-\dfrac{2}{x+1}}{\dfrac{x}{x-1}+\dfrac{1}{x+1}} = \dfrac{\dfrac{5(x+1)}{(x-1)(x+1)}+\dfrac{-2(x-1)}{(x-1)(x+1)}}{\dfrac{x(x+1)}{(x-1)(x+1)}+\dfrac{x-1}{(x-1)(x+1)}} = \dfrac{\dfrac{5x+5-2x+2}{(x-1)(x+1)}}{\dfrac{x^2+x+x-1}{(x-1)(x+1)}}$

$$= \dfrac{3x+7}{(x-1)(x+1)}\cdot\dfrac{(x-1)(x+1)}{x^2+2x-1} = \dfrac{3x+7}{x^2+2x-1}$$

Alternatively,

$$\dfrac{\dfrac{5}{x-1}-\dfrac{2}{x+1}}{\dfrac{x}{x-1}+\dfrac{1}{x+1}} = \dfrac{\left(\dfrac{5}{x-1}-\dfrac{2}{x+1}\right)}{\left(\dfrac{x}{x-1}+\dfrac{1}{x+1}\right)}\cdot\dfrac{(x-1)(x+1)}{(x-1)(x+1)} = \dfrac{5(x+1)-2(x-1)}{x(x+1)+(x-1)}$$

$$= \dfrac{5x+5-2x+2}{x^2+x+x-1} = \dfrac{3x+7}{x^2+2x-1}$$

57. $\dfrac{x^{-2}-y^{-2}}{x^{-1}+y^{-1}} = \dfrac{\dfrac{1}{x^2}-\dfrac{1}{y^2}}{\dfrac{1}{x}+\dfrac{1}{y}} = \dfrac{\dfrac{y^2}{x^2y^2}-\dfrac{x^2}{x^2y^2}}{\dfrac{y}{xy}+\dfrac{x}{xy}} = \dfrac{y^2-x^2}{x^2y^2}\cdot\dfrac{xy}{y+x} = \dfrac{(y-x)(y+x)xy}{x^2y^2(y+x)} = \dfrac{y-x}{xy}$

Alternatively, $\dfrac{x^{-2}-y^{-2}}{x^{-1}+y^{-1}} = \dfrac{\left(\dfrac{1}{x^2}-\dfrac{1}{y^2}\right)}{\left(\dfrac{1}{x}+\dfrac{1}{y}\right)}\cdot\dfrac{x^2y^2}{x^2y^2} = \dfrac{y^2-x^2}{xy^2+x^2y} = \dfrac{(y-x)(y+x)}{xy(y+x)} = \dfrac{y-x}{xy}$.

59. $\dfrac{1}{1+a^n}+\dfrac{1}{1+a^{-n}} = \dfrac{1}{1+a^n}+\dfrac{1}{1+a^{-n}}\cdot\dfrac{a^n}{a^n} = \dfrac{1}{1+a^n}+\dfrac{a^n}{a^n+1} = \dfrac{1+a^n}{1+a^n} = 1$

61. $\dfrac{\dfrac{1}{a+h}-\dfrac{1}{a}}{h} = \dfrac{\dfrac{a}{a(a+h)}-\dfrac{a+h}{a(a+h)}}{h} = \dfrac{\dfrac{a-a-h}{a(a+h)}}{h} = \dfrac{-h}{a(a+h)}\cdot\dfrac{1}{h} = \dfrac{-1}{a(a+h)}$

63. $\dfrac{\dfrac{1-(x+h)}{2+(x+h)}-\dfrac{1-x}{2+x}}{h} = \dfrac{\dfrac{(2+x)(1-x-h)}{(2+x)(2+x+h)}-\dfrac{(1-x)(2+x+h)}{(2+x)(2+x+h)}}{h}$

$$= \dfrac{\dfrac{2-x-x^2-2h-xh}{(2+x)(2+x+h)}-\dfrac{2-x-x^2+h-xh}{(2+x)(2+x+h)}}{h} = \dfrac{-3h}{(2+x)(2+x+h)}\cdot\dfrac{1}{h} = \dfrac{-3}{(2+x)(2+x+h)}$$

65. $\sqrt{1+\left(\dfrac{x}{\sqrt{1-x^2}}\right)^2} = \sqrt{1+\dfrac{x^2}{1-x^2}} = \sqrt{\dfrac{1-x^2}{1-x^2}+\dfrac{x^2}{1-x^2}} = \sqrt{\dfrac{1}{1-x^2}} = \dfrac{1}{\sqrt{1-x^2}}$

67. $\dfrac{3(x+2)^2(x-3)^2-(x+2)^3(2)(x-3)}{(x-3)^4} = \dfrac{(x+2)^2(x-3)[3(x-3)-(x+2)(2)]}{(x-3)^4}$

$$= \dfrac{(x+2)^2(3x-9-2x-4)}{(x-3)^3} = \dfrac{(x+2)^2(x-13)}{(x-3)^3}$$

69. $\dfrac{2(1+x)^{1/2}-x(1+x)^{-1/2}}{1+x} = \dfrac{(1+x)^{-1/2}[2(1+x)-x]}{1+x} = \dfrac{x+2}{(1+x)^{3/2}}$

71. $\dfrac{3\left(1+x\right)^{1/3} - x\left(1+x\right)^{-2/3}}{\left(1+x\right)^{2/3}} - \dfrac{\left(1+x\right)^{-2/3}\left[3\left(1+x\right)-x\right]}{\left(1+x\right)^{2/3}} = \dfrac{2x+3}{\left(1+x\right)^{4/3}}$

73. $\dfrac{1}{2-\sqrt{3}} = \dfrac{1}{2-\sqrt{3}} \cdot \dfrac{2+\sqrt{3}}{2+\sqrt{3}} = \dfrac{2+\sqrt{3}}{4-3} = \dfrac{2+\sqrt{3}}{1} = 2+\sqrt{3}$

75. $\dfrac{2}{\sqrt{2}+\sqrt{7}} = \dfrac{2}{\sqrt{2}+\sqrt{7}} \cdot \dfrac{\sqrt{2}-\sqrt{7}}{\sqrt{2}-\sqrt{7}} = \dfrac{2\left(\sqrt{2}-\sqrt{7}\right)}{2-7} = \dfrac{2\left(\sqrt{2}-\sqrt{7}\right)}{-5} = \dfrac{2\left(\sqrt{7}-\sqrt{2}\right)}{5}$

77. $\dfrac{y}{\sqrt{3}+\sqrt{y}} = \dfrac{y}{\sqrt{3}+\sqrt{y}} \cdot \dfrac{\sqrt{3}-\sqrt{y}}{\sqrt{3}-\sqrt{y}} = \dfrac{y\left(\sqrt{3}-\sqrt{y}\right)}{3-y} = \dfrac{y\sqrt{3}-y\sqrt{y}}{3-y}$

79. $\dfrac{1-\sqrt{5}}{3} = \dfrac{1-\sqrt{5}}{3} \cdot \dfrac{1+\sqrt{5}}{1+\sqrt{5}} = \dfrac{1-5}{3\left(1+\sqrt{5}\right)} = \dfrac{-4}{3\left(1+\sqrt{5}\right)}$

81. $\dfrac{\sqrt{r}+\sqrt{2}}{5} = \dfrac{\sqrt{r}+\sqrt{2}}{5} \cdot \dfrac{\sqrt{r}-\sqrt{2}}{\sqrt{r}-\sqrt{2}} = \dfrac{r-2}{5\left(\sqrt{r}-\sqrt{2}\right)}$

83. $\sqrt{x^2+1}-x = \dfrac{\sqrt{x^2+1}-x}{1} \cdot \dfrac{\sqrt{x^2+1}+x}{\sqrt{x^2+1}+x} = \dfrac{x^2+1-x^2}{\sqrt{x^2+1}+x} = \dfrac{1}{\sqrt{x^2+1}+x}$

85. $\dfrac{16+a}{16} = \dfrac{16}{16} + \dfrac{a}{16} = 1 + \dfrac{a}{16}$, so the statement is true.

87. This statement is false. For example, take $x=2$, then LHS$= \dfrac{2}{4+x} = \dfrac{2}{4+2} = \dfrac{2}{6} = \dfrac{1}{3}$, while

RHS $= \dfrac{1}{2} + \dfrac{2}{x} = \dfrac{1}{2} + \dfrac{2}{2} = \dfrac{3}{2}$, and $\dfrac{1}{3} \neq \dfrac{3}{2}$.

89. This statement is false. For example, take $x=0$ and $y=1$. Then substituting into the left side we obtain

LHS $= \dfrac{x}{x+y} = \dfrac{0}{0+1} = 0$, while the right side yields RHS $= \dfrac{1}{1+y} = \dfrac{1}{1+1} = \dfrac{1}{2}$, and $0 \neq \dfrac{1}{2}$.

91. This statement is true: $\dfrac{-a}{b} = (-a)\left(\dfrac{1}{b}\right) = (-1)(a)\left(\dfrac{1}{b}\right) = (-1)\left(\dfrac{a}{b}\right) = -\dfrac{a}{b}$.

93. (a) $R = \dfrac{1}{\dfrac{1}{R_1}+\dfrac{1}{R_2}} = \dfrac{1}{\dfrac{1}{R_1}+\dfrac{1}{R_2}} \cdot \dfrac{R_1 R_2}{R_1 R_2} = \dfrac{R_1 R_2}{R_2+R_1}$

(b) Substituting $R_1 = 10$ ohms and $R_2 = 20$ ohms gives $R = \dfrac{(10)(20)}{(20)+(10)} = \dfrac{200}{30} \approx 6.7$ ohms.

95.

x	2.80	2.90	2.95	2.99	2.999	3	3.001	3.01	3.05	3.10	3.20
$\dfrac{x^2-9}{x-3}$	5.80	5.90	5.95	5.99	5.999	?	6.001	6.01	6.05	6.10	6.20

From the table, we see that the expression $\dfrac{x^2-9}{x-3}$ approaches 6 as x approaches 3. We simplify the expression:

$\dfrac{x^2-9}{x-3} = \dfrac{(x-3)(x+3)}{x-3} = x+3$, $x \neq 3$. Clearly as x approaches 3, $x+3$ approaches 6. This explains the result in the table.

97. Answers will vary.

Algebraic Error	Counterexample
$\dfrac{1}{a} + \dfrac{1}{b} \neq \dfrac{1}{a+b}$	$\dfrac{1}{2} + \dfrac{1}{2} \neq \dfrac{1}{2+2}$
$(a+b)^2 \neq a^2 + b^2$	$(1+3)^2 \neq 1^2 + 3^2$
$\sqrt{a^2 + b^2} \neq a + b$	$\sqrt{5^2 + 12^2} \neq 5 + 12$
$\dfrac{a+b}{a} \neq b$	$\dfrac{2+6}{2} \neq 6$
$\left(a^3 + b^3\right)^{1/3} \neq a + b$	$\left(2^3 + 2^3\right)^{1/3} \neq 2 + 2$
$\dfrac{a^m}{a^n} \neq a^{m/n}$	$\dfrac{3^5}{3^2} \neq 3^{5/2}$
$a^{-1/n} \neq \dfrac{1}{a^n}$	$64^{-1/3} \neq \dfrac{1}{64^3}$

1.5   Equations

1. (a) When $x = -2$, LHS $= 4(-2) + 7 = -8 + 7 = -1$ and RHS $= 9(-2) - 3 = -18 - 3 = -21$. Since LHS $\neq$ RHS, $x = -2$ is not a solution.

  (b) When $x = 2$, LHS $= 4(-2) + 7 = 8 + 7 = 15$ and RHS $= 9(2) - 3 = 18 - 3 = 15$. Since LHS $=$ RHS, $x = 2$ is a solution.

3. (a) When $x = 2$, LHS $= \dfrac{1}{2} - \dfrac{1}{2-4} = \dfrac{1}{2} - \dfrac{1}{-2} = \dfrac{1}{2} + \dfrac{1}{2} = 1$ and RHS $= 1$. Since LHS $=$ RHS, $x = 2$ is a solution.

  (b) When $x = 4$ the expression $\dfrac{1}{4-4}$ is not defined, so $x = 4$ is not a solution.

5. $2x + 7 = 31 \quad \Leftrightarrow \quad 2x = 24 \quad \Leftrightarrow \quad x = 12$

7. $\frac{1}{2}x - 8 = 1 \quad \Leftrightarrow \quad \frac{1}{2}x = 9 \quad \Leftrightarrow \quad x = 18$

9. $-7w = 15 - 2w \quad \Leftrightarrow \quad -5w = 15 \quad \Leftrightarrow \quad w = -3$

11. $\frac{1}{2}y - 2 = \frac{1}{3}y \quad \Leftrightarrow \quad 3y - 12 = 2y$ (multiply both sides by the LCD, 6) $\quad \Leftrightarrow \quad y = 12$

13. $2(1-x) = 3(1+2x) + 5 \quad \Leftrightarrow \quad 2 - 2x = 3 + 6x + 5 \quad \Leftrightarrow \quad 2 - 2x = 8 + 6x \quad \Leftrightarrow \quad -6 = 8x \quad \Leftrightarrow \quad x = -\frac{3}{4}$

15. $x - \frac{1}{3}x - \frac{1}{2}x - 5 = 0 \quad \Leftrightarrow \quad 6x - 2x - 3x - 30 = 0$ (multiply both sides by the LCD, 6) $\quad \Leftrightarrow \quad x = 30$

17. $\dfrac{1}{x} = \dfrac{4}{3x} + 1 \quad \Rightarrow \quad 3 = 4 + 3x$ (multiply both sides by the LCD, $3x$) $\quad \Leftrightarrow \quad -1 = 3x \quad \Leftrightarrow \quad x = -\frac{1}{3}$

19. $\dfrac{3}{x+1} - \frac{1}{2} = \dfrac{1}{3x+3} \quad \Rightarrow \quad 3(6) - (3x+3) = 2$ [multiply both sides by the LCD, $6(x+1)$] $\quad \Leftrightarrow \quad 18 - 3x - 3 = 2$
  $\Leftrightarrow \quad -3x + 15 = 2 \quad \Leftrightarrow \quad -3x = -13 \quad \Leftrightarrow \quad x = \frac{13}{3}$

21. $(t-4)^2 = (t+4)^2 + 32 \quad \Leftrightarrow \quad t^2 - 8t + 16 = t^2 + 8t + 16 + 32 \quad \Leftrightarrow \quad -16t = 32 \quad \Leftrightarrow \quad t = -2$

23. $PV = nRT \quad \Leftrightarrow \quad R = \dfrac{PV}{nT}$

25. $\dfrac{1}{R} = \dfrac{1}{R_1} + \dfrac{1}{R_2} \quad \Leftrightarrow \quad R_1 R_2 = RR_2 + RR_1$ (multiply both sides by the LCD, $RR_1 R_2$). Thus $R_1 R_2 - RR_1 = RR_2$
  $\Leftrightarrow \quad R_1(R_2 - R) = RR_2 \quad \Leftrightarrow \quad R_1 = \dfrac{RR_2}{R_2 - R}$

27. $\dfrac{ax + b}{cx + d} = 2 \quad \Leftrightarrow \quad ax + b = 2(cx + d) \quad \Leftrightarrow \quad ax + b = 2cx + 2d \quad \Leftrightarrow \quad ax - 2cx = 2d - b \quad \Leftrightarrow$
  $(a - 2c)x = 2d - b \quad \Leftrightarrow \quad x = \dfrac{2d - b}{a - 2c}$

29. $a^2x + (a-1) = (a+1)x \quad \Leftrightarrow \quad a^2x - (a+1)x = -(a-1) \quad \Leftrightarrow \quad \left(a^2 - (a+1)\right)x = -a+1 \quad \Leftrightarrow$

$\left(a^2 - a - 1\right)x = -a+1 \quad \Leftrightarrow \quad x = \dfrac{-a+1}{a^2-a-1}$

31. $V = \frac{1}{3}\pi r^2 h \quad \Leftrightarrow \quad r^2 = \dfrac{3V}{\pi h} \quad \Rightarrow \quad r = \pm\sqrt{\dfrac{3V}{\pi h}}$

33. $a^2 + b^2 = c^2 \quad \Leftrightarrow \quad b^2 = c^2 - a^2 \quad \Rightarrow \quad b = \pm\sqrt{c^2 - a^2}$

35. $h = \frac{1}{2}gt^2 + v_0 t \quad \Leftrightarrow \quad \frac{1}{2}gt^2 + v_0 t - h = 0$. Using the quadratic formula,

$$t = \frac{-(v_0) \pm \sqrt{(v_0)^2 - 4\left(\frac{1}{2}g\right)(-h)}}{2\left(\frac{1}{2}g\right)} = \frac{-v_0 \pm \sqrt{v_0^2 + 2gh}}{g}.$$

37. $x^2 + x - 12 = 0 \quad \Leftrightarrow \quad (x-3)(x+4) = 0 \quad \Leftrightarrow \quad x - 3 = 0$ or $x + 4 = 0$. Thus, $x = 3$ or $x = -4$.

39. $x^2 - 7x + 12 = 0 \quad \Leftrightarrow \quad (x-4)(x-3) = 0 \quad \Leftrightarrow \quad x - 4 = 0$ or $x - 3 = 0$. Thus, $x = 4$ or $x = 3$.

41. $4x^2 - 4x - 15 = 0 \quad \Leftrightarrow \quad (2x+3)(2x-5) = 0 \quad \Leftrightarrow \quad 2x + 3 = 0$ or $2x - 5 = 0$. Thus, $x = -\frac{3}{2}$ or $x = \frac{5}{2}$.

43. $3x^2 + 5x = 2 \quad \Leftrightarrow \quad 3x^2 + 5x - 2 = 0 \quad \Leftrightarrow \quad (3x-1)(x+2) = 0 \quad \Leftrightarrow \quad 3x - 1 = 0$ or $x + 2 = 0$. Thus, $x = \frac{1}{3}$ or $x = -2$.

45. $x^2 + 2x - 5 = 0 \quad \Leftrightarrow \quad x^2 + 2x = 5 \quad \Leftrightarrow \quad x^2 + 2x + 1 = 5 + 1 \quad \Leftrightarrow \quad (x+1)^2 = 6 \quad \Rightarrow \quad x + 1 = \pm\sqrt{6} \quad \Leftrightarrow$
$x = -1 \pm \sqrt{6}$.

47. $x^2 + 3x - \frac{7}{4} = 0 \quad \Leftrightarrow \quad x^2 + 3x = \frac{7}{4} \quad \Leftrightarrow \quad x^2 + 3x + \frac{9}{4} = \frac{7}{4} + \frac{9}{4} \quad \Leftrightarrow \quad \left(x + \frac{3}{2}\right)^2 = \frac{16}{4} = 4 \quad \Rightarrow \quad x + \frac{3}{2} = \pm 2$
$\Leftrightarrow \quad x = -\frac{3}{2} \pm 2 \quad \Leftrightarrow \quad x = \frac{1}{2}$ or $x = -\frac{7}{2}$.

49. $2x^2 + 8x + 1 = 0 \quad \Leftrightarrow \quad x^2 + 4x + \frac{1}{2} = 0 \quad \Leftrightarrow \quad x^2 + 4x = -\frac{1}{2} \quad \Leftrightarrow \quad x^2 + 4x + 4 = -\frac{1}{2} + 4 \quad \Leftrightarrow \quad (x+2)^2 = \frac{7}{2}$
$\Rightarrow \quad x + 2 = \pm\sqrt{\frac{7}{2}} \quad \Leftrightarrow \quad x = -2 \pm \frac{\sqrt{14}}{2}$.

51. $4x^2 - x = 0 \quad \Leftrightarrow \quad x^2 - \frac{1}{4}x = 0 \quad \Leftrightarrow \quad x^2 - \frac{1}{4}x + \frac{1}{64} = \frac{1}{64} \quad \Leftrightarrow \quad \left(x - \frac{1}{8}\right)^2 = \frac{1}{64} \quad \Rightarrow \quad x - \frac{1}{8} = \pm\frac{1}{8} \quad \Leftrightarrow$
$x = \frac{1}{8} \pm \frac{1}{8}$, so $x = \frac{1}{8} - \frac{1}{8} = 0$ or $x = \frac{1}{8} + \frac{1}{8} = \frac{1}{4}$.

53. $x^2 - 2x - 15 = 0 \quad \Leftrightarrow \quad (x+3)(x-5) = 0 \quad \Leftrightarrow \quad x + 3 = 0$ or $x - 5 = 0$. Thus $x = -3$ or $x = 5$.

55. $x^2 + 3x + 1 = 0 \quad \Leftrightarrow \quad x^2 + 3x = -1 \quad \Leftrightarrow \quad x^2 + 3x + \frac{9}{4} = -1 + \frac{9}{4} = \frac{5}{4} \quad \Leftrightarrow \quad \left(x + \frac{3}{2}\right)^2 = \frac{5}{4} \quad \Rightarrow$
$x + \frac{3}{2} = \pm\sqrt{\frac{5}{4}} = \pm\frac{\sqrt{5}}{2} \quad \Leftrightarrow \quad x = -\frac{3}{2} \pm \frac{\sqrt{5}}{2}$.

57. $2x^2 + x - 3 = 0 \quad \Leftrightarrow \quad (x-1)(2x+3) = 0 \quad \Leftrightarrow \quad x - 1 = 0$ or $2x + 3 = 0$. If $x - 1 = 0$, then $x = 1$; if
$2x + 3 = 0$, then $x = -\frac{3}{2}$.

59. $2y^2 - y - \frac{1}{2} = 0 \quad \Rightarrow \quad y = \dfrac{-b \pm \sqrt{b^2 - 4ac}}{2a} = \dfrac{-(-1) \pm \sqrt{(-1)^2 - 4(2)\left(-\frac{1}{2}\right)}}{2(2)} = \dfrac{1 \pm \sqrt{1+4}}{4} = \dfrac{1 \pm \sqrt{5}}{4}$.

61. $4x^2 + 16x - 9 = 0 \quad \Leftrightarrow \quad (2x-1)(2x+9) = 0 \quad \Leftrightarrow \quad 2x - 1 = 0$ or $2x + 9 = 0$. If $2x - 1 = 0$, then $x = \frac{1}{2}$; if
$2x + 9 = 0$, then $x = -\frac{9}{2}$.

63. $3 + 5z + z^2 = 0 \quad \Rightarrow \quad z = \dfrac{-b \pm \sqrt{b^2 - 4ac}}{2a} = \dfrac{-(5) \pm \sqrt{(5)^2 - 4(1)(3)}}{2(1)} = \dfrac{-5 \pm \sqrt{25 - 12}}{2} = \dfrac{-5 \pm \sqrt{13}}{2}$.

65. *Method 1:* Use the quadratic formula immediately. $\sqrt{6}x^2 + 2x - \sqrt{\frac{3}{2}} = 0 \quad \Rightarrow$

$$x = \frac{-b \pm \sqrt{b^2 - 4ac}}{2a} = \frac{-(2) \pm \sqrt{(2)^2 - 4\left(\sqrt{6}\right)\left(-\sqrt{\frac{3}{2}}\right)}}{2\left(\sqrt{6}\right)} = \frac{-2 \pm \sqrt{4 + 12}}{2\sqrt{6}} = \frac{-2 \pm \sqrt{16}}{2\sqrt{6}} = \frac{-2 \pm 4}{2\sqrt{6}}. \text{ So}$$

$$x = -\frac{\sqrt{6}}{2} \text{ or } x = \frac{\sqrt{6}}{6}.$$

Method 2: Multiply by $\sqrt{6}$ and use the result in the quadratic formula. $\sqrt{6}x^2 + 2x - \sqrt{\frac{3}{2}} = 0 \Leftrightarrow 6x^2 + 2\sqrt{6}x - 3 = 0 \Rightarrow$

$$x = \frac{-b \pm \sqrt{b^2 - 4ac}}{2a} = \frac{-\left(2\sqrt{6}\right) \pm \sqrt{\left(2\sqrt{6}\right)^2 - 4\left(6\right)\left(-3\right)}}{2\left(6\right)} = \frac{-2\sqrt{6} \pm \sqrt{24 + 72}}{12} = \frac{-2\sqrt{6} \pm \sqrt{96}}{12} = \frac{-2\sqrt{6} \pm 4\sqrt{6}}{12}.$$

So $x = -\frac{\sqrt{6}}{2}$ or $x = \frac{\sqrt{6}}{6}$.

67. $25x^2 + 70x + 49 = 0 \quad \Leftrightarrow \quad (5x + 7)^2 = 0 \quad \Leftrightarrow \quad 5x + 7 = 0 \quad \Leftrightarrow \quad 5x = -7 \quad \Leftrightarrow \quad x = -\frac{7}{5}.$

69. $\frac{1}{x - 1} + \frac{1}{x + 2} = \frac{5}{4} \quad \Leftrightarrow \quad 4(x - 1)(x + 2)\left(\frac{1}{x - 1} + \frac{1}{x + 2}\right) = 4(x - 1)(x + 2)\left(\frac{5}{4}\right) \quad \Leftrightarrow$

$4(x + 2) + 4(x - 1) = 5(x - 1)(x + 2) \quad \Leftrightarrow \quad 4x + 8 + 4x - 4 = 5x^2 + 5x - 10 \quad \Leftrightarrow \quad 5x^2 - 3x - 14 = 0 \quad \Leftrightarrow$

$(5x + 7)(x - 2) = 0$. If $5x + 7 = 0$, then $x = -\frac{7}{5}$; if $x - 2 = 0$, then $x = 2$. The solutions are $-\frac{7}{5}$ and 2.

71. $\frac{x^2}{x + 100} = 50 \quad \Rightarrow \quad x^2 = 50(x + 100) = 50x + 5000 \quad \Leftrightarrow \quad x^2 - 50x - 5000 = 0 \quad \Leftrightarrow \quad (x - 100)(x + 50) = 0$

$\Leftrightarrow \quad x - 100 = 0$ or $x + 50 = 0$. Thus $x = 100$ or $x = -50$. The solutions are 100 and -50.

73. $\frac{x + 5}{x - 2} = \frac{5}{x + 2} + \frac{28}{x^2 - 4} \quad \Rightarrow \quad (x + 2)(x + 5) = 5(x - 2) + 28 \quad \Leftrightarrow \quad x^2 + 7x + 10 = 5x - 10 + 28 \quad \Leftrightarrow$

$x^2 + 2x - 8 = 0 \quad \Leftrightarrow \quad (x - 2)(x + 4) = 0 \quad \Leftrightarrow \quad x - 2 = 0$ or $x + 4 = 0 \quad \Leftrightarrow \quad x = 2$ or $x = -4$. However,

$x = 2$ is inadmissible since we can't divide by 0 in the original equation, so the only solution is -4.

75. $\sqrt{2x + 1} + 1 = x \quad \Leftrightarrow \quad \sqrt{2x + 1} = x - 1 \quad \Rightarrow \quad 2x + 1 = (x - 1)^2 \quad \Leftrightarrow \quad 2x + 1 = x^2 - 2x + 1 \quad \Leftrightarrow$

$0 = x^2 - 4x = x(x - 4)$. Potential solutions are $x = 0$ and $x - 4 \quad \Leftrightarrow \quad x = 4$. These are only potential solutions since

squaring is not a reversible operation. We must check each potential solution in the original equation. Checking $x = 0$:

$\sqrt{2(0) + 1} + 1 \stackrel{?}{=} (0)$, $\sqrt{1} + 1 \stackrel{?}{=} 0$, NO! Checking $x = 4$: $\sqrt{2(4) + 1} + 1 \stackrel{?}{=} (4)$, $\sqrt{9} + 1 \stackrel{?}{=} 4$, $3 + 1 \stackrel{?}{=} 4$, Yes. The only

solution is $x = 4$.

77. $2x + \sqrt{x + 1} = 8 \quad \Leftrightarrow \quad \sqrt{x + 1} = 8 - 2x \quad \Rightarrow \quad x + 1 = (8 - 2x)^2 \quad \Leftrightarrow \quad x + 1 = 64 - 32x + 4x^2 \quad \Leftrightarrow$

$0 = 4x^2 - 33x + 63 = (4x - 21)(x - 3)$. Potential solutions are $x = \frac{21}{4}$ and $x = 3$. Substituting each of these solutions

into the original equation, we see that $x = 3$ is a solution, but $x = \frac{21}{4}$ is not. Thus 3 is the only solution.

79. Let $w = x^2$. Then $x^4 - 13x^2 + 40 = \left(x^2\right)^2 - 13x^2 + 40 = 0$ becomes $w^2 - 13w + 40 = 0 \quad \Leftrightarrow \quad (w - 5)(w - 8) = 0$.

So $w - 5 = 0 \quad \Leftrightarrow \quad w = 5$, and $w - 8 = 0 \quad \Leftrightarrow \quad w = 8$. When $w = 5$, we have $x^2 = 5 \quad \Rightarrow \quad x = \pm\sqrt{5}$. When

$w = 8$, we have $x^2 = 8 \quad \Rightarrow \quad x = \pm\sqrt{8} = \pm2\sqrt{2}$. The solutions are $\pm\sqrt{5}$ and $\pm2\sqrt{2}$.

81. $2x^4 + 4x^2 + 1 = 0$. The LHS is the sum of two nonnegative numbers and a positive number, so $2x^4 + 4x^2 + 1 \geq 1 \neq 0$.

This equation has no real solution.

83. Let $u = x^{2/3}$. Then $0 = x^{4/3} - 5x^{2/3} + 6$ becomes $u^2 - 5u + 6 = 0 \quad \Leftrightarrow \quad (u - 3)(u - 2) = 0 \quad \Leftrightarrow \quad u - 3 = 0$ or

$u - 2 = 0$. If $u - 3 = 0$, then $x^{2/3} - 3 = 0 \quad \Leftrightarrow \quad x^{2/3} = 3 \quad \Rightarrow \quad x = \pm3^{3/2}$. If $u - 2 = 0$, then $x^{2/3} - 2 = 0 \quad \Leftrightarrow$

$x^{2/3} = 2 \quad \Rightarrow \quad x = \pm2^{3/2}$. The solutions are $\pm3^{3/2}$ and $\pm2^{3/2}$.

85. $4(x + 1)^{1/2} - 5(x + 1)^{3/2} + (x + 1)^{5/2} = 0 \quad \Leftrightarrow \quad \sqrt{x + 1}\left[4 - 5(x + 1) + (x + 1)^2\right] = 0 \quad \Leftrightarrow$

$\sqrt{x + 1}\left(4 - 5x - 5 + x^2 + 2x + 1\right) = 0 \quad \Leftrightarrow \quad \sqrt{x + 1}\left(x^2 - 3x\right) = 0 \quad \Leftrightarrow \quad \sqrt{x + 1} \cdot x(x - 3) = 0 \quad \Leftrightarrow$

$x = -1$ or $x = 0$ or $x = 3$. The solutions are -1, 0, and 3.

87. Let $u = x^{1/6}$. (We choose the exponent $\frac{1}{6}$ because the LCD of 2, 3, and 6 is 6.) Then
$x^{1/2} - 3x^{1/3} = 3x^{1/6} - 9 \iff x^{3/6} - 3x^{2/6} = 3x^{1/6} - 9 \iff u^3 - 3u^2 = 3u - 9 \iff$
$0 = u^3 - 3u^2 - 3u + 9 = u^2(u - 3) - 3(u - 3) = (u - 3)(u^2 - 3)$. So $u - 3 = 0$ or $u^2 - 3 = 0$. If $u - 3 = 0$, then
$x^{1/6} - 3 = 0 \iff x^{1/6} = 3 \iff x = 3^6 = 729$. If $u^2 - 3 = 0$, then $x^{1/3} - 3 = 0 \iff x^{1/3} = 3 \iff$
$x = 3^3 = 27$. The solutions are 729 and 27.

89. $|2x| = 3$. So $2x = 3 \iff x = \frac{3}{2}$ or $2x = -3 \iff x = \frac{3}{2}$.

91. $|x - 4| = 0.01$. So $x - 4 = 0.01 \iff x = 4.01$ or $x - 4 = -0.01 \iff x = 3.99$.

93. $D = b^2 - 4ac = (-6)^2 - 4(1)(1) = 32$. Since D is positive, this equation has two real solutions.

95. $D = b^2 - 4ac = (2.20)^2 - 4(1)(1.21) = 4.84 - 4.84 = 0$. Since $D = 0$, this equation has one real solution.

97. $D = b^2 - 4ac = (5)^2 - 4(4)\left(\frac{13}{8}\right) = 25 - 26 = -1$. Since D is negative, this equation has no real solution.

99. Using $h_0 = 288$, we solve $0 = -16t^2 + 288$, for $t \geq 0$. So $0 = -16t^2 + 288 \iff 16t^2 = 288 \iff t^2 = 18 \implies$
$t = \pm\sqrt{18} = \pm 3\sqrt{2}$. Thus it takes $3\sqrt{2} \approx 4.24$ seconds for the ball the hit the ground.

101. We are given $v_o = 40$ ft/s.

    (a) Setting $h = 24$, we have $24 = -16t^2 + 40t \iff 16t^2 - 40t + 24 = 0 \iff 8(2t^2 - 5t + 3) = 0 \iff$
$8(2t - 3)(t - 1) = 0 \iff t = 1$ or $t = 1\frac{1}{2}$. Therefore, the ball reaches 24 feet in 1 second (on the ascent) and
again after $1\frac{1}{2}$ seconds (on its descent).

    (b) Setting $h = 48$, we have $48 = -16t^2 + 40t \iff 16t^2 - 40t + 48 = 0 \iff 2t^2 - 5t + 6 = 0 \iff$
$t = \dfrac{5 \pm \sqrt{25 - 48}}{4} = \dfrac{5 \pm \sqrt{-23}}{4}$. However, since the discriminant $D < 0$, there are no real solutions, and hence the
ball never reaches a height of 48 feet.

    (c) The greatest height h is reached only once. So $h = -16t^2 + 40t \iff 16t^2 - 40t + h = 0$ has only one solution.
Thus $D = (-40)^2 - 4(16)(h) = 0 \iff 1600 - 64h = 0 \iff h = 25$. So the greatest height reached by the
ball is 25 feet.

    (d) Setting $h = 25$, we have $25 = -16t^2 + 40t \iff 16t^2 - 40t + 25 = 0 \iff (4t - 5)^2 = 0 \iff t = 1\frac{1}{4}$.
Thus the ball reaches the highest point of its path after $1\frac{1}{4}$ seconds.

    (e) Setting $h = 0$ (ground level), we have $0 = -16t^2 + 40t \iff 2t^2 - 5t = 0 \iff t(2t - 5) = 0 \iff t = 0$
(start) or $t = 2\frac{1}{2}$. So the ball hits the ground in $2\frac{1}{2}$ s.

103. **(a)** The shrinkage factor when $w = 250$ is $S = \dfrac{0.032(250) - 2.5}{10,000} = \dfrac{8 - 2.5}{10,000} = 0.00055$. So the beam shrinks
$0.00055 \times 12.025 \approx 0.007$ m, so when it dries it will be $12.025 - 0.007 = 12.018$ m long.

    (b) Substituting $S = 0.00050$ we get $0.00050 = \dfrac{0.032w - 2.5}{10,000} \iff 5 = 0.032w - 2.5 \iff 7.5 = 0.032w \iff$
$w = \dfrac{7.5}{0.032} \approx 234.375$. So the water content should be 234.375 kg/m^3.

105. **(a)** The fish population on January 1, 2002 corresponds to $t = 0$, so $F = 1000(30 + 17(0) - (0)^2) = 30,000$. To find
when the population will again reach this value, we set $F = 30,000$, giving
$30000 = 1000(30 + 17t - t^2) = 30000 + 17000t - 1000t^2 \iff 0 = 17000t - 1000t^2 = 1000t(17 - t) \iff$
$t = 0$ or $t = 17$. Thus the fish population will again be the same 17 years later, that is, on January 1, 2019.

    (b) Setting $F = 0$, we have $0 = 1000(30 + 17t - t^2) \iff t^2 - 17t - 30 = 0 \iff$
$t = \dfrac{17 \pm \sqrt{289 + 120}}{-2} = \dfrac{17 \pm \sqrt{409}}{-2} = \dfrac{17 \pm 20.22}{2}$. Thus $t \approx -1.612$ or $t \approx 18.612$. Since $t < 0$ is inadmissible,
it follows that the fish in the lake will have died out 18.612 years after January 1, 2002, that is on August 12, 2020.

107. Setting $P = 1250$ and solving for x, we have $1250 = \frac{1}{10}x(300 - x) = 30x - \frac{1}{10}x^2 \Leftrightarrow \frac{1}{10}x^2 - 30x + 1250 = 0$.

Using the quadratic formula, $x = \dfrac{-(-30) \pm \sqrt{(-30)^2 - 4\left(\frac{1}{10}\right)(1250)}}{2\left(\frac{1}{10}\right)} = \dfrac{30 \pm \sqrt{900 - 500}}{0.2} = \dfrac{30 \pm 20}{0.2}$. Thus

$x = \dfrac{30 - 20}{0.2} = 50$ or $x = \dfrac{30 + 20}{0.2} = 250$. Since he must have $0 \leq x \leq 200$, he should make 50 ovens per week.

109. Since the total time is 3 s, we have $3 = \dfrac{\sqrt{d}}{4} + \dfrac{d}{1090}$. Letting $w = \sqrt{d}$, we have $3 = \frac{1}{4}w + \frac{1}{1090}w^2 \Leftrightarrow$

$\frac{1}{1090}w^2 + \frac{1}{4}w - 3 = 0 \Leftrightarrow 2w^2 + 545w - 6540 = 0 \Rightarrow w = \dfrac{-545 \pm 591.054}{4}$. Since $w \geq 0$, we have

$\sqrt{d} = w \approx 11.51$, so $d = 132.56$. The well is 132.6 ft deep.

111. When we multiplied by x, we introduced $x = 0$ as a solution. When we divided by $x - 1$, we are really dividing by 0, since $x = 1 \Leftrightarrow x - 1 = 0$.

113. $x^2 - 9x + 20 = (x - 4)(x - 5) = 0$, so $x = 4$ or $x = 5$. The roots are 4 and 5. The product is $4 \cdot 5 = 20$, and the sum is $4 + 5 = 9$. $x^2 - 2x - 8 = (x - 4)(x + 2) = 0$, so $x = 4$ or $x = -2$. The roots are 4 and -2. The product is $4 \cdot (-2) = -8$, and the sum is $4 + (-2) = 2$. $x^2 + 4x + 2 = 0$, so using the quadratic formula,

$x = \dfrac{-4 \pm \sqrt{4^2 - 4(1)(2)}}{2(1)} = \dfrac{-4 \pm \sqrt{8}}{2} = \dfrac{-4 \pm 2\sqrt{2}}{2} = -2 \pm \sqrt{2}$. The roots are $-2 - \sqrt{2}$ and $-2 + \sqrt{2}$. The product

is $\left(-2 - \sqrt{2}\right) \cdot \left(-2 + \sqrt{2}\right) = 4 - 2 = 2$, and the sum is $\left(-2 - \sqrt{2}\right) + \left(-2 + \sqrt{2}\right) = -4$. In general, if $x = r_1$ and $x = r_2$ are roots, then $x^2 + bx + c = (x - r_1)(x - r_2) = x^2 - r_1 x - r_2 x + r_1 r_2 = x^2 - (r_1 + r_2)x + r_1 r_2$. Equating the coefficients, we get $c = r_1 r_2$ and $b = -(r_1 + r_2)$.

1.6 Modeling with Equations

1. If n is the first integer, then $n + 1$ is the middle integer, and $n + 2$ is the third integer. So the sum of the three consecutive integers is $n + (n + 1) + (n + 2) = 3n + 3$.

3. If s is the third test score, then since the other test scores are 78 and 82, the average of the three test scores is $\dfrac{78 + 82 + s}{3} = \dfrac{160 + s}{3}$.

5. If x dollars are invested at $2\frac{1}{2}\%$ simple interest, then the first year you will receive $0.025x$ dollars in interest.

7. Since w is the width of the rectangle, the length is three times the width, or $3w$. Then area $=$ length $\times$ width $= 3w \times w = 3w^2$ ft^2.

9. Since distance $=$ rate $\times$ time we have distance $= s \times (45 \text{ min}) \dfrac{1 \text{ h}}{60 \text{ min}} = \frac{3}{4}s$ mi.

11. If x is the quantity of pure water added, the mixture will contain 25 oz of salt and $3 + x$ gallons of water. Thus the concentration is $\dfrac{25}{3 + x}$.

13. Let x be the first integer. Then $x + 1$ and $x + 2$ are the next consecutive integers. So $x + (x + 1) + (x + 2) = 156 \Leftrightarrow 3x + 3 = 156 \Leftrightarrow 3x = 153 \Leftrightarrow x = 51$. Thus the consecutive integers are 51, 52, and 53.

15. Let n be one number. Then the other number must be $55 - n$, since $n + (55 - n) = 55$. Because the product is 684, we have $(n)(55 - n) = 684 \Leftrightarrow 55n - n^2 = 684 \Leftrightarrow n^2 - 55n + 684 = 0 \Rightarrow$

$n = \dfrac{-(-55) \pm \sqrt{(-55)^2 - 4(1)(684)}}{2(1)} = \dfrac{55 \pm \sqrt{3025 - 2736}}{2} = \dfrac{55 \pm \sqrt{289}}{2} = \dfrac{55 \pm 17}{2}$. So $n = \dfrac{55 + 17}{2} = \dfrac{72}{2} = 36$ or

$n = \dfrac{55 - 17}{2} = \dfrac{38}{2} = 19$. In either case, the two numbers are 19 and 36.

17. Let m be the amount invested at $4\frac{1}{2}\%$. Then $12{,}000 - m$ is the amount invested at 4%.

Since the total interest is equal to the interest earned at $4\frac{1}{2}\%$ plus the interest earned at 4%, we have

$525 = 0.045m + 0.04\,(12{,}000 - m) \quad \Leftrightarrow \quad 525 = 0.045m + 480 - 0.04m \quad \Leftrightarrow \quad 45 = 0.005m \quad \Leftrightarrow$

$m = \dfrac{45}{0.005} = 9000$. Thus $\$9000$ is invested at $4\frac{1}{2}\%$, and $\$12{,}000 - 9000 = \$3000$ is invested at 4%.

19. Let r be the annual interest rate. Then $3500r = 262.50 \quad \Leftrightarrow \quad r = \dfrac{262.50}{3500} = 0.075$. Thus the $\$3500$ must be invested at 7.5%.

21. Let x be her monthly salary. Since her annual salary $= 12 \times$ (monthly salary) $+$ (Christmas bonus) we have

$97{,}300 = 12x + 8{,}500 \quad \Leftrightarrow \quad 88{,}800 = 12x \quad \Leftrightarrow \quad x \approx 7{,}400$. Her monthly salary is $\$7{,}400$.

23. Let h be the amount that Craig inherits. So $(x + 22{,}000)$ is the amount that he invests and doubles. Thus

$2\,(x + 22{,}000) = 134{,}000 \quad \Leftrightarrow \quad 2x + 44{,}000 = 134{,}000 \quad \Leftrightarrow \quad 2x = 90{,}000 \quad \Leftrightarrow \quad x = 45{,}000$. So Craig inherits $\$45{,}000$.

25. Let x be the hours the assistant work. Then $2x$ is the hours the plumber worked. Since the labor charge is equal to the plumber's labor plus the assistant's labor, we have $4025 = 45\,(2x) + 25x \quad \Leftrightarrow \quad 4025 = 90x + 25x \quad \Leftrightarrow$

$4025 = 115x \quad \Leftrightarrow \quad x = \frac{4025}{115} = 35$. Thus the assistant works for 35 hours, and the plumber works for $2 \times 35 = 70$ hours.

27. All ages are in terms of the daughter's age 7 years ago. Let y be age of the daughter 7 years ago. Then $11y$ is the age of the movie star 7 years ago. Today, the daughter is $y + 7$, and the movie star is $11y + 7$. But the movie star is also 4 times his daughter's age today. So $4\,(y + 7) = 11y + 7 \quad \Leftrightarrow \quad 4y + 28 = 11y + 7 \quad \Leftrightarrow \quad 21 = 7y \quad \Leftrightarrow \quad y = 3$. Thus the movie star's age today is $11\,(3) + 7 = 40$ years.

29. Let p be the number of pennies. Then p is the number of nickels and p is the number of dimes. So the value of the coins in the purse is the value of the pennies plus the value of the nickels plus the value of the dimes. Thus

$1.44 = 0.01p + 0.05p + 0.10p \quad \Leftrightarrow \quad 1.44 = 0.16p \quad \Leftrightarrow \quad p = \frac{1.44}{0.16} = 9$. So the purse contains 9 pennies, 9 nickels, and 9 dimes.

31. Let x be the distance from the fulcrum to where the mother sits. Then substituting the known values into the formula given, we have $100\,(8) = 125x \quad \Leftrightarrow \quad 800 = 125x \quad \Leftrightarrow \quad x = 6.4$. So the mother should sit 6.4 feet from the fulcrum.

33. (a) First we write a formula for the area of the figure in terms of x. Region A has dimensions 10 cm and x cm and region B has dimensions 6 cm and x cm. So the shaded region has area $(10 \cdot x) + (6 \cdot x) = 16x$ cm^2. We are given that this is equal to 144 cm^2, so $144 = 16x \quad \Leftrightarrow \quad x = \frac{144}{16} = 9$ cm.

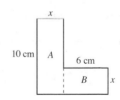

(b) First we write a formula for the area of the figure in terms of x. Region A has dimensions 14 in. and x in. and region B has dimensions $(13 + x)$ in. and x in. So the area of the figure is $(14 \cdot x) + [(13 + x)\,x] = 14x + 13x + x^2 = x^2 + 27x$.

We are given that this is equal to 160 in^2, so $160 = x^2 + 27x \quad \Leftrightarrow$

$x^2 + 27x - 160 = 0 \quad \Leftrightarrow \quad (x + 32)\,(x - 5) \quad \Leftrightarrow \quad x = -32$ or $x = 5$. x must be positive, so $x = 5$ in.

35. Let l be the length of the garden. Since area $=$ width $\cdot$ length, we obtain the equation $1125 = 25l \quad \Leftrightarrow \quad l = \frac{1125}{25} = 45$ ft. So the garden is 45 feet long.

37. Let x be the length of a side of the square plot. As shown in the figure, area of the plot = area of the building + area of the parking lot. Thus,

$x^2 = 60\,(40) + 12{,}000 = 2{,}400 + 12{,}000 = 14{,}400 \quad \Rightarrow \quad x = \pm 120$. So the plot of land measures 120 feet by 120 feet.

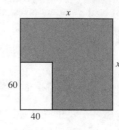

39. Let w be the width of the garden in feet. Then the length is $w + 10$. Thus $875 = w\,(w + 10) \quad \Leftrightarrow \quad w^2 + 10w - 875 = 0 \quad \Leftrightarrow \quad (w + 35)\,(w - 25) = 0$. So $w + 35 = 0$ in which case $w = -35$, which is not possible, or $w - 25 = 0$ and so $w = 25$. Thus the width is 25 feet and the length is 35 feet.

41. Let w be the width of the garden in feet. We use the perimeter to express the length l of the garden in terms of width. Since the perimeter is twice the width plus twice the length, we have $200 = 2w + 2l \quad \Leftrightarrow \quad 2l = 200 - 2w \quad \Leftrightarrow \quad l = 100 - w$. Using the formula for area, we have $2400 = w\,(100 - w) = 100w - w^2 \quad \Leftrightarrow \quad w^2 - 100w + 2400 = 0 \quad \Leftrightarrow \quad (w - 40)\,(w - 60) = 0$. So $w - 40 = 0 \quad \Leftrightarrow \quad w = 40$, or $w - 60 = 0 \quad \Leftrightarrow \quad w = 60$. If $w = 40$, then $l = 100 - 40 = 60$. And if $w = 60$, then $l = 100 - 60 = 40$. So the length is 60 feet and the width is 40 feet.

43. Let l be the length of the lot in feet. Then the length of the diagonal is $l + 10$. We apply the Pythagorean Theorem with the hypotenuse as the diagonal. So $l^2 + 50^2 = (l + 10)^2 \quad \Leftrightarrow \quad l^2 + 2500 = l^2 + 20l + 100 \quad \Leftrightarrow \quad 20l = 2400 \quad \Leftrightarrow \quad l = 120$. Thus the length of the lot is 120 feet.

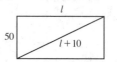

45. Let x be the width of the strip. Then the length of the mat is $20 + 2x$, and the width of the mat is $15 + 2x$. Now the perimeter is twice the length plus twice the width, so $102 = 2\,(20 + 2x) + 2\,(15 + 2x) \quad \Leftrightarrow \quad 102 = 40 + 4x + 30 + 4x \quad \Leftrightarrow \quad 102 = 70 + 8x \quad \Leftrightarrow \quad 32 = 8x \quad \Leftrightarrow \quad x = 4$. Thus the strip of mat is 4 inches wide.

47. Let h be the height the ladder reaches (in feet). Using the Pythagorean Theorem we have $\left(7\frac{1}{2}\right)^2 + h^2 = \left(19\frac{1}{2}\right)^2 \quad \Leftrightarrow \quad \left(\frac{15}{2}\right)^2 + h^2 = \left(\frac{39}{4}\right)^2 \quad \Leftrightarrow \quad h^2 = \left(\frac{39}{4}\right)^2 - \left(\frac{15}{2}\right)^2 = \frac{1521}{4} - \frac{225}{4} = \frac{1296}{4} = 324$. So $h = \sqrt{324} = 18$.

49. Let x be the length of the man's shadow, in meters. Using similar triangles, $\dfrac{10 + x}{6} = \dfrac{x}{2} \quad \Leftrightarrow \quad 20 + 2x = 6x \quad \Leftrightarrow \quad 4x = 20 \quad \Leftrightarrow \quad x = 5$. Thus the man's shadow is 5 meters long.

51. Let n be the number of people in the group, so each person now pays $\dfrac{120{,}000}{n}$. If one person joins the group, then there would be $n + 1$ members in the group, and each person would pay $\dfrac{120{,}000}{n} - 6000$. So

$(n + 1)\left(\dfrac{120{,}000}{n} - 6000\right) = 120{,}000 \quad \Leftrightarrow \quad \left[\left(\dfrac{n}{6000}\right)\left(\dfrac{120{,}000}{n} - 6000\right)\right](n + 1) = \left(\dfrac{n}{6000}\right)120{,}000 \quad \Leftrightarrow$

$(20 - n)\,(n + 1) = 20n \quad \Leftrightarrow \quad -n^2 + 19n + 20 = 20n \quad \Leftrightarrow \quad 0 = n^2 + n - 20 = (n - 4)\,(n + 5)$. Thus $n = 4$ or $n = -5$. Since n must be positive, there are now 4 friends in the group.

53. Let x be the grams of silver added. The weight of the rings is $5 \times 18\text{ g} = 90\text{ g}$.

	5 rings	Pure silver	Mixture
Grams	90	x	$90 + x$
Rate (% gold)	0.90	0	0.75
Value	0.90 (90)	$0x$	0.75 (90 + x)

So $0.90\,(90) + 0x = 0.75\,(90 + x) \quad \Leftrightarrow \quad 81 = 67.5 + 0.75x \quad \Leftrightarrow \quad 0.75x = 13.5 \quad \Leftrightarrow \quad x = \frac{13.5}{0.75} = 18$. Thus 18 grams of silver must be added to get the required mixture.

55. Let x be the liters of coolant removed and replaced by water.

	60% antifreeze	60% antifreeze (removed)	Water	Mixture
Liters	3.6	x	x	3.6
Rate (% antifreeze)	0.60	0.60	0	0.50
Value	$0.60\,(3.6)$	$-0.60x$	$0x$	$0.50\,(3.6)$

so $0.60\,(3.6) - 0.60x + 0x = 0.50\,(3.6)$ $\Leftrightarrow$ $2.16 - 0.6x = 1.8$ $\Leftrightarrow$ $-0.6x = -0.36$ $\Leftrightarrow$ $x = \dfrac{0.36}{-0.6} = 0.6$. Thus 0.6 liters must be removed and replaced by water.

57. Let c be the concentration of fruit juice in the cheaper brand. The new mixture that Jill makes will consist of 650 mL of the original fruit punch and 100 ml of the cheaper fruit punch.

	Original Fruit Punch	Cheaper Fruit Punch	Mixture
mL	650	100	750
Concentration	0.50	c	0.48
Juice	$0.50 \cdot 650$	$100c$	$0.48 \cdot 750$

So $0.50 \cdot 650 + 100c = 0.48 \cdot 750$ $\Leftrightarrow$ $325 + 100c = 360$ $\Leftrightarrow$ $100c = 35$ $\Leftrightarrow$ $c = 0.35$. Thus the cheaper brand is only 35% fruit juice.

59. Let t be the time in minutes it would take Candy and Tim if they work together. Candy delivers the papers at a rate of $\frac{1}{70}$ of the job per minute, while Tim delivers the paper at a rate of $\frac{1}{80}$ of the job per minute. The sum of the fractions of the job that each can do individually in one minute equals the fraction of the job they can do working together. So we have $\frac{1}{t} = \frac{1}{70} + \frac{1}{80}$ $\Leftrightarrow$ $560 = 8t + 7t$ $\Leftrightarrow$ $560 = 15t$ $\Leftrightarrow$ $t = 37\frac{1}{3}$ minutes. Since $\frac{1}{3}$ of a minute is 20 seconds, it would take them 37 minutes 20 seconds if they worked together.

61. Let t be the time, in hours, it takes Karen to paint a house alone. Then working together, Karen and Betty can paint a house in $\frac{2}{3}t$ hours. The sum of their individual rates equals their rate working together, so $\frac{1}{t} + \frac{1}{6} = \frac{1}{\frac{2}{3}t}$ $\Leftrightarrow$ $\frac{1}{t} + \frac{1}{6} = \frac{3}{2t}$ $\Leftrightarrow$ $6 + t = 9$ $\Leftrightarrow$ $t = 3$. Thus it would take Karen 3 hours to paint a house alone.

63. Let t be the time, in hours it takes Irene to wash all the windows. Then it takes Henry $t + \frac{3}{2}$ hours to wash all the windows, and the sum of the fraction of the job per hour they can do individually equals the fraction of the job they can do together. Since 1 hour 48 minutes $= 1 + \frac{48}{60} = 1 + \frac{4}{5} = \frac{9}{5}$, we have $\frac{1}{t} + \frac{1}{t + \frac{3}{2}} = \frac{1}{\frac{9}{5}}$ $\Leftrightarrow$ $\frac{1}{t} + \frac{2}{2t + 3} = \frac{5}{9}$ $\Rightarrow$ $9\,(2t + 3) + 2\,(9t) = 5t\,(2t + 3)$ $\Leftrightarrow$ $18t + 27 + 18t = 10t^2 + 15t$ $\Leftrightarrow$ $10t^2 - 21t - 27 = 0$ $\Leftrightarrow$ $t = \dfrac{-(-21) \pm \sqrt{(-21)^2 - 4(10)(-27)}}{2(10)} = \dfrac{21 \pm \sqrt{441 + 1080}}{20} = \dfrac{21 \pm 39}{20}$. So $t = \frac{21 - 39}{20} = -\frac{9}{10}$ or $t = \frac{21 + 39}{20} = 3$. Since $t < 0$ is impossible, all the windows are washed by Irene alone in 3 hours and by Henry alone in $3 + \frac{3}{2} = 4\frac{1}{2}$ hours.

65. Let t be the time in hours that Wendy spent on the train. Then $\frac{11}{2} - t$ is the time in hours that Wendy spent on the bus. We construct a table:

	Rate	Time	Distance
By train	40	t	$40t$
By bus	60	$\frac{11}{2} - t$	$60\left(\frac{11}{2} - t\right)$

The total distance traveled is the sum of the distances traveled by bus and by train, so $300 = 40t + 60\left(\frac{11}{2} - t\right)$ $\Leftrightarrow$ $300 = 40t + 330 - 60t$ $\Leftrightarrow$ $-30 = -20t$ $\Leftrightarrow$ $t = \frac{-30}{-20} = 1.5$ hours. So the time spent on the train is $5.5 - 1.5 = 4$ hours.

67. Let r be the speed of the plane from Montreal to Los Angeles. Then $r + 0.20r = 1.20r$ is the speed of the plane from Los Angeles to Montreal.

	Rate	Time	Distance
Montreal to L.A.	r	$\dfrac{2500}{r}$	2500
L.A. to Montreal	$1.2r$	$\dfrac{2500}{1.2r}$	2500

The total time is the sum of the times each way, so $9\frac{1}{6} = \dfrac{2500}{r} + \dfrac{2500}{1.2r}$ $\Leftrightarrow$ $\dfrac{55}{6} = \dfrac{2500}{r} + \dfrac{2500}{1.2r}$ $\Leftrightarrow$
$55 \cdot 1.2r = 2500 \cdot 6 \cdot 1.2 + 2500 \cdot 6$ $\Leftrightarrow$ $66r = 18{,}000 + 15{,}000$ $\Leftrightarrow$ $66r = 33{,}000$ $\Leftrightarrow$ $r = \frac{33{,}000}{66} = 500$.
Thus the plane flew at a speed of 500 mi/h on the trip from Montreal to Los Angeles.

69. Let x be the rate, in mi/h, at which the salesman drove between Ajax and Barrington.

Cities	Distance	Rate	Time
Ajax $\to$ Barrington	120	x	$\dfrac{120}{x}$
Barrington $\to$ Collins	150	$x + 10$	$\dfrac{150}{x+10}$

We have used the equation time $= \dfrac{\text{distance}}{\text{rate}}$ to fill in the "Time" column of the table. Since the second part of the trip took
6 minutes (or $\frac{1}{10}$ hour) more than the first, we can use the time column to get the equation $\dfrac{120}{x} + \dfrac{1}{10} = \dfrac{150}{x+10}$ $\Rightarrow$
$120(10)(x+10) + x(x+10) = 150(10x)$ $\Leftrightarrow$ $1200x + 12{,}000 + x^2 + 10x = 1500x$ $\Leftrightarrow$ $x^2 - 290x + 12{,}000 = 0$
$\Leftrightarrow$ $x = \dfrac{-(-290) \pm \sqrt{(-290)^2 - 4(1)(12{,}000)}}{2} = \dfrac{290 \pm \sqrt{84{,}100 - 48{,}000}}{2} = \dfrac{290 \pm \sqrt{36{,}100}}{2} = \dfrac{290 \pm 190}{2} = 145 \pm 95$. Hence, the
salesman drove either 50 mi/h or 240 mi/h between Ajax and Barrington. (The first choice seems more likely!)

71. Let r be the rowing rate in km/h of the crew in still water. Then their rate upstream was $r - 3$ km/h, and their rate
downstream was $r + 3$ km/h.

	Distance	Rate	Time
Upstream	6	$r - 3$	$\dfrac{6}{r-3}$
Downstream	6	$r + 3$	$\dfrac{6}{r+3}$

Since the time to row upstream plus the time to row downstream was 2 hours 40 minutes $= \frac{8}{3}$ hour, we get the equation
$\dfrac{6}{r-3} + \dfrac{6}{r+3} = \dfrac{8}{3}$ $\Leftrightarrow$ $6(3)(r+3) + 6(3)(r-3) = 8(r-3)(r+3)$ $\Leftrightarrow$ $18r + 54 + 18r - 54 = 8r^2 - 72$
$\Leftrightarrow$ $0 = 8r^2 - 36r - 72 = 4(2r^2 - 9r - 18) = 4(2r+3)(r-6)$. Since $2r + 3 = 0$ $\Leftrightarrow$ $r = -\frac{3}{2}$ is impossible,
the solution is $r - 6 = 0$ $\Leftrightarrow$ $r = 6$. So the rate of the rowing crew in still water is 6 km/h.

73. We have that the volume is 180 ft^3, so $x(x-4)(x+9) = 180$ $\Leftrightarrow$ $x^3 + 5x^2 - 36x = 180$ $\Leftrightarrow$
$x^3 + 5x^2 - 36x - 180 = 0$ $\Leftrightarrow$ $x^2(x+5) - 36(x+5) = 0$ $\Leftrightarrow$ $(x+5)(x^2 - 36) = 0$ $\Leftrightarrow$
$(x+5)(x+6)(x-6) = 0$ $\Rightarrow$ $x = 6$ is the only positive solution. So the box is 2 feet by 6 feet by 15 feet.

75. Let x be the length of one side of the cardboard, so we start with a piece of cardboard x by x. When 4 inches are removed
from each side, the base of the box is $x - 8$ by $x - 8$. Since the volume is 100 in^3, we get $4(x-8)^2 = 100$ $\Leftrightarrow$
$x^2 - 16x + 64 = 25$ $\Leftrightarrow$ $x^2 - 16x + 39 = 0$ $\Leftrightarrow$ $(x-3)(x-13) = 0$. So $x = 3$ or $x = 13$. But $x = 3$ is not
possible, since then the length of the base would be $3 - 8 = -5$, and all lengths must be positive. Thus $x = 13$, and the
piece of cardboard is 13 inches by 13 inches.

77. Let r be the radius of the tank, in feet. The volume of the spherical tank is $\frac{4}{3}\pi r^3$ and is also $750 \times 0.1337 = 100.275$. So $\frac{4}{3}\pi r^3 = 100.275 \quad \Leftrightarrow \quad r^3 = 23.938 \quad \Leftrightarrow \quad r = 2.88$ feet.

79. Let x be the length, in miles, of the abandoned road to be used. Then the length of the abandoned road not used is $40 - x$, and the length of the new road is $\sqrt{10^2 + (40 - x)^2}$ miles, by the Pythagorean Theorem. Since the cost of the road is cost per mile × number of miles, we have $100{,}000x + 200{,}000\sqrt{x^2 - 80x + 1700} = 6{,}800{,}000$ $\Leftrightarrow \quad 2\sqrt{x^2 - 80x + 1700} = 68 - x$. Squaring both sides, we get $4x^2 - 320x + 6800 = 4624 - 136x + x^2 \quad \Leftrightarrow$ $3x^2 - 184x + 2176 = 0 \quad \Leftrightarrow \quad x = \frac{184 \pm \sqrt{33856 - 26112}}{6} = \frac{184 \pm 88}{6} \quad \Leftrightarrow \quad x = \frac{136}{3}$ or $x = 16$. Since $45\frac{1}{3}$ is longer than the existing road, 16 miles of the abandoned road should be used. A completely new road would have length $\sqrt{10^2 + 40^2}$ (let $x = 0$) and would cost $\sqrt{1700} \times 200{,}000 \approx 8.3$ million dollars. So no, it would not be cheaper.

81. Let x be the height of the pile in feet. Then the diameter is $3x$ and the radius is $\frac{3}{2}x$ feet. Since the volume of the cone is 1000 ft^3, we have $\frac{\pi}{3}\left(\frac{3x}{2}\right)^2 x = 1000 \quad \Leftrightarrow \quad \frac{3\pi x^3}{4} = 1000 \quad \Leftrightarrow \quad x^3 = \frac{4000}{3\pi} \quad \Leftrightarrow \quad x = \sqrt[3]{\frac{4000}{3\pi}} \approx 7.52$ feet.

83. Let h be the height in feet of the structure. The structure is composed of a right cylinder with radius 10 and height $\frac{2}{3}h$ and a cone with base radius 10 and height $\frac{1}{3}h$. Using the formulas for the volume of a cylinder and that of a cone, we obtain the equation $1400\pi = \pi (10)^2 \left(\frac{2}{3}h\right) + \frac{1}{3}\pi (10)^2 \left(\frac{1}{3}h\right) \quad \Leftrightarrow \quad 1400\pi = \frac{200\pi}{3}h + \frac{100\pi}{9}h \quad \Leftrightarrow \quad 126 = 6h + h$ (multiply both sides by $\frac{9}{100\pi}$) $\quad \Leftrightarrow \quad 126 = 7h \quad \Leftrightarrow \quad h = 18$. Thus the height of the structure is 18 feet.

85. Let h be the height of the break, in feet. Then the portion of the bamboo above the break is $10 - h$. Applying the Pythagorean Theorem, we obtain $h^2 + 3^2 = (10 - h)^2 \quad \Leftrightarrow \quad h^2 + 9 = 100 - 20h + h^2 \quad \Leftrightarrow \quad -91 = -20h$ $\Leftrightarrow \quad h = \frac{91}{20} = 4.55$. Thus the break is 4.55 ft above the ground.

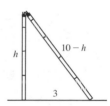

87. Let x equal the original length of the reed in cubits. Then $x - 1$ is the piece that fits 60 times along the length of the field, that is, the length is $60(x - 1)$. The width is $30x$. Then converting cubits to ninda, we have $375 = 60(x - 1) \cdot 30x \cdot \frac{1}{12^2} = \frac{25}{2}x(x - 1) \quad \Leftrightarrow \quad 30 = x^2 - x \quad \Leftrightarrow \quad x^2 - x - 30 = 0 \quad \Leftrightarrow \quad (x - 6)(x + 5) = 0$. So $x = 6$ or $x = -5$. Since x must be positive, the original length of the reed is 6 cubits.

1.7 Inequalities

1. $x = -2$: $3 - 2(-2) \overset{?}{\leq} \frac{1}{2}$. No, $7 \nleq \frac{1}{2}$. $\quad x = -1$: $3 - 2(-1) \overset{?}{\leq} \frac{1}{2}$. No, $6 \nleq \frac{1}{2}$. $x = 0$: $3 - 2(0) \overset{?}{\leq} \frac{1}{2}$. No, $3 \nleq \frac{1}{2}$.

$x = \frac{1}{2}$: $3 - 2\left(\frac{1}{2}\right) \overset{?}{\leq} \frac{1}{2}$. No, $2 \nleq \frac{1}{2}$. $\quad x = 1$: $3 - 2(1) \overset{?}{\leq} \frac{1}{2}$. No, $1 \nleq \frac{1}{2}$.

$x = \sqrt{2}$: $3 - 2\left(\sqrt{2}\right) \overset{?}{\leq} \frac{1}{2}$. Yes, $3 - 2\sqrt{2} \leq \frac{1}{2}$. $\quad x = 2$: $3 - 2(2) \overset{?}{\leq} \frac{1}{2}$. Yes, $-1 \leq \frac{1}{2}$.

$x = 4$: $3 - 2(4) \overset{?}{\leq} \frac{1}{2}$. Yes, $5 \leq \frac{1}{2}$.

The elements $\sqrt{2}$, 2, and 4 all satisfy the inequality.

3. $x = -2$: $1 \overset{?}{<} 2\,(-2) - 4 \overset{?}{\le} 7$. No, since $2\,(-2) - 4 = -8$ and $1 \not< -8$.

$x = -1$: $1 \overset{?}{<} 2\,(-1) - 4 \overset{?}{\le} 7$. No, since $2\,(-1) - 4 = -6$ and $1 \not< -6$.

$x = 0$: $1 \overset{?}{<} 2\,(0) - 4 \overset{?}{\le} 7$. No, since $2\,(0) - 4 = -4$ and $1 \not< -4$.

$x = \frac{1}{2}$: $1 \overset{?}{<} 2\left(\frac{1}{2}\right) - 4 \overset{?}{\le} 7$. No, since $2\left(\frac{1}{2}\right) - 4 = -3$ and $1 \not< -3$.

$x = 1$: $1 \overset{?}{<} 2\,(1) - 4 \overset{?}{\le} 7$. No, since $2\,(1) - 4 = -2$ and $1 \not< -2$.

$x = \sqrt{2}$: $1 \overset{?}{<} 2\left(\sqrt{2}\right) - 4 \overset{?}{\le} 7$. No, since $2\sqrt{2} - 4 < 0$ and $1 \not< 0$.

$x = 2$: $1 \overset{?}{<} 2\,(2) - 4 \overset{?}{\le} 7$. No, since $2\,(1) - 4 = -2$ and $1 \not< -2$.

$x = 4$: $1 \overset{?}{<} 2\,(4) - 4 \overset{?}{\le} 7$. Yes, $2\,(4) - 4 = 4$ and $1 < 4 \le 7$.

Only 4 satisfies the inequality.

5. $x = -2$: $\dfrac{1}{(-2)} \overset{?}{\le} \frac{1}{2}$. Yes, $-\frac{1}{2} \le \frac{1}{2}$.

$x = -1$: $\dfrac{1}{(-1)} \overset{?}{\le} \frac{1}{2}$. Yes, $-1 \le \frac{1}{2}$. $x = 0$: $\frac{1}{0} \overset{?}{\le} \frac{1}{2}$. No, $\frac{1}{0}$ is not defined.

$x = \frac{1}{2}$: $\dfrac{1}{1/2} \overset{?}{\le} \frac{1}{2}$. No, $2 \not\le \frac{1}{2}$. $x = 1$: $\frac{1}{1} \overset{?}{\le} \frac{1}{2}$. No, $1 \not\le \frac{1}{2}$.

$x = \sqrt{2}$: $\dfrac{1}{\sqrt{2}} \overset{?}{\le} \frac{1}{2}$. No, $2 \not\le \sqrt{2}$. $x = 2$: $\frac{1}{2} \overset{?}{\le} \frac{1}{2}$. Yes, $\frac{1}{2} \le \frac{1}{2}$.

$x = 4$: $\frac{1}{4} \overset{?}{\le} \frac{1}{2}$. Yes. The elements -2, -1, 2, and 4 all satisfy the inequality.

7. $2x - 5 > 3 \quad \Leftrightarrow \quad 2x > 8 \quad \Leftrightarrow \quad x > 4$

Interval: $(4, \infty)$

Graph:

9. $7 - x \ge 5 \quad \Leftrightarrow \quad -x \ge -2 \quad \Leftrightarrow \quad x \le 2$

Interval: $(-\infty, 2]$

Graph:

11. $2x + 1 < 0 \quad \Leftrightarrow \quad 2x < -1 \quad \Leftrightarrow \quad x < -\frac{1}{2}$

Interval: $\left(-\infty, -\frac{1}{2}\right)$

Graph:

13. $3x + 11 \le 6x + 8 \quad \Leftrightarrow \quad 3 \le 3x \quad \Leftrightarrow \quad 1 \le x$

Interval: $[1, \infty)$

Graph:

15. $\frac{1}{2}x - \frac{2}{3} > 2 \quad \Leftrightarrow \quad \frac{1}{2}x > \frac{8}{3} \quad \Leftrightarrow \quad x > \frac{16}{3}$

Interval: $\left(\frac{16}{3}, \infty\right)$

Graph:

17. $\frac{1}{3}x + 2 < \frac{1}{6}x - 1 \quad \Leftrightarrow \quad \frac{1}{6}x < -3 \quad \Leftrightarrow \quad x < -18$

Interval: $(-\infty, -18)$

Graph:

19. $4 - 3x \le -\,(1 + 8x) \quad \Leftrightarrow \quad 4 - 3x \le -1 - 8x \quad \Leftrightarrow$

$5x \le -5 \quad \Leftrightarrow \quad x \le -1$

Interval: $(-\infty, -1]$

Graph:

21. $2 \le x + 5 < 4 \quad \Leftrightarrow \quad -3 \le x < -1$

Interval: $[-3, -1)$

Graph:

23. $-1 < 2x - 5 < 7$ $\Leftrightarrow$ $4 < 2x < 12$ $\Leftrightarrow$
$2 < x < 6$
Interval: $(2, 6)$

Graph:

25. $-2 < 8 - 2x \leq -1$ $\Leftrightarrow$ $-10 < -2x \leq -9$ $\Leftrightarrow$
$5 > x \geq \frac{9}{2}$ $\Leftrightarrow$ $\frac{9}{2} \leq x < 5$
Interval: $\left[\frac{9}{2}, 5\right)$

Graph:

27. $\dfrac{1}{6} < \dfrac{2x - 13}{12} \leq \dfrac{2}{3}$ $\Leftrightarrow$ $2 < 2x - 13 \leq 8$ (multiply each expression by 12) $\Leftrightarrow$ $15 < 2x \leq 21$ $\Leftrightarrow$

$\frac{15}{2} < x \leq \frac{21}{2}$. Interval: $\left(\frac{15}{2}, \frac{21}{2}\right]$. Graph:

29. $(x + 2)(x - 3) < 0$. The expression on the left of the inequality changes sign where $x = -2$ and where $x = 3$. Thus we must check the intervals in the following table.

Interval	$(-\infty, -2)$	$(-2, 3)$	$(3, \infty)$
Sign of $x + 2$	$-$	$+$	$+$
Sign of $x - 3$	$-$	$-$	$+$
Sign of $(x + 2)(x - 3)$	$+$	$-$	$+$

From the table, the solution set is
$\{x \mid -2 < x < 3\}$. Interval: $(-2, 3)$.

Graph:

31. $x(2x + 7) \geq 0$. The expression on the left of the inequality changes sign where $x = 0$ and where $x = -\frac{7}{2}$. Thus we must check the intervals in the following table.

Interval	$\left(-\infty, -\frac{7}{2}\right)$	$\left(-\frac{7}{2}, 0\right)$	$(0, \infty)$
Sign of x	$-$	$-$	$+$
Sign of $2x + 7$	$-$	$+$	$+$
Sign of $x(2x + 7)$	$+$	$-$	$+$

From the table, the solution set is
$\left\{x \mid x \leq -\frac{7}{2} \text{ or } 0 \leq x\right\}$.
Interval: $\left(-\infty, -\frac{7}{2}\right] \cup [0, \infty)$.

Graph:

33. $x^2 - 3x - 18 \leq 0$ $\Leftrightarrow$ $(x + 3)(x - 6) \leq 0$. The expression on the left of the inequality changes sign where $x = 6$ and where $x = -3$. Thus we must check the intervals in the following table.

Interval	$(-\infty, -3)$	$(-3, 6)$	$(6, \infty)$
Sign of $x + 3$	$-$	$+$	$+$
Sign of $x - 6$	$-$	$-$	$+$
Sign of $(x + 3)(x - 6)$	$+$	$-$	$+$

From the table, the solution set is
$\{x \mid -3 \leq x \leq 6\}$. Interval: $[-3, 6]$.

Graph:

35. $2x^2 + x \geq 1$ $\Leftrightarrow$ $2x^2 + x - 1 \geq 0$ $\Leftrightarrow$ $(x + 1)(2x - 1) \geq 0$. The expression on the left of the inequality changes sign where $x = -1$ and where $x = \frac{1}{2}$. Thus we must check the intervals in the following table.

Interval	$(-\infty, -1)$	$\left(-1, \frac{1}{2}\right)$	$\left(\frac{1}{2}, \infty\right)$
Sign of $x + 1$	$-$	$+$	$+$
Sign of $2x - 1$	$-$	$-$	$+$
Sign of $(x + 1)(2x - 1)$	$+$	$-$	$+$

From the table, the solution set is
$\left\{x \mid x \leq -1 \text{ or } \frac{1}{2} \leq x\right\}$.
Interval: $(-\infty, -1] \cup \left[\frac{1}{2}, \infty\right)$.

Graph:

37. $3x^2 - 3x < 2x^2 + 4$ $\Leftrightarrow$ $x^2 - 3x - 4 < 0$ $\Leftrightarrow$ $(x+1)(x-4) < 0$. The expression on the left of the inequality changes sign where $x = -1$ and where $x = 4$. Thus we must check the intervals in the following table.

Interval	$(-\infty, -1)$	$(-1, 4)$	$(4, \infty)$
Sign of $x + 1$	$-$	$+$	$+$
Sign of $x - 4$	$-$	$-$	$+$
Sign of $(x+1)(x-4)$	$+$	$-$	$+$

From the table, the solution set is $\{x \mid -1 < x < 4\}$. Interval: $(-1, 4)$.

Graph:

39. $x^2 > 3(x+6)$ $\Leftrightarrow$ $x^2 - 3x - 18 > 0$ $\Leftrightarrow$ $(x+3)(x-6) > 0$. The expression on the left of the inequality changes sign where $x = 6$ and where $x = -3$. Thus we must check the intervals in the following table.

Interval	$(-\infty, -3)$	$(-3, 6)$	$(6, \infty)$
Sign of $x + 3$	$-$	$+$	$+$
Sign of $x - 6$	$-$	$-$	$+$
Sign of $(x+3)(x-6)$	$+$	$-$	$+$

From the table, the solution set is $\{x \mid x < -3 \text{ or } 6 < x\}$. Interval: $(-\infty, -3) \cup (6, \infty)$.

Graph:

41. $x^2 < 4$ $\Leftrightarrow$ $x^2 - 4 < 0$ $\Leftrightarrow$ $(x+2)(x-2) < 0$. The expression on the left of the inequality changes sign where $x = -2$ and where $x = 2$. Thus we must check the intervals in the following table.

Interval	$(-\infty, -2)$	$(-2, 2)$	$(2, \infty)$
Sign of $x + 2$	$-$	$+$	$+$
Sign of $x - 2$	$-$	$-$	$+$
Sign of $(x+2)(x-2)$	$+$	$-$	$+$

From the table, the solution set is $\{x \mid -2 < x < 2\}$. Interval: $(-2, 2)$.

Graph:

43. $-2x^2 \le 4$ $\Leftrightarrow$ $-2x^2 - 4 \le 0$ $\Leftrightarrow$ $-2(x^2 + 1) \le 0$. Since $x^2 + 1 > 0$, $-2(x^2 + 1) \le 0$ for all x.

Interval: $(-\infty, \infty)$. Graph:

45. $x^3 - 4x > 0$ $\Leftrightarrow$ $x(x^2 - 4) > 0$ $\Leftrightarrow$ $x(x+2)(x-2) > 0$. The expression on the left of the inequality changes sign where $x = 0$, $x = -2$ and where $x = 4$. Thus we must check the intervals in the following table.

Interval	$(-\infty, -2)$	$(-2, 0)$	$(0, 2)$	$(2, \infty)$
Sign of x	$-$	$-$	$+$	$+$
Sign of $x + 2$	$-$	$+$	$+$	$+$
Sign of $x - 2$	$-$	$-$	$-$	$+$
Sign of $x(x+2)(x-2)$	$-$	$+$	$-$	$+$

From the table, the solution set is $\{x \mid -2 < x < 0 \text{ or } x > 2\}$. Interval: $(-2, 0) \cup (2, \infty)$.

Graph:

47. $\dfrac{x-3}{x+1} \geq 0$. The expression on the left of the inequality changes sign where $x = -1$ and where $x = 3$. Thus we must check the intervals in the following table.

Interval	$(-\infty, -1)$	$(-1, 3)$	$(3, \infty)$
Sign of $x + 1$	$-$	$+$	$+$
Sign of $x - 3$	$-$	$-$	$+$
Sign of $\dfrac{x-3}{x+1}$	$+$	$-$	$+$

From the table, the solution set is $\{x \mid x < -1 \text{ or } x \leq 3\}$. Since the denominator cannot equal 0 we must have $x \neq -1$.

Interval: $(-\infty, -1) \cup [3, \infty)$.

Graph:

49. $\dfrac{4x}{2x+3} > 2 \quad\Leftrightarrow\quad \dfrac{4x}{2x+3} - 2 > 0 \quad\Leftrightarrow\quad \dfrac{4x}{2x+3} - \dfrac{2(2x+3)}{2x+3} > 0 \quad\Leftrightarrow\quad \dfrac{-6}{2x+3} > 0$. The expression on the left of the inequality changes sign where $x = -\frac{3}{2}$. Thus we must check the intervals in the following table.

Interval	$\left(-\infty, -\frac{3}{2}\right)$	$\left(-\frac{3}{2}, \infty\right)$
Sign of -6	$-$	$-$
Sign of $2x + 3$	$-$	$+$
Sign of $\dfrac{-6}{2x+3}$	$+$	$-$

From the table, the solution set is $\left\{x \mid x < -\frac{3}{2}\right\}$.

Interval: $\left(-\infty, -\frac{3}{2}\right)$.

Graph:

51. $\dfrac{2x+1}{x-5} \leq 3 \quad\Leftrightarrow\quad \dfrac{2x+1}{x-5} - 3 \leq 0 \quad\Leftrightarrow\quad \dfrac{2x+1}{x-5} - \dfrac{3(x-5)}{x-5} \leq 0 \quad\Leftrightarrow\quad \dfrac{-x+16}{x-5} \leq 0$. The expression on the left of the inequality changes sign where $x = 16$ and where $x = 5$. Thus we must check the intervals in the following table.

Interval	$(-\infty, 5)$	$(5, 16)$	$(16, \infty)$
Sign of $-x + 16$	$+$	$+$	$-$
Sign of $x - 5$	$-$	$+$	$\mid$
Sign of $\dfrac{-x+16}{x-5}$	$-$	$+$	$-$

From the table, the solution set is $\{x \mid x < 5 \text{ or } x \geq 16\}$. Since the denominator cannot equal 0, we must have $x \neq 5$.

Interval: $(-\infty, 5) \cup [16, \infty)$.

Graph:

53. $\dfrac{4}{x} < x \quad\Leftrightarrow\quad \dfrac{4}{x} - x < 0 \quad\Leftrightarrow\quad \dfrac{4}{x} - \dfrac{x \cdot x}{x} < 0 \quad\Leftrightarrow\quad \dfrac{4 - x^2}{x} < 0 \quad\Leftrightarrow\quad \dfrac{(2-x)(2+x)}{x} < 0$. The expression on the left of the inequality changes sign where $x = 0$, where $x = -2$, and where $x = 2$. Thus we must check the intervals in the following table.

Interval	$(-\infty, -2)$	$(-2, 0)$	$(0, 2)$	$(2, \infty)$
Sign of $2 + x$	$-$	$+$	$+$	$+$
Sign of x	$-$	$-$	$+$	$+$
Sign of $2 - x$	$+$	$+$	$+$	$-$
Sign of $\dfrac{(2-x)(2+x)}{x}$	$+$	$-$	$+$	$-$

From the table, the solution set is $\{x \mid -2 < x < 0 \text{ or } 2 < x\}$. Interval: $(-2, 0) \cup (2, \infty)$.

Graph:

55. $1 + \dfrac{2}{x+1} \le \dfrac{2}{x}$ $\Leftrightarrow$ $1 + \dfrac{2}{x+1} - \dfrac{2}{x} \le 0$ $\Leftrightarrow$ $\dfrac{x(x+1)}{x(x+1)} + \dfrac{2x}{x(x+1)} - \dfrac{2(x+1)}{x(x+1)} \le 0$ $\Leftrightarrow$

$\dfrac{x^2 + x + 2x - 2x - 2}{x(x+1)} \le 0$ $\Leftrightarrow$ $\dfrac{x^2 + x - 2}{x(x+1)} \le 0$ $\Leftrightarrow$ $\dfrac{(x+2)(x-1)}{x(x+1)} \le 0$.

The expression on the left of the inequality changes sign where $x = -2$, where $x = -1$, where $x = 0$, and where $x = 1$. Thus we must check the intervals in the following table.

Interval	$(-\infty, -2)$	$(-2, -1)$	$(-1, 0)$	$(0, 1)$	$(1, \infty)$
Sign of $x + 2$	$-$	$+$	$+$	$+$	$+$
Sign of $x - 1$	$-$	$-$	$-$	$-$	$+$
Sign of x	$-$	$-$	$-$	$+$	$+$
Sign of $x + 1$	$-$	$-$	$+$	$+$	$+$
Sign of $\dfrac{(x+2)(x-1)}{x(x+1)}$	$+$	$-$	$+$	$-$	$+$

Since $x = -1$ and $x = 0$ yield undefined expressions, we cannot include them in the solution. From the table, the solution set is $\{x \mid -2 \le x < -1 \text{ or } 0 < x \le 1\}$. Interval: $[-2, -1) \cup (0, 1]$. Graph:

57. $\dfrac{6}{x-1} - \dfrac{6}{x} \ge 1$ $\Leftrightarrow$ $\dfrac{6}{x-1} - \dfrac{6}{x} - 1 \ge 0$ $\Leftrightarrow$ $\dfrac{6x}{x(x-1)} - \dfrac{6(x-1)}{x(x-1)} - \dfrac{x(x-1)}{x(x-1)} \ge 0$ $\Leftrightarrow$

$\dfrac{6x - 6x + 6 - x^2 + x}{x(x-1)} \ge 0$ $\Leftrightarrow$ $\dfrac{-x^2 + x + 6}{x(x-1)} \ge 0$ $\Leftrightarrow$ $\dfrac{(-x+3)(x+2)}{x(x-1)} \ge 0$.

The expression on the left of the inequality changes sign where $x = 3$, where $x = -2$, where $x = 0$, and where $x = 1$. Thus we must check the intervals in the following table.

Interval	$(-\infty, -2)$	$(-2, 0)$	$(0, 1)$	$(1, 3)$	$(3, \infty)$
Sign of $-x + 3$	$+$	$+$	$+$	$+$	$-$
Sign of $x + 2$	$-$	$+$	$+$	$+$	$+$
Sign of x	$-$	$-$	$+$	$+$	$+$
Sign of $x - 1$	$-$	$-$	$-$	$+$	$+$
Sign of $\dfrac{(-x+3)(x+2)}{x(x-1)}$	$-$	$+$	$-$	$+$	$-$

From the table, the solution set is $\{x \mid -2 \le x < 0 \text{ or } 1 < x \le 3\}$. The points $x = 0$ and $x = 1$ are excluded from the solution set because they make the denominator zero. Interval: $[-2, 0) \cup (1, 3]$. Graph:

59. $\dfrac{x+2}{x+3} < \dfrac{x-1}{x-2}$ $\Leftrightarrow$ $\dfrac{x+2}{x+3} - \dfrac{x-1}{x-2} < 0$ $\Leftrightarrow$ $\dfrac{(x+2)(x-2)}{(x+3)(x-2)} - \dfrac{(x-1)(x+3)}{(x-2)(x+3)} < 0$ $\Leftrightarrow$

$\dfrac{x^2 - 4 - x^2 - 2x + 3}{(x+3)(x-2)} < 0$ $\Leftrightarrow$ $\dfrac{-2x - 1}{(x+3)(x-2)} < 0$. The expression on the left of the inequality

changes sign where $x = -\frac{1}{2}$, where $x = -3$, and where $x = 2$. Thus we must check the intervals in the following table.

Interval	$(-\infty, -3)$	$\left(-3, -\frac{1}{2}\right)$	$\left(-\frac{1}{2}, 2\right)$	$(2, \infty)$
Sign of $-2x - 1$	$+$	$+$	$-$	$-$
Sign of $x + 3$	$-$	$+$	$+$	$+$
Sign of $x - 2$	$-$	$-$	$-$	$+$
Sign of $\dfrac{-2x - 1}{(x+3)(x-2)}$	$+$	$-$	$+$	$-$

The solution set is $\left\{x \mid -3 < x < -\frac{1}{2} \text{ or } 2 < x\right\}$. Interval: $\left(-3, -\frac{1}{2}\right) \cup (2, \infty)$. Graph:

61. $x^4 > x^2 \quad \Leftrightarrow \quad x^4 - x^2 > 0 \quad \Leftrightarrow \quad x^2\left(x^2 - 1\right) > 0 \quad \Leftrightarrow \quad x^2\left(x - 1\right)\left(x + 1\right) > 0$. The expression on the left of the inequality changes sign where $x = 0$, where $x = 1$, and where $x = -1$. Thus we must check the intervals in the following table.

Interval	$(-\infty, -1)$	$(-1, 0)$	$(0, 1)$	$(1, \infty)$
Sign of x^2	$+$	$+$	$+$	$+$
Sign of $x - 1$	$-$	$-$	$-$	$+$
Sign of $x + 1$	$-$	$+$	$+$	$+$
Sign of $x^2\left(x - 1\right)\left(x + 1\right)$	$+$	$-$	$-$	$+$

From the table, the solution set is $\{x \mid x < -1 \text{ or } 1 < x\}$. Interval: $(-\infty, -1) \cup (1, \infty)$. Graph:

63. $|x| \le 4 \quad \Leftrightarrow \quad -4 \le x \le 4$. Interval: $[-4, 4]$.

Graph:

65. $|2x| > 7$ is equivalent to $2x > 7 \quad \Leftrightarrow \quad x > \frac{7}{2}$; or $2x < 7 \quad \Leftrightarrow \quad x < -\frac{7}{2}$.

Interval: $\left(-\infty, -\frac{7}{2}\right) \cup \left(\frac{7}{2}, \infty\right)$.

Graph:

67. $|x - 5| \le 3 \quad \Leftrightarrow \quad -3 \le x - 5 \le 3 \quad \Leftrightarrow \quad 2 \le x \le 8$.

Interval: $[2, 8]$.

Graph:

69. $|2x - 3| \le 0.4 \quad \Leftrightarrow \quad -0.4 \le 2x - 3 \le 0.4 \quad \Leftrightarrow$ $2.6 \le 2x \le 3.4 \quad \Leftrightarrow \quad 1.3 \le x \le 1.7$.

Interval: $[1.3, 1.7]$.

Graph:

71. $\left|\dfrac{x - 2}{3}\right| < 2 \quad \Leftrightarrow \quad -2 < \dfrac{x - 2}{3} < 2 \quad \Leftrightarrow$ $-6 < x - 2 < 6 \quad \Leftrightarrow \quad 4 < x < 8$.

Interval: $(-4, 8)$.

Graph:

73. $|x + 6| < 0.001 \quad \Leftrightarrow \quad -0.001 < x + 6 < 0.001 \quad \Leftrightarrow$ $-6.001 < x < -5.999$.

Interval: $(-6.001, -5.999)$.

Graph:

75. $8 - |2x - 1| \ge 6 \quad \Leftrightarrow \quad -|2x - 1| \ge -2 \quad \Leftrightarrow \quad |2x - 1| \le 2 \quad \Leftrightarrow \quad -2 \le 2x - 1 \le 2 \quad \Leftrightarrow \quad -1 \le 2x \le 3 \quad \Leftrightarrow$

$-\frac{1}{2} \le x \le \frac{3}{2}$. Interval: $\left[-\frac{1}{2}, \frac{3}{2}\right]$. Graph:

77. $|x| < 3$ **79.** $|x - 7| \ge 5$ **81.** $|x| \le 2$ **83.** $|x| > 3$ **85.** $|x - 1| \le 3$

87. For $\sqrt{16 - 9x^2}$ to be defined as a real number we must have $16 - 9x^2 \ge 0 \quad \Leftrightarrow \quad (4 - 3x)(4 + 3x) \ge 0$. The expression in the inequality changes sign at $x = \frac{4}{3}$ and $x = -\frac{4}{3}$.

Interval	$\left(-\infty, -\frac{4}{3}\right)$	$\left(-\frac{4}{3}, \frac{4}{3}\right)$	$\left(\frac{4}{3}, \infty\right)$
Sign of $4 - 3x$	$+$	$+$	$-$
Sign of $4 + 3x$	$-$	$+$	$+$
Sign of $(4 - 3x)(4 + 3x)$	$-$	$+$	$-$

Thus $-\frac{4}{3} \le x \le \frac{4}{3}$.

89. For $\left(\dfrac{1}{x^2 - 5x - 14}\right)^{1/2}$ to be defined as a real number we must have $x^2 - 5x - 14 > 0$ $\Leftrightarrow$ $(x - 7)(x + 2) > 0$.

The expression in the inequality changes sign at $x = 7$ and $x = -2$.

Interval	$(-\infty, -2)$	$(-2, 7)$	$(7, \infty)$
Sign of $x - 7$	$-$	$-$	$+$
Sign of $x + 2$	$-$	$+$	$+$
Sign of $(x - 7)(x + 2)$	$+$	$-$	$+$

Thus $x < -2$ or $7 < x$, and the solution set is $(-\infty, -2) \cup (7, \infty)$.

91. (a) $a(bx - c) \geq bc$ (where $a, b, c > 0$) $\Leftrightarrow$ $bx - c \geq \dfrac{bc}{a}$ $\Leftrightarrow$ $bx \geq \dfrac{bc}{a} + c$ $\Leftrightarrow$ $x \geq \dfrac{1}{b}\left(\dfrac{bc}{a} + c\right) = \dfrac{c}{a} + \dfrac{c}{b}$

$\Leftrightarrow$ $x \geq \dfrac{c}{a} + \dfrac{c}{b}$.

(b) We have $a \leq bx + c < 2a$, where $a, b, c > 0$ $\Leftrightarrow$ $a - c \leq bx < 2a - c$ $\Leftrightarrow$ $\dfrac{a - c}{b} \leq x < \dfrac{2a - c}{b}$.

93. Inserting the relationship $C = \frac{5}{9}(F - 32)$, we have $20 \leq C \leq 30$ $\Leftrightarrow$ $20 \leq \frac{5}{9}(F - 32) \leq 30$ $\Leftrightarrow$
$36 \leq F - 32 \leq 54$ $\Leftrightarrow$ $68 \leq F \leq 86$.

95. Let x be the average number of miles driven per day. Each day the cost of Plan A is $30 + 0.10x$, and the cost of Plan B is
50. Plan B saves money when $50 < 30 + 0.10x$ $\Leftrightarrow$ $20 < 0.1x$ $\Leftrightarrow$ $200 < x$. So Plan B saves money when you
average more than 200 miles a day.

97. We need to solve $6400 \leq 0.35m + 2200 \leq 7100$ for m. So $6400 \leq 0.35m + 2200 \leq 7100$ $\Leftrightarrow$ $4200 \leq 0.35m \leq 4900$
$\Leftrightarrow$ $12,000 \leq m \leq 14,000$. She plans on driving between 12,000 and 14,000 miles.

99. $0.0004 \leq \dfrac{4,000,000}{d^2} \leq 0.01$. Since $d^2 \geq 0$ and $d \neq 0$, we can multiply each expression by d^2 to obtain
$0.0004d^2 \leq 4,000,000 \leq 0.01d^2$. Solving each pair, we have $0.0004d^2 \leq 4,000,000$ $\Leftrightarrow$ $d^2 \leq 10,000,000,000$
$\Rightarrow$ $d \leq 100,000$ (recall that d represents distance, so it is always nonnegative). Solving $4,000,000 \leq 0.01d^2$ $\Leftrightarrow$
$400,000,000 \leq d^2 \Rightarrow 20,000 \leq d$. Putting these together, we have $20,000 \leq d \leq 100,000$.

101. $240 > v + \dfrac{v^2}{20}$ $\Leftrightarrow$ $\frac{1}{20}v^2 + v - 240 < 0$ $\Leftrightarrow$ $\left(\frac{1}{20}v - 3\right)(v + 80) < 0$. The expression in the inequality changes
sign at $v = 60$ and $v = -80$. However, since v represents the speed, we must have $v \geq 0$.

Interval	$(0, 60)$	$(60, \infty)$
Sign of $\frac{1}{20}v - 3$	$-$	$+$
Sign of $v + 80$	$+$	$+$
Sign of $\left(\frac{1}{20}v - 3\right)(v + 80)$	$-$	$+$

So Kerry must drive less than 60 mi/h.

103. (a) $T = 20 - \dfrac{h}{100}$, where T is the temperature in °C, and h is the height in meters.

(b) Solving the expression in part (a) for h, we get $h = 100(20 - T)$. So $0 \leq h \leq 5000$ $\Leftrightarrow$
$0 \leq 100(20 - T) \leq 5000$ $\Leftrightarrow$ $0 \leq 20 - T \leq 50$ $\Leftrightarrow$ $-20 \leq -T \leq 30$ $\Leftrightarrow$ $20 \geq T \geq -30$. Thus the
range of temperature is from 20° C down to -30° C.

105. Let n be the number of people in the group. Then the bus fare is $\dfrac{360}{n}$, and the cost of the theater tickets is $30 - 0.25n$.

We want the total cost to be less than \$39 per person, that is, $\dfrac{360}{n} + (30 - 0.25n) < 39$. If we multiply this inequality by n, we will not change the direction of the inequality; n is positive since it represents the number of people. So we get $360 + n\left(30 - 0.25n\right) < 39n \quad \Leftrightarrow \quad -0.25n^2 + 30n + 360 < 39n \quad \Leftrightarrow \quad -0.25n^2 - 9n + 360 < 0 \quad \Leftrightarrow$ $\left(0.25n + 15\right)\left(-n + 24\right)$. The expression on the left of the inequality changes sign when $n = -60$ and $n = 24$. Since $n > 0$, we check the intervals in the following table.

Interval	$(0, 24)$	$(24, \infty)$
Sign of $0.25n + 15$	$+$	$+$
Sign of $-n + 24$	$+$	$-$
Sign of $(0.25n + 15)(-n + 24)$	$+$	$-$

So the group must have more than 24 people in order that the cost of the theater tour is less than \$39.

107. (a) Let x be the thickness of the laminate. Then $|x - 0.020| \le 0.003$.

(b) $|x - 0.020| \le 0.003 \quad \Leftrightarrow \quad -0.003 \le x - 0.020 \le 0.003 \quad \Leftrightarrow \quad 0.017 \le x < 0.023$.

109. *Case 1:* $a < b < 0$ We have $a \cdot a > a \cdot b$, since $a < 0$, and $b \cdot a > b \cdot b$, since $b < 0$. So $a^2 > a \cdot b > b^2$, that is $a < b < 0$ $\Rightarrow \quad a^2 > b^2$. Continuing, we have $a \cdot a^2 < a \cdot b^2$, since $a < 0$ and $b^2 \cdot a < b^2 \cdot b$, since $b^2 > 0$. So $a^3 < ab^2 < b^3$. Thus $a < b < 0 \quad \Rightarrow \quad a^3 > b^3$. So $a < b < 0 \quad \Rightarrow \quad a^n > b^n$, if n is even, and $a^n < b$, if n is odd.

Case 2: $0 < a < b$ We have $a \cdot a < a \cdot b$, since $a > 0$, and $b \cdot a < b \cdot b$, since $b < 0$. So $a^2 < a \cdot b < b^2$. Thus $0 < a < b \quad \Rightarrow \quad a^2 < b^2$. Likewise, $a^2 \cdot a < a^2 \cdot b$ and $b \cdot a^2 < b \cdot b^2$, thus $a^3 < b^3$. So $0 < a < b \quad \Rightarrow \quad a^n < b^n$, for all positive integers n.

Case 3: $a < 0 < b$ If n is odd, then $a^n < b^n$, because a^n is negative and b^n is positive. If n is even, then we could have either $a^n < b^n$ or $a^n > b^n$. For example, $-1 < 2$ and $(\ 1)^2 < 2^2$, but $-3 < 2$ and $(-3)^2 > 2^2$.

111. $|x - 1|$ is the distance between x and 1; $|x - 3|$ is the distance between x and 3. So $|x - 1| < |x - 3|$ represents those points closer to 1 than to 3, and the solution is $x < 2$, since 2 is the point halfway between 1 and 3. If $a < b$, then the solution to $|x - a| < |x - b|$ is $x < \dfrac{a + b}{2}$.

1.8 Coordinate Geometry

1.

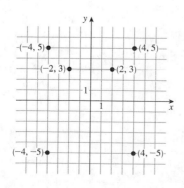

3. The two points are $(0, 2)$ and $(3, 0)$.

(a) $d = \sqrt{(3 - 0)^2 + (0 - (-2))^2} = \sqrt{3^2 + 2^2} = \sqrt{9 + 4} = \sqrt{13}$

(b) midpoint: $\left(\dfrac{3 + 0}{2}, \dfrac{0 + 2}{2}\right) = \left(\dfrac{3}{2}, 1\right)$

5. The two points are $(-3, 3)$ and $(5, -3)$.

(a) $d = \sqrt{(-3 - 5)^2 + (3 - (-3))^2} = \sqrt{(-8)^2 + 6^2}$
$= \sqrt{64 + 36} = \sqrt{100} = 10$

(b) midpoint: $\left(\dfrac{-3 + 5}{2}, \dfrac{3 + (-3)}{2}\right) = (1, 0)$

7. (a)

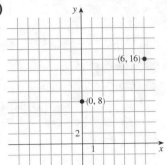

(b) $d = \sqrt{(0-6)^2 + (8-16)^2}$

$\quad = \sqrt{(-6)^2 + (-8)^2} = \sqrt{100} = 10$

(c) midpoint: $\left(\dfrac{0+6}{2}, \dfrac{8+16}{2} \right) = (3, 12)$

9. (a)

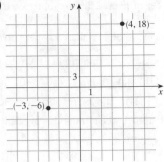

(b) $d = \sqrt{(-3-4)^2 + (-6-18)^2}$

$\quad = \sqrt{(-7)^2 + (-24)^2} = \sqrt{49 + 576} = \sqrt{625} = 25$

(c) midpoint: $\left(\dfrac{-3+4}{2}, \dfrac{-6+18}{2} \right) = \left(\tfrac{1}{2}, 6 \right)$

11. (a)

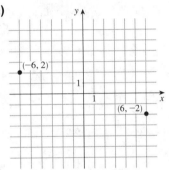

(b) $d = \sqrt{(6-(-6))^2 + (-2-2)^2} = \sqrt{12^2 + (-4)^2}$

$\quad = \sqrt{144 + 16} = \sqrt{160} = 4\sqrt{10}$

(c) midpoint: $\left(\dfrac{6-6}{2}, \dfrac{-2+2}{2} \right) = (0, 0)$

13. $d(A, B) = \sqrt{(1-5)^2 + (3-3)^2} = \sqrt{(-4)^2} = 4$.

$d(A, C) = \sqrt{(1-1)^2 + (3-(-3))^2} = \sqrt{(6)^2} = 6$. So

the area is $4 \cdot 6 = 24$.

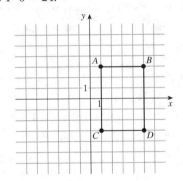

15. From the graph, the quadrilateral $ABCD$ has a pair of parallel sides, so $ABCD$ is

a trapezoid. The area is $\left(\dfrac{b_1 + b_2}{2} \right) h$. From the graph we see that

$b_1 = d(A, B) = \sqrt{(1-5)^2 + (0-0)^2} = \sqrt{4^2} = 4$;

$b_2 = d(C, D) = \sqrt{(4-2)^2 + (3-3)^2} = \sqrt{2^2} = 2$; and h is the difference in

y-coordinates is $|3 - 0| = 3$. Thus the area of the trapezoid is $\left(\dfrac{4+2}{2} \right) 3 = 9$.

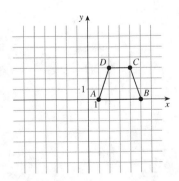

17.

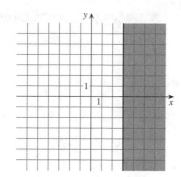

19.

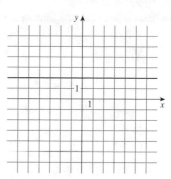

21.

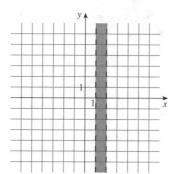

23.

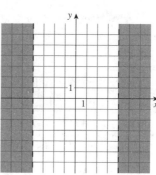

25.

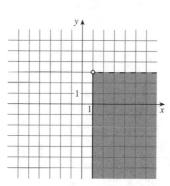

27. $d(0, A) = \sqrt{(6-0)^2 + (7-0)^2}$

$\qquad = \sqrt{6^2 + 7^2} = \sqrt{36 + 49} = \sqrt{85}$

$d(0, B) = \sqrt{(-5-0)^2 + (8-0)^2}$

$\qquad = \sqrt{(-5)^2 + 8^2} = \sqrt{25 + 64} = \sqrt{89}$

Thus point $A(6, 7)$ is closer to the origin.

29. $d(P, R) = \sqrt{(-1-3)^2 + (-1-1)^2} = \sqrt{(-4)^2 + (-2)^2} = \sqrt{16 + 4} = \sqrt{20} = 2\sqrt{5}$.

$d(Q, R) = \sqrt{[-1-(-1)]^2 + (-1-3)^2} = \sqrt{0 + (-4)^2} = \sqrt{16} = 4$. Thus point $Q(-1, 3)$ is closer to point R.

31. Since we do not know which pair are isosceles, we find the length of all three sides.

$d(A, B) = \sqrt{(-3-0)^2 + (-1-2)^2} = \sqrt{(-3)^2 + (-3)^2} = \sqrt{9+9} = \sqrt{18} = 3\sqrt{2}$.

$d(C, B) = \sqrt{[-3-(-4)]^2 + (-1-3)^2} = \sqrt{1^2 + (-4)^2} = \sqrt{1+16} = \sqrt{17}$.

$d(A, C) = \sqrt{[0-(-4)]^2 + (2-3)^2} = \sqrt{4^2 + (-1)^2} = \sqrt{16+1} = \sqrt{17}$. So sides AC and CB have the same length.

33. (a) Here we have $A = (2, 2)$, $B = (3, -1)$, and $C = (-3, -3)$. So

$d(A, B) = \sqrt{(3-2)^2 + (-1-2)^2} = \sqrt{1^2 + (-3)^2} = \sqrt{1+9} = \sqrt{10};$

$d(C, B) = \sqrt{[3-(-3)]^2 + [-1-(-3)]^2} = \sqrt{6^2 + 2^2} = \sqrt{36+4} = \sqrt{40} = 2\sqrt{10};$

$d(A, C) = \sqrt{(-3-2)^2 + (-3-2)^2} = \sqrt{(-5)^2 + (-5)^2} = \sqrt{25+25} = \sqrt{50} = 5\sqrt{2}.$

Since $[d(A, B)]^2 + [d(C, B)]^2 = [d(A, C)]^2$, we conclude that the triangle is a right triangle.

(b) The area of the triangle is $\frac{1}{2} \cdot d(C, B) \cdot d(A, B) = \frac{1}{2} \cdot \sqrt{10} \cdot 2\sqrt{10} = 10$.

35. We show that all sides are the same length (its a rhombus) and then show that the diagonals are equal. Here we have $A = (-2, 9)$, $B = (4, 6)$, $C = (1, 0)$, and $D = (-5, 3)$. So

$$d(A, B) = \sqrt{(4 - (-2))^2 + (6 - 9)^2} = \sqrt{6^2 + (-3)^2} = \sqrt{36 + 9} = \sqrt{45};$$

$$d(B, C) = \sqrt{(1 - 4)^2 + (0 - 6)^2} = \sqrt{(-3)^2 + (-6)^2} = \sqrt{9 + 36} = \sqrt{45};$$

$$d(C, D) = \sqrt{(-5 - 1)^2 + (3 - 0)^2} = \sqrt{(-6)^2 + (-3)^2} = \sqrt{36 + 9} = \sqrt{45};$$

$$d(D, A) = \sqrt{(-2 - (-5))^2 + (9 - 3)^2} = \sqrt{3^2 + 6^2} = \sqrt{9 + 36} = \sqrt{45}.$$ So the points form a

rhombus. Also $d(A, C) = \sqrt{(1 - (-2))^2 + (0 - 9)^2} = \sqrt{3^2 + (-9)^2} = \sqrt{9 + 81} = \sqrt{90} = 3\sqrt{10}$,

and $d(B, D) = \sqrt{(-5 - 4)^2 + (3 - 6)^2} = \sqrt{(-9)^2 + (-3)^2} = \sqrt{81 + 9} = \sqrt{90} = 3\sqrt{10}$. Since the diagonals are equal, the rhombus is a square.

37. Let $P = (0, y)$ be such a point. Setting the distances equal we get

$$\sqrt{(0 - 5)^2 + (y - (-5))^2} = \sqrt{(0 - 1)^2 + (y - 1)^2} \quad \Leftrightarrow$$

$$\sqrt{25 + y^2 + 10y + 25} = \sqrt{1 + y^2 - 2y + 1} \quad \Rightarrow \quad y^2 + 10y + 50 = y^2 - 2y + 2 \quad \Leftrightarrow \quad 12y = -48 \quad \Leftrightarrow$$

$y = -4$. Thus, the point is $P = (0, -4)$. Check:

$$\sqrt{(0 - 5)^2 + (-4 - (-5))^2} = \sqrt{(-5)^2 + 1^2} = \sqrt{25 + 1} = \sqrt{26};$$

$$\sqrt{(0 - 1)^2 + (-4 - 1)^2} = \sqrt{(-1)^2 + (-5)^2} = \sqrt{25 + 1} = \sqrt{26}.$$

39. As indicated by Example 3, we must find a point $S(x_1, y_1)$ such that the midpoints of PR and of QS are the same. Thus

$$\left(\frac{4 + (-1)}{2}, \frac{2 + (-4)}{2}\right) = \left(\frac{x_1 + 1}{2}, \frac{y_1 + 1}{2}\right).$$ Setting the x-coordinates equal,

we get $\dfrac{4 + (-1)}{2} = \dfrac{x_1 + 1}{2} \quad \Leftrightarrow \quad 4 - 1 = x_1 + 1 \quad \Leftrightarrow \quad x_1 = 2.$ Setting the

y-coordinates equal, we get $\dfrac{2 + (-4)}{2} = \dfrac{y_1 + 1}{2} \quad \Leftrightarrow \quad 2 - 4 = y_1 + 1 \quad \Leftrightarrow$

$y_1 = -3$. Thus $S = (2, -3)$.

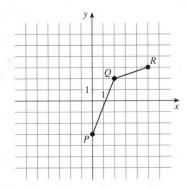

41. (a)

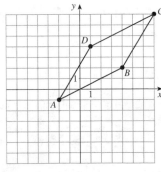

(b) The midpoint of AC is $\left(\dfrac{-2 + 7}{2}, \dfrac{-1 + 7}{2}\right) = \left(\dfrac{5}{2}, 3\right)$, the midpoint

of BD is $\left(\dfrac{4 + 1}{2}, \dfrac{2 + 4}{2}\right) = \left(\dfrac{5}{2}, 3\right)$.

(c) Since the they have the same midpoint, we conclude that the diagonals bisect each other.

43. $(0, 0)$: $0 - 2(0) - 1 \overset{?}{=} 0 \quad \Leftrightarrow \quad -1 \overset{?}{=} 0$. No.

$(1, 0)$: $1 - 2(0) - 1 \overset{?}{=} 0 \quad \Leftrightarrow \quad -1 + 1 \overset{?}{=} 0$. Yes.

$(-1, -1)$: $(-1) - 2(-1) - 1 \overset{?}{=} 0 \quad \Leftrightarrow \quad -1 + 2 - 1 \overset{?}{=} 0$. Yes.

So $(1, 0)$ and $(-1, -1)$ are points on the graph of this equation.

45. $(0, -2)$: $(0)^2 + (0)(-2) + (-2)^2 \overset{?}{=} 4$ $\Leftrightarrow$ $0 + 0 + 4 \overset{?}{=} 4$. Yes.

$(1, -2)$: $(1)^2 + (1)(-2) + (-2)^2 \overset{?}{=} 4$ $\Leftrightarrow$ $1 - 2 + 4 \overset{?}{=} 4$. No.

$(2, -2)$: $(2)^2 + (2)(-2) + (-2)^2 \overset{?}{=} 4$ $\Leftrightarrow$ $4 - 4 + 4 \overset{?}{=} 4$. Yes.

So $(0, -2)$ and $(2, -2)$ are points on the graph of this equation.

47. To find x-intercepts, set $y = 0$. This gives $0 = 4x - x^2$ $\Leftrightarrow$ $0 = x(4 - x)$ $\Leftrightarrow$ $0 = x$ or $x = 4$, so the x-intercept are 0 and 4. To find y-intercepts, set $x = 0$. This gives $y = 4(0) - 0^2$ $\Leftrightarrow$ $y = 0$, so the y-intercept is 0.

49. To find x-intercepts, set $y = 0$. This gives $x^4 + 0^2 - x(0) = 16$ $\Leftrightarrow$ $x^4 = 16$ $\Leftrightarrow$ $x = \pm 2$. So the x-intercept are -2 and 2.

To find y-intercepts, set $x = 0$. This gives $0^4 + y^2 - (0)y = 16$ $\Leftrightarrow$ $y^2 = 16$ $\Leftrightarrow$ $y = \pm 4$. So the y-intercept are -4 and 4.

51. $y = -x + 4$

x	y
-4	8
-2	6
0	4
1	3
2	2
3	1
4	0

When $y = 0$ we get $x = 4$. So the x-intercept is 4, and $x = 0$ $\Rightarrow$ $y = 4$, so the y-intercept is 4.

x-axis symmetry: $(-y) = -x + 4$ $\Leftrightarrow$ $y = x - 4$, which is not the same as $y = -x + 4$, so the graph is not symmetric with respect to the x-axis.

y-axis symmetry: $y = -(-x) + 4$ $\Leftrightarrow$ $y = x + 4$, which is not the same as $y = -x + 4$, so the graph is not symmetric with respect to the y-axis.

Origin symmetry: $(-y) = -(-x) + 4$ $\Leftrightarrow$ $y = -x - 4$, which is not the same as $y = -x + 4$, so the graph is not symmetric with respect to the origin.

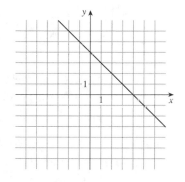

53. $2x - y = 6$

x	y
-1	-8
0	-6
1	-4
2	-2
3	0
4	2
5	4

When $y = 0$ we get $2x = 6$ So the x-intercept is 3. When $x = 0$ we get $-y = 6$ so the y-intercept is -6.

x-axis symmetry: $2x - (-y) = 6$ $\Leftrightarrow$ $2x + y = 6$, which is not the same, so the graph is not symmetric with respect to the x-axis.

y-axis symmetry: $2(-x) - y = 6$ $\Leftrightarrow$ $2x + y = -6$, so the graph is not symmetric with respect to the y-axis.

Origin symmetry: $2(-x) - (-y) = 6$ $\Leftrightarrow$ $-2x + y = 6$, which not he same, so the graph is not symmetric with respect to the origin.

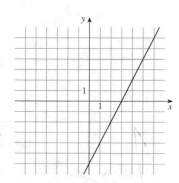

55. $y = 1 - x^2$

x	y
-3	-8
-2	-3
-1	0
0	1
1	0
2	-3
3	-8

$y = 0 \Rightarrow 0 = 1 - x^2 \Leftrightarrow x^2 = 1 \Rightarrow x = \pm 1$, so the x-intercepts are 1 and -1, and $x = 0 \Rightarrow y = 1 - (0)^2 = 1$, so the y-intercept is 1.

x-axis symmetry: $(-y) = 1 - x^2 \Leftrightarrow -y = 1 - x^2$, which is not the same as $y = 1 - x^2$, so the graph is not symmetric with respect to the x-axis.

y-axis symmetry: $y = 1 - (-x)^2 \Leftrightarrow y = 1 - x^2$, so the graph is symmetric with respect to the y-axis.

Origin symmetry: $(-y) = 1 - (-x)^2 \Leftrightarrow -y = 1 - x^2$ which is not the same as $y = 1 - x^2$. The graph is not symmetric with respect to the origin.

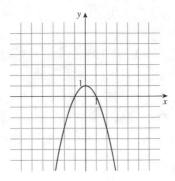

57. $4y = x^2 \Leftrightarrow y = \frac{1}{4}x^2$

x	y
-6	9
-4	4
-2	1
0	0
2	1
4	4
3	2

$y = 0 \Rightarrow 0 = \frac{1}{4}x^2 \Leftrightarrow x^2 = 0 \Rightarrow x = 0$, so the x-intercept is 0, and $x = 0 \Rightarrow y = \frac{1}{4}(0)^2 = 0$, so the y-intercept is 0.

x-axis symmetry: $(-y) = \frac{1}{4}x^2$, which is not the same as $y = \frac{1}{4}x^2$, so the graph is not symmetric with respect to the x-axis.

y-axis symmetry: $y = \frac{1}{4}(-x)^2 \Leftrightarrow y = \frac{1}{4}x^2$, so the graph is symmetric with respect to the y-axis.

Origin symmetry: $(-y) = \frac{1}{4}(-x)^2 \Leftrightarrow -y = \frac{1}{4}x^2$, which is not the same as $y = \frac{1}{4}x^2$, so the graph is not symmetric with respect to the origin.

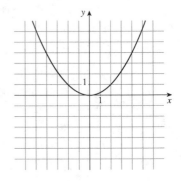

59. $y = x^2 - 9$

x	y
-4	7
-3	0
-2	-5
-1	-8
0	-9
1	-8
2	-5
3	0
4	7

$y = 0 \Rightarrow 0 = x^2 - 9 \Leftrightarrow x^2 = 9 \Rightarrow x = \pm 3$, so the x-intercepts are 3 and -3, and $x = 0 \Rightarrow y = (0)^2 - 9 = -9$, so the y-intercept is -9.

x-axis symmetry: $(-y) = x^2 - 9$, which is not the same as $y = x^2 - 9$, so the graph is not symmetric with respect to the x-axis.

y-axis symmetry: $y = (-x)^2 - 9 \Leftrightarrow y = x^2 - 9$, so the graph is symmetric with respect to the y-axis.

Origin symmetry: $(-y) = (-x)^2 - 9 \Leftrightarrow -y = x^2 - 9$, which is not the same as $y = x^2 - 9$, so the graph is not symmetric with respect to the origin.

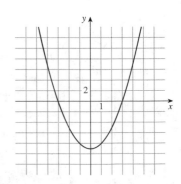

61. $xy = 2$ $\Leftrightarrow$ $y = \dfrac{2}{x}$

x	y
-4	$-\frac{1}{2}$
-2	-1
-1	-2
$-\frac{1}{2}$	-4
$-\frac{1}{4}$	-8
$\frac{1}{4}$	8
$\frac{1}{2}$	4
1	2
2	1
4	$\frac{1}{2}$

$y = 0$ or $x = 0$ $\Rightarrow$ $0 = 2$, which is impossible, so this equation has no x-intercept and no y-intercept.

x-axis symmetry: $x(-y) = 2$ $\Leftrightarrow$ $-xy = 2$, which is not the same as $xy = 2$, so the graph is not symmetric with respect to the x-axis.

y-axis symmetry: $(-x)y = 2$ $\Leftrightarrow$ $-xy = 2$, which is not the same as $xy = 2$, so the graph is not symmetric with respect to the y-axis.

Origin symmetry: $(-x)(-y) = 2$ $\Leftrightarrow$ $xy = 2$, so the graph is symmetric with respect to the origin.

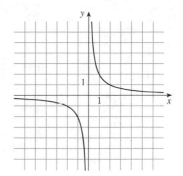

63. $y = \sqrt{4 - x^2}$. Since the radicand (the inside of the square root) cannot be negative, we must have $4 - x^2 \geq 0$ $\Leftrightarrow$ $x^2 \leq 4$ $\Leftrightarrow$ $|x| \leq 2$.

x	y
-2	0
-1	$\sqrt{3}$
0	4
1	$\sqrt{3}$
2	0

$y = 0$ $\Rightarrow$ $0 = \sqrt{4 - x^2}$ $\Leftrightarrow$ $4 - x^2 = 0$ $\Leftrightarrow$ $x^2 = 4$ $\Rightarrow$ $x = \pm 2$, so the x-intercept are -2 and 2, and $x = 0$ $\Rightarrow$ $y = \sqrt{4 - (0)^2} = \sqrt{4} = 2$, so the y-intercept is 2. Since $y \geq 0$, the graph is not symmetric with respect to the x-axis.

y-axis symmetry: $y - \sqrt{4 - (-x)^2} = \sqrt{4 - x^2}$, so the graph is symmetric with respect to the y-axis. Also, since $y \geq 0$ the graph is not symmetric with respect to the origin.

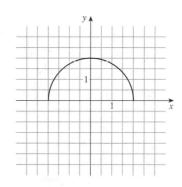

65. Solve for x in terms of y: $x + y^2 = 4$ $\Leftrightarrow$ $x = 4 - y^2$

x	y
-12	-4
-5	-3
0	-2
3	-1
4	0
3	1
0	2
-5	3
-12	4

$y = 0$ $\Rightarrow$ $x + 0^2 = 4$ $\Leftrightarrow$ $x = 4$, so the x-intercept is 4, and $x = 0$ $\Rightarrow$ $0 + y^2 = 4$ $\Rightarrow$ $y = \pm 2$, so the y-intercepts are -2 and 2.

x-axis symmetry: $x + (-y)^2 = 4$ $\Leftrightarrow$ $x + y^2 = 4$, so the graph is symmetric with respect to the x-axis.

y-axis symmetry: $(-x) + y^2 = 4$ $\Leftrightarrow$ $-x + y^2 = 4$, which is not the same, so the graph is not symmetric with respect to the y-axis.

Origin symmetry: $(-x) + (-y)^2 = 4$ $\Leftrightarrow$ $-x + y^2 = 4$, which is not the same as $x + y^2 = 4$, so the graph is not symmetric with respect to the origin.

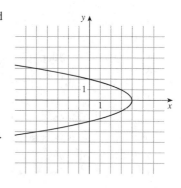

67. $y = 16 - x^4$

x	y
-3	-65
-2	0
-1	15
0	16
1	15
2	0
3	-65

$y = 0 \quad \Rightarrow \quad 0 = 16 - x^4 \quad \Rightarrow \quad x^4 = 16 \quad \Rightarrow \quad x^2 = 4 \Rightarrow$
$x = \pm 2$, so the x-intercepts are ± 2, and so $x = 0 \quad \Rightarrow$
$y = 16 - 0^4 = 16$, so the y-intercept is 16.

x-axis symmetry: $(-y) = 16 - x^4 \quad \Leftrightarrow \quad y = -16 + x^4$, which is
not the same as $y = 16 - x^4$, so the graph is not symmetric with
respect to the x-axis. y-axis symmetry: $y = 16 - (-x)^4 = 16 - x^4$,
so the graph is symmetric with respect to the y-axis.

Origin symmetry: $(-y) = 16 - (-x)^4 \quad \Leftrightarrow \quad -y = 16 - x^4$,
which is not the same as $y = 16 - x^4$, so the graph is not symmetric
with respect to the origin.

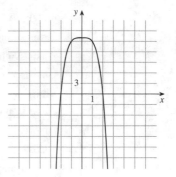

69. $y = 4 - |x|$

x	y
-6	-2
-4	0
-2	2
0	4
2	2
4	0
6	-2

$y = 0 \quad \Rightarrow \quad 0 = 4 - |x| \quad \Leftrightarrow \quad |x| = 4 \quad \Rightarrow \quad x = \pm 4$, so the
x-intercepts are -4 and 4, and $x = 0 \quad \Rightarrow \quad y = 4 - |0| = 4$, so
the y-intercept is 4.

x-axis symmetry: $(-y) = 4 - |x| \quad \Leftrightarrow \quad y = -4 + |x|$, which is
not the same as $y = 4 - |x|$, so the graph is not symmetric with
respect to the x-axis.

y-axis symmetry: $y = 4 - |-x| = 4 - |x|$, so the graph is symmetric
with respect to the y-axis.

Origin symmetry: $(-y) = 4 - |-x| \quad \Leftrightarrow \quad y = -4 + |x|$, which is
not the same as $y = 4 - |x|$, so the graph is not symmetric with
respect to the origin.

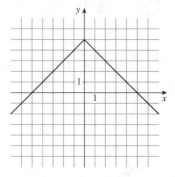

71. x-axis symmetry: $(-y) = x^4 + x^2 \quad \Leftrightarrow \quad y = -x^4 - x^2$, which is not the same as $y = x^4 + x^2$, so the graph is not
symmetric with respect to the x-axis.
y-axis symmetry: $y = (-x)^4 + (-x)^2 = x^4 + x^2$, so the graph is symmetric with respect to the y-axis.
Origin symmetry: $(-y) = (-x)^4 + (-x)^2 \quad \Leftrightarrow \quad -y = x^4 + x^2$, which is not the same as $y = x^4 + x^2$, so the graph is
not symmetric with respect to the origin.

73. x-axis symmetry: $x^2 (-y)^2 + x (-y) = 1 \quad \Leftrightarrow \quad x^2 y^2 - xy = 1$, which is not the same as $x^2 y^2 + xy = 1$, so the graph
is not symmetric with respect to the x-axis.
y-axis symmetry: $(-x)^2 y^2 + (-x) y = 1 \quad \Leftrightarrow \quad x^2 y^2 - xy = 1$, which is not the same as $x^2 y^2 + xy = 1$, so the graph
is not symmetric with respect to the y-axis.
Origin symmetry: $(-x)^2 (-y)^2 + (-x) (-y) = 1 \quad \Leftrightarrow \quad x^2 y^2 + xy = 1$, so the graph is symmetric with respect to the
origin.

75. x-axis symmetry: $(-y) = x^3 + 10x \quad \Leftrightarrow \quad y = -x^3 - 10x$, which is not the same as $y = x^3 + 10x$, so the graph is not
symmetric with respect to the x-axis.
y-axis symmetry: $y = (-x)^3 + 10 (-x) \quad \Leftrightarrow \quad y = -x^3 - 10x$, so the graph is not symmetric with respect to the y-axis.
Origin symmetry: $(-y) = (-x)^3 + 10 (-x) \quad \Leftrightarrow \quad -y = -x^3 - 10x \quad \Leftrightarrow \quad y = x^3 + 10x$, so the graph is symmetric
with respect to the origin.

77. Symmetric with respect to the y-axis.

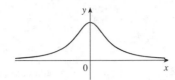

79. Symmetric with respect to the origin.

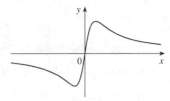

81. Using $h = 2$, $k = -1$, and $r = 3$, we get $(x - 2)^2 + (y - (-1))^2 = 3^2$ $\Leftrightarrow$ $(x - 2)^2 + (y + 1)^2 = 9$.

83. The equation of a circle centered at the origin is $x^2 + y^2 = r^2$. Using the point $(4, 7)$ we solve for r^2. This gives $(4)^2 + (7)^2 = r^2$ $\Leftrightarrow$ $16 + 49 = 65 = r^2$. Thus, the equation of the circle is $x^2 + y^2 = 65$.

85. Since the circle is tangent to the x-axis, it must contain the point $(7, 0)$, so the radius is the change in the y-coordinates. That is, $r = |-3 - 0| = 3$. So the equation of the circle is $(x - 7)^2 + (y - (-3))^2 = 3^2$, which is $(x - 7)^2 + (y + 3)^2 = 9$.

87. From the figure, the center of the circle is at $(-2, 2)$. The radius is the change in the y-coordinates, so $r = |2 - 0| = 2$. Thus the equation of the circle is $(x - (-2))^2 + (y - 2)^2 = 2^2$, which is $(x + 2)^2 + (y - 2)^2 = 4$.

89. Completing the square gives $x^2 + y^2 - 4x + 10y + 13 = 0$ $\Leftrightarrow$ $x^2 - 4x + \left(\frac{-4}{2}\right)^2 + y^2 + 10y + \left(\frac{10}{2}\right)^2 = -13 + \left(\frac{4}{2}\right)^2 + \left(\frac{10}{2}\right)^2$ $\Leftrightarrow$ $x^2 - 4x + 4 + y^2 + 10y + 25 = -13 + 4 + 25$ $\Leftrightarrow$ $(x - 2)^2 + (y + 5)^2 = 16$. Thus, the center is $(2, -5)$, and the radius is 4.

91. Completing the square gives $x^2 + y^2 - \frac{1}{2}x + \frac{1}{2}y = \frac{1}{8}$ $\Leftrightarrow$ $x^2 - \frac{1}{2}x + \left(\frac{-1/2}{2}\right)^2 + y^2 + \frac{1}{2}y + \left(\frac{1/2}{2}\right)^2 = \frac{1}{8} + \left(\frac{-1/2}{2}\right)^2 + \left(\frac{1/2}{2}\right)^2$ $\Leftrightarrow$ $x^2 - \frac{1}{2}x + \frac{1}{16} + y^2 + \frac{1}{2}y + \frac{1}{16} = \frac{1}{8} + \frac{1}{16} + \frac{1}{16} = \frac{2}{8} = \frac{1}{4}$ $\Leftrightarrow$ $\left(x - \frac{1}{4}\right)^2 + \left(y + \frac{1}{4}\right)^2 = \frac{1}{4}$. Thus, the circle has center $\left(\frac{1}{4}, -\frac{1}{4}\right)$ and radius $\frac{1}{2}$.

93. Completing the square gives $2x^2 + 2y^2 - 3x = 0$ $\Leftrightarrow$ $x^2 + y^2 - \frac{3}{2}x = 0$ $\Leftrightarrow$ $\left(x - \frac{3}{4}\right)^2 + y^2 = \left(\frac{3}{4}\right)^2 = \frac{9}{16}$. Thus, the circle has center $\left(\frac{3}{4}, 0\right)$ and radius $\frac{3}{4}$.

95. $\left\{(x, y) \mid x^2 + y^2 \le 1\right\}$. This is the set of points inside (and on) the circle $x^2 + y^2 = 1$.

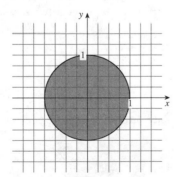

97. Completing the square gives $x^2 + y^2 - 4y - 12 = 0$ $\Leftrightarrow$ $x^2 + y^2 - 4y + \left(\frac{-4}{2}\right)^2 = 12 + \left(\frac{-4}{2}\right)^2$ $\Leftrightarrow$ $x^2 + (y - 2)^2 = 16$. Thus, the center is $(0, 2)$, and the radius is 4. So the circle $x^2 + y^2 = 4$, with center $(0, 0)$ and radius 2, sits completely inside the larger circle. Thus, the area is $\pi 4^2 - \pi 2^2 = 16\pi - 4\pi = 12\pi$.

99. (a) $d(A, B) = \sqrt{3^2 + 4^2} = \sqrt{25} = 5$.

(b) We want the distances from $C = (4, 2)$ to $D = (11, 26)$. The walking distance is $|4 - 11| + |2 - 26| = 7 + 24 = 31$ blocks. Straight-line distance is $\sqrt{(4 - 11)^2 + (2 - 26)^2} = \sqrt{7^2 + 24^2} = \sqrt{625} = 25$.

(c) The two points are on the same avenue or the same street.

101. (a) Closest: 2 Mm. Farthest: 8 Mm.

(b) When $y = 2$ we have $\dfrac{(x-3)^2}{25} + \dfrac{2^2}{16} = 1 \quad \Leftrightarrow \quad \dfrac{(x-3)^2}{25} + \dfrac{1}{4} = 1 \quad \Leftrightarrow \quad \dfrac{(x-3)^2}{25} = \dfrac{3}{4} \quad \Leftrightarrow$

$(x-3)^2 = \dfrac{75}{4}$. Taking the square root of both sides we get $x - 3 = \pm\sqrt{\dfrac{75}{4}} = \pm\dfrac{5\sqrt{3}}{2} \quad \Leftrightarrow \quad x = 3 \pm \dfrac{5\sqrt{3}}{2}$.

So $x = 3 - \dfrac{5\sqrt{3}}{2} \approx -1.33$ or $x = 3 + \dfrac{5\sqrt{3}}{2} \approx 7.33$. The distance from $(-1.33, 2)$ to the center $(0,0)$ is

$d = \sqrt{(-1.33 - 0)^2 + (2 - 0)^2} = \sqrt{5.7689} \approx 2.40$. The distance from $(7.33, 2)$ to the center $(0,0)$ is

$d = \sqrt{(7.33 - 0)^2 + (2 - 0)^2} = \sqrt{57.7307} \approx 7.60$.

103. (a) The point $(3, 7)$ is reflected to the point $(-3, 7)$.

(b) The point (a, b) is reflected to the point $(-a, b)$.

(c) Since the point $(-a, b)$ is the reflection of (a, b), the point $(-4, -1)$ is the reflection of $(4, -1)$.

(d) $A = (3, 3)$, so $A' = (-3, 3)$; $B = (6, 1)$, so $B' = (-6, 1)$; and $C = (1, -4)$, so $C' = (-1, -4)$.

105. We need to find a point $S(x_1, y_1)$ such that $PQRS$ is a parallelogram. As indicated by Example 3, this will be the case if the diagonals PR and QS bisect each other. So the midpoints of PR and QS are the same. Thus

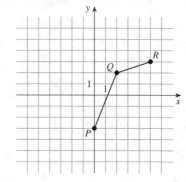

$\left(\dfrac{0+5}{2}, \dfrac{-3+3}{2}\right) = \left(\dfrac{x_1+2}{2}, \dfrac{y_1+2}{2}\right)$. Setting the x-coordinates equal, we

get $\dfrac{0+5}{2} = \dfrac{x_1+2}{2} \quad \Leftrightarrow \quad 0 + 5 = x_1 + 2 \quad \Leftrightarrow \quad x_1 = 3$.

Setting the y-coordinates equal, we get $\dfrac{-3+3}{2} = \dfrac{y_1+2}{2} \quad \Leftrightarrow$

$-3 + 3 = y_1 + 2 \quad \Leftrightarrow \quad y_1 = -2$. Thus $S = (3, -2)$.

107. (a) (i) $(x-2)^2 + (y-1)^2 = 9$, the center is at $(2, 1)$, and the radius is 3.

$(x-6)^2 + (y-4)^2 = 16$, the center is at $(6, 4)$, and the radius is 4. The distance between centers is

$\sqrt{(2-6)^2 + (1-4)^2} = \sqrt{(-4)^2 + (-3)^2} = \sqrt{16 + 9} = \sqrt{25} = 5$. Since $5 < 3 + 4$, these circles intersect.

(ii) $x^2 + (y-2)^2 = 4$, the center is at $(0, 2)$, and the radius is 2.

$(x-5)^2 + (y-14)^2 = 9$, the center is at $(5, 14)$, and the radius is 3. The distance between centers is

$\sqrt{(0-5)^2 + (2-14)^2} = \sqrt{(-5)^2 + (-12)^2} = \sqrt{25 + 144} = \sqrt{169} = 13$. Since $13 > 2 + 3$, these circles do not intersect.

(iii) $(x-3)^2 + (y+1)^2 = 1$, the center is at $(3, -1)$, and the radius is 1.

$(x-2)^2 + (y-2)^2 = 25$, the center is at $(2, 2)$, and the radius is 5. The distance between centers is

$\sqrt{(3-2)^2 + (-1-2)^2} = \sqrt{1^2 + (-3)^2} = \sqrt{1 + 9} = \sqrt{10}$. Since $\sqrt{10} < 1 + 5$, these circles intersect.

(b) As shown in the diagram, if two circles intersect, then the centers of the circles and one point of intersection form a triangle. So because in any triangle each side has length less than the sum of the other two, the two circles will intersect only if the distance between their centers, d, is less than or equal to the sum of the radii, r_1 and r_2. That is, the circles will intersect if $d \le r_1 + r_2$.

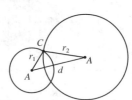

1.9   Graphing Calculators; Solving Equations and Inequalities Graphically

1. $y = x^4 + 2$

(a) $[-2, 2]$ by $[-2, 2]$

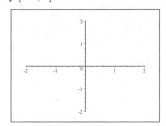

(b) $[0, 4]$ by $[0, 4]$

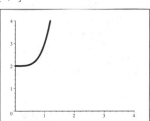

(c) $[-8, 8]$ by $[-4, 40]$

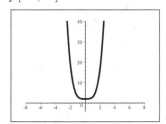

(d) $[-40, 40]$ by $[-80, 800]$

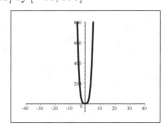

The viewing rectangle in part (c) produces the most appropriate graph of the equation.

3. $y = 100 - x^2$

(a) $[-4, 4]$ by $[-4, 4]$

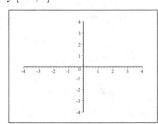

(b) $[-10, 10]$ by $[-10, 10]$

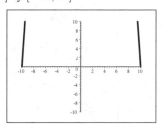

(c) $[-15, 15]$ by $[-30, 110]$

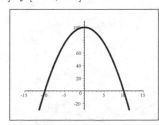

(d) $[-4, 4]$ by $[-30, 110]$

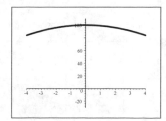

The viewing rectangle in part (c) produces the most appropriate graph of the equation.

5. $y = 10 + 25x - x^3$

(a) $[-4, 4]$ by $[-4, 4]$

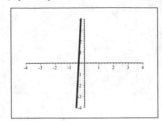

(b) $[-10, 10]$ by $[-10, 10]$

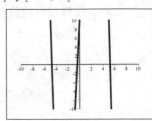

(c) $[-20, 20]$ by $[-100, 100]$

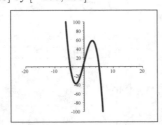

(d) $[-100, 100]$ by $[-200, 200]$

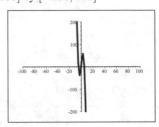

The viewing rectangle in part (c) produces the most appropriate graph of the equation.

7. $y = 100x^2$, $[-2, 2]$ by $[-10, 400]$

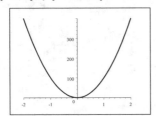

9. $y = 4 + 6x - x^2$, $[-4, 10]$ by $[-10, 20]$

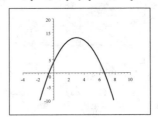

11. $y = \sqrt[4]{256 - x^2}$. We require that $256 - x^2 \geq 0$ $\Rightarrow$ $-16 \leq x \leq 16$, so we graph $y = \sqrt[4]{256 - x^2}$ in the viewing rectangle $[-20, 20]$ by $[-1, 5]$.

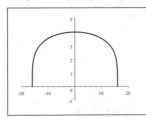

13. $y = 0.01x^3 - x^2 + 5$, $[-50, 150]$ by $[-2000, 2000]$

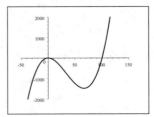

15. $y = x^4 - 4x^3$, $[-4, 6]$ by $[-50, 100]$

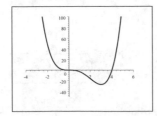

17. $y = 1 + |x - 1|$, $[-3, 5]$ by $[-1, 5]$

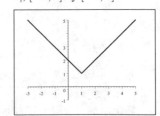

19. $x^2 + y^2 = 9 \iff y^2 = 9 - x^2 \implies$
$y = \pm\sqrt{9 - x^2}$. So we graph the functions
$y_1 = \sqrt{9 - x^2}$ and $y_2 = -\sqrt{9 - x^2}$ in the viewing
rectangle $[-6, 6]$ by $[-4, 4]$.

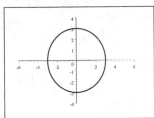

21. $4x^2 + 2y^2 = 1 \iff 2y^2 = 1 - 4x^2 \iff$
$y^2 = \dfrac{1 - 4x^2}{2} \implies y = \pm\sqrt{\dfrac{1 - 4x^2}{2}}$. So we graph
the functions $y_1 = \sqrt{\dfrac{1 - 4x^2}{2}}$ and $y_2 = -\sqrt{\dfrac{1 - 4x^2}{2}}$ in
the viewing rectangle $[-1.2, 1.2]$ by $[-0.8, 0.8]$.

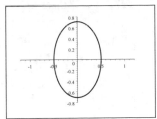

23. Although the graphs of $y = -3x^2 + 6x - \frac{1}{2}$ and
$y = \sqrt{7 - \frac{7}{12}x^2}$ appear to intersect in the viewing
rectangle $[-4, 4]$ by $[-1, 3]$, there is no point of
intersection. You can verify this by zooming in.

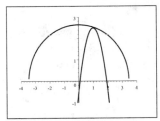

25. The graphs of $y = 6 - 4x - x^2$ and $y = 3x + 18$ appear
to have two points of intersection in the viewing rectangle
$[-6, 2]$ by $[-5, 20]$. You can verify that $x = -4$ and
$x = -3$ are exact solutions.

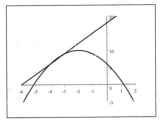

27. Algebraically: $x - 4 = 5x + 12 \iff -16 = 4x \iff$
$x = -4$.
Graphically: We graph the two equations $y_1 = x - 4$ and
$y_2 = 5x + 12$ in the viewing rectangle $[-6, 4]$ by
$[-10, 2]$. Zooming in, we see that the solution is $x = -4$.

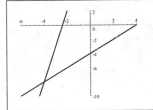

29. Algebraically: $\dfrac{2}{x} + \dfrac{1}{2x} = 7 \iff 2x\left(\dfrac{2}{x} + \dfrac{1}{2x}\right) = 2x\,(7)$
$\iff 4 + 1 = 14x \iff x = \frac{5}{14}$.

Graphically: we graph the two equations $y_1 = \dfrac{2}{x} + \dfrac{1}{2x}$
and $y_2 = 7$ in the viewing rectangle $[-2, 2]$ by $[-2, 8]$.
Zooming in, we see that the solution is $x \approx 0.36$.

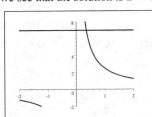

31. Algebraically: $x^2 - 32 = 0 \iff x^2 = 32 \implies x = \pm\sqrt{32} = \pm 4\sqrt{2}$.

Graphically: We graph the equation $y_1 = x^2 - 32$ and determine where this curve intersects the x-axis. We use the viewing rectangle $[-10, 10]$ by $[-5, 5]$. Zooming in, we see that solutions are $x \approx 5.66$ and $x \approx -5.66$.

33. Algebraically: $16x^4 = 625 \iff x^4 = \frac{625}{16} \implies x = \pm\frac{5}{2} = \pm 2.5$.

Graphically: We graph the two equations $y_1 = 16x^4$ and $y_2 = 625$ in the viewing rectangle $[-5, 5]$ by $[610, 640]$. Zooming in, we see that solutions are $x = \pm 2.5$.

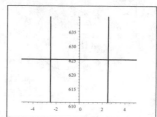

35. Algebraically: $(x - 5)^4 - 80 = 0 \iff (x - 5)^4 = 80 \implies x - 5 = \pm\sqrt[4]{80} = \pm 2\sqrt[4]{5} \iff x = 5 \pm 2\sqrt[4]{5}$.

Graphically: We graph the equation $y_1 = (x - 5)^4 - 80$ and determine where this curve intersects the x-axis. We use the viewing rectangle $[-1, 9]$ by $[-5, 5]$. Zooming in, we see that solutions are $x \approx 2.01$ and $x \approx 7.99$.

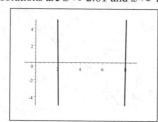

37. We graph $y = x^2 - 7x + 12$ in the viewing rectangle $[0, 6]$ by $[-0.1, 0.1]$. The solutions appear to be exactly $x = 3$ and $x = 4$. [In fact $x^2 - 7x + 12 = (x - 3)(x - 4)$.]

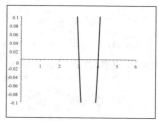

39. We graph $y = x^3 - 6x^2 + 11x - 6$ in the viewing rectangle $[-1, 4]$ by $[-0.1, 0.1]$. The solutions are $x = 1.00$, $x = 2.00$, and $x = 3.00$.

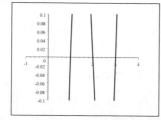

41. We first graph $y = x - \sqrt{x + 1}$ in the viewing rectangle $[-1, 5]$ by $[-0.1, 0.1]$ and find that the solution is near 1.6. Zooming in, we see that the solution is $x \approx 1.62$.

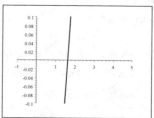

43. We graph $y = x^{1/3} - x$ in the viewing rectangle $[-3, 3]$ by $[-1, 1]$. The solutions are $x = -1$, $x = 0$, and $x = 1$, as can be verified by substitution.

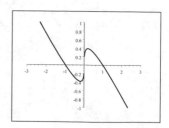

45. $x^3 - 2x^2 - x - 1 = 0$, so we start by graphing
the function $y = x^3 - 2x^2 - x - 1$ in the
viewing rectangle $[-10, 10]$ by $[-100, 100]$.
There appear to be two solutions, one near $x = 0$
and another one between $x = 2$ and $x = 3$. We
then use the viewing rectangle $[-1, 5]$ by $[-1, 1]$
and zoom in on the only solution, $x \approx 2.55$.

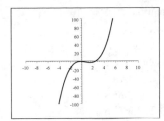 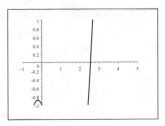

47. $x(x-1)(x+2) = \frac{1}{6}x$ $\Leftrightarrow$
$x(x-1)(x+2) - \frac{1}{6}x = 0$. We start by
graphing the function
$y = x(x-1)(x+2) - \frac{1}{6}x$ in the viewing
rectangle $[-5, 5]$ by $[-10, 10]$. There appear to
be three solutions. We then use the viewing
rectangle $[-2.5, 2.5]$ by $[-1, 1]$ and zoom into
the solutions at $x \approx -2.05$, $x = 0.00$, and
$x \approx 1.05$.

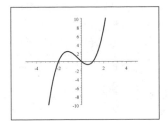 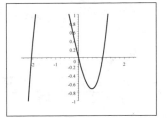

49. We graph $y = x^2 - 3x - 10$ in the viewing rectangle
$[-5, 6]$ by $[-14, 2]$. The the solution to the inequality is
$[-2, 5]$.

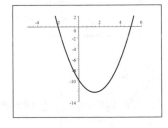

51. Since $x^3 + 11x \le 6x^2 + 6$ $\Leftrightarrow$
$x^3 - 6x^2 + 11x - 6 \le 0$, we graph
$y = x^3 - 6x^2 + 11x - 6$ in the viewing rectangle $[0, 5]$ by
$[-5, 5]$. The solution set is $(-\infty, 1.0] \cup [2.0, 3.0]$.

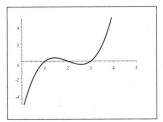

53. Since $x^{1/3} \le x$ $\Leftrightarrow$ $x^{1/3} - x < 0$, we graph
$y = x^{1/3} - x$ in the viewing rectangle $[-3, 3]$ by $[-1, 1]$.
From this, we find that the solution set is $(-1, 0) \cup (1, \infty)$.

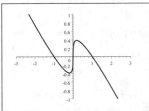

55. Since $(x+1)^2 < (x-1)^2$ $\Leftrightarrow$
$(x+1)^2 - (x-1)^2 < 0$, we graph
$y = (x+1)^2 - (x-1)^2$ in the viewing rectangle $[-2, 2]$
by $[-5, 5]$. The solution set is $(-\infty, 0)$.

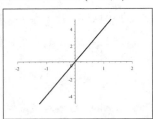

57. As in Example 6, we graph the equation $y = x^3 - 6x^2 + 9x - \sqrt{x}$ in the viewing rectangle $[0, 10]$ by $[-2, 15]$. We see the two solutions found in Example 6 and what appears to be an additional solution at $x = 0$. In the viewing rectangle $[0, 0.05]$ by $[-0.25, 0.25]$, we find yet another solution at $x \approx 0.01$. We can verify that $x = 0$ is an exact solution by substitution.

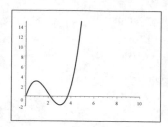 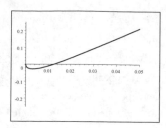

59. (a)

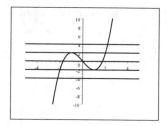

(b) Using a zoom or trace function, we find that $y \geq 10$ for $x \geq 66.7$. We could estimate this since if $x < 100$, then $\left(\frac{x}{5280}\right)^2 \leq 0.00036$. So for $x < 100$ we have $\sqrt{1.5x + \left(\frac{x}{5280}\right)^2} \approx \sqrt{1.5x}$. Solving $\sqrt{1.5x} > 10$ we get $1.5 > 100$ or $x > \frac{100}{1.5} = 66.7$ mi.

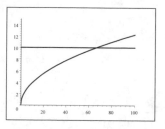

61. Calculators perform operations in the following order: exponents are applied before division and division is applied before addition. Therefore, Y_1=x^1/3 is interpreted as $y = \frac{x^1}{3} = \frac{x}{3}$, which is the equation of a line. Likewise, Y_2=x/x+4 is interpreted as $y = \frac{x}{x} + 4 = 1 + 4 = 5$. Instead, enter the following: Y_1=x^(1/3), Y_2=x/(x+4).

63. (a) We graph $y_1 = x^3 - 3x$ and $y_2 = k$ for $k = -4, -2, 0, 2$, and 4 in the viewing rectangle $[-5, 5]$ by $[-10, 10]$. The number of solutions and the solutions are shown in the table below.

k	Number of solutions	Solutions
-4	1	$x \approx -2.20$
-2	2	$x = -2$, $x = 1$
0	3	$x \approx \pm 1.73$, $x = 0$
2	2	$x = -1$, $x = 2$
4	1	$x \approx 2.20$

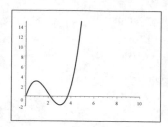

(b) The equation $x^3 - 3x = k$ will have one solution for all $k < -2$ or $k > 2$, it will have exactly two solutions when $k = \pm 2$, and it will have three solutions for $-2 < k < 2$.

1.10   Lines

1. $m = \dfrac{y_2 - y_1}{x_2 - x_1} = \dfrac{2 - 0}{4 - 0} = \dfrac{2}{4} = \dfrac{1}{2}$

3. $m = \dfrac{y_2 - y_1}{x_2 - x_1} = \dfrac{0 - 2}{-10 - 2} = \dfrac{-2}{-12} = \dfrac{1}{6}$

5. $m = \dfrac{y_2 - y_1}{x_2 - x_1} = \dfrac{4 - 3}{2 - 4} = \dfrac{1}{-2} = -\dfrac{1}{2}$

7. $m = \dfrac{y_2 - y_1}{x_2 - x_1} = \dfrac{6 - (-3)}{-1 - 1} = \dfrac{9}{-2} = -\dfrac{9}{2}$

9. For ℓ_1, we find two points, $(-1, 2)$ and $(0, 0)$ that lie on the line. Thus the slope of ℓ_1 is $m = \dfrac{y_2 - y_1}{x_2 - x_1} = \dfrac{2 - 0}{-1 - 0} = -2$.

For ℓ_2, we find two points $(0, 2)$ and $(2, 3)$. Thus, the slope of ℓ_2 is $m = \dfrac{y_2 - y_1}{x_2 - x_1} = \dfrac{3 - 2}{2 - 0} = \dfrac{1}{2}$. For ℓ_3 we find the points $(2, -2)$ and $(3, 1)$. Thus, the slope of ℓ_3 is $m = \dfrac{y_2 - y_1}{x_2 - x_1} = \dfrac{1 - (-2)}{3 - 2} = 3$. For ℓ_4, we find the points $(-2, -1)$ and $(2, -2)$. Thus, the slope of ℓ_4 is $m = \dfrac{y_2 - y_1}{x_2 - x_1} = \dfrac{-2 - (-1)}{2 - (-2)} = \dfrac{-1}{4} = -\dfrac{1}{4}$.

11. First we find two points, $(0, 4)$ and $(4, 0)$ that lie on the line. So the slope is $m = \dfrac{0 - 4}{4 - 0} = -1$. Since the y-intercept is 4, the equation of the line is $y = mx + b = -1x + 4$. So $y = -x + 4$, or $x + y - 4 = 0$.

13. We choose the two intercepts as points, $(0, -3)$ and $(2, 0)$. So the slope is $m = \dfrac{0 - (-3)}{2 - 0} = \dfrac{3}{2}$. Since the y-intercept is -3, the equation of the line is $y = mx + b = \dfrac{3}{2}x - 3$, or $3x - 2y - 6 = 0$.

15. Using the equation $y - y_1 = m(x - x_1)$, we get $y - 3 = 1(x - 2)$ $\Leftrightarrow$ $-x + y = 1$ $\Leftrightarrow$ $x - y + 1 = 0$.

17. Using the equation $y - y_1 = m(x - x_1)$, we get $y - 7 = \dfrac{2}{3}(x - 1)$ $\Leftrightarrow$ $3y - 21 = 2x - 2$ $\Leftrightarrow$ $-2x + 3y = 19$
$\Leftrightarrow$ $2x - 3y + 19 = 0$.

19. First we find the slope, which is $m = \dfrac{y_2 - y_1}{x_2 - x_1} = \dfrac{6 - 1}{1 - 2} = \dfrac{5}{-1} = -5$. Substituting into $y - y_1 = m(x - x_1)$, we get
$y - 6 = -5(x - 1)$ $\Leftrightarrow$ $y - 6 = -5x + 5$ $\Leftrightarrow$ $5x + y - 11 = 0$.

21. Using $y = mx + b$, we have $y = 3x + (-2)$ or $3x - y - 2 = 0$.

23. We are given two points, $(1, 0)$ and $(0, -3)$. Thus, the slope is $m = \dfrac{y_2 - y_1}{x_2 - x_1} = \dfrac{-3 - 0}{0 - 1} = \dfrac{-3}{-1} = 3$. Using the
y-intercept, we have $y = 3x + (-3)$ or $y = 3x - 3$ or $3x - y - 3 = 0$.

25. Since the equation of a horizontal line passing through (a, b) is $y = b$, the equation of the horizontal line passing through
$(4, 5)$ is $y = 5$.

27. Since $x + 2y = 6$ $\Leftrightarrow$ $2y = -x + 6$ $\Leftrightarrow$ $y = -\dfrac{1}{2}x + 3$, the slope of this line is $-\dfrac{1}{2}$. Thus, the line we seek is given
by $y - (-6) = -\dfrac{1}{2}(x - 1)$ $\Leftrightarrow$ $2y + 12 = -x + 1$ $\Leftrightarrow$ $x + 2y + 11 = 0$.

29. Any line parallel to $x = 5$ will have undefined slope and be of the form $x = a$. Thus the equation of the line is $x = -1$.

31. First find the slope of $2x + 5y + 8 = 0$. This gives $2x + 5y + 8 = 0$ $\Leftrightarrow$ $5y = -2x - 8$ $\Leftrightarrow$ $y = -\dfrac{2}{5}x - \dfrac{8}{5}$. So
the slope of the line that is perpendicular to $2x + 5y + 8 = 0$ is $m = -\dfrac{1}{-2/5} = \dfrac{5}{2}$. The equation of the line we seek is
$y - (-2) = \dfrac{5}{2}(x - (-1))$ $\Leftrightarrow$ $2y + 4 = 5x + 5$ $\Leftrightarrow$ $5x - 2y + 1 = 0$.

33. First find the slope of the line passing through $(2, 5)$ and $(-2, 1)$. This gives $m = \dfrac{1 - 5}{-2 - 2} = \dfrac{-4}{-4} = 1$, and so the equation
of the line we seek is $y - 7 = 1(x - 1)$ $\Leftrightarrow$ $x - y + 6 = 0$.

35. (a)

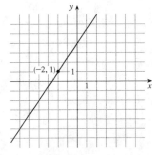

(b) $y - 1 = \dfrac{3}{2}(x - (-2))$ $\Leftrightarrow$ $2y - 2 = 3(x + 2)$
$\Leftrightarrow$ $2y - 2 = 3x + 6$ $\Leftrightarrow$ $3x - 2y + 8 = 0$.

37.

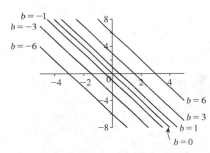

$y = -2x + b$, $b = 0, \pm 1, \pm 3, \pm 6$. They have the same slope, so they are parallel.

39.

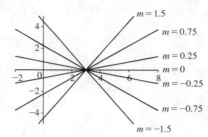

$y = m(x - 3)$, $m = 0$, ± 0.25, ± 0.75, ± 1.5. Each of the lines contains the point $(3, 0)$ because the point $(3, 0)$ satisfies each equation $y = m(x - 3)$. Since $(3, 0)$ is on the x-axis, we could also say that they all have the same x-intercept.

41. $x + y = 3$ $\Leftrightarrow$ $y = -x + 3$. So the slope is -1, and the y-intercept is 3.

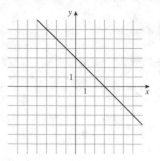

43. $x + 3y = 0$ $\Leftrightarrow$ $3y = -x$ $\Leftrightarrow$ $y = -\frac{1}{3}x$. So the slope is $-\frac{1}{3}$, and the y-intercept is 0.

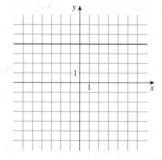

45. $\frac{1}{2}x - \frac{1}{3}y + 1 = 0$ $\Leftrightarrow$ $-\frac{1}{3}y = -\frac{1}{2}x - 1$ $\Leftrightarrow$ $y = \frac{3}{2}x + 3$. So the slope is $\frac{3}{2}$, and the y-intercept is 3.

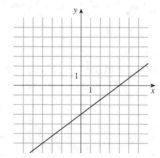

47. $y = 4$ can also be expressed as $y = 0x + 4$. So the slope is 0, and the y-intercept is 4.

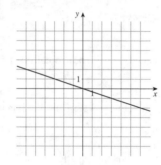

49. $3x - 4y = 12$ $\Leftrightarrow$ $-4y = -3x + 12$ $\Leftrightarrow$ $y = \frac{3}{4}x - 3$. So the slope is $\frac{3}{4}$, and the y-intercept is -3.

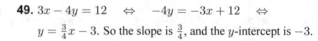

51. $3x + 4y - 1 = 0$ $\Leftrightarrow$ $4y = -3x + 1$ $\Leftrightarrow$ $y = -\frac{3}{4}x + \frac{1}{4}$. So the slope is $-\frac{3}{4}$, and the y-intercept is $\frac{1}{4}$.

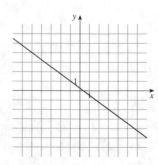

53. We first plot the points to find the pairs of points that determine each side. Next we find the slopes of opposite sides. The slope of AB is $\dfrac{4-1}{7-1} = \dfrac{3}{6} = \dfrac{1}{2}$, and the slope of DC is $\dfrac{10-7}{5-(-1)} = \dfrac{3}{6} = \dfrac{1}{2}$. Since these slope are equal, these two sides are parallel. The slope of AD is $\dfrac{7-1}{-1-1} = \dfrac{6}{-2} = -3$, and the slope of BC is $\dfrac{10-4}{5-7} = \dfrac{6}{-2} = -3$. Since these slope are equal, these two sides are parallel. Hence $ABCD$ is a parallelogram.

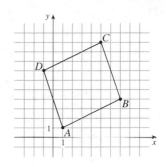

55. We first plot the points to find the pairs of points that determine each side. Next we find the slopes of opposite sides. The slope of AB is $\dfrac{3-1}{11-1} = \dfrac{2}{10} = \dfrac{1}{5}$ and the slope of DC is $\dfrac{6-8}{0-10} = \dfrac{-2}{-10} = \dfrac{1}{5}$. Since these slope are equal, these two sides are parallel. Slope of AD is $\dfrac{6-1}{0-1} = \dfrac{5}{-1} = -5$, and the slope of BC is $\dfrac{3-8}{11-10} = \dfrac{-5}{1} = -5$. Since these slope are equal, these two sides are parallel. Since (slope of AB) $\times$ (slope of AD) $= \frac{1}{5} \times (-5) = -1$, the first two sides are each perpendicular to the second two sides. So the sides form a rectangle.

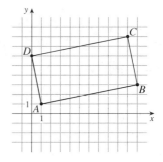

57. We need the slope and the midpoint of the line AB. The midpoint of AB is $\left(\dfrac{1+7}{2}, \dfrac{4-2}{2}\right) = (4,1)$, and the slope of AB is $m = \dfrac{-2-4}{7-1} = \dfrac{-6}{6} = -1$. The slope of the perpendicular bisector will have slope $\dfrac{-1}{m} - \dfrac{-1}{-1} - 1$. Using the point-slope form, the equation of the perpendicular bisector is $y - 1 = 1\,(x - 4)$ or $x - y - 3 = 0$.

59. (a) We start with the two points $(a, 0)$ and $(0, b)$. The slope of the line that contains them is $\dfrac{b-0}{0-a} - -\dfrac{b}{a}$. So the equation of the line containing them is $y = -\dfrac{b}{a}x + b$ (using the slope-intercept form). Dividing by b (since $b \neq 0$) gives $\dfrac{y}{b} = -\dfrac{x}{a} + 1 \quad \Leftrightarrow \quad \dfrac{x}{a} + \dfrac{y}{b} = 1$.

(b) Setting $a = 6$ and $b = -8$, we get $\dfrac{x}{6} + \dfrac{y}{-8} = 1 \quad \Leftrightarrow \quad 4x - 3y = 24 \quad \Leftrightarrow \quad 4x - 3y - 24 = 0$.

61. Let h be the change in your horizontal distance, in feet. Then $-\dfrac{6}{100} = \dfrac{-1000}{h} \quad \Leftrightarrow \quad h = \dfrac{100{,}000}{6} \approx 16{,}667$. So the change in your horizontal distance is about 16,667 feet.

63. (a) The slope is $0.0417D = 0.0417\,(200) = 8.34$. It represents the increase in dosage for each one-year increase in the child's age.

(b) When $a = 0$, $c = 8.34\,(0 + 1) = 8.34$ mg.

65. (a)

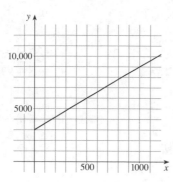

(b) The slope is the cost per toaster oven, $6. The y-intercept, $3000, is the monthly fixed cost — the cost that is incurred no matter how many toaster ovens are produced.

67. (a) Using n in place of x and t in place of y, we find that the slope is $\dfrac{t_2 - t_1}{n_2 - n_1} = \dfrac{80 - 70}{168 - 120} = \dfrac{10}{48} = \dfrac{5}{24}$. So the linear

equation is $t - 80 = \frac{5}{24}(n - 168) \quad \Leftrightarrow \quad t - 80 = \frac{5}{24}n - 35 \quad \Leftrightarrow \quad t = \frac{5}{24}n + 45$.

(b) When $n = 150$, the temperature is approximately given by $t = \frac{5}{24}(150) + 45 = 76.25°$ F $\approx 76°$ F.

69. (a) We are given $\dfrac{\text{change in pressure}}{10 \text{ feet change in depth}} = \dfrac{4.34}{10} = 0.434$. Using P for

pressure and d for depth, and using the point $P = 15$ when $d = 0$, we

have $P - 15 = 0.434(d - 0) \quad \Leftrightarrow \quad P = 0.434d + 15$.

(c) The slope represents the increase in pressure per foot of descent. The y-intercept represents the pressure at the surface.

(d) When $P = 100$, then $100 = 0.434d + 15 \quad \Leftrightarrow \quad 0.434d = 85$

$\Leftrightarrow \quad d = 195.9$ ft. Thus the pressure is 100 lb/in^3 at a depth of

approximately 196 ft.

(b)

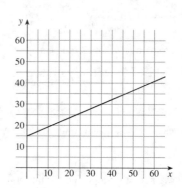

71. (a) Using d in place of x and C in place of y, we find the slope to be

$\dfrac{C_2 - C_1}{d_2 - d_1} = \dfrac{460 - 380}{800 - 480} = \dfrac{80}{320} = \dfrac{1}{4}$. So the linear equation is

$C - 460 = \frac{1}{4}(d - 800) \quad \Leftrightarrow \quad C - 460 = \frac{1}{4}d - 200 \quad \Leftrightarrow$

$C = \frac{1}{4}d + 260$.

(b) Substituting $d = 1500$ we get $C = \frac{1}{4}(1500) + 260 = 635$. Thus, the

cost of driving 1500 miles is $635.

(d) The y-intercept represents the fixed cost, $260.

(e) It is a suitable model because you have fixed monthly costs such as

insurance and car payments, as well as costs that occur as you drive,

such as gasoline, oil, tires, etc., and the cost of these for each

additional mile driven is a constant.

(c)

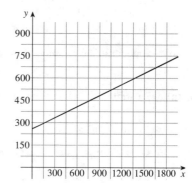

The slope of the line represents the

cost per mile, $0.25.

73. Slope is the rate of change of one variable per unit change in another variable. So if the slope is positive, then the temperature is rising. Likewise, if the slope is negative then the temperature is decreasing. If the slope is 0, then the temperature is not changing.

1.11   **Modeling Variation**

1. $T = kx$, where k is constant.

3. $v = \dfrac{k}{z}$, where k is constant.

5. $y = \dfrac{ks}{t}$, where k is constant.

7. $z = k\sqrt{y}$, where k is constant.

9. $V = klwh$, where k is constant.

11. $R = \dfrac{ki}{Pt}$, where k is constant.

13. Since y is directly proportional to x, $y = kx$. Since $y = 42$ when $x = 6$, we have $42 = k(6)$ $\Leftrightarrow$ $k = 7$. So $y = 7x$.

15. Since M varies directly as x and inversely as y, $M = \dfrac{kx}{y}$. Since $M = 5$ when $x = 2$ and $y = 6$, we have $5 = \dfrac{k(2)}{6}$ $\Leftrightarrow$

$k = 15$. Therefore $M = \dfrac{15x}{y}$.

17. Since W is inversely proportional to the square of r, $W = \dfrac{k}{r^2}$. Since $W = 10$ when $r = 6$, we have $10 = \dfrac{k}{(6)^2}$ $\Leftrightarrow$

$k = 360$. So $W = \dfrac{360}{r^2}$.

19. Since C is jointly proportional to l, w, and h, we have $C = klwh$. Since $C = 128$ when $l = w = h = 2$, we have
$128 = k(2)(2)(2)$ $\Leftrightarrow$ $128 = 8k$ $\Leftrightarrow$ $k = 16$. Therefore, $C = 16lwh$.

21. Since s is inversely proportional to the square root of t, we have $s = \dfrac{k}{\sqrt{t}}$. Since $s = 100$ when $t = 25$, we have

$100 = \dfrac{k}{\sqrt{25}}$ $\Leftrightarrow$ $100 = \dfrac{k}{5}$ $\Leftrightarrow$ $k = 500$. So $s = \dfrac{500}{\sqrt{t}}$.

23. (a) The force F needed is $F = kx$.

    (b) Since $F = 40$ when $x = 5$, we have $40 = k(5)$ $\Leftrightarrow$ $k = 8$.

    (c) From part (b), we have $F = 8x$. Substituting $x = 4$ into $F = 8x$ gives $F = 8(4) = 32$ N.

25. (a) $C = kpm$

    (b) Since $C = 60{,}000$ when $p = 120$ and $m = 4000$, we get $60{,}000 = k(120)(4000)$ $\Leftrightarrow$ $k = \frac{1}{8}$. So $C = \frac{1}{8}pm$.

    (c) Substituting $p = 92$ and $m = 5{,}000$, we get $C = \frac{1}{8}(92)(5{,}000) = \$57{,}500$ and $k - \frac{1}{8}$.

27. (a) $P = ks^3$.

    (b) Since $P = 96$ when $s = 20$, we get $96 = k \cdot 20^3$ $\Leftrightarrow$ $k = 0.012$. So $P = 0.012s^3$.

    (c) Substituting $x - 30$, we get $P = 0.012 \cdot 30^3 - 324$ watts.

29. $L = \dfrac{k}{d^2}$. Since $L = 70$ when $d = 10$, we have $70 = \dfrac{k}{10^2}$ so $k = 7{,}000$. Thus $L = \dfrac{7{,}000}{d^2}$. When $d = 100$ we get

$L = \dfrac{7{,}000}{100^2} = 0.7$ dB.

31. $P = kAv^3$. If $A = \frac{1}{2}A_0$ and $v = 2v_0$, then $P = k\left(\frac{1}{2}A_0\right)(2v_0)^3 = \frac{1}{2}kA_0\left(8v_0^3\right) = 4kA_0v_0^3$. The power is increased by a
factor of 4.

33. $F = kAs^2$. Since $F = 220$ when $A = 40$ and $s = 5$. Solving for k we have $220 = k(40)(5)^2$ $\Leftrightarrow$ $220 = 1000k$
$\Leftrightarrow$ $k = 0.22$. Now when $A = 28$ and $F = 175$ we get $175 = 0.220(28)s^2$ $\Leftrightarrow$ $28.4090 = s^2$ so
$s = \sqrt{28.4090} = 5.33$ mi/h.

35. (a) $R = \dfrac{kL}{d^2}$

    (b) Since $R = 140$ when $L = 1.2$ and $d = 0.005$, we get $140 = \dfrac{k(1.2)}{(0.005)^2}$ $\Leftrightarrow$ $k = \frac{7}{2400} = 0.002916\overline{6}$.

    (c) Substituting $L = 3$ and $d = 0.008$, we have $R = \dfrac{7}{2400} \cdot \dfrac{3}{(0.008)^2} = \dfrac{4375}{32} \approx 137 \ \Omega$.

37. (a) $E = kT^4$

   (b) For the sun, $E_S = k6000^4$ and for earth $E_E = k300^4$. Thus $\dfrac{E_S}{E_E} = \dfrac{k6000^4}{k300^4} = \left(\dfrac{6000}{300}\right)^4 = 20^4 = 160{,}000$. So the sun produces 160,000 times the radiation energy per unit area than the Earth.

   (c) The surface area of the sun is $4\pi\left(435{,}000\right)^2$ and the surface area of the Earth is $4\pi\left(3{,}960\right)^2$. So the sun has

$$\frac{4\pi\left(435{,}000\right)^2}{4\pi\left(3{,}960\right)^2} = \left(\frac{435{,}000}{3{,}960}\right)^2 \text{ times the surface area of the Earth. Thus the total radiation emitted by the sun is}$$

$$160{,}000 \times \left(\frac{435{,}000}{3{,}960}\right)^2 = 1{,}930{,}670{,}340 \text{ times the total radiation emitted by the Earth.}$$

39. Let S be the final size of the cabbage, in pounds, let N be the amount of nutrients it receives, in ounces, and let c be the number of other cabbages around it. Then $S = k\dfrac{N}{c}$. When $N = 20$ and $c = 12$, we have $S = 30$, so substituting, we have

$30 = k\frac{20}{12} \quad \Leftrightarrow \quad k = 18$. Thus $S = 18\dfrac{N}{c}$. When $N = 10$ and $c = 5$, the final size is $S = 18\left(\frac{10}{5}\right) = 36$ lb.

41. (a) Since f is inversely proportional to L, we have $f = \dfrac{k}{L}$, where k is a positive constant.

   (b) If we replace L by $2L$ we have $\dfrac{k}{2L} = \frac{1}{2}\cdot\dfrac{k}{L} = \frac{1}{2}f$. So the frequency of the vibration is cut in half.

43. Examples include radioactive decay and exponential growth in biology.

Chapter 1 Review

1. Commutative Property for addition.

3. Distributive Property.

5. $[-2, 6) = \{x \mid -2 \le x < 6\}$

7. $x \ge 5 \quad \Leftrightarrow \quad x \in [5, \infty)$

9. $|3 - |-9|| = |3 - 9| = |-6| = 6$

11. $2^{-3} - 3^{-2} = \frac{1}{8} - \frac{1}{9} = \frac{9}{72} - \frac{8}{72} = \frac{1}{72}$

13. $216^{-1/3} = \dfrac{1}{216^{1/3}} = \dfrac{1}{\sqrt[3]{216}} = \frac{1}{6}$

15. $\dfrac{\sqrt{242}}{\sqrt{2}} = \sqrt{\frac{242}{2}} = \sqrt{121} = 11$

17. $2^{1/2}8^{1/2} = \sqrt{2}\cdot\sqrt{8} = \sqrt{16} = 4$

19. $\dfrac{x^2\left(2x\right)^4}{x^3} = \dfrac{x^2\cdot 16x^4}{x^3} = 16x^{2+4-3} = 16x^3$

21. $\left(3xy^2\right)^3\left(\frac{2}{3}x^{-1}y\right)^2 = 27x^3y^6\cdot\frac{4}{9}x^{-2}y^2 = 27\cdot\frac{4}{9}x^{3-2}y^{6+2} = 12xy^8$

23. $\sqrt[3]{\left(x^3y\right)^2 y^4} = \sqrt[3]{x^6y^4y^2} = \sqrt[3]{x^6y^6} = x^2y^2$

25. $\left(\dfrac{9x^3y}{y^{-3}}\right)^{1/2} = \left(9x^3y^4\right)^{1/2} = 3x^{3/2}y^2$

27. $\dfrac{8r^{1/2}s^{-3}}{2r^{-2}s^4} = 4r^{(1/2)-(-2)}s^{-3-4} = 4r^{5/2}s^{-7} = \dfrac{4r^{5/2}}{s^7}$

29. $78{,}250{,}000{,}000 = 7.825 \times 10^{10}$

31. $\dfrac{ab}{c} \approx \dfrac{\left(0.00000293\right)\left(1.582\times 10^{-14}\right)}{2.8064\times 10^{12}} = \dfrac{\left(2.93\times 10^{-6}\right)\left(1.582\times 10^{-14}\right)}{2.8064\times 10^{12}} = \dfrac{2.93\cdot 1.582}{2.8064}\times 10^{-6-14-12}$

$\approx 1.65\times 10^{-32}$

33. $12x^2y^4 - 3xy^5 + 9x^3y^2 = 3xy^2\left(4xy^2 - y^3 + 3x^2\right)$

35. $x^2 + 3x - 10 = \left(x + 5\right)\left(x - 2\right)$

37. $4t^2 - 13t - 12 = \left(4t + 3\right)\left(t - 4\right)$

39. $25 - 16t^2 = \left(5 - 4t\right)\left(5 + 4t\right)$

41. $x^6 - 1 = \left(x^3 - 1\right)\left(x^3 + 1\right) = \left(x - 1\right)\left(x^2 + x + 1\right)\left(x + 1\right)\left(x^2 - x + 1\right)$

43. $x^{-1/2} - 2x^{1/2} + x^{3/2} = x^{-1/2}\left(1 - 2x + x^2\right) = x^{-1/2}\left(1 - x\right)^2 = x^{-1/2}\left(x - 1\right)^2$

45. $4x^3 - 8x^2 + 3x - 6 = 4x^2\left(x - 2\right) + 3\left(x - 2\right) = \left(4x^2 + 3\right)\left(x - 2\right)$

47. $\left(x^2 + 2\right)^{5/2} + 2x\left(x^2 + 2\right)^{3/2} + x^2\sqrt{x^2 + 2} = \left(x^2 + 2\right)^{1/2}\left(\left(x^2 + 2\right)^2 + 2x\left(x^2 + 2\right) + x^2\right)$

$= \sqrt{x^2 + 2}\left(x^4 + 4x^2 + 4 + 2x^3 + 4x + x^2\right) = \sqrt{x^2 + 2}\left(x^4 + 2x^3 + 5x^2 + 4x + 4\right) = \sqrt{x^2 + 2}\left(x^2 + x + 2\right)^2$

49. $(2x + 1)(3x - 2) - 5(4x - 1) = 6x^2 - 4x + 3x - 2 - 20x + 5 = 6x^2 - 21x + 3$

51. $(1 + x)(2 - x) - (3 - x)(3 + x) = 2 + x - x^2 - \left(9 - x^2\right) = 2 + x - x^2 - 9 + x^2 = -7 + x$

53. $x^2\left(x - 2\right) + x\left(x - 2\right)^2 = x^3 - 2x^2 + x\left(x^2 - 4x + 4\right) = x^3 - 2x^2 + x^3 - 4x^2 + 4x = 2x^3 - 6x^2 + 4x$

55. $\dfrac{x^2 + 2x - 3}{x^2 + 8x + 16} \cdot \dfrac{3x + 12}{x - 1} = \dfrac{(x + 3)(x - 1)}{(x + 4)(x + 4)} \cdot \dfrac{3(x + 4)}{(x - 1)} = \dfrac{3(x + 3)}{x + 4}$

57. $\dfrac{x^2 - 2x - 15}{x^2 - 6x + 5} \div \dfrac{x^2 - x - 12}{x^2 - 1} = \dfrac{(x - 5)(x + 3)}{(x - 5)(x - 1)} \cdot \dfrac{(x - 1)(x + 1)}{(x - 4)(x + 3)} = \dfrac{x + 1}{x - 4}$

59. $\dfrac{1}{x - 1} - \dfrac{2}{x^2 - 1} = \dfrac{1}{x - 1} - \dfrac{2}{(x - 1)(x + 1)} = \dfrac{x + 1}{(x - 1)(x + 1)} - \dfrac{2}{(x - 1)(x + 1)}$

$= \dfrac{x + 1 - 2}{(x - 1)(x + 1)} = \dfrac{x - 1}{(x - 1)(x + 1)} = \dfrac{1}{x + 1}$

61. $\dfrac{\dfrac{1}{x} - \dfrac{1}{2}}{x - 2} = \dfrac{\dfrac{2}{2x} - \dfrac{x}{2x}}{x - 2} = \dfrac{2 - x}{2x} \cdot \dfrac{1}{x - 2} = \dfrac{-1(x - 2)}{2x} \cdot \dfrac{1}{x - 2} = \dfrac{-1}{2x}$

63. $\dfrac{\sqrt{6}}{\sqrt{3} + \sqrt{2}} = \dfrac{\sqrt{6}}{\sqrt{3} + \sqrt{2}} \cdot \dfrac{\sqrt{3} - \sqrt{2}}{\sqrt{3} - \sqrt{2}} = \dfrac{3\sqrt{2} - 2\sqrt{3}}{3 - 2} = 3\sqrt{2} - 2\sqrt{3}$

65. $7x - 6 = 4x + 9 \quad\Leftrightarrow\quad 3x = 15 \quad\Leftrightarrow\quad x = 5$

67. $\dfrac{x + 1}{x - 1} = \dfrac{3x}{3x - 6} = \dfrac{3x}{3(x - 2)} = \dfrac{x}{x - 2} \quad\Leftrightarrow\quad (x + 1)(x - 2) = x(x - 1) \quad\Leftrightarrow\quad x^2 - x - 2 = x^2 - x \quad\Leftrightarrow$
$-2 = 0$. Since this last equation is never true, there is no real solution to the original equation.

69. $x^2 - 9x + 14 = 0 \quad\Leftrightarrow\quad (x - 7)(x - 2) = 0 \quad\Leftrightarrow\quad x = 7 \text{ or } x = 2.$

71. $2x^2 + x = 1 \quad\Leftrightarrow\quad 2x^2 + x - 1 = 0 \quad\Leftrightarrow\quad (2x - 1)(x + 1) = 0.$ So either $2x - 1 = 0 \quad\Leftrightarrow\quad 2x = 1 \quad\Leftrightarrow$
$x = \frac{1}{2}$; or $x + 1 = 0 \quad\Leftrightarrow\quad x = -1.$

73. $0 = 4x^3 - 25x = x\left(4x^2 - 25\right) = x(2x - 5)(2x + 5) = 0.$ So either $x = 0$; or $2x - 5 = 0 \quad\Leftrightarrow\quad 2x = 5 \quad\Leftrightarrow$
$x = \frac{5}{2}$; or $2x + 5 = 0 \quad\Leftrightarrow\quad 2x = -5 \quad\Leftrightarrow\quad x = -\frac{5}{2}.$

75. $3x^2 + 4x - 1 = 0 \Rightarrow$
$x = \dfrac{-b \pm \sqrt{b^2 - 4ac}}{2a} = \dfrac{-(4) \pm \sqrt{(4)^2 - 4(3)(-1)}}{2(-3)} = \dfrac{-4 \pm \sqrt{16 + 12}}{-6} = \dfrac{-4 \pm \sqrt{28}}{-6} = \dfrac{-4 \pm 2\sqrt{7}}{6} = \dfrac{2\left(-2 \pm \sqrt{7}\right)}{-6} = \dfrac{-2 \pm \sqrt{7}}{3}.$

77. $\dfrac{x}{x - 2} + \dfrac{1}{x + 2} = \dfrac{8}{x^2 - 4} \quad\Leftrightarrow\quad x(x + 2) + (x - 2) = 8 \quad\Leftrightarrow\quad x^2 + 2x + x - 2 = 8 \quad\Leftrightarrow\quad x^2 + 3x - 10 = 0$
$\Leftrightarrow\quad (x - 2)(x + 5) = 0 \quad\Leftrightarrow\quad x = 2 \text{ or } x = -5.$ However, since $x = 2$ makes the expression undefined, we reject
this solution. Hence the only solution is $x = -5$.

79. $|x - 7| = 4 \quad\Leftrightarrow\quad x - 7 = \pm 4 \quad\Leftrightarrow\quad x = 7 \pm 4,$ so $x = 11$ or $x = 3.$

81. Let x be the number of pounds of raisins. Then the number of pounds of nuts is $50 - x$.

	Raisins	Nuts	Mixture
Pounds	x	$50 - x$	50
Rate (cost per pound)	3.20	2.40	2.72

So $3.20x + 2.40(50 - x) = 2.72(50) \quad\Leftrightarrow\quad 3.20x + 120 - 2.40x = 136 \quad\Leftrightarrow\quad 0.8x = 16 \quad\Leftrightarrow\quad x = 20.$ Thus
the mixture uses 20 pounds of raisins and $50 - 20 = 30$ pounds of nuts.

83. Let r be the rate the woman runs in mi/h. Then she cycles at $r + 8$ mi/h.

	Rate	Time	Distance
Cycle	$r + 8$	$\dfrac{4}{r + 8}$	4
Run	r	$\dfrac{2.5}{r}$	2.5

Since the total time of the workout is 1 hour, we have $\dfrac{4}{r + 8} + \dfrac{2.5}{r} = 1$. Multiplying by $2r\,(r + 8)$, we get

$4\,(2r) + 2.5\,(2)\,(r + 8) = 2r\,(r + 8)$ $\Leftrightarrow$ $8r + 5r + 40 = 2r^2 + 16r$ $\Leftrightarrow$ $0 = 2r^2 + 3r - 40$ $\Rightarrow$

$r = \dfrac{-3 \pm \sqrt{(3)^2 - 4(2)(-40)}}{2(2)} = \dfrac{-3 \pm \sqrt{9 + 320}}{4} = \dfrac{-3 \pm \sqrt{329}}{4}$. Since $r \geq 0$, we reject the negative value. She runs at

$r = \dfrac{-3 + \sqrt{329}}{4} \approx 3.78$ mi/h.

85. Let t be the time it would take Abbie to paint a living room if she works alone. It would take Beth $2t$ hours to paint the

living room alone, and it would take $3t$ hours for Cathie to paint the living room. Thus Abbie does $\dfrac{1}{t}$ of the job per hour,

Beth does $\dfrac{1}{2t}$ of the job per hour, and Cathie does $\dfrac{1}{3t}$ of the job per hour. So $\dfrac{1}{t} + \dfrac{1}{2t} + \dfrac{1}{3t} = 1$ $\Leftrightarrow$ $6 + 3 + 2 = 6t$

$\Leftrightarrow$ $6t = 11$ $\Leftrightarrow$ $t = \dfrac{11}{6}$. So it would Abbie 1 hour 50 minutes to paint the living room alone.

87. $3x - 2 > -11$ $\Leftrightarrow$ $3x > -9$ $\Leftrightarrow$ $x > -3$. Interval: $(-3, \infty)$. Graph:

89. $x^2 + 4x - 12 > 0$ $\Leftrightarrow$ $(x - 2)\,(x + 6) > 0$. The expression on the left of the inequality changes sign where $x = 2$
and where $x = -6$. Thus we must check the intervals in the following table.

Interval: $(-\infty, -6) \cup (2, \infty)$.

Interval	$(-\infty, -6)$	$(-6, 2)$	$(2, \infty)$
Sign of $x - 2$	$-$	$-$	$+$
Sign of $x + 6$	$-$	$+$	$+$
Sign of $(x - 2)\,(x + 6)$	$+$	$-$	$+$

Graph:

91. $\dfrac{x - 4}{x^2 - 4} \leq 0$ $\Leftrightarrow$ $\dfrac{x - 4}{(x - 2)\,(x + 2)} \leq 0$. The expression on the left of the inequality changes sign where $x = -2$, where
$x = 2$, and where $x = 4$. Thus we must check the intervals in the following table.

Interval	$(-\infty, -2)$	$(-2, 2)$	$(2, 4)$	$(4, \infty)$
Sign of $x - 4$	$-$	$-$	$-$	$+$
Sign of $x - 2$	$-$	$-$	$+$	$+$
Sign of $x + 2$	$-$	$+$	$+$	$+$
Sign of $\dfrac{x - 4}{(x - 2)\,(x + 2)}$	$-$	$+$	$-$	$+$

Since the expression is not defined when $x = \pm 2$, we exclude these values and the solution is $(-\infty, -2) \cup (2, 4]$.

Graph:

93. $|x - 5| \leq 3$ $\Leftrightarrow$ $-3 \leq x - 5 \leq 3$ $\Leftrightarrow$ $2 \leq x \leq 8$. Interval: $[2, 8]$. Graph:

95. $x^2 - 4x = 2x + 7$. We graph the equations $y_1 = x^2 - 4x$ and $y_2 = 2x + 7$ in the viewing rectangle rectangle $[-10, 10]$ by $[-5, 25]$. Using a zoom or trace function, we get the solutions $x = -1$ and $x = 7$.

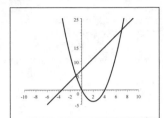

97. $4x - 3 \geq x^2$. We graph the equations $y_1 = 4x - 3$ and $y_2 = x^2$ in the viewing rectangle $[-5, 5]$ by $[0, 15]$. Using a zoom or trace function, we find the points of intersection are at $x = 1$ and $x = 3$. Since we want $4x - 3 \geq x^2$, the solution is the interval $[1, 3]$.

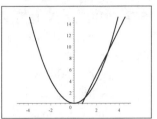

99. (a)

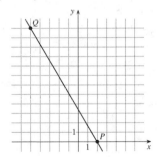

(d) The line has slope $m = \dfrac{12 - 0}{-5 - 2} = -\dfrac{12}{7}$, and has equation $y - 0 = -\dfrac{12}{7}(x - 2)$ $\Leftrightarrow$ $y = -\dfrac{12}{7}x + \dfrac{24}{7}$ $\Leftrightarrow$ $12x + 7y - 24 = 0$.

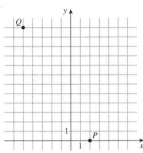

(b) The distance from P to Q is
$$d(P, Q) = \sqrt{(-5 - 2)^2 + (12 - 0)^2}$$
$$= \sqrt{49 + 144} = \sqrt{193}$$

(c) The midpoint is $\left(\dfrac{-5 + 2}{2}, \dfrac{12 + 0}{2}\right) = \left(-\dfrac{3}{2}, 6\right)$.

(e) The radius of this circle was found in part (b). It is $r = d(P, Q) = \sqrt{193}$. So an equation is
$(x - 2)^2 + (y - 0)^2 = \left(\sqrt{193}\right)^2$ $\Leftrightarrow$
$(x - 2)^2 + y^2 = 193$.

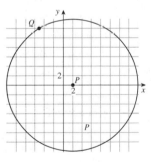

101.

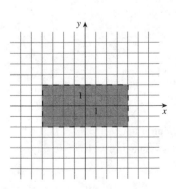

103. $d(A, C) = \sqrt{(4 - (-1))^2 + (4 - (-3))^2}$
$$= \sqrt{(4 + 1)^2 + (4 + 3)^2} = \sqrt{74}$$

and

$$d(B, C) = \sqrt{(5 - (-1))^2 + (3 - (-3))^2}$$
$$= \sqrt{(5 + 1)^2 + (3 + 3)^2} = \sqrt{72}$$

Therefore, B is closer to C.

105. The center is $C = (-5, -1)$, and the point $P = (0, 0)$ is on the circle. The radius of the circle is
$r = d(P, C) = \sqrt{(0 - (-5))^2 + (0 - (-1))^2} = \sqrt{(0 + 5)^2 + (0 + 1)^2} = \sqrt{26}$. Thus, the equation of the circle is
$(x + 5)^2 + (y + 1)^2 = 26$.

107. $x^2 + y^2 + 2x - 6y + 9 = 0$ $\Leftrightarrow$ $(x^2 + 2x) + (y^2 - 6y) = -9$ $\Leftrightarrow$ $(x^2 + 2x + 1) + (y^2 - 6y + 9) = -9 + 1 + 9$
$\Leftrightarrow$ $(x + 1)^2 + (y - 3)^2 = 1$. This equation represents a circle with center at $(-1, 3)$ and radius 1.

109. $x^2 + y^2 + 72 = 12x$ $\Leftrightarrow$ $(x^2 - 12x) + y^2 = -72$ $\Leftrightarrow$ $(x^2 - 12x + 36) + y^2 = -72 + 36$ $\Leftrightarrow$
$(x - 6)^2 + y^2 = -36$. Since the left side of this equation must be greater than or equal to zero, this equation has no graph.

111. $y = 2 - 3x$

x	y
-2	8
0	2
$\frac{2}{3}$	0

x-axis symmetry: $(-y) = 2 - 3x$ $\Leftrightarrow$ $y = -2 + 3x$, which is not the same as the original equation, so the graph is not symmetric with respect to the x-axis.

y-axis symmetry: $y = 2 - 3(-x)$ $\Leftrightarrow$ $y = 2 + 3x$, which is not the same as the original equation, so the graph is not symmetric with respect to the y-axis.

Origin symmetry: $(-y) = 2 - 3(-x)$ $\Leftrightarrow$ $-y = 2 + 3x$ $\Leftrightarrow$
$y = -2 - 3x$, which is not the same as the original equation, so the graph is not symmetric with respect to the origin.

Hence the graph has no symmetry.

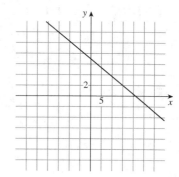

113. $x + 3y = 21$ $\Leftrightarrow$ $y = -\frac{1}{3}x + 7$

x	y
-3	8
0	7
21	0

x-axis symmetry: $x + 3(-y) = 21$ $\Leftrightarrow$ $x - 3y = 21$, which is not the same as the original equation, so the graph is not symmetric with respect to the x-axis.

y-axis symmetry: $(-x) + 3y = 21$ $\Leftrightarrow$ $x - 3y = -21$, which is not the same as the original equation, so the graph is not symmetric with respect to the y-axis.

Origin symmetry: $(-x) + 3(-y) = 21$ $\Leftrightarrow$ $x + 3y = -21$,
which is not the same as the original equation, so the graph is not symmetric with respect to the origin. Hence the graph has no symmetry.

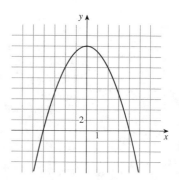

115. $y = 16 - x^2$

x	y
-3	7
-1	15
0	16
1	15
3	7

x-axis symmetry: $(-y) = 16 - x^2$ $\Leftrightarrow$ $y = -16 + x^2$, which is not the same as the original equation, so the graph is not symmetric with respect to the x-axis.

y-axis symmetry: $y = 16 - (-x)^2$ $\Leftrightarrow$ $y = 16 - x^2$, which is the same as the original equation, so its is symmetric with respect to the y-axis.

Origin symmetry: $(-y) = 16 - (-x)^2$ $\Leftrightarrow$ $y = -16 + x^2$,
which is not the same as the original equation, so the graph is not symmetric with respect to the origin. Hence, the graph is symmetric with respect to the y-axis.

117. $x = \sqrt{y}$

x	y
0	0
1	1
2	4
3	9

x-axis symmetry: $x = \sqrt{-y}$, which is not the same as the original equation, so the graph is not symmetric with respect to the x-axis.

y-axis symmetry: $(-x) = \sqrt{y}$ $\Leftrightarrow$ $x = -\sqrt{y}$, which is not the same as the original equation, so the graph is not symmetric with respect to the y-axis.

Origin symmetry: $(-x) = \sqrt{-y}$, which is not the same as the original equation, so the graph is not symmetric with respect to the origin. Hence, the graph has no symmetry.

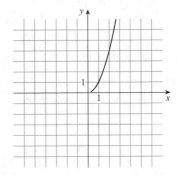

119. $y = x^2 - 6x$. Viewing rectangle $[-10, 10]$ by $[-10, 10]$.   **121.** $y = x^3 - 4x^2 - 5$. Viewing rectangle $[-4, 10]$ by $[-30, 20]$.

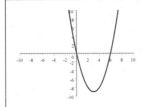

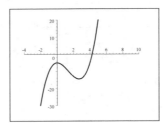

123. The line has slope $m = \dfrac{-4 + 6}{2 + 1} = \dfrac{2}{3}$, and so, by the point-slope formula, the equation is $y + 4 = \frac{2}{3}(x - 2)$ $\Leftrightarrow$ $y = \frac{2}{3}x - \frac{16}{3}$ $\Leftrightarrow$ $2x - 3y - 16 = 0$.

125. The x-intercept is 4, and the y-intercept is 12, so the slope is $m = \dfrac{12 - 0}{0 - 4} = -3$. Therefore, by the slope-intercept formula, the equation of the line is $y = -3x + 12$ $\Leftrightarrow$ $3x + y - 12 = 0$.

127. We first find the slope of the line $3x + 15y = 22$. This gives $3x + 15y = 22$ $\Leftrightarrow$ $15y = -3x + 22$ $\Leftrightarrow$ $y = -\frac{1}{5}x + \frac{22}{15}$. So this line has slope $m = -\frac{1}{5}$, as does any line parallel to it. Then the parallel line passing through the origin has equation $y - 0 = -\frac{1}{5}(x - 0)$ $\Leftrightarrow$ $x + 5y = 0$.

129. Here the center is at $(0, 0)$, and the circle passes through the point $(-5, 12)$, so the radius is $r = \sqrt{(-5 - 0)^2 + (12 - 0)^2} = \sqrt{25 + 144} = \sqrt{169} = 13$. The equation of the circle is $x^2 + y^2 = 13^2$ $\Leftrightarrow$ $x^2 + y^2 = 169$. The line shown is the tangent that passes through the point $(-5, 12)$, so it is perpendicular to the line through the points $(0, 0)$ and $(-5, 12)$. This line has slope $m_1 = \dfrac{12 - 0}{-5 - 0} = -\dfrac{12}{5}$. The slope of the line we seek is $m_2 = -\dfrac{1}{m_1} = -\dfrac{1}{-12/5} = \dfrac{5}{12}$. Thus, the equation of the tangent line is $y - 12 = \frac{5}{12}(x + 5)$ $\Leftrightarrow$ $y - 12 = \frac{5}{12}x + \frac{25}{12}$ $\Leftrightarrow$ $y = \frac{5}{12}x + \frac{169}{12}$ $\Leftrightarrow$ $5x - 12y + 169 = 0$.

131. (a) The slope, 0.3, represents the increase in length of the spring for each unit increase in weight w. The S-intercept is the resting or natural length of the spring.

(b) When $w = 5$, $S = 0.3(5) + 2.5 = 1.5 + 2.5 = 4.0$ inches.

133. Since M varies directly as z we have $M = kz$. Substituting $M = 120$ when $z = 15$, we find $120 = k(15)$ $\Leftrightarrow$ $k = 8$. Therefore, $M = 8z$.

135. (a) The intensity I varies inversely as the square of the distance d, so $I = \dfrac{k}{d^2}$.

(b) Substituting $I = 1000$ when $d = 8$, we get $1000 = \dfrac{k}{(8)^2}$ $\Leftrightarrow$ $k = 64{,}000$.

(c) From parts (a) and (b), we have $I = \dfrac{64{,}000}{d^2}$. Substituting $d = 20$, we get $I = \dfrac{64{,}000}{(20)^2} = 160$ candles.

137. Let v be the terminal velocity of the parachutist in mi/h and w be his weight in pounds. Since the terminal velocity is directly proportional to the square root of the weight, we have $v = k\sqrt{w}$. Substituting $v = 9$ when $w = 160$, we solve for k. This gives $9 = k\sqrt{160}$ $\Leftrightarrow$ $k = \dfrac{9}{\sqrt{160}} \approx 0.712$. Thus $v = 0.712\sqrt{w}$. When $w = 240$, the terminal velocity is $v = 0.712\sqrt{240} \approx 11$ mi/h.

Chapter 1 Test

1. (a)

$(-5, 3]$ $(-5, \infty)$

(b) $x \le 3$ $\Leftrightarrow$ $x \in (-\infty, 3]$; $-1 \le x < 4$ $\Leftrightarrow$ $x \in [-1, 4)$ **(c)** Distance $= |-12 - 39| = |-51| = 51$

2. (a) $(-3)^4 = 81$ **(b)** $-3^4 = -81$ **(c)** $3^{-4} = \dfrac{1}{3^4} = \frac{1}{81}$

(d) $\dfrac{5^{23}}{5^{21}} = 5^{23-21} = 5^2 = 25$ **(e)** $\left(\dfrac{2}{3}\right)^{-2} = \dfrac{3^2}{2^2} = \dfrac{9}{4}$ **(f)** $16^{-3/4} = \left(2^4\right)^{-3/4} = 2^{-3} = \frac{1}{8}$

3. (a) $186{,}000{,}000{,}000 = 1.86 \times 10^{11}$ **(b)** $0.0000003965 = 3.965 \times 10^{-7}$

4. (a) $\sqrt{200} - \sqrt{32} = 10\sqrt{2} - 4\sqrt{2} = 6\sqrt{2}$ **(b)** $\left(3a^2b^3\right)\left(4ab^2\right)^2 = 3a^2b^3 \cdot 4^2a^2b^4 = 48a^4b^7$

(c) $\left(\dfrac{3x^{3/2}y^3}{x^2y^{-1/2}}\right)^{-2} = \dfrac{3^{-2}x^{-3}y^{-6}}{x^{-4}y^1} = \frac{1}{9}x^{-3-(-4)}y^{-6-1} = \frac{1}{9}xy^{-7} = \dfrac{x}{9y^7}$

(d) $\dfrac{x^2 + 3x + 2}{x^2 - x - 2} = \dfrac{(x+1)(x+2)}{(x+1)(x-2)} = \dfrac{x+2}{x-2}$

(e) $\dfrac{x^2}{x^2 - 4} - \dfrac{x+1}{x+2} = \dfrac{x^2}{(x-2)(x+2)} - \dfrac{x+1}{x+2} = \dfrac{x^2}{(x-2)(x+2)} + \dfrac{-(x+1)(x-2)}{(x-2)(x+2)}$

$= \dfrac{x^2 - \left(x^2 - x - 2\right)}{(x-2)(x+2)} = \dfrac{x+2}{(x-2)(x+2)} = \dfrac{1}{x-2}$

(f) $\dfrac{\dfrac{y}{x} - \dfrac{x}{y}}{\dfrac{1}{y} - \dfrac{1}{x}} = \dfrac{\dfrac{y}{x} - \dfrac{x}{y}}{\dfrac{1}{y} - \dfrac{1}{x}} \cdot \dfrac{xy}{xy} = \dfrac{y^2 - x^2}{x - y} = \dfrac{(y-x)(y+x)}{x-y} = \dfrac{-(x-y)(y+x)}{x-y} = -(y+x)$

5. $\dfrac{\sqrt{10}}{\sqrt{5} - 2} = \dfrac{\sqrt{10}}{\sqrt{5} - 2} \cdot \dfrac{\sqrt{5} + 2}{\sqrt{5} + 2} = \dfrac{\sqrt{50} + 2\sqrt{10}}{5 - 4} = \dfrac{5\sqrt{2} + 2\sqrt{10}}{1} = 5\sqrt{2} + 2\sqrt{10}$

6. (a) $3(x+6) + 4(2x-5) = 3x + 18 + 8x - 20 = 11x - 2$

(b) $(x+3)(4x-5) = 4x^2 - 5x + 12x - 15 = 4x^2 + 7x - 15$

(c) $\left(\sqrt{a} + \sqrt{b}\right)\left(\sqrt{a} - \sqrt{b}\right) = \left(\sqrt{a}\right)^2 - \left(\sqrt{b}\right)^2 = a - b$

(d) $(2x+3)^2 = (2x)^2 + 2(2x)(3) + (3)^2 = 4x^2 + 12x + 9$

(e) $(x+2)^3 = (x)^3 + 3(x)^2(2) + 3(x)(2)^2 + (2)^3 = x^3 + 6x^2 + 12x + 8$

7. (a) $4x^2 - 25 = (2x - 5)(2x + 5)$

(b) $2x^2 + 5x - 12 = (2x - 3)(x + 4)$

(c) $x^3 - 3x^2 - 4x + 12 = x^2(x - 3) - 4(x - 3) = (x - 3)(x^2 - 4) = (x - 3)(x - 2)(x + 2)$

(d) $x^4 + 27x = x(x^3 + 27) = x(x + 3)(x^2 - 3x + 9)$

(e) $3x^{3/2} - 9x^{1/2} + 6x^{-1/2} = 3x^{-1/2}(x^2 - 3x + 2) = 3x^{-1/2}(x - 2)(x - 1)$

(f) $x^3 y - 4xy = xy(x^2 - 4) = xy(x - 2)(x + 2)$

8. (a) $x + 5 = 14 - \frac{1}{2}x \quad \Leftrightarrow \quad 2x + 10 = 28 - x \quad \Leftrightarrow \quad 3x = 18 \quad \Leftrightarrow \quad x = 6$

(b) $\dfrac{2x}{x + 1} = \dfrac{2x - 1}{x} \quad \Leftrightarrow \quad (2x)(x) = (2x - 1)(x + 1) \ (x \neq -1, x \neq 0) \quad \Leftrightarrow \quad 2x^2 = 2x^2 + x - 1 \quad \Leftrightarrow$
$0 = x - 1 \quad \Leftrightarrow \quad x = 1$

(c) $x^2 - x - 12 = 0 \quad \Leftrightarrow \quad (x - 4)(x + 3) = 0$. So $x = 4$ or $x = -3$.

(d) $2x^2 + 4x + 1 = 0 \quad \Rightarrow \quad x = \dfrac{-4 \pm \sqrt{4^2 - 4(2)(1)}}{2(2)} = \dfrac{-4 \pm \sqrt{16 - 8}}{4} = \dfrac{-4 \pm \sqrt{8}}{4} = \dfrac{-4 \pm 2\sqrt{2}}{4} = \dfrac{-2 \pm \sqrt{2}}{2}$.

(e) $\sqrt{3 - \sqrt{x + 5}} = 2 \quad \Rightarrow \quad 3 - \sqrt{x + 5} = 4 \quad \Leftrightarrow \quad -1 = \sqrt{x + 5}$. (Note that this is impossible, so there can be no solution.) Squaring both sides again, we get $1 = x + 5 \quad \Leftrightarrow \quad x = -4$. But this does not satisfy the original equation, so there is no solution. (You must always check your final answers if you have squared both sides when solving an equation, since extraneous answers may be introduced, as here.)

(f) $x^4 - 3x^2 + 2 = 0 \quad \Leftrightarrow \quad (x^2 - 1)(x^2 - 2) = 0$. So $x^2 - 1 = 0 \quad \Leftrightarrow \quad x = \pm 1$ or $x^2 - 2 = 0 \quad \Leftrightarrow \quad x = \pm\sqrt{2}$.
Thus the solutions are $x = -1$, $x = 1$, $x = -\sqrt{2}$, and $x = \sqrt{2}$.

(g) $3|x - 4| - 10 = 0 \quad \Leftrightarrow \quad 3|x - 4| = 10 \quad \Leftrightarrow \quad |x - 4| = \frac{10}{3} \quad \Leftrightarrow \quad x - 4 = \pm\frac{10}{3} \quad \Leftrightarrow \quad x = 4 \pm \frac{10}{3}$. So
$x = 4 - \frac{10}{3} = \frac{2}{3}$ or $x = 4 + \frac{10}{3} = \frac{22}{3}$. Thus the solutions are $x = \frac{2}{3}$ and $x = \frac{22}{3}$.

9. Let t be the time (in hours) it took Mary to drive from Amity to Belleville. Then $4.4 - t$ is the time it took Mary to drive from Belleville to Amity. Since then distance from Amity to Belleville equals the distance from Belleville to Amity we have $50t = 60(4.4 - t) \quad \Leftrightarrow \quad 50t = 264 - 60t \quad \Leftrightarrow \quad 110t = 264 \quad \Leftrightarrow \quad t = 2.4$ hours. Thus the distance is $50(2.4) = 120$ mi.

10. Let w be the width of the parcel of land. Then $w + 70$ is the length of the parcel of land. Then $w^2 + (w + 70)^2 = 130^2$
$\Leftrightarrow \quad w^2 + w^2 + 140w + 4900 = 16{,}900 \quad \Leftrightarrow \quad 2w^2 + 140w - 12000 = 0 \quad \Leftrightarrow \quad w^2 + 70w - 6000 = 0$
$\Leftrightarrow \quad (w - 50)(w + 120) = 0$. So $w = 50$ or $w = -120$. Since $w \geq 0$, the width is $w = 50$ ft and the length is
$w + 70 = 120$ ft.

11. (a) $-4 < 5 - 3x \leq 17 \quad \Leftrightarrow \quad -9 < -3x \leq 12 \quad \Leftrightarrow \quad 3 > x \geq -4$. Expressing in standard form we have:

$-4 \leq x < 3$. Interval: $[-4, 3)$. Graph:

(b) $x(x - 1)(x + 2) > 0$. The expression on the left of the inequality changes sign when $x = 0$, $x = 1$, and $x = -2$.
Thus we must check the intervals in the following table.

Interval	$(-\infty, -2)$	$(-2, 0)$	$(0, 1)$	$(1, \infty)$
Sign of x	$-$	$-$	$+$	$+$
Sign of $x - 1$	$-$	$-$	$-$	$+$
Sign of $x + 2$	$-$	$+$	$+$	$+$
Sign of $x(x - 1)(x - 2)$	$-$	$+$	$-$	$+$

From the table, the solution set is $\{x \mid -2 < x < 0 \text{ or } 1 < x\}$. Interval: $(-2, 0) \cup (1, \infty)$.

Graph:

(c) $|x - 4| < 3$ is equivalent to $-3 < x - 4 < 3$ $\Leftrightarrow$ $1 < x < 7$. Interval: $(1, 7)$. Graph:

(d) $\dfrac{2x - 3}{x + 1} \leq 1$ $\Leftrightarrow$ $\dfrac{2x - 3}{x + 1} - 1 \leq 0$ $\Leftrightarrow$ $\dfrac{2x - 3}{x + 1} - \dfrac{x + 1}{x + 1} \leq 0$ $\Leftrightarrow$ $\dfrac{x - 4}{x + 1} \leq 0$. The expression on the left of the inequality changes sign where $x = -4$ and where $x = -1$. Thus we must check the intervals in the following table.

Interval	$(-\infty, -1)$	$(-1, 4)$	$(4, \infty)$
Sign of $x - 4$	$-$	$-$	$+$
Sign of $x + 1$	$-$	$+$	$+$
Sign of $\dfrac{x - 4}{x + 1}$	$+$	$-$	$+$

Since $x = -1$ makes the expression in the inequality undefined, we exclude this value. Interval: $(-1, 4]$.

Graph:

12. $5 \leq \frac{5}{9}(F - 32) \leq 10$ $\Leftrightarrow$ $9 \leq F - 32 \leq 18$ $\Leftrightarrow$ $41 \leq F \leq 50$. Thus the medicine is to be stored at a temperature between $41°$ F and $50°$ F.

13. For $\sqrt{6x - x^2}$ to be defined as a real number $6x - x^2 \geq 0$ $\Leftrightarrow$ $x(6 - x) \geq 0$. The expression on the left of the inequality changes sign when $x = 0$ and $x = 6$. Thus we must check the intervals in the following table.

Interval	$(-\infty, 0)$	$(0, 6)$	$(6, \infty)$
Sign of x	$-$	$+$	$+$
Sign of $6 - x$	$+$	$+$	$-$
Sign of $x(6 - x)$	$-$	$+$	$-$

From the table, we see that $\sqrt{6x - x^2}$ is defined when $0 \leq x \leq 6$.

14. (a) $x^3 - 9x - 1 = 0$. We graph the equation $y = x^3 - 9x - 1$ in the viewing rectangle $[-5, 5]$ by $[-10, 10]$. We find that the points of intersection occur at $x \approx -2.94, -0.11, 3.05$.

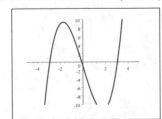

(b) $x^2 - 1 \leq |x + 1|$. We graph the equations $y_1 = x^2 - 1$ and $y_2 = |x + 1|$ in the viewing rectangle $[-5, 5]$ by $[-5, 10]$. We find that the points of intersection occur at $x = -1$ and $x = 2$. Since we want $x^2 - 1 \leq |x + 1|$, the solution is the interval $[-1, 2]$.

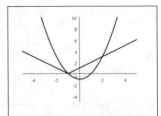

15. (a)

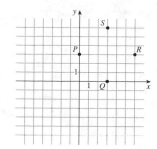

There are several ways to determine the coordinates of S. The diagonals of a square have equal length and are perpendicular. The diagonal PR is horizontal and has length is 6 units. So the diagonal QS is vertical and also has length 6. Thus, the coordinates of S are $(3, 6)$.

(b) The length of PQ is $\sqrt{(0-3)^2 + (3-0)^2} = \sqrt{18} = 3\sqrt{2}$. So the area of $PQRS$ is $\left(3\sqrt{2}\right)^2 = 18$.

16. (a)

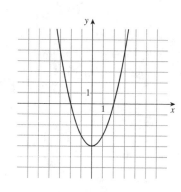

(b) The x-intercept occurs when $y = 0$, so $0 = x^2 - 4 \quad \Leftrightarrow \quad x^2 = 4 \quad \Rightarrow \quad x = \pm 2$. The y-intercept occurs when $x = 0$, so $y = -4$.

(c) x-axis symmetry: $(-y) = x^2 - 4 \quad \Leftrightarrow \quad y = -x^2 + 4$, which is not the same as the original equation, so the graph is not symmetric with respect to the x-axis.

y-axis symmetry: $y = (-x)^2 - 4 \quad \Leftrightarrow \quad y = x^2 - 4$, which is the same as the original equation, so the graph is symmetric with respect to the y-axis.

Origin symmetry: $(-y) = (-x)^2 - 4 \quad \Leftrightarrow \quad -y = x^2 - 4$, which is not the same as the original equation, so the graph is not symmetric with respect to the origin.

17. (a)

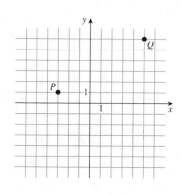

(b) The distance between P and Q is
$$d(P, Q) = \sqrt{(-3-5)^2 + (1-6)^2} = \sqrt{64+25} = \sqrt{89}.$$

(c) The midpoint is $\left(\dfrac{-3+5}{2}, \dfrac{1+6}{2}\right) = \left(1, \tfrac{7}{2}\right)$.

(d) The slope of the line is $\dfrac{1-6}{-3-5} = \dfrac{-5}{-8} = \dfrac{5}{8}$.

(e) The perpendicular bisector of PQ contains the midpoint, $\left(1, \tfrac{7}{2}\right)$, and it slope is the negative reciprocal of $\tfrac{5}{8}$. Thus the slope is $-\dfrac{1}{5/8} = -\dfrac{8}{5}$. Hence the equation is $y - \tfrac{7}{2} = -\tfrac{8}{5}(x-1) \quad \Leftrightarrow \quad y = -\tfrac{8}{5}x + \tfrac{8}{5} + \tfrac{7}{2} = -\tfrac{8}{5}x + \tfrac{51}{10}$. That is, $y = -\tfrac{8}{5}x + \tfrac{51}{10}$.

(f) The center of the circle is the midpoint, $\left(1, \tfrac{7}{2}\right)$, and the length of the radius is $\tfrac{1}{2}\sqrt{89}$. Thus the equation of the circle whose diameter is PQ is $(x-1)^2 + \left(y - \tfrac{7}{2}\right)^2 = \left(\tfrac{1}{2}\sqrt{89}\right)^2 \quad \Leftrightarrow \quad (x-1)^2 + \left(y - \tfrac{7}{2}\right)^2 = \tfrac{89}{4}$.

18. (a) $x^2 + y^2 = 25 = 5^2$ has center $(0, 0)$ and radius 5.

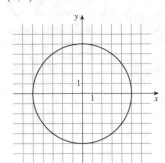

(b) $(x - 2)^2 + (y + 1)^2 = 9 = 3^2$ has center $(2, -1)$ and radius 3.

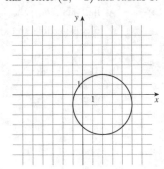

(c) $x^2 + 6x + y^2 - 2y + 6 = 0 \Leftrightarrow$ $x^2 + 6x + 9 + y^2 - 2y + 1 = 4 \Leftrightarrow$ $(x + 3)^2 + (y - 1)^2 = 4 = 2^2$ has center $(-3, 1)$ and radius 2.

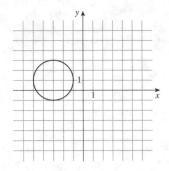

19. $2x - 3y = 15 \quad \Leftrightarrow$ $-3y = -2x + 15 \quad \Leftrightarrow \quad y = \frac{2}{3}x - 5.$

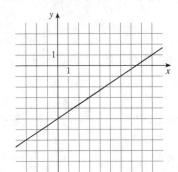

20. (a) $3x + y - 10 = 0 \quad \Leftrightarrow \quad y = -3x + 10$, so the slope of the line we seek is -3. Using the point-slope, $y - (-6) = -3(x - 3) \quad \Leftrightarrow$ $y + 6 = -3x + 9 \quad \Leftrightarrow \quad 3x + y - 3 = 0.$

(b) Using the intercept form we get $\frac{x}{6} + \frac{y}{4} = 1 \quad \Leftrightarrow \quad 2x + 3y = 12$ $\Leftrightarrow \quad 2x + 3y - 12 = 0.$

21. (a) When $x = 100$ we have $T = 0.08(100) - 4 = 8 - 4 = 4$, so the temperature at one meter is $4°$ C.

(c) The slope represents the raise in temperature as the depth increase. The T-intercept is the surface temperature of the soil and the x-intercept represents the depth of the "frost line", where the soil below is not frozen.

(b)

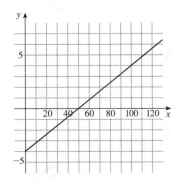

22. (a) $M = k\dfrac{wh^2}{L}$.

(b) Substituting $w = 4$, $h = 6$, $L = 12$, and $M = 4800$, we have $4800 = k\dfrac{(4)\left(6^2\right)}{12} \quad \Leftrightarrow \quad k = 400$. Thus $M = 400\dfrac{wh^2}{L}$.

(c) Now if $L = 10$, $w = 3$, and $h = 10$, then $M = 400\dfrac{(3)\left(10^2\right)}{10} = 12,000$. So the beam can support $12,000$ pounds.

Focus on Problem Solving: General Principles

1. Let d be the distance traveled to and from work. Let t_1 and t_2 be the times for the trip from home to work and the trip from work to home, respectively. Using time$=\dfrac{\text{distance}}{\text{rate}}$, we get $t_1 = \dfrac{d}{50}$ and $t_2 = \dfrac{d}{30}$. Since average speed $= \dfrac{\text{distance traveled}}{\text{total time}}$, we have average speed $= \dfrac{2d}{t_1 + t_2} = \dfrac{2d}{\dfrac{d}{50} + \dfrac{d}{30}} \quad \Leftrightarrow$

average speed $= \dfrac{150\,(2d)}{150\left(\dfrac{d}{50} + \dfrac{d}{30}\right)} = \dfrac{300d}{3d + 5d} = \tfrac{300}{8} = 37.5$ mi/h.

3. We use the formula $d = rt$. Since the car and the van each travel at a speed of 40 mi/h, they approach each other at a combined speed of 80 mi/h. (The distance between them decreases at a rate of 80 mi/h.) So the time spent driving till they meet is $t = \dfrac{d}{r} = \tfrac{120}{80} = 1.5$ hours. Thus, the fly flies at a speed of 100 mi/h for 1.5 hours, and therefore travels a distance of $d = rt = (100)\,(1.5) = 150$ miles.

5. We continue the pattern. Three parallel cuts produce 10 pieces. Thus, each new cut produces an additional 3 pieces. Since the first cut produces 4 pieces, we get the formula $f(n) = 4 + 3(n - 1)$, $n \geq 1$. Since $f(142) = 4 + 3(141) = 427$, we see that 142 parallel cuts produce 427 pieces.

7. George's speed is $\tfrac{1}{50}$ lap/s, and Sue's is $\tfrac{1}{30}$ lap/s. So after t seconds, George has run $\dfrac{t}{50}$ laps, and Sue has run $\dfrac{t}{30}$ laps. They will next be side by side when Sue has run exactly one more lap than George, that is, when $\dfrac{t}{30} = \dfrac{t}{50} + 1$. We solve for t by first multiplying by 150, so $50t = 30t + 150 \quad \Leftrightarrow \quad 20t = 150 \quad \Leftrightarrow \quad t = 75$. Therefore, they will be even after 75 s.

9. *Method 1:* After the exchanges, the volume of liquid in the pitcher and in the cup is the same as it was to begin with. Thus, any coffee in the pitcher of cream must be replacing an equal amount of cream that has ended up in the coffee cup.

Method 2: Alternatively, look at the drawing of the spoonful of coffee and cream mixture being returned to the pitcher of cream. Suppose it is possible to separate the cream and the coffee, as shown. Then you can see that the coffee going into the cream occupies the same volume as the cream that was left in the coffee.

Method 3 (an algebraic approach): Suppose the cup of coffee has y spoonfuls of coffee. When one spoonful of cream is added to the coffee cup, the resulting mixture has the following ratios: $\dfrac{\text{cream}}{\text{mixture}} = \dfrac{1}{y + 1}$ and $\dfrac{\text{coffee}}{\text{mixture}} = \dfrac{y}{y + 1}$.

So, when we remove a spoonful of the mixture and put it into the pitcher of cream, we are really removing $\dfrac{1}{y + 1}$ of a spoonful of cream and $\dfrac{y}{y + 1}$ spoonful of coffee. Thus the amount of cream left in the mixture (cream in the coffee) is $1 - \dfrac{1}{y + 1} = \dfrac{y}{y + 1}$ of a spoonful. This is the same as the amount of coffee we added to the cream.

11. Let r be the radius of the earth in feet. Then the circumference (length of the ribbon) is $2\pi r$. When we increase the radius by 1 foot, the new radius is $r + 1$, so the new circumference is $2\pi(r + 1)$. Thus you need $2\pi(r + 1) - 2\pi r = 2\pi$ extra feet of ribbon.

13. Let $r_1 = 8$. $r_2 = \tfrac{1}{2}\left(8 + \tfrac{72}{8}\right) = \tfrac{1}{2}(8 + 9) = 8.5$, $r_3 = \tfrac{1}{2}\left(8.5 + \dfrac{72}{8.5}\right) = \tfrac{1}{2}(8.5 + 8.471) = 8.485$, and

$r_4 = \tfrac{1}{2}\left(8.485 + \dfrac{72}{8.485}\right) = \tfrac{1}{2}(8.485 + 8.486) = 8.485$. Thus $\sqrt{72} \approx 8.49$.

15. The first few powers of 3 are $3^1 = 3$, $3^2 = 9$, $3^3 = 27$, $3^4 = 81$, $3^5 = 243$, $3^6 = 729$. It appears that the final digit cycles in a pattern, namely $3 \to 9 \to 7 \to 1 \to 3 \to 9 \to 7 \to 1$, of length 4. Since $459 = 4 \times 114 + 3$, the final digit is the third in the cycle, namely 7.

17. Let p be an odd prime and label the other integer sides of the triangle as shown.
Then $p^2 + b^2 = c^2$ $\Leftrightarrow$ $p^2 = c^2 - b^2$ $\Leftrightarrow$ $p^2 = (c - b)(c + b)$. Now
$c - b$ and $c + b$ are integer factors of p^2 where p is a prime.

Case 1: $c - b = p$ and $c + b = p$ Subtracting gives $b = 0$ which contradicts that b is the length of a side of a triangle.

Case 2: $c - b = 1$ and $c + b = p^2$ Adding gives $2c = 1 + p^2$ $\Leftrightarrow$ $c = \dfrac{1 + p^2}{2}$ and $b = \dfrac{p^2 - 1}{2}$. Since p is odd, p^2 is odd. Thus $\dfrac{1 + p^2}{2}$ and $\dfrac{p^2 - 1}{2}$ both define integers and are the only solutions. (For example, if we choose $p = 3$, then $c = 5$ and $b = 4$.)

19. The north pole is such a point. And there are others: Consider a point a_1 near the south pole such that the parallel passing through a_1 forms a circle C_1 with circumference exactly one mile. Any point P_1 exactly one mile north of the circle C_1 along a meridian is a point satisfying the conditions in the problem: starting at P_1 she walks one mile south to the point a_1 on the circle C_1, then one mile east along C_1 returning to the point a_1, then north for one mile to P_1. That's not all. If a point a_2 (or a_3, a_4, a_5, ...) is chosen near the south pole so that the parallel passing through it forms a circle C_2 (C_3, C_4, C_5, ...) with a circumference of exactly $\frac{1}{2}$ mile ($\frac{1}{3}$ mi, $\frac{1}{4}$ mi, $\frac{1}{5}$ mi, ...), then the point P_2 (P_3, P_4, P_5, ...) one mile north of a_2 (a_3, a_4, a_5, ...) along a meridian satisfies the conditions of the problem: she walks one mile south from P_2 (P_3, P_4, P_5, ...) arriving at a_2 (a_3, a_4, a_5, ...) along the circle C_2 (C_3, C_4, C_5, ...), walks east along the circle for one mile thus traversing the circle twice (three times, four times, five times, ...) returning to a_2 (a_3, a_4, a_5, ...), and then walks north one mile to P_2 (P_3, P_4, P_5, ...).

21. Let r and R be the radius of the smaller circle and larger circle, respectively. Since the line is tangent to the smaller circle, using the Pythagorean Theorem, we get the following relationship between the radii: $R^2 = 1^2 + r^2$. Thus the area of the shaded region is $\pi R^2 - \pi r^2 = \pi \left(1 + r^2\right) - \pi r^2 = \pi$.

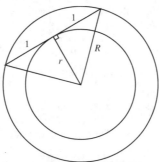

23. Since $\sqrt[3]{1729} \approx 12.0023$, we start with $n = 12$ and find the other perfect cube.

n	$1729 - n^3$
12	$1729 - (12)^3 = 1$
11	$1729 - (11)^3 = 398$
10	$1729 - (10)^3 = 729$

Since 1 and 729 are perfect cubes, the two representations we seek are $1^3 + 12^3 = 1729$ and $9^3 + 10^3 = 1729$.

25. (a) Imagine that the rooms are colored alternately black and white (like a checkerboard) with the entrance being a white room. So there are 18 black rooms and 18 white rooms. If a tourist is in a white room, he must next go to a black room, and if he is in a black room, the must next go to a white room.

(b) Since the entrance is white, any path that the tourist takes must be of the form W, B, W, B, W, B, ... Since the museum contains an even number of rooms and the tourist starts in a white room, he must end his tour in a black room. But the exit is in a white room, so the proposed tour is impossible.

27. You can see infinitely far in this forest, because if your vision is blocked by a tree [at the rational point (a, b), say], then the slope of the line of sight from you to this tree is $\dfrac{b - 0}{a - 0} = \dfrac{b}{a}$, which is a rational number. Thus if you look along a line of irrational slope, you will see infinitely far.

29. We consider four cases corresponding to the four quadrants.

Case 1: $x \geq 0$ and $y \geq 0$ $|x| + |y| \leq 1$ becomes $x + y \leq 1$.

Case 2: $x \leq 0$ and $y \geq 0$ $|x| + |y| \leq 1$ becomes $-x + y \leq 1$.

Case 3: $x \geq 0$ and $y \leq 0$ $|x| + |y| \leq 1$ becomes $x - y \leq 1$.

Case 4: $x \leq 0$ and $y \leq 0$ $|x| + |y| \leq 1$ becomes $-x - y \leq 1$ $\Leftrightarrow$ $x + y \geq -1$.

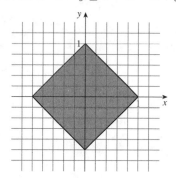

1. $f(x) = 2(x+3)$

3. $f(x) = (x-5)^2$

5. Subtract 4, then divide by 3.

7. Square, then add 2.

9. Machine diagram for $f(x) = \sqrt{x-1}$.

11. $f(x) = 2(x-1)^2$

x	$f(x)$
-1	$2(-1-1)^2 = 8$
0	$2(-1)^2 = 2$
1	$2(1-1)^2 = 0$
2	$2(2-1)^2 = 2$
3	$2(3-1)^2 = 8$

13. $f(1) = 2(1)+1 = 3$; $f(-2) = 2(-2)+1 = -3$; $f\left(\frac{1}{2}\right) = 2\left(\frac{1}{2}\right)+1 = 2$; $f(a) = 2(a)+1 = 2a+1$; $f(-a) = 2(-a)+1 = -2a+1$; $f(a+b) = 2(a+b)+1 = 2a+2b+1$.

15. $g(2) = \dfrac{1-(2)}{1+(2)} = \dfrac{-1}{3} = -\dfrac{1}{3}$; $g(-2) = \dfrac{1-(-2)}{1+(-2)} = \dfrac{3}{-1} = -3$; $g\left(\dfrac{1}{2}\right) = \dfrac{1-\left(\frac{1}{2}\right)}{1+\left(\frac{1}{2}\right)} = \dfrac{\frac{1}{2}}{\frac{3}{2}} = \dfrac{1}{3}$; $g(a) = \dfrac{1-(a)}{1+(a)} = \dfrac{1-a}{1+a}$; $g(a-1) = \dfrac{1-(a-1)}{1+(a-1)} = \dfrac{1-a+1}{1+a-1} = \dfrac{2-a}{a}$; $g(-1) = \dfrac{1-(-1)}{1+(-1)} = \dfrac{2}{0}$, so $g(-1)$ is not defined.

17. $f(0) = 2(0)^2 + 3(0) - 4 = -4$; $f(2) = 2(2)^2 + 3(2) - 4 = 8 + 6 - 4 = 10$; $f(-2) = 2(-2)^2 + 3(-2) - 4 = 8 - 6 - 4 = -2$; $f\left(\sqrt{2}\right) = 2\left(\sqrt{2}\right)^2 + 3\left(\sqrt{2}\right) - 4 = 4 + 3\sqrt{2} - 4 = 3\sqrt{2}$; $f(x+1) = 2(x+1)^2 + 3(x+1) - 4 = 2x^2 + 4x + 2 + 3x + 3 - 4 = 2x^2 + 7x + 1$; $f(-x) = 2(-x)^2 + 3(-x) - 4 = 2x^2 - 3x - 4$.

19. $f(-2) = 2|-2-1| = 2(3) = 6$; $f(0) = 2|0-1| = 2(1) = 2$; $f\left(\frac{1}{2}\right) = 2\left|\frac{1}{2} - 1\right| = 2\left(\frac{1}{2}\right) = 1$; $f(2) = 2|2-1| = 2(1) = 2$; $f(x+1) = 2|(x+1)-1| = 2|x|$; $f(x^2+2) = 2\left|(x^2+2)-1\right| = 2\left|x^2+1\right| = 2x^2 + 2$ (since $x^2 + 1 > 0$).

21. Since $-2 < 0$, we have $f(-2) = (-2)^2 = 4$. Since $-1 < 0$, we have $f(-1) = (-1)^2 = 1$. Since $0 \geq 0$, we have $f(0) = 0 + 1 = 1$. Since $1 \geq 0$, we have $f(1) = 1 + 1 = 2$. Since $2 \geq 0$, we have $f(2) = 2 + 1 = 3$.

23. Since $-4 \leq -1$, we have $f(-4) = (-4)^2 + 2(-4) = 16 - 8 = 8$. Since $-\frac{3}{2} \leq -1$, we have $f\left(-\frac{3}{2}\right) = \left(-\frac{3}{2}\right)^2 + 2\left(-\frac{3}{2}\right) = \frac{9}{4} - 3 = -\frac{3}{4}$. Since $-1 \leq -1$, we have $f(-1) = (-1)^2 + 2(-1) = 1 - 2 = -1$. Since $-1 < 0 \leq 1$, we have $f(0) = 0$. Since $25 > 1$, we have $f(25) = -1$.

25. $f(x+2) = (x+2)^2 + 1 = x^2 + 4x + 4 + 1 = x^2 + 4x + 5$; $f(x) + f(2) = x^2 + 1 + (2)^2 + 1 = x^2 + 1 + 4 + 1 = x^2 + 6$.

27. $f(x^2) = x^2 + 4$; $[f(x)]^2 = [x+4]^2 = x^2 + 8x + 16$.

29. $f(a) = 3(a) + 2 = 3a + 2$; $f(a+h) = 3(a+h) + 2 = 3a + 3h + 2$; $\dfrac{f(a+h) - f(a)}{h} = \dfrac{(3a+3h+2) - (3a+2)}{h} = \dfrac{3a+3h+2-3a-2}{h} = \dfrac{3h}{h} = 3$.

31. $f(a) = 5$; $f(a + h) = 5$; $\dfrac{f(a + h) - f(a)}{h} = \dfrac{5 - 5}{h} = 0$.

33. $f(a) = \dfrac{a}{a + 1}$; $f(a + h) = \dfrac{a + h}{a + h + 1}$;

$$\dfrac{f(a + h) - f(a)}{h} = \dfrac{\dfrac{a + h}{a + h + 1} - \dfrac{a}{a + 1}}{h} = \dfrac{\dfrac{(a + h)(a + 1)}{(a + h + 1)(a + 1)} - \dfrac{a(a + h + 1)}{(a + h + 1)(a + 1)}}{h}$$

$$= \dfrac{\dfrac{(a + h)(a + 1) - a(a + h + 1)}{(a + h + 1)(a + 1)}}{h} = \dfrac{a^2 + a + ah + h - (a^2 + ah + a)}{h(a + h + 1)(a + 1)}$$

$$= \dfrac{1}{(a + h + 1)(a + 1)}$$

35. $f(a) = 3 - 5a + 4a^2$;

$$f(a + h) = 3 - 5(a + h) + 4(a + h)^2 = 3 - 5a - 5h + 4(a^2 + 2ah + h^2)$$

$$= 3 - 5a - 5h + 4a^2 + 8ah + 4h^2;$$

$$\dfrac{f(a + h) - f(a)}{h} = \dfrac{(3 - 5a - 5h + 4a^2 + 8ah + 4h^2) - (3 - 5a + 4a^2)}{h}$$

$$= \dfrac{3 - 5a - 5h + 4a^2 + 8ah + 4h^2 - 3 + 5a - 4a^2}{h} = \dfrac{-5h + 8ah + 4h^2}{h}$$

$$= \dfrac{h(-5 + 8a + 4h)}{h} = -5 + 8a + 4h.$$

37. $f(x) = 2x$. Since there is no restrictions, the domain is the set of real numbers, $(-\infty, \infty)$.

39. $f(x) = 2x$. The domain is restricted by the exercise to $[-1, 5]$.

41. $f(x) = \dfrac{1}{x - 3}$. Since the denominator cannot equal 0 we have $x - 3 \neq 0 \quad \Leftrightarrow \quad x \neq 3$. Thus the domain is $\{x \mid x \neq 3\}$. In interval notation, the domain is $(-\infty, 3) \cup (3, \infty)$.

43. $f(x) = \dfrac{x + 2}{x^2 - 1}$. Since the denominator cannot equal 0 we have $x^2 - 1 \neq 0 \quad \Leftrightarrow \quad x^2 \neq 1 \quad \Rightarrow \quad x \neq \pm 1$. Thus the domain is $\{x \mid x \neq \pm 1\}$. In interval notation, the domain is $(-\infty, -1) \cup (-1, 1) \cup (1, \infty)$.

45. $f(x) = \sqrt{x - 5}$. We require $x - 5 \geq 0 \quad \Leftrightarrow \quad x \geq 5$. Thus the domain is $\{x \mid x \geq 5\}$. The domain can also be expressed in interval notation as $[5, \infty)$.

47. $f(t) = \sqrt[3]{t - 1}$. Since the odd root is defined for all real numbers, the domain is the set of real numbers, $(-\infty, \infty)$.

49. $h(x) = \sqrt{2x - 5}$. Since the square root is defined as a real number only for nonnegative numbers, we require that $2x - 5 \geq 0 \quad \Leftrightarrow \quad 2x \geq 5 \quad \Leftrightarrow \quad x \geq \frac{5}{2}$. So the domain is $\{x \mid x \geq \frac{5}{2}\}$. In interval notation, the domain is $\left[\frac{5}{2}, \infty\right)$.

51. $g(x) = \dfrac{\sqrt{2 + x}}{3 - x}$. We require $2 + x \geq 0$, and the denominator cannot equal 0. Now $2 + x \geq 0 \quad \Leftrightarrow \quad x \geq -2$, and $3 - x \neq 0 \quad \Leftrightarrow \quad x \neq 3$. Thus the domain is $\{x \mid x \geq -2 \text{ and } x \neq 3\}$, which can be expressed in interval notation as $[-2, 3) \cup (3, \infty)$.

53. $g(x) = \sqrt[4]{x^2 - 6x}$. Since the input to an even root must be nonnegative, we have $x^2 - 6x \geq 0 \quad \Leftrightarrow \quad x(x - 6) \geq 0$. We make a table:

	$(-\infty, 0)$	$(0, 6)$	$(6, \infty)$
Sign of x	$-$	$+$	$+$
Sign of $x - 6$	$-$	$-$	$+$
Sign of $x(x - 6)$	$+$	$-$	$+$

Thus the domain is $(-\infty, 0] \cup [6, \infty)$.

55. $f(x) = \dfrac{3}{\sqrt{x-4}}$. Since the input to an even root must be nonnegative and the denominator cannot equal 0, we have

$x - 4 > 0 \quad \Leftrightarrow \quad x > 4$. Thus the domain is $(4, \infty)$.

57. $f(x) = \dfrac{(x+1)^2}{\sqrt{2x-1}}$. Since the input to an even root must be nonnegative and the denominator cannot equal 0, we have

$2x - 1 > 0 \quad \Leftrightarrow \quad x > \frac{1}{2}$. Thus the domain is $\left(\frac{1}{2}, \infty\right)$.

59. (a) $C(10) = 1500 + 3(10) + 0.02(10)^2 + 0.0001(10)^3 = 1500 + 30 + 2 + 0.1 = 1532.1$

$C(100) = 1500 + 3(100) + 0.02(100)^2 + 0.0001(100)^3 = 1500 + 300 + 200 + 100 = 2100$

(b) $C(10)$ represents the cost of producing 10 yards of fabric and $C(100)$ represents the cost of producing 100 yards of fabric.

(c) $C(0) = 1500 + 3(0) + 0.02(0)^2 + 0.0001(0)^3 = 1500$

61. (a) $D(0.1) = \sqrt{2(3960)(0.1) + (0.1)^2} = \sqrt{792.01} \approx 28.1$ miles

$D(0.2) = \sqrt{2(3960)(0.2) + (0.2)^2} = \sqrt{1584.04} \approx 39.8$ miles

(b) 1135 feet $= \frac{1135}{5280}$ miles ≈ 0.215 miles. $D(0.215) = \sqrt{2(3960)(0.215) + (0.215)^2} = \sqrt{1702.846} \approx 41.3$ miles

(c) $D(7) = \sqrt{2(3960)(7) + (7)^2} = \sqrt{55489} \approx 235.6$ miles

63. (a) $v(0.1) = 18500\left(0.25 - 0.1^2\right) = 4440$,

$v(0.4) = 18500\left(0.25 - 0.4^2\right) = 1665$.

(b) They tell us that the blood flows much faster (about 2.75 times faster) 0.1 cm from the center than 0.1 cm from the edge.

(c)

r	$v(r)$
0	4625
0.1	4440
0.2	3885
0.3	2960
0.4	1665
0.5	0

65. (a) $L(0.5c) = 10\sqrt{1 - \dfrac{(0.5c)^2}{c^2}} \approx 8.66$ m, $L(0.75c) = 10\sqrt{1 - \dfrac{(0.75c)^2}{c^2}} \approx 6.61$ m, and

$L(0.9c) = 10\sqrt{1 - \dfrac{(0.9c)^2}{c^2}} \approx 4.36$ m.

(b) It will appear to get shorter.

67. (a) $C(75) = 75 + 15 = \$90$; $C(90) = 90 + 15 = \$105$; $C(100) = \$100$; and $C(105) = \$105$.

(b) The total price of the books purchased, including shipping.

69. (a) $F(x) = \begin{cases} 15(40 - x) & \text{if } 0 < x < 40 \\ 0 & \text{if } 40 \le x \le 65 \\ 15(x - 65) & \text{if } x > 65 \end{cases}$.

71.

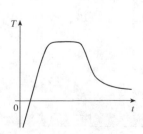

(b) $F(30) = 15(40 - 10) = 15 \cdot 10 = \$150$; $F(50) = \$0$;

and $F(75) = 15(75 - 65) \, 15 \cdot 10 = \$150$.

(c) The fines for violating the speed limits on the freeway.

73.

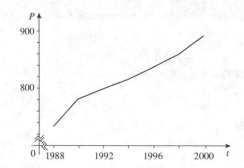

75. Answers will vary.

2.2 Graphs of Functions

1.

x	$f(x) = 2$
-9	2
-6	2
-3	2
0	2
3	2
6	2

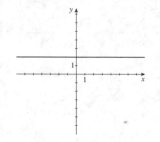

3.

x	$f(x) = 2x - 4$
-1	-6
0	-4
1	-2
2	0
3	2
4	4
5	6

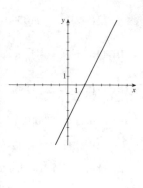

5.

x	$f(x) = -x + 3,$ $-3 \leq x \leq 3$
-3	6
-2	5
0	3
1	2
2	1
3	0

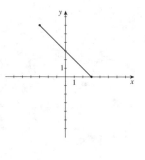

7.

x	$f(x) = -x^2$
± 4	-16
± 3	-9
± 2	-4
± 1	-1
0	0

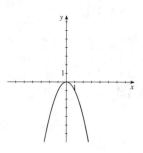

9.

x	$g(x) = x^3 - 8$
-2	-16
-1	-9
0	-8
1	-7
2	0
3	19

11.

x	$g(x) = \sqrt{x + 4}$
-4	0
-3	1
-2	1.414
-1	1.732
0	2
1	2.236

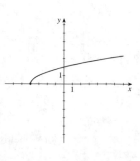

13.

x	$F(x) = \dfrac{1}{x}$
-5	-0.2
-1	-1
-0.1	-10
0.1	10
1	1
5	0.2

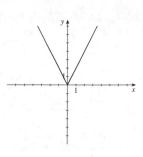

15.

x	$H(x) = |2x|$
± 5	10
± 4	8
± 3	6
± 2	4
± 1	2
0	0

17.

x	$G(x) = |x| + x$
-5	0
-2	0
0	0
1	2
2	4
5	10

19.

x	$f(x) = |2x - 2|$
-5	12
-2	8
0	2
1	0
2	2
5	8

21.

x	$g(x) = \dfrac{2}{x^2}$
± 5	0.08
± 4	0.125
± 3	0.2
± 2	0.5
± 1	2
± 0.5	8

23. (a) $h(-2) = 1$; $h(0) = -1$; $h(2) = 3$; $h(3) = 4$.

(b) Domain: $[-3, 4]$. Range: $[-1, 4]$.

25. (a) $f(0) = 3 > \frac{1}{2} = g(0)$. So $f(0)$ is larger.

(b) $f(-3) \approx -\frac{3}{2} < 2 = g(-3)$. So $g(-3)$ is larger.

(c) For $x = -2$ and $x = 2$.

27. (a)

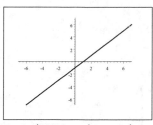

(b) Domain: $(-\infty, \infty)$; Range: $(-\infty, \infty)$

29. (a)

(b) Domain: $(-\infty, \infty)$; Range: $\{4\}$

31. (a)

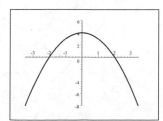

(b) Domain: $(-\infty, \infty)$; Range: $(-\infty, 4]$

33. (a)

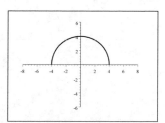

(b) Domain: $[-4, 4]$; Range: $[0, 4]$

35. (a)

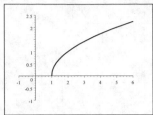

(b) Domain: $[1, \infty)$; Range: $[0, \infty)$

37. $f(x) = \begin{cases} 0 & \text{if } x < 2 \\ 1 & \text{if } x \geq 2 \end{cases}$

39. $f(x) = \begin{cases} 3 & \text{if } x < 2 \\ x - 1 & \text{if } x \geq 2 \end{cases}$

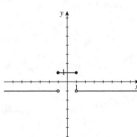

41. $f(x) = \begin{cases} x & \text{if } x \leq 0 \\ x + 1 & \text{if } x > 0 \end{cases}$

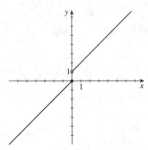

43. $f(x) = \begin{cases} -1 & \text{if } x < -1 \\ 1 & \text{if } -1 \leq x \leq 1 \\ -1 & \text{if } x > 1 \end{cases}$

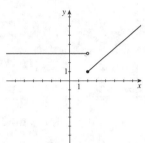

45. $f(x) = \begin{cases} 2 & \text{if } x \leq -1 \\ x^2 & \text{if } x > -1 \end{cases}$

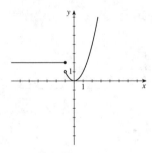

47. $f(x) = \begin{cases} 0 & \text{if } |x| \leq 2 \\ 3 & \text{if } |x| > 2 \end{cases}$

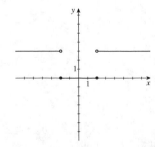

49. $f(x) = \begin{cases} 4 & \text{if } x < -2 \\ x^2 & \text{if } -2 \leq x \leq 2 \\ -x + 6 & \text{if } x > 2 \end{cases}$

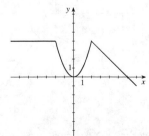

51. $f(x) = \begin{cases} x + 2 & \text{if } x \leq -1 \\ x^2 & \text{if } x > -1 \end{cases}$

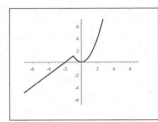

53. $f(x) = \begin{cases} -2 & \text{if } x < -2 \\ x & \text{if } -2 \leq x \leq 2 \\ 2 & \text{if } x > 2 \end{cases}$

55. The curves in parts (a) and (c) are graphs of a function of x, by the Vertical Line Test.

57. The given curve is the graph of a function of x. Domain: $[-3, 2]$. Range: $[-2, 2]$.

59. No, the given curve is not the graph of a function of x, by the Vertical Line Test.

61. Solving for y in terms of x gives $x^2 + 2y = 4 \quad \Leftrightarrow \quad 2y = 4 - x^2 \quad \Leftrightarrow \quad y = 2 - \frac{1}{2}x^2$. This defines y as a function of x.

63. Solving for y in terms of x gives $x = y^2 \quad \Leftrightarrow \quad y = \pm\sqrt{x}$. The last equation gives two values of y for a given value of x. Thus, this equation does not define y as a function of x.

65. Solving for y in terms of x gives $x + y^2 = 9 \quad \Leftrightarrow \quad y^2 = 9 - x \quad \Leftrightarrow \quad y = \pm\sqrt{9 - x}$. The last equation gives two values of y for a given value of x. Thus, this equation does not define y as a function of x.

67. Solving for y in terms of x gives $x^2 y + y = 1 \Leftrightarrow y(x^2 + 1) = 1 \Leftrightarrow y = \dfrac{1}{x^2 + 1}$. This defines y as a function of x.

69. Solving for y in terms of x gives $2|x| + y = 0 \quad \Leftrightarrow \quad y = -2|x|$. This defines y as a function of x.

71. Solving for y in terms of x gives $x = y^3 \quad \Leftrightarrow \quad y = \sqrt[3]{x}$. This defines y as a function of x.

73. (a) $f(x) = x^2 + c$, for $c = 0, 2, 4,$ and 6.

(b) $f(x) = x^2 + c$, for $c = 0, -2, -4$, and -6.

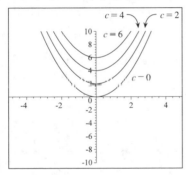

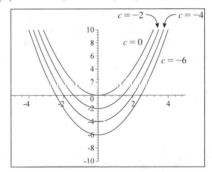

(c) The graphs in part (a) are obtained by shifting the graph of $f(x) = x^2$ upward c units, $c > 0$. The graphs in part (b) are obtained by shifting the graph of $f(x) = x^2$ downward c units.

75. (a) $f(x) = (x - c)^3$, for $c = 0, 2, 4,$ and 6.

(b) $f(x) = (x - c)^3$, for $c = 0, -2, -4,$ and -6.

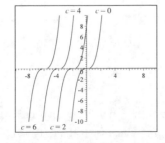

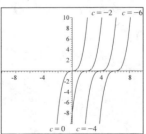

(c) The graphs in part (a) are obtained by shifting the graph of $f(x) = x^3$ to the right c units, $c > 0$. The graphs in part (b) are obtained by shifting the graph of $f(x) = x^3$ to the left $|c|$ units, $c < 0$.

77. (a) $f(x) = x^c$, for $c = \frac{1}{2}, \frac{1}{4}$, and $\frac{1}{6}$.

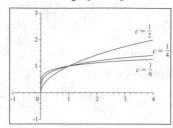

(b) $f(x) = x^c$, for $c = 1, \frac{1}{3}$, and $\frac{1}{5}$.

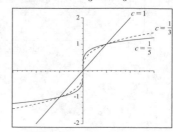

(c) Graphs of even roots are similar to $y = \sqrt{x}$, graphs of odd roots are similar to $y = \sqrt[3]{x}$. As c increases, the graph of $y = \sqrt[c]{x}$ becomes steeper near $x = 0$ and flatter when $x > 1$.

79. The slope of the line segment joining the points $(-2, 1)$ and $(4, -6)$ is $m = \dfrac{-6 - 1}{4 - (-2)} = -\frac{7}{6}$. Using the point-slope form, we have $y - 1 = -\frac{7}{6}(x + 2)$ $\Leftrightarrow$ $y = -\frac{7}{6}x - \frac{7}{3} + 1$ $\Leftrightarrow$ $y = -\frac{7}{6}x - \frac{4}{3}$. Thus the function is $f(x) = -\frac{7}{6}x - \frac{4}{3}$ for $-2 \le x \le 4$.

81. First solve the circle for y: $x^2 + y^2 = 9$ $\Leftrightarrow$ $y^2 = 9 - x^2$ $\Rightarrow$ $y = \pm\sqrt{9 - x^2}$. Since we seek the top half of the circle, we choose $y = \sqrt{9 - x^2}$. So the function is $f(x) = \sqrt{9 - x^2}$, $-3 \le x \le 3$.

83. This person appears to gain weight steadily until the age of 21 when this person's weight gain slows down. At age 30, this person experiences a sudden weight loss, but recovers, and by about age 40, this person's weight seems to level off at around 200 pounds. It then appears that the person dies at about age 68. The sudden weight loss could be due to a number of reasons, among them major illness, a weight loss program, etc.

85. Runner A won the race. All runners finished the race. Runner B fell, but got up and finished the race.

87. (a) The first noticeable movements occurred at time $t = 5$ seconds.

(b) It seemed to end at time $t = 30$ seconds.

(c) Maximum intensity was reached at $t = 17$ seconds.

89. $C(x) = \begin{cases} 2.00 & \text{if } 0 < x \le 1 \\ 2.20 & \text{if } 1 < x \le 1.1 \\ 2.40 & \text{if } 1.1 < x \le 1.2 \\ \vdots \\ 4.00 & \text{if } 1.9 < x < 2 \end{cases}$

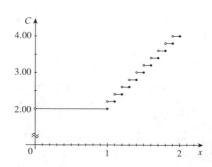

91. The graph of $x = y^2$ is not the graph of a function because both $(1, 1)$ and $(-1, 1)$ satisfy the equation $x = y^2$. The graph of $x = y^3$ is the graph of a function because $x = y^3$ $\Leftrightarrow$ $x^{1/3} = y$. If n is even, then both $(1, 1)$ and $(-1, 1)$ satisfies the equation $x = y^n$, so the graph of $x = y^n$ is not the graph of a function. When n is odd, $y = x^{1/n}$ is defined for all real numbers, and since $y = x^{1/n}$ $\Leftrightarrow$ $x = y^n$, the graph of $x = y^n$ is the graph of a function.

93.

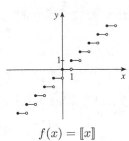

$$f(x) = [\![x]\!]$$

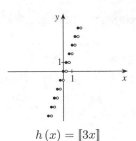

$$g(x) = [\![2x]\!]$$

$$h(x) = [\![3x]\!]$$

The graph of $k(x) = [\![nx]\!]$ is a step function whose steps are each $\dfrac{1}{n}$ wide.

2.3   Increasing and Decreasing Functions; Average Rate of Change

1. (a) The function is increasing on $[-1, 1]$ and $[2, 4]$.   **(b)** The function is decreasing on $[1, 2]$.

3. (a) The function is increasing on $[-2, -1]$ and $[1, 2]$.   **(b)** The function is decreasing on $[-3, -2]$, $[-1, 1]$, and $[2, 3]$.

5. (a) $f(x) = x^{2/5}$ is graphed in the viewing rectangle $[-10, 10]$ by $[-5, 5]$.

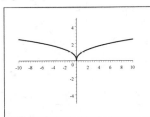

(b) The function is increasing on $[0, \infty)$. It is decreasing on $(-\infty, 0]$.

7. (a) $f(x) = x^2 - 5x$ is graphed in the viewing rectangle $[-2, 7]$ by $[-10, 10]$.

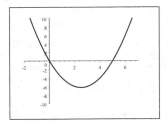

(b) The function is increasing on $[2.5, \infty)$. It is decreasing on $(-\infty, 2.5]$.

9. (a) $f(x) = 2x^3 - 3x^2 - 12x$ is graphed in the viewing rectangle $[-3, 5]$ by $[-25, 20]$.

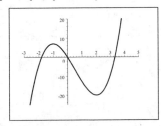

(b) The function is increasing on $(-\infty, -1]$ and $[2, \infty)$. It is decreasing on $[-1, 2]$.

11. (a) $f(x) = x^3 + 2x^2 - x - 2$ is graphed in the viewing rectangle $[-5, 5]$ by $[-3, 3]$.

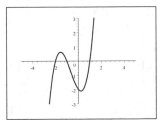

(b) The function is increasing on $(-\infty, -1.55]$ and $[0.22, \infty)$. It is decreasing on $[-1.55, 0.22]$.

13. We use the points $(1, 3)$ and $(4, 5)$, so the average rate of change is $\dfrac{5-3}{4-1} = \dfrac{2}{3}$.

15. We use the points $(0, 6)$ and $(5, 2)$, so the average rate of change is $\dfrac{2-6}{5-0} = -\dfrac{4}{5}$.

17. The average rate of change is $\dfrac{f(3) - f(2)}{3 - 2} = \dfrac{[3(3) - 2] - [3(2) - 2]}{1} = 7 - 4 = 3$.

19. The average rate of change is $\dfrac{h\,(4) - h\,(-1)}{4 - (-1)} = \dfrac{\left[4^2 + 2\,(4)\right] - \left[(-1)^2 + 2\,(-1)\right]}{5} = \dfrac{24 - (-1)}{5} = 5.$

21. The average rate of change is $\dfrac{f\,(10) - f\,(0)}{10 - 0} = \dfrac{\left[10^3 - 4\,(10^2)\right] - \left[0^3 - 4\,(0^2)\right]}{10 - 0} = \dfrac{600 - 0}{10} = 60.$

23. The average rate of change is

$$\dfrac{f\,(2 + h) - f\,(2)}{(2 + h) - 2} = \dfrac{\left[3\,(2 + h)^2\right] - \left[3\,(2^2)\right]}{h} = \dfrac{12 + 12h + 3h^2 - 12}{h} = \dfrac{12h + 3h^2}{h} = \dfrac{h\,(12 + 3h)}{h} = 12 + 3h.$$

25. The average rate of change is $\dfrac{g\,(1) - g\,(a)}{1 - a} = \dfrac{\frac{1}{1} - \frac{1}{a}}{1 - a} \cdot \dfrac{a}{a} = \dfrac{a - 1}{a\,(1 - a)} = \dfrac{-1\,(1 - a)}{a\,(1 - a)} = \dfrac{-1}{a}.$

27. The average rate of change is

$$\dfrac{f\,(a + h) - f\,(a)}{(a + h) - a} = \dfrac{\frac{2}{a + h} - \frac{2}{a}}{h} \cdot \dfrac{a\,(a + h)}{a\,(a + h)} = \dfrac{2a - 2\,(a + h)}{ah\,(a + h)} = \dfrac{-2h}{ah\,(a + h)} = \dfrac{-2}{a\,(a + h)}.$$

29. (a) The average rate of change is

$$\dfrac{f\,(a + h) - f\,(a)}{(a + h) - a} = \dfrac{\left[\frac{1}{2}\,(a + h) + 3\right] - \left[\frac{1}{2}a + 3\right]}{h} = \dfrac{\frac{1}{2}a + \frac{1}{2}h + 3 - \frac{1}{2}a - 3}{h} = \dfrac{\frac{1}{2}h}{h} = \dfrac{1}{2}.$$

(b) The slope of the line $f\,(x) = \frac{1}{2}x + 3$ is $\frac{1}{2}$, which is also the average rate of change.

31. (a) The function P is increasing on $[0, 150]$ and $[300, 365]$ and decreasing on $[150, 300]$.

(b) The average rate of change is $\dfrac{W\,(200) - W\,(100)}{200 - 100} = \dfrac{50 - 75}{200 - 100} = \dfrac{-25}{100} = -\dfrac{1}{4}$ ft/day.

33. (a) The average rate of change of population is $\dfrac{1{,}591 - 856}{2001 - 1998} = \dfrac{735}{3} = 245$ persons/yr.

(b) The average rate of change of population is $\dfrac{826 - 1{,}483}{2004 - 2002} = \dfrac{-657}{2} = -328.5$ persons/yr.

(c) The population was increasing from 1997 to 2001.

(d) The population was decreasing from 2001 to 2006.

35. (a) The average rate of change of sales is $\dfrac{584 - 512}{2003 - 1993} = \frac{72}{10} = 7.2$ units/yr.

(b) The average rate of change of sales is $\dfrac{520 - 512}{1994 - 1993} = \frac{8}{1} = 8$ units/yr.

(c) The average rate of change of sales is $\dfrac{410 - 520}{1996 - 1994} = \dfrac{-110}{2} = -55$ units/yr.

(d)

Year	CD players sold	Change in sales from previous year		Year	CD players sold	Change in sales from previous year
1993	512	—		1999	590	80
1994	520	8		2000	607	17
1995	413	−107		2001	732	125
1996	410	−3		2002	612	−120
1997	468	58		2003	584	−28
1998	510	42				

Sales increased most quickly between 2000 and 2001. Sales decreased most quickly between 2001 and 2002.

37. (a) For all three runners, the average rate of change is $\dfrac{d\,(10) - d\,(0)}{10 - 0} = \dfrac{100}{10} = 10.$

(b) Runner A gets a great jump out of the blocks but tires at the end of the race. Runner B runs a steady race. Runner C is slow at the beginning but accelerates down the track.

39. (a) $f(x)$ is always increasing, and $f(x) > 0$ for all x.

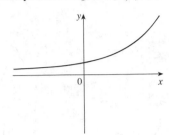

(b) $f(x)$ is always decreasing, and $f(x) > 0$ for all x.

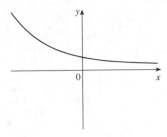

(c) $f(x)$ is always increasing, and $f(x) < 0$ for all x.

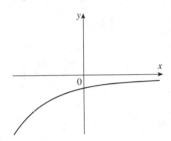

(d) $f(x)$ is always decreasing, and $f(x) < 0$ for all x.

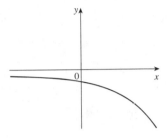

2.4   Transformations of Functions

1. (a) Shift the graph of $y = f(x)$ downward 5 units.

   (b) Shift the graph of $y = f(x)$ to the right 5 units.

3. (a) Shift the graph of f to the left $\frac{1}{2}$ unit.

   (b) Shift the graph of f upward $\frac{1}{2}$ unit.

5. (a) Reflect the graph of $y = f(x)$ about the x-axis, and stretch vertically by a factor of 2.

   (b) Reflect the graph of $y = f(x)$ about the x-axis, and shrink vertically by a factor of $\frac{1}{2}$.

7. (a) Shift the graph of $y = f(x)$ to the right 4 units, and then upward $\frac{3}{4}$ of a unit.

   (b) Shift the graph of $y = f(x)$ to the left 4 units, and then downward $\frac{3}{4}$ of a unit.

9. (a) Shrink the graph of $y = f(x)$ horizontally by a factor of $\frac{1}{4}$.

   (b) Stretch the graph of $y = f(x)$ horizontally by a factor of 4.

11. $g(x) = f(x - 2) = (x - 2)^2 = x^2 - 4x + 4$

13. $g(x) = f(x + 1) + 2 = |x + 1| + 2$

15. $g(x) = -f(x + 2) = -\sqrt{x + 2}$

16. $g(x) = -f(x - 2) + 1 = -(x - 2)^2 + 1 = -x^2 + 4x - 3$

17. (a) $y = f(x - 4)$ is graph #3.

   (b) $y = f(x) + 3$ is graph #1.

   (c) $y = 2f(x + 6)$ is graph #2.

   (d) $y = -f(2x)$ is graph #4.

19. (a) $y = f(x - 2)$

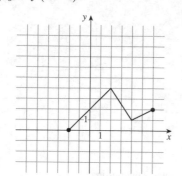

(b) $y = f(x) - 2$

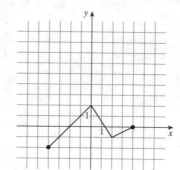

(c) $y = 2f(x)$

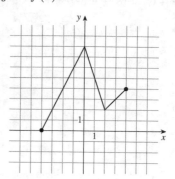

(d) $y = -f(x) + 3$

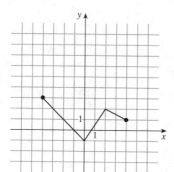

(e) $y = f(-x)$

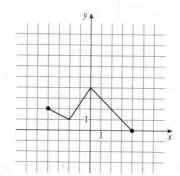

(f) $y = \frac{1}{2}f(x - 1)$

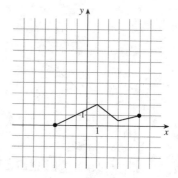

21. (a) $f(x) = \dfrac{1}{x}$

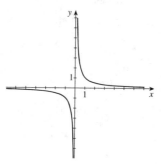

(b) (i) $y = -\dfrac{1}{x}$. Reflect the graph of f about the x-axis.

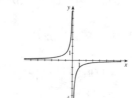

(ii) $y = \dfrac{1}{x - 1}$. Shift the graph of f to the right 1 unit.

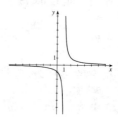

(iii) $y = \dfrac{2}{x + 2}$. Shift the graph of f to the left 2 units and stretch vertically by a factor of 2.

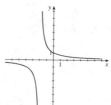

(iv) $y = 1 + \dfrac{1}{x - 3}$. Shift the graph of f to the right 3 units and upward 1 unit.

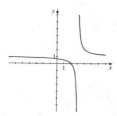

23. (a) The graph of $g(x) = (x + 2)^2$ is obtained by shifting the graph of $f(x)$ to the left 2 units.

(b) The graph of $g(x) = x^2 + 2$ is obtained by shifting the graph of $f(x)$ upward 2 units.

25. (a) The graph of $g(x) = 2\sqrt{x}$ is obtained by stretching the graph of $f(x)$ vertically by a factor of 2.

(b) The graph of $g(x) = \frac{1}{2}\sqrt{x-2}$ is obtained by shifting the graph of $f(x)$ to the right 2 units, and then shrinking the graph vertically by a factor of $\frac{1}{2}$.

27. $y = f(x-2) + 3$. When $f(x) = x^2$, we get $y = (x-2)^2 + 3 = x^2 - 4x + 4 + 3 = x^2 - 4x + 7$.

29. $y = -5f(x+3)$. When $f(x) = \sqrt{x}$, we get $y = -5\sqrt{x+3}$

31. $y = 0.1f\left(x - \frac{1}{2}\right) - 2$. When $f(x) = |x|$, we get $y = 0.1\left|x - \frac{1}{2}\right| - 2$

33. $f(x) = (x-2)^2$. Shift the graph of $y = x^2$ to the right 2 units.

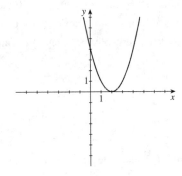

35. $f(x) = -(x+1)^2$. Shift the graph of $y = x^2$ to the left 1 unit, then reflect about the x-axis.

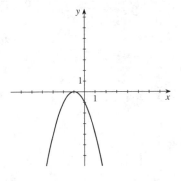

37. $f(x) = x^3 + 2$. Shift the graph of $y = x^3$ upward 2 units.

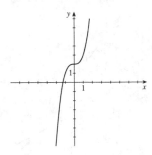

39. $y = 1 + \sqrt{x}$. Shift the graph of $y = \sqrt{x}$ upward 1 unit.

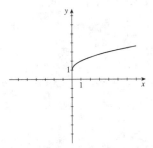

41. $y = \frac{1}{2}\sqrt{x+4} - 3$. Shift the graph of $y = \sqrt{x}$ to the left 4 units, shrink vertically by a factor of $\frac{1}{2}$, and then shift it downward 3 units.

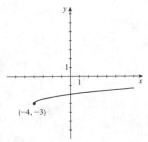

(−4, −3)

43. $y = 5 + (x+3)^2$. Shift the graph of $y = x^2$ to the left 3 units, then upward 5 units.

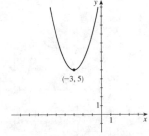

(−3, 5)

45. $y = |x| - 1$. Shift the graph of $y = |x|$ downward 1 unit.

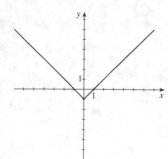

47. $y = |x + 2| + 2$. Shift the graph of $y = |x|$ to the left 2 units and upward 2 units.

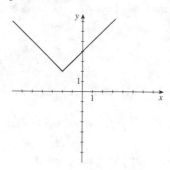

49.

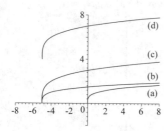

For part (b), shift the graph in (a) to the left 5 units; for part (c), shift the graph in (a) to the left 5 units, and stretch it vertically by a factor of 2; for part (d), shift the graph in (a) to the left 5 units, stretch it vertically by a factor of 2, and then shift it upward 4 units.

51.

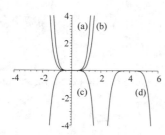

For part (b), shrink the graph in (a) vertically by a factor of $\frac{1}{3}$; for part (c), shrink the graph in (a) vertically by a factor of $\frac{1}{3}$, and reflect it about the x-axis; for part (d), shift the graph in (a) to the right 4 units, shrink vertically by a factor of $\frac{1}{3}$, and then reflect it about the x-axis.

53. (a) $y = g(2x)$

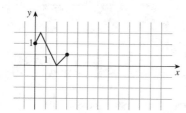

(b) $y = g\left(\frac{1}{2}x\right)$

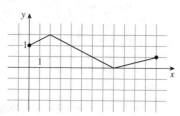

55. (a) Even

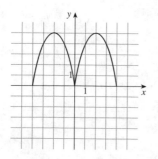

(b) Odd

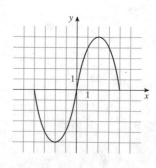

57. $y = [\![2x]\!]$

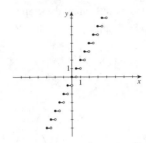

59. (a) $y = f(x) = \sqrt{2x - x^2}$ **(b)** $y = f(2x) = \sqrt{2(2x) - (2x)^2}$ **(c)** $y = f\left(\frac{1}{2}x\right) = \sqrt{2\left(\frac{1}{2}x\right) - \left(\frac{1}{2}x\right)^2}$

$$= \sqrt{4x - 4x^2} \qquad\qquad\qquad = \sqrt{x - \frac{1}{4}x^2}$$

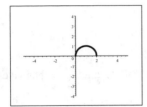 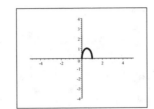 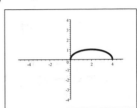

The graph in part (b) is obtained by horizontally shrinking the graph in part (a) by a factor of 2 (so the graph is half as wide). The graph in part (c) is obtained by horizontally stretching the graph in part (a) by a factor of 2 (so the graph is twice as wide).

61. $f(x) = x^{-2}$. $f(-x) = (-x)^{-2} = x^{-2} = f(x)$. Thus $f(x)$ is even.

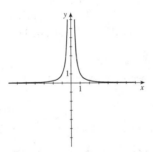

63. $f(x) = x^2 + x$. $f(-x) = (-x)^2 + (-x) = x^2 - x$. Thus $f(-x) \neq f(x)$. Also, $f(-x) \neq -f(x)$, so $f(x)$ is neither odd nor even.

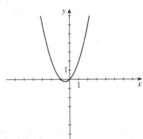

65. $f(x) = x^3 - x$.

$$f(-x) = (-x)^3 - (-x) = -x^3 + x$$
$$= -\left(x^3 - x\right) = -f(x).$$

Thus $f(x)$ is odd.

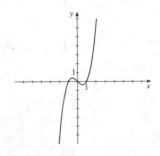

67. $f(x) = 1 - \sqrt[3]{x}$. $f(-x) = 1 - \sqrt[3]{(-x)} = 1 + \sqrt[3]{x}$. Thus $f(-x) \neq f(x)$. Also $f(-x) \neq -f(x)$, so $f(x)$ is neither odd nor even.

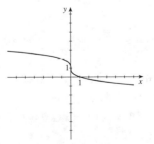

69. Since $f(x) = x^2 - 4 < 0$, for $-2 < x < 2$, the graph of $y = g(x)$ is found by sketching the graph of $y = f(x)$ for $x \le -2$ and $x \ge 2$, then reflecting about the x-axis the part of the graph of $y = f(x)$ for $-2 < x < 2$.

71. (a) $f(x) = 4x - x^2$

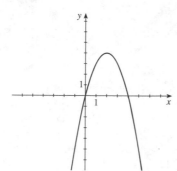

(b) $f(x) = \left|4x - x^2\right|$

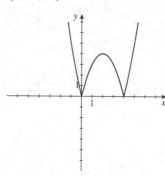

73. (a) The graph of $y = t^2$ must be shrunk vertically by a factor of 0.01 and shifted vertically 4 units up to obtain the graph of $y = f(t)$.

(b) The graph of $y = f(t)$ must be shifted horizontally 10 units to the right to obtain the graph of $y = g(t)$. So $g(t) = f(t - 10) = 4 + 0.01(t - 10)^2 = 5 - 0.02t + 0.01t^2$.

75. f even implies $f(-x) = f(x)$; g even implies $g(-x) = g(x)$; f odd implies $f(-x) = -f(x)$; and g odd implies $g(-x) = -g(x)$
If f and g are both even, then $(f + g)(-x) = f(-x) + g(-x) = f(x) + g(x) = (f + g)(x)$ and $f + g$ is even.
If f and g are both odd, then $(f + g)(-x) = f(-x) + g(-x) = -f(x) - g(x) = -(f + g)(x)$ and $f + g$ is odd.
If f odd and g even, then $(f + g)(-x) = f(-x) + g(-x) = -f(x) + g(x)$, which is neither odd nor even.

77. $f(x) = x^n$ is even when n is an even integer and $f(x) = x^n$ is odd when n is an odd integer.
These names were chosen because polynomials with only terms with odd powers are odd functions, and polynomials with only terms with even powers are even functions.

2.5   Quadratic Functions; Maxima and Minima

1. (a) Vertex: $(3, 4)$

(b) Maximum value of f: 4.

3. (a) Vertex: $(1, -3)$

(b) Minimum value of f: -3.

5. (a) $f(x) = x^2 - 6x = (x - 3)^2 - 9$

(b) Vertex: $y = x^2 - 6x = x^2 - 6x + 9 - 9 = (x - 3)^2 - 9$. So the vertex is at $(3, -9)$.

x-intercepts: $y = 0 \quad \Rightarrow \quad 0 = x^2 - 6x = x(x - 6)$. So $x = 0$ or $x = 6$. The x-intercepts are $x = 0$ and $x = 6$.

y-intercept: $x = 0 \quad \Rightarrow \quad y = 0$. The y-intercept is $y = 0$.

(c)

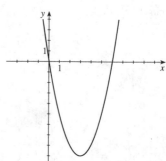

7. (a) $f(x) = 2x^2 + 6x = 2\left(x + \frac{3}{2}\right)^2 - \frac{9}{2}$

(c)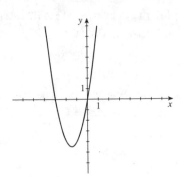

    (b) The vertex is $\left(-\frac{3}{2}, -\frac{9}{2}\right)$.

        x-intercepts: $y = 0$ $\Rightarrow$ $0 = 2x^2 + 6x = 2x(x + 3)$ $\Rightarrow$

        $x = 0$ or $x = -3$. The x-intercepts are $x = 0$ and $x = -3$.

        y-intercept: $x = 0$ $\Rightarrow$ $y = 0$. The y-intercept is $y = 0$.

9. (a) $f(x) = x^2 + 4x + 3 = (x + 2)^2 - 1$

(c)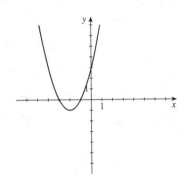

    (b) The vertex is $(-2, -1)$.

        x-intercepts: $y = 0$ $\Rightarrow$ $0 = x^2 + 4x + 3 = (x + 1)(x + 3)$. So

        $x = -1$ or $x = -3$. The x-intercepts are $x = -1$ and $x = -3$.

        y-intercept: $x = 0$ $\Rightarrow$ $y = 3$. The y-intercept is $y = 3$.

11. (a) $f(x) = -x^2 + 6x + 4 = -(x - 3)^2 + 13$

(c)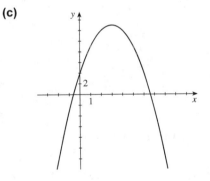

    (b) The vertex is $(3, 13)$.

        x-intercepts: $y = 0$ $\Rightarrow$ $0 = -(x - 3)^2 + 13$ $\Leftrightarrow$

        $(x - 3)^2 = 13 \Rightarrow x - 3 = \pm\sqrt{13}$ $\Leftrightarrow$ $x = 3 \pm \sqrt{13}$. The

        x-intercepts are $x = 3 - \sqrt{13}$ and $x = 3 + \sqrt{13}$.

        y-intercept: $x = 0$ $\Rightarrow$ $y = 4$. The y-intercept is $y = 4$.

13. (a) $f(x) = 2x^2 + 4x + 3 = 2(x + 1)^2 + 1$

(c)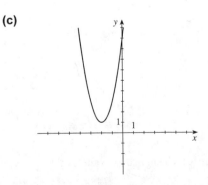

    (b) The vertex is $(-1, 1)$.

        x-intercepts: $y = 0$ $\Rightarrow$ $0 = 2x^2 + 4x + 3 = 2(x + 1)^2 + 1$

        $\Leftrightarrow$ $2(x + 1)^2 = -1$. Since this last equation has no real solution,

        there is no x-intercept.

        y-intercept: $x = 0$ $\Rightarrow$ $y = 3$. The y-intercept is $y = 3$.

15. (a) $f(x) = 2x^2 - 20x + 57 = 2(x-5)^2 + 7$

(b) The vertex is $(5, 7)$.

   x-intercepts: $y = 0$ $\Rightarrow$

   $0 = 2x^2 - 20x + 57 = 2(x-5)^2 + 7 \Leftrightarrow 2(x-5)^2 = -7$. Since
   this last equation has no real solution, there is no x-intercept.

   y-intercept: $x = 0$ $\Rightarrow$ $y = 57$. The y-intercept is $y = 57$.

(c)
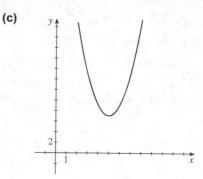

17. (a) $f(x) = -4x^2 - 16x + 3 = -4(x+2)^2 + 19$

(b) The vertex is $(-2, 19)$.

   x-intercepts: $y = 0$ $\Rightarrow$

   $0 = -4x^2 - 16x + 3 = -4(x+2)^2 + 19 \Leftrightarrow 4(x+2)^2 = 19$

   $\Leftrightarrow$ $(x+2)^2 = \frac{19}{4} \Rightarrow x + 2 = \pm\sqrt{\frac{19}{4}} = \pm\frac{\sqrt{19}}{2}$ $\Leftrightarrow$

   $x = -2 \pm \frac{\sqrt{19}}{2}$. The x-intercepts are $x = -2 - \frac{\sqrt{19}}{2}$ and

   $x = -2 + \frac{\sqrt{19}}{2}$.

   y-intercept: $x = 0$ $\Rightarrow$ $y = 3$. The y-intercept is $y = 3$.

(c)
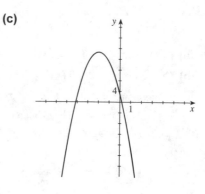

19. (a) $f(x) = 2x - x^2 = -(x^2 - 2x)$
   $= -(x^2 - 2x + 1) + 1 = -(x-1)^2 + 1$

(b)
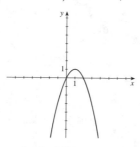

(c) The maximum value is $f(1) = 1$.

21. (a) $f(x) = x^2 + 2x - 1 = (x^2 + 2x) - 1$
   $= (x^2 + 2x + 1) - 1 - 1 = (x+1)^2 - 2$

(b)
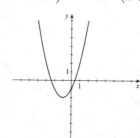

(c) The minimum value is $f(-1) = -2$.

23. (a) $f(x) = -x^2 - 3x + 3 = -(x^2 + 3x) + 3$
   $= -\left(x^2 + 3x + \frac{9}{4}\right) + 3 + \frac{9}{4}$
   $= -\left(x + \frac{3}{2}\right)^2 + \frac{21}{4}$

(b)
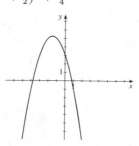

(c) The maximum value is $f\left(-\frac{3}{2}\right) = \frac{21}{4}$.

25. (a) $g(x) = 3x^2 - 12x + 13 = 3(x^2 - 4x) + 13$
   $= 3(x^2 - 4x + 4) + 13 - 12$
   $= 3(x-2)^2 + 1$

(b)
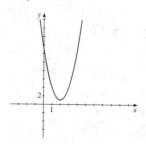

(c) The minimum value is $g(2) = 1$.

27. (a) $h(x) = 1 - x - x^2 = -(x^2 + x) + 1$
$$= -\left(x^2 + x + \tfrac{1}{4}\right) + 1 + \tfrac{1}{4}$$
$$= -\left(x + \tfrac{1}{2}\right)^2 + \tfrac{5}{4}$$

(b)

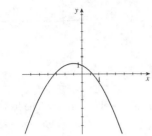

(c) The maximum value is $h\left(-\tfrac{1}{2}\right) = \tfrac{5}{4}$.

29. $f(x) = x^2 + x + 1 = \left(x^2 + x\right) + 1$
$$= \left(x^2 + x + \tfrac{1}{4}\right) + 1 + \tfrac{1}{4} = \left(x + \tfrac{1}{2}\right)^2 + \tfrac{3}{4}$$

Therefore, the minimum value is $f\left(-\tfrac{1}{2}\right) = \tfrac{3}{4}$.

31. $f(t) = 100 - 49t - 7t^2 = -7\left(t^2 + 7t\right) + 100$
$$= -7\left(t^2 + 7t + \tfrac{49}{4}\right) + 100 + \tfrac{343}{4}$$
$$= -7\left(t + \tfrac{7}{2}\right)^2 + \tfrac{743}{4}$$

Therefore, the maximum value is
$$f\left(-\tfrac{7}{2}\right) = \tfrac{743}{4} = 185.75.$$

33. $f(s) = s^2 - 1.2s + 16 = \left(s^2 - 1.2s\right) + 16 = \left(s^2 - 1.2s + 0.36\right) + 16 - 0.36 = \left(s - 0.6\right)^2 + 15.64.$
Therefore, the minimum value is $f(0.6) = 15.64$.

35. $h(x) = \tfrac{1}{2}x^2 + 2x - 6 = \tfrac{1}{2}\left(x^2 + 4x\right) - 6 = \tfrac{1}{2}\left(x^2 + 4x + 4\right) - 6 - 2 = \tfrac{1}{2}\left(x + 2\right)^2 - 8.$
Therefore, the minimum value is $h(-2) = -8$.

37. $f(x) = 3 - x - \tfrac{1}{2}x^2 = -\tfrac{1}{2}\left(x^2 + 2x\right) + 3 = -\tfrac{1}{2}\left(x^2 + 2x + 1\right) + 3 + \tfrac{1}{2} = -\tfrac{1}{2}\left(x + 1\right) + \tfrac{7}{2}.$ Therefore, the maximum value is $f(-1) = \tfrac{7}{2}$.

39. Since the vertex is at $(1, -2)$, the function is of the form $f(x) = a(x - 1)^2 - 2$. Substituting the point $(4, 16)$, we get $16 = a(4 - 1)^2 - 2 \quad\Leftrightarrow\quad 16 = 9a - 2 \quad\Leftrightarrow\quad 9a = 18 \quad\Leftrightarrow\quad a = 2$. So the function is $f(x) = 2(x - 1)^2 - 2 = 2x^2 - 4x$.

41. $f(x) = -x^2 + 4x - 3 = -\left(x^2 - 4x\right) - 3 = -\left(x^2 - 4x + 4\right) - 3 + 4 = -(x - 2)^2 + 1.$ So the domain of $f(x)$ is $(-\infty, \infty)$. Since $f(x)$ has a maximum value of 1, the range is $(-\infty, 1]$.

43. $f(x) = 2x^2 + 6x - 7 = 2\left(x + \tfrac{3}{2}\right)^2 - 7 - \tfrac{9}{2} = 2\left(x + \tfrac{3}{2}\right)^2 - \tfrac{23}{2}.$ The domain of the function is all real numbers, and since the minimum value of the function is $f\left(-\tfrac{3}{2}\right) = -\tfrac{23}{2}$, the range of the function is $\left[-\tfrac{23}{2}, \infty\right)$.

45. (a) The graph of $f(x) = x^2 + 1.79x - 3.21$ is shown. The minimum value is
$$f(x) \approx -4.01.$$

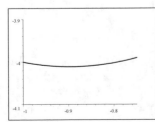

(b) $f(x) = x^2 + 1.79x - 3.21$
$$= \left[x^2 + 1.79x + \left(\tfrac{1.79}{2}\right)^2\right] - 3.21 - \left(\tfrac{1.79}{2}\right)^2$$
$$= (x + 0.895)^2 - 4.011025$$

Therefore, the exact minimum of $f(x)$ is -4.011025.

47. Local maximum: 2 at $x = 0$. Local minimum: -1 at $x = -2$ and 0 at $x = 2$.

49. Local maximum: 0 at $x = 0$ and 1 at $x = 3$. Local minimum: -2 at $x = -2$ and -1 at $x = 1$.

51. In the first graph, we see that $f(x) = x^3 - x$ has a local minimum and a local maximum. Smaller x- and y-ranges show that $f(x)$ has a local maximum of about 0.38 when $x \approx -0.58$ and a local minimum of about -0.38 when $x \approx 0.58$.

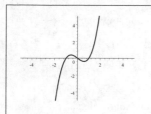 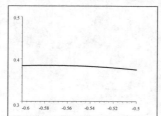 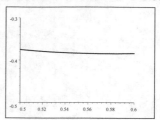

53. In the first graph, we see that $g(x) = x^4 - 2x^3 - 11x^2$ has two local minimums and a local maximum. The local maximum is $g(x) = 0$ when $x = 0$. Smaller x- and y-ranges show that local minima are $g(x) \approx -13.61$ when $x \approx -1.71$ and $g(x) \approx -73.32$ when $x \approx 3.21$.

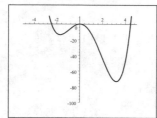 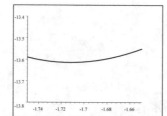 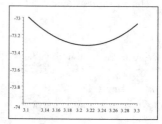

55. In the first graph, we see that $U(x) = x\sqrt{6-x}$ only has a local maximum. Smaller x- and y-ranges show that $U(x)$ has a local maximum of about 5.66 when $x \approx 4.00$.

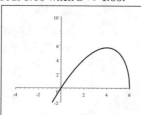 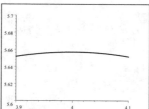

57. In the first graph, we see that $V(x) = \dfrac{1 - x^2}{x^3}$ has a local minimum and a local maximum. Smaller x- and y-ranges show that $V(x)$ has a local maximum of about 0.38 when $x \approx -1.73$ and a local minimum of about -0.38 when $x \approx 1.73$.

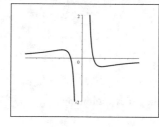 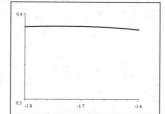 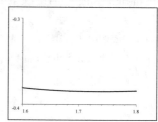

59. $y = f(t) = 40t - 16t^2 = -16\left(t^2 - \frac{5}{2}\right) = -16\left[t^2 - \frac{5}{2}t + \left(\frac{5}{4}\right)^2\right] + 16\left(\frac{5}{4}\right)^2 = -16\left(t - \frac{5}{4}\right)^2 + 25$. Thus the maximum height attained by the ball is $f\left(\frac{5}{4}\right) = 25$ feet.

61. $R(x) = 80x - 0.4x^2 = -0.4\left(x^2 - 200x\right) = -0.4\left(x^2 - 200x + 10{,}000\right) + 4{,}000 = -0.4\left(x - 100\right)^2 + 4{,}000$. So revenue is maximized at \$4,000 when 100 units are sold.

63. $E(n) = \frac{2}{3}n - \frac{1}{90}n^2 = -\frac{1}{90}\left(n^2 - 60n\right) = -\frac{1}{90}\left(n^2 - 60n + 900\right) + 10 = -\dfrac{1}{90}\left(n - 30\right)^2 + 10$. Since the maximum of the function occurs when $n = 30$, the viewer should watch the commercial 30 times for maximum effectiveness.

65. Graphing $A(n) = n(900 - 9n)$ in the viewing rectangle $[0, 100]$ by $[0, 25000]$, we see that maximum yield of apples occurs when there are 50 trees per acre.

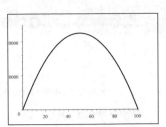

67. In the first graph, we see the general location of the maximum of $N(s) = \dfrac{88s}{17 + 17\left(\dfrac{s}{20}\right)^2}$. In the second graph we isolate

the maximum, and from this graph we see that at the speed of 20 mi/h the largest number of cars that can use the highway safely is 52.

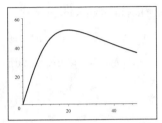
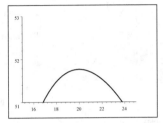

69. In the first graph, we see the general location of the maximum of $v(r) = 3.2(1 - r)r^2$ is around $r = 0.7$ cm. In the second graph, we isolate the maximum, and from this graph we see that at the maximum velocity is 0.47 when $r \approx 0.67$ cm.

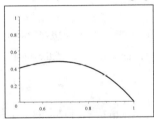

71. (a) If $x = a$ is a local maximum of $f(x)$ then
$f(a) \geq f(x) \geq 0$ for all x around $x = a$. So
$[g(a)]^2 \geq [g(x)]^2$ and thus $g(a) \geq g(x)$.
Similarly, if $x = b$ is a local minimum of $f(x)$,
then $f(x) \geq f(b) \geq 0$ for all x around $x = b$.
So $[g(x)]^2 \geq [g(b)]^2$ and thus $g(x) \geq g(b)$.

(b) Using the distance formula,
$$g(x) = \sqrt{(x - 3)^2 + (x^2 - 0)^2}$$
$$= \sqrt{x^4 + x^2 - 6x + 9}$$

(c) Let $f(x) = x^4 + x^2 - 6x + 9$. From the graph,
we see that $f(x)$ has a minimum at $x = 1$. Thus
$g(x)$ also has a minimum at $x = 1$ and this
minimum value is
$$g(1) = \sqrt{1^4 + 1^2 - 6(1) + 9} = \sqrt{5}.$$

2.6 Modeling with Functions

1. Let w be the width of the building lot. Then the length of the lot is $3w$. So the area of the building lot is $A(w) = 3w^2$, $w > 0$.

3. Let w be the width of the base of the rectangle. Then the height of the rectangle is $\frac{1}{2}w$. Thus the volume of the box is given by the function $V(w) = \frac{1}{2}w^3$, $w > 0$.

5. Let P be the perimeter of the rectangle and y be the length of the other side. Since $P = 2x + 2y$ and the perimeter is 20, we have $2x + 2y = 20$ $\Leftrightarrow$ $x + y = 10$ $\Leftrightarrow$ $y = 10 - x$. Since area is $A = xy$, substituting gives $A(x) = x(10 - x) = 10x - x^2$, and since A must be positive, the domain is $0 < x < 10$.

7.

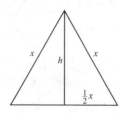

Let h be the height of an altitude of the equilateral triangle whose side has length x, as shown in the diagram. Thus the area is given by $A = \frac{1}{2}xh$. By the Pythagorean Theorem, $h^2 + \left(\frac{1}{2}x\right)^2 = x^2$ $\Leftrightarrow$ $h^2 + \frac{1}{4}x^2 = x^2$ $\Leftrightarrow$ $h^2 = \frac{3}{4}x^2 \Leftrightarrow h = \frac{\sqrt{3}}{2}x$. Substituting into the area of a triangle, we get $A(x) = \frac{1}{2}xh = \frac{1}{2}x\left(\frac{\sqrt{3}}{2}x\right) = \frac{\sqrt{3}}{4}x^2$, $x > 0$.

9. We solve for r in the formula for the area of a circle. This gives $A = \pi r^2$ $\Leftrightarrow$ $r^2 = \dfrac{A}{\pi}$ $\Rightarrow$ $r = \sqrt{\dfrac{A}{\pi}}$, so the model is $r(A) = \sqrt{\dfrac{A}{\pi}}$, $A > 0$.

11. Let h be the height of the box in feet. The volume of the box is $V = 60$. Then $x^2h = 60$ $\Leftrightarrow$ $h = \dfrac{60}{x^2}$. The surface area, S, of the box is the sum of the area of the 4 sides and the area of the base and top. Thus $S = 4xh + 2x^2 = 4x\left(\dfrac{60}{x^2}\right) + 2x^2 = \dfrac{240}{x} + 2x^2$, so the model is $S(x) = \dfrac{240}{x} + 2x^2$, $x > 0$.

13.

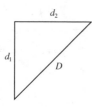

Let d_1 be the distance traveled south by the first ship and d_2 be the distance traveled east by the second ship. The first ship travels south for t hours at 5 mi/h, so $d_1 = 15t$ and, similarly, $d_2 = 20t$. Since the ships are traveling at right angles to each other, we can apply the Pythagorean Theorem to get $D^2 = d_1^2 + d_2^2 = (15t)^2 + (20t)^2 = 225t^2 + 400t^2 = 625t^2$.

15.

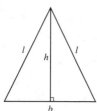

Let b be the length of the base, l be the length of the equal sides, and h be the height in centimeters. Since the perimeter is 8, $2l + b = 8$ $\Leftrightarrow$ $2l = 8 - b$ $\Leftrightarrow$ $l = \frac{1}{2}(8 - b)$. By the Pythagorean Theorem, $h^2 + \left(\frac{1}{2}b\right)^2 = l^2$ $\Leftrightarrow$ $h = \sqrt{l^2 - \frac{1}{4}b^2}$. Therefore the area of the triangle is
$$A = \frac{1}{2} \cdot b \cdot h = \frac{1}{2}b\sqrt{l^2 - \frac{1}{4}b^2} = \frac{b}{2}\sqrt{\frac{1}{4}(8-b)^2 - \frac{1}{4}b^2}$$
$$= \frac{b}{4}\sqrt{64 - 16b + b^2 - b^2} = \frac{b}{4}\sqrt{64 - 16b} = \frac{b}{4} \cdot 4\sqrt{4 - b} = b\sqrt{4 - b}$$
so the model is $A(b) = b\sqrt{4 - b}$, $0 < b < 4$.

17. Let w be the length of the rectangle. By the Pythagorean Theorem, $\left(\frac{1}{2}w\right)^2 + h^2 = 10^2$ $\Leftrightarrow$ $\dfrac{w^2}{4} + h^2 = 10^2$ $\Leftrightarrow$ $w^2 = 4(100 - h^2)$ $\Leftrightarrow$ $w = 2\sqrt{100 - h^2}$ (since $w > 0$). Therefore, the area of the rectangle is $A = wh = 2h\sqrt{100 - h^2}$, so the model is $A(h) = 2h\sqrt{100 - h^2}$, $0 < h < 10$.

19. (a) We complete the table.

First number	Second number	Product
1	18	18
2	17	34
3	16	48
4	15	60
5	14	70
6	13	78
7	12	84
8	11	88
9	10	90
10	9	90
11	8	88

From the table we conclude that the numbers is still increasing, the numbers whose product is a maximum should both be 9.5.

(b) Let x be one number: then $19 - x$ is the other number, and so the product, p, is

$$p(x) = x(19 - x) = 19x - x^2.$$

(c) $p(x) = 19x - x^2 = -\left(x^2 - 19x\right)$
$$= -\left[x^2 - 19x + \left(\tfrac{19}{2}\right)^2\right] + \left(\tfrac{19}{2}\right)^2$$
$$= -(x - 9.5)^2 + 90.25$$

So the product is maximized when the numbers are both 9.5.

21. Let x and y be the two numbers. Since their sum is -24, we have $x + y = -24 \quad \Leftrightarrow \quad y = -x - 24$. The product of the two numbers is $P = xy = x(-x - 24) = -x^2 - 24x$, which we wish to maximize. So $P = -x^2 - 24x = -\left(x^2 + 24x\right) = -\left(x^2 + 24x + 144\right) + 144 = -(x + 12)^2 + 144$. Thus the maximum product is 144, and it occurs when $x = -12$ and $y = -(-12) - 24 = -12$. Thus the two numbers are -12 and -12.

23. (a) Let x be the width of the field (in feet) and l be the length of the field (in feet). Since the farmer has 2400 ft of fencing we must have $2x + l = 2400$.

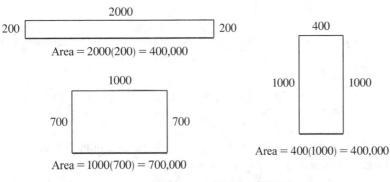

Width	Length	Area
200	2000	400,000
300	1800	540,000
400	1600	640,000
500	1400	700,000
600	1200	720,000
700	1000	700,000
800	800	640,000

It appears that the field of largest area is about 600 ft × 1200 ft.

(b) Let x be the width of the field (in feet) and l be the length of the field (in feet). Since the farmer has 2400 ft of fencing we must have $2x + l = 2400 \quad \Leftrightarrow \quad l = 2400 - 2x$. The area of the fenced-in field is given by $A(x) = l \cdot x = (2400 - 2x)x = -2x^2 + 2400x = -2\left(x^2 - 1200x\right)$.

(c) The area is $A(x) = -2\left(x^2 - 1200x + 600^2\right) + 2\left(600^2\right) = -2(x - 600)^2 + 720000$. So the maximum area occurs when $x = 600$ feet and $l = 2400 - 2(600) = 1200$ feet.

25. (a) Let x be the length of the fence along the road. If the area is 1200, we have $1200 = x \cdot$ width, so the width of the garden is $\dfrac{1200}{x}$. Then the cost of the fence is given by the function $C(x) = 5(x) + 3\left[x + 2 \cdot \dfrac{1200}{x}\right] = 8x + \dfrac{7200}{x}$.

(b) We graph the function $y = C(x)$ in the viewing rectangle $[0, 75] \times [0, 800]$. From this we get the cost is minimized when $x = 30$ ft. Then the width is $\frac{1200}{30} = 40$ ft. So the length is 30 ft and the width is 40 ft.

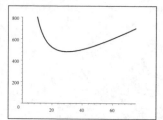

(c) We graph the function $y = C(x)$ and $y = 600$ in the viewing rectangle $[10, 65] \times [450, 650]$. From this we get that the cost is at most \$600 when $15 \le x \le 60$. So the range of lengths he can fence along the road is 15 feet to 60 feet.

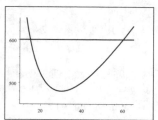

27. (a) Let p be the price of the ticket. So $10 - p$ is the difference in ticket price and therefore the number of tickets sold is $27{,}000 + 3000(10 - p) = 57{,}000 - 3000p$. Thus the revenue is $R(p) = p(57{,}000 - 3000p) = 57{,}000p - 3000p^2$.

(b) $R(p) = 0 = p(57{,}000 - 3000p)$. So $p = 0 \ or = \dfrac{57{,}000}{3000} = 19$. So at \$19 no one will come.

(c) We complete the square:

$$
\begin{aligned}
R(p) &= 57{,}000p - 3000p^2 = -3000\left(p^2 - 19p\right) = -3000\left(p^2 - 19p + \tfrac{19^2}{4}\right) + 270{,}750 \\
&= -3000\left(p - \tfrac{19}{2}\right)^2 + 270{,}750
\end{aligned}
$$

The revenue is maximized when $p = \frac{19}{2}$, and so the price should be set at \$9.50.

29. (a) Let h be the height in feet of the straight portion of the window. The circumference of the semicircle is $C = \frac{1}{2}\pi x$. Since the perimeter of the window is 30 feet, we have $x + 2h + \frac{1}{2}\pi x = 30$. Solving for h, we get $2h = 30 - x - \frac{1}{2}\pi x \iff h = 15 - \frac{1}{2}x - \frac{1}{4}\pi x$. The area of the window is $A(x) = xh + \frac{1}{2}\pi\left(\frac{1}{2}x\right)^2 = x\left(15 - \frac{1}{2}x - \frac{1}{4}\pi x\right) + \frac{1}{8}\pi x^2 = 15x - \frac{1}{2}x^2 - \frac{1}{8}\pi x^2$.

(b)
$$
\begin{aligned}
A(x) &= 15x - \tfrac{1}{2}x^2 - \tfrac{1}{8}\pi x^2 = 15x - \tfrac{1}{8}(\pi + 4)x^2 = -\tfrac{1}{8}(\pi + 4)\left[x^2 - \dfrac{120}{\pi + 4}x\right] \\
&= -\tfrac{1}{8}(\pi + 4)\left[x^2 - \dfrac{120}{\pi + 4}x + \left(\dfrac{60}{\pi + 4}\right)^2\right] + \dfrac{450}{\pi + 4} = -\tfrac{1}{8}(\pi + 4)\left(x - \dfrac{60}{\pi + 4}\right)^2 + \dfrac{450}{\pi + 4}
\end{aligned}
$$

The area is maximized when $x = \dfrac{60}{\pi + 4} \approx 8.40$, and hence $h \approx 15 - \frac{1}{2}(8.40) - \frac{1}{4}\pi(8.40) \approx 4.20$.

31. (a) Let x be the length of one side of the base and let h be the height of the box in feet. Since the volume of the box is $V = x^2 h = 12$, we have $x^2 h = 12 \iff h = \dfrac{12}{x^2}$. The surface area, A, of the box is sum of the area of the four sides and the area of the base. Thus the surface area of the box is given by the formula

$$A(x) = 4xh + x^2 = 4x\left(\frac{12}{x^2}\right) + x^2 = \frac{48}{x} + x^2, \ x > 0.$$

(b) The function $y = A(x)$ is shown in the first viewing rectangle below. In the second viewing rectangle, we isolate the minimum, and we see that the amount of material is minimized when x (the length and width) is 2.88 ft. Then the height is $h = \dfrac{12}{x^2} \approx 1.44$ ft.

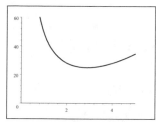 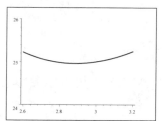

33. (a) Let w be the width of the pen and l be the length in meters. We use the area to establish a relationship between w and l. Since the area is 100 m^2, we have $l \cdot w = 100 \iff l = \dfrac{100}{w}$. So the amount of fencing used is

$$F = 2l + 2w = 2\left(\frac{100}{w}\right) + 2w = \frac{200 + 2w^2}{w}.$$

(b) Using a graphing device, we first graph F in the viewing rectangle $[0, 40]$ by $[0, 100]$, and locate the approximate location of the minimum value. In the second viewing rectangle, $[8, 12]$ by $[39, 41]$, we see that the minimum value of F occurs when $w = 10$. Therefore the pen should be a square with side 10 m.

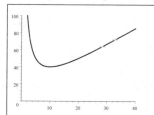 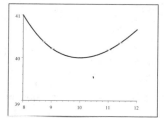

35. (a) Let x be the distance from point B to C, in miles. Then the distance from A to C is $\sqrt{x^2 + 25}$, and the energy used in flying from A to C then C to D is $f(x) = 14\sqrt{x^2 + 25} + 10(12 - x)$.

(b) By using a graphing device, the energy expenditure is minimized when the distance from B to C is about 5.1 miles.

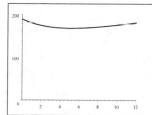 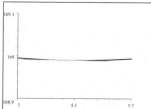

2.7   Combining Functions

1. $f(x) = x - 3$ has domain $(-\infty, \infty)$. $g(x) = x^2$ has domain $(-\infty, \infty)$. The intersection of the domains of f and g is $(-\infty, \infty)$.

$(f + g)(x) = (x - 3) + (x^2) = x^2 + x - 3$, and the domain is $(-\infty, \infty)$.

$(f - g)(x) = (x - 3) - (x^2) = -x^2 + x - 3$, and the domain is $(-\infty, \infty)$.

$(fg)(x) = (x - 3)(x^2) = x^3 - 3x^2$, and the domain is $(-\infty, \infty)$.

$\left(\dfrac{f}{g}\right)(x) = \dfrac{x - 3}{x^2}$, and the domain is $\{x \mid x \neq 0\}$.

3. $f(x) = \sqrt{4 - x^2}$, has domain $[-2, 2]$. $g(x) = \sqrt{1 + x}$, has domain $[-1, \infty)$. The intersection of the domains of f and g is $[-1, 2]$.

$(f + g)(x) = \sqrt{4 - x^2} + \sqrt{1 + x}$, and the domain is $[-1, 2]$.

$(f - g)(x) = \sqrt{4 - x^2} - \sqrt{1 + x}$, and the domain is $[-1, 2]$.

$(fg)(x) = \sqrt{4 - x^2}\sqrt{1 + x} = \sqrt{-x^3 - x^2 + 4x + 4}$, and the domain is $[-1, 2]$.

$\left(\dfrac{f}{g}\right)(x) = \dfrac{\sqrt{4 - x^2}}{\sqrt{1 + x}} = \sqrt{\dfrac{4 - x^2}{1 + x}}$, and the domain is $(-1, 2]$.

5. $f(x) = \dfrac{2}{x}$ has domain $x \neq 0$. $g(x) = \dfrac{4}{x + 4}$, has domain $x \neq -4$. The intersection of the domains of f and g is $\{x \mid x \neq 0, -4\}$; in interval notation, this is $(-\infty, -4) \cup (-4, 0) \cup (0, \infty)$.

$(f + g)(x) = \dfrac{2}{x} + \dfrac{4}{x + 4} = \dfrac{2}{x} + \dfrac{4}{x + 4} = \dfrac{2(3x + 4)}{x(x + 4)}$, and the domain is $(-\infty, -4) \cup (-4, 0) \cup (0, \infty)$.

$(f - g)(x) = \dfrac{2}{x} - \dfrac{4}{x + 4} = -\dfrac{2(x - 4)}{x(x + 4)}$, and the domain is $(-\infty, -4) \cup (-4, 0) \cup (0, \infty)$.

$(fg)(x) = \dfrac{2}{x} \cdot \dfrac{4}{x + 4} = \dfrac{8}{x(x + 4)}$, and the domain is $(-\infty, -4) \cup (-4, 0) \cup (0, \infty)$.

$\left(\dfrac{f}{g}\right)(x) = \dfrac{\frac{2}{x}}{\frac{4}{x + 4}} = \dfrac{x + 4}{2x}$, and the domain is $(-\infty, -4) \cup (-4, 0) \cup (0, \infty)$.

7. $f(x) = \sqrt{x} + \sqrt{1 - x}$. The domain of $\sqrt{x}$ is $[0, \infty)$, and the domain of $\sqrt{1 - x}$ is $(-\infty, 1]$. Thus the domain is $(-\infty, 1] \cap [0, \infty) = [0, 1]$.

9. $h(x) = (x - 3)^{-1/4} = \dfrac{1}{(x - 3)^{1/4}}$. Since $1/4$ is an even root and the denominator can not equal 0, $x - 3 > 0 \iff x > 3$. So the domain is $(3, \infty)$.

11.

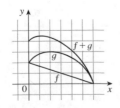

13.

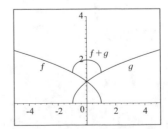

15.

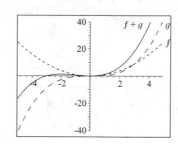

17. (a) $f\left(g\left(0\right)\right)=f\left(2-\left(0\right)^{2}\right)=f\left(2\right)=3\left(2\right)-5=1$

(b) $g\left(f\left(0\right)\right)=g\left(3\left(0\right)-5\right)=g\left(-5\right)=2-$
$\left(-5\right)^{2}=-23$

19. (a) $\left(f\circ g\right)\left(-2\right)=f\left(g\left(-2\right)\right)=f\left(2-\left(-2\right)^{2}\right)=f\left(-2\right)=3\left(-2\right)-5=-11$

(b) $\left(g\circ f\right)\left(-2\right)=g\left(f\left(-2\right)\right)=g\left(3\left(-2\right)-5\right)=g\left(-11\right)=2-\left(-11\right)^{2}=-119$

21. (a) $\left(f\circ g\right)\left(x\right)=f\left(g\left(x\right)\right)=f\left(2-x^{2}\right)=3\left(2-x^{2}\right)-5=6-3x^{2}-5=1-3x^{2}$

(b) $\left(g\circ f\right)\left(x\right)=g\left(f\left(x\right)\right)=g\left(3x-5\right)=2-\left(3x-5\right)^{2}=2-\left(9x^{2}-30x+25\right)=-9x^{2}+30x-23$

23. $f\left(g\left(2\right)\right)=f\left(5\right)=4$ **25.** $\left(g\circ f\right)\left(4\right)=g\left(f\left(4\right)\right)=g\left(2\right)=5$

27. $\left(g\circ g\right)\left(-2\right)=g\left(g\left(-2\right)\right)=g\left(1\right)=4$

29. $f\left(x\right)=2x+3$, has domain $\left(-\infty,\infty\right)$; $g\left(x\right)=4x-1$, has domain $\left(-\infty,\infty\right)$.
$\left(f\circ g\right)\left(x\right)=f\left(4x-1\right)=2\left(4x-1\right)+3=8x+1$, and the domain is $\left(-\infty,\infty\right)$.
$\left(g\circ f\right)\left(x\right)=g\left(2x+3\right)=4\left(2x+3\right)-1=8x+11$, and the domain is $\left(-\infty,\infty\right)$.
$\left(f\circ f\right)\left(x\right)=f\left(2x+3\right)=2\left(2x+3\right)+3=4x+9$, and the domain is $\left(-\infty,\infty\right)$.
$\left(g\circ g\right)\left(x\right)=g\left(4x-1\right)=4\left(4x-1\right)-1=16x-5$, and the domain is $\left(-\infty,\infty\right)$.

31. $f\left(x\right)=x^{2}$, has domain $\left(-\infty,\infty\right)$; $g\left(x\right)=x+1$, has domain $\left(-\infty,\infty\right)$.
$\left(f\circ g\right)\left(x\right)=f\left(x+1\right)=\left(x+1\right)^{2}=x^{2}+2x+1$, and the domain is $\left(-\infty,\infty\right)$.
$\left(g\circ f\right)\left(x\right)=g\left(x^{2}\right)=\left(x^{2}\right)+1=x^{2}+1$, and the domain is $\left(-\infty,\infty\right)$.
$\left(f\circ f\right)\left(x\right)=f\left(x^{2}\right)=\left(x^{2}\right)^{2}=x^{4}$, and the domain is $\left(-\infty,\infty\right)$.
$\left(g\circ g\right)\left(x\right)=g\left(x+1\right)=\left(x+1\right)+1=x+2$, and the domain is $\left(-\infty,\infty\right)$.

33. $f\left(x\right)=\dfrac{1}{x}$, has domain $\left\{x\mid x\neq0\right\}$; $g\left(x\right)=2x+4$, has domain $\left(-\infty,\infty\right)$.
$\left(f\circ g\right)\left(x\right)=f\left(2x+4\right)=\dfrac{1}{2x+4}$. $\left(f\circ g\right)\left(x\right)$ is defined for $2x+4\neq0$ $\Leftrightarrow$ $x\neq-2$. So the domain is
$\left\{x\mid x\neq-2\right\}=\left(-\infty,-2\right)\cup\left(-2,\infty\right)$.
$\left(g\circ f\right)\left(x\right)=g\left(\dfrac{1}{x}\right)=2\left(\dfrac{1}{x}\right)+4=\dfrac{2}{x}+4$, the domain is $\left\{x\mid x\neq0\right\}=\left(-\infty,0\right)\cup\left(0,\infty\right)$.
$\left(f\circ f\right)\left(x\right)=f\left(\dfrac{1}{x}\right)=\dfrac{1}{\left(\dfrac{1}{x}\right)}=x$. $\left(f\circ f\right)\left(x\right)$ is defined whenever both $f\left(x\right)$ and $f\left(f\left(x\right)\right)$ are defined; that is,
whenever $\left\{x\mid x\neq0\right\}=\left(-\infty,0\right)\cup\left(0,\infty\right)$.
$\left(g\circ g\right)\left(x\right)=g\left(2x+4\right)=2\left(2x+4\right)+4=4x+8+4=4x+12$, and the domain is $\left(-\infty,\infty\right)$.

35. $f\left(x\right)=\left|x\right|$, has domain $\left(-\infty,\infty\right)$; $g\left(x\right)=2x+3$, has domain $\left(-\infty,\infty\right)$
$\left(f\circ g\right)\left(x\right)=f\left(2x+4\right)=\left|2x+3\right|$, and the domain is $\left(-\infty,\infty\right)$.
$\left(g\circ f\right)\left(x\right)=g\left(\left|x\right|\right)=2\left|x\right|+3$, and the domain is $\left(-\infty,\infty\right)$.
$\left(f\circ f\right)\left(x\right)=f\left(\left|x\right|\right)=\left|\left|x\right|\right|=\left|x\right|$, and the domain is $\left(-\infty,\infty\right)$.
$\left(g\circ g\right)\left(x\right)=g\left(2x+3\right)=2\left(2x+3\right)+3=4x+6+3=4x+9$. Domain is $\left(-\infty,\infty\right)$.

37. $f(x) = \dfrac{x}{x+1}$, has domain $\{x \mid x \neq -1\}$; $g(x) = 2x - 1$, has domain $(-\infty, \infty)$

$(f \circ g)(x) = f(2x-1) = \dfrac{2x-1}{(2x-1)+1} = \dfrac{2x-1}{2x}$, and the domain is $\{x \mid x \neq 0\} = (-\infty, 0) \cup (0, \infty)$.

$(g \circ f)(x) = g\left(\dfrac{x}{x+1}\right) = 2\left(\dfrac{x}{x+1}\right) - 1 = \dfrac{2x}{x+1} - 1$, and the domain is $\{x \mid x \neq -1\} = (-\infty, -1) \cup (-1, \infty)$

$(f \circ f)(x) = f\left(\dfrac{x}{x+1}\right) = \dfrac{\frac{x}{x+1}}{\frac{x}{x+1}+1} \cdot \dfrac{x+1}{x+1} = \dfrac{x}{x+x+1} = \dfrac{x}{2x+1}$. $(f \circ f)(x)$ is defined whenever

both $f(x)$ and $f(f(x))$ are defined; that is, whenever $x \neq -1$ and $2x + 1 \neq 0 \quad \Rightarrow \quad x \neq -\frac{1}{2}$, which is $(-\infty, -1) \cup \left(-1, -\frac{1}{2}\right) \cup \left(-\frac{1}{2}, \infty\right)$.

$(g \circ g)(x) = g(2x-1) = 2(2x-1) - 1 = 4x - 2 - 1 = 4x - 3$, and the domain is $(-\infty, \infty)$.

39. $f(x) = \sqrt[3]{x}$, has domain $(-\infty, \infty)$; $g(x) = \sqrt[4]{x}$, has domain $[0, \infty)$.

$(f \circ g)(x) = f(\sqrt[4]{x}) = \sqrt[3]{\sqrt[4]{x}} = \sqrt[12]{x}$. $(f \circ g)(x)$ is defined whenever both $g(x)$ and $f(g(x))$ are defined. Since $f(x)$ has no restriction, the domain is $[0, \infty)$.

$(g \circ f)(x) = g(\sqrt[3]{x}) = \sqrt[4]{\sqrt[3]{x}} = \sqrt[12]{x}$. $(g \circ f)(x)$ is defined whenever both $f(x)$ and $g(f(x))$ are defined; that is, whenever $x \geq 0$. So the domain is $[0, \infty)$.

$(f \circ f)(x) = f(\sqrt[3]{x}) = \sqrt[3]{\sqrt[3]{x}} = \sqrt[9]{x}$. $(f \circ f)(x)$ is defined whenever both $f(x)$ and $f(f(x))$ are defined. Since $f(x)$ is defined everywhere, the domain is $(-\infty, \infty)$.

$(g \circ g)(x) = g(\sqrt[4]{x}) = \sqrt[4]{\sqrt[4]{x}} = \sqrt[16]{x}$. $(g \circ g)(x)$ is defined whenever both $g(x)$ and $g(g(x))$ are defined; that is, whenever $x \geq 0$. So the domain is $[0, \infty)$.

41. $(f \circ g \circ h)(x) = f(g(h(x))) = f(g(x-1)) = f\left(\sqrt{x-1}\right) = \sqrt{x-1} - 1$

43. $(f \circ g \circ h)(x) = f(g(h(x))) = f(g(\sqrt{x})) = f(\sqrt{x} - 5) = (\sqrt{x} - 5)^4 + 1$

For Exercises 45–54, many answers are possible.

45. $F(x) = (x-9)^5$. Let $f(x) = x^5$ and $g(x) = x - 9$, then $F(x) = (f \circ g)(x)$.

47. $G(x) = \dfrac{x^2}{x^2+4}$. Let $f(x) = \dfrac{x}{x+4}$ and $g(x) = x^2$, then $G(x) = (f \circ g)(x)$.

49. $H(x) = |1 - x^3|$. Let $f(x) = |x|$ and $g(x) = 1 - x^3$, then $H(x) = (f \circ g)(x)$.

51. $F(x) = \dfrac{1}{x^2+1}$. Let $f(x) = \dfrac{1}{x}$, $g(x) = x + 1$, and $h(x) = x^2$, then $F(x) = (f \circ g \circ h)(x)$.

53. $G(x) = (4 + \sqrt[3]{x})^9$. Let $f(x) = x^9$, $g(x) = 4 + x$, and $h(x) = \sqrt[3]{x}$, then $G(x) = (f \circ g \circ h)(x)$.

55. The price per sticker is $0.15 - 0.000002x$ and the number sold is x, so the revenue is $R(x) = (0.15 - 0.000002x)\, x = 0.15x - 0.000002x^2$.

57. (a) Since the ripple travels at a speed of 60 cm/s, the distance traveled in t seconds is the radius, so $g(t) = 60t$.

(b) The area of a circle is πr^2, so $f(r) = \pi r^2$.

(c) $f \circ g = \pi (g(t))^2 = \pi (60t)^2 = 3600\pi t^2$ cm^2. This function represents the area of the ripple as a function of time.

59. Let r be the radius of the spherical balloon in centimeters. Since the radius is increasing at a rate of 2 cm/s, the radius is $r = 2t$ after t seconds. Therefore, the surface area of the balloon can be written as $S = 4\pi r^2 = 4\pi (2t)^2 = 4\pi (4t^2) = 16\pi t^2$.

61. (a) $f(x) = 0.90x$

(b) $g(x) = x - 100$

(c) $f \circ g = f(x - 100) = 0.90(x - 100) = 0.90x - 90$. $f \circ g$ represents applying the \$100 coupon, then the 10% discount. $g \circ f = g(0.90x) = 0.90x - 100$. $g \circ f$ represents applying the 10% discount, then the \$100 coupon. So applying the 10% discount, then the \$100 coupon gives the lower price.

63. $A(x) = 1.05x$. $(A \circ A)(x) = A(A(x)) = A(1.05x) = 1.05(1.05x) = (1.05)^2 x$.
$(A \circ A \circ A)(x) = A(A \circ A(x)) = A((1.05)^2 x) = 1.05[(1.05)^2 x] = (1.05)^3 x$.
$(A \circ A \circ A \circ A)(x) = A(A \circ A \circ A(x)) = A((1.05)^3 x) = 1.05[(1.05)^3 x] = (1.05)^4 x$. A represents the amount in the account after 1 year; $A \circ A$ represents the amount in the account after 2 years; $A \circ A \circ A$ represents the amount in the account after 3 years; and $A \circ A \circ A \circ A$ represents the amount in the account after 4 years. We can see that if we compose n copies of A, we get $(1.05)^n x$.

65. $g(x) = 2x + 1$ and $h(x) = 4x^2 + 4x + 7$.
Method 1: Notice that $(2x + 1)^2 = 4x^2 + 4x + 1$. We see that adding 6 to this quantity gives $(2x + 1)^2 + 6 = 4x^2 + 4x + 1 + 6 = 4x^2 + 4x + 7$, which is $h(x)$. So let $f(x) = x^2 + 6$, and we have $(f \circ g)(x) = (2x + 1)^2 + 6 = h(x)$.
Method 2: Since $g(x)$ is linear and $h(x)$ is a second degree polynomial, $f(x)$ must be a second degree polynomial, that is, $f(x) = ax^2 + bx + c$ for some a, b, and c. Thus $f(g(x)) = f(2x + 1) = a(2x + 1)^2 + b(2x + 1) + c \Leftrightarrow$ $4ax^2 + 4ax + a + 2bx + b + c = 4ax^2 + (4a + 2b)x + (a + b + c) = 4x^2 + 4x + 7$. Comparing this with $f(g(x))$, we have $4a = 4$ (the x^2 coefficients), $4a + 2b = 4$ (the x coefficients), and $a + b + c = 7$ (the constant terms) $\Leftrightarrow a = 1$ and $2a + b = 2$ and $a + b + c = 7 \Leftrightarrow a = 1, b = 0, c = 6$. Thus $f(x) = x^2 + 6$.
$f(x) = 3x + 5$ and $h(x) = 3x^2 + 3x + 2$.
Note since $f(x)$ is linear and $h(x)$ is quadratic, $g(x)$ must also be quadratic. We can then use trial and error to find $g(x)$. Another method is the following: We wish to find g so that $(f \circ g)(x) = h(x)$. Thus $f(g(x)) = 3x^2 + 3x + 2 \Leftrightarrow$ $3(g(x)) + 5 = 3x^2 + 3x + 2 \Leftrightarrow 3(g(x)) = 3x^2 + 3x - 3 \Leftrightarrow g(x) = x^2 + x - 1$.

2.8   One-to-One Functions and Their Inverses

1. By the Horizontal Line Test, f is not one-to-one.

3. By the Horizontal Line Test, f is one-to-one.

5. By the Horizontal Line Test, f is not one-to-one.

7. $f(x) = -2x + 4$. If $x_1 \neq x_2$, then $-2x_1 \neq -2x_2$ and $-2x_1 + 4 \neq -2x_2 + 4$. So f is a one-to-one function.

9. $g(x) = \sqrt{x}$. If $x_1 \neq x_2$, then $\sqrt{x_1} \neq \sqrt{x_2}$ because two different numbers cannot have the same square root. Therefore, g is a one-to-one function.

11. $h(x) = x^2 - 2x$. Since $h(0) = 0$ and $h(2) = (2) - 2(2) = 0$ we have $h(0) = h(2)$. So f is not a one-to-one function.

13. $f(x) = x^4 + 5$. Every nonzero number and its negative have the same fourth power. For example, $(-1)^4 = 1 = (1)^4$, so $f(-1) = f(1)$. Thus f is not a one-to-one function.

15. $f(x) = \dfrac{1}{x^2}$. Every nonzero number and its negative have the same square. For example, $\dfrac{1}{(-1)^2} = 1 = \dfrac{1}{(1)^2}$, so $f(-1) = f(1)$. Thus f is not a one-to-one function.

17. (a) $f(2) = 7$. Since f is one-to-one, $f^{-1}(7) = 2$.

(b) $f^{-1}(3) = -1$. Since f is one-to-one, $f(-1) = 3$.

19. $f(x) = 5 - 2x$. Since f is one-to-one and $f(1) = 5 - 2(1) = 3$, then $f^{-1}(3) = 1$. (Find 1 by solving the equation $5 - 2x = 3$.)

21. $f(g(x)) = f(x + 6) = (x + 6) - 6 = x$ for all x.
$g(f(x)) = g(x - 6) = (x - 6) + 6 = x$ for all x. Thus f and g are inverses of each other.

23. $f(g(x)) = f\left(\dfrac{x + 5}{2}\right) = 2\left(\dfrac{x + 5}{2}\right) - 5 = x + 5 - 5 = x$ for all x.
$g(f(x)) = g(2x - 5) = \dfrac{(2x - 5) + 5}{2} = x$ for all x. Thus f and g are inverses of each other.

25. $f(g(x)) = f\left(\dfrac{1}{x}\right) = \dfrac{1}{1/x} = x$ for all x. Since $f(x) = g(x)$, we also have $g(f(x)) = x$. Thus f and g are inverses of each other.

27. $f(g(x)) = f\left(\sqrt{x+4}\right) = \left(\sqrt{x+4}\right)^2 - 4 = x + 4 - 4 = x$ for all $x \geq -4$.

$g(f(x)) = g\left(x^2 - 4\right) = \sqrt{(x^2 - 4) + 4} = \sqrt{x^2} = x$ for all $x \geq 0$. Thus f and g are inverses of each other.

29. $f(g(x)) = f\left(\dfrac{1}{x} + 1\right) = \dfrac{1}{\left(\dfrac{1}{x} + 1\right) - 1} = x$ for all $x \neq 0$.

$g(f(x)) = g\left(\dfrac{1}{x-1}\right) = \dfrac{1}{\left(\dfrac{1}{x-1}\right)} + 1 = (x - 1) + 1 = x$ for all $x \neq 1$. Thus f and g are inverses of each other.

31. $f(x) = 2x + 1$. $y = 2x + 1 \quad \Leftrightarrow \quad 2x = y - 1 \quad \Leftrightarrow \quad x = \frac{1}{2}(y - 1)$. So $f^{-1}(x) = \frac{1}{2}(x - 1)$.

33. $f(x) = 4x + 7$. $y = 4x + 7 \quad \Leftrightarrow \quad 4x = y - 7 \quad \Leftrightarrow \quad x = \frac{1}{4}(y - 7)$. So $f^{-1}(x) = \frac{1}{4}(x - 7)$.

35. $f(x) = \dfrac{x}{2}$. $y = \dfrac{x}{2} \quad \Leftrightarrow \quad x = 2y$. So $f^{-1}(x) = 2x$.

37. $f(x) = \dfrac{1}{x+2}$. $y = \dfrac{1}{x+2} \quad \Leftrightarrow \quad x + 2 = \dfrac{1}{y} \quad \Leftrightarrow \quad x = \dfrac{1}{y} - 2$. So $f^{-1}(x) = \dfrac{1}{x} - 2$.

39. $f(x) = \dfrac{1+3x}{5-2x}$. $y = \dfrac{1+3x}{5-2x} \quad \Leftrightarrow \quad y(5 - 2x) = 1 + 3x \quad \Leftrightarrow \quad 5y - 2xy = 1 + 3x \quad \Leftrightarrow \quad 3x + 2xy = 5y - 1$

$\Leftrightarrow \quad x(3 + 2y) = 5y - 1 \quad \Leftrightarrow \quad x = \dfrac{5y - 1}{2y + 3}$. So $f^{-1}(x) = \dfrac{5x - 1}{2x + 3}$.

41. $f(x) = \sqrt{2 + 5x}$, $x \geq -\frac{2}{5}$. $y = \sqrt{2 + 5x}$, $y \geq 0 \quad \Leftrightarrow \quad y^2 = 2 + 5x \quad \Leftrightarrow \quad 5x = y^2 - 2 \quad \Leftrightarrow \quad x = \frac{1}{5}(y^2 - 2)$

and $y \geq 0$. So $f^{-1}(x) = \frac{1}{5}(x^2 - 2)$, $x \geq 0$.

43. $f(x) = 4 - x^2$, $x \geq 0$. $y = 4 - x^2 \quad \Leftrightarrow \quad x^2 = 4 - y \quad \Leftrightarrow \quad x = \sqrt{4 - y}$. So $f^{-1}(x) = \sqrt{4 - x}$. Note: $x \geq 0 \quad \Rightarrow$
$f(x) \leq 4$.

45. $f(x) = 4 + \sqrt[3]{x}$. $y = 4 + \sqrt[3]{x} \quad \Leftrightarrow \quad \sqrt[3]{x} = y - 4 \quad \Leftrightarrow \quad x = (y - 4)^3$. So $f^{-1}(x) = (x - 4)^3$.

47. $f(x) = 1 + \sqrt{1 + x}$. $y = 1 + \sqrt{1 + x}$, $y \geq 1 \quad \Leftrightarrow \quad \sqrt{1 + x} = y - 1 \quad \Leftrightarrow \quad 1 + x = (y - 1)^2$
$\Leftrightarrow x = (y - 1)^2 - 1 = y^2 - 2y$. So $f^{-1}(x) = x^2 - 2x$, $x \geq 1$.

49. $f(x) = x^4$, $x \geq 0$. $y = x^4$, $y \geq 0 \quad \Leftrightarrow \quad x = \sqrt[4]{y}$. So $f^{-1}(x) = \sqrt[4]{x}$, $x \geq 0$.

51. (a), (b) $f(x) = 3x - 6$

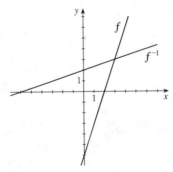

53. (a), (b) $f(x) = \sqrt{x + 1}$

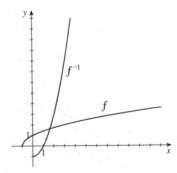

(c) $f(x) = 3x - 6$. $y = 3x - 6 \quad \Leftrightarrow$

$3x = y + 6 \quad \Leftrightarrow \quad x = \frac{1}{3}(y + 6)$. So

$f^{-1}(x) = \frac{1}{3}(x + 6)$.

(c) $f(x) = \sqrt{x + 1}$, $x \geq -1$.

$y = \sqrt{x + 1}$, $y \geq 0 \quad \Leftrightarrow \quad y^2 = x + 1 \quad \Leftrightarrow$

$x = y^2 - 1$ and $y \geq 0$. So $f^{-1}(x) = x^2 - 1$,

$x \geq 0$.

55. $f(x) = x^3 - x$. Using a graphing device and the Horizontal Line Test, we see that f is not a one-to-one function. For example, $f(0) = 0 = f(-1)$.

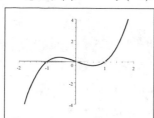

57. $f(x) = \dfrac{x + 12}{x - 6}$. Using a graphing device and the Horizontal Line Test, we see that f is a one-to-one function.

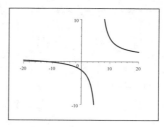

59. $f(x) = |x| - |x - 6|$. Using a graphing device and the Horizontal Line Test, we see that f is not a one-to-one function. For example $f(0) = -6 = f(-2)$.

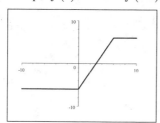

61. (a) $y = f(x) = 2 + x$ $\Leftrightarrow$ $x = y - 2$. So $f^{-1}(x) = x - 2$.

(b)

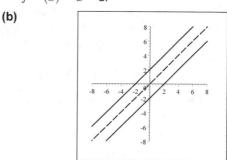

63. (a) $y = g(x) = \sqrt{x + 3}, y \geq 0$ $\Leftrightarrow$ $x + 3 = y^2$, $y \geq 0$ $\Leftrightarrow$ $x = y^2 - 3, y \geq 0$. So $g^{-1}(x) = x^2 - 3, x \geq 0$.

(b)

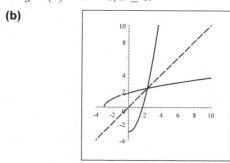

65. If we restrict the domain of $f(x)$ to $[0, \infty)$, then
$$y = 4 - x^2 \quad \Leftrightarrow \quad x^2 = 4 - y \quad \Rightarrow \quad x = \sqrt{4 - y}$$
(since $x \geq 0$, we take the positive square root). So $f^{-1}(x) = \sqrt{4 - x}$.

If we restrict the domain of $f(x)$ to $(-\infty, 0]$, then
$$y = 4 - x^2 \quad \Leftrightarrow \quad x^2 = 4 - y \quad \Rightarrow \quad x = -\sqrt{4 - y}$$
(since $x \leq 0$, we take the negative square root). So $f^{-1}(x) = -\sqrt{4 - x}$.

67. If we restrict the domain of $h(x)$ to $[-2, \infty)$, then $y = (x + 2)^2 \Rightarrow x + 2 = \sqrt{y}$ (since $x \geq -2$, we take the positive square root)$\Leftrightarrow x = -2 + \sqrt{y}$. So $h^{-1}(x) = -2 + \sqrt{x}$.

If we restrict the domain of $h(x)$ to $(-\infty, -2]$, then $y = (x + 2)^2 \Rightarrow x + 2 = -\sqrt{y}$ (since $x \leq -2$, we take the negative square root) $\Leftrightarrow x = -2 - \sqrt{y}$. So $h^{-1}(x) = -2 - \sqrt{x}$.

69.

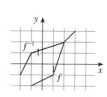

71. (a) $f(x) = 500 + 80x$.

(b) $f(x) = 500 + 80x$. $y = 500 + 80x$ $\Leftrightarrow$ $80x = y - 500$ $\Leftrightarrow$ $x = \dfrac{y - 500}{80}$. So $f^{-1}(x) = \dfrac{x - 500}{80}$. f^{-1} represents the number of hours of investigation the investigate spends on a case for x dollars.

(c) $f^{-1}(1220) = \dfrac{1220 - 500}{80} = \dfrac{720}{80} = 9$. The investigator spent 9 hours investigating this case.

73. (a) $v(r) = 18{,}500\left(0.25 - r^2\right)$. $t = 18{,}500\left(0.25 - r^2\right)$ $\Leftrightarrow$ $t = 4625 - 18{,}500r^2$ $\Leftrightarrow$ $18500r^2 = 4625 - t$

$\Leftrightarrow$ $r^2 = \dfrac{4625 - t}{18{,}500}$ $\Rightarrow$ $r = \pm\sqrt{\dfrac{4625 - t}{18{,}500}}$. Since r represents a distance, $r \geq 0$, so $v^{-1}(t) = \sqrt{\dfrac{4625 - t}{18{,}500}}$.

v^{-1} represents the radius in the vein that has the velocity v.

(b) $v^{-1}(30) = \sqrt{\dfrac{4625 - 30}{18{,}500}} \approx 0.498$ cm. The velocity is 30 at 0.498 cm from the center of the artery or vein.

75. (a) $F(x) = \frac{9}{5}x + 32$. $y = \frac{9}{5}x + 32$ $\Leftrightarrow$ $\frac{9}{5}x = y - 32$ $\Leftrightarrow$ $x = \frac{5}{9}(y - 32)$. So $F^{-1}(x) = \frac{5}{9}(x - 32)$. F^{-1}

represents the Celsius temperature that corresponds to the Fahrenheit temperature of F.

(b) $F^{-1}(86) = \frac{5}{9}(86 - 32) = \frac{5}{9}(54) = 30$. So $86°$ Fahrenheit is the same as $30°$ Celsius.

77. (a) $f(x) = \begin{cases} 0.1x, & \text{if } 0 \leq x \leq 20{,}000 \\ 2000 + 0.2(x - 20{,}000) & \text{if } x > 20{,}000 \end{cases}$

(b) We will find the inverse of each piece of the function f.

$f_1(x) = 0.1x$. $y = 0.1x$ $\Leftrightarrow$ $x = 10y$. So $f_1^{-1}(x) = 10x$.

$f_2(x) = 2000 + 0.2(x - 20{,}000) = 0.2x - 2000$. $y = 0.2x - 2000$ $\Leftrightarrow$ $0.2x = y + 2000$ $\Leftrightarrow$

$x = 5y + 10{,}000$. So $f_2^{-1}(x) = 5x + 10{,}000$.

Since $f(0) = 0$ and $f(20{,}000) = 2000$ we have $f^{-1}(x) = \begin{cases} 10x, & \text{if } 0 \leq x \leq 2000 \\ 5x + 10{,}000 & \text{if } x > 2000 \end{cases}$ It represents the

taxpayer's income.

(b) $f^{-1}(10{,}000) = 5(10{,}000) + 10{,}000 = 60{,}000$. The required income is \$60,000.

79. $f(x) = 7 + 2x$. $y = 7 + 2x$ $\Leftrightarrow$ $2x = y - 7$ $\Leftrightarrow$ $x = \dfrac{y - 7}{2}$. So $f^{-1}(x) = \dfrac{x - 7}{2}$. f^{-1} is the number of

toppings on a pizza that costs x dollars.

81. (a) $f(x) = \dfrac{2x + 1}{5}$ is "multiply by 2, add 1, and then divide by 5". So the reverse is "multiply by 5, subtract 1, and then di-

vide by 2" or $f^{-1}(x) = \dfrac{5x - 1}{2}$. Check: $f \circ f^{-1}(x) = f\left(\dfrac{5x - 1}{2}\right) = \dfrac{2\left(\dfrac{5x - 1}{2}\right) + 1}{5} = \dfrac{5x - 1 + 1}{5} = \dfrac{5x}{5} = x$

and $f^{-1} \circ f(x) = f^{-1}\left(\dfrac{2x + 1}{5}\right) = \dfrac{5\left(\dfrac{2x + 1}{5}\right) - 1}{2} = \dfrac{2x + 1 - 1}{2} = \dfrac{2x}{2} = x$.

(b) $f(x) = 3 - \dfrac{1}{x} = \dfrac{-1}{x} + 3$ is "take the negative reciprocal and add 3". Since the reverse of "take the negative

reciprocal" is "take the negative reciprocal", $f^{-1}(x)$ is "subtract 3 and take the negative reciprocal", that is,

$f^{-1}(x) = \dfrac{-1}{x - 3}$. Check: $f \circ f^{-1}(x) = f\left(\dfrac{-1}{x - 3}\right) = 3 - \dfrac{1}{\dfrac{-1}{x - 3}} = 3 - \left(1 \cdot \dfrac{x - 3}{-1}\right) = 3 + x - 3 = x$ and

$f^{-1} \circ f(x) = f^{-1}\left(3 - \dfrac{1}{x}\right) = \dfrac{-1}{\left(3 - \dfrac{1}{x}\right) - 3} = \dfrac{-1}{-\dfrac{1}{x}} = -1 \cdot \dfrac{x}{-1} = x$.

(c) $f(x) = \sqrt{x^3 + 2}$ is "cube, add 2, and then take the square root". So the reverse is "square, subtract 2, then take

the cube root" or $f^{-1}(x) = \sqrt[3]{x^2 - 2}$. Domain for $f(x)$ is $\left[-\sqrt[3]{2}, \infty\right)$; domain for $f^{-1}(x)$ is $[0, \infty)$. Check:

$f \circ f^{-1}(x) = f\left(\sqrt[3]{x^2 - 2}\right) = \sqrt{\left(\sqrt[3]{x^2 - 2}\right)^3 + 2} = \sqrt{x^2 - 2 + 2} = \sqrt{x^2} = x$ (on the appropriate domain) and

$f^{-1} \circ f(x) = f^{-1}\left(\sqrt{x^3 + 2}\right) = \sqrt[3]{\left(\sqrt{x^3 + 2}\right)^2 - 2} = \sqrt[3]{x^3 + 2 - 2} = \sqrt[3]{x^3} = x$ (on the appropriate domain).

(d) $f(x) = (2x-5)^3$ is "double, subtract 5, and then cube". So the reverse is "take the cube root, add

5, and divide by 2" or $f^{-1}(x) = \dfrac{\sqrt[3]{x}+5}{2}$ Domain for both $f(x)$ and $f^{-1}(x)$ is $(-\infty, \infty)$. Check:

$$f \circ f^{-1}(x) = f\left(\frac{\sqrt[3]{x}+5}{2}\right) = \left[2\left(\frac{\sqrt[3]{x}+5}{2}\right)-5\right]^3 = (\sqrt[3]{x}+5-5)^3 = (\sqrt[3]{x})^3 = \sqrt[3]{x^3} = x \text{ and}$$

$$f^{-1} \circ f(x) = f^{-1}\left((2x-5)^3\right) = \frac{\sqrt[x]{(2x-5)^3}+5}{2} = \frac{(2x-5)+5}{2} = \frac{2x}{2} = x.$$

In a function like $f(x) = 3x - 2$, the variable occurs only once and it easy to see how to reverse the operations step by step. But in $f(x) = x^3 + 2x + 6$, you apply two different operations to the variable x (cubing and multiplying by 2) and then add 6, so it is not possible to reverse the operations step by step.

83. (a) We find $g^{-1}(x)$: $y = 2x + 1 \quad \Leftrightarrow \quad 2x = y - 1 \quad \Leftrightarrow \quad x = \frac{1}{2}(y-1)$. So $g^{-1}(x) = \frac{1}{2}(x-1)$. Thus

$f(x) = h \circ g^{-1}(x) = h\left(\frac{1}{2}(x-1)\right) = 4\left[\frac{1}{2}(x-1)\right]^2 + 4\left[\frac{1}{2}(x-1)\right] + 7 = x^2 - 2x + 1 + 2x - 2 + 7 = x^2 + 6.$

(b) $f \circ g = h \quad \Leftrightarrow \quad f^{-1} \circ f \circ g = f^{-1} \circ h \quad \Leftrightarrow \quad I \circ g = f^{-1} \circ h \quad \Leftrightarrow \quad g = f^{-1} \circ h.$
Note that we compose with f^{-1} on the left on each side of the equation. We find f^{-1}:

$y = 3x + 5 \quad \Leftrightarrow \quad 3x = y - 5 \quad \Leftrightarrow \quad x = \dfrac{1}{3}(y-5)$. So $f^{-1}(x) = \frac{1}{3}(x-5)$. Thus

$g(x) = f^{-1} \circ h(x) = f^{-1}\left(3x^2 + 3x + 2\right) = \frac{1}{3}\left[(3x^2 + 3x + 2) - 5\right] = \frac{1}{3}\left[3x^2 + 3x - 3\right] = x^2 + x - 1.$

Chapter 2 Review

1. $f(x) = x^2 - 4x + 6$; $f(0) = (0)^2 - 4(0) + 6 = 6$; $f(2) = (2)^2 - 4(2) + 6 = 2$;
$f(-2) = (-2)^2 - 4(-2) + 6 = 18$; $f(a) = (a)^2 - 4(a) + 6 = a^2 - 4a + 6$; $f(-a) = (-a)^2 - 4(-a) + 6 = a^2 + 4a + 6$;
$f(x+1) = (x+1)^2 - 4(x+1) + 6 = x^2 + 2x + 1 - 4x - 4 + 6 = x^2 - 2x + 3$; $f(2x) = (2x)^2 - 4(2x) + 6 = 4x^2 - 8x + 6$;
$2f(x) - 2 = 2(x^2 - 4x + 6) - 2 = 2x^2 - 8x + 12 - 2 = 2x^2 - 8x + 10.$

3. (a) $f(-2) = -1$. $f(2) = 2$.

(b) The domain of f is $[-4, 5]$.

(b) The range of f is $[-4, 4]$.

(d) f is increasing on $[-4, -2]$ and $[-1, 4]$; f is decreasing on $[-2, -1]$ and $[4, 5]$.

(e) f is not a one-to-one, for example, $f(-2) = -1 = f(0)$. There are many more examples.

5. Domain: We must have $x + 3 \geq 0 \quad \Leftrightarrow \quad x \geq -3$. In interval notation, the domain is $[-3, \infty)$.
Range: For x in the domain of f, we have $x \geq -3 \quad \Leftrightarrow \quad x + 3 \geq 0 \quad \Leftrightarrow \quad \sqrt{x+3} \geq 0 \quad \Leftrightarrow \quad f(x) \geq 0$. So the range is $[0, \infty)$.

7. $f(x) = 7x + 15$. The domain is all real numbers, $(-\infty, \infty)$.

9. $f(x) = \sqrt{x+4}$. We require $x + 4 \geq 0 \quad \Leftrightarrow \quad x \geq -4$. Thus the domain is $[-4, \infty)$.

11. $f(x) = \dfrac{1}{x} + \dfrac{1}{x+1} + \dfrac{1}{x+2}$. The denominators cannot equal 0, therefore the domain is $\{x \mid x \neq 0, -1, -2\}$.
$\{x \mid 2x + 1 \neq 0 \text{ and } x - 3 \neq 0\} = \{x \mid x \neq -\frac{1}{2} \text{ and } x \neq 3\}.$

13. $h(x) = \sqrt{4-x} + \sqrt{x^2 - 1}$. We require the expression inside the radicals be nonnegative. So $4 - x \geq 0 \quad \Leftrightarrow \quad 4 \geq x$; also $x^2 - 1 \geq 0 \quad \Leftrightarrow \quad (x-1)(x+1) \geq 0$. We make a table:

Interval	$(-\infty, -1)$	$(-1, 1)$	$(1, \infty)$
Sign of $x - 1$	$-$	$-$	$+$
Sign of $x + 1$	$-$	$+$	$+$
Sign of $(x-1)(x+1)$	$+$	$-$	$+$

Thus the domain is $(-\infty, 4] \cap \{(-\infty, -1] \cup [1, \infty)\} = (-\infty, -1] \cup [1, 4]$.

15. $f(x) = 1 - 2x$

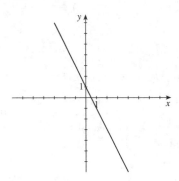

17. $f(t) = 1 - \frac{1}{2}t^2$

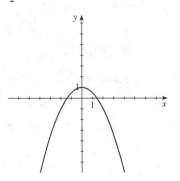

19. $f(x) = x^2 - 6x + 6$

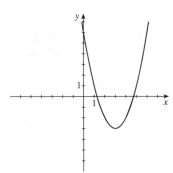

21. $g(x) = 1 - \sqrt{x}$

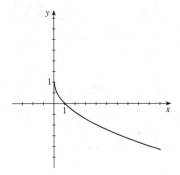

23. $h(x) = \frac{1}{2}x^3$

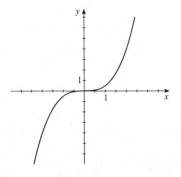

25. $h(x) = \sqrt[3]{x}$

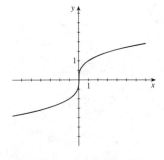

27. $g(x) = \dfrac{1}{x^2}$

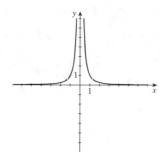

29. $f(x) = \begin{cases} 1 - x & \text{if } x < 0 \\ 1 & \text{if } x \geq 0 \end{cases}$

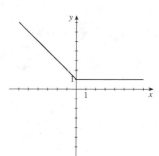

31. $f(x) = \begin{cases} x + 6 & \text{if } x < -2 \\ x^2 & \text{if } x \geq -2 \end{cases}$

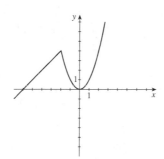

33. $f(x) = 6x^3 - 15x^2 + 4x - 1$

(i) $[-2, 2]$ by $[-2, 2]$

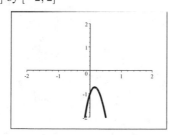

(ii) $[-8, 8]$ by $[-8, 8]$

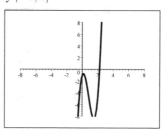

(iii) $[-4, 4]$ by $[-12, 12]$

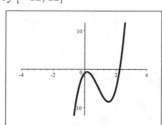

(iv) $[-100, 100]$ by $[-100, 100]$

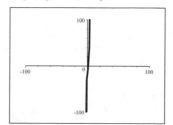

From the graphs, we see that the viewing rectangle in (iii) produces the most appropriate graph.

35. $f(x) = x^2 + 25x + 173$

$$= \left(x^2 + 25x + \tfrac{625}{4}\right) + 173 - \tfrac{625}{4}$$

$$= \left(x + \tfrac{25}{2}\right)^2 + \tfrac{67}{4}$$

We use the viewing rectangle $[-30, 5]$ by $[-20, 250]$.

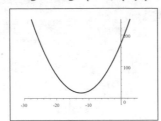

37. $f(x) = \dfrac{x}{\sqrt{x^2 + 16}}$. Since $\sqrt{x^2 + 16} \geq \sqrt{x^2} = |x|$, it follows that y should behave like $\dfrac{x}{|x|}$. Thus we use the viewing rectangle $[-20, 20]$ by $[-2, 2]$.

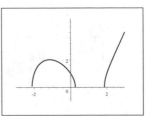

39. $f(x) = \sqrt{x^3 - 4x + 1}$. The domain consists of all x where $x^3 - 4x + 1 \geq 0$.

Using a graphing device, we see that the domain is approximately $[-2.1, 0.2] \cup [1.9, \infty)$.

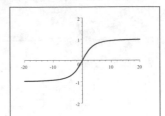

41. The average rate of change is $\dfrac{f(2) - f(0)}{2 - 0} = \dfrac{\left[(2)^2 + 3(2)\right] - \left[0^2 + 3(0)\right]}{2} = \dfrac{4 + 6 - 0}{2} = 5$.

43. The average rate of change is $\dfrac{f(3 + h) - f(3)}{(3 + h) - 3} = \dfrac{\dfrac{1}{3 + h} - \dfrac{1}{3}}{h} \cdot \dfrac{3(3 + h)}{3(3 + h)} = \dfrac{3 - (3 + h)}{3h(3 + h)} = \dfrac{-h}{3h(3 + h)} = -\dfrac{1}{3(3 + h)}$.

45. $f(x) = x^3 - 4x^2$ is graphed in the viewing rectangle $[-5, 5]$ by $[-20, 10]$. $f(x)$ is increasing on $(-\infty, 0]$ and $[2.67, \infty)$. It is decreasing on $[0, 2.67]$.

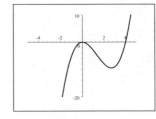

47. (a) $y = f(x) + 8$. Shift the graph of $f(x)$ upward 8 units.

(b) $y = f(x + 8)$. Shift the graph of $f(x)$ to the left 8 units.

(c) $y = 1 + 2f(x)$. Stretch the graph of $f(x)$ vertically by a factor of 2, then shift it upward 1 unit.

(d) $y = f(x - 2) - 2$. Shift the graph of $f(x)$ to the right 2 units, then downward 2 units.

(e) $y = f(-x)$. Reflect the graph of $f(x)$ about the y-axis.

(f) $y = -f(-x)$. Reflect the graph of $f(x)$ first about the y-axis, then reflect about the x-axis.

(g) $y = -f(x)$. Reflect the graph of $f(x)$ about the x-axis.

(h) $y = f^{-1}(x)$. Reflect the graph of $f(x)$ about the line $y = x$.

49. (a) $f(x) = 2x^5 - 3x^2 + 2$. $f(-x) = 2(-x)^5 - 3(-x)^2 + 2 = -2x^5 - 3x^2 + 2$. Since $f(x) \neq f(-x)$, f is not even. $-f(x) = -2x^5 + 3x^2 - 2$. Since $-f(x) \neq f(-x)$, f is not odd.

(b) $f(x) = x^3 - x^7$. $f(-x) = (-x)^3 - (-x)^7 = -\left(x^3 - x^7\right) = -f(x)$, hence f is odd.

(c) $f(x) = \dfrac{1 - x^2}{1 + x^2}$. $f(-x) = \dfrac{1 - (-x)^2}{1 + (-x)^2} = \dfrac{1 - x^2}{1 + x^2} = f(x)$. Since $f(x) = f(-x)$, f is even.

(d) $f(x) = \dfrac{1}{x + 2}$. $f(-x) = \dfrac{1}{(-x) + 2} = \dfrac{1}{2 - x}$. $-f(x) = -\dfrac{1}{x + 2}$. Since $f(x) \neq f(-x)$, f is not even, and since $f(-x) \neq -f(x)$, f is not odd.

51. $f(x) = x^2 + 4x + 1 = (x^2 + 4x + 4) + 1 - 4 = (x + 2)^2 - 3$.

53. $g(x) = 2x^2 + 4x - 5 = 2(x^2 + 2x) - 5 = 2(x^2 + 2x + 1) - 5 - 2 = 2(x + 1)^2 - 7$. So the minimum value is $g(-1) = -7$.

55. $h(t) = -16t^2 + 48t + 32 = -16(t^2 - 3t) + 32 = -16\left(t^2 - 3t + \frac{9}{4}\right) + 32 + 36 = -16\left(t^2 - 3t + \frac{9}{4}\right) + 68$
   $= -16\left(t - \frac{3}{2}\right)^2 + 68$. The stone reaches a maximum height of 68 feet.

57. $f(x) = 3.3 + 1.6x - 2.5x^3$. In the first viewing rectangle, $[-2, 2]$ by $[-4, 8]$, we see that $f(x)$ has a local maximum and a local minimum. In the next viewing rectangle, $[0.4, 0.5]$ by $[3.78, 3.80]$, we isolate the local maximum value as approximately 3.79 when $x \approx 0.46$. In the last viewing rectangle, $[-0.5, -0.4]$ by $[2.80, 2.82]$, we isolate the local minimum value as 2.81 when $x \approx -0.46$.

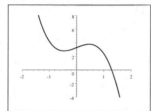 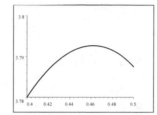 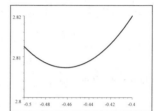

59. The sales of air conditioners will start to increase in May as it gets hot, peaking in July and decreasing afterward.

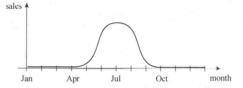

61.

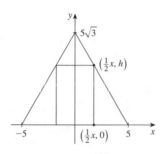

Let x be the width of the rectangle in cm and h be the height of the rectangle. If we orient the triangle on the xy-plane with the center of the base at the origin, then the coordinates of the vertices are $(-5, 0)$, $(5, 0)$, and $(0, 5\sqrt{3})$ (applying the Pythagorean Theorem). The point $\left(\frac{1}{2}x, h\right)$ must lie on the line segment joining the points $(5, 0)$ and $\left(0, 5\sqrt{3}\right)$. This line segment has slope $-\sqrt{3}$ and y-intercept $5\sqrt{3}$, so its equation is $y = -\sqrt{3}x + 5\sqrt{3}$. Thus
$$h = -\sqrt{3}\left(\tfrac{1}{2}x\right) + 5\sqrt{3} = -\tfrac{\sqrt{3}}{2}x + 5\sqrt{3} = \sqrt{3}\left(5 - \tfrac{1}{2}x\right)$$

(a) The area of the rectangle is $A = xh = x \cdot \sqrt{3}\left(5 - \frac{1}{2}x\right) = \sqrt{3}x\left(5 - \frac{1}{2}x\right)$.

(b) $A = \sqrt{3}x\left(5 - \frac{1}{2}x\right) = -\frac{\sqrt{3}}{2}\left(x^2 - 10x\right) = -\frac{\sqrt{3}}{2}\left(x^2 - 10x + 25\right) + \frac{25\sqrt{3}}{2} = -\frac{\sqrt{3}}{2}(x - 5)^2 + \frac{25\sqrt{3}}{2}$. Therefore the area is maximum when $x = 5$ and by substitution $h = \sqrt{3}\left(5 - \frac{5}{2}\right) = \frac{5\sqrt{3}}{2}$. Hence the dimensions of the rectangle with the largest area are 5 cm by $\frac{5\sqrt{3}}{2}$ cm.

63. $f(x) = x^2 - 3x + 2$ and $g(x) = 4 - 3x$.

(a) $(f + g)(x) = (x^2 - 3x + 2) + (4 - 3x) = x^2 - 6x + 6$

(b) $(f - g)(x) = (x^2 - 3x + 2) - (4 - 3x) = x^2 - 2$

(c) $(fg)(x) = (x^2 - 3x + 2)(4 - 3x) = 4x^2 - 12x + 8 - 3x^3 + 9x^2 - 6x = -3x^3 + 13x^2 - 18x + 8$

(d) $\left(\dfrac{f}{g}\right)(x) = \dfrac{x^2 - 3x + 2}{4 - 3x},\ x \neq \dfrac{4}{3}$

(e) $(f \circ g)(x) = f(4 - 3x) = (4 - 3x)^2 - 3(4 - 3x) + 2 = 16 - 24x + 9x^2 - 12 + 9x + 2 = 9x^2 - 15x + 6$

(f) $(g \circ f)(x) = g(x^2 - 3x + 2) = 4 - 3(x^2 - 3x + 2) = -3x^2 + 9x - 2$

65. $f(x) = 3x - 1$ and $g(x) = 2x - x^2$.

$(f \circ g)(x) = f(2x - x^2) = 3(2x - x^2) - 1 = -3x^2 + 6x - 1$, and the domain is $(-\infty, \infty)$.

$(g \circ f)(x) = g(3x - 1) = 2(3x - 1) - (3x - 1)^2 = 6x - 2 - 9x^2 + 6x - 1 = -9x^2 + 12x - 3$, and the domain is $(-\infty, \infty)$

$(f \circ f)(x) = f(3x - 1) = 3(3x - 1) - 1 = 9x - 4$, and the domain is $(-\infty, \infty)$.

$(g \circ g)(x) = g(2x - x^2) = 2(2x - x^2) - (2x - x^2)^2 = 4x - 2x^2 - 4x^2 + 4x^3 - x^4 = -x^4 + 4x^3 - 6x^2 + 4x$, and domain is $(-\infty, \infty)$.

67. $f(x) = \sqrt{1 - x}$, $g(x) = 1 - x^2$ and $h(x) = 1 + \sqrt{x}$.

$(f \circ g \circ h)(x) = f(g(h(x))) = f(g(1 + \sqrt{x})) = f\left(1 - (1 + \sqrt{x})^2\right) = f(1 - (1 + 2\sqrt{x} + x))$

$\qquad = f(-x - 2\sqrt{x}) = \sqrt{1 - (-x - 2\sqrt{x})} = \sqrt{1 + 2\sqrt{x} + x} = \sqrt{(1 + \sqrt{x})^2} = 1 + \sqrt{x}$

69. $f(x) = 3 + x^3$. If $x_1 \neq x_2$, then $x_1^3 \neq x_2^3$ (unequal numbers have unequal cubes), and therefore $3 + x_1^3 \neq 3 + x_2^3$. Thus f is a one-to-one function.

71. $h(x) = \dfrac{1}{x^4}$. Since the fourth powers of a number and its negative are equal, h is not one-to-one. For example,

$h(-1) = \dfrac{1}{(-1)^4} = 1$ and $h(1) = \dfrac{1}{(1)^4} = 1$, so $h(-1) = h(1)$.

73. $p(x) = 3.3 + 1.6x - 2.5x^3$. Using a graphing device and the Horizontal Line Test, we see that p is not a one-to-one function.

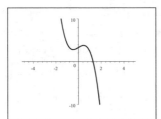

75. $f(x) = 3x - 2 \quad \Leftrightarrow \quad y = 3x - 2 \quad \Leftrightarrow \quad 3x = y + 2$ $\Leftrightarrow \quad x = \frac{1}{3}(y + 2)$. So $f^{-1}(x) = \frac{1}{3}(x + 2)$.

77. $f(x) = (x + 1)^3 \quad \Leftrightarrow \quad y = (x + 1)^3 \quad \Leftrightarrow \quad x + 1 = \sqrt[3]{y} \quad \Leftrightarrow \quad x = \sqrt[3]{y} - 1$. So $f^{-1}(x) = \sqrt[3]{x} - 1$.

79. (a), (b) $f(x) = x^2 - 4$, $x \geq 0$

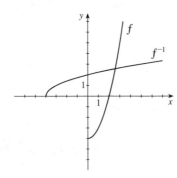

(c) $f(x) = x^2 - 4$, $x \geq 0 \quad \Leftrightarrow \quad y = x^2 - 4$, $y \geq -4$
$\Leftrightarrow \quad x^2 = y + 4 \quad \Leftrightarrow \quad x = \sqrt{y + 4}$. So
$f^{-1}(x) = \sqrt{x + 4}$, $x \geq -4$.

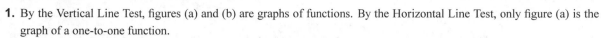

Chapter 2 Test

1. By the Vertical Line Test, figures (a) and (b) are graphs of functions. By the Horizontal Line Test, only figure (a) is the graph of a one-to-one function.

2. **(a)** $f(3) = \dfrac{\sqrt{3+1}}{3} = \dfrac{\sqrt{4}}{3} = \dfrac{2}{3}$; $f(5) = \dfrac{\sqrt{5+1}}{5} = \dfrac{\sqrt{6}}{5}$; $f(a-+1) = \dfrac{\sqrt{(a-1)+1}}{a-1} = \dfrac{\sqrt{a}}{a-1}$.

   (b) $f(x) = \dfrac{\sqrt{x+1}}{x}$. Our restrictions are that the input to the radical is nonnegative, and the denominator must not be equal to zero. Thus $x + 1 \geq 0 \quad \Leftrightarrow \quad x \geq -1$ and $x \neq 0$. In interval notation, the domain is $[-1, 0) \cup (0, \infty)$.

3. The average rate of change is $\dfrac{f(2) - f(5)}{2 - 5} = \dfrac{\left[2^2 - 2(2)\right] - \left[5^2 - 2(5)\right]}{-3} = \dfrac{4 - 4 - (25 - 10)}{-3} = \dfrac{-15}{-3} = 5$.

4. **(a)** $f(x) = x^3$

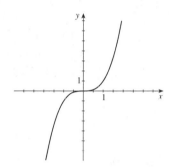

   (b) $g(x) = (x-1)^3 - 2$. To obtain the graph of g, shift the graph of f to the right 1 unit and downward 2 units.

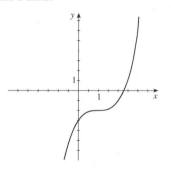

5. **(a)** $y = f(x-3) + 2$. Shift the graph of $f(x)$ to the right 3 units, then shift the graph upward 2 units.

   (b) $y = f(-x)$. Reflect the graph of $f(x)$ about the y-axis.

6. **(a)** $f(x) = 2x^2 - 8x + 13$
   $$= 2\left(x^2 - 4x\right) + 13$$
   $$= 2\left(x^2 - 4x + 4\right) + 13 - 8$$
   $$= 2(x-2)^2 + 5$$

   (b)

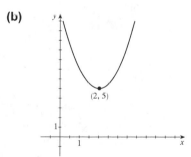

   (c) Since $f(x) = 2(x-2)^2 + 5$ is in standard form, the minimum value of f is $f(2) = 5$.

7. **(a)** $f(-2) = 1 - (-2)^2 = 1 - 4 = -3$ (since $-2 \leq 0$).
   $f(1) = 2(1) + 1 = 2 + 1 = 3$ (since $1 > 0$).

   (b)

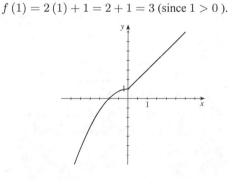

8. **(a)** Since 1800 ft of fencing are available,
   $6x + 2y = 1800 \quad \Leftrightarrow \quad 2y = 1800 - 6x \quad \Leftrightarrow$
   $y = 900 - 3x$. Thus the area of the pens is
   $A = xy = x(900 - 3x) = 900x - 3x^2$.

   (b) $A = 900x - 3x^2 = -3\left(x^2 - 300x\right)$
   $$= -3\left(x^2 - 300x + 150^2\right) + 67{,}500$$
   $$= -3(x - 150)^2 + 67{,}500$$

   So the total area is maximized for $x = 150$ ft.

9. $f(x) = x^2 + 1$; $g(x) = x - 3$.

    (a) $(f \circ g)(x) = f(g(x)) = f(x - 3) = (x - 3)^2 + 1 = x^2 - 6x + 9 + 1 = x^2 - 6x + 10$

    (b) $(g \circ f)(x) = g(f(x)) = g(x^2 + 1) = (x^2 + 1) - 3 = x^2 - 2$

    (c) $f(g(2)) = f(-1) = (-1)^2 + 1 = 2$. (We have used the fact that $g(2) = (2) - 3 = -1$.)

    (d) $g(f(2)) = g(5) = 5 - 3 = 2$. (We have used the fact that $f(2) = 2^2 + 1 = 5$.)

    (e) $(g \circ g \circ g)(x) = g(g(g(x))) = g(g(x - 3)) = g(x - 6) = (x - 6) - 3 = x - 9$. (We have used the fact that $g(x - 3) = (x - 3) - 3 = x - 6$.)

10. (a) $f(x) = \sqrt{3 - x}$, $x \le 3$ $\Leftrightarrow$

    $y = \sqrt{3 - x}$ $\Leftrightarrow$ $y^2 = 3 - x$ $\Leftrightarrow$

    $x = 3 - y^2$. Thus $f^{-1}(x) = 3 - x^2$,

    $x \ge 0$.

    (b) $f(x) = \sqrt{3 - x}$, $x \le 3$ and $f^{-1}(x) = 3 - x^2$, $x \ge 0$

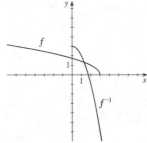

11. (a) The domain of f is $[0, 6]$, and the range of f is $[1, 7]$.

    (c) The average rate of change is $\dfrac{f(6) - f(2)}{6 - 2} = \dfrac{7 - 2}{4} = \dfrac{5}{4}$.

    (b)

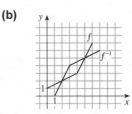

12. (a) $f(x) = 3x^4 - 14x^2 + 5x - 3$. The graph is shown in the viewing rectangle $[-10, 10]$ by $[-30, 10]$.

    (b) No, by the Horizontal Line Test.

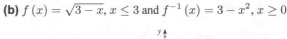

    (c) The local maximum is approximately -2.55 when $x \approx 0.18$, as shown in the first viewing rectangle $[0.15, 0.25]$ by $[-2.6, -2.5]$. One local minimum is approximately -27.18 when $x \approx -1.61$, as shown in the second viewing rectangle $[-1.65, -1.55]$ by $[-27.5, -27]$. The other local minimum is approximately -11.93 when $x \approx 1.43$, as shown is the viewing rectangle $[1.4, 1.5]$ by $[-12, -11.9]$.

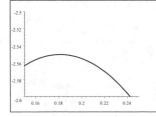 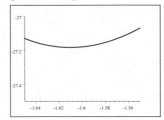 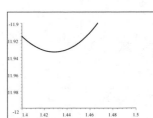

    (d) Using the graph in part (a) and the local minimum, -27.18, found in part (c), we see that the range is $[-27.18, \infty)$.

    (e) Using the information from part (c) and the graph in part (a), $f(x)$ is increasing on the intervals $[-1.61, 0.18]$ and $[1.43, \infty)$ and decreasing on the intervals $(-\infty, -1.61]$ and $[0.18, 1.43]$.

Focus on Modeling: Fitting Lines to Data

1. (a)

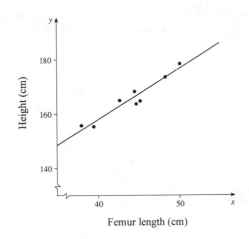

Femur length (cm)

(b) Using a graphing calculator, we obtain the regression line $y = 1.8807x + 82.65$.

(c) Using $x = 58$ in the equation $y = 1.8807x + 82.65$, we get $y = 1.8807\,(58) + 82.65 \approx 191.7$ cm.

3. (a)

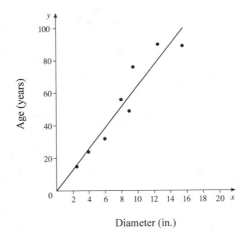

Diameter (in.)

(b) Using a graphing calculator, we obtain the regression line $y = 6.451x - 0.1523$.

(c) Using $x = 18$ in the equation $y = 6.451x - 0.1523$, we get $y = 6.451\,(18) - 0.1523 \approx 116$ years.

5. (a)

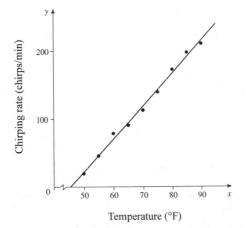

Temperature (°F)

(b) Using a graphing calculator, we obtain the regression line $y = 4.857x - 220.97$.

(c) Using $x = 100°$ F in the equation $y = 4.857x - 220.97$, we get $y \approx 265$ chirps per minute.

7. (a)

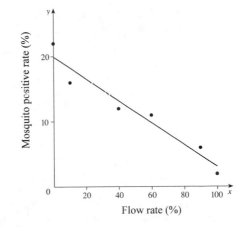

Flow rate (%)

(b) Using a graphing calculator, we obtain the regression line $y = -0.168x + 19.89$.

(c) Using the regression line equation $y = -0.168x + 19.89$, we get $y \approx 8.13\%$ when $x = 70\%$.

9. (a)

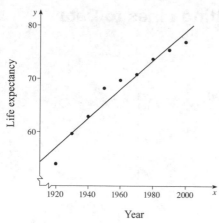

(b) Using a graphing calculator, we obtain
$$y = 0.27083x - 462.9.$$

(c) We substitute $x = 2004$ in the model $y = 0.27083x - 462.9$ to get $y = 79.8$, that is, a life expectancy of 79.8 years.

(d) As of this writing, data for 2004 are not yet available. The life expectancy of a child born in the US in 2003 is 77.6 years.

11. (a) If we take $x = 0$ in 1900 for both men and women, then the regression equation for the men's data is $y = -0.173x + 64.72$ and the regression equation for the women's data is $y = -0.269x + 78.67$.

(b)

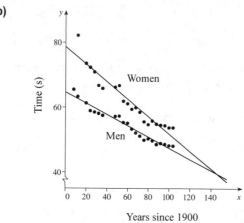

These lines predict that the women will overtake the men in this event when $-0.173x + 64.72 = -0.269x + 78.67 \iff 0.096x = 13.95 \iff x = 145.31$, or in 2045. This seems unlikely, but who knows?

13. The students should find a fairly strong correlation between shoe size and height.

3 Polynomial and Rational Functions

3.1 Polynomial Functions and Their Graphs

1. (a) $P(x) = x^2 - 4$

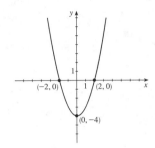

(b) $Q(x) = (x-4)^2$

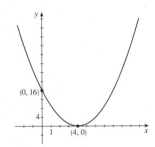

(c) $R(x) = 2x^2 - 2$

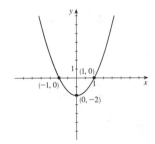

(d) $S(x) - 2(x-2)^2$

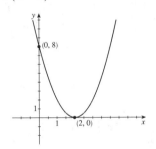

3. (a) $P(x) = x^3 - 8$

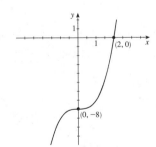

(b) $Q(x) = -x^3 + 27$

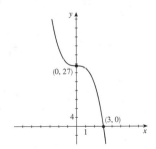

(c) $R(x) = -(x+2)^3$

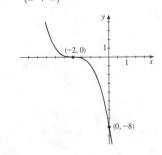

(d) $S(x) = \frac{1}{2}(x-1)^3 + 4$

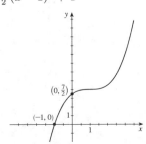

5. III   **7.** V   **9.** VI

11. $P(x) = (x-1)(x+2)$ **13.** $P(x) = x(x-3)(x+2)$

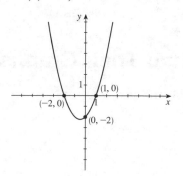

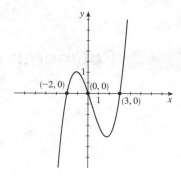

15. $P(x) = (x-3)(x+2)(3x-2)$ **17.** $P(x) = (x-1)^2(x-3)$

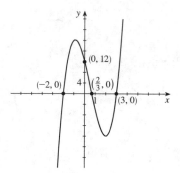

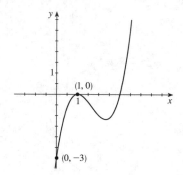

19. $P(x) = \frac{1}{12}(x+2)^2(x-3)^2$ **21.** $P(x) = x^3(x+2)(x-3)^2$

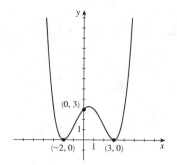

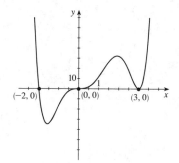

23. $P(x) = x^3 - x^2 - 6x = x(x+2)(x-3)$ **25.** $P(x) = -x^3 + x^2 + 12x = -x(x+3)(x-4)$

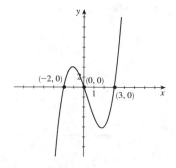

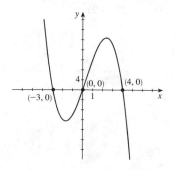

27. $P(x) = x^4 - 3x^3 + 2x^2 = x^2(x-1)(x-2)$

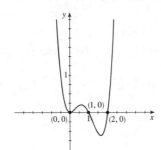

29. $P(x) = x^3 + x^2 - x - 1 = (x-1)(x+1)^2$

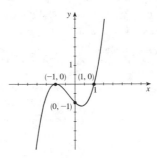

31. $P(x) = 2x^3 - x^2 - 18x + 9$
$= (x-3)(2x-1)(x+3)$

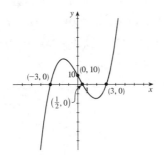

33. $P(x) = x^4 - 2x^3 - 8x + 16$
$= (x-2)^2(x^2 + 2x + 4)$

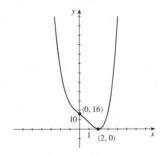

35. $P(x) = x^4 - 3x^2 - 4$
$= (x-2)(x+2)(x^2+1)$

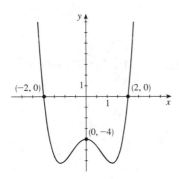

37. $P(x) = 3x^3 - x^2 + 5x + 1$; $Q(x) = 3x^3$. Since P has odd degree and positive leading coefficient, it has the following end behavior: $y \to \infty$ as $x \to \infty$ and $y \to -\infty$ as $x \to -\infty$.

On a large viewing rectangle, the graphs of P and Q look almost the same. On a small viewing rectangle, we see that the graphs of P and Q have different intercepts.

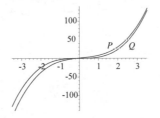 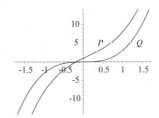

39. $P(x) = x^4 - 7x^2 + 5x + 5$; $Q(x) = x^4$. Since P has even degree and positive leading coefficient, it has the following end behavior: $y \to \infty$ as $x \to \infty$ and $y \to \infty$ as $x \to -\infty$.

On a large viewing rectangle, the graphs of P and Q look almost the same. On a small viewing rectangle, the graphs of P and Q look very different and we see that they have different intercepts.

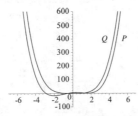 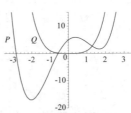

41. $P(x) = x^{11} - 9x^9$; $Q(x) = x^{11}$. Since P has odd degree and positive leading coefficient, it has the following end behavior: $y \to \infty$ as $x \to \infty$ and $y \to -\infty$ as $x \to -\infty$.

On a large viewing rectangle, the graphs of P and Q look like they have the same end behavior. On a small viewing rectangle, the graphs of P and Q look very different and seem (wrongly) to have different end behavior.

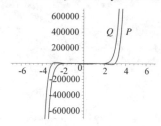 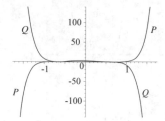

43. **(a)** x-intercepts at 0 and 4, y-intercept at 0.

   (b) Local maximum at $(2, 4)$, no local minimum.

45. **(a)** x-intercepts at -2 and 1, y-intercept at -1.

   (b) Local maximum at $(1, 0)$, local minimum at $(-1, -2)$.

47. $y = -x^2 + 8x$, $[-4, 12]$ by $[-50, 30]$

   No local minimum. Local maximum at $(4, 16)$.

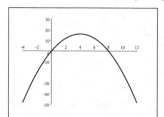

49. $y = x^3 - 12x + 9$, $[-5, 5]$ by $[-30, 30]$

   Local minimum at $(-2, 25)$, Local maximum at $(2, -7)$.

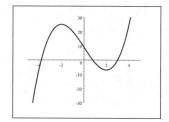

51. $y = x^4 + 4x^3$, $[-5, 5]$ by $[-30, 30]$

   Local minimum at $(-3, -27)$. No local maximum.

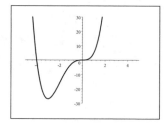

53. $y = 3x^5 - 5x^3 + 3$, $[-3, 3]$ by $[-5, 10]$

   Local maximum at $(-1, 5)$. Local minimum at $(1, 1)$.

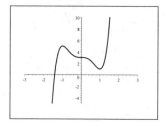

55. $y = -2x^2 + 3x + 5$ has one local maximum at $(0.75, 6.13)$.

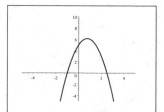

57. $y = x^3 - x^2 - x$ has one local maximum at $(-0.33, 0.19)$ and one local minimum at $(1.00, -1.00)$.

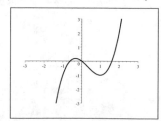

59. $y = x^4 - 5x^2 + 4$ has one local maximum at $(0, 4)$ and two local minima at $(-1.58, -2.25)$ and $(1.58, -2.25)$.

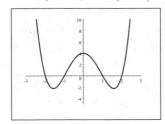

61. $y = (x - 2)^5 + 32$ has no maximum or minimum.

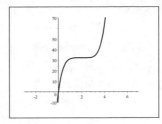

63. $y = x^8 - 3x^4 + x$ has one local maximum at $(0.44, 0.33)$ and two local minima at $(1.09, -1.15)$ and $(-1.12, -3.36)$.

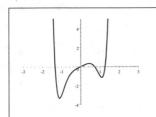

65. $y = cx^3$; $c = 1, 2, 5, \frac{1}{2}$. Increasing the value of c stretches the graph vertically.

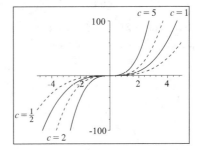

67. $P(x) = x^4 + c$; $c = -1, 0, 1,$ and 2. Increasing the value of c moves the graph up.

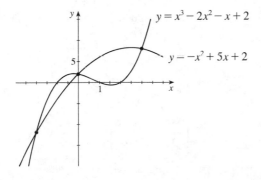

69. $P(x) = x^4 - cx$; $c = 0, 1, 8,$ and 27. Increasing the value of c causes a deeper dip in the graph, in the fourth quadrant, and moves the positive x-intercept to the right.

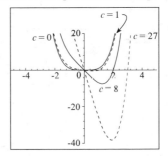

71. (a)

$y = x^3 - 2x^2 - x + 2$

$y = -x^2 + 5x + 2$

(b) The two graphs appear to intersect at 3 points.

(c) $x^3 - 2x^2 - x + 2 = -x^2 + 5x + 2 \quad \Leftrightarrow$
$x^3 - x^2 - 6x = 0 \quad \Leftrightarrow \quad x(x^2 - x - 6) = 0 \Leftrightarrow$
$x(x - 3)(x + 2) = 0$. Then either $x = 0$, $x = 3$, or
$x = -2$. If $x = 0$, then $y = 2$; if $x = 3$ then $y = 8$; if
$x = -2$, then $y = -12$. Hence the points where the two
graphs intersect are $(0, 2)$, $(3, 8)$, and $(-2, -12)$.

73. (a) Let $P(x)$ be a polynomial containing only odd powers of x. Then each term of $P(x)$ can be written as Cx^{2n+1}, for some constant C and integer n. Since $C(-x)^{2n+1} = -Cx^{2n+1}$, each term of $P(x)$ is an odd function. Thus by part (a), $P(x)$ is an odd function.

(b) Let $P(x)$ be a polynomial containing only even powers of x. Then each term of $P(x)$ can be written as Cx^{2n}, for some constant C and integer n. Since $C(-x)^{2n} = Cx^{2n}$, each term of $P(x)$ is an even function. Thus by part (b), $P(x)$ is an even function.

(c) Since $P(x)$ contains both even and odd powers of x, we can write it in the form $P(x) = R(x) + Q(x)$, where $R(x)$ contains all the even-powered terms in $P(x)$ and $Q(x)$ contains all the odd-powered terms. By part (d), $Q(x)$ is an odd function, and by part (e), $R(x)$ is an even function. Thus, since neither $Q(x)$ nor $R(x)$ are constantly 0 (by assumption), by part (c), $P(x) = R(x) + Q(x)$ is neither even nor odd.

(d) $P(x) = x^5 + 6x^3 - x^2 - 2x + 5 = (x^5 + 6x^3 - 2x) + (-x^2 + 5) = P_O(x) + P_E(x)$ where $P_O(x) = x^5 + 6x^3 - 2x$ and $P_E(x) = -x^2 + 5$. Since $P_O(x)$ contains only odd powers of x, it is an odd function, and since $P_E(x)$ contains only even powers of x, it is an even function.

75. (a) $P(x) = (x-2)(x-4)(x-5)$ has one local maximum and one local minimum.

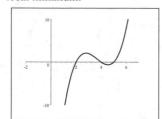

(b) Since $P(a) = P(b) = 0$, and $P(x) > 0$ for $a < x < b$ (see the table below), the graph of P must first rise and then fall on the interval (a, b), and so P must have at least one local maximum between a and b. Using similar reasoning, the fact that $P(b) = P(c) = 0$ and $P(x) < 0$ for $b < x < c$ shows that P must have at least one local minimum between b and c. Thus P has at least two local extrema.

Interval	$(-\infty, a)$	(a, b)	(b, c)	(c, ∞)
Sign of $x - a$	$-$	$+$	$+$	$+$
Sign of $x - b$	$-$	$-$	$+$	$+$
Sign of $x - c$	$-$	$-$	$-$	$+$
Sign of $(x-a)(x-b)(x-c)$	$-$	$+$	$-$	$+$

77. $P(x) = 8x + 0.3x^2 - 0.0013x^3 - 372$

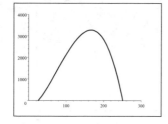

(a) For the firm to break even, $P(x) = 0$. From the graph, we see that $P(x) = 0$ when $x \approx 25.2$. Of course, the firm cannot produce fractions of a blender, so the manufacturer must produce at least 26 blenders a year.

(b) No, the profit does not increase indefinitely. The largest profit is approximately $3276.22, which occurs when the firm produces 166 blenders per year.

79. (a) The length of the bottom is $40 - 2x$, the width of the bottom is $20 - 2x$, and the height is x, so the volume of the box is

$$V = x(20 - 2x)(40 - 2x)$$
$$= 4x^3 - 120x^2 + 800x$$

(b) Since the height and width must be positive, we must have $x > 0$ and $20 - 2x > 0$, and so the domain of V is $0 < x < 10$.

(c) Using the domain from part (b), we graph V in the viewing rectangle $[0, 10]$ by $[0, 1600]$. The maximum volume is $V \approx 1539.6$ when $x = 4.23$.

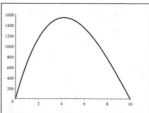

81.

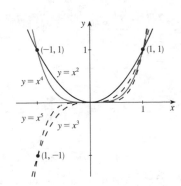

The graph of $y = x^{100}$ is close to the x-axis for $|x| < 1$, but passes through the points $(1, 1)$ and $(-1, 1)$. The graph of $y = x^{101}$ behaves similarly except that the y-values are negative for negative values of x, and it passes through $(-1, -1)$ instead of $(-1, 1)$.

83. No, it is impossible. The end behavior of a third degree polynomial is the same as that of $y = kx^3$, and for this function, the values of y go off in opposite directions as $x \to \infty$ and $x \to -\infty$. But for a function with just one extremum, the values of y would head off in the same direction (either both up or both down) on either side of the extremum. An nth-degree polynomial can have $n - 1$ extrema or $n - 3$ extrema or $n - 5$ extrema, and so on (decreasing by 2). A polynomial that has six local extrema must be of degree 7 or higher. For example, $P(x) = (x - 1)(x - 2)(x - 3)(x - 4)(x - 5)(x - 6)(x - 7)$ has six local extrema.

3.2 Dividing Polynomials

1.

$$
\begin{array}{r}
3x - 4 \\
x + 3 \overline{\smash{\big)}\ 3x^2 + 5x - 4} \\
\underline{3x^2 + 9x} \\
-4x - 4 \\
\underline{-4x - 12} \\
8
\end{array}
$$

Thus the quotient is $3x - 4$ and the remainder is 8, so $P(x) = 3x^2 + 5x - 4 = (x + 3) \cdot (3x - 4) + 8$.

3.

$$
\begin{array}{r}
x^2 \qquad - 1 \\
2x - 3 \overline{\smash{\big)}\ 2x^3 - 3x^2 - 2x} \\
\underline{2x^3 - 3x^2} \\
-2x \\
\underline{-2x + 3} \\
-3
\end{array}
$$

Thus the quotient is $x^2 - 1$ and the remainder is -3, and $P(x) = 2x^3 - 3x^2 - 2x = (x^2 - 1)(2x - 3) - 3$.

5.

$$
\begin{array}{r}
x^2 - x - 3 \\
x^2 + 3 \overline{\smash{\big)}\ x^4 - x^3 + 0x^2 + 4x + 2} \\
\underline{x^4 \qquad + 3x^2} \\
-x^3 - 3x^2 + 4x \\
\underline{-x^2 \qquad - 3x} \\
-3x^2 + 7x + 2 \\
\underline{-3x^2 \qquad - 9} \\
7x + 11
\end{array}
$$

Thus the quotient is $x^2 - x - 3$ and the remainder is $7x + 11$, and

$$P(x) = x^3 + 4x^2 - 6x + 1$$
$$= (x^2 + 3) \cdot (x^2 - x - 3) + (7x + 11)$$

7.

$$
\begin{array}{r}
-3 \ \big|\ \begin{array}{rrr} 1 & 4 & -8 \end{array} \\
\begin{array}{rrr} & -3 & -3 \end{array} \\
\hline
\begin{array}{rrr} 1 & 1 & -11 \end{array}
\end{array}
$$

Thus the quotient is $x + 1$ and the remainder is -11, and

$$\frac{P(x)}{D(x)} = \frac{x^2 + 4x - 8}{x + 3} = (x + 1) + \frac{-11}{x + 3}.$$

9.

$$
\begin{array}{r}
2x - \tfrac{1}{2} \\
2x - 1 \enclose{longdiv}{4x^2 - 3x - 7} \\
\underline{4x^2 - 2x} \\
-x - 7 \\
\underline{-x + \tfrac{1}{2}} \\
-\tfrac{15}{2}
\end{array}
$$

Thus the quotient is $2x - \tfrac{1}{2}$ and the remainder is $-\tfrac{15}{2}$, and

$$\frac{P(x)}{D(x)} = \frac{4x^2 - 3x - 7}{2x - 1} = \left(2x - \tfrac{1}{2}\right) + \frac{-\tfrac{15}{2}}{2x - 1}.$$

11.

$$
\begin{array}{r}
2x^2 - x + 1 \\
x^2 + 4 \enclose{longdiv}{2x^4 - x^3 + 9x^2} \\
\underline{2x^4 + 8x^2} \\
-x^3 + x^2 \\
\underline{-x^3 - 4x} \\
x^2 + 4x \\
\underline{x^2 + 4} \\
4x - 4
\end{array}
$$

Thus the quotient is $2x^2 - x + 1$ and the remainder is $4x - 4$, and

$$\frac{P(x)}{D(x)} = \frac{2x^4 - x^3 + 9x^2}{x^2 + 4} = \left(2x^2 - x + 1\right) + \frac{4x - 4}{x^2 + 4}.$$

13.

$$
\begin{array}{r}
x - 2 \\
x - 4 \enclose{longdiv}{x^2 - 6x - 8} \\
\underline{x^2 - 4x} \\
-2x - 8 \\
\underline{-2x + 8} \\
-16
\end{array}
$$

Thus the quotient is $x - 2$ and the remainder is -16.

15.

$$
\begin{array}{r}
2x^2 - 1 \\
2x + 1 \enclose{longdiv}{4x^3 + 2x^2 - 2x - 3} \\
\underline{4x^3 + 2x^2} \\
-2x - 3 \\
\underline{-2x - 1} \\
-2
\end{array}
$$

Thus the quotient is $2x^2 - 1$ and the remainder is -2.

17.

$$
\begin{array}{r}
x + 2 \\
x^2 - 2x + 2 \enclose{longdiv}{x^3 + 0x^2 + 6x + 3} \\
\underline{x^3 - 2x^2 + 2x} \\
2x^2 + 4x + 3 \\
\underline{2x^2 - 4x + 4} \\
8x - 1
\end{array}
$$

Thus the quotient is $x + 2$, and the remainder is $8x - 1$.

19.

$$
\begin{array}{r}
3x + 1 \\
2x^2 + 0x + 5 \enclose{longdiv}{6x^3 + 2x^2 + 22x + 0} \\
\underline{6x^3 + 15x} \\
2x^2 + 7x + 0 \\
\underline{2x^2 + 5} \\
7x - 5
\end{array}
$$

Thus the quotient is $3x + 1$, and the remainder is $7x - 5$.

21.

$$
\begin{array}{r}
x^4 + 1 \\
x^2 + 1 \enclose{longdiv}{x^6 + 0x^5 + x^4 + 0x^3 + x^2 + 0x + 1} \\
\underline{x^6 + x^4} \\
0 + x^2 + 1 \\
\underline{x^2 + 1} \\
0
\end{array}
$$

Thus the quotient is $x^4 + 1$, and the remainder is 0.

23. The synthetic division table for this problem takes the following form.

$$
\begin{array}{r|rrr}
3 & 1 & -5 & 4 \\
  &   & 3 & -6 \\
\hline
  & 1 & -2 & -2
\end{array}
$$

Thus the quotient is $x - 2$, and the remainder is -2.

25. The synthetic division table for this problem takes the following form.

$$\begin{array}{r|rrr} 6 & 3 & 5 & 0 \\ & & 18 & 138 \\ \hline & 3 & 23 & 138 \end{array}$$

Thus the quotient is $3x + 23$, and the remainder is 138.

29. Since $x + 3 = x - (-3)$ and $x^3 - 8x + 2 = x^3 + 0x^2 - 8x + 2$, the synthetic division table for this problem takes the following form.

$$\begin{array}{r|rrrr} -3 & 1 & 0 & -8 & 2 \\ & & -3 & 9 & -3 \\ \hline & 1 & -3 & 1 & -1 \end{array}$$

Thus the quotient is $x^2 - 3x + 1$, and the remainder is -1.

33. The synthetic division table for this problem takes the following form.

$$\begin{array}{r|rrrr} \frac{1}{2} & 2 & 3 & -2 & 1 \\ & & 1 & 2 & 0 \\ \hline & 2 & 4 & 0 & 1 \end{array}$$

Thus the quotient is $2x^2 + 4x$, and the remainder is 1.

37. $P(x) = 4x^2 + 12x + 5, c = -1$

$$\begin{array}{r|rrr} -1 & 4 & 12 & 5 \\ & & -4 & -8 \\ \hline & 4 & 8 & -3 \end{array}$$

Therefore, by the Remainder Theorem, $P(-1) = -3$.

41. $P(x) = x^3 + 2x^2 - 7, c = -2$

$$\begin{array}{r|rrrr} -2 & 1 & 2 & 0 & -7 \\ & & -2 & 0 & 0 \\ \hline & 1 & 0 & 0 & -7 \end{array}$$

Therefore, by the Remainder Theorem, $P(-2) = -7$.

45. $P(x) = x^7 - 3x^2 - 1$
$\qquad = x^7 + 0x^6 + 0x^5 + 0x^4 + 0x^3 - 3x^2 + 0x - 1$
$c = 3$

$$\begin{array}{r|rrrrrrrr} 3 & 1 & 0 & 0 & 0 & 0 & -3 & 0 & -1 \\ & & 3 & 9 & 27 & 81 & 243 & 720 & 2160 \\ \hline & 1 & 3 & 9 & 27 & 81 & 240 & 720 & 2159 \end{array}$$

Therefore by the Remainder Theorem, $P(3) = 2159$.

27. Since $x + 2 = x - (-2)$, the synthetic division table for this problem takes the following form.

$$\begin{array}{r|rrrr} -2 & 1 & 2 & 2 & 1 \\ & & -2 & 0 & -4 \\ \hline & 1 & 0 & 2 & -3 \end{array}$$

Thus the quotient is $x^2 + 2$, and the remainder is -3.

31. Since $x^5 + 3x^3 - 6 = x^5 + 0x^4 + 3x^3 + 0x^2 + 0x - 6$, the synthetic division table for this problem takes the following form.

$$\begin{array}{r|rrrrrr} 1 & 1 & 0 & 3 & 0 & 0 & -6 \\ & & 1 & 1 & 4 & 4 & 4 \\ \hline & 1 & 1 & 4 & 4 & 4 & -2 \end{array}$$

Thus the quotient is $x^4 + x^3 + 4x^2 + 4x + 4$, and the remainder is -2.

35. Since $x^3 - 27 = x^3 + 0x^2 + 0x - 27$, the synthetic division table for this problem takes the following form.

$$\begin{array}{r|rrrr} 3 & 1 & 0 & 0 & -27 \\ & & 3 & 9 & 27 \\ \hline & 1 & 3 & 9 & 0 \end{array}$$

Thus the quotient is $x^2 + 3x + 9$, and the remainder is 0.

39. $P(x) = x^3 + 3x^2 - 7x + 6, c = 2$

$$\begin{array}{r|rrrr} 2 & 1 & 3 & -7 & 6 \\ & & 2 & 10 & 6 \\ \hline & 1 & 5 & 3 & 12 \end{array}$$

Therefore, by the Remainder Theorem, $P(2) = 12$.

43. $P(x) = 5x^4 + 30x^3 - 40x^2 + 36x + 14, c = -7$

$$\begin{array}{r|rrrrr} -7 & 5 & 30 & -40 & 36 & 14 \\ & & -35 & 35 & 35 & -497 \\ \hline & 5 & -5 & -5 & 71 & -483 \end{array}$$

Therefore, by the Remainder Theorem, $P(-7) = -483$.

47. $P(x) = 3x^3 + 4x^2 - 2x + 1, c = \frac{2}{3}$

$$\begin{array}{r|rrrr} \frac{2}{3} & 3 & 4 & -2 & 1 \\ & & 2 & 4 & \frac{4}{3} \\ \hline & 3 & 6 & 2 & \frac{7}{3} \end{array}$$

Therefore, by the Remainder Theorem, $P\left(\frac{2}{3}\right) = \frac{7}{3}$.

49. $P(x) = x^3 + 2x^2 - 3x - 8, c = 0.1$

$$
\begin{array}{r|rrrr}
0.1 & 1 & 2 & -3 & -8 \\
    &   & 0.1 & 0.21 & -0.279 \\
\hline
    & 1 & 2.1 & -2.79 & -8.279
\end{array}
$$

Therefore, by the Remainder Theorem, $P(0.1) = -8.279$.

51. $P(x) = x^3 - 3x^2 + 3x - 1, c = 1$

$$
\begin{array}{r|rrrr}
1 & 1 & -3 & 3 & -1 \\
  &   & 1 & -2 & 1 \\
\hline
  & 1 & -2 & 1 & 0
\end{array}
$$

Since the remainder is 0, $x - 1$ is a factor.

53. $P(x) = 2x^3 + 7x^2 + 6x - 5, c = \frac{1}{2}$

$$
\begin{array}{r|rrrr}
\frac{1}{2} & 2 & 7 & 6 & -5 \\
            &   & 1 & 4 & 5 \\
\hline
            & 2 & 8 & 10 & 0
\end{array}
$$

Since the remainder is 0, $x - \frac{1}{2}$ is a factor.

55. $P(x) = x^3 - x^2 - 11x + 15, c = 3$

$$
\begin{array}{r|rrrr}
3 & 1 & -1 & -11 & 15 \\
  &   & 3 & 6 & -15 \\
\hline
  & 1 & 2 & -5 & 0
\end{array}
$$

Since the remainder is 0, we know that 3 is a zero $x^3 - x^2 - 11x + 15 = (x - 3)(x^2 + 2x - 5)$. Now $x^2 + 2x - 5 = 0$ when $x = \frac{-2 \pm \sqrt{2^2 + 4(1)(5)}}{2} = -1 \pm \sqrt{6}$. Hence, the zeros are $-1 - \sqrt{6}, -1 + \sqrt{6}$, and 3.

57. Since the zeros are $x = -1$, $x = 1$, and $x = 3$, the factors are $x + 1$, $x - 1$, and $x - 3$. Thus $P(x) = (x + 1)(x - 1)(x - 3) = x^3 - 3x^2 - x + 3$.

59. Since the zeros are $x = -1$, $x = 1$, $x = 3$, and $x = 5$, the factors are $x + 1$, $x - 1$, $x - 3$, and $x - 5$. Thus $P(x) = (x + 1)(x - 1)(x - 3)(x - 5) = x^4 - 8x^3 + 14x^2 + 8x - 15$.

61. Since the zeros of the polynomial are 1, -2, and 3, it follows that $P(x) = C(x - 1)(x + 2)(x - 3) = C(x^3 - 2x^2 - 5x + 6) = Cx^3 - 2Cx^2 - 5Cx + 6C$. Since the coefficient of x^2 is to be 3, $-2C = 3$ so $C = -\frac{3}{2}$. Therefore, $P(x) = -\frac{3}{2}(x^3 - 2x^2 - 5x + 6) = -\frac{3}{2}x^3 + 3x^2 + \frac{15}{2}x - 9$ is the polynomial.

63. The y-intercept is 2 and the zeros of the polynomial are -1, 1, and 2. It follows that $P(x) = C(x + 1)(x - 1)(x - 2) = C(x^3 - 2x^2 - x + 2)$. Since $P(0) = 2$ we have $2 = C[(0)^3 - 2(0)^2 - (0) + 2]$ $\Leftrightarrow$ $2 = 2C \Leftrightarrow C = 1$ and $P(x) = (x + 1)(x - 1)(x - 2) = x^3 - 2x^2 - x + 2$.

65. The y-intercept is 4 and the zeros of the polynomial are -2 and 1 both being degree two. It follows that $P(x) = C(x + 2)^2(x - 1)^2 = C(x^4 + 2x^3 - 3x^2 - 4x + 4)$. Since $P(0) = 4$ we have $4 = C[(0)^4 + 2(0)^3 - 3(0)^2 - 4(0) + 4]$ $\Leftrightarrow$ $4 = 4C \Leftrightarrow C = 1$. Thus $P(x) = (x + 2)^2(x - 1)^2 = x^4 + 2x^3 - 3x^2 - 4x + 4$.

67. A. By the Remainder Theorem, the remainder when $P(x) = 6x^{1000} - 17x^{562} + 12x + 26$ is divided by $x + 1$ is $P(-1) = 6(-1)^{1000} - 17(-1)^{562} + 12(-1) + 26 = 6 - 17 - 12 + 26 = 3$.

B. If $x - 1$ is a factor of $Q(x) = x^{567} - 3x^{400} + x^9 + 2$, then $Q(1)$ must equal 0. $Q(1) = (1)^{567} - 3(1)^{400} + (1)^9 + 2 = 1 - 3 + 1 + 2 = 1 \neq 0$, so $x - 1$ is not a factor.

3.3 Real Zeros of Polynomials

1. $P(x) = x^3 - 4x^2 + 3$ has possible rational zeros ± 1 and ± 3.

3. $R(x) = 2x^5 + 3x^3 + 4x^2 - 8$ has possible rational zeros $\pm 1, \pm 2, \pm 4, \pm 8, \pm \frac{1}{2}$.

5. $T(x) = 4x^4 - 2x^2 - 7$ has possible rational zeros $\pm 1, \pm 7, \pm \frac{1}{2}, \pm \frac{7}{2}, \pm \frac{1}{4}, \pm \frac{7}{4}$.

7. (a) $P(x) = 5x^3 - x^2 - 5x + 1$ has possible rational zeros $\pm 1, \pm \frac{1}{5}$.

(b) From the graph, the actual zeroes are $-1, \frac{1}{5}$, and 1.

9. (a) $P(x) = 2x^4 - 9x^3 + 9x^2 + x - 3$ has possible rational zeros $\pm 1, \pm 3, \pm \frac{1}{2}, \pm \frac{3}{2}$.

(b) From the graph, the actual zeroes are $-\frac{1}{2}$, 1, and 3.

11. $P(x) = x^3 + 3x^2 - 4$. The possible rational zeros are $\pm 1, \pm 2, \pm 4$. $P(x)$ has 1 variation in sign and hence 1 positive real zero. $P(-x) = -x^3 + 3x^2 - 4$ has 2 variations in sign and hence 0 or 2 negative real zeros.

$$
\begin{array}{r|rrrr}
1 & 1 & 3 & 0 & -4 \\
  &   & 1 & 4 & 4 \\
\hline
  & 1 & 4 & 4 & 0
\end{array}
\Rightarrow x = 1 \text{ is a zero.}
$$

$P(x) = x^3 + 3x^2 - 4 = (x-1)(x^2 + 4x + 4)$
$\quad = (x-1)(x+2)^2$

Therefore, the zeros are $x = -2, 1$.

13. $P(x) = x^3 - 3x - 2$. The possible rational zeros are $\pm 1, \pm 2$. $P(x)$ has 1 variation in sign and hence 1 positive real zero. $P(-x) = -x^3 + 3x - 2$ has 2 variations in sign and hence 0 or 2 negative real zeros.

$$
\begin{array}{r|rrrr}
1 & 1 & 0 & -3 & -2 \\
  &   & 1 & 1 & -2 \\
\hline
  & 1 & 1 & -2 & -4
\end{array}
\Rightarrow x = 1 \text{ is not a zero.}
$$

$$
\begin{array}{r|rrrr}
2 & 1 & 0 & -3 & -2 \\
  &   & 2 & 4 & 2 \\
\hline
  & 1 & 2 & 1 & 0
\end{array}
\Rightarrow x = 2 \text{ is a zero.}
$$

$P(x) = x^3 - 3x - 2 = (x-2)(x^2 + 2x + 1) = (x-2)(x+1)^2$.
Therefore, the zeros are $x = 2, -1$.

15. $P(x) = x^3 - 6x^2 + 12x - 8$. The possible rational zeros are $\pm 1, \pm 2, \pm 4, \pm 8$. $P(x)$ has 3 variations in sign and hence 1 or 3 positive real zeros. $P(-x) = -x^3 - 6x^2 - 12x - 8$ has no variations in sign and hence 0 negative real zeros.

$$
\begin{array}{r|rrrr}
1 & 1 & -6 & 12 & -8 \\
  &   & 1 & -5 & 7 \\
\hline
  & 1 & -5 & 7 & -1
\end{array}
\Rightarrow x = 1 \text{ is not a zero.}
$$

$$
\begin{array}{r|rrrr}
2 & 1 & -6 & 12 & -8 \\
  &   & 2 & -8 & 8 \\
\hline
  & 1 & -4 & 4 & 0
\end{array}
\Rightarrow x = 2 \text{ is a zero.}
$$

$P(x) = x^3 - 6x^2 + 12x - 8 = (x-2)(x^2 - 4x + 4) = (x-2)^3$. Therefore, the zero is $x = 2$.

17. $P(x) = x^3 - 4x^2 + x + 6$. The possible rational zeros are $\pm 1, \pm 2, \pm 3, \pm 6$. $P(x)$ has 2 variations in sign and hence 0 or 2 positive real zeros. $P(-x) = -x^3 - 4x^2 - x + 6$ has 1 variation in sign and hence 1 negative real zeros.

$$
\begin{array}{r|rrrr}
-1 & 1 & -4 & 1 & 6 \\
   &   & -1 & 5 & -6 \\
\hline
   & 1 & -5 & 6 & 0
\end{array}
\Rightarrow x + 1 \text{ is a factor.}
$$

So

$P(x) = x^3 - 4x^2 + x + 6 = (x+1)(x^2 - 5x + 6)$
$\quad = (x+1)(x-3)(x-2)$

Therefore, the zeros are $x = -1, 2, 3$.

19. $P(x) = x^3 + 3x^2 + 6x + 4$. The possible rational zeros are $\pm 1, \pm 2, \pm 4$. $P(x)$ has no variation in sign and hence no positive real zeros. $P(-x) = -x^3 + 3x^2 - 6x + 4$ has 3 variations in sign and hence 1 or 3 negative real zeros.

$$
\begin{array}{r|rrrr}
-1 & 1 & 3 & 6 & 4 \\
   &   & -1 & -2 & -4 \\
\hline
   & 1 & 2 & 4 & 0
\end{array}
\Rightarrow x + 1 \text{ is a factor.}
$$

So

$P(x) = x^3 + 3x^2 + 6x + 4 = (x+1)(x^2 + 2x + 4)$.

Now, $Q(x) = x^2 + 2x + 4$ has no real zeros, since the discriminant of this quadratic is

$b^2 - 4ac = (2)^2 - 4(1)(4) = -12 < 0$. Thus, the only real zero is $x = -1$.

21. *Method 1:* $P(x) = x^4 - 5x^2 + 4$. The possible rational zeros are ± 1, ± 2, ± 4. $P(x)$ has 1 variation in sign and hence 1 positive real zero. $P(-x) = x^4 - 5x^2 + 4$ has 2 variations in sign and hence 0 or 2 negative real zeros.

$$
\begin{array}{r|rrrrr}
1 & 1 & 0 & -5 & 0 & 4 \\
  &   & 1 & 1 & -4 & -4 \\
\hline
  & 1 & 1 & -4 & -4 & 0
\end{array} \Rightarrow x = 1 \text{ is a zero.}
$$

Thus $P(x) = x^4 - 5x^2 + 4 = (x-1)(x^3 + x^2 - 4x - 4)$. Continuing with the quotient we have:

$$
\begin{array}{r|rrrr}
-1 & 1 & 1 & -4 & -4 \\
   &   & -1 & 0 & 4 \\
\hline
   & 1 & 0 & -4 & 0
\end{array} \Rightarrow x = -1 \text{ is a zero.}
$$

$P(x) = x^4 - 5x^2 + 4 = (x-1)(x+1)(x^2 - 4) = (x-1)(x+1)(x-2)(x+2)$. The zeros are $x = \pm 1$, ± 2.
Method 2: Substituting $u = x^2$, the polynomial becomes $P(u) = u^2 - 5u + 4$, which factors: $u^2 - 5u + 4 = (u-1)(u-4) = (x^2 - 1)(x^2 - 4)$, so either $x^2 = 1$ or $x^2 = 4$. If $x^2 = 1$, then $x = \pm 1$; if $x^2 = 4$, then $x = \pm 2$. Therefore, the zeros are $x = \pm 1$, ± 2.

23. $P(x) = x^4 + 6x^3 + 7x^2 - 6x - 8$. The possible rational zeros are ± 1, ± 2, ± 4, ± 8. $P(x)$ has 1 variation in sign and hence 1 positive real zero. $P(-x) = x^4 - 6x^3 + 7x^2 + 6x - 8$ has 3 variations in sign and hence 1 or 3 negative real zeros.

$$
\begin{array}{r|rrrrr}
1 & 1 & 6 & 7 & -6 & -8 \\
  &   & 1 & 7 & 14 & 8 \\
\hline
  & 1 & 7 & 14 & 8 & 0
\end{array} \Rightarrow x = 1 \text{ is a zero}
$$

and there are no other positive zeros. Thus $P(x) = x^4 + 6x^3 + 7x^2 - 6x - 8 = (x-1)(x^3 + 7x^2 + 14x + 8)$. Continuing by factoring the quotient, we have:

$$
\begin{array}{r|rrrr}
-1 & 1 & 7 & 14 & 8 \\
   &   & -1 & -6 & -8 \\
\hline
   & 1 & 6 & 8 & 0
\end{array} \Rightarrow x = -1 \text{ is a zero.}
$$

So $P(x) = x^4 + 6x^3 + 7x^2 - 6x - 8 = (x-1)(x+1)(x^2 + 6x + 8) = (x-1)(x+1)(x+2)(x+4)$. Therefore, the zeros are $x = -4, -2, \pm 1$.

25. $P(x) = 4x^4 - 25x^2 + 36$ has possible rational zeros ± 1, ± 2, ± 3, ± 4, ± 6, ± 9, ± 12, ± 18, ± 36, $\pm \frac{1}{2}$, $\pm \frac{1}{4}$, $\pm \frac{3}{2}$, $\pm \frac{3}{4}$, $\pm \frac{9}{2}$, $\pm \frac{9}{4}$. Since $P(x)$ has 2 variations in sign, there are 0 or 2 positive real zeros. Since $P(-x) = 4x^4 - 25x^2 + 36$ has 2 variations in sign, there are 0 or 2 negative real zeros.

$$
\begin{array}{r|rrrrr}
1 & 4 & 0 & -25 & 0 & 36 \\
  &   & 4 & 4 & -21 & -21 \\
\hline
  & 4 & 4 & -21 & -21 & 15
\end{array}
\qquad
\begin{array}{r|rrrrr}
2 & 4 & 0 & -25 & 0 & 36 \\
  &   & 8 & 16 & -18 & -36 \\
\hline
  & 4 & 8 & -9 & -18 & 0
\end{array} \Rightarrow x = 2 \text{ is a zero.}
$$

$P(x) = (x-2)(4x^3 + 8x^2 - 9x - 18)$

$$
\begin{array}{r|rrrr}
2 & 4 & 8 & -9 & -18 \\
  &   & 8 & 32 & 46 \\
\hline
  & 4 & 16 & 23 & 28
\end{array} \Rightarrow \text{all positive, } x = 2 \text{ is an upper bound.}
\qquad
\begin{array}{r|rrrr}
\frac{1}{2} & 4 & 8 & -9 & -18 \\
  &   & 2 & 5 & -2 \\
\hline
  & 4 & 10 & -4 & -20
\end{array}
$$

$$
\begin{array}{r|rrrr}
\frac{1}{4} & 4 & 8 & -9 & -18 \\
  &   & 1 & \frac{9}{4} & -\frac{27}{16} \\
\hline
  & 4 & 9 & -\frac{27}{4} & -\frac{315}{16}
\end{array}
\qquad
\begin{array}{r|rrrr}
\frac{3}{2} & 4 & 8 & -9 & -18 \\
  &   & 6 & 21 & 18 \\
\hline
  & 4 & 14 & 12 & 0
\end{array} \Rightarrow x = \frac{3}{2} \text{ is a zero.}
$$

$P(x) = (x-2)(2x-3)(2x^2 + 7x + 6) = (x-2)(2x-3)(2x+3)(x+2)$. Therefore, the zeros are $x = \pm 2$, $\pm \frac{3}{2}$.
Note: Since $P(x)$ has only even terms, factoring by substitution also works. Let $x^2 = u$; then $P(u) = 4u^2 - 25u + 36 = (u-4)(4u-9) = (x^2 - 4)(4x^2 - 9)$, which gives the same results.

27. $P(x) = x^4 + 8x^3 + 24x^2 + 32x + 16$. The possible rational zeros are ± 1, ± 2, ± 4, ± 8, ± 16. $P(x)$ has no variations in sign and hence no positive real zero. $P(-x) = x^4 - 8x^3 + 24x^2 - 32x + 16$ has 4 variations in sign and hence 0 or 2 or 4 negative real zeros.

$$
\begin{array}{r|rrrrr}
-1 & 1 & 8 & 24 & 32 & 16 \\
   &   & -1 & -7 & -17 & -15 \\
\hline
   & 1 & 7 & 17 & 15 & 1
\end{array}
\Rightarrow x = -1 \text{ is not a zero.}
$$

$$
\begin{array}{r|rrrrr}
-2 & 1 & 8 & 24 & 32 & 16 \\
   &   & -2 & -12 & -24 & -16 \\
\hline
   & 1 & 6 & 12 & 8 & 0
\end{array}
\Rightarrow x = -2 \text{ is a zero.}
$$

Thus $P(x) = x^4 + 8x^3 + 24x^2 + 32x + 16 = (x + 2)(x^3 + 6x^2 + 12x + 8)$. Continuing by factoring the quotient, we have

$$
\begin{array}{r|rrrr}
-2 & 1 & 6 & 12 & 8 \\
   &   & -2 & -8 & -8 \\
\hline
   & 1 & 4 & 4 & 0
\end{array}
\Rightarrow x = -2 \text{ is a zero.}
$$

Thus $P(x) = (x + 2)^2 (x^2 + 4x + 4) = (x + 2)^4$. Therefore, the zero is $x = -2$

29. Factoring by grouping can be applied to this exercise. $4x^3 + 4x^2 - x - 1 = 4x^2(x + 1) - (x + 1) = (x + 1)(4x^2 - 1) = (x + 1)(2x + 1)(2x - 1)$. Therefore, the zeros are $x = -1, \pm\frac{1}{2}$.

31. $P(x) = 4x^3 - 7x + 3$. The possible rational zeros are ± 1, ± 3, $\pm\frac{1}{2}$, $\pm\frac{3}{2}$, $\pm\frac{1}{4}$, $\pm\frac{3}{4}$. Since $P(x)$ has 2 variations in sign, there are 0 or 2 positive zeros. Since $P(-x) = -4x^3 + 7x + 3$ has 1 variation in sign, there is 1 negative zero.

$$
\begin{array}{r|rrrr}
\frac{1}{2} & 4 & 0 & -7 & 3 \\
   &   & 2 & 1 & -3 \\
\hline
   & 4 & 2 & -6 & 0
\end{array}
\Rightarrow x = \frac{1}{2} \text{ is a zero.}
$$

$P(x) = \left(x - \frac{1}{2}\right)(4x^2 + 2x - 6) = (2x - 1)(2x^2 + x - 3) = (2x - 1)(x - 1)(2x + 3) = 0$. Thus, the zeros are $x = -\frac{3}{2}, \frac{1}{2}, 1$.

33. $P(x) = 4x^3 + 8x^2 - 11x - 15$. The possible rational zeros are ± 1, ± 3, ± 5, $\pm\frac{1}{2}$, $\pm\frac{1}{4}$, $\pm\frac{3}{2}$, $\pm\frac{3}{4}$, $\pm\frac{5}{2}$, $\pm\frac{5}{4}$. $P(x)$ has 1 variation in sign and hence 1 positive real zero. $P(-x) = -4x^3 + 8x^2 + 11x - 15$ has 2 variations in sign, so P has 0 or 2 negative real zeros.

$$
\begin{array}{r|rrrr}
1 & 4 & 8 & -11 & -15 \\
  &   & 4 & 12 & 1 \\
\hline
  & 4 & 12 & 1 & -14
\end{array}
\Rightarrow x = 1 \text{ is not a zero.}
$$

$$
\begin{array}{r|rrrr}
3 & 4 & 8 & -11 & -15 \\
  &   & 12 & 60 & 147 \\
\hline
  & 4 & 20 & 49 & 132
\end{array}
\Rightarrow x = 3 \text{ is not a zero.}
$$

$$
\begin{array}{r|rrrr}
5 & 4 & 8 & -11 & -15 \\
  &   & 20 & 140 & 645 \\
\hline
  & 4 & 28 & 129 & 630
\end{array}
\Rightarrow x = 5 \text{ is not a zero.}
$$

$$
\begin{array}{r|rrrr}
3 & 4 & 8 & -11 & -15 \\
  &   & 12 & 60 & 147 \\
\hline
  & 4 & 20 & 49 & 132
\end{array}
\Rightarrow x = 3 \text{ is not a zero.}
$$

$$
\begin{array}{r|rrrr}
\frac{1}{2} & 4 & 8 & -11 & -15 \\
   &   & 2 & 5 & -3 \\
\hline
   & 4 & 10 & -6 & -18
\end{array}
\Rightarrow x = \frac{1}{2} \text{ is not a zero.}
$$

$$
\begin{array}{r|rrrr}
\frac{1}{4} & 4 & 8 & -11 & -15 \\
   &   & 1 & \frac{9}{4} & -\frac{35}{16} \\
\hline
   & 4 & 9 & -\frac{35}{4} & -\frac{275}{16}
\end{array}
\Rightarrow x = \frac{1}{4} \text{ is not a zero.}
$$

$$
\begin{array}{r|rrrr}
\frac{3}{2} & 4 & 8 & -11 & -15 \\
   &   & 6 & 21 & 15 \\
\hline
   & 4 & 14 & 10 & 0
\end{array}
\Rightarrow x = \frac{3}{2} \text{ is a zero.}
$$

Thus $P(x) = 4x^3 + 8x^2 - 11x - 15 = \left(x - \frac{3}{2}\right)\left(4x^2 + 14x + 10\right)$. Continuing by factoring the quotient, whose possible rational zeros are $-1, -5, -\frac{1}{2}, -\frac{1}{4}, -\frac{5}{2}$, and $-\frac{5}{4}$, we have

$$
\begin{array}{r|rrr}
-1 & 4 & 14 & 10 \\
   &   & -4 & -10 \\
\hline
   & 4 & 10 & 0
\end{array} \quad \Rightarrow x = -1 \text{ is a zero.}
$$

Thus $P(x) = \left(x - \frac{3}{2}\right)(x+1)(4x+10)$ has zeros $\frac{3}{2}, -1$, and $-\frac{5}{2}$.

35. $P(x) = 2x^4 - 7x^3 + 3x^2 + 8x - 4$. The possible rational zeros are $\pm 1, \pm 2, \pm 4, \pm \frac{1}{2}$. $P(x)$ has 3 variations in sign and hence 1 or 3 positive real zeros. $P(-x) = 2x^4 + 7x^3 + 3x^2 - 8x - 4$ has 1 variation in sign and hence 1 negative real zero.

$$
\begin{array}{r|rrrrr}
1 & 2 & -7 & 3 & 8 & -4 \\
  &   & 2 & -5 & -2 & 6 \\
\hline
  & 2 & -5 & -2 & 6 & 2
\end{array} \quad \Rightarrow x = 1 \text{ is not a zero.}
\qquad
\begin{array}{r|rrrrr}
\frac{1}{2} & 2 & -7 & 3 & 8 & -4 \\
  &   & 1 & -3 & 0 & 4 \\
\hline
  & 2 & -6 & 0 & 8 & 0
\end{array} \quad \Rightarrow x = \frac{1}{2} \text{ is a zero.}
$$

Thus $P(x) = 2x^4 - 7x^3 + 3x^2 + 8x - 4 = \left(x - \frac{1}{2}\right)\left(2x^3 - 6x^2 + 8\right)$. Continuing by factoring the quotient, we have:

$$
\begin{array}{r|rrrr}
2 & 2 & -6 & 0 & 8 \\
  &   & 4 & -4 & -8 \\
\hline
  & 2 & -2 & -4 & 0
\end{array} \quad \Rightarrow x = 2 \text{ is a zero.}
$$

$P(x) = \left(x - \frac{1}{2}\right)(x-2)\left(2x^2 - 2x - 4\right) = 2\left(x - \frac{1}{2}\right)(x-2)\left(x^2 - x - 2\right) = 2\left(x - \frac{1}{2}\right)(x-2)^2(x+1)$. Thus, the zeros are $x = \frac{1}{2}, 2, -1$.

37. $P(x) = x^5 + 3x^4 - 9x^3 - 31x^2 + 36$. The possible rational zeros are $\pm 1, \pm 2, \pm 3, \pm 4, \pm 6, \pm 8, \pm 9, \pm 12, \pm 18$. $P(x)$ has 2 variations in sign and hence 0 or 2 positive real zeros. $P(-x) = -x^5 + 3x^4 + 9x^3 - 31x^2 + 36$ has 3 variations in sign and hence 1 or 3 negative real zeros.

$$
\begin{array}{r|rrrrrr}
1 & 1 & 3 & -9 & -31 & 0 & 36 \\
  &   & 1 & 4 & -5 & -36 & -36 \\
\hline
  & 1 & 4 & -5 & -36 & -36 & 0
\end{array} \quad \Rightarrow x = 1 \text{ is a zero.}
$$

So $P(x) = x^5 + 3x^4 - 9x^3 - 31x^2 + 36 = (x-1)\left(x^4 + 4x^3 - 5x^2 - 36x - 36\right)$. Continuing by factoring the quotient, we have:

$$
\begin{array}{r|rrrrr}
1 & 1 & 4 & -5 & -36 & -36 \\
  &   & 1 & 5 & 0 & -36 \\
\hline
  & 1 & 1 & 0 & -36 & -72
\end{array}
\qquad
\begin{array}{r|rrrrr}
2 & 1 & 4 & -5 & -36 & -36 \\
  &   & 2 & 12 & 14 & -44 \\
\hline
  & 1 & 6 & 7 & -22 & -80
\end{array}
$$

$$
\begin{array}{r|rrrrr}
3 & 1 & 4 & -5 & -36 & -36 \\
  &   & 3 & 21 & 48 & 36 \\
\hline
  & 1 & 7 & 16 & 12 & 0
\end{array} \quad \Rightarrow x = 3 \text{ is a zero.}
$$

So $P(x) = (x-1)(x-3)\left(x^3 + 7x^2 + 16x + 12\right)$. Since we have 2 positive zeros, there are no more positive zeros, so we continue by factoring the quotient with possible negative zeros.

$$
\begin{array}{r|rrrr}
-1 & 1 & 7 & 16 & 12 \\
   &   & -1 & -6 & -10 \\
\hline
   & 1 & 6 & 10 & 2
\end{array}
\qquad
\begin{array}{r|rrrr}
-2 & 1 & 7 & 16 & 12 \\
   &   & -2 & -10 & -12 \\
\hline
   & 1 & 5 & 6 & 0
\end{array} \quad \Rightarrow x = -2 \text{ is a zero.}
$$

Then $P(x) = (x-1)(x-3)(x+2)\left(x^2 + 5x + 6\right) = (x-1)(x-3)(x+2)^2(x+3)$. Thus, the zeros are $x = 1, 3, -2, -3$.

39. $P(x) = 3x^5 - 14x^4 - 14x^3 + 36x^2 + 43x + 10$ has possible rational zeros ± 1, ± 2, ± 5, ± 10, $\pm\frac{1}{3}$, $\pm\frac{2}{3}$, $\pm\frac{5}{3}$, $\pm\frac{10}{3}$. Since $P(x)$ has 2 variations in sign, there are 0 or 2 positive real zeros. Since $P(-x) = -3x^5 - 14x^4 + 14x^3 + 36x^2 - 43x + 10$ has 3 variations in sign, there are 1 or 3 negative real zeros.

1	3	−14	−14	36	43	10
		3	−11	−25	11	54
	3	−11	−25	11	54	64

2	3	−14	−14	36	43	10
		6	−16	−60	−48	−10
	3	−8	−30	−24	−5	0	$\Rightarrow x = 2$ is a zero.

$P(x) = (x - 2)\left(3x^4 - 8x^3 - 30x^2 - 24x - 5\right)$

2	3	−8	−30	−24	−5
		6	−4	−68	−184
	3	−2	−34	−92	−189

5	3	−8	−30	−24	−5
		15	35	25	5
	3	7	5	1	0	$\Rightarrow x = 5$ is a zero.

$P(x) = (x - 2)(x - 5)\left(3x^3 + 7x^2 + 5x + 1\right)$. Since $3x^3 + 7x^2 + 5x + 1$ has no variation in sign, there are no more positive zeros.

−1	3	7	5	1
		−3	−4	−1
	3	4	1	0	$\Rightarrow x = -1$ is a zero.

$P(x) = (x - 2)(x - 5)(x + 1)\left(3x^2 + 4x + 1\right) = (x - 2)(x - 5)(x + 1)(x + 1)(3x + 1)$. Therefore, the zeros are $x = -1, -\frac{1}{3}, 2, 5$.

41. $P(x) = x^3 + 4x^2 + 3x - 2$. The possible rational zeros are ± 1, ± 2. $P(x)$ has 1 variation in sign and hence 1 positive real zero. $P(-x) = -x^3 + 4x^2 - 3x - 2$ has 2 variations in sign and hence 0 or 2 negative real zeros.

1	1	4	3	−2
		1	5	8
	1	5	8	6	$\Rightarrow x = 1$ is an upper bound.

−1	1	4	3	−2
		−1	−3	0
	1	3	0	−2

−2	1	4	3	−2
		−2	−4	2
	1	2	−1	0	$\Rightarrow x = -2$ is a zero.

So $P(x) = (x + 2)\left(x^2 + 2x - 1\right)$. Using the quadratic formula on the second factor, we have:

$x = \frac{-2 \pm \sqrt{2^2 - 4(1)(-1)}}{2(1)} = \frac{-2 \pm \sqrt{8}}{2} = \frac{-2 \pm 2\sqrt{2}}{2} = -1 \pm \sqrt{2}$. Therefore, the zeros are $x = -2, -1 + \sqrt{2}, -1 - \sqrt{2}$.

43. $P(x) = x^4 - 6x^3 + 4x^2 + 15x + 4$. The possible rational zeros are ± 1, ± 2, ± 4. $P(x)$ has 2 variations in sign and hence 0 or 2 positive real zeros. $P(-x) = x^4 + 6x^3 + 4x^2 - 15x + 4$ has 2 variations in sign and hence 0 or 2 negative real zeros.

1	1	−6	4	15	4
		1	−5	−1	14
	1	−5	−1	14	18

2	1	−6	4	15	4
		2	−8	−8	14
	1	−4	−4	7	18

4	1	−6	4	15	4
		4	−8	−16	−4
	1	−2	−4	−1	0	$\Rightarrow x = 4$ is a zero.

So $P(x) = (x - 4)\left(x^3 - 2x^2 - 4x - 1\right)$. Continuing by factoring the quotient, we have:

4	1	2	4	−1
		4	8	16
	1	2	4	15	$\Rightarrow x = 4$ is an upper bound.

−1	1	−2	−4	−1
		−1	3	1
	1	−3	−1	0	$\Rightarrow x = -1$ is a zero.

So $P(x) = (x - 4)(x + 1)\left(x^2 - 3x - 1\right)$. Using the quadratic formula on the third factor, we have:

$x = \frac{-(-3) \pm \sqrt{(-3)^2 - 4(1)(-1)}}{2(1)} = \frac{3 \pm \sqrt{13}}{2}$. Therefore, the zeros are $x = 4, -1, \frac{3 \pm \sqrt{13}}{2}$.

45. $P(x) = x^4 - 7x^3 + 14x^2 - 3x - 9$. The possible rational zeros are ± 1, ± 3, ± 9. $P(x)$ has 3 variations in sign and hence 1 or 3 positive real zeros. $P(-x) = x^4 + 7x^3 + 14x^2 + 3x - 4$ has 1 variation in sign and hence 1 negative real zero.

$$
\begin{array}{r|rrrrr}
1 & 1 & -7 & 14 & -3 & -9 \\
  &   & 1 & -6 & 8 & 5 \\
\hline
  & 1 & -6 & 8 & 5 & 4
\end{array}
\qquad
\begin{array}{r|rrrrr}
3 & 1 & -7 & 14 & -3 & -9 \\
  &   & 3 & -12 & 6 & 9 \\
\hline
  & 1 & -4 & 2   & 3 & 0
\end{array}
\;\Rightarrow x = 3 \text{ is a zero.}
$$

So $P(x) = (x - 3)\left(x^3 - 4x^2 + 2x + 3\right)$. Since the constant term of the second term is 3, ± 9 are no longer possible zeros. Continuing by factoring the quotient, we have:
$$
\begin{array}{r|rrrr}
3 & 1 & -4 & 2 & 3 \\
  &   & 3 & -3 & -3 \\
\hline
  & 1 & -1 & -1 & 0
\end{array}
\;\Rightarrow x = 3 \text{ is a zero again.}
$$

So $P(x) = (x - 3)^2 \left(x^2 - x - 1\right)$. Using the quadratic formula on the second factor, we have:
$x = \frac{-(-1) \pm \sqrt{(-1)^2 - 4(1)(-1)}}{2(1)} = \frac{1 \pm \sqrt{5}}{2}$. Therefore, the zeros are $x = 3$, $\frac{1 \pm \sqrt{5}}{2}$.

47. $P(x) = 4x^3 - 6x^2 + 1$. The possible rational zeros are ± 1, $\pm \frac{1}{2}$, $\pm \frac{1}{4}$. $P(x)$ has 2 variations in sign and hence 0 or 2 positive real zeros. $P(-x) = -4x^3 - 6x^2 + 1$ has 1 variation in sign and hence 1 negative real zero.

$$
\begin{array}{r|rrrr}
1 & 4 & -6 & 0 & 1 \\
  &   & 4 & -2 & -2 \\
\hline
  & 4 & -2 & -2 & -1
\end{array}
\qquad
\begin{array}{r|rrrr}
\frac{1}{2} & 4 & -6 & 0 & 1 \\
  &   & 2 & -2 & -1 \\
\hline
  & 4 & -4 & -2 & 0
\end{array}
\;\Rightarrow x = \frac{1}{2} \text{ is a zero.}
$$

So $P(x) = \left(x - \frac{1}{2}\right)\left(4x^2 - 4x - 2\right)$. Using the quadratic formula on the second factor, we have:
$x = \frac{-(-4) \pm \sqrt{(-4)^2 - 4(4)(-2)}}{2(4)} = \frac{4 \pm \sqrt{48}}{8} = \frac{4 \pm 4\sqrt{3}}{8} = \frac{1 \pm \sqrt{3}}{2}$. Therefore, the zeros are $x = \frac{1}{2}$, $\frac{1 \pm \sqrt{3}}{2}$.

49. $P(x) = 2x^4 + 15x^3 + 17x^2 + 3x - 1$. The possible rational zeros are ± 1, $\pm \frac{1}{2}$. $P(x)$ has 1 variation in sign and hence 1 positive real zero. $P(-x) = 2x^4 - 15x^3 + 17x^2 - 3x - 1$ has 3 variations in sign and hence 1 or 3 negative real zeros.

$$
\begin{array}{r|rrrrr}
\frac{1}{2} & 2 & 15 & 17 & 3 & -1 \\
  &   & 1 & 8 & \frac{25}{2} & \frac{31}{4} \\
\hline
  & 2 & 16 & 25 & \frac{31}{2} & \frac{27}{4}
\end{array}
\;\Rightarrow x = \frac{1}{2} \text{ is an upper bound.}
$$

$$
\begin{array}{r|rrrrr}
-\frac{1}{2} & 2 & 15 & 17 & 3 & -1 \\
  &   & -1 & -7 & -5 & 1 \\
\hline
  & 2 & 14 & 10 & -2 & 0
\end{array}
\;\Rightarrow x = -\frac{1}{2} \text{ is a zero.}
$$

So $P(x) = \left(x + \frac{1}{2}\right)\left(2x^3 + 14x^2 + 10x - 2\right) = 2\left(x + \frac{1}{2}\right)\left(x^3 + 7x^2 + 5x - 1\right)$.

$$
\begin{array}{r|rrrr}
-1 & 1 & 7 & 5 & -1 \\
   &   & -1 & -6 & 1 \\
\hline
   & 1 & 6 & -1 & 0
\end{array}
\;\Rightarrow x = -1 \text{ is a zero.}
$$

So $P(x) = \left(x + \frac{1}{2}\right)\left(2x^3 + 14x^2 + 10x - 2\right) = 2\left(x + \frac{1}{2}\right)(x + 1)\left(x^2 + 6x - 1\right)$ Using the quadratic formula on the third factor, we have $x = \frac{-(6) \pm \sqrt{(6)^2 - 4(1)(-1)}}{2(1)} = \frac{-6 \pm \sqrt{40}}{2} = \frac{-6 \pm 2\sqrt{10}}{2} = -3 \pm \sqrt{10}$. Therefore, the zeros are $x = -1$, $-\frac{1}{2}$, $-3 \pm \sqrt{10}$.

51. (a) $P(x) = x^3 - 3x^2 - 4x + 12$ has possible rational zeros ± 1, ± 2, ± 3, ± 4, ± 6, ± 12.

(b)

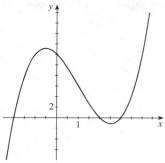

$$
\begin{array}{r|rrrr}
1 & 1 & -3 & -4 & 12 \\
  &   & 1 & -2 & -6 \\
\hline
  & 1 & -2 & -6 & 6 \\
\end{array}
$$

$$
\begin{array}{r|rrrr}
2 & 1 & -3 & -4 & 12 \\
  &   & 2 & -2 & -12 \\
\hline
  & 1 & -1 & -6 & 0 \\
\end{array}
\Rightarrow x = 2 \text{ is a zero.}
$$

So $P(x) = (x - 2)(x^2 - x - 6) = (x - 2)(x + 2)(x - 3)$. The real zeros of P are $-2, 2, 3$.

53. (a) $P(x) = 2x^3 - 7x^2 + 4x + 4$ has possible rational zeros ± 1, ± 2, ± 4, $\pm \frac{1}{2}$.

(b)

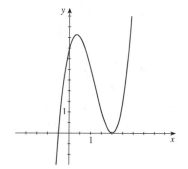

$$
\begin{array}{r|rrrr}
1 & 2 & -7 & 4 & 4 \\
  &   & 2 & -5 & -1 \\
\hline
  & 2 & -5 & -1 & -3 \\
\end{array}
\qquad
\begin{array}{r|rrrr}
2 & 2 & -7 & 4 & 4 \\
  &   & 4 & -6 & -4 \\
\hline
  & 2 & -3 & -2 & 0 \\
\end{array}
\Rightarrow x = 2 \text{ is a zero.}
$$

So $P(x) = (x - 2)(2x^2 - 3x - 2)$. Continuing:

$$
\begin{array}{r|rrr}
2 & 2 & -3 & -2 \\
  &   & 4 & 2 \\
\hline
  & 2 & 1 & 0 \\
\end{array}
\Rightarrow x = 2 \text{ is a zero again.}
$$

Thus $P(x) = (x - 2)^2 (2x + 1)$. The real zeros of P are 2 and $-\frac{1}{2}$.

55. (a) $P(x) = x^4 - 5x^3 + 6x^2 + 4x - 8$ has possible rational zeros ± 1, ± 2, ± 4, ± 8.

(b)

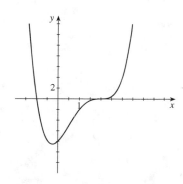

$$
\begin{array}{r|rrrrr}
1 & 1 & -5 & 6 & 4 & -8 \\
  &   & 1 & -4 & 2 & 6 \\
\hline
  & 1 & -4 & 2 & 6 & -2 \\
\end{array}
$$

$$
\begin{array}{r|rrrrr}
2 & 1 & -5 & 6 & 4 & -8 \\
  &   & 2 & -6 & 0 & 8 \\
\hline
  & 1 & -3 & 0 & 4 & 0 \\
\end{array}
\Rightarrow x = 2 \text{ is a zero.}
$$

So $P(x) = (x - 2)(x^3 - 3x^2 + 4)$ and the possible rational zeros are restricted to -1, ± 2, ± 4.

$$
\begin{array}{r|rrrr}
2 & 1 & -3 & 0 & 4 \\
  &   & 2 & -2 & -4 \\
\hline
  & 1 & -1 & -2 & 0 \\
\end{array}
\Rightarrow x = 2 \text{ is a zero again.}
$$

$P(x) = (x - 2)^2 (x^2 - x - 2) = (x - 2)^2 (x - 2)(x + 1) = (x - 2)^3 (x + 1)$. The real zeros of P are -1 and 2.

57. (a) $P(x) = x^5 - x^4 - 5x^3 + x^2 + 8x + 4$ has possible rational zeros $\pm 1, \pm 2, \pm 4$.

(b)

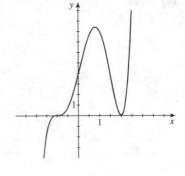

$$
\begin{array}{r|rrrrrr}
1 & 1 & -1 & -5 & 1 & 8 & 4 \\
  &   & 1 & 0 & -5 & -4 & 4 \\
\hline
  & 1 & 0 & -5 & -4 & 4 & 8
\end{array}
$$

$$
\begin{array}{r|rrrrrr}
2 & 1 & -1 & -5 & 1 & 8 & 4 \\
  &   & 2 & 2 & -6 & -10 & -4 \\
\hline
  & 1 & 1 & -3 & -5 & -2 & 0
\end{array} \Rightarrow x = 2 \text{ is a zero.}
$$

So $P(x) = (x-2)\left(x^4 + x^3 - 3x^2 - 5x - 2\right)$, and the possible rational zeros are restricted to $-1, \pm 2$.

$$
\begin{array}{r|rrrrr}
2 & 1 & 1 & -3 & -5 & -2 \\
  &   & 2 & 6 & 6 & 2 \\
\hline
  & 1 & 3 & 3 & 1 & 0
\end{array} \Rightarrow x = 2 \text{ is a zero again.}
$$

So $P(x) = (x-2)^2 \left(x^3 + 3x^2 + 3x + 1\right)$, and the possible rational zeros are restricted to -1.

$$
\begin{array}{r|rrrr}
-1 & 1 & 3 & 3 & 1 \\
   &   & -1 & -2 & -1 \\
\hline
   & 1 & 2 & 1 & 0
\end{array} \Rightarrow x = -1 \text{ is a zero.}
$$

So $P(x) = (x-2)^2 (x+1)\left(x^2 + 2x + 1\right) = (x-2)^2 (x+1)^3$., and the real zeros of P are -1 and 2.

59. $P(x) = x^3 - x^2 - x - 3$. Since $P(x)$ has 1 variation in sign, P has 1 positive real zero. Since $P(-x) = -x^3 - x^2 + x - 3$ has 2 variations in sign, P has 2 or 0 negative real zeros. Thus, P has 1 or 3 real zeros.

61. $P(x) = 2x^6 + 5x^4 - x^3 - 5x - 1$. Since $P(x)$ has 1 variation in sign, P has 1 positive real zero. Since $P(-x) = 2x^6 + 5x^4 + x^3 + 5x - 1$ has 1 variation in sign, P has 1 negative real zero. Therefore, P has 2 real zeros.

63. $P(x) = x^5 + 4x^3 - x^2 + 6x$. Since $P(x)$ has 2 variations in sign, P has 2 or 0 positive real zeros. Since $P(-x) = -x^5 - 4x^3 - x^2 - 6x$ has no variation in sign, P has no negative real zero. Therefore, P has a total of 1 or 3 real zeros (since $x = 0$ is a zero, but is neither positive nor negative).

65. $P(x) = 2x^3 + 5x^2 + x - 2$; $a = -3, b = 1$

$$
\begin{array}{r|rrrr}
-3 & 2 & 5 & 1 & -2 \\
   &   & -6 & 3 & -12 \\
\hline
   & 2 & -1 & 4 & -14
\end{array} \text{ alternating signs } \Rightarrow \text{ lower bound.}
$$

$$
\begin{array}{r|rrrr}
1 & 2 & 5 & 1 & -2 \\
  &   & 2 & 7 & 8 \\
\hline
  & 2 & 7 & 8 & 6
\end{array} \text{ all nonnegative } \Rightarrow \text{ upper bound.}
$$

Therefore $a = -3$ and $b = 1$ are lower and upper bounds.

67. $P(x) = 8x^3 + 10x^2 - 39x + 9$; $a = -3, b = 2$

$$
\begin{array}{r|rrrr}
-3 & 8 & 10 & -39 & 9 \\
   &   & -24 & 42 & -9 \\
\hline
   & 8 & -14 & 3 & 0
\end{array}
$$
alternating signs ⇒ lower bound.

$$
\begin{array}{r|rrrr}
2 & 8 & 10 & -39 & 9 \\
  &   & 16 & 52 & 26 \\
\hline
  & 8 & 26 & 13 & 35
\end{array}
$$
all nonnegative ⇒ upper bound.

Therefore $a = -3$ and $b = 2$ are lower and upper bounds. Note that $x = -3$ is also a zero.

69. $P(x) = x^3 - 3x^2 + 4$ and use the Upper and Lower Bounds Theorem:

$$
\begin{array}{r|rrrr}
-1 & 1 & -3 & 0 & 4 \\
   &   & -1 & 4 & -4 \\
\hline
   & 1 & -4 & 4 & 0
\end{array}
$$
alternating signs ⇒ lower bound.

$$
\begin{array}{r|rrrr}
3 & 1 & -3 & 0 & 4 \\
  &   & 3 & 0 & 0 \\
\hline
  & 1 & 0 & 0 & 4
\end{array}
$$
all nonnegative ⇒ upper bound.

Therefore -1 is a lower bound (and a zero) and 3 is an upper bound. (There are many possible solutions.)

71. $P(x) = x^4 - 2x^3 + x^2 - 9x + 2$.

$$
\begin{array}{r|rrrrr}
1 & 1 & -2 & 1 & -9 & 2 \\
  &   & 1 & -1 & 0 & -9 \\
\hline
  & 1 & -1 & 0 & -9 & -7
\end{array}
\qquad
\begin{array}{r|rrrrr}
2 & 1 & -2 & 1 & -9 & 2 \\
  &   & 2 & 0 & 2 & -14 \\
\hline
  & 1 & 0 & 1 & -7 & -12
\end{array}
$$

$$
\begin{array}{r|rrrrr}
3 & 1 & -2 & 1 & -9 & 2 \\
  &   & 3 & 3 & 12 & 9 \\
\hline
  & 1 & 1 & 4 & 3 & 11
\end{array}
$$
all positive ⇒ upper bound.

$$
\begin{array}{r|rrrrr}
-1 & 1 & -2 & 1 & -9 & 2 \\
   &   & -1 & 3 & -4 & 13 \\
\hline
   & 1 & -3 & 4 & -13 & 15
\end{array}
$$
alternating signs ⇒ lower bound.

Therefore -1 is a lower bound and 3 is an upper bound. (There are many possible solutions.)

73. $P(x) = 2x^4 + 3x^3 - 4x^2 - 3x + 2$.

$$
\begin{array}{r|rrrrr}
1 & 2 & 3 & -4 & -3 & 2 \\
  &   & 2 & 5 & 1 & -2 \\
\hline
  & 2 & 5 & 1 & -2 & 0
\end{array}
$$
⇒ $x = 1$ is a zero.

$P(x) = (x - 1)(2x^3 + 5x^2 + x - 2)$

$$
\begin{array}{r|rrrr}
-1 & 2 & 5 & 1 & -2 \\
   &   & -2 & -3 & 2 \\
\hline
   & 2 & 3 & -2 & 0
\end{array}
$$
⇒ $x = -1$ is a zero.

$P(x) = (x - 1)(x + 1)(2x^2 + 3x - 2) = (x - 1)(x + 1)(2x - 1)(x + 2)$. Therefore, the zeros are $x = -2, \frac{1}{2}, \pm 1$.

75. *Method 1:* $P(x) = 4x^4 - 21x^2 + 5$ has 2 variations in sign, so by Descartes' rule of signs there are either 2 or 0 positive zeros. If we replace x with $(-x)$, the function does not change, so there are either 2 or 0 negative zeros. Possible rational zeros are $\pm 1, \pm\frac{1}{2}, \pm\frac{1}{4}, \pm 5, \pm\frac{5}{2}, \pm\frac{5}{4}$. By inspection, ± 1 and ± 5 are not zeros, so we must look for non-integer solutions:

$$\begin{array}{r|rrrrr} \frac{1}{2} & 4 & 0 & -21 & 0 & 5 \\ & & 2 & 1 & -10 & -5 \\ \hline & 4 & 2 & -20 & -10 & 0 \end{array} \Rightarrow x = \tfrac{1}{2} \text{ is a zero.}$$

$P(x) = \left(x - \frac{1}{2}\right)\left(4x^3 + 2x^2 - 20x - 10\right)$, continuing with the quotient, we have:

$$\begin{array}{r|rrrr} -\frac{1}{2} & 4 & 2 & -20 & -10 \\ & & -2 & 0 & 10 \\ \hline & 4 & 0 & -20 & 0 \end{array} \Rightarrow x = -\tfrac{1}{2} \text{ is a zero.}$$

$P(x) = \left(x - \frac{1}{2}\right)\left(x + \frac{1}{2}\right)\left(4x^2 - 20\right) = 0$. If $4x^2 - 20 = 0$, then $x = \pm\sqrt{5}$. Thus the zeros are $x = \pm\frac{1}{2}, \pm\sqrt{5}$.

Method 2: Substituting $u = x^2$, the equation becomes $4u^2 - 21u + 5 = 0$, which factors: $4u^2 - 21u + 5 = (4u - 1)(u - 5) = (4x^2 - 1)(x^2 - 5)$. Then either we have $x^2 = 5$, so that $x = \pm\sqrt{5}$, or we have $x^2 = \frac{1}{4}$, so that $x = \pm\sqrt{\frac{1}{4}} = \pm\frac{1}{2}$. Thus the zeros are $x = \pm\frac{1}{2}, \pm\sqrt{5}$.

77. $P(x) = x^5 - 7x^4 + 9x^3 + 23x^2 - 50x + 24$. The possible rational zeros are $\pm 1, \pm 2, \pm 3, \pm 4, \pm 6, \pm 8, \pm 12, \pm 24$. $P(x)$ has 4 variations in sign and hence 0, 2, or 4 positive real zeros. $P(-x) = -x^5 - 7x^4 - 9x^3 + 23x^2 + 50x + 24$ has 1 variation in sign, and hence 1 negative real zero.

$$\begin{array}{r|rrrrrr} 1 & 1 & -7 & 9 & 23 & -50 & 24 \\ & & 1 & -6 & 3 & 26 & -24 \\ \hline & 1 & -6 & 3 & 26 & -24 & 0 \end{array} \Rightarrow x = 1 \text{ is a zero.}$$

$P(x) = (x - 1)\left(x^4 - 6x^3 + 3x^2 + 26x - 24\right)$; continuing with the quotient, we try 1 again.

$$\begin{array}{r|rrrrr} 1 & 1 & -6 & 3 & 26 & -24 \\ & & 1 & -5 & -2 & 24 \\ \hline & 1 & -5 & -2 & 24 & 0 \end{array} \Rightarrow x = 1 \text{ is a zero again.}$$

$P(x) = (x - 1)^2\left(x^3 - 5x^2 - 2x + 24\right)$; continuing with the quotient, we start by trying 1 again.

$$\begin{array}{r|rrrr} 1 & 1 & -5 & -2 & 24 \\ & & 1 & -4 & -6 \\ \hline & 1 & -4 & -6 & 18 \end{array} \qquad \begin{array}{r|rrrr} 2 & 1 & -5 & -2 & 24 \\ & & 2 & -6 & -16 \\ \hline & 1 & -3 & -8 & 8 \end{array} \qquad \begin{array}{r|rrrr} 3 & 1 & -5 & -2 & 24 \\ & & 3 & -6 & -24 \\ \hline & 1 & -2 & -8 & 0 \end{array} \Rightarrow x = 3 \text{ is a zero.}$$

$P(x) = (x - 1)^2(x - 3)\left(x^2 - 2x - 8\right) = (x - 1)^2(x - 3)(x - 4)(x + 2)$. Therefore, the zeros are $x = -2, 1, 3, 4$.

79. $P(x) = x^3 - x - 2$. The only possible rational zeros of $P(x)$ are ± 1 and ± 2.

$$\begin{array}{r|rrrr} 1 & 1 & 0 & -1 & -2 \\ & & 1 & 1 & 0 \\ \hline & 1 & 1 & 0 & -2 \end{array} \qquad \begin{array}{r|rrrr} 2 & 1 & 0 & -1 & -2 \\ & & 2 & 4 & 6 \\ \hline & 1 & 2 & 3 & 4 \end{array} \qquad \begin{array}{r|rrrr} -1 & 1 & 0 & -1 & -2 \\ & & -1 & 1 & 0 \\ \hline & 1 & -1 & 0 & -2 \end{array}$$

Since the row that contains -1 alternates between nonnegative and nonpositive, -1 is a lower bound and there is no need to try -2. Therefore, $P(x)$ does not have any rational zeros.

81. $P(x) = 3x^3 - x^2 - 6x + 12$ has possible rational zeros $\pm 1, \pm 2, \pm 3, \pm 4, \pm 6, \pm 12, \pm\frac{1}{3}, \pm\frac{2}{3}, \pm\frac{4}{3}$.

<table>
<tr><td></td><td>3</td><td>−1</td><td>−6</td><td>12</td></tr>
<tr><td>1</td><td>3</td><td>2</td><td>−4</td><td>8</td></tr>
<tr><td>2</td><td>3</td><td>5</td><td>4</td><td>20</td></tr>
<tr><td>−1</td><td>3</td><td>−4</td><td>−2</td><td>14</td></tr>
<tr><td>−2</td><td>3</td><td>−7</td><td>8</td><td>−4</td></tr>
</table>

all positive $\Rightarrow$ $x = 2$ is an upper bound

alternating signs $\Rightarrow$ $x = -2$ is a lower bound

	3	−1	−6	12
$\frac{1}{3}$	3	0	−6	10
$\frac{2}{3}$	3	1	$-\frac{16}{3}$	$\frac{76}{9}$
$\frac{4}{3}$	3	3	−2	$\frac{28}{3}$
$-\frac{1}{3}$	3	−2	$-\frac{16}{3}$	$\frac{124}{9}$
$-\frac{2}{3}$	3	−3	−4	$\frac{44}{3}$
$-\frac{4}{3}$	3	−5	$\frac{2}{3}$	$\frac{100}{9}$

Therefore, there is no rational zero.

83. $P(x) = x^3 - 3x^2 - 4x + 12$, $[-4, 4]$ by $[-15, 15]$. The possible rational zeros are $\pm 1, \pm 2, \pm 3, \pm 4, \pm 6, \pm 12$. By observing the graph of P, the rational zeros are $x = -2$, 2, 3.

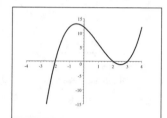

85. $P(x) = 2x^4 - 5x^3 - 14x^2 + 5x + 12$, $[-2, 5]$ by $[-40, 40]$. The possible rational zeros are $\pm 1, \pm 2, \pm 3, \pm 4, \pm 6, \pm 12, \pm\frac{1}{2}, \pm\frac{3}{2}$. By observing the graph of P, the zeros are $x = -\frac{3}{2}, -1, 1, 4$.

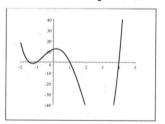

87. $x^4 - x - 4 = 0$. Possible rational solutions are $\pm 1, \pm 2, \pm 4$.

<table>
<tr><td>1</td><td>1</td><td>0</td><td>0</td><td>−1</td><td>−4</td></tr>
<tr><td></td><td></td><td>1</td><td>1</td><td>1</td><td>0</td></tr>
<tr><td></td><td>1</td><td>1</td><td>1</td><td>0</td><td>−4</td></tr>
</table>

<table>
<tr><td>2</td><td>1</td><td>0</td><td>0</td><td>−1</td><td>−4</td></tr>
<tr><td></td><td></td><td>2</td><td>4</td><td>8</td><td>14</td></tr>
<tr><td></td><td>1</td><td>2</td><td>4</td><td>7</td><td>10</td></tr>
</table>

$\Rightarrow x = 2$ is an upper bound.

<table>
<tr><td>−1</td><td>1</td><td>0</td><td>0</td><td>−1</td><td>−4</td></tr>
<tr><td></td><td></td><td>−1</td><td>1</td><td>−1</td><td>2</td></tr>
<tr><td></td><td>1</td><td>−1</td><td>1</td><td>−2</td><td>−2</td></tr>
</table>

<table>
<tr><td>−2</td><td>1</td><td>0</td><td>0</td><td>−1</td><td>−4</td></tr>
<tr><td></td><td></td><td>−2</td><td>4</td><td>−8</td><td>18</td></tr>
<tr><td></td><td>1</td><td>−2</td><td>4</td><td>−9</td><td>14</td></tr>
</table>

$\Rightarrow x = -2$ is a lower bound.

Therefore, we graph the function $P(x) = x^4 - x - 4$ in the viewing rectangle $[-2, 2]$ by $[-5, 20]$ and see there are two solutions. In the viewing rectangle $[-1.3, -1.25]$ by $[-0.1, 0.1]$, we find the solution $x \approx -1.28$. In the viewing rectangle $[1.5.1.6]$ by $[-0.1, 0.1]$, we find the solution $x \approx 1.53$. Thus the solutions are $x \approx -1.28, 1.53$.

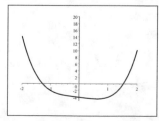

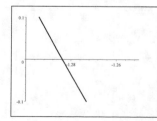

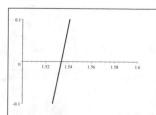

89. $4.00x^4 + 4.00x^3 - 10.96x^2 - 5.88x + 9.09 = 0$.

$$
\begin{array}{r|rrrrr}
1 & 4 & 4 & -10.96 & -5.88 & 9.09 \\
  &   & 4 & 8 & -2.96 & -8.84 \\ \hline
  & 4 & 8 & -2.96 & -8.84 & 0.25
\end{array}
\qquad
\begin{array}{r|rrrrr}
2 & 4 & 4 & -10.96 & -5.88 & 9.09 \\
  &   & 8 & 24 & 26.08 & 40.40 \\ \hline
  & 4 & 12 & 13.04 & 20.2 & 49.49 \;\Rightarrow x = 2 \text{ is an upper bound.}
\end{array}
$$

$$
\begin{array}{r|rrrrr}
-2 & 4 & 4 & -10.96 & -5.88 & 9.09 \\
   &   & -8 & 8 & 5.92 & -0.08 \\ \hline
   & 4 & -4 & -2.96 & 0.04 & 9.01
\end{array}
\qquad
\begin{array}{r|rrrrr}
-3 & 4 & 4 & -10.96 & -5.88 & 9.09 \\
   &   & -12 & 24 & -39.12 & 135 \\ \hline
   & 4 & -8 & 13.04 & -45 & 144.09 \;\Rightarrow x = -3 \text{ is a lower bound.}
\end{array}
$$

Therefore, we graph the function $P(x) = 4.00x^4 + 4.00x^3 - 10.96x^2 - 5.88x + 9.09$ in the viewing rectangle $[-3, 2]$ by $[-10, 40]$. There appear to be two solutions. In the viewing rectangle $[-1.6, -1.4]$ by $[-0.1, 0.1]$, we find the solution $x \approx -1.50$. In the viewing rectangle $[0.8, 1.2]$ by $[0, 1]$, we see that the graph comes close but does not go through the x-axis. Thus there is no solution here. Therefore, the only solution is $x \approx -1.50$.

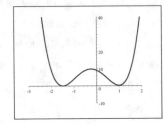
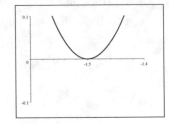
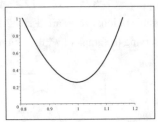

91. (a) Since $z > b$, we have $z - b > 0$. Since all the coefficients of $Q(x)$ are nonnegative, and since $z > 0$, we have $Q(z) > 0$ (being a sum of positive terms). Thus, $P(z) = (z - b) \cdot Q(z) + r > 0$, since the sum of a positive number and a nonnegative number.

(b) In part (a), we showed that if b satisfies the conditions of the first part of the Upper and Lower Bounds Theorem and $z > b$, then $P(z) > 0$. This means that no real zero of P can be larger than b, so b is an upper bound for the real zeros.

(c) Suppose $-b$ is a negative lower bound for the real zeros of $P(x)$. Then clearly b is an upper bound for $P_1(x) = P(-x)$. Thus, as in Part (a), we can write $P_1(x) = (x - b) \cdot Q(x) + r$, where $r > 0$ and the coefficients of Q are all nonnegative, and $P(x) = P_1(-x) = (-x - b) \cdot Q(-x) + r = (x + b) \cdot [-Q(-x)] + r$. Since the coefficients of $Q(x)$ are all nonnegative, the coefficients of $-Q(-x)$ will be alternately nonpositive and nonnegative, which proves the second part of the Upper and Lower Bounds Theorem.

93. Let r be the radius of the silo. The volume of the hemispherical roof is $\frac{1}{2}\left(\frac{4}{3}\pi r^3\right) = \frac{2}{3}\pi r^3$. The volume of the cylindrical section is $\pi\left(r^2\right)(30) = 30\pi r^2$. Because the total volume of the silo is 15,000 ft^3, we get the following equation: $\frac{2}{3}\pi r^3 + 30\pi r^2 = 15000 \;\Leftrightarrow\; \frac{2}{3}\pi r^3 + 30\pi r^2 - 15000 = 0 \Leftrightarrow \pi r^3 + 45\pi r^2 - 22500 = 0$. Using a graphing device, we first graph the polynomial in the viewing rectangle $[0, 15]$ by $[-10000, 10000]$. The solution, $r \approx 11.28$ ft., is shown in the viewing rectangle $[11.2, 11.4]$ by $[-1, 1]$.

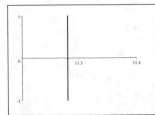
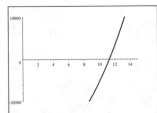

95. $h(t) = 11.60t - 12.41t^2 + 6.20t^3$
$$- 1.58t^4 + 0.20t^5 - 0.01t^6$$
is shown in the viewing rectangle
$[0, 10]$ by $[0, 6]$.

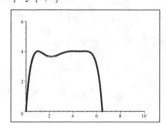

(a) It started to snow again.

(b) No, $h(t) \le 4$.

(c) The function $h(t)$ is shown in the viewing rectangle $[6, 6.5]$ by $[0, 0.5]$. The x-intercept of the function is a little less than 6.5, which means that the snow melted just before midnight on Saturday night.

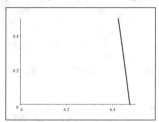

97. Let r be the radius of the cone and cylinder and let h be the height of the cone. Since the height and diameter are equal, we get $h = 2r$. So the volume of the cylinder is $V_1 = \pi r^2 \cdot (\text{cylinder height}) = 20\pi r^2$, and the volume of the cone is $V_2 = \frac{1}{3}\pi r^2 h = \frac{1}{3}\pi r^2 (2r) = \frac{2}{3}\pi r^3$. Since the total volume is $\dfrac{500\pi}{3}$, it follows that $\frac{2}{3}\pi r^3 + 20\pi r^2 = \dfrac{500\pi}{3} \quad \Leftrightarrow \quad r^3 + 30r^2 - 250 = 0$. By Descartes' Rule of Signs, there is 1 positive zero. Since r is between 2.76 and 2.765 (see the table), the radius should be 2.76 m (correct to two decimals).

r	$r^3 + 30r^2 - 250$
1	-219
2	-122
3	47
2.7	-11.62
2.76	-2.33
2.77	1.44
2.765	1.44
2.8	7.15

99. Let b be the width of the base, and let l be the length of the box. Then the length plus girth is $l + 4b = 108$, and the volume is $V = lb^2 = 2200$. Solving the first equation for l and substituting this value into the second equation yields $l = 108 - 4b \Rightarrow V = (108 - 4b)b^2 = 2200 \quad \Leftrightarrow \quad 4b^3 - 108b^2 + 2200 = 0 \Leftrightarrow 4\left(b^3 - 27b^2 + 550\right) = 0$. Now $P(b) = b^3 - 27b^2 + 550$ has two variations in sign, so there are 0 or 2 positive real zeros. We also observe that since $l > 0, b < 27$, so $b = 27$ is an upper bound. Thus the possible positive rational real zeros are $1, 2, 3, 10, 11, 22, 25$.

$$
\begin{array}{r|rrrr}
1 & 1 & -27 & 0 & 550 \\
  &   & 1 & -26 & -26 \\
\hline
  & 1 & -26 & -26 & 524
\end{array}
\qquad
\begin{array}{r|rrrr}
2 & 1 & -27 & 0 & 550 \\
  &   & 2 & -50 & -100 \\
\hline
  & 1 & -25 & -50 & 450
\end{array}
$$

$$
\begin{array}{r|rrrr}
5 & 1 & -27 & 0 & 550 \\
  &   & 5 & -110 & -550 \\
\hline
  & 1 & -22 & -110 & 0
\end{array}
\quad \Rightarrow b = 5 \text{ is a zero.}
$$

$P(b) = (b - 5)\left(b^2 - 22b - 110\right)$. The other zeros are $b = \dfrac{22 \pm \sqrt{484 - 4(1)(-110)}}{2} = \dfrac{22 \pm \sqrt{924}}{2} = \dfrac{22 \pm 30.397}{2}$. The positive answer from this factor is $b \approx 26.20$. Thus we have two possible solutions, $b = 5$ or $b \approx 26.20$. If $b = 5$, then $l = 108 - 4(5) = 88$; if $b \approx 26.20$, then $l = 108 - 4(26.20) = 3.20$. Thus the length of the box is either 88 in. or 3.20 in.

101. **(a)** Substituting $X - \dfrac{a}{3}$ for x we have

$$
\begin{aligned}
x^3 + ax^2 + bx + c &= \left(X - \tfrac{1}{3}a\right)^3 + a\left(X - \tfrac{1}{3}a\right)^2 + b\left(X - \tfrac{1}{3}a\right) + c \\
&= X^3 - aX^2 + \tfrac{1}{3}a^2 X + \tfrac{1}{27}a^3 + a\left(X^2 - \tfrac{2}{3}aX + \tfrac{1}{9}a^2\right) + bX - \tfrac{1}{3}ab + c \\
&= X^3 - aX^2 + \tfrac{1}{3}a^2 X + \tfrac{1}{27}a^3 + aX^2 - \tfrac{2}{3}a^2 X + \tfrac{1}{9}a^3 + bX - \tfrac{1}{3}ab + c \\
&= X^3 + (-a + a)X^2 + \left(-\tfrac{1}{3}a^2 - \tfrac{2}{3}a^2 + b\right)X + \left(\tfrac{1}{27}a^3 + \tfrac{1}{9}a^3 - \tfrac{1}{3}ab + c\right) \\
&= X^3 + \left(b - a^2\right)X + \left(\tfrac{4}{27}a^3 - \tfrac{1}{3}ab + c\right)
\end{aligned}
$$

(b) $x^3 + 6x^2 + 9x + 4 = 0$. Setting $a = 6$, $b = 9$, and $c = 4$, we have: $X^3 + \left(9 - 6^2\right)X + (32 - 18 + 4) = X^3 - 27X + 18$.

3.4 Complex Numbers

1. $5 - 7i$: real part 5, imaginary part -7.

3. $\dfrac{-2 - 5i}{3} = -\dfrac{2}{3} - \dfrac{5}{3}i$: real part $-\dfrac{2}{3}$, imaginary part $-\dfrac{5}{3}$.

5. 3: real part 3, imaginary part 0.

7. $-\dfrac{2}{3}i$: real part 0, imaginary part $-\dfrac{2}{3}$.

9. $\sqrt{3} + \sqrt{-4} = \sqrt{3} + 2i$: real part $\sqrt{3}$, imaginary part 2.

11. $(2 - 5i) + (3 + 4i) = (2 + 3) + (-5 + 4)i = 5 - i$

13. $(-6 + 6i) + (9 - i) = (-6 + 9) + (6 - 1)i = 3 + 5i$

15. $3i + (6 - 4i) = 6 + (3i - 4i) = 6 - 7i$

17. $\left(7 - \tfrac{1}{2}i\right) - \left(5 + \tfrac{3}{2}i\right) = (7 - 5) + \left(-\tfrac{1}{2} - \tfrac{3}{2}\right)i = 2 - 2i$

19. $(-12 + 8i) - (7 + 4i) = -12 + 8i - 7 - 4i = (-12 - 7) + (8 - 4)i = -19 + 4i$

21. $\tfrac{1}{3}i - \left(\tfrac{1}{4} - \tfrac{1}{6}i\right) = -\tfrac{1}{4} + \left[\tfrac{1}{3} - \left(-\tfrac{1}{6}\right)\right]i = -\tfrac{1}{4} + \tfrac{1}{2}i$

23. $4(-1 + 2i) = -4 + 8i$

25. $(7 - i)(4 + 2i) = 28 + 14i - 4i - 2i^2 = (28 + 2) + (14 - 4)i = 30 + 10i$

27. $(3 - 4i)(5 - 12i) = 15 - 36i - 20i + 48i^2 = (15 - 48) + (-36 - 20)i = -33 - 56i$

29. $(6 + 5i)(2 - 3i) = 12 - 18i + 10i - 15i^2 = (12 + 15) + (-18 + 10)i = 27 - 8i$

31. $\dfrac{1}{i} = \dfrac{1}{i} \cdot \dfrac{i}{i} = \dfrac{i}{i^2} = \dfrac{i}{-1} = -i$

33. $\dfrac{2 - 3i}{1 - 2i} = \dfrac{2 - 3i}{1 - 2i} \cdot \dfrac{1 + 2i}{1 + 2i} = \dfrac{2 + 4i - 3i - 6i^2}{1 - 4i^2} = \dfrac{(2 + 6) + (4 - 3)i}{1 + 4} = \dfrac{8 + i}{5}$ or $\dfrac{8}{5} + \dfrac{1}{5}i$

35. $\dfrac{26 + 39i}{2 - 3i} = \dfrac{26 + 39i}{2 - 3i} \cdot \dfrac{2 + 3i}{2 + 3i} = \dfrac{52 + 78i + 78i + 117i^2}{4 - 9i^2} = \dfrac{(52 - 117) + (78 + 78)i}{4 + 9} = \dfrac{-65 + 156i}{13}$

$\qquad = \dfrac{13(-5 + 12i)}{13} = -5 + 12i$

37. $\dfrac{10i}{1 - 2i} = \dfrac{10i}{1 - 2i} \cdot \dfrac{1 + 2i}{1 + 2i} = \dfrac{10i + 20i^2}{1 - 4i^2} = \dfrac{-20 + 10i}{1 + 4} = \dfrac{5(-4 + 2i)}{5} = -4 + 2i$

39. $\dfrac{4 + 6i}{3i} = \dfrac{4 + 6i}{3i} \cdot \dfrac{i}{i} = \dfrac{4i + 6i^2}{3i^2} = \dfrac{-6 + 4i}{-3} = \dfrac{-6}{-3} + \dfrac{4}{-3}i = 2 - \dfrac{4}{3}i$

41. $\dfrac{1}{1 + i} - \dfrac{1}{1 - i} = \dfrac{1}{1 + i} \cdot \dfrac{1 - i}{1 - i} - \dfrac{1}{1 - i} \cdot \dfrac{1 + i}{1 + i} = \dfrac{1 - i}{1 - i^2} - \dfrac{1 + i}{1 - i^2} = \dfrac{1 - i}{2} + \dfrac{-1 - i}{2} = -i$

43. $i^3 = i^2 \cdot i = -1 \cdot i = -i$

45. $i^{100} = \left(i^4\right)^{25} = (1)^{25} = 1$

47. $\sqrt{-25} = 5i$

49. $\sqrt{-3}\sqrt{-12} = i\sqrt{3} \cdot 2i\sqrt{3} = 6i^2 = -6$

51. $\left(3 - \sqrt{-5}\right)\left(1 + \sqrt{-1}\right) = \left(3 - i\sqrt{5}\right)(1 + i) = 3 + 3i - i\sqrt{5} - i^2\sqrt{5} = \left(3 + \sqrt{5}\right) + \left(3 - \sqrt{5}\right)i$

53. $\dfrac{2+\sqrt{-8}}{1+\sqrt{-2}} = \dfrac{2+2i\sqrt{2}}{1+i\sqrt{2}} = \dfrac{2+2i\sqrt{2}}{1+i\sqrt{2}} \cdot \dfrac{1-i\sqrt{2}}{1-i\sqrt{2}} = \dfrac{2-2i\sqrt{2}+2i\sqrt{2}-4i^2}{1-2i^2} = \dfrac{(2+4)+\left(-2\sqrt{2}+2\sqrt{2}\right)i}{1+2} = \dfrac{6}{3} = 2$

55. $\dfrac{\sqrt{-36}}{\sqrt{-2}\sqrt{-9}} = \dfrac{6i}{i\sqrt{2}\cdot 3i} = \dfrac{2}{i\sqrt{2}} \cdot \dfrac{i\sqrt{2}}{i\sqrt{2}} = \dfrac{2i\sqrt{2}}{2i^2} = \dfrac{i\sqrt{2}}{-1} = -i\sqrt{2}$

57. $x^2 + 9 = 0 \quad\Leftrightarrow\quad x^2 = -9 \quad\Rightarrow\quad x = \pm 3i$

59. $x^2 - 4x + 5 = 0 \quad\Rightarrow\quad x = \dfrac{-(-4)\pm\sqrt{(-4)^2-4(1)(5)}}{2(1)} = \dfrac{4\pm\sqrt{16-20}}{2} = \dfrac{4\pm\sqrt{-4}}{2} = \dfrac{4\pm 2i}{2} = 2\pm i$

61. $x^2 + x + 1 = 0 \quad\Rightarrow\quad x = \dfrac{-(1)+\sqrt{(1)^2-4(1)(1)}}{2(1)} = \dfrac{-1\pm\sqrt{1-4}}{2} = \dfrac{-1\pm\sqrt{-3}}{2} = \dfrac{-1\pm i\sqrt{3}}{2} = -\dfrac{1}{2}\pm i\dfrac{\sqrt{3}}{2}$

63. $2x^2 - 2x + 1 = 0 \quad\Rightarrow\quad x = \dfrac{-(-2)\pm\sqrt{(-2)^2-4(2)(1)}}{2(2)} = \dfrac{2\pm\sqrt{4-8}}{4} = \dfrac{2\pm\sqrt{-4}}{4} = \dfrac{2\pm 2i}{4} = \dfrac{1}{2}\pm\dfrac{1}{2}i$

65. $t+3+\dfrac{3}{t} = 0 \quad\Leftrightarrow\quad t^2+3t+3 = 0 \quad\Rightarrow\quad t = \dfrac{-(3)\pm\sqrt{(3)^2-4(1)(3)}}{2(1)} = \dfrac{-3\pm\sqrt{9-12}}{2} = \dfrac{-3\pm\sqrt{-3}}{2} = \dfrac{-3\pm i\sqrt{3}}{2} = -\dfrac{3}{2}\pm i\dfrac{\sqrt{3}}{2}$

67. $6x^2 + 12x + 7 = 0 \quad\Rightarrow$

$x = \dfrac{-(12)\pm\sqrt{(12)^2-4(6)(7)}}{2(6)} = \dfrac{-12\pm\sqrt{144-168}}{12} = \dfrac{-12\pm\sqrt{-24}}{12} = \dfrac{-12\pm 2i\sqrt{6}}{12} = \dfrac{-12}{12}\pm\dfrac{2i\sqrt{6}}{12} = -1\pm\dfrac{\sqrt{6}}{6}i$

69. $\frac{1}{2}x^2 - x + 5 = 0 \quad\Rightarrow\quad x = \dfrac{-(-1)\pm\sqrt{(-1)^2-4\left(\frac{1}{2}\right)(5)}}{2\left(\frac{1}{2}\right)} = \dfrac{1\pm\sqrt{1-10}}{1} = 1\pm\sqrt{-9} = 1\pm 3i$

71. LHS $= \overline{z}+\overline{w} = \overline{(a+bi)}+\overline{(c+di)} = a-bi+c-di = (a+c)+(-b-d)i = (a+c)-(b+d)i$.

RHS $= \overline{z+w} = \overline{(a+bi)+(c+di)} = \overline{(a+c)+(b+d)i} = (a+c)-(b+d)i$.

Since LHS $=$ RHS, this proves the statement.

73. LHS $= (\overline{z})^2 = \left(\overline{(a+bi)}\right)^2 = (a-bi)^2 = a^2 - 2abi + b^2i^2 = (a^2 - b^2) - 2abi$.

RHS $= \overline{z^2} = \overline{(a+bi)^2} = \overline{a^2 + 2abi + b^2i^2} = \overline{(a^2-b^2)+2abi} = (a^2-b^2)-2abi$.

Since LHS $=$ RHS, this proves the statement.

75. $z + \overline{z} = (a+bi) + \overline{(a+bi)} = a+bi+a-bi = 2a$, which is a real number.

77. $z \cdot \overline{z} = (a+bi)\cdot\overline{(a+bi)} = (a+bi)\cdot(a-bi) = a^2 - b^2i^2 = a^2 + b^2$, which is a real number.

79. Using the quadratic formula, the solutions to the equation are $x = \dfrac{-b\pm\sqrt{b^2-4ac}}{2a}$. Since both solutions are imaginary,

we have $b^2 - 4ac < 0 \quad\Leftrightarrow\quad 4ac - b^2 > 0$, so the solutions are $x = \dfrac{-b}{2a}\pm\dfrac{\sqrt{4ac-b^2}}{2a}\,i$, where $\sqrt{4ac-b^2}$ is a real

number. Thus the solutions are complex conjugates of each other.

81. $\left(-1+i\sqrt{3}\right)^3$ $\left(-1+i\sqrt{3}\right)^3 = \left(-1+i\sqrt{3}\right)\left(-1+i\sqrt{3}\right)\left(-1+i\sqrt{3}\right) = \left(-1+i\sqrt{3}\right)\left(1-2i\sqrt{3}+3i^2\right)$

$\qquad = \left(-1+i\sqrt{3}\right)\left[1-2i\sqrt{3}+3(-1)\right] = \left(-1+i\sqrt{3}\right)\left(-2-2i\sqrt{3}\right)$

$\qquad = 2 + 2i\sqrt{3} - 2i\sqrt{3} - 2i^2\cdot 3 = 2 + 6 = 8$

$\left(-1-i\sqrt{3}\right)^3 = \left(-1-i\sqrt{3}\right)\left(-1-i\sqrt{3}\right)\left(-1-i\sqrt{3}\right) = \left(-1-i\sqrt{3}\right)\left(1+2i\sqrt{3}+3i^2\right)$

$\qquad = \left(-1-i\sqrt{3}\right)\left(-2+2i\sqrt{3}\right) = 2 - 2i\sqrt{3} + 2i\sqrt{3} - 2i^2\cdot 3 = 2 + 6 = 8$

Thus 8 has at least three cube roots (one real and two complex). Two fourth roots of 16 are ± 2. If we calculate

$(2i)^4$, we get $2^4\cdot i^4 = 16\cdot(-1)^2 = 16$, so $2i$ is a fourth root of 16. Also, $-2i$ is a fourth root of 16, because

$(-2i)^4 = (-1)^4(2i)^4 = 1\cdot 16 = 16$.

3.5 Complex Zeros and the Fundamental Theorem of Algebra

1. (a) $x^4 + 4x^2 = 0 \iff x^2(x^2 + 4) = 0$. So $x = 0$ or $x^2 + 4 = 0$. If $x^2 + 4 = 0$ then $x^2 = -4 \iff x = \pm 2i$. Therefore, the solutions are $x = 0$ and $\pm 2i$.

(b) To get the complete factorization, we factor the remaining quadratic factor $P(x) = x^2(x + 4) = x^2(x - 2i)(x + 2i)$.

3. (a) $x^3 - 2x^2 + 2x = 0 \iff x(x^2 - 2x + 2) = 0$. So $x = 0$ or $x^2 - 2x + 2 = 0$. If $x^2 - 2x + 2 = 0$ then $x = \frac{-(-2) \pm \sqrt{(-2)^2 - 4(1)(2)}}{2} = \frac{2 \pm \sqrt{-4}}{2} = \frac{2 \pm 2i}{2} = 1 \pm i$. Therefore, the solutions are $x = 0, 1 \pm i$.

(b) Since $1 - i$ and $1 + i$ are zeros, $x - (1 - i) = x - 1 + i$ and $x - (1 + i) = x - 1 - i$ are the factors of $x^2 - 2x + 2$. Thus the complete factorization is $P(x) = x(x^2 - 2x + 2) = x(x - 1 + i)(x - 1 - i)$.

5. (a) $x^4 + 2x^2 + 1 = 0 \iff (x^2 + 1)^2 = 0 \iff x^2 + 1 = 0 \iff x^2 = -1 \iff x = \pm i$. Therefore the zeros of P are $x = \pm i$.

(b) Since $-i$ and i are zeros, $x + i$ and $x - i$ are the factors of $x^2 + 1$. Thus the complete factorization is $P(x) = (x^2 + 1)^2 = [(x + i)(x - i)]^2 = (x + i)^2(x - i)^2$.

7. (a) $x^4 - 16 = 0 \iff 0 = (x^2 - 4)(x^2 + 4) = (x - 2)(x + 2)(x^2 + 4)$. So $x = \pm 2$ or $x^2 + 4 = 0$. If $x^2 + 4 = 0$ then $x^2 = -4 \implies x = \pm 2i$. Therefore the zeros of P are $x = \pm 2, \pm 2i$.

(b) Since $-i$ and i are zeros, $x + i$ and $x - i$ are the factors of $x^2 + 1$. Thus the complete factorization is $P(x) = (x - 2)(x + 2)(x^2 + 4) = (x - 2)(x + 2)(x - 2i)(x + 2i)$.

9. (a) $x^3 + 8 = 0 \iff (x + 2)(x^2 - 2x + 4) = 0$. So $x = -2$ or $x^2 - 2x + 4 = 0$. If $x^2 - 2x + 4 = 0$ then $x = \frac{-(-2) \pm \sqrt{(-2)^2 - 4(1)(4)}}{2} = \frac{2 \pm \sqrt{-12}}{2} = \frac{2 \pm 2i\sqrt{3}}{2} = 1 \pm i\sqrt{3}$. Therefore, the zeros of P are $x = -2, 1 \pm i\sqrt{3}$.

(b) Since $1 - i\sqrt{3}$ and $1 + i\sqrt{3}$ are the zeros from the $x^2 - 2x + 4 = 0$, $x - (1 - i\sqrt{3})$ and $x - (1 + i\sqrt{3})$ are the factors of $x^2 - 2x + 4$. Thus the complete factorization is
$$P(x) = (x + 2)(x^2 - 2x + 4) = (x + 2)[x - (1 - i\sqrt{3})][x - (1 + i\sqrt{3})]$$
$$= (x + 2)(x - 1 + i\sqrt{3})(x - 1 - i\sqrt{3})$$

11. (a) $x^6 - 1 = 0 \iff 0 = (x^3 - 1)(x^3 + 1) = (x - 1)(x^2 + x + 1)(x + 1)(x^2 - x + 1)$. Clearly, $x = \pm 1$ are solutions. If $x^2 + x + 1 = 0$, then $x = \frac{-1 \pm \sqrt{1 - 4(1)(1)}}{2} = \frac{-1 \pm \sqrt{-3}}{2} = -\frac{1}{2} \pm \frac{\sqrt{-3}}{2}$ so $x = -\frac{1}{2} \pm i\frac{\sqrt{3}}{2}$. And if $x^2 - x + 1 = 0$, then $x = \frac{1 \pm \sqrt{1 - 4(1)(1)}}{2} = \frac{1 \pm \sqrt{-3}}{2} = \frac{1}{2} \pm \frac{\sqrt{-3}}{2} = \frac{1}{2} \pm i\frac{\sqrt{3}}{2}$. Therefore, the zeros of P are $x = \pm 1$, $-\frac{1}{2} \pm i\frac{\sqrt{3}}{2}, \frac{1}{2} \pm i\frac{\sqrt{3}}{2}$.

(b) The zeros of $x^2 + x + 1 = 0$ are $-\frac{1}{2} - i\frac{\sqrt{3}}{2}$ and $-\frac{1}{2} + i\frac{\sqrt{3}}{2}$, so $x^2 + x + 1$ factors as $\left[x - \left(-\frac{1}{2} - i\frac{\sqrt{3}}{2}\right)\right]\left[x - \left(-\frac{1}{2} + i\frac{\sqrt{3}}{2}\right)\right] = \left(x + \frac{1}{2} + i\frac{\sqrt{3}}{2}\right)\left(x + \frac{1}{2} - i\frac{\sqrt{3}}{2}\right)$. Similarly, since the zeros of $x^2 - x + 1 = 0$ are $\frac{1}{2} - i\frac{\sqrt{3}}{2}$ and $\frac{1}{2} + i\frac{\sqrt{3}}{2}$, so $x^2 - x + 1$ factors as $\left[x - \left(\frac{1}{2} - i\frac{\sqrt{3}}{2}\right)\right]\left[x - \left(\frac{1}{2} + i\frac{\sqrt{3}}{2}\right)\right] = \left(x - \frac{1}{2} + i\frac{\sqrt{3}}{2}\right)\left(x - \frac{1}{2} - i\frac{\sqrt{3}}{2}\right)$. The complete factorization is
$$P(x) = (x - 1)(x^2 + x + 1)(x + 1)(x^2 - x + 1)$$
$$= (x - 1)(x + 1)\left(x + \frac{1}{2} + i\frac{\sqrt{3}}{2}\right)\left(x + \frac{1}{2} - i\frac{\sqrt{3}}{2}\right)\left(x - \frac{1}{2} + i\frac{\sqrt{3}}{2}\right)\left(x - \frac{1}{2} - i\frac{\sqrt{3}}{2}\right)$$

13. $P(x) = x^2 + 25 = (x - 5i)(x + 5i)$. The zeros of P are $5i$ and $-5i$, both multiplicity 1.

15. $Q(x) = x^2 + 2x + 2$. Using the quadratic formula $x = \frac{-(2) \pm \sqrt{(2)^2 - 4(1)(2)}}{2(1)} = \frac{-2 \pm \sqrt{-4}}{2} = \frac{-2 \pm 2i}{2} = -1 \pm i$. So $Q(x) = (x + 1 - i)(x + 1 + i)$. The zeros of Q are $-1 - i$ (multiplicity 1) and $-1 + i$ (multiplicity 1).

17. $P(x) = x^3 + 4x = x(x^2 + 4) = x(x - 2i)(x + 2i)$. The zeros of P are 0, $2i$, and $-2i$ (all multiplicity 1).

19. $Q(x) = x^4 - 1 = (x^2 - 1)(x^2 + 1) = (x - 1)(x + 1)(x^2 + 1) = (x - 1)(x + 1)(x - i)(x + i)$. The zeros of Q are 1, -1, i, and $-i$ (all of multiplicity 1).

21. $P(x) = 16x^4 - 81 = (4x^2 - 9)(4x^2 + 9) = (2x - 3)(2x + 3)(2x - 3i)(2x + 3i)$. The zeros of P are $\frac{3}{2}$, $-\frac{3}{2}$, $\frac{3}{2}i$, and $-\frac{3}{2}i$ (all of multiplicity 1).

23. $P(x) = x^3 + x^2 + 9x + 9 = x^2(x + 1) + 9(x + 1) = (x + 1)(x^2 + 9) = (x + 1)(x - 3i)(x + 3i)$. The zeros of P are -1, $3i$, and $-3i$ (all of multiplicity 1).

25. $Q(x) = x^4 + 2x^2 + 1 = (x^2 + 1)^2 = (x - i)^2(x + i)^2$. The zeros of Q are i and $-i$ (both of multiplicity 2).

27. $P(x) = x^4 + 3x^2 - 4 = (x^2 - 1)(x^2 + 4) = (x - 1)(x + 1)(x - 2i)(x + 2i)$. The zeros of P are 1, -1, $2i$, and $-2i$ (all of multiplicity 1).

29. $P(x) = x^5 + 6x^3 + 9x = x(x^4 + 6x^2 + 9) = x(x^2 + 3)^2 = x(x - \sqrt{3}i)^2(x + \sqrt{3}i)^2$. The zeros of P are 0 (multiplicity 1), $\sqrt{3}i$ (multiplicity 2), and $-\sqrt{3}i$ (multiplicity 2).

31. Since $1 + i$ and $1 - i$ are conjugates, the factorization of the polynomial must be
$P(x) = a(x - [1 + i])(x - [1 - i]) = a(x^2 - 2x + 2)$. If we let $a = 1$, we get $P(x) = x^2 - 2x + 2$.

33. Since $2i$ and $-2i$ are conjugates, the factorization of the polynomial must be
$Q(x) = b(x - 3)(x - 2i)(x + 2i] = b(x - 3)(x^2 + 4) = b(x^3 - 3x^2 + 4x - 12)$. If we let $b = 1$, we get
$Q(x) = x^3 - 3x^2 + 4x - 12$.

35. Since i is a zero, by the Conjugate Roots Theorem, $-i$ is also a zero. So the factorization of the polynomial must be
$P(x) = a(x - 2)(x - i)(x + i) = a(x^3 - 2x^2 + x - 2)$. If we let $a = 1$, we get $P(x) = x^3 - 2x^2 + x - 2$.

37. Since the zeros are $1 - 2i$ and 1 (with multiplicity 2), by the Conjugate Roots Theorem, the other zero is $1 + 2i$. So a factorization is

$$\begin{aligned} R(x) &= c(x - [1 - 2i])(x - [1 + 2i])(x - 1)^2 = c([x - 1] + 2i)([x - 1] - 2i)(x - 1)^2 \\ &= c([x - 1]^2 - [2i]^2)(x^2 - 2x + 1) = c(x^2 - 2x + 1 + 4)(x^2 - 2x + 1) = c(x^2 - 2x + 5)(x^2 - 2x + 1) \\ &= c(x^4 - 2x^3 + x^2 - 2x^3 + 4x^2 - 2x + 5x^2 - 10x + 5) = c(x^4 - 4x^3 + 10x^2 - 12x + 5) \end{aligned}$$

If we let $c = 1$ we get $R(x) = x^4 - 4x^3 + 10x^2 - 12x + 5$.

39. Since the zeros are i and $1 + i$, by the Conjugate Roots Theorem, the other zeros are $-i$ and $1 - i$. So a factorization is

$$\begin{aligned} T(x) &= C(x - i)(x + i)(x - [1 + i])(x - [1 - i]) \\ &= C(x^2 - i^2)([x - 1] - i)([x - 1] + i) = C(x^2 + 1)(x^2 - 2x + 1 - i^2) = C(x^2 + 1)(x^2 - 2x + 2) \\ &= C(x^4 - 2x^3 + 2x^2 + x^2 - 2x + 2) = C(x^4 - 2x^3 + 3x^2 - 2x + 2) = Cx^4 - 2Cx^3 + 3Cx^2 - 2Cx + 2C \end{aligned}$$

Since the constant coefficient is 12, it follows that $2C = 12 \Leftrightarrow C = 6$, and so
$T(x) = 6(x^4 - 2x^3 + 3x^2 - 2x + 2) = 6x^4 - 12x^3 + 18x^2 - 12x + 12$.

41. $P(x) = x^3 + 2x^2 + 4x + 8 = x^2(x + 2) + 4(x + 2) = (x + 2)(x^2 + 4) = (x + 2)(x - 2i)(x + 2i)$. Thus the zeros are -2 and $\pm 2i$.

43. $P(x) = x^3 - 2x^2 + 2x - 1$. By inspection, $P(1) = 1 - 2 + 2 - 1 = 0$, and hence $x = 1$ is a zero.

$$\begin{array}{r|rrrr} 1 & 1 & -2 & 2 & -1 \\ & & 1 & -1 & 1 \\ \hline & 1 & -1 & 1 & 0 \end{array}$$

Thus $P(x) = (x - 1)(x^2 - x + 1)$. So $x = 1$ or $x^2 - x + 1 = 0$.

Using the quadratic formula, we have $x = \frac{1 \pm \sqrt{1 - 4(1)(1)}}{2} = \frac{1 \pm i\sqrt{3}}{2}$. Hence, the zeros are 1 and $\frac{1 \pm i\sqrt{3}}{2}$.

45. $P(x) = x^3 - 3x^2 + 3x - 2$.

$$
\begin{array}{r|rrrr}
2 & 1 & -3 & 3 & -2 \\
  &   & 2 & -2 & 2 \\
\hline
  & 1 & -1 & 1 & 0
\end{array}
$$

Thus $P(x) = (x - 2)(x^2 - x + 1)$. So $x = 2$ or $x^2 - x + 1 = 0$

Using the quadratic formula we have $x = \frac{1 \pm \sqrt{1 - 4(1)(1)}}{2} = \frac{1 \pm i\sqrt{3}}{2}$. Hence, the zeros are 2, and $\frac{1 \pm i\sqrt{3}}{2}$.

47. $P(x) = 2x^3 + 7x^2 + 12x + 9$ has possible rational zeros ± 1, ± 3, ± 9, $\pm\frac{1}{2}$, $\pm\frac{3}{2}$, $\pm\frac{9}{2}$. Since all coefficients are positive, there are no positive real zeros.

$$
\begin{array}{r|rrrr}
-1 & 2 & 7 & 12 & 9 \\
   &   & -2 & -5 & -7 \\
\hline
   & 2 & 5 & 7 & 2
\end{array}
\qquad
\begin{array}{r|rrrr}
-2 & 2 & 7 & 12 & 9 \\
   &   & -4 & -6 & -12 \\
\hline
   & 2 & 3 & 6 & -3
\end{array}
$$

There is a zero between -1 and -2.

$$
\begin{array}{r|rrrr}
-\frac{3}{2} & 2 & 7 & 12 & 9 \\
             &   & -3 & -6 & -9 \\
\hline
             & 2 & 4 & 6 & 0
\end{array}
\quad \Rightarrow x = -\frac{3}{2} \text{ is a zero.}
$$

$P(x) = \left(x + \frac{3}{2}\right)\left(2x^2 + 4x + 6\right) = 2\left(x + \frac{3}{2}\right)\left(x^2 + 2x + 3\right)$. Now $x^2 + 2x + 3$ has zeros

$x = \frac{-2 \pm \sqrt{4 - 4(3)(1)}}{2} = \frac{-2 \pm 2\sqrt{-2}}{2} = -1 \pm i\sqrt{2}$. Hence, the zeros are $-\frac{3}{2}$ and $-1 \pm i\sqrt{2}$.

49. $P(x) = x^4 + x^3 + 7x^2 + 9x - 18$. Since $P(x)$ has one change in sign, we are guaranteed a positive zero, and since $P(-x) = x^4 - x^3 + 7x^2 - 9x - 18$, there are 1 or 3 negative zeros.

$$
\begin{array}{r|rrrrr}
1 & 1 & 1 & 7 & 9 & -18 \\
  &   & 1 & 2 & 9 & 18 \\
\hline
  & 1 & 2 & 9 & 18 & 0
\end{array}
$$

Therefore, $P(x) = (x - 1)\left(x^3 + 2x^2 + 9x + 18\right)$. Continuing with the quotient, we try negative zeros.

$$
\begin{array}{r|rrrr}
-1 & 1 & 2 & 9 & 18 \\
   &   & -1 & -1 & -8 \\
\hline
   & 1 & 1 & 8 & 10
\end{array}
\qquad
\begin{array}{r|rrrr}
-2 & 1 & 2 & 9 & 18 \\
   &   & -2 & 0 & -18 \\
\hline
   & 1 & 0 & 9 & 0
\end{array}
$$

$P(x) = (x - 1)(x + 2)\left(x^2 + 9\right) = (x - 1)(x + 2)(x - 3i)(x + 3i)$. Therefore, the zeros are 1, -2, and $\pm 3i$.

51. We see a pattern and use it to factor by grouping. This gives

$P(x) = x^5 - x^4 + 7x^3 - 7x^2 + 12x - 12 = x^4(x - 1) + 7x^2(x - 1) + 12(x - 1) = (x - 1)\left(x^4 + 7x^2 + 12\right)$

$= (x - 1)\left(x^2 + 3\right)\left(x^2 + 4\right) = (x - 1)\left(x - i\sqrt{3}\right)\left(x + i\sqrt{3}\right)(x - 2i)(x + 2i)$

Therefore, the zeros are 1, $\pm i\sqrt{3}$, and $\pm 2i$.

53. $P(x) = x^4 - 6x^3 + 13x^2 - 24x + 36$ has possible rational zeros ± 1, ± 2, ± 3, ± 4, ± 6, ± 9, ± 12, ± 18. $P(x)$ has 4 variations in sign and $P(-x)$ has no variation in sign.

$$
\begin{array}{r|rrrrr}
1 & 1 & -6 & 13 & -24 & 36 \\
  &   & 1 & -5 & 8 & -16 \\
\hline
  & 1 & -5 & 8 & -16 & 20
\end{array}
\qquad
\begin{array}{r|rrrrr}
2 & 1 & -6 & 13 & -24 & 36 \\
  &   & 2 & -8 & 10 & -28 \\
\hline
  & 1 & -4 & 5 & -14 & 8
\end{array}
\qquad
\begin{array}{r|rrrrr}
3 & 1 & -6 & 13 & -24 & 36 \\
  &   & 3 & -9 & 12 & -36 \\
\hline
  & 1 & -3 & 4 & -12 & 0
\end{array}
$$

$\Rightarrow x = 3$ is a zero.

Continuing:

$$
\begin{array}{r|rrrr}
3 & 1 & -3 & 4 & -12 \\
  &   & 3 & 0 & 12 \\
\hline
  & 1 & 0 & 4 & 0
\end{array}
$$

$\Rightarrow x = 3$ is a zero.

$P(x) = (x - 3)^2 (x^2 + 4) = (x - 3)^2 (x - 2i)(x + 2i)$. Therefore, the zeros are 3 (multiplicity 2) and $\pm 2i$.

55. $P(x) = 4x^4 + 4x^3 + 5x^2 + 4x + 1$ has possible rational zeros ± 1, $\pm \frac{1}{2}$, $\pm \frac{1}{4}$. Since there is no variation in sign, all real zeros (if there are any) are negative.

$$
\begin{array}{r|rrrrr}
-1 & 4 & 4 & 5 & 4 & 1 \\
   &   & -4 & 0 & -5 & 1 \\
\hline
   & 4 & 0 & 5 & -1 & 2
\end{array}
\qquad
\begin{array}{r|rrrrr}
-\frac{1}{2} & 4 & 4 & 5 & 4 & 1 \\
             &   & -2 & -1 & -2 & -1 \\
\hline
             & 4 & 2 & 4 & 2 & 0
\end{array}
$$

$\Rightarrow x = -\frac{1}{2}$ is a zero.

$P(x) = \left(x + \frac{1}{2}\right)\left(4x^3 + 2x^2 + 4x + 2\right)$. Continuing:

$$
\begin{array}{r|rrrr}
-\frac{1}{2} & 4 & 2 & 4 & 2 \\
             &   & -2 & 0 & -2 \\
\hline
             & 4 & 0 & 4 & 0
\end{array}
$$

$\Rightarrow x = -\frac{1}{2}$ is a zero again.

$P(x) = \left(x + \frac{1}{2}\right)^2 \left(4x^2 + 4\right)$. Thus, the zeros of $P(x)$ are $-\frac{1}{2}$ and $\pm i$.

57. $P(x) = x^5 - 3x^4 + 12x^3 - 28x^2 + 27x - 9$ has possible rational zeros ± 1, ± 3, ± 9. $P(x)$ has 4 variations in sign and $P(-x)$ has 1 variation in sign.

$$
\begin{array}{r|rrrrrr}
1 & 1 & -3 & 12 & -28 & 27 & -9 \\
  &   & 1 & -2 & 10 & -18 & 9 \\
\hline
  & 1 & -2 & 10 & -18 & 9 & 0
\end{array}
$$

$\Rightarrow x = 1$ is a zero.

$$
\begin{array}{r|rrrrr}
1 & 1 & -2 & 10 & -18 & 9 \\
  &   & 1 & -1 & 9 & -9 \\
\hline
  & 1 & -1 & 9 & -9 & 0
\end{array}
\qquad
\begin{array}{r|rrrr}
1 & 1 & 1 & 9 & -9 \\
  &   & 1 & 0 & 9 \\
\hline
  & 1 & 0 & 9 & 0
\end{array}
$$

$\Rightarrow x = 1$ is a zero. $\Rightarrow x = 1$ is a zero.

$P(x) = (x - 1)^3 (x^2 + 9) = (x - 1)^3 (x - 3i)(x + 3i)$. Therefore, the zeros are 1 (multiplicity 3) and $\pm 3i$.

59. (a) $P(x) = x^3 - 5x^2 + 4x - 20 = x^2(x - 5) + 4(x - 5) = (x - 5)(x^2 + 4)$

(b) $P(x) = (x - 5)(x - 2i)(x + 2i)$

61. (a) $P(x) = x^4 + 8x^2 - 9 = (x^2 - 1)(x^2 + 9) = (x - 1)(x + 1)(x^2 + 9)$

(b) $P(x) = (x - 1)(x + 1)(x - 3i)(x + 3i)$

63. (a) $P(x) = x^6 - 64 = (x^3 - 8)(x^3 + 8) = (x - 2)(x^2 + 2x + 4)(x + 2)(x^2 - 2x + 4)$

(b) $P(x) = (x - 2)(x + 2)(x + 1 - i\sqrt{3})(x + 1 + i\sqrt{3})(x - 1 - i\sqrt{3})(x - 1 + i\sqrt{3})$

65. (a) $x^4 - 2x^3 - 11x^2 + 12x = x\left(x^3 - 2x^2 - 11x + 12\right) = 0$. We first find the
bounds for our viewing rectangle.

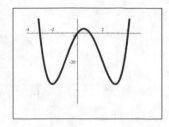

$$
\begin{array}{r|rrrr}
 & 1 & -2 & -11 & 12 \\
\hline
5 & 1 & 3 & 4 & 32 \\
-4 & 1 & -6 & 13 & -50
\end{array}
$$

$\Rightarrow x = 5$ is an upper bound.

$\Rightarrow x = -4$ is a lower bound.

We graph $P(x) = x^4 - 2x^3 - 11x^2 + 12x$ in the viewing rectangle $[-4, 5]$ by
$[-50, 10]$ and see that it has 4 real solutions. Since this matches the degree of
$P(x)$, $P(x)$ has no imaginary solution.

(b) $x^4 - 2x^3 - 11x^2 + 12x - 5 = 0$. We use the same
bounds for our viewing rectangle, $[-4, 5]$ by $[-50, 10]$,
and see that $R(x) = x^4 - 2x^3 - 11x^2 + 12x - 5$ has
2 real solutions. Since the degree of $R(x)$ is 4, $R(x)$
must have 2 imaginary solutions.

(c) $x^4 - 2x^3 - 11x^2 + 12x + 40 = 0$. We graph
$T(x) = x^4 - 2x^3 - 11x^2 + 12x + 40$ in the viewing
rectangle $[-4, 5]$ by $[-10, 50]$, and see that T has no
real solution. Since the degree of T is 4, T must have
4 imaginary solutions.

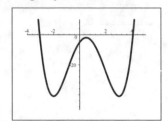

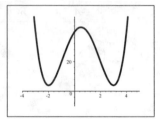

67. (a) $P(x) = x^2 - (1 + i)x + (2 + 2i)$. So $P(2i) = (2i)^2 - (1 + i)(2i) + 2 + 2i = -4 - 2i + 2 + 2 + 2i = 0$,
and $P(1 - i) = (1 - i)^2 - (1 + i)(1 - i) + (2 + 2i) = 1 - 2i - 1 - 1 - 1 + 2 + 2i = 0$.
Therefore, $2i$ and $1 - i$ are solutions of the equation $x^2 - (1 + i)x + (2 + 2i) = 0$. However,
$P(-2i) = (-2i)^2 - (1 + i)(-2i) + 2 + 2i = -4 + 2i - 2 + 2 + 2i = -4 + 4i$, and
$P(1 + i) = (1 + i)^2 - (1 + i)(1 + i) + 2 + 2i = 2 + 2i$. Since, $P(-2i) \neq 0$ and $P(1 + i) \neq 0$, $-2i$ and $1 + i$ are
not solutions.

(b) This does not violate the Conjugate Roots Theorem because the coefficients of the polynomial $P(x)$ are not all real.

69. Since P has real coefficients, the imaginary zeros come in pairs: $a \pm bi$ (by the Conjugate Roots Theorem), where $b \neq 0$.
Thus there must be an even number of imaginary zeros. Since P is of odd degree, it has an odd number of zeros (counting
multiplicity). It follows that P has at least one real zero.

3.6 Rational Functions

1. $r(x) = \dfrac{x}{x - 2}$

(a)

x	$r(x)$
1.5	-3
1.9	-19
1.99	-199
1.999	-1999

x	$r(x)$
2.5	5
2.1	21
2.01	201
2.001	2001

x	$r(x)$
10	1.25
50	1.042
100	1.020
1000	1.002

x	$r(x)$
-10	0.833
-50	0.962
-100	0.980
-1000	0.998

(b) $r(x) \to -\infty$ as $x \to 2^-$ and $r(x) \to \infty$ as $x \to 2^+$. **(c)** r has horizontal asymptote $y = 1$.

3. $r\left(x\right) = \dfrac{3x - 10}{\left(x - 2\right)^2}$

(a)

x	$r\left(x\right)$
1.5	-22
1.9	-430
1.99	$-40,300$
1.999	$-4,003,000$

x	$r\left(x\right)$
2.5	-10
2.1	-370
2.01	$-39,700$
2.001	$-3,997,000$

x	$r\left(x\right)$
10	0.3125
50	0.0608
100	0.0302
1000	0.0030

x	$r\left(x\right)$
-10	-0.2778
-50	-0.0592
-100	-0.0298
-1000	-0.0030

(b) $r\left(x\right) \to -\infty$ as $x \to 2$.

(c) r has horizontal asymptote $y = 0$.

5. $r\left(x\right) = \dfrac{x - 1}{x + 4}$. When $x = 0$, we have $r\left(0\right) = -\frac{1}{4}$, so the y-intercept is $-\frac{1}{4}$. The numerator is 0 when $x = 1$, so the x-intercept is 1.

7. $t\left(x\right) = \dfrac{x^2 - x - 2}{x - 6}$. When $x = 0$, we have $t\left(0\right) = \dfrac{-2}{-6} = \frac{1}{3}$, so the y-intercept is $\frac{1}{3}$. The numerator is 0 when $x^2 - x - 2 = \left(x - 2\right)\left(x + 1\right) = 0$ or when $x = 2$ or $x = -1$, so the x-intercepts are 2 and -1.

9. $r\left(x\right) = \dfrac{x^2 - 9}{x^2}$. Since 0 is not in the domain of $r\left(x\right)$, there is no y-intercept. The numerator is 0 when $x^2 - 9 = \left(x - 3\right)\left(x + 3\right) = 0$ or when $x = \pm 3$, so the x-intercepts are ± 3.

11. From the graph, the x-intercept is 3, the y-intercept is 3, the vertical asymptote is $x = 2$, and the horizontal asymptote is $y = 2$.

13. From the graph, the x-intercepts are -1 and 1, the y-intercept is about $\frac{1}{4}$, the vertical asymptotes are $x = -2$ and $x = 2$, and the horizontal asymptote is $y = 1$.

15. $r\left(x\right) = \dfrac{3}{x + 2}$. There is a vertical asymptote where $x + 2 = 0 \iff x = -2$. We have $r\left(x\right) = \dfrac{3}{x + 2} = \dfrac{3/x}{1 + \left(2/x\right)} \to 0$ as $x \to \pm\infty$, so the horizontal asymptote is $y = 0$.

17. $l\left(x\right) = \dfrac{x^2}{x^2 - x - 6} = \dfrac{x^2}{\left(x - 3\right)\left(x + 2\right)} = \dfrac{1}{1 - \dfrac{1}{x} - \dfrac{6}{x^2}} \to 1$ as $x \to +\infty$. Hence, the horizontal asymptote is $y = 1$. The vertical asymptotes occur when $\left(x - 3\right)\left(x + 2\right) = 0 \iff x = 3$ or $x = -2$, and so the vertical asymptotes are $x = 3$ and $x = -2$.

19. $s\left(x\right) = \dfrac{6}{x^2 + 2}$. There is no vertical asymptote since $x^2 + 2$ is never 0. Since $s\left(x\right) = \dfrac{6}{x^2 + 2} = \dfrac{\dfrac{6}{x^2}}{1 + \dfrac{2}{x^2}} \to 0$ as $x \to \pm\infty$, the horizontal asymptote is $y = 0$.

21. $r\left(x\right) = \dfrac{6x - 2}{x^2 + 5x - 6}$. A vertical asymptote occurs when $x^2 + 5x - 6 = \left(x + 6\right)\left(x - 1\right) = 0 \iff x = 1$ or $x = -6$. Because the degree of the denominator is greater than the degree of the numerator, the horizontal asymptote is $y = 0$.

23. $y = \dfrac{x^2 + 2}{x - 1}$. A vertical asymptote occurs when $x - 1 = 0 \iff x = 1$. There are no horizontal asymptotes because the degree of the numerator is greater than the degree of the denominator.

In Exercises 25–31, let $f(x) = \dfrac{1}{x}$.

25. $r(x) = \dfrac{1}{x-1} = f(x-1)$. From this form we see that the graph of r is obtained

from the graph of f by shifting 1 unit to the right. Thus r has vertical asymptote $x = 1$ and horizontal asymptote $y = 0$.

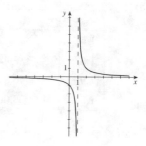

27. $s(x) = \dfrac{3}{x+1} = 3\left(\dfrac{1}{x+1}\right) = 3f(x+1)$. From this form we see that the graph

of s is obtained from the graph of f by shifting 1 unit to the left and stretching vertically by a factor of 3. Thus s has vertical asymptote $x = -1$ and horizontal asymptote $y = 0$.

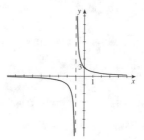

29. $t(x) = \dfrac{2x-3}{x-2} = 2 + \dfrac{1}{x-2} = f(x-2) + 2$ (see long

division below). From this form we see that the graph of t is obtained from the graph of f by shifting 2 units to the right and 2 units vertically. Thus t has vertical asymptote $x = 2$ and horizontal asymptote $y = 2$.

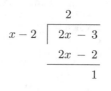

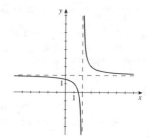

31. $r(x) = \dfrac{x+2}{x+3} = 1 - \dfrac{1}{x+3} = -f(x+3) + 1$ (see long

division below). From this form we see that the graph of r is obtained from the graph of f by shifting 3 units to the left, reflect about the x-axis, and then shifting vertically 1 unit. Thus r has vertical asymptote $x = -3$ and horizontal asymptote $y = 1$.

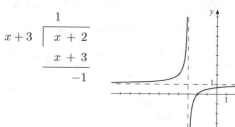

33. $y = \dfrac{4x-4}{x+2}$. When $x = 0$, $y = -2$, so the y-intercept is -2. When $y = 0$,

$4x - 4 = 0 \quad \Leftrightarrow \quad x = 1$, so the x-intercept is 1. Since the degree of the

numerator and denominator are the same the horizontal asymptote is $y = \frac{4}{1} = 4$. A

vertical asymptote occurs when $x = -2$. As $x \to -2^{+}$, $y = \dfrac{4x-4}{x+2} \to -\infty$, and

as $x \to -2^{-}$, $y = \dfrac{4x-4}{x+2} \to \infty$.

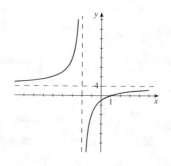

35. $s(x) = \dfrac{4 - 3x}{x + 7}$. When $x = 0$, $y = \frac{4}{7}$, so the y-intercept is $\frac{4}{7}$. The x-intercepts

occur when $y = 0$ $\Leftrightarrow$ $4 - 3x = 0$ $\Leftrightarrow$ $x = \frac{4}{3}$. A vertical asymptote

occurs when $x = -7$. Since the degree of the numerator and denominator are the

same the horizontal asymptote is $y = \dfrac{-3}{1} = -3$.

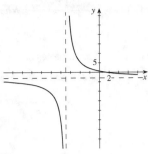

37. $r(x) = \dfrac{18}{(x - 3)^2}$. When $x = 0$, $y = \frac{18}{9} = 2$, and so the y-intercept is 2. Since the

numerator can never be zero, there is no x-intercept. There is a vertical asymptote

when $x - 3 = 0$ $\Leftrightarrow$ $x = 3$, and because the degree of the asymptote is $y = 0$.

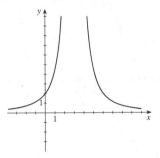

39. $s(x) = \dfrac{4x - 8}{(x - 4)(x + 1)}$. When $x = 0$, $y = \dfrac{-8}{(-4)(1)} = 2$, so the y-intercept is 2.

When $y = 0$, $4x - 8 = 0$ $\Leftrightarrow$ $x = 2$, so the x-intercept is 2. The vertical

asymptotes are $x = -1$ and $x = 4$, and because the degree of the numerator is less

than the degree of the denominator, the horizontal asymptote is $y = 0$.

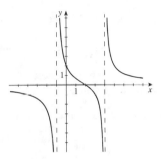

41. $s(x) = \dfrac{6}{x^2 - 5x - 6}$. When $x = 0$, $y = \dfrac{6}{-6} = -1$, so the y-intercept is -1.

Since the numerator is never zero, there is no x-intercept. The vertical asymptotes

occur when $x^2 - 5x - 6 = (x + 1)(x - 6) \Leftrightarrow x = -1$ and $x = 6$, and because

the degree of the numerator is less less than the degree of the denominator, the

horizontal asymptote is $y = 0$.

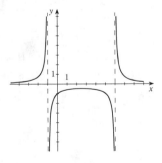

43. $t(x) = \dfrac{3x + 6}{x^2 + 2x - 8}$. When $x = 0$, $y = \dfrac{6}{-8} = -\dfrac{3}{4}$, so the y-intercept is $-\frac{3}{4}$.

When $y = 0$, $3x + 6 = 0$ $\Leftrightarrow$ $x = -2$, so the x-intercept is -2. The vertical

asymptotes occur when $x^2 + 2x - 8 = (x - 2)(x + 4) = 0$ $\Leftrightarrow$ $x = 2$ and

$x = -4$. Since the degree of the numerator is less than the degree of the

denominator, the horizontal asymptote is $y = 0$.

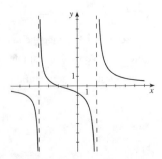

45. $r(x) = \dfrac{(x-1)(x+2)}{(x+1)(x-3)}$. When $x = 0$, $y = \frac{2}{3}$, so the y-intercept is $\frac{2}{3}$. When

$y = 0$, $(x-1)(x+2) = 0 \Rightarrow x = -2, 1$, so, the x-intercepts are -2 and 1.

The vertical asymptotes are $x = -1$ and $x = 3$, and because the degree of the

numerator and denominator are the same the horizontal asymptote is $y = \frac{1}{1} = 1$.

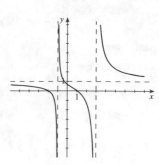

47. $r(x) = \dfrac{x^2 - 2x + 1}{x^2 + 2x + 1} = \dfrac{(x-1)^2}{(x+1)^2} = \left(\dfrac{x-1}{x+1}\right)^2$. When $x = 0$, $y = 1$, so the

y-intercept is 1. When $y = 0$, $x = 1$, so the x-intercept is 1. A vertical asymptote

occurs at $x + 1 = 0 \Leftrightarrow x = -1$. Because the degree of the numerator and

denominator are the same the horizontal asymptote is $y = \frac{1}{1} = 1$.

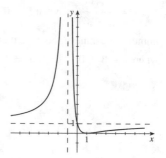

49. $r(x) = \dfrac{2x^2 + 10x - 12}{x^2 + x - 6} = \dfrac{2(x-1)(x+6)}{(x-2)(x+3)}$. When $x = 0$,

$y = \dfrac{2(-1)(6)}{(-2)(3)} = 2$, so the y-intercept is 2. When $y = 0$, $2(x-1)(x+6) = 0$

$\Rightarrow x = -6, 1$, so the x-intercepts are -6 and 1. Vertical asymptotes occur when

$(x-2)(x+3) = 0 \Leftrightarrow x = -3$ or $x = 2$. Because the degree of the numerator

and denominator are the same the horizontal asymptote is $y = \frac{2}{1} = 2$.

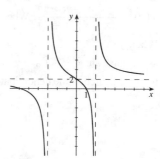

51. $y = \dfrac{x^2 - x - 6}{x^2 + 3x} = \dfrac{(x-3)(x+2)}{x(x+3)}$. The x-intercept occurs when $y = 0 \Leftrightarrow$

$(x-3)(x+2) = 0 \Rightarrow x = -2, 3$, so the x-intercepts are -2 and 3. There

is no y-intercept because y is undefined when $x = 0$. The vertical asymptotes are

$x = 0$ and $x = -3$. Because the degree of the numerator and denominator are the

same, the horizontal asymptotes is $y = \frac{1}{1} = 1$.

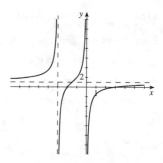

53. $r(x) = \dfrac{3x^2 + 6}{x^2 - 2x - 3} = \dfrac{3(x^2 + 2)}{(x-3)(x+1)}$. When $x = 0$, $y = -2$, so the

y-intercept is -2. Since the numerator can never equal zero, there is no

x-intercept. Vertical asymptotes occur when $x = -1, 3$. Because the degree of the

numerator and denominator are the same, the horizontal asymptote is.$y = \frac{3}{1} = 3$.

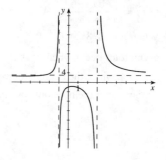

55. $s(x) = \dfrac{x^2 - 2x + 1}{x^3 - 3x^2} = \dfrac{(x-1)^2}{x^2(x-3)}$. Since $x = 0$ is not in the domain of $s(x)$,

there is no y-intercept. The x-intercept occurs when $y = 0 \Leftrightarrow$

$x^2 - 2x + 1 = (x-1)^2 = 0 \quad \Rightarrow \quad x = 1$, so the x-intercept is 1. Vertical

asymptotes occur when $x = 0, 3$. Since the degree of the numerator is less than the

degree of the denominator, the horizontal asymptote is $y = 0$.

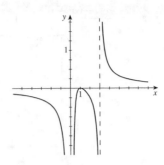

57. $r(x) = \dfrac{x^2}{x - 2}$. When $x = 0$, $y = 0$, so the graph passes through the origin. There

is a vertical asymptote when $x - 2 = 0 \Leftrightarrow x = 2$, with $y \to \infty$ as $x \to 2^+$, and

$y \to -\infty$ as $x \to 2^-$. Because the degree of the numerator is greater than the

degree of the denominator, there is no horizontal asymptotes. By using long

division, we see that $y = x + 2 + \dfrac{4}{x-2}$, so $y = x + 2$ is a slant asymptote.

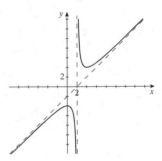

59. $r(x) = \dfrac{x^2 - 2x - 8}{x} = \dfrac{(x-4)(x+2)}{x}$. The vertical asymptote is $x = 0$, thus,

there is no y-intercept. If $y = 0$, then $(x-4)(x+2) = 0 \Rightarrow x = -2, 4$, so the

x-intercepts are -2 and 4. Because the degree of the numerator is greater than the

degree of the denominator, there are no horizontal asymptotes. By using long

division, we see that $y = x - 2 - \dfrac{8}{x}$, so $y = x - 2$ is a slant asymptote.

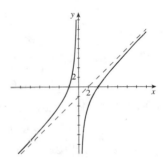

61. $r(x) = \dfrac{x^2 + 5x + 4}{x - 3} = \dfrac{(x+4)(x+1)}{x - 3}$. When $x = 0$, $y = -\frac{4}{3}$, so the

y-intercept is $-\frac{4}{3}$. When $y = 0$, $(x+4)(x+1) = 0 \quad \Leftrightarrow \quad x = -4, -1$, so the

two x-intercepts are -4 and -1. A vertical asymptote occurs when $x = 3$, with

$y \to \infty$ as $x \to 3^+$, and $y \to -\infty$ as $x \to 3^-$. Using long division, we see that

$y = x + 8 + \dfrac{28}{x-3}$, so $y = x + 8$ is a slant asymptote.

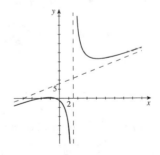

63. $r(x) = \dfrac{x^3 + x^2}{x^2 - 4} = \dfrac{x^2(x+1)}{(x-2)(x+2)}$. When $x = 0$, $y = 0$, so the graph passes

through the origin. Moreover, when $y = 0$, we have $x^2(x+1) = 0 \quad \Rightarrow$

$x = 0, -1$, so the x-intercepts are 0 and -1. Vertical asymptotes occur when

$x = \pm 2$; as $x \to \pm 2^-$, $y = -\infty$ and as $x \to \pm 2^+$, $y \to \infty$. Because the degree

of the numerator is greater than the degree of the denominator, there is no

horizontal asymptote. Using long division, we see that $y = x + 1 + \dfrac{4x + 4}{x^2 - 4}$, so

$y = x + 1$ is a slant asymptote.

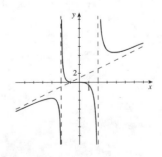

65. $f(x) = \dfrac{2x^2 + 6x + 6}{x + 3}$, $g(x) = 2x$. f has vertical asymptote $x = -3$.

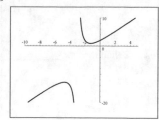
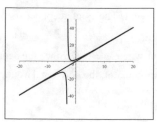

67. $f(x) = \dfrac{x^3 - 2x^2 + 16}{x - 2}$, $g(x) = x^2$. f has vertical asymptote $x = 2$.

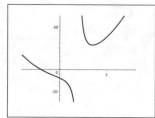
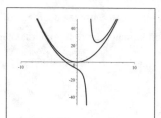

69. $f(x) = \dfrac{2x^2 - 5x}{2x + 3}$ has vertical asymptote $x = -1.5$, x-intercepts 0 and 2.5, y-intercept 0, local maximum $(-3.9, -10.4)$,

and local minimum $(0.9, -0.6)$. Using long division, we get $f(x) = x - 4 + \dfrac{12}{2x + 3}$. From the graph, we see that the end

behavior of $f(x)$ is like the end behavior of $g(x) = x - 4$.

$$
\begin{array}{r}
x \;-\; 4 \\
2x + 3 \;\overline{\big)\; 2x^2 \;-\; 5x } \\
2x^2 \;+\; 3x \\
\hline
-\; 8x \\
-\; 8x \;-\; 12 \\
\hline
12
\end{array}
$$

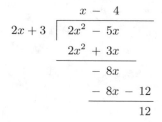
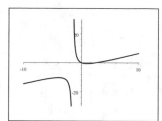

71. $f(x) = \dfrac{x^5}{x^3 - 1}$ has vertical asymptote $x = 1$, x-intercept 0, y-intercept 0, and local minimum $(1.4, 3.1)$.

Thus $y = x^2 + \dfrac{x^2}{x^3 - 1}$. From the graph we see that the end behavior of $f(x)$ is like the end behavior of $g(x) = x^2$.

$$
\begin{array}{r}
x^2 \\
x^3 - 1 \;\overline{\big)\; x^5 } \\
x^5 \;-\; x^2 \\
\hline
x^2
\end{array}
$$

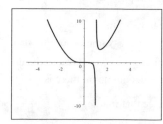
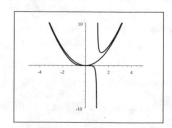

Graph of f Graph of f and g

73. $f(x) = \dfrac{x^4 - 3x^3 + 6}{x - 3}$ has vertical asymptote $x = 3$, x-intercepts 1.6 and 2.7, y-intercept -2, local maxima $(-0.4, -1.8)$

and $(2.4, 3.8)$, and local minima $(0.6, -2.3)$ and $(3.4, 54.3)$. Thus $y = x^3 + \dfrac{6}{x - 3}$. From the graphs, we see that the end

behavior of $f(x)$ is like the end behavior of $g(x) = x^3$.

$$
\begin{array}{r}
x^3 \\
x - 3 \overline{\smash{\big)}\ x^4 - 3x^3 + 6} \\
\underline{x^4 - 3x^3 } \\
6
\end{array}
$$

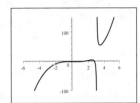 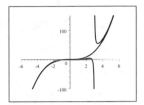

75. (a)

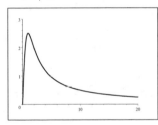

(b) $p(t) = \dfrac{3000t}{t + 1} = 3000 - \dfrac{3000}{t + 1}$. So as $t \to \infty$, we have $p(t) \to 3000$.

77. $c(t) = \dfrac{5t}{t^2 + 1}$

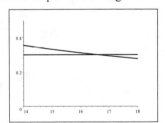

(a) The highest concentration of drug is 2.50 mg/L, and it is reached 1 hour after the drug is administered.

(b) The concentration of the drug in the bloodstream goes to 0.

(c) From the first viewing rectangle, we see that an approximate solution is near $t = 15$. Thus we graph $y = \dfrac{5t}{t^2 + 1}$ and $y = 0.3$ in the viewing rectangle $[14, 18]$ by $[0, 0.5]$. So it takes about 16.61 hours for the concentration to drop below 0.3 mg/L.

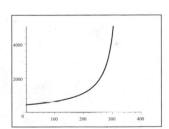

79. $P(v) = P_0 \left(\dfrac{s_0}{s_0 - v} \right) \quad \Rightarrow \quad P(v) = 440 \left(\dfrac{332}{332 - v} \right)$

If the speed of the train approaches the speed of sound, the pitch of the whistle becomes very loud. This would be experienced as a "sonic boom"— an effect seldom heard with trains.

81. Vertical asymptote $x = 3$: $p(x) = \dfrac{1}{x - 3}$. Vertical asymptote $x = 3$ and horizontal asymptote $y = 2$: $r(x) = \dfrac{2x}{x - 3}$.

Vertical asymptotes $x = 1$ and $x = -1$, horizontal asymptote 0, and x-intercept 4: $q(x) = \dfrac{x - 4}{(x - 1)(x + 1)}$. Of course,

other answers are possible.

83. (a) $r(x) = \dfrac{3x^2 - 3x - 6}{x - 2} = \dfrac{3(x-2)(x+1)}{x-2} = 3(x+1)$, for $x \neq 2$. Therefore,

$r(x) = 3x + 3$, $x \neq 2$. Since $3(2) + 3 = 9$, the graph is the line $y = 3x + 3$ with

the point $(2, 9)$ removed.

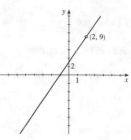

(b) $s(x) = \dfrac{x^2 + x - 20}{x + 5} = \dfrac{(x-4)(x+5)}{x+5} = x - 4$, for $x \neq -5$. Therefore, $s(x) = x - 4$, $x \neq -5$. Since

$(-5) - 4 = -9$, the graph is the line $y = x - 4$ with the point $(-5, -9)$ removed.

$t(x) = \dfrac{2x^2 - x - 1}{x - 1} = \dfrac{(2x+1)(x-1)}{x-1} = 2x + 1$, for $x \neq 1$. Therefore, $t(x) = 2x + 1$, $x \neq 1$. Since

$2(1) + 1 = 3$, the graph is the line $y = 2x + 1$ with the point $(1, 3)$ removed.

$u(x) = \dfrac{x - 2}{x^2 - 2x} = \dfrac{x - 2}{x(x-2)} = \dfrac{1}{x}$, for $x \neq 2$. Therefore, $u(x) = \dfrac{1}{x}$, $x \neq 2$. When $x = 2$, $\dfrac{1}{x} = \dfrac{1}{2}$, so the graph is

the curve $y = \dfrac{1}{x}$ with the point $\left(2, \tfrac{1}{2}\right)$ removed.

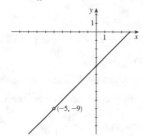

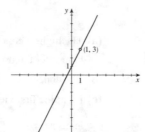

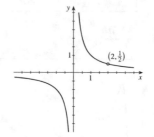

Chapter 3 Review

1. $P(x) = -x^3 + 64$

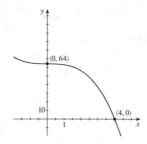

3. $P(x) = 2(x-1)^4 - 32$

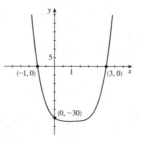

5. $P(x) = 32 + (x-1)^5$

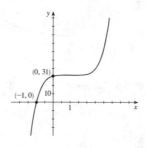

7. $P(x) = x^3 - 4x + 1$. x-intercepts: -2.1, 0.3, and 1.9.
y-intercept: 1. Local maximum is $(-1.2, 4.1)$. Local
minimum is $(1.2, -2.1)$. $y \to \infty$ as $x \to \infty$; $y \to -\infty$ as
$x \to -\infty$.

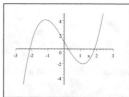

9. $P(x) = 3x^4 - 4x^3 - 10x - 1$. x-intercepts: -0.1 and 2.1. y-intercept: -1. Local maximum is $(1.4, -14.5)$. There is no local maximum. $y \to \infty$ as $x \to \pm\infty$.

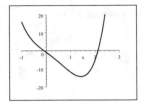

11. (a) Use the Pythagorean Theorem and solving for y^2 we have, $x^2 + y^2 = 10^2 \Leftrightarrow y^2 = 100 - x^2$. Substituting we get

$$S = 13.8x\left(100 - x^2\right) = 1380x - 13.8x^3.$$

(b) Domain is $[0, 10]$.

(c)

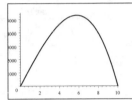

(d) The strongest beam has width 5.8 inches.

13. $\dfrac{x^2 - 3x + 5}{x - 2}$

$$
\begin{array}{r|rrr}
2 & 1 & -3 & 5 \\
  &   & 2 & -2 \\
\hline
  & 1 & -1 & 3
\end{array}
$$

Using synthetic division, we see that $Q(x) = x - 1$ and $R(x) = 3$.

15. $\dfrac{x^3 - x^2 + 11x + 2}{x - 4}$

$$
\begin{array}{r|rrrr}
4 & 1 & -1 & 11 & 2 \\
  &   & 4 & 12 & 92 \\
\hline
  & 1 & 3 & 23 & 94
\end{array}
$$

Using synthetic division, we see that $Q(x) = x^2 + 3x + 23$ and $R(x) = 94$.

17. $\dfrac{x^4 - 8x^2 + 2x + 7}{x + 5}$

$$
\begin{array}{r|rrrrr}
-5 & 1 & 0 & -8 & 2 & 7 \\
   &   & -5 & 25 & -85 & 415 \\
\hline
   & 1 & -5 & 17 & -83 & 422
\end{array}
$$

Using synthetic division, we see that $Q(x) = x^3 - 5x^2 + 17x - 83$ and $R(x) = 422$.

19. $\dfrac{2x^3 + x^2 - 8x + 15}{x^2 + 2x - 1}$

$$
\require{enclose}
\begin{array}{r}
2x - 3 \\
x^2 + 2x - 1 \enclose{longdiv}{2x^3 + x^2 - 8x + 15} \\
\underline{2x^3 + 4x^2 - 2x} \\
-3x^2 - 6x + 15 \\
\underline{-3x^2 - 6x + 3} \\
12
\end{array}
$$

Therefore, $Q(x) = 2x - 3$, and $R(x) = 12$.

21. $P(x) = 2x^3 - 9x^2 - 7x + 13$; find $P(5)$.

$$
\begin{array}{r|rrrr}
5 & 2 & -9 & -7 & 13 \\
  &   & 10 & 5 & -10 \\
\hline
  & 2 & 1 & -2 & 3
\end{array}
$$

Therefore, $P(5) = 3$.

23. $\frac{1}{2}$ is a zero of $P(x) = 2x^4 + x^3 - 5x^2 + 10x - 4$ if $P\left(\frac{1}{2}\right) = 0$.

$$
\begin{array}{r|rrrrr}
\frac{1}{2} & 2 & 1 & -5 & 10 & -4 \\
  &   & 1 & 1 & -2 & 4 \\
\hline
  & 2 & 2 & -4 & 8 & 0
\end{array}
$$

Since $P\left(\frac{1}{2}\right) = 0$, $\frac{1}{2}$ is a zero of the polynomial.

25. $P(x) = x^{500} + 6x^{201} - x^2 - 2x + 4$. The remainder from dividing $P(x)$ by $x - 1$ is $P(1) = (1)^{500} + 6(1)^{201} - (1)^2 - 2(1) + 4 = 8$.

27. (a) $P(x) = x^5 - 6x^3 - x^2 + 2x + 18$ has possible rational zeros $\pm 1, \pm 2, \pm 3, \pm 6, \pm 9, \pm 18$.

(b) Since $P(x)$ has 2 variations in sign, there are either 0 or 2 positive real zeros. Since $P(-x) = -x^5 + 6x^3 - x^2 - 2x + 18$ has 3 variations in sign, there are 1 or 3 negative real zeros.

29. (a) $P(x) = x^3 - 16x = x(x^2 - 16)$
$$= x(x-4)(x+4)$$

has zeros -4, 0, 4 (all of multiplicity 1).

(b)

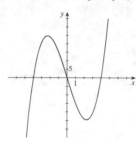

31. (a) $P(x) = x^4 + x^3 - 2x^2 = x^2(x^2 + x - 2)$
$$= x^2(x+2)(x-1)$$

The zeros are 0 (multiplicity 2),   2 (multiplicity 1), and 1 (multiplicity 1)

(b)

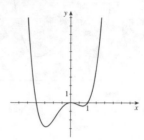

33. (a) $P(x) = x^4 - 2x^3 - 7x^2 + 8x + 12$. The possible rational zeros are ± 1, ± 2, ± 3, ± 4, ± 6, ± 12. P has 2 variations in sign, so it has either 2 or 0 positive real zeros.

$$
\begin{array}{r|rrrrr}
1 & 1 & -2 & -7 & 8 & 12 \\
  &   & 1 & -1 & -8 & 0 \\
\hline
  & 1 & -1 & -8 & 0 & 12
\end{array}
\qquad
\begin{array}{r|rrrrr}
2 & 1 & -2 & -7 & 8 & 12 \\
  &   & 2 & 0 & -14 & -12 \\
\hline
  & 2 & 0 & -7 & -6 & 0
\end{array}
\Rightarrow x = 2 \text{ is a root.}
$$

$P(x) = x^4 - 2x^3 - 7x^2 + 8x + 12 = (x-2)(x^3 - 7x - 6)$. Continuing:

$$
\begin{array}{r|rrrr}
2 & 1 & 0 & -6 & -6 \\
  &   & 2 & 4 & -4 \\
\hline
  & 1 & 2 & -2 & -10
\end{array}
\qquad
\begin{array}{r|rrrr}
3 & 1 & 0 & -7 & -6 \\
  &   & 3 & 9 & 6 \\
\hline
  & 1 & 3 & 2 & 0
\end{array}
$$

so $x = 3$ is a root and

$P(x) = (x-2)(x-3)(x^2 + 3x + 2)$
$$= (x-2)(x-3)(x+1)(x+2)$$

Therefore the real roots are -2, -1, 2, and 3 (all of multiplicity 1).

(b)

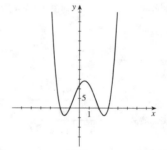

35. (a) $P(x) = 2x^4 + x^3 + 2x^2 - 3x - 2$. The possible rational roots are ± 1, ± 2, $\pm \frac{1}{2}$. P has one variation in sign, and hence 1 positive real root. $P(-x)$ has 3 variations in sign and hence either 3 or 1 negative real roots.

$$
\begin{array}{r|rrrrr}
1 & 2 & 1 & 2 & -3 & -2 \\
  &   & 2 & 3 & 5 & 2 \\
\hline
  & 2 & 3 & 5 & 2 & 0
\end{array}
\Rightarrow x = 1 \text{ is a zero.}
$$

$P(x) = 2x^4 + x^3 + 2x^2 - 3x - 2 = (x-1)(2x^3 + 3x^2 + 5x + 2)$. Continuing:

$$
\begin{array}{r|rrrr}
-1 & 2 & 3 & 5 & 2 \\
   &   & -2 & -1 & -4 \\
\hline
   & 2 & 1 & 4 & -2
\end{array}
\qquad
\begin{array}{r|rrrr}
-2 & 2 & 3 & 5 & 2 \\
   &   & -4 & 2 & -14 \\
\hline
   & 2 & -1 & 7 & -12
\end{array}
$$

$$
\begin{array}{r|rrrr}
-\frac{1}{2} & 2 & 3 & 5 & 2 \\
             &   & -1 & -1 & -2 \\
\hline
             & 2 & 2 & 4 & 0
\end{array}
\Rightarrow x = -\frac{1}{2} \text{ is a zero.}
$$

$P(x) = (x-1)\left(x + \frac{1}{2}\right)(2x^2 + 2x + 4)$. The quadratic is irreducible, so the real zeros are 1 and $-\frac{1}{2}$ (each of multiplicity 1).

(b)

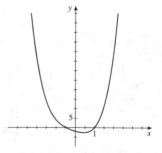

37. $(2 - 3i) + (1 + 4i) = (2 + 1) + (-3 + 4) i = 3 + i$

39. $(2 + i) (3 - 2i) = 6 - 4i + 3i - 2i^2 = 6 - i + 2 = 8 - i$

41. $\dfrac{4 + 2i}{2 - i} = \dfrac{4 + 2i}{2 - i} \cdot \dfrac{2 + i}{2 + i} = \dfrac{8 + 8i + 2i^2}{4 - i^2} = \dfrac{8 + 8i - 2}{4 + 1} = \dfrac{6 + 8i}{5} = \frac{6}{5} + \frac{8}{5}i$

43. $i^{25} = i^{24} i = \left(i^4\right)^6 i = (1)^6 i = i$

45. $\left(1 - \sqrt{-1}\right) \left(1 + \sqrt{-1}\right) = (1 - i) (1 + i) = 1 + i - i - i^2 = 1 + 1 = 2$

47. Since the zeros are $-\frac{1}{2}$, 2, and 3, a factorization is

$$\begin{aligned} P(x) &= C \left(x + \tfrac{1}{2}\right) (x - 2) (x - 3) = \tfrac{1}{2} C (2x + 1) \left(x^2 - 5x + 6\right) \\ &= \tfrac{1}{2} C \left(2x^3 - 10x^2 + 12x + x^2 - 5x + 6\right) = \tfrac{1}{2} C \left(2x^3 - 9x^2 + 7x + 6\right) \end{aligned}$$

Since the constant coefficient is 12, $\frac{1}{2} C (6) = 12 \iff C = 4$, and so the polynomial is $P(x) = 4x^3 - 18x^2 + 14x + 12$.

49. No, there is no polynomial of degree 4 with integer coefficients that has zeros i, $2i$, $3i$ and $4i$. Since the imaginary zeros of polynomial equations with real coefficients come in complex conjugate pairs, there would have to be 8 zeros, which is impossible for a polynomial of degree 4.

51. $P(x) = x^3 - 3x^2 - 13x + 15$ has possible rational zeros $\pm 1, \pm 3, \pm 5, \pm 15$.

$$\begin{array}{r|rrrr} 1 & 1 & -3 & -13 & 15 \\ & & 1 & -2 & -15 \\ \hline & 1 & -2 & -15 & 0 \end{array} \Rightarrow x = 1 \text{ is a zero.}$$

So $P(x) = x^3 - 3x^2 - 13x + 15 = (x - 1) \left(x^2 - 2x - 15\right) = (x - 1) (x - 5) (x + 3)$. Therefore, the zeros are -3, 1, and 5.

53. $P(x) = x^4 + 6x^3 + 17x^2 + 28x + 20$ has possible rational zeros $\pm 1, \pm 2, \pm 4, \pm 5, \pm 10, \pm 20$. Since all of the coefficients are positive, there are no positive real zeros.

$$\begin{array}{r|rrrrr} -1 & 1 & 6 & 17 & 28 & 20 \\ & & -1 & -5 & -12 & -16 \\ \hline & 1 & 5 & 12 & 16 & 4 \end{array} \qquad \begin{array}{r|rrrrr} -2 & 1 & 6 & 17 & 28 & 20 \\ & & -2 & -8 & -18 & -20 \\ \hline & 1 & 4 & 9 & 10 & 0 \end{array} \Rightarrow x = -2 \text{ is a zero.}$$

$P(x) = x^4 + 6x^3 + 17x^2 + 28x + 20 = (x + 2) \left(x^3 + 4x^2 + 9x + 10\right)$. Continuing with the quotient, we have

$$\begin{array}{r|rrrr} 2 & 1 & 4 & 9 & 10 \\ & & -2 & -4 & -10 \\ \hline & 1 & 2 & 5 & 0 \end{array} \Rightarrow x = -2 \text{ is a zero.}$$

Thus $P(x) = x^4 + 6x^3 + 17x^2 + 28x + 20 = (x + 2)^2 \left(x^2 + 2x + 5\right)$. Now $x^2 + 2x + 5 = 0$ when

$x = \dfrac{-2 \pm \sqrt{4 - 4(5)(1)}}{2} = \dfrac{-2 \pm 4i}{2} = -1 \pm 2i$. Thus, the zeros are -2 (multiplicity 2) and $-1 \pm 2i$.

55. $P(x) = x^5 - 3x^4 - x^3 + 11x^2 - 12x + 4$ has possible rational zeros $\pm 1, \pm 2, \pm 4$.

$$
\begin{array}{r|rrrrrr}
1 & 1 & -3 & -1 & 11 & -12 & 4 \\
  &   & 1 & -2 & -3 & 8   & -4 \\
\hline
  & 1 & -2 & -3 & 8 & -4 & 0
\end{array}
\Rightarrow x = 1 \text{ is a zero.}
$$

$P(x) = x^5 - 3x^4 - x^3 + 11x^2 - 12x + 4 = (x-1)(x^4 - 2x^3 - 3x^2 + 8x - 4)$. Continuing with the quotient, we have

$$
\begin{array}{r|rrrrr}
1 & 1 & -2 & -3 & 8 & -4 \\
  &   & 1 & -1 & -4 & 4 \\
\hline
  & 1 & -1 & -4 & 4 & 0
\end{array}
\Rightarrow x = 1 \text{ is a zero.}
$$

$$
\begin{aligned}
x^5 - 3x^4 - x^3 + 11x^2 - 12x + 4 &= (x-1)^2(x^3 - x^2 - 4x + 4) = (x-1)^3(x^2 - 4) \\
&= (x-1)^3(x-2)(x+2)
\end{aligned}
$$

Therefore, the zeros are 1 (multiplicity 3), -2, and 2.

57. $P(x) = x^6 - 64 = (x^3 - 8)(x^3 + 8) = (x-2)(x^2 + 2x + 4)(x+2)(x^2 - 2x + 4)$. Now using the quadratic formula to find the zeros of $x^2 + 2x + 4$, we have

$x = \frac{-2 \pm \sqrt{4 - 4(4)(1)}}{2} = \frac{-2 \pm 2\sqrt{3}i}{2} = -1 \pm \sqrt{3}i$, and using the quadratic formula to find the zeros of $x^2 - 2x + 4$, we have

$x = \frac{2 \pm \sqrt{4 - 4(4)(1)}}{2} = \frac{2 \pm 2\sqrt{3}i}{2} = 1 \pm \sqrt{3}i$. Therefore, the zeros are $2, -2, 1 \pm \sqrt{3}i$, and $-1 \pm \sqrt{3}i$.

59. $P(x) = 6x^4 - 18x^3 + 6x^2 - 30x + 36 = 6(x^4 - 3x^3 + x^2 - 5x + 6)$ has possible rational zeros $\pm 1, \pm 2, \pm 3, \pm 6$.

$$
\begin{array}{r|rrrrr}
1 & 6 & -18 & 6 & -30 & 36 \\
  &   & 6   & -12 & -6 & -36 \\
\hline
  & 6 & -12 & -6 & -36 & 0
\end{array}
\Rightarrow x = 1 \text{ is a zero.}
$$

So $P(x) = 6x^4 - 18x^3 + 6x^2 - 30x + 36 = (x-1)(6x^3 - 12x^2 - 6x - 36) = 6(x-1)(x^3 - 2x^2 - x - 6)$.
Continuing with the quotient we have

$$
\begin{array}{r|rrrr}
1 & 1 & -2 & -1 & -6 \\
  &   & 1 & -1 & -2 \\
\hline
  & 1 & -1 & -2 & -8
\end{array}
\qquad
\begin{array}{r|rrrr}
2 & 1 & -2 & -1 & -6 \\
  &   & 2 & 0 & -2 \\
\hline
  & 1 & 0 & -1 & -8
\end{array}
\qquad
\begin{array}{r|rrrr}
3 & 1 & -2 & -1 & -6 \\
  &   & 3 & 3 & 6 \\
\hline
  & 1 & 1 & 2 & 0
\end{array}
\Rightarrow x = 3 \text{ is a zero.}
$$

So $P(x) = 6x^4 - 18x^3 + 6x^2 - 30x + 36 = 6(x-1)(x-3)(x^2 + x + 2)$. Now $x^2 + x + 2 = 0$ when

$x = \frac{-1 \pm \sqrt{1 - 4(1)(2)}}{2} = \frac{-1 \pm \sqrt{7}i}{2}$, and so the zeros are $1, 3$, and $\frac{-1 \pm \sqrt{7}i}{2}$.

61. $2x^2 = 5x + 3 \quad \Leftrightarrow \quad 2x^2 - 5x - 3 = 0$. The solutions are $x = -0.5, 3$.

63. $x^4 - 3x^3 - 3x^2 - 9x - 2 = 0$ has solutions $x \approx -0.24$, 4.24.

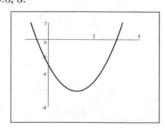

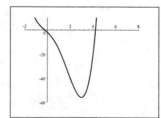

65. $r(x) = \dfrac{3x - 12}{x + 1}$. When $x = 0$, we have $r(0) = \dfrac{-12}{1} = -12$, so the y-intercept is -12. Since $y = 0$, when $3x - 12 = 0 \iff x = 4$, the x-intercept is 4. The vertical asymptote is $x = -1$. Because the degree of the denominator and numerator are the same, the horizontal asymptote is $y = \frac{3}{1} = 3$.

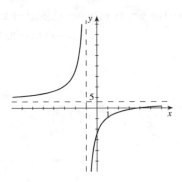

67. $r(x) = \dfrac{x - 2}{x^2 - 2x - 8} = \dfrac{x - 2}{(x + 2)(x - 4)}$. When $x = 0$, we have $r(0) = \frac{-2}{-8} = \frac{1}{4}$, so the y-intercept is $\frac{1}{4}$. When $y = 0$, we have $x - 2 = 0 \iff x = 2$, so the x-intercept is 2. There are vertical asymptotes at $x = -2$ and $x = 4$.

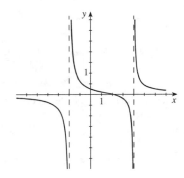

69. $r(x) = \dfrac{x^2 - 9}{2x^2 + 1} = \dfrac{(x + 3)(x - 3)}{2x^2 + 1}$. When $x = 0$, we have $r(0) = \frac{-9}{1}$, so the y-intercept is -9. When $y = 0$, we have $x^2 - 9 = 0 \iff x = \pm 3$ so the x-intercepts are -3 and 3. Since $2x^2 + 1 > 0$, the denominator is never zero so there are no vertical asymptotes. The horizontal asymptote is at $y = \frac{1}{2}$ because the degree of the denominator and numerator are the same.

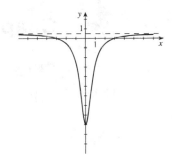

71. $r(x) = \dfrac{x - 3}{2x + 6}$. From the graph we see that the x-intercept is 3, the y-intercept is -0.5, there is a vertical asymptote at $x = -3$ and a horizontal asymptote at $y = 0.5$, and there is no local extremum.

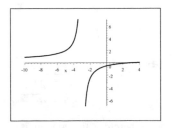

73. $r(x) = \dfrac{x^3 + 8}{x^2 - x - 2}$. From the graph we see that the x-intercept is -2, the y-intercept is -4, there are vertical asymptotes at $x = -1$ and $x = 2$ and a horizontal asymptote at $y = 0.5$. r has a local maximum of $(0.425, -3.599)$ and a local minimum of $(4.216, 7.175)$. By using long division, we see that
$$f(x) = x + 1 + \frac{10 - x}{x^2 - x - 2},$$
so f has a slant asymptote of $y = x + 1$.

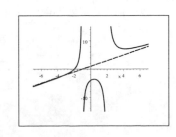

75. The graphs of $y = x^4 + x^2 + 24x$ and $y = 6x^3 + 20$ intersect when $x^4 + x^2 + 24x = 6x^3 + 20$ $\Leftrightarrow$ $x^4 - 6x^3 + x^2 + 24x - 20 = 0$. The possible rational zeros are $\pm1, \pm2, \pm4, \pm5, \pm10, \pm20$.

$$
\begin{array}{r|rrrrr}
1 & 1 & -6 & 1 & 24 & -20 \\
  &   & 1 & -5 & -4 & 20 \\
\hline
  & 1 & -5 & -4 & 20 & 0
\end{array} \Rightarrow x = 1 \text{ is a zero.}
$$

So $x^4 - 6x^3 + x^2 + 24x - 20 = (x - 1)\left(x^3 - 5x^2 - 4x + 20\right) = 0$. Continuing with the quotient:

$$
\begin{array}{r|rrrr}
1 & 1 & -5 & -4 & 20 \\
  &   & 1 & -4 & -8 \\
\hline
  & 1 & -4 & -8 & 12
\end{array}
\qquad
\begin{array}{r|rrrr}
2 & 1 & -5 & -4 & 20 \\
  &   & 2 & -6 & -20 \\
\hline
  & 1 & -3 & -10 & 0
\end{array} \Rightarrow x = 2 \text{ is a zero.}
$$

So

$$
\begin{aligned}
x^4 - 6x^3 + x^2 + 24x - 20 &= (x - 1)(x - 2)\left(x^2 - 3x - 10\right) \\
&= (x - 1)(x - 2)(x - 5)(x + 2) = 0
\end{aligned}
$$

Hence, the points of intersection are $(1, 26)$, $(2, 68)$, $(5, 770)$, and $(-2, -28)$.

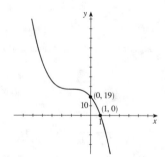

Chapter 3 Test

1. $f(x) = -(x + 2)^3 + 27$ has y-intercept $y = -2^3 + 27 = 19$ and x-intercept where $-(x + 2)^3 = -27$ $\Leftrightarrow$ $x = 1$.

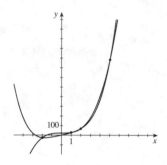

2. (a)

$$
\begin{array}{r|rrrrr}
2 & 1 & 0 & -4 & 2 & 5 \\
  &   & 2 & 4 & 0 & 4 \\
\hline
  & 1 & 2 & 0 & 2 & 9
\end{array}
$$

Therefore, the quotient is $Q(x) = x^3 + 2x^2 + 2$, and the remainder is $R(x) = 9$.

(b)

$$
\begin{array}{r}
x^3 + 2x^2 \qquad\qquad + \tfrac{1}{2} \\
2x^2 - 1 \overline{\smash{\big)}\, 2x^5 + 4x^4 - x^3 - x^2 + 0x + 7} \\
\underline{2x^5 \qquad\quad - x^3} \\
4x^4 \qquad\quad - x^2 \\
\underline{4x^4 \qquad\quad - 2x^2} \\
x^2 \qquad + 7 \\
\underline{x^2 \qquad - \tfrac{1}{2}} \\
\tfrac{15}{2}
\end{array}
$$

Therefore, the quotient is $Q(x) = x^3 + 2x^2 + \frac{1}{2}$ and the remainder is $R(x) = \frac{15}{2}$.

3. (a) Possible rational zeros are: ± 1, ± 3, $\pm\frac{1}{2}$, $\pm\frac{3}{2}$.

(b)

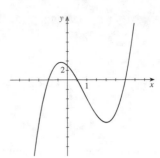

$$
\begin{array}{r|rrrr}
-1 & 2 & -5 & -4 & 3 \\
   &   & -2 & 7 & -3 \\
\hline
   & 2 & -7 & 3 & 0
\end{array}
\quad\Rightarrow x = -1 \text{ is a zero.}
$$

$$
\begin{aligned}
P(x) &= (x+1)\left(2x^2 - 7x + 3\right) = (x+1)(2x-1)(x-3) \\
&= 2(x+1)\left(x - \tfrac{1}{2}\right)(x-3)
\end{aligned}
$$

(c) The zeros of P are $x = -1, 3, \frac{1}{2}$.

4. (a) $(3 - 2i) + (4 + 3i) = (3 + 4) + (-2 + 3)\,i = 7 + i$

(b) $(3 - 2i) - (4 + 3i) = (3 - 4) + (-2 - 3)\,i = -1 - 5i$

(c) $(3 - 2i)(4 + 3i) = 12 + 9i - 8i - 6i^2 = 12 + i - 6(-1) = 18 + i$

(d) $\dfrac{3 - 2i}{4 + 3i} = \dfrac{(3 - 2i)(4 - 3i)}{(4 + 3i)(4 - 3i)} = \dfrac{12 - 17i - 6i^2}{16 - 9i^2} = \dfrac{6}{25} - \dfrac{17}{25}i$

(e) $i^{48} = \left(i^2\right)^{24} = (-1)^{24} - 1$

(f) $\left(\sqrt{2} - \sqrt{-2}\right)\left(\sqrt{8} + \sqrt{-2}\right) = \left(\sqrt{2} - i\sqrt{2}\right)\left(\sqrt{8} + i\sqrt{2}\right) = \sqrt{2}\sqrt{8} + i\left(\sqrt{2}\right)^2 - i\sqrt{2}\sqrt{8} - i^2\left(\sqrt{2}\right)^2$
$$= \sqrt{16} + 2i - \sqrt{16}i + 2 = 6 - 2i$$

5. $P(x) = x^3 - x^2 - 4x - 6$. Possible rational zeros are: $\pm 1, \pm 2, \pm 3, \pm 6$.

$$
\begin{array}{r|rrrr}
1 & 1 & -1 & -4 & -6 \\
  &   & 1 & 0 & -4 \\
\hline
  & 1 & 0 & -4 & -10
\end{array}
\qquad
\begin{array}{r|rrrr}
2 & 1 & -1 & -4 & -6 \\
  &   & 2 & 2 & -4 \\
\hline
  & 1 & 1 & -2 & -10
\end{array}
\qquad
\begin{array}{r|rrrr}
3 & 1 & -1 & -4 & -6 \\
  &   & 3 & 6 & 6 \\
\hline
  & 1 & 2 & 2 & 0
\end{array}
\Rightarrow x = 3 \text{ is a zero.}
$$

So $P(x) = (x - 3)\left(x^2 + 2x + 2\right)$. Using the quadratic formula on the second factor, we have

$$x = \frac{-2 \pm \sqrt{2^2 - 4(1)(2)}}{2(1)} = \frac{-2 \pm \sqrt{-4}}{2} = \frac{-2 \pm 2\sqrt{-1}}{2} = -1 \pm i.$$ So zeros of $P(x)$ are $3, -1 - i$, and $-1 + i$.

6. $P(x) = x^4 - 2x^3 + 5x^2 - 8x + 4$. The possible rational zeros of P are: $\pm 1, \pm 2$, and ± 4. Since there are four changes in sign, P has 4, 2, or 0 positive real zeros.

$$
\begin{array}{r|rrrrr}
1 & 1 & -2 & 5 & -8 & 4 \\
  &   & 1 & -1 & 4 & -4 \\
\hline
  & 1 & -1 & 4 & -4 & 0
\end{array}
$$

So $P(x) = (x - 1)\left(x^3 - x^2 + 4x - 4\right)$. Factoring the second factor by grouping, we have
$$P(x) = (x - 1)\left[x^2(x - 1) + 4(x - 1)\right] = (x - 1)\left(x^2 + 4\right)(x - 1) = (x - 1)^2(x - 2i)(x + 2i).$$

7. Since $3i$ is a zero of $P(x)$, $-3i$ is also a zero of $P(x)$. And since -1 is a zero of multiplicity 2,
$$P(x) = (x + 1)^2(x - 3i)(x + 3i) = \left(x^2 + 2x + 1\right)\left(x^2 + 9\right) = x^4 + 2x^3 + 10x^2 + 18x + 9.$$

8. $P(x) = 2x^4 - 7x^3 + x^2 - 18x + 3$.

(a) Since $P(x)$ has 4 variations in sign, $P(x)$ can have 4, 2, or 0 positive real zeros. Since
$P(-x) = 2x^4 + 7x^3 + x^2 + 18x + 3$ has no variations in sign, there are no negative real zeros.

(b)

$$\begin{array}{r|rrrrr} 4 & 2 & -7 & 1 & -18 & 3 \\ & & 8 & 4 & 20 & 8 \\ \hline & 2 & 1 & 5 & 2 & 11 \end{array}$$

Since the last row contains no negative entry, 4 is an upper bound for the real zeros of $P(x)$.

$$\begin{array}{r|rrrrr} -1 & 2 & -7 & 1 & -18 & 3 \\ & & -1 & 9 & -10 & 28 \\ \hline & 2 & -9 & 10 & -28 & 31 \end{array}$$

Since the last row alternates in sign, -1 is a lower bound for the real zeros of $P(x)$.

(c) Using the upper and lower limit from part (b), we graph $P(x)$ in the viewing rectangle $[-1, 4]$ by $[-1, 1]$. The two real zeros are 0.17 and 3.93.

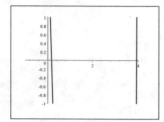

(d) Local minimum $(2.8, -70.3)$.

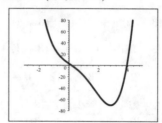

9. $r(x) = \dfrac{2x - 1}{x^2 - x - 2}$, $s(x) = \dfrac{x^3 + 27}{x^2 + 4}$, $t(x) = \dfrac{x^3 - 9x}{x + 2}$ and $u(x) = \dfrac{x^2 + x - 6}{x^2 - 25}$.

(a) $r(x)$ has the horizontal asymptote $y = 0$ because the degree of the denominator is greater than the degree of the numerator. $u(x)$ has the horizontal asymptote $y = \frac{1}{1} = 1$ because the degree of the numerator and the denominator are the same.

(b) The degree of the numerator of $s(x)$ is one more than the degree of the denominator, so s has a slant asymptote.

(c) The denominator of $s(x)$ is never 0, so s has no vertical asymptote.

(d) $u(x) = \dfrac{x^2 + x - 6}{x^2 - 25} = \dfrac{(x + 3)(x - 2)}{(x - 5)(x + 5)}$. When $x = 0$, we have

$u(x) = \frac{-6}{-25} = \frac{6}{25}$, so the y-intercept is $y = \frac{6}{25}$. When $y = 0$, we have $x = -3$ or

$x = 2$, so the x-intercepts are -3 and 2. The vertical asymptotes are $x = -5$ and

$x = 5$. The horizontal asymptote occurs at $y = \frac{1}{1} = 1$ because the degree of the

denominator and numerator are the same.

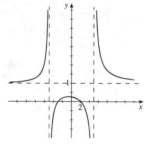

(e)

$$\begin{array}{r} x^2 - 2x - 5 \\ x + 2 \overline{\smash{\big)}\ x^3 + 0x^2 - 9x + 0} \\ \underline{x^3 + 2x^2 } \\ -2x^2 - 9x \\ \underline{-2x^2 - 4x } \\ -5x + 0 \\ \underline{-5x - 10} \\ -10 \end{array}$$

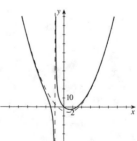

Thus $P(x) = x^2 - 2x - 5$ and $t(x) = \dfrac{x^3 - 9x}{x + 2}$ have the same end behavior.

Focus on Modeling: Fitting Polynomial Curves to Data

1. (a) Using a graphing calculator, we obtain the quadratic polynomial $y = -0.275428x^2 + 19.7485x - 273.5523$ (where miles are measured in thousands).

(c) Moving the cursor along the path of the polynomial, we find that 35.85 lb/in^2 gives the longest tire life.

(b)
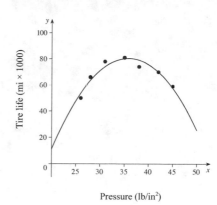

3. (a) Using a graphing calculator, we obtain the cubic polynomial $y = 0.00203709x^3 - 0.104522x^2 + 1.966206x + 1.45576$.

(c) Moving the cursor along the path of the polynomial, we find that the subjects could name about 43 vegetables in 40 seconds.

(d) Moving the cursor along the path of the polynomial, we find that the subjects could name 5 vegetables in about 2.0 seconds.

(b)
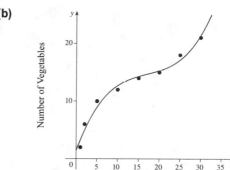

5. (a)
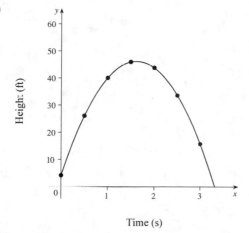

Time (s)

A quadratic model seems appropriate.

(b) Using a graphing calculator, we obtain the quadratic polynomial $y = -16.0x^2 + 51.8429x + 4.20714$.

(c) Moving the cursor along the path of the polynomial, we find that the ball is 20 ft. above the ground 0.3 seconds and 2.9 seconds after it is thrown upward.

(d) Again, moving the cursor along the path of the polynomial, we find that the maximum height is 46.2 ft.

4 Exponential and Logarithmic Functions

4.1 Exponential Functions

1. $f(x) = 4^x$; $f(0.5) = 2$, $f(\sqrt{2}) = 7.103$, $f(\pi) = 77.880$, $f\left(\frac{1}{3}\right) = 1.587$

3. $g(x) = \left(\frac{2}{3}\right)^{x-1}$; $g(1.3) = 0.885$, $g(\sqrt{5}) = 0.606$, $g(2\pi) = 0.117$, $g\left(-\frac{1}{2}\right) = 1.837$

5. $f(x) = 2^x$

x	y
-4	$\frac{1}{16}$
-2	$\frac{1}{4}$
0	1
2	4
4	16

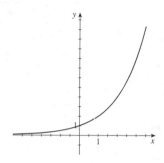

7. $f(x) = \left(\frac{1}{3}\right)^x$

x	y
-2	9
-1	3
0	1
1	$\frac{1}{3}$
2	$\frac{1}{9}$

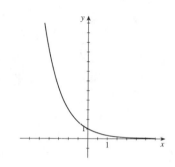

9. $f(x) = 3e^x$

x	y
-2	0.406
-1	1.104
0	3
0.5	4.946
1	8.155
1.5	13.445
2	22.167

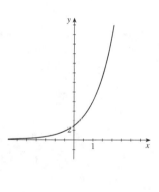

11. $f(x) = 2^x$ and $g(x) = 2^{-x}$

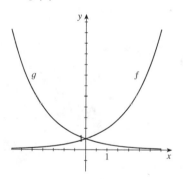

13. $f(x) = 4^x$ and $g(x) = 7^x$.

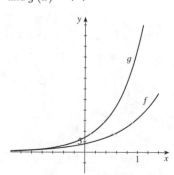

15. From the graph, $f(2) = a^2 = 9$, so $a = 3$. Thus
$$f(x) = 3^x.$$

17. From the graph, $f(2) = a^2 = \frac{1}{16}$, so $a = \frac{1}{4}$. Thus $f(x) = \left(\frac{1}{4}\right)^x$.

19. III

21. I

23. II

25. The graph of $f(x) = -3^x$ is obtained by reflecting the graph of $y = 3^x$ about the x-axis. Domain: $(-\infty, \infty)$. Range: $(-\infty, 0)$. Asymptote: $y = 0$.

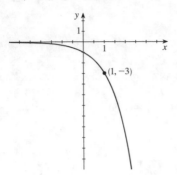

27. $g(x) = 2^x - 3$. The graph of g is obtained by shifting the graph of $y = 2^x$ downward 3 units. Domain: $(-\infty, \infty)$. Range: $(-3, \infty)$. Asymptote: $y = -3$.

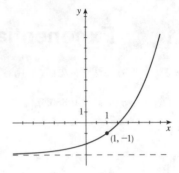

29. $h(x) = 4 + \left(\frac{1}{2}\right)^x$. The graph of h is obtained by shifting the graph of $y = \left(\frac{1}{2}\right)^x$ upward 4 units. Domain: $(-\infty, \infty)$. Range: $(4, \infty)$. Asymptote: $y = 4$.

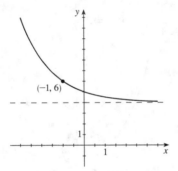

31. $f(x) = 10^{x+3}$. The graph of f is obtained by shifting the graph of $y = 10^x$ to the left 3 units. Domain: $(-\infty, \infty)$. Range: $(0, \infty)$. Asymptote: $y = 0$.

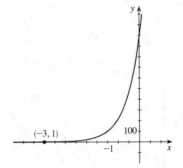

33. $y = -e^x$. The graph of $y = -e^x$ is obtained from the graph of $y = e^x$ by reflecting it about the x-axis. Domain: $(-\infty, \infty)$. Range: $(-\infty, 0)$. Asymptote: $y = 0$.

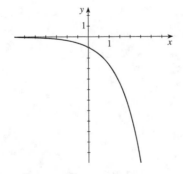

35. $y = e^{-x} - 1$. The graph of $y = e^{-x} - 1$ is obtained from the graph of $y = e^x$ by reflecting it about the y-axis then shifting downward 1 unit. Domain: $(-\infty, \infty)$. Range: $(-1, \infty)$. Asymptote: $y = -1$.

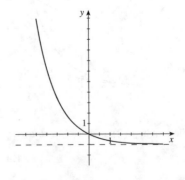

37. $y = e^{x-2}$. The graph of $y = e^{x-2}$ is obtained from the graph of $y = e^x$ by shifting it to the right 2 units. Domain: $(-\infty, \infty)$. Range: $(0, \infty)$. Asymptote: $y = 0$.

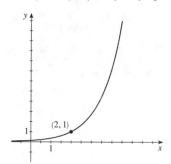

39. Using the points $(0, 3)$ and $(2, 12)$, we have
$$f(0) = Ca^0 = 3 \quad \Leftrightarrow \quad C = 3. \text{ We also have}$$
$$f(2) = 3a^2 = 12 \quad \Leftrightarrow \quad a^2 = 4 \quad \Leftrightarrow \quad a = 2 \text{ (recall}$$
that for an exponential function $f(x) = a^x$ we require $a > 0$). Thus $f(x) = 3 \cdot 2^x$.

41. (a)

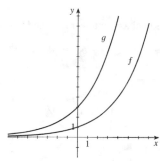

(b) Since $g(x) = 3(2^x) = 3f(x)$ and $f(x) > 0$, the height of the graph of $g(x)$ is always three times the height of the graph of $f(x) = 2^x$, so the graph of g is steeper than the graph of f.

43. $f(x) = 10^x$, so $\dfrac{f(x+h) - f(x)}{h} = \dfrac{10^{x+h} - 10^x}{h} = \dfrac{10^x \cdot 10^h - 10^x}{h} = 10^x \dfrac{10^h - 1}{h}$.

45.

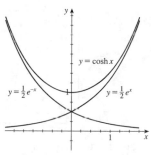

47. $\cosh(-x) = \dfrac{e^{-x} + e^{-(-x)}}{2} = \dfrac{e^{-x} + e^x}{2} = \dfrac{e^x + e^{-x}}{2}$
$= \cosh x$

49. $(\cosh x)^2 - (\sinh x)^2 = \left(\dfrac{e^x + e^{-x}}{2}\right)^2 - \left(\dfrac{e^x - e^{-x}}{2}\right)^2 = \frac{1}{4}\left(e^{2x} + 2 + e^{-2x}\right) - \frac{1}{4}\left(e^{2x} - 2 + e^{-2x}\right) = \frac{2}{4} + \frac{2}{4} = 1$

51. (a) From the graphs below, we see that the graph of f ultimately increases much more quickly than the graph of g.

(i) $[0, 5]$ by $[0, 20]$ **(ii)** $[0, 25]$ by $[0, 10^7]$ **(iii)** $[0, 50]$ by $[0, 10^8]$

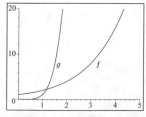 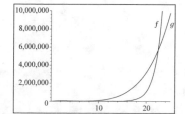 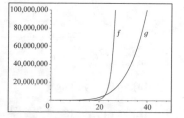

(b) From the graphs in parts (a)(i) and (a)(ii), we see that the approximate solutions are $x \approx 1.2$ and $x \approx 22.4$.

53.

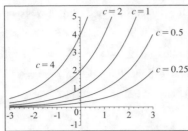

The larger the value of c, the more rapidly the graph of $f(x) = c2^x$ increases. Also notice that the graphs are just shifted horizontally 1 unit. This is because of our choice of c; each c in this exercise is of the form 2^k. So $f(x) = 2^k \cdot 2^x = 2^{x+k}$.

55.

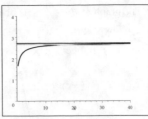

Note from the graph that $y = [1 + (1/x)]^x$ approaches e as x get large.

57. (a)

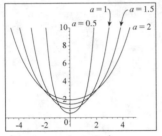

(b) As a increases the curve $y = \dfrac{a}{2}\left(e^{x/a} + e^{-x/a}\right)$ flattens out and the y intercept increases.

59. $y = \dfrac{e^x}{x}$ has vertical asymptote $x = 0$ and horizontal asymptote $y = 0$. As $x \to -\infty$, $y \to 0$, and as $x \to \infty$, $y \to \infty$.

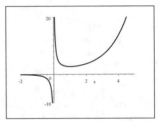

61. $g(x) = e^x + e^{-3x}$. The graph of $g(x)$ is shown in the viewing rectangle $[-4, 4]$ by $[0, 20]$. From the graph, we see that there is a local minimum of approximately 1.75 when $x \approx 0.27$.

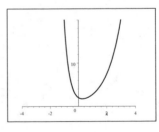

63. $y = xe^{-x}$

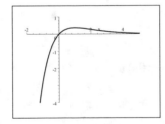

(a) From the graph, we see that the function $f(x) = xe^x$ is increasing on $(-\infty, 1]$ and decreasing on $[1, \infty)$.

(b) From the graph, we see that the range is approximately $(-\infty, 0.37)$.

65. $m(t) = 13e^{-0.015t}$

(a) $m(0) = 13$ kg.

(b) $m(45) = 13e^{-0.015(45)} = 13e^{-0.675} = 6.619$ kg. Thus the mass of the radioactive substance after 45 days is about 6.6 kg.

67. $v(t) = 80\left(1 - e^{-0.2t}\right)$

(c)

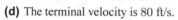

(a) $v(0) = 80\left(1 - e^{0}\right) = 80(1 - 1) = 0.$

(b) $v(5) = 80\left(1 - e^{-0.2(5)}\right) \approx 80(0.632) = 50.57$ ft/s. So the velocity after 5 s is about 50.6 ft/s.

$v(10) = 80\left(1 - e^{-0.2(10)}\right) \approx 80(0.865) = 69.2$ ft/s. So the velocity after 10 s is about 69.2 ft/s.

(d) The terminal velocity is 80 ft/s.

69. $P(t) = \dfrac{1200}{1 + 11e^{-0.2t}}$

(a) $P(0) = \dfrac{1200}{1 + 11e^{-0.2(0)}} = \dfrac{1200}{1 + 11} = 100.$

(b) $P(10) = \dfrac{1200}{1 + 11e^{-0.2(10)}} \approx 482.$ $P(20) = \dfrac{1200}{1 + 11e^{-0.2(20)}} \approx 999.$ $P(30) = \dfrac{1200}{1 + 11e^{-0.2(30)}} \approx 1168.$

(c) As $t \to \infty$ we have $e^{-0.2t} \to 0$, so $P(t) \to \dfrac{1200}{1+0} = 1200.$ The graph shown confirms this.

71. $D(t) = \dfrac{5.4}{1 + 2.9e^{-0.01t}}.$ So $D(20) = \dfrac{5.4}{1 + 2.9e^{-0.01(20)}} \approx 1.600$ ft.

73. Using the formula $A(t) = P(1+i)^{k}$ with

$P = 5000$, $i = 4\%$ per year $= \dfrac{0.04}{12}$ per month,

and $k = 12 \cdot$ number of years, we fill in the table.

Time (years)	Amount
1	\$5203.71
2	\$5415.71
3	\$5636.36
4	\$5865.99
5	\$6104.98
6	\$6353.71

75. $P = 10{,}000$, $r = 0.10$, and $n = 2$. So $A(t) = 10{,}000\left(1 + \frac{0.10}{2}\right)^{2t} = 10{,}000 \cdot 1.05^{2t}.$

(a) $A(5) = 10{,}000 \cdot 1.05^{10} \approx 16{,}288.95$, and so the value of the investment is \$16,288.95.

(b) $A(10) = 10{,}000 \cdot 1.05^{20} \approx 26{,}532.98$, and so the value of the investment is \$26,532.98.

(c) $A(15) = 10{,}000 \cdot 1.05^{30} \approx 43{,}219.42$, and so the value of the investment is \$43,219.42.

77. $P = 3000$ and $r = 0.09$. Then we have $A(t) = 3000\left(1 + \dfrac{0.09}{n}\right)^{nt}$, and so $A(5) = 3000\left(1 + \dfrac{0.09}{n}\right)^{5n}.$

(a) If $n = 1$, $A(5) = 3000\left(1 + \frac{0.09}{1}\right)^{5} = 3000 \cdot 1.09^{5} \approx \$4{,}615.87.$

(b) If $n = 2$, $A(5) = 3000\left(1 + \frac{0.09}{2}\right)^{10} = 3000 \cdot 1.045^{10} \approx \$4{,}658.91.$

(c) If $n = 12$, $A(5) = 3000\left(1 + \frac{0.09}{12}\right)^{60} = 3000 \cdot 1.0075^{60} \approx \$4{,}697.04.$

(d) If $n = 52$, $A(5) = 3000\left(1 + \frac{0.09}{52}\right)^{260} \approx \$4{,}703.11.$

(e) If $n = 365$, $A(5) = 3000\left(1 + \frac{0.09}{365}\right)^{1825} \approx \$4{,}704.68.$

(f) If $n = 24 \cdot 365 = 8760$, $A(5) = 3000\left(1 + \frac{0.09}{8760}\right)^{43800} \approx \$4{,}704.93.$

(g) If interest is compounded continuously, $A(5) = 3000 \cdot e^{0.45} \approx \$4{,}704.94.$

79. We find the effective rate with $P = 1$ and $t = 1$. So $A = \left(1 + \frac{r}{n}\right)^n$

(i) $n = 2, r = 0.085; A(2) = \left(1 + \frac{0.085}{2}\right)^2 = (1.0425)^2 \approx 1.0868$.

(ii) $n = 4, r = 0.0825; A(4) = \left(1 + \frac{0.0825}{4}\right)^4 = (1.020625)^4 \approx 1.0851$.

(iii) Continuous compounding: $r = 0.08; A(1) = e^{0.08} \approx 1.0833$.

Since (i) is larger than the others, the best investment is the one at 8.5% compounded semiannually.

81. (a) We must solve for P in the equation $10000 = P\left(1 + \frac{0.09}{2}\right)^{2(3)} = P(1.045)^6 \Leftrightarrow 10000 = 1.3023P \Leftrightarrow P = 7678.96$. Thus the present value is $7,678.96.

(b) We must solve for P in the equation $100000 = P\left(1 + \frac{0.08}{12}\right)^{12(5)} = P(1.00667)^{60} \Leftrightarrow 100000 = 1.4898P \Leftrightarrow P = \$67,121.04$.

83. (a) In this case the payment is $1 million.

(b) In this case the total pay is $2 + 2^2 + 2^3 + \cdots + 2^{30} > 2^{30}$ cents $= \$10,737,418.24$. Since this is much more than method (a), method (b) is more profitable.

4.2 Logarithmic Functions

1.

Logarithmic form	Exponential form
$\log_8 8 = 1$	$8^1 = 8$
$\log_8 64 = 2$	$8^2 = 64$
$\log_8 4 = \frac{2}{3}$	$8^{2/3} = 4$
$\log_8 512 = 3$	$8^3 = 512$
$\log_8 \frac{1}{8} = -1$	$8^{-1} = \frac{1}{8}$
$\log_8 \frac{1}{64} = -2$	$8^{-2} = \frac{1}{64}$

3. (a) $5^2 = 25$
(b) $5^0 = 1$

5. (a) $8^{1/3} = 2$
(b) $2^{-3} = \frac{1}{8}$

7. (a) $e^x = 5$
(b) $e^5 = y$

9. (a) $\log_5 125 = 3$
(b) $\log_{10} 0.0001 = -4$

11. (a) $\log_8 \frac{1}{8} = -1$
(b) $\log_2 \left(\frac{1}{8}\right) = -3$

13. (a) $\ln 2 = x$
(b) $\ln y = 3$

15. (a) $\log_3 3 = 1$
(b) $\log_3 1 = \log_3 3^0 = 0$
(c) $\log_3 3^2 = 2$

17. (a) $\log_6 36 = \log_6 6^2 = 2$
(b) $\log_9 81 = \log_9 9^2 = 2$
(c) $\log_7 7^{10} = 10$

19. (a) $\log_3 \left(\frac{1}{27}\right) = \log_3 3^{-3} = -3$
(b) $\log_{10} \sqrt{10} = \log_{10} 10^{1/2} = \frac{1}{2}$
(c) $\log_5 0.2 = \log_5 \left(\frac{1}{5}\right) = \log_5 5^{-1} = -1$

21. (a) $2^{\log_2 37} = 37$
(b) $3^{\log_3 8} = 8$
(c) $e^{\ln \sqrt{5}} = \sqrt{5}$

23. (a) $\log_8 0.25 = \log_8 8^{-2/3} = -\frac{2}{3}$
(b) $\ln e^4 = 4$
(c) $\ln\left(\frac{1}{e}\right) = \ln e^{-1} = -1$

25. (a) $\log_2 x = 5 \Leftrightarrow x = 2^5 = 32$
(b) $x = \log_2 16 = \log_2 2^4 = 4$

27. (a) $x = \log_3 243 = \log_3 3^5 = 5$
(b) $\log_3 x = 3 \Leftrightarrow x = 3^3 = 27$

29. (a) $\log_{10} x = 2 \Leftrightarrow x = 10^2 = 100$
(b) $\log_5 x = 2 \Leftrightarrow x = 5^2 = 25$

31. (a) $\log_x 16 = 4$ $\Leftrightarrow$ $x^4 = 16$ $\Leftrightarrow$ $x = 2$

(b) $\log_x 8 = \dfrac{3}{2}$ $\Leftrightarrow$ $x^{3/2} = 8$ $\Leftrightarrow$ $x = 8^{2/3} = 4$

33. (a) $\log 2 \approx 0.3010$

(b) $\log 35.2 \approx 1.5465$

(c) $\log \left(\frac{2}{3}\right) \approx -0.1761$

35. (a) $\ln 5 \approx 1.6094$

(b) $\ln 25.3 \approx 3.2308$

(c) $\ln \left(1 + \sqrt{3}\right) \approx 1.0051$

37. Since the point $(5, 1)$ is on the graph, we have $1 = \log_a 5$ $\Leftrightarrow$ $a^1 = 5$. Thus the function is $y = \log_5 x$.

39. Since the point $\left(3, \frac{1}{2}\right)$ is on the graph, we have $\frac{1}{2} = \log_a 3$ $\Leftrightarrow$ $a^{1/2} = 3$ $\Leftrightarrow$ $a = 9$. Thus the function is $y = \log_9 x$.

41. II   **43.** III   **45.** VI

47. The graph of $y = \log_4 x$ is obtained from the graph of $y = 4^x$ by reflecting it about the line $y = x$.

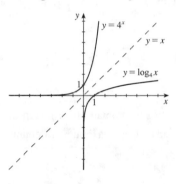

49. $f(x) = \log_2 (x - 4)$. The graph of f is obtained from the graph of $y = \log_2 x$ by shifting it to the right 4 units. Domain: $(4, \infty)$. Range: $(-\infty, \infty)$. Vertical asymptote: $x = 4$.

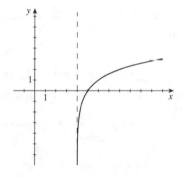

51. $g(x) = \log_5 (-x)$. The graph of g is obtained from the graph of $y = \log_5 x$ by reflecting it about the y-axis. Domain: $(-\infty, 0)$. Range: $(-\infty, \infty)$. Vertical asymptote: $x = 0$.

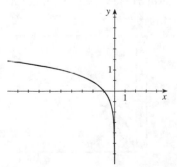

53. $y = 2 + \log_3 x$. The graph of $y = 2 + \log_3 x$ is obtained from the graph of $y = \log_3 x$ by shifting it upward 2 units. Domain: $(0, \infty)$. Range: $(-\infty, \infty)$. Vertical asymptote: $x - 0$.

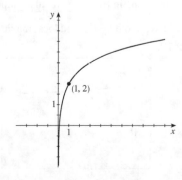

55. $y = 1 - \log_{10} x$. The graph of $y = 1 - \log_{10} x$ is obtained from the graph of $y = \log_{10} x$ by reflecting it about the x-axis, and then shifting it upward 1 unit. Domain: $(0, \infty)$. Range: $(-\infty, \infty)$. Vertical asymptote: $x = 0$.

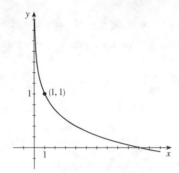

57. $y = |\ln x|$. The graph of $y = |\ln x|$ is obtained from the graph of $y = \ln x$ by reflecting the part of the graph for $0 < x < 1$ about the x-axis. Domain: $(0, \infty)$. Range: $[0, \infty)$. Vertical asymptote: $x = 0$.

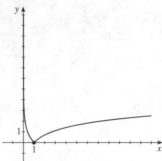

59. $f(x) = \log_{10}(x + 3)$. We require that $x + 3 > 0 \quad \Leftrightarrow \quad x > -3$, so the domain is $(-3, \infty)$.

61. $g(x) = \log_3(x^2 - 1)$. We require that $x^2 - 1 > 0 \quad \Leftrightarrow \quad x^2 > 1 \Rightarrow x < -1$ or $x > 1$, so the domain is $(-\infty, -1) \cup (1, \infty)$.

63. $h(x) = \ln x + \ln(2 - x)$. We require that $x > 0$ and $2 - x > 0 \quad \Leftrightarrow \quad x > 0$ and $x < 2 \quad \Leftrightarrow \quad 0 < x < 2$, so the domain is $(0, 2)$.

65. $y = \log_{10}(1 - x^2)$ has domain $(-1, 1)$, vertical asymptotes $x = -1$ and $x = 1$, and local maximum $y = 0$ at $x = 0$.

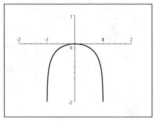

67. $y = x + \ln x$ has domain $(0, \infty)$, vertical asymptote $x = 0$, and no local maximum or minimum.

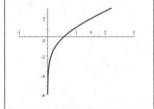

69. $y = \dfrac{\ln x}{x}$ has domain $(0, \infty)$, vertical asymptote $x = 0$, horizontal asymptote $y = 0$, and local maximum $y \approx 0.37$ at $x \approx 2.72$.

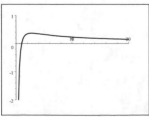

71. The graph of $g(x) = \sqrt{x}$ grows faster than the graph of $f(x) = \ln x$.

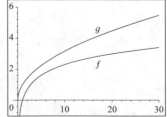

73. (a)

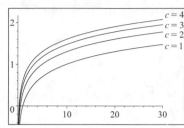

(b) Notice that $f(x) = \log(cx) = \log c + \log x$, so as c increases, the graph of $f(x) = \log(cx)$ is shifted upward $\log c$ units.

77. (a) $f(x) = \dfrac{2^x}{1+2^x}$. $y = \dfrac{2^x}{1+2^x} \quad\Leftrightarrow$

$y + y2^x = 2^x \quad\Leftrightarrow$

$y = 2^x - y2^x = 2^x(1-y) \quad\Leftrightarrow$

$2^x = \dfrac{y}{1-y} \quad\Leftrightarrow\quad x = \log_2\left(\dfrac{y}{1-y}\right)$. Thus

$f^{-1}(x) = \log_2\left(\dfrac{x}{1-x}\right)$.

75. (a) $f(x) = \log_2(\log_{10} x)$. Since the domain of $\log_2 x$ is the positive real numbers, we have: $\log_{10} x > 0 \quad\Leftrightarrow$ $x > 10^0 = 1$. Thus the domain of $f(x)$ is $(1, \infty)$.

(b) $y = \log_2(\log_{10} x) \quad\Leftrightarrow\quad 2^y = \log_{10} x \quad\Leftrightarrow$ $10^{2^y} = x$. Thus $f^{-1}(x) = 10^{2^x}$.

(b) $\dfrac{x}{1-x} > 0$. Solving this using the methods from Chapter 1, we start with the endpoints, 0 and 1.

Interval	$(-\infty, 0)$	$(0, 1)$	$(1, \infty)$
Sign of x	$-$	$+$	$+$
Sign of $1-x$	$+$	$+$	$-$
Sign of $\dfrac{x}{1-x}$	$-$	$+$	$-$

Thus the domain of $f^{-1}(x)$ is $(0, 1)$.

79. Using $D = 0.73 D_0$ we have $A = -8267 \ln\left(\dfrac{D}{D_0}\right) = -8267 \ln 0.73 \approx 2601$ years.

81. When $r = 6\%$ we have $t = \dfrac{\ln 2}{0.06} \approx 11.6$ years. When $r = 7\%$ we have $t = \dfrac{\ln 2}{0.07} \approx 9.9$ years. And when $r = 8\%$ we have $t = \dfrac{\ln 2}{0.08} \approx 8.7$ years.

83. Using $A = 100$ and $W = 5$ we find the ID to be $\dfrac{\log(2A/W)}{\log 2} = \dfrac{\log(2 \cdot 100/5)}{\log 2} = \dfrac{\log 40}{\log 2} \approx 5.32$. Using $A = 100$

and $W = 10$ we find the ID to be $\dfrac{\log(2A/W)}{\log 2} = \dfrac{\log(2 \cdot 100/10)}{\log 2} = \dfrac{\log 20}{\log 2} \approx 4.32$. So the smaller icon is

$\dfrac{5.23}{4.32} \approx 1.23$ times harder.

85. $\log\left(\log 10^{100}\right) = \log 100 = 2$

$\log\left(\log\left(\log 10^{\text{googol}}\right)\right) = \log(\log(\text{googol})) = \log\left(\log 10^{100}\right) = \log(100) = 2$

87. The numbers between 1000 and 9999 (inclusive) each have 4 digits, while $\log 1000 = 3$ and $\log 10{,}000 = 4$. Since $[\![\log x]\!] = 3$ for all integers x where $1000 \le x < 10{,}000$, the number of digits is $[\![\log x]\!] + 1$. Likewise, if x is an integer where $10^{n-1} \le x < 10^n$, then x has n digits and $[\![\log x]\!] = n - 1$. Since $[\![\log x]\!] = n - 1 \quad\Leftrightarrow\quad n = [\![\log x]\!] + 1$, the number of digits in x is $[\![\log x]\!] + 1$.

4.3   **Laws of Logarithms**

1. $\log_3 \sqrt{27} = \log_3 3^{3/2} = \frac{3}{2}$

3. $\log 4 + \log 25 = \log(4 \cdot 25) = \log 100 = 2$

5. $\log_4 192 - \log_4 3 = \log_4 \frac{192}{3} = \log_4 64 = \log_4 4^3 = 3$

7. $\log_2 6 - \log_2 15 + \log_2 20 = \log_2 \frac{6}{15} + \log_2 20 = \log_2\left(\frac{2}{5} \cdot 20\right) = \log_2 8 = \log_2 2^3 = 3$

9. $\log_4 16^{100} = \log_4\left(4^2\right)^{100} = \log_4 4^{200} = 200$

11. $\log\left(\log 10^{10,000}\right) = \log\left(10,000\log 10\right) = \log\left(10,000 \cdot 1\right) = \log\left(10,000\right) = \log 10^4 = 4\log 10 = 4$

13. $\log_2 2x = \log_2 2 + \log_2 x = 1 + \log_2 x$

15. $\log_2\left[x\left(x-1\right)\right] = \log_2 x + \log_2\left(x-1\right)$

17. $\log 6^{10} = 10\log 6$

19. $\log_2\left(AB^2\right) = \log_2 A + \log_2 B^2 = \log_2 A + 2\log_2 B$

21. $\log_3\left(x\sqrt{y}\right) = \log_3 x + \log_3 \sqrt{y} = \log_3 x + \frac{1}{2}\log_3 y$

23. $\log_5 \sqrt[3]{x^2+1} = \frac{1}{3}\log_5\left(x^2+1\right)$

25. $\ln\sqrt{ab} = \frac{1}{2}\ln ab = \frac{1}{2}\left(\ln a + \ln b\right)$

27. $\log\left(\dfrac{x^3 y^4}{z^6}\right) = \log\left(x^3 y^4\right) - \log z^6 = 3\log x + 4\log y - 6\log z$

29. $\log_2\left(\dfrac{x\left(x^2+1\right)}{\sqrt{x^2-1}}\right) = \log_2 x + \log_2\left(x^2+1\right) - \frac{1}{2}\log_2\left(x^2-1\right)$

31. $\ln\left(x\sqrt{\dfrac{y}{z}}\right) = \ln x + \frac{1}{2}\ln\left(\dfrac{y}{z}\right) = \ln x + \frac{1}{2}\left(\ln y - \ln z\right)$

33. $\log\sqrt[4]{x^2+y^2} = \frac{1}{4}\log\left(x^2+y^2\right)$

35. $\log\sqrt{\dfrac{x^2+4}{\left(x^2+1\right)\left(x^3-7\right)^2}} = \frac{1}{2}\log\dfrac{x^2+4}{\left(x^2+1\right)\left(x^3-7\right)^2} = \frac{1}{2}\left[\log\left(x^2+4\right) - \log\left(x^2+1\right)\left(x^3-7\right)^2\right]$

$$= \frac{1}{2}\left[\log\left(x^2+4\right) - \log\left(x^2+1\right) - 2\log\left(x^3-7\right)\right]$$

37. $\ln\dfrac{x^3\sqrt{x-1}}{3x+4} = \ln\left(x^3\sqrt{x-1}\right) - \ln\left(3x+4\right) = 3\ln x + \frac{1}{2}\ln\left(x-1\right) - \ln\left(3x+4\right)$

39. $\log_3 5 + 5\log_3 2 = \log_3 5 + \log_3 2^5 = \log_3\left(5 \cdot 2^5\right) = \log_3 160$

41. $\log_2 A + \log_2 B - 2\log_2 C = \log_2\left(AB\right) - \log_2\left(C^2\right) = \log_2\left(\dfrac{AB}{C^2}\right)$

43. $4\log x - \frac{1}{3}\log\left(x^2+1\right) + 2\log\left(x-1\right) = \log x^4 - \log\sqrt[3]{x^2+1} + \log\left(x-1\right)^2$

$$= \log\left(\dfrac{x^4}{\sqrt[3]{x^2+1}}\right) + \log\left(x-1\right)^2 = \log\left(\dfrac{x^4\left(x-1\right)^2}{\sqrt[3]{x^2+1}}\right)$$

45. $\ln 5 + 2\ln x + 3\ln\left(x^2+5\right) = \ln\left(5x^2\right) + \ln\left(x^2+5\right)^3 = \ln\left[5x^2\left(x^2+5\right)^3\right]$

47. $\frac{1}{3}\log\left(2x+1\right) + \frac{1}{2}\left[\log\left(x-4\right) - \log\left(x^4-x^2-1\right)\right] = \log\sqrt[3]{2x+1} + \frac{1}{2}\log\dfrac{x-4}{x^4-x^2-1}$

$$= \log\left(\sqrt[3]{2x+1} \cdot \sqrt{\dfrac{x-4}{x^4-x^2-1}}\right)$$

49. $\log_2 5 = \dfrac{\log 5}{\log 2} \approx 2.321928$

51. $\log_3 16 = \dfrac{\log 16}{\log 3} \approx 2.523719$

53. $\log_7 2.61 = \dfrac{\log 2.61}{\log 7} \approx 0.493008$

55. $\log_4 125 = \dfrac{\log 125}{\log 4} \approx 3.482892$

57. $\log_3 x = \dfrac{\log_e x}{\log_e 3} = \dfrac{\ln x}{\ln 3} = \dfrac{1}{\ln 3}\ln x$. The graph of $y = \dfrac{1}{\ln 3}\ln x$ is

shown in the viewing rectangle $[-1, 4]$ by $[-3, 2]$.

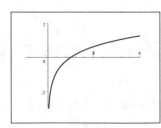

59. $\log e = \dfrac{\ln e}{\ln 10} = \dfrac{1}{\ln 10}$

61. $-\ln\left(x - \sqrt{x^2 - 1}\right) = \ln\left(\dfrac{1}{x - \sqrt{x^2 - 1}}\right) = \ln\left(\dfrac{1}{x - \sqrt{x^2 - 1}} \cdot \dfrac{x + \sqrt{x^2 - 1}}{x + \sqrt{x^2 - 1}}\right) = \ln\left(\dfrac{x + \sqrt{x^2 - 1}}{x^2 - (x^2 - 1)}\right)$

$\qquad = \ln\left(x + \sqrt{x^2 - 1}\right)$

63. (a) $\log P = \log c - k\log W \quad\Leftrightarrow\quad \log P = \log c - \log W^k \quad\Leftrightarrow\quad \log P = \log\left(\dfrac{c}{W^k}\right) \quad\Leftrightarrow\quad P = \dfrac{c}{W^k}.$

   (b) Using $k = 2.1$ and $c = 8000$, when $W = 2$ we have $P = \dfrac{8000}{2^{2.1}} \approx 1866$ and when $W = 10$ we have $P = \dfrac{8000}{10^{2.1}} \approx 64$.

65. (a) $M = -2.5\log(B/B_0) = -2.5\log B + 2.5\log B_0$.

   (b) Suppose B_1 and B_2 are the brightness of two stars such that $B_1 < B_2$ and let M_1 and M_2 be their respective magnitudes. Since $\log$ is an increasing function, we have $\log B_1 < \log B_2$. Then

   $\log B_1 < \log B_2 \quad\Leftrightarrow\quad \log B_1 - \log B_0 < \log B_2 - \log B_0 \quad\Leftrightarrow\quad \log(B_1/B_0) < \log(B_2/B_0) \quad\Leftrightarrow$

   $-2.5\log(B_1/B_0) > -2.5\log(B_2/B_0) \quad\Leftrightarrow\quad M_1 > M_2$. Thus the brighter star has less magnitudes.

   (c) Let B_1 be the brightness of the star Albiero. Then $100B_1$ is the brightness of Betelgeuse, and its magnitude is

   $M = -2.5\log(100B_1/B_0) = -2.5\left[\log 100 + \log(B_1/B_0)\right] = -2.5\left[2 + \log(B_1/B_0)\right] = -5 - 2.5\log(B_1/B_0)$

   $\quad = -5 + \text{magnitude of Albiero}$

67. The error is on the first line: $\log 0.1 < 0$, so $2\log 0.1 < \log 0.1$.

4.4 Exponential and Logarithmic Equations

1. $10^x = 25 \quad\Leftrightarrow\quad \log 10^x = \log 25 \quad\Leftrightarrow\quad x\log 10 = \log 25 \quad\Leftrightarrow\quad x \approx 1.398$

3. $e^{-2x} = 7 \quad\Leftrightarrow\quad \ln e^{-2x} = \ln 7 \quad\Leftrightarrow\quad -2x\ln e = \ln 7 \quad\Leftrightarrow\quad -2x = \ln 7 \quad\Leftrightarrow\quad x = -\frac{1}{2}\ln 7 \approx -0.9730$

5. $2^{1-x} = 3 \quad\Leftrightarrow\quad \log 2^{1-x} = \log 3 \quad\Leftrightarrow\quad (1-x)\log 2 = \log 3 \quad\Leftrightarrow\quad 1 - x = \dfrac{\log 3}{\log 2} \quad\Leftrightarrow$

$x = 1 - \dfrac{\log 3}{\log 2} \approx -0.5850$

7. $3e^x = 10 \quad\Leftrightarrow\quad e^x = \frac{10}{3} \quad\Leftrightarrow\quad x = \ln\left(\frac{10}{3}\right) \approx 1.2040$

9. $e^{1-4x} = 2 \quad\Leftrightarrow\quad 1 - 4x = \ln 2 \quad\Leftrightarrow\quad -4x = -1 + \ln 2 \quad\Leftrightarrow\quad x = \dfrac{1 - \ln 2}{4} = 0.0767$

11. $4 \mid 3^{5x} = 8 \quad\Leftrightarrow\quad 3^{5x} = 4 \quad\Leftrightarrow\quad \log 3^{5x} - \log 4 \quad\Leftrightarrow\quad 5x\log 3 = \log 4 \quad\Leftrightarrow\quad 5x = \dfrac{\log 4}{\log 3} \quad\Leftrightarrow$

$x = \dfrac{\log 4}{5\log 3} \approx 0.2524$

13. $8^{0.4x} = 5 \quad\Leftrightarrow\quad \log 8^{0.4x} = \log 5 \quad\Leftrightarrow\quad 0.4x\log 8 = \log 5 \quad\Leftrightarrow\quad 0.4x = \dfrac{\log 5}{\log 8} \quad\Leftrightarrow\quad x = \dfrac{\log 5}{0.4\log 8} \approx 1.9349$

15. $5^{-x/100} = 2 \quad\Leftrightarrow\quad \log 5^{-x/100} = \log 2 \quad\Leftrightarrow\quad -\dfrac{x}{100}\log 5 = \log 2 \quad\Leftrightarrow\quad x = -\dfrac{100\log 2}{\log 5} \approx -43.0677$

17. $e^{2x+1} = 200 \quad\Leftrightarrow\quad 2x + 1 = \ln 200 \quad\Leftrightarrow\quad 2x = -1 + \ln 200 \quad\Leftrightarrow\quad x = \dfrac{-1 + \ln 200}{2} \approx 2.1492$

19. $5^x = 4^{x+1} \quad\Leftrightarrow\quad \log 5^x = \log 4^{x+1} \quad\Leftrightarrow\quad x\log 5 = (x+1)\log 4 = x\log 4 + \log 4 \quad\Leftrightarrow\quad x\log 5 - x\log 4 = \log 4$

$\Leftrightarrow\quad x(\log 5 - \log 4) = \log 4 \quad\Leftrightarrow\quad x = \dfrac{\log 4}{\log 5 - \log 4} \approx 6.2126$

21. $2^{3x+1} = 3^{x-2} \quad\Leftrightarrow\quad \log 2^{3x+1} = \log 3^{x-2} \quad\Leftrightarrow\quad (3x+1)\log 2 = (x-2)\log 3 \quad\Leftrightarrow\quad 3x\log 2 + \log 2 = x\log 3 - 2\log 3 \quad\Leftrightarrow\quad 3x\log 2 - x\log 3 = -\log 2 - 2\log 3 \quad\Leftrightarrow\quad x(3\log 2 - \log 3) = -(\log 2 + 2\log 3)$

$\Leftrightarrow\quad s = -\dfrac{\log 2 + 2\log 3}{3\log 2 - \log 3} \approx -2.9469$

23. $\dfrac{50}{1+e^{-x}} = 4 \quad\Leftrightarrow\quad 50 = 4 + 4e^{-x} \quad\Leftrightarrow\quad 46 = 4e^{-x} \quad\Leftrightarrow\quad 11.5 = e^{-x} \quad\Leftrightarrow\quad \ln 11.5 = -x \quad\Leftrightarrow$
$x = -\ln 11.5 \approx -2.4423$

25. $100\,(1.04)^{2t} = 300 \quad\Leftrightarrow\quad 1.04^{2t} = 3 \quad\Leftrightarrow\quad \log 1.04^{2t} = \log 3 \quad\Leftrightarrow\quad 2t \log 1.04 = \log 3 \quad\Leftrightarrow$
$t = \dfrac{\log 3}{2 \log 1.04} \approx 14.0055$

27. $x^2 2^x - 2^x = 0 \quad\Leftrightarrow\quad 2^x \left(x^2 - 1\right) = 0 \Rightarrow 2^x = 0$ (never) or $x^2 - 1 = 0$. If $x^2 - 1 = 0$, then $x^2 = 1 \Rightarrow x = \pm 1$. So the
only solutions are $x = \pm 1$.

29. $4x^3 e^{-3x} - 3x^4 e^{-3x} = 0 \quad\Leftrightarrow\quad x^3 e^{-3x}\left(4 - 3x\right) = 0 \Rightarrow x = 0$ or $e^{-3x} = 0$ (never) or $4 - 3x = 0$. If $4 - 3x = 0$, then
$3x = 4 \quad\Leftrightarrow\quad x = \frac{4}{3}$. So the solutions are $x = 0$ and $x = \frac{4}{3}$.

31. $e^{2x} - 3e^x + 2 = 0 \quad\Leftrightarrow\quad \left(e^x - 1\right)\left(e^x - 2\right) = 0 \Rightarrow e^x - 1 = 0$ or $e^x - 2 = 0$. If $e^x - 1 = 0$, then $e^x = 1 \quad\Leftrightarrow$
$x = \ln 1 = 0$. If $e^x - 2 = 0$, then $e^x = 2 \quad\Leftrightarrow\quad x = \ln 2 \approx 0.6931$. So the solutions are $x = 0$ and $x \approx 0.6931$.

33. $e^{4x} + 4e^{2x} - 21 = 0 \quad\Leftrightarrow\quad \left(e^{2x} + 7\right)\left(e^{2x} - 3\right) = 0 \Rightarrow e^{2x} = -7$ or $e^{2x} = 3$. Now $e^{2x} = -7$ has no solution, since
$e^{2x} > 0$ for all x. But we can solve $e^{2x} = 3 \quad\Leftrightarrow\quad 2x = \ln 3 \quad\Leftrightarrow\quad x = \frac{1}{2}\ln 3 \approx 0.5493$. So the only solution is
$x \approx 0.5493$.

35. $\ln x = 10 \quad\Leftrightarrow\quad x = e^{10} \approx 22026$

37. $\log x = -2 \quad\Leftrightarrow\quad x = 10^{-2} = 0.01$

39. $\log\left(3x + 5\right) = 2 \quad\Leftrightarrow\quad 3x + 5 = 10^2 = 100 \quad\Leftrightarrow\quad 3x = 95 \quad\Leftrightarrow\quad x = \frac{95}{3} \approx 31.6667$

41. $2 - \ln\left(3 - x\right) = 0 \quad\Leftrightarrow\quad 2 = \ln\left(3 - x\right) \quad\Leftrightarrow\quad e^2 = 3 - x \quad\Leftrightarrow\quad x = 3 - e^2 \approx -4.3891$

43. $\log_2 3 + \log_2 x = \log_2 5 + \log_2\left(x - 2\right) \quad\Leftrightarrow\quad \log_2\left(3x\right) = \log_2\left(5x - 10\right) \quad\Leftrightarrow\quad 3x = 5x - 10 \quad\Leftrightarrow\quad 2x = 10$
$\Leftrightarrow\quad x = 5$

45. $\log x + \log\left(x - 1\right) = \log\left(4x\right) \quad\Leftrightarrow\quad \log\left[x\left(x - 1\right)\right] = \log\left(4x\right) \quad\Leftrightarrow\quad x^2 - x = 4x \quad\Leftrightarrow\quad x^2 - 5x = 0 \quad\Leftrightarrow$
$x\left(x - 5\right) = 0 \Rightarrow x = 0$ or $x = 5$. So the possible solutions are $x = 0$ and $x = 5$. However, when $x = 0$, $\log x$ is
undefined. Thus the only solution is $x = 5$.

47. $\log_5\left(x + 1\right) - \log_5\left(x - 1\right) = 2 \quad\Leftrightarrow\quad \log_5\left(\dfrac{x + 1}{x - 1}\right) = 2 \quad\Leftrightarrow\quad \dfrac{x + 1}{x - 1} = 5^2 \quad\Leftrightarrow\quad x + 1 = 25x - 25 \quad\Leftrightarrow$
$24x = 26 \quad\Leftrightarrow\quad x = \frac{13}{12}$

49. $\log_9\left(x - 5\right) + \log_9\left(x + 3\right) = 1 \quad\Leftrightarrow\quad \log_9\left[\left(x - 5\right)\left(x + 3\right)\right] = 1 \quad\Leftrightarrow\quad \left(x - 5\right)\left(x + 3\right) = 9^1 \quad\Leftrightarrow$
$x^2 - 2x - 24 = 0 \quad\Leftrightarrow\quad \left(x - 6\right)\left(x + 4\right) = 0 \Rightarrow x = 6$ or -4. However, $x = -4$ is inadmissible, so $x = 6$ is the only
solution.

51. $\log\left(x + 3\right) = \log x + \log 3 \quad\Leftrightarrow\quad \log\left(x + 3\right) = \log\left(3x\right) \quad\Leftrightarrow\quad x + 3 = 3x \quad\Leftrightarrow\quad 2x = 3 \quad\Leftrightarrow\quad x = \frac{3}{2}$

53. $2^{2/\log_5 x} = \frac{1}{16} \quad\Leftrightarrow\quad \log_2 2^{2/\log_5 x} = \log_2\left(\frac{1}{16}\right) \quad\Leftrightarrow\quad \dfrac{2}{\log_5 x} = -4 \quad\Leftrightarrow\quad \log_5 x = -\frac{1}{2} \quad\Leftrightarrow$
$x = 5^{-1/2} = \frac{1}{\sqrt{5}} \approx 0.4472$

55. $\ln x = 3 - x$ $\Leftrightarrow$ $\ln x + x - 3 = 0$. Let
$f(x) = \ln x + x - 3$. We need to solve the equation
$f(x) = 0$. From the graph of f, we get $x \approx 2.21$.

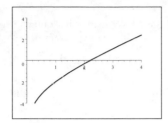

57. $x^3 - x = \log_{10}(x + 1)$ $\Leftrightarrow$
$x^3 - x - \log_{10}(x + 1) = 0$. Let
$f(x) = x^3 - x - \log_{10}(x + 1)$. We need to solve the
equation $f(x) = 0$. From the graph of f, we get $x = 0$ or
$x \approx 1.14$.

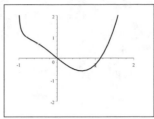

59. $e^x = -x$ $\Leftrightarrow$ $e^x + x = 0$. Let $f(x) = e^x + x$. We
need to solve the equation $f(x) = 0$. From the graph of f,
we get $x \approx -0.57$.

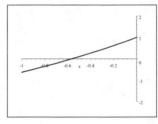

61. $4^{-x} = \sqrt{x}$ $\Leftrightarrow$ $4^{-x} - \sqrt{x} = 0$. Let
$f(x) = 4^{-x} - \sqrt{x}$. We need to solve the equation
$f(x) = 0$. From the graph of f, we get $x \approx 0.36$.

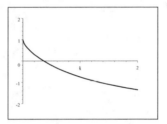

63. $\log(x - 2) + \log(9 - x) < 1$ $\Leftrightarrow$ $\log[(x - 2)(9 - x)] < 1$ $\Leftrightarrow$ $\log(-x^2 + 11x - 18) < 1 \Rightarrow$
$-x^2 + 11x - 18 < 10^1$ $\Leftrightarrow$ $0 < x^2 - 11x + 28$ $\Leftrightarrow$ $0 < (x - 7)(x - 4)$. Also, since the domain of a logarithm
is positive we must have $0 < -x^2 + 11x - 18$ $\Leftrightarrow$ $0 < (x - 2)(9 - x)$. Using the methods from Chapter 1 with the
endpoints 2, 4, 7, 9 for the intervals, we make the following table:

Interval	$(-\infty, 2)$	$(2, 4)$	$(4, 7)$	$(7, 9)$	$(9, \infty)$
Sign of $x - 7$	$-$	$-$	$-$	$+$	$+$
Sign of $x - 4$	$-$	$-$	$+$	$+$	$+$
Sign of $x - 2$	$-$	$+$	$+$	$+$	$+$
Sign of $9 - x$	$+$	$+$	$+$	$+$	$-$
Sign of $(x - 7)(x - 4)$	$+$	$+$	$-$	$+$	$+$
Sign of $(x - 2)(9 - x)$	$-$	$+$	$+$	$+$	$-$

Thus the solution is $(2, 4) \cup (7, 9)$.

65. $2 < 10^x < 5$ $\Leftrightarrow$ $\log 2 < x < \log 5$ $\Leftrightarrow$ $0.3010 < x < 0.6990$. Hence the solution to the inequality is
approximately the interval $(0.3010, 0.6990)$.

67. (a) $A(3) = 5000 \left(1 + \dfrac{0.085}{4}\right)^{4(3)} = 5000 \left(1.02125^{12}\right) = 6435.09$. Thus the amount after 3 years is \$6,435.09.

(b) $10000 = 5000 \left(1 + \dfrac{0.085}{4}\right)^{4t} = 5000 \left(1.02125^{4t}\right)$ $\Leftrightarrow$ $2 = 1.02125^{4t}$ $\Leftrightarrow$ $\log 2 = 4t \log 1.02125$ $\Leftrightarrow$

$t = \dfrac{\log 2}{4 \log 1.02125} \approx 8.24$ years. Thus the investment will double in about 8.24 years.

69. $8000 = 5000 \left(1 + \dfrac{0.075}{4}\right)^{4t} = 5000 \left(1.01875^{4t}\right) \quad \Leftrightarrow \quad 1.6 = 1.01875^{4t} \quad \Leftrightarrow \quad \log 1.6 = 4t \log 1.01875 \quad \Leftrightarrow$

$t = \dfrac{\log 1.6}{4 \log 1.01875} \approx 6.33$ years. The investment will increase to \$8000 in approximately 6 years and 4 months.

71. $2 = e^{0.085t} \quad \Leftrightarrow \quad \ln 2 = 0.085t \quad \Leftrightarrow \quad t = \dfrac{\ln 2}{0.085} \approx 8.15$ years. Thus the investment will double in about 8.15 years.

73. $r_{\text{eff}} = \left(1 + \dfrac{r}{n}\right)^n - 1$. Here $r = 0.08$ and $n = 12$, so $r_{\text{eff}} = \left(1 + \dfrac{0.08}{12}\right)^{12} - 1 = (1.0066667)^{12} - 1 = 8.30\%$.

75. $15e^{-0.087t} = 5 \quad \Leftrightarrow \quad e^{-0.087t} = \frac{1}{3} \quad \Leftrightarrow \quad -0.087t = \ln\left(\frac{1}{3}\right) = -\ln 3 \quad \Leftrightarrow \quad t = \dfrac{\ln 3}{0.087} \approx 12.6277$. So only

5 grams remain after approximately 13 days.

77. (a) $P(3) = \dfrac{10}{1 + 4e^{-0.8(3)}} = 7.337$ So there are approximately 7337 fish after 3 years.

(b) We solve for t. $\dfrac{10}{1 + 4e^{-0.8t}} = 5 \quad \Leftrightarrow \quad 1 + 4e^{-0.8t} = \frac{10}{5} = 2 \quad \Leftrightarrow \quad 4e^{-0.8t} = 1 \quad \Leftrightarrow \quad e^{-0.8t} = 0.25 \quad \Leftrightarrow$

$-0.8t = \ln 0.25 \quad \Leftrightarrow \quad t = \dfrac{\ln 0.25}{-0.8} = 1.73$. So the population will reach 5000 fish in about 1 year and 9 months.

79. (a) $\ln\left(\dfrac{P}{P_0}\right) = -\dfrac{h}{k} \quad \Leftrightarrow \quad \dfrac{P}{P_0} = e^{-h/k} \quad \Leftrightarrow \quad P = P_0 e^{-h/k}$. Substituting $k = 7$ and $P_0 = 100$ we get

$P = 100e^{-h/7}$.

(b) When $h = 4$ we have $P = 100e^{-4/7} \approx 56.47$ kPa.

81. (a) $I = \dfrac{60}{13}\left(1 - e^{-13t/5}\right) \quad \Leftrightarrow \quad \dfrac{13}{60}I = 1 - e^{-13t/5} \quad \Leftrightarrow \quad e^{-13t/5} = 1 - \dfrac{13}{60}I \quad \Leftrightarrow \quad -\dfrac{13}{5}t = \ln\left(1 - \dfrac{13}{60}I\right) \quad \Leftrightarrow$

$t = -\dfrac{5}{13}\ln\left(1 - \dfrac{13}{60}I\right)$.

(b) Substituting $I = 2$, we have $t = -\dfrac{5}{13}\ln\left[1 - \dfrac{13}{60}(2)\right] \approx 0.218$ seconds.

83. Since $9^1 = 9$, $9^2 = 81$, and $9^3 = 729$, the solution of $9^x = 20$ must be between 1 and 2 (because 20 is between 9 and 81), whereas the solution to $9^x = 100$ must be between 2 and 3 (because 100 is between 81 and 729).

85. (a) $(x-1)^{\log(x-1)} = 100(x-1) \quad \Leftrightarrow \quad \log\left((x-1)^{\log(x-1)}\right) = \log(100(x-1)) \quad \Leftrightarrow$

$[\log(x-1)]\log(x-1) = \log 100 + \log(x-1) \quad \Leftrightarrow \quad [\log(x-1)]^2 - \log(x-1) - 2 = 0 \quad \Leftrightarrow$

$[\log(x-1) - 2][\log(x-1) + 1] = 0$. Thus either $\log(x-1) = 2 \quad \Leftrightarrow \quad x = 101$ or $\log(x-1) = -1 \quad \Leftrightarrow$

$x = \dfrac{11}{10}$.

(b) $\log_2 x + \log_4 x + \log_8 x = 11 \quad \Leftrightarrow \quad \log_2 x + \log_2 \sqrt{x} + \log_2 \sqrt[3]{x} = 11 \quad \Leftrightarrow \quad \log_2\left(x\sqrt{x}\sqrt[3]{x}\right) = 11 \quad \Leftrightarrow$

$\log_2\left(x^{11/6}\right) = 11 \quad \Leftrightarrow \quad \dfrac{11}{6}\log_2 x = 11 \quad \Leftrightarrow \quad \log_2 x = 6 \quad \Leftrightarrow \quad x = 2^6 = 64$

(c) $4^x - 2^{x+1} = 3 \quad \Leftrightarrow \quad (2^x)^2 - 2(2^x) - 3 = 0 \quad \Leftrightarrow \quad (2^x - 3)(2^x + 1) = 0 \quad \Leftrightarrow \quad$ either $2^x = 3 \quad \Leftrightarrow$

$x = \dfrac{\ln 3}{\ln 2}$ or $2^x = -1$, which has no real solution. So $x = \dfrac{\ln 3}{\ln 2}$ is the only real solution.

4.5 Modeling with Exponential and Logarithmic Functions

1. (a) $n(0) = 500$.

(b) The relative growth rate is $0.45 = 45\%$.

(c) $n(3) = 500e^{0.45(3)} \approx 1929$.

(d) $10{,}000 = 500e^{0.45t} \quad \Leftrightarrow \quad 20 = e^{0.45t} \quad \Leftrightarrow \quad 0.45t = \ln 20$

$\Leftrightarrow \quad t = \dfrac{\ln 20}{0.45} \approx 6.66$ hours, or 6 hours 40 minutes.

3. (a) $r = 0.08$ and $n(0) = 18000$. Thus the population is given by the formula $n(t) = 18,000e^{0.08t}$.

(b) $t = 2008 - 2000 = 8$. Then we have
$n(8) = 18000e^{0.08(8)} = 18000e^{0.64} \approx 34{,}137$. Thus there should be 34,137 foxes in the region by the year 2008.

(c)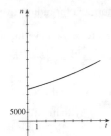

5. (a) $n(t) = 112,000e^{0.04t}$.

(b) $t = 2000 - 1994 = 6$ and $n(6) = 112,000e^{0.04(6)} \approx 142380$. The projected population is about 142,000.

(c) $200,000 = 112,000e^{0.04t}$ $\Leftrightarrow$ $\frac{25}{14} = e^{0.04t}$ $\Leftrightarrow$ $0.04t = \ln\left(\frac{25}{14}\right)$ $\Leftrightarrow$ $t = 25\ln\left(\frac{25}{14}\right) \approx 14.5$. Since $1994 + 14.5 = 2008.5$, the population will reach 200,000 during the year 2008.

7. (a) The deer population in 1996 was 20,000.

(b) Using the model $n(t) = 20,000e^{rt}$ and the point $(4, 31000)$, we have $31,000 = 20,000e^{4r}$ $\Leftrightarrow$ $1.55 = e^{4r}$ $\Leftrightarrow$ $4r = \ln 1.55$ $\Leftrightarrow$ $r = \frac{1}{4}\ln 1.55 \approx 0.1096$. Thus $n(t) = 20,000e^{0.1096t}$

(c) $n(8) = 20,000e^{0.1096(8)} \approx 48,218$, so the projected deer population in 2004 is about 48,000.

(d) $100,000 = 20,000e^{0.1096t}$ $\Leftrightarrow$ $5 = e^{0.1096t}$ $\Leftrightarrow$ $0.1096t = \ln 5$ $\Leftrightarrow$ $t = \frac{\ln 5}{0.1096} \approx 14.63$. Since $1996 + 14.63 = 2010.63$, the deer population will reach 100,000 during the year 2010.

9. (a) Using the formula $n(t) = n_0e^{rt}$ with $n_0 = 8600$ and $n(1) = 10000$, we solve for r, giving $10000 = n(1) = 8600e^r$ $\Leftrightarrow$ $\frac{50}{43} = e^r$ $\Leftrightarrow$ $r = \ln\left(\frac{50}{43}\right) \approx 0.1508$. Thus $n(t) = 8600e^{0.1508t}$.

(b) $n(2) = 8600e^{0.1508(2)} \approx 11627$. Thus the number of bacteria after two hours is about 11,600.

(c) $17200 = 8600e^{0.1508t}$ $\Leftrightarrow$ $2 = e^{0.1508t}$ $\Leftrightarrow$ $0.1508t = \ln 2$ $\Leftrightarrow$ $t = \frac{\ln 2}{0.1508} \approx 4.596$. Thus the number of bacteria will double in about 4.6 hours.

11. (a) $2n_0 = n_0e^{0.02t}$ $\Leftrightarrow$ $2 = e^{0.02t}$ $\Leftrightarrow$ $0.02t = \ln 2$ $\Leftrightarrow$ $t = 50\ln 2 \approx 34.65$. So we have $t = 1995 + 34.65 = 2029.65$, and hence at the current growth rate the population will double by the year 2029.

(b) $3n_0 = n_0e^{0.02t}$ $\Leftrightarrow$ $3 = e^{0.02t}$ $\Leftrightarrow$ $0.02t = \ln 3$ $\Leftrightarrow$ $t = 50\ln 3 \approx 54.93$. So we have $t = 1995 + 54.93 = 2049.93$, and hence at the current growth rate the population will triple by the year 2050.

13. $n(t) = n_0e^{2t}$. When $n_0 = 1$, the critical level is $n(24) = e^{2(24)} = e^{48}$. We solve the equation $e^{48} = n_0e^{2t}$, where $n_0 = 10$. This gives $e^{48} = 10e^{2t}$ $\Leftrightarrow$ $48 = \ln 10 + 2t$ $\Leftrightarrow$ $2t = 48 - \ln 10$ $\Leftrightarrow$ $t = \frac{1}{2}(48 - \ln 10) \approx 22.85$ hours.

15. (a) Using $m(t) = m_0e^{-rt}$ with $m_0 = 10$ and $h = 30$, we have $r = \frac{\ln 2}{h} = \frac{\ln 2}{30} \approx 0.0231$. Thus $m(t) = 10e^{-0.0231t}$.

(b) $m(80) = 10e^{-0.0231(80)} \approx 1.6$ grams.

(c) $2 = 10e^{-0.0231t}$ $\Leftrightarrow$ $\frac{1}{5} = e^{-0.0231t}$ $\Leftrightarrow$ $\ln\left(\frac{1}{5}\right) = -0.0231t$ $\Leftrightarrow$ $t = \frac{-\ln 5}{-0.0231} \approx 70$ years.

17. By the formula in the text, $m(t) = m_0e^{-rt}$ where $r = \frac{\ln 2}{h}$, so $m(t) = 50e^{-[(\ln 2)/28]t}$. We need to solve for t in the equation $32 = 50e^{-[(\ln 2)/28]t}$. This gives $e^{-[(\ln 2)/28]t} = \frac{32}{50}$ $\Leftrightarrow$ $-\frac{\ln 2}{28}t = \ln\left(\frac{32}{50}\right)$ $\Leftrightarrow$ $t = -\frac{28}{\ln 2} \cdot \ln\left(\frac{32}{50}\right) \approx 18.03$, so it takes about 18 years.

19. By the formula for radioactive decay, we have $m(t) = m_0 e^{-rt}$, where $r = \dfrac{\ln 2}{h}$, in other words $m(t) = m_0 e^{-[(\ln 2)/h]t}$. In this exercise we have to solve for h in the equation $200 = 250 e^{-[(\ln 2)/h]\cdot 48} \Leftrightarrow 0.8 = e^{-[(\ln 2)/h]\cdot 48} \Leftrightarrow \ln(0.8) = -\dfrac{\ln 2}{h}\cdot 48 \Leftrightarrow h = -\dfrac{\ln 2}{\ln 0.8}\cdot 48 \approx 149.1$ hours. So the half-life is approximately 149 hours.

21. By the formula in the text, $m(t) = m_0 e^{-[(\ln 2)/h]\cdot t}$, so we have $0.65 = 1\cdot e^{-[(\ln 2)/5730]\cdot t} \Leftrightarrow \ln(0.65) = -\dfrac{\ln 2}{5730}t$ $\Leftrightarrow t = -\dfrac{5730\ln 0.65}{\ln 2} \approx 3561$. Thus the artifact is about 3560 years old.

23. **(a)** $T(0) = 65 + 145 e^{-0.05(0)} = 65 + 145 = 210°$ F.

(b) $T(10) = 65 + 145 e^{-0.05(10)} \approx 152.9$. Thus the temperature after 10 minutes is about $153°$ F.

(c) $100 = 65 + 145 e^{-0.05t} \Leftrightarrow 35 = 145 e^{-0.05t} \Leftrightarrow 0.2414 = e^{-0.05t} \Leftrightarrow \ln 0.2414 = -0.05t \Leftrightarrow$ $t = -\dfrac{\ln 0.2414}{0.05} \approx 28.4$. Thus the temperature will be $100°$ F in about 28 minutes.

25. Using Newton's Law of Cooling, $T(t) = T_s + D_0 e^{-kt}$ with $T_s = 75$ and $D_0 = 185 - 75 = 110$. So $T(t) = 75 + 110 e^{-kt}$.

(a) Since $T(30) = 150$, we have $T(30) = 75 + 110 e^{-30k} = 150 \Leftrightarrow 110 e^{-30k} = 75 \Leftrightarrow e^{-30k} = \frac{15}{22} \Leftrightarrow$ $-30k = \ln\left(\frac{15}{22}\right) \Leftrightarrow k = -\frac{1}{30}\ln\left(\frac{15}{22}\right)$. Thus we have $T(45) = 75 + 110 e^{(45/30)\ln(15/22)} \approx 136.9$, and so the temperature of the turkey after 45 minutes is about $137°$ F.

(b) The temperature will be $100°$F when $75 + 110 e^{(t/30)\ln(15/22)} = 100 \Leftrightarrow e^{(t/30)\ln(15/22)} = \dfrac{25}{110} = \frac{5}{22} \Leftrightarrow$ $\left(\dfrac{t}{30}\right)\ln\left(\frac{15}{22}\right) = \ln\left(\frac{5}{22}\right) \Leftrightarrow t = 30\dfrac{\ln\left(\frac{5}{22}\right)}{\ln\left(\frac{15}{22}\right)} \approx 116.1$. So the temperature will be $100°$ F after 116 minutes.

27. **(a)** $\text{pH} = -\log\left[\text{H}^+\right] = -\log\left(5.0\times 10^{-3}\right) \approx 2.3$

(b) $\text{pH} = -\log\left[\text{H}^+\right] = -\log\left(3.2\times 10^{-4}\right) \approx 3.5$

(c) $\text{pH} = -\log\left[\text{H}^+\right] = -\log\left(5.0\times 10^{-9}\right) \approx 8.3$

29. **(a)** $\text{pH} = -\log\left[\text{H}^+\right] = 3.0 \Leftrightarrow \left[\text{H}^+\right] = 10^{-3}$ M

(b) $\text{pH} = -\log\left[\text{H}^+\right] = 6.5 \Leftrightarrow \left[\text{H}^+\right] = 10^{-6.5} \approx 3.2\times 10^{-7}$ M

31. $4.0\times 10^{-7} \le \left[\text{H}^+\right] \le 1.6\times 10^{-5} \Leftrightarrow \log\left(4.0\times 10^{-7}\right) \le \log\left[\text{H}^+\right] \le \log\left(1.6\times 10^{-5}\right) \Leftrightarrow$ $-\log\left(4.0\times 10^{-7}\right) \ge \text{pH} \ge -\log\left(1.6\times 10^{-5}\right) \Leftrightarrow 6.4 \ge \text{pH} \ge 4.8$. Therefore the range of pH readings for cheese is approximately 4.8 to 6.4.

33. Let I_0 be the intensity of the smaller earthquake and I_1 the intensity of the larger earthquake. Then $I_1 = 20 I_0$. Notice that $M_0 = \log\left(\dfrac{I_0}{S}\right) = \log I_0 - \log S$ and $M_1 = \log\left(\dfrac{I_1}{S}\right) = \log\left(\dfrac{20 I_0}{S}\right) = \log 20 + \log I_0 - \log S$. Then $M_1 - M_0 = \log 20 + \log I_0 - \log S - \log I_0 + \log S = \log 20 \approx 1.3$. Therefore the magnitude is 1.3 times larger.

35. Let the subscript A represent the Alaska earthquake and S represent the San Francisco earthquake. Then $M_A = \log\left(\dfrac{I_A}{S}\right) = 8.6 \Leftrightarrow I_A = S\cdot 10^{8.6}$; also, $M_S = \log\left(\dfrac{I_S}{S}\right) = 8.3 \Leftrightarrow I_S = S\cdot 10^{8.6}$. So $\dfrac{I_A}{I_S} = \dfrac{S\cdot 10^{8.6}}{S\cdot 10^{8.3}} = 10^{0.3} \approx 1.995$, and hence the Alaskan earthquake was roughly twice as intense as the San Francisco earthquake.

37. Let the subscript M represent the Mexico City earthquake, and T represent the Tangshan earthquake. We have $\dfrac{I_T}{I_M} = 1.26 \Leftrightarrow \log 1.26 = \log\dfrac{I_T}{I_M} = \log\dfrac{I_T/S}{I_M/S} = \log\dfrac{I_T}{S} - \log\dfrac{I_M}{S} = M_T - M_M$. Therefore $M_T = M_M + \log 1.26 \approx 8.1 + 0.1 = 8.2$. Thus the magnitude of the Tangshan earthquake was roughly 8.2.

39. $98 = 10 \log \left(\dfrac{I}{10^{-12}} \right) \quad \Leftrightarrow \quad \log \left(I \cdot 10^{12} \right) = 9.8 \quad \Leftrightarrow \quad \log I = 9.8 - \log 10^{12} = -2.2 \quad \Leftrightarrow$

$I = 10^{-2.2} \approx 6.3 \times 10^{-3}$. So the intensity was 6.3×10^{-3} watts/m^2.

41. (a) $\beta_1 = 10 \log \left(\dfrac{I_1}{I_0} \right)$ and $I_1 = \dfrac{k}{d_1^2} \Leftrightarrow \beta_1 = 10 \log \left(\dfrac{k}{d_1^2 I_0} \right) = 10 \left[\log \left(\dfrac{k}{I_0} \right) - 2 \log d_1 \right] = 10 \log \left(\dfrac{k}{I_0} \right) - 20 \log d_1$.

Similarly, $\beta_2 = 10 \log \left(\dfrac{k}{I_0} \right) - 20 \log d_2$. Substituting the expression for β_1 gives

$\beta_2 = 10 \log \left(\dfrac{k}{I_0} \right) - 20 \log d_1 + 20 \log d_1 - 20 \log d_2 = \beta_1 + 20 \log d_1 - 20 \log d_2 = \beta_1 + 20 \log \left(\dfrac{d_1}{d_2} \right)$.

(b) $\beta_1 = 120$, $d_1 = 2$, and $d_2 = 10$. Then $\beta_2 = \beta_1 + 20 \log \left(\dfrac{d_1}{d_2} \right) = 120 + 20 \log \left(\dfrac{2}{10} \right) = 120 + 20 \log 0.2 \approx 106$, and

so the intensity level at 10 m is approximately 106 dB.

Chapter 4 Review

1. $f(x) = 2^{-x+1}$. Domain $(-\infty, \infty)$, range $(0, \infty)$, asymptote $y = 0$.

3. $g(x) = 3 + 2^x$. Domain $(-\infty, \infty)$, range $(3, \infty)$, asymptote $y = 3$.

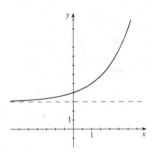

5. $f(x) = \log_3(x - 1)$. Domain $(1, \infty)$, range $(-\infty, \infty)$, asymptote $x = 1$.

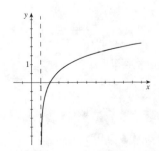

7. $f(x) = 2 - \log_2 x$. Domain $(0, \infty)$, range $(-\infty, \infty)$, asymptote $x = 0$.

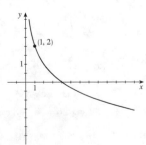

9. $F(x) = e^x - 1$. Domain $(-\infty, \infty)$, range $(-1, \infty)$, asymptote $y = -1$.

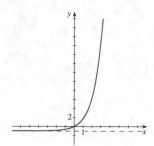

11. $g(x) = 2\ln x$. Domain $(0, \infty)$, range $(-\infty, \infty)$, asymptote $x = 0$.

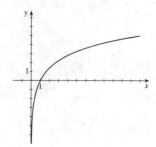

13. $f(x) = 10^{x^2} + \log(1 - 2x)$. Since $\log u$ is defined only for $u > 0$, we require $1 - 2x > 0 \quad \Leftrightarrow \quad -2x > -1 \quad \Leftrightarrow \quad x < \frac{1}{2}$, and so the domain is $\left(-\infty, \frac{1}{2}\right)$.

15. $h(x) = \ln(x^2 - 4)$. We must have $x^2 - 4 > 0$ (since $\ln y$ is defined only for $y > 0$) $\quad \Leftrightarrow \quad x^2 - 4 > 0 \quad \Leftrightarrow \quad (x - 2)(x + 2) > 0$. The endpoints of the intervals are -2 and 2.

Interval	$(-\infty, -2)$	$(-2, 2)$	$(2, \infty)$
Sign of $x - 2$	$-$	$-$	$+$
Sign of $x + 2$	$-$	$+$	$+$
Sign of $(x - 2)(x + 2)$	$+$	$-$	$+$

Thus the domain is $(-\infty, -2) \cup (2, \infty)$.

17. $\log_2 1024 = 10 \quad \Leftrightarrow \quad 2^{10} = 1024$

19. $\log x = y \quad \Leftrightarrow \quad 10^y = x$

21. $2^6 = 64 \quad \Leftrightarrow \quad \log_2 64 = 6$

23. $10^x = 74 \quad \Leftrightarrow \quad \log_{10} 74 = x \quad \Leftrightarrow \quad \log 74 = x$

25. $\log_2 128 = \log_2 (2^7) = 7$

27. $10^{\log 45} = 45$

29. $\ln(e^6) = 6$

31. $\log_3 \frac{1}{27} = \log_3 3^{-3} = -3$

33. $\log_5 \sqrt{5} = \log_5 5^{1/2} = \frac{1}{2}$

35. $\log 25 + \log 4 = \log(25 \cdot 4) = \log 10^2 = 2$

37. $\log_2 (16^{23}) = \log_2 (2^4)^{23} = \log_2 2^{92} = 92$

39. $\log_8 6 - \log_8 3 + \log_8 2 = \log_8 \left(\frac{6}{3} \cdot 2\right) = \log_8 4 = \log_8 8^{2/3} = \frac{2}{3}$

41. $\log(AB^2C^3) = \log A + 2\log B + 3\log C$

43. $\ln \sqrt{\frac{x^2 - 1}{x^2 + 1}} = \frac{1}{2} \ln \left(\frac{x^2 - 1}{x^2 + 1}\right) = \frac{1}{2}\left[\ln(x^2 - 1) - \ln(x^2 + 1)\right]$

45. $\log_5 \left(\frac{x^2(1 - 5x)^{3/2}}{\sqrt{x^3 - x}}\right) = \log_5 x^2 (1 - 5x)^{3/2} - \log_5 \sqrt{x(x^2 - 1)} = 2\log_5 x + \frac{3}{2}\log_5 (1 - 5x) - \frac{1}{2}\log_5 (x^3 - x)$

47. $\log 6 + 4\log 2 = \log 6 + \log 2^4 = \log(6 \cdot 2^4) = \log 96$

49. $\frac{3}{2}\log_2 (x - y) - 2\log_2 (x^2 + y^2) = \log_2 (x - y)^{3/2} - \log_2 (x^2 + y^2)^2 = \log_2 \left(\frac{(x - y)^{3/2}}{(x^2 + y^2)^2}\right)$

51. $\log(x - 2) + \log(x + 2) - \frac{1}{2}\log(x^2 + 4) = \log[(x - 2)(x + 2)] - \log \sqrt{x^2 + 4} = \log \left(\frac{x^2 - 4}{\sqrt{x^2 + 4}}\right)$

53. $\log_2 (1 - x) = 4 \quad \Leftrightarrow \quad 1 - x = 2^4 \quad \Leftrightarrow \quad x = 1 - 2^4 = -15$

55. $5^{5 - 3x} = 26 \quad \Leftrightarrow \quad \log_5 26 = 5 - 3x \quad \Leftrightarrow \quad 3x = 5 - \log_5 26 \quad \Leftrightarrow \quad x = \frac{1}{3}(5 - \log_5 26) \approx 0.99$

57. $e^{3x/4} = 10 \quad \Leftrightarrow \quad \ln e^{3x/4} = \ln 10 \quad \Leftrightarrow \quad \frac{3x}{4} = \ln 10 \quad \Leftrightarrow \quad x = \frac{4}{3}\ln 10 \approx 3.07$

59. $\log x + \log (x+1) = \log 12$ $\Leftrightarrow$ $\log [x(x+1)] = \log 12$ $\Leftrightarrow$ $x(x+1) = 12$ $\Leftrightarrow$ $x^2 + x - 12 = 0$ $\Leftrightarrow$
$(x+4)(x-3) = 0 \Rightarrow x = 3$ or -4. Because $\log x$ and $\log (x+1)$ are undefined at $x = -4$, it follows that $x = 3$ is the
only solution.

61. $x^2 e^{2x} + 2xe^{2x} = 8e^{2x}$ $\Leftrightarrow$ $e^{2x}\left(x^2 + 2x - 8\right) = 0$ $\Leftrightarrow$ $x^2 + 2x - 8 = 0$ (since $e^{2x} > 0$ for all x) $\Leftrightarrow$
$(x+4)(x-2) = 0$ $\Leftrightarrow$ $x = 2, -4$

63. $5^{-2x/3} = 0.63$ $\Leftrightarrow$ $\dfrac{-2x}{3} \log 5 = \log 0.63$ $\Leftrightarrow$ $x = -\dfrac{3 \log 0.63}{2 \log 5} \approx 0.430618$

65. $5^{2x+1} = 3^{4x-1}$ $\Leftrightarrow$ $(2x+1) \log 5 = (4x-1) \log 3$ $\Leftrightarrow$ $2x \log 5 + \log 5 = 4x \log 3 - \log 3$ $\Leftrightarrow$
$x(2 \log 5 - 4 \log 3) = -\log 3 - \log 5$ $\Leftrightarrow$ $x = \dfrac{\log 3 + \log 5}{4 \log 3 - 2 \log 5} \approx 2.303600$

67. $y = e^{x/(x+2)}$. Vertical asymptote $x = -2$, horizontal
asymptote $y = 2.72$, no maximum or minimum.

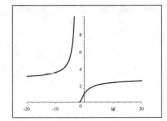

69. $y = \log\left(x^3 - x\right)$. Vertical asymptotes $x = -1$, $x = 0$,
$x = 1$, no horizontal asymptote, local maximum of about
-0.41 when $x \approx -0.58$.

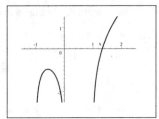

71. $3 \log x = 6 - 2x$. We graph $y = 3 \log x$ and $y = 6 - 2x$
in the same viewing rectangle. The solution occurs where
the two graphs intersect. From the graphs, we see that the
solution is $x \approx 2.42$.

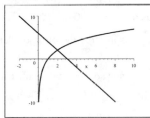

73. $\ln x > x - 2$. We graph the function $f(x) = \ln x - x + 2$,
and we see that the graph lies above the x-axis for
$0.16 < x < 3.15$. So the approximate solution of the
given inequality is $0.16 < x < 3.15$.

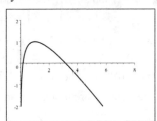

75. $f(x) = e^x - 3e^{-x} - 4x$. We graph the function $f(x)$, and we see that the
function is increasing on $(-\infty, 0]$ and $[1.10, \infty)$ and decreasing on $[0, 1.10]$.

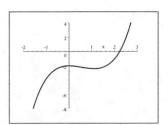

77. $\log_4 15 = \dfrac{\log 15}{\log 4} = 1.953445$

79. Notice that $\log_4 258 > \log_4 256 = \log_4 4^4 = 4$ and so $\log_4 258 > 4$. Also $\log_5 620 < \log_5 625 = \log_5 5^4 = 4$ and so
$\log_5 620 < 4$. Then $\log_4 258 > 4 > \log_5 620$ and so $\log_4 258$ is larger.

81. $P = 12{,}000$, $r = 0.10$, and $t = 3$. Then $A = P\left(1 + \dfrac{r}{n}\right)^{nt}$.

(a) For $n = 2$, $A = 12{,}000\left(1 + \frac{0.10}{2}\right)^{2(3)} = 12{,}000\left(1.05^6\right) \approx \$16{,}081.15$.

(b) For $n = 12$, $A = 12{,}000\left(1 + \frac{0.10}{12}\right)^{12(3)} \approx \$16{,}178.18$.

(c) For $n = 365$, $A = 12{,}000\left(1 + \frac{0.10}{365}\right)^{365(3)} \approx \$16{,}197.64$.

(d) For $n = \infty$, $A = Pe^{rt} = 12{,}000 e^{0.10(3)} \approx \$16{,}198.31$.

83. (a) Using the model $n(t) = n_0 e^{rt}$, with $n_0 = 30$ and $r = 0.15$, we have the formula $n(t) = 30 e^{0.15t}$.

(b) $n(4) = 30 e^{0.15(4)} \approx 55$.

(c) $500 = 30 e^{0.15t}$ $\Leftrightarrow$ $\frac{50}{3} = e^{0.15t}$ $\Leftrightarrow$ $0.15t = \ln\left(\frac{50}{3}\right)$ $\Leftrightarrow$ $t = \dfrac{1}{0.15}\ln\left(\frac{50}{3}\right) \approx 18.76$. So the stray cat population will reach 500 in about 19 years.

85. (a) From the formula for radioactive decay, we have $m(t) = 10 e^{-rt}$, where $r = -\dfrac{\ln 2}{2.7 \times 10^5}$. So after 1000 years the amount remaining is $m(1000) = 10 \cdot e^{\left[-\ln 2/\left(2.7 \times 10^5\right)\right] \cdot 1000} = 10 e^{-(\ln 2)/\left(2.7 \times 10^2\right)} = 10 e^{-(\ln 2)/270} \approx 9.97$. Therefore the amount remaining is about 9.97 mg.

(b) We solve for t in the equation $7 = 10 e^{-\left[\ln 2/\left(2.7 \times 10^5\right)\right] \cdot t}$. We have $7 = 10 e^{-\left[\ln 2/\left(2.7 \times 10^5\right)\right] \cdot t}$ $\Leftrightarrow$ $0.7 = e^{-\left[\ln 2/\left(2.7 \times 10^5\right)\right] \cdot t}$ $\Leftrightarrow$ $\ln 0.7 = -\dfrac{\ln 2}{2.7 \times 10^5} \cdot t$ $\Leftrightarrow$ $t = -\dfrac{\ln 0.7}{\ln 2} \cdot 2.7 \times 10^5 \approx 138{,}934.75$. Thus it takes about 139,000 years.

87. (a) From the formula for radioactive decay, $r = \dfrac{\ln 2}{1590} \approx 0.0004359$ and $n(t) = 150 \cdot e^{-0.0004359t}$.

(b) $n(1000) = 150 \cdot e^{-0.0004359 \cdot 1000} \approx 97.00$, and so the amount remaining is about 97.00 mg.

(c) Find t so that $50 = 150 \cdot e^{-0.0004359t}$. We have $50 = 150 \cdot e^{-0.0004359t}$ $\Leftrightarrow$ $\frac{1}{3} = e^{-0.0004359t}$ $\Leftrightarrow$ $t = -\dfrac{1}{0.0004359}\ln\left(\frac{1}{3}\right) \approx 2520$. Thus only 50 mg remain after about 2520 years.

89. (a) Using $n_0 = 1500$ and $n(5) = 3200$ in the formula $n(t) = n_0 e^{rt}$, we have $3200 = n(5) = 1500 e^{5r}$ $\Leftrightarrow$ $e^{5r} = \frac{32}{15}$ $\Leftrightarrow$ $5r = \ln\left(\frac{32}{15}\right)$ $\Leftrightarrow$ $r = \frac{1}{5}\ln\left(\frac{32}{15}\right) \approx 0.1515$. Thus $n(t) = 1500 \cdot e^{0.1515t}$.

(b) We have $t = 1999 - 1988 = 11$ so $n(11) = 1500 e^{0.1515 \cdot 11} \approx 7940$. Thus in 1999 the bird population should be about 7940.

91. $\left[H^+\right] = 1.3 \times 10^{-8}$ M. Then $\mathrm{pH} = -\log\left[H^+\right] = -\log\left(1.3 \times 10^{-8}\right) \approx 7.9$, and so fresh egg whites are basic.

93. Let I_0 be the intensity of the smaller earthquake and I_1 be the intensity of the larger earthquake. Then $I_1 = 35 I_0$. Since $M = \log\left(\dfrac{I}{S}\right)$, we have $M_0 = \log\left(\dfrac{I_0}{S}\right) = 6.5$ and $M_1 = \log\left(\dfrac{I_1}{S}\right) = \log\left(\dfrac{35 I_0}{S}\right) = \log 35 + \log\left(\dfrac{I_0}{S}\right) = \log 35 + M_0 = \log 35 + 6.5 \approx 8.04$. So the magnitude on the Richter scale of the larger earthquake is approximately 8.0.

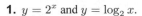

Chapter 4 Test

1. $y = 2^x$ and $y = \log_2 x$.

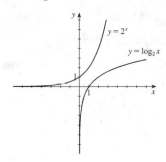

2. $f(x) = \log(x+1)$ has domain $(-1, \infty)$, range $(-\infty, \infty)$, and vertical asymptote $x = -1$.

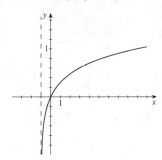

3. (a) $\log_3 \sqrt{27} = \log_3 \left(3^3\right)^{1/2} = \log_3 3^{3/2} = \frac{3}{2}$

(b) $\log_2 80 - \log_2 10 = \log_2 \left(\frac{80}{10}\right) = \log_2 8 = \log_2 2^3 = 3$

(c) $\log_8 4 = \log_8 8^{2/3} = \frac{2}{3}$

(d) $\log_6 4 + \log_6 9 = \log_6 (4 \cdot 9) = \log_6 6^2 = 2$

4. $\log \sqrt[3]{\dfrac{x+2}{x^4 \left(x^2+4\right)}} = \dfrac{1}{3} \log \left(\dfrac{x+2}{x^4 \left(x^2+4\right)}\right) = \dfrac{1}{3} \left[\log (x+2) - \left(4\log x + \log \left(x^2+4\right)\right)\right]$
$= \frac{1}{3} \log (x+2) - \frac{4}{3} \log x - \frac{1}{3} \log \left(x^2+4\right)$

5. $\ln x - 2\ln \left(x^2+1\right) + \frac{1}{2} \ln \left(3-x^4\right) = \ln \left(x\sqrt{3-x^4}\right) - \ln \left(x^2+1\right)^2 = \ln \left(\dfrac{x\sqrt{3-x^4}}{\left(x^2+1\right)^2}\right)$

6. (a) $2^{x-1} = 10 \quad \Leftrightarrow \quad \log 2^{x-1} = \log 10 = 1 \quad \Leftrightarrow \quad (x-1)\log 2 = 1 \quad \Leftrightarrow \quad x - 1 = \dfrac{1}{\log 2} \quad \Leftrightarrow$
$x = 1 + \dfrac{1}{\log 2} \approx 4.32$

(b) $5\ln(3-x) = 4 \quad \Leftrightarrow \quad \ln(3-x) = \frac{4}{5} \quad \Leftrightarrow \quad e^{\ln(3-x)} = e^{4/5} \quad \Leftrightarrow \quad 3 - x = e^{4/5} \quad \Leftrightarrow$
$x = 3 - e^{4/5} \approx 0.77$

(c) $10^{x+3} = 6^{2x} \quad \Leftrightarrow \quad \log 10^{x+3} = \log 6^{2x} \quad \Leftrightarrow \quad x + 3 = 2x\log 6 \quad \Leftrightarrow \quad 2x\log 6 - x = 3 \quad \Leftrightarrow$
$x(2\log 6 - 1) = 3 \quad \Leftrightarrow \quad x = \dfrac{3}{2\log 6 - 1} \approx 5.39$

(d) $\log_2 (x+2) + \log_2 (x-1) = 2 \quad \Leftrightarrow \quad \log_2 ((x+2)(x-1)) = 2 \quad \Leftrightarrow \quad x^2 + x - 2 = 2^2 \quad \Leftrightarrow$
$x^2 + x - 6 = 0 \quad \Leftrightarrow \quad (x+3)(x-2) = 0 \Rightarrow x = -3$ or $x = 2$. However, both logarithms are undefined at $x = -3$, so the only solution is $x = 2$.

7. (a) From the formula for population growth, we have $8000 = 1000e^{r \cdot 1}$ $\Leftrightarrow \quad 8 = e^r \quad \Leftrightarrow \quad r = \ln 8 \approx 2.07944$. Thus $n(t) = 1000e^{2.07944t}$.

(b) $n(1.5) = 1000e^{2.07944(1.5)} \approx 22{,}627$

(c) $15000 = 1000e^{2.07944t} \quad \Leftrightarrow \quad 15 = e^{2.07944t} \quad \Leftrightarrow$
$\ln 15 = 2.07944t \quad \Leftrightarrow \quad t = \dfrac{\ln 15}{2.07944} \approx 1.3$. Thus the population will reach 15,000 after approximately 1.3 hours.

(d)

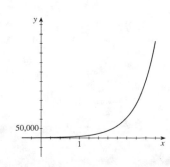

8. (a) $A(t) = 12,000 \left(1 + \frac{0.056}{12}\right)^{12t}$, where t is in years.

(b) $A(t) = 12,000 \left(1 + \frac{0.056}{365}\right)^{365t}$. So $A(3) = 12,000 \left(1 + \frac{0.056}{365}\right)^{365(3)} = \$14,195.06$.

(c) $A(t) = 12,000 \left(1 + \frac{0.056}{2}\right)^{2t} = 12,000 (1.028)^{2t}$. So $20,000 = 12,000 (1.028)^{2t}$ $\Leftrightarrow$ $1.6667 = 1.028^{2t}$ $\Leftrightarrow$ $\ln 1.6667 = \ln 1.028^{2t}$ $\Leftrightarrow$ $\ln 1.6667 = 2t \ln 1.028$ $\Leftrightarrow$ $t = \frac{\ln 1.6667}{2 \ln 1.028} \approx 9.25$ years.

9. $f(x) = \dfrac{e^x}{x^3}$

(a)

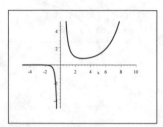

(b) f has vertical asymptote $x = 0$ and horizontal asymptote $y = 0$.

(c) f has a local minimum of about 0.74 when $x \approx 3.00$.

(d) The range of f is approximately $(-\infty, 0) \cup [0.74, \infty)$.

(e) $\dfrac{e^x}{x^3} = 2x + 1$.

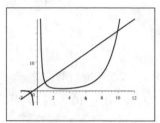

We see that the graphs intersect at $x \approx -0.85$, 0.96, and 9.92.

Focus on Modeling: Fitting Exponential and Power Curves to Data

1. (a)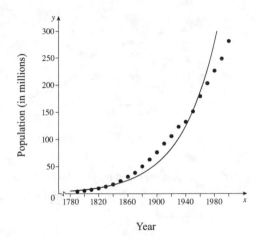

(b) Using a graphing calculator, we obtain the model $y = ab^t$, where $a = 1.1806094 \times 10^{-15}$ and $b = 1.0204139$, and y is the population (in millions) in the year t.

(c) Substituting $t = 2010$ into the model of part (b), we get $y = ab^{2010} \approx 515.9$ million.

(d) According to the model, the population in 1965 should have been about $y = ab^{1965} \approx 207.8$ million.

(e) The values given by the model are clearly much too large. This means that an exponential model is *not* appropriate for these data.

3. (a) Yes.

(b)

Year t	Health Expenditures E ($bn)	$\ln E$
1970	74.3	4.30811
1980	251.1	5.52585
1985	434.5	6.07420
1987	506.2	6.22693
1990	696.6	6.54621
1992	820.3	6.70967
1994	937.2	6.84290
1996	1039.4	6.94640
1998	1150.0	7.04752
2000	1310.0	7.17778
2001	1424.5	7.26158

Yes, the scatter plot appears to be roughly linear.

(c) Let t be the number of years elapsed since 1970 . Then $\ln E = 4.551437 + 0.09238268t$, where E is expenditure in billions of dollars.

(d) $E = e^{4.551437+0.09238268t} = 94.76849e^{0.09238268t}$

(e) In 2009 we have $t = 2009 - 1970 = 39$, so the estimated 2009 health-care expenditures are $94.76849e^{0.09238268(39)} \approx 3478.5$ billion dollars.

5. (a) Using a graphing calculator, we find that
$I_0 = 22.7586444$ and $k = 0.1062398$.

(c) We solve $0.15 = 22.7586444e^{-0.1062398x}$ for x:
$0.15 = 22.7586444e^{-0.1062398x}$ $\Leftrightarrow$
$0.006590902 = e^{-0.1062398x}$ $\Leftrightarrow$
$-5.022065 = -0.1062398x$ $\Leftrightarrow$ $x \approx 47.27$. So
light intensity drops below 0.15 lumens below around
47.27 feet.

(b)

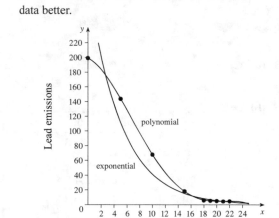

Depth (ft)

7. (a) Let t be the number of years elapsed since 1970, and let
y be the number of millions of tons of lead emissions in
year t. Using a graphing calculator, we obtain the
exponential model $y = ab^t$, where $a = 301.813054$
and $b = 0.819745$.

(b) Using a graphing calculator, we obtain the
fourth-degree polynomial model
$y = at^4 + bt^3 + ct^2 + dt + e$, where $a = -0.002430$,
$b = 0.135159$, $c = -2.014322$, $d = -4.055294$, and
$e = 199.092227$.

(d) Using the exponential model, we estimate emissions in
1972 to be $y(2) \approx 202.8$ million metric tons and
emissions in 1982 to be $y(12) \approx 27.8$ million metric
tons.
Using the polynomial model, we estimate emissions in
1972 to be $y(2) \approx 184.0$ million metric tons and
emissions in 1982 to be $y(12) \approx 43.5$ million metric
tons.

(c) The exponential and polynomial models are shown.
From the graph, the polynomial model appears to fit the
data better.

Year since 1970

9. (a)

(b)

x	y	$\ln x$	$\ln y$
2	0.08	0.69315	-2.52573
4	0.12	1.38629	-2.12026
6	0.18	1.79176	-1.71480
8	0.25	2.07944	-1.38629
10	0.36	2.30259	-1.02165
12	0.52	2.48491	-0.65393
14	0.73	2.63906	-0.31471
16	1.06	2.77259	0.05827

(b)

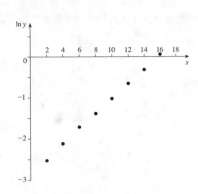   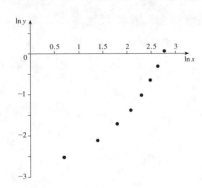

(c) The exponential function.

(d) $y = a \cdot b^x$ where $a = 0.057697$ and $b = 1.200236$.

11. (a) Using the `Logistic` command on a TI-83 we get $y = \dfrac{c}{1 + ae^{-bx}}$ where $a = 49.10976596$, $b = 0.4981144989$, and $c = 500.855793$.

(b) Using the model $N = \dfrac{c}{1 + ae^{-bt}}$ we solve for t. So $N = \dfrac{c}{1 + ae^{-bt}} \quad \Leftrightarrow \quad 1 + ae^{-bt} = \dfrac{c}{N}$

$\Leftrightarrow \quad ae^{-bt} = \left(\dfrac{c}{N}\right) - 1 = \dfrac{c - N}{N} \quad \Leftrightarrow \quad e^{-bt} = \dfrac{c - N}{aN} \quad \Leftrightarrow \quad -bt = \ln\left(c - N\right) - \ln aN$

$\Leftrightarrow \quad t = \dfrac{1}{b}\left[\ln aN - \ln\left(c - N\right)\right]$. Substituting the values for a, b, and c, with $N = 400$ we have

$t = \dfrac{1}{0.4981144989}\left(\ln 19643.90638 - \ln 100.855793\right) \approx 10.58$ days.

5 Trigonometric Functions of Real Numbers

5.1 The Unit Circle

1. Since $\left(\frac{4}{5}\right)^2 + \left(-\frac{3}{5}\right)^2 = \frac{16}{25} + \frac{9}{25} = 1$, $P\left(\frac{4}{5}, -\frac{3}{5}\right)$ lies on the unit circle.

3. Since $\left(\frac{7}{25}\right)^2 + \left(\frac{24}{25}\right)^2 = \frac{49}{625} + \frac{576}{625} = 1$, $P\left(\frac{7}{25}, \frac{24}{25}\right)$ lies on the unit circle.

5. Since $\left(-\frac{\sqrt{5}}{3}\right)^2 + \left(\frac{2}{3}\right)^2 = \frac{5}{9} + \frac{4}{9} = 1$, $P\left(-\frac{\sqrt{5}}{3}, \frac{2}{3}\right)$ lies on the unit circle.

7. $\left(-\frac{3}{5}\right)^2 + y^2 = 1 \Leftrightarrow y^2 = 1 - \frac{9}{25} \Leftrightarrow y^2 = \frac{16}{25} \Leftrightarrow y = \pm\frac{4}{5}$. Since $P(x,y)$ is in quadrant III, y is negative, so the point is $P\left(-\frac{3}{5}, -\frac{4}{5}\right)$.

9. $x^2 + \left(\frac{1}{3}\right)^2 = 1 \Leftrightarrow x^2 = 1 - \frac{1}{9} \Leftrightarrow x^2 = \frac{8}{9} \Leftrightarrow x = \pm\frac{2\sqrt{2}}{3}$. Since P is in quadrant II, x is negative, so the point is $P\left(-\frac{2\sqrt{2}}{3}, \frac{1}{3}\right)$.

11. $x^2 + \left(-\frac{2}{7}\right)^2 = 1 \Leftrightarrow x^2 = 1 - \frac{4}{49} \Leftrightarrow x^2 = \frac{45}{49} \Leftrightarrow x = \pm\frac{3\sqrt{5}}{7}$. Since $P(x,y)$ is in quadrant IV, x is positive, so the point is $P\left(\frac{3\sqrt{5}}{7}, -\frac{2}{7}\right)$.

13. $\left(\frac{4}{5}\right)^2 + y^2 = 1 \Leftrightarrow y^2 = 1 - \frac{16}{25} \Leftrightarrow y^2 = \frac{9}{25} \Leftrightarrow y = \pm\frac{3}{5}$. Since its y-coordinate is positive, the point is $P\left(\frac{4}{5}, \frac{3}{5}\right)$.

15. $x^2 + \left(\frac{2}{3}\right)^2 = 1 \Leftrightarrow x^2 = 1 - \frac{4}{9} \Leftrightarrow x^2 = \frac{5}{9} \Leftrightarrow x = \pm\frac{\sqrt{5}}{3}$. Since its x-coordinate is negative, the point is $P\left(-\frac{\sqrt{5}}{3}, \frac{2}{3}\right)$.

17. $\left(-\frac{\sqrt{2}}{3}\right)^2 + y^2 = 1 \Leftrightarrow y^2 = 1 - \frac{2}{9} \Leftrightarrow y^2 = \frac{7}{9} \Leftrightarrow y = \pm\frac{\sqrt{7}}{3}$. Since P lies below the x-axis, its y-coordinate is negative, so the point is $P\left(-\frac{\sqrt{2}}{3}, -\frac{\sqrt{7}}{3}\right)$.

19.

t	Terminal Point
0	$(1,0)$
$\frac{\pi}{4}$	$\left(\frac{\sqrt{2}}{2}, \frac{\sqrt{2}}{2}\right)$
$\frac{\pi}{2}$	$(0,1)$
$\frac{3\pi}{4}$	$\left(-\frac{\sqrt{2}}{2}, \frac{\sqrt{2}}{2}\right)$
π	$(-1,0)$

t	Terminal Point
π	$(-1,0)$
$\frac{5\pi}{4}$	$\left(-\frac{\sqrt{2}}{2}, -\frac{\sqrt{2}}{2}\right)$
$\frac{3\pi}{2}$	$(0,-1)$
$\frac{7\pi}{4}$	$\left(\frac{\sqrt{2}}{2}, -\frac{\sqrt{2}}{2}\right)$
2π	$(1,0)$

21. $P(x,y) = (0,1)$

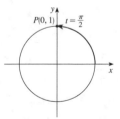

23. $P(x,y) = \left(-\frac{\sqrt{3}}{2}, \frac{1}{2}\right)$

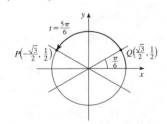

25. $P(x,y) = \left(\frac{1}{2}, -\frac{\sqrt{3}}{2}\right)$

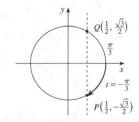

27. $P(x, y) = \left(-\frac{1}{2}, \frac{\sqrt{3}}{2}\right)$

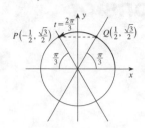

29. $P(x, y) = \left(-\frac{\sqrt{2}}{2}, -\frac{\sqrt{2}}{2}\right)$

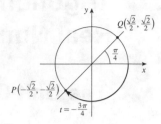

31. Let $Q(x, y) = \left(\frac{3}{5}, \frac{4}{5}\right)$ be the terminal point determined by t.

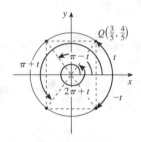

(a) $\pi - t$ determines the point $P(-x, y) = \left(-\frac{3}{5}, \frac{4}{5}\right)$.

(b) $-t$ determines the point $P(x, -y) = \left(\frac{3}{5}, -\frac{4}{5}\right)$.

(c) $\pi + t$ determines the point $P(-x, -y) = \left(-\frac{3}{5}, -\frac{4}{5}\right)$.

(d) $2\pi + t$ determines the point $P(x, y) = \left(\frac{3}{5}, \frac{4}{5}\right)$.

33. (a) $\bar{t} = \frac{5\pi}{4} - \pi = \frac{\pi}{4}$

   (b) $\bar{t} = \frac{7\pi}{3} - 2\pi = \frac{\pi}{3}$

   (c) $\bar{t} = \frac{4\pi}{3} - \pi = \frac{\pi}{3}$

   (d) $\bar{t} = \frac{\pi}{6}$

35. (a) $\bar{t} = \pi - \frac{5\pi}{7} = \frac{2\pi}{7}$

   (b) $\bar{t} = \pi - \frac{7\pi}{9} = \frac{2\pi}{9}$

   (c) $\bar{t} = \pi - 3 \approx 0.142$

   (d) $\bar{t} = 2\pi - 5 \approx 1.283$

37. (a) $\bar{t} = \pi - \frac{2\pi}{3} = \frac{\pi}{3}$

   (b) $P\left(-\frac{1}{2}, \frac{\sqrt{3}}{2}\right)$

39. (a) $\bar{t} = \pi - \frac{3\pi}{4} = \frac{\pi}{4}$

   (b) $P\left(-\frac{\sqrt{2}}{2}, \frac{\sqrt{2}}{2}\right)$

41. (a) $\bar{t} = \pi - \frac{2\pi}{3} = \frac{\pi}{3}$

   (b) $P\left(-\frac{1}{2}, -\frac{\sqrt{3}}{2}\right)$

43. (a) $\bar{t} = \frac{13\pi}{4} - 3\pi = \frac{\pi}{4}$

   (b) $P\left(-\frac{\sqrt{2}}{2}, -\frac{\sqrt{2}}{2}\right)$

45. (a) $\bar{t} = \frac{7\pi}{6} - \pi = \frac{\pi}{6}$

   (b) $P\left(-\frac{\sqrt{3}}{2}, -\frac{1}{2}\right)$

47. (a) $\bar{t} = 4\pi - \frac{11\pi}{3} = \frac{\pi}{3}$

   (b) $P\left(\frac{1}{2}, \frac{\sqrt{3}}{2}\right)$

49. (a) $\bar{t} = \frac{16\pi}{3} - 5\pi = \frac{\pi}{3}$

   (b) $P\left(-\frac{1}{2}, -\frac{\sqrt{3}}{2}\right)$

51. $t = 1 \quad \Rightarrow \quad (0.5, 0.8)$

53. $t = -1.1 \quad \Rightarrow \quad (0.5, -0.9)$

55. The distances PQ and PR are equal because they both subtend arcs of length $\frac{\pi}{3}$. Since $P(x, y)$ is a point on the unit circle, $x^2 + y^2 = 1$. Now $d(P, Q) = \sqrt{(x - x)^2 + (y - (-y))^2} = 2y$ and

$d(R, S) = \sqrt{(x - 0)^2 + (y - 1)^2} = \sqrt{x^2 + y^2 - 2y + 1} = \sqrt{2 - 2y}$ (using the fact that $x^2 + y^2 = 1$). Setting these equal gives $2y = \sqrt{2 - 2y} \Rightarrow 4y^2 = 2 - 2y \Leftrightarrow 4y^2 + 2y - 2 = 0 \Leftrightarrow 2(2y - 1)(y + 1) = 0$. So $y = -1$ or $y = \frac{1}{2}$. Since P is in quadrant I, $y = \frac{1}{2}$ is the only viable solution. Again using $x^2 + y^2 = 1$ we have $x^2 + \left(\frac{1}{2}\right)^2 = 1 \Leftrightarrow x^2 = \frac{3}{4}$ $\Rightarrow \quad x = \pm\frac{\sqrt{3}}{2}$. Again, since P is in quadrant I the coordinates must be $\left(\frac{\sqrt{3}}{2}, \frac{1}{2}\right)$.

5.2   Trigonometric Functions of Real Numbers

1.

t	$\sin t$	$\cos t$
0	0	1
$\frac{\pi}{4}$	$\frac{\sqrt{2}}{2}$	$\frac{\sqrt{2}}{2}$
$\frac{\pi}{2}$	1	0
$\frac{3\pi}{4}$	$\frac{\sqrt{2}}{2}$	$-\frac{\sqrt{2}}{2}$
π	0	-1
$\frac{5\pi}{4}$	$-\frac{\sqrt{2}}{2}$	$-\frac{\sqrt{2}}{2}$
$\frac{3\pi}{2}$	-1	0
$\frac{7\pi}{4}$	$-\frac{\sqrt{2}}{2}$	$\frac{\sqrt{2}}{2}$
2π	0	1

3. (a) $\sin \frac{2\pi}{3} = \frac{\sqrt{3}}{2}$

   (b) $\cos \frac{2\pi}{3} = -\frac{1}{2}$

   (c) $\tan \frac{2\pi}{3} = -\sqrt{3}$

5. (a) $\sin \frac{7\pi}{6} = -\frac{1}{2}$

   (b) $\sin \left(-\frac{\pi}{6}\right) = -\frac{1}{2}$

   (c) $\sin \frac{11\pi}{6} = -\frac{1}{2}$

7. (a) $\cos \frac{3\pi}{4} = -\frac{\sqrt{2}}{2}$

   (b) $\cos \frac{5\pi}{4} = -\frac{\sqrt{2}}{2}$

   (c) $\cos \frac{7\pi}{4} = \frac{\sqrt{2}}{2}$

9. (a) $\sin \frac{7\pi}{3} = \frac{\sqrt{3}}{2}$

   (b) $\csc \frac{7\pi}{3} = \frac{2\sqrt{3}}{3}$

   (c) $\cot \frac{7\pi}{3} = \frac{\sqrt{3}}{3}$

11. (a) $\sin \left(-\frac{\pi}{2}\right) = -1$

   (b) $\cos \left(-\frac{\pi}{2}\right) = 0$

   (c) $\cot \left(-\frac{\pi}{2}\right) = 0$

13. (a) $\sec \frac{11\pi}{3} = 2$

   (b) $\csc \frac{11\pi}{3} = -\frac{2\sqrt{3}}{3}$

   (c) $\sec \left(-\frac{\pi}{3}\right) = 2$

15. (a) $\tan \frac{5\pi}{6} = -\frac{\sqrt{3}}{3}$

   (b) $\tan \frac{7\pi}{6} = \frac{\sqrt{3}}{3}$

   (c) $\tan \frac{11\pi}{6} = -\frac{\sqrt{3}}{3}$

17. (a) $\cos \left(-\frac{\pi}{4}\right) = \frac{\sqrt{2}}{2}$

   (b) $\csc \left(-\frac{\pi}{4}\right) = -\sqrt{2}$

   (c) $\cot \left(-\frac{\pi}{4}\right) = -1$

19. (a) $\csc \left(-\frac{\pi}{2}\right) = -1$

   (b) $\csc \frac{\pi}{2} = 1$

   (c) $\csc \frac{3\pi}{2} = -1$

21. (a) $\sin 13\pi = 0$

   (b) $\cos 14\pi = 1$

   (c) $\tan 15\pi = 0$

23. $t = 0 \;\Rightarrow\; \sin t = 0,\ \cos t = 1,\ \tan t = 0,\ \sec t = 1,$ $\csc t$ and $\cot t$ are undefined.

25. $t = \pi \;\Rightarrow\; \sin t = 0,\ \cos t = -1,\ \tan t = 0,\ \sec t = -1,\ \csc t$ and $\cot t$ are undefined.

27. $\left(\frac{3}{5}\right)^2 + \left(\frac{4}{5}\right)^2 = \frac{9}{25} + \frac{1}{2} = 1$. So $\sin t = \frac{4}{5}$, $\cos t = \frac{3}{5}$, and $\tan t = \frac{\frac{4}{5}}{\frac{3}{5}} = \frac{4}{3}$.

29. $\left(\frac{\sqrt{5}}{4}\right)^2 + \left(-\frac{\sqrt{11}}{4}\right)^2 = \frac{5}{16} + \frac{11}{16} = 1$. So $\sin t = -\frac{\sqrt{11}}{4}$, $\cos t = \frac{\sqrt{5}}{4}$, and $\tan t = \frac{-\frac{\sqrt{11}}{4}}{\frac{\sqrt{5}}{4}} = -\frac{\sqrt{11}}{\sqrt{5}} = -\frac{\sqrt{55}}{5}$.

31. $\left(-\frac{6}{7}\right)^2 + \left(\frac{\sqrt{13}}{7}\right)^2 = \frac{36}{49} + \frac{13}{49} = 1$. So $\sin t = \frac{\sqrt{13}}{7}$, $\cos t = -\frac{6}{7}$, and $\tan t = \frac{\frac{\sqrt{13}}{7}}{-\frac{6}{7}} = -\frac{\sqrt{13}}{6}$.

33. $\left(-\frac{5}{13}\right)^2 + \left(-\frac{12}{13}\right)^2 = \frac{25}{169} + \frac{144}{169} = 1$. So $\sin t = -\frac{12}{13}$, $\cos t = -\frac{5}{13}$, and $\tan t \frac{-\frac{12}{13}}{-\frac{5}{13}} = \frac{12}{5}$.

35. $\left(-\frac{20}{29}\right)^2 + \left(\frac{21}{29}\right)^2 = \frac{400}{841} + \frac{441}{841} = 1$. So $\sin t = \frac{21}{29}$, $\cos t = -\frac{20}{29}$, and $\tan t = \frac{\frac{21}{29}}{-\frac{20}{29}} = -\frac{21}{20}$.

37. (a) 0.8 **39. (a)** 0.9 **41. (a)** 1.0 **43. (a)** -0.6

(b) 0.84147 **(b)** 0.93204 **(b)** 1.02964 **(b)** -0.57482

45. $\sin t \cdot \cos t$. Since $\sin t$ is positive in quadrant II and $\cos t$ is negative in quadrant II, their product is negative.

47. $\dfrac{\tan t \cdot \sin t}{\cot t} = \tan t \cdot \dfrac{1}{\cot t} \cdot \sin t = \tan t \cdot \tan t \cdot \sin t = \tan^2 t \cdot \sin t$. Since $\tan^2 t$ is always positive and $\sin t$ is negative in quadrant III, the expression is negative in quadrant III.

49. Quadrant II   **51.** Quadrant II

53. $\sin t = \sqrt{1 - \cos^2 t}$ **55.** $\tan t = \dfrac{\sin t}{\cos t} = \dfrac{\sin t}{\sqrt{1 - \sin^2 t}}$

57. $\sec t = -\sqrt{1 + \tan^2 t}$ **59.** $\tan t = \sqrt{\sec^2 t - 1}$

61. $\tan^2 t = \dfrac{\sin^2 t}{\cos^2 t} = \dfrac{\sin^2 t}{1 - \sin^2 t}$

63. $\sin t = \frac{3}{5}$ and t is in quadrant II, so the terminal point determined by t is $P\left(x, \frac{3}{5}\right)$. Since P is on the unit circle $x^2 + \left(\frac{3}{5}\right)^2 = 1$. Solving for x gives $x = \pm\sqrt{1 - \frac{9}{25}} = \pm\sqrt{\frac{1}{2}} = \pm\frac{4}{5}$. Since t is in quadrant III, $x = -\frac{4}{5}$. Thus the terminal point is $P\left(-\frac{4}{5}, \frac{3}{5}\right)$. Thus, $\cos t = -\frac{4}{5}$, $\tan t = -\frac{3}{4}$, $\csc t = \frac{5}{3}$, $\sec t = -\frac{5}{4}$, $\cot t = -\frac{4}{3}$.

65. $\sec t = 3$ and t lies in quadrant IV. Thus, $\cos t = \frac{1}{3}$ and the terminal point determined by t is $P\left(\frac{1}{3}, y\right)$. Since P is on the unit circle $\left(\frac{1}{3}\right)^2 + y^2 = 1$. Solving for y gives $y = \pm\sqrt{1 - \frac{1}{9}} = \pm\sqrt{\frac{8}{9}} = \pm\frac{2\sqrt{2}}{3}$. Since t is in quadrant IV, $y = -\frac{2\sqrt{2}}{3}$. Thus the terminal point is $P\left(\frac{1}{3}, -\frac{2\sqrt{2}}{3}\right)$. Therefore, $\sin t = -\frac{2\sqrt{2}}{3}$, $\cos t = \frac{1}{3}$, $\tan t = -2\sqrt{2}$, $\csc t = -\dfrac{3}{2\sqrt{2}} = -\dfrac{3\sqrt{2}}{4}$, $\cot t = -\dfrac{1}{2\sqrt{2}} = -\dfrac{\sqrt{2}}{4}$.

67. $\tan t = -\frac{3}{4}$ and $\cos t > 0$, so t is in quadrant IV. Since $\sec^2 t = \tan^2 t + 1$ we have $\sec^2 t = \left(-\frac{3}{4}\right)^2 + 1 = \frac{9}{16} + 1 = \frac{25}{16}$. Thus $\sec t = \pm\sqrt{\frac{25}{16}} = \pm\frac{5}{4}$. Since $\cos t > 0$, we have $\cos t = \dfrac{1}{\sec t} = \dfrac{1}{\frac{5}{4}} = \frac{4}{5}$. Let $P\left(\frac{4}{5}, y\right)$. Since $\tan t \cdot \cos t = \sin t$ we have $\sin t = \left(-\frac{3}{4}\right)\left(\frac{4}{5}\right) = -\frac{3}{5}$. Thus, the terminal point determined by t is $P\left(\frac{4}{5}, -\frac{3}{5}\right)$, and so $\sin t = -\frac{3}{5}$, $\cos t = \frac{4}{5}$, $\csc t = -\frac{5}{3}$, $\sec t = \frac{5}{4}$, $\cot t = -\frac{4}{3}$.

69. $\sin t = -\frac{1}{4}$, $\sec t < 0$, so t is in quadrant III. So the terminal point determined by t is $P\left(x, -\frac{1}{4}\right)$. Since P is on the unit circle $x^2 + \left(-\frac{1}{4}\right)^2 = 1$. Solving for x gives $x = \pm\sqrt{1 - \frac{1}{16}} = \pm\sqrt{\frac{15}{16}} = \pm\frac{\sqrt{15}}{4}$. Since t is in quadrant III, $x = -\dfrac{\sqrt{15}}{4}$. Thus, the terminal point determined by t is $P\left(-\frac{\sqrt{15}}{4}, -\frac{1}{4}\right)$, and so $\cos t = -\frac{\sqrt{15}}{4}$, $\tan t = \frac{1}{\sqrt{15}} = \frac{\sqrt{15}}{15}$, $\csc t = -4$, $\sec t = -\dfrac{4}{\sqrt{15}} = -\dfrac{4\sqrt{15}}{15}$, $\cot t = \sqrt{15}$.

71. $f(-x) = (-x)^2 \sin(-x) = -x^2 \sin x = -f(x)$, so f is odd.

73. $f(-x) = \sin(-x)\cos(-x) = -\sin x \cos x = -f(x)$, so f is odd.

75. $f(-x) = |-x|\cos(-x) = |x|\cos x = f(x)$, so f is even.

77. $f(-x) = (-x)^3 + \cos(-x) = -x^3 + \cos x$ which is neither $f(x)$ nor $-f(x)$, so f is neither even nor odd.

79.

t	$y(t)$
0	4
0.25	-2.83
0.50	0
0.75	2.83
1.00	-4
1.25	2.83

81. (a) $I(0.1) = 0.8e^{-0.3} \sin 1 \approx 0.499$ A

(b) $I(0.5) = 0.8e^{-1.5} \sin 5 \approx -0.171$ A

83. Notice that if $P(t) = (x, y)$, then $P(t + \pi) = (-x, -y)$. Thus,

(a) $\sin(t + \pi) = -y$ and $\sin t = y$. Therefore, $\sin(t + \pi) = -\sin t$.

(b) $\cos(t + \pi) = -x$ and $\cos t = x$. Therefore, $\cos(t + \pi) = -\cos t$.

(c) $\tan(t + \pi) = \dfrac{\sin(t + \pi)}{\cos(t + \pi)} = \dfrac{-y}{-x} = \dfrac{y}{x} = \dfrac{\sin t}{\cos t} = \tan t$.

5.3 Trigonometric Graphs

1. $f(x) = 1 + \cos x$

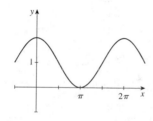

3. $f(x) = -\sin x$

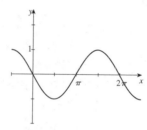

5. $f(x) = -2 + \sin x$

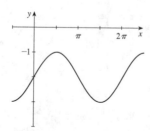

7. $g(x) = 3\cos x$

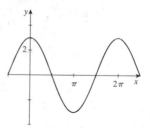

9. $g(x) = -\frac{1}{2}\sin x$

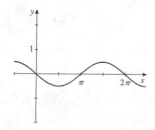

11. $g(x) = 3 + 3\cos x$

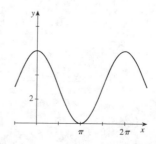

13. $h(x) = |\cos x|$

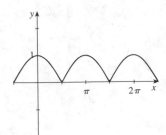

15. $y = \cos 2x$ has amplitude 1 and period π.

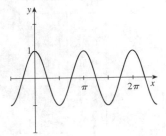

17. $y = -3 \sin 3x$ has amplitude 3 and period $\frac{2\pi}{3}$.

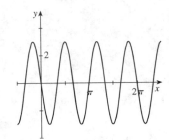

19. $y = 10 \sin \frac{1}{2}x$ has amplitude 10 and period 4π.

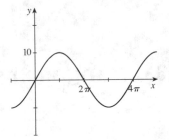

21. $y = -\frac{1}{3} \cos \frac{1}{3}x$ has amplitude $\frac{1}{3}$ and period 6π.

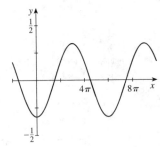

23. $y = -2 \sin 2\pi x$ has amplitude 2 and period 1.

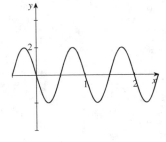

25. $y = 1 + \frac{1}{2} \cos \pi x$ has amplitude $\frac{1}{2}$ and period 2.

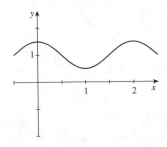

27. $y = \cos \left(x - \frac{\pi}{2}\right)$ has amplitude 1, period 2π, and phase shift $\frac{\pi}{2}$.

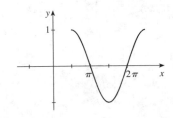

29. $y = -2\sin\left(x - \frac{\pi}{6}\right)$ has amplitude 2, period 2π, and phase shift $\frac{\pi}{6}$.

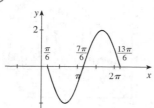

31. $y = -4\sin 2\left(x + \frac{\pi}{2}\right)$ has amplitude 4, period π, and phase shift $-\frac{\pi}{2}$.

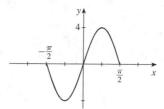

33. $y = 5\cos\left(3x - \frac{\pi}{4}\right) = 5\cos 3\left(x - \frac{\pi}{12}\right)$ has amplitude 5, period $\frac{2\pi}{3}$, and phase shift $\frac{\pi}{12}$.

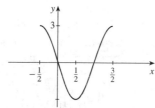

35. $y = \frac{1}{2} - \frac{1}{2}\cos\left(2x - \frac{\pi}{3}\right) = \frac{1}{2} - \frac{1}{2}\cos 2\left(x - \frac{\pi}{6}\right)$ has amplitude $\frac{1}{2}$, period π, and phase shift $\frac{\pi}{6}$.

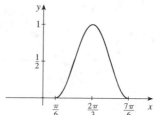
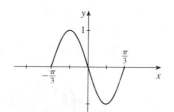

37. $y = 3\cos\pi\left(x + \frac{1}{2}\right)$ has amplitude 3, period 2, and phase shift $-\frac{1}{2}$.

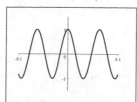

39. $y = \sin(3x + \pi) = \sin 3\left(x + \frac{\pi}{3}\right)$ has amplitude 1, period $\frac{2\pi}{3}$, and phase shift $-\frac{\pi}{3}$.

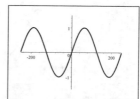

41. (a) This function has amplitude $a = 4$, period $\frac{2\pi}{k} = 2\pi$, and phase shift $b = 0$ as a sine curve.

  (b) $y = a\sin k(x - b) = 4\sin x$

43. (a) This curve has amplitude $a = \frac{3}{2}$, period $\frac{2\pi}{k} = \frac{2\pi}{3}$, and phase shift $b = 0$ as a cosine curve.

  (b) $y = a\cos k(x - b) = \frac{3}{2}\cos 3x$

45. (a) This curve has amplitude $a = \frac{1}{2}$, period $\frac{2\pi}{k} = \pi$, and phase shift $b = -\frac{\pi}{3}$ as a cosine curve.

  (b) $y = -\frac{1}{2}\cos 2\left(x + \frac{\pi}{3}\right)$

47. (a) This curve has amplitude $a = 4$, period $\frac{2\pi}{k} = \frac{3}{2}$, and phase shift $b = -\frac{1}{2}$ as a sine curve.

  (b) $y = 4\sin\frac{4\pi}{3}\left(x + \frac{1}{2}\right)$

49. $f(x) = \cos 100x$, $[-0.1, 0.1]$ by $[-1.5, 1.5]$

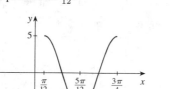

51. $f(x) = \sin\frac{x}{40}$, $[-250, 250]$ by $[-1.5, 1.5]$

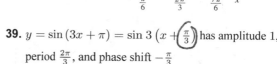

53. $y = \tan 25x$, $[-0.2, 0.2]$ by $[-3, 3]$

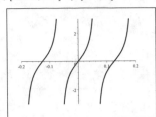

55. $y = \sin^2 20x$, $[-0.5, 0.5]$ by $[-0.2, 1.2]$

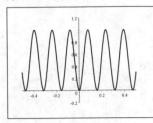

57. $f(x) = x$, $g(x) = \sin x$

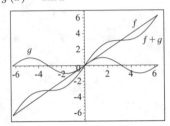

59. $y = x^2 \sin x$ is a sine curve that lies between the graphs of $y = x^2$ and $y = -x^2$.

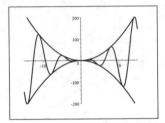

61. $y = \sqrt{x} \sin 5\pi x$ is a sine curve that lies between the graphs of $y = \sqrt{x}$ and $y = -\sqrt{x}$.

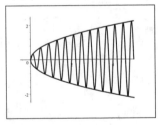

63. $y = \cos 3\pi x \cos 21\pi x$ is a cosine curve that lies between the graphs of $y = \cos 3\pi x$ and $y = -\cos 3\pi x$.

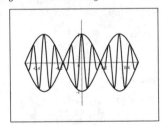

65. $y = \sin x + \sin 2x$. The period is 2π, so we graph the function over one period, $(-\pi, \pi)$. Maximum value 1.76 when $x \approx 0.94 + 2n\pi$, minimum value -1.76 when $x \approx -0.94 + 2n\pi$, n any integer.

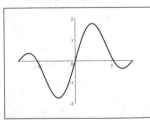

67. $y = 2\sin x + \sin^2 x$. The period is 2π, so we graph the function over one period, $(-\pi, \pi)$. Maximum value 3.00 when $x \approx 1.57 + 2n\pi$, minimum value -1.00 when $x \approx -1.57 + 2n\pi$, n any integer.

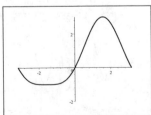

69. $\cos x = 0.4$, $x \in [0, \pi]$. The solution is $x \approx 1.16$.

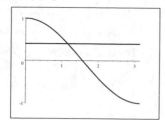

71. $\csc x = 3$, $x \in [0, \pi]$. The solutions are $x \approx 0.34, 2.80$.

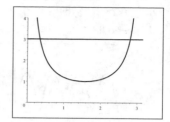

73. $f(x) = \dfrac{1 - \cos x}{x}$

(a) Since $f(-x) = \dfrac{1 - \cos(-x)}{-x} = \dfrac{1 - \cos x}{-x} = -f(x)$, the function is odd.

(b) The x-intercepts occur when $1 - \cos x = 0 \quad \Leftrightarrow \quad \cos x = 1 \quad \Leftrightarrow \quad x = 0, \pm 2\pi, \pm 4\pi, \pm 6\pi, \ldots$

(d) As $x \to \pm\infty$, $f(x) \to 0$.

(e) As $x \to 0$, $f(x) \to 0$.

(c)

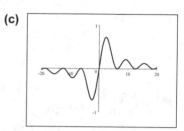

75. (a) The period of the wave is $\dfrac{2\pi}{\pi/10} = 20$ seconds.

(b) Since $h(0) = 3$ and $h(10) = -3$, the wave height is $3 - (-3) = 6$ feet.

77. (a) The period of p is $\dfrac{2\pi}{160\pi} = \dfrac{1}{80}$ minute.

(b) Since each period represents a heart beat, there are 80 heart beats per minute.

(d) The maximum (or systolic) is $115 + 25 = 140$ and the minimum (or diastolic) is $115 - 25 = 90$. The read would be $140/90$ which higher than normal.

(c)

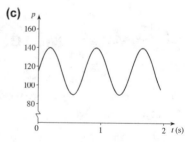

79. (a) $y = \sin(\sqrt{x})$. This graph looks like a sine function which has been stretched horizontally (stretched more for larger values of x). It is defined only for $x \geq 0$, so it is neither even nor odd.

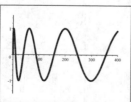

(b) $y = \sin(x^2)$. This graph looks like a graph of $\sin|x|$ which has been shrunk for $|x| > 1$ (shrunk more for larger values of x) and stretched for $|x| < 1$. It is an even function, whereas $\sin x$ is odd.

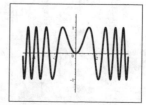

81. (a) The graph of $y = |\sin x|$ is shown in the viewing rectangle $[-6.28, 6.28]$ by $[-0.5, 1.5]$. This function is periodic with period π.

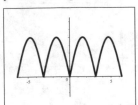

(b) The graph of $y = \sin |x|$ is shown in the viewing rectangle $[-10, 10]$ by $[-1.5, 1.5]$. The function is not periodic. Note that while $\sin |x + 2\pi| = \sin |x|$ for many values of x, it is false for $x \in (-2\pi, 0)$. For example $\sin \left|-\frac{\pi}{2}\right| = \sin \frac{\pi}{2} = 1$ while $\sin \left|-\frac{\pi}{2} + 2\pi\right| = \sin \frac{3\pi}{2} = -1$.

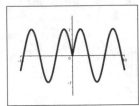

(c) The graph of $y = 2^{\cos x}$ is shown in the viewing rectangle $[-10, 10]$ by $[-1, 3]$. This function is periodic with period $= 2\pi$.

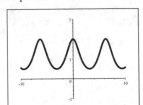

(d) The graph of $y = x - [\![x]\!]$ is shown in the viewing rectangle $[-7.5, 7.5]$ by $[-0.5, 1.5]$. This function is periodic with period 1. Be sure to turn off "connected" mode when graphing functions with gaps in their graph.

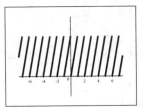

5.4 # More Trigonometric Graphs

1. $f(x) = \tan\left(x + \frac{\pi}{4}\right)$ corresponds to Graph II. f is undefined at $x = \frac{\pi}{4}$ and $x = \frac{3\pi}{4}$, and Graph II has the shape of a graph of a tangent function.

3. $f(x) = \cot 2x$ corresponds to Graph VI.

5. $f(x) = 2 \sec x$ corresponds to Graph IV.

7. $y = 4 \tan x$ has period π.

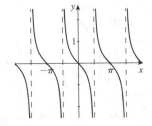

9. $y = -\frac{1}{2} \tan x$ has period π.

11. $y = -\cot x$ has period π.

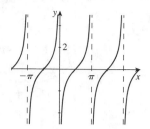

13. $y = 2 \csc x$ has period 2π.

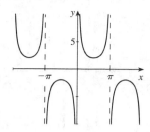

15. $y = 3 \sec x$ has period 2π.

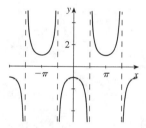

17. $y = \tan\left(x + \frac{\pi}{2}\right)$ has period π.

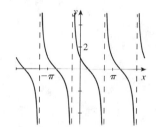

19. $y = \csc\left(x - \frac{\pi}{2}\right)$ has period 2π.

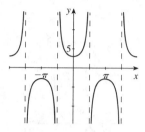

21. $y = \cot\left(x + \frac{\pi}{4}\right)$ has period π.

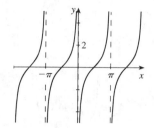

23. $y = \frac{1}{2} \sec\left(x - \frac{\pi}{6}\right)$ has period 2π.

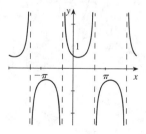

25. $y = \tan 2x$ has period $\frac{\pi}{2}$.

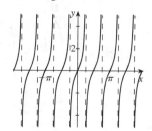

27. $y = \tan\left(\frac{\pi}{4}x\right)$ has period $\frac{\pi}{\frac{\pi}{4}} = 4$.

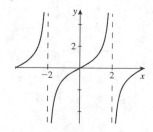

29. $y = \sec 2x$ has period $\frac{2\pi}{2} = \pi$.

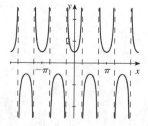

31. $y = \csc 2x$ has period $\frac{2\pi}{2} = \pi$.

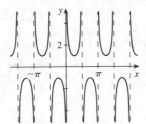

33. $y = 2\tan 3\pi x$ has period $\frac{1}{3}$.

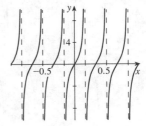

35. $y = 5\csc \frac{3\pi}{2} x$ has period $\frac{2\pi}{\frac{3\pi}{2}} = \frac{4}{3}$.

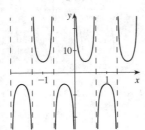

37. $y = \tan 2\left(x + \frac{\pi}{2}\right)$ has period $\frac{\pi}{2}$.

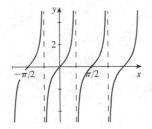

39. $y = \tan 2\left(x - \pi\right) = \tan 2x$ has period $\frac{\pi}{2}$.

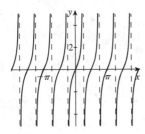

41. $y = \cot\left(2x - \frac{\pi}{2}\right) = \cot 2\left(x - \frac{\pi}{4}\right)$ has period $\frac{\pi}{2}$.

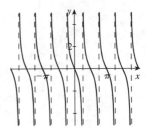

43. $y = 2\csc\left(\pi x - \frac{\pi}{3}\right) = 2\csc \pi\left(x - \frac{1}{3}\right)$ has period $\frac{2\pi}{\pi} = 2$.

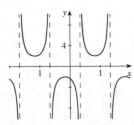

45. $y = 5\sec\left(3x - \frac{\pi}{2}\right) = 5\sec 3\left(x - \frac{\pi}{6}\right)$ has period $\frac{2\pi}{3}$.

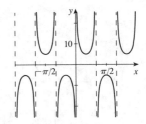

47. $y = \tan\left(\frac{2}{3}x - \frac{\pi}{6}\right) = \tan\frac{2}{3}\left(x - \frac{\pi}{4}\right)$ has period $\pi / \left(\frac{2}{3}\right) = \frac{3\pi}{2}$.

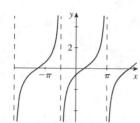

49. $y = 3\sec\pi\left(x + \frac{1}{2}\right)$ has period $\frac{2\pi}{\pi} = 2$.

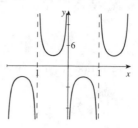

51. $y = -2\tan\left(2x - \frac{\pi}{3}\right) = -2\tan 2\left(x - \frac{\pi}{6}\right)$ has period $\frac{\pi}{2}$.

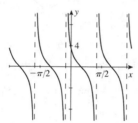

53. (a) If f is periodic with period p, then by the definition of a period, $f(x + p) = f(x)$ for all x in the domain of f. Therefore, $\dfrac{1}{f(x+p)} = \dfrac{1}{f(x)}$ for all $f(x) \neq 0$. Thus, $\dfrac{1}{f}$ is also periodic with period p.

(b) Since $\sin x$ has period 2π, it follows from part (a) that $\csc x = \dfrac{1}{\sin x}$ also has period 2π. Similarly, since $\cos x$ has period 2π, we conclude $\sec x = \dfrac{1}{\cos x}$ also has period 2π.

55. (a) $d(t) = 3\tan\pi t$, so $d(0.15) \approx 1.53$, $d(0.25) \approx 3.00$, and $d(0.45) \approx 18.94$.

(b)

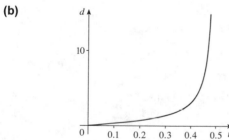

(c) $d \to \infty$ as $t \to \frac{1}{2}$.

57. The graph of $y = -\cot x$ is the same as the graph of $y = \tan x$ shifted $\frac{\pi}{2}$ units to the right, and the graph of $y = \csc x$ is the same as the graph of $y = \sec x$ shifted $\frac{\pi}{2}$ units to the right.

5.5   Modeling Harmonic Motion

1. $y = 2\sin 3t$

   (a) Amplitude 2, period $\frac{2\pi}{3}$, frequency $\dfrac{1}{\text{period}} = \dfrac{3}{2\pi}$.

   (b)

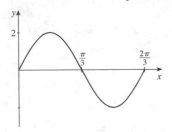

3. $y = -\cos 0.3t$

   (a) Amplitude 1, period $\frac{2\pi}{0.3} = \frac{20\pi}{3}$, frequency $\frac{3}{20\pi}$.

   (b)

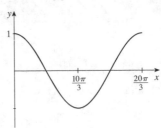

5. $y = -0.25\cos\left(1.5t - \frac{\pi}{3}\right) = -0.25\cos\left(\frac{3}{2}t - \frac{\pi}{3}\right)$

     $= -0.25\cos\frac{3}{2}\left(t - \frac{2\pi}{9}\right)$

   (a) Amplitude 0.25, period $\dfrac{2\pi}{\frac{3}{2}} = \frac{4\pi}{3}$, frequency $\frac{3}{4\pi}$.

   (b)

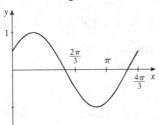

7. $y = 5\cos\left(\frac{2}{3}t + \frac{3}{4}\right) = 5\cos\frac{2}{3}\left(t + \frac{9}{8}\right)$

   (a) Amplitude 5, period $\dfrac{2\pi}{\frac{2}{3}} = 3\pi$, frequency $\frac{1}{3\pi}$.

   (b)

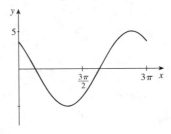

9. The amplitude is $a = 10$ cm, the period is $\dfrac{2\pi}{k} = 3$ s, and $f(0) = 0$, so $f(x) = 10\sin\frac{2\pi}{3}t$.

11. The amplitude is 6 in., the frequency is $\dfrac{k}{2\pi} = \dfrac{5}{\pi}$ Hz, and $f(0) = 0$, so $f(x) = 6\sin 10t$.

13. The amplitude is 60 ft, the period is $\dfrac{2\pi}{k} = 0.5$ min, and $f(0) = 60$, so $f(x) = 60\cos 4\pi t$.

15. The amplitude is 2.4 m, the frequency is $\dfrac{k}{2\pi} = 750$ Hz, and $f(0) = 2.4$, so $f(x) = 2.4\cos 1500\pi t$.

17. (a) $k = 2$, $c = 1.5$, and $f = 3 \Rightarrow \omega = 6\pi$, so we have
   $y = 2e^{-1.5t}\cos 6\pi t$.

   (b)

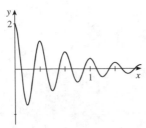

19. (a) $k = 100$, $c = 0.05$, and $p = 4 \Rightarrow \omega = \frac{\pi}{2}$, so we have
   $y = 100e^{-0.05t}\cos\frac{\pi}{2}t$.

   (b)

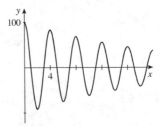

21. (a) $k = 7$, $c = 10$, and $p = \frac{\pi}{6} \Rightarrow \omega = 12$, so we have $y = 7e^{-10t} \sin 12t$.

(b)

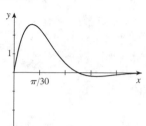

23. (a) $k = 0.3$, $c = 0.2$, and $f = 20 \Rightarrow \omega = 40\pi$, so we have $y = 0.3e^{-0.2t} \sin 40\pi t$.

(b)

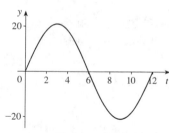

25. $y = 0.2 \cos 20\pi t + 8$

(a) The frequency is $\frac{20\pi}{2\pi} = 10$ cycles/min.

(b)

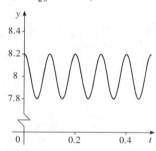

(c) Since $y = 0.2 \cos 20\pi t + 8 \leq 0.2 \left(1\right) + 8 = 8.2$ and when $t = 0$, $y = 8.2$, the maximum displacement is 8.2 m.

27. (a) When $t = 0$, π, 2π, ... we have $\cos 2t = 1$ so y is maximized at $y = 8900$.

(b) The length of time between successive periods of maximum population is the length of a period which is $\frac{2\pi}{2} = \pi \approx 3.14$ years.

29. The graph resembles a sine wave with an amplitude of 5, a period of $\frac{2}{5}$, and no phase shift. Therefore, $a = 5$, $\frac{2\pi}{\omega} = \frac{2}{5}$ $\Leftrightarrow$ $\omega = 5\pi$, and a formula is $d\left(t\right) = 5 \sin 5\pi t$.

31. $a = 21$, $f = \frac{1}{12}$ cycle/hour $\Rightarrow$ $\frac{\omega}{2\pi} = \frac{1}{12}$ $\Leftrightarrow$ $\omega = \frac{\pi}{6}$. So, $y = 21 \sin\left(\frac{\pi}{6}t\right)$ (assuming the tide is at mean level and rising when $t = 0$).

33. Since the mass travels from its highest point (compressed spring) to its lowest point in $\frac{1}{2}$ s, it completes half a period in $\frac{1}{2}$ s. So, $\frac{1}{2}$ (one period) $= \frac{1}{2}$ s $\Rightarrow$ $\frac{1}{2} \cdot \frac{2\pi}{\omega} = \frac{1}{2}$ $\Leftrightarrow$ $\omega = 2\pi$. Also, $a = 5$. So $y = 5 \cos 2\pi t$.

35. Since the Ferris wheel has a radius of 10 m and the bottom of the wheel is 1 m above the ground, the minimum height is 1 m and the maximum height is 21 m. Then $a = 10$ and $\frac{2\pi}{\omega} = 20$ s $\Leftrightarrow$ $\omega = \frac{\pi}{10}$, and so $y = 11 + 10 \sin\left(\frac{\pi}{10}t\right)$, where t is in seconds.

37. $a = 0.2$, $\frac{2\pi}{\omega} = 10$ $\Leftrightarrow$ $\omega = \frac{\pi}{5}$. Then $y = 3.8 + 0.2 \sin\left(\frac{\pi}{5}t\right)$.

39. $E_0 = 310$, frequency is 100 $\Rightarrow$ $\frac{\omega}{2\pi} = 100$ $\Leftrightarrow$ $\omega = 200\pi$. Then, $E\left(t\right) = 310 \cos 200\pi t$. The maximum voltage produced occurs when $\cos 2\pi t = 1$, and hence is $E_{\text{max}} = 310$ V. The rms voltage is $\frac{310}{\sqrt{2}} \approx 219$ V.

41. (a) The maximum voltage is the amplitude, that is, $V_{max} = a = 45$ V.

(b) From the graph we see that 4 cycles are completed every 0.1 seconds, or equivalently, 40 cycles are completed every second, so $f = 40$.

(c) The number of revolutions per second of the armature is the frequency, that is, $\frac{\omega}{2\pi} = f = 40$.

(d) $a = 45$, $f = \frac{\omega}{2\pi} = 40 \quad \Leftrightarrow \quad \omega = 80\pi$. Then $V(t) = 45\cos 80\pi t$.

43. $k = 1$, $c = 0.9$, and $\frac{\omega}{2\pi} = \frac{1}{2} \Leftrightarrow \omega = \pi$. Since $f(0) = 0$, $f(t) = e^{-0.9t}\sin\pi t$.

45. $\dfrac{ke^{-ct}}{ke^{-c(t+3)}} = 4 \Leftrightarrow e^{-ct+c(t+3)} = 4 \quad \Leftrightarrow \quad e^{3c} = 4 \quad \Leftrightarrow \quad 3c = \ln 4 \quad \Leftrightarrow \quad c = \frac{1}{3}\ln 4 \approx 0.46$.

Chapter 5 Review

1. (a) Since $\left(-\frac{\sqrt{3}}{2}\right)^2 + \left(\frac{1}{2}\right)^2 = \frac{3}{4} + \frac{1}{4} = 1$, the point $P\left(-\frac{\sqrt{3}}{2}, \frac{1}{2}\right)$ lies on the unit circle.

(b) $\sin t = \frac{1}{2}$, $\cos t = -\frac{\sqrt{3}}{2}$, $\tan t = \dfrac{\frac{1}{2}}{-\frac{\sqrt{3}}{2}} = -\frac{\sqrt{3}}{3}$.

3. $t = \frac{2\pi}{3}$

(a) $\bar{t} = \pi - \frac{2\pi}{3} = \frac{\pi}{3}$

(b) $P\left(-\frac{1}{2}, \frac{\sqrt{3}}{2}\right)$

(c) $\sin t = \frac{\sqrt{3}}{2}$, $\cos t = -\frac{1}{2}$, $\tan t = -\sqrt{3}$, $\csc t = \frac{2\sqrt{3}}{3}$, $\sec t = -2$, and $\cot t = -\frac{\sqrt{3}}{3}$.

5. $t = -\frac{11\pi}{4}$

(a) $\bar{t} = 3\pi + \left(-\frac{11\pi}{4}\right) = \frac{\pi}{4}$

(b) $P\left(-\frac{\sqrt{2}}{2}, -\frac{\sqrt{2}}{2}\right)$

(c) $\sin t = -\frac{\sqrt{2}}{2}$, $\cos t = -\frac{\sqrt{2}}{2}$, $\tan t = 1$, $\csc t = -\sqrt{2}$, $\sec t = -\sqrt{2}$, and $\cot t = 1$.

7. (a) $\sin\frac{3\pi}{4} = \sin\frac{\pi}{4} = \frac{\sqrt{2}}{2}$

(b) $\cos\frac{3\pi}{4} = -\cos\frac{\pi}{4} = -\frac{\sqrt{2}}{2}$

9. (a) $\sin 1.1 \approx 0.89121$

(b) $\cos 1.1 \approx 0.45360$

11. (a) $\cos\frac{9\pi}{2} = \cos\frac{\pi}{2} = 0$

(b) $\sec\frac{9\pi}{2}$ is undefined

13. (a) $\tan\frac{5\pi}{2}$ is undefined

(b) $\cot\frac{5\pi}{2} = \cot\frac{\pi}{2} = 0$

15. (a) $\tan\frac{5\pi}{6} = -\frac{\sqrt{3}}{3}$

(b) $\cot\frac{5\pi}{6} = -\sqrt{3}$

17. $\dfrac{\tan t}{\cos t} = \dfrac{\frac{\sin t}{\cos t}}{\cos t} = \dfrac{\sin t}{\cos^2 t} = \dfrac{\sin t}{1 - \sin^2 t}$

19. $\tan t = \dfrac{\sin t}{\cos t} = \dfrac{\sin t}{\pm\sqrt{1 - \sin^2 t}} = \dfrac{\sin t}{\sqrt{1 - \sin^2 t}}$ (since t is in quadrant IV, $\cos t$ is positive)

21. $\sin t = \frac{5}{13}$, $\cos t = -\frac{12}{13}$. Then $\tan t = \dfrac{\frac{5}{13}}{-\frac{12}{13}} = -\frac{5}{12}$, $\csc t = \frac{13}{5}$, $\sec t = -\frac{13}{12}$, and $\cot t = -\frac{12}{5}$.

23. $\cot t = -\frac{1}{2}$, $\csc t = \frac{\sqrt{5}}{2}$. Since $\csc t = \dfrac{1}{\sin t}$, we know $\sin t = \dfrac{2}{\sqrt{5}} = \dfrac{2\sqrt{5}}{5}$. Now $\cot t = \dfrac{\cos t}{\sin t}$, so

$\cos t = \sin t \cdot \cot t = \dfrac{2\sqrt{5}}{5} \cdot \left(-\frac{1}{2}\right) = -\dfrac{\sqrt{5}}{5}$, and $\tan t = \dfrac{1}{\left(-\frac{1}{2}\right)} = -2$ while $\sec t = \dfrac{1}{\cos t} = \dfrac{1}{\left(-\frac{\sqrt{5}}{5}\right)} = -\dfrac{5}{\sqrt{5}} = -\sqrt{5}$.

25. $\tan t = \frac{1}{4}$, t is in quadrant III $\quad\Rightarrow\quad \sec t + \cot t = -\sqrt{\tan^2 t + 1} + \dfrac{1}{\tan t} = -\sqrt{\left(\frac{1}{4}\right)^2 + 1} + 4 = -\sqrt{\frac{17}{16}} + 4 = 4 -$

$\frac{\sqrt{17}}{4} = \dfrac{16 - \sqrt{17}}{4}$

27. $\cos t = \frac{3}{5}$, t is in quadrant I $\Rightarrow$ $\tan t + \sec t = \dfrac{\sin t}{\cos t} + \dfrac{1}{\cos t} = \dfrac{\sqrt{1 - \cos^2 t}}{\cos t} + \dfrac{1}{\cos t} = \dfrac{\sqrt{1 - \left(\frac{3}{5}\right)^2}}{\frac{3}{5}} + \dfrac{5}{3} = \dfrac{\sqrt{\frac{1}{2}}}{\frac{3}{5}} +$

$\dfrac{5}{3} = \dfrac{4}{5} \cdot \dfrac{5}{3} + \dfrac{5}{3} = \dfrac{9}{3} = 3$

29. $y = 10 \cos \frac{1}{2} x$

(a) This function has amplitude 10, period $\dfrac{2\pi}{\frac{1}{2}} = 4\pi$, and phase shift 0.

(b)

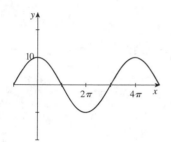

31. $y = -\sin \frac{1}{2} x$

(a) This function has amplitude 1, period $\dfrac{2\pi}{\left(\frac{1}{2}\right)} = 4\pi$, and phase shift 0.

(b)

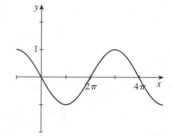

33. $y = 3 \sin (2x - 2) = 3 \sin 2 (x - 1)$

(a) This function has amplitude 3, period $\frac{2\pi}{2} = \pi$, and phase shift 1.

(b)

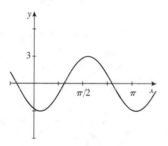

35. $y = -\cos \left(\frac{\pi}{2} x + \frac{\pi}{6}\right) = -\cos \frac{\pi}{2} \left(x + \frac{1}{3}\right)$

(a) This function has amplitude 1, period $\dfrac{2\pi}{\left(\frac{\pi}{2}\right)} = 4$, and phase shift $-\frac{1}{3}$.

(b)

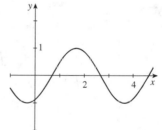

37. From the graph we see that the amplitude is 5, the period is $\frac{\pi}{2}$, and there is no phase shift. Therefore, the function is $y = 5 \sin 4x$.

39. From the graph we see that the amplitude is $\frac{1}{2}$, the period is 1, and there is a phase shift of $-\frac{1}{3}$. Therefore, the function is $y = \frac{1}{2} \sin 2\pi \left(x + \frac{1}{3}\right)$.

41. $y = 3 \tan x$ has period π.

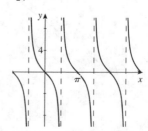

43. $y = 2 \cot \left(x - \frac{\pi}{2}\right)$ has period π.

45. $y = 4\csc(2x + \pi) = 4\csc 2\left(x + \frac{\pi}{2}\right)$ has period $\frac{2\pi}{2} = \pi$.

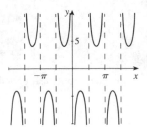

47. $y = \tan\left(\frac{1}{2}x - \frac{\pi}{8}\right) = \tan\frac{1}{2}\left(x - \frac{\pi}{4}\right)$ has period $\frac{\pi}{\frac{1}{2}} = 2\pi$.

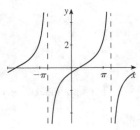

49. (a) $y = |\cos x|$

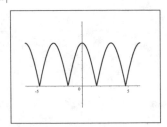

(b) This function has period π.

(c) This function is even.

51. (a) $y = \cos\left(2^{0.1x}\right)$

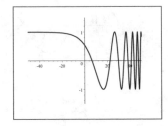

(b) This function is not periodic.

(c) This function is neither even nor odd.

53. (a) $y = |x|\cos 3x$

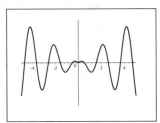

(b) This function is not periodic.

(c) This function is even.

55. $y = x\sin x$ is a sine function whose graph lies between those of $y = x$ and $y = -x$.

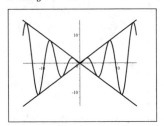

57. $y = x + \sin 4x$ is the sum of the two functions $y = x$ and $y = \sin 4x$.

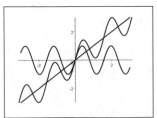

59. $y = \cos x + \sin 2x$. Since the period is 2π, we graph over the interval $[-\pi, \pi]$. The maximum value is 1.76 when $x \approx 0.63 \pm 2n\pi$, the minimum value is -1.76 when $x \approx 2.51 \pm 2n\pi$, n an integer.

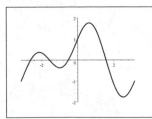

61. We want to find solutions to $\sin x = 0.3$ in the interval $[0, 2\pi]$, so we plot the functions $y = \sin x$ and $y = 0.3$ and look for their intersection. We see that $x \approx 0.305$ or $x \approx 2.837$.

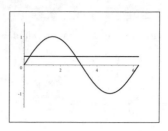

63. $f(x) = \dfrac{\sin^2 x}{x}$

(a) The function is odd.

(b) The graph intersects the x-axis at $x = 0, \pm\pi, \pm2\pi, \pm3\pi, \ldots$

(d) As $x \to \pm\infty$, $f(x) \to 0$.

(e) As $x \to 0$, $f(x) \to 0$.

(c)

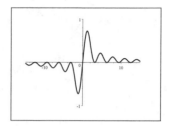

65. The amplitude is $a = 50$ cm. The frequency is 8 Hz, so $\omega = 8(2\pi) = 16\pi$. Since the mass is at its maximum displacement when $t = 0$, the motion follows a cosine curve. So a function describing the motion of P is $f(t) = 50 \cos 16\pi t$.

67. From the graph, we see that the amplitude is 4 ft, the period is 12 hours, and there is no phase shift. Thus, the variation in water level is described by $y = 4 \cos \frac{\pi}{6} t$.

Chapter 5 Test

1. Since $P(x, y)$ lies on the unit circle, $x^2 + y^2 = 1 \Rightarrow y = \pm\sqrt{1 - \left(\frac{\sqrt{11}}{6}\right)^2} = \pm\sqrt{\frac{25}{36}} = \pm\frac{5}{6}$. But $P(x, y)$ lies in the fourth quadrant. Therefore y is negative $\Rightarrow y = -\frac{5}{6}$.

2. Since P is on the unit circle, $x^2 + y^2 = 1 \Leftrightarrow x^2 = 1 - y^2$. Thus, $x^2 = 1 - \left(\frac{4}{5}\right)^2 = \frac{9}{25}$, and so $x = \pm\frac{3}{5}$. From the diagram, x is clearly negative, so $x = -\frac{3}{5}$. Therefore, P is the point $\left(-\frac{3}{5}, \frac{4}{5}\right)$.

(a) $\sin t = \frac{4}{5}$

(b) $\cos t = -\frac{3}{5}$

(c) $\tan t = \dfrac{\frac{4}{5}}{-\frac{3}{5}} = -\frac{4}{3}$

(d) $\sec(t) = -\frac{5}{3}$

3. (a) $\sin \frac{7\pi}{6} = -0.5$

(b) $\cos \dfrac{13\pi}{4} = -\dfrac{\sqrt{2}}{2}$

(c) $\tan\left(-\frac{5\pi}{3}\right) = \sqrt{3}$

(d) $\csc\left(\frac{3\pi}{2}\right) = -1$

4. $\tan t = \dfrac{\sin t}{\cos t} = \dfrac{\sin t}{\pm\sqrt{1 - \sin^2 t}}$. But t is in quadrant II $\Rightarrow$ $\cos t$ is negative, so we choose the negative square root.

Thus, $\tan t = \dfrac{\sin t}{-\sqrt{1 - \sin^2 t}}$.

5. $\cos t = -\frac{8}{17}$, t in quadrant III $\Rightarrow$ $\tan t \cdot \cot t + \csc t = 1 + \dfrac{1}{-\sqrt{1 - \cos^2 t}}$ (since t is in

quadrant III)$= 1 - \dfrac{1}{-\sqrt{1 - \frac{64}{289}}} = 1 - \dfrac{1}{\frac{15}{17}} = -\frac{2}{15}$.

6. $y = -5\cos 4x$

(a) This function has amplitude 5, period $\frac{2\pi}{4} = \frac{\pi}{2}$, and phase shift 0.

(b)

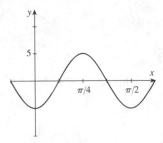

7. $y = 2\sin\left(\frac{1}{2}x - \frac{\pi}{6}\right) = \sin\frac{1}{2}\left(x - \frac{\pi}{3}\right)$

(a) This function has amplitude 2, period $\frac{2\pi}{\frac{1}{2}} = 4\pi$, and phase shift $\frac{\pi}{3}$.

(b)

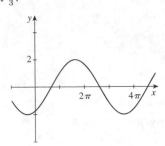

8. $y = -\csc 2x$ has period $\frac{2\pi}{2} = \pi$.

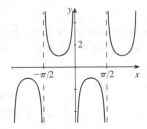

9. $y = \tan 2\left(x - \frac{\pi}{4}\right)$ has period $\frac{\pi}{2}$.

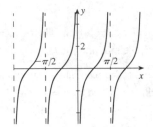

10. From the graph, we see that the amplitude is 2 and the phase shift is $-\frac{\pi}{3}$. Also, the period is π, so $\frac{2\pi}{k} = \pi \Rightarrow k = \frac{2\pi}{\pi} = 2$. Thus, the function is $y = 2\sin 2\left(x + \frac{\pi}{3}\right)$.

11. $y = \dfrac{\cos x}{1 + x^2}$

(b) The function is even.

(c) The function has a minimum value of approximately -0.11 when $x \approx \pm 2.54$ and a maximum value of 1 when $x = 0$.

(a)

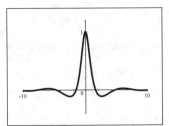

12. The amplitude is $\frac{1}{2}(10) = 5$ cm and the frequency is 2 Hz. Assuming that the mass is at its rest position and moving upward when $t = 0$, a function describing the distance of the mass from its rest position is $f(t) = 5\sin 4\pi t$.

13. (a) The initial amplitude is 16 in and the frequency is 12 Hz, so a function describing the motion is
$$y = 16e^{-0.1t}\cos 24\pi t.$$

(b)

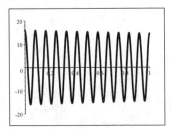

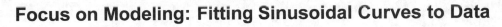

Focus on Modeling: Fitting Sinusoidal Curves to Data

1. (a) See the graph in part (c).

(b) Using the method of Example 1, we find the vertical shift
$b = \frac{1}{2}$ (maximum value + minimum value) $= \frac{1}{2}(2.1 - 2.1) = 0$, the amplitude
$a = \frac{1}{2}$ (maximum value − minimum value) $= \frac{1}{2}(2.1 - (-2.1)) = 2.1$, the period $\dfrac{2\pi}{\omega} = 2(6 - 0) = 12$ (so
$\omega \approx 0.5236$), and the phase shift $c = 0$. Thus, our model is $y = 2.1 \cos \frac{\pi}{6}t$.

(c)

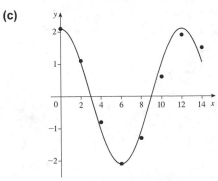

The curve fits the data quite well.

(d) Using the `SinReg` command on the TI-83, we find
$$y = 2.048714222 \sin(0.5030795477t + 1.551856108)$$
$$- 0.0089616507.$$

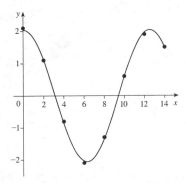

(e) Our model from part (b) is equivalent to $y = 2.1 \sin(0.5236t + 1.5708)$, which is close to the model in part (d).

3. (a) See the graph in part (c).

(b) Using the method of Example 1, we find the vertical shift
$b = \frac{1}{2}$ (maximum value + minimum value) $= \frac{1}{2}(25.1 + 1.0) = 13.05$, the amplitude
$a = \frac{1}{2}$ (maximum value − minimum value) $= \frac{1}{2}(25.1 - 1.0) = 12.05$, the period $\dfrac{2\pi}{\omega} = 2(1.5 - 0.9) = 1.2$ (so
$\omega \approx 5.236$), and the phase shift $c = 0.3$. Thus, our model is $y = 12.05 \cos(5.236(t - 0.3)) + 13.05$.

(c)

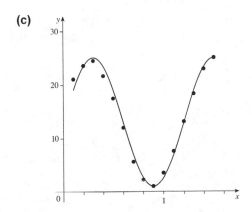

The curve fits the data fairly well.

(d) Using the `SinReg` command on the TI-83, we find
$$y = 11.71905062 \sin(5.048853286t + 0.2388957877)$$
$$+ 12.96070536.$$

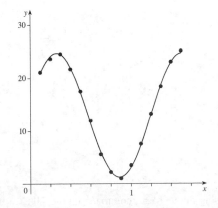

(e) Our model from part (b) is equivalent to $y = 12.05 \sin 5.236t + 13.05$, which is close to the model in part (d).

5. (a) See the graph in part (c).

(b) Let t be the time (in months) from January. We find a function of the form $y = a \cos \omega \, (t - c) + b$, where y is temperature in °F.

$a = \frac{1}{2} (85.8 - 40) = 22.9$. The period is $2 \, (\text{Jul} - \text{Jan}) = 2 \, (6 - 0) = 12$ and so $\omega = \frac{2\pi}{12} \approx 0.52$.

$b = \frac{1}{2} (85.8 + 40) = 62.9$. Since the maximum value occurs in July, $c = 6$. Thus the function is

$y = 22.9 \cos 0.52 \, (t - 6) + 62.9$.

(c)

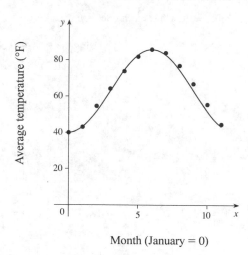

Month (January = 0)

(d) Using the `SinReg` command on the TI–83 we find that for the function $y = a \sin (bt + c) + d$, where $a = 23.4$, $b = 0.48$, $c = -1.36$, and $d = 62.2$. Thus we get the model $y = 23.4 \sin (0.48t - 1.36) + 62.2$.

7. (a) See the graph in part (c).

(b) Let t be the time years. We find a function of the form $y = a \sin \omega \, (t - c) + b$, where y is the owl population.

$a = \frac{1}{2} (80 - 20) = 30$. The period is $2 \, (9 - 3) = 12$ and so $\omega = \frac{2\pi}{12} \approx 0.52$. $b = \frac{1}{2} (80 + 20) = 50$. Since the values start at the middle we have $c = 0$. Thus the function is $y = 30 \sin 0.52t + 50$.

(c)

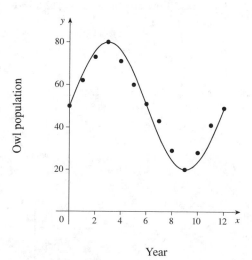

Year

(d) Using the `SinReg` command on the TI–83 we find that for the function $y = a \sin (bt + c) + d$, where $a = 25.8$, $b = 0.52$, $c = -0.02$, and $d = 50.6$. Thus we get the model $y = 25.8 \sin (0.52t - 0.02) + 50.6$.

9. (a) See the graph in part (c).

(b) Let t be the time since 1975. We find a function of the form $y = a \cos \omega (t - c) + b$. $a = \frac{1}{2}(158 - 9) = 74.5$. The first period seems to stretch from 1980 to 1989 (maximum to maximum) and the second period from 1989 to 2000, so the period is about 10 years and so $\omega = \frac{2\pi}{10} \approx 0.628$. $b = \frac{1}{2}(158 + 9) = 83.5$. The first maximum value occurs in the fifth year, so $c = 5$. Thus, our model is $y = 74.5 \cos 0.628 (t - 5) + 83.5$.

(c)

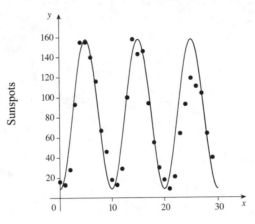

Year since 1975

(d) Using the `SinReg` command on the TI-83, we find that for the function $y = a \sin (bt + c) + d$, where $a = 67.65094323$, $b = 0.6205550572$, $c = -1.654463632$, and $d = 74.50460325$. Thus we get the model $y = 67.65 \sin (0.62t - 1.65) + 74.5$. This model is more accurate for more recent years than the one we found in part (b).

6 Trigonometric Functions of Angles

6.1 Angle Measure

1. $72° = 72° \cdot \frac{\pi}{180°}$ rad $= \frac{2\pi}{5}$ rad ≈ 1.257 rad

3. $-45° = -45° \cdot \frac{\pi}{180°}$ rad $= -\frac{\pi}{4}$ rad ≈ -0.785 rad

5. $-75° = -75° \cdot \frac{\pi}{180°}$ rad $= -\frac{5\pi}{12}$ rad ≈ -1.309 rad

7. $1080° = 1080° \cdot \frac{\pi}{180°}$ rad $= 6\pi$ rad ≈ 18.850 rad

9. $96° = 96° \cdot \frac{\pi}{180°}$ rad $= \frac{8\pi}{15}$ rad ≈ 1.676 rad

11. $7.5° = 7.5° \cdot \frac{\pi}{180°}$ rad $= \frac{\pi}{24}$ rad ≈ 0.131 rad

13. $\frac{7\pi}{6} = \frac{7\pi}{6} \cdot \frac{180°}{\pi} = 210°$

15. $-\frac{5\pi}{4} = -\frac{5\pi}{4} \cdot \frac{180°}{\pi} = -225°$

17. $3 = 3 \cdot \frac{180°}{\pi} = \frac{540°}{\pi} \approx 171.9°$

19. $-1.2 = -1.2 \cdot \frac{180°}{\pi} = -\frac{216°}{\pi} = -68.8°$

21. $\frac{\pi}{10} = \frac{\pi}{10} \cdot \frac{180°}{\pi} = 18°$

23. $-\frac{2\pi}{15} = -\frac{2\pi}{15} \cdot \frac{180°}{\pi} = -24°$

25. $50°$ is coterminal with $50° + 360° = 410°$, $50° + 720° = 770°$, $50° - 360° = -310°$, and $50° - 720° = -670°$. (Other answers are possible.)

27. $\frac{3\pi}{4}$ is coterminal with $\frac{3\pi}{4} + 2\pi = \frac{11\pi}{4}$, $\frac{3\pi}{4} + 4\pi = \frac{19\pi}{4}$, $\frac{3\pi}{4} - 2\pi = -\frac{5\pi}{4}$, and $\frac{3\pi}{4} - 4\pi = -\frac{13\pi}{4}$. (Other answers are possible.)

29. $-\frac{\pi}{4}$ is coterminal with $-\frac{\pi}{4} + 2\pi = \frac{7\pi}{4}$, $-\frac{\pi}{4} + 4\pi = \frac{15\pi}{4}$, $-\frac{\pi}{4} - 2\pi = -\frac{9\pi}{4}$, and $-\frac{\pi}{4} - 4\pi = -\frac{17\pi}{4}$. (Other answers are possible.)

31. Since $430° - 70° = 360°$, the angles are coterminal.

33. Since $\frac{17\pi}{6} - \frac{5\pi}{6} = \frac{12\pi}{6} = 2\pi$; the angles are coterminal.

35. Since $875° - 155° = 720° = 2 \cdot 360°$, the angles are coterminal.

37. Since $733° - 2 \cdot 360° = 13°$, the angles $733°$ and $13°$ are coterminal.

39. Since $1110° - 3 \cdot 360° = 30°$, the angles $1110°$ and $30°$ are coterminal.

41. Since $-800° + 3 \cdot 360° = 280°$, the angles $-800°$ and $280°$ are coterminal.

43. Since $\frac{17\pi}{6} - 2\pi = \frac{5\pi}{6}$, the angles $\frac{17\pi}{6}$ and $\frac{5\pi}{6}$ are coterminal.

45. Since $87\pi - 43 \cdot 2\pi = \pi$, the angles 87π and π are coterminal.

47. Since $\frac{17\pi}{4} - 2 \cdot 2\pi = \frac{\pi}{4}$, the angles $\frac{17\pi}{4}$ and $\frac{\pi}{4}$ are coterminal.

49. Using the formula $s = \theta r$, the length of the arc is $s = \left(220° \cdot \frac{\pi}{180°}\right) \cdot 5 = \frac{55\pi}{9} \approx 19.2$.

51. Solving for r we have $r = \frac{s}{\theta}$, so the radius of the circle is $r = \frac{8}{2} = 4$.

53. Using the formula $s = \theta r$, the length of the arc is $s = 2 \cdot 2 = 4$ mi.

55. Solving for θ, we have $\theta = \frac{s}{r}$, so the measure of the central angle is $\theta = \frac{100}{50} = 2$ rad. Converting to degrees we have $\theta = 2 \cdot \frac{180°}{\pi} \approx 114.6°$

57. Solving for r, we have $r = \frac{s}{\theta}$, so the radius of the circle is $r = \frac{6}{\pi/6} = \frac{36}{\pi} \approx 11.46$ m.

59. (a) $A = \frac{1}{2}r^2\theta = \frac{1}{2} \cdot 8^2 \cdot 80° \cdot \frac{\pi}{180°} = 32 \cdot \frac{4\pi}{9} = \frac{128\pi}{9} \approx 44.68$

   (b) $A = \frac{1}{2}r^2\theta = \frac{1}{2} \cdot 10^2 \cdot 0.5 = 25$

61. $A = \frac{1}{2}r^2\theta = \frac{1}{2} \cdot 10^2 \cdot 1 = 50$ m^2

63. $\theta = 2$ rad, $A = 16$ m^2. Since $A = \frac{1}{2}r^2\theta$, we have $r = \sqrt{2A/\theta} = \sqrt{2 \cdot 16/2} = \sqrt{16} = 4$ m.

65. Since the area of the circle is 72 cm^2, the radius of the circle is $r = \sqrt{A/\pi} = \sqrt{72/\pi}$. Then the area of the sector is $A = \frac{1}{2}r^2\theta = \frac{1}{2} \cdot \frac{72}{\pi} \cdot \frac{\pi}{6} = 6$ cm^2.

67. The circumference of each wheel is $\pi d = 28\pi$ in. If the wheels revolve 10,000 times, the distance traveled is
$10{,}000 \cdot 28\pi$ in. $\cdot \dfrac{1 \text{ ft}}{12 \text{ in.}} \cdot \dfrac{1 \text{ mi}}{5280 \text{ ft}} \approx 13.88$ mi.

69. We find the measure of the angle in degrees and then convert to radians. $\theta = 40.5° - 25.5° = 15°$ and $15 \cdot \frac{\pi}{180°}$ rad $= \frac{\pi}{12}$ rad. Then using the formula $s = \theta r$, we have $s = \frac{\pi}{12} \cdot 3960 = 330\pi \approx 1036.725$ and so the distance between the two cities is roughly 1037 mi.

71. In one day, the earth travels $\frac{1}{365}$ of its orbit which is $\frac{2\pi}{365}$ rad. Then $s = \theta r = \frac{2\pi}{365} \cdot 93{,}000{,}000 \approx 1{,}600{,}911.3$, so the distance traveled is approximately 1.6 million miles.

73. The central angle is 1 minute $= \left(\frac{1}{60}\right)° = \frac{1}{60} \cdot \frac{\pi}{180°}$ rad $= \frac{\pi}{10{,}800}$ rad. Then $s = \theta r = \frac{\pi}{10{,}800} \cdot 3960 \approx 1.152$, and so a nautical mile is approximately 1.152 mi.

75. The area is equal to the area of the large sector (with radius 34 in.) minus the area of the small sector (with radius 14 in.). Thus, $A = \frac{1}{2}r_1^2\theta - \frac{1}{2}r_2^2\theta = \frac{1}{2}\left(34^2 - 14^2\right)\left(135° \cdot \frac{\pi}{180°}\right) \approx 1131$ in.^{2}.

77. $v = \dfrac{8 \cdot 2\pi \cdot 2}{15} = \dfrac{32\pi}{15} \approx 6.702$ ft/s.

79. (a) The angular speed is $\omega = \dfrac{1000 \cdot 2\pi \text{ rad}}{1 \text{ min}} = 2000\pi$ rad/min.

(b) The linear speed is $v = \dfrac{1000 \cdot 2\pi \cdot \frac{6}{12}}{60} = \dfrac{50\pi}{3}$ ft/s ≈ 52.4 ft/s.

81. $v = \dfrac{600 \cdot 2\pi \cdot \frac{11}{12} \text{ ft}}{1 \text{ min}} \cdot \dfrac{1 \text{ mi}}{5280 \text{ ft}} \cdot \dfrac{60 \text{ min}}{1 \text{ hr}} = 12.5\pi$ mi/h ≈ 39.3 mi/h.

83. $v = \dfrac{100 \cdot 2\pi \cdot 0.20 \text{ m}}{60 \text{ s}} = \dfrac{2\pi}{3} \approx 2.09$ m/s.

85. (a) The circumference of the opening is the length of the arc subtended by the angle θ on the flat piece of paper, that is,
$C = s = r\theta = 6 \cdot \frac{5\pi}{3} = 10\pi \approx 31.4$ cm.

(b) Solving for r, we find $r = \dfrac{C}{2\pi} = \dfrac{10\pi}{2\pi} = 5$ cm.

(c) By the Pythagorean Theorem, $h^2 = 6^2 - 5^2 = 11$, so $h = \sqrt{11} \approx 3.3$ cm.

(d) The volume of a cone is $V = \frac{1}{3}\pi r^2 h$. In this case $V = \frac{1}{3}\pi \cdot 5^2 \cdot \sqrt{11} \approx 86.8$ cm^3.

87. Answers will vary, although of course everyone prefers radians.

6.2   Trigonometry of Right Angles

1. $\sin\theta = \frac{4}{5}$, $\cos\theta = \frac{3}{5}$, $\tan\theta = \frac{4}{3}$, $\csc\theta = \frac{5}{4}$, $\sec\theta = \frac{5}{3}$, $\cot\theta = \frac{3}{4}$

3. The remaining side is obtained by the Pythagorean Theorem: $\sqrt{41^2 - 40^2} = \sqrt{81} = 9$. Then $\sin\theta = \frac{40}{41}$, $\cos\theta = \frac{9}{41}$, $\tan\theta = \frac{40}{9}$, $\csc\theta = \frac{41}{40}$, $\sec\theta = \frac{41}{9}$, $\cot\theta = \frac{9}{40}$

5. The remaining side is obtained by the Pythagorean Theorem: $\sqrt{3^2 + 2^2} = \sqrt{13}$. Then $\sin\theta = \frac{2}{\sqrt{13}} = \frac{2\sqrt{13}}{13}$, $\cos\theta = \frac{3}{\sqrt{13}} = \frac{3\sqrt{13}}{13}$, $\tan\theta = \frac{2}{3}$, $\csc\theta = \frac{\sqrt{13}}{2}$, $\sec\theta = \frac{\sqrt{13}}{3}$, $\cot\theta = \frac{3}{2}$

7. $c = \sqrt{5^2 + 3^2} = \sqrt{34}$

(a) $\sin\alpha = \cos\beta = \frac{3}{\sqrt{34}} = \frac{3\sqrt{34}}{34}$ **(b)** $\tan\alpha = \cot\beta = \frac{3}{5}$ **(c)** $\sec\alpha = \csc\beta = \frac{\sqrt{34}}{5}$

9. Since $\sin 30° = \dfrac{x}{25}$, we have $x = 25\sin 30° = 25 \cdot \frac{1}{2} = \frac{25}{2}$.

11. Since $\sin 60° = \dfrac{x}{13}$, we have $x = 13\sin 60° = 13 \cdot \frac{\sqrt{3}}{2} = \frac{13\sqrt{3}}{2}$.

13. Since $\tan 36° = \dfrac{12}{x}$, we have $x = \dfrac{12}{\tan 36°} \approx 16.51658$.

15. $\dfrac{x}{28} = \cos\theta \iff x = 28\cos\theta$, and $\dfrac{y}{28} = \sin\theta \iff y = 28\sin\theta$.

17. $\sin\theta = \frac{3}{5}$. Then the third side is $x = \sqrt{5^2 - 3^2} = 4$. The other five ratios are $\cos\theta = \frac{4}{5}$, $\tan\theta = \frac{3}{4}$, $\csc\theta = \frac{5}{3}$, $\sec\theta = \frac{5}{4}$, and $\cot\theta = \frac{4}{3}$.

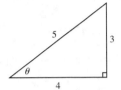

19. $\cot\theta = 1$. Then the third side is $r = \sqrt{1^2 + 1^2} = \sqrt{2}$. The other five ratios are $\sin\theta = \frac{1}{\sqrt{2}} = \frac{\sqrt{2}}{2}$, $\cos\theta = \frac{1}{\sqrt{2}} = \frac{\sqrt{2}}{2}$, $\tan\theta = 1$, $\csc\theta = \sqrt{2}$, and $\sec\theta = \sqrt{2}$.

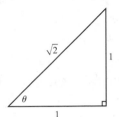

21. $\sec\theta = 7$. The third side is $y = \sqrt{7^2 - 2^2} = \sqrt{45} = 3\sqrt{5}$ The other five ratios are $\sin\theta = \frac{3\sqrt{5}}{7}$, $\cos\theta = \frac{2}{7}$, $\tan\theta = \frac{3\sqrt{5}}{2}$, $\csc\theta = \frac{7}{3\sqrt{5}} = \frac{7\sqrt{5}}{15}$, and $\cot\theta = \frac{2}{3\sqrt{5}} = \frac{2\sqrt{5}}{15}$.

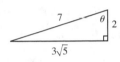

23. $\sin\frac{\pi}{6} + \cos\frac{\pi}{6} = \frac{1}{2} + \frac{\sqrt{3}}{2} = \frac{1+\sqrt{3}}{2}$

25. $\sin 30° \cos 60° + \sin 60° \cos 30° = \frac{1}{2} \cdot \frac{1}{2} + \frac{\sqrt{3}}{2} \cdot \frac{\sqrt{3}}{2} = \frac{1}{4} + \frac{3}{4} = 1$

27. $(\cos 30°)^2 - (\sin 30°)^2 = \left(\frac{\sqrt{3}}{2}\right)^2 - \left(\frac{1}{2}\right)^2 = \frac{3}{4} - \frac{1}{4} = \frac{1}{2}$

29. This is an isosceles right triangle, so the other leg has length $16\tan 45° = 16$, the hypotenuse has length $\dfrac{16}{\sin 45°} = 16\sqrt{2} \approx 22.63$, and the other angle is $90° - 45° = 45°$.

31. The other leg has length $35\tan 52° \approx 44.79$, the hypotenuse has length $\dfrac{35}{\cos 52°} \approx 56.85$, and the other angle is $90° - 52° = 38°$.

33. The adjacent leg has length $33.5\cos\frac{\pi}{8} \approx 30.95$, the opposite leg has length $33.5\sin\frac{\pi}{8} \approx 12.82$, and the other angle is $\frac{\pi}{2} - \frac{\pi}{8} = \frac{3\pi}{8}$.

35. The adjacent leg has length $\dfrac{106}{\tan\frac{\pi}{5}} \approx 145.90$, the hypotenuse has length $\dfrac{106}{\sin\frac{\pi}{5}} \approx 180.34$, and the other angle is $\frac{\pi}{2} - \frac{\pi}{5} = \frac{3\pi}{10}$.

37. $\sin\theta \approx \frac{1}{2.24} \approx 0.45$. $\cos\theta \approx \frac{2}{2.24} \approx 0.89$, $\tan\theta = \frac{1}{2}$, $\csc\theta \approx 2.24$, $\sec\theta \approx \frac{2.24}{2} \approx 1.12$, $\cot\theta \approx 2.00$.

39. $x = \dfrac{100}{\tan 60°} + \dfrac{100}{\tan 30°} \approx 230.9$

41. Let h be the length of the shared side. Then $\sin 60° = \dfrac{50}{h} \iff h = \dfrac{50}{\sin 60°} \approx 57.735 \iff \sin 65° = \dfrac{h}{x} \iff x = \dfrac{h}{\sin 65°} \approx 63.7$

43. 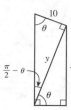   From the diagram, $\sin \theta = \dfrac{x}{y}$ and $\tan \theta = \dfrac{y}{10}$, so $x = y \sin \theta = 10 \sin \theta \tan \theta$.

45. Let h be the height, in feet, of the Empire State Building. Then $\tan 11° = \dfrac{h}{5280}$ $\Leftrightarrow$ $h = 5280 \cdot \tan 11° \approx 1026$ ft.

47. (a) Let h be the distance, in miles, that the beam has diverged. Then $\tan 0.5° = \dfrac{h}{240,000}$ $\Leftrightarrow$

$h = 240,000 \cdot \tan 0.5° \approx 2100$ mi.

(b) Since the deflection is about 2100 mi whereas the radius of the moon is about 1000 mi, the beam will not strike the moon.

49. Let h represent the height, in feet, that the ladder reaches on the building. Then $\sin 72° = \dfrac{h}{20}$ $\Leftrightarrow$

$h = 20 \sin 72° \approx 19$ ft.

51. Let θ be the angle of elevation of the sun. Then $\tan \theta = \frac{96}{120} = 0.8$ $\Leftrightarrow$ $\theta = \tan^{-1} 0.8 \approx 0.675 \approx 38.7°$.

53. Let h be the height, in feet, of the kite above the ground. Then $\sin 50° = \dfrac{h}{450}$ $\Leftrightarrow$ $h = 450 \sin 50° \approx 345$ ft.

55. Let h_1 be the height of the window in feet and h_2 be the height from the window to the top of the tower. Then

$\tan 25° = \dfrac{h_1}{325}$ $\Leftrightarrow$ $h_1 = 325 \cdot \tan 25° \approx 152$ ft. Also, $\tan 39° = \dfrac{h_2}{325} \Leftrightarrow h_2 = 325 \cdot \tan 39° \approx 263$ ft. Therefore, the height of the window is approximately 152 ft and the height of the tower is approximately $152 + 263 = 415$ ft.

57. Let d_1 be the distance, in feet, between a point directly below the plane and one car, and d_2 be the distance, in feet, between the same point and the other car. Then $\tan 52° = \dfrac{d_1}{5150} \Leftrightarrow d_1 = 5150 \cdot \tan 52° \approx 6591.7$ ft. Also, $\tan 38° = \dfrac{d_2}{5150}$ $\Leftrightarrow$

$d_2 = 5150 \cdot \tan 38° \approx 4023.6$ ft. So in this case, the distance between the two cars is about 2570 ft.

59. Let x be the horizontal distance, in feet, between a point on the ground directly below the top of the mountain and the point on the plain closest to the mountain. Let h be the height, in feet, of the mountain. Then $\tan 35° = \dfrac{h}{x}$ and

$\tan 32° = \dfrac{h}{x + 1000}$. So $h = x \tan 35° = (x + 1000) \tan 32°$ $\Leftrightarrow$ $x = \dfrac{1000 \cdot \tan 32°}{\tan 35° - \tan 32°} \approx 8294.2$. Thus $h \approx 8294.2 \cdot \tan 35° \approx 5808$ ft.

61. Let d be the distance, in miles, from the earth to the sun. Then $\tan 89.95° = \dfrac{d}{240,000}$ $\Leftrightarrow$

$d = 240,000 \cdot \tan 89.95° \approx 91.7$ million miles.

63. Let r represent the radius, in miles, of the earth. Then $\sin 60.276° = \frac{r}{r+600}$ $\Leftrightarrow$ $(r + 600) \sin 60.276° = r$ $\Leftrightarrow$

$600 \sin 60.276° = r \left(1 - \sin 60.276°\right)$ $\Leftrightarrow$ $r = \frac{600 \sin 60.276°}{1 - \sin 60.276°} \approx 3960.099$. So the radius of the earth is approximately 3960 mi.

65. Let d be the distance, in AU, between Venus and the sun. Then $\sin 46.3° = \dfrac{d}{1} = d$, so $d = \sin 46.3° \approx 0.723$ AU.

6.3   Trigonometric Functions of Angles

1. (a) The reference angle for $150°$ is $180° - 150° = 30°$.

   (b) The reference angle for $330°$ is $360° - 330° = 30°$.

   (c) The reference angle for $-30°$ is $-(-30°) = 30°$.

3. (a) The reference angle for $225°$ is $225° - 180° = 45°$.

   (b) The reference angle for $810°$ is $810° - 720° = 90°$.

   (c) The reference angle for $-105°$ is $180° - 105° = 75°$.

5. (a) The reference angle for $\frac{11\pi}{4}$ is $3\pi - \frac{11\pi}{4} = \frac{\pi}{4}$.

   (b) The reference angle for $-\frac{11\pi}{6}$ is $2\pi - \frac{11\pi}{6} = \frac{\pi}{6}$.

   (c) The reference angle for $\frac{11\pi}{3}$ is $4\pi - \frac{11\pi}{3} = \frac{\pi}{3}$.

7. (a) The reference angle for $\frac{5\pi}{7}$ is $\pi - \frac{5\pi}{7} = \frac{2\pi}{7}$.

   (b) The reference angle for -1.4π is $1.4\pi - \pi = 0.4\pi$.

   (c) The reference angle for 1.4 is 1.4 because $1.4 < \frac{\pi}{2}$.

9. $\sin 150° = \sin 30° = \frac{1}{2}$

11. $\cos 135° = -\cos 45° = -\frac{1}{\sqrt{2}} = -\frac{\sqrt{2}}{2}$

13. $\tan(-60°) = -\tan 60° = -\sqrt{3}$

15. $\csc(-630°) = \csc 90° = \frac{1}{\sin 90°} = 1$

17. $\cos 570° = -\cos 30° = -\frac{\sqrt{3}}{2}$

19. $\tan 750° = \tan 30° = \frac{1}{\sqrt{3}} = \frac{\sqrt{3}}{3}$

21. $\sin \frac{2\pi}{3} = \sin \frac{\pi}{3} = \frac{\sqrt{3}}{2}$

23. $\sin \frac{3\pi}{2} = -\sin \frac{\pi}{2} = -1$

25. $\cos\left(-\frac{7\pi}{3}\right) = \cos \frac{\pi}{3} = \frac{1}{2}$

27. $\sec \frac{17\pi}{3} = \sec \frac{\pi}{3} = \frac{1}{\cos \frac{\pi}{3}} = 2$

29. $\cot\left(-\frac{\pi}{4}\right) = -\cot \frac{\pi}{4} = \frac{-1}{\tan \frac{\pi}{4}} = -1$

31. $\tan \frac{5\pi}{2} = \tan \frac{\pi}{2}$ which is undefined.

33. Since $\sin\theta < 0$ and $\cos\theta < 0$, θ is in quadrant III.

35. $\sec\theta > 0 \ \Rightarrow\ \cos\theta > 0$. Also $\tan\theta < 0 \ \Rightarrow\ \dfrac{\sin\theta}{\cos\theta} < 0 \ \Leftrightarrow\ \sin\theta < 0$ (since $\cos\theta > 0$). Since $\sin\theta < 0$ and $\cos\theta > 0$, θ is in quadrant IV.

37. $\sec^2\theta = 1 + \tan^2\theta \ \Leftrightarrow\ \tan^2\theta = \dfrac{1}{\cos^2\theta} - 1 \ \Leftrightarrow\ $

$\tan\theta = \sqrt{\dfrac{1}{\cos^2\theta} - 1} = \sqrt{\dfrac{1 - \cos^2\theta}{\cos^2\theta}} = \dfrac{\sqrt{1 - \cos^2\theta}}{|\cos\theta|} = \dfrac{\sqrt{1 - \cos^2\theta}}{-\cos\theta}$ (since $\cos\theta < 0$ in quadrant III,

$|\cos\theta| = -\cos\theta$). Thus $\tan\theta = -\dfrac{\sqrt{1 - \cos^2\theta}}{\cos\theta}$.

39. $\cos^2\theta + \sin^2\theta = 1 \ \Leftrightarrow\ \cos\theta = \sqrt{1 - \sin^2\theta}$ because $\cos\theta > 0$ in quadrant IV.

41. $\sec^2\theta = 1 + \tan^2\theta \ \Leftrightarrow\ \sec\theta = -\sqrt{1 + \tan^2\theta}$ because $\sec\theta < 0$ in quadrant II.

43. $\sin\theta = \frac{3}{5}$. Then $x = -\sqrt{5^2 - 3^2} = -\sqrt{16} = -4$, since θ is in quadrant II. Thus, $\cos\theta = -\frac{4}{5}$, $\tan\theta = -\frac{3}{4}$, $\csc\theta = \frac{5}{3}$, $\sec\theta = -\frac{5}{4}$, and $\cot\theta = -\frac{4}{3}$.

45. $\tan\theta = -\frac{3}{4}$. Then $r = \sqrt{3^2 + 4^2} = 5$, and so $\sin\theta = -\frac{3}{5}$, $\cos\theta = \frac{4}{5}$, $\csc\theta = -\frac{5}{3}$, $\sec\theta = \frac{5}{4}$, and $\cot\theta = -\frac{4}{3}$.

47. $\csc\theta = 2$. Then $\sin\theta = \frac{1}{2}$ and $x = \sqrt{2^2 - 1^2} = \sqrt{3}$. So $\sin\theta = \frac{1}{2}$, $\cos\theta = \frac{\sqrt{3}}{2}$, $\tan\theta = \frac{1}{\sqrt{3}} = \frac{\sqrt{3}}{3}$, $\sec\theta = \frac{2}{\sqrt{3}} = \frac{2\sqrt{3}}{3}$, and $\cot\theta = \sqrt{3}$.

49. $\cos\theta = -\frac{2}{7}$. Then $y = \sqrt{7^2 - 2^2} = \sqrt{45} = 3\sqrt{5}$, and so $\sin\theta = \frac{3\sqrt{5}}{7}$, $\tan\theta = -\frac{3\sqrt{5}}{2}$, $\csc\theta = \frac{7}{3\sqrt{5}} = \frac{7\sqrt{5}}{15}$, $\sec\theta = -\frac{7}{2}$, and $\cot\theta = -\frac{2}{3\sqrt{5}} = -\frac{2\sqrt{5}}{15}$.

51. (a) $\sin 2\theta = \sin\left(2 \cdot \frac{\pi}{3}\right) = \sin \frac{2\pi}{3} = \sin \frac{\pi}{3} = \frac{\sqrt{3}}{2}$, while $2\sin\theta = 2\sin \frac{\pi}{3} = 2 \cdot \frac{\sqrt{3}}{2} = \sqrt{3}$.

   (b) $\sin \frac{1}{2}\theta = \sin\left(\frac{1}{2} \cdot \frac{\pi}{3}\right) = \sin \frac{\pi}{6} = \frac{1}{2}$, while $\frac{1}{2}\sin\theta = \frac{1}{2}\sin \frac{\pi}{3} = \frac{1}{2} \cdot \frac{\sqrt{3}}{2} = \frac{\sqrt{3}}{4}$.

   (c) $\sin^2\theta = \left(\sin \frac{\pi}{3}\right)^2 = \left(\frac{\sqrt{3}}{2}\right)^2 = \frac{3}{4}$, while $\sin\left(\theta^2\right) = \sin\left(\frac{\pi}{3}\right)^2 = \sin \frac{\pi^2}{9} \approx 0.88967$.

53. $a = 10$, $b = 22$, and $\theta = 10°$. Thus, the area of the triangle is $A = \frac{1}{2}(10)(22)\sin 10° = 110 \sin 10° \approx 19.1$.

55. $A = 16$, $a = 5$, and $b = 7$. So $\sin\theta = \dfrac{2A}{ab} = \dfrac{2\cdot 16}{5\cdot 7} = \dfrac{32}{35}$ $\Leftrightarrow$ $\theta = \sin^{-1}\dfrac{32}{35} \approx 66.1°$.

57. For the sector defined by the two sides, $A_1 = \frac{1}{2}r^2\theta = \frac{1}{2}\cdot 2^2\cdot 120°\cdot\frac{\pi}{180°} = \frac{4\pi}{3}$. For the triangle defined by the two sides, $A_2 = \frac{1}{2}ab\sin\theta = \frac{1}{2}\cdot 2\cdot 2\cdot\sin 120° = 2\sin 60° = \sqrt{3}$. Thus the area of the region is $A_1 - A_2 = \frac{4\pi}{3} - \sqrt{3} \approx 2.46$.

59. $\sin^2\theta + \cos^2\theta = 1$ $\Leftrightarrow$ $(\sin^2\theta + \cos^2\theta)\cdot\dfrac{1}{\cos^2\theta} = 1\cdot\dfrac{1}{\cos^2\theta}$ $\Leftrightarrow$ $\tan^2\theta + 1 = \sec^2\theta$

61. **(a)** $\tan\theta = \dfrac{h}{1\text{ mile}}$, so $h = \tan\theta\cdot 1\text{ mile}\cdot\dfrac{5280\text{ ft}}{1\text{ mile}} = 5280\tan\theta$ ft.

(b)

θ	20°	60°	80°	85°
h	1922	9145	29,944	60,351

63. **(a)** From the figure in the text, we express depth and width in terms of θ.

Since $\sin\theta = \dfrac{\text{depth}}{20}$ and $\cos\theta = \dfrac{\text{width}}{20}$, we have depth $= 20\sin\theta$ and width $= 20\cos\theta$. Thus, the cross-section area of the beam is $A(\theta) = (\text{depth})(\text{width}) = (20\cos\theta)(20\sin\theta) = 400\cos\theta\sin\theta$.

(b)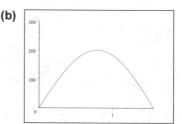

(c) The beam with the largest cross-sectional area is the square beam, $10\sqrt{2}$ by $10\sqrt{2}$ (about 14.14 by 14.14).

65. **(a)** On Earth, the range is $R = \dfrac{v_0^2\sin(2\theta)}{g} = \dfrac{12^2\sin\frac{\pi}{3}}{32} = \dfrac{9\sqrt{3}}{4} \approx 3.897$ ft and the height is

$H = \dfrac{v_0^2\sin^2\theta}{2g} = \dfrac{12^2\sin^2\frac{\pi}{6}}{2\cdot 32} = \dfrac{9}{16} = 0.5625$ ft.

(b) On the moon, $R = \dfrac{12^2\sin\frac{\pi}{3}}{5.2} \approx 23.982$ ft and $H = \dfrac{12^2\sin^2\frac{\pi}{6}}{2\cdot 5.2} \approx 3.462$ ft

67. **(a)** $W = 3.02 - 0.38\cot\theta + 0.65\csc\theta$

(b) From the graph, it appears that W has its minimum value at about $\theta = 0.946 \approx 54.2°$.

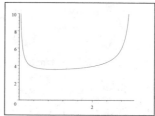

69. We have $\sin\alpha = k\sin\beta$, where $\alpha = 59.4°$ and $k = 1.33$. Substituting, $\sin 59.4° = 1.33\sin\beta$

$\Rightarrow \sin\beta = \dfrac{\sin 59.4°}{1.33} \approx 0.6472$. Using a calculator, we find that $\beta \approx \sin^{-1} 0.6472 \approx 40.3°$, so

$\theta = 4\beta - 2\alpha \approx 4(40.3°) - 2(59.4°) = 42.4°$.

71. $\cos\theta = \dfrac{\text{adj}}{\text{hyp}} = \dfrac{|OP|}{|OR|} = \dfrac{|OP|}{1} = |OP|$. Since QS is tangent to the circle at R, $\triangle ORQ$ is a right triangle. Then

$\tan\theta = \dfrac{\text{opp}}{\text{adj}} = \dfrac{|RQ|}{|OR|} = |RQ|$ and $\sec\theta = \dfrac{\text{hyp}}{\text{adj}} = \dfrac{|OQ|}{|OR|} = |OQ|$. Since $\angle SOQ$ is a right angle $\triangle SOQ$ is a right

triangle and $\angle OSR = \theta$. Then $\csc\theta = \dfrac{\text{hyp}}{\text{opp}} = \dfrac{|OS|}{|OR|} = |OS|$ and $\cot\theta = \dfrac{\text{adj}}{\text{opp}} = \dfrac{|SR|}{|OR|} = |SR|$. Summarizing, we have

$\sin\theta = |PR|$, $\cos\theta = |OP|$, $\tan\theta = |RQ|$, $\sec\theta = |OQ|$, $\csc\theta = |OS|$, and $\cot\theta = |SR|$.

6.4 The Law of Sines

1. $\angle C = 180° - 98.4° - 24.6° = 57°$. $x = \dfrac{376 \sin 57°}{\sin 98.4°} \approx 318.75$.

3. $\angle C = 180° - 52° - 70° = 58°$. $x = \dfrac{26.7 \sin 52°}{\sin 58°} \approx 24.8$.

5. $\sin C = \dfrac{36 \sin 120°}{45} \approx 0.693 \Leftrightarrow \angle C \approx \sin^{-1} 0.693 \approx 44°$.

7. $\angle C = 180° - 46° - 20° = 114°$. Then $a = \dfrac{65 \sin 46°}{\sin 114°} \approx 51$ and $b = \dfrac{65 \sin 20°}{\sin 114°} \approx 24$.

9. $\angle B = 68°$, so $\angle A = 180° - 68° - 68° = 44°$ and $a = \dfrac{12 \sin 44°}{\sin 68°} \approx 8.99$.

11. $\angle C = 180° - 50° - 68° = 62°$. Then

$$a = \dfrac{230 \sin 50°}{\sin 62°} \approx 200 \text{ and } b = \dfrac{230 \sin 68°}{\sin 62°} \approx 242.$$

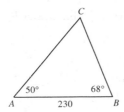

13. $\angle B = 180° - 30° - 65° = 85°$. Then

$$a = \dfrac{10 \sin 30°}{\sin 85°} \approx 5.0 \text{ and } c = \dfrac{10 \sin 65°}{\sin 85°} \approx 9.$$

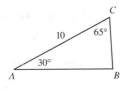

15. $\angle A = 180° - 51° - 29° = 100°$. Then

$$a = \dfrac{44 \sin 100°}{\sin 29°} \approx 89 \text{ and } c = \dfrac{44 \sin 51°}{\sin 29°} \approx 71.$$

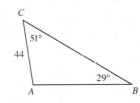

17. Since $\angle A > 90°$ there is only one triangle.

$$\sin B = \dfrac{15 \sin 110°}{28} \approx 0.503 \quad \Leftrightarrow$$

$\angle B \approx \sin^{-1} 0.503 \approx 30°$. Then

$\angle C \approx 180° - 110° - 30° = 40°$, and so

$$c = \dfrac{28 \sin 40°}{\sin 110°} \approx 19.$$ Thus $\angle B \approx 30°$, $\angle C \approx 40°$, and

$c \approx 19$.

19. $\angle A = 125°$ is the largest angle, but since side a is not the longest side, there can be no such triangle.

21. $\sin C = \dfrac{30 \sin 25°}{25} \approx 0.507 \Leftrightarrow \angle C_1 \approx \sin^{-1} 0.507 \approx 30.47°$ or $\angle C_2 \approx 180° - 39.47° = 149.53°$.

If $\angle C_1 = 30.47°$, then $\angle A_1 \approx 180° - 25° - 30.47° = 124.53°$ and $a_1 = \dfrac{25 \sin 124.53°}{\sin 25°} \approx 48.73$.

If $\angle C_2 = 149.53°$, then $\angle A_2 \approx 180° - 25° - 149.53° = 5.47°$ and $a_2 = \dfrac{25 \sin 5.47°}{\sin 25°} \approx 5.64$.

Thus, one triangle has $\angle A_1 \approx 125°$, $\angle C_1 \approx 30°$, and $a_1 \approx 49$; the other has $\angle A_2 \approx 5°$, $\angle C_2 \approx 150°$, and $a_2 \approx 5.6$.

23. $\sin B = \dfrac{100 \sin 50°}{50} \approx 1.532$. Since $|\sin \theta| \leq 1$ for all θ, there can be no such angle B, and thus no such triangle.

25. $\sin A = \dfrac{26 \sin 29°}{15} \approx 0.840 \Leftrightarrow \angle A_1 \approx \sin^{-1} 0.840 \approx 57.2°$ or $\angle A_2 \approx 180° - 57.2° = 122.8°$.

If $\angle A_1 \approx 57.2°$, then $\angle B_1 = 180° - 29° - 57.2° = 93.8°$ and $b_1 \approx \dfrac{15 \sin 93.8°}{\sin 29°} \approx 30.9$.

If $\angle A_2 \approx 122.8°$, then $\angle B_2 = 180 - 29° - 122.8° = 28.2°$ and $b_2 \approx \dfrac{15 \sin 28.1°}{\sin 29°} \approx 14.6$.

Thus, one triangle has $\angle A_1 \approx 57.2°$, $\angle B_1 \approx 93.8°$, and $b_1 \approx 30.9$; the other has $\angle A_2 \approx 122.8°$, $\angle B_2 \approx 28.2°$, and $b_2 \approx 14.6$.

27. (a) From $\triangle ABC$ and the Law of Sines we get $\dfrac{\sin 30°}{20} = \dfrac{\sin B}{28}$ $\Leftrightarrow$ $\sin B = \dfrac{28 \sin 30°}{20} = 0.7$,

so $\angle B \approx \sin^{-1} 0.7 \approx 44.427°$. Since $\triangle BCD$ is isosceles, $\angle B = \angle BDC \approx 44.427°$. Thus, $\angle BCD = 180° - 2\angle B \approx 91.146° \approx 91.1°$.

(b) From $\triangle ABC$ we get $\angle BCA = 180° - \angle A - \angle B \approx 180° - 30° - 44.427° = 105.573°$. Hence $\angle DCA = \angle BCA - \angle BCD \approx 105.573° - 91.146° = 14.4°$.

29. (a) $\sin B = \dfrac{20 \sin 40°}{15} \approx 0.857 \Leftrightarrow \angle B_1 \approx \sin^{-1} 0.857 \approx 58.99°$ or $\angle B_2 \approx 180° - 58.99° \approx 121.01°$.

If $\angle B_1 = 30.47°$, then $\angle C_1 \approx 180° - 15° - 58.99° = 106.01°$ and $c_1 = \dfrac{15 \sin 106.01°}{\sin 40°} \approx 22.43$.

If $\angle B_2 = 121.01°$, then $\angle C_2 \approx 180° - 15° - 121.01° = 43.99°$ and $c_2 = \dfrac{15 \sin 43.99°}{\sin 40°} \approx 16.21$. Thus there are two triangles.

(b) By the area formula given in Section 6.3, $\dfrac{\text{Area of } \triangle ABC}{\text{Area of } \triangle A'B'C'} = \dfrac{\frac{1}{2}ab \sin C}{\frac{1}{2}ab \sin C'} = \dfrac{\sin C}{\sin C'}$, since a and b are the same in both triangles.

31. (a) Let a be the distance from satellite to the tracking station A in miles. Then the subtended angle at the satellite is $\angle C = 180° - 93° - 84.2° = 2.8°$, and so $a = \dfrac{50 \sin 84.2°}{\sin 2.8°} \approx 1018$ mi.

(b) Let d be the distance above the ground in miles. Then $d = 1018.3 \sin 87° \approx 1017$ mi.

33. $\angle C = 180° - 82° - 52° = 46°$, so by the Law of Sines, $\dfrac{|AC|}{\sin 52°} = \dfrac{|AB|}{\sin 46°}$ $\Leftrightarrow$ $|AC| = \dfrac{|AB| \sin 52°}{\sin 46°}$, so substituting we have $|AC| = \dfrac{200 \sin 52°}{\sin 46°} \approx 219$ ft.

35.

We draw a diagram. A is the position of the tourist and C is the top of the tower. $\angle B = 90° - 5.6° = 84.4°$ and so $\angle C = 180° - 29.2° - 84.4° = 66.4°$. Thus, by the Law of Sines, the length of the tower is $|BC| = \dfrac{105 \sin 29.2°}{\sin 66.4°} \approx 55.9$ m.

37. The angle subtended by the top of the tree and the sun's rays is $\angle A = 180° - 90° - 52° = 38°$. Thus the height of the tree is $h = \dfrac{215 \sin 30°}{\sin 38°} \approx 175$ ft.

39. Call the balloon's position R. Then in $\triangle PQR$, we see that $\angle P = 62° - 32° = 30°$, and $\angle Q = 180° - 71° + 32° = 141°$. Therefore, $\angle R = 180° - 30° - 141° = 9°$. So by the Law of Sines, $\dfrac{|QR|}{\sin 30°} = \dfrac{|PQ|}{\sin 9°}$ $\Leftrightarrow$ $|QR| = 60 \cdot \dfrac{\sin 30°}{\sin 9°} \approx 192$ m.

41. Let d be the distance from the earth to Venus, and let β be the angle formed by sun, Venus, and earth. By the Law of Sines, $\dfrac{\sin \beta}{1} = \dfrac{\sin 39.4°}{0.723} \approx 0.878$, so either $\beta \approx \sin^{-1} 0.878 \approx 61.4°$ or $\beta \approx 180° - \sin^{-1} 0.878 \approx 118.6°$.

In the first case, $\dfrac{d}{\sin(180° - 39.4° - 61.4°)} = \dfrac{0.723}{\sin 39.4°}$ $\Leftrightarrow$ $d \approx 1.119$ AU; in the second case,

$\dfrac{d}{\sin(180° - 39.4° - 118.6°)} = \dfrac{0.723}{\sin 39.4°}$ $\Leftrightarrow$ $d \approx 0.427$ AU.

43.

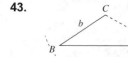  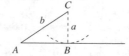 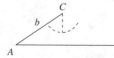

$b > a > b \sin A$: Two solutions $a = b \sin A$: One solution $a < b \sin A$: No solution

$a \geq b$: One solution

$\angle A = 30°$, $b = 100$, $\sin A = \frac{1}{2}$. If $a \geq b = 100$ then there is one triangle. If $100 > a > 100 \sin 30° = 50$, then there are two possible triangles. If $a = 50$, then there is one (right) triangle. And if $a < 50$, then no triangle is possible.

6.5   The Law of Cosines

1. $x^2 = 21^2 + 42^2 - 2 \cdot 21 \cdot 42 \cdot \cos 39° = 441 + 1764 - 1764 \cos 39° \approx 834.115$ and so $x \approx \sqrt{834.115} \approx 28.9$.

3. $x^2 = 25^2 + 25^2 - 2 \cdot 25 \cdot 25 \cdot \cos 140° = 625 + 625 - 1250 \cos 140° \approx 2207.556$ and so $x \approx \sqrt{2207.556} \approx 47$.

5. $37.83^2 = 68.01^2 + 42.15^2 - 2 \cdot 68.01 \cdot 42.15 \cdot \cos\theta$. Then $\cos\theta = \dfrac{37.83^2 - 68.01^2 - 42.15^2}{-2 \cdot 68.01 \cdot 42.15} \approx 0.867 \quad \Leftrightarrow$

$\theta \approx \cos^{-1} 0.867 \approx 29.89°$.

7. $x^2 = 24^2 + 30^2 - 2 \cdot 24 \cdot 30 \cdot \cos 30° = 576 + 900 - 1440 \cos 30° \approx 228.923$ and so $x \approx \sqrt{228.923} \approx 15$.

9. $c^2 = 10^2 + 18^2 - 2 \cdot 10 \cdot 18 \cdot \cos 120° = 100 + 324 - 360 \cos 120° = 604$ and so $c \approx \sqrt{604} \approx 24.576$. Then

$\sin A \approx \dfrac{18 \sin 120°}{24.576} \approx 0.634295 \quad \Leftrightarrow \quad \angle A \approx \sin^{-1} 0.634295 \approx 39.4°$, and $\angle B \approx 180° - 120° - 39.4° = 20.6°$.

11. $c^2 = 3^2 + 4^2 - 2 \cdot 3 \cdot 4 \cdot \cos 53° = 9 + 16 - 24 \cos 53° \approx 10.556 \quad \Leftrightarrow \quad c \approx \sqrt{10.556} \approx 3.2$. Then

$\sin B = \dfrac{4 \sin 53°}{3.25} \approx 0.983 \quad \Leftrightarrow \quad \angle B \approx \sin^{-1} 0.983 \approx 79°$ and $\angle A \approx 180° - 53° - 79° = 48°$.

13. $20^2 = 25^2 + 22^2 - 2 \cdot 25 \cdot 22 \cdot \cos A \Leftrightarrow \cos A = \dfrac{20^2 - 25^2 - 22^2}{-2 \cdot 25 \cdot 22} \approx 0.644 \quad \Leftrightarrow \quad \angle A \approx \cos^{-1} 0.644 \approx 50°$. Then

$\sin B \approx \dfrac{25 \sin 49.9°}{20} \approx 0.956 \quad \Leftrightarrow \quad \angle B \approx \sin^{-1} 0.956 \approx 73°$, and so $\angle C \approx 180° - 50° - 73° = 57°$.

15. $\sin C = \dfrac{162 \sin 40°}{125} \approx 0.833 \Leftrightarrow \angle C_1 \approx \sin^{-1} 0.833 \approx 56.4°$ or $\angle C_2 \approx 180° - 56.4° \approx 123.6°$.

If $\angle C_1 \approx 56.4°$, then $\angle A_1 \approx 180° - 40° - 56.4° = 83.6°$ and $a_1 = \dfrac{125 \sin 83.6°}{\sin 40°} \approx 193$.

If $\angle C_2 \approx 123.6°$, then $\angle A_2 \approx 180° - 40° - 123.6° = 16.4°$ and $a_2 = \dfrac{125 \sin 16.4°}{\sin 40°} \approx 54.9$.

Thus, one possible triangle has $\angle A \approx 83.6°$, $\angle C \approx 56.4°$, and $a \approx 193$; the other has $\angle A \approx 16.4°$, $\angle C \approx 123.6°$, and $a \approx 54.9$.

17. $\sin B = \dfrac{65 \sin 55°}{50} \approx 1.065$. Since $|\sin\theta| \le 1$ for all θ, there is no such $\angle B$, and hence there is no such triangle.

19. $\angle B = 180° - 35° - 85° = 60°$. Then $x = \dfrac{3 \sin 35°}{\sin 60°} \approx 2$.

21. $x = \dfrac{50 \sin 30°}{\sin 100°} \approx 25.4$

23. $b^2 = 110^2 + 138^2 - 2(110)(138) \cdot \cos 38° = 12,100 + 19,044 - 30,360 \cos 38° \approx 7220.0$ and so $b \approx 85.0$. Therefore,

using the Law of Cosines again, we have $\cos\theta = \frac{110^2 + 85^2 - 128^2}{2(110)(138)} \quad \Leftrightarrow \quad \theta \approx 89.15°$.

25. $x^2 = 38^2 + 48^2 - 2 \cdot 38 \cdot 48 \cdot \cos 30° = 1444 + 2304 - 3648 \cos 30° \approx 588.739$ and so $x \approx 24.3$.

27. The semiperimeter is $s = \dfrac{9 + 12 + 15}{2} = 18$, so by Heron's Formula the area is

$A = \sqrt{18(18-9)(18-12)(18-15)} = \sqrt{2916} = 54$.

29. The semiperimeter is $s = \dfrac{7 + 8 + 9}{2} = 12$, so by Heron's Formula the area is

$A = \sqrt{12(12-7)(12-8)(12-9)} = \sqrt{720} = 12\sqrt{5} \approx 26.8$.

31. The semiperimeter is $s = \dfrac{3 + 4 + 6}{2} = \dfrac{13}{2}$, so by Heron's Formula the area is

$A = \sqrt{\dfrac{13}{2}\left(\dfrac{13}{2}-3\right)\left(\dfrac{13}{2}-4\right)\left(\dfrac{13}{2}-6\right)} = \sqrt{\dfrac{455}{16}} = \dfrac{\sqrt{455}}{4} \approx 5.33$.

33. We draw a diagonal connecting the vertices adjacent to the $100°$ angle. This forms two triangles. Consider the triangle with sides of length 5 and 6 containing the $100°$ angle. The area of this triangle is $A_1 = \frac{1}{2}(5)(6)\sin 100° \approx 14.77$. To use Heron's Formula to find the area of the second triangle, we need to find the length of the diagonal using the Law of Cosines: $c^2 = a^2 + b^2 - 2ab\cos C = 5^2 + 6^2 - 2 \cdot 5 \cdot 6\cos 100° \approx 71.419 \Rightarrow c \approx 8.45$. Thus the second triangle has semiperimeter $s = \dfrac{8 + 7 + 8.45}{2} \approx 11.7255$ and area $A_2 = \sqrt{11.7255(11.7255 - 8)(11.7255 - 7)(11.7255 - 8.45)} \approx 26.00$. The area of the quadrilateral is the sum of the areas of the two triangles: $A = A_1 + A_2 \approx 14.77 + 26.00 = 40.77$.

35.

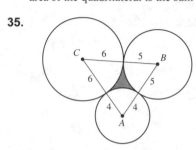

Label the centers of the circles A, B, and C, as in the figure. By the Law of Cosines, $\cos A = \dfrac{AB^2 + AC^2 - BC^2}{2(AB)(AC)} = \dfrac{9^2 + 10^2 - 11^2}{2(9)(10)} = \dfrac{1}{3} \Rightarrow$

$\angle A \approx 70.53°$. Now, by the Law of Sines, $\dfrac{\sin 70.53°}{11} = \dfrac{\sin B}{AC} = \dfrac{\sin C}{AB}$. So $\sin B = \frac{10}{11}\sin 70.53° \approx 0.85710 \Rightarrow B \approx \sin^{-1} 0.85710 \approx 58.99°$ and $\sin C = \frac{9}{11}\sin 70.53° \approx 0.77139 \Rightarrow C \approx \sin^{-1} 0.77139 \approx 50.48°$. The area of $\triangle ABC$ is $\frac{1}{2}(AB)(AC)\sin A = \frac{1}{2}(9)(10)(\sin 70.53°) \approx 42.426$.

The area of sector A is given by $S_A = \pi R^2 \cdot \dfrac{\theta}{360°} = \pi (4)^2 \cdot \dfrac{70.53°}{360°} \approx 9.848$. Similarly, the areas of sectors B and C are $S_B \approx 12.870$ and $S_C \approx 15.859$. Thus, the area enclosed between the circles is $A = \triangle ABC - S_A - S_B - S_C \Rightarrow A \approx 42.426 - 9.848 - 12.870 - 15.859 \approx 3.85 \text{ cm}^2$.

37. Let c be the distance across the lake, in miles. Then $c^2 = 2.82^2 + 3.56^2 - 2(2.82)(3.56) \cdot \cos 40.3° \approx 5.313 \Leftrightarrow c \approx 2.30$ mi.

39. In half an hour, the faster car travels 25 miles while the slower car travels 15 miles. The distance between them is given by the Law of Cosines: $d^2 = 25^2 + 15^2 - 2(25)(15) \cdot \cos 65° \Rightarrow d = \sqrt{25^2 + 15^2 - 2(25)(15) \cdot \cos 65°} = 5\sqrt{25 + 9 - 30 \cdot \cos 65°} \approx 23.1$ mi.

41. The pilot travels a distance of $625 \cdot 1.5 = 937.5$ miles in her original direction and $625 \cdot 2 = 1250$ miles in the new direction. Since she makes a course correction of $10°$ to the right, the included angle is $180° - 10° = 170°$. From the figure, we use the Law of Cosines to get

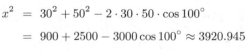

the expression $d^2 = 937.5^2 + 1250^2 - 2(937.5)(1250) \cdot \cos 170° \approx 4{,}749{,}549.42$, so $d \approx 2179$ miles. Thus, the pilot's distance from her original position is approximately 2179 miles.

43. (a) The angle subtended at Egg Island is $100°$. Thus using the Law of Cosines, the distance from Forrest Island to the fisherman's home port is

$$x^2 = 30^2 + 50^2 - 2 \cdot 30 \cdot 50 \cdot \cos 100°$$
$$= 900 + 2500 - 3000\cos 100° \approx 3920.945$$

and so $x \approx \sqrt{3920.945} \approx 62.62$ miles.

(b) Let θ be the angle shown in the figure. Using the Law of Sines, $\sin\theta = \dfrac{50\sin 100°}{62.62} \approx 0.7863 \Leftrightarrow \theta \approx \sin^{-1} 0.7863 \approx 51.8°$. Then $\gamma = 90° - 20° - 51.8° = 18.2°$. Thus the bearing to his home port is S $18.2°$ E.

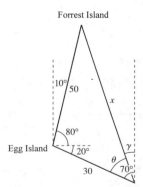

45. The largest angle is the one opposite the longest side; call this angle θ. Then by the Law of Cosines,

$$44^2 = 36^2 + 22^2 - 2\,(36)\,(22)\cdot\cos\theta \quad\Leftrightarrow\quad \cos\theta = \frac{36^2 + 22^2 - 44^2}{2\,(36)\,(22)} = -0.09848 \Rightarrow \theta \approx \cos^{-1}(-0.09848) \approx 96°.$$

47. Let d be the distance between the kites; then $d^2 \approx 380^2 + 420^2 - 2\,(380)\,(420)\cdot\cos 30° \Rightarrow$
$d \approx \sqrt{380^2 + 420^2 - 2\,(380)\,(420)\cdot\cos 30°} \approx 211$ ft.

49. *Solution 1:* From the figure, we see that $\gamma = 106°$ and $\sin 74° = \dfrac{3400}{b} \quad\Leftrightarrow$

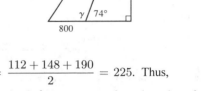

$b = \dfrac{3400}{\sin 74°} \approx 3537$. Thus, $x^2 = 800^2 + 3537^2 - 2\,(800)\,(3537)\cos 106° \Rightarrow$

$x = \sqrt{800^2 + 3537^2 - 2\,(800)\,(3537)\cos 106°} \Rightarrow x \approx 3835$ ft.

Solution 2: Notice that $\tan 74° = \dfrac{3400}{a} \quad\Leftrightarrow\quad a = \dfrac{3400}{\tan 74°} \approx 974.9$. By the

Pythagorean theorem, $x^2 = (a + 800)^2 + 3400^2$. So

$x = \sqrt{(974.9 + 800)^2 + 3400^2} \approx 3835$ ft.

51. By Heron's formula, $A = \sqrt{s\,(s - a)\,(s - b)\,(s - c)}$, where $s = \dfrac{a + b + c}{2} = \dfrac{112 + 148 + 190}{2} = 225$. Thus,

$A = \sqrt{225\,(225 - 112)\,(225 - 148)\,(225 - 190)} \approx 8277.7$ ft^2. Since the land value is \$20 per square foot, the value of
the lot is approximately $8277.7 \cdot 20 - \$165{,}554$.

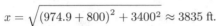

Chapter 6 Review

1. **(a)** $60° = 60\cdot\frac{\pi}{180} = \frac{\pi}{3} \approx 1.05$ rad

  (b) $330° = 330\cdot\frac{\pi}{180} = \frac{11\pi}{6} \approx 5.76$ rad

  (c) $-135° = -135\cdot\frac{\pi}{180} = -\frac{3\pi}{4} \approx -3.36$ rad

  (d) $-90° = -90\cdot\frac{\pi}{180} = -\frac{\pi}{2} \approx -1.57$ rad

3. **(a)** $\frac{5\pi}{2}$ rad $= \frac{5\pi}{2}\cdot\frac{180}{\pi} = 450°$

  (b) $-\frac{\pi}{6}$ rad $= -\frac{\pi}{6}\cdot\frac{180}{\pi} = -30°$

  (c) $\frac{9\pi}{4}$ rad $= \frac{9\pi}{4}\cdot\frac{180}{\pi} = 405°$

  (d) 3.1 rad $= 3.1\cdot\frac{180}{\pi} = \frac{558}{\pi} \approx 177.6°$

5. $r = 8$ m, $\theta = 1$ rad. Then $s = r\theta = 8\cdot 1 = 8$ m.

7. $s = 100$ ft, $\theta = 70° = 70\cdot\frac{\pi}{180} = \frac{7\pi}{18}$ rad. Then $r = \frac{s}{\theta} = 100\cdot\frac{18}{7\pi} = \frac{1800}{7\pi} \approx 82$ ft.

9. $r = 3960$ miles, $s = 2450$ miles. Then $\theta = \frac{s}{r} = \frac{2450}{3960} \approx 0.619$ rad $= 0.619\cdot\frac{\pi}{180} \approx 35.448°$ and so the angle is
approximately $35.4°$.

11. $A = \frac{1}{2}r^2\theta = \frac{1}{2}\,(200)^2\left(52°\cdot\frac{\pi}{180°}\right) \approx 18{,}151$ ft^2

13. The angular speed is $\omega = \dfrac{150\cdot 2\pi \text{ rad}}{1 \text{ min}} = 300\pi$ rad/min ≈ 942.5 rad/min. The linear speed is

$v = \dfrac{150\cdot 2\pi\cdot 8}{1} = 2400\pi$ in./min ≈ 7539.8 in./min.

15. $r = \sqrt{5^2 + 7^2} = \sqrt{74}$. Then $\sin\theta = \frac{5}{\sqrt{74}}$, $\cos\theta = \frac{7}{\sqrt{74}}$, $\tan\theta = \frac{5}{7}$, $\csc\theta = \frac{\sqrt{74}}{5}$, $\sec\theta = \frac{\sqrt{74}}{7}$, and $\cot\theta = \frac{7}{5}$.

17. $\frac{x}{5} = \cos 40° \quad\Leftrightarrow\quad x = 5\cos 40° \approx 3.83$, and $\frac{y}{5} = \sin 40° \quad\Leftrightarrow\quad y = 5\sin 40° \approx 3.21$.

19. $\frac{1}{x} = \sin 20° \quad\Leftrightarrow\quad x = \frac{1}{\sin 20°} \approx 2.92$, and $\frac{x}{y} = \cos 20° \quad\Leftrightarrow\quad y = \frac{x}{\cos 20°} \approx \frac{2.924}{0.9397} \approx 3.11$.

21. $w = 3\sin 20° \approx 1.026$,
$v = 3\cos 20° \approx 2.819$.

23. $\tan\theta = \dfrac{1}{a} \quad\Leftrightarrow\quad a = \dfrac{1}{\tan\theta} = \cot\theta$, $\sin\theta = \dfrac{1}{b} \quad\Leftrightarrow$

$b = \dfrac{1}{\sin\theta} = \csc\theta$

25. 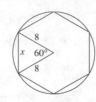 One side of the hexagon together with radial line segments through its endpoints forms a triangle with two sides of length 8 m and subtended angle 60°. Let x be the length of one such side (in meters). By the Law of Cosines,

$$x^2 = 8^2 + 8^2 - 2 \cdot 8 \cdot 8 \cdot \cos 60° = 64 \quad \Leftrightarrow \quad x = 8. \text{ Thus the perimeter of the}$$

hexagon is $6x = 6 \cdot 8 = 48$ m.

27. Let r represent the radius, in miles, of the moon. Then $\tan \dfrac{\theta}{2} = \dfrac{r}{r + |AB|}$, $\theta = 0.518°$

$\Leftrightarrow \quad r = (r + 236{,}900) \cdot \tan 0.259° \quad \Leftrightarrow \quad r\,(1 - \tan 0.259°) = 236{,}900 \cdot \tan 0.259° \Leftrightarrow$

$r = \dfrac{236{,}900 \cdot \tan 0.259°}{1 - \tan 0.259°} \approx 1076$ and so the radius of the moon is roughly 1076 miles.

29. $\sin 315° = -\sin 45° = -\dfrac{1}{\sqrt{2}} = -\dfrac{\sqrt{2}}{2}$

31. $\tan(-135°) = \tan 45° = 1$

33. $\cot\left(-\dfrac{22\pi}{3}\right) = \cot \dfrac{2\pi}{3} = \cot \dfrac{\pi}{3} = -\dfrac{1}{\sqrt{3}} = -\dfrac{\sqrt{3}}{3}$

35. $\cos 585° = \cos 225° = -\cos 45° = -\dfrac{1}{\sqrt{2}} = -\dfrac{\sqrt{2}}{2}$

37. $\csc \dfrac{8\pi}{3} = \csc \dfrac{2\pi}{3} = \csc \dfrac{\pi}{3} = \dfrac{2}{\sqrt{3}} = \dfrac{2\sqrt{3}}{3}$

39. $\cot(-390°) = \cot(-30°) = -\cot 30° = -\sqrt{3}$

41. $r = \sqrt{(-5)^2 + 12^2} = \sqrt{169} = 13$. Then $\sin\theta = \dfrac{12}{13}$, $\cos\theta = -\dfrac{5}{13}$, $\tan\theta = -\dfrac{12}{5}$, $\csc\theta = \dfrac{13}{12}$, $\sec\theta = -\dfrac{13}{5}$, and $\cot\theta = -\dfrac{5}{12}$.

43. $y - \sqrt{3}x + 1 = 0 \Leftrightarrow y = \sqrt{3}x - 1$, so the slope of the line is $m = \sqrt{3}$. Then $\tan\theta = m = \sqrt{3} \Leftrightarrow \theta = 60°$.

45. $\sec^2\theta = 1 + \tan^2\theta \quad \Leftrightarrow \quad \tan^2\theta = \dfrac{1}{\cos^2\theta} - 1 \quad \Leftrightarrow$

$\tan\theta = \sqrt{\dfrac{1}{\cos^2\theta} - 1} = \sqrt{\dfrac{1 - \cos^2\theta}{\cos^2\theta}} = \dfrac{\sqrt{1 - \cos^2\theta}}{|\cos\theta|} = \dfrac{\sqrt{1 - \cos^2\theta}}{-\cos\theta}$ (since $\cos\theta < 0$ in quadrant III,

$|\cos\theta| = -\cos\theta$). Thus $\tan\theta = -\dfrac{\sqrt{1 - \cos^2\theta}}{\cos\theta}$.

47. $\tan^2\theta = \dfrac{\sin^2\theta}{\cos^2\theta} = \dfrac{\sin^2\theta}{1 - \sin^2\theta}$

49. $\tan\theta = \dfrac{\sqrt{7}}{3}$, $\sec\theta = \dfrac{4}{3}$. Then $\cos\theta = \dfrac{3}{4}$ and $\sin\theta = \tan\theta \cdot \cos\theta = \dfrac{\sqrt{7}}{4}$, $\csc\theta = \dfrac{4}{\sqrt{7}} = \dfrac{4\sqrt{7}}{7}$, and $\cot\theta = \dfrac{3}{\sqrt{7}} = \dfrac{3\sqrt{7}}{7}$.

51. $\sin\theta = \dfrac{3}{5}$. Since $\cos\theta < 0$, θ is in quadrant II. Thus, $x = -\sqrt{5^2 - 3^2} = -\sqrt{16} = -4$ and so $\cos\theta = -\dfrac{4}{5}$, $\tan\theta = -\dfrac{3}{4}$, $\csc\theta = \dfrac{5}{3}$, $\sec\theta = -\dfrac{5}{4}$, $\cot\theta = -\dfrac{4}{3}$.

53. $\tan\theta = -\dfrac{1}{2}$. $\sec^2\theta = 1 + \tan^2\theta = 1 + \dfrac{1}{4} = \dfrac{5}{4} \quad \Leftrightarrow \quad \cos^2\theta = \dfrac{4}{5} \quad \Rightarrow \quad \cos\theta = -\sqrt{\dfrac{4}{5}} = -\dfrac{2}{\sqrt{5}}$ since

$\cos\theta < 0$ in quadrant II. But $\tan\theta = \dfrac{\sin\theta}{\cos\theta} = -\dfrac{1}{2} \quad \Leftrightarrow \quad \sin\theta = -\dfrac{1}{2}\cos\theta = -\dfrac{1}{2}\left(-\dfrac{2}{\sqrt{5}}\right) = \dfrac{1}{\sqrt{5}}$. Therefore,

$\sin\theta + \cos\theta = \dfrac{1}{\sqrt{5}} + \left(-\dfrac{2}{\sqrt{5}}\right) = -\dfrac{1}{\sqrt{5}} = -\dfrac{\sqrt{5}}{5}$.

55. By the Pythagorean Theorem, $\sin^2\theta + \cos^2\theta = 1$ for any angle θ.

57. $\angle B = 180° - 30° - 80° = 70°$, and so by the Law of Sines, $x = \dfrac{10\sin 30°}{\sin 70°} \approx 5.32$.

59. $x^2 = 100^2 + 210^2 - 2 \cdot 100 \cdot 210 \cdot \cos 40° \approx 21{,}926.133 \quad \Leftrightarrow \quad x \approx 148.07$

61. $\sin B = \dfrac{20\sin 60°}{70} \approx 0.247 \Leftrightarrow \angle B \approx \sin^{-1} 0.247 \approx 14.33°$. Then $\angle C \approx 180° - 60° - 14.33° = 105.67°$, and so

$x \approx \dfrac{70\sin 105.67°}{\sin 60°} \approx 77.82$.

63. After 2 hours the ships have traveled distances $d_1 = 40$ mi and $d_2 = 56$ mi. The subtended angle is $180° - 32° - 42° = 106°$. Let d be the distance between the two ships in miles. Then by the Law of Cosines, $d^2 = 40^2 + 56^2 - 2(40)(56)\cos 106° \approx 5970.855 \quad \Leftrightarrow \quad d \approx 77.3$ miles.

65. Let d be the distance, in miles, between the points A and B . Then by the Law of Cosines,
$d^2 = 3.2^2 + 5.6^2 - 2\,(3.2)\,(5.6)\cos 42° \approx 14.966 \quad \Leftrightarrow \quad d \approx 3.9$ mi.

67. $A = \frac{1}{2}ab\sin\theta = \frac{1}{2}\,(8)\,(14)\sin 35° \approx 32.12$

Chapter 6 Test

1. $330° = 330 \cdot \frac{\pi}{180} = \frac{11\pi}{6}$ rad. $-135° = -135 \cdot \frac{\pi}{180} = -\frac{3\pi}{4}$ rad.

2. $\frac{4\pi}{3}$ rad $= \frac{4\pi}{3} \cdot \frac{180}{\pi} = 240°$. -1.3 rad $= -1.3 \cdot \frac{180}{\pi} = -\frac{234}{\pi} \approx -74.5°$

3. (a) The angular speed is $\omega = \frac{120 \cdot 2\pi\ \text{rad}}{1\ \text{min}} = 240\pi$ rad/min.

    (b) The linear speed is

$$v = \frac{120 \cdot 2\pi \cdot 16}{1} = 3840\pi \text{ ft/min}$$
$$\approx 12{,}063.7 \text{ ft/min}$$
$$\approx 137 \text{ mi/h.}$$

4. (a) $\sin 405° = \sin 45° = \frac{1}{\sqrt{2}} = \frac{\sqrt{2}}{2}$

    (b) $\tan(-150°) = \tan 30° = \frac{1}{\sqrt{3}} = \frac{\sqrt{3}}{3}$

    (c) $\sec \frac{5\pi}{3} = \sec \frac{\pi}{3} = 2$

    (d) $\csc \frac{5\pi}{2} = \csc \frac{\pi}{2} = 1$

5. $r = \sqrt{3^2 + 2^2} = \sqrt{13}$. Then $\tan\theta + \sin\theta = \frac{2}{3} + \frac{2}{\sqrt{13}} = \frac{2\left(\sqrt{13}+3\right)}{3\sqrt{13}} = \frac{26+6\sqrt{13}}{39}$.

6. $\sin\theta = \dfrac{a}{24} \quad \Leftrightarrow \quad a = 24\sin\theta$. Also, $\cos\theta = \dfrac{b}{24} \quad \Leftrightarrow \quad b = 24\cos\theta$.

7. $\cos\theta = -\frac{1}{3}$ and θ is in quadrant III, so $r = 3$, $x = -1$, and $y = -\sqrt{3^2 - 1^2} = -2\sqrt{2}$. Then

$$\tan\theta\cot\theta + \csc\theta = \tan\theta \cdot \frac{1}{\tan\theta} + \csc\theta = 1 - \frac{3}{2\sqrt{2}} = \frac{2\sqrt{2}-3}{2\sqrt{2}} = \frac{4-3\sqrt{2}}{4}.$$

8. $\sin\theta = \frac{5}{13}$, $\tan\theta = -\frac{5}{12}$. Then $\sec\theta = \dfrac{1}{\cos\theta} = \dfrac{1}{\cos\theta} \cdot \dfrac{\sin\theta}{\sin\theta} = \tan\theta \cdot \dfrac{1}{\sin\theta} = -\frac{5}{12} \cdot \frac{13}{5} = -\frac{13}{12}$.

9. $\sec^2\theta = 1 + \tan^2\theta \quad \Leftrightarrow \quad \tan\theta = \pm\sqrt{\sec^2\theta - 1}$. Thus, $\tan\theta = -\sqrt{\sec^2\theta - 1}$ since $\tan\theta < 0$ in quadrant II.

10. $\tan 73° = \dfrac{h}{6} \quad \Rightarrow \quad h = 6\tan 73° \approx 19.6$ ft.

11. By the Law of Cosines, $x^2 = 10^2 + 12^2 - 2\,(10)\,(12) \cdot \cos 48° \approx 8.409 \quad \Leftrightarrow \quad x \approx 9.1$.

12. $\angle C = 180° - 52° - 69° = 59°$. Then by the Law of Sines, $x = \frac{230\sin 69°}{\sin 59°} \approx 250.5$.

13. Let h be the height of the shorter altitude. Then $\tan 20° = \dfrac{h}{50} \quad \Leftrightarrow \quad h = 50\tan 20°$ and $\tan 28° = \dfrac{x+h}{50} \quad \Leftrightarrow$
$x + h = 50\tan 28° \quad \Leftrightarrow \quad x = 50\tan 28° - h = 50\tan 28° - 50\tan 20° \approx 8.4$.

14. Let $\angle A$ and $\angle X$ be the other angles in the triangle. Then $\sin A = \frac{15\sin 108°}{28} \approx 0.509 \Leftrightarrow \angle A \approx 30.63°$. Then
$\angle X \approx 180° - 108° - 30.63° \approx 41.37°$, and so $x \approx \frac{28\sin 41.37°}{\sin 108°} \approx 19.5$.

15. (a) $A\,(\text{sector}) = \frac{1}{2}r^2\theta = \frac{1}{2} \cdot 10^2 \cdot 72 \cdot \frac{\pi}{180} = 50 \cdot \frac{72\pi}{180}$. $A\,(\text{triangle}) = \frac{1}{2}r \cdot r\sin\theta = \frac{1}{2} \cdot 10^2 \sin 72°$. Thus, the area of the
    shaded region is $A\,(\text{shaded}) = A\,(\text{sector}) - A\,(\text{triangle}) = 50\left(\frac{72\pi}{180} - \sin 72°\right) \approx 15.3 \text{ m}^2$.

    (b) The shaded region is bounded by two pieces: one piece is part of the triangle, the other is part of the circle. The
    first part has length $l = \sqrt{10^2 + 10^2 - 2\,(10)\,(10) \cdot \cos 72°} = 10\sqrt{2 - 2 \cdot \cos 72°}$. The second has length
    $s = 10 \cdot 72 \cdot \frac{\pi}{180} = 4\pi$. Thus, the perimeter of the shaded region is $p = l + s = 10\sqrt{2 - 2\cos 72°} + 4\pi \approx 24.3$ m.

16. (a) If θ is the angle opposite the longest side, then by the Law of Cosines $\cos\theta = \frac{9^2+13^2-20^2}{2(9)(20)} = -0.6410$. Therefore, $\theta = \cos^{-1}(-0.6410) \approx 129.9°$.

(b) From part (a), $\theta \approx 129.9°$, so the area of the triangle is $A = \frac{1}{2}(9)(13)\sin 129.9° \approx 44.9$ units^2. Another way to find the area is to use Heron's Formula: $A = \sqrt{s(s-a)(s-b)(s-c)}$, where $s = \frac{a+b+c}{2} = \frac{9+13+20}{2} = 21$. Thus, $A = \sqrt{21(21-20)(21-13)(21-9)} = \sqrt{2016} \approx 44.9$ units^2.

17. Label the figure as shown. Now $\angle\beta = 85° - 75° = 10°$, so by the Law of Sines,

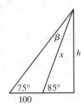

$$\frac{x}{\sin 75°} = \frac{100}{\sin 10°} \quad \Leftrightarrow \quad x = 100 \cdot \frac{\sin 75°}{\sin 10°}. \text{ Now } \sin 85° = \frac{h}{x} \quad \Leftrightarrow$$

$$h = x\sin 85° = 100 \cdot \frac{\sin 75°}{\sin 10°}\sin 85° \approx 554.$$

Focus on Modeling: Surveying

1. Let x be the distance between the church and City Hall. To apply the Law of Sines to the triangle with vertices at City Hall, the church, and the first bridge, we first need the measure of the angle at the first bridge, which is $180° - 25° - 30° = 125°$. Then $\dfrac{x}{\sin 125°} = \dfrac{0.86}{\sin 30°} \Leftrightarrow x = \dfrac{0.86 \sin 125°}{\sin 30°} \approx 1.4089$. So the distance between the church and City Hall is about 1.41 miles.

3. First notice that $\angle DBC = 180° - 20° - 95° - 65°$ and $\angle DAC = 180° - 60° - 45° = 75°$. From $\triangle ACD$ we get $\dfrac{|AC|}{\sin 45°} = \dfrac{20}{\sin 75°} \Leftrightarrow |AC| = \dfrac{20 \sin 45°}{\sin 75°} \approx 14.6°$. From $\triangle BCD$ we get $\dfrac{|BC|}{\sin 95°} = \dfrac{20}{\sin 65°} \Leftrightarrow |BC| = \dfrac{20 \sin 95°}{\sin 65°} \approx 22.0$. By applying the Law of Cosines to $\triangle ABC$ we get $|AB|^2 = |AC|^2 + |BC|^2 - 2|AC||BC|\cos 40° \approx 14.6^2 + 22.0^2 - 2 \cdot 14.6 \cdot 22.0 \cdot \cos 40° \approx 205$, so $|AB| \approx \sqrt{205} \approx 14.3$ m. Therefore, the distance between A and B is approximately 14.3 m.

5. (a) In $\triangle ABC$, $\angle B = 180° - \beta$, so $\angle C = 180° - \alpha - (180° - \beta) = \beta - \alpha$. By the Law of Sines, $\dfrac{|BC|}{\sin \alpha} = \dfrac{|AB|}{\sin (\beta - \alpha)}$

$\Rightarrow |BC| = |AB| \dfrac{\sin \alpha}{\sin (\beta - \alpha)} = \dfrac{d \sin \alpha}{\sin (\beta - \alpha)}$.

(b) From part (a) we know that $|BC| = \dfrac{d \sin \alpha}{\sin (\beta - \alpha)}$. But $\sin \beta = \dfrac{h}{|BC|} \Leftrightarrow |BC| = \dfrac{h}{\sin \beta}$. Therefore,

$|BC| = \dfrac{d \sin \alpha}{\sin (\beta - \alpha)} = \dfrac{h}{\sin \beta} \Rightarrow h = \dfrac{d \sin \alpha \sin \beta}{\sin (\beta - \alpha)}$.

(c) $h = \dfrac{d \sin \alpha \sin \beta}{\sin (\beta - \alpha)} = \dfrac{800 \sin 25° \sin 29°}{\sin 4°} \approx 2350$ ft

7. We start by labeling the edges and calculating the remaining angles, as shown in the first figure. Using the Law of Sines, we find the following: $\dfrac{a}{\sin 29°} = \dfrac{150}{\sin 60°} \Leftrightarrow a = \dfrac{150 \sin 29°}{\sin 60°} \approx 83.97$, $\dfrac{b}{\sin 91°} = \dfrac{150}{\sin 60°} \Leftrightarrow b = \dfrac{150 \sin 91°}{\sin 60°} \approx 173.18$,

$\dfrac{c}{\sin 32°} = \dfrac{173.18}{\sin 87°} \Leftrightarrow c = \dfrac{173.18 \sin 32°}{\sin 87°} \approx 91.90$, $\dfrac{d}{\sin 61°} = \dfrac{173.18}{\sin 87°} \Leftrightarrow e = \dfrac{173.18 \sin 61°}{\sin 87°} \approx 151.67$,

$\dfrac{e}{\sin 41°} = \dfrac{151.67}{\sin 51°} \Leftrightarrow e = \dfrac{151.67 \sin 41°}{\sin 51°} \approx 128.04$, $\dfrac{f}{\sin 88°} = \dfrac{151.67}{\sin 51°} \Leftrightarrow f = \dfrac{151.67 \sin 88°}{\sin 51°} \approx 195.04$,

$\dfrac{g}{\sin 50°} = \dfrac{195.04}{\sin 92°} \Leftrightarrow g = \dfrac{195.04 \sin 50°}{\sin 92°} \approx 149.50$, and $\dfrac{h}{\sin 38°} = \dfrac{195.04}{\sin 92°} \Leftrightarrow h = \dfrac{195.04 \sin 38°}{\sin 92°} \approx 120.15$. Note that we used two decimal places throughout our calculations. Our results are shown (to one decimal place) in the second figure.

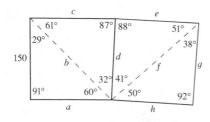

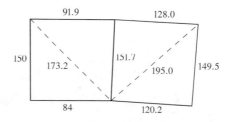

7 Analytic Trigonometry

7.1 Trigonometric Identities

1. $\cos t \tan t = \cos t \cdot \dfrac{\sin t}{\cos t} = \sin t$

3. $\sin \theta \sec \theta = \sin \theta \cdot \dfrac{1}{\cos \theta} = \tan \theta$

5. $\tan^2 x - \sec^2 x = \dfrac{\sin^2 x}{\cos^2 x} - \dfrac{1}{\cos^2 x} = \dfrac{\sin^2 x - 1}{\cos^2 x} = \dfrac{-\cos^2 x}{\cos^2 x} = -1$

7. $\sin u + \cot u \cos u = \sin u + \dfrac{\cos u}{\sin u} \cdot \cos u = \dfrac{\sin^2 u + \cos^2 u}{\sin u} = \dfrac{1}{\sin u} = \csc u$

9. $\dfrac{\sec \theta - \cos \theta}{\sin \theta} = \dfrac{\dfrac{1}{\cos \theta} - \cos \theta}{\sin \theta} = \dfrac{1 - \cos^2 \theta}{\sin \theta \cos \theta} = \dfrac{\sin^2 \theta}{\sin \theta \cos \theta} = \dfrac{\sin \theta}{\cos \theta} = \tan \theta$

11. $\dfrac{\sin x \sec x}{\tan x} = \dfrac{\sin x \cdot \dfrac{1}{\cos x}}{\dfrac{\cos x}{\sin x}} = 1$

13. $\dfrac{1 + \cos y}{1 + \sec y} = \dfrac{1 + \cos y}{1 + \dfrac{1}{\cos y}} = \dfrac{1 + \cos y}{\dfrac{\cos y + 1}{\cos y}} = \dfrac{1 + \cos y}{1} \cdot \dfrac{\cos y}{\cos y + 1} = \cos y$

15. $\dfrac{\sec^2 x - 1}{\sec^2 x} = \dfrac{\tan^2 x}{\sec^2 x} = \dfrac{\sin^2 x}{\cos^2 x} \cdot \cos^2 x = \sin^2 x.$ *Another method:* $\dfrac{\sec^2 x - 1}{\sec^2 x} = 1 - \dfrac{1}{\sec^2 x} = 1 - \cos^2 x = \sin^2 x$

17. $\dfrac{1 + \csc x}{\cos x + \cot x} = \dfrac{1 + \dfrac{1}{\sin x}}{\cos x + \dfrac{\cos x}{\sin x}} = \dfrac{1 + \dfrac{1}{\sin x}}{\cos x + \dfrac{\cos x}{\sin x}} \cdot \dfrac{\sin x}{\sin x} = \dfrac{\sin x + 1}{\cos x (\sin x + 1)} = \dfrac{1}{\cos x} = \sec x$

19. $\dfrac{1 + \sin u}{\cos u} + \dfrac{\cos u}{1 + \sin u} = \dfrac{(1 + \sin u)^2 + \cos^2 u}{\cos u (1 + \sin u)} = \dfrac{1 + 2\sin u + \sin^2 u + \cos^2 u}{\cos u (1 + \sin u)} = \dfrac{1 + 2\sin u + 1}{\cos u (1 + \sin u)}$

$= \dfrac{2 + 2\sin u}{\cos u (1 + \sin u)} = \dfrac{2(1 + \sin u)}{\cos u (1 + \sin u)} = \dfrac{2}{\cos u} = 2\sec u$

21. $\dfrac{2 + \tan^2 x}{\sec^2 x} - 1 = \dfrac{1 + 1 + \tan^2 x}{\sec^2 x} - 1 = \dfrac{1}{\sec^2 x} + \dfrac{1 + \tan^2 x}{\sec^2 x} - 1 = \dfrac{1}{\sec^2 x} + \dfrac{\sec^2 x}{\sec^2 x} - 1$

$= \dfrac{1}{\sec^2 x} + 1 - 1 = \dfrac{1}{\sec^2 x} = \cos^2 x$

23. $\tan \theta + \cos(-\theta) + \tan(-\theta) = \tan \theta + \cos \theta - \tan \theta = \cos \theta$

25. $\dfrac{\sin \theta}{\tan \theta} = \dfrac{\sin \theta}{\dfrac{\sin \theta}{\cos \theta}} = \sin \theta \cdot \dfrac{\cos \theta}{\sin \theta} = \cos \theta$

27. $\dfrac{\cos u \sec u}{\tan u} = \cos u \dfrac{1}{\cos u} \cot u = \cot u$

29. $\dfrac{\tan y}{\csc y} = \dfrac{\sin y}{\cos y} \sin y = \dfrac{\sin^2 y}{\cos y} = \dfrac{1 - \cos^2 y}{\cos y} = \sec y - \cos y$

31. $\sin B + \cos B \cot B = \sin B + \cos B \dfrac{\cos B}{\sin B} = \dfrac{\sin^2 B + \cos^2 B}{\sin B} = \dfrac{1}{\sin B} = \csc B$

33. $\cot(-\alpha)\cos(-\alpha) + \sin(-\alpha) = -\dfrac{\cos \alpha}{\sin \alpha}\cos \alpha - \sin \alpha = \dfrac{-\cos^2 \alpha - \sin^2 \alpha}{\sin \alpha} = \dfrac{-1}{\sin \alpha} = -\csc \alpha$

35. $\tan\theta + \cot\theta = \dfrac{\sin\theta}{\cos\theta} + \dfrac{\cos\theta}{\sin\theta} = \dfrac{\sin^2\theta + \cos^2\theta}{\cos\theta\sin\theta} = \dfrac{1}{\cos\theta\sin\theta} = \sec\theta\csc\theta$

37. $(1 - \cos\beta)(1 + \cos\beta) = 1 - \cos^2\beta = \sin^2\beta = \dfrac{1}{\csc^2\beta}$

39. $\dfrac{(\sin x + \cos x)^2}{\sin^2 x - \cos^2 x} = \dfrac{(\sin x + \cos x)^2}{(\sin x + \cos x)(\sin x - \cos x)} = \dfrac{\sin x + \cos x}{\sin x - \cos x} = \dfrac{(\sin x + \cos x)(\sin x - \cos x)}{(\sin x - \cos x)(\sin x - \cos x)}$

$= \dfrac{\sin^2 x - \cos^2 x}{(\sin x - \cos x)^2}$

41. $\dfrac{\sec t - \cos t}{\sec t} = \dfrac{\dfrac{1}{\cos t} - \cos t}{\dfrac{1}{\cos t}} = \dfrac{\dfrac{1}{\cos t} - \cos t}{\dfrac{1}{\cos t}} \cdot \dfrac{\cos t}{\cos t} = \dfrac{1 - \cos^2 t}{1} = \sin^2 t$

43. $\dfrac{1}{1 - \sin^2 y} = \dfrac{1}{\cos^2 y} = \sec^2 y = 1 + \tan^2 y$

45. $(\cot x - \csc x)(\cos x + 1) = \cot x\cos x + \cot x - \csc x\cos x - \csc x = \dfrac{\cos^2 x}{\sin x} + \dfrac{\cos x}{\sin x} - \dfrac{\cos x}{\sin x} - \dfrac{1}{\sin x}$

$= \dfrac{\cos^2 x - 1}{\sin x} = \dfrac{-\sin^2 x}{\sin x} = -\sin x$

47. $(1 - \cos^2 x)(1 + \cot^2 x) = \sin^2 x\left(1 + \dfrac{\cos^2 x}{\sin^2 x}\right) = \sin^2 x + \cos^2 x = 1$

49. $2\cos^2 x - 1 = 2(1 - \sin^2 x) - 1 = 2 - 2\sin^2 x - 1 = 1 - 2\sin^2 x$

51. $\dfrac{1 - \cos\alpha}{\sin\alpha} = \dfrac{1 - \cos\alpha}{\sin\alpha} \cdot \dfrac{1 + \cos\alpha}{1 + \cos\alpha} = \dfrac{1 - \cos^2\alpha}{\sin\alpha(1 + \cos\alpha)} = \dfrac{\sin^2\alpha}{\sin\alpha(1 + \cos\alpha)} = \dfrac{\sin\alpha}{1 + \cos\alpha}$

53. $\tan^2\theta\sin^2\theta = \tan^2\theta(1 - \cos^2\theta) = \tan^2\theta - \dfrac{\sin^2\theta}{\cos^2\theta}\cos^2\theta = \tan^2\theta - \sin^2\theta$

55. $\dfrac{\sin x - 1}{\sin x + 1} = \dfrac{\sin x - 1}{\sin x + 1} \cdot \dfrac{\sin x + 1}{\sin x + 1} = \dfrac{\sin^2 x - 1}{(\sin x + 1)^2} = \dfrac{-\cos^2 x}{(\sin x + 1)^2}$

57. $\dfrac{(\sin t + \cos t)^2}{\sin t\cos t} = \dfrac{\sin^2 t + 2\sin t\cos t + \cos^2 t}{\sin t\cos t} = \dfrac{\sin^2 t + \cos^2 t}{\sin t\cos t} + \dfrac{2\sin t\cos t}{\sin t\cos t} = \dfrac{1}{\sin t\cos t} + 2 = 2 + \sec t\cos t$

59. $\dfrac{1 + \tan^2 u}{1 - \tan^2 u} = \dfrac{1 + \dfrac{\sin^2 u}{\cos^2 u}}{1 - \dfrac{\sin^2 u}{\cos^2 u}} = \dfrac{1 + \dfrac{\sin^2 u}{\cos^2 u}}{1 - \dfrac{\sin^2 u}{\cos^2 u}} \cdot \dfrac{\cos^2 u}{\cos^2 u} = \dfrac{\cos^2 u + \sin^2 u}{\cos^2 u - \sin^2 u} = \dfrac{1}{\cos^2 u - \sin^2 u}$

61. $\dfrac{\sec x}{\sec x - \tan x} = \dfrac{\sec x}{\sec x - \tan x} \cdot \dfrac{\sec x + \tan x}{\sec x + \tan x} = \dfrac{\sec x(\sec x + \tan x)}{\sec^2 x - \tan^2 x} = \dfrac{\sec x(\sec x + \tan x)}{1}$

$= \sec x(\sec x + \tan x)$

63. $\sec v - \tan v = (\sec v - \tan v) \cdot \dfrac{\sec v + \tan v}{\sec v + \tan v} = \dfrac{\sec^2 v - \tan^2 v}{\sec v + \tan v} = \dfrac{1}{\sec v + \tan v}$

65. $\dfrac{\sin x + \cos x}{\sec x + \csc x} = \dfrac{\sin x + \cos x}{\dfrac{1}{\cos x} + \dfrac{1}{\sin x}} = \dfrac{\sin x + \cos x}{\dfrac{\sin x + \cos x}{\cos x\sin x}} = (\sin x + \cos x)\dfrac{\cos x\sin x}{\sin x + \cos x} = \cos x\sin x$

67. $\dfrac{\csc x - \cot x}{\sec x - 1} = \dfrac{\dfrac{1}{\sin x} - \dfrac{\cos x}{\sin x}}{\dfrac{1}{\cos x} - 1} = \dfrac{\dfrac{1}{\sin x} - \dfrac{\cos x}{\sin x}}{\dfrac{1}{\cos x} - 1} \cdot \dfrac{\sin x\cos x}{\sin x\cos x} = \dfrac{\cos x(1 - \cos x)}{\sin x(1 - \cos x)} = \dfrac{\cos x}{\sin x} = \cot x$

69. $\tan^2 u - \sin^2 u = \dfrac{\sin^2 u}{\cos^2 u} - \dfrac{\sin^2 u\cos^2 u}{\cos^2 u} = \dfrac{\sin^2 u}{\cos^2 u}(1 - \cos^2 u) = \tan^2 u\sin^2 u$

71. $\sec^4 x - \tan^4 x = (\sec^2 x - \tan^2 x)(\sec^2 x + \tan^2 x) = 1(\sec^2 x + \tan^2 x) = \sec^2 x + \tan^2 x$

73. $\dfrac{\sin\theta - \csc\theta}{\cos\theta - \cot\theta} = \dfrac{\sin\theta - \dfrac{1}{\sin\theta}}{\cos\theta - \dfrac{\cos\theta}{\sin\theta}} = \dfrac{\dfrac{\sin^2\theta - 1}{\sin\theta}}{\dfrac{\cos\theta\sin\theta - \cos\theta}{\sin\theta}} = \dfrac{\cos^2\theta}{\cos\theta(\sin\theta - 1)} = \dfrac{\cos\theta}{\sin\theta - 1}$

75. $\dfrac{\cos^2 t + \tan^2 t - 1}{\sin^2 t} = \dfrac{-\sin^2 t + \tan^2 t}{\sin^2 t} = -1 + \dfrac{\sin^2 t}{\cos^2 t}\cdot\dfrac{1}{\sin^2 t} = -1 + \sec^2 t = \tan^2 t$

77. $\dfrac{1}{\sec x + \tan x} + \dfrac{1}{\sec x - \tan x} = \dfrac{\sec x - \tan x + \sec x + \tan x}{(\sec x + \tan x)(\sec x - \tan x)} = \dfrac{2\sec x}{\sec^2 x - \tan^2 x} = \dfrac{2\sec x}{1} = 2\sec x$

79. $(\tan x + \cot x)^2 = \tan^2 x + 2\tan x\cot x + \cot^2 x = \tan^2 x + 2 + \cot^2 x = (\tan^2 x + 1) + (\cot^2 x + 1) = \sec^2 x + \csc^2 x$

81. $\dfrac{\sec u - 1}{\sec u + 1} = \dfrac{\dfrac{1}{\cos u} - 1}{\dfrac{1}{\cos u} + 1}\cdot\dfrac{\cos u}{\cos u} = \dfrac{1 - \cos u}{1 + \cos u}$

83. $\dfrac{\sin^3 x + \cos^3 x}{\sin x + \cos x} = \dfrac{(\sin x + \cos x)(\sin^2 x - \sin x\cos x + \cos^2 x)}{\sin x + \cos x} = \sin^2 - \sin x\cos x + \cos^2 x = 1 - \sin x\cos x$

85. $\dfrac{1 + \sin x}{1 - \sin x} = \dfrac{1 + \sin x}{1 - \sin x}\cdot\dfrac{1 + \sin x}{1 + \sin x} = \dfrac{(1 + \sin x)^2}{1 - \sin^2 x} = \dfrac{(1 + \sin x)^2}{\cos^2 x} = \left(\dfrac{1 + \sin x}{\cos x}\right)^2 = (\tan x + \sec x)^2$

87. $(\tan x + \cot x)^4 = \left(\dfrac{\sin x}{\cos x} + \dfrac{\cos x}{\sin x}\right)^4 = \left(\dfrac{\sin^2 x + \cos^2 x}{\sin x\cos x}\right)^4 = \left(\dfrac{1}{\sin x\cos x}\right)^4 = \sec^4 x\csc^4 x$

89. $x = \sin\theta$; then $\dfrac{x}{\sqrt{1 - x^2}} = \dfrac{\sin\theta}{\sqrt{1 - \sin^2\theta}} = \dfrac{\sin\theta}{\sqrt{\cos^2\theta}} = \dfrac{\sin\theta}{\cos\theta} = \tan\theta$ (since $\cos\theta \geq 0$ for $0 \leq \theta \leq \frac{\pi}{2}$).

91. $x = \sec\theta$; then $\sqrt{x^2 - 1} = \sqrt{\sec^2\theta - 1} = \sqrt{(\tan^2\theta + 1) - 1} = \sqrt{\tan^2\theta} = \tan\theta$ (since $\tan\theta \geq 0$ for $0 \leq \theta < \frac{\pi}{2}$)

93. $x = 3\sin\theta$; then $\sqrt{9 - x^2} = \sqrt{9 - (3\sin\theta)^2} = \sqrt{9 - 9\sin^2\theta} = \sqrt{9(1 - \sin^2\theta)} = 3\sqrt{\cos^2\theta} = 3\cos\theta$ (since $\cos\theta \geq 0$ for $0 \leq \theta < \frac{\pi}{2}$).

95. $f(x) = \cos^2 x - \sin^2 x$, $g(x) = 1 - 2\sin^2 x$. From the graph, $f(x) = g(x)$ this appears to be an identity. *Proof:*

$f(x) = \cos^2 x - \sin^2 x = \cos^2 x + \sin^2 x - 2\sin^2 x = 1 - 2\sin^2 x = g(x)$.

Since $f(x) = g(x)$ for all x, this is an identity.

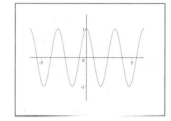

97. $f(x) = (\sin x + \cos x)^2$, $g(x) = 1$. From the graph, $f(x) = g(x)$ does not appear to be an identity. In order to show this, we can set $x = \frac{\pi}{4}$. Then we have

$f\left(\frac{\pi}{4}\right) = \left(\frac{1}{\sqrt{2}} + \frac{1}{\sqrt{2}}\right)^2 = \left(\frac{2}{\sqrt{2}}\right)^2 = \left(\sqrt{2}\right)^2 = 2 \neq 1 = g\left(\frac{\pi}{4}\right)$. Since

$f\left(\frac{\pi}{4}\right) \neq g\left(\frac{\pi}{4}\right)$, this is not an identity.

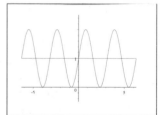

99. **(a)** Choose $x = \frac{\pi}{2}$. Then $\sin 2x = \sin\pi = 0$ whereas $2\sin x = 2\sin\frac{\pi}{2} = 2$.

(b) Choose $x = \frac{\pi}{4}$ and $y = \frac{\pi}{4}$. Then $\sin(x + y) = \sin\frac{\pi}{2} - 1$ whereas $\sin x + \sin y = \sin\frac{\pi}{4} + \sin\frac{\pi}{4} - \frac{1}{\sqrt{2}} + \frac{1}{\sqrt{2}} = \frac{2}{\sqrt{2}}$. Since these are not equal, the equation is not an identity.

(c) Choose $\theta = \frac{\pi}{4}$. Then $\sec^2\theta + \csc^2\theta = \left(\sqrt{2}\right)^2 + \left(\sqrt{2}\right)^2 = 4 \neq 1$.

(d) Choose $x = \frac{\pi}{4}$. Then $\dfrac{1}{\sin x + \cos x} = \dfrac{1}{\sin\frac{\pi}{4} + \cos\frac{\pi}{4}} = \dfrac{1}{\frac{1}{\sqrt{2}} + \frac{1}{\sqrt{2}}} = \frac{1}{\sqrt{2}}$ whereas

$\csc x + \sec x = \csc\frac{\pi}{4} + \sec\frac{\pi}{4} = \sqrt{2} + \sqrt{2}$. Since these are not equal, the equation is not an identity.

101. No. All this proves is that $f(x) = g(x)$ for x in the range of the viewing rectangle. It does not prove that these functions are equal for all values of x. For example, let $f(x) = 1 - \dfrac{x^2}{2} + \dfrac{x^4}{24} - \dfrac{x^6}{720}$ and $g(x) = \cos x$. In the first viewing rectangle the graphs of these two functions appear identical. However, when the domain is expanded in the second viewing rectangle, you can see that these two functions are not identical.

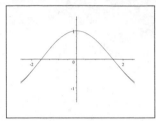
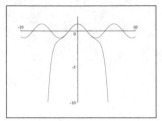

7.2 Addition and Subtraction Formulas

1. $\sin 75° = \sin(45° + 30°) = \sin 45° \cos 30° + \cos 45° \sin 30° = \dfrac{\sqrt{2}}{2} \cdot \dfrac{\sqrt{3}}{2} + \dfrac{\sqrt{2}}{2} \cdot \dfrac{1}{2} = \dfrac{\sqrt{6}+\sqrt{2}}{4}$

3. $\cos 105° = \cos(60° + 45°) = \cos 60° \cos 45° - \sin 60° \sin 45° = \dfrac{1}{2} \cdot \dfrac{\sqrt{2}}{2} - \dfrac{\sqrt{3}}{2} \cdot \dfrac{\sqrt{2}}{2} = \dfrac{\sqrt{2}-\sqrt{6}}{4}$

5. $\tan 15° = \tan(45° - 30°) = \dfrac{\tan 45° - \tan 30°}{1 + \tan 45° \tan 30°} = \dfrac{1 - \frac{\sqrt{3}}{3}}{1 + 1 \cdot \frac{\sqrt{3}}{3}} = \dfrac{3 - \sqrt{3}}{3 + \sqrt{3}} = 2 - \sqrt{3}$

7. $\sin \dfrac{19\pi}{12} = -\sin \dfrac{7\pi}{12} = -\sin\left(\dfrac{\pi}{4} + \dfrac{\pi}{3}\right) = -\sin \dfrac{\pi}{4} \cos \dfrac{\pi}{3} - \cos \dfrac{\pi}{4} \sin \dfrac{\pi}{3} = -\dfrac{\sqrt{2}}{2} \cdot \dfrac{1}{2} - \dfrac{\sqrt{2}}{2} \cdot \dfrac{\sqrt{3}}{2} = -\dfrac{\sqrt{6}+\sqrt{2}}{4}$

9. $\tan\left(-\dfrac{\pi}{12}\right) = -\tan \dfrac{\pi}{12} = -\tan\left(\dfrac{\pi}{3} - \dfrac{\pi}{4}\right) = -\dfrac{\tan \frac{\pi}{3} - \tan \frac{\pi}{4}}{1 + \tan \frac{\pi}{3} \tan \frac{\pi}{4}} = \dfrac{1 - \sqrt{3}}{1 + \sqrt{3}} = \sqrt{3} - 2$

11. $\cos \dfrac{11\pi}{12} = -\cos \dfrac{\pi}{12} = -\cos\left(\dfrac{\pi}{3} - \dfrac{\pi}{4}\right) = -\cos \dfrac{\pi}{3} \cos \dfrac{\pi}{4} - \sin \dfrac{\pi}{3} \sin \dfrac{\pi}{4} = -\dfrac{\sqrt{3}}{2} \cdot \dfrac{\sqrt{2}}{2} - \dfrac{1}{2} \cdot \dfrac{\sqrt{2}}{2} = -\dfrac{\sqrt{6}+\sqrt{2}}{4}$

13. $\sin 18° \cos 27° + \cos 18° \sin 27° = \sin(18° + 27°) = \sin 45° = \dfrac{1}{\sqrt{2}} = \dfrac{\sqrt{2}}{2}$

15. $\cos \dfrac{3\pi}{7} \cos \dfrac{2\pi}{21} + \sin \dfrac{3\pi}{7} \sin \dfrac{2\pi}{21} = \cos\left(\dfrac{3\pi}{7} - \dfrac{2\pi}{21}\right) = \cos \dfrac{7\pi}{21} = \cos \dfrac{\pi}{3} = \dfrac{1}{2}$

17. $\dfrac{\tan 73° - \tan 13°}{1 + \tan 73° \tan 13°} = \tan(73° - 13°) = \tan 60° = \sqrt{3}$

19. $\tan\left(\dfrac{\pi}{2} - u\right) = \dfrac{\sin\left(\frac{\pi}{2} - u\right)}{\cos\left(\frac{\pi}{2} - u\right)} = \dfrac{\sin \frac{\pi}{2} \cos u - \cos \frac{\pi}{2} \sin u}{\cos \frac{\pi}{2} \cos u + \sin \frac{\pi}{2} \sin u} = \dfrac{1 \cdot \cos u - 0 \cdot \sin u}{0 \cdot \cos u + 1 \cdot \sin u} = \dfrac{\cos u}{\sin u} = \cot u$

21. $\sec\left(\dfrac{\pi}{2} - u\right) = \dfrac{1}{\cos\left(\frac{\pi}{2} - u\right)} = \dfrac{1}{\cos \frac{\pi}{2} \cos u + \sin \frac{\pi}{2} \sin u} = \dfrac{1}{0 \cdot \cos u + 1 \cdot \sin u} = \dfrac{1}{\sin u} = \csc u$

23. $\sin\left(x - \dfrac{\pi}{2}\right) = \sin x \cos \dfrac{\pi}{2} - \cos x \sin \dfrac{\pi}{2} = 0 \cdot \sin x - 1 \cdot \cos x = -\cos x$

25. $\sin(x - \pi) = \sin x \cos \pi - \cos x \sin \pi = -1 \cdot \sin x - 0 \cdot \cos x = -\sin x$

27. $\tan(x - \pi) = \dfrac{\tan x - \tan \pi}{1 + \tan x \tan \pi} = \dfrac{\tan x - 0}{1 + \tan x \cdot 0} = \tan x$

29. $\cos\left(x + \dfrac{\pi}{6}\right) + \sin\left(x - \dfrac{\pi}{3}\right) = \cos x \cos \dfrac{\pi}{6} - \sin x \sin \dfrac{\pi}{6} + \sin x \cos \dfrac{\pi}{3} - \cos x \sin \dfrac{\pi}{3}$

31. $\sin(x + y) - \sin(x - y) = \sin x \cos y + \cos x \sin y - (\sin x \cos y - \cos x \sin y) = 2 \cos x \sin y$

33. $\cot(x - y) = \dfrac{1}{\tan(x - y)} = \dfrac{1 + \tan x \tan y}{\tan x - \tan y} = \dfrac{1 + \dfrac{1}{\cot x} \dfrac{1}{\cot y}}{\dfrac{1}{\cot x} - \dfrac{1}{\cot y}} \cdot \dfrac{\cot x \cot y}{\cot x \cot y} = \dfrac{\cot x \cot y + 1}{\cot y - \cot x}$

35. $\tan x - \tan y = \dfrac{\sin x}{\cos x} - \dfrac{\sin y}{\cos y} = \dfrac{\sin x \cos y - \cos x \sin y}{\cos x \cos y} = \dfrac{\sin(x - y)}{\cos x \cos y}$

37. $\dfrac{\sin(x + y) - \sin(x - y)}{\cos(x + y) + \cos(x - y)} = \dfrac{\sin x \cos y + \cos x \sin y - (\sin x \cos y - \cos x \sin y)}{\cos x \cos y - \sin x \sin y + \cos x \cos y + \sin x \sin y} = \dfrac{2 \cos x \sin y}{2 \cos x \cos y} = \tan y$

39. $\sin(x + y + z) = \sin((x + y) + z) = \sin(x + y)\cos z + \cos(x + y)\sin z$
$$= \cos z \,(\sin x \cos y + \cos x \sin y) + \sin z \,(\cos x \cos y - \sin x \sin y)$$
$$= \sin x \cos y \cos z + \cos x \sin y \cos z + \cos x \cos y \sin z - \sin x \sin y \sin z$$

41. $k = \sqrt{A^2 + B^2} = \sqrt{\left(-\sqrt{3}\right)^2 + 1^2} = \sqrt{4} = 2.$ $\sin\phi = \frac{1}{2}$ and $\cos\phi = \dfrac{-\sqrt{3}}{2} \Rightarrow \phi = \frac{5\pi}{6}.$ Therefore, $-\sqrt{3}$
$\sin x + \cos x = k\sin(x + \phi) = 2\sin\left(x + \frac{5\pi}{6}\right).$

43. $k = \sqrt{A^2 + B^2} = \sqrt{5^2 + (-5)^2} = \sqrt{50} = 5\sqrt{2}.$ $\sin\phi = -\frac{5}{5\sqrt{2}} - -\frac{1}{\sqrt{2}}$ and $\cos\phi = \frac{5}{5\sqrt{2}} = \frac{1}{\sqrt{2}} \Rightarrow \phi = \frac{7\pi}{4}.$
Therefore, $5(\sin 2x - \cos 2x) = k\sin(2x + \phi) = 5\sqrt{2}\sin\left(2x + \frac{7\pi}{4}\right).$

45. (a) $f(x) = \sin x + \cos x \Rightarrow k = \sqrt{1^2 + 1^2} = \sqrt{2},$
and ϕ satisfies $\sin\phi = \cos\phi = \frac{1}{\sqrt{2}} \Rightarrow \phi = \frac{\pi}{4}.$
Thus, we can write
$$f(x) = k\sin(x + \phi) = \sqrt{2}\sin\left(x + \frac{\pi}{4}\right).$$

(b) This is a sine curve with amplitude $\sqrt{2}$, period 2π, and phase shift $-\frac{\pi}{4}$.

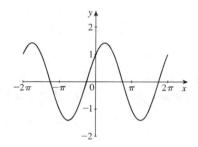

47. If $\beta - \alpha = \frac{\pi}{2},$ then $\beta = \alpha + \frac{\pi}{2}.$ Now if we let $y = x + \alpha,$ then $\sin(x + \alpha) + \cos\left(x + \alpha + \frac{\pi}{2}\right) = \sin y + \cos\left(y + \frac{\pi}{2}\right) = \sin y + (-\sin y) = 0.$ Therefore, $\sin(x + \alpha) + \cos(x + \beta) = 0.$

49. Let $\angle A$ and $\angle B$ be the two angles shown in the diagram. Then
$180° = \gamma + A + B,\ 90° = \alpha + A,$ and $90° = \beta + B.$
Subtracting the second and third equation from the first, we get
$180° - 90° - 90° = \gamma + A + B - (\alpha + A) - (\beta + B) \quad \Leftrightarrow$
$\alpha + \beta = \gamma.$ Then
$$\tan\gamma = \tan(\alpha + \beta) = \frac{\tan\alpha + \tan\beta}{1 - \tan\alpha\tan\beta} = \frac{\frac{4}{6} + \frac{3}{4}}{1 - \frac{4}{6}\cdot\frac{3}{4}} = \frac{\frac{8}{12} + \frac{9}{12}}{1 - \frac{1}{2}} = 2\cdot\frac{17}{12} = \frac{17}{6}.$$

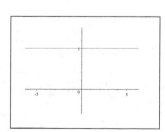

51. (a) $y = \sin^2\left(x + \frac{\pi}{4}\right) + \sin^2\left(x - \frac{\pi}{4}\right).$ From the graph we see that the value of y seems to always be equal to 1.

(b) $y = \sin^2\left(x + \frac{\pi}{4}\right) + \sin^2\left(x - \frac{\pi}{4}\right) = \left(\sin x \cos\frac{\pi}{4} + \cos x \sin\frac{\pi}{4}\right)^2 + \left(\sin x \cos\frac{\pi}{4} - \cos x \sin\frac{\pi}{4}\right)^2$
$$= \left[\frac{1}{\sqrt{2}}(\sin x + \cos x)\right]^2 + \left[\frac{1}{\sqrt{2}}(\sin x - \cos x)\right]^2 = \frac{1}{2}\left[(\sin x + \cos x)^2 + (\sin x - \cos x)^2\right]$$
$$= \frac{1}{2}\left[\left(\sin^2 x + 2\sin x \cos x + \cos^2 x\right) + \left(\sin^2 x - 2\sin x \cos x + \cos^2 x\right)\right]$$
$$= \frac{1}{2}\left[(1 + 2\sin x \cos x) + (1 - 2\sin x \cos x)\right] = \frac{1}{2}\cdot 2 = 1$$

53. Clearly $C = \frac{\pi}{4}$. Now $\tan(A+B) = \dfrac{\tan A + \tan B}{1 - \tan A \tan B} = \dfrac{\frac{1}{3} + \frac{1}{2}}{1 - \frac{1}{3} \cdot \frac{1}{2}} = 1$. Thus $A + B = \frac{\pi}{4}$, so $A + B + C = \frac{\pi}{4} + \frac{\pi}{4} = \frac{\pi}{2}$.

55. (a) $f(t) = C \sin \omega t + C \sin(\omega t + \alpha) = C \sin \omega t + C(\sin \omega t \cos \alpha + \cos \omega t \sin \alpha)$

$\qquad = C(1 + \cos \alpha) \sin \omega t + C \sin \alpha \cos \omega t = A \sin \omega t + B \cos \omega t$

where $A = C(1 + \cos \alpha)$ and $B = C \sin \alpha$.

(b) In this case, $f(t) = 10\left(1 + \cos \frac{\pi}{3}\right) \sin \omega t + 10 \sin \frac{\pi}{3} \cos \omega t = 15 \sin \omega t + 5\sqrt{3} \cos \omega t$. Thus

$k = \sqrt{15^2 + \left(5\sqrt{3}\right)^2} = 10\sqrt{3}$ and ϕ has $\cos \phi = \frac{15}{10\sqrt{3}} = \frac{\sqrt{3}}{2}$ and $\sin \phi = \frac{5\sqrt{3}}{10\sqrt{3}} = \frac{1}{2}$, so $\phi = \frac{\pi}{6}$. Therefore,

$f(t) = 10\sqrt{3} \sin\left(\omega t + \frac{\pi}{6}\right)$.

57. $\tan(s+t) = \dfrac{\sin(s+t)}{\cos(s+t)} = \dfrac{\sin s \cos t + \cos s \sin t}{\cos s \cos t + \sin s \sin t}$

$\qquad = \dfrac{\sin s \cos t + \cos s \sin t}{\cos s \cos t - \sin s \sin t} \cdot \dfrac{\frac{1}{\cos s \cos t}}{\frac{1}{\cos s \cos t}} = \dfrac{\frac{\sin s}{\cos s} + \frac{\sin t}{\cos t}}{1 - \frac{\sin s}{\cos s} \cdot \frac{\sin t}{\cos t}} = \dfrac{\tan s + \tan t}{1 - \tan s \tan t}$

7.3   Double-Angle, Half-Angle, and Product-Sum Formulas

1. $\sin x = \frac{5}{13}$, x in quadrant I $\Rightarrow \cos x = \frac{12}{13}$ and $\tan x = \frac{5}{12}$. Thus, $\sin 2x = 2 \sin x \cos x = 2\left(\frac{5}{13}\right)\left(\frac{12}{13}\right) = \frac{120}{169}$,

$\cos 2x = \cos^2 x - \sin^2 x = \left(\frac{12}{13}\right)^2 - \left(\frac{5}{13}\right)^2 = \frac{144-25}{169} = \frac{119}{169}$, and $\tan 2x = \dfrac{\sin 2x}{\cos 2x} = \dfrac{\frac{120}{169}}{\frac{119}{169}} = \frac{120}{169} \cdot \frac{169}{119} = \frac{120}{119}$.

3. $\cos x = \frac{4}{5}$. Then $\sin x = -\frac{3}{5}$ ($\csc x < 0$) and $\tan x = -\frac{3}{4}$. Thus, $\sin 2x = 2 \sin x \cos x = 2\left(-\frac{3}{5}\right) \cdot \frac{4}{5} = -\frac{24}{25}$,

$\cos 2x = \cos^2 x - \sin^2 x = \left(\frac{4}{5}\right)^2 - \left(-\frac{3}{5}\right)^2 = \frac{16-9}{25} = \frac{7}{25}$, and $\tan 2x = \dfrac{\sin 2x}{\cos 2x} = \dfrac{-\frac{24}{25}}{\frac{7}{25}} = -\frac{24}{25} \cdot \frac{25}{7} = -\frac{24}{7}$.

5. $\sin x = -\frac{3}{5}$. Then, $\cos x = -\frac{4}{5}$ and $\tan x = \frac{3}{4}$ (x is in quadrant III). Thus, $\sin 2x = 2 \sin x \cos x = 2\left(-\frac{3}{5}\right)\left(-\frac{4}{5}\right) = \frac{24}{25}$,

$\cos 2x = \cos^2 x - \sin^2 x = \left(-\frac{4}{5}\right)^2 - \left(-\frac{3}{5}\right)^2 = \frac{16-9}{25} = \frac{7}{25}$, and $\tan 2x = \dfrac{\sin 2x}{\cos 2x} = \dfrac{\frac{24}{25}}{\frac{7}{25}} = \frac{24}{25} \cdot \frac{25}{7} = \frac{24}{7}$.

7. $\tan x = -\frac{1}{3}$ and $\cos x > 0$, so $\sin x < 0$. Thus, $\sin x = -\frac{1}{\sqrt{10}}$ and $\cos x = \frac{3}{\sqrt{10}}$. Thus,

$\sin 2x = 2 \sin x \cos x = 2\left(-\frac{1}{\sqrt{10}}\right)\left(\frac{3}{\sqrt{10}}\right) = -\frac{6}{10} = -\frac{3}{5}$, $\cos 2x = \cos^2 x - \sin^2 x = \left(\frac{3}{\sqrt{10}}\right)^2 - \left(-\frac{1}{\sqrt{10}}\right)^2 = \frac{8}{10} = \frac{4}{5}$,

and $\tan 2x = \dfrac{\sin 2x}{\cos 2x} = \dfrac{-\frac{3}{5}}{\frac{4}{5}} = -\frac{3}{5} \cdot \frac{5}{4} = -\frac{3}{4}$.

9. $\sin^4 x = \left(\sin^2 x\right)^2 = \left(\dfrac{1 - \cos 2x}{2}\right)^2 = \frac{1}{4} - \frac{1}{2} \cos 2x + \frac{1}{4} \cos^2 2x$

$\qquad = \frac{1}{4} - \frac{1}{2} \cos 2x + \frac{1}{4} \cdot \dfrac{1 + \cos 4x}{2} = \frac{1}{4} - \frac{1}{2} \cos 2x + \frac{1}{8} + \frac{1}{8} \cos 4x = \frac{3}{8} - \frac{1}{2} \cos 2x + \frac{1}{8} \cos 4x$

$\qquad = \frac{1}{2}\left(\frac{3}{4} - \cos 2x + \frac{1}{4} \cos 4x\right)$

11. We use the result of Example 4 to get

$$\cos^2 x \sin^4 x = \left(\sin^2 x \cos^2 x\right) \sin^2 x = \left(\frac{1}{8} - \frac{1}{8} \cos 4x\right) \cdot \left(\frac{1}{2} - \frac{1}{2} \cos 2x\right)$$

$$= \frac{1}{16}\left(1 - \cos 2x - \cos 4x + \cos 2x \cos 4x\right)$$

13. Since $\sin^4 x \cos^4 x = \left(\sin^2 x \cos^2 x\right)^2$ we can use the result of Example 4 to get

$$\sin^4 x \cos^4 x = \left(\tfrac{1}{8} - \tfrac{1}{8}\cos 4x\right)^2 = \tfrac{1}{64} - \tfrac{1}{32}\cos 4x + \tfrac{1}{64}\cos^2 4x$$

$$= \tfrac{1}{64} - \tfrac{1}{32}\cos 4x + \tfrac{1}{64}\cdot\tfrac{1}{2}\left(1+\cos 8x\right) = \tfrac{1}{64} - \tfrac{1}{32}\cos 4x + \tfrac{1}{128} + \tfrac{1}{128}\cos 8x$$

$$= \tfrac{3}{128} - \tfrac{1}{32}\cos 4x + \tfrac{1}{128}\cos 8x = \tfrac{1}{32}\left(\tfrac{3}{4} - \cos 4x + \tfrac{1}{4}\cos 8x\right)$$

15. $\sin 15° = \sqrt{\tfrac{1}{2}\left(1 - \cos 30°\right)} = \sqrt{\tfrac{1}{2}\left(1 - \tfrac{\sqrt{3}}{2}\right)} = \sqrt{\tfrac{1}{4}\left(2 - \sqrt{3}\right)} = \tfrac{1}{2}\sqrt{2 - \sqrt{3}}$

17. $\tan 22.5° = \dfrac{1 - \cos 45°}{\sin 45°} = \dfrac{1 - \frac{\sqrt{2}}{2}}{\frac{\sqrt{2}}{2}} = \sqrt{2} - 1$

19. $\cos 165° = -\sqrt{\tfrac{1}{2}\left(1 + \cos 330°\right)} = -\sqrt{\tfrac{1}{2}\left(1 + \cos 30°\right)} = -\sqrt{\tfrac{1}{2}\left(1 + \tfrac{\sqrt{3}}{2}\right)} = -\tfrac{1}{2}\sqrt{2 + \sqrt{3}}$

21. $\tan\tfrac{\pi}{8} = \dfrac{1 - \cos\frac{\pi}{4}}{\sin\frac{\pi}{4}} = \dfrac{1 - \frac{\sqrt{2}}{2}}{\frac{\sqrt{2}}{2}} = \sqrt{2} - 1$

23. $\cos\tfrac{\pi}{12} = \sqrt{\tfrac{1}{2}\left(1 + \cos\tfrac{\pi}{6}\right)} = \sqrt{\tfrac{1}{2}\left(1 + \tfrac{\sqrt{3}}{2}\right)} = \tfrac{1}{2}\sqrt{2 + \sqrt{3}}$

25. $\sin\tfrac{9\pi}{8} = -\sqrt{\tfrac{1}{2}\left(1 - \cos\tfrac{9\pi}{4}\right)} = -\sqrt{\tfrac{1}{2}\left(1 - \tfrac{\sqrt{2}}{2}\right)} = -\tfrac{1}{2}\sqrt{2 - \sqrt{2}}$. We have chosen the negative root because $\tfrac{9\pi}{8}$ is in

quadrant III, so $\sin\tfrac{9\pi}{8} < 0$.

27. (a) $2\sin 18° \cos 18° = \sin 36°$

(b) $2\sin 3\theta \cos 3\theta = \sin 6\theta$

29. (a) $\cos^2 34° - \sin^2 34° = \cos 68°$

(b) $\cos^2 5\theta - \sin^2 5\theta = \cos 10\theta$

31. (a) $\dfrac{\sin 8°}{1 + \cos 8°} = \tan\dfrac{8°}{2} = \tan 4°$

(b) $\dfrac{1 - \cos 4\theta}{\sin 4\theta} = \tan\dfrac{4\theta}{2} = \tan 2\theta$

33. $\sin(x + x) = \sin x \cos x + \cos x \sin x = 2\sin x \cos x$

35. $\sin x = \tfrac{3}{5}$. Since x is in quadrant I, $\cos x = \tfrac{4}{5}$ and $\tfrac{x}{2}$ is also in quadrant I. Thus,

$\sin\tfrac{x}{2} = \sqrt{\tfrac{1}{2}\left(1 - \cos x\right)} = \sqrt{\tfrac{1}{2}\left(1 - \tfrac{4}{5}\right)} = \tfrac{1}{\sqrt{10}} = \tfrac{\sqrt{10}}{10}$, $\cos\tfrac{x}{2} = \sqrt{\tfrac{1}{2}\left(1 + \cos x\right)} = \sqrt{\tfrac{1}{2}\left(1 + \tfrac{4}{5}\right)} = \tfrac{3}{\sqrt{10}} = \tfrac{3\sqrt{10}}{10}$, and

$\tan\tfrac{x}{2} = \dfrac{\sin\frac{x}{2}}{\cos\frac{x}{2}} = \tfrac{1}{\sqrt{10}}\cdot\tfrac{\sqrt{10}}{3} = \tfrac{1}{3}$.

37. $\csc x = 3$. Then, $\sin x = \tfrac{1}{3}$ and since x is in quadrant II, $\cos x = -\dfrac{2\sqrt{2}}{3}$. Since $90° \le x \le 180°$, we have

$45° \le \tfrac{x}{2} \le 90°$ and so $\tfrac{x}{2}$ is in quadrant I. Thus, $\sin\tfrac{x}{2} = \sqrt{\tfrac{1}{2}\left(1 - \cos x\right)} = \sqrt{\tfrac{1}{2}\left(1 + \tfrac{2\sqrt{2}}{3}\right)} = \sqrt{\tfrac{1}{6}\left(3 + 2\sqrt{2}\right)}$,

$\cos\tfrac{x}{2} = \sqrt{\tfrac{1}{2}\left(1 + \cos x\right)} = \sqrt{\tfrac{1}{2}\left(1 - \tfrac{2\sqrt{2}}{3}\right)} = \sqrt{\tfrac{1}{6}\left(3 - 2\sqrt{2}\right)}$, and $\tan\tfrac{x}{2} = \dfrac{\sin\frac{x}{2}}{\cos\frac{x}{2}} = \sqrt{\dfrac{3 + 2\sqrt{2}}{3 - 2\sqrt{2}}} = 3 + 2\sqrt{2}$.

39. $\sec x = \tfrac{3}{2}$. Then $\cos x = \tfrac{2}{3}$ and since x is in quadrant IV, $\sin x = -\dfrac{\sqrt{5}}{3}$. Since $270° \le x \le 360°$, we have

$135° \le \tfrac{x}{2} \le 180°$ and so $\tfrac{x}{2}$ is in quadrant II. Thus, $\sin\tfrac{x}{2} = \sqrt{\tfrac{1}{2}\left(1 - \cos x\right)} = \sqrt{\tfrac{1}{2}\left(1 - \tfrac{2}{3}\right)} = \tfrac{1}{\sqrt{6}} = \tfrac{\sqrt{6}}{6}$,

$\cos\tfrac{x}{2} = -\sqrt{\tfrac{1}{2}\left(1 + \cos x\right)} = -\sqrt{\tfrac{1}{2}\left(1 + \tfrac{2}{3}\right)} = -\tfrac{\sqrt{5}}{\sqrt{6}} = -\dfrac{\sqrt{30}}{6}$, and $\tan\tfrac{x}{2} = \dfrac{\sin\frac{x}{2}}{\cos\frac{x}{2}} = \tfrac{1}{\sqrt{6}}\cdot\tfrac{\sqrt{6}}{-\sqrt{5}} = -\tfrac{1}{\sqrt{5}} = -\tfrac{\sqrt{5}}{5}$.

41. $\sin 2x \cos 3x = \tfrac{1}{2}\left[\sin(2x + 3x) + \sin(2x - 3x)\right] = \tfrac{1}{2}\left(\sin 5x - \sin x\right)$

43. $\cos x \sin 4x = \tfrac{1}{2}\left[\sin(4x + x) + \sin(4x - x)\right] = \tfrac{1}{2}\left(\sin 5x + \sin 3x\right)$

45. $3\cos 4x \cos 7x = 3\cdot\tfrac{1}{2}\left[\cos(4x + 7x) + \cos(4x - 7x)\right] = \tfrac{3}{2}\left(\cos 11x + \cos 3x\right)$

47. $\sin 5x + \sin 3x = 2\sin\left(\dfrac{5x+3x}{2}\right)\cos\left(\dfrac{5x-3x}{2}\right) = 2\sin 4x\cos x$

49. $\cos 4x - \cos 6x = -2\sin\left(\dfrac{4x+6x}{2}\right)\sin\left(\dfrac{4x-6x}{2}\right) = -2\sin 5x\sin(-x) = 2\sin 5x\sin x$

51. $\sin 2x - \sin 7x = 2\cos\left(\dfrac{2x+7x}{2}\right)\sin\left(\dfrac{2x-7x}{2}\right) = 2\cos\dfrac{9x}{2}\sin\left(-\dfrac{5x}{2}\right) = -2\cos\dfrac{9x}{2}\sin\dfrac{5x}{2}$

53. $2\sin 52.5°\sin 97.5° = 2\cdot\frac{1}{2}\left[\cos(52.5°-97.5°)-\cos(52.5°+97.5°)\right] = \cos(-45°)-\cos 150°$

$= \cos 45° - \cos 150° = \dfrac{\sqrt{2}}{2}+\dfrac{\sqrt{3}}{2} = \frac{1}{2}\left(\sqrt{2}+\sqrt{3}\right)$

55. $\cos 37.5°\sin 7.5° = \frac{1}{2}\left(\sin 45° - \sin 30°\right) = \frac{1}{2}\left(\dfrac{\sqrt{2}}{2}-\dfrac{1}{2}\right) = \frac{1}{4}\left(\sqrt{2}-1\right)$

57. $\cos 255° - \cos 195° = -2\sin\left(\dfrac{255°+195°}{2}\right)\sin\left(\dfrac{255°-195°}{2}\right) = -2\sin 225°\sin 30° = -2\left(-\dfrac{\sqrt{2}}{2}\right)\dfrac{1}{2} = \dfrac{\sqrt{2}}{2}$

59. $\cos^2 5x - \sin^2 5x = \cos(2\cdot 5x) = \cos 10x$

61. $(\sin x + \cos x)^2 = \sin^2 x + 2\sin x\cos x + \cos^2 x = 1 + 2\sin x\cos x = 1 + \sin 2x$

63. $\dfrac{\sin 4x}{\sin x} = \dfrac{2\sin 2x\cos 2x}{\sin x} = \dfrac{2\left(2\sin x\cos x\right)\left(\cos 2x\right)}{\sin x} = 4\cos x\cos 2x$

65. $\dfrac{2\left(\tan x - \cot x\right)}{\tan^2 x - \cot^2 x} = \dfrac{2\left(\tan x - \cot x\right)}{\left(\tan x + \cot x\right)\left(\tan x - \cot x\right)} = \dfrac{2}{\tan x + \cot x} = \dfrac{2}{\dfrac{\sin x}{\cos x} + \dfrac{\cos x}{\sin x}}$

$= \dfrac{2}{\dfrac{\sin x}{\cos x} + \dfrac{\cos x}{\sin x}}\cdot\dfrac{\sin x\cos x}{\sin x\cos x} = \dfrac{2\sin x\cos x}{\sin^2 x + \cos^2 x} = 2\sin x\cos x = \sin 2x$

67. $\tan 3x = \tan(2x+x) = \dfrac{\tan 2x + \tan x}{1 - \tan 2x\tan x} = \dfrac{\dfrac{2\tan x}{1-\tan^2 x} + \tan x}{1 - \dfrac{2\tan x}{1-\tan^2 x}\tan x} = \dfrac{2\tan x + \tan x\left(1-\tan^2 x\right)}{1 - \tan^2 x - 2\tan x\tan x}$

$= \dfrac{3\tan x - \tan^3 x}{1 - 3\tan^2 x}$

69. $\cos^4 x - \sin^4 x = \left(\cos^2 x + \sin^2 x\right)\left(\cos^2 x - \sin^2 x\right) = \cos^2 x - \sin^2 x = \cos 2x$

71. $\dfrac{\sin x + \sin 5x}{\cos x + \cos 5x} = \dfrac{2\sin 3x\cos 2x}{2\cos 3x\cos 2x} = \dfrac{\sin 3x}{\cos 3x} = \tan 3x$

73. $\dfrac{\sin 10x}{\sin 9x + \sin x} = \dfrac{2\sin 5x\cos 5x}{2\sin 5x\cos 4x} = \dfrac{\cos 5x}{\cos 4x}$

75. $\dfrac{\sin x + \sin y}{\cos x + \cos y} = \dfrac{2\sin\left(\dfrac{x+y}{2}\right)\cos\left(\dfrac{x-y}{2}\right)}{2\cos\left(\dfrac{x+y}{2}\right)\cos\left(\dfrac{x-y}{2}\right)} = \dfrac{\sin\left(\dfrac{x+y}{2}\right)}{\cos\left(\dfrac{x+y}{2}\right)} = \tan\left(\dfrac{x+y}{2}\right)$

77. $\sin 130° - \sin 110° = 2\cos\dfrac{130°+110°}{2}\sin\dfrac{130°-110°}{2} = 2\cos 120°\sin 10° = 2\left(-\frac{1}{2}\right)\sin 10° = -\sin 10°$

79. $\sin 45° + \sin 15° = 2\sin\left(\dfrac{45°+15°}{2}\right)\cos\left(\dfrac{45°-15°}{2}\right) = 2\sin 30°\cos 15° = 2\cdot\frac{1}{2}\cdot\cos 15°$

$= \cos 15° = \sin(90° - 15°) = \sin 75°$ (applying the cofunction identity)

81. $\dfrac{\sin x + \sin 2x + \sin 3x + \sin 4x + \sin 5x}{\cos x + \cos 2x + \cos 3x + \cos 4x + \cos 5x} = \dfrac{\left(\sin x + \sin 5x\right) + \left(\sin 2x + \sin 4x\right) + \sin 3x}{\left(\cos x + \cos 5x\right) + \left(\cos 2x + \cos 4x\right) + \cos 3x}$

$= \dfrac{2\sin 3x\cos 2x + 2\sin 3x\cos x + \sin 3x}{2\cos 3x\cos 2x + 2\cos 3x\cos x + \cos 3x} = \dfrac{\sin 3x\left(2\cos 2x + 2\cos x + 1\right)}{\cos 3x\left(2\cos 2x + 2\cos x + 1\right)} = \tan 3x$

83. (a) $f(x) = \dfrac{\sin 3x}{\sin x} - \dfrac{\cos 3x}{\cos x}$

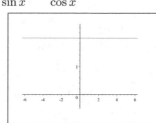

The function appears to have a constant value of 2
wherever it is defined.

(b) $f(x) = \dfrac{\sin 3x}{\sin x} - \dfrac{\cos 3x}{\cos x}$

$$= \frac{\sin 3x \cos x - \cos 3x \sin x}{\sin x \cos x} = \frac{\sin(3x - x)}{\sin x \cos x}$$

$$= \frac{\sin 2x}{\sin x \cos x} = \frac{2 \sin x \cos x}{\sin x \cos x} = 2$$

for all x for which the function is defined.

85. (a) $y = \sin 6x + \sin 7x$

(b) By a sum-to-product formula,

$$y = \sin 6x + \sin 7x$$

$$= 2 \sin\left(\frac{6x + 7x}{2}\right) \cos\left(\frac{6x - 7x}{2}\right)$$

$$= 2 \sin\left(\tfrac{13}{2} x\right) \cos\left(-\tfrac{1}{2} x\right)$$

$$= 2 \sin \tfrac{13}{2} x \cos \tfrac{1}{2} x$$

(c) We graph $y = \sin 6x + \sin 7x$,

$y = 2 \cos\left(\tfrac{1}{2} x\right)$, and

$y = -2 \cos\left(\tfrac{1}{2} x\right)$.

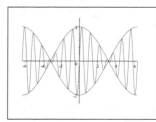

The graph of $y = f(x)$ lies
between the other two graphs.

87. (a) $\cos 4x = \cos(2x + 2x) = 2\cos^2 2x - 1 = 2\left(2\cos^2 x - 1\right)^2 - 1 = 8\cos^4 x - 8\cos^2 x + 1$. Thus the desired
polynomial is $P(t) = 8t^4 - 8t^2 + 1$.

(b) $\cos 5x = \cos(4x + x) = \cos 4x \cos x - \sin 4x \sin x = \cos x \left(8\cos^4 x - 8\cos^2 x + 1\right) - 2 \sin 2x \cos 2x \sin x$

$$= 8\cos^5 x - 8\cos^3 x + \cos x - 4 \sin x \cos x \left(2\cos^2 x - 1\right) \sin x \quad \text{[from part (a)]}$$

$$= 8\cos^5 x - 8\cos^3 x + \cos x - 4 \cos x \left(2\cos^2 x - 1\right) \sin^2 x$$

$$= 8\cos^5 x - 8\cos^3 x + \cos x - 4 \cos x \left(2\cos^2 x - 1\right) \left(1 - \cos^2 x\right)$$

$$= 8\cos^5 x - 8\cos^3 x + \cos x + 8\cos^5 x - 12\cos^3 x + 4\cos x = 16\cos^5 x - 20\cos^3 x + 5\cos x$$

Thus, the desired polynomial is $P(t) = 16t^5 - 20t^3 + 5t$.

89. Using a product-to-sum formula,

RHS $= 4 \sin A \sin B \sin C = 4 \sin A \left\{\tfrac{1}{2} \left[\cos(B - C) - \cos(B + C)\right]\right\} = 2 \sin A \cos(B - C) - 2 \sin A \cos(B + C)$.

Using another product-to-sum formula, this is equal to

$$2\left\{\tfrac{1}{2}\left[\sin(A + B - C) + \sin(A - B + C)\right]\right\} - 2\left\{\tfrac{1}{2}\left[\sin(A + B + C) + \sin(A - B - C)\right]\right\}$$

$$= \sin(A + B - C) + \sin(A - B + C) - \sin(A + B + C) - \sin(A - B - C)$$

Now $A + B + C = \pi$, so $A + B - C = \pi - 2C$, $A - B + C = \pi - 2B$, and $A - B - C = 2A - \pi$. Thus our expression
simplifies to

$$\sin(A + B - C) + \sin(A - B + C) - \sin(A + B + C) - \sin(A - B - C)$$

$$= \sin(\pi - 2C) + \sin(\pi - 2B) + 0 - \sin(2A - \pi) = \sin 2C + \sin 2B + \sin 2A = \text{LHS}$$

91. (a) In both logs the length of the adjacent side is $20\cos\theta$ and the length of the opposite side is $20\sin\theta$.
Thus, the cross-sectional area of the beam is modeled by
$$A(\theta) = (20\cos\theta)(20\sin\theta) = 400\sin\theta\cos\theta = 200\,(2\sin\theta\cos\theta) = 200\sin 2\theta.$$

(b) The function $y = \sin u$ is maximized when $u = \frac{\pi}{2}$. So $2\theta = \frac{\pi}{2} \;\Leftrightarrow\; \theta = \frac{\pi}{4}$. Thus the maximum cross-sectional area is $A\left(\frac{\pi}{4}\right) = 200\sin 2\left(\frac{\pi}{4}\right) = 200$.

93. (a) $y = f_1(t) + f_2(t) = \cos 11t + \cos 13t$

(b) Using the identity
$$\cos\alpha + \cos y = 2\cdot\cos\left(\frac{\alpha + y}{2}\right)\cos\left(\frac{\alpha - y}{2}\right),\text{ we have}$$
$$f(t) = \cos 11t + \cos 13t = 2\cdot\cos\left(\frac{11t + 13t}{2}\right)\cos\left(\frac{11t - 13t}{2}\right)$$
$$= 2\cdot\cos 12t\cdot\cos(-t) = 2\cos 12t\cos t$$

(c) We graph $y = \cos 11t + \cos 13t$, $y = 2\cos t$, and $y = -2\cos t$.

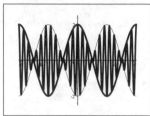

The graph of f lies between the graphs of $y = 2\cos t$ and $y = -2\cos t$. Thus, the loudness of the sound varies between $y = \pm 2\cos t$.

95. We find the area of $\triangle ABC$ in two different ways. First, let AB be the base and CD be the height. Since $\angle BOC = 2\theta$ we see that $CD = \sin 2\theta$. So the area is $\frac{1}{2}$ (base) (height) $= \frac{1}{2}\cdot 2\cdot\sin 2\theta = \sin 2\theta$. On the other hand, in $\triangle ABC$ we see that $\angle C$ is a right angle. So $BC = 2\sin\theta$ and $AC = 2\cos\theta$, and the area is $\frac{1}{2}$ (base) (height) $= \frac{1}{2}\cdot(2\sin\theta)(2\cos\theta) = 2\sin\theta\cos\theta$. Equating the two expressions for the area of $\triangle ABC$, we get $\sin 2\theta = 2\sin\theta\cos\theta$.

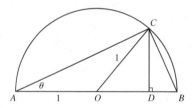

7.4   **Inverse Trigonometric Functions**

1. (a) $\sin^{-1}\frac{1}{2} = \frac{\pi}{6}$
(b) $\cos^{-1}\frac{1}{2} = \frac{\pi}{3}$
(c) $\cos^{-1}2$ is not defined.

3. (a) $\sin^{-1}\frac{\sqrt{2}}{2} = \frac{\pi}{4}$
(b) $\cos^{-1}\frac{\sqrt{2}}{2} = \frac{\pi}{4}$
(c) $\sin^{-1}\left(-\frac{\sqrt{2}}{2}\right) = -\frac{\pi}{4}$

5. (a) $\sin^{-1}1 = \frac{\pi}{2}$
(b) $\cos^{-1}1 = 0$
(c) $\cos^{-1}(-1) = \pi$

7. (a) $\tan^{-1}\frac{\sqrt{3}}{3} = \frac{\pi}{6}$
(b) $\tan^{-1}\left(-\frac{\sqrt{3}}{3}\right) = -\frac{\pi}{6}$
(c) $\sin^{-1}(-2)$ is not defined.

9. (a) $\sin^{-1}(0.13844) \approx 0.13889$
(b) $\cos^{-1}(-0.92761) \approx 2.75876$

11. (a) $\tan^{-1}(1.23456) \approx 0.88998$
(b) $\sin^{-1}(1.23456)$ is not defined.

13. $\sin\left(\sin^{-1}\frac{1}{4}\right) = \frac{1}{4}$

15. $\tan\left(\tan^{-1}5\right) = 5$

17. $\cos^{-1}\left(\cos\frac{\pi}{3}\right) = \frac{\pi}{3}$

19. $\sin^{-1}\left(\sin\left(-\frac{\pi}{6}\right)\right) = -\frac{\pi}{6}$

21. $\tan^{-1}\left(\tan\frac{2\pi}{3}\right) = \tan^{-1}\left(\tan\left(\frac{2\pi}{3} - \pi\right)\right)$
$$= \tan^{-1}\left(\tan\left(-\frac{\pi}{3}\right)\right) = -\frac{\pi}{3}\text{ since }\frac{2\pi}{3} > \frac{\pi}{2}.$$

23. $\tan\left(\sin^{-1}\frac{1}{2}\right) = \tan\frac{\pi}{6} = \frac{\sqrt{3}}{3}$

25. $\cos\left(\sin^{-1}\frac{\sqrt{3}}{2}\right) = \cos\frac{\pi}{3} = \frac{1}{2}$

27. $\tan^{-1}\left(2\sin\frac{\pi}{3}\right) = \tan^{-1}\left(2\cdot\frac{\sqrt{3}}{2}\right) = \tan^{-1}\sqrt{3} = \frac{\pi}{3}$

29. Let $u = \cos^{-1} \frac{3}{5}$, so $\cos u = \frac{3}{5}$. Then from the triangle,

$\sin\left(\cos^{-1} \frac{3}{5}\right) = \sin u = \frac{4}{5}$.

31. Let $u = \tan^{-1} \frac{12}{5}$, so $\tan u = \frac{12}{5}$. Then from the triangle,

$\sin\left(\tan^{-1} \frac{12}{5}\right) = \sin u = \frac{12}{13}$.

33. Let $\theta = \sin^{-1} \frac{12}{13}$, so $\sin \theta = \frac{12}{13}$. Then from the triangle,

$\sec\left(\sin^{-1} \frac{12}{13}\right) = \sec \theta = \frac{13}{5}$.

35. Let $u = \tan^{-1} 2$, so $\tan u = 2$. Then from the triangle,

$\cos\left(\tan^{-1} 2\right) = \cos u = \frac{1}{\sqrt{5}} = \frac{\sqrt{5}}{5}$.

37. Let $u = \cos^{-1} \frac{3}{5}$, so $\cos u = \frac{3}{5}$. From the triangle,

$\sin u = \frac{4}{5}$, so

$\sin\left(2\cos^{-1} \frac{3}{5}\right) = \sin(2u) = 2\sin u \cos u$

$= 2 \cdot \frac{4}{5} \cdot \frac{3}{5} = \frac{24}{25}$

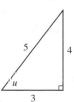

39. Let $u = \cos^{-1} \frac{1}{2}$ and $v = \sin^{-1} \frac{1}{2}$, so $\cos u = \frac{1}{2}$ and

$\sin v = \frac{1}{2}$. From the triangle,

$\sin\left(\sin^{-1} \frac{1}{2} + \cos^{-1} \frac{1}{2}\right) = \sin(v + u)$

$= \sin v \cos u + \cos v \sin u = \frac{1}{2} \cdot \frac{1}{2} + \frac{\sqrt{3}}{2} \cdot \frac{\sqrt{3}}{2} = 1$

Another method:

$\sin\left(\sin^{-1} \frac{1}{2} + \cos^{-1} \frac{1}{2}\right) = \sin\left(\frac{\pi}{6} + \frac{\pi}{3}\right) = \sin \frac{\pi}{2} = 1$

41. Let $u = \sin^{-1} x$, so $\sin u = x$. From the triangle,

$\cos\left(\sin^{-1} x\right) = \cos u = \sqrt{1 - x^2}$.

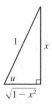

43. Let $u = \sin^{-1} x$, so $\sin u = x$. From the triangle,

$\tan\left(\sin^{-1} x\right) = \tan u = \dfrac{x}{\sqrt{1 - x^2}}$.

45. Let $u = \tan^{-1} x$, so $\tan u = x$. From the triangle,

$\cos\left(2\tan^{-1} x\right) = \cos 2u = 2\cos^2 u - 1 = \dfrac{2}{1 + x^2} - 1 = \dfrac{1 - x^2}{1 + x^2}$

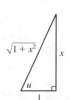

47. Let $u = \cos^{-1} x$ and $v = \sin^{-1} x$, so $\cos u = x$ and $\sin v = x$. From the triangle,

$$\cos\left(\cos^{-1} x + \sin^{-1} x\right) = \cos\left(\cos^{-1} x\right)\cos\left(\sin^{-1} x\right) - \sin\left(\cos^{-1} x\right)\sin\left(\sin^{-1} x\right)$$
$$= \cos u \cos v - \sin u \sin v = x\sqrt{1-x^2} - x\sqrt{1-x^2} = 0$$

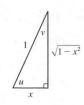

49. (a) $y = \sin^{-1} x + \cos^{-1} x$. Note the domain of both $\sin^{-1} x$ and $\cos^{-1} x$ is $[-1, 1]$.

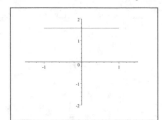

Conjecture: $y = \frac{\pi}{2}$ for $-1 \le x \le 1$.

(b) To prove this conjecture, let $\sin^{-1} x = u \quad \Leftrightarrow \quad \sin u = x$, $-\frac{\pi}{2} \le u \le \frac{\pi}{2}$. Using the cofunction identity

$\sin u = \cos\left(\frac{\pi}{2} - u\right) = x$, $\cos^{-1} x = \frac{\pi}{2} - u$. Therefore,

$\sin^{-1} x + \cos^{-1} x = u + \left(\frac{\pi}{2} - u\right) = \frac{\pi}{2}$.

51. (a) $\tan^{-1} x + \tan^{-1} 2x = \frac{\pi}{4}$

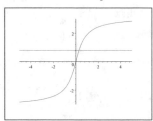

From the graph, the solution is $x \approx 0.28$.

(b) To solve the equation exactly, we set $\tan^{-1} x + \tan^{-1} 2x = \frac{\pi}{4} \quad \Leftrightarrow$

$\tan^{-1} x = \frac{\pi}{4} - \tan^{-1} 2x \Rightarrow \tan\left(\tan^{-1} x\right) = \tan\left(\frac{\pi}{4} - \tan^{-1} 2x\right)$

$\Rightarrow x = \dfrac{\tan\frac{\pi}{4} - \tan\left(\tan^{-1} 2x\right)}{1 + \tan\frac{\pi}{4} \cdot \tan\left(\tan^{-1} 2x\right)} = \dfrac{1 - 2x}{1 + (1)\, 2x} \Rightarrow$

$x\left(1 + 2x\right) = 1 - 2x \quad \Leftrightarrow \quad x + 2x^2 = 1 - 2x$. Thus,

$2x^2 + 3x - 1 = 0$. We use the quadratic formula to solve for x:

$x = \dfrac{-3 \pm \sqrt{3^2 - 4(2)(-1)}}{2(2)} = \dfrac{-3 \pm \sqrt{17}}{4}$. Substituting into the original

equation, we see that $x = \dfrac{-3 - \sqrt{17}}{4}$ is not a solution, and so

$x = \dfrac{-3 + \sqrt{17}}{4} \approx 0.28$ is the only root.

53. (a) Solving $\tan\theta = h/2$ for h we have $h = 2\tan\theta$.

(b) Solving $\tan\theta = h/2$ for θ we have $\theta = \tan^{-1}(h/2)$.

55. (a) Solving $\sin\theta = h/680$ for θ we have $\theta = \sin^{-1}(h/680)$.

(b) Set $h = 500$ to get $\theta = \sin^{-1}\left(\frac{500}{680}\right) = 0.82610$ rad.

57. (a) $\theta = \sin^{-1}\left(\dfrac{1}{(2 \cdot 3 + 1)\tan 10°}\right) = \sin^{-1}\left(\dfrac{1}{7\tan 10°}\right) \approx \sin^{-1} 0.8102 \approx 54.1°$

(b) For $n = 2$, $\theta = \sin^{-1}\left(\dfrac{1}{5\tan 15°}\right) \approx 48.3°$. For $n = 3$, $\theta = \sin^{-1}\left(\dfrac{1}{7\tan 15°}\right) \approx 32.2°$. For $n = 4$,

$\theta = \sin^{-1}\left(\dfrac{1}{9\tan 15°}\right) \approx 24.5°$. $n = 0$ and $n = 1$ are outside of the domain for $\beta = 15°$, because $\dfrac{1}{\tan 15°} \approx 3.732$

and $\dfrac{1}{3\tan 15°} \approx 1.244$, neither of which is in the domain of $\sin^{-1}$.

59. (a) Let $\theta = \sec^{-1} x$. Then $\sec \theta = x$, as shown in the figure. Then $\cos \theta = \dfrac{1}{x}$, so

$\theta = \cos^{-1}\left(\dfrac{1}{x}\right)$. Thus $\sec^{-1} x = \cos^{-1}\left(\dfrac{1}{x}\right)$, $x \geq 1$.

(b) Let $\gamma = \csc^{-1} x$. Then $\csc \gamma = x$, as shown in the figure. Then $\sin \gamma = \dfrac{1}{x}$, so

$\gamma = \sin^{-1}\left(\dfrac{1}{x}\right)$. Thus $\csc^{-1} x = \sin^{-1}\left(\dfrac{1}{x}\right)$, $x \geq 1$.

(c) Let $\beta = \cot^{-1} x$. Then $\cot \beta = x$, as shown in the figure. Then $\tan \beta = \dfrac{1}{x}$, so

$\beta = \tan^{-1}\left(\dfrac{1}{x}\right)$. Thus $\cot^{-1} x = \tan^{-1}\left(\dfrac{1}{x}\right)$, $x \geq 1$.

7.5   Trigonometric Equations

1. $\cos x + 1 = 0 \quad \Leftrightarrow \quad \cos x = -1$. In the interval $[0, 2\pi)$ the only solution is $x = \pi$. Thus the solutions are $x = (2k+1)\pi$ for any integer k.

3. $2 \sin x - 1 = 0 \quad \Leftrightarrow \quad 2 \sin x = 1 \quad \Leftrightarrow \quad \sin x = \frac{1}{2}$. In the interval $[0, 2\pi)$ the solutions are $x = \frac{\pi}{6}, \frac{5\pi}{6}$. Therefore, the solutions are $x = \frac{\pi}{6} + 2k\pi, \frac{5\pi}{6} + 2k\pi$, $k = 0, \pm 1, \pm 2, \dots$.

5. $\sqrt{3} \tan x + 1 = 0 \quad \Leftrightarrow \quad \sqrt{3} \tan x = -1 \Leftrightarrow \tan x = -\frac{\sqrt{3}}{3}$. In the interval $[0, \pi)$ the only solution is $x = \frac{5\pi}{6}$. Therefore, the solutions are $x = \frac{5\pi}{6} + k\pi$, $k = 0, \pm 1, \pm 2, \dots$.

7. $4 \cos^2 x - 1 = 0 \quad \Leftrightarrow \quad 4 \cos^2 x = 1 \Leftrightarrow 4 \cos^2 x = 1 \quad \Leftrightarrow \quad \cos^2 x = \frac{1}{4} \Leftrightarrow \cos x = \pm \frac{1}{2}$. In the interval $[0, 2\pi)$ the solutions are $x = \frac{\pi}{3}, \frac{2\pi}{3}, \frac{4\pi}{3}, \frac{5\pi}{3}$. So the solutions are $x = \frac{\pi}{3} + 2k\pi, \frac{2\pi}{3} + 2k\pi, \frac{4\pi}{3} + 2k\pi, \frac{5\pi}{3} + 2k\pi$, which can be expressed more simply as $x = \frac{\pi}{3} + k\pi, \frac{2\pi}{3} + k\pi$ for any integer k.

9. $\sec^2 x - 2 = 0 \quad \Leftrightarrow \quad \sec^2 x = 2 \quad \Leftrightarrow \quad \sec x = \pm\sqrt{2}$. In the interval $[0, 2\pi)$ the solutions are $x = \frac{\pi}{4}, \frac{3\pi}{4}, \frac{5\pi}{4}, \frac{7\pi}{4}$. Thus, the solutions are $x = (2k+1)\frac{\pi}{4}$ for any integer k.

11. $3 \csc^2 x - 4 = 0 \quad \Leftrightarrow \quad \csc^2 x = \frac{4}{3} \Leftrightarrow \csc x = \pm \frac{2}{\sqrt{3}} \quad \Leftrightarrow \quad \sin x = \pm \frac{\sqrt{3}}{2} \quad \Leftrightarrow \quad x = \frac{\pi}{3}, \frac{2\pi}{3}, \frac{4\pi}{3}, \frac{5\pi}{3}$ for x in $[0, 2\pi)$. Thus, the solutions are $x = \frac{\pi}{3} + k\pi, \frac{2\pi}{3} + k\pi$ for any integer k.

13. $\cos x (2 \sin x + 1) = 0 \quad \Leftrightarrow \quad \cos x = 0$ or $2 \sin x + 1 = 0 \quad \Leftrightarrow \quad \sin x = -\frac{1}{2}$. On $[0, 2\pi)$, $\cos x = 0 \quad \Leftrightarrow \quad x = \frac{\pi}{2}$, $\frac{3\pi}{2}$ and $\sin x = -\frac{1}{2} \quad \Leftrightarrow \quad x = \frac{7\pi}{6}, \frac{11\pi}{6}$. Thus the solutions are $x = \frac{\pi}{2} + k\pi$, $x = \frac{7\pi}{6} + 2k\pi$, $x = \frac{11\pi}{6} + 2k\pi$, $k = 0, \pm 1, \pm 2, \dots$.

15. $\left(\tan x + \sqrt{3}\right)(\cos x + 2) = 0 \Leftrightarrow \tan x + \sqrt{3} = 0$ or $\cos x + 2 = 0$. Since $|\cos x| \leq 1$ for all x, there is no solution for $\cos x + 2 = 0$. Hence, $\tan x + \sqrt{3} = 0 \quad \Leftrightarrow \quad \tan x = -\sqrt{3} \Leftrightarrow x = -\frac{\pi}{3}$ on $\left(-\frac{\pi}{2}, \frac{\pi}{2}\right)$. Thus the solutions are $x = -\frac{\pi}{3} + k\pi$, $k = 0, \pm 1, \pm 2, \dots$.

17. $\cos x \sin x - 2 \cos x = 0 \quad \Leftrightarrow \quad \cos x (\sin x - 2) = 0 \quad \Leftrightarrow \quad \cos x = 0$ or $\sin x - 2 = 0$. Since $|\sin x| \leq 1$ for all x, there is no solution for $\sin x - 2 = 0$. Hence, $\cos x = 0 \quad \Leftrightarrow \quad x = \frac{\pi}{2} + 2k\pi, \frac{3\pi}{2} + 2k\pi \quad \Leftrightarrow \quad x = \frac{\pi}{2} + k\pi$, $k = 0, \pm 1, \pm 2, \dots$.

19. $4 \cos^2 x - 4 \cos x + 1 = 0 \quad \Leftrightarrow \quad (2 \cos x - 1)^2 = 0 \quad \Leftrightarrow \quad 2 \cos x - 1 = 0 \quad \Leftrightarrow \quad \cos x = \frac{1}{2} \quad \Leftrightarrow \quad x = \frac{\pi}{3} + 2k\pi$, $\frac{5\pi}{3} + 2k\pi$, $k = 0, \pm 1, \pm 2, \dots$.

21. $\sin^2 x = 2\sin x + 3$ $\Leftrightarrow$ $\sin^2 x - 2\sin x - 3 = 0$ $\Leftrightarrow$ $(\sin x - 3)(\sin x + 1) = 0$ $\Leftrightarrow$ $\sin x - 3 = 0$ or $\sin x + 1 = 0$. Since $|\sin x| \leq 1$ for all x, there is no solution for $\sin x - 3 = 0$. Hence $\sin x + 1 = 0$ $\Leftrightarrow$ $\sin x = -1$ $\Leftrightarrow$ $x = \frac{3\pi}{2} + 2k\pi$, $k = 0, \pm 1, \pm 2, \ldots$.

23. $\sin^2 x = 4 - 2\cos^2 x$ $\Leftrightarrow$ $\sin^2 x + \cos^2 x + \cos^2 x = 4$ $\Leftrightarrow$ $1 + \cos^2 x = 4$ $\Leftrightarrow$ $\cos^2 x = 3$ Since $|\cos x| \leq 1$ for all x, it follows that $\cos^2 x \leq 1$ and so there is no solution for $\cos^2 x = 3$.

25. $2\sin 3x + 1 = 0$ $\Leftrightarrow$ $2\sin 3x = -1$ $\Leftrightarrow$ $\sin 3x = -\frac{1}{2}$. In the interval $[0, 6\pi)$ the solution are $3x = \frac{7\pi}{6}, \frac{11\pi}{6}, \frac{19\pi}{6}, \frac{23\pi}{6}, \frac{31\pi}{6}, \frac{35\pi}{6}$ $\Leftrightarrow$ $x = \frac{7\pi}{18}, \frac{11\pi}{18}, \frac{19\pi}{18}, \frac{23\pi}{18}, \frac{25\pi}{18}, \frac{29\pi}{18}$. So $x = \frac{7\pi}{18} + 2k\frac{\pi}{3}, \frac{11\pi}{18} + 2k\frac{\pi}{3}$ for any integer k.

27. $\sec 4x - 2 = 0$ $\Leftrightarrow$ $\sec 4x = 2$ $\Leftrightarrow$ $4x = \frac{\pi}{3} + 2k\pi, \frac{5\pi}{3} + 2k\pi$ $\Leftrightarrow$ $x = \frac{\pi}{12} + \frac{1}{2}k\pi, -\frac{\pi}{12} + \frac{1}{2}k\pi$ for any integer k.

29. $\sqrt{3}\sin 2x = \cos 2x$ $\Leftrightarrow$ $\tan 2x = \frac{1}{\sqrt{3}}$ (if $\cos 2x \neq 0$) $\Leftrightarrow$ $2x = \frac{\pi}{6} + k\pi$ $\Leftrightarrow$ $x = \frac{\pi}{12} + \frac{1}{2}k\pi$ for any integer k.

31. $\cos \frac{x}{2} - 1 = 0$ $\Leftrightarrow$ $\cos \frac{x}{2} = 1$ $\Leftrightarrow$ $\frac{x}{2} = 2k\pi$ $\Leftrightarrow$ $x = 4k\pi$ for any integer k.

33. $\tan \frac{x}{4} + \sqrt{3} = 0$ $\Leftrightarrow$ $\tan \frac{x}{4} = -\sqrt{3}$ $\Leftrightarrow$ $\frac{x}{4} = \frac{2\pi}{3} + k\pi$ $\Leftrightarrow$ $x = \frac{8\pi}{3} + 4k\pi$ for any integer k.

35. $\tan^5 x - 9\tan x = 0$ $\Leftrightarrow$ $\tan x(\tan^4 x - 9) = 0$ $\Leftrightarrow$ $\tan x = 0$ or $\tan^4 x = 9$ $\Leftrightarrow$ $\tan x = 0$ or $\tan x = \pm\sqrt{3}$ $\Leftrightarrow$ $x = 0, \pi, \frac{\pi}{3}, \frac{2\pi}{3}, \frac{4\pi}{3}, \frac{5\pi}{3}$ in $[0, 2\pi)$. Thus, $x = \frac{k\pi}{3}$ for any integer k.

37. $4\sin x\cos x + 2\sin x - 2\cos x - 1 = 0$ $\Leftrightarrow$ $(2\sin x - 1)(2\cos x + 1) = 0$ $\Leftrightarrow$ $2\sin x - 1 = 0$ or $2\cos x + 1 = 0$ $\Leftrightarrow$ $\sin x = \frac{1}{2}$ or $\cos x = -\frac{1}{2}$ $\Leftrightarrow$ $x = \frac{\pi}{6}, \frac{5\pi}{6}, \frac{2\pi}{3}, \frac{4\pi}{3}$ in $[0, 2\pi)$. Thus $x = \frac{\pi}{6} + 2k\pi, \frac{5\pi}{6} + 2k\pi, \frac{2\pi}{3} + 2k\pi, \frac{4\pi}{3} + 2k\pi$ for any integer k.

39. $\cos^2 2x - \sin^2 2x = 0$ $\Leftrightarrow$ $(\cos 2x - \sin 2x)(\cos 2x + \sin 2x) = 0$ $\Leftrightarrow$ $\cos 2x = \pm\sin 2x$ $\Leftrightarrow$ $\tan 2x = \pm 1$ $\Leftrightarrow$ $2x = \frac{\pi}{4}, \frac{3\pi}{4}, \frac{5\pi}{4}, \frac{7\pi}{4}, \frac{9\pi}{4}, \frac{11\pi}{4}, \frac{13\pi}{4}, \frac{15\pi}{4}$ in $[0, 4\pi)$ $\Leftrightarrow$ $x = \frac{\pi}{8}, \frac{3\pi}{8}, \frac{5\pi}{8}, \frac{7\pi}{8}, \frac{9\pi}{8}, \frac{11\pi}{8}, \frac{13\pi}{8}, \frac{15\pi}{8}$ in $[0, 2\pi)$. So the solution can be expressed as the odd multiples of $\frac{\pi}{8}$ which are $x = \frac{\pi}{8} + \frac{k\pi}{4}$ for any integer k.

41. $2\cos 3x = 1$ $\Leftrightarrow$ $\cos 3x = \frac{1}{2}$ $\Rightarrow$ $3x = \frac{\pi}{3}, \frac{5\pi}{3}, \frac{7\pi}{3}, \frac{11\pi}{3}, \frac{13\pi}{3}, \frac{17\pi}{3}$ on $[0, 6\pi)$ $\Leftrightarrow$ $x = \frac{\pi}{9}, \frac{5\pi}{9}, \frac{7\pi}{9}, \frac{11\pi}{9}, \frac{13\pi}{9}, \frac{17\pi}{9}$ on $[0, 2\pi)$.

43. $2\sin x\tan x - \tan x = 1 - 2\sin x$ $\Leftrightarrow$ $2\sin x\tan x - \tan x + 2\sin x - 1 = 0$ $\Leftrightarrow$ $(2\sin x - 1)(\tan x + 1) = 0$ $\Leftrightarrow$ $2\sin x - 1 = 0$ or $\tan x + 1 = 0$ $\Leftrightarrow$ $\sin x = \frac{1}{2}$ or $\tan x = -1$ $\Leftrightarrow$ $x = \frac{\pi}{6}, \frac{5\pi}{6}$ or $x = \frac{3\pi}{4}, \frac{7\pi}{4}$. Thus, the solutions in $[0, 2\pi)$ are $\frac{\pi}{6}, \frac{3\pi}{4}, \frac{5\pi}{6}, \frac{7\pi}{4}$.

45. $\tan x - 3\cot x = 0$ $\Leftrightarrow$ $\frac{\sin x}{\cos x} - \frac{3\cos x}{\sin x} = 0$ $\Leftrightarrow$ $\frac{\sin^2 x - 3\cos^2 x}{\cos x\sin x} = 0$ $\Leftrightarrow$ $\frac{\sin^2 x + \cos^2 x - 4\cos^2 x}{\cos x\sin x} = 0$ $\Leftrightarrow$ $\frac{1 - 4\cos^2 x}{\cos x\sin x} = 0$ $\Leftrightarrow$ $1 - 4\cos^2 x = 0$ $\Leftrightarrow$ $4\cos^2 x = 1$ $\Leftrightarrow$ $\cos x = \pm\frac{1}{2}$ $\Leftrightarrow$ $x = \frac{\pi}{3}, \frac{2\pi}{3}, \frac{4\pi}{3}, \frac{5\pi}{3}$ in $[0, 2\pi)$.

47. $\tan 3x + 1 = \sec 3x$ $\Rightarrow$ $(\tan 3x + 1)^2 = \sec^2 3x$ $\Leftrightarrow$ $\tan^2 3x + 2\tan 3x + 1 = \sec^2 3x$ $\Leftrightarrow$ $\sec^2 3x + 2\tan 3x = \sec^2 3x$ $\Leftrightarrow$ $2\tan 3x = 0$ $\Leftrightarrow$ $3x = 0, \pi, 2\pi, 3\pi, 4\pi, 5\pi$ in $[0, 6\pi)$ $\Leftrightarrow$ $x = 0, \frac{\pi}{3}, \frac{2\pi}{3}, \pi, \frac{4\pi}{3}, \frac{5\pi}{3}$ in $[0, 2\pi)$. Since squaring both sides is an operation that can introduce extraneous solutions, we must check each of the possible solution in the original equation. We see that $x = \frac{\pi}{3}, \pi, \frac{5\pi}{3}$ are not solutions. Hence the only solutions are $x = 0, \frac{2\pi}{3}, \frac{4\pi}{3}$.

49. (a) Since the period of cosine is 2π the solutions are $x \approx 1.15928 + 2k\pi$ and $x \approx 5.12391 + 2k\pi$ for any integer k.

(b) $\cos x = 0.4$ $\Rightarrow$ $x = \cos^{-1} 0.4 \approx 1.15928$. The other solution is $2\pi - \cos^{-1} 0.4 \approx 5.12391$.

51. (a) Since the period of secant is 2π the solutions are $x \approx 1.36943 \pm 2k\pi$ and $\approx 4.91375 \pm 2k\pi$ for any integer k.

(b) $\sec x = 5$ $\Leftrightarrow$ $\cos x = \frac{1}{5}$ $\Rightarrow$ $x = \cos^{-1} \frac{1}{5} \approx 1.36944$. The other solution is $2\pi - \cos^{-1} \frac{1}{5} \approx 4.91375$.

53. (a) Since $\sin(\pi + x) = -\sin x$, we can express the general solutions as $x \approx 0.46365 + k\pi$ and $x \approx 2.67795 + k\pi$ for any integer k.

(b) $5\sin^2 x - 1 = 0$ $\Rightarrow$ $\sin^2 x = \frac{1}{5}$ $\Rightarrow$ $\sin x = \pm\frac{1}{\sqrt{5}}$. Now $\sin x = \frac{1}{\sqrt{5}}$ $\Rightarrow$ $x = \sin^{-1}\frac{1}{\sqrt{5}} \approx 0.46365$, and $x \approx \pi - 0.46365 \approx 2.67795$. Also, $\sin x = -\frac{1}{\sqrt{5}}$ $\Rightarrow$ $x = \sin^{-1} -\frac{1}{\sqrt{5}} \approx -0.46365$, so in the interval $[0, 2\pi)$, $x \approx \pi - (-0.46365) \approx 3.60524$ and $x \approx 2\pi - 0.46365 \approx 5.81954$.

55. (a) Since the period for sine is 2π, the general solution is of the form $x \approx 0.33984 + 2k\pi$ and $x \approx 2.80176 + 2k\pi$ for any integer k.

(b) $3\sin^2 x - 7\sin x + 2 = 0 \Rightarrow (3\sin x - 1)(\sin x - 2) = 0 \Rightarrow 3\sin x - 1 = 0$ or $\sin x - 2 = 0$. Since $|\sin x| \leq 1$, $\sin x - 2 = 0$ has no solution. Thus $3\sin x - 1 = 0 \Rightarrow \sin x = \frac{1}{3} \Rightarrow x \approx 0.33984$ and $x \approx \pi - 0.33984 \approx 2.80176$.

57. $f(x) = 3\cos x + 1$; $g(x) = \cos x - 1$. $f(x) = g(x)$ when
$3\cos x + 1 = \cos x - 1 \Leftrightarrow 2\cos x = -2 \quad \Leftrightarrow \quad \cos x = -1 \Leftrightarrow$
$x = \pi + 2k\pi = (2k+1)\pi$. The points of intersection are $((2k+1)\pi, -2)$ for any integer k.

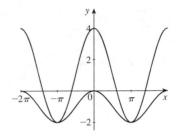

59. $f(x) = \tan x$; $g(x) = \sqrt{3}$. $f(x) = g(x)$ when $\tan x = \sqrt{3} \Leftrightarrow$
$x = \frac{\pi}{3} + k\pi$. The intersection points are $\left(\frac{\pi}{3} + k\pi, \sqrt{3}\right)$ for any integer k.

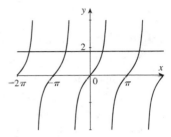

61. $\cos x \cos 3x - \sin x \sin 3x = 0 \quad \Leftrightarrow \quad \cos(x + 3x) = 0 \quad \Leftrightarrow \quad \cos 4x = 0 \quad \Leftrightarrow \quad 4x = \frac{\pi}{2}, \frac{3\pi}{2}, \frac{5\pi}{2}, \frac{7\pi}{2}, \frac{9\pi}{2}, \frac{11\pi}{2},$
$\frac{13\pi}{2}, \frac{15\pi}{2}$ in $[0, 8\pi) \quad \Leftrightarrow \quad x = \frac{\pi}{8}, \frac{3\pi}{8}, \frac{5\pi}{8}, \frac{7\pi}{8}, \frac{9\pi}{8}, \frac{11\pi}{8}, \frac{13\pi}{8}, \frac{15\pi}{8}$ in $[0, 2\pi)$.

63. $\sin 2x \cos x + \cos 2x \sin x = \frac{\sqrt{3}}{2} \Leftrightarrow \sin(2x + x) = \frac{\sqrt{3}}{2} \Leftrightarrow \sin 3x = \frac{\sqrt{3}}{2} \quad \Leftrightarrow \quad 3x = \frac{\pi}{3}, \frac{2\pi}{3}, \frac{7\pi}{3}, \frac{8\pi}{3}, \frac{13\pi}{3}, \frac{14\pi}{3}$ in
$[0, 6\pi) \Leftrightarrow x = \frac{\pi}{9}, \frac{2\pi}{9}, \frac{7\pi}{9}, \frac{8\pi}{9}, \frac{13\pi}{9}, \frac{14\pi}{9}$ in $[0, 2\pi)$.

65. $\sin 2x + \cos x = 0 \quad \Leftrightarrow \quad 2\sin x \cos x + \cos x = 0 \Leftrightarrow \cos x(2\sin x + 1) = 0 \quad \Leftrightarrow \quad \cos x = 0$ or $\sin x = -\frac{1}{2} \quad \Leftrightarrow$
$x = \frac{\pi}{2}, \frac{7\pi}{6}, \frac{3\pi}{2}, \frac{11\pi}{6}$.

67. $\cos 2x + \cos x = 2 \quad \Leftrightarrow \quad 2\cos^2 x - 1 + \cos x - 2 = 0 \Leftrightarrow 2\cos^2 x + \cos x - 3 = 0 \quad \Leftrightarrow \quad (2\cos x + 3)(\cos x - 1) = 0$
$\Leftrightarrow \quad 2\cos x + 3 = 0$ or $\cos x - 1 = 0 \quad \Leftrightarrow \quad \cos x = -\frac{3}{2}$ (which is impossible) or $\cos x = 1 \quad \Leftrightarrow \quad x = 0$ in $[0, 2\pi)$.

69. $\sin x + \sin 3x = 0 \quad \Leftrightarrow \quad 2\sin 2x \cos(-x) = 0 \quad \Leftrightarrow \quad 2\sin 2x \cos x = 0 \quad \Leftrightarrow \quad \sin 2x = 0$ or $\cos x = 0 \quad \Leftrightarrow$
$2x = k\pi$ or $x = k\frac{\pi}{2} \Leftrightarrow x = k\frac{\pi}{2}$ for any integer k.

71. $\cos 4x + \cos 2x = \cos x \quad \Leftrightarrow \quad 2\cos 3x \cos x = \cos x \quad \Leftrightarrow \quad \cos x(2\cos 3x - 1) = 0 \quad \Leftrightarrow \quad \cos x = 0$ or $\cos 3x = \frac{1}{2}$
$\Leftrightarrow \quad x = \frac{\pi}{2}$ or $3x = \frac{\pi}{3} + 2k\pi, \frac{5\pi}{3} + 2k\pi, \frac{7\pi}{3} + 2k\pi, \frac{11\pi}{3} + 2k\pi, \frac{13\pi}{3} + 2k\pi, \frac{17\pi}{3} + 2k\pi \quad \Leftrightarrow \quad x = \frac{\pi}{2} + k\pi, \frac{\pi}{9} + \frac{2}{3}k\pi,$
$\frac{5\pi}{9} + \frac{2}{3}k\pi$.

73. $\sin 2x = x$

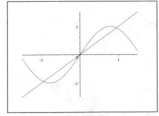

The three solutions are $x = 0$ and $x \approx \pm 0.95$.

75. $2^{\sin x} = x$

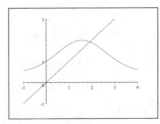

The only solution is $x \approx 1.92$.

77. $\dfrac{\cos x}{1 + x^2} = x^2$

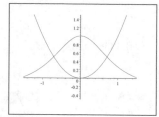

The two solutions are $x \approx \pm 0.71$.

79. We substitute $v_0 = 2200$ and $R(\theta) = 5000$ and solve for θ. So $5000 = \dfrac{(2200)^2 \sin 2\theta}{32} \quad \Leftrightarrow$

$5000 = 151250 \sin 2\theta \quad \Leftrightarrow \quad \sin 2\theta = 0.03308 \Rightarrow$
$2\theta = 1.89442°$ or $2\theta = 180° - 1.89442° = 178.10558°$.
If $2\theta = 1.89442°$, then $\theta = 0.94721°$, and if
$2\theta = 178.10558°$, then $\theta = 89.05279°$.

81. We substitute $\theta_1 = 70°$ and $\dfrac{v_1}{v_2} = 1.33$ into Snell's Law to get $\dfrac{\sin 70°}{\sin \theta_2} = 1.33 \quad \Leftrightarrow \quad \sin \theta_2 = \dfrac{\sin 70°}{1.33} = 0.7065 \Rightarrow$
$\theta_2 \approx 44.95°$.

83. (a) $10 = 12 + 2.83 \sin\left(\frac{2\pi}{3}(t - 80)\right) \quad \Leftrightarrow \quad 2.83 \sin\left(\frac{2\pi}{3}(t - 80)\right) = -2 \quad \Leftrightarrow \quad \sin\left(\frac{2\pi}{3}(t - 80)\right) = -0.70671$.
Now $\sin \theta = -0.70671$ and $\theta = -0.78484$. If $\frac{2\pi}{3}(t - 80) = -0.78484 \Leftrightarrow t - 80 = 45.6 \quad \Leftrightarrow \quad t = 34.4$.
Now in the interval $[0, 2\pi)$, we have $\theta = \pi + 0.78484 \approx 3.92644$ and $\theta = 2\pi - 0.78484 \approx 5.49834$. If
$\frac{2\pi}{3}(t - 80) = 3.92644 \quad \Leftrightarrow \quad t - 80 = 228.1 \Leftrightarrow t = 308.1$. And if $\frac{2\pi}{3}(t - 80) = 5.49834 \quad \Leftrightarrow \quad t - 80 = 319.4$
$\Leftrightarrow \quad t = 399.4 \quad (399.4 - 365 = 34.4)$. So according to this model, there should be 10 hours of sunshine on the
34th day (February 3) and on the 308th day (November 4).

(b) Since $L(t) = 12 + 2.83 \sin\left(\frac{2\pi}{3}(t - 80)\right) \geq 10$ for $t \in [34, 308]$, the number of days with more than 10 hours of
daylight is $308 - 34 + 1 = 275$ days.

85. (a) First note that $\alpha = \dfrac{\pi}{2} - \dfrac{\theta}{2}$. The part of the belt touching the larger
pulley has length $2(\pi - \alpha)R = (\theta + \pi)R$ and similarly the part
touching the smaller belt has length $(\theta + \pi)r$. To calculate a and
b, we write $\cot \dfrac{\theta}{2} = \dfrac{a}{R} = \dfrac{b}{r} \Rightarrow a = R \cot \dfrac{\theta}{2}$ and $b = r \cot \dfrac{\theta}{2}$, so

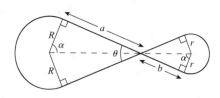

the length of the straight parts of the belt is $2a + 2b = 2(R + r) \cot \dfrac{\theta}{2}$. Thus, the total length of the belt is

$L = (\theta + \pi)R + (\theta + \pi)r + 2(R + r)\cot \dfrac{\theta}{2} = (R + r)\left(\theta + \pi + 2\cot \dfrac{\theta}{2}\right)$ and so $\theta + \pi + 2\cot \dfrac{\theta}{2} = \dfrac{L}{R + r} \Leftrightarrow$

$\theta + 2\cot \dfrac{\theta}{2} = \dfrac{L}{R + r} - \pi$.

(b) We plot $\theta + 2\cot \dfrac{\theta}{2}$ and $\dfrac{L}{R + r} - \pi = \dfrac{27.78}{2.42 + 1.21} - \pi \approx 4.5113$ in the same

viewing rectangle. The solution is $\theta \approx 1.047$ rad $\approx 60°$.

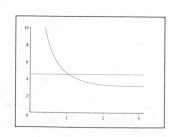

87. $\sin(\cos x)$ is a function of a function, that is, a composition of trigonometric functions (see Section 2.7). Most of the other equations involve sums, products, differences, or quotients of trigonometric functions.

$\sin(\cos x) = 0 \iff \cos x = 0$ or $\cos x = \pi$. However, since $|\cos x| \le 1$, the only solution is $\cos x = 0 \Rightarrow x = \frac{\pi}{2} + k\pi$. The graph of $f(x) = \sin(\cos x)$ is shown.

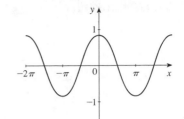

Chapter 7 Review

1. $\sin\theta\,(\cot\theta + \tan\theta) = \sin\theta\left(\dfrac{\cos\theta}{\sin\theta} + \dfrac{\sin\theta}{\cos\theta}\right) = \cos\theta + \dfrac{\sin^2\theta}{\cos\theta} = \dfrac{\cos^2\theta + \sin^2\theta}{\cos\theta} = \dfrac{1}{\cos\theta} = \sec\theta$

3. $\cos^2 x\csc x - \csc x = \left(1 - \sin^2 x\right)\csc x - \csc x = \csc x - \sin^2 x\csc x - \csc x = -\sin^2 x\cdot\dfrac{1}{\sin x} = -\sin x$

5. $\dfrac{\cos^2 x - \tan^2 x}{\sin^2 x} = \dfrac{\cos^2 x}{\sin^2 x} - \dfrac{\tan^2 x}{\sin^2 x} = \cot^2 x - \dfrac{1}{\cos^2 x} = \cot^2 x - \sec^2 x$

7. $\dfrac{\cos^2 x}{1 - \sin x} = \dfrac{\cos x}{\dfrac{1}{\cos x}\,(1 - \sin x)} = \dfrac{\cos x}{\dfrac{1}{\cos x} - \dfrac{\sin x}{\cos x}} = \dfrac{\cos x}{\sec x - \tan x}$

9. $\sin^2 x\cot^2 x + \cos^2 x\tan^2 x = \sin^2 x\cdot\dfrac{\cos^2 x}{\sin^2 x} + \cos^2 x\cdot\dfrac{\sin^2 x}{\cos^2 x} = \cos^2 x + \sin^2 x = 1$

11. $\dfrac{\sin 2x}{1 + \cos 2x} = \dfrac{2\sin x\cos x}{1 + 2\cos^2 x - 1} = \dfrac{2\sin x\cos x}{2\cos^2 x} = \dfrac{2\sin x}{2\cos x} = \tan x$

13. $\tan\dfrac{x}{2} = \dfrac{1 - \cos x}{\sin x} = \dfrac{1}{\sin x} - \dfrac{\cos x}{\sin x} = \csc x - \cot x$

15. $\sin(x+y)\sin(x-y) = \frac{1}{2}\left[\cos((x+y)-(x-y)) - \cos((x+y)+(x-y))\right] = \frac{1}{2}\left(\cos 2y - \cos 2x\right)$
$\qquad = \frac{1}{2}\left[1 - 2\sin^2 y - \left(1 - 2\sin^2 x\right)\right] = \frac{1}{2}\left(2\sin^2 x - 2\sin^2 y\right) = \sin^2 x - \sin^2 y$

17. $1 + \tan x\tan\dfrac{x}{2} = 1 + \dfrac{\sin x}{\cos x}\cdot\dfrac{1 - \cos x}{\sin x} = 1 + \dfrac{1 - \cos x}{\cos x} = 1 + \dfrac{1}{\cos x} - 1 = \dfrac{1}{\cos x} = \sec x$

19. $\left(\cos\dfrac{x}{2} - \sin\dfrac{x}{2}\right)^2 = \cos^2\dfrac{x}{2} - 2\sin\dfrac{x}{2}\cos\dfrac{x}{2} + \sin^2\dfrac{x}{2} = \sin^2\dfrac{x}{2} + \cos^2\dfrac{x}{2} - 2\sin\dfrac{x}{2}\cos\dfrac{x}{2} = 1 - \sin\left(2\cdot\dfrac{x}{2}\right) = 1 - \sin x$

21. $\dfrac{\sin 2x}{\sin x} - \dfrac{\cos 2x}{\cos x} = \dfrac{2\sin x\cos x}{\sin x} - \dfrac{2\cos^2 x - 1}{\cos x} = 2\cos x - 2\cos x + \dfrac{1}{\cos x} = \sec x$

23. $\tan\left(x + \frac{\pi}{4}\right) = \dfrac{\tan x + \tan\frac{\pi}{4}}{1 - \tan x\tan\frac{\pi}{4}} = \dfrac{1 + \tan x}{1 - \tan x}$

25. (a) $f(x) = 1 - \left(\cos\frac{x}{2} - \sin\frac{x}{2}\right)^2$, $g(x) = \sin x$

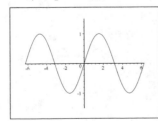

(b) The graphs suggest that $f(x) = g(x)$ is an identity. To prove this, expand $f(x)$ and simplify, using the double-angle formula for sine:

$$
\begin{aligned}
f(x) &= 1 - \left(\cos\tfrac{x}{2} - \sin\tfrac{x}{2}\right)^2 \\
&= 1 - \left(\cos^2\tfrac{x}{2} - 2\cos\tfrac{x}{2}\sin\tfrac{x}{2} + \sin^2\tfrac{x}{2}\right) \\
&= 1 + 2\cos\tfrac{x}{2}\sin\tfrac{x}{2} - \left(\cos^2\tfrac{x}{2} + \sin^2\tfrac{x}{2}\right) \\
&= 1 + \sin x - (1) = \sin x = g(x)
\end{aligned}
$$

27. (a) $f(x) = \tan x \tan \frac{x}{2}$, $g(x) = \dfrac{1}{\cos x}$

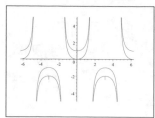

(b) The graphs suggest that $f(x) \neq g(x)$ in general. For example, choose $x = \frac{\pi}{3}$ and evaluate: $f\left(\frac{\pi}{3}\right) = \tan\frac{\pi}{3}$

$\tan\frac{\pi}{6} = \sqrt{3} \cdot \frac{1}{\sqrt{3}} = 1$, whereas $g\left(\frac{\pi}{3}\right) = \dfrac{1}{\frac{1}{2}} = 2$, so

$$f(x) \neq g(x).$$

29. (a) $f(x) = 2\sin^2 3x + \cos 6x$

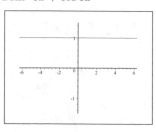

(b) The graph suggests that $f(x) = 1$ for all x. To prove this, we use the double angle formula to note that

$$\cos 6x = \cos(2(3x)) = 1 - 2\sin^2 3x, \text{ so}$$
$$f(x) = 2\sin^2 3x + (1 - 2\sin^2 3x) = 1.$$

31. $\cos x \sin x - \sin x = 0 \quad \Leftrightarrow \quad \sin x(\cos x - 1) = 0 \quad \Leftrightarrow \quad \sin x = 0$ or $\cos x = 1 \Leftrightarrow x = 0, \pi$ or $x = 0$. Therefore, the solutions are $x = 0$ and π.

33. $2\sin^2 x - 5\sin x + 2 = 0 \quad \Leftrightarrow \quad (2\sin x - 1)(\sin x - 2) = 0 \quad \Leftrightarrow \quad \sin x = \frac{1}{2}$ or $\sin x = 2$ (which is inadmissible)
$\Leftrightarrow \quad x = \frac{\pi}{6}, \frac{5\pi}{6}$. Thus, the solutions in $[0, 2\pi)$ are $x = \frac{\pi}{6}$ and $\frac{5\pi}{6}$.

35. $2\cos^2 x - 7\cos x + 3 = 0 \quad \Leftrightarrow \quad (2\cos x - 1)(\cos x - 3) = 0 \quad \Leftrightarrow \quad \cos x = \frac{1}{2}$ or $\cos x = 3$ (which is inadmissible)
$\Leftrightarrow \quad x = \frac{\pi}{3}, \frac{5\pi}{3}$. Therefore, the solutions in $[0, 2\pi)$ are $x = \frac{\pi}{3}, \frac{5\pi}{3}$.

37. Note that $x = \pi$ is not a solution because the denominator is zero. $\dfrac{1 - \cos x}{1 + \cos x} = 3 \quad \Leftrightarrow \quad 1 - \cos x = 3 + 3\cos x \quad \Leftrightarrow$
$-4\cos x = 2 \quad \Leftrightarrow \quad \cos x = -\frac{1}{2} \Leftrightarrow x = \frac{2\pi}{3}, \frac{4\pi}{3}$ in $[0, 2\pi)$.

39. Factor by grouping: $\tan^3 x + \tan^2 x - 3\tan x - 3 = 0 \Leftrightarrow (\tan x + 1)(\tan^2 x - 3) = 0 \Leftrightarrow \tan x = -1$ or $\tan x = \pm\sqrt{3}$
$\Leftrightarrow \quad x = \frac{3\pi}{4}, \frac{7\pi}{4}$ or $x = \frac{\pi}{3}, \frac{2\pi}{3}, \frac{4\pi}{3}, \frac{5\pi}{3}$. Therefore, the solutions in $[0, 2\pi)$ are $x = \frac{\pi}{3}, \frac{2\pi}{3}, \frac{3\pi}{4}, \frac{4\pi}{3}, \frac{5\pi}{3}, \frac{7\pi}{4}$.

41. $\tan\frac{1}{2}x + 2\sin 2x = \csc x \quad \Leftrightarrow \quad \dfrac{1 - \cos x}{\sin x} + 4\sin x \cos x = \dfrac{1}{\sin x} \quad \Leftrightarrow \quad 1 - \cos x + 4\sin^2 x \cos x = 1 \quad \Leftrightarrow$
$4\sin^2 x \cos x - \cos x = 0 \Leftrightarrow \cos x(4\sin^2 x - 1) = 0 \quad \Leftrightarrow \quad \cos x = 0$ or $\sin x = \pm\frac{1}{2} \quad \Leftrightarrow \quad x = \frac{\pi}{2}, \frac{3\pi}{2}$ or $x = \frac{\pi}{6}$,
$\frac{5\pi}{6}, \frac{7\pi}{6}, \frac{11\pi}{6}$. Thus, the solutions in $[0, 2\pi)$ are $x = \frac{\pi}{6}, \frac{\pi}{2}, \frac{5\pi}{6}, \frac{7\pi}{6}, \frac{3\pi}{2}, \frac{11\pi}{6}$.

43. $\tan x + \sec x = \sqrt{3} \quad \Leftrightarrow \quad \dfrac{\sin x}{\cos x} + \dfrac{1}{\cos x} = \sqrt{3} \quad \Leftrightarrow \quad \sin x + 1 = \sqrt{3}\cos x \Leftrightarrow \sqrt{3}\cos x - \sin x = 1$
$\Leftrightarrow \quad \frac{\sqrt{3}}{2}\cos x - \frac{1}{2}\sin x = \frac{1}{2} \quad \Leftrightarrow \quad \cos\frac{\pi}{6}\cos x - \sin\frac{\pi}{6}\sin x = \frac{1}{2} \Leftrightarrow \cos\left(x + \frac{\pi}{6}\right) = \frac{1}{2} \Leftrightarrow x + \frac{\pi}{6} = \frac{\pi}{3}, \frac{5\pi}{3} \Leftrightarrow x = \frac{\pi}{6}$,
$\frac{3\pi}{2}$. However, $x = \frac{3\pi}{2}$ is inadmissible because $\sec\frac{3\pi}{2}$ is undefined. Thus, the only solution in $[0, 2\pi)$ is $x = \frac{\pi}{6}$.

45. We graph $f(x) = \cos x$ and $g(x) = x^2 - 1$ in the viewing rectangle $[0, 6.5]$ by
$[-2, 2]$. The two functions intersect at only one point, $x \approx 1.18$.

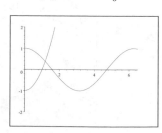

47. (a) $2000 = \dfrac{(400)^2 \sin^2 \theta}{64}$ $\Leftrightarrow$ $\sin^2 \theta = 0.8$ $\Leftrightarrow$ $\sin \theta \approx 0.8944$ $\Leftrightarrow$ $\theta \approx 63.4°$

(b) $\dfrac{(400)^2 \sin^2 \theta}{64} = 2500 \sin^2 \theta \le 2500$. Therefore it is impossible for the projectile to reach a height of 3000 ft.

(c) The function $M(\theta) = 2500 \sin^2 \theta$ is maximized when $\sin^2 \theta = 1$, so $\theta = 90°$. The projectile will travel the highest when it is shot straight up.

49. Since $15°$ is in quadrant I, $\cos 15° = \sqrt{\dfrac{1 + \cos 30°}{2}} = \sqrt{\dfrac{2 + \sqrt{3}}{4}} = \tfrac{1}{2}\sqrt{2 + \sqrt{3}}$.

51. $\tan \dfrac{\pi}{8} = \dfrac{1 - \cos \frac{\pi}{4}}{\sin \frac{\pi}{4}} = \dfrac{1 - \frac{1}{\sqrt{2}}}{\frac{1}{\sqrt{2}}} = \left(1 - \dfrac{1}{\sqrt{2}}\right)\sqrt{2} = \sqrt{2} - 1$

53. $\sin 5° \cos 40° + \cos 5° \sin 40° = \sin (5° + 40°) = \sin 45° = \dfrac{1}{\sqrt{2}} = \dfrac{\sqrt{2}}{2}$

55. $\cos^2 \dfrac{\pi}{8} - \sin^2 \dfrac{\pi}{8} = \cos \left(2 \left(\dfrac{\pi}{8}\right)\right) = \cos \dfrac{\pi}{4} = \dfrac{1}{\sqrt{2}} = \dfrac{\sqrt{2}}{2}$

57. We use a product-to-sum formula: $\cos 37.5° \cos 7.5° = \tfrac{1}{2} (\cos 45° + \cos 30°) = \tfrac{1}{2} \left(\dfrac{\sqrt{2}}{2} + \dfrac{\sqrt{3}}{2} \right) = \tfrac{1}{4} \left(\sqrt{2} + \sqrt{3} \right)$.

In Solutions 59–63, x **and** y **are in quadrant I, so we know that** $\sec x = \dfrac{3}{2} \Rightarrow \cos x = \dfrac{2}{3}$**, so** $\sin x = \dfrac{\sqrt{5}}{3}$ **and** $\tan x = \dfrac{\sqrt{5}}{2}$**. Also,** $\csc y = 3 \Rightarrow \sin y = \dfrac{1}{3}$**, and so** $\cos y = \dfrac{2\sqrt{2}}{3}$**, and** $\tan y = \dfrac{1}{2\sqrt{2}} = \dfrac{\sqrt{2}}{4}$**.**

59. $\sin (x + y) = \sin x \cos y + \cos x \sin y = \dfrac{\sqrt{5}}{3} \cdot \dfrac{2\sqrt{2}}{3} + \dfrac{2}{3} \cdot \dfrac{1}{3} = \dfrac{2}{9} \left(1 + \sqrt{10}\right)$.

61. $\tan (x + y) = \dfrac{\tan x + \tan y}{1 - \tan x \tan y} = \dfrac{\frac{\sqrt{5}}{2} + \frac{\sqrt{2}}{4}}{1 - \left(\frac{\sqrt{5}}{2}\right)\left(\frac{\sqrt{2}}{4}\right)} = \dfrac{\frac{\sqrt{5}}{2} + \frac{\sqrt{2}}{4}}{1 - \left(\frac{\sqrt{5}}{2}\right)\left(\frac{\sqrt{2}}{4}\right)} \cdot \dfrac{8}{8} = \dfrac{2 \left(2\sqrt{5} + \sqrt{2}\right)}{8 - \sqrt{10}} \cdot \dfrac{8 + \sqrt{10}}{8 + \sqrt{10}}$

$= \dfrac{2}{3} \left(\sqrt{2} + \sqrt{5}\right)$

63. $\cos \dfrac{y}{2} = \sqrt{\dfrac{1 + \cos y}{2}} = \sqrt{\dfrac{1 + \left(\frac{2\sqrt{2}}{3}\right)}{2}} = \sqrt{\dfrac{3 + 2\sqrt{2}}{6}}$ (since cosine is positive in quadrant I)

65. $\sin^{-1} \dfrac{\sqrt{3}}{2} = \dfrac{\pi}{3}$

67. $\cos \left(\tan^{-1} \sqrt{3}\right) = \cos \dfrac{\pi}{3} = \dfrac{1}{2}$

69. Let $u = \sin^{-1} \dfrac{2}{5}$ and so $\sin u = \dfrac{2}{5}$. Then from the triangle, $\tan \left(\sin^{-1} \dfrac{2}{5}\right) = \tan u = \dfrac{2}{\sqrt{21}}$.

73. Let $\theta = \tan^{-1} x$ $\Leftrightarrow$ $\tan \theta = x$. Then from the triangle, we have $\sin \left(\tan^{-1} x\right) = \sin \theta = \dfrac{x}{\sqrt{1 + x^2}}$.

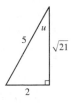

71. $\cos \left(2 \sin^{-1} \dfrac{1}{3}\right) = 1 - 2 \sin^2 \left(\sin^{-1} \dfrac{1}{3}\right) = 1 - 2 \left(\dfrac{1}{3}\right)^2 = \dfrac{7}{9}$ **75.** $\cos \theta = \dfrac{x}{3} \Rightarrow \theta = \cos^{-1} \left(\dfrac{x}{3}\right)$

77. (a) $\tan \theta = \dfrac{10}{x}$ $\Leftrightarrow$ $\theta = \tan^{-1} \left(\dfrac{10}{x}\right)$

(b) $\theta = \tan^{-1} \left(\dfrac{10}{x}\right)$, for $x > 0$. Since the road sign can first be seen when $\theta = 2°$, we have $2° = \tan^{-1} \left(\dfrac{10}{x}\right)$ $\Leftrightarrow$ $x = \dfrac{10}{\tan 2°} \approx 286.4$ ft. Thus, the sign can first be seen at a height of 286.4 ft.

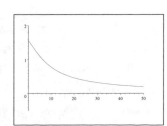

Chapter 7 Test

1. (a) $\tan\theta\sin\theta + \cos\theta = \dfrac{\sin\theta}{\cos\theta}\sin\theta + \cos\theta = \dfrac{\sin^2\theta}{\cos\theta} + \dfrac{\cos^2\theta}{\cos\theta} = \dfrac{1}{\cos\theta} = \sec\theta$

(b) $\dfrac{\tan x}{1-\cos x} = \dfrac{\tan x}{1-\cos x}\cdot\dfrac{1+\cos x}{1+\cos x} = \dfrac{\tan x\,(1+\cos x)}{1-\cos^2 x} = \dfrac{\dfrac{\sin x}{\cos x}\,(1+\cos x)}{\sin^2 x} = \dfrac{1}{\sin x}\cdot$
$\dfrac{1+\cos x}{\cos x} = \csc x\,(1+\sec x)$

(c) $\dfrac{2\tan x}{1+\tan^2 x} = \dfrac{2\tan x}{\sec^2 x} = \dfrac{2\sin x}{\cos x}\cdot\cos^2 x = 2\sin x\cos x = \sin 2x$

2. $\dfrac{x}{\sqrt{4-x^2}} = \dfrac{2\sin\theta}{\sqrt{4-(2\sin\theta)^2}} = \dfrac{2\sin\theta}{\sqrt{4-4\sin^2\theta}} = \dfrac{2\sin\theta}{2\sqrt{1-\sin^2\theta}} = \dfrac{\sin\theta}{\sqrt{\cos^2\theta}} = \dfrac{\sin\theta}{|\cos\theta|} = \dfrac{\sin\theta}{\cos\theta} = \tan\theta$ (because
$\cos\theta > 0$ for $-\frac{\pi}{2} < \theta < \frac{\pi}{2}$)

3. (a) $\sin 8°\cos 22° + \cos 8°\sin 22° = \sin\,(8°+22°) = \sin 30° = \frac{1}{2}$

(b) $\sin 75° = \sin\,(45°+30°) = \sin 45°\cos 30° + \cos 45°\sin 30° = \frac{\sqrt{2}}{2}\cdot\frac{\sqrt{3}}{2} + \frac{\sqrt{2}}{2}\cdot\frac{1}{2} = \frac{1}{4}\left(\sqrt{6}+\sqrt{2}\right)$

(c) $\sin\frac{\pi}{12} = \sin\left(\frac{\pi}{6}\!\big/2\right) = \sqrt{\dfrac{1-\cos\frac{\pi}{6}}{2}} = \sqrt{\dfrac{1-\frac{\sqrt{3}}{2}}{2}} = \sqrt{\dfrac{2-\sqrt{3}}{4}} = \frac{1}{2}\sqrt{2-\sqrt{3}}$

4. From the figures, we have $\cos\,(\alpha+\beta) = \cos\alpha\cos\beta - \sin\alpha\sin\beta = \frac{2}{\sqrt{5}}\cdot\frac{\sqrt{5}}{3} - \frac{1}{\sqrt{5}}\cdot\frac{2}{3} = \frac{2\sqrt{5}-2}{3\sqrt{5}} = \frac{10-2\sqrt{5}}{15}$.

5. (a) $\sin 3x\cos 5x = \frac{1}{2}\,[\sin\,(3x+5x) + \sin\,(3x-5x)] = \frac{1}{2}\,(\sin 8x - \sin 2x)$

(b) $\sin 2x - \sin 5x = 2\cos\left(\dfrac{2x+5x}{2}\right)\sin\left(\dfrac{2x-5x}{2}\right) = -2\cos\dfrac{7x}{2}\sin\dfrac{3x}{2}$

6. $\sin\theta = -\frac{4}{5}$. Since θ is in quadrant III, $\cos\theta = -\frac{3}{5}$. Then $\tan\dfrac{\theta}{2} = \dfrac{1-\cos\theta}{\sin\theta} = \dfrac{1-\left(-\frac{3}{5}\right)}{-\frac{4}{5}} = -\dfrac{1+\frac{3}{5}}{\frac{4}{5}} = -\dfrac{5+3}{4} = -2$.

7. $y = \sin x$ has domain $(-\infty,\infty)$ and $y = \sin^{-1}x$ has domain $[-1,1]$.

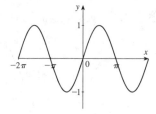   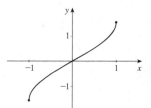

8. (a) $\tan\theta = \dfrac{x}{4} \;\Rightarrow\; \theta = \tan^{-1}\left(\dfrac{x}{4}\right)$ **(b)** $\cos\theta = \dfrac{3}{x} \;\Rightarrow\; \theta = \cos^{-1}\left(\dfrac{3}{x}\right)$

9. (a) $2\cos^2 x + 5\cos x + 2 = 0 \;\Leftrightarrow\; (2\cos x + 1)\,(\cos x + 2) = 0 \;\Leftrightarrow\; \cos x = -\frac{1}{2}$ or $\cos x = -2$ (which is
impossible). So in the interval $[0,2\pi)$, the solutions are $x = \frac{2\pi}{3}, \frac{4\pi}{3}$.

(b) $\sin 2x - \cos x = 0 \;\Leftrightarrow\; 2\sin x\cos x - \cos x = 0 \Leftrightarrow \cos x\,(2\sin x - 1) = 0 \;\Leftrightarrow\; \cos x = 0$ or $\sin x = \frac{1}{2}$
$\Leftrightarrow\; x = \frac{\pi}{2}, \frac{3\pi}{2}$ or $x = \frac{\pi}{6}, \frac{5\pi}{6}$. Therefore, the solutions in $[0,2\pi)$ are $x = \frac{\pi}{6}, \frac{\pi}{2}, \frac{5\pi}{6}, \frac{3\pi}{2}$.

10. $5\cos 2x = 2 \;\Leftrightarrow\; \cos 2x = \frac{2}{5} \Leftrightarrow 2x = \cos^{-1}0.4 \approx 1.159279$. The solutions in $[0,4\pi)$ are $2x \approx 1.159279$,
$2\pi - 1.159279,\; 2\pi + 1.159279,\; 4\pi - 1.159279 \;\Leftrightarrow\; 2x \approx 1.159279,\; 5.123906,\; 7.442465,\; 11.407091 \;\Leftrightarrow\;$
$x \approx 0.57964,\; 2.56195,\; 3.72123,\; 5.70355$ in $[0,2\pi)$.

11. Let $u = \tan^{-1}\frac{9}{40}$ so $\tan u = \frac{9}{40}$. From the triangle, $r = \sqrt{9^2+40^2} = 41$. So
$\cos\left(\tan^{-1}\frac{9}{40}\right) = \cos u = \frac{40}{41}$.

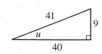

Focus on Modeling: Traveling and Standing Waves

1. (a) Substituting $x = 0$, we get $y(0, t) = 5 \sin \left(2 \cdot 0 - \frac{\pi}{2}t\right) = 5 \sin \left(-\frac{\pi}{2}t\right) = -5 \sin \frac{\pi}{2}t$.

(b)

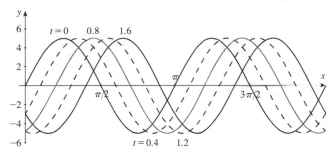

(c) We express the function in the standard form $y(x, t) = A \sin k(x - vt)$: $y(x, t) = 5 \sin \left(2x - \frac{\pi}{2}t\right) = 5 \sin 2 \left(x - \frac{\pi}{4}t\right)$. Comparing this to the standard form, we see that the velocity of the wave is $v = \frac{\pi}{4}$.

3. From the graph, we see that the amplitude is $A = 2.7$ and the period is 9.2, so $k = \frac{2\pi}{9.2} \approx 0.68$. Since $v = 6$, we have $kv = \frac{2\pi}{9.2} \cdot 6 \approx 4.10$, so the equation we seek is $y(x, t) = 2.7 \sin(0.68x - 4.10t)$.

5. From the graphs, we see that the amplitude is $A = 0.6$. The nodes occur at $x = 0, 1, 2, 3$. Since $\sin \alpha x = 0$ when $\alpha x = k\pi$ (k any integer), we have $\alpha = \pi$. Then since the frequency is $\beta / 2\pi$, we get $20 = \beta / 2\pi \iff \beta = 40\pi$. Thus, an equation for this model is $f(x, t) = 0.6 \sin \pi x \cos 40\pi t$.

7. (a) The first standing wave has $\alpha = 1$, the second has $\alpha = 2$, the third has $\alpha = 3$, and the fourth has $\alpha = 4$.

(b) α is equal to the number of nodes minus 1. The first string has two nodes and $\alpha = 1$; the second string has three nodes and $\alpha = 2$, and so forth.

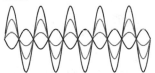 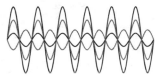

(c) Since the frequency is $\beta / 2\pi$, we have $440 = \beta / 2\pi \iff \beta = 880\pi$.

(d) The first standing wave has equation $y = \sin x \cos 880\pi t$, the second has equation $y = \sin 2x \cos 880\pi t$, the third has equation $y = \sin 3x \cos 880\pi t$, and the fourth has equation $y = \sin 4x \cos 880\pi t$.

8 Polar Coordinates and Vectors

8.1 Polar Coordinates

1.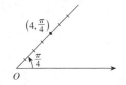

3.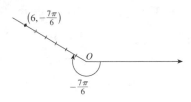

5.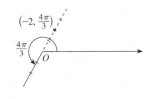

Answers to Exercises 7–11 will vary.

7. $\left(3, \frac{\pi}{2}\right)$ also has polar coordinates $\left(3, \frac{5\pi}{2}\right)$ or $\left(-3, \frac{3\pi}{2}\right)$

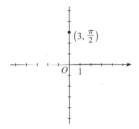

9. $\left(-1, \frac{7\pi}{6}\right)$ also has polar coordinates $\left(1, \frac{\pi}{6}\right)$ or $\left(-1, -\frac{5\pi}{6}\right)$.

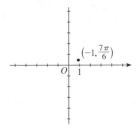

11. $(-5, 0)$ also has polar coordinates $(5, \pi)$ or $(-5, 2\pi)$.

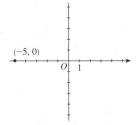

13. Q has coordinates $\left(4, \frac{3\pi}{4}\right)$.

15. Q has coordinates $\left(-4, -\frac{\pi}{4}\right) = \left(4, \frac{3\pi}{4}\right)$.

17. P has coordinates $\left(4, -\frac{23\pi}{4}\right) = \left(4, \frac{\pi}{4}\right)$.

19. P has coordinates $\left(-4, \frac{101\pi}{4}\right) = \left(-4, \frac{5\pi}{4}\right) = \left(4, \frac{\pi}{4}\right)$.

21. $P = (-3, 3)$ in rectangular coordinates, so $r^2 = x^2 + y^2 = (-3)^2 + 3^2 = 18$ and we can take $r = 3\sqrt{2}$.

$\tan \theta = \dfrac{y}{x} = \dfrac{3}{-3} = -1$, so since P is in quadrant 2 we take $\theta = \frac{3\pi}{4}$. Thus, polar coordinates for P are $\left(3\sqrt{2}, \frac{3\pi}{4}\right)$.

23. Here $r = 5$ and $\theta = -\frac{2\pi}{3}$, so $x = r\cos\theta - 5\cos\left(-\frac{2\pi}{3}\right) = \frac{5}{2}$ and $y = r\sin\theta = 5\sin\left(-\frac{2\pi}{3}\right) = -\frac{5\sqrt{3}}{2}$. R has rectangular coordinates $\left(-\frac{5}{2}, -\frac{5\sqrt{3}}{2}\right)$.

25. $(r, \theta) = \left(4, \frac{\pi}{6}\right)$. So $x = r\cos\theta = 4\cos\frac{\pi}{6} = 4 \cdot \frac{\sqrt{3}}{2} = 2\sqrt{3}$ and $y = r\sin\theta = 4\sin\frac{\pi}{6} = 4 \cdot \frac{1}{2} = 2$. Thus, the rectangular coordinates are $(2\sqrt{3}, 2)$.

27. $(r, \theta) = \left(\sqrt{2}, -\frac{\pi}{4}\right)$. So $x = r\cos\theta = \sqrt{2}\cos\left(-\frac{\pi}{4}\right) = \sqrt{2} \cdot \frac{1}{\sqrt{2}} = 1$, and $y = r\sin\theta = \sqrt{2}\sin\left(-\frac{\pi}{4}\right) = \sqrt{2}\left(-\frac{1}{\sqrt{2}}\right) = -1$. Thus, the rectangular coordinates are $(1, -1)$.

29. $(r, \theta) = (5, 5\pi)$. So $x = r\cos\theta = 5\cos 5\pi = -5$, and $y = r\sin\theta = 5\sin 5\pi = 0$. Thus, the rectangular coordinates are $(-5, 0)$.

31. $(r, \theta) = \left(6\sqrt{2}, \frac{11\pi}{6}\right)$. So $x = r \cos \theta = 6\sqrt{2} \cos \frac{11\pi}{6} = 3\sqrt{6}$ and $y = r \sin \theta = 6\sqrt{2} \sin \frac{11\pi}{6} = -3\sqrt{2}$. Thus, the rectangular coordinates are $\left(3\sqrt{6}, -3\sqrt{2}\right)$.

33. $(x, y) = (-1, 1)$. Since $r^2 = x^2 + y^2$, we have $r^2 = (-1)^2 + 1^2 = 2$, so $r = \sqrt{2}$. Now $\tan \theta = \frac{y}{x} = \frac{1}{-1} = -1$, so, since the point is in the second quadrant, $\theta = \frac{3\pi}{4}$. Thus, polar coordinates are $\left(\sqrt{2}, \frac{3\pi}{4}\right)$.

35. $(x, y) = \left(\sqrt{8}, \sqrt{8}\right)$. Since $r^2 = x^2 + y^2$, we have $r^2 = \left(\sqrt{8}\right)^2 + \left(\sqrt{8}\right)^2 = 16$, so $r = 4$. Now $\tan \theta = \frac{y}{x} = \frac{\sqrt{8}}{\sqrt{8}} = 1$, so, since the point is in the first quadrant, $\theta = \frac{\pi}{4}$. Thus, polar coordinates are $\left(4, \frac{\pi}{4}\right)$.

37. $(x, y) = (3, 4)$. Since $r^2 = x^2 + y^2$, we have $r^2 = 3^2 + 4^2 = 25$, so $r = 5$. Now $\tan \theta = \frac{y}{x} = \frac{4}{3}$, so, since the point is in the first quadrant, $\theta = \tan^{-1} \frac{4}{3}$. Thus, polar coordinates are $\left(5, \tan^{-1} \frac{4}{3}\right)$.

39. $(x, y) = (-6, 0)$. $r^2 = \left(-6^2\right) = 36$, so $r = 6$. Now $\tan \theta = \frac{y}{x} = 0$, so since the point is on the negative x-axis, $\theta = \pi$. Thus, polar coordinates are $(6, \pi)$.

41. $x = y \quad \Leftrightarrow \quad r \cos \theta = r \sin \theta \quad \Leftrightarrow \quad \tan \theta = 1$, and so $\theta = \frac{\pi}{4}$.

43. $y = x^2$. We substitute and then solve for r: $r \sin \theta = (r \cos \theta)^2 = r^2 \cos^2 \theta \quad \Leftrightarrow \quad \sin \theta = r \cos^2 \theta \quad \Leftrightarrow$
$r = \dfrac{\sin \theta}{\cos^2 \theta} = \tan \theta \sec \theta$.

45. $x = 4$. We substitute and then solve for r: $r \cos \theta = 4 \quad \Leftrightarrow \quad r = \dfrac{4}{\cos \theta} = 4 \sec \theta$.

47. $r = 7$. But $r^2 = x^2 + y^2$, so $x^2 + y^2 = r^2 = 49$. Hence, the equivalent equation in rectangular coordinates is $x^2 + y^2 = 49$.

49. $r \cos \theta = 6$. But $x = r \cos \theta$, and so $x = 6$ is the equation.

51. $r^2 = \tan \theta$. Substituting $r^2 = x^2 + y^2$ and $\tan \theta = \frac{y}{x}$, we get $x^2 + y^2 = \frac{y}{x}$.

53. $r = \dfrac{1}{\sin \theta - \cos \theta} \quad \Rightarrow \quad r (\sin \theta - \cos \theta) = 1 \quad \Leftrightarrow \quad r \sin \theta - r \cos \theta = 1$, and since $r \cos \theta = x$ and $r \sin \theta = y$, we get $y - x = 1$.

55. $r = 1 + \cos \theta$. If we multiply both sides of this equation by r we get $r^2 = r + r \cos \theta$. Thus $r^2 - r \cos \theta = r$, and squaring both sides gives $\left(r^2 - r \cos \theta\right)^2 = r^2 \quad \Leftrightarrow \quad \left(x^2 + y^2 - x\right)^2 = x^2 + y^2$

57. $r = 2 \sec \theta \quad \Leftrightarrow \quad r = 2 \cdot \dfrac{1}{\cos \theta} \quad \Leftrightarrow \quad r \cos \theta = 2 \quad \Leftrightarrow \quad x = 2$.

59. $\sec \theta = 2 \quad \Leftrightarrow \quad \cos \theta = \frac{1}{2} \quad \Leftrightarrow \quad \theta = \pm \frac{\pi}{3} \quad \Leftrightarrow \quad \tan \theta = \pm\sqrt{3} \quad \Leftrightarrow \quad \frac{y}{x} = \pm\sqrt{3} \quad \Leftrightarrow \quad y = \pm\sqrt{3}x$.

61. (a) In rectangular coordinates, the points (r_1, θ_1) and (r_2, θ_2) are $(x_1, y_1) = (r_1 \cos \theta_1, r_1 \sin \theta_1)$ and $(x_2, y_2) = (r_2 \cos \theta_2, r_2 \sin \theta_2)$. Then, the distance between the points is

$$
\begin{aligned}
D &= \sqrt{(x_1 - x_2)^2 + (y_1 - y_2)^2} = \sqrt{(r_1 \cos \theta_1 - r_2 \cos \theta_2)^2 + (r_1 \sin \theta_1 - r_2 \sin \theta_2)^2} \\
&= \sqrt{r_1^2 \left(\cos^2 \theta_1 + \sin^2 \theta_1\right) + r_2^2 \left(\cos^2 \theta_2 + \sin^2 \theta_2\right) - 2 r_1 r_2 \left(\cos \theta_1 \cos \theta_2 + \sin \theta_1 \sin \theta_2\right)} \\
&= \sqrt{r_1^2 + r_2^2 - 2 r_1 r_2 \cos (\theta_2 - \theta_1)}
\end{aligned}
$$

(b) The distance between the points $\left(3, \frac{3\pi}{4}\right)$ and $\left(-1, \frac{7\pi}{6}\right)$ is

$$
D = \sqrt{3^2 + (-1)^2 - 2 (3) (-1) \cos \left(\frac{7\pi}{6} - \frac{3\pi}{4}\right)} = \sqrt{9 + 1 + 6 \cos \frac{5\pi}{12}} \approx 3.40
$$

8.2   Graphs of Polar Equations

1. VI   **3.** II   **5.** I

7. Polar axis: $2 - \sin(-\theta) = 2 + \sin\theta \neq r$, so the graph is not symmetric about the polar axis.

Pole: $2 - \sin(\theta + \pi) = 2 - (\sin\pi\cos\theta + \cos\pi\sin\theta) = 2 - (-\sin\theta) = 2 + \sin\theta \neq r$, so the graph is not symmetric about the pole.

Line $\theta = \frac{\pi}{2}$: $2 - \sin(\pi - \theta) = 2 - (\sin\pi\cos\theta - \cos\pi\sin\theta) = 2 - \sin\theta = r$, so the graph is symmetric about $\theta = \frac{\pi}{2}$.

9. Polar axis: $3\sec(-\theta) = 3\sec\theta = r$, so the graph is symmetric about the polar axis.

Pole: $3\sec(\theta + \pi) = \dfrac{3}{\cos(\theta + \pi)} = \dfrac{1}{\cos\pi\cos\theta - \sin\pi\sin\theta} = \dfrac{3}{-\cos\theta} = -3\sec\theta \neq r$, so the graph is not symmetric about the pole.

Line $\theta = \frac{\pi}{2}$: $3\sec(\pi - \theta) = \dfrac{3}{\cos(\pi - \theta)} = \dfrac{1}{\cos\pi\cos\theta + \sin\pi\sin\theta} = \dfrac{3}{-\cos\theta} = -3\sec\theta \neq r$, so the graph is not symmetric about $\theta = \frac{\pi}{2}$.

11. Polar axis: $\dfrac{4}{3 - 2\sin(-\theta)} = \dfrac{4}{3 + 2\sin\theta} \neq r$, so the graph is not symmetric about the polar axis.

Pole: $\dfrac{4}{3 - 2\sin(\theta + \pi)} = \dfrac{4}{3 - 2(\sin\pi\cos\theta + \cos\pi\sin\theta)} = \dfrac{4}{3 - 2(-\sin\theta)} = \dfrac{4}{3 + 2\sin\theta} \neq r$, so the graph is not symmetric about the pole.

Line $\theta = \frac{\pi}{2}$: $\dfrac{4}{3 - 2\sin(\pi - \theta)} = \dfrac{4}{3 - 2(\sin\pi\cos\theta - \cos\pi\sin\theta)} = \dfrac{4}{3 - 2\sin\theta} = r$, so the graph is symmetric about $\theta = \frac{\pi}{2}$.

13. Polar axis: $4\cos2(-\theta) = 4\cos2\theta = r^2$, so the graph is symmetric about the polar axis.

Pole: $(-r)^2 = r^2$, so the graph is symmetric about the pole.

Line $\theta = \frac{\pi}{2}$: $4\cos2(\pi - \theta) = 4\cos(2\pi - 2\theta) = 4\cos(-2\theta) = 4\cos2\theta = r^2$, so the graph is symmetric about $\theta = \frac{\pi}{2}$.

15. $r = 2$. Circle.   **17.** $\theta = -\frac{\pi}{2}$. Line.

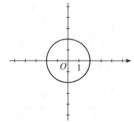   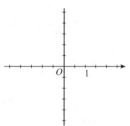

19. $r = 6\sin\theta$. Circle.   **21.** $r = -2\cos\theta$. Circle.

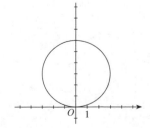   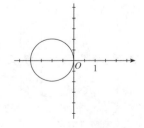

23. $r = 2 - 2\cos\theta$. Cardioid.

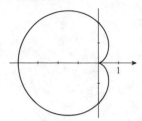

25. $r = -3\left(1 + \sin\theta\right)$. Cardioid.

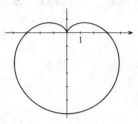

27. $r = \theta, \theta \geq 0$

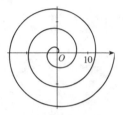

29. $r = \sin 2\theta$

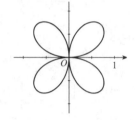

31. $r^2 = \cos 2\theta$

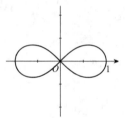

33. $r = 2 + \sin\theta$

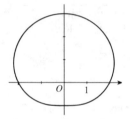

35. $r = 2 + \sec\theta$

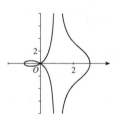

37. $r = \cos\left(\dfrac{\theta}{2}\right), \theta \in [0, 4\pi]$

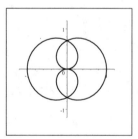

39. $r = 1 + 2\sin\left(\dfrac{\theta}{2}\right), \theta \in [0, 4\pi]$

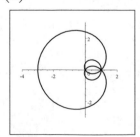

41. $r = 1 + \sin n\theta$. The number of loops is n.

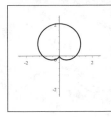 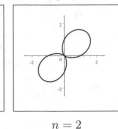 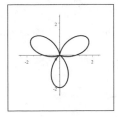 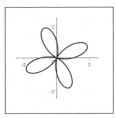 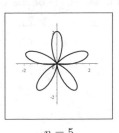

$\quad\quad n = 1 \quad\quad\quad\quad\quad n = 2 \quad\quad\quad\quad\quad n = 3 \quad\quad\quad\quad\quad n = 4 \quad\quad\quad\quad\quad n = 5$

43. The graph of $r = \sin\left(\dfrac{\theta}{2}\right)$ is IV, since the graph must contain the points $(0, 0)$, $\left(\dfrac{1}{\sqrt{2}}, \dfrac{\pi}{2}\right)$, $(1, \pi)$, and so on.

45. The graph of $r = \theta \sin \theta$ is III, since for $\theta = \frac{\pi}{2}, \frac{5\pi}{2}, \frac{7\pi}{2}, \ldots$ the values of r are also $\frac{\pi}{2}, \frac{5\pi}{2}, \frac{7\pi}{2}, \ldots$. Thus the graph must cross the vertical axis at an infinite number of points.

47. $\left(x^2 + y^2\right)^3 = 4x^2 y^2 \quad\Leftrightarrow\quad \left(r^2\right)^3 = 4\left(r \cos\theta\right)^2 \left(r\sin\theta\right)^2 \quad\Leftrightarrow$

$r^6 = 4r^4 \cos^2\theta \sin^2\theta \quad\Leftrightarrow\quad r^2 = 4\cos^2\theta \sin^2\theta \quad\Leftrightarrow$

$r = 2\cos\theta\sin\theta = \sin 2\theta$. The equation is $r = \sin 2\theta$, a rose.

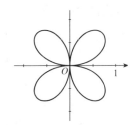

49. $\left(x^2 + y^2\right)^2 = x^2 - y^2 \quad\Leftrightarrow\quad \left(r^2\right)^2 = \left(r\cos\theta\right)^2 - \left(r\sin\theta\right)^2 \quad\Leftrightarrow$

$r^4 = r^2 \cos^2\theta - r^2 \sin^2\theta \quad\Leftrightarrow\quad r^4 = r^2 \left(\cos^2\theta - \sin^2\theta\right) \quad\Leftrightarrow$

$r^2 = \cos^2\theta - \sin^2\theta = \cos 2\theta$. The graph is $r^2 = \cos 2\theta$, a lemniscate.

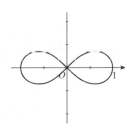

51. $r = a\cos\theta + b\sin\theta \quad\Leftrightarrow\quad r^2 = ar\cos\theta + br\sin\theta \quad\Leftrightarrow\quad x^2 + y^2 = ax + by \quad\Leftrightarrow\quad x^2 - ax + y^2 - by = 0 \quad\Leftrightarrow$

$x^2 - ax + \frac{1}{4}a^2 + y^2 - by + \frac{1}{4}b^2 = \frac{1}{4}a^2 + \frac{1}{4}b^2 \quad\Leftrightarrow$

$\left(x - \frac{1}{2}a\right)^2 + \left(y - \frac{1}{2}b\right)^2 = \frac{1}{4}\left(a^2 + b^2\right)$. Thus, in rectangular coordinates the center is $\left(\frac{1}{2}a, \frac{1}{2}b\right)$ and the radius is $\frac{1}{2}\sqrt{a^2 + b^2}$.

53. (a)

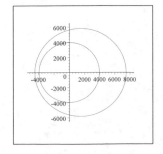

At $\theta = 0$, the satellite is at the "rightmost" point in its orbit, $(5625, 0)$. As θ increases, it travels counterclockwise. Note that it is moving fastest when $\theta = \pi$.

(b) The satellite is closest to earth when $\theta = \pi$. Its height above the earth's surface at this point is

$22500/\left(4 - \cos\pi\right) - 3960 = 4500 - 3960 = 540$ mi.

55. The graphs of $r = 1 + \sin\left(\theta - \frac{\pi}{6}\right)$ and $r = 1 + \sin\left(\theta - \frac{\pi}{3}\right)$ have the same shape as $r = 1 + \sin\theta$, rotated through angles of $\frac{\pi}{6}$ and $\frac{\pi}{3}$, respectively. Similarly, the graph of $r = f(\theta - \alpha)$ is the graph of $r = f(\theta)$ rotated by the angle α.

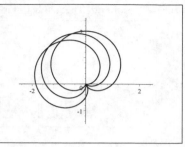

57. $y = 2 \quad\Leftrightarrow\quad r\sin\theta = 2 \quad\Leftrightarrow\quad r = 2\csc\theta$. The rectangular coordinate system gives the simpler equation here. It is easier to study lines in rectangular coordinates.

8.3   Polar Form of Complex Numbers; DeMoivre's Theorem

1. $|4i| = \sqrt{0^2 + 4^2} = 4$

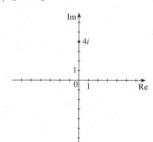

3. $|-2| = \sqrt{4+0} = 2$

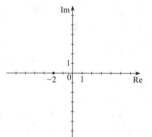

5. $|5 + 2i| = \sqrt{5^2 + 2^2} = \sqrt{29}$

7. $\left|\sqrt{3} + i\right| = \sqrt{3+1} = 2$

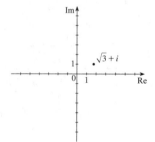

9. $\left|\dfrac{3 + 4i}{5}\right| = \sqrt{\dfrac{9}{25} + \dfrac{16}{25}} = 1$

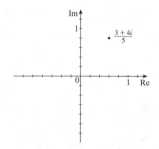

11. $z = 1 + i,\ 2z = 2 + 2i,\ -z = -1 - i,\ \frac{1}{2}z = \frac{1}{2} + \frac{1}{2}i$

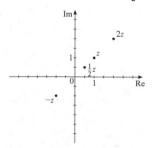

13. $z = 8 + 2i$, $\overline{z} = 8 - 2i$

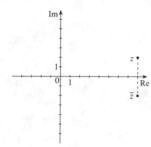

15. $z_1 = 2 - i$, $z_2 = 2 + i$, $z_1 + z_2 = 2 - i + 2 + i = 4$,
$z_1 z_2 = (2 - i)(2 + i) = 4 - i^2 = 5$

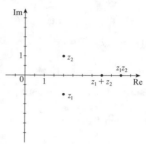

17. $\{z = a + bi \mid a \leq 0, b \geq 0\}$

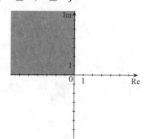

19. $\{z \mid |z| = 3\}$

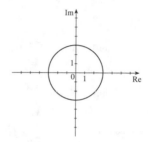

21. $\{z \mid |z| < 2\}$

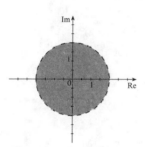

23. $\{z = a + bi \mid a + b < 2\}$

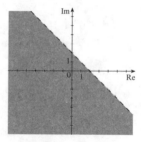

25. $1 + i$. Then $\tan \theta = \frac{1}{1} = 1$ with θ in quadrant I $\Rightarrow$ $\theta = \frac{\pi}{4}$, and $r = \sqrt{1^2 + 1^2} = \sqrt{2}$. Hence,
$1 + i = \sqrt{2}\left(\cos \frac{\pi}{4} + i \sin \frac{\pi}{4}\right)$.

27. $\sqrt{2} - \sqrt{2}i$. Then $\tan \theta = \frac{\sqrt{2}}{\sqrt{2}} = -1$ with θ in quadrant IV $\Rightarrow$ $\theta = \frac{7\pi}{4}$, and $r = \sqrt{2 + 2} = 2$. Hence,
$\sqrt{2} - \sqrt{2}i = 2\left(\cos \frac{7\pi}{4} + i \sin \frac{7\pi}{4}\right)$.

29. $2\sqrt{3} - 2i$. Then $\tan \theta = \frac{-2}{2\sqrt{3}} = -\frac{1}{\sqrt{3}}$ with θ in quadrant IV $\Rightarrow$ $\theta = \frac{11\pi}{6}$, and $r = \sqrt{12 + 4} = 4$. Hence,
$2\sqrt{3} - 2i = 4\left(\cos \frac{11\pi}{6} + i \sin \frac{11\pi}{6}\right)$.

31. $-3i$. Then $\theta = \frac{3\pi}{2}$, and $r = \sqrt{0 + 9} = 3$. Hence, $3i = 3\left(\cos \frac{3\pi}{2} + i \sin \frac{3\pi}{2}\right)$.

33. $5 + 5i$. Then $\tan \theta = \frac{5}{5} = 1$ with θ in quadrant I $\Rightarrow$ $\theta = \frac{\pi}{4}$, and $r = \sqrt{25 + 25} = 5\sqrt{2}$. Hence,
$5 + 5i = 5\sqrt{2}\left(\cos \frac{\pi}{4} + i \sin \frac{\pi}{4}\right)$.

35. $4\sqrt{3} - 4i$. Then $\tan \theta = \frac{-4}{4\sqrt{3}} = -\frac{1}{\sqrt{3}}$ with θ in quadrant IV $\Rightarrow$ $\theta = \frac{11\pi}{6}$, and $r = \sqrt{48 + 16} = 8$. Hence,
$4\sqrt{3} - 4i = 8\left(\cos \frac{11\pi}{6} + i \sin \frac{11\pi}{6}\right)$.

37. -20. Then $\theta = \pi$, and $r = 20$. Hence, $-20 = 20(\cos \pi + i \sin \pi)$.

39. $3 + 4i$. Then $\tan \theta = \frac{4}{3}$ with θ in quadrant I $\Rightarrow$ $\theta = \tan^{-1} \frac{4}{3}$, and $r = \sqrt{9 + 16} = 5$. Hence,
$3 + 4i = 5\left[\cos\left(\tan^{-1} \frac{4}{3}\right) + i \sin\left(\tan^{-1} \frac{4}{3}\right)\right]$.

41. $3i(1+i) = -3 + 3i$. Then $\tan\theta = \frac{3}{-3} = -1$ with θ in quadrant II $\Rightarrow$ $\theta = \frac{3\pi}{4}$, and $r = \sqrt{9+9} = 3\sqrt{2}$. Hence,
$3i(1+i) = 3\sqrt{2}\left(\cos\frac{3\pi}{4} + i\sin\frac{3\pi}{4}\right)$.

43. $4\left(\sqrt{3}+i\right) = 4\sqrt{3} + 4i$. Then $\tan\theta = \frac{4}{4\sqrt{3}} = \frac{1}{\sqrt{3}}$ with θ in quadrant I $\Rightarrow$ $\theta = \frac{\pi}{6}$, and $r = \sqrt{48+16} = 8$. Hence,
$4\left(\sqrt{3}+i\right) = 8\left(\cos\frac{\pi}{6} + i\sin\frac{\pi}{6}\right)$.

45. $2+i$. Then $\tan\theta = \frac{1}{2}$ with θ in quadrant I $\Rightarrow$ $\theta = \tan^{-1}\frac{1}{2}$, and $r = \sqrt{4+1} = \sqrt{5}$. Hence,
$2+i = \sqrt{5}\left[\cos\left(\tan^{-1}\frac{1}{2}\right) + i\sin\left(\tan^{-1}\frac{1}{2}\right)\right]$.

47. $\sqrt{2} + \sqrt{2}i$. Then $\tan\theta = \frac{\sqrt{2}}{\sqrt{2}} = 1$ with θ in quadrant I $\Rightarrow$ $\theta = \frac{\pi}{4}$, and $r = \sqrt{2+2} = 2$. Hence,
$2 + \sqrt{2}i = 2\left(\cos\frac{\pi}{4} + i\sin\frac{\pi}{4}\right)$.

49. $z_1 = \cos\pi + i\sin\pi$, $z_2 = \cos\frac{\pi}{3} + i\sin\frac{\pi}{3}$, $z_1 z_2 = \cos\left(\pi + \frac{\pi}{3}\right) + i\sin\left(\pi + \frac{\pi}{3}\right) = \cos\frac{4\pi}{3} + i\sin\frac{4\pi}{3}$,
$z_1/z_2 = \cos\left(\pi - \frac{\pi}{3}\right) + i\sin\left(\pi - \frac{\pi}{3}\right) = \cos\frac{2\pi}{3} + i\sin\frac{2\pi}{3}$

51. $z_1 = 3\left(\cos\frac{\pi}{6} + i\sin\frac{\pi}{6}\right)$, $z_2 = 5\left(\cos\frac{4\pi}{3} + i\sin\frac{4\pi}{3}\right)$,
$z_1 z_2 = 3 \cdot 5\left[\cos\left(\frac{\pi}{6} + \frac{4\pi}{3}\right) + i\sin\left(\frac{\pi}{6} + \frac{4\pi}{3}\right)\right] = 15\left(\cos\frac{9\pi}{6} + i\sin\frac{9\pi}{6}\right) = 15\left(\cos\frac{3\pi}{2} + i\sin\frac{3\pi}{2}\right)$,
$z_1/z_2 = \frac{3}{5}\left[\cos\left(\frac{\pi}{6} - \frac{4\pi}{3}\right) + i\sin\left(\frac{\pi}{6} - \frac{4\pi}{3}\right)\right] = \frac{3}{5}\left[\cos\left(-\frac{7\pi}{6}\right) + i\sin\left(-\frac{7\pi}{6}\right)\right] = \frac{3}{5}\left[\cos\left(\frac{7\pi}{6}\right) - i\sin\left(\frac{7\pi}{6}\right)\right]$

53. $z_1 = 4\left(\cos 120° + i\sin 120°\right)$, $z_2 = 2\left(\cos 30° + i\sin 30°\right)$,
$z_1 z_2 = 4 \cdot 2\left[\cos\left(120° + 30°\right) + i\sin\left(120° + 30°\right)\right] = 8\left(\cos 150° + i\sin 150°\right)$,
$z_1/z_2 = \frac{4}{2}\left[\cos\left(120° - 30°\right) + i\sin\left(120° - 30°\right)\right] = 2\left(\cos 90° + i\sin 90°\right)$

55. $z_1 = 4\left(\cos 200° + i\sin 200°\right)$, $z_2 = 25\left(\cos 150° + i\sin 150°\right)$,
$z_1 z_2 = 4 \cdot 25\left[\cos\left(200° + 150°\right) + i\sin\left(200° + 150°\right)\right] = 100\left(\cos 350° + i\sin 350°\right)$,
$z_1/z_2 = \frac{4}{25}\left[\cos\left(200° - 150°\right) + i\sin\left(200° - 150°\right)\right] = \frac{4}{25}\left(\cos 50° + i\sin 50°\right)$

57. $z_1 = \sqrt{3} + i$, so $\tan\theta_1 = \frac{1}{\sqrt{3}}$ with θ_1 in quadrant I $\Rightarrow$ $\theta_1 = \frac{\pi}{6}$, and $r_1 = \sqrt{3+1} = 2$.
$z_2 = 1 + \sqrt{3}i$, so $\tan\theta_2 = \sqrt{3}$ with θ_2 in quadrant I $\Rightarrow$ $\theta_2 = \frac{\pi}{3}$, and $r_1 = \sqrt{1+3} = 2$.
Hence, $z_1 = 2\left(\cos\frac{\pi}{6} + i\sin\frac{\pi}{6}\right)$ and $z_2 = 2\left(\cos\frac{\pi}{3} + i\sin\frac{\pi}{3}\right)$.
Thus, $z_1 z_2 = 2 \cdot 2\left[\cos\left(\frac{\pi}{6} + \frac{\pi}{3}\right) + i\sin\left(\frac{\pi}{6} + \frac{\pi}{3}\right)\right] = 4\left(\cos\frac{\pi}{2} + i\sin\frac{\pi}{2}\right)$,
$z_1/z_2 = \frac{2}{2}\left[\cos\left(\frac{\pi}{6} - \frac{\pi}{3}\right) + i\sin\left(\frac{\pi}{6} - \frac{\pi}{3}\right)\right] = \cos\left(-\frac{\pi}{6}\right) + i\sin\left(-\frac{\pi}{6}\right) = \cos\frac{\pi}{6} - i\sin\frac{\pi}{6}$, and
$1/z_1 = \frac{1}{2}\left[\cos\left(-\frac{\pi}{6}\right) + i\sin\left(-\frac{\pi}{6}\right)\right] = \frac{1}{2}\left(\cos\frac{\pi}{6} - i\sin\frac{\pi}{6}\right)$.

59. $z_1 = 2\sqrt{3} - 2i$, so $\tan\theta_1 = \frac{-2}{2\sqrt{3}} = -\frac{1}{\sqrt{3}}$ with θ_1 in quadrant IV $\Rightarrow$ $\theta_1 = \frac{11\pi}{6}$, and $r_1 = \sqrt{12+4} = 4$.
$z_2 = -1 + i$, so $\tan\theta_2 = -1$ with θ_2 in quadrant II $\Rightarrow$ $\theta_2 = \frac{3\pi}{4}$, and $r_2 = \sqrt{1+1} = \sqrt{2}$.
Hence, $z_1 = 4\left(\cos\frac{11\pi}{6} + i\sin\frac{11\pi}{6}\right)$ and $z_2 = \sqrt{2}\left(\cos\frac{3\pi}{4} + i\sin\frac{3\pi}{4}\right)$.
Thus, $z_1 z_2 = 4 \cdot \sqrt{2}\left[\cos\left(\frac{11\pi}{6} + \frac{3\pi}{4}\right) + i\sin\left(\frac{11\pi}{6} + \frac{3\pi}{4}\right)\right] = 4\sqrt{2}\left(\cos\frac{7\pi}{12} + i\sin\frac{7\pi}{12}\right)$,
$z_1/z_2 = \frac{4}{\sqrt{2}}\left[\cos\left(\frac{11\pi}{6} - \frac{3\pi}{4}\right) + i\sin\left(\frac{11\pi}{6} - \frac{3\pi}{4}\right)\right] = 2\sqrt{2}\left(\cos\frac{13\pi}{12} + i\sin\frac{13\pi}{12}\right)$, and
$1/z_1 = \frac{1}{4}\left(\cos\left(-\frac{11\pi}{6}\right) + i\sin\left(-\frac{11\pi}{6}\right)\right) = \frac{1}{4}\left(\cos\frac{11\pi}{6} - i\sin\frac{11\pi}{6}\right)$.

61. $z_1 = 5 + 5i$, so $\tan\theta_1 = \frac{5}{5} = 1$ with θ_1 in quadrant I $\Rightarrow$ $\theta_1 = \frac{\pi}{4}$, and $r_1 = \sqrt{25+25} = 5\sqrt{2}$.
$z_2 = 4$, so $\theta_2 = 0$, and $r_2 = 4$.
Hence, $z_1 = 5\sqrt{2}\left(\cos\frac{\pi}{4} + i\sin\frac{\pi}{4}\right)$ and $z_2 = 4\left(\cos 0 + i\sin 0\right)$.
Thus, $z_1 z_2 = 5\sqrt{2} \cdot 4\left[\cos\left(\frac{\pi}{4} + 0\right) + i\sin\left(\frac{\pi}{4} + 0\right)\right] = 20\sqrt{2}\left(\cos\frac{\pi}{4} + i\sin\frac{\pi}{4}\right)$, $z_1/z_2 = \frac{5\sqrt{2}}{4}\left(\cos\frac{\pi}{4} + i\sin\frac{\pi}{4}\right)$, and
$1/z_1 = \frac{1}{5\sqrt{2}}\left(\cos\left(-\frac{\pi}{4}\right) + i\sin\left(-\frac{\pi}{4}\right)\right) = \frac{\sqrt{2}}{10}\left(\cos\frac{\pi}{4} - i\sin\frac{\pi}{4}\right)$.

63. $z_1 = -20$, so $\theta_1 = \pi$, and $r_1 = 20$.

$z_2 = \sqrt{3} + i$, so $\tan \theta_2 = \frac{1}{\sqrt{3}}$ with θ_2 in quadrant I $\quad \Rightarrow \quad \theta_2 = \frac{\pi}{6}$, and $r_2 = \sqrt{3+1} = 2$.

Hence, $z_1 = 20 \left(\cos \pi + i \sin \pi\right)$ and $z_2 = 2 \left(\cos \frac{\pi}{6} + i \sin \frac{\pi}{6}\right)$.

Thus, $z_1 z_2 = 20 \cdot 2 \left[\cos \left(\pi + \frac{\pi}{6}\right) + i \sin \left(\pi + \frac{\pi}{6}\right)\right] = 40 \left(\cos \frac{7\pi}{6} + i \sin \frac{7\pi}{6}\right)$,

$z_1/z_2 = \frac{20}{2} \left[\cos \left(\pi - \frac{\pi}{6}\right) + i \sin \left(\pi - \frac{\pi}{6}\right)\right] = 10 \left(\cos \frac{5\pi}{6} + i \sin \frac{5\pi}{6}\right)$, and

$1/z_1 = \frac{1}{20} \left[\cos \left(-\pi\right) + i \sin \left(-\pi\right)\right] = \frac{1}{20} \left(\cos \pi - i \sin \pi\right)$.

65. From Exercise 25, $1 + i = \sqrt{2} \left(\cos \frac{\pi}{4} + i \sin \frac{\pi}{4}\right)$. Thus,

$$(1+i)^{20} = \left(\sqrt{2}\right)^{20} \left[\cos 20 \left(\frac{\pi}{4}\right) + i \sin 20 \left(\frac{\pi}{4}\right)\right] = \left(2^{1/2}\right)^{20} \left(\cos 5\pi + i \sin 5\pi\right) = 2^{10} \left(-1 + 0i\right) = -1024.$$

67. $r = \sqrt{12 + 4} = 4$ and $\tan \theta = \frac{2}{2\sqrt{3}} = \frac{1}{\sqrt{3}} \quad \Rightarrow \quad \theta = \frac{\pi}{6}$. Thus, $2\sqrt{3} + 2i = 4 \left(\cos \frac{\pi}{6} + i \sin \frac{\pi}{6}\right)$. So

$\left(2\sqrt{3} + 2i\right)^5 = 4^5 \left(\cos \frac{5\pi}{6} + i \sin \frac{5\pi}{6}\right) = 1024 \left(-\frac{\sqrt{3}}{2} + \frac{1}{2} i\right) = 512 \left(-\sqrt{3} + i\right)$.

69. $r = \sqrt{\frac{1}{2} + \frac{1}{2}} = 1$ and $\tan \theta = 1 \quad \Rightarrow \quad \theta = \frac{\pi}{4}$. Thus $\frac{\sqrt{2}}{2} + \frac{\sqrt{2}}{2} i = \cos \frac{\pi}{4} + i \sin \frac{\pi}{4}$. Therefore,

$\left(\frac{\sqrt{2}}{2} + \frac{\sqrt{2}}{2} i\right)^{12} = \cos 12 \left(\frac{\pi}{4}\right) + i \sin 12 \left(\frac{\pi}{4}\right) = \cos 3\pi + i \sin 3\pi = -1$.

71. $r = \sqrt{4 + 4} = 4\sqrt{2}$ and $\tan \theta = -1$ with θ in quadrant IV $\quad \Rightarrow \quad \theta = \frac{7\pi}{4}$. Thus $2 - 2i = 2\sqrt{2} \left(\cos \frac{7\pi}{4} + i \sin \frac{7\pi}{4}\right)$, so

$(2 - 2i)^8 = \left(2\sqrt{2}\right)^8 \left(\cos 14\pi + i \sin 14\pi\right) = 4096 \left(1 - 0i\right) = 4096$.

73. $r = \sqrt{1 + 1} = \sqrt{2}$ and $\tan \theta = 1$ with θ in quadrant III $\quad \Rightarrow \quad \theta = \frac{5\pi}{4}$. Thus $-1 - i = \sqrt{2} \left(\cos \frac{5\pi}{4} + i \sin \frac{5\pi}{4}\right)$, so

$(-1 - i)^7 = \left(\sqrt{2}\right)^7 \left(\cos \frac{35\pi}{4} + i \sin \frac{35\pi}{4}\right) = 8\sqrt{2} \left(\cos \frac{3\pi}{4} + i \sin \frac{3\pi}{4}\right) = 8\sqrt{2} \left(\frac{1}{\sqrt{2}} - i \frac{1}{\sqrt{2}}\right) = 8 \left(-1 + i\right)$.

75. $r = \sqrt{12 + 4} = 4$ and $\tan \theta = \frac{2}{2\sqrt{3}} = \frac{1}{\sqrt{3}} \quad \Rightarrow \quad \theta = \frac{\pi}{6}$. Thus $2\sqrt{3} + 2i = 4 \left(\cos \frac{\pi}{6} + i \sin \frac{\pi}{6}\right)$, so

$\left(2\sqrt{3} + 2i\right)^{-5} = \left(\frac{1}{4}\right)^5 \left(\cos \frac{-5\pi}{6} + i \sin \frac{-5\pi}{6}\right) = \frac{1}{1024} \left(-\frac{\sqrt{3}}{2} - \frac{1}{2} i\right) = \frac{1}{2048} \left(-\sqrt{3} - i\right)$

77. $r = \sqrt{48 + 16} = 8$ and $\tan \theta = \frac{4}{4\sqrt{3}} = \frac{1}{\sqrt{3}} \Rightarrow \theta = \frac{\pi}{6}$. Thus

$4\sqrt{3} + 4i = 8 \left(\cos \frac{\pi}{6} + i \sin \frac{\pi}{6}\right)$. So,

$\left(4\sqrt{3} + 4i\right)^{1/2} = \sqrt{8} \left[\cos \left(\frac{\pi/6 + 2k\pi}{2}\right) + i \sin \left(\frac{\pi/6 + 2k\pi}{2}\right)\right]$ for $k = 0, 1$.

Thus the two roots are $w_0 = 2\sqrt{2} \left(\cos \frac{\pi}{12} + i \sin \frac{\pi}{12}\right)$ and

$w_1 = 2\sqrt{2} \left(\cos \frac{13\pi}{12} + i \sin \frac{13\pi}{12}\right)$.

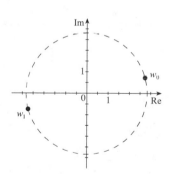

79. $-81i = 81 \left(\cos \frac{3\pi}{2} + i \sin \frac{3\pi}{2}\right)$. Thus,

$(-81i)^{1/4} = 81^{1/4} \left[\cos \left(\frac{3\pi/2 + 2k\pi}{4}\right) + i \sin \left(\frac{3\pi/2 + 2k\pi}{4}\right)\right]$ for $k = 0, 1$,

2, 3. The four roots are $w_0 = 3 \left(\cos \frac{3\pi}{8} + i \sin \frac{3\pi}{8}\right)$, $w_1 = 3 \left(\cos \frac{7\pi}{8} + i \sin \frac{7\pi}{8}\right)$,

$w_2 = 3 \left(\cos \frac{11\pi}{8} + i \sin \frac{11\pi}{8}\right)$, and $w_3 = 3 \left(\cos \frac{15\pi}{8} + i \sin \frac{15\pi}{8}\right)$.

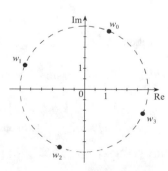

81. $1 = \cos 0 + i \sin 0$. Thus, $1^{1/8} = \cos \dfrac{2k\pi}{8} + i \sin \dfrac{2k\pi}{8}$, for $k = 0, 1, 2, 3, 4, 5, 6,$

7. So the eight roots are $w_0 = \cos 0 + i \sin 0 = 1$,

$w_1 = \cos \frac{\pi}{4} + i \sin \frac{\pi}{4} = \frac{\sqrt{2}}{2} + i \frac{\sqrt{2}}{2}$, $w_2 = \cos \frac{\pi}{2} + i \sin \frac{\pi}{2} = i$,

$w_3 = \cos \frac{3\pi}{4} + i \sin \frac{3\pi}{4} = -\frac{\sqrt{2}}{2} + i \frac{\sqrt{2}}{2}$, $w_4 = \cos \pi + i \sin \pi = -1$,

$w_5 = \cos \frac{5\pi}{4} + i \sin \frac{5\pi}{4} = -\frac{\sqrt{2}}{2} - i \frac{\sqrt{2}}{2}$, $w_6 = \cos \frac{3\pi}{2} + i \sin \frac{3\pi}{2} = -i$, and

$w_7 = \cos \frac{7\pi}{4} + i \sin \frac{7\pi}{4} = \frac{\sqrt{2}}{2} - i \frac{\sqrt{2}}{2}$.

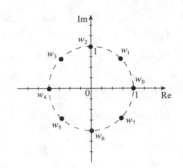

83. $i = \cos \frac{\pi}{2} + i \sin \frac{\pi}{2}$, so $i^{1/3} = \cos \left(\dfrac{\pi/2 + 2k\pi}{3} \right) + i \sin \left(\dfrac{\pi/2 + 2k\pi}{3} \right)$ for

$k = 0, 1, 2$. Thus the three roots are $w_0 = \cos \frac{\pi}{6} + i \sin \frac{\pi}{6} = \frac{\sqrt{3}}{2} + \frac{1}{2} i$,

$w_1 = \cos \frac{5\pi}{6} + i \sin \frac{5\pi}{6} = -\frac{\sqrt{3}}{2} + \frac{1}{2} i$, and $w_2 = \cos \frac{3\pi}{2} + i \sin \frac{3\pi}{2} = -i$.

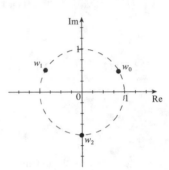

85. $-1 = \cos \pi + i \sin \pi$. Then $(-1)^{1/4} = \cos \left(\dfrac{\pi + 2k\pi}{4} \right) + i \sin \left(\dfrac{\pi + 2k\pi}{4} \right)$ for

$k = 0, 1, 2, 3$. So the four roots are $w_0 = \cos \frac{\pi}{4} + i \sin \frac{\pi}{4} = \frac{\sqrt{2}}{2} + i \frac{\sqrt{2}}{2}$,

$w_1 = \cos \frac{3\pi}{4} + i \sin \frac{3\pi}{4} = -\frac{\sqrt{2}}{2} + i \frac{\sqrt{2}}{2}$, $w_2 = \cos \frac{5\pi}{4} + i \sin \frac{5\pi}{4} = -\frac{\sqrt{2}}{2} - i \frac{\sqrt{2}}{2}$,

and $w_3 = \cos \frac{7\pi}{4} + i \sin \frac{7\pi}{4} = \frac{\sqrt{2}}{2} - i \frac{\sqrt{2}}{2}$.

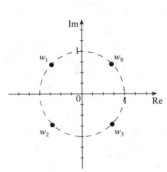

87. $z^4 + 1 = 0 \quad \Leftrightarrow \quad z = (-1)^{1/4} = \frac{\sqrt{2}}{2} (\pm 1 \pm i)$ (from Exercise 85)

89. $z^3 - 4\sqrt{3} - 4i = 0 \quad \Leftrightarrow \quad z = \left(4\sqrt{3} + 4i \right)^{1/3}$. Since $4\sqrt{3} + 4i = 8 \left(\cos \frac{\pi}{6} + i \sin \frac{\pi}{6} \right)$,

$\left(4\sqrt{3} + 4i \right)^{1/3} = 8^{1/3} \left[\cos \left(\dfrac{\pi/6 + 2k\pi}{3} \right) + i \sin \left(\dfrac{\pi/6 + 2k\pi}{3} \right) \right]$, for $k = 0, 1, 2$. Thus the three roots are

$z = 2 \left(\cos \frac{\pi}{18} + i \sin \frac{\pi}{18} \right)$, $z = 2 \left(\cos \frac{13\pi}{18} + i \sin \frac{13\pi}{8} \right)$, and $z = 2 \left(\cos \frac{25\pi}{18} + i \sin \frac{25\pi}{18} \right)$.

91. $z^3 + 1 = -i \quad \Rightarrow \quad z = (-1 - i)^{1/3}$. Since $-1 - i = \sqrt{2} \left(\cos \frac{5\pi}{4} + i \sin \frac{5\pi}{4} \right)$,

$z = (-1 - i)^{1/3} = 2^{1/6} \left[\cos \left(\dfrac{5\pi/4 + 2k\pi}{3} \right) + i \sin \left(\dfrac{5\pi/4 + 2k\pi}{3} \right) \right]$ for $k = 0, 1, 2$. Thus the three solutions to this

equation are $z = 2^{1/6} \left(\cos \frac{5\pi}{12} + i \sin \frac{5\pi}{12} \right)$, $2^{1/6} \left(\cos \frac{13\pi}{12} + i \sin \frac{13\pi}{12} \right)$, and $2^{1/6} \left(\cos \frac{21\pi}{12} + i \sin \frac{21\pi}{12} \right)$.

93. (a) $w = \cos \dfrac{2\pi}{n} + i \sin \dfrac{2\pi}{n}$ for a positive integer n. Then, $w^k = \cos \dfrac{2k\pi}{n} + i \sin \dfrac{2k\pi}{n}$. Now $w^0 = \cos 0 + i \sin 0 = 1$

and for $k \neq 0$, $\left(w^k \right)^n = \cos 2k\pi + i \sin 2k\pi = 1$. So the nth roots of 1 are $\cos \dfrac{2k\pi}{n} + i \sin \dfrac{2k\pi}{n} = w^k$ for

$k = 0, 1, 2, \ldots, n - 1$. In other words, the nth roots of 1 are $w^0, w^1, w^2, w^3, \ldots, w^{n-1}$ or $1, w, w^2, w^3, \ldots, w^{n-1}$.

(b) For $k = 0, 1, \ldots, n - 1$, we have $\left(sw^k \right)^n = s^n \left(w^k \right)^n = z \cdot 1 = z$, so sw^k are nth roots of z for $k = 0, 1, \ldots, n - 1$.

95. The cube roots of 1 are $w^0 = 1$, $w^1 = \cos\frac{2\pi}{3} + i\sin\frac{2\pi}{3}$, and $w^2 = \cos\frac{4\pi}{3} + i\sin\frac{4\pi}{3}$, so their product is
$$w^0 \cdot w^1 \cdot w^2 = (1)\left(\cos\frac{2\pi}{3} + i\sin\frac{2\pi}{3}\right)\left(\cos\frac{4\pi}{3} + i\sin\frac{4\pi}{3}\right) = \cos 2\pi + i\sin 2\pi = 1.$$

The fourth roots of 1 are $w^0 = 1$, $w^1 = i$, $w^2 = -1$, and $w^3 = -i$, so their product is
$$w^0 \cdot w^1 \cdot w^2 \cdot w^3 = (1) \cdot (i) \cdot (-1) \cdot (-i) = i^2 = -1.$$

The fifth roots of 1 are $w^0 = 1$, $w^1 = \cos\frac{2\pi}{5} + i\sin\frac{2\pi}{5}$, $w^2 = \cos\frac{4\pi}{5} + i\sin\frac{4\pi}{5}$, $w^3 = \cos\frac{6\pi}{5} + i\sin\frac{6\pi}{5}$, and $w^4 = \cos\frac{8\pi}{5} + i\sin\frac{8\pi}{5}$, so their product is $1\left(\cos\frac{2\pi}{5} + i\sin\frac{2\pi}{5}\right)\left(\cos\frac{4\pi}{5} + i\sin\frac{4\pi}{5}\right)\left(\cos\frac{6\pi}{5} + i\sin\frac{6\pi}{5}\right)\left(\cos\frac{8\pi}{5} + i\sin\frac{8\pi}{5}\right) = \cos 4\pi + i\sin 4\pi = 1.$

The sixth roots of 1 are $w^0 = 1$, $w^1 = \cos\frac{\pi}{3} + i\sin\frac{\pi}{3}$, $w^2 = \cos\frac{2\pi}{3} + i\sin\frac{2\pi}{3} = -\frac{1}{2} + \frac{\sqrt{3}}{2}i$, $w^3 = -1$, $w^4 = \cos\frac{4\pi}{3} + i\sin\frac{4\pi}{3} = -\frac{1}{2} - \frac{\sqrt{3}}{2}i$, and $w^5 = \cos\frac{5\pi}{3} + i\sin\frac{5\pi}{3} = \frac{1}{2} - \frac{\sqrt{3}}{2}i$, so their product is $1\left(\cos\frac{\pi}{3} + i\sin\frac{\pi}{3}\right)\left(\cos\frac{2\pi}{3} + i\sin\frac{2\pi}{3}\right)(-1)\left(\cos\frac{4\pi}{3} + i\sin\frac{4\pi}{3}\right)\left(\cos\frac{5\pi}{3} + i\sin\frac{5\pi}{3}\right) = \cos 5\pi + i\sin 5\pi = -1.$

The eight roots of 1 are $w^0 = 1$, $w^1 = \cos\frac{\pi}{4} + i\sin\frac{\pi}{4}$, $w^2 = i$, $w^3 = \cos\frac{3\pi}{4} + i\sin\frac{3\pi}{4}$, $w^4 = -1$, $w^5 = \cos\frac{5\pi}{4} + i\sin\frac{5\pi}{4}$, $w^6 = -i$, $w^7 = \cos\frac{7\pi}{4} + i\sin\frac{7\pi}{4}$, so their product is $1\left(\cos\frac{\pi}{4} + i\sin\frac{\pi}{4}\right)i\left(\cos\frac{3\pi}{4} + i\sin\frac{3\pi}{4}\right)(-1)\left(\cos\frac{5\pi}{4} + i\sin\frac{5\pi}{4}\right)(-i)\left(\cos\frac{7\pi}{4} + i\sin\frac{7\pi}{4}\right) = i^2 \cdot (\cos 2\pi + i\sin 2\pi) = -1.$

The product of the nth roots of 1 is -1 if n is even and 1 if n is odd.

The proof requires the fact that the sum of the first m integers is $\dfrac{m(m+1)}{2}$.

Let $w = \cos\dfrac{2\pi}{n} + i\sin\dfrac{2\pi}{n}$. Then $w^k = \cos\dfrac{2k\pi}{n} + i\sin\dfrac{2k\pi}{n}$ for $k = 0, 1, 2, \ldots, n-1$. The argument of the product of the n roots of unity can be found by adding the arguments of each w^k. So the argument of the product is
$$\theta = 0 + \frac{2(1)\pi}{n} + \frac{2(2)\pi}{n} + \frac{2(3)\pi}{n} + \cdots + \frac{2(n-2)\pi}{n} + \frac{2(n-1)\pi}{n} = \frac{2\pi}{n}[0 + 1 + 2 + 3 + \cdots + (n-2) + (n-1)].$$
Since this is the sum of the first $n-1$ integers, this sum is $\dfrac{2\pi}{n} \cdot \dfrac{(n-1)n}{2} = (n-1)\pi$. Thus the product of the n roots of unity is $\cos((n-1)\pi) + i\sin((n-1)\pi) = -1$ if n is even and 1 if n is odd.

8.4 Vectors

1. $2\mathbf{u} = 2\langle -2, 3\rangle = \langle -4, 6\rangle$

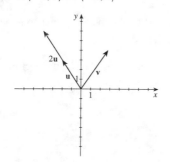

3. $\mathbf{u} + \mathbf{v} = \langle -2, 3\rangle + \langle 3, 4\rangle$
$= \langle -2 + 3, 3 + 4\rangle = \langle 1, 7\rangle$

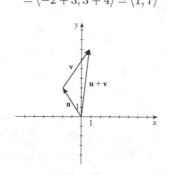

5. $\mathbf{v} - 2\mathbf{u} = \langle 3, 4\rangle - 2\langle -2, 3\rangle$
$= \langle 3 - 2(-2), 4 - 2(3)\rangle$
$= \langle 7, -2\rangle$

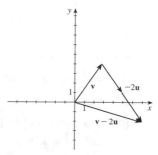

In Solutions 7–15, $\mathbf{v}$ represents the vector with initial point P and terminal point Q.

7. $P(2,1)$, $Q(5,4)$. $\mathbf{v} = \langle 5-2, 4-1\rangle = \langle 3, 3\rangle$

9. $P(1,2)$, $Q(4,1)$. $\mathbf{v} = \langle 4-1, 1-2\rangle = \langle 3, -1\rangle$

11. $P(3,2)$, $Q(8,9)$. $\mathbf{v} = \langle 8-3, 9-2\rangle = \langle 5, 7\rangle$

13. $P(5,3)$, $Q(1,0)$. $\mathbf{v} = \langle 1-5, 0-3\rangle = \langle -4, -3\rangle$

15. $P(-1,-1)$, $Q(-1,1)$. $\mathbf{v} = \langle -1-(-1), 1-(-1)\rangle = \langle 0, 2\rangle$

17. $\mathbf{u} = \langle 2, 7 \rangle$, $\mathbf{v} = \langle 3, 1 \rangle$. $2\mathbf{u} = 2 \cdot \langle 2, 7 \rangle = \langle 4, 14 \rangle$; $-3\mathbf{v} = -3 \cdot \langle 3, 1 \rangle = \langle -9, -3 \rangle$; $\mathbf{u} + \mathbf{v} = \langle 2, 7 \rangle + \langle 3, 1 \rangle = \langle 5, 8 \rangle$; $3\mathbf{u} - 4\mathbf{v} = \langle 6, 21 \rangle - \langle 12, 4 \rangle = \langle -6, 17 \rangle$

19. $\mathbf{u} = \langle 0, -1 \rangle$, $\mathbf{v} = \langle -2, 0 \rangle$. $2\mathbf{u} = 2 \cdot \langle 0, -1 \rangle = \langle 0, -2 \rangle$; $-3\mathbf{v} = -3 \cdot \langle -2, 0 \rangle = \langle 6, 0 \rangle$; $\mathbf{u} + \mathbf{v} = \langle 0, -1 \rangle + \langle -2, 0 \rangle = \langle -2, -1 \rangle$; $3\mathbf{u} - 4\mathbf{v} = \langle 0, -3 \rangle - \langle -8, 0 \rangle = \langle 8, -3 \rangle$

21. $\mathbf{u} = 2\mathbf{i}$, $\mathbf{v} = 3\mathbf{i} - 2\mathbf{j}$. $2\mathbf{u} = 2 \cdot 2\mathbf{i} = 4\mathbf{i}$; $-3\mathbf{v} = -3\left(3\mathbf{i} - 2\mathbf{j}\right) = -9\mathbf{i} + 6\mathbf{j}$; $\mathbf{u} + \mathbf{v} = 2\mathbf{i} + 3\mathbf{i} - 2\mathbf{j} = 5\mathbf{i} - 2\mathbf{j}$; $3\mathbf{u} - 4\mathbf{v} = 3 \cdot 2\mathbf{i} - 4\left(3\mathbf{i} - 2\mathbf{j}\right) = -6\mathbf{i} + 8\mathbf{j}$

23. $\mathbf{u} = 2\mathbf{i} + \mathbf{j}$, $\mathbf{v} = 3\mathbf{i} - 2\mathbf{j}$. Then $|\mathbf{u}| = \sqrt{2^2 + 1^2} = \sqrt{5}$; $|\mathbf{v}| = \sqrt{3^2 + 2^2} = \sqrt{13}$; $2\mathbf{u} = 4\mathbf{i} + 2\mathbf{j}$; $|2\mathbf{u}| = \sqrt{4^2 + 2^2} = 2\sqrt{5}$; $\frac{1}{2}\mathbf{v} = \frac{3}{2}\mathbf{i} - \mathbf{j}$; $\left|\frac{1}{2}\mathbf{v}\right| = \sqrt{\left(\frac{3}{2}\right)^2 + 1^2} = \frac{1}{2}\sqrt{13}$; $\mathbf{u} + \mathbf{v} = 5\mathbf{i} - \mathbf{j}$; $|\mathbf{u} + \mathbf{v}| = \sqrt{5^2 + 1^2} = \sqrt{26}$; $\mathbf{u} - \mathbf{v} = 2\mathbf{i} + \mathbf{j} - 3\mathbf{i} + 2\mathbf{j} = -\mathbf{i} + 3\mathbf{j}$; $|\mathbf{u} - \mathbf{v}| = \sqrt{1^2 + 3^2} = \sqrt{10}$; $|\mathbf{u}| - |\mathbf{v}| = \sqrt{5} - \sqrt{13}$

25. $\mathbf{u} = \langle 10, -1 \rangle$, $\mathbf{v} = \langle -2, -2 \rangle$. Then $|\mathbf{u}| = \sqrt{10^2 + 1^2} = \sqrt{101}$; $|\mathbf{v}| = \sqrt{(-2)^2 + (-2)^2} = 2\sqrt{2}$; $2\mathbf{u} = \langle 20, -2 \rangle$; $|2\mathbf{u}| = \sqrt{20^2 + 2^2} = \sqrt{404} = 2\sqrt{101}$; $\frac{1}{2}\mathbf{v} = \langle -1, -1 \rangle$; $\left|\frac{1}{2}\mathbf{v}\right| = \sqrt{(-1)^2 + (-1)^2} = \sqrt{2}$; $\mathbf{u} + \mathbf{v} = \langle 8, -3 \rangle$; $|\mathbf{u} + \mathbf{v}| = \sqrt{8^2 + 3^2} = \sqrt{73}$; $\mathbf{u} - \mathbf{v} = \langle 12, 1 \rangle$; $|\mathbf{u} - \mathbf{v}| = \sqrt{12^2 + 1^2} = \sqrt{145}$; $|\mathbf{u}| - |\mathbf{v}| = \sqrt{101} - 2\sqrt{2}$

In Solutions 27–31, x represents the horizontal component and y the vertical component.

27. $|\mathbf{v}| = 40$, direction $\theta = 30°$. $x = 40\cos 30° = 20\sqrt{3}$ and $y = 40\sin 30° = 20$. Thus, $\mathbf{v} = x\mathbf{i} + y\mathbf{j} = 20\sqrt{3}\mathbf{i} + 20\mathbf{j}$.

29. $|\mathbf{v}| = 1$, direction $\theta = 225°$. $x = \cos 225° = -\frac{1}{\sqrt{2}}$ and $y = \sin 225° = -\frac{1}{\sqrt{2}}$. Thus, $\mathbf{v} = x\mathbf{i} + y\mathbf{j} = -\frac{1}{\sqrt{2}}\mathbf{i} - \frac{1}{\sqrt{2}}\mathbf{j} = -\frac{\sqrt{2}}{2}\mathbf{i} - \frac{\sqrt{2}}{2}\mathbf{j}$.

31. $|\mathbf{v}| = 4$, direction $\theta = 10°$. $x = 4\cos 10° \approx 3.94$ and $y = 4\sin 10° \approx 0.69$. Thus, $\mathbf{v} = x\mathbf{i} + y\mathbf{j} = (4\cos 10°)\,\mathbf{i} + (4\sin 10°)\,\mathbf{j} \approx 3.94\mathbf{i} + 0.69\mathbf{j}$.

33. $\mathbf{v} = \langle 3, 4 \rangle$. The magnitude is $|\mathbf{v}| = \sqrt{3^2 + 4^2} = 5$. The direction is θ where $\tan\theta = \frac{4}{3}$ $\Leftrightarrow$ $\theta = \tan^{-1}\left(\frac{4}{3}\right) \approx 53.13°$.

35. $\mathbf{v} = \langle -12, 5 \rangle$. The magnitude is $|\mathbf{v}| = \sqrt{(-12)^2 + 5^2} = \sqrt{169} = 13$. The direction is θ where $\tan\theta = -\frac{5}{12}$ with θ in quadrant II $\Leftrightarrow$ $\theta = \tan^{-1}\left(-\frac{5}{12}\right) \approx 157.38°$.

37. $\mathbf{v} = \mathbf{i} + \sqrt{3}\mathbf{j}$. The magnitude is $|\mathbf{v}| = \sqrt{1^2 + \left(\sqrt{3}\right)^2} = 2$. The direction is θ where $\tan\theta = \sqrt{3}$ with θ in quadrant I $\Leftrightarrow$ $\theta = \tan^{-1}\sqrt{3} = 60°$.

39. $|\mathbf{v}| = 30$, direction $\theta = 30°$. $x = 30\cos 30° = 30 \cdot \frac{\sqrt{3}}{2} \approx 25.98$, $y = 30\sin 30° = 15$. So the horizontal component of force is $15\sqrt{3}$ lb and the vertical component is -15 lb.

41. The flow of the river can be represented by the vector $\mathbf{v} = -3\mathbf{j}$ and the swimmer can be represented by the vector $\mathbf{u} = 2\mathbf{i}$. Therefore the true velocity is $\mathbf{u} + \mathbf{v} = 2\mathbf{i} - 3\mathbf{j}$.

43. (a) The velocity of the wind is $40\mathbf{j}$.

   (b) The velocity of the jet relative to the air is $425\mathbf{i}$.

   (c) The true velocity of the jet is $\mathbf{v} = 425\mathbf{i} + 40\mathbf{j} = \langle 425, 40 \rangle$.

   (d) The true speed of the jet is $|\mathbf{v}| = \sqrt{425^2 + 40^2} \approx 427$ mi/h, and the true direction is $\theta = \tan^{-1}\left(\frac{40}{425}\right) \approx 5.4°$ $\Rightarrow$ θ is N 84.6° E.

45. If the direction of the plane is N 30° W, the airplane's velocity is $\mathbf{u} = \langle \mathbf{u}_x, \mathbf{u}_y \rangle$ where $\mathbf{u}_x = -765\cos 60° = -382.5$, and $\mathbf{u}_y = 765\sin 60° \approx 662.51$. If the direction of the wind is N 30° E, the wind velocity is $\mathbf{w} = \langle w_x, w_y \rangle$ where $w_x = 55\cos 60° = 27.5$, and $w_y = 55\sin 60° \approx 47.63$. Thus, the actual flight path is $\mathbf{v} = \mathbf{u} + \mathbf{w} = \langle -382.5 + 27.5, 662.51 + 47.63 \rangle = \langle -355, 710.14 \rangle$, and so the true speed is $|\mathbf{v}| = \sqrt{355^2 + 710.14^2} \approx 794$ mi/h, and the true direction is $\theta = \tan^{-1}\left(-\frac{710.14}{355}\right) \approx 116.6°$ so θ is N 26.6° W.

47. (a) The velocity of the river is represented by the vector $\mathbf{r} = \langle 10, 0 \rangle$.

   (b) Since the boater direction is $60°$ from the shore at 20 mi/h, the velocity of the boat is represented by the vector
   $\mathbf{b} = \langle 20 \cos 60°, 20 \sin 60° \rangle \approx \langle 10, 17.32 \rangle$.

   (c) $\mathbf{w} = \mathbf{r} + \mathbf{b} = \langle 10 + 10, 0 + 17.32 \rangle = \langle 20, 17.32 \rangle$

   (d) The true speed of the boat is $|\mathbf{w}| = \sqrt{20^2 + 17.32^2} \approx 26.5$ mi/h, and the true direction is
   $\theta = \tan^{-1}\left(\frac{17.32}{20}\right) \approx 40.9° \approx$ N $49.1°$ E.

49. (a) Let $\mathbf{b} = \langle b_x, b_y \rangle$ represent the velocity of the boat relative to the water. Then $\mathbf{b} = \langle 24 \cos 18°, 24 \sin 18° \rangle$.

   (b) Let $\mathbf{w} = \langle w_x, w_y \rangle$ represent the velocity of the water. Then $\mathbf{w} = \langle 0, w \rangle$ where w is the speed of the water. So
   the true velocity of the boat is $\mathbf{b} + \mathbf{w} = \langle 24 \cos 18°, 24 \sin 18° - w \rangle$. For the direction to be due east, we must
   have $24 \sin 18° - w = 0 \quad \Leftrightarrow \quad w = 7.42$ mi/h. Therefore, the true speed of the water is 7.4 mi/h. Since
   $\mathbf{b} + \mathbf{w} = \langle 24 \cos 18°, 0 \rangle$, the true speed of the boat is $|\mathbf{b} + \mathbf{w}| = 24 \cos 18° \approx 22.8$ mi/h.

51. $\mathbf{F}_1 = \langle 2, 5 \rangle$ and $\mathbf{F}_2 = \langle 3, -8 \rangle$.

   (a) $\mathbf{F}_1 + \mathbf{F}_2 = \langle 2 + 3, 5 - 8 \rangle = \langle 5, -3 \rangle$

   (b) The additional force required is $\mathbf{F}_3 = \langle 0, 0 \rangle - \langle 5, -3 \rangle = \langle -5, 3 \rangle$.

53. $\mathbf{F}_1 = 4\mathbf{i} - \mathbf{j}$, $\mathbf{F}_2 = 3\mathbf{i} - 7\mathbf{j}$, $\mathbf{F}_3 = -8\mathbf{i} + 3\mathbf{j}$, and $\mathbf{F}_4 = \mathbf{i} + \mathbf{j}$.

   (a) $\mathbf{F}_1 + \mathbf{F}_2 + \mathbf{F}_3 + \mathbf{F}_4 = (4 + 3 - 8 + 1)\mathbf{i} + (-1 - 7 + 3 + 1)\mathbf{j} = 0\mathbf{i} - 4\mathbf{j}$

   (b) The additional force required is $\mathbf{F}_5 = 0\mathbf{i} + 0\mathbf{j} - (0\mathbf{i} - 4\mathbf{j}) = 4\mathbf{j}$.

55. $\mathbf{F}_1 = \langle 10 \cos 60°, 10 \sin 60° \rangle = \langle 5, 5\sqrt{3} \rangle$, $\mathbf{F}_2 = \langle -8 \cos 30°, 8 \sin 30° \rangle = \langle -4\sqrt{3}, 4 \rangle$, and
   $\mathbf{F}_3 = \langle -6 \cos 20°, -6 \sin 20° \rangle \approx \langle -5.638, -2.052 \rangle$.

   (a) $\mathbf{F}_1 + \mathbf{F}_2 + \mathbf{F}_3 = \langle 5 - 4\sqrt{3} - 5.638, 5\sqrt{3} + 4 - 2.052 \rangle \approx \langle -7.57, 10.61 \rangle$.

   (b) The additional force required is $\mathbf{F}_4 = \langle 0, 0 \rangle - \langle -7.57, 10.61 \rangle = \langle 7.57, -10.61 \rangle$.

57. From the figure we see that $\mathbf{T}_1 = -|\mathbf{T}_1| \cos 50°\mathbf{i} + |\mathbf{T}_1| \sin 50°\mathbf{j}$ and $\mathbf{T}_2 = |\mathbf{T}_2| \cos 30°\mathbf{i} + |\mathbf{T}_2| \sin 30°\mathbf{j}$. Since
   $\mathbf{T}_1 + \mathbf{T}_2 = 100\mathbf{j}$ we get $-|\mathbf{T}_1| \cos 50° + |\mathbf{T}_2| \cos 30° = 0$ and $|\mathbf{T}_1| \sin 50° + |\mathbf{T}_2| \sin 30° = 100$. From the first
   equation, $|\mathbf{T}_2| = |\mathbf{T}_1| \dfrac{\cos 50°}{\cos 30°}$, and substituting into the second equation gives $|\mathbf{T}_1| \sin 50° + |\mathbf{T}_1| \dfrac{\cos 50° \sin 30°}{\cos 30°} - 100$
   $\Leftrightarrow \quad |\mathbf{T}_1| (\sin 50° \cos 30° + \cos 50° \sin 30°) = 100 \cos 30° \quad \Leftrightarrow \quad |\mathbf{T}_1| \sin (50° + 30°) = 100 \cos 30° \quad \Leftrightarrow$
   $|\mathbf{T}_1| = 100 \dfrac{\cos 30°}{\sin 80°} \approx 87.9385$.

   Similarly, solving for $|\mathbf{T}_1|$ in the first equation gives $|\mathbf{T}_1| = |\mathbf{T}_2| \dfrac{\cos 30°}{\cos 50°}$ and substituting gives
   $|\mathbf{T}_2| \dfrac{\cos 30° \sin 50°}{\cos 50°} + |\mathbf{T}_2| \sin 30° = 100 \quad \Leftrightarrow \quad |\mathbf{T}_2| (\cos 30° \sin 50° + \cos 50° \sin 30°) = 100 \cos 50° \quad \Leftrightarrow$
   $|\mathbf{T}_2| = \dfrac{100 \cos 50°}{\sin 80°} \approx 65.2704$. Thus, $\mathbf{T}_1 \approx (-87.9416 \cos 50°)\mathbf{i} + (87.9416 \sin 50°)\mathbf{j} \approx -56.5\mathbf{i} + 67.4\mathbf{j}$ and
   $\mathbf{T}_2 \approx (65.2704 \cos 30°)\mathbf{i} + (65.2704 \sin 30°)\mathbf{j} \approx 56.5\mathbf{i} + 32.6\mathbf{j}$.

59. When we add two (or more vectors), the resultant vector can be found by first placing the initial point of the second vector
   at the terminal point of the first vector. The resultant vector can then found by using the new terminal point of the second
   vector and the initial point of the first vector. When the n vectors are placed head to tail in the plane so that they form a
   polygon, the initial point and the terminal point are the same. Thus the sum of these n vectors is the zero vector.

8.5   The Dot Product

1. (a) $\mathbf{u} \cdot \mathbf{v} = \langle 2, 0 \rangle \cdot \langle 1, 1 \rangle = 2 + 0 = 2$

(b) $\cos\theta = \dfrac{\mathbf{u} \cdot \mathbf{v}}{|\mathbf{u}|\,|\mathbf{v}|} = \dfrac{2}{2 \cdot \sqrt{2}} = \dfrac{1}{\sqrt{2}} \Rightarrow \theta = 45°$

3. (a) $\mathbf{u} \cdot \mathbf{v} = \langle 2, 7 \rangle \cdot \langle 3, 1 \rangle = 6 + 7 = 13$

(b) $\cos\theta = \dfrac{\mathbf{u} \cdot \mathbf{v}}{|\mathbf{u}|\,|\mathbf{v}|} = \dfrac{13}{\sqrt{53} \cdot \sqrt{10}} \Rightarrow \theta \approx 56°$

5. (a) $\mathbf{u} \cdot \mathbf{v} = \langle 3, -2 \rangle \cdot \langle 1, 2 \rangle = 3 + (-4) = -1$

(b) $\cos\theta = \dfrac{\mathbf{u} \cdot \mathbf{v}}{|\mathbf{u}|\,|\mathbf{v}|} = \dfrac{-1}{\sqrt{13} \cdot \sqrt{5}} \Rightarrow \theta \approx 97°$

7. (a) $\mathbf{u} \cdot \mathbf{v} = \langle 0, -5 \rangle \cdot \langle -1, -\sqrt{3} \rangle = 0 + 5\sqrt{3} = 5\sqrt{3}$

(b) $\cos\theta = \dfrac{\mathbf{u} \cdot \mathbf{v}}{|\mathbf{u}|\,|\mathbf{v}|} = \dfrac{5\sqrt{3}}{5 \cdot 2} = \dfrac{\sqrt{3}}{2} \Rightarrow \theta = 30°$

9. $\mathbf{u} \cdot \mathbf{v} = -12 + 12 = 0 \Rightarrow$ vectors are orthogonal

11. $\mathbf{u} \cdot \mathbf{v} = -8 + 12 = 4 \neq 0 \Rightarrow$ vectors are not orthogonal

13. $\mathbf{u} \cdot \mathbf{v} = -24 + 24 = 0 \Rightarrow$ vectors are orthogonal

15. $\mathbf{u} \cdot \mathbf{v} + \mathbf{u} \cdot \mathbf{w} = \langle 2, 1 \rangle \cdot \langle 1, -3 \rangle + \langle 2, 1 \rangle \cdot \langle 3, 4 \rangle$
$$= 2 - 3 + 6 + 4 = 9$$

17. $(\mathbf{u} + \mathbf{v}) \cdot (\mathbf{u} - \mathbf{v}) = [\langle 2, 1 \rangle + \langle 1, -3 \rangle] \cdot [\langle 2, 1 \rangle - \langle 1, -3 \rangle]$
$$= \langle 3, -2 \rangle \cdot \langle 1, 4 \rangle = 3 - 8 = -5$$

19. $x = \dfrac{\mathbf{u} \cdot \mathbf{v}}{|\mathbf{v}|} = \dfrac{12 - 24}{5} = -\dfrac{12}{5}$

21. $x = \dfrac{\mathbf{u} \cdot \mathbf{v}}{|\mathbf{v}|} = \dfrac{0 - 24}{1} = -24$

23. (a) $\mathbf{u}_1 = \text{proj}_{\mathbf{v}}\, \mathbf{u} = \left(\dfrac{\mathbf{u} \cdot \mathbf{v}}{|\mathbf{v}|^2} \right) \mathbf{v} = \left(\dfrac{\langle -2, 4 \rangle \cdot \langle 1, 1 \rangle}{1^2 + 1^2} \right) \langle 1, 1 \rangle = \langle 1, 1 \rangle$.

(b) $\mathbf{u}_2 = \mathbf{u} - \mathbf{u}_1 = \langle -2, 4 \rangle - \langle 1, 1 \rangle = \langle -3, 3 \rangle$

25. (a) $\mathbf{u}_1 = \text{proj}_{\mathbf{v}}\, \mathbf{u} = \left(\dfrac{\mathbf{u} \cdot \mathbf{v}}{|\mathbf{v}|^2} \right) \mathbf{v} = \left(\dfrac{\langle 1, 2 \rangle \cdot \langle 1, -3 \rangle}{1^2 + (-3)^2} \right) \langle 1, -3 \rangle = -\dfrac{1}{2} \langle 1, -3 \rangle = \left\langle -\dfrac{1}{2}, \dfrac{3}{2} \right\rangle$

(b) $\mathbf{u}_2 = \mathbf{u} - \mathbf{u}_1 = \langle 1, 2 \rangle - \left\langle -\dfrac{1}{2}, \dfrac{3}{2} \right\rangle = \left\langle \dfrac{3}{2}, \dfrac{1}{2} \right\rangle$

27. (a) $\mathbf{u}_1 = \text{proj}_{\mathbf{v}}\, \mathbf{u} = \left(\dfrac{\mathbf{u} \cdot \mathbf{v}}{|\mathbf{v}|^2} \right) \mathbf{v} = \left(\dfrac{\langle 2, 9 \rangle \cdot \langle -3, 4 \rangle}{(-3)^3 + 4^2} \right) \langle -3, 4 \rangle = \dfrac{6}{5} \langle -3, 4 \rangle = \left\langle -\dfrac{18}{5}, \dfrac{24}{5} \right\rangle$

(b) $\mathbf{u}_2 = \mathbf{u} - \mathbf{u}_1 = \langle 2, 9 \rangle - \left\langle -\dfrac{18}{5}, \dfrac{24}{5} \right\rangle = \left\langle \dfrac{28}{5}, \dfrac{21}{5} \right\rangle$

29. $W = \mathbf{F} \cdot \mathbf{d} = \langle 4, -5 \rangle \cdot \langle 3, 8 \rangle = -28$

31. $W = \mathbf{F} \cdot \mathbf{d} = \langle 10, 3 \rangle \cdot \langle 4, -5 \rangle = 25$

33. Let $\mathbf{u} = \langle u_1, u_2 \rangle$ and $\mathbf{v} = \langle v_1, v_2 \rangle$. Then
$$\mathbf{u} \cdot \mathbf{v} = \langle u_1, u_2 \rangle \cdot \langle v_1, v_2 \rangle = u_1 v_1 + u_2 v_2 = v_1 u_1 + v_2 u_2 = \langle v_1, v_2 \rangle \cdot \langle u_1, u_2 \rangle = \mathbf{v} \cdot \mathbf{u}$$

35. Let $\mathbf{u} = \langle u_1, u_2 \rangle$, $\mathbf{v} = \langle v_1, v_2 \rangle$, and $\mathbf{w} = \langle w_1, w_2 \rangle$. Then
$$(\mathbf{u} + \mathbf{v}) \cdot \mathbf{w} = (\langle u_1, u_2 \rangle + \langle v_1, v_2 \rangle) \cdot \langle w_1, w_2 \rangle = \langle u_1 + v_1, u_2 + v_2 \rangle \cdot \langle w_1, w_2 \rangle$$
$$= u_1 w_1 + v_1 w_1 + u_2 w_2 + v_2 w_2 = u_1 w_1 + u_2 w_2 + v_1 w_1 + v_2 w_2$$
$$= \langle u_1, u_2 \rangle \cdot \langle w_1, w_2 \rangle + \langle v_1, v_2 \rangle \cdot \langle w_1, w_2 \rangle = \mathbf{u} \cdot \mathbf{w} + \mathbf{v} \cdot \mathbf{w}$$

37. We use the definition that $\text{proj}_{\mathbf{v}}\, \mathbf{u} = \left(\dfrac{\mathbf{u} \cdot \mathbf{v}}{|\mathbf{v}|^2} \right) \mathbf{v}$. Then

$$\text{proj}_{\mathbf{v}}\, \mathbf{u} \cdot (\mathbf{u} - \text{proj}_{\mathbf{v}}\, \mathbf{u}) = \left(\dfrac{\mathbf{u} \cdot \mathbf{v}}{|\mathbf{v}|^2} \right) \mathbf{v} \cdot \left[\mathbf{u} - \left(\dfrac{\mathbf{u} \cdot \mathbf{v}}{|\mathbf{v}|^2} \right) \mathbf{v} \right] = \left(\dfrac{\mathbf{u} \cdot \mathbf{v}}{|\mathbf{v}|^2} \right) (\mathbf{v} \cdot \mathbf{u}) - \left(\dfrac{\mathbf{u} \cdot \mathbf{v}}{|\mathbf{v}|^2} \right) \mathbf{v} \cdot \left(\dfrac{\mathbf{u} \cdot \mathbf{v}}{|\mathbf{v}|^2} \right) \mathbf{v}$$

$$= \dfrac{(\mathbf{u} \cdot \mathbf{v})^2}{|\mathbf{v}|^2} - \dfrac{(\mathbf{u} \cdot \mathbf{v})^2}{|\mathbf{v}|^4} |\mathbf{v}|^2 = \dfrac{(\mathbf{u} \cdot \mathbf{v})^2}{|\mathbf{v}|^2} - \dfrac{(\mathbf{u} \cdot \mathbf{v})^2}{|\mathbf{v}|^2} = 0$$

Thus $\mathbf{u}$ and $\mathbf{u} - \text{proj}_{\mathbf{v}}\, \mathbf{u}$ are orthogonal.

39. $W = \mathbf{F} \cdot \mathbf{d} = \langle 4, -7 \rangle \cdot \langle 4, 0 \rangle = 16$ ft-lb

41. The distance vector is $\mathbf{D} = \langle 200, 0 \rangle$ and the force vector is $\mathbf{F} = \langle 50\cos 30°, 50\sin 30° \rangle$. Hence, the work done is
$$W = \mathbf{F} \cdot \mathbf{D} = \langle 200, 0 \rangle \cdot \langle 50\cos 30°, 50\sin 30° \rangle = 200 \cdot 50\cos 30° \approx 8660 \text{ ft-lb}.$$

43. Since the weight of the car is 2755 lb, the force exerted perpendicular to the earth is 2755 lb. Resolving this into a force $\mathbf{u}$ perpendicular to the driveway gives $|\mathbf{u}| = 2766 \cos 65° \approx 1164$ lb. Thus, a force of about 1164 lb is required.

45. Since the force required parallel to the plane is 80 lb and the weight of the package is 200 lb, it follows that $80 = 200 \sin\theta$, where θ is the angle of inclination of the plane. Then $\theta = \sin^{-1}\left(\frac{80}{200}\right) \approx 23.58°$, and so the angle of inclination is approximately $23.6°$.

47. (a) $2(0) + 4(2) = 8$, so $Q(0, 2)$ lies on L. $2(2) + 4(1) = 4 + 4 = 8$, so $R(2, 1)$ lies on L.

(b) $\mathbf{u} = \overrightarrow{QP} = \langle 0, 2 \rangle - \langle 3, 4 \rangle = \langle -3, -2 \rangle$.

$\mathbf{v} = \overrightarrow{QR} = \langle 0, 2 \rangle - \langle 2, 1 \rangle = \langle -2, 1 \rangle$.

$\mathbf{w} = \text{proj}_{\mathbf{v}}\, \mathbf{u} = \left(\dfrac{\mathbf{u} \cdot \mathbf{v}}{|\mathbf{v}|^2}\right) \mathbf{v} = \dfrac{\langle -3, -2 \rangle \cdot \langle 2, 1 \rangle}{(-2)^2 + 1^2} \langle -2, 1 \rangle$

$= -\frac{8}{5} \langle -2, 1 \rangle = \left\langle \frac{16}{5}, -\frac{8}{5} \right\rangle$

(c) From the graph, we can see that $\mathbf{u} - \mathbf{w}$ is orthogonal to $\mathbf{v}$ (and thus to L). Thus, the distance from P to L is $|\mathbf{u} - \mathbf{w}|$.

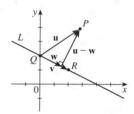

Chapter 8 Review

1. (a)

(b) $x = 12 \cos \frac{\pi}{6} = 12 \cdot \frac{\sqrt{3}}{2} = 6\sqrt{3}$,

$y = 12 \sin \frac{\pi}{6} = 12 \cdot \frac{1}{2} = 6$. Thus, the rectangular coordinates of P are $\left(6\sqrt{3}, 6\right)$.

3. (a)

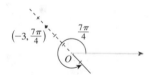

(b) $x = -3 \cos \frac{7\pi}{4} = -3\left(\frac{\sqrt{2}}{2}\right) = -\frac{3\sqrt{2}}{2}$,

$y = -3 \sin \frac{7\pi}{4} = -3\left(-\frac{\sqrt{2}}{2}\right) = \frac{3\sqrt{2}}{2}$. Thus, the rectangular coordinates of P are $\left(-\frac{3\sqrt{2}}{2}, \frac{3\sqrt{2}}{2}\right)$.

5. (a)

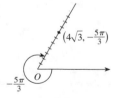

(b) $x = 4\sqrt{3} \cos\left(-\frac{5\pi}{3}\right) = 4\sqrt{3}\left(\frac{1}{2}\right) = 2\sqrt{3}$,

$y = 4\sqrt{3} \sin\left(-\frac{5\pi}{3}\right) = 4\sqrt{3}\left(\frac{\sqrt{3}}{2}\right) = 6$. Thus, the rectangular coordinates of P are $\left(2\sqrt{3}, 6\right)$.

7. (a)

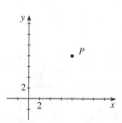

(b) $r = \sqrt{8^2 + 8^2} = \sqrt{128} = 8\sqrt{2}$ and $\overline{\theta} = \tan^{-1}\frac{8}{8}$. Since P is in quadrant I, $\theta = \frac{\pi}{4}$. Polar coordinates for P are $\left(8\sqrt{2}, \frac{\pi}{4}\right)$.

(c) $\left(-8\sqrt{2}, \frac{5\pi}{4}\right)$

9. (a)

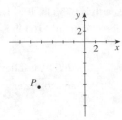

(b) $r = \sqrt{\left(-6\sqrt{2}\right)^2 + \left(-6\sqrt{2}\right)^2} = \sqrt{144} = 12$ and
$\overline{\theta} = \tan^{-1}\frac{-6\sqrt{2}}{-6\sqrt{2}} = \frac{\pi}{4}$. Since P is in quadrant III,
$\theta = \frac{5\pi}{4}$. Polar coordinates for P are $\left(12, \frac{5\pi}{4}\right)$.

(c) $\left(-12, \frac{\pi}{4}\right)$

11. (a)

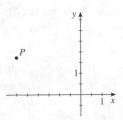

(b) $r = \sqrt{(-3)^2 + \left(\sqrt{3}\right)^2} = \sqrt{12} = 2\sqrt{3}$ and
$\overline{\theta} = \tan^{-1}\frac{\sqrt{3}}{-3}$. Since P is in quadrant II, $\theta = \frac{5\pi}{6}$.
Polar coordinates for P are $\left(2\sqrt{3}, \frac{5\pi}{6}\right)$.

(c) $\left(-2\sqrt{3}, -\frac{\pi}{6}\right)$

13. (a) $x + y = 4 \quad\Leftrightarrow\quad r\cos\theta + r\sin\theta = 4 \quad\Leftrightarrow$
$r\left(\cos\theta + \sin\theta\right) = 4 \quad\Leftrightarrow\quad r = \dfrac{4}{\cos\theta + \sin\theta}$

(b) The rectangular equation is easier to graph.

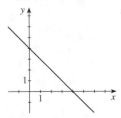

15. (a) $x^2 + y^2 = 4x + 4y \quad\Leftrightarrow\quad r^2 = 4r\cos\theta + 4r\sin\theta$
$\Leftrightarrow\quad r^2 = r\left(4\cos\theta + 4\sin\theta\right) \quad\Leftrightarrow$
$r = 4\cos\theta + 4\sin\theta$

(b) The polar equation is easier to graph.

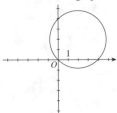

17. (a)

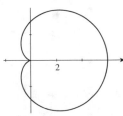

(b) $r = 3 + 3\cos\theta \quad\Leftrightarrow\quad r^2 = 3r + 3r\cos\theta$, which
gives $x^2 + y^2 = 3\sqrt{x^2 + y^2} + 3x \quad\Leftrightarrow$
$x^2 - 3x + y^2 = 3\sqrt{x^2 + y^2}$. Squaring both sides
gives $\left(x^2 - 3x + y^2\right)^2 = 9\left(x^2 + y^2\right)$.

19. (a)

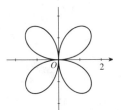

(b) $r = 2\sin 2\theta \quad\Leftrightarrow\quad r = 2\cdot 2\sin\theta\cos\theta \quad\Leftrightarrow$
$r^3 = 4r^2\sin\theta\cos\theta \quad\Leftrightarrow$
$\left(r^2\right)^{3/2} = 4\left(r\sin\theta\right)\left(r\cos\theta\right)$ and so, since
$x = r\cos\theta$ and $y = r\sin\theta$, we get
$\left(x^2 + y^2\right)^3 = 16x^2y^2$.

21. (a)

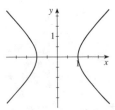

(b) $r^2 = \sec 2\theta = \dfrac{1}{\cos 2\theta} = \dfrac{1}{\cos^2\theta - \sin^2\theta} \quad\Leftrightarrow$
$r^2\left(\cos^2\theta - \sin^2\theta\right) = 1 \quad\Leftrightarrow$
$r^2\cos^2\theta - r^2\sin^2\theta = 1 \quad\Leftrightarrow$
$\left(r\cos\theta\right)^2 - \left(r\sin\theta\right)^2 = 1 \quad\Leftrightarrow\quad x^2 - y^2 = 1.$

23. (a)

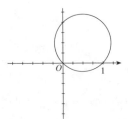

(b) $r = \sin\theta + \cos\theta \quad\Leftrightarrow\quad r^2 = r\sin\theta + r\cos\theta$, so
$x^2 + y^2 = y + x \quad\Leftrightarrow$
$\left(x^2 - x + \frac{1}{4}\right) + \left(y^2 - y + \frac{1}{4}\right) = \frac{1}{2} \quad\Leftrightarrow$
$\left(x - \frac{1}{2}\right)^2 + \left(y - \frac{1}{2}\right)^2 = \frac{1}{2}.$

25. $r = \cos(\theta/3)$, $\theta \in [0, 3\pi]$.

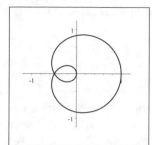

27. $r = 1 + 4\cos(\theta/3)$, $\theta \in [0, 6\pi]$.

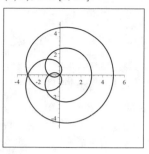

29. (a)

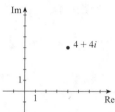

(b) $4 + 4i$ has $r = \sqrt{16 + 16} = 4\sqrt{2}$, and
$\theta = \tan^{-1}\frac{4}{4} = \frac{\pi}{4}$ (in quadrant I).
(c) $4 + 4i = 4\sqrt{2}\left(\cos\frac{\pi}{4} + i\sin\frac{\pi}{4}\right)$

31. (a)

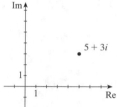

(b) $5 + 3i$. Then $r = \sqrt{25 + 9} = \sqrt{34}$, and $\theta = \tan^{-1}\frac{3}{5}$.
(c) $5 + 3i = \sqrt{34}\left[\cos\left(\tan^{-1}\frac{3}{5}\right) + i\sin\left(\tan^{-1}\frac{3}{5}\right)\right]$

33. (a)

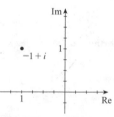

(b) $-1 + i$ has $r = \sqrt{1 + 1} = \sqrt{2}$ and $\tan\theta = \dfrac{1}{-1}$ with
θ in quadrant II $\quad\Leftrightarrow\quad \theta = \frac{3\pi}{4}$.
(c) $-1 + i = \sqrt{2}\left(\cos\frac{3\pi}{4} + i\sin\frac{3\pi}{4}\right)$

35. $1 - \sqrt{3}i$ has $r = \sqrt{1 + 3} = 2$ and $\tan\theta = \frac{-\sqrt{3}}{1} = -\sqrt{3}$
with θ in quadrant III $\quad\Leftrightarrow\quad \theta = \frac{5\pi}{3}$. Therefore,
$1 - \sqrt{3}i = 2\left(\cos\frac{5\pi}{3} + i\sin\frac{5\pi}{3}\right)$, and so
$$\left(1 - \sqrt{3}i\right)^4 = 2^4\left(\cos\frac{20\pi}{3} + i\sin\frac{20\pi}{3}\right)$$
$$= 16\left(\cos\frac{2\pi}{3} + i\sin\frac{2\pi}{3}\right)$$
$$= 16\left(-\frac{1}{2} + i\frac{\sqrt{3}}{2}\right) = 8\left(-1 + i\sqrt{3}\right)$$

37. $\sqrt{3} + i$ has $r = \sqrt{3 + 1} = 2$ and $\tan\theta = \frac{1}{\sqrt{3}}$ with θ in quadrant I $\quad\Leftrightarrow\quad \theta = \frac{\pi}{6}$. Therefore, $\sqrt{3} + i = 2\left(\cos\frac{\pi}{6} + i\sin\frac{\pi}{6}\right)$,
and so
$$\left(\sqrt{3} + i\right)^{-4} = 2^{-4}\left(\cos\frac{-4\pi}{6} + i\sin\frac{-4\pi}{6}\right) = \frac{1}{16}\left(\cos\frac{2\pi}{3} - i\sin\frac{2\pi}{3}\right) = \frac{1}{16}\left(-\frac{1}{2} - i\frac{\sqrt{3}}{2}\right)$$
$$= \frac{1}{32}\left(-1 - i\sqrt{3}\right) = -\frac{1}{32}\left(1 + i\sqrt{3}\right)$$

39. $-16i$ has $r = 16$ and $\theta = \frac{3\pi}{2}$. Thus, $-16i = 16\left(\cos\frac{3\pi}{2} + i\sin\frac{3\pi}{2}\right)$ and so
$(-16i)^{1/2} = 16^{1/2}\left[\cos\left(\dfrac{3\pi + 4k\pi}{2}\right) + i\sin\left(\dfrac{3\pi + 4k\pi}{2}\right)\right]$ for $k = 0, 1$. Thus
the roots are $w_0 = 4\left(\cos\frac{3\pi}{4} + i\sin\frac{3\pi}{4}\right) = 4\left(-\frac{1}{\sqrt{2}} + i\frac{1}{\sqrt{2}}\right) = 2\sqrt{2}\left(-1 + i\right)$ and
$w_1 = 4\left(\cos\frac{7\pi}{4} + i\sin\frac{7\pi}{4}\right) = 4\left(\frac{1}{\sqrt{2}} - i\frac{1}{\sqrt{2}}\right) = 2\sqrt{2}\left(1 - i\right)$.

41. $1 = \cos 0 + i\sin 0$. Then $1^{1/6} = 1\left(\cos\dfrac{2k\pi}{6} + i\sin\dfrac{2k\pi}{6}\right)$ for $k = 0, 1, 2, 3, 4, 5$. Thus the six roots are
$w_0 = 1\left(\cos 0 + i\sin 0\right) = 1$, $w_1 = 1\left(\cos\frac{\pi}{3} + i\sin\frac{\pi}{3}\right) = \frac{1}{2} + i\frac{\sqrt{3}}{2}$, $w_2 = 1\left(\cos\frac{2\pi}{3} + i\sin\frac{2\pi}{3}\right) = -\frac{1}{2} + i\frac{\sqrt{3}}{2}$,
$w_3 = 1\left(\cos\pi + i\sin\pi\right) = -1$, $w_4 = 1\left(\cos\frac{4\pi}{3} + i\sin\frac{4\pi}{3}\right) = -\frac{1}{2} - i\frac{\sqrt{3}}{2}$, and $w_5 = 1\left(\cos\frac{5\pi}{3} + i\sin\frac{5\pi}{3}\right) = \frac{1}{2} - i\frac{\sqrt{3}}{2}$.

43. $\mathbf{u} = \langle -2, 3 \rangle$ and $\mathbf{v} = \langle 8, 1 \rangle$. Then $|\mathbf{u}| = \sqrt{(-2)^2 + 3^2} = \sqrt{13}$, $\mathbf{u} + \mathbf{v} = \langle -2 + 8, 3 + 1 \rangle = \langle 6, 4 \rangle$,

$\mathbf{u} - \mathbf{v} = \langle -2 - 8, 3 - 1 \rangle = \langle -10, 2 \rangle$, $2\mathbf{u} = \langle -4, 6 \rangle$, and $3\mathbf{u} - 2\mathbf{v} = \langle -6, 9 \rangle - \langle 16, 2 \rangle = \langle -6 - 16, 9 - 2 \rangle = \langle -22, 7 \rangle$.

45. $P(0, 3)$ and $Q(3, -1)$. $\mathbf{u} = \langle 3 - 0, -1 - 3 \rangle = \langle 3, -4 \rangle = 3\mathbf{i} - 4\mathbf{j}$

47. Let $Q(x, y)$ be the terminal point. Then $\langle x - 5, y - 6 \rangle = \langle 5, -8 \rangle \quad \Leftrightarrow \quad x - 5 = 5$ and $y - 6 = -8 \quad \Leftrightarrow \quad x = 10$
and $y = -2$. Therefore, the terminal point is $Q(10, -2)$.

49. (a) The resultant force $\mathbf{r}$ is the sum of the forces; to find this we first resolve the two vectors:

$\mathbf{v}_1 = 2.0 \times 10^4$ lb N $50°$ E $= \langle 2.0 \times 10^4 \cdot \cos 40°, 2.0 \times 10^4 \cdot \sin 40° \rangle \approx \langle 15321, 12856 \rangle$ and

$\mathbf{v}_2 = 3.4 \times 10^4$ lb S $75°$ E $= \langle 3.4 \times 10^4 \cdot \cos(-15°), 3.4 \times 10^4 \cdot \sin(-15°) \rangle \approx \langle 32841, -8800 \rangle$. Thus

$\mathbf{r} = \mathbf{v}_1 + \mathbf{v}_2 \approx \langle 15321, 12856 \rangle + \langle 32841, -8800 \rangle = \langle 48163, 4056 \rangle \approx \langle 4.82, 0.41 \rangle \times 10^4 = (4.82\mathbf{i} + 0.41\mathbf{j}) \times 10^4$.

(b) The magnitude is $|\mathbf{r}| = \sqrt{48163^2 + 4056^2} \approx 4.8 \times 10^4$ lb. We have $\theta \approx \tan^{-1}\left(\frac{4056}{48163}\right) \approx 4.8°$. Thus the direction of
$\mathbf{r}$ is approximately N $85.2°$ E.

51. $\mathbf{u} = \langle 4, -3 \rangle$ and $\mathbf{v} = \langle 9, -8 \rangle$. Then $|\mathbf{u}| = \sqrt{(4)^2 + (-3)^2} = \sqrt{25} = 5$,

$\mathbf{u} \cdot \mathbf{u} = \langle 4, -3 \rangle \cdot \langle 4, -3 \rangle = (4)(4) + (-3)(-3) = 16 + 9 = 25$, and

$\mathbf{u} \cdot \mathbf{v} = \langle 4, -3 \rangle \cdot \langle 9, -8 \rangle = (4)(9) + (-3)(-8) = 36 + 24 = 60$.

53. $\mathbf{u} = -2\mathbf{i} + 2\mathbf{j}$ and $\mathbf{v} = \mathbf{i} + \mathbf{j}$. Then $|\mathbf{u}| = \sqrt{(-2)^2 + (2)^2} = \sqrt{8} = 2\sqrt{2}$,

$\mathbf{u} \cdot \mathbf{u} = -2\mathbf{i} + 2\mathbf{j} \cdot -2\mathbf{i} + 2\mathbf{j} = (-2)(-2) + (2)(2) = 4 + 4 = 8$, and

$\mathbf{u} \cdot \mathbf{v} = -2\mathbf{i} + 2\mathbf{j} \cdot \mathbf{i} + \mathbf{j} = (-2)(1) + (2)(1) = -2 + 2 = 0$.

55. $\mathbf{u} = \langle -4, 2 \rangle$ and $\mathbf{v} = \langle 3, 6 \rangle$. Since $\mathbf{u} \cdot \mathbf{v} = -12 + 12 = 0$, the vectors are orthogonal.

57. $\mathbf{u} = 2\mathbf{i} + \mathbf{j}$ and $\mathbf{v} = \mathbf{i} + 3\mathbf{j}$. Then $\cos\theta = \dfrac{\mathbf{u} \cdot \mathbf{v}}{|\mathbf{u}||\mathbf{v}|} = \dfrac{2 + 3}{\sqrt{5}\sqrt{10}} = \dfrac{\sqrt{2}}{2}$. Thus, $\theta = \cos^{-1}\frac{\sqrt{2}}{2} = 45°$, so the vectors are not
orthogonal.

59. (a) $\mathbf{u} = \langle 3, 1 \rangle$ and $\mathbf{v} = \langle 6, -1 \rangle$. Then the component of $\mathbf{u}$ along $\mathbf{v}$ is $\dfrac{\mathbf{u} \cdot \mathbf{v}}{|\mathbf{v}|} = \dfrac{\langle 3, 1 \rangle \cdot \langle 6, -1 \rangle}{\sqrt{\langle 6, -1 \rangle \cdot \langle 6, -1 \rangle}} = \dfrac{18 - 1}{\sqrt{36 + 1}} = \dfrac{17\sqrt{37}}{37}$.

(b) $\mathbf{u}_1 = \text{proj}_{\mathbf{v}} \mathbf{u} = \left(\dfrac{\mathbf{u} \cdot \mathbf{v}}{|\mathbf{v}|^2}\right)\mathbf{v} = \left(\dfrac{\langle 3, 1 \rangle \cdot \langle 6, -1 \rangle}{6^2 + (-1)^2}\right)\langle 6, -1 \rangle = \frac{17}{37}\langle 6, -1 \rangle = \left\langle \frac{102}{37}, -\frac{17}{37} \right\rangle$.

(c) $\mathbf{u}_2 = \mathbf{u} - \mathbf{u}_1 = \langle 3, 1 \rangle - \left\langle \frac{102}{37}, -\frac{17}{37} \right\rangle = \left\langle \frac{9}{37}, \frac{54}{37} \right\rangle$.

61. The displacement is $\mathbf{D} = \langle 7 - 1, -1 - 1 \rangle = \langle 6, -2 \rangle$. Thus, $W = \mathbf{F} \cdot \mathbf{D} = \langle 2, 9 \rangle \cdot \langle 6, -2 \rangle = -6$.

Chapter 8 Test

1. (a) $x = 8\cos\frac{5\pi}{4} = 8\left(-\frac{\sqrt{2}}{2}\right) = -4\sqrt{2}$, $y = 8\sin\frac{5\pi}{4} = 8\left(-\frac{\sqrt{2}}{2}\right) = -4\sqrt{2}$. So the point has rectangular coordinates
$\left(-4\sqrt{2}, -4\sqrt{2}\right)$.

(b) $P = \left(-6, 2\sqrt{3}\right)$ in rectangular coordinates. So $\tan\theta = \frac{2\sqrt{3}}{-6}$ and the reference angle is $\overline{\theta} = \frac{\pi}{6}$. Since P is in
quadrant II, we have $\theta = \frac{5\pi}{6}$. Next, $r^2 = (-6)^2 + \left(2\sqrt{3}\right)^2 = 36 + 12 = 48$, so $r = 4\sqrt{3}$. Thus, polar coordinates for
the point are $\left(4\sqrt{3}, \frac{5\pi}{6}\right)$ or $\left(-4\sqrt{3}, \frac{11\pi}{6}\right)$.

2. (a)

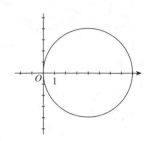

(b) $r = 8\cos\theta \quad\Leftrightarrow\quad r^2 = 8r\cos\theta \quad\Leftrightarrow\quad x^2 + y^2 = 8x \quad\Leftrightarrow$

$x^2 - 8x + y^2 = 0 \quad\Leftrightarrow\quad x^2 - 8x + 16 + y^2 = 16 \quad\Leftrightarrow$

$(x-4)^2 + y^2 = 16$

3. (a)

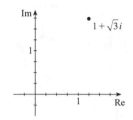

(b) $1 + \sqrt{3}i$ has $r = \sqrt{1+3} = 2$ and $\theta = \tan^{-1}\left(\sqrt{3}\right) = \frac{\pi}{3}$. So, in

trigonometric form, $1 + \sqrt{3}i = 2\left(\cos\frac{\pi}{3} + i\sin\frac{\pi}{3}\right)$.

(c) $z = 1 + \sqrt{3}i = 2\left(\cos\frac{\pi}{3} + i\sin\frac{\pi}{3}\right) \quad\Rightarrow$

$z^9 = 2^9\left(\cos\frac{9\pi}{3} + i\sin\frac{9\pi}{3}\right) = 512\left(\cos 3\pi + i\sin 3\pi\right)$

$= 512\left(-1 + i\left(0\right)\right) = -512$

4. $z_1 = 4\left(\cos\frac{7\pi}{12} + i\sin\frac{7\pi}{12}\right)$ and $z_2 = 2\left(\cos\frac{5\pi}{12} + i\sin\frac{5\pi}{12}\right)$.

Then $z_1 z_2 = 4\cdot 2\left[\cos\left(\dfrac{7\pi + 5\pi}{12}\right) + i\sin\left(\dfrac{7\pi + 5\pi}{12}\right)\right] = 8\left(\cos\pi + i\sin\pi\right) = -8$ and

$z_1/z_2 = \frac{4}{2}\left[\cos\left(\dfrac{7\pi - 5\pi}{12}\right) + i\sin\left(\dfrac{7\pi - 5\pi}{12}\right)\right] = 2\left(\cos\frac{\pi}{6} + i\sin\frac{\pi}{6}\right) = 2\left(\frac{\sqrt{3}}{2} + \frac{1}{2}i\right) = \sqrt{3} + i$.

5. $27i$ has $r = 27$ and $\theta = \frac{\pi}{2}$, so $27i = 27\left(\cos\frac{\pi}{2} + i\sin\frac{\pi}{2}\right)$. Thus,

$(27i)^{1/3} = \sqrt[3]{27}\left[\cos\left(\dfrac{\frac{\pi}{2} + 2k\pi}{3}\right) + i\sin\left(\dfrac{\frac{\pi}{2} + 2k\pi}{3}\right)\right]$

$= 3\left[\cos\left(\dfrac{\pi + 4k\pi}{6}\right) + i\sin\left(\dfrac{\pi + 4k\pi}{6}\right)\right]$

for $k = 0, 1, 2$. Thus, the three roots are

$w_0 = 3\left(\cos\frac{\pi}{6} + i\sin\frac{\pi}{6}\right) = 3\left(\frac{\sqrt{3}}{2} + \frac{1}{2}i\right) = \frac{3}{2}\left(\sqrt{3} + i\right)$,

$w_1 = 3\left(\cos\frac{5\pi}{6} + i\sin\frac{5\pi}{6}\right) = 3\left(-\frac{\sqrt{3}}{2} + \frac{1}{2}i\right) = \frac{3}{2}\left(-\sqrt{3} + i\right)$, and

$w_2 = 3\left(\cos\frac{9\pi}{6} + i\sin\frac{9\pi}{6}\right) = -3i$.

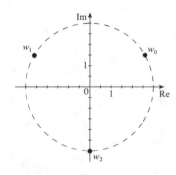

6. (a) $\mathbf{u}$ has initial point $P\left(3, -1\right)$ and terminal point $Q\left(-3, 9\right)$. Therefore, $\mathbf{u} = \left\langle -3 - 3, 9 - \left(-1\right)\right\rangle = \left\langle -6, 10\right\rangle = -6\mathbf{i} + 10\mathbf{j}$.

(b) $\mathbf{u} = \left\langle -6, 10\right\rangle \quad\Rightarrow\quad |\mathbf{u}| = \sqrt{\left(-6\right)^2 + 10^2} = \sqrt{4\cdot\left(9 + 25\right)} = 2\sqrt{34}$

7. $\mathbf{u} = \left\langle 1, 3\right\rangle$ and $\mathbf{v} = \left\langle -6, 2\right\rangle$.

(a) $\mathbf{u} - 3\mathbf{v} = \left\langle 1, 3\right\rangle - \left\langle -18, 6\right\rangle = \left\langle 19, -3\right\rangle$

(b) $|\mathbf{u} + \mathbf{v}| = |\left\langle 1 - 6, 3 + 2\right\rangle| = |\left\langle -5, 5\right\rangle| = \sqrt{\left(-5\right)^2 + 5^2} = 5\sqrt{2}$

(c) $\mathbf{u}\cdot\mathbf{v} = \left(1\right)\left(-6\right) + \left(3\right)\left(2\right) = -6 + 6 = 0$

(d) Since $\mathbf{u}\cdot\mathbf{v} = 0$, it is true that $\mathbf{u}$ and $\mathbf{v}$ are perpendicular.

8. (a)

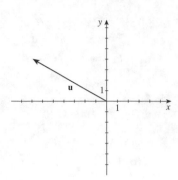

(b) $|\mathbf{u}| = \sqrt{\left(-4\sqrt{3}\right)^2 + 4^2} = \sqrt{48 + 16} = 8$ and $\tan\theta = \frac{4}{-4\sqrt{3}} = -\frac{\sqrt{3}}{3}$, so $\theta = \frac{5\pi}{6}$ (since the terminal point of $\mathbf{u}$ is in quadrant III).

9. Let $\mathbf{r}$ represent the velocity of the river and $\mathbf{b}$ the velocity of the boat. Then $\mathbf{r} = \langle 8, 0 \rangle$ and $\mathbf{b} = \langle 12\sin 30°, 12\cos 30° \rangle = \langle 6, 6\sqrt{3} \rangle$.

(a) The resultant (or true) velocity is $\mathbf{v} = \mathbf{r} + \mathbf{b} = \langle 14, 6\sqrt{3} \rangle = 14\mathbf{i} + 6\sqrt{3}\mathbf{j}$.

(b) $|\mathbf{v}| = \sqrt{14^2 + \left(6\sqrt{3}\right)^2} = \sqrt{196 + 108} = \sqrt{304} \approx 17.44$ and $\theta = \tan^{-1}\left(\frac{6\sqrt{3}}{14}\right) = \tan^{-1}\left(\frac{3\sqrt{3}}{7}\right) \approx 36.6°$.

Therefore, the true speed of the boat is approximately 17.4 mi/h and the true direction is approximately N 53.4° E.

10. (a) $\cos\theta = \dfrac{\langle 3, 2 \rangle \cdot \langle 5, -1 \rangle}{|\langle 3, 2 \rangle| \, |\langle 5, -1 \rangle|} = \dfrac{15 - 2}{\sqrt{13}\sqrt{26}} = \dfrac{13}{13\sqrt{2}} = \dfrac{1}{\sqrt{2}} \quad \Rightarrow \quad \theta = \frac{\pi}{4}$ rad $= 45°$.

(b) The component of $\mathbf{u}$ along $\mathbf{v}$ is $\dfrac{\mathbf{u} \cdot \mathbf{v}}{|\mathbf{v}|} = \dfrac{\langle 3, 2 \rangle \cdot \langle 5, -1 \rangle}{\sqrt{26}} = \dfrac{15 - 2}{\sqrt{26}} = \dfrac{13}{\sqrt{26}} = \dfrac{\sqrt{26}}{2}$.

(c) $\text{proj}_{\mathbf{v}}\,\mathbf{u} = \left(\dfrac{\mathbf{u} \cdot \mathbf{v}}{|\mathbf{v}|^2}\right)\mathbf{v} = \left(\dfrac{\langle 3, 2 \rangle \cdot \langle 5, -1 \rangle}{5^2 + (-1)^2}\right)\langle 5, -1 \rangle = \frac{13}{26}\langle 5, -1 \rangle = \frac{1}{2}\langle 5, -1 \rangle = \langle \frac{5}{2}, -\frac{1}{2} \rangle$.

11. The displacement vector is $\mathbf{D} = \langle 7, -13 \rangle - \langle 2, 2 \rangle = \langle 5, -15 \rangle$. Therefore, the work done is $W = \mathbf{F} \cdot \mathbf{D} = \langle 3, -5 \rangle \cdot \langle 5, -15 \rangle = 15 + 75 = 90$.

Focus on Modeling: Mapping the World

1. (a) Since we want $x = 36$ when $\alpha = 360°$, we substitute these values and solve for R: $36 = \frac{\pi}{180} \cdot 360R$ $\Leftrightarrow$ $R = \frac{36}{2\pi} \approx 5.73$ inches.

(b) The circumference of the earth at the equator is $2\pi(3960)$. Since the length of the equator on the map is 36 inches, each inch represents $\frac{1}{36}$ of that length, or $\frac{1}{36} \cdot 7920\pi \approx 691.2$ miles.

3. (a) $x = \frac{\pi}{180}(-122.3)(5.73) \approx -12.33$; $y = 5.73\tan 47.6° \approx 6.28$.

(b) $x = \frac{\pi}{180}(37.6)(5.73) \approx 3.76$; $y = 5.73\tan 55.8° \approx 8.43$

(c) $x = \frac{\pi}{180}(151.2)(5.73) \approx 15.12$; $y = 5.73\tan(-33.9°) \approx -3.85$

(d) $x = \frac{\pi}{180}(-43.1)(5.73) \approx -4.31$; $y = 5.73\tan(-22.9°) \approx -2.42$

5. The formula for the length of a circular arc is $s = r\theta$, where θ is measured in radians. Using this formula, we find that the distance along a meridian between the latitudes $\beta°$ and $(\beta+1)°$ is $\frac{\pi}{180}R \approx 0.01745R$.

(a) The projected distance on the cylinder is $R\tan 21° - R\tan 10° \approx 0.01989R$. Thus, the ratio is $\dfrac{0.01989R}{0.01745R} \approx 1.14$.

(b) The projected distance on the cylinder is $R\tan 41° - R\tan 40° \approx 0.03019R$. Thus, the ratio is $\dfrac{0.03019R}{0.01745R} \approx 1.73$.

(c) The projected distance on the cylinder is $R\tan 81° - R\tan 80° \approx 0.64247R$. Thus, the ratio is $\dfrac{0.64247R}{0.01745R} \approx 36.82$.

7. The projected distance on the plane between latitude $\beta_1°$ and $\beta_2°$ is

$$2R\tan\left(\tfrac{1}{2}\beta_1 + 45°\right) - 2R\tan\left(\tfrac{1}{2}\beta_2 + 45°\right) = 2R\left[\tan\left(\tfrac{1}{2}\beta_1 + 45°\right) - \tan\left(\tfrac{1}{2}\beta_2 + 45°\right)\right]$$

In Problem 5 we found that on the sphere, the distance along a meridian between the latitudes $\beta°$ and $(\beta+1)°$ is $\frac{\pi}{180}R \approx 0.01745R$.

(a) The projected distance on the plane is

$$2R\left[\tan\left(\tfrac{1}{2}(-20°) + 45°\right) - \tan\left(\tfrac{1}{2}(-21°) + 45°\right)\right] = 2R\left(\tan 35° - R\tan 34.5°\right)$$
$$\approx 0.02583R$$

Thus, the ratio is $\dfrac{0.02583R}{0.01745R} \approx 1.48$.

(b) The projected distance on the plane is

$$2R\left[\tan\left(\tfrac{1}{2}(-40) + 45°\right) - \tan\left(\tfrac{1}{2}(-41) + 45°\right)\right] = 2R\left(\tan 25° - R\tan 24.5°\right)$$
$$\approx 0.02116R$$

Thus, the ratio is $\dfrac{0.02116R}{0.01745R} \approx 1.21$.

(c) The projected distance on the plane is

$$2R\left[\tan\left(\tfrac{1}{2}(-80) + 45°\right) - \tan\left(\tfrac{1}{2}(-81) + 45°\right)\right] = 2R\left(\tan 5° - R\tan 4.5°\right)$$
$$\approx 0.01757R$$

Thus, the ratio is $\dfrac{0.01757R}{0.01745R} \approx 1.01$.

9 Systems of Equations and Inequalities

9.1 Systems of Equations

1. $\begin{cases} x - y = 2 \\ 2x + 3y = 9 \end{cases}$ Solving the first equation for x, we get $x = y + 2$, and substituting this into the second equation gives

$2(y + 2) + 3y = 9 \quad \Leftrightarrow \quad 5y + 4 = 9 \quad \Leftrightarrow \quad 5y = 5 \quad \Leftrightarrow \quad y = 1$. Substituting for y we get $x = y + 2 = (1) + 2 = 3$. Thus, the solution is $(3, 1)$.

3. $\begin{cases} y = x^2 \\ y = x + 12 \end{cases}$ Substituting $y = x^2$ into the second equation gives $x^2 = x + 12 \quad \Leftrightarrow$

$0 = x^2 - x - 12 = (x - 4)(x + 3) \Rightarrow x = 4$ or $x = -3$. So since $y = x^2$, the solutions are $(-3, 9)$ and $(4, 16)$.

5. $\begin{cases} x^2 + y^2 = 8 \\ x + y = 0 \end{cases}$ Solving the second equation for y gives $y = -x$, and substituting this into the first equation gives

$x^2 + (-x)^2 = 8 \quad \Leftrightarrow \quad 2x^2 = 8 \quad \Leftrightarrow \quad x = \pm 2$. So since $y = -x$, the solutions are $(2, -2)$ and $(-2, 2)$.

7. $\begin{cases} x + y^2 = 0 \\ 2x + 5y^2 = 75 \end{cases}$ Solving the first equation for x gives $x = -y^2$, and substituting this into the second equation

gives $2(-y^2) + 5y^2 = 75 \quad \Leftrightarrow \quad 3y^2 = 75 \quad \Leftrightarrow \quad y^2 = 25 \quad \Leftrightarrow \quad y = \pm 5$. So since $x = -y^2$, the solutions are $(-25, -5)$ and $(-25, 5)$.

9. $\begin{cases} x + 2y = 5 \\ 2x + 3y = 8 \end{cases}$ Multiplying the first equation by 2 and the second by -1 gives the system

$\begin{cases} 2x + 4y = 10 \\ -2x - 3y = -8 \end{cases}$ Adding, we get $y = 2$, and substituting into the first equation in the original system gives

$x + 2(2) = 5 \Leftrightarrow x + 4 = 5 \quad \Leftrightarrow \quad x = 1$. The solution is $(1, 2)$.

11. $\begin{cases} x^2 - 2y = 1 \\ x^2 + 5y = 29 \end{cases}$ Subtracting the first equation from the second equation gives $7y = 28 \Rightarrow y = 4$. Substituting $y = 4$ into

the first equation of the original system gives $x^2 - 2(4) = 1 \quad \Leftrightarrow \quad x^2 = 9 \quad \Leftrightarrow \quad x = \pm 3$. The solutions are $(3, 4)$ and $(-3, 4)$.

13. $\begin{cases} 3x^2 - y^2 = 11 \\ x^2 + 4y^2 = 8 \end{cases}$ Multiplying the first equation by 4 gives the system $\begin{cases} 12x^2 - 4y^2 = 44 \\ x^2 + 4y^2 = 8 \end{cases}$ Adding the equations

gives $13x^2 = 52 \Leftrightarrow x = \pm 2$. Substituting into the first equation we get $3(4) - y^2 = 11 \quad \Leftrightarrow \quad y = \pm 1$. Thus, the solutions are $(2, 1)$, $(2, -1)$, $(-2, 1)$, and $(-2, -1)$.

15. $\begin{cases} x - y^2 + 3 = 0 \\ 2x^2 + y^2 - 4 = 0 \end{cases}$ Adding the two equations gives $2x^2 + x - 1 = 0$. Using the quadratic formula we have

$x = \dfrac{-1 \pm \sqrt{1 - 4\,(2)\,(-1)}}{2\,(2)} = \dfrac{-1 \pm \sqrt{9}}{4} = \dfrac{-1 \pm 3}{4}$. So $x = \dfrac{-1 - 3}{4} = -1$ or $x = \dfrac{-1 + 3}{4} = \frac{1}{2}$. Substituting $x = -1$

into the first equation gives $-1 - y^2 + 3 = 0 \Leftrightarrow y^2 = 2 \quad \Leftrightarrow \quad y = \pm\sqrt{2}$. Substituting $x = \frac{1}{2}$ into the first equation

gives $\frac{1}{2} - y^2 + 3 = 0 \quad \Leftrightarrow \quad y^2 = \frac{7}{2} \quad \Leftrightarrow \quad y = \pm\sqrt{\frac{7}{2}}$. Thus the solutions are $(-1, \pm\sqrt{2})$ and $\left(\frac{1}{2}, \pm\sqrt{\frac{7}{2}}\right)$.

17. $\begin{cases} 2x + y = -1 \\ x - 2y = -8 \end{cases}$ By inspection of the graph, it appears that $(-2, 3)$ is the solution to the system. We check this in both

equations to verify that it is a solution. $2\,(-2) + 3 = -4 + 3 = -1$ and $-2 - 2\,(3) = -2 - 6 = -8$. Since both equations are satisfied, the solution is $(-2, 3)$.

19. $\begin{cases} x^2 + y = 8 \\ x - 2y = -6 \end{cases}$ By inspection of the graph, it appears that $(2, 4)$ is a solution, but is difficult to get accurate values

for the other point. Multiplying the first equation by 2 gives the system $\begin{cases} 2x^2 + 2y = 16 \\ x - 2y = -6 \end{cases}$ Adding the equations

gives $2x^2 + x = 10 \Leftrightarrow 2x^2 + x - 10 = 0 \quad \Leftrightarrow \quad (2x + 5)\,(x - 2) = 0$. So $x = -\frac{5}{2}$ or $x = 2$. If $x = -\frac{5}{2}$, then

$-\frac{5}{2} - 2y = -6 \quad \Leftrightarrow \quad -2y = -\frac{7}{2} \Leftrightarrow y = \frac{7}{4}$, and if $x = 2$, then $2 - 2y = -6 \Leftrightarrow -2y = -8 \quad \Leftrightarrow \quad y = 4$. Hence, the solutions are $\left(-\frac{5}{2}, \frac{7}{4}\right)$ and $(2, 4)$.

21. $\begin{cases} x^2 + y = 0 \\ x^3 - 2x - y = 0 \end{cases}$ By inspection of the graph, it appears that $(-2, -4)$, $(0, 0)$, and $(1, -1)$ are solutions to the

system. We check each point in both equations to verify that it is a solution.
For $(-2, -4)$: $(-2)^2 + (-4) = 4 - 4 = 0$ and $(-2)^3 - 2\,(-2) - (-4) = -8 + 4 + 4 = 0$.
For $(0, 0)$: $(0)^2 + (0) = 0$ and $(0)^3 - 2\,(0) - (0) = 0$.
For $(1, -1)$: $(1)^2 + (-1) = 1 - 1 = 0$ and $(1)^3 - 2\,(1) - (-1) = 1 - 2 + 1 = 0$.
Thus, the solutions are $(-2, -4)$, $(0, 0)$, and $(1, -1)$.

23. $\begin{cases} y + x^2 = 4x \\ y + 4x = 16 \end{cases}$ Subtracting the second equation from the first equation gives $x^2 - 4x = 4x - 16 \quad \Leftrightarrow$

$x^2 - 8x + 16 = 0 \Leftrightarrow (x - 4)^2 = 0 \quad \Leftrightarrow \quad x = 4$. Substituting this value for x into either of the original equations gives $y = 0$. Therefore, the solution is $(4, 0)$.

25. $\begin{cases} x - 2y = 2 \\ y^2 - x^2 = 2x + 4 \end{cases}$ Now $x - 2y = 2 \quad \Leftrightarrow \quad x = 2y + 2$. Substituting for x gives $y^2 - x^2 = 2x + 4 \quad \Leftrightarrow$

$y^2 - (2y + 2)^2 = 2\,(2y + 2) + 4 \quad \Leftrightarrow \quad y^2 - 4y^2 - 8y - 4 = 4y + 4 + 4 \quad \Leftrightarrow \quad y^2 + 4y + 4 = 0 \Leftrightarrow (y + 2)^2 = 0$
$\Leftrightarrow \quad y = -2$. Since $x = 2y + 2$, we have $x = 2\,(-2) + 2 = -2$. Thus, the solution is $(-2, -2)$.

27. $\begin{cases} x - y = 4 \\ xy = 12 \end{cases}$ Now $x - y = 4 \quad \Leftrightarrow \quad x = 4 + y$. Substituting for x gives $xy = 12 \quad \Leftrightarrow$

$(4 + y)\,y = 12 \Leftrightarrow y^2 + 4y - 12 = 0 \quad \Leftrightarrow \quad (y + 6)\,(y - 2) = 0 \quad \Leftrightarrow \quad y = -6, y = 2$. Since $x = 4 + y$, the solutions are $(-2, -6)$ and $(6, 2)$.

29. $\begin{cases} x^2y = 16 \\ x^2 + 4y + 16 = 0 \end{cases}$ Now $x^2y = 16 \Leftrightarrow x^2 = \dfrac{16}{y}$. Substituting for x^2 gives

$\dfrac{16}{y} + 4y + 16 = 0 \Rightarrow 4y^2 + 16y + 16 = 0 \Leftrightarrow y^2 + 4y + 4 = 0 \Leftrightarrow (y+2)^2 = 0 \Leftrightarrow y = -2$. Therefore,

$x^2 = \dfrac{16}{-2} = -8$, which has no real solution, and so the system has no solution.

31. $\begin{cases} x^2 + y^2 = 9 \\ x^2 - y^2 = 1 \end{cases}$ Adding the equations gives $2x^2 = 10 \Leftrightarrow x^2 = 5 \Leftrightarrow x = \pm\sqrt{5}$. Now

$x = \pm\sqrt{5} \Rightarrow y^2 = 9 - 5 = 4 \Leftrightarrow y = \pm 2$, and so the solutions are $(\sqrt{5}, 2)$, $(\sqrt{5}, -2)$, $(-\sqrt{5}, 2)$, and $(-\sqrt{5}, -2)$.

33. $\begin{cases} 2x^2 - 8y^3 = 19 \\ 4x^2 + 16y^3 = 34 \end{cases}$ Multiplying the first equation by 2 gives the system $\begin{cases} 4x^2 - 16y^3 = 38 \\ 4x^2 + 16y^3 = 34 \end{cases}$ Adding the two

equations gives $8x^2 = 72 \Leftrightarrow x = \pm 3$, and then substituting into the first equation we have $2(9) - 8y^3 = 19 \Leftrightarrow$

$y^3 = -\dfrac{1}{8} \Leftrightarrow y = -\dfrac{1}{2}$. Therefore, the solutions are $\left(3, -\dfrac{1}{2}\right)$ and $\left(-3, -\dfrac{1}{2}\right)$.

35. $\begin{cases} \dfrac{2}{x} - \dfrac{3}{y} = 1 \\ -\dfrac{4}{x} + \dfrac{7}{y} = 1 \end{cases}$ If we let $u = \dfrac{1}{x}$ and $v = \dfrac{1}{y}$, the system is equivalent to $\begin{cases} 2u - 3v = 1 \\ -4u + 7v = 1 \end{cases}$ Multiplying the first

equation by 4 gives the system $\begin{cases} 4u - 6v = 2 \\ -4u + 7v = 1 \end{cases}$ Adding the equations gives $v = 3$, and then substituting into the first

equation gives $2u - 9 = 1 \Leftrightarrow u = 5$. Thus, the solution is $\left(\dfrac{1}{5}, \dfrac{1}{3}\right)$.

37. $\begin{cases} y = 2x + 6 \\ y = -x + 5 \end{cases}$

The solution is approximately $(-0.33, 5.33)$.

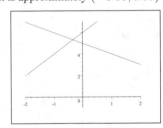

39. $\begin{cases} y = x^2 + 8x \\ y = 2x + 16 \end{cases}$

The solutions are $(-8, 0)$ and $(2, 20)$.

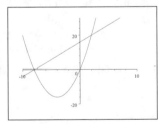

41. $\begin{cases} x^2 + y^2 = 25 \\ x + 3y = 2 \end{cases} \Leftrightarrow \begin{cases} y = \pm\sqrt{25 - x^2} \\ y = -\dfrac{1}{3}x + \dfrac{2}{3} \end{cases}$

The solutions are $(-4.51, 2.17)$ and $(4.91, -0.97)$.

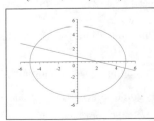

43. $\begin{cases} \dfrac{x^2}{9} + \dfrac{y^2}{18} = 1 \\ y = -x^2 + 6x - 2 \end{cases} \Leftrightarrow \begin{cases} y = \pm\sqrt{18 - 2x^2} \\ y = -x^2 + 6x - 2 \end{cases}$

The solutions are $(1.23, 3.87)$ and $(-0.35, -4.21)$.

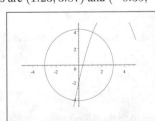

45. $\begin{cases} x^4 + 16y^4 = 32 \\ x^2 + 2x + y = 0 \end{cases} \Leftrightarrow \begin{cases} y = \pm\dfrac{\sqrt[4]{32 - x^4}}{2} \\ y = -x^2 - 2x \end{cases}$

The solutions are $(-2.30, -0.70)$ and $(0.48, -1.19)$.

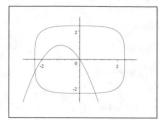

47. Let w and l be the lengths of the sides, in cm. Then we
have the system $\begin{cases} lw = 180 \\ 2l + 2w = 54 \end{cases}$ We solve the
second equation for w giving, $w = 27 - l$, and substitute
into the first equation to get
$l(27 - l) = 180 \Leftrightarrow l^2 - 27l + 180 = 0 \quad \Leftrightarrow$
$(l - 15)(l - 12) = 0 \Rightarrow l = 15$ or $l = 12$. If $l = 15$,
then $w = 27 - 15 = 12$, and if $l = 12$, then
$w = 27 - 12 = 15$. Therefore, the dimensions of the
rectangle are 12 cm by 15 cm.

49. Let l and w be the length and width, respectively, of the rectangle. Then, the system of equations
is $\begin{cases} 2l + 2w = 70 \\ \sqrt{l^2 + w^2} = 25 \end{cases}$ Solving the first equation for l, we have $l = 35 - w$, and substituting into
the second gives $\sqrt{l^2 + w^2} = 25 \Leftrightarrow l^2 + w^2 = 625 \quad \Leftrightarrow \quad (35 - w)^2 + w^2 = 625 \quad \Leftrightarrow$
$1225 - 70w + w^2 + w^2 = 625 \Leftrightarrow 2w^2 - 70w + 600 = 0 \quad \Leftrightarrow \quad (w - 15)(w - 20) = 0 \Rightarrow w = 15$ or $w = 20$. So the
dimensions of the rectangle are 15 and 20.

51. At the points where the rocket path and the hillside meet, we have $\begin{cases} y = \frac{1}{2}x \\ y = -x^2 + 401x \end{cases}$ Substituting for y in the second

equation gives $\frac{1}{2}x = -x^2 + 401x \quad \Leftrightarrow \quad x^2 - \frac{801}{2}x = 0 \Leftrightarrow x\left(x - \frac{801}{2}\right) = 0 \Rightarrow x = 0, \ x = \frac{801}{2}$. When $x = 0$, the

rocket has not left the pad. When $x = \frac{801}{2}$, then $y = \frac{1}{2}\left(\frac{801}{2}\right) = \frac{801}{4}$. So the rocket lands at the point $\left(\frac{801}{2}, \frac{801}{4}\right)$. The

distance from the base of the hill is $\sqrt{\left(\frac{801}{2}\right)^2 + \left(\frac{801}{4}\right)^2} \approx 447.77$ meters.

53. The point P is at an intersection of the circle of radius 26 centered at $A(22, 32)$
and the circle of radius 20 centered at $B(28, 20)$. We have the system

$\begin{cases} (x - 22)^2 + (y - 32)^2 = 26^2 \\ (x - 28)^2 + (y - 20)^2 = 20^2 \end{cases} \Leftrightarrow$

$\begin{cases} x^2 - 44x + 484 + y^2 - 64y + 1024 = 676 \\ x^2 - 56x + 784 + y^2 - 40y + 400 = 400 \end{cases} \Leftrightarrow$

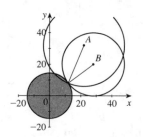

$\begin{cases} x^2 - 44x + y^2 - 64y = -832 \\ x^2 - 56x + y^2 - 40y = -784 \end{cases}$ Subtracting the two equations, we get $12x - 24y = -48 \Leftrightarrow x - 2y = -4$,

which is the equation of a line. Solving for x, we have $x = 2y - 4$. Substituting into the first equation gives
$(2y - 4)^2 - 44(2y - 4) + y^2 - 64y = -832 \quad \Leftrightarrow \quad 4y^2 - 16y + 16 - 88y + 176 + y^2 - 64y = -832$
$\Leftrightarrow \quad 5y^2 - 168y + 192 = -832 \quad \Leftrightarrow \quad 5y^2 - 168y + 1024 = 0$. Using the quadratic formula, we have
$y = \frac{168 \pm \sqrt{168^2 - 4(5)(1024)}}{2(5)} = \frac{168 \pm \sqrt{7744}}{10} = \frac{168 \pm 88}{10} \quad \Leftrightarrow \quad y = 8$ or $y = 25.60$. Since the y-coordinate of the point P
must be less than that of point A, we have $y = 8$. Then $x = 2(8) - 4 = 12$. So the coordinates of P are $(12, 8)$.

To solve graphically, we must solve each equation for y. This gives $(x - 22)^2 + (y - 32)^2 = 26^2$ $\Leftrightarrow (y - 32)^2 = 26^2 - (x - 22)^2 \Rightarrow y - 32 = \pm\sqrt{676 - (x - 22)^2} \Leftrightarrow y = 32 \pm \sqrt{676 - (x - 22)^2}$. We use the function $y = 32 - \sqrt{676 - (x - 22)^2}$ because the intersection we at interested in is below the point A. Likewise, solving the second equation for y, we would get the function $y = 20 - \sqrt{400 - (x - 28)^2}$. In a three-dimensional situation, you would need a minimum of three satellites, since a point on the earth can be uniquely specified as the intersection of three spheres centered at the satellites.

55. (a) $\begin{cases} \log x + \log y = \frac{3}{2} \\ 2\log x - \log y = 0 \end{cases}$ Adding the two equations gives $3\log x = \frac{3}{2} \Leftrightarrow \log x = \frac{1}{2} \Leftrightarrow x = \sqrt{10}$. Substituting

into the second equation we get $2\log 10^{1/2} - \log y = 0 \Leftrightarrow \log 10 - \log y = 0 \Leftrightarrow \log y = 1 \Leftrightarrow y = 10$. Thus, the solution is $\left(\sqrt{10}, 10\right)$.

(b) $\begin{cases} 2^x + 2^y = 10 \\ 4^x + 4^y = 68 \end{cases}$ $\Leftrightarrow$ $\begin{cases} 2^x + 2^y = 10 \\ 2^{2x} + 2^{2y} = 68 \end{cases}$ If we let $u = 2^x$ and $v = 2^y$, the system becomes $\begin{cases} u + v = 10 \\ u^2 + v^2 = 68 \end{cases}$

Solving the first equation for u, and substituting this into the second equation gives $u + v = 10 \Leftrightarrow u = 10 - v$, so $(10 - v)^2 + v^2 = 68 \Leftrightarrow 100 - 20v + v^2 + v^2 = 68 \Leftrightarrow v^2 - 10v + 16 = 0 \Leftrightarrow (v - 8)(v - 2) = 0 \Rightarrow v = 2$ or $v = 8$. If $v = 2$, then $u = 8$, and so $y = 1$ and $x = 3$. If $v = 8$, then $u = 2$, and so $y = 3$ and $x = 1$. Thus, the solutions are $(1, 3)$ and $(3, 1)$.

(c) $\begin{cases} x - y = 3 \\ x^3 - y^3 = 387 \end{cases}$ Solving the first equation for x gives $x = 3 + y$ and using the hint,

$x^3 - y^3 = 387 \Leftrightarrow (x - y)(x^2 + xy + y^2) = 387$. Next, substituting for x, we get

$3\left[(3 + y)^2 + y(3 + y) + y^2\right] = 387 \Leftrightarrow 9 + 6y + y^2 + 3y + y^2 + y^2 = 129 \Leftrightarrow 3y^2 + 9y + 9 = 129 \Leftrightarrow$

$(y + 8)(y - 5) = 0 \Rightarrow y = -8$ or $y = 5$. If $y = -8$, then $x = 3 + (-8) = -5$, and if $y = 5$, then $x = 3 + 5 = 8$. Thus the solutions are $(-5, -8)$ and $(8, 5)$.

(d) $\begin{cases} x^2 + xy = 1 \\ xy + y^2 = 3 \end{cases}$ Adding the equations gives $x^2 + xy + xy + y^2 = 4 \Leftrightarrow x^2 + 2xy + y^2 = 4 \Leftrightarrow$

$(x + y)^2 = 4 \Rightarrow x + y = \pm 2$. If $x + y = 2$, then from the first equation we get $x(x + y) = 1 \Rightarrow x \cdot 2 = 1 \Rightarrow x = \frac{1}{2}$, and so $y = 2 - \frac{1}{2} = \frac{3}{2}$. If $x + y = -2$, then from the first equation we get $x(x + y) = 1 \Rightarrow$ $x \cdot (-2) = 1 \Rightarrow x = -\frac{1}{2}$, and so $y = -2 - \left(-\frac{1}{2}\right) = -\frac{3}{2}$. Thus the solutions are $\left(\frac{1}{2}, \frac{3}{2}\right)$ and $\left(-\frac{1}{2}, -\frac{3}{2}\right)$.

9.2 Systems of Linear Equations in Two Variables

1. $\begin{cases} x + y = 4 \\ 2x - y = 2 \end{cases}$

The solution is $x = 2$, $y = 2$.

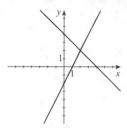

3. $\begin{cases} 2x - 3y = 12 \\ -x + \frac{3}{2}y = 4 \end{cases}$

The lines are parallel, so there is no intersection and hence no solution.

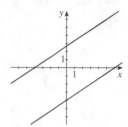

5. $\begin{cases} -x + \frac{1}{2}y = -5 \\ 2x - y = 10 \end{cases}$

There are infinitely many solutions.

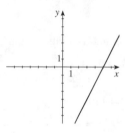

7. $\begin{cases} x + y = 4 \\ -x + y = 0 \end{cases}$ Adding the two equations gives

$2y = 4 \Leftrightarrow y = 2$. Substituting for y in the first equation gives $x + 2 = 4 \Leftrightarrow x = 2$. Hence, the solution is $(2, 2)$.

9. $\begin{cases} 2x - 3y = 9 \\ 4x + 3y = 9 \end{cases}$ Adding the two equations gives $6x = 18 \Leftrightarrow x = 3$. Substituting for x in the second equation gives

$4(3) + 3y = 9 \quad \Leftrightarrow \quad 12 + 3y = 9 \quad \Leftrightarrow \quad 3y = -3 \quad \Leftrightarrow \quad x = -1$. Hence, the solution is $(3, -1)$.

11. $\begin{cases} x + 3y = 5 \\ 2x - y = 3 \end{cases}$ Solving the first equation for x gives $x = -3y + 5$. Substituting for x in the second equation gives

$2(-3y + 5) - y = 3 \Leftrightarrow -6y + 10 - y = 3 \quad \Leftrightarrow \quad -7y = -7 \Leftrightarrow y = 1$. Then $x = -3(1) + 5 = 2$. Hence, the solution is $(2, 1)$.

13. $-x + y = 2 \quad \Leftrightarrow \quad y = x + 2$. Substituting for y into $4x - 3y = -3$ gives $4x - 3(x + 2) = -3 \quad \Leftrightarrow$ $4x - 3x - 6 = -3 \Leftrightarrow x = 3$, and so $y = (3) + 2 = 5$. Hence, the solution is $(3, 5)$.

15. $x + 2y = 7 \quad \Leftrightarrow \quad x = 7 - 2y$. Substituting for x into $5x - y = 2$ gives $5(7 - 2y) - y = 2$ $\Leftrightarrow \quad 35 - 10y - y = 2 \Leftrightarrow -11y = -33 \quad \Leftrightarrow \quad y = 3$, and so $x = 7 - 2(3) = 1$. Hence, the solution is $(1, 3)$.

17. $\frac{1}{2}x + \frac{1}{3}y = 2 \quad \Leftrightarrow \quad x + \frac{2}{3}y = 4 \quad \Leftrightarrow \quad x = 4 - \frac{2}{3}y$. Substituting for x into $\frac{1}{5}x - \frac{2}{3}y = 8$ gives $\frac{1}{5}\left(4 - \frac{2}{3}y\right) - \frac{2}{3}y = 8$ $\Leftrightarrow \quad \frac{4}{5} - \frac{2}{15}y - \frac{10}{15}y = 8 \Leftrightarrow 12 - 2y - 10y = 120 \quad \Leftrightarrow \quad y = -9$, and so $x = 4 - \frac{2}{3}(-9) = 10$. Hence, the solution is $(10, -9)$.

19. Adding twice the first equation to the second gives $0 = 32$, which is false. Thus, the system has no solution.

21. $\begin{cases} x + 4y = 8 \\ 3x + 12y = 2 \end{cases}$ Adding -3 times the first equation to the second equation gives $0 = -22$, which is never true. Thus,

the system has no solution.

23. $\begin{cases} 2x - 6y = 10 \\ -3x + 9y = -15 \end{cases}$ Adding 3 times the first equation to 2 times the second equation gives $0 = 0$. Writing the equation

in slope-intercept form, we have $2x - 6y = 10$ $\Leftrightarrow$ $-6y = -2x + 10$ $\Leftrightarrow$ $y = \frac{1}{3}x - \frac{5}{3}$, so the solutions are all pairs of the form $\left(x, \frac{1}{3}x - \frac{5}{3}\right)$ where x is a real number.

25. $\begin{cases} 6x + 4y = 12 \\ 9x + 6y = 18 \end{cases}$ Adding 3 times the first equation to -2 times the second equation gives $0 = 0$. Writing the equation in

slope-intercept form, we have $6x + 4y = 12$ $\Leftrightarrow$ $4y = -6x + 12$ $\Leftrightarrow$ $y = -\frac{3}{2}x + 3$, so the solutions are all pairs of the form $\left(x, -\frac{3}{2}x + 3\right)$ where x is a real number.

27. $\begin{cases} 8s - 3t = -3 \\ 5s - 2t = -1 \end{cases}$ Adding 2 times the first equation to 3 times the second equation gives $s = -3$, so

$8(-3) - 3t = -3 \Leftrightarrow -24 - 3t = -3$ $\Leftrightarrow$ $t = -7$. Thus, the solution is $(-3, -7)$.

29. $\begin{cases} \frac{1}{2}x + \frac{3}{5}y = 3 \\ \frac{5}{3}x + 2y = 10 \end{cases}$ Adding 10 times the first equation to -3 times the second equation gives $0 = 0$. Writing the equation

in slope-intercept form, we have $\frac{1}{2}x + \frac{3}{5}y = 3$ $\Leftrightarrow$ $\frac{3}{5}y = -\frac{1}{2}x + 3$ $\Leftrightarrow$ $y = -\frac{5}{6}x + 5$, so the solutions are all pairs of the form $\left(x, -\frac{5}{6}x + 5\right)$ where x is a real number.

31. $\begin{cases} 0.4x + 1.2y = 14 \\ 12x - 5y = 10 \end{cases}$ Adding 30 times the first equation to -1 times the second equation gives $41y = 410$ $\Leftrightarrow$

$y = 10$, so $12x - 5(10) = 10$ $\Leftrightarrow$ $12x - 60$ $\Leftrightarrow$ $x = 5$. Thus, the solution is $(5, 10)$.

33. $\begin{cases} \frac{1}{3}x - \frac{1}{4}y = 2 \\ -8x + 6y = 10 \end{cases}$ Adding 24 times the first equation to the second equation gives $0 = 58$, which is never true. Thus,

the system has no solution.

35. $\begin{cases} 0.21x + 3.17y = 9.51 \\ 2.35x - 1.17y = 5.89 \end{cases}$

The solution is approximately $(3.87, 2.74)$.

37. $\begin{cases} 2371x - 6552y = 13{,}591 \\ 9815x + 992y = 618{,}555 \end{cases}$

The solution is approximately $(61.00, 20.00)$.

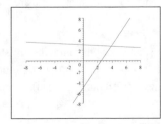

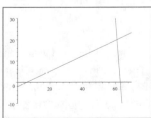

39. Subtracting the first equation from the second, we get $ay - y = 1 \Leftrightarrow y(a-1) = 1$ $\Leftrightarrow$ $y = \dfrac{1}{a-1}$, $a \neq 1$. So

$x + \left(\dfrac{1}{a-1}\right) = 0$ $\Leftrightarrow$ $x = \dfrac{1}{1-a} = -\dfrac{1}{a-1}$. Thus, the solution is $\left(-\dfrac{1}{a-1}, \dfrac{1}{a-1}\right)$.

41. Subtracting b times the first equation from a times the second, we get $(a^2 - b^2)\, y = a - b \quad \Leftrightarrow \quad y = \dfrac{a - b}{a^2 - b^2} = \dfrac{1}{a + b}$,

$a^2 - b^2 \neq 0$. So $ax + \dfrac{b}{a + b} = 1 \quad \Leftrightarrow \quad ax = \dfrac{a}{a + b} \quad \Leftrightarrow \quad x = \dfrac{1}{a + b}$. Thus, the solution is $\left(\dfrac{1}{a + b}, \dfrac{1}{a + b} \right)$.

43. Let the two numbers be x and y. Then $\begin{cases} x + y = 34 \\ x - y = 10 \end{cases}$ Adding these two equations gives $2x = 44 \Leftrightarrow x = 22$. So

$22 + y = 34 \quad \Leftrightarrow \quad y = 12$. Therefore, the two numbers are 22 and 12.

45. Let d be the number of dimes and q be the number of quarters. This gives $\begin{cases} d + q = 14 \\ 0.10d + 0.25q = 2.75 \end{cases}$ Subtracting the

first equation from 10 times the second gives $1.5q = 13.5 \quad \Leftrightarrow \quad q = 9$. So $d + 9 = 14 \Leftrightarrow d = 5$. Thus, the number of

dimes is 5 and the number of quarters is 9.

47. Let x be the speed of the plane in still air and y be the speed of the wind. This gives $\begin{cases} 2x - 2y = 180 \\ 1.2x + 1.2y = 180 \end{cases}$ Subtracting

6 times the first equation from 10 times the second gives $24x = 2880 \quad \Leftrightarrow \quad x = 120$, so $2\,(120) - 2y = 180 \quad \Leftrightarrow$

$-2y = -60 \quad \Leftrightarrow \quad y = 30$. Therefore, the speed of the plane is 120 mi/h and the wind speed is 30 mi/h.

49. Let x be the cycling speed and y be the running speed. (Remember to divide by 60 to convert minutes to decimal hours.)

We have $\begin{cases} 0.5x + 0.5y = 12.5 \\ 0.75x + 0.2y = 16 \end{cases}$ Subtracting 2 times the first equation from 5 times the second, we get $2.75x = 55$

$\Leftrightarrow \quad x = 20$, so $20 + y = 25 \quad \Leftrightarrow \quad y = 5$. Thus, the cycling speed is 20 mi/h and the running speed is 5 mi/h.

51. Let a and b be the number of grams of food A and food B. Then $\begin{cases} 0.12a + 0.20b = 32 \\ 100a + 50b = 22{,}000 \end{cases}$ Subtracting 250 times the

first equation from the second, we get $70a = 14{,}000 \quad \Leftrightarrow \quad a = 200$, so $0.12\,(200) + 0.20b = 32 \quad \Leftrightarrow \quad 0.20b = 8$

$\Leftrightarrow \quad b = 40$. Thus, she should use 200 grams of food A and 40 grams of food B.

53. Let x and y be the sulfuric acid concentrations in the first and second containers.

$\begin{cases} 300x + 600y = 900\,(0.15) \\ 100x + 500y = 600\,(0.125) \end{cases}$ Subtracting the first equation from 3 times the second gives $900y = 90 \quad \Leftrightarrow$

$y = 0.10$, so $100x + 500\,(0.10) = 75 \quad \Leftrightarrow \quad x = 0.25$. Thus, the concentrations of sulfuric acid are 25% in the first

container and 10% in the second.

55. Let x be the amount invested at 6% and y the amount invested at 10%. The ratio of the amounts invested gives

$x = 2y$. Then the interest earned is $0.06x + 0.10y = 3520 \quad \Leftrightarrow \quad 6x + 10y = 352{,}000$. Substituting gives

$6\,(2y) + 10y = 352{,}000 \Leftrightarrow 22y = 352{,}000 \quad \Leftrightarrow \quad y = 16{,}000$. Then $x = 2\,(16{,}000) = 32{,}000$. Thus, he invests

\$32,000 at 6% and \$16,000 at 10%.

57. Let x be the tens digit and y be the ones digit of the number. $\begin{cases} x + y = 7 \\ 10y + x = 27 + 10x + y \end{cases}$ Adding 9 times the first

equation to the second gives $18x = 36 \quad \Leftrightarrow \quad x = 2$, so $2 + y = 7 \quad \Leftrightarrow \quad y = 5$. Thus, the number is 25.

59. $n = 5$, so $\sum_{k=1}^{n} x_k = 1 + 2 + 3 + 5 + 7 = 18$,

$\sum_{k=1}^{n} y_k = 3 + 5 + 6 + 6 + 9 = 29$,

$\sum_{k=1}^{n} x_k y_k = 1\,(3) + 2\,(5) + 3\,(6) + 5\,(6) + 7\,(9) = 124$, and

$\sum_{k=1}^{n} x_k^2 = 1^2 + 2^2 + 3^2 + 5^2 + 7^2 = 88$. Thus we get the system

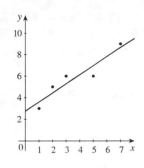

$\begin{cases} 18a + 5b = 29 \\ 88a + 18b = 124 \end{cases}$ Subtracting 18 times the first equation from 5 times the

second, we get $116a = 98 \quad \Leftrightarrow \quad a \approx 0.845$. Then

$b = \frac{1}{5}\left[-18\,(0.845) + 29\right] \approx 2.758$. So the regression line is $y = 0.845x + 2.758$.

9.3 Systems of Linear Equations in Several Variables

1. The equation $6x - \sqrt{3}y + \frac{1}{2}z = 0$ is linear.

3. The system $\begin{cases} xy - 3y + z = 5 \\ x - y^2 + 5z = 0 \\ 2x + yz = 3 \end{cases}$ is not a linear system, since the first equation contains a product of variables. In fact

both the second and the third equation are not linear.

5. $\begin{cases} x - 2y + 4z = 3 \\ y + 2z = 7 \\ z = 2 \end{cases}$ Substituting $z = 2$ into the second equation gives $y + 2\,(2) = 7 \quad \Leftrightarrow \quad y = 3$. Substituting $z = 2$

and $y = 3$ into the first equation gives $x - 2\,(3) + 4\,(2) = 3 \Leftrightarrow x = 1$. Thus, the solution is $(1, 3, 2)$.

7. $\begin{cases} x + 2y + z = 7 \\ -y + 3z = 9 \\ 2z = 6 \end{cases}$ Solving we get $2z = 6 \quad \Leftrightarrow \quad z = 3$. Substituting $z = 3$ into the second equation gives

$-y + 3\,(3) = 9 \Leftrightarrow y = 0$. Substituting $z = 3$ and $y = 0$ into the first equation gives $x + 2\,(0) + 3 = 7 \quad \Leftrightarrow \quad x = 4$.
Thus, the solution is $(4, 0, 3)$.

9. $\begin{cases} 2x - y + 6z = 5 \\ y + 4z = 0 \\ -2z = 1 \end{cases}$ Solving we get $-2z = 1 \quad \Leftrightarrow \quad z = -\frac{1}{2}$. Substituting $z = -\frac{1}{2}$ into the second equation gives

$y + 4\left(-\frac{1}{2}\right) = 0 \quad \Leftrightarrow \quad y = 2$. Substituting $z = -\frac{1}{2}$ and $y = 2$ into the first equation gives $2x - (2) + 6\left(-\frac{1}{2}\right) = 5 \quad \Leftrightarrow$
$x = 5$. Thus, the solution is $\left(5, 2, -\frac{1}{2}\right)$.

11. $\begin{cases} x - 2y - z = 4 \\ x - y + 3z = 0 \\ 2x + y + z = 0 \end{cases}$ Subtract the first equation from the second equation: $\begin{cases} x - 2y - z = 4 \\ y + 4z = -4 \\ 2x + y + z = 0 \end{cases}$

Or, subtract $\frac{1}{2}$ times the third equation from the second equation: $\begin{cases} x - 2y - z = 4 \\ -\frac{3}{2}y + \frac{5}{2}z = 0 \\ 2x + y + z = 0 \end{cases}$

13. $\begin{cases} 2x - y + 3z = 2 \\ x + 2y - z = 4 \\ -4x + 5y + z = 10 \end{cases}$ Add 2 times the first equation to the third equation: $\begin{cases} 2x - y + 3z = 2 \\ x + 2y - z = 4 \\ 3y + 7z = 14 \end{cases}$

Or, add 4 times the second equation to the third equation: $\begin{cases} 2x - y + 3z = 2 \\ x + 2y - z = 4 \\ 13y - 3z = 26 \end{cases}$

15. $\begin{cases} x + y + z = 4 \\ x + 3y + 3z = 10 \\ 2x + y - z = 3 \end{cases}$ $\Leftrightarrow$ $\begin{cases} x + y + z = 4 \\ 2y + 2z = 6 \quad (-1) \times \text{Eq. 1} + \text{Eq. 2} \\ y + 3z = 5 \quad 2 \times \text{Eq. 1} + (-1) \times \text{Eq. 3} \end{cases}$ $\Leftrightarrow$ $\begin{cases} x + y + z = 4 \\ y + 3z = 5 \quad \text{Eq. 3} \\ 2y + 2z = 6 \quad \text{Eq. 2} \end{cases}$

$\Leftrightarrow$ $\begin{cases} x + y + z = 4 \\ y + 3z = 5 \\ -4z = -4 \quad (-2) \times \text{Eq. 2} + \text{Eq. 3} \end{cases}$ $\Leftrightarrow$ $z = 1$ and $y + 3(1) = 8 \Leftrightarrow y = 2$. Then $x + 2 + 1 = 4$ $\Leftrightarrow$

$x = 1$. So the solution is $(1, 2, 1)$.

17. $\begin{cases} x - 4z = 1 \\ 2x - y - 6z = 4 \\ 2x + 3y - 2z = 8 \end{cases}$ $\Leftrightarrow$ $\begin{cases} x - 4z = 1 \\ -y + 2z = 2 \quad (-2) \times \text{Eq. 1} + \text{Eq. 2} \\ 3y + 6z = 6 \quad (-2) \times \text{Eq. 1} + \text{Eq. 3} \end{cases}$ $\Leftrightarrow$ $\begin{cases} x - 4z = 1 \\ -y + 2z = 2 \\ 12z = 12 \quad 3 \times \text{Eq. 2} + \text{Eq. 3} \end{cases}$

So $z = 1$ and $-y + 2(1) = 2 \Leftrightarrow y = 0$. Then $x - 4(1) = 1$ $\Leftrightarrow$ $x = 5$. So the solution is $(5, 0, 1)$.

19. $\begin{cases} 2x + 4y - z = 2 \\ x + 2y - 3z = -4 \\ 3x - y + z = 1 \end{cases}$ $\Leftrightarrow$ $\begin{cases} x + 2y - 3z = -4 \\ 2x + 4y - z = 2 \\ 3x - y + z = 1 \end{cases}$ $\Leftrightarrow$ $\begin{cases} x + 2y - 3z = -4 \\ -7y + 10z = 13 \\ 5z = 10 \end{cases}$ So $z = 2$ and

$-7y + 10(2) = 13$ $\Leftrightarrow$ $y = 1$. Then $x + 2(1) - 3(2) = -4$ $\Leftrightarrow$ $x = 0$. So the solution is $(0, 1, 2)$.

21. $\begin{cases} y - 2z = 0 \\ 2x + 3y = 2 \\ -x - 2y + z = -1 \end{cases}$ $\Leftrightarrow$ $\begin{cases} -x - 2y + z = -1 \\ y - 2z = 0 \\ 2x + 3y = 2 \end{cases}$ $\Leftrightarrow$ $\begin{cases} -x - 2y + z = -1 \\ y - 2z = 0 \\ -y + 2z = 0 \end{cases}$ $\Leftrightarrow$ $\begin{cases} -x - 2y + z = -1 \\ y - 2z = 0 \\ 0 = 0 \end{cases}$

The system is dependent, so when $z = t$ we solve for y to get $y - 2t = 0$ $\Leftrightarrow$ $y = 2t$. Then $-x - 2(2t) + t = -1 \Leftrightarrow -x - 3t = -1$ $\Leftrightarrow$ $x = -3t + 1$. So the solutions are $(-3t + 1, 2t, t)$, where t is any real number.

23. $\begin{cases} x + 2y - z = 1 \\ 2x + 3y - 4z = -3 \\ 3x + 6y - 3z = 4 \end{cases}$ $\Leftrightarrow$ $\begin{cases} x + 2y - z = 1 \\ -y - 2z = -5 \\ 0 = 1 \end{cases}$ Since $0 = 1$ is false, this system is inconsistent.

25. $\begin{cases} 2x + 3y - z = 1 \\ x + 2y = 3 \\ x + 3y + z = 4 \end{cases}$ $\Leftrightarrow$ $\begin{cases} x + 2y = 3 \\ 2x + 3y - z = 1 \\ x + 3y + z = 4 \end{cases}$ $\Leftrightarrow$ $\begin{cases} x + 2y = 3 \\ -y - z = -5 \\ y + z = 1 \end{cases}$ $\Leftrightarrow$ $\begin{cases} x + 2y = 3 \\ -y - z = -5 \\ 0 = -4 \end{cases}$

Since $0 = -4$ is false, this system is inconsistent.

27. $\begin{cases} x + y - z = 0 \\ x + 2y - 3z = -3 \\ 2x + 3y - 4z = -3 \end{cases}$ $\Leftrightarrow$ $\begin{cases} x + y - z = 0 \\ y - 2z = -3 \\ y - 2z = -3 \end{cases}$ $\Leftrightarrow$ $\begin{cases} x + y - z = 0 \\ y - 2z = -3 \\ 0 = 0 \end{cases}$

So $z = t$ and $y - 2t = -3$ $\Leftrightarrow$ $y = 2t - 3$. Then $x + (2t - 3) - t = 0$ $\Leftrightarrow$ $x = -t + 3$. So the solutions are $(-t + 3, 2t - 3, t)$, where t is any real number.

29. $\begin{cases} x + 3y - 2z = 0 \\ 2x \qquad + 4z = 4 \\ 4x + 6y \qquad = 4 \end{cases} \Leftrightarrow \begin{cases} x + 3y - 2z = 0 \\ -6y + 8z = 4 \\ -6y + 8z = 4 \end{cases} \Leftrightarrow \begin{cases} x + 3y - 2z = 0 \\ -6y + 8z = 4 \\ 0 = 0 \end{cases}$

So $z = t$ and $-6y + 8t = 4 \Leftrightarrow -6y = -8t + 4 \Leftrightarrow y = \frac{4}{3}t - \frac{2}{3}$. Then $x + 3\left(\frac{4}{3}t - \frac{2}{3}\right) - 2t = 0 \Leftrightarrow x = -2t + 2$.

So the solutions are $\left(-2t + 2, \frac{4}{3}t - \frac{2}{3}, t\right)$, where t is any real number.

31. $\begin{cases} x \qquad + z + 2w = 6 \\ y - 2z \qquad = -3 \\ x + 2y - z \qquad = -2 \\ 2x + y + 3z - 2w = 0 \end{cases} \Leftrightarrow \begin{cases} x \qquad + z + 2w = 6 \\ y - 2z \qquad = -3 \\ 2y - 2z - 2w = -8 \\ y + z - 6w = -12 \end{cases} \Leftrightarrow \begin{cases} x \qquad + z + 2w = 6 \\ y - 2z \qquad = -3 \\ z - w = -1 \\ 3z - 6w = -9 \end{cases} \Leftrightarrow$

$\begin{cases} x \qquad + z + 2w = 6 \\ y - 2z \qquad = -3 \\ z - w = -1 \\ -3w = -6 \end{cases}$ So $w = 2$ and $z - 2 = -1 \Leftrightarrow z = 1$. Then $y - 2(1) = -3 \Leftrightarrow y = -1$ and

$x + 1 + 2(2) = 6 \Leftrightarrow x = 1$. Thus, the solution is $(1, -1, 1, 2)$.

33. Let x be the amount invested at 4%, y the amount invested at 5%, and z the amount invested at 6%. We set up

a model and get the following equations: $\begin{cases} \text{Total money:} & x + y + z = 100{,}000 \\ \text{Annual income:} & 0.04x + 0.05y + 0.06z = 0.051\,(100{,}000) \\ \text{Equal amounts:} & x = y \end{cases} \Leftrightarrow$

$\begin{cases} x + y + z = 100{,}000 \\ 4x + 5y + 6z = 510{,}000 \\ x - y = 0 \end{cases} \Leftrightarrow \begin{cases} x + y + z = 100{,}000 \\ y + 2z = 110{,}000 \\ -2y - z = -100{,}000 \end{cases} \Leftrightarrow \begin{cases} x + y + z = 100{,}000 \\ y + 2z = 110{,}000 \\ 3z = 120{,}000 \end{cases}$ So

$z = 40{,}000$ and $y + 2(40{,}000) = 110{,}000 \Leftrightarrow y = 30{,}000$. Since $x = y$, $x = 30{,}000$. She must invest $30,000 in short-term bonds, $30,000 in intermediate-term bonds, and $40,000 in long-term bonds.

35. Let a, b, and c be the number of ounces of Type A, Type B, and Type C pellets used. The requirements for the different

vitamins gives the following system: $\begin{cases} 2a + 3b + c = 9 \\ 3a + b + 3c = 14 \\ 8a + 5b + 7c = 32 \end{cases} \Leftrightarrow \begin{cases} 2a + 3b + c = 9 \\ -7b + 3c = 1 \\ -7b + 3c = -4 \end{cases}$

Equations 2 and 3 are inconsistent, so there is no solution.

37. Let x, y, and z be the number of acres of land planted with corn, wheat, and soybeans. We set up a model and

get the following equations: $\begin{cases} \text{Total acres:} & x + y + z = 1200 \\ \text{Market demand:} & 2x = y \\ \text{Total cost:} & 45x + 60y + 50z = 63{,}750 \end{cases}$ Substituting $2x$ for y, we get

$\begin{cases} x + 2x + z = 1200 \\ 2x = y \\ 45x + 60\,(2x) + 50z = 63{,}750 \end{cases} \Leftrightarrow \begin{cases} 3x + z = 1200 \\ 2x - y = 0 \\ 165x + 50z = 63{,}750 \end{cases} \Leftrightarrow \begin{cases} 3x + z = 1200 \\ 2x - y = 0 \\ 15x = 3750 \end{cases}$ So

$15x = 3{,}750 \Leftrightarrow x = 250$ and $y = 2(250) = 500$. Substituting into the original equation, we have

$250 + 500 + z = 1200 \Leftrightarrow z = 450$. Thus the farmer should plant 250 acres of corn, 500 acres of wheat, and 450 acres of soybeans.

39. (a) We begin by substituting $\dfrac{x_0 + x_1}{2}$, $\dfrac{y_0 + y_1}{2}$, and $\dfrac{z_0 + z_1}{2}$ into the left-hand side of the first equation:

$$a_1 \left(\frac{x_0 + x_1}{2}\right) + b_1 \left(\frac{y_0 + y_1}{2}\right) + c_1 \left(\frac{z_0 + z_1}{2}\right) = \tfrac{1}{2}\left[(a_1 x_0 + b_1 y_0 + c_1 z_0) + (a_1 x_1 + b_1 y_1 + c_1 z_1)\right]$$
$$= \tfrac{1}{2}\left[d_1 + d_1\right] = d_1$$

Thus the given ordered triple satisfies the first equation. We can show that it satisfies the second and the third in exactly the same way. Thus it is a solution of the system.

(b) We have shown in part (a) that if the system has two different solutions, we can find a third one by averaging the two solutions. But then we can find a fourth and a fifth solution by averaging the new one with each of the previous two. Then we can find four more by repeating this process with these new solutions, and so on. Clearly this process can continue indefinitely, so there are infinitely many solutions.

9.4   Systems of Linear Equations: Matrices

1. 3×2 　　　　　　　**3.** 2×1 　　　　　　　**5.** 1×3

7. (a) Yes, this matrix is in row-echelon form.

(b) Yes, this matrix is in reduced row-echelon form.

(c) $\begin{cases} x = -3 \\ y = 5 \end{cases}$

9. (a) Yes, this matrix is in row-echelon form.

(b) No, this matrix is not in reduced row-echelon form, since the leading 1 in the second row does not have a zero above it.

(c) $\begin{cases} x + 2y + 8z = 0 \\ y + 3z = 2 \\ 0 = 0 \end{cases}$

11. (a) No, this matrix is not in row-echelon form, since the row of zeros is not at the bottom.

(b) No, this matrix is not in reduced row-echelon form.

(c) $\begin{cases} x = 0 \\ 0 = 0 \\ y + 5z = 1 \end{cases}$

13. (a) Yes, this matrix is in row-echelon form.

(b) Yes, this matrix is in reduced row-echelon form.

(c) $\begin{cases} x + 3y - w = 0 \\ z + 2w = 2 \\ 0 = 1 \\ 0 = 0 \end{cases}$

Notice that this system has no solution.

15. $\begin{bmatrix} 1 & -2 & 1 & 1 \\ 0 & 1 & 2 & 5 \\ 1 & 1 & 3 & 8 \end{bmatrix} \xrightarrow{R_3 - R_1 \to R_3} \begin{bmatrix} 1 & -2 & 1 & 1 \\ 0 & 1 & 2 & 5 \\ 0 & 3 & 2 & 7 \end{bmatrix} \xrightarrow{R_3 - 3R_2 \to R_3} \begin{bmatrix} 1 & -2 & 1 & 1 \\ 0 & 1 & 2 & 5 \\ 0 & 0 & -4 & -8 \end{bmatrix}$. Thus, $-4z = -8 \quad \Leftrightarrow$

$z = 2$; $y + 2(2) = 5 \quad \Leftrightarrow \quad y = 1$; and $x - 2(1) + (2) = 1 \quad \Leftrightarrow \quad x = 1$. Therefore, the solution is $(1, 1, 2)$.

17. $\begin{bmatrix} 1 & 1 & 1 & 2 \\ 2 & -3 & 2 & 4 \\ 4 & 1 & -3 & 1 \end{bmatrix} \begin{array}{c} \xrightarrow{R_2 - 2R_1 \to R_2} \\ \xrightarrow{R_3 - 4R_1 \to R_3} \end{array} \begin{bmatrix} 1 & 1 & 1 & 2 \\ 0 & -5 & 0 & 0 \\ 0 & -3 & -7 & -7 \end{bmatrix} \xrightarrow{R_3 - \frac{3}{5}R_2 \to R_3} \begin{bmatrix} 1 & 1 & 1 & 2 \\ 0 & -5 & 0 & 0 \\ 0 & 0 & -7 & -7 \end{bmatrix}$. Thus, $-7z = -7$

$\Leftrightarrow \quad z = 1$; $-5y = 0 \Leftrightarrow y = 0$; and $x + 0 + 1 = 2 \quad \Leftrightarrow \quad x = 1$. Therefore, the solution is $(1, 0, 1)$.

19. $\begin{bmatrix} 1 & 2 & -1 & -2 \\ 1 & 0 & 1 & 0 \\ 2 & -1 & -1 & -3 \end{bmatrix}$ $\xrightarrow[R_3 - 2R_1 \to R_3]{R_2 - R_1 \to R_2}$ $\begin{bmatrix} 1 & 2 & -1 & -2 \\ 0 & -2 & 2 & 2 \\ 0 & -5 & 1 & 1 \end{bmatrix}$ $\xrightarrow{-\frac{1}{2}R_2}$ $\begin{bmatrix} 1 & 2 & -1 & -2 \\ 0 & 1 & 1 & 1 \\ 0 & -5 & 1 & 1 \end{bmatrix}$ $\xrightarrow{R_3 + 5R_2 \to R_3}$

$\begin{bmatrix} 1 & 2 & -1 & -2 \\ 0 & 1 & 1 & 1 \\ 0 & 0 & 6 & 6 \end{bmatrix}$. Thus, $6z = 6$ $\Leftrightarrow$ $z = 1$; $y + (1) = 1 \Leftrightarrow y = 0$; and $x + 2(0) - (1) = -2 \Leftrightarrow x = -1$.

Therefore, the solution is $(-1, 0, 1)$.

21. $\begin{bmatrix} 1 & 2 & -1 & 9 \\ 2 & 0 & -1 & -2 \\ 3 & 5 & 2 & 22 \end{bmatrix}$ $\xrightarrow[R_3 - 3R_1 \to R_3]{R_2 - 2R_1 \to R_2}$ $\begin{bmatrix} 1 & 2 & -1 & 9 \\ 0 & -4 & 1 & -20 \\ 0 & -1 & 5 & -5 \end{bmatrix}$ $\xrightarrow{4R_3 - R_2 \to R_3}$ $\begin{bmatrix} 1 & 2 & -1 & 9 \\ 0 & -4 & 1 & -20 \\ 0 & 0 & 19 & 0 \end{bmatrix}$ Thus, $19x_3 = 0$

$\Leftrightarrow$ $x_3 = 0$; $-4x_2 = -20 \Leftrightarrow x_2 = 5$; and $x_1 + 2(5) = 9 \Leftrightarrow x_1 = -1$. Therefore, the solution is $(-1, 5, 0)$.

23. $\begin{bmatrix} 2 & -3 & -1 & 13 \\ -1 & 2 & -5 & 6 \\ 5 & -1 & -1 & 49 \end{bmatrix}$ $\xrightarrow[2R_3 - 5R_1 \to R_3]{2R_2 + R_1 \to R_2}$ $\begin{bmatrix} 2 & -3 & -1 & 13 \\ 0 & 1 & -11 & 25 \\ 0 & 13 & 3 & 33 \end{bmatrix}$ $\xrightarrow{R_3 - 13R_2 \to R_3}$ $\begin{bmatrix} 2 & -3 & -1 & 13 \\ 0 & 1 & -11 & 25 \\ 0 & 0 & 146 & -292 \end{bmatrix}$ Thus,

$146z = -292$ $\Leftrightarrow$ $z = -2$; $y - 11(-2) = 25$ $\Leftrightarrow$ $y = 3$; and $2x - 3 \cdot 3 + 2 = 13 \Leftrightarrow x = 10$. Therefore, the solution is $(10, 3, -2)$.

25. $\begin{bmatrix} 1 & 1 & 1 & 2 \\ 0 & 1 & -3 & 1 \\ 2 & 1 & 5 & 0 \end{bmatrix}$ $\xrightarrow{R_3 - 2R_1 \to R_3}$ $\begin{bmatrix} 1 & 1 & 1 & 2 \\ 0 & 1 & -3 & 1 \\ 0 & -1 & 3 & -4 \end{bmatrix}$ $\xrightarrow{R_3 + R_2 \to R_3}$ $\begin{bmatrix} 1 & 1 & 1 & 3 \\ 0 & 1 & -3 & 1 \\ 0 & 0 & 0 & -3 \end{bmatrix}$. The third row of the

matrix states $0 = -3$, which is impossible. Hence, the system is inconsistent, and there is no solution.

27. $\begin{bmatrix} 2 & -3 & -9 & -5 \\ 1 & 0 & 3 & 2 \\ -3 & 1 & -4 & -3 \end{bmatrix}$ $\xrightarrow{R_1 \leftrightarrow R_2}$ $\begin{bmatrix} 1 & 0 & 3 & 2 \\ 2 & -3 & -9 & -5 \\ -3 & 1 & -4 & -3 \end{bmatrix}$ $\xrightarrow[R_3 + 3R_1 \to R_3]{R_2 - 2R_1 \to R_2}$ $\begin{bmatrix} 1 & 0 & 3 & 2 \\ 0 & -3 & -15 & -9 \\ 0 & 1 & 5 & 3 \end{bmatrix}$ $\xrightarrow{-\frac{1}{3}R_2}$

$\begin{bmatrix} 1 & 0 & 3 & 2 \\ 0 & 1 & 5 & 3 \\ 0 & 1 & 5 & 3 \end{bmatrix}$ $\xrightarrow{R_3 - R_2 \to R_3}$ $\begin{bmatrix} 1 & 0 & 3 & 2 \\ 0 & 1 & 5 & 3 \\ 0 & 0 & 0 & 0 \end{bmatrix}$. Therefore, this system has infinitely many solutions, given by $x + 3t = 2$

$\Leftrightarrow$ $x = 2 - 3t$, and $y + 5t = 3$ $\Leftrightarrow$ $y = 3 - 5t$. Hence, the solutions are $(2 - 3t, 3 - 5t, t)$, where t is any real number.

29. $\begin{bmatrix} 1 & -1 & 3 & 3 \\ 4 & -8 & 32 & 24 \\ 2 & -3 & 11 & 4 \end{bmatrix}$ $\xrightarrow[R_3 - 2R_1 \to R_3]{R_2 - 4R_1 \to R_2}$ $\begin{bmatrix} 1 & -1 & 3 & 3 \\ 0 & -4 & 20 & 12 \\ 0 & -1 & 5 & -2 \end{bmatrix}$ $\xrightarrow[R_3 + R_2 \to R_3]{-\frac{1}{4}R_2}$ $\begin{bmatrix} 1 & -1 & 3 & 3 \\ 0 & 1 & -5 & -3 \\ 0 & 0 & 0 & -5 \end{bmatrix}$ The third row of the

matrix states $0 = -5$, which is impossible. Hence, the system is inconsistent, and there is no solution.

31. $\begin{bmatrix} 1 & 4 & -2 & -3 \\ 2 & -1 & 5 & 12 \\ 8 & 5 & 11 & 30 \end{bmatrix}$ $\xrightarrow[R_3 - 8R_1 \to R_3]{R_2 - 2R_1 \to R_2}$ $\begin{bmatrix} 1 & 4 & -2 & -3 \\ 0 & -9 & 9 & 18 \\ 0 & -27 & 27 & 54 \end{bmatrix}$ $\xrightarrow{R_3 - 3R_2 \to R_3}$ $\begin{bmatrix} 1 & 4 & -2 & -3 \\ 0 & -9 & 9 & 18 \\ 0 & 0 & 0 & 0 \end{bmatrix}$.

Therefore, this system has infinitely many solutions, given by $-9y + 9t = 18$ $\Leftrightarrow$ $y = -2 + t$, and $x + 4(-2 + t) - 2t = -3 \Leftrightarrow x = 5 - 2t$. Hence, the solutions are $(5 - 2t, -2 + t, t)$, where t is any real number.

33. $\begin{bmatrix} 2 & 1 & -2 & 12 \\ -1 & -\frac{1}{2} & 1 & -6 \\ 3 & \frac{3}{2} & -3 & 18 \end{bmatrix} \xrightarrow[-R_1]{R_1 \leftrightarrow R_2} \begin{bmatrix} 1 & \frac{1}{2} & -1 & 6 \\ 2 & 1 & -2 & 12 \\ 3 & \frac{3}{2} & -3 & 18 \end{bmatrix} \xrightarrow[R_3 - 3R_1 \to R_3]{R_2 - 2R_1 \to R_2} \begin{bmatrix} 1 & \frac{1}{2} & -1 & 6 \\ 0 & 0 & 0 & 0 \\ 0 & 0 & 0 & 0 \end{bmatrix}$ Therefore, this system

has infinitely many solutions, given by $x + \frac{1}{2}s - t = 6 \quad \Leftrightarrow \quad x = 6 - \frac{1}{2}s + t$. Hence, the solutions are $\left(6 - \frac{1}{2}s + t, s, t\right)$, where s and t are any real numbers.

35. $\begin{bmatrix} 4 & -3 & 1 & -8 \\ -2 & 1 & -3 & -4 \\ 1 & -1 & 2 & 3 \end{bmatrix} \xrightarrow{R_1 \leftrightarrow R_3} \begin{bmatrix} 1 & -1 & 2 & 3 \\ -2 & 1 & -3 & -4 \\ 4 & -3 & 1 & -8 \end{bmatrix} \xrightarrow[R_3 - 4R_1 \to R_3]{R_2 + 2R_1 \to R_2} \begin{bmatrix} 1 & -1 & 2 & 3 \\ 0 & -1 & 1 & 2 \\ 0 & 1 & -7 & -20 \end{bmatrix} \xrightarrow{-R_2}$

$\begin{bmatrix} 1 & -1 & 2 & 3 \\ 0 & 1 & -1 & -2 \\ 0 & 1 & -7 & -20 \end{bmatrix} \xrightarrow{R_3 - R_2 \to R_3} \begin{bmatrix} 1 & -1 & 2 & 3 \\ 0 & 1 & -1 & -2 \\ 0 & 0 & -6 & -18 \end{bmatrix}$. Therefore, $-6z = -18 \quad \Leftrightarrow \quad z = 3$; $y - (3) = -2$

$\Leftrightarrow \quad y = 1$; and $x - (1) + 2(3) = 3 \quad \Leftrightarrow \quad x = -2$. Hence, the solution is $(-2, 1, 3)$.

37. $\begin{bmatrix} 1 & 2 & -3 & -5 \\ -2 & -4 & -6 & 10 \\ 3 & 7 & -2 & -13 \end{bmatrix} \xrightarrow[R_3 - 3R_1 \to R_3]{R_2 + 2R_1 \to R_2} \begin{bmatrix} 1 & 2 & -3 & -5 \\ 0 & 0 & -12 & 0 \\ 0 & 1 & 7 & 2 \end{bmatrix} \xrightarrow{R_2 \leftrightarrow R_3} \begin{bmatrix} 1 & 2 & -3 & -5 \\ 0 & 1 & 7 & 2 \\ 0 & 0 & -12 & 0 \end{bmatrix}$. Therefore, $-12z = 0$

$\Leftrightarrow \quad z = 0$; $y + 7(0) = 2 \quad \Leftrightarrow \quad y = 2$; and $x + 2(2) - 3(0) = -5 \Leftrightarrow x = -9$. Hence, the solution is $(-9, 2, 0)$.

39. $\begin{bmatrix} -1 & 2 & 1 & -3 & 3 \\ 3 & -4 & 1 & 1 & 9 \\ -1 & -1 & 1 & 1 & 0 \\ 2 & 1 & 4 & -2 & 3 \end{bmatrix} \xrightarrow{-R_1} \begin{bmatrix} 1 & -2 & -1 & 3 & -3 \\ 3 & -4 & 1 & 1 & 9 \\ -1 & -1 & 1 & 1 & 0 \\ 2 & 1 & 4 & -2 & 3 \end{bmatrix} \xrightarrow[R_4 - 2R_1 \to R_4]{\substack{R_2 - 3R_1 \to R_2 \\ R_3 + R_1 \to R_3}} \begin{bmatrix} 1 & -2 & -1 & 3 & -3 \\ 0 & 2 & 4 & -8 & 18 \\ 0 & -3 & 0 & 4 & -3 \\ 0 & 5 & 6 & -8 & 9 \end{bmatrix} \xrightarrow{\frac{1}{2}R_2}$

$\begin{bmatrix} 1 & -2 & -1 & 3 & -3 \\ 0 & 1 & 2 & -4 & 9 \\ 0 & -3 & 0 & 4 & -3 \\ 0 & 5 & 6 & -8 & 9 \end{bmatrix} \xrightarrow[R_4 - 5R_2 \to R_4]{R_3 + 3R_2 \to R_3} \begin{bmatrix} 1 & -2 & -1 & 3 & -3 \\ 0 & 1 & 2 & -4 & 9 \\ 0 & 0 & 6 & -8 & 24 \\ 0 & 0 & -4 & 12 & -36 \end{bmatrix} \xrightarrow{3R_4 + 2R_3 \to R_4} \begin{bmatrix} 1 & -2 & -1 & 3 & -3 \\ 0 & 1 & 2 & -4 & 9 \\ 0 & 0 & 6 & -8 & 24 \\ 0 & 0 & 0 & 20 & -60 \end{bmatrix}$.

Therefore, $20w = -60 \quad \Leftrightarrow \quad w = -3$; $6z + 24 = 24 \Leftrightarrow z = 0$. Then $y + 12 = 9 \quad \Leftrightarrow \quad y = -3$ and $x + 6 - 9 = -3$

$\Leftrightarrow \quad x = 0$. Hence, the solution is $(0, -3, 0, -3)$.

41. $\begin{bmatrix} 1 & 1 & 2 & -1 & -2 \\ 0 & 3 & 1 & 2 & 2 \\ 1 & 1 & 0 & 3 & 2 \\ -3 & 0 & 1 & 2 & 5 \end{bmatrix} \xrightarrow[R_4 + 3R_1 \to R_4]{R_3 - R_1 \to R_3} \begin{bmatrix} 1 & 1 & 2 & -1 & -2 \\ 0 & 3 & 1 & 2 & 2 \\ 0 & 0 & -2 & 4 & 4 \\ 0 & 3 & 7 & -1 & -1 \end{bmatrix} \xrightarrow{R_4 - R_2 \to R_4} \begin{bmatrix} 1 & 1 & 2 & -1 & -2 \\ 0 & 3 & 1 & 2 & 2 \\ 0 & 0 & -2 & 4 & 4 \\ 0 & 0 & 6 & -3 & -3 \end{bmatrix}$

$\xrightarrow{R_4 + 3R_3 \to R_4} \begin{bmatrix} 1 & 1 & 2 & -1 & -2 \\ 0 & 3 & 1 & 2 & 2 \\ 0 & 0 & -2 & 4 & 4 \\ 0 & 0 & 0 & 9 & 9 \end{bmatrix}$. Therefore, $9w = 9 \quad \Leftrightarrow \quad w = 1$; $-2z + 4(1) = 4 \quad \Leftrightarrow \quad z = 0$. Then

$3y + (0) + 2(1) = 2 \quad \Leftrightarrow \quad y = 0$ and $x + (0) + 2(0) - (1) = -2 \quad \Leftrightarrow \quad x = -1$. Hence, the solution is $(-1, 0, 0, 1)$.

43.
$$\begin{bmatrix} 1 & 0 & 1 & 1 & 4 \\ 0 & 1 & -1 & 0 & -4 \\ 1 & -2 & 3 & 1 & 12 \\ 2 & 0 & -2 & 5 & -1 \end{bmatrix} \xrightarrow[\substack{R_3 - R_1 \to R_3 \\ R_4 - 2R_1 \to R_4}]{} \begin{bmatrix} 1 & 0 & 1 & 1 & 4 \\ 0 & 1 & -1 & 0 & -4 \\ 0 & -2 & 2 & 0 & 8 \\ 0 & 0 & -4 & 3 & -9 \end{bmatrix} \xrightarrow{R_3 + 2R_2 \to R_3} \begin{bmatrix} 1 & 0 & 1 & 1 & 4 \\ 0 & 1 & -1 & 0 & -4 \\ 0 & 0 & 0 & 0 & 0 \\ 0 & 0 & -4 & 3 & -9 \end{bmatrix} \xrightarrow{R_3 \leftrightarrow -R_4}$$

$$\begin{bmatrix} 1 & 0 & 1 & 1 & 4 \\ 0 & 1 & -1 & 0 & -4 \\ 0 & 0 & 4 & -3 & 9 \\ 0 & 0 & 0 & 0 & 0 \end{bmatrix}.$$ Therefore, $4z - 3t = 9 \quad \Leftrightarrow \quad 4z = 9 + 3t \Leftrightarrow z = \frac{9}{4} + \frac{3}{4}t$. Then we have $y - \left(\frac{9}{4} + \frac{3}{4}t\right) = -4$

$\Leftrightarrow \quad y = \frac{-7}{4} + \frac{3}{4}t$ and $x + \left(\frac{9}{4} + \frac{3}{4}t\right) + t = 4 \quad \Leftrightarrow \quad x = \frac{7}{4} - \frac{7}{4}t$. Hence, the solutions are $\left(\frac{7}{4} - \frac{7}{4}t, -\frac{7}{4} + \frac{3}{4}t, \frac{9}{4} + \frac{3}{4}t, t\right)$, where t is any real number.

45.
$$\begin{bmatrix} 1 & -1 & 0 & 1 & 0 \\ 3 & 0 & -1 & 2 & 0 \\ 1 & 4 & 1 & 2 & 0 \end{bmatrix} \xrightarrow[\substack{R_2 - 3R_1 \to R_2 \\ R_3 - R_1 \to R_3}]{} \begin{bmatrix} 1 & -1 & 0 & 1 & 0 \\ 0 & 3 & -1 & -1 & 0 \\ 0 & -3 & 1 & 1 & 0 \end{bmatrix} \xrightarrow{R_3 + R_2 \to R_3} \begin{bmatrix} 1 & -1 & 0 & 1 & 0 \\ 0 & 3 & -1 & -1 & 0 \\ 0 & 0 & 0 & 0 & 0 \end{bmatrix}.$$

Therefore, the system has infinitely many solutions, given by $3y - s - t = 0 \quad \Leftrightarrow \quad y = \frac{1}{3}(s + t)$ and $x - \frac{1}{3}(s + t) + t = 0$
$\Leftrightarrow \quad x = \frac{1}{3}(s - 2t)$. So the solutions are $\left(\frac{1}{3}(s - 2t), \frac{1}{3}(s + t), s, t\right)$, where s and t are any real numbers.

47. Let x, y, z represent the number of VitaMax, Vitron, and VitaPlus pills taken daily. The matrix representation for the system of equations is

$$\begin{bmatrix} 5 & 10 & 15 & 50 \\ 15 & 20 & 0 & 50 \\ 10 & 10 & 10 & 50 \end{bmatrix} \xrightarrow[\substack{\frac{1}{5}R_1 \\ \frac{1}{5}R_2 \\ \frac{1}{5}R_3}]{} \begin{bmatrix} 1 & 2 & 3 & 10 \\ 3 & 4 & 0 & 10 \\ 2 & 2 & 2 & 10 \end{bmatrix} \xrightarrow[\substack{R_2 - 3R_1 \to R_2 \\ R_3 - 2R_1 \to R_3}]{} \begin{bmatrix} 1 & 2 & 3 & 10 \\ 0 & 2 & 9 & 20 \\ 0 & -2 & -4 & -10 \end{bmatrix} \xrightarrow{R_3 - R_2 \to R_3} \begin{bmatrix} 1 & 2 & 3 & 10 \\ 0 & -2 & -9 & -20 \\ 0 & 0 & 5 & 10 \end{bmatrix}.$$

Thus, $5z = 10 \quad \Leftrightarrow \quad z = 2$; $-2y - 18 = -20 \Leftrightarrow y = 1$; and $x + 2 + 6 = 10 \quad \Leftrightarrow \quad x = 2$. Hence, he should take 2 VitaMax, 1 Vitron, and 2 VitaPlus pills daily.

49. Let x, y, and z represent the distance, in miles, of the run, swim, and cycle parts of the race respectively. Then, since time $= \dfrac{\text{distance}}{\text{speed}}$, we get the following equations from the three contestants' race times:

$$\begin{cases} \left(\frac{x}{10}\right) + \left(\frac{y}{4}\right) + \left(\frac{z}{20}\right) = 2.5 \\ \left(\frac{x}{7.5}\right) + \left(\frac{y}{6}\right) + \left(\frac{z}{15}\right) = 3 \\ \left(\frac{x}{15}\right) + \left(\frac{y}{3}\right) + \left(\frac{z}{40}\right) = 1.75 \end{cases} \quad \Leftrightarrow \quad \begin{cases} 2x + 5y + z = 50 \\ 4x + 5y + 2z = 90 \\ 8x + 40y + 3z = 210 \end{cases}$$ which has the following matrix representation:

$$\begin{bmatrix} 2 & 5 & 1 & 50 \\ 4 & 5 & 2 & 90 \\ 8 & 40 & 3 & 210 \end{bmatrix} \xrightarrow[\substack{R_2 - 2R_1 \to R_2 \\ R_3 - 4R_1 \to R_3}]{} \begin{bmatrix} 2 & 5 & 1 & 50 \\ 0 & -5 & 0 & -10 \\ 0 & 20 & -1 & 10 \end{bmatrix} \xrightarrow{R_3 + 4R_2 \to R_3} \begin{bmatrix} 2 & 5 & 1 & 50 \\ 0 & -5 & 0 & -10 \\ 0 & 0 & -1 & -30 \end{bmatrix}.$$

Thus, $-z = -30 \quad \Leftrightarrow \quad z = 30$; $-5y = -10 \quad \Leftrightarrow \quad y = 2$; and $2x + 10 + 30 = 50 \quad \Leftrightarrow \quad x = 5$. So the race has a 5 mile run, 2 mile swim, and 30 mile cycle.

51. Let t be the number of tables produced, c the number of chairs, and a the number of armoires. Then, the system of equations

is $\begin{cases} \frac{1}{2}t + c + a = 300 \\ \frac{1}{2}t + \frac{3}{2}c + a = 400 \\ t + \frac{3}{2}c + 2a = 590 \end{cases}$ $\Leftrightarrow$ $\begin{cases} t + 2c + 2a = 600 \\ t + 3c + 2a = 800 \\ 2t + 3c + 4a = 1180 \end{cases}$ and a matrix representation is

$$\begin{bmatrix} 1 & 2 & 2 & 600 \\ 1 & 3 & 2 & 800 \\ 2 & 3 & 4 & 1180 \end{bmatrix} \xrightarrow[R_3 - 2R_1 \to R_3]{R_2 - R_1 \to R_2} \begin{bmatrix} 1 & 2 & 2 & 600 \\ 0 & 1 & 0 & 200 \\ 0 & -1 & 0 & -20 \end{bmatrix} \xrightarrow{R_3 + R_2 \to R_3} \begin{bmatrix} 1 & 2 & 2 & 600 \\ 0 & 1 & 0 & 200 \\ 0 & 0 & 0 & 180 \end{bmatrix}. \text{ The third row states}$$

$0 = 180$, which is impossible, and so the system is inconsistent. Therefore, it is impossible to use all of the available labor-hours.

53. *Line containing the points* $(0, 0)$ *and* $(1, 12)$: Using the general form of a line, $y = ax + b$, we substitute for x and y and solve for a and b. The point $(0, 0)$ gives $0 = a(0) + b$ $\Rightarrow$ $b = 0$; the point $(1, 12)$ gives $12 = a(1) + b$ $\Rightarrow$ $a = 12$. Since $a = 12$ and $b = 0$, the equation of the line is $y = 12x$.

Quadratic containing the points $(0, 0)$, $(1, 12)$, *and* $(3, 6)$: Using the general form of a quadratic, $y = ax^2 + bx + c$, we substitute for x and y and solve for a, b, and c. The point $(0, 0)$ gives $0 = a(0)^2 + b(0) + c$ $\Rightarrow$ $c = 0$; the point $(1, 12)$ gives $12 = a(1)^2 + b(1) + c$ $\Rightarrow$ $a + b = 12$; the point $(3, 6)$ gives $6 = a(3)^2 + b(3) + c$ $\Rightarrow$ $9a + 3b = 6$. Subtracting the third equation from -3 times the third gives $6a = -30$ $\Leftrightarrow$ $a = -5$. So $a + b = 12$ $\Leftrightarrow$ $b = 12 - a$ $\Rightarrow$ $b = 17$. Since $a = -5$, $b = 17$, and $c = 0$, the equation of the quadratic is $y = -5x^2 + 17x$.

Cubic containing the points $(0, 0)$, $(1, 12)$, $(2, 40)$, *and* $(3, 6)$: Using the general form of a cubic, $y = ax^3 + bx^2 + cx + d$, we substitute for x and y and solve for a, b, c, and d. The point $(0, 0)$ gives $0 = a(0)^3 + b(0)^2 + c(0) + d$ $\Rightarrow$ $d = 0$; the point the point $(1, 12)$ gives $12 = a(1)^3 + b(1)^2 + c(1) + d$ $\Rightarrow$ $a + b + c + d = 12$; the point $(2, 40)$ gives $40 = a(2)^3 + b(2)^2 + c(2) + d$ $\Rightarrow$ $8a + 4b + 2c + d = 40$; the point $(3, 6)$ gives $6 = a(3)^3 + b(3)^2 + c(3) + d$ $\Rightarrow$ $27a + 9b + 3c + d = 6$. Since $d = 0$, the system reduces to $\begin{cases} a + b + c = 12 \\ 8a + 4b + 2c = 40 \\ 27a + 9b + 3c = 6 \end{cases}$ which has representation

$$\begin{bmatrix} 1 & 1 & 1 & 12 \\ 8 & 4 & 2 & 40 \\ 27 & 9 & 3 & 6 \end{bmatrix} \xrightarrow[R_3 - 27R_1 \to R_3]{R_2 - 8R_1 \to R_2} \begin{bmatrix} 1 & 1 & 1 & 12 \\ 0 & -4 & -6 & -56 \\ 0 & -18 & -24 & -318 \end{bmatrix} \xrightarrow[-\frac{1}{6}R_3]{-\frac{1}{2}R_2} \begin{bmatrix} 1 & 1 & 1 & 12 \\ 0 & 2 & 3 & 28 \\ 0 & 3 & 4 & 53 \end{bmatrix} \xrightarrow{2R_3 - 3R_2 \to R_3} \begin{bmatrix} 1 & 1 & 1 & 12 \\ 0 & 2 & 3 & 28 \\ 0 & 0 & -1 & 22 \end{bmatrix}.$$

So $c = -22$ and back-substituting we have $2b + 3(-22) = 28$ $\Leftrightarrow$ $b = 47$ and $a + 47 + (-22) = 0 \Leftrightarrow a = -13$. So the cubic is $y = -13x^3 + 47x^2 - 22x$.

Fourth-degree polynomial containing the points $(0, 0)$, $(1, 12)$, $(2, 40)$, $(3, 6)$, *and* $(-1, -14)$: Using the general form of a fourth-degree polynomial, $y = ax^4 + bx^3 + cx^2 + dx + e$, we substitute for x and y and solve for a, b, c, d, and e. The point $(0, 0)$ gives $0 = a(0)^4 + b(0)^3 + c(0)^2 + d(0) + e$ $\Rightarrow$ $e = 0$; the point $(1, 12)$ gives $12 = a(1)^4 + b(1)^3 + c(1)^2 + d(1) + e$; the point $(2, 40)$ gives $40 = a(2)^4 + b(2)^3 + c(2)^2 + d(2) + e$; the point $(3, 6)$ gives $6 = a(3)^4 + b(3)^3 + c(3)^2 + d(3) + e$; the point $(-1, -14)$ gives $-14 = a(-1)^4 + b(-1)^3 + c(-1)^2 + d(-1) + e$. Since the first equation is $e = 0$, we eliminate e from the other equations to get the system $\begin{cases} a + b + c + d = 12 \\ 16a + 8b + 4c + 2d = 40 \\ 81a + 27b + 9c + 3d = 6 \\ a - b + c - d = -14 \end{cases}$

which has the matrix representation

$$\begin{bmatrix} 1 & 1 & 1 & 1 & 12 \\ 16 & 8 & 4 & 2 & 40 \\ 81 & 27 & 9 & 3 & 6 \\ 1 & -1 & 1 & -1 & -14 \end{bmatrix} \xrightarrow[\substack{R_2 - 16R_1 \to R_2 \\ R_3 - 81R_1 \to R_3 \\ R_4 - R_1 \to R_4}]{} \begin{bmatrix} 1 & 1 & 1 & 1 & 12 \\ 0 & -8 & -12 & -14 & -152 \\ 0 & -54 & -72 & -78 & -966 \\ 0 & -2 & 0 & -2 & -26 \end{bmatrix} \xrightarrow[\substack{-\frac{1}{2}R_4 \to R_2 \\ R_2 \to R_3 \\ R_3 \to R_4}]{}$$

$$\begin{bmatrix} 1 & 1 & 1 & 1 & 12 \\ 0 & 1 & 0 & 1 & 13 \\ 0 & -8 & -12 & -14 & -152 \\ 0 & -54 & -72 & -78 & -966 \end{bmatrix} \xrightarrow[\substack{R_3 + 8R_2 \to R_3 \\ R_4 + 54R_2 \to R_4}]{} \begin{bmatrix} 1 & 1 & 1 & 1 & 12 \\ 0 & 1 & 0 & 1 & 13 \\ 0 & 0 & -12 & -6 & -48 \\ 0 & 0 & -72 & -24 & -264 \end{bmatrix} \xrightarrow[\substack{R_4 - 6R_3 \to R_4}]{} \begin{bmatrix} 1 & 1 & 1 & 1 & 12 \\ 0 & 1 & 0 & 1 & 13 \\ 0 & 0 & -12 & 6 & -48 \\ 0 & 0 & 0 & 12 & 24 \end{bmatrix}.$$

So $d = 2$. Then $-12c - 6(2) = -48 \quad \Leftrightarrow \quad c = 3$ and $b + 2 = 13 \quad \Leftrightarrow$
$b = 11$. Finally, $a + 11 + 3 + 2 = 12 \quad \Leftrightarrow \quad a = -4$. So the fourth-degree
polynomial containing these points is $y = -4x^4 + 11x^3 + 3x^2 + 2x$.

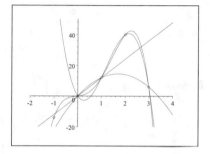

9.5   The Algebra of Matrices

1. The matrices have different dimensions, so they cannot be equal.

3. $\begin{bmatrix} 2 & 6 \\ -5 & 3 \end{bmatrix} + \begin{bmatrix} -1 & -3 \\ 6 & 2 \end{bmatrix} = \begin{bmatrix} 1 & 3 \\ 1 & 5 \end{bmatrix}$

5. $3\begin{bmatrix} 1 & 2 \\ 4 & -1 \\ 1 & 0 \end{bmatrix} = \begin{bmatrix} 3 & 6 \\ 12 & -3 \\ 3 & 0 \end{bmatrix}$

7. $\begin{bmatrix} 2 & 6 \\ 1 & 3 \\ 2 & 4 \end{bmatrix}\begin{bmatrix} 1 & -2 \\ 3 & 6 \\ -2 & 0 \end{bmatrix}$ is undefined because these
matrices have incompatible dimensions.

9. $\begin{bmatrix} 1 & 2 \\ -1 & 4 \end{bmatrix}\begin{bmatrix} 1 & -2 & 3 \\ 2 & 2 & -1 \end{bmatrix} = \begin{bmatrix} 5 & 2 & 1 \\ 7 & 10 & -7 \end{bmatrix}$

11. $2X + A = B \quad \Leftrightarrow \quad X = \frac{1}{2}(B - A) = \frac{1}{2}\left(\begin{bmatrix} 2 & 5 \\ 3 & 7 \end{bmatrix} - \begin{bmatrix} 4 & 6 \\ 1 & 3 \end{bmatrix}\right) = \frac{1}{2}\begin{bmatrix} -2 & -1 \\ 2 & 4 \end{bmatrix} = \begin{bmatrix} -1 & -\frac{1}{2} \\ 1 & 2 \end{bmatrix}$.

13. $2(B - X) = D$. Since B is a 2×2 matrix, $B - X$ is defined only when X is a 2×2 matrix, so $2(B - X)$ is a
2×2 matrix. But D is a 3×2 matrix. Thus, there is no solution.

15. $\frac{1}{5}(X + D) = C \quad \Leftrightarrow \quad X + D = 5C \quad \Leftrightarrow$

$X = 5C - D = 5\begin{bmatrix} 2 & 3 \\ 1 & 0 \\ 0 & 2 \end{bmatrix} - \begin{bmatrix} 10 & 20 \\ 30 & 20 \\ 10 & 0 \end{bmatrix} = \begin{bmatrix} 10 & 15 \\ 5 & 0 \\ 0 & 10 \end{bmatrix} - \begin{bmatrix} 10 & 20 \\ 30 & 20 \\ 10 & 0 \end{bmatrix} = \begin{bmatrix} 0 & -5 \\ -25 & -20 \\ -10 & 10 \end{bmatrix}.$

In Solutions 17–37, the matrices A, B, C, D, E, F, **and** G **are defined as follows:**

$$A = \begin{bmatrix} 2 & -5 \\ 0 & 7 \end{bmatrix} \qquad B = \begin{bmatrix} 3 & \frac{1}{2} & 5 \\ 1 & -1 & 3 \end{bmatrix} \qquad C = \begin{bmatrix} 2 & -\frac{5}{2} & 0 \\ 0 & 2 & -3 \end{bmatrix}$$

$$D = \begin{bmatrix} 7 & 3 \end{bmatrix} \qquad E = \begin{bmatrix} 1 \\ 2 \\ 0 \end{bmatrix} \qquad F = \begin{bmatrix} 1 & 0 & 0 \\ 0 & 1 & 0 \\ 0 & 0 & 1 \end{bmatrix} \qquad G = \begin{bmatrix} 5 & -3 & 10 \\ 6 & 1 & 0 \\ -5 & 2 & 2 \end{bmatrix}$$

17. $B + C = \begin{bmatrix} 3 & \frac{1}{2} & 5 \\ 1 & -1 & 3 \end{bmatrix} + \begin{bmatrix} 2 & -\frac{5}{2} & 0 \\ 0 & 2 & -3 \end{bmatrix} = \begin{bmatrix} 5 & -2 & 5 \\ 1 & 1 & 0 \end{bmatrix}$

19. $C - B = \begin{bmatrix} 2 & -\frac{5}{2} & 0 \\ 0 & 2 & -3 \end{bmatrix} - \begin{bmatrix} 3 & \frac{1}{2} & 5 \\ 1 & -1 & 3 \end{bmatrix} = \begin{bmatrix} -1 & -3 & -5 \\ -1 & 3 & -6 \end{bmatrix}$

21. $3B + 2C = 3\begin{bmatrix} 3 & \frac{1}{2} & 5 \\ 1 & -1 & 3 \end{bmatrix} + 2\begin{bmatrix} 2 & -\frac{5}{2} & 0 \\ 0 & 2 & -3 \end{bmatrix} = \begin{bmatrix} 13 & -\frac{7}{2} & 15 \\ 3 & 1 & 3 \end{bmatrix}$

23. $2C - 6B = 2\begin{bmatrix} 2 & -\frac{5}{2} & 0 \\ 0 & 2 & -3 \end{bmatrix} - 6\begin{bmatrix} 3 & \frac{1}{2} & 5 \\ 1 & -1 & 3 \end{bmatrix} = \begin{bmatrix} -14 & -8 & -30 \\ -6 & 10 & -24 \end{bmatrix}$

25. AD is undefined because A (2×2) and D (1×2) have incompatible dimensions.

27. $BF = \begin{bmatrix} 3 & \frac{1}{2} & 5 \\ 1 & -1 & 3 \end{bmatrix} \begin{bmatrix} 1 & 0 & 0 \\ 0 & 1 & 0 \\ 0 & 0 & 1 \end{bmatrix} = \begin{bmatrix} 3 & \frac{1}{2} & 5 \\ 1 & -1 & 3 \end{bmatrix}$

29. $(DA)B = \begin{bmatrix} 7 & 3 \end{bmatrix} \begin{bmatrix} 2 & -5 \\ 0 & 7 \end{bmatrix} \begin{bmatrix} 3 & \frac{1}{2} & 5 \\ 1 & -1 & 3 \end{bmatrix} = \begin{bmatrix} 14 & -14 \end{bmatrix} \begin{bmatrix} 3 & \frac{1}{2} & 5 \\ 1 & -1 & 3 \end{bmatrix} = \begin{bmatrix} 28 & 21 & 28 \end{bmatrix}$

31. $GE = \begin{bmatrix} 5 & -3 & 10 \\ 6 & 1 & 0 \\ -5 & 2 & 2 \end{bmatrix} \begin{bmatrix} 1 \\ 2 \\ 0 \end{bmatrix} = \begin{bmatrix} -1 \\ 8 \\ -1 \end{bmatrix}$

33. $A^3 = \begin{bmatrix} 2 & -5 \\ 0 & 7 \end{bmatrix} \begin{bmatrix} 2 & -5 \\ 0 & 7 \end{bmatrix} \begin{bmatrix} 2 & -5 \\ 0 & 7 \end{bmatrix} = \begin{bmatrix} 4 & -45 \\ 0 & 49 \end{bmatrix} \begin{bmatrix} 2 & -5 \\ 0 & 7 \end{bmatrix} = \begin{bmatrix} 8 & -335 \\ 0 & 343 \end{bmatrix}$

35. B^2 is undefined because the dimensions 2×3 and 2×3 are incompatible.

37. $BF + FE$ is undefined; the dimensions $(2 \times 3) \cdot (3 \times 3) = (2 \times 3)$ and $(3 \times 3) \cdot (3 \times 1) = (3 \times 1)$ are incompatible.

39. $\begin{bmatrix} x & 2y \\ 4 & 6 \end{bmatrix} = \begin{bmatrix} 2 & -2 \\ 2x & -6y \end{bmatrix}$. Thus we must solve the system $\begin{cases} x = 2, 2y = -2 \\ 4 = 2x, 6 = -6y \end{cases}$ So $x = 2$ and $2y = -2 \quad \Leftrightarrow$

$y = -1$. Since these values for x and y also satisfy the last two equations, the solution is $x = 2$, $y = -1$.

41. $2\begin{bmatrix} x & y \\ x+y & x-y \end{bmatrix} = \begin{bmatrix} 2 & -4 \\ -2 & 6 \end{bmatrix}$. Since $2\begin{bmatrix} x & y \\ x+y & x-y \end{bmatrix} = \begin{bmatrix} 2x & 2y \\ 2(x+y) & 2(x-y) \end{bmatrix}$, Thus we must solve the

system $\begin{cases} 2x = 2, 2y = -4 \\ 2(x+y) = -2 \\ 2(x-y) = 6 \end{cases}$ So $x = 1$ and $y = -2$. Since these values for x and y also satisfy the last two equations,

the solution is $x = 1$, $y = -2$.

43. $\begin{cases} 2x - 5y = 7 \\ 3x + 2y = 4 \end{cases}$ written as a matrix equation is $\begin{bmatrix} 2 & -5 \\ 3 & 2 \end{bmatrix} \begin{bmatrix} x \\ y \end{bmatrix} = \begin{bmatrix} 7 \\ 4 \end{bmatrix}$.

45. $\begin{cases} 3x_1 + 2x_2 - x_3 + x_4 = 0 \\ x_1 \quad - x_3 \quad = 5 \\ 3x_2 + x_3 - x_4 = 4 \end{cases}$ written as a matrix equation is $\begin{bmatrix} 3 & 2 & -1 & 1 \\ 1 & 0 & -1 & 0 \\ 0 & 3 & 1 & -1 \end{bmatrix} \begin{bmatrix} x_1 \\ x_2 \\ x_3 \\ x_4 \end{bmatrix} = \begin{bmatrix} 0 \\ 5 \\ 4 \end{bmatrix}$.

47. $A = \begin{bmatrix} 1 & 0 & 6 & -1 \\ 2 & \frac{1}{2} & 4 & 0 \end{bmatrix}$, $B = \begin{bmatrix} 1 & 7 & -9 & 2 \end{bmatrix}$, and $C = \begin{bmatrix} 1 \\ 0 \\ -1 \\ -2 \end{bmatrix}$. ABC is undefined because the dimensions of A (2×4)

and B (1×4) are not compatible. $ACB = \begin{bmatrix} -3 \\ -2 \end{bmatrix} \begin{bmatrix} 1 & 7 & -9 & 2 \end{bmatrix} = \begin{bmatrix} -3 & -21 & 27 & -6 \\ -2 & -14 & 18 & -4 \end{bmatrix}$. BAC is undefined

because the dimensions of B (1×4) and A (2×4) are not compatible. BCA is undefined because the dimensions of C (4×1) and A (2×4) are not compatible. CAB is undefined because the dimensions of C (4×1) and A (2×4) are not compatible. CBA is undefined because the dimensions of B (1×4) and A (2×4) are not compatible.

49. (a) $BA = \begin{bmatrix} \$0.90 & \$0.80 & \$1.10 \end{bmatrix} \begin{bmatrix} 4000 & 1000 & 3500 \\ 400 & 300 & 200 \\ 700 & 500 & 9000 \end{bmatrix} = \begin{bmatrix} \$4690 & \$1690 & \$13,210 \end{bmatrix}$

(b) The entries in the product matrix represent the total food sales in Santa Monica, Long Beach, and Anaheim, respectively.

51. (a) $AB = \begin{bmatrix} 6 & 10 & 14 & 28 \end{bmatrix} \begin{bmatrix} 2000 & 2500 \\ 3000 & 1500 \\ 2500 & 1000 \\ 1000 & 500 \end{bmatrix} = \begin{bmatrix} 105,000 & 58,000 \end{bmatrix}$

(b) That day they canned 105,000 ounces of tomato sauce and 58,000 ounces of tomato paste.

53. (a) $\begin{bmatrix} 1 & 0 & 1 & 0 & 1 & 1 \\ 0 & 3 & 0 & 1 & 2 & 1 \\ 1 & 2 & 0 & 0 & 3 & 0 \\ 1 & 3 & 2 & 3 & 2 & 0 \\ 0 & 3 & 0 & 0 & 2 & 1 \\ 1 & 2 & 0 & 1 & 3 & 1 \end{bmatrix}$ **(b)** $\begin{bmatrix} 2 & 1 & 2 & 1 & 2 & 2 \\ 1 & 3 & 1 & 2 & 3 & 2 \\ 2 & 3 & 1 & 1 & 3 & 1 \\ 2 & 3 & 3 & 3 & 3 & 1 \\ 1 & 3 & 1 & 1 & 3 & 2 \\ 2 & 3 & 1 & 2 & 3 & 2 \end{bmatrix}$ **(c)** $\begin{bmatrix} 2 & 3 & 2 & 3 & 2 & 2 \\ 3 & 0 & 3 & 2 & 1 & 2 \\ 2 & 1 & 3 & 3 & 0 & 3 \\ 2 & 0 & 1 & 0 & 1 & 3 \\ 3 & 0 & 3 & 3 & 1 & 2 \\ 2 & 1 & 3 & 2 & 0 & 2 \end{bmatrix}$

(d) $\begin{bmatrix} 3 & 3 & 3 & 3 & 3 & 3 \\ 3 & 0 & 3 & 3 & 0 & 3 \\ 3 & 0 & 3 & 3 & 0 & 3 \\ 3 & 0 & 0 & 0 & 0 & 3 \\ 3 & 0 & 3 & 3 & 0 & 3 \\ 3 & 0 & 3 & 3 & 0 & 3 \end{bmatrix}$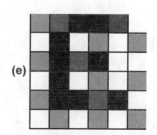

55. $A = \begin{bmatrix} 1 & 1 \\ 0 & 1 \end{bmatrix}$; $A^2 = \begin{bmatrix} 1 & 1 \\ 0 & 1 \end{bmatrix} \begin{bmatrix} 1 & 1 \\ 0 & 1 \end{bmatrix} = \begin{bmatrix} 1 & 2 \\ 0 & 1 \end{bmatrix}$; $A^3 = A \cdot A^2 = \begin{bmatrix} 1 & 1 \\ 0 & 1 \end{bmatrix} \begin{bmatrix} 1 & 2 \\ 0 & 1 \end{bmatrix} = \begin{bmatrix} 1 & 3 \\ 0 & 1 \end{bmatrix}$;

$A^4 = A \cdot A^3 = \begin{bmatrix} 1 & 1 \\ 0 & 1 \end{bmatrix} \begin{bmatrix} 1 & 3 \\ 0 & 1 \end{bmatrix} = \begin{bmatrix} 1 & 4 \\ 0 & 1 \end{bmatrix}$. Therefore, it seems that $A^n = \begin{bmatrix} 1 & n \\ 0 & 1 \end{bmatrix}$.

57. Let $A = \begin{bmatrix} a & b \\ c & d \end{bmatrix}$.   For the first matrix, we have $A^2 = \begin{bmatrix} a & b \\ c & d \end{bmatrix}$.

$\begin{bmatrix} a & b \\ c & d \end{bmatrix} = \begin{bmatrix} a^2 + bc & ab + bd \\ ac + cd & bc + d^2 \end{bmatrix} = \begin{bmatrix} a^2 + bc & b(a + d) \\ c(a + d) & bc + d^2 \end{bmatrix}$. So $A^2 = \begin{bmatrix} 4 & 0 \\ 0 & 9 \end{bmatrix} \Leftrightarrow \begin{cases} a^2 + bc = 4 \\ b(a + d) = 0 \\ c(a + d) = 0 \\ bc + d^2 = 9 \end{cases}$

If $a + d = 0$, then $a = -d$, so $4 = a^2 + bc = (-d)^2 + bc = d^2 + bc = 9$, which is a contradiction. Thus $a + d \neq 0$. Since $b(a + d) = 0$ and $c(a + d) = 0$, we must have $b = 0$ and $c = 0$. So the first equation becomes $a^2 = 4 \Rightarrow a = \pm 2$, and the fourth equation becomes $d^2 = 9 \Rightarrow d = \pm 3$.

Thus the square roots of $\begin{bmatrix} 4 & 0 \\ 0 & 9 \end{bmatrix}$ are $A_1 = \begin{bmatrix} 2 & 0 \\ 0 & 3 \end{bmatrix}$, $A_2 = \begin{bmatrix} 2 & 0 \\ 0 & -3 \end{bmatrix}$, $A_3 = \begin{bmatrix} -2 & 0 \\ 0 & 3 \end{bmatrix}$, and $A_4 = \begin{bmatrix} -2 & 0 \\ 0 & -3 \end{bmatrix}$.

For the second matrix, we have $A^2 = \begin{bmatrix} 1 & 5 \\ 0 & 9 \end{bmatrix} \Leftrightarrow$

$\begin{cases} a^2 + bc = 1 \\ b(a + d) = 5 \\ c(a + d) = 0 \\ bc + d^2 = 9 \end{cases}$ Since $a + d \neq 0$ and $c(a + d) = 0$, $c = 0$. Thus, $\begin{cases} a^2 = 1 \\ b(a + d) = 5 \\ d^2 = 9 \end{cases} \Rightarrow \begin{cases} a = \pm 1 \\ b(a + d) = 5 \\ d = \pm 3 \end{cases}$

We consider the four possible values of a and d. If $a = 1$ and $d = 3$, then $b(a + d) = 5 \Rightarrow b(4) = 5 \Rightarrow b = \frac{5}{4}$. If $a = 1$ and $d = -3$, then $b(a + d) = 5 \Rightarrow b(-2) = 5 \Rightarrow b = -\frac{5}{2}$. If $a = -1$ and $d = 3$, then $b(a + d) = 5 \Rightarrow b(2) = 5 \Rightarrow b = \frac{5}{2}$. If $a = -1$ and $d = -3$, then $b(a + d) = 5 \Rightarrow b(-4) = 5 \Rightarrow b = -\frac{5}{4}$. Thus,

the square roots of $\begin{bmatrix} 1 & 5 \\ 0 & 9 \end{bmatrix}$ are $A_1 = \begin{bmatrix} 1 & \frac{5}{4} \\ 0 & 3 \end{bmatrix}$, $A_2 = \begin{bmatrix} 1 & -\frac{5}{2} \\ 0 & -3 \end{bmatrix}$, $A_3 = \begin{bmatrix} -1 & \frac{5}{2} \\ 0 & 3 \end{bmatrix}$, and $A_4 = \begin{bmatrix} -1 & -\frac{5}{4} \\ 0 & -3 \end{bmatrix}$.

9.6 Inverses of Matrices and Matrix Equations

1. $A = \begin{bmatrix} 4 & 1 \\ 7 & 2 \end{bmatrix}$, $B = \begin{bmatrix} 2 & -1 \\ -7 & 4 \end{bmatrix}$; $AB = \begin{bmatrix} 4 & 1 \\ 7 & 2 \end{bmatrix} \begin{bmatrix} 2 & -1 \\ -7 & 4 \end{bmatrix} = \begin{bmatrix} 1 & 0 \\ 0 & 1 \end{bmatrix}$; $BA = \begin{bmatrix} 2 & -1 \\ -7 & 4 \end{bmatrix} \begin{bmatrix} 4 & 1 \\ 7 & 2 \end{bmatrix} = \begin{bmatrix} 1 & 0 \\ 0 & 1 \end{bmatrix}$

3. $A = \begin{bmatrix} 1 & 3 & -1 \\ 1 & 4 & 0 \\ -1 & -3 & 2 \end{bmatrix}$; $B = \begin{bmatrix} 8 & -3 & 4 \\ -2 & 1 & -1 \\ 1 & 0 & 1 \end{bmatrix}$. $AB = \begin{bmatrix} 1 & 3 & -1 \\ 1 & 4 & 0 \\ -1 & -3 & 2 \end{bmatrix} \begin{bmatrix} 8 & -3 & 4 \\ -2 & 1 & -1 \\ 1 & 0 & 1 \end{bmatrix} = \begin{bmatrix} 1 & 0 & 0 \\ 0 & 1 & 0 \\ 0 & 0 & 1 \end{bmatrix}$ and

$BA = \begin{bmatrix} 8 & -3 & 4 \\ -2 & 1 & -1 \\ 1 & 0 & 1 \end{bmatrix} \begin{bmatrix} 1 & 3 & -1 \\ 1 & 4 & 0 \\ -1 & -3 & 2 \end{bmatrix} = \begin{bmatrix} 1 & 0 & 0 \\ 0 & 1 & 0 \\ 0 & 0 & 1 \end{bmatrix}$

5. $A = \begin{bmatrix} 7 & 4 \\ 3 & 2 \end{bmatrix} \Leftrightarrow A^{-1} = \dfrac{1}{14-12} \begin{bmatrix} 2 & -4 \\ -3 & 7 \end{bmatrix} = \begin{bmatrix} 1 & -2 \\ -\frac{3}{2} & \frac{7}{2} \end{bmatrix}.$ Then,

$$AA^{-1} = \begin{bmatrix} 7 & 4 \\ 3 & 2 \end{bmatrix}\begin{bmatrix} 1 & -2 \\ -\frac{3}{2} & \frac{7}{2} \end{bmatrix} = \begin{bmatrix} 1 & 0 \\ 0 & 1 \end{bmatrix} \text{ and } A^{-1}A = \begin{bmatrix} 1 & -2 \\ -\frac{3}{2} & \frac{7}{2} \end{bmatrix}\begin{bmatrix} 7 & 4 \\ 3 & 2 \end{bmatrix} = \begin{bmatrix} 1 & 0 \\ 0 & 1 \end{bmatrix}.$$

7. $\begin{bmatrix} 5 & 3 \\ 3 & 2 \end{bmatrix}^{-1} = \dfrac{1}{10-9}\begin{bmatrix} 2 & -3 \\ -3 & 5 \end{bmatrix} = \begin{bmatrix} 2 & -3 \\ -3 & 5 \end{bmatrix}$

9. $\begin{bmatrix} 2 & 5 \\ -5 & -13 \end{bmatrix}^{-1} = \dfrac{1}{-26+25}\begin{bmatrix} -13 & -5 \\ 5 & 2 \end{bmatrix} = \begin{bmatrix} 13 & 5 \\ -5 & -2 \end{bmatrix}$

11. $\begin{bmatrix} 6 & -3 \\ -8 & 4 \end{bmatrix}^{-1} = \dfrac{1}{24-24}\begin{bmatrix} 4 & 3 \\ 8 & 6 \end{bmatrix}$, which is not defined, and so there is no inverse.

13. $\begin{bmatrix} 0.4 & -1.2 \\ 0.3 & 0.6 \end{bmatrix}^{-1} = \dfrac{1}{0.24+0.36}\begin{bmatrix} 0.6 & 1.2 \\ -0.3 & 0.4 \end{bmatrix} = \begin{bmatrix} 1 & 2 \\ -\frac{1}{2} & \frac{2}{3} \end{bmatrix}$

15. $\begin{bmatrix} 2 & 4 & 1 & 1 & 0 & 0 \\ -1 & 1 & -1 & 0 & 1 & 0 \\ 1 & 4 & 0 & 0 & 0 & 1 \end{bmatrix} \xrightarrow[2R_3-R_1 \to R_3]{2R_2+R_1 \to R_2} \begin{bmatrix} 2 & 4 & 1 & 1 & 0 & 0 \\ 0 & 6 & -1 & 1 & 2 & 0 \\ 0 & 4 & -1 & -1 & 0 & 2 \end{bmatrix} \xrightarrow[3R_1-2R_2 \to R_1]{3R_3-2R_2 \to R_3} \begin{bmatrix} 6 & 0 & 5 & 1 & -4 & 0 \\ 0 & 6 & -1 & 1 & 2 & 0 \\ 0 & 0 & -1 & -5 & -4 & 6 \end{bmatrix}$

$\xrightarrow[R_2-R_3 \to R_2]{R_1+5R_3 \to R_1} \begin{bmatrix} 6 & 0 & 0 & -24 & -24 & 30 \\ 0 & 6 & 0 & 6 & 6 & -6 \\ 0 & 0 & -1 & -5 & -4 & 6 \end{bmatrix} \xrightarrow[\frac{1}{6}R_2,\, -R_3]{\frac{1}{6}R_1} \begin{bmatrix} 1 & 0 & 0 & -4 & -4 & 5 \\ 0 & 1 & 0 & 1 & 1 & -1 \\ 0 & 0 & 1 & 5 & 4 & -6 \end{bmatrix}.$

Therefore, the inverse matrix is $\begin{bmatrix} -4 & -4 & 5 \\ 1 & 1 & -1 \\ 5 & 4 & -6 \end{bmatrix}.$

17. $\begin{bmatrix} 1 & 2 & 3 & 1 & 0 & 0 \\ 4 & 5 & -1 & 0 & 1 & 0 \\ 1 & -1 & -10 & 0 & 0 & 1 \end{bmatrix} \xrightarrow[R_3-R_1 \to R_3]{R_2-4R_1 \to R_2} \begin{bmatrix} 1 & 2 & 3 & 1 & 0 & 0 \\ 0 & -3 & -13 & -4 & 1 & 0 \\ 0 & -3 & -13 & -1 & 0 & 1 \end{bmatrix} \xrightarrow{R_3-R_2 \to R_3} \begin{bmatrix} 1 & 2 & 3 & 1 & 0 & 0 \\ 0 & -3 & -13 & -4 & 1 & 0 \\ 0 & 0 & 0 & 3 & -1 & 1 \end{bmatrix}.$

Since the left half of the last row consists entirely of zeros, there is no inverse matrix.

19. $\begin{bmatrix} 0 & -2 & 2 & 1 & 0 & 0 \\ 3 & 1 & 3 & 0 & 1 & 0 \\ 1 & -2 & 3 & 0 & 0 & 1 \end{bmatrix} \xrightarrow{R_1 \leftrightarrow R_3} \begin{bmatrix} 1 & -2 & 3 & 0 & 0 & 1 \\ 3 & 1 & 3 & 0 & 1 & 0 \\ 0 & -2 & 2 & 1 & 0 & 0 \end{bmatrix} \xrightarrow{R_2-3R_1 \to R_2} \begin{bmatrix} 1 & -2 & 3 & 0 & 0 & 1 \\ 0 & 7 & -6 & 0 & 1 & -3 \\ 0 & -2 & 2 & 1 & 0 & 0 \end{bmatrix}$

$\xrightarrow[R_2+3R_3 \to R_2]{R_1-R_3 \to R_1} \begin{bmatrix} 1 & 0 & 1 & -1 & 0 & 1 \\ 0 & 1 & 0 & 3 & 1 & -3 \\ 0 & -2 & 2 & 1 & 0 & 0 \end{bmatrix} \xrightarrow{R_3+2R_2 \to R_3} \begin{bmatrix} 1 & 0 & 1 & -1 & 0 & 1 \\ 0 & 1 & 0 & 3 & 1 & -3 \\ 0 & 0 & 2 & 7 & 2 & -6 \end{bmatrix} \xrightarrow{\frac{1}{2}R_3}$

$\begin{bmatrix} 1 & 0 & 1 & -1 & 0 & 1 \\ 0 & 1 & 0 & 3 & 1 & -3 \\ 0 & 0 & 1 & \frac{7}{2} & 1 & -3 \end{bmatrix} \xrightarrow{R_1-R_3 \to R_1} \begin{bmatrix} 1 & 0 & 0 & -\frac{9}{2} & -1 & 4 \\ 0 & 1 & 0 & 3 & 1 & -3 \\ 0 & 0 & 1 & \frac{7}{2} & 1 & -3 \end{bmatrix}.$ Therefore, the inverse matrix is $\begin{bmatrix} -\frac{9}{2} & -1 & 4 \\ 3 & 1 & -3 \\ \frac{7}{2} & 1 & -3 \end{bmatrix}.$

21.
$$\begin{bmatrix} 1 & 2 & 0 & 3 & 1 & 0 & 0 & 0 \\ 0 & 1 & 1 & 1 & 0 & 1 & 0 & 0 \\ 0 & 1 & 0 & 1 & 0 & 0 & 1 & 0 \\ 1 & 2 & 0 & 2 & 0 & 0 & 0 & 1 \end{bmatrix} \xrightarrow[R_4 - R_1 \to R_4]{R_3 - R_2 \to R_3} \begin{bmatrix} 1 & 2 & 0 & 3 & 1 & 0 & 0 & 0 \\ 0 & 1 & 1 & 1 & 0 & 1 & 0 & 0 \\ 0 & 0 & -1 & 0 & 0 & -1 & 1 & 0 \\ 0 & 0 & 0 & -1 & -1 & 0 & 0 & 1 \end{bmatrix} \xrightarrow[-R_4]{-R_3} \begin{bmatrix} 1 & 2 & 0 & 3 & 1 & 0 & 0 & 0 \\ 0 & 1 & 1 & 1 & 0 & 1 & 0 & 0 \\ 0 & 0 & 1 & 0 & 0 & 1 & -1 & 0 \\ 0 & 0 & 0 & 1 & 1 & 0 & 0 & -1 \end{bmatrix}$$

$$\xrightarrow[R_2 - R_3 \to R_2]{R_1 - 2R_2 \to R_1} \begin{bmatrix} 1 & 0 & -2 & 1 & 1 & -2 & 0 & 0 \\ 0 & 1 & 0 & 1 & 0 & 0 & 1 & 0 \\ 0 & 0 & 1 & 0 & 0 & 1 & -1 & 0 \\ 0 & 0 & 0 & 1 & 1 & 0 & 0 & -1 \end{bmatrix} \xrightarrow[R_2 - R_4 \to R_2]{R_1 + 2R_3 \to R_1} \begin{bmatrix} 1 & 0 & 0 & 1 & 1 & 0 & -2 & 0 \\ 0 & 1 & 0 & 0 & -1 & 0 & 1 & 1 \\ 0 & 0 & 1 & 0 & 0 & 1 & -1 & 0 \\ 0 & 0 & 0 & 1 & 1 & 0 & 0 & -1 \end{bmatrix} \xrightarrow{R_1 \to R_1 - R_4}$$

$$\begin{bmatrix} 1 & 0 & 0 & 0 & 0 & 0 & -2 & 1 \\ 0 & 1 & 0 & 0 & -1 & 0 & 1 & 1 \\ 0 & 0 & 1 & 0 & 0 & 1 & -1 & 0 \\ 0 & 0 & 0 & 1 & 1 & 0 & 0 & -1 \end{bmatrix}. \text{ Therefore, the inverse matrix is } \begin{bmatrix} 0 & 0 & -2 & 1 \\ -1 & 0 & 1 & 1 \\ 0 & 1 & -1 & 0 \\ 1 & 0 & 0 & -1 \end{bmatrix}.$$

23. $\begin{cases} 5x + 3y = 4 \\ 3x + 2y = 0 \end{cases}$ is equivalent to the matrix equation $\begin{bmatrix} 5 & 3 \\ 3 & 2 \end{bmatrix} \begin{bmatrix} x \\ y \end{bmatrix} = \begin{bmatrix} 4 \\ 0 \end{bmatrix}$. Using the inverse from Exercise 3,

$\begin{bmatrix} x \\ y \end{bmatrix} = \begin{bmatrix} 2 & -3 \\ -3 & 5 \end{bmatrix} \begin{bmatrix} 4 \\ 0 \end{bmatrix} = \begin{bmatrix} 8 \\ -12 \end{bmatrix}$. Therefore, $x = 8$ and $y = -12$.

25. $\begin{cases} 2x + 5y = 2 \\ -5x - 13y = 20 \end{cases}$ is equivalent to the matrix equation $\begin{bmatrix} 2 & 5 \\ -5 & -13 \end{bmatrix} \begin{bmatrix} x \\ y \end{bmatrix} = \begin{bmatrix} 2 \\ 20 \end{bmatrix}$. Using the inverse from

Exercise 5, $\begin{bmatrix} x \\ y \end{bmatrix} = \begin{bmatrix} 13 & 5 \\ -5 & -2 \end{bmatrix} \begin{bmatrix} 2 \\ 20 \end{bmatrix} = \begin{bmatrix} 126 \\ -50 \end{bmatrix}$. Therefore, $x = 126$ and $y = -50$.

27. $\begin{cases} 2x + 4y + z = 7 \\ -x + y - z = 0 \\ x + 4y = -2 \end{cases}$ is equivalent to the matrix equation $\begin{bmatrix} 2 & 4 & 1 \\ -1 & 1 & -1 \\ 1 & 4 & 0 \end{bmatrix} \begin{bmatrix} x \\ y \\ z \end{bmatrix} = \begin{bmatrix} 7 \\ 0 \\ -2 \end{bmatrix}$. Using the inverse from

Exercise 11, $\begin{bmatrix} x \\ y \\ z \end{bmatrix} = \begin{bmatrix} -4 & -4 & 5 \\ 1 & 1 & -1 \\ 5 & 4 & -6 \end{bmatrix} \begin{bmatrix} 7 \\ 0 \\ -2 \end{bmatrix} = \begin{bmatrix} -38 \\ 9 \\ 47 \end{bmatrix}$. Therefore, $x = -38$, $y = 9$, and $z = 47$.

29. $\begin{cases} -2y + 2z = 12 \\ 3x + y + 3z = -2 \\ x - 2y + 3z = 8 \end{cases}$ is equivalent to the matrix equation $\begin{bmatrix} 0 & -2 & 2 \\ 3 & 1 & 3 \\ 1 & -2 & 3 \end{bmatrix} \begin{bmatrix} x \\ y \\ z \end{bmatrix} = \begin{bmatrix} 12 \\ -2 \\ 8 \end{bmatrix}$. Using the inverse from

Exercise 15, $\begin{bmatrix} x \\ y \\ z \end{bmatrix} = \begin{bmatrix} -\frac{9}{2} & -1 & 4 \\ 3 & 1 & -3 \\ \frac{7}{2} & 1 & -3 \end{bmatrix} \begin{bmatrix} 12 \\ -2 \\ 8 \end{bmatrix} = \begin{bmatrix} -20 \\ 10 \\ 16 \end{bmatrix}$. Therefore, $x = -20$, $y = 10$, and $z = 16$.

31. Using a calculator, we get the result $(3, 2, 1)$.

33. Using a calculator, we get the result $(3, -2, 2)$.

35. Using a calculator, we get the result $(8, 1, 0, 3)$.

37. This has the form $MX = C$, so $M^{-1}(MX) = M^{-1}C$ and $M^{-1}(MX) = (M^{-1}M)X = X$.

Now $M^{-1} = \begin{bmatrix} 3 & -2 \\ -4 & 3 \end{bmatrix}^{-1} = \dfrac{1}{9-8} \begin{bmatrix} 3 & 2 \\ 4 & 3 \end{bmatrix} = \begin{bmatrix} 3 & 2 \\ 4 & 3 \end{bmatrix}$. Since $X = M^{-1}C$, we get

$$\begin{bmatrix} x & y & z \\ u & v & w \end{bmatrix} = \begin{bmatrix} 3 & 2 \\ 4 & 3 \end{bmatrix} \begin{bmatrix} 1 & 0 & -1 \\ 2 & 1 & 3 \end{bmatrix} = \begin{bmatrix} 7 & 2 & 3 \\ 10 & 3 & 5 \end{bmatrix}.$$

39. $\begin{bmatrix} a & -a \\ a & a \end{bmatrix}^{-1} = \dfrac{1}{a^2 - (-a^2)} \begin{bmatrix} a & a \\ -a & a \end{bmatrix} = \dfrac{1}{2a^2} \begin{bmatrix} a & a \\ -a & a \end{bmatrix} = \dfrac{1}{2a} \begin{bmatrix} 1 & 1 \\ -1 & 1 \end{bmatrix}$

41. $\begin{bmatrix} 2 & x \\ x & x^2 \end{bmatrix}^{-1} = \dfrac{1}{2x^2 - x^2} \begin{bmatrix} x^2 & -x \\ -x & 2 \end{bmatrix} = \dfrac{1}{x^2} \begin{bmatrix} x^2 & -x \\ -x & 2 \end{bmatrix} = \begin{bmatrix} 1 & -1/x \\ -1/x & 2/x^2 \end{bmatrix}$. The inverse does not exist when $x = 0$.

43. $\begin{bmatrix} 1 & e^x & 0 & 1 & 0 & 0 \\ e^x & -e^{2x} & 0 & 0 & 1 & 0 \\ 0 & 0 & 2 & 0 & 0 & 1 \end{bmatrix} \xrightarrow{R_2 - e^x R_1 \to R_2} \begin{bmatrix} 1 & e^x & 0 & 1 & 0 & 0 \\ 0 & -2e^{2x} & 0 & -e^x & 1 & 0 \\ 0 & 0 & 2 & 0 & 0 & 1 \end{bmatrix} \xrightarrow[\frac{1}{2}R_3]{-\frac{1}{2}e^{-2x}R_2}$

$\begin{bmatrix} 1 & e^x & 0 & 1 & 0 & 0 \\ 0 & 1 & 0 & \frac{1}{2}e^{-x} & -\frac{1}{2}e^{-2x} & 0 \\ 0 & 0 & 1 & 0 & 0 & \frac{1}{2} \end{bmatrix} \xrightarrow{R_1 - e^x R_2 \to R_1} \begin{bmatrix} 1 & 0 & 0 & \frac{1}{2} & \frac{1}{2}e^{-x} & 0 \\ 0 & 1 & 0 & \frac{1}{2}e^{-x} & -\frac{1}{2}e^{-2x} & 0 \\ 0 & 0 & 1 & 0 & 0 & \frac{1}{2} \end{bmatrix}$.

Therefore, the inverse matrix is $\begin{bmatrix} \frac{1}{2} & \frac{1}{2}e^{-x} & 0 \\ \frac{1}{2}e^{-x} & -\frac{1}{2}e^{-2x} & 0 \\ 0 & 0 & \frac{1}{2} \end{bmatrix}$. The inverse exists for all x.

45. $\begin{bmatrix} \cos x & \sin x \\ -\sin x & \cos x \end{bmatrix}^{-1} = \dfrac{1}{\cos^2 x + \sin^2 x} \begin{bmatrix} \cos x & -\sin x \\ \sin x & \cos x \end{bmatrix} = \begin{bmatrix} \cos x & -\sin x \\ \sin x & \cos x \end{bmatrix}$. The inverse exists for all x.

47. (a) $\begin{bmatrix} 3 & 1 & 3 & 1 & 0 & 0 \\ 4 & 2 & 4 & 0 & 1 & 0 \\ 3 & 2 & 4 & 0 & 0 & 1 \end{bmatrix} \xrightarrow[R_1 \leftrightarrow R_2]{R_3 - R_1 \to R_3} \begin{bmatrix} 4 & 2 & 4 & 0 & 1 & 0 \\ 3 & 1 & 3 & 1 & 0 & 0 \\ 0 & 1 & 1 & -1 & 0 & 1 \end{bmatrix} \xrightarrow{R_1 - R_2 \to R_1} \begin{bmatrix} 1 & 1 & 1 & -1 & 1 & 0 \\ 3 & 1 & 3 & 1 & 0 & 0 \\ 0 & 1 & 1 & -1 & 0 & 1 \end{bmatrix}$

$\xrightarrow{R_2 - 3R_1 \to R_2} \begin{bmatrix} 1 & 1 & 1 & -1 & 1 & 0 \\ 0 & -2 & 0 & 4 & -3 & 0 \\ 0 & 1 & 1 & -1 & 0 & 1 \end{bmatrix} \xrightarrow[\substack{-\frac{1}{2}R_2 \\ R_3 + \frac{1}{2}R_2 \to R_3}]{R_1 + \frac{1}{2}R_2 \to R_1} \begin{bmatrix} 1 & 0 & 1 & 1 & -\frac{1}{2} & 0 \\ 0 & 1 & 0 & -2 & \frac{3}{2} & 0 \\ 0 & 0 & 1 & 1 & -\frac{3}{2} & 1 \end{bmatrix} \xrightarrow{R_1 - R_3 \to R_1}$

$\begin{bmatrix} 1 & 0 & 0 & 0 & 1 & -1 \\ 0 & 1 & 0 & -2 & \frac{3}{2} & 0 \\ 0 & 0 & 1 & 1 & -\frac{3}{2} & 1 \end{bmatrix}$. Therefore, the inverse of the matrix is $\begin{bmatrix} 0 & 1 & -1 \\ -2 & \frac{3}{2} & 0 \\ 1 & -\frac{3}{2} & 1 \end{bmatrix}$.

(b) $\begin{bmatrix} A \\ B \\ C \end{bmatrix} = \begin{bmatrix} 0 & 1 & -1 \\ -2 & \frac{3}{2} & 0 \\ 1 & -\frac{3}{2} & 1 \end{bmatrix} \begin{bmatrix} 10 \\ 14 \\ 13 \end{bmatrix} = \begin{bmatrix} 1 \\ 1 \\ 2 \end{bmatrix}$.

Therefore, he should feed the rats 1 oz of food A, 1 oz of food B, and 2 oz of food C.

(c) $\begin{bmatrix} A \\ B \\ C \end{bmatrix} = \begin{bmatrix} 0 & 1 & -1 \\ -2 & \frac{3}{2} & 0 \\ 1 & -\frac{3}{2} & 1 \end{bmatrix} \begin{bmatrix} 9 \\ 12 \\ 10 \end{bmatrix} = \begin{bmatrix} 2 \\ 0 \\ 1 \end{bmatrix}.$

Therefore, he should feed the rats 2 oz of food A, no food B, and 1 oz of food C.

(d) $\begin{bmatrix} A \\ B \\ C \end{bmatrix} = \begin{bmatrix} 0 & 1 & -1 \\ -2 & \frac{3}{2} & 0 \\ 1 & -\frac{3}{2} & 1 \end{bmatrix} \begin{bmatrix} 2 \\ 4 \\ 11 \end{bmatrix} = \begin{bmatrix} -7 \\ 2 \\ 7 \end{bmatrix}.$

Since $A < 0$, there is no combination of foods giving the required supply.

49. (a) $\begin{cases} x + y + 2z = 675 \\ 2x + y + z = 600 \\ x + 2y + z = 625 \end{cases}$

(b) $\begin{bmatrix} 1 & 1 & 2 \\ 2 & 1 & 1 \\ 1 & 2 & 1 \end{bmatrix} \begin{bmatrix} x \\ y \\ z \end{bmatrix} = \begin{bmatrix} 675 \\ 600 \\ 625 \end{bmatrix}$

(c) $\begin{bmatrix} 1 & 1 & 2 & 1 & 0 & 0 \\ 2 & 1 & 1 & 0 & 1 & 0 \\ 1 & 2 & 1 & 0 & 0 & 1 \end{bmatrix} \xrightarrow[R_3 - R_1 \to R_3]{R_2 - 2R_1 \to R_2} \begin{bmatrix} 1 & 1 & 2 & 1 & 0 & 0 \\ 0 & -1 & -3 & -2 & 1 & 0 \\ 0 & 1 & -1 & -1 & 0 & 1 \end{bmatrix} \xrightarrow[R_3 + R_2 \to R_3]{R_1 + R_2 \to R_1} \begin{bmatrix} 1 & 0 & -1 & -1 & 1 & 0 \\ 0 & -1 & -3 & -2 & 1 & 0 \\ 0 & 0 & -4 & -3 & 1 & 1 \end{bmatrix}$

$\xrightarrow[-\frac{1}{4}R_3]{-R_2} \begin{bmatrix} 1 & 0 & -1 & -1 & 1 & 0 \\ 0 & 1 & 3 & 2 & -1 & 0 \\ 0 & 0 & 1 & \frac{3}{4} & -\frac{1}{4} & -\frac{1}{4} \end{bmatrix} \xrightarrow[R_2 - 3R_3 \to R_2]{R_1 + R_3 \to R_1} \begin{bmatrix} 1 & 0 & 0 & -\frac{1}{4} & \frac{3}{4} & -\frac{1}{4} \\ 0 & 1 & 0 & -\frac{1}{4} & -\frac{1}{4} & \frac{3}{4} \\ 0 & 0 & 1 & \frac{3}{4} & -\frac{1}{4} & -\frac{1}{4} \end{bmatrix}$. Therefore, the inverse of the

matrix is $\begin{bmatrix} -\frac{1}{4} & \frac{3}{4} & -\frac{1}{4} \\ -\frac{1}{4} & -\frac{1}{4} & \frac{3}{4} \\ \frac{3}{4} & -\frac{1}{4} & -\frac{1}{4} \end{bmatrix}$ and $\begin{bmatrix} x \\ y \\ z \end{bmatrix} = \begin{bmatrix} -\frac{1}{4} & \frac{3}{4} & -\frac{1}{4} \\ -\frac{1}{4} & -\frac{1}{4} & \frac{3}{4} \\ \frac{3}{4} & -\frac{1}{4} & -\frac{1}{4} \end{bmatrix} \begin{bmatrix} 675 \\ 600 \\ 625 \end{bmatrix} = \begin{bmatrix} 125 \\ 150 \\ 200 \end{bmatrix}$. Thus, he earns $125 on a

standard set, $150 on a deluxe set, and $200 on a leather-bound set.

9.7   Determinants and Cramer's Rule

1. The matrix $\begin{bmatrix} 2 & 0 \\ 0 & 3 \end{bmatrix}$ has determinant

$|D| = (2)(3) - (0)(0) = 6.$

3. The matrix $\begin{bmatrix} 4 & 5 \\ 0 & -1 \end{bmatrix}$ has determinant

$|D| = (4)(-1) - (5)(0) = -4.$

5. The matrix $\begin{bmatrix} 2 & 5 \end{bmatrix}$ does not have a determinant because the matrix is not square.

7. The matrix $\begin{bmatrix} \frac{1}{2} & \frac{1}{8} \\ 1 & \frac{1}{2} \end{bmatrix}$ has determinant

$|D| = \frac{1}{2} \cdot \frac{1}{2} - 1 \cdot \frac{1}{8} = \frac{1}{4} - \frac{1}{8} = \frac{1}{8}.$

In Solutions 9–13, $A = \begin{bmatrix} 1 & 0 & \frac{1}{2} \\ -3 & 5 & 2 \\ 0 & 0 & 4 \end{bmatrix}.$

9. $M_{11} = 5 \cdot 4 - 0 \cdot 2 = 20$, $A_{11} = (-1)^2 M_{11} = 20$

11. $M_{12} = -3 \cdot 4 - 0 \cdot 2 = -12$, $A_{12} = (-1)^3 M_{12} = 12$

13. $M_{23} = 1 \cdot 0 - 0 \cdot 0 = 0$, $A_{23} = (-1)^5 M_{23} = 0$

15. $M = \begin{bmatrix} 2 & 1 & 0 \\ 0 & -2 & 4 \\ 0 & 1 & -3 \end{bmatrix}$. Therefore, expanding by the first column, $|M| = 2 \begin{vmatrix} -2 & 4 \\ 1 & -3 \end{vmatrix} = 2(6-4) = 4$. Since $|M| \neq 0$,

the matrix has an inverse.

17. $M = \begin{bmatrix} 1 & 3 & 7 \\ 2 & 0 & -1 \\ 0 & 2 & 6 \end{bmatrix}$. Therefore, expanding by the third row,

$|M| = -2 \begin{vmatrix} 1 & 7 \\ 2 & -1 \end{vmatrix} + 6 \begin{vmatrix} 1 & 3 \\ 2 & 0 \end{vmatrix} = -2(-1-14) + 6(0-6) = 30 - 36 = -6$. Since $|M| \neq 0$, the matrix has an

inverse.

19. $M = \begin{bmatrix} 30 & 0 & 20 \\ 0 & -10 & -20 \\ 40 & 0 & 10 \end{bmatrix}$. Therefore, expanding by the first row,

$|M| = 30 \begin{vmatrix} -10 & -20 \\ 0 & 10 \end{vmatrix} + 20 \begin{vmatrix} 0 & -10 \\ 40 & 0 \end{vmatrix} = 30(-100+0) + 20(0+400) = -3000 + 8000 = 5000$, and so M^{-1}

exists.

21. $M = \begin{bmatrix} 1 & 3 & 3 & 0 \\ 0 & 2 & 0 & 1 \\ -1 & 0 & 0 & 2 \\ 1 & 6 & 4 & 1 \end{bmatrix}$. Therefore, expanding by the third row,

$|M| = -1 \begin{vmatrix} 3 & 3 & 0 \\ 2 & 0 & 1 \\ 6 & 4 & 1 \end{vmatrix} - 2 \begin{vmatrix} 1 & 3 & 3 \\ 0 & 2 & 0 \\ 1 & 6 & 4 \end{vmatrix} = 1 \begin{vmatrix} 3 & 3 \\ 6 & 4 \end{vmatrix} - 1 \begin{vmatrix} 3 & 3 \\ 2 & 0 \end{vmatrix} - 4 \begin{vmatrix} 1 & 3 \\ 1 & 4 \end{vmatrix} = -6 + 6 - 4 = -4$, and so M^{-1} exists.

23. $|M| = \begin{vmatrix} 0 & 0 & 4 & 6 \\ 2 & 1 & 1 & 3 \\ 2 & 1 & 2 & 3 \\ 3 & 0 & 1 & 7 \end{vmatrix} = \begin{vmatrix} 0 & 0 & 4 & 6 \\ 2 & 1 & 1 & 3 \\ 0 & 0 & 1 & 0 \\ 3 & 0 & 1 & 7 \end{vmatrix}$, by replacing R_3 with $R_3 - R_2$. Then, expanding by the third row,

$|M| = 1 \begin{vmatrix} 0 & 0 & 6 \\ 2 & 1 & 3 \\ 3 & 0 & 7 \end{vmatrix} = 6 \begin{vmatrix} 2 & 1 \\ 3 & 0 \end{vmatrix} = 6(2 \cdot 0 - 3 \cdot 1) = -18$.

25. $M = \begin{bmatrix} 1 & 2 & 3 & 4 & 5 \\ 0 & 2 & 4 & 6 & 8 \\ 0 & 0 & 3 & 6 & 9 \\ 0 & 0 & 0 & 4 & 8 \\ 0 & 0 & 0 & 0 & 5 \end{bmatrix}$, so $|M| = 5 \begin{vmatrix} 1 & 2 & 3 & 4 \\ 0 & 2 & 4 & 6 \\ 0 & 0 & 3 & 6 \\ 0 & 0 & 0 & 4 \end{vmatrix} = 5 \cdot 4 \begin{vmatrix} 1 & 2 & 3 \\ 0 & 2 & 4 \\ 0 & 0 & 3 \end{vmatrix} = 20 \cdot 3 \begin{vmatrix} 1 & 2 \\ 0 & 2 \end{vmatrix} = 60 \cdot 2 = 120$.

27. $B = \begin{bmatrix} 4 & 1 & 0 \\ -2 & -1 & 1 \\ 4 & 0 & 3 \end{bmatrix}$

(a) $|B| = 2\begin{vmatrix} 1 & 0 \\ 0 & 3 \end{vmatrix} - 1\begin{vmatrix} 4 & 0 \\ 4 & 3 \end{vmatrix} - 1\begin{vmatrix} 4 & 1 \\ 4 & 0 \end{vmatrix} = 6 - 12 + 4 = -2$

(b) $|B| = -1\begin{vmatrix} 4 & 1 \\ 4 & 0 \end{vmatrix} + 3\begin{vmatrix} 4 & 1 \\ -2 & -1 \end{vmatrix} = 4 - 6 = -2$

(c) Yes, as expected, the results agree.

29. $\begin{cases} 2x - y = -9 \\ x + 2y = 8 \end{cases}$ Then $|D| = \begin{vmatrix} 2 & -1 \\ 1 & 2 \end{vmatrix} = 5$, $|D_x| = \begin{vmatrix} -9 & -1 \\ 8 & 2 \end{vmatrix} = -10$, and $|D_y| = \begin{vmatrix} 2 & -9 \\ 1 & 8 \end{vmatrix} = 25$.

Hence, $x = \dfrac{|D_x|}{|D|} = \dfrac{-10}{5} = -2$, $y = \dfrac{|D_y|}{|D|} = \dfrac{25}{5} = 5$, and so the solution is $(-2, 5)$.

31. $\begin{cases} x - 6y = 3 \\ 3x + 2y = 1 \end{cases}$ Then, $|D| = \begin{vmatrix} 1 & -6 \\ 3 & 2 \end{vmatrix} = 20$, $|D_x| = \begin{vmatrix} 3 & -6 \\ 1 & 2 \end{vmatrix} = 12$, and $|D_y| = \begin{vmatrix} 1 & 3 \\ 3 & 1 \end{vmatrix} = -8$.

Hence, $x = \dfrac{|D_x|}{|D|} = \dfrac{12}{20} = 0.6$, $y = \dfrac{|D_y|}{|D|} = \dfrac{-8}{20} = -0.4$, and so the solution is $(0.6, -0.4)$.

33. $\begin{cases} 0.4x + 1.2y = 0.4 \\ 1.2x + 1.6y = 3.2 \end{cases}$ Then, $|D| = \begin{vmatrix} 0.4 & 1.2 \\ 1.2 & 1.6 \end{vmatrix} = -0.8$, $|D_x| = \begin{vmatrix} 0.4 & 1.2 \\ 3.2 & 1.6 \end{vmatrix} = -3.2$, and $|D_y| = \begin{vmatrix} 0.4 & 0.4 \\ 1.2 & 3.2 \end{vmatrix} = 0.8$.

Hence, $x = \dfrac{|D_x|}{|D|} = \dfrac{-3.2}{-0.8} = 4$, $y = \dfrac{|D_y|}{|D|} = \dfrac{0.8}{-0.8} = -1$, and so the solution is $(4, -1)$.

35. $\begin{cases} x - y + 2z = 0 \\ 3x + z = 11 \\ -x + 2y = 0 \end{cases}$ Then expanding by the second row,

$|D| = \begin{vmatrix} 1 & -1 & 2 \\ 3 & 0 & 1 \\ -1 & 2 & 0 \end{vmatrix} = -3\begin{vmatrix} -1 & 2 \\ 2 & 0 \end{vmatrix} - 1\begin{vmatrix} 1 & -1 \\ -1 & 2 \end{vmatrix} = 12 - 1 = 11$, $|D_x| = \begin{vmatrix} 0 & -1 & 2 \\ 11 & 0 & 1 \\ 0 & 2 & 0 \end{vmatrix} = -11\begin{vmatrix} -1 & 2 \\ 2 & 0 \end{vmatrix} = 44$,

$|D_y| = \begin{vmatrix} 1 & 0 & 2 \\ 3 & 11 & 1 \\ -1 & 0 & 0 \end{vmatrix} = 11\begin{vmatrix} 1 & 2 \\ -1 & 0 \end{vmatrix} = 22$, and $|D_z| = \begin{vmatrix} 1 & -1 & 0 \\ 3 & 0 & 11 \\ -1 & 2 & 0 \end{vmatrix} = -11\begin{vmatrix} 1 & -1 \\ -1 & 2 \end{vmatrix} = -11$.

Therefore, $x = \frac{44}{11} = 4$, $y = \frac{22}{11} = 2$, $z = \frac{-11}{11} = -1$, and so the solution is $(4, 2, -1)$.

37. $\begin{cases} 2x_1 + 3x_2 - 5x_3 = 1 \\ x_1 + x_2 - x_3 = 2 \\ 2x_2 + x_3 = 8 \end{cases}$

Then, expanding by the third row,

$$|D| = \begin{vmatrix} 2 & 3 & -5 \\ 1 & 1 & -1 \\ 0 & 2 & 1 \end{vmatrix} = -2 \begin{vmatrix} 2 & -5 \\ 1 & -1 \end{vmatrix} + \begin{vmatrix} 2 & 3 \\ 1 & 1 \end{vmatrix} = -6 - 1 = -7,$$

$$|D_{x_1}| = \begin{vmatrix} 1 & 3 & -5 \\ 2 & 1 & -1 \\ 8 & 2 & 1 \end{vmatrix} = \begin{vmatrix} 1 & -1 \\ 2 & 1 \end{vmatrix} - 3 \begin{vmatrix} 2 & -1 \\ 8 & 1 \end{vmatrix} - 5 \begin{vmatrix} 2 & 1 \\ 8 & 2 \end{vmatrix} = 3 - 30 + 20 = -7,$$

$$|D_{x_2}| = \begin{vmatrix} 2 & 1 & -5 \\ 1 & 2 & -1 \\ 0 & 8 & 1 \end{vmatrix} = -8 \begin{vmatrix} 2 & -5 \\ 1 & -1 \end{vmatrix} + \begin{vmatrix} 2 & 1 \\ 1 & 2 \end{vmatrix} = -24 + 3 = -21, \text{ and}$$

$$|D_{x_3}| = \begin{vmatrix} 2 & 3 & 1 \\ 1 & 1 & 2 \\ 0 & 2 & 8 \end{vmatrix} = -2 \begin{vmatrix} 2 & 1 \\ 1 & 2 \end{vmatrix} + 8 \begin{vmatrix} 2 & 3 \\ 1 & 1 \end{vmatrix} = -6 - 8 = -14.$$

Thus, $x_1 = \frac{-7}{-7} = 1$, $x_2 = \frac{-21}{-7} = 3$, $x_3 = \frac{-14}{-7} = 2$, and so the solution is $(1, 3, 2)$.

39. $\begin{cases} \frac{1}{3}x - \frac{1}{5}y + \frac{1}{2}z = \frac{7}{10} \\ -\frac{2}{3}x + \frac{2}{5}y + \frac{3}{2}z = \frac{11}{10} \\ x - \frac{4}{5}y + z = \frac{9}{5} \end{cases} \Leftrightarrow \begin{cases} 10x - 6y + 15z = 21 \\ -20x + 12y + 45z = 33 \quad \text{Then} \\ 5x - 4y + 5z = 9 \end{cases}$

$$|D| = \begin{vmatrix} 10 & -6 & 15 \\ -20 & 12 & 45 \\ 5 & -4 & 5 \end{vmatrix} = 10 \begin{vmatrix} 12 & 45 \\ -4 & 5 \end{vmatrix} + 6 \begin{vmatrix} -20 & 45 \\ 5 & 5 \end{vmatrix} + 15 \begin{vmatrix} -20 & 12 \\ 5 & -4 \end{vmatrix} = 2400 - 1950 + 300 = 750,$$

$$|D_x| = \begin{vmatrix} 21 & -6 & 15 \\ 33 & 12 & 45 \\ 9 & -4 & 5 \end{vmatrix} = 21 \begin{vmatrix} 12 & 45 \\ -4 & 5 \end{vmatrix} + 6 \begin{vmatrix} 33 & 45 \\ 9 & 5 \end{vmatrix} + 15 \begin{vmatrix} 33 & 12 \\ 9 & -4 \end{vmatrix} = 5040 - 1440 - 3600 = 0,$$

$$|D_y| = \begin{vmatrix} 10 & 21 & 15 \\ -20 & 33 & 45 \\ 5 & 9 & 5 \end{vmatrix} = 10 \begin{vmatrix} 33 & 45 \\ 9 & 5 \end{vmatrix} - 21 \begin{vmatrix} -20 & 45 \\ 5 & 5 \end{vmatrix} + 15 \begin{vmatrix} -20 & 33 \\ 5 & 9 \end{vmatrix} = -2400 + 6825 - 5175 = -750, \text{ and}$$

$$|D_z| = \begin{vmatrix} 10 & -6 & 21 \\ -20 & 12 & 33 \\ 5 & -4 & 9 \end{vmatrix} = 10 \begin{vmatrix} 12 & 33 \\ -4 & 9 \end{vmatrix} + 6 \begin{vmatrix} -20 & 33 \\ 5 & 9 \end{vmatrix} + 21 \begin{vmatrix} -20 & 12 \\ 5 & -4 \end{vmatrix} = 2400 - 2070 + 420 = 750.$$

Therefore, $x = 0$, $y = -1$, $z = 1$, and so the solution is $(0, -1, 1)$.

41. $\begin{cases} 3y + 5z = 4 \\ 2x - z = 10 \\ 4x + 7y = 0 \end{cases}$ Then $|D| = \begin{vmatrix} 0 & 3 & 5 \\ 2 & 0 & -1 \\ 4 & 7 & 0 \end{vmatrix} = -3 \begin{vmatrix} 2 & -1 \\ 4 & 0 \end{vmatrix} + 5 \begin{vmatrix} 2 & 0 \\ 4 & 7 \end{vmatrix} = -12 + 70 = 58,$

$|D_x| = \begin{vmatrix} 4 & 3 & 5 \\ 10 & 0 & -1 \\ 0 & 7 & 0 \end{vmatrix} = -7 \begin{vmatrix} 4 & 5 \\ 10 & -1 \end{vmatrix} = 378, \ |D_y| = \begin{vmatrix} 0 & 4 & 5 \\ 2 & 10 & -1 \\ 4 & 0 & 0 \end{vmatrix} = 4 \begin{vmatrix} 4 & 5 \\ 10 & -1 \end{vmatrix} = -216,$ and

$|D_z| = \begin{vmatrix} 0 & 3 & 4 \\ 2 & 0 & 10 \\ 4 & 7 & 0 \end{vmatrix} = 4 \begin{vmatrix} 3 & 4 \\ 0 & 10 \end{vmatrix} - 7 \begin{vmatrix} 0 & 4 \\ 2 & 10 \end{vmatrix} = 120 + 56 = 176.$

Thus, $x = \frac{189}{29}, y = -\frac{108}{29},$ and $z = \frac{88}{29},$ and so the solution is $\left(\frac{189}{29}, -\frac{108}{29}, \frac{88}{29} \right).$

43. $\begin{cases} x + y + z + w = 0 \\ 2z + w = 0 \\ y - z = 0 \\ x + 2z = 1 \end{cases}$ Then

$|D| = \begin{vmatrix} 1 & 1 & 1 & 1 \\ 2 & 0 & 0 & 1 \\ 0 & 1 & -1 & 0 \\ 1 & 0 & 2 & 0 \end{vmatrix} = -1 \begin{vmatrix} 2 & 0 & 1 \\ 0 & -1 & 0 \\ 1 & 2 & 0 \end{vmatrix} - 1 \begin{vmatrix} 1 & 1 & 1 \\ 2 & 0 & 1 \\ 1 & 2 & 0 \end{vmatrix} = -\left(2 \begin{vmatrix} -1 & 0 \\ 2 & 0 \end{vmatrix} + 1 \begin{vmatrix} 0 & 1 \\ -1 & 0 \end{vmatrix} \right) - \left(-1 \begin{vmatrix} 2 & 1 \\ 1 & 0 \end{vmatrix} - 2 \begin{vmatrix} 1 & 1 \\ 2 & 1 \end{vmatrix} \right)$

$ = -2 \, (0) - 1 \, (1) + 1 \, (-1) + 2 \, (-1) = -4,$

$|D_x| = \begin{vmatrix} 0 & 1 & 1 & 1 \\ 0 & 0 & 0 & 1 \\ 0 & 1 & -1 & 0 \\ 1 & 0 & 2 & 0 \end{vmatrix} = -1 \begin{vmatrix} 1 & 1 & 1 \\ 0 & 0 & 1 \\ 1 & -1 & 0 \end{vmatrix} = -1 \, (-1) \begin{vmatrix} 1 & 1 \\ 1 & -1 \end{vmatrix} = -2,$

$|D_y| = \begin{vmatrix} 1 & 0 & 1 & 1 \\ 2 & 0 & 0 & 1 \\ 0 & 0 & -1 & 0 \\ 1 & 1 & 2 & 0 \end{vmatrix} = 1 \begin{vmatrix} 1 & 1 & 1 \\ 2 & 0 & 1 \\ 0 & -1 & 0 \end{vmatrix} = 1 \begin{vmatrix} 0 & 1 \\ -1 & 0 \end{vmatrix} - 2 \begin{vmatrix} 1 & 1 \\ -1 & 0 \end{vmatrix} = 1 - 2 \, (1) = -1,$

$|D_z| = \begin{vmatrix} 1 & 1 & 0 & 1 \\ 2 & 0 & 0 & 1 \\ 0 & 1 & 0 & 0 \\ 1 & 0 & 1 & 0 \end{vmatrix} = -1 \begin{vmatrix} 1 & 1 & 1 \\ 2 & 0 & 1 \\ 0 & 1 & 0 \end{vmatrix} = -1 \begin{vmatrix} 0 & 1 \\ 1 & 0 \end{vmatrix} + 2 \begin{vmatrix} 1 & 1 \\ 1 & 0 \end{vmatrix} = -1 \, (-1) + 2 \, (-1) = -1,$ and

$|D_w| = \begin{vmatrix} 1 & 1 & 1 & 0 \\ 2 & 0 & 0 & 0 \\ 0 & 1 & -1 & 0 \\ 1 & 0 & 2 & 1 \end{vmatrix} = 1 \begin{vmatrix} 1 & 1 & 1 \\ 2 & 0 & 0 \\ 0 & 1 & -1 \end{vmatrix} = -2 \begin{vmatrix} 1 & 1 \\ 1 & -1 \end{vmatrix} = -2 \, (-2) = 4.$ Hence, we have $x = \frac{|D_x|}{|D|} = \frac{-2}{-4} = \frac{1}{2},$

$y = \frac{|D_y|}{|D|} = \frac{-1}{-4} = \frac{1}{4}, z = \frac{|D_z|}{|D|} = \frac{-1}{-4} = \frac{1}{4},$ and $w = \frac{|D_w|}{|D|} = \frac{4}{-4} = -1,$ and the solution is $\left(\frac{1}{2}, \frac{1}{4}, \frac{1}{4}, -1 \right).$

45. $\begin{vmatrix} a & 0 & 0 & 0 & 0 \\ 0 & b & 0 & 0 & 0 \\ 0 & 0 & c & 0 & 0 \\ 0 & 0 & 0 & d & 0 \\ 0 & 0 & 0 & 0 & e \end{vmatrix} = a \begin{vmatrix} b & 0 & 0 & 0 \\ 0 & c & 0 & 0 \\ 0 & 0 & d & 0 \\ 0 & 0 & 0 & e \end{vmatrix} = ab \begin{vmatrix} c & 0 & 0 \\ 0 & d & 0 \\ 0 & 0 & e \end{vmatrix} = abc \begin{vmatrix} d & 0 \\ 0 & e \end{vmatrix} = abcde$

47. $\begin{vmatrix} x & 12 & 13 \\ 0 & x-1 & 23 \\ 0 & 0 & x-2 \end{vmatrix} = 0 \quad \Leftrightarrow \quad (x-2)\begin{vmatrix} x & 12 \\ 0 & x-1 \end{vmatrix} = 0 \quad \Leftrightarrow \quad (x-2) \cdot x(x-1) = 0 \quad \Leftrightarrow \quad x = 0, 1, \text{ or } 2$

49. $\begin{vmatrix} 1 & 0 & x \\ x^2 & 1 & 0 \\ x & 0 & 1 \end{vmatrix} = 0 \quad \Leftrightarrow \quad 1\begin{vmatrix} 1 & 0 \\ 0 & 1 \end{vmatrix} + x\begin{vmatrix} x^2 & 1 \\ x & 0 \end{vmatrix} = 0 \quad \Leftrightarrow \quad 1 - x^2 = 0 \quad \Leftrightarrow \quad x^2 = 1 \quad \Leftrightarrow \quad x = \pm 1$

51. Area $= \pm\dfrac{1}{2} \begin{vmatrix} 0 & 0 & 1 \\ 6 & 2 & 1 \\ 3 & 8 & 1 \end{vmatrix} = \pm\dfrac{1}{2}\begin{vmatrix} 6 & 2 \\ 3 & 8 \end{vmatrix} = \pm\dfrac{1}{2}(48 - 6) = \dfrac{1}{2}(42) = 21$

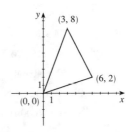

53. Area $= \pm\dfrac{1}{2} \begin{vmatrix} -1 & 3 & 1 \\ 2 & 9 & 1 \\ 5 & -6 & 1 \end{vmatrix} = \pm\dfrac{1}{2}\left[-1\begin{vmatrix} 9 & 1 \\ -6 & 1 \end{vmatrix} - 3\begin{vmatrix} 2 & 1 \\ 5 & 1 \end{vmatrix} + 1\begin{vmatrix} 2 & 9 \\ 5 & -6 \end{vmatrix} \right]$

$= \pm\dfrac{1}{2}\left[-1(9 + 6) - 3(2 - 5) + 1(-12 - 45) \right]$

$= \pm\dfrac{1}{2}\left[-15 - 3(-3) + (-57) \right] = \pm\dfrac{1}{2}(-63) = \dfrac{63}{2}$

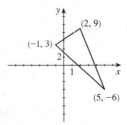

55. $\begin{vmatrix} 1 & x & x^2 \\ 1 & y & y^2 \\ 1 & z & z^2 \end{vmatrix} = 1\begin{vmatrix} y & y^2 \\ z & z^2 \end{vmatrix} - 1\begin{vmatrix} x & x^2 \\ z & z^2 \end{vmatrix} + 1\begin{vmatrix} x & x^2 \\ y & y^2 \end{vmatrix} = yz^2 - y^2z - (xz^2 - x^2z) + (xy^2 - xy^2)$

$= yz^2 - y^2z - xz^2 - x^2z + xy^2 - xy^2 + xyz - xyz = xyz - xz^2 - y^2z + yz^2 - x^2y + x^2z + zy^2 - xyz$

$= z(xy - xz - y^2 + yz) - x(xy - xz - y^2 + yz) = (z - x)(xy - xz - y^2 + yz)$

$= (z - x)[x(y - z) - y(y - z)] = (z - x)(x - y)(y - z)$

57. (a) Using the points $(10, 25)$, $(15, 33.75)$, and $(40, 40)$, we substitute for x and y and get the system

$$\begin{cases} 100a + 10b + c = 25 \\ 225a + 15b + c = 33.75 \\ 1600a + 40b + c = 40 \end{cases}$$

(b) $|D| = \begin{vmatrix} 100 & 10 & 1 \\ 225 & 15 & 1 \\ 1600 & 40 & 1 \end{vmatrix} = 1 \cdot \begin{vmatrix} 225 & 15 \\ 1600 & 40 \end{vmatrix} - 1 \cdot \begin{vmatrix} 100 & 10 \\ 1600 & 40 \end{vmatrix} + 1 \cdot \begin{vmatrix} 100 & 10 \\ 225 & 15 \end{vmatrix}$

$= (9000 - 24{,}000) - (4000 - 16{,}000) + (1500 - 2250) = -15{,}000 + 12{,}000 - 750 = -3750$,

$|D_a| = \begin{vmatrix} 25 & 10 & 1 \\ 33.75 & 15 & 1 \\ 40 & 40 & 1 \end{vmatrix} = 1 \cdot \begin{vmatrix} 33.75 & 15 \\ 40 & 40 \end{vmatrix} - 1 \cdot \begin{vmatrix} 25 & 10 \\ 40 & 40 \end{vmatrix} + 1 \cdot \begin{vmatrix} 25 & 10 \\ 33.75 & 15 \end{vmatrix}$

$= (1350 - 600) - (1000 - 400) + (375 - 337.5) = 750 - 600 + 37.5 = 187.5$,

$|D_b| = \begin{vmatrix} 100 & 25 & 1 \\ 225 & 33.75 & 1 \\ 1600 & 40 & 1 \end{vmatrix} = 1 \cdot \begin{vmatrix} 225 & 33.75 \\ 1600 & 40 \end{vmatrix} - 1 \cdot \begin{vmatrix} 100 & 25 \\ 1600 & 40 \end{vmatrix} + 1 \cdot \begin{vmatrix} 100 & 25 \\ 225 & 33.75 \end{vmatrix}$

$= (9000 - 54{,}000) - (4000 - 40{,}000) + (3375 - 5625) = -45{,}000 + 36{,}000 - 2250 = -11{,}250$, and

$|D_c| = \begin{vmatrix} 100 & 10 & 25 \\ 225 & 15 & 33.75 \\ 1600 & 40 & 40 \end{vmatrix} = 25 \cdot \begin{vmatrix} 225 & 15 \\ 1600 & 40 \end{vmatrix} - 33.75 \cdot \begin{vmatrix} 100 & 10 \\ 1600 & 40 \end{vmatrix} + 40 \cdot \begin{vmatrix} 100 & 10 \\ 225 & 15 \end{vmatrix}$

$= 25 \cdot (9{,}000 - 24{,}000) - 33.75 \cdot (4{,}000 - 16{,}000) + 40 \cdot (1{,}500 - 2{,}250)$

$= 25 \cdot (-15{,}000) + 33.75 \cdot 12{,}000 + 40 \cdot (-750) = -375{,}000 + 405{,}000 - 30{,}000 = 0.$

Thus, $a = \dfrac{|D_a|}{|D|} = \dfrac{187.5}{-3750} = 0.05$, $b = \dfrac{|D_b|}{|D|} = \dfrac{-11{,}250}{-3{,}750} = 3$, and $c = \dfrac{|D_c|}{|D|} = \dfrac{0}{-3{,}750} = 0$. Thus, the model is

$y = 0.05x^2 + 3x.$

59. (a) The coordinates of the vertices of the surrounding rectangle are (a_1, b_1), (a_2, b_1), (a_2, b_3), and (a_1, b_3). The area of the surrounding rectangle is given by $(a_2 - a_1) \cdot (b_3 - b_1) = a_2 b_3 + a_1 b_1 - a_2 b_1 - a_1 b_3 = a_1 b_1 + a_2 b_3 - a_1 b_3 - a_2 b_1.$

(b) The area of the three blue triangles are as follows:

Area of $\triangle ((a_1, b_1), (a_2, b_1), (a_2, b_2))$: $\frac{1}{2}(a_2 - a_1) \cdot (b_2 - b_1) = \frac{1}{2}(a_2 b_2 + a_1 b_1 - a_2 b_1 - a_1 b_2)$

Area of $\triangle ((a_2, b_2), (a_2, b_3), (a_3, b_3))$: $\frac{1}{2}(a_2 - a_3) \cdot (b_3 - b_2) = \frac{1}{2}(a_2 b_3 + a_3 b_2 - a_2 b_2 - a_3 b_3)$

Area of $\triangle ((a_1, b), (a_1, b_3), (a_3, b_3))$: $\frac{1}{2}(a_3 - a_1) \cdot (b_3 - b_1) = \frac{1}{2}(a_3 b_3 + a_1 b_1 - a_3 b_1 - a_1 b_3).$

Thus the sum of the areas of the blue triangles, B, is

$B = \frac{1}{2}(a_2 b_2 + a_1 b_1 - a_2 b_1 - a_1 b_2) + \frac{1}{2}(a_2 b_3 + a_3 b_2 - a_2 b_2 - a_3 b_3) + \frac{1}{2}(a_3 b_3 + a_1 b_1 - a_3 b_1 - a_1 b_3)$

$= \frac{1}{2}(a_1 b_1 + a_1 b_1 + a_2 b_2 + a_2 b_3 + a_3 b_2 + a_3 b_3) - \frac{1}{2}(a_1 b_2 + a_1 b_3 + a_2 b_1 + a_2 b_2 + a_3 b_1 + a_3 b_3)$

$= a_1 b_1 + \frac{1}{2}(a_2 b_3 + a_3 b_2) - \frac{1}{2}(a_1 b_2 + a_1 b_3 + a_2 b_1 + a_3 b_1)$

So the area of the red triangle A is the area of the rectangle minus the sum of the areas of the blue triangles, that is,

$A = (a_1 b_1 + a_2 b_3 - a_1 b_3 - a_2 b_1) - \left[a_1 b_1 + \frac{1}{2}(a_2 b_3 + a_3 b_2) - \frac{1}{2}(a_1 b_2 + a_1 b_3 + a_2 b_1 + a_3 b_1)\right]$

$= a_1 b_1 + a_2 b_3 - a_1 b_3 - a_2 b_1 - a_1 b_1 - \frac{1}{2}(a_2 b_3 + a_3 b_2) + \frac{1}{2}(a_1 b_2 + a_1 b_3 + a_2 b_1 + a_3 b_1)$

$= \frac{1}{2}(a_1 b_2 + a_2 b_3 + a_3 b_1) - \frac{1}{2}(a_1 b_3 + a_2 b_1 + a_3 b_2)$

(c) We first find $Q = \begin{vmatrix} a_1 & b_1 & 1 \\ a_2 & b_2 & 1 \\ a_3 & b_3 & 1 \end{vmatrix}$ by expanding about the third column.

$$Q = 1\begin{vmatrix} a_2 & b_2 \\ a_3 & b_3 \end{vmatrix} - 1\begin{vmatrix} a_1 & b_1 \\ a_3 & b_3 \end{vmatrix} + 1\begin{vmatrix} a_1 & b_1 \\ a_2 & b_2 \end{vmatrix} = a_2 b_3 - a_3 b_2 - (a_1 b_3 - a_3 b_1) + a_1 b_2 - a_2 b_1$$

$$= a_1 b_2 + a_2 b_3 + a_3 b_1 - a_1 b_3 - a_2 b_1 - a_3 b_2$$

So $\frac{1}{2} Q = \frac{1}{2} (a_1 b_2 + a_2 b_3 + a_3 b_1) - \frac{1}{2} (a_1 b_3 - a_2 b_1 - a_3 b_2)$, the area of the red triangle. Since $\frac{1}{2} Q$ is not always positive, the area is $\pm \frac{1}{2} Q$.

61. (a) Let $|M| = \begin{vmatrix} x & y & 1 \\ x_1 & y_1 & 1 \\ x_2 & y_2 & 1 \end{vmatrix}$. Then, expanding by the third column,

$$|M| = \begin{vmatrix} x_1 & y_1 \\ x_2 & y_2 \end{vmatrix} - \begin{vmatrix} x & y \\ x_2 & y_2 \end{vmatrix} + \begin{vmatrix} x & y \\ x_1 & y_1 \end{vmatrix} = (x_1 y_2 - x_2 y_1) - (x y_2 - x_2 y) + (x y_1 - x_1 y)$$

$$= x_1 y_2 - x_2 y_1 - x y_2 + x_2 y + x y_1 - x_1 y = x_2 y - x_1 y - x y_2 + x y_1 + x_1 y_2 - x_2 y_1$$

$$= (x_2 - x_1) y - (y_2 - y_1) x + x_1 y_2 - x_2 y_1$$

So $|M| = 0 \quad \Leftrightarrow \quad (x_2 - x_1) y - (y_2 - y_1) x + x_1 y_2 - x_2 y_1 = 0 \Leftrightarrow (x_2 - x_1) y = (y_2 - y_1) x - x_1 y_2 + x_2 y_1 \quad \Leftrightarrow$

$(x_2 - x_1) y = (y_2 - y_1) x - x_1 y_2 + x_1 y_1 - x_1 y_1 + x_2 y_1 \quad \Leftrightarrow \quad y = \dfrac{y_2 - y_1}{x_2 - x_1} x - \dfrac{x_1 (y_2 - y_1)}{x_2 - x_1} + \dfrac{y_1 (x_2 - x_1)}{x_2 - x_1}$

$\Leftrightarrow \quad y = \dfrac{y_2 - y_1}{x_2 - x_1} (x - x_1) + y_1 \quad \Leftrightarrow \quad y - y_1 = \dfrac{y_2 - y_1}{x_2 - x_1} (x - x_1)$, which is the "two-point" form of the equation for the line passing through the points (x_1, y_1) and (x_2, y_2).

(b) Using the result of part (a), the line has equation

$\begin{vmatrix} x & y & 1 \\ 20 & 50 & 1 \\ -10 & 25 & 1 \end{vmatrix} = 0 \quad \Leftrightarrow \quad \begin{vmatrix} 20 & 50 \\ -10 & 25 \end{vmatrix} - \begin{vmatrix} x & y \\ -10 & 25 \end{vmatrix} + \begin{vmatrix} x & y \\ 20 & 50 \end{vmatrix} = 0 \quad \Leftrightarrow$

$(500 + 500) - (25x + 10y) + (50x - 20y) = 0 \quad \Leftrightarrow \quad 25x - 30y + 1000 = 0 \quad \Leftrightarrow \quad 5x - 6y + 200 = 0.$

63. Gaussian elimination is superior, since it takes much longer to evaluate six 5×5 determinants than it does to perform one five-equation Gaussian elimination.

9.8   Partial Fractions

1. $\dfrac{1}{(x-1)(x+2)} = \dfrac{A}{x-1} + \dfrac{B}{x+2}$

3. $\dfrac{x^2 - 3x + 5}{(x-2)^2 (x+4)} = \dfrac{A}{x-2} + \dfrac{B}{(x-2)^2} + \dfrac{C}{x+4}$

5. $\dfrac{x^2}{(x-3)(x^2+4)} = \dfrac{A}{x-3} + \dfrac{Bx+C}{x^2+4}$

7. $\dfrac{x^3 - 4x^2 + 2}{(x^2+1)(x^2+2)} = \dfrac{Ax+B}{x^2+1} + \dfrac{Cx+D}{x^2+2}$

9. $\dfrac{x^3 + x + 1}{x(2x-5)^3 (x^2 + 2x + 5)^2} = \dfrac{A}{x} + \dfrac{B}{2x-5} + \dfrac{C}{(2x-5)^2} + \dfrac{D}{(2x-5)^3} + \dfrac{Ex+F}{x^2+2x+5} + \dfrac{Gx+H}{(x^2+2x+5)^2}$

11. $\dfrac{2}{(x-1)(x+1)} = \dfrac{A}{x-1} + \dfrac{B}{x+1}$. Multiplying by $(x-1)(x+1)$, we get $2 = A(x+1) + B(x-1)$ $\Leftrightarrow$

$2 = Ax + A + Bx - B$. Thus $\begin{cases} A + B = 0 \\ A - B = 2 \end{cases}$ Adding we get $2A = 2$ $\Leftrightarrow$ $A = 1$. Now $A + B = 0$ $\Leftrightarrow$

$B = -A$, so $B = -1$. Thus, the required partial fraction decomposition is $\dfrac{2}{(x-1)(x+1)} = \dfrac{1}{x-1} - \dfrac{1}{x+1}$.

13. $\dfrac{5}{(x-1)(x+4)} = \dfrac{A}{x-1} + \dfrac{B}{x+4}$. Multiplying by $(x-1)(x+4)$, we get $5 = A(x+4) + B(x-1)$ $\Leftrightarrow$

$5 = Ax + 4A + Bx - B$. Thus $\begin{cases} A + B = 0 \\ 4A - B = 5 \end{cases}$ Now $A + B = 0$ $\Leftrightarrow$ $B = -A$, so substituting, we

get $4A - (-A) = 5$ $\Leftrightarrow$ $5A = 5 \Leftrightarrow A = 1$ and $B = -1$. The required partial fraction decomposition is

$\dfrac{5}{(x-1)(x+4)} = \dfrac{1}{x-1} - \dfrac{1}{x+4}$.

15. $\dfrac{12}{x^2 - 9} = \dfrac{12}{(x-3)(x+3)} = \dfrac{A}{x-3} + \dfrac{B}{x+3}$. Multiplying by $(x-3)(x+3)$, we get $12 = A(x+3) + B(x-3)$

$\Leftrightarrow$ $12 = Ax + 3A + Bx - 3B$. Thus $\begin{cases} A + B = 0 \\ 3A - 3B = 12 \end{cases}$ $\Leftrightarrow$ $\begin{cases} A + B = 0 \\ A - B = 4 \end{cases}$ Adding, we get $2A = 4$ $\Leftrightarrow$

$A = 2$. So $2 + B = 0$ $\Leftrightarrow$ $B = -2$. The required partial fraction decomposition is $\dfrac{12}{x^2 - 9} = \dfrac{2}{x-3} - \dfrac{2}{x+3}$.

17. $\dfrac{4}{x^2 - 4} = \dfrac{4}{(x-2)(x+2)} = \dfrac{A}{x-2} + \dfrac{B}{x+2}$. Multiplying by $x^2 - 4$, we get

$4 = A(x+2) + B(x-2) = (A+B)x + (2A - 2B)$, and so $\begin{cases} A + B = 0 \\ 2A - 2B = 4 \end{cases}$ $\Leftrightarrow$ $\begin{cases} A + B = 0 \\ A - B = 2 \end{cases}$ Adding we

get $2A = 2$ $\Leftrightarrow$ $A = 1$, and $B = -1$. Therefore, $\dfrac{4}{x^2 - 4} = \dfrac{1}{x-2} - \dfrac{1}{x+2}$.

19. $\dfrac{x + 14}{x^2 - 2x - 8} = \dfrac{x + 14}{(x-4)(x+2)} = \dfrac{A}{x-4} + \dfrac{B}{x+2}$. Hence, $x + 14 = A(x+2) + B(x-4) = (A+B)x + (2A - 4B)$,

and so $\begin{cases} A + B = 1 \\ 2A - 4B = 14 \end{cases}$ $\Leftrightarrow$ $\begin{cases} 2A + 2B = 2 \\ A - 2B = 7 \end{cases}$ Adding, we get $3A = 9$ $\Leftrightarrow$ $A = 3$. So $(3) + B = 1$ $\Leftrightarrow$

$B = -2$. Therefore, $\dfrac{x + 14}{x^2 - 2x - 8} = \dfrac{3}{x-4} - \dfrac{2}{x+2}$.

21. $\dfrac{x}{8x^2 - 10x + 3} = \dfrac{x}{(4x-3)(2x-1)} = \dfrac{A}{4x-3} + \dfrac{B}{2x-1}$. Hence,

$x = A(2x-1) + B(4x-3) = (2A + 4B)x + (-A - 3B)$, and so $\begin{cases} 2A + 4B = 1 \\ -A - 3B = 0 \end{cases}$ $\Leftrightarrow$ $\begin{cases} 2A + 4B = 1 \\ -2A - 6B = 0 \end{cases}$

Adding, we get $-2B = 1$ $\Leftrightarrow$ $B = -\frac{1}{2}$, and $A = \frac{3}{2}$. Therefore, $\dfrac{x}{8x^2 - 10x + 3} = \dfrac{\frac{3}{2}}{4x-3} - \dfrac{\frac{1}{2}}{2x-1}$.

23. $\dfrac{9x^2 - 9x + 6}{2x^3 - x^2 - 8x + 4} = \dfrac{9x^2 - 9x + 6}{(x-2)(x+2)(2x-1)} = \dfrac{A}{x-2} + \dfrac{B}{x+2} + \dfrac{C}{2x-1}$. Thus,

$$
\begin{aligned}
9x^2 - 9x + 6 &= A(x+2)(2x-1) + B(x-2)(2x-1) + C(x-2)(x+2) \\
&= A(2x^2 + 3x - 2) + B(2x^2 - 5x + 2) + C(x^2 - 4) \\
&= (2A + 2B + C)x^2 + (3A - 5B)x + (-2A + 2B - 4C)
\end{aligned}
$$

This leads to the system $\begin{cases} 2A + 2B + C = 9 & \text{Coefficients of } x^2 \\ 3A - 5B = -9 & \text{Coefficients of } x \\ -2A + 2B - 4C = 6 & \text{Constant terms} \end{cases} \Leftrightarrow \begin{cases} 2A + 2B + C = 9 \\ 16B + 3C = 45 \\ 4B - 3C = 15 \end{cases} \Leftrightarrow$

$\begin{cases} 2A + 2B + C = 9 \\ 16B + 3C = 45 \\ 15C = -15 \end{cases}$ Hence, $-15C = 15 \Leftrightarrow C = -1$; $16B - 3 = 45 \Leftrightarrow B = 3$; and $2A + 6 - 1 = 9$

$\Leftrightarrow A = 2$. Therefore, $\dfrac{9x^2 - 9x + 6}{2x^3 - x^2 - 8x + 4} = \dfrac{2}{x-2} + \dfrac{3}{x+2} - \dfrac{1}{2x-1}$.

25. $\dfrac{x^2 + 1}{x^3 + x^2} = \dfrac{x^2 + 1}{x^2(x+1)} = \dfrac{A}{x} + \dfrac{B}{x^2} + \dfrac{C}{x+1}$. Hence,

$x^2 + 1 = Ax(x+1) + B(x+1) + Cx^2 = (A+C)x^2 + (A+B)x + B$, and so $B = 1$; $A + 1 = 0 \Leftrightarrow A = -1$;

and $-1 + C = 1 \Leftrightarrow C = 2$. Therefore, $\dfrac{x^2 + 1}{x^3 + x^2} = \dfrac{-1}{x} + \dfrac{1}{x^2} + \dfrac{2}{x+1}$.

27. $\dfrac{2x}{4x^2 + 12x + 9} = \dfrac{2x}{(2x+3)^2} = \dfrac{A}{2x+3} + \dfrac{B}{(2x+3)^2}$. Hence, $2x = A(2x+3) + B = 2Ax + (3A + B)$. So $2A = 2$

$\Leftrightarrow A = 1$; and $3(1) + B = 0 \Leftrightarrow B = -3$. Therefore, $\dfrac{2x}{4x^2 + 12x + 9} = \dfrac{1}{2x+3} - \dfrac{3}{(2x+3)^2}$.

29. $\dfrac{4x^2 - x - 2}{x^4 + 2x^3} = \dfrac{4x^2 - x - 2}{x^3(x+2)} = \dfrac{A}{x} + \dfrac{B}{x^2} + \dfrac{C}{x^3} + \dfrac{D}{x+2}$. Hence,

$$
\begin{aligned}
4x^2 - x - 2 &= Ax^2(x+2) + Bx(x+2) + C(x+2) + Dx^3 \\
&= (A+D)x^3 + (2A+B)x^2 + (2B+C)x + 2C
\end{aligned}
$$

So $2C = -2 \Leftrightarrow C = -1$; $2B - 1 = -1 \Leftrightarrow B = 0$; $2A + 0 = 4 \Leftrightarrow A = 2$; and $2 + D = 0 \Leftrightarrow$

$D = -2$. Therefore, $\dfrac{4x^2 - x - 2}{x^4 + 2x^3} = \dfrac{2}{x} - \dfrac{1}{x^3} - \dfrac{2}{x+2}$.

31. $\dfrac{-10x^2 + 27x - 14}{(x-1)^3 (x+2)} = \dfrac{A}{x+2} + \dfrac{B}{x-1} + \dfrac{C}{(x-1)^2} + \dfrac{D}{(x-1)^3}$. Thus,

$$
\begin{aligned}
-10x^2 + 27x - 14 &= A(x-1)^3 + B(x+2)(x-1)^2 + C(x+2)(x-1) + D(x+2) \\
&= A(x^3 - 3x^2 + 3x - 1) + B(x+2)(x^2 - 2x + 1) + C(x^2 + x - 2) + D(x+2) \\
&= A(x^3 - 3x^2 + 3x - 1) + B(x^3 - 3x + 2) + C(x^2 + x - 2) + D(x+2) \\
&= (A+B)x^3 + (-3A+C)x^2 + (3A - 3B + C + D)x + (-A + 2B - 2C + 2D)
\end{aligned}
$$

which leads to the system

$$
\begin{cases}
A + B && = 0 & \text{Coefficients of } x^3 \\
-3A + C & = -10 & \text{Coefficients of } x^2 \\
3A - 3B + C + D = 27 & \text{Coefficients of } x \\
-A + 2B - 2C + 2D = -14 & \text{Constant terms}
\end{cases}
\Leftrightarrow
\begin{cases}
A + B && = 0 \\
3B + C && = -10 \\
-3B + 2C + D = 17 \\
3B - 5C + 7D = -15
\end{cases}
\Leftrightarrow
$$

$$
\begin{cases}
A + B && = 0 \\
3B + C && = -10 \\
3C + D = 7 \\
-3C + 8D = 2
\end{cases}
\Leftrightarrow
\begin{cases}
A + B && = 0 \\
3B + C && = -10 \\
3C + D = 7 \\
9D = 9
\end{cases}
$$

Hence, $9D = 9 \Leftrightarrow D = 1$, $3C + 1 = 7 \Leftrightarrow C = 2$, $3B + 2 = -10 \Leftrightarrow B = -4$, and $A - 4 = 0 \Leftrightarrow$
$A = 4$. Therefore, $\dfrac{-10x^2 + 27x - 14}{(x-1)^3 (x+2)} = \dfrac{4}{x+2} - \dfrac{4}{x-1} + \dfrac{2}{(x-1)^2} + \dfrac{1}{(x-1)^3}$.

33. $\dfrac{3x^3 + 22x^2 + 53x + 41}{(x+2)^2 (x+3)^2} = \dfrac{A}{x+2} + \dfrac{B}{(x+2)^2} + \dfrac{C}{x+3} + \dfrac{D}{(x+3)^2}$. Thus,

$$
\begin{aligned}
3x^3 + 22x^2 + 53x + 41 &= A(x+2)(x+3)^2 + B(x+3)^2 + C(x+2)^2(x+3) + D(x+2)^2 \\
&= A(x^3 + 8x^2 + 21x + 18) + B(x^2 + 6x + 9) \\
&\qquad + C(x^3 + 7x^2 + 16x + 12) + D(x^2 + 4x + 4) \\
&= (A+C)x^3 + (8A + B + 7C + D)x^2 \\
&\qquad + (21A + 6B + 16C + 4D)x + (18A + 9B + 12C + 4D)
\end{aligned}
$$

so we must solve the system $\begin{cases}
A + C = 3 & \text{Coefficients of } x^3 \\
8A + B + 7C + D = 22 & \text{Coefficients of } x^2 \\
21A + 6B + 16C + 4D = 53 & \text{Coefficients of } x \\
18A + 9B + 12C + 4D = 41 & \text{Constant terms}
\end{cases} \Leftrightarrow$

$$
\begin{cases}
A + C = 3 \\
B - C + D = -2 \\
6B - 5C + 4D = -10 \\
9B - 6C + 4D = -13
\end{cases}
\Leftrightarrow
\begin{cases}
A + C = 3 \\
B - C + D = -2 \\
C - 2D = 2 \\
3C - 5D = 5
\end{cases}
\Leftrightarrow
\begin{cases}
A + C = 3 \\
B - C + D = -2 \\
C - 2D = 2 \\
D = -1
\end{cases} \text{ Hence,}
$$

$D = -1$, $C + 2 = 2 \Leftrightarrow C = 0$, $B - 0 - 1 = -2 \Leftrightarrow B = -1$, and $A + 0 = 3 \Leftrightarrow A = 3$. Therefore,
$\dfrac{3x^3 + 22x^2 + 53x + 41}{(x+2)^2 (x+3)^2} = \dfrac{3}{x+2} - \dfrac{1}{(x+2)^2} - \dfrac{1}{(x+3)^2}$.

35. $\dfrac{x-3}{x^3+3x} = \dfrac{x-3}{x\left(x^2+3\right)} = \dfrac{A}{x} + \dfrac{Bx+C}{x^2+3}$. Hence, $x-3 = A\left(x^2+3\right) + Bx^2 + Cx = (A+B)\,x^2 + Cx + 3A$. So

$3A = -3 \Leftrightarrow A = -1$; $C = 1$; and $-1 + B = 0 \quad \Leftrightarrow \quad B = 1$. Therefore, $\dfrac{x-3}{x^3+3x} = -\dfrac{1}{x} + \dfrac{x+1}{x^2+3}$.

37. $\dfrac{2x^3+7x+5}{\left(x^2+x+2\right)\left(x^2+1\right)} = \dfrac{Ax+B}{x^2+x+2} + \dfrac{Cx+D}{x^2+1}$. Thus,

$$
\begin{aligned}
2x^3 + 7x + 5 &= (Ax+B)\left(x^2+1\right) + (Cx+D)\left(x^2+x+2\right) \\
&= Ax^3 + Ax + Bx^2 + B + Cx^3 + Cx^2 + 2Cx + Dx^2 + Dx + 2D \\
&= (A+C)\,x^3 + (B+C+D)\,x^2 + (A+2C+D)\,x + (B+2D)
\end{aligned}
$$

We must solve the system

$$
\begin{cases}
A + C = 2 \quad \text{Coefficients of } x^3 \\
 B + C + D = 0 \quad \text{Coefficients of } x^2 \\
A + 2C + D = 7 \quad \text{Coefficients of } x \\
 B + 2D = 5 \quad \text{Constant terms}
\end{cases}
\Leftrightarrow
\begin{cases}
A + C = 2 \\
 B + C + D = 0 \\
 C + D = 5 \\
 C - D = -5
\end{cases}
\Leftrightarrow
\begin{cases}
A + C = 2 \\
 B + C + D = 0 \\
 C + D = 5 \\
 2D = 10
\end{cases}
$$

Hence, $2D = 10 \quad \Leftrightarrow \quad D = 5, C + 5 = 5 \quad \Leftrightarrow \quad C = 0, B + 0 + 5 = 0 \quad \Leftrightarrow \quad B = -5$, and $A + 0 = 2 \quad \Leftrightarrow$

$A = 2$. Therefore, $\dfrac{2x^3+7x+5}{\left(x^2+x+2\right)\left(x^2+1\right)} = \dfrac{2x-5}{x^2+x+2} + \dfrac{5}{x^2+1}$.

39. $\dfrac{x^4+x^3+x^2-x+1}{x\left(x^2+1\right)^2} = \dfrac{A}{x} + \dfrac{Bx+C}{x^2+1} + \dfrac{Dx+E}{\left(x^2+1\right)^2}$. Hence,

$$
\begin{aligned}
x^4 + x^3 + x^2 - x + 1 &= A\left(x^2+1\right)^2 + (Bx+C)\,x\left(x^2+1\right) + x\,(Dx+E) \\
&= A\left(x^4 + 2x^2 + 1\right) + \left(Bx^2 + Cx\right)\left(x^2+1\right) + Dx^2 + Ex \\
&= A\left(x^4 + 2x^2 + 1\right) + Bx^4 + Bx^2 + Cx^3 + Cx + Dx^2 + Ex \\
&= (A+B)\,x^4 + Cx^3 + (2A + B + D)\,x^2 + (C + E)\,x + A
\end{aligned}
$$

So $A = 1, 1 + B = 1 \quad \Leftrightarrow \quad B = 0$; $C = 1; 2 + 0 + D = 1 \quad \Leftrightarrow \quad D = -1$; and $1 + E = -1 \quad \Leftrightarrow \quad E = -2$.

Therefore, $\dfrac{x^4+x^3+x^2-x+1}{x\left(x^2+1\right)^2} = \dfrac{1}{x} + \dfrac{1}{x^2+1} - \dfrac{x+2}{\left(x^2+1\right)^2}$.

41. We must first get a proper rational function. Using long division, we find that $\dfrac{x^5 - 2x^4 + x^3 + x + 5}{x^3 - 2x^2 + x - 2} = x^2 +$

$\dfrac{2x^2+x+5}{x^3-2x^2+x-2} = x^2 + \dfrac{2x^2+x+5}{(x-2)\left(x^2+1\right)} = x^2 + \dfrac{A}{x-2} + \dfrac{Bx+C}{x^2+1}$. Hence,

$$
\begin{aligned}
2x^2 + x + 5 &= A\left(x^2+1\right) + (Bx+C)(x-2) = Ax^2 + A + Bx^2 + Cx - 2Bx - 2C \\
&= (A+B)\,x^2 + (C - 2B)\,x + (A - 2C)
\end{aligned}
$$

Equating coefficients, we get the system

$$
\begin{cases}
A + B = 2 \quad \text{Coefficients of } x^2 \\
-2B + C = 1 \quad \text{Coefficients of } x \\
A - 2C = 5 \quad \text{Constant terms}
\end{cases}
\Leftrightarrow
\begin{cases}
A + B = 2 \\
-2B + C = 1 \\
 B + 2C = -3
\end{cases}
\Leftrightarrow
\begin{cases}
A + B = 2 \\
-2B + C = 1 \\
 5C = -5
\end{cases}
$$

Therefore, $5C = -5 \quad \Leftrightarrow \quad C = -1, -2B - 1 = 1 \quad \Leftrightarrow \quad B = -1$, and $A - 1 = 2 \quad \Leftrightarrow \quad A = 3$. Therefore,

$\dfrac{x^5 - 2x^4 + x^3 + x + 5}{x^3 - 2x^2 + x - 2} = x^2 + \dfrac{3}{x-2} - \dfrac{x+1}{x^2+1}$.

43. $\dfrac{ax+b}{x^2-1} = \dfrac{A}{x-1} + \dfrac{B}{x+1}$. Hence, $ax+b = A(x+1) + B(x-1) = (A+B)x + (A-B)$.

So $\begin{cases} A+B=a \\ A-B=b \end{cases}$ Adding, we get $2A = a+b \quad \Leftrightarrow \quad A = \dfrac{a+b}{2}$.

Substituting, we get $B = a - A = \dfrac{2a}{2} - \dfrac{a+b}{2} = \dfrac{a-b}{2}$. Therefore, $A = \dfrac{a+b}{2}$ and $B = \dfrac{a-b}{2}$.

45. (a) The expression $\dfrac{x}{x^2+1} + \dfrac{1}{x+1}$ is already a partial fraction decomposition. The denominator in the first term is a quadratic which cannot be factored and the degree of the numerator is less than 2. The denominator of the second term is linear and the numerator is a constant.

(b) The term $\dfrac{x}{(x+1)^2}$ can be decomposed further, since the numerator and denominator both have linear factors.

$\dfrac{x}{(x+1)^2} = \dfrac{A}{x+1} + \dfrac{B}{(x+1)^2}$. Hence, $x = A(x+1) + B = Ax + (A+B)$. So $A = 1$, $B = -1$, and

$\dfrac{x}{(x+1)^2} = \dfrac{1}{x+1} + \dfrac{-1}{(x+1)^2}$.

(c) The expression $\dfrac{1}{x+1} + \dfrac{2}{(x+1)^2}$ is already a partial fraction decomposition, since each numerator is constant.

(d) The expression $\dfrac{x+2}{(x^2+1)^2}$ is already a partial fraction decomposition, since the denominator is the square of a quadratic which cannot be factored, and the degree of the numerator is less than 2.

9.9   Systems of Inequalities

1. $x < 3$

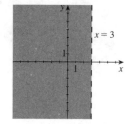

3. $y > x$

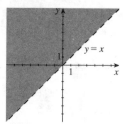

5. $y \le 2x + 2$

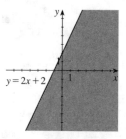

7. $2x - y \le 8$

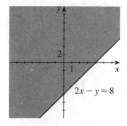

9. $4x + 5y < 20$

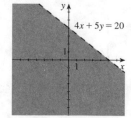

11. $y > x^2 + 1$

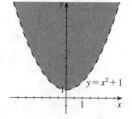

13. $x^2 + y^2 \leq 25$

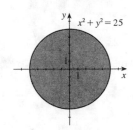

15. The boundary is a solid curve, so we have the inequality $y \leq \frac{1}{2}x - 1$. We take the test point $(0, -2)$ and verify that it satisfies the inequality: $-2 \leq \frac{1}{2}(0) - 1$.

17. The boundary is a broken curve, so we have the inequality $x^2 + y^2 > 4$. We take the test point $(0, 4)$ and verify that it satisfies the inequality: $0^2 + 4^2 > 4$.

19. $\begin{cases} x + y \leq 4 \\ y \geq x \end{cases}$ The vertices occur where $\begin{cases} x + y = 4 \\ y = x \end{cases}$ Substituting, we have

$2x = 4 \quad \Leftrightarrow \quad x = 2$. Since $y = x$, the vertex is $(2, 2)$, and the solution set is not bounded.

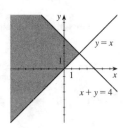

21. $\begin{cases} y < \frac{1}{4}x + 2 \\ y \geq 2x - 5 \end{cases}$ The vertex occurs where $\begin{cases} y = \frac{1}{4}x + 2 \\ y = 2x - 5 \end{cases}$ Substituting for y

gives $\frac{1}{4}x + 2 = 2x - 5 \quad \Leftrightarrow \quad \frac{7}{4}x = 7 \quad \Leftrightarrow \quad x = 4$, so $y - 3$. Hence, the vertex is $(4, 3)$, and the solution is not bounded.

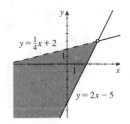

23. $\begin{cases} x \geq 0 \\ y \geq 0 \\ 3x + 5y \leq 15 \\ 3x + 2y \leq 9 \end{cases}$ From the graph, the points $(3, 0)$, $(0, 3)$ and $(0, 0)$ are

vertices, and the fourth vertex occurs where the lines $3x + 5y = 15$ and $3x + 2y = 9$ intersect. Subtracting these two equations gives $3y = 6 \quad \Leftrightarrow$ $y = 2$, and so $x - \frac{5}{3}$. Thus, the fourth vertex is $\left(\frac{5}{3}, 2\right)$, and the solution set is bounded.

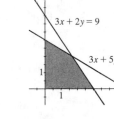

25. $\begin{cases} y < 9 - x^2 \\ y \geq x + 3 \end{cases}$ The vertices occur where $\begin{cases} y = 9 - x^2 \\ y = x + 3 \end{cases}$ Substituting for y

gives $9 - x^2 = x + 3 \quad \Leftrightarrow \quad x^2 + x - 6 = 0 \quad \Leftrightarrow$ $(x - 2)(x + 3) = 0 \Rightarrow x = -3, x = 2$. Therefore, the vertices are $(-3, 0)$ and $(2, 5)$, and the solution set is bounded.

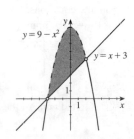

27. $\begin{cases} x^2 + y^2 \le 4 \\ x - y > 0 \end{cases}$ The vertices occur where $\begin{cases} x^2 + y^2 = 4 \\ x - y = 0 \end{cases}$ Since $x - y = 0$

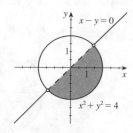

$\Leftrightarrow \quad x = y$, substituting for x gives $y^2 + y^2 = 4 \quad \Leftrightarrow \quad y^2 = 2 \Rightarrow y = \pm\sqrt{2}$,

and $x = \pm\sqrt{2}$. Therefore, the vertices are $\left(-\sqrt{2}, -\sqrt{2}\right)$ and $\left(\sqrt{2}, \sqrt{2}\right)$, and the

solution set is bounded.

29. $\begin{cases} x^2 - y \le 0 \\ 2x^2 + y \le 12 \end{cases}$ The vertices occur where $\begin{cases} x^2 - y = 0 \\ 2x^2 + y = 12 \end{cases} \Leftrightarrow$

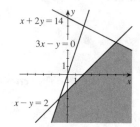

$\begin{cases} 2x^2 - 2y = 0 \\ 2x^2 + y = 12 \end{cases}$ Subtracting the equations gives $3y = 12 \quad \Leftrightarrow \quad y = 4$, and

$x = \pm 2$. Thus, the vertices are $(2, 4)$ and $(-2, 4)$, and the solution set is bounded.

31. $\begin{cases} x + 2y \le 14 \\ 3x - y \ge 0 \\ x - y \ge 2 \end{cases}$ We find the vertices of the region by solving pairs of the

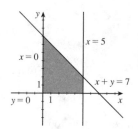

corresponding equations: $\begin{cases} x + 2y = 14 \\ x - y = 2 \end{cases} \Leftrightarrow \begin{cases} x + 2y = 14 \\ 3y = 12 \end{cases} \Leftrightarrow y = 4$ and

$x = 6$. $\begin{cases} 3x - y = 0 \\ x - y = 2 \end{cases} \Leftrightarrow \begin{cases} 3x - y = 0 \\ 2x - y = -2 \end{cases} \Leftrightarrow x = -1$ and $y = -3$. Therefore,

the vertices are $(6, 4)$ and $(-1, -3)$, and the solution set is not bounded.

33. $\begin{cases} x \ge 0, y \ge 0 \\ x \le 5, x + y \le 7 \end{cases}$ The points of intersection are $(0, 7)$, $(0, 0)$, $(7, 0)$, $(5, 2)$,

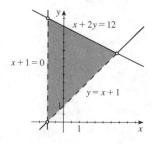

and $(5, 0)$. However, the point $(7, 0)$ is not in the solution set. Therefore, the

vertices are $(0, 7)$, $(0, 0)$, $(5, 0)$, and $(5, 2)$, and the solution set is bounded.

35. $\begin{cases} y > x + 1 \\ x + 2y \le 12 \\ x + 1 > 0 \end{cases}$ We find the vertices of the region by solving pairs of the

corresponding equations. Using $x = -1$ and substituting for x in the line

$y = x + 1$ gives the point $(-1, 0)$. Substituting for x in the line $x + 2y = 12$ gives

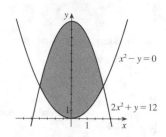

the point $\left(-1, \frac{13}{2}\right)$. $\begin{cases} y = x + 1 \\ x + 2y = 12 \end{cases} \Leftrightarrow \quad x = y - 1 \text{ and } y - 1 + 2y = 12$

$\Leftrightarrow \quad 3y = 13 \quad \Leftrightarrow \quad y = \frac{13}{3}$ and $x = \frac{10}{3}$. So the vertices are $(-1, 0)$, $\left(-1, \frac{13}{2}\right)$,

and $\left(\frac{10}{3}, \frac{13}{3}\right)$, and none of these vertices is in the solution set. The solution set is

bounded.

37. $\begin{cases} x^2 + y^2 < 8 \\ x \geq 2, y \geq 0 \end{cases}$ The intersection points are $(2, \pm 2)$, $(2, 0)$, and $(2\sqrt{2}, 0)$.

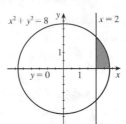

However, since $(2, -2)$ is not part of the solution set, the vertices are $(2, 2)$, $(2, 0)$, and $(2\sqrt{2}, 0)$. The solution set is bounded.

39. $\begin{cases} x^2 + y^2 < 9 \\ x + y > 0, x \leq 0 \end{cases}$ Substituting $x = 0$ into the equations $x^2 + y^2 = 9$ and

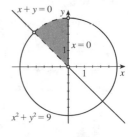

$x + y = 0$ gives the vertices $(0, \pm 3)$ and $(0, 0)$. To find the points of intersection for the equations $x^2 + y^2 = 9$ and $x + y = 0$, we solve for $x = -y$ and substitute into the first equation. This gives $(-y)^2 + y^2 = 9 \Rightarrow y = \pm \frac{3\sqrt{2}}{2}$. The points $(0, -3)$ and $\left(\frac{3\sqrt{2}}{2}, -\frac{3\sqrt{2}}{2}\right)$ lie away from the solution set, so the vertices are $(0, 0)$, $(0, 3)$, and $\left(-\frac{3\sqrt{2}}{2}, \frac{3\sqrt{2}}{2}\right)$. Note that the vertices are not solutions in this case. The solution set is bounded.

41. $\begin{cases} y \geq x - 3 \\ y \geq -2x + 6 \\ y \leq 8 \end{cases}$ Using a graphing calculator, we find the region shown. The

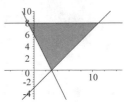

vertices are $(3, 0)$, $(-1, 8)$, and $(11, 8)$.

43. $\begin{cases} y \leq 6x - x^2 \\ x + y \geq 4 \end{cases}$ Using a graphing calculator, we find the region shown.

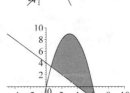

The vertices are $(0.6, 3.4)$ and $(6.4, -2.4)$.

45. Let x be the number of fiction books published in a year and y the number of nonfiction books. Then the following system of incqualities holds:

$\begin{cases} x \geq 0, y \geq 0 \\ x + y \leq 100 \\ y \geq 20, x \geq y \end{cases}$ From the graph, we see that the vertices are $(50, 50)$, $(80, 20)$

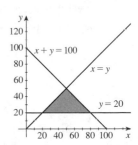

and $(20, 20)$.

47. Let x be the number of Standard Blend packages and y be the number of Deluxe Blend packages. Since there are 16 ounces per pound, we get the following system

of inequalities holds: $\begin{cases} x \geq 0 \\ y \geq 0 \\ \frac{1}{4}x + \frac{5}{8}y \leq 80 \\ \frac{3}{4}x + \frac{3}{8}y \leq 90 \end{cases}$ From the graph, we see that the

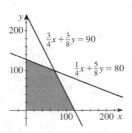

vertices are $(0, 0)$, $(120, 0)$, $(70, 100)$ and $(0, 128)$.

49. $x + 2y > 4$, $-x + y < 1$, $x + 3y \leq 9$, $x < 3$.

Method 1: We shade the solution to each inequality with lines perpendicular to the boundary. As you can see, as the number of inequalities in the system increases, it gets harder to locate the region where *all* of the shaded parts overlap.

Method 2: Here, if a region is shaded then it fails to satisfy at least one inequality. As a result, the region that is left unshaded satisfies each inequality, and is the solution to the system of inequalities. In this case, this method makes it easier to identify the solution set.

To finish, we find the vertices of the solution set. The line $x = 3$ intersects the line $x + 2y = 4$ at $\left(3, \frac{1}{2}\right)$ and the line $x + 3y = 9$ at $(3, 2)$. To find where the lines $-x + y = 1$ and $x + 2y = 4$ intersect, we add the two equations, which gives $3y = 5 \iff y = \frac{5}{3}$, and $x = \frac{2}{3}$. To find where the lines $-x + y = 1$ and $x + 3y = 9$ intersect, we add the two equations, which gives $4y = 10 \iff y = \frac{10}{4} = \frac{5}{2}$, and $x = \frac{3}{2}$. The vertices are $\left(3, \frac{1}{2}\right)$, $(3, 2)$, $\left(\frac{2}{3}, \frac{5}{3}\right)$, and $\left(\frac{3}{2}, \frac{5}{2}\right)$, and the solution set is bounded.

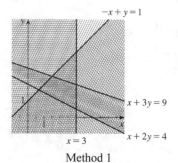

Method 1

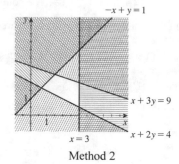

Method 2

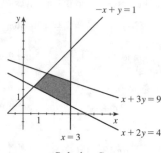

Solution Set

Chapter 9 Review

1. $\begin{cases} 2x + 3y = 7 \\ x - 2y = 0 \end{cases}$ By inspection of the graph, it appears that $(2, 1)$ is the solution to the system. We check this in both

equations to verify that it is the solution. $2(2) + 3(1) = 4 + 3 = 7$ and $2 - 2(1) = 2 - 2 = 0$. Since both equations are satisfied, the solution is indeed $(2, 1)$.

3. $\begin{cases} x^2 + y = 2 \\ x^2 - 3x - y = 0 \end{cases}$ By inspection of the graph, it appears that $(2, -2)$ is a solution to the system, but is difficult

to get accurate values for the other point. Adding the equations, we get $2x^2 - 3x = 2 \iff 2x^2 - 3x - 2 = 0 \iff$ $(2x + 1)(x - 2) = 0$. So $2x + 1 = 0 \iff x = -\frac{1}{2}$ or $x = 2$. If $x = -\frac{1}{2}$, then $\left(-\frac{1}{2}\right)^2 + y = 2 \iff y = \frac{7}{4}$. If $x = 2$, then $2^2 + y = 2 \iff y = -2$. Thus, the solutions are $\left(-\frac{1}{2}, \frac{7}{4}\right)$ and $(2, -2)$.

5. $\begin{cases} 3x - y = 5 \\ 2x + y = 5 \end{cases}$ Adding, we get $5x = 10 \iff x = 2$. So $2(2) + y = 5 \iff$

$y = 1$. Thus, the solution is $(2, 1)$.

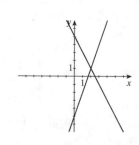

7. $\begin{cases} 2x - 7y = 28 \\ y = \frac{2}{7}x - 4 \end{cases}$ $\Leftrightarrow$ $\begin{cases} 2x - 7y = 28 \\ 2x - 7y = 28 \end{cases}$ Since these equations

represent the same line, any point on this line will satisfy the system. Thus the

solution are $\left(x, \frac{2}{7}x - 4\right)$, where x is any real number.

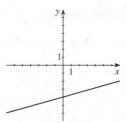

9. $\begin{cases} 2x - y = 1 \\ x + 3y = 10 \\ 3x + 4y = 15 \end{cases}$ Solving the first equation for y, we get $y = -2x + 1$.

Substituting into the second equation gives $x + 3\left(-2x + 1\right) = 10$ $\Leftrightarrow$

$-5x = 7$ $\Leftrightarrow$ $x = -\frac{7}{5}$. So $y = -\left(-\frac{7}{5}\right) + 1 = \frac{12}{5}$. Checking the point

$\left(-\frac{7}{5}, \frac{12}{5}\right)$ in the third equation we have $3\left(-\frac{7}{5}\right) + 4\left(\frac{12}{5}\right) \overset{?}{=} 15$ but

$-\frac{21}{5} + \frac{48}{5} \neq 15$. Thus, there is no solution, and the lines do not intersect at one

point.

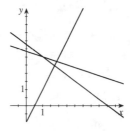

11. $\begin{cases} y = x^2 + 2x \\ y = 6 + x \end{cases}$ Substituting for y gives $6 + x = x^2 + 2x$ $\Leftrightarrow$ $x^2 + x - 6 = 0$. Factoring, we have

$(x - 2)(x + 3) = 0$. Thus $x = 2$ or -3. If $x = 2$, then $y = 8$, and if $x = -3$, then $y = 3$. Thus the solutions are $(-3, 3)$

and $(2, 8)$.

13. $\begin{cases} 3x + \dfrac{4}{y} = 6 \\ x - \dfrac{8}{y} = 4 \end{cases}$ Adding twice the first equation to the second gives $7x = 16$ $\Leftrightarrow$ $x = \frac{16}{7}$. So $\dfrac{16}{7} - \dfrac{8}{y} = 4$ $\Leftrightarrow$

$16y - 56 = 28y$ $\Leftrightarrow$ $-12y = 56$ $\Leftrightarrow$ $y = -\frac{14}{3}$. Thus, the solution is $\left(\frac{16}{7}, -\frac{14}{3}\right)$.

15. $\begin{cases} 0.32x + 0.43y = 0 \\ 7x - 12y = 341 \end{cases}$ $\Leftrightarrow$ $\begin{cases} y = -\dfrac{32x}{43} \\ y = \dfrac{7x - 341}{12} \end{cases}$ **17.** $\begin{cases} x - y^2 = 10 \\ x = \frac{1}{22}y + 12 \end{cases}$ $\Leftrightarrow$ $\begin{cases} y = \pm\sqrt{x - 10} \\ y = 22\left(x - 12\right) \end{cases}$

The solution is approximately $(21.41, -15.93)$.   The solutions are $(11.94, -1.39)$ and $(12.07, 1.44)$.

19. (a) 2×3

   (b) Yes, this matrix is in row-echelon form.

   (c) No, this matrix is not in reduced row-echelon form,
   since the leading 1 in the second row does not have a 0
   above it.

   (d) $\begin{cases} x + 2y = -5 \\ y = 3 \end{cases}$

21. (a) 3×4

   (b) Yes, this matrix is in row-echelon form.

   (c) Yes, this matrix is in reduced row-echelon form.

   (d) $\begin{cases} x + 8z = 0 \\ y + 5z = -1 \\ 0 = 0 \end{cases}$

23. (a) 3×4

(b) No, this matrix is not in row-echelon form. The leading 1 in the second row is not to the left of the one above it.

(c) No, this matrix is not in reduced row-echelon form.

(d) $\begin{cases} \quad\ y - 3z = 4 \\ x + y \qquad = 7 \\ x + 2y + \ z = 2 \end{cases}$

25. $\begin{cases} x + \ y + 2z = \ 6 \\ 2x \qquad + 5z = 12 \\ x + 2y + 3z = \ 9 \end{cases} \Leftrightarrow \begin{cases} x + \ y + 2z = 6 \\ \quad 2y - \ z = 0 \\ \quad 4y + \ z = 6 \end{cases} \Leftrightarrow \begin{cases} x + \ y + 2z = 6 \\ \quad 2y - \ z = 0 \\ \qquad\quad 3z = 6 \end{cases}$ Therefore, $3z = 6 \quad \Leftrightarrow$

$z = 2, 2y - 2 = 0 \quad \Leftrightarrow \quad y = 1$, and $x + 1 + 2\,(2) = 6 \quad \Leftrightarrow \quad x = 1$. Hence, the solution is $(1, 1, 2)$.

27. $\begin{cases} x - 2y + \ 3z = 1 \\ 2x - \ y + \quad z = 3 \\ 2x - 7y + 11z = 2 \end{cases} \Leftrightarrow \begin{cases} x - 2y + \ 3z = 1 \\ \quad 3y - \ 5z = 1 \\ \quad 6y - 10z = 1 \end{cases} \Leftrightarrow \begin{cases} x - 2y + 3z = \ 1 \\ \quad 3y - 5z = \ 1 \\ \qquad\qquad 0 = -1 \end{cases}$ which is impossible.

Therefore, the system has no solution.

29. $\begin{bmatrix} 1 & 2 & 2 & 6 \\ 1 & -1 & 0 & -1 \\ 2 & 1 & 3 & 7 \end{bmatrix} \xrightarrow{R_2 \leftrightarrow R_1} \begin{bmatrix} 1 & -1 & 0 & -1 \\ 1 & 2 & 2 & 6 \\ 2 & 1 & 3 & 7 \end{bmatrix} \xrightarrow[R_3 - 2R_1 \to R_3]{R_2 - R_1 \to R_2} \begin{bmatrix} 1 & -1 & 0 & -1 \\ 0 & 3 & 2 & 7 \\ 0 & 3 & 3 & 9 \end{bmatrix} \xrightarrow{R_3 - R_2 \to R_3} \begin{bmatrix} 1 & -1 & 0 & -1 \\ 0 & 3 & 2 & 7 \\ 0 & 0 & 1 & 2 \end{bmatrix}.$

Thus, $z = 2, 3y + 2\,(2) = 7 \quad \Leftrightarrow \quad 3y = 3 \Leftrightarrow y = 1$, and $x - (1) = -1 \quad \Leftrightarrow \quad x = 0$, and so the solution is $(0, 1, 2)$.

31. $\begin{bmatrix} 1 & -2 & 3 & -2 \\ 2 & -1 & 1 & 2 \\ 2 & -7 & 11 & -9 \end{bmatrix} \xrightarrow[R_3 - 2R_1 \to R_3]{R_2 - 2R_1 \to R_2} \begin{bmatrix} 1 & -2 & 3 & -2 \\ 0 & 3 & -5 & 6 \\ 0 & -3 & 5 & -5 \end{bmatrix} \xrightarrow{R_3 + R_2 \to R_3} \begin{bmatrix} 1 & -2 & 3 & -2 \\ 0 & 3 & -5 & 6 \\ 0 & 0 & 0 & 1 \end{bmatrix}.$

The last row corresponds to the equation $0 = 1$, which is always false. Thus, there is no solution.

33. $\begin{bmatrix} 1 & 1 & 1 & 1 & 0 \\ 1 & -1 & -4 & -1 & -1 \\ 1 & -2 & 0 & 4 & -7 \\ 2 & 2 & 3 & 4 & -3 \end{bmatrix} \xrightarrow[\substack{R_3 - R_1 \to R_3 \\ R_4 - 2R_1 \to R_4}]{R_2 - R_1 \to R_2} \begin{bmatrix} 1 & 1 & 1 & 1 & 0 \\ 0 & -2 & -5 & -2 & -1 \\ 0 & -3 & -1 & 3 & -7 \\ 0 & 0 & 1 & 2 & -3 \end{bmatrix} \xrightarrow{-R_3 + R_2 \to R_3} \begin{bmatrix} 1 & 1 & 1 & 1 & 0 \\ 0 & 1 & -4 & -5 & 6 \\ 0 & -3 & -1 & 3 & -7 \\ 0 & 0 & 1 & 2 & -3 \end{bmatrix}$

$\xrightarrow{R_3 + 3R_2 \to R_3} \begin{bmatrix} 1 & 1 & 1 & 1 & 0 \\ 0 & 1 & -4 & -5 & 6 \\ 0 & 0 & -13 & -12 & 11 \\ 0 & 0 & 1 & 2 & -3 \end{bmatrix} \xrightarrow{R_3 \leftrightarrow R_4} \begin{bmatrix} 1 & 1 & 1 & 1 & 0 \\ 0 & 1 & -4 & -5 & 6 \\ 0 & 0 & 1 & 2 & -3 \\ 0 & 0 & -13 & -12 & 11 \end{bmatrix} \xrightarrow{R_4 + 13R_3 \to R_4} \begin{bmatrix} 1 & 1 & 1 & 1 & 0 \\ 0 & 1 & -4 & -5 & 6 \\ 0 & 0 & 1 & 2 & -3 \\ 0 & 0 & 0 & 14 & -28 \end{bmatrix}.$

Therefore, $14w = -28 \quad \Leftrightarrow \quad w = -2, z + 2\,(-2) = -3 \quad \Leftrightarrow \quad z = 1, y - 4\,(1) - 5\,(-2) = 6 \quad \Leftrightarrow \quad y = 0$, and $x + 0 + 1 + (-2) = 0 \quad \Leftrightarrow \quad x = 1$. So the solution is $(1, 0, 1, -2)$.

35. $\begin{cases} x - 3y + \quad z = 4 \\ 4x - \ y + 15z = 5 \end{cases} \Leftrightarrow \begin{cases} x - 3y + z = \ 4 \\ \quad y + z = -1 \end{cases}$ Thus, the system has infinitely many solutions given by

$z = t, y + t = -1 \quad \Leftrightarrow \quad y = -1 - t$, and $x + 3\,(1 + t) + t = 4 \quad \Leftrightarrow \quad x = 1 - 4t$. Therefore, the solutions are $(1 - 4t, -1 - t, t)$, where t is any real number.

37. $\begin{cases} -x + 4y + z = 8 \\ 2x - 6y + z = -9 \\ x - 6y - 4z = -15 \end{cases} \Leftrightarrow \begin{cases} -x + 4y + z = 8 \\ 2y + 3z = 7 \\ 6y + 9z = 21 \end{cases} \Leftrightarrow \begin{cases} -x + 4y + z = 8 \\ 2y + 3z = 7 \\ 0 = 0 \end{cases}$

Thus, the system has infinitely many solutions. Letting $z = t$, we find $2y + 3t = 7 \Leftrightarrow y = \frac{7}{2} - \frac{3}{2}t$, and $-x + 4\left(\frac{7}{2} - \frac{3}{2}t\right) + t = 8 \Leftrightarrow x = 6 - 5t$. Therefore, the solutions are $\left(6 - 5t, \frac{7}{2} - \frac{3}{2}t, t\right)$, where t is any real number.

39. $\begin{bmatrix} 1 & -1 & 3 & 2 \\ 2 & 1 & 1 & 2 \\ 3 & 0 & 4 & 4 \end{bmatrix} \xrightarrow[R_3 - 3R_1 \to R_3]{R_2 - 2R_1 \to R_2} \begin{bmatrix} 1 & -1 & 3 & 2 \\ 0 & 3 & -5 & -2 \\ 0 & 3 & -5 & -2 \end{bmatrix} \xrightarrow{R_3 - R_2 \to R_3} \begin{bmatrix} 1 & -1 & 3 & 2 \\ 0 & 3 & -5 & 2 \\ 0 & 0 & 0 & 0 \end{bmatrix} \xrightarrow{\frac{1}{3}R_2}$

$\begin{bmatrix} 1 & -1 & 3 & 2 \\ 0 & 1 & -\frac{5}{3} & -\frac{2}{3} \\ 0 & 0 & 0 & 0 \end{bmatrix} \xrightarrow{R_1 + R_2 \to R_1} \begin{bmatrix} 1 & 0 & \frac{4}{3} & \frac{4}{3} \\ 0 & 1 & -\frac{5}{3} & -\frac{2}{3} \\ 0 & 0 & 0 & 0 \end{bmatrix}$. The system is dependent, so let $z = t$: $y - \frac{5}{3}t = -\frac{2}{3} \Leftrightarrow$

$y = \frac{5}{3}t - \frac{2}{3}$ and $x + \frac{4}{3}t = \frac{4}{3} \Leftrightarrow x = -\frac{4}{3}t + \frac{4}{3}$. So the solution is $\left(-\frac{4}{3}t + \frac{4}{3}, \frac{5}{3}t - \frac{2}{3}, t\right)$, where t is any real number.

41. $\begin{bmatrix} 1 & -1 & 1 & -1 & 0 \\ 3 & -1 & -1 & -1 & 2 \end{bmatrix} \xrightarrow{R_2 - 3R_1 \to R_2} \begin{bmatrix} 1 & -1 & 1 & -1 & 0 \\ 0 & 2 & -4 & 2 & 2 \end{bmatrix} \xrightarrow{\frac{1}{2}R_4} \begin{bmatrix} 1 & -1 & 1 & -1 & 0 \\ 0 & 1 & -2 & 1 & 1 \end{bmatrix} \xrightarrow{R_1 + R_2 \to R_1}$

$\begin{bmatrix} 1 & 0 & -1 & 0 & 1 \\ 0 & 1 & -2 & 1 & 1 \end{bmatrix}$. Since the system is dependent, Let $z = s$ and $w = t$. Then $y - 2s + t = 1 \Leftrightarrow y = 2s - t + 1$

and $x - s = 1 \Leftrightarrow x = s + 1$. So the solution is $(s + 1, 2s - t + 1, s, t)$, where s and t are any real numbers.

43. $\begin{bmatrix} 1 & -1 & 1 & 0 \\ 3 & 2 & -1 & 6 \\ 1 & 4 & -3 & 3 \end{bmatrix} \xrightarrow[R_3 - R_1 \to R_3]{R_2 - 3R_1 \to R_2} \begin{bmatrix} 1 & -1 & 1 & 0 \\ 0 & 5 & -4 & 6 \\ 0 & 5 & -4 & 3 \end{bmatrix} \xrightarrow{R_3 - R_2 \to R_3} \begin{bmatrix} 1 & -1 & 1 & 0 \\ 0 & 5 & -4 & 6 \\ 0 & 0 & 0 & 3 \end{bmatrix}$. The last row of this

matrix corresponds to the equation $0 = 3$, which is always false. Hence there is no solution.

45. $\begin{bmatrix} 1 & 1 & -1 & -1 & 2 \\ 1 & -1 & 1 & -1 & 0 \\ 2 & 0 & 0 & 2 & 2 \\ 2 & 4 & -4 & -2 & 6 \end{bmatrix} \xrightarrow{R_1 \leftrightarrow \frac{1}{2}R_3} \begin{bmatrix} 1 & 0 & 0 & 1 & 1 \\ 1 & -1 & 1 & -1 & 0 \\ 1 & 1 & -1 & -1 & 2 \\ 2 & 4 & -4 & -2 & 6 \end{bmatrix} \xrightarrow[R_4 - 2R_1 \to R_4]{\substack{R_2 - R_1 \to R_2 \\ R_3 - R_1 \to R_3}} \begin{bmatrix} 1 & 0 & 0 & 1 & 1 \\ 0 & -1 & 1 & -2 & -1 \\ 0 & 1 & -1 & -2 & 1 \\ 0 & 4 & -4 & -4 & 4 \end{bmatrix}$

$\xrightarrow[R_4 + 4R_2 \to R_4]{R_3 + R_2 \to R_3} \begin{bmatrix} 1 & 0 & 0 & 1 & 1 \\ 0 & -1 & 1 & -2 & -1 \\ 0 & 0 & 0 & -4 & 0 \\ 0 & 0 & 0 & -12 & 0 \end{bmatrix} \xrightarrow[-\frac{1}{12}R_4]{-\frac{1}{4}R_3} \begin{bmatrix} 1 & 0 & 0 & 1 & 1 \\ 0 & -1 & 1 & -2 & -1 \\ 0 & 0 & 0 & 0 & 0 \\ 0 & 0 & 0 & 1 & 0 \end{bmatrix} \xrightarrow[R_4 - R_3 \to R_4]{\substack{R_1 - R_3 \to R_1 \\ R_2 + 2R_3 \to R_2}} \begin{bmatrix} 1 & 0 & 0 & 0 & 1 \\ 0 & -1 & 1 & 0 & -1 \\ 0 & 0 & 0 & 1 & 0 \\ 0 & 0 & 0 & 0 & 0 \end{bmatrix}$.

This system is dependent. Let $z = t$, so $-y + t = -1 \Leftrightarrow y = t + 1$; $x = 1 \Leftrightarrow x = 1$. So the solution is $(1, t + 1, t, 0)$, where t is any real number.

47. Let x be the amount in the 6% account and y the amount in the 7% account. The system is $\begin{cases} y = 2x \\ 0.06x + 0.07y = 600 \end{cases}$

Substituting gives $0.06x + 0.07\,(2x) = 600 \Leftrightarrow 0.2x = 600 \Leftrightarrow x = 3000$, so $y = 2\,(3000) = 6000$. Hence, the man has \$3,000 invested at 6% and \$6,000 invested at 7%.

49. Let x be the amount invested in Bank A, y the amount invested in Bank B, and z the amount invested in Bank C.

We get the following system:
$$\begin{cases} x + y + z = 60{,}000 \\ 0.02x + 0.025y + 0.03z = 1575 \\ 2x + 2z = y \end{cases} \Leftrightarrow \begin{cases} x + y + z = 60{,}000 \\ 2x + 2.5y + 3z = 157{,}500 \\ 2x - y + 2z = 0 \end{cases}$$

which has matrix representation
$\begin{bmatrix} 1 & 1 & 1 & 60{,}000 \\ 2 & 2.5 & 3 & 157{,}500 \\ 2 & -1 & 2 & 0 \end{bmatrix}$
$\xrightarrow[R_3 - 2R_1 \to R_3]{R_2 - 2R_1 \to R_2}$
$\begin{bmatrix} 1 & 1 & 1 & 60{,}000 \\ 0 & 0.5 & 1 & 37{,}500 \\ 0 & -3 & 0 & -120{,}000 \end{bmatrix}$
$R_2 \leftrightarrow -\frac{1}{3}R_3$

$\begin{bmatrix} 1 & 1 & 1 & 60{,}000 \\ 0 & 1 & 0 & 40{,}000 \\ 0 & 0.5 & 1 & 37{,}500 \end{bmatrix}$
$\xrightarrow[R_3 - 0.5R_2 \to R_3]{R_1 - R_2 \to R_1}$
$\begin{bmatrix} 1 & 0 & 1 & 20{,}000 \\ 0 & 1 & 0 & 40{,}000 \\ 0 & 0 & 1 & 17{,}500 \end{bmatrix}$
$\xrightarrow{R_1 - R_3 \to R_1}$
$\begin{bmatrix} 1 & 0 & 1 & 2{,}500 \\ 0 & 1 & 0 & 40{,}000 \\ 0 & 0 & 1 & 17{,}500 \end{bmatrix}$. Thus, she invests

$2,500 in Bank A, $40,000 in Bank B, and $17,500 in Bank C.

In Solutions 51–61, the matrices A, B, C, D, E, F, **and** G are defined as follows:

$$A = \begin{bmatrix} 2 & 0 & -1 \end{bmatrix} \qquad B = \begin{bmatrix} 1 & 2 & 4 \\ -2 & 1 & 0 \end{bmatrix} \qquad C = \begin{bmatrix} \frac{1}{2} & 3 \\ 2 & \frac{3}{2} \\ -2 & 1 \end{bmatrix}$$

$$D = \begin{bmatrix} 1 & 4 \\ 0 & -1 \\ 2 & 0 \end{bmatrix} \qquad E = \begin{bmatrix} 2 & -1 \\ -\frac{1}{2} & 1 \end{bmatrix} \qquad F = \begin{bmatrix} 4 & 0 & 2 \\ -1 & 1 & 0 \\ 7 & 5 & 0 \end{bmatrix} \qquad G = \begin{bmatrix} 5 \end{bmatrix}$$

51. $A + B$ is not defined because the matrix dimensions 1×3 and 2×3 are not compatible.

53. $2C + 3D = 2\begin{bmatrix} \frac{1}{2} & 3 \\ 2 & \frac{3}{2} \\ -2 & 1 \end{bmatrix} + 3\begin{bmatrix} 1 & 4 \\ 0 & -1 \\ 2 & 0 \end{bmatrix} = \begin{bmatrix} 1 & 6 \\ 4 & 3 \\ -4 & 2 \end{bmatrix} + \begin{bmatrix} 3 & 12 \\ 0 & -3 \\ 6 & 0 \end{bmatrix} = \begin{bmatrix} 4 & 18 \\ 4 & 0 \\ 2 & 2 \end{bmatrix}$

55. $GA = \begin{bmatrix} 5 \end{bmatrix}\begin{bmatrix} 2 & 0 & -1 \end{bmatrix} = \begin{bmatrix} 10 & 0 & -5 \end{bmatrix}$

57. $BC = \begin{bmatrix} 1 & 2 & 4 \\ -2 & 1 & 0 \end{bmatrix}\begin{bmatrix} \frac{1}{2} & 3 \\ 2 & \frac{3}{2} \\ -2 & 1 \end{bmatrix} = \begin{bmatrix} -\frac{7}{2} & 10 \\ 1 & -\frac{9}{2} \end{bmatrix}$

59. $BF = \begin{bmatrix} 1 & 2 & 4 \\ -2 & 1 & 0 \end{bmatrix}\begin{bmatrix} 4 & 0 & 2 \\ -1 & 1 & 0 \\ 7 & 5 & 0 \end{bmatrix} = \begin{bmatrix} 30 & 22 & 2 \\ -9 & 1 & -4 \end{bmatrix}$

61. $(C + D)E = \left(\begin{bmatrix} \frac{1}{2} & 3 \\ 2 & \frac{3}{2} \\ -2 & 1 \end{bmatrix} + \begin{bmatrix} 1 & 4 \\ 0 & -1 \\ 2 & 0 \end{bmatrix}\right)\begin{bmatrix} 2 & -1 \\ -\frac{1}{2} & 1 \end{bmatrix} = \begin{bmatrix} \frac{3}{2} & 7 \\ 2 & \frac{1}{2} \\ 0 & 1 \end{bmatrix}\begin{bmatrix} 2 & -1 \\ -\frac{1}{2} & 1 \end{bmatrix} = \begin{bmatrix} -\frac{1}{2} & \frac{11}{2} \\ \frac{15}{4} & -\frac{3}{2} \\ -\frac{1}{2} & 1 \end{bmatrix}$

63. $AB = \begin{bmatrix} 2 & -5 \\ -2 & 6 \end{bmatrix}\begin{bmatrix} 3 & \frac{5}{2} \\ 1 & 1 \end{bmatrix} = \begin{bmatrix} 1 & 0 \\ 0 & 1 \end{bmatrix}$ and $BA = \begin{bmatrix} 3 & \frac{5}{2} \\ 1 & 1 \end{bmatrix}\begin{bmatrix} 2 & -5 \\ -2 & 6 \end{bmatrix} = \begin{bmatrix} 1 & 0 \\ 0 & 1 \end{bmatrix}$.

In Solutions 65–69, $A = \begin{bmatrix} 2 & 1 \\ 3 & 2 \end{bmatrix}$, $B = \begin{bmatrix} 1 & -2 \\ -2 & 4 \end{bmatrix}$, **and** $C = \begin{bmatrix} 0 & 1 & 3 \\ -2 & 4 & 0 \end{bmatrix}$.

65. $A + 3X = B \iff 3X = B - A \iff X = \frac{1}{3}(B - A)$.   Thus,

$$X = \frac{1}{3}\left(\begin{bmatrix} 1 & -2 \\ -2 & 4 \end{bmatrix} - \begin{bmatrix} 2 & 1 \\ 3 & 2 \end{bmatrix} \right) = \frac{1}{3}\begin{bmatrix} -1 & -3 \\ -5 & 2 \end{bmatrix}.$$

67. $2(X - A) = 3B \iff X - A = \frac{3}{2}B \iff X = A + \frac{3}{2}B$. Thus,

$$X = \begin{bmatrix} 2 & 1 \\ 3 & 2 \end{bmatrix} + \frac{3}{2}\begin{bmatrix} 1 & -2 \\ -2 & 4 \end{bmatrix} = \begin{bmatrix} 2 & 1 \\ 3 & 2 \end{bmatrix} + \begin{bmatrix} \frac{3}{2} & -3 \\ -3 & 6 \end{bmatrix} = \begin{bmatrix} \frac{7}{2} & -2 \\ 0 & 8 \end{bmatrix}.$$

69. $AX = C \iff A^{-1}AX = X = A^{-1}C$. Now

$$A^{-1} = \frac{1}{4 - 3}\begin{bmatrix} 2 & -1 \\ -3 & 2 \end{bmatrix} = \begin{bmatrix} 2 & -1 \\ -3 & 2 \end{bmatrix}. \text{ Thus, } X = A^{-1}C = \begin{bmatrix} 2 & -1 \\ -3 & 2 \end{bmatrix}\begin{bmatrix} 0 & 1 & 3 \\ -2 & 4 & 0 \end{bmatrix} = \begin{bmatrix} 2 & -2 & 6 \\ -4 & 5 & -9 \end{bmatrix}.$$

71. $D = \begin{bmatrix} 1 & 4 \\ 2 & 9 \end{bmatrix}$. Then $|D| = 1(9) - 2(4) = 1$, and so $D^{-1} = \begin{bmatrix} 9 & -4 \\ -2 & 1 \end{bmatrix}$.

73. $D = \begin{bmatrix} 4 & -12 \\ -2 & 6 \end{bmatrix}$. Then $|D| = 4(6) - 2(12) = 0$, and so D has no inverse.

75. $D = \begin{bmatrix} 3 & 0 & 1 \\ 2 & -3 & 0 \\ 4 & -2 & 1 \end{bmatrix}$. Then, $|D| = 1\begin{vmatrix} 2 & -3 \\ 4 & -2 \end{vmatrix} + 1\begin{vmatrix} 3 & 0 \\ 2 & -3 \end{vmatrix} = -4 + 12 - 9 = -1$. So D^{-1} exists.

$$\begin{bmatrix} 3 & 0 & 1 & 1 & 0 & 0 \\ 2 & -3 & 0 & 0 & 1 & 0 \\ 4 & -2 & 1 & 0 & 0 & 1 \end{bmatrix} \xrightarrow{R_1 - R_2 \to R_1} \begin{bmatrix} 1 & 3 & 1 & 1 & -1 & 0 \\ 2 & -3 & 0 & 0 & 1 & 0 \\ 4 & -2 & 1 & 0 & 0 & 1 \end{bmatrix} \xrightarrow[R_3 - 4R_1 \to R_3]{R_2 - 2R_1 \to R_2} \begin{bmatrix} 1 & 3 & 1 & 1 & -1 & 0 \\ 0 & 9 & -2 & -2 & 3 & 0 \\ 0 & -14 & -3 & -4 & 4 & 1 \end{bmatrix} \xrightarrow[-2R_3]{3R_2}$$

$$\begin{bmatrix} 1 & 3 & 1 & 1 & -1 & 0 \\ 0 & 27 & 6 & 6 & -9 & 0 \\ 0 & 28 & 6 & 8 & -8 & -2 \end{bmatrix} \xrightarrow{R_3 - R_2 \to R_3} \begin{bmatrix} 1 & 3 & 1 & 1 & -1 & 0 \\ 0 & 27 & 6 & 6 & -9 & 0 \\ 0 & 1 & 0 & 2 & 1 & -2 \end{bmatrix} \xrightarrow[\frac{1}{3}R_3]{R_3 \leftrightarrow R_2} \begin{bmatrix} 1 & 3 & 1 & 1 & -1 & 0 \\ 0 & 1 & 0 & 2 & 1 & -2 \\ 0 & 9 & 2 & 2 & -3 & 0 \end{bmatrix} \xrightarrow[R_1 - 3R_2 \to R_1]{R_3 - 9R_2 \to R_3}$$

$$\begin{bmatrix} 1 & 0 & 1 & -5 & -4 & 6 \\ 0 & 1 & 0 & 2 & 1 & -2 \\ 0 & 0 & 2 & -16 & -12 & 18 \end{bmatrix} \xrightarrow[R_1 - R_3 \to R_1]{\frac{1}{2}R_3} \begin{bmatrix} 1 & 0 & 0 & 3 & 2 & -3 \\ 0 & 1 & 0 & 2 & 1 & -2 \\ 0 & 0 & 1 & -8 & -6 & 9 \end{bmatrix}. \text{ Thus, } D^{-1} = \begin{bmatrix} 3 & 2 & -3 \\ 2 & 1 & -2 \\ -8 & -6 & 9 \end{bmatrix}.$$

77. $D = \begin{bmatrix} 1 & 0 & 0 & 1 \\ 0 & 2 & 0 & 2 \\ 0 & 0 & 3 & 3 \\ 0 & 0 & 0 & 4 \end{bmatrix}$. Thus, $|D| = \begin{vmatrix} 2 & 0 & 2 \\ 0 & 3 & 3 \\ 0 & 0 & 4 \end{vmatrix} = 2\begin{vmatrix} 3 & 3 \\ 0 & 4 \end{vmatrix} = 24$ and D^{-1} exists.

$$\begin{bmatrix} 1 & 0 & 0 & 1 & 1 & 0 & 0 & 0 \\ 0 & 2 & 0 & 2 & 0 & 1 & 0 & 0 \\ 0 & 0 & 3 & 3 & 0 & 0 & 1 & 0 \\ 0 & 0 & 0 & 4 & 0 & 0 & 0 & 1 \end{bmatrix} \xrightarrow[\frac{1}{4}R_4]{\substack{\frac{1}{2}R_2 \\ \frac{1}{3}R_3}}$$

$$\begin{bmatrix} 1 & 0 & 0 & 1 & 1 & 0 & 0 & 0 \\ 0 & 1 & 0 & 1 & 0 & \frac{1}{2} & 0 & 0 \\ 0 & 0 & 1 & 1 & 0 & 0 & \frac{1}{3} & 0 \\ 0 & 0 & 0 & 1 & 0 & 0 & 0 & \frac{1}{4} \end{bmatrix} \xrightarrow[R_3 - R_4 \to R_3]{\substack{R_1 - R_4 \to R_1 \\ R_2 - R_4 \to R_2}} \begin{bmatrix} 1 & 0 & 0 & 0 & 1 & 0 & 0 & -\frac{1}{4} \\ 0 & 1 & 0 & 0 & 0 & \frac{1}{2} & 0 & -\frac{1}{4} \\ 0 & 0 & 1 & 0 & 0 & 0 & \frac{1}{3} & -\frac{1}{4} \\ 0 & 0 & 0 & 1 & 0 & 0 & 0 & \frac{1}{4} \end{bmatrix}. \text{ Therefore, } D^{-1} = \begin{bmatrix} 1 & 0 & 0 & -\frac{1}{4} \\ 0 & \frac{1}{2} & 0 & -\frac{1}{4} \\ 0 & 0 & \frac{1}{3} & -\frac{1}{4} \\ 0 & 0 & 0 & \frac{1}{4} \end{bmatrix}.$$

79. $\begin{bmatrix} 12 & -5 \\ 5 & -2 \end{bmatrix} \begin{bmatrix} x \\ y \end{bmatrix} = \begin{bmatrix} 10 \\ 17 \end{bmatrix}$. If we let $A = \begin{bmatrix} 12 & -5 \\ 5 & -2 \end{bmatrix}$, then $A^{-1} = \dfrac{1}{-24 + 25} \begin{bmatrix} -2 & 5 \\ -5 & 12 \end{bmatrix} = \begin{bmatrix} -2 & 5 \\ -5 & 12 \end{bmatrix}$, and so

$\begin{bmatrix} x \\ y \end{bmatrix} = \begin{bmatrix} -2 & 5 \\ -5 & 12 \end{bmatrix} \begin{bmatrix} 10 \\ 17 \end{bmatrix} = \begin{bmatrix} 65 \\ 154 \end{bmatrix}$. Therefore, the solution is $(65, 154)$.

81. $\begin{bmatrix} 2 & 1 & 5 \\ 1 & 2 & 2 \\ 1 & 0 & 3 \end{bmatrix} \begin{bmatrix} x \\ y \\ z \end{bmatrix} = \begin{bmatrix} \frac{1}{3} \\ \frac{1}{4} \\ \frac{1}{6} \end{bmatrix}$. Let $A = \begin{bmatrix} 2 & 1 & 5 \\ 1 & 2 & 2 \\ 1 & 0 & 3 \end{bmatrix}$. Then $\begin{bmatrix} 2 & 1 & 5 & 1 & 0 & 0 \\ 1 & 2 & 2 & 0 & 1 & 0 \\ 1 & 0 & 3 & 0 & 0 & 1 \end{bmatrix} \xrightarrow{R_1 \leftrightarrow R_2} \begin{bmatrix} 1 & 2 & 2 & 0 & 1 & 0 \\ 2 & 1 & 5 & 1 & 0 & 0 \\ 1 & 0 & 3 & 0 & 0 & 1 \end{bmatrix}$

$\xrightarrow[R_3 - R_1 \to R_3]{R_2 - 2R_1 \to R_2} \begin{bmatrix} 1 & 2 & 2 & 0 & 1 & 0 \\ 0 & -3 & 1 & 1 & -2 & 0 \\ 0 & -2 & 1 & 0 & -1 & 1 \end{bmatrix} \xrightarrow{R_2 - 2R_3 \to R_2} \begin{bmatrix} 1 & 2 & 2 & 0 & 1 & 0 \\ 0 & 1 & -1 & 1 & 0 & -2 \\ 0 & -2 & 1 & 0 & -1 & 1 \end{bmatrix} \xrightarrow[R_3 \to R_3 + 2R_2]{R_1 - 2R_2 \to R_1}$

$\begin{bmatrix} 1 & 0 & 4 & -2 & 1 & 4 \\ 0 & 1 & -1 & 1 & 0 & -2 \\ 0 & 0 & -1 & 2 & -1 & -3 \end{bmatrix} \xrightarrow{-R_3} \begin{bmatrix} 1 & 0 & 4 & -2 & 1 & 4 \\ 0 & 1 & -1 & 1 & 0 & -2 \\ 0 & 0 & 1 & -2 & 1 & 3 \end{bmatrix} \xrightarrow[R_2 + R_3 \to R_2]{R_1 - 4R_3 \to R_1} \begin{bmatrix} 1 & 0 & 0 & 6 & -3 & -8 \\ 0 & 1 & 0 & -1 & 1 & 1 \\ 0 & 0 & 1 & -2 & 1 & 3 \end{bmatrix}$. Hence,

$A^{-1} = \begin{bmatrix} 6 & -3 & -8 \\ -1 & 1 & 1 \\ -2 & 1 & 3 \end{bmatrix}$ and $\begin{bmatrix} x \\ y \\ z \end{bmatrix} = \begin{bmatrix} 6 & -3 & -8 \\ -1 & 1 & 1 \\ -2 & 1 & 3 \end{bmatrix} \begin{bmatrix} \frac{1}{3} \\ \frac{1}{4} \\ \frac{1}{6} \end{bmatrix} = \begin{bmatrix} -\frac{1}{12} \\ \frac{1}{12} \\ \frac{1}{12} \end{bmatrix}$, and so the solution is $\left(-\frac{1}{12}, \frac{1}{12}, \frac{1}{12} \right)$.

83. $|D| = \begin{vmatrix} 2 & 7 \\ 6 & 16 \end{vmatrix} = 32 - 42 = -10$, $|D_x| = \begin{vmatrix} 13 & 7 \\ 30 & 16 \end{vmatrix} = 208 - 210 = -2$, and $|D_y| = \begin{vmatrix} 2 & 13 \\ 6 & 30 \end{vmatrix} = 60 - 78 = -18$.

Therefore, $x = \frac{-2}{-10} = \frac{1}{5}$ and $y = \frac{-18}{-10} = \frac{9}{5}$, and so the solution is $\left(\frac{1}{5}, \frac{9}{5} \right)$.

85. $|D| = \begin{vmatrix} 2 & -1 & 5 \\ -1 & 7 & 0 \\ 5 & 4 & 3 \end{vmatrix} = 5 \begin{vmatrix} -1 & 7 \\ 5 & 4 \end{vmatrix} + 3 \begin{vmatrix} 2 & -1 \\ -1 & 7 \end{vmatrix} = -195 + 39 = -156$,

$|D_x| = \begin{vmatrix} 0 & -1 & 5 \\ 9 & 7 & 0 \\ -9 & 4 & 3 \end{vmatrix} = 5 \begin{vmatrix} 9 & 7 \\ -9 & 4 \end{vmatrix} + 3 \begin{vmatrix} 0 & -1 \\ 9 & 7 \end{vmatrix} = 495 + 27 = 522$,

$|D_y| = \begin{vmatrix} 2 & 0 & 5 \\ -1 & 9 & 0 \\ 5 & -9 & 3 \end{vmatrix} = 5 \begin{vmatrix} -1 & 9 \\ 5 & -9 \end{vmatrix} + 3 \begin{vmatrix} 2 & 0 \\ -1 & 9 \end{vmatrix} = -180 + 54 = -126$, and

$|D_z| = \begin{vmatrix} 2 & -1 & 0 \\ -1 & 7 & 9 \\ 5 & 4 & -9 \end{vmatrix} = -9 \begin{vmatrix} 2 & -1 \\ 5 & 4 \end{vmatrix} - 9 \begin{vmatrix} 2 & -1 \\ -1 & 7 \end{vmatrix} = -117 - 117 = -234$.

Therefore, $x = \frac{522}{-156} = -\frac{87}{26}$, $y = \frac{-126}{-156} = \frac{21}{26}$, and $z = \frac{-234}{-156} = \frac{3}{2}$, and so the solution is $\left(-\frac{87}{26}, \frac{21}{26}, \frac{3}{2} \right)$.

87. The area is $\pm \frac{1}{2} \begin{vmatrix} -1 & 3 & 1 \\ 3 & 1 & 1 \\ -2 & -2 & 1 \end{vmatrix} = \pm \frac{1}{2} \left(\begin{vmatrix} 3 & 1 \\ -2 & -2 \end{vmatrix} - \begin{vmatrix} -1 & 3 \\ -2 & -2 \end{vmatrix} + \begin{vmatrix} -1 & 3 \\ 3 & 1 \end{vmatrix} \right) = \pm \frac{1}{2} (-4 - 8 - 10) = 11$.

89. $\dfrac{3x+1}{x^2-2x-15} = \dfrac{3x+1}{(x-5)(x+3)} = \dfrac{A}{x-5} + \dfrac{B}{x+3}$. Thus, $3x+1 = A(x+3) + B(x-5) = x(A+B) + (3A-5B)$,

and so $\begin{cases} A+B = 3 \\ 3A-5B = 1 \end{cases} \Leftrightarrow \begin{cases} -3A-3B = -9 \\ 3A-5B = 1 \end{cases}$ Adding, we have $-8B = -8 \Leftrightarrow B = 1$, and $A = 2$.

Hence, $\dfrac{3x+1}{x^2-2x-15} = \dfrac{2}{x-5} + \dfrac{1}{x+3}$.

91. $\dfrac{2x-4}{x(x-1)^2} = \dfrac{A}{x} + \dfrac{B}{x-1} + \dfrac{C}{(x-1)^2}$. Then $2x-4 = A(x-1)^2 + Bx(x-1) + Cx = Ax^2 - 2Ax + A + Bx^2 - Bx + Cx = x^2(A+B) + x(-2A-B+C) + A$. So $A = -4$, $-4+B = 0 \Leftrightarrow B = 4$, and $8-4+C = 2 \Leftrightarrow C = -2$. Therefore, $\dfrac{2x-4}{x(x-1)^2} = -\dfrac{4}{x} + \dfrac{4}{x-1} - \dfrac{2}{(x-1)^2}$.

93. $\dfrac{2x-1}{x^3+x} = \dfrac{2x-1}{x(x^2+1)} = \dfrac{A}{x} + \dfrac{Bx+C}{x^2+1}$. Then $2x-1 = A(x^2+1) + (Bx+C)x = Ax^2 + A + Bx^2 + Cx = (A+B)x^2 + Cx + A$. So $A = -1$, $C = 2$, and $A+B = 0$ gives us $B = 1$. Thus $\dfrac{2x-1}{x^3+x} = -\dfrac{1}{x} + \dfrac{x+2}{x^2+1}$.

95. The boundary is a solid curve, so we have the inequality $x + y^2 \le 4$. We take the test point $(0,0)$ and verify that it satisfies the inequality: $0 + 0^2 \le 4$.

97. $3x + y \le 6$

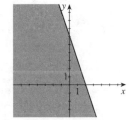

99. $x^2 + y^2 > 9$

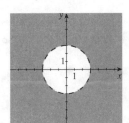

101. $\begin{cases} y \ge x^2 - 3x \\ y \le \tfrac{1}{3}x - 1 \end{cases}$

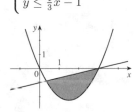

103. $\begin{cases} x + y \ge 2 \\ y - x \le 2 \\ x \le 3 \end{cases}$

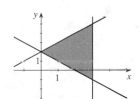

105. $\begin{cases} x^2 + y^2 < 9 \\ x + y < 0 \end{cases}$ The vertices occur where $y = -x$. By substitution,

$x^2 + x^2 = 9 \Leftrightarrow x = \pm\dfrac{3}{\sqrt{2}}$, and so $y = \mp\dfrac{3}{\sqrt{2}}$. Therefore, the vertices are

$\left(\dfrac{3}{\sqrt{2}}, -\dfrac{3}{\sqrt{2}}\right)$ and $\left(-\dfrac{3}{\sqrt{2}}, \dfrac{3}{\sqrt{2}}\right)$ and the solution set is bounded.

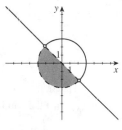

107. $\begin{cases} x \ge 0, \, y \ge 0 \\ x + 2y \le 12 \\ y \le x + 4 \end{cases}$ The intersection points are $(-4,0)$, $(0,4)$, $\left(\tfrac{4}{3}, \tfrac{16}{3}\right)$, $(0,6)$,

$(0,0)$, and $(12,0)$. Since the points $(-4,0)$ and $(0,6)$ are not in the solution set, the vertices are $(0,4)$, $\left(\tfrac{4}{3}, \tfrac{16}{3}\right)$, $(12,0)$, and $(0,0)$. The solution set is bounded.

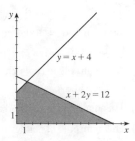

109. $\begin{cases} -x + y + z = a \\ x - y + z = b \\ x + y - z = c \end{cases}$ $\Leftrightarrow$ $\begin{cases} -x + y + z = a \\ 2z = a + b \\ 2y = a + c \end{cases}$ Thus, $y = \dfrac{a+c}{2}$, $z = \dfrac{a+b}{2}$, and $-x + \dfrac{a+c}{2} + \dfrac{a+b}{2} = a$

$\Leftrightarrow$ $x = \dfrac{b+c}{2}$. The solution is $\left(\dfrac{b+c}{2}, \dfrac{a+c}{2}, \dfrac{a+b}{2} \right)$.

111. Solving the second equation for y, we have $y = kx$. Substituting for y in the first equation gives us

$x + kx = 12$ $\Leftrightarrow$ $(1+k)x = 12$ $\Leftrightarrow$ $x = \dfrac{12}{k+1}$. Substituting for y in the third equation gives us

$kx - x = 2k$ $\Leftrightarrow$ $(k-1)x = 2k$ $\Leftrightarrow$ $x = \dfrac{2k}{k-1}$. These points of intersection are the same when the

x-values are equal. Thus, $\dfrac{12}{k+1} = \dfrac{2k}{k-1}$ $\Leftrightarrow$ $12(k-1) = 2k(k+1)$ $\Leftrightarrow$ $12k - 12 = 2k^2 + 2k$ $\Leftrightarrow$

$0 = 2k^2 - 10k + 12 = 2(k^2 - 5k + 6) = 2(k-3)(k+2)$. Hence, $k = 2$ or $k = 3$.

Chapter 9 Test

1. (a) The system is linear.

(b) $\begin{cases} x + 3y = 7 \\ 5x + 2y = -4 \end{cases}$ Multiplying the first equation by -5 and then adding gives $-13y = -39$ $\Leftrightarrow$ $y = 3$. So

$x + 3(3) = 7$ $\Leftrightarrow$ $x = -2$. Thus, the solution is $(-2, 3)$.

2. (a) The system is nonlinear.

(b) $\begin{cases} 6x + y^2 = 10 \\ 3x - y = 5 \end{cases}$ $\Leftrightarrow$ $\begin{cases} 6x + y^2 = 10 \\ y^2 + 2y = 0 \end{cases}$ Thus $y^2 + 2y = y(y+2) = 0$, so either $y = 0$ or $y = -2$. If $y = 0$,

then $3x = 5$ $\Leftrightarrow$ $x = \frac{5}{3}$ and if $y = -2$, then $3x - (-2) = 5$ $\Leftrightarrow$ $3x = 3$ $\Leftrightarrow$ $x = 1$. Thus the solutions

are $\left(\frac{5}{3}, 0 \right)$ and $(1, -2)$.

3. $\begin{cases} x - 2y = 1 \\ y = x^3 - 2x^2 \end{cases}$

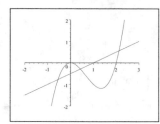

The solutions are approximately $(-0.55, -0.78)$, $(0.43, -0.29)$, and $(2.12, 0.56)$.

4. Let w be the speed of the wind and a the speed of the airplane in still air, in kilometers per hour. Then the speed of the of the
plane flying against the wind is $a - w$ and the speed of the plane flying with the wind is $a + w$. Using distance = rate $\times$ time,

we get the system $\begin{cases} 600 = 2.5(a - w) \\ 300 = \frac{50}{60}(a + w) \end{cases}$ $\Leftrightarrow$ $\begin{cases} 240 = a - w \\ 360 = a + w \end{cases}$ Adding the two equations, we get $600 = 2a$ $\Leftrightarrow$

$a = 300$. So $360 = 300 + w$ $\Leftrightarrow$ $w = 60$. Thus the speed of the airplane in still air is 300 km/h and the speed of the
wind is 60 km/h.

5. (a) This matrix is in row-echelon form, but not in reduced row-echelon form, since the leading 1 in the second row does not
have a 0 above it.

(b) This matrix is in reduced row-echelon form.

(c) This matrix is in neither row-echelon form nor reduced row-echelon form.

6. (a) $\begin{cases} x - y + 2z = 0 \\ 2x - 4y + 5z = -5 \\ 2y - 3z = 5 \end{cases}$ has the matrix representation $\begin{bmatrix} 1 & -1 & 2 & 0 \\ 2 & -4 & 5 & -5 \\ 0 & 2 & -3 & 5 \end{bmatrix}$ $\xrightarrow{R_2 - R_1 \to R_2}$ $\begin{bmatrix} 1 & -1 & 2 & 0 \\ 0 & -2 & 1 & -5 \\ 0 & 2 & -3 & 5 \end{bmatrix}$

$\xrightarrow{R_3 + R_2 \to R_3}$ $\begin{bmatrix} 1 & -1 & 2 & 0 \\ 0 & -2 & 1 & -5 \\ 0 & 0 & -2 & 0 \end{bmatrix}$ $\xrightarrow{-\frac{1}{2}R_3}$ $\begin{bmatrix} 1 & -1 & 2 & 0 \\ 0 & -2 & 1 & -5 \\ 0 & 0 & 1 & 0 \end{bmatrix}$. Thus $z = 0$, $-2y + 0 = -5$ $\Leftrightarrow$ $y = \frac{5}{2}$, and

$x - \frac{5}{2} + 2(0) = 0$ $\Leftrightarrow$ $x = \frac{5}{2}$. Thus, the solution is $\left(\frac{5}{2}, \frac{5}{2}, 0\right)$.

(b) $\begin{cases} 2x - 3y + z = 3 \\ x + 2y + 2z = -1 \\ 4x + y + 5z = 4 \end{cases}$ has the matrix representation $\begin{bmatrix} 2 & -3 & 1 & 3 \\ 1 & 2 & 2 & -1 \\ 4 & 1 & 5 & 4 \end{bmatrix}$ $\xrightarrow{R_1 \leftrightarrow R_2}$ $\begin{bmatrix} 1 & 2 & 2 & -1 \\ 2 & -3 & 1 & 3 \\ 4 & 1 & 5 & 4 \end{bmatrix}$

$\xrightarrow[R_3 - 4R_1 \to R_3]{R_2 - 2R_1 \to R_2}$ $\begin{bmatrix} 1 & 2 & 2 & -1 \\ 0 & -7 & -3 & 5 \\ 0 & -7 & -3 & 8 \end{bmatrix}$ $\xrightarrow{R_3 - R_2 \to R_3}$ $\begin{bmatrix} 1 & 2 & 2 & -1 \\ 0 & -7 & -3 & 5 \\ 0 & 0 & 0 & 3 \end{bmatrix}$.

Since the last row corresponds to the equation $0 = 3$, this system has no solution.

7. $\begin{cases} x + 3y - z = 0 \\ 3x + 4y - 2z = -1 \\ -x + 2y = 1 \end{cases}$ has the matrix representation $\begin{bmatrix} 1 & 3 & -1 & 0 \\ 3 & 4 & -2 & -1 \\ -1 & 2 & 0 & 1 \end{bmatrix}$ $\xrightarrow[R_3 + R_1 \to R_3]{R_2 - 3R_1 \to R_2}$ $\begin{bmatrix} 1 & 3 & -1 & 0 \\ 0 & -5 & 1 & -1 \\ 0 & 5 & -1 & 1 \end{bmatrix}$

$\xrightarrow{R_3 - R_2 \to R_3}$ $\begin{bmatrix} 1 & 3 & -1 & 0 \\ 0 & -5 & 1 & -1 \\ 0 & 0 & 0 & 0 \end{bmatrix}$ $\xrightarrow{-\frac{1}{5}R_2}$ $\begin{bmatrix} 1 & 3 & -1 & 0 \\ 0 & 1 & -\frac{1}{5} & \frac{1}{5} \\ 0 & 0 & 0 & 0 \end{bmatrix}$ $\xrightarrow{R_1 - 3R_2 \to R_1}$ $\begin{bmatrix} 1 & 0 & -\frac{2}{5} & -\frac{3}{5} \\ 0 & 1 & -\frac{1}{5} & \frac{1}{5} \\ 0 & 0 & 0 & 0 \end{bmatrix}$.

Since this system is dependent, let $z = t$. Then $y - \frac{1}{5}t = \frac{1}{5}$ $\Leftrightarrow$ $y = \frac{1}{5}t + \frac{1}{5}$ and $x - \frac{2}{5}t = -\frac{3}{5}$ $\Leftrightarrow$ $x = \frac{2}{5}t - \frac{3}{5}$.
Thus, the solution is $\left(\frac{2}{5}t - \frac{3}{5}, \frac{1}{5}t + \frac{1}{5}, t\right)$.

8. Let x, y, and z represent the price in dollars for coffee, juice, and donuts respectively. Then the system of equations is

$\begin{cases} 2x + y + 2z = 6.25 \quad \text{Anne} \\ x + 3z = 3.75 \quad \text{Barry} \\ 3x + y + 4z = 9.25 \quad \text{Cathy} \end{cases}$ $\Leftrightarrow$ $\begin{cases} 2x + y + 2z = 6.25 \\ y - 4z = -1.25 \\ y - 5z = -2.00 \end{cases}$ $\Leftrightarrow$ $\begin{cases} 2x + y + 2z = 6.25 \\ y - 4z = -1.25 \\ z = 0.75 \end{cases}$

Thus, $z = 0.75$, $y - 4(0.75) = -1.25$ $\Leftrightarrow$ $y = 1.75$, and $2x + 1.75 + 2(0.75) = 6.25$ $\Leftrightarrow$ $x = 1.5$. Thus coffee costs \$1.50, juice costs \$1.75, and donuts cost \$0.75.

9. $A = \begin{bmatrix} 2 & 3 \\ 2 & 4 \end{bmatrix}$, $B = \begin{bmatrix} 2 & 4 \\ -1 & 1 \\ 3 & 0 \end{bmatrix}$, and $C = \begin{bmatrix} 1 & 0 & 4 \\ -1 & 1 & 2 \\ 0 & 1 & 3 \end{bmatrix}$.

(a) $A + B$ is undefined because A is 2×2 and B is 3×2, so they have incompatible dimensions.

(b) AB is undefined because A is 2×2 and B is 3×2, so they have incompatible dimensions.

(c) $BA - 3B = \begin{bmatrix} 2 & 4 \\ -1 & 1 \\ 3 & 0 \end{bmatrix} \begin{bmatrix} 2 & 3 \\ 2 & 4 \end{bmatrix} - 3 \begin{bmatrix} 2 & 4 \\ -1 & 1 \\ 3 & 0 \end{bmatrix} = \begin{bmatrix} 12 & 22 \\ 0 & 1 \\ 6 & 9 \end{bmatrix} - \begin{bmatrix} 6 & 12 \\ -3 & 3 \\ 9 & 0 \end{bmatrix} = \begin{bmatrix} 6 & 10 \\ 3 & -2 \\ -3 & 9 \end{bmatrix}$

(d) $CBA = \begin{bmatrix} 1 & 0 & 4 \\ -1 & 1 & 2 \\ 0 & 1 & 3 \end{bmatrix} \begin{bmatrix} 2 & 4 \\ -1 & 1 \\ 3 & 0 \end{bmatrix} \begin{bmatrix} 2 & 3 \\ 2 & 4 \end{bmatrix} = \begin{bmatrix} 14 & 4 \\ 3 & -3 \\ 8 & 1 \end{bmatrix} \begin{bmatrix} 2 & 3 \\ 2 & 4 \end{bmatrix} = \begin{bmatrix} 36 & 58 \\ 0 & -3 \\ 18 & 28 \end{bmatrix}$

(e) $A = \begin{bmatrix} 2 & 3 \\ 2 & 4 \end{bmatrix} \quad \Leftrightarrow \quad A^{-1} = \dfrac{1}{8-6} \begin{bmatrix} 4 & -3 \\ -2 & 2 \end{bmatrix} = \begin{bmatrix} 2 & -\frac{3}{2} \\ -1 & 1 \end{bmatrix}$

(f) B^{-1} does not exist because B is not a square matrix.　　**(g)** $\det(B)$ is not defined because B is not a square matrix.

(h) $\det(C) = \begin{vmatrix} 1 & 0 & 4 \\ -1 & 1 & 2 \\ 0 & 1 & 3 \end{vmatrix} = 1 \begin{vmatrix} 1 & 2 \\ 1 & 3 \end{vmatrix} + 4 \begin{vmatrix} -1 & 1 \\ 0 & 1 \end{vmatrix} = 1 - 4 = -3$

10. (a) The system $\begin{cases} 4x - 3y = 10 \\ 3x - 2y = 30 \end{cases}$ is equivalent to the matrix equation $\begin{bmatrix} 4 & -3 \\ 3 & -2 \end{bmatrix} \begin{bmatrix} x \\ y \end{bmatrix} = \begin{bmatrix} 10 \\ 30 \end{bmatrix}$.

(b) We have $|D| = \begin{vmatrix} 4 & -3 \\ 3 & -2 \end{vmatrix} = 4(-2) - 3(-3) = 1$. So $D^{-1} = \begin{bmatrix} -2 & 3 \\ -3 & 4 \end{bmatrix}$ and $\begin{bmatrix} x \\ y \end{bmatrix} = \begin{bmatrix} -2 & 3 \\ -3 & 4 \end{bmatrix} \begin{bmatrix} 10 \\ 30 \end{bmatrix} = \begin{bmatrix} 70 \\ 90 \end{bmatrix}$.

Therefore, $x = 70$ and $y = 90$.

11. $|A| = \begin{vmatrix} 1 & 4 & 1 \\ 0 & 2 & 0 \\ 1 & 0 & 1 \end{vmatrix} = 2 \begin{vmatrix} 1 & 1 \\ 1 & 1 \end{vmatrix} = 0$, $|B| = \begin{vmatrix} 1 & 4 & 0 \\ 0 & 2 & 0 \\ -3 & 0 & 1 \end{vmatrix} = 2 \begin{vmatrix} 1 & 0 \\ -3 & 1 \end{vmatrix} = 2$. Since $|A| = 0$, A does not have an inverse, and

since $|B| \neq 0$, B does have an inverse. $\begin{bmatrix} 1 & 4 & 0 & 1 & 0 & 0 \\ 0 & 2 & 0 & 0 & 1 & 0 \\ -3 & 0 & 1 & 0 & 0 & 1 \end{bmatrix} \xrightarrow{R_3 + 3R_1 \to R_3} \begin{bmatrix} 1 & 4 & 0 & 1 & 0 & 0 \\ 0 & 2 & 0 & 0 & 1 & 0 \\ 0 & 12 & 1 & 3 & 0 & 1 \end{bmatrix} \xrightarrow[R_3 - 6R_2 \to R_3]{R_1 - 2R_2 \to R_1}$

$\begin{bmatrix} 1 & 0 & 0 & 1 & -2 & 0 \\ 0 & 2 & 0 & 0 & 1 & 0 \\ 0 & 0 & 1 & 3 & -6 & 1 \end{bmatrix} \xrightarrow{\frac{1}{2}R_2} \begin{bmatrix} 1 & 0 & 0 & 1 & -2 & 0 \\ 0 & 1 & 0 & 0 & \frac{1}{2} & 0 \\ 0 & 0 & 1 & 3 & -6 & 1 \end{bmatrix}$. Therefore, $B^{-1} = \begin{bmatrix} 1 & -2 & 0 \\ 0 & \frac{1}{2} & 0 \\ 3 & -6 & 1 \end{bmatrix}$.

12. $\begin{cases} 2x & - z = 14 \\ 3x - y + 5z = 0 \\ 4x + 2y + 3z = -2 \end{cases}$　Then $|D| = \begin{vmatrix} 2 & 0 & -1 \\ 3 & -1 & 5 \\ 4 & 2 & 3 \end{vmatrix} = 2 \begin{vmatrix} -1 & 5 \\ 2 & 3 \end{vmatrix} - 1 \begin{vmatrix} 3 & -1 \\ 4 & 2 \end{vmatrix} = -26 - 10 = -36$,

$|D_x| = \begin{vmatrix} 14 & 0 & -1 \\ 0 & -1 & 5 \\ -2 & 2 & 3 \end{vmatrix} = 14 \begin{vmatrix} -1 & 5 \\ 2 & 3 \end{vmatrix} - 1 \begin{vmatrix} 0 & -1 \\ 4 & 2 \end{vmatrix} = -182 + 2 = -180$,

$|D_y| = \begin{vmatrix} 2 & 14 & -1 \\ 3 & 0 & 5 \\ 4 & -2 & 3 \end{vmatrix} = -3 \begin{vmatrix} 14 & -1 \\ -2 & 3 \end{vmatrix} - 5 \begin{vmatrix} 2 & 14 \\ 4 & -2 \end{vmatrix} = -120 + 300 = 180$, and

$|D_z| = \begin{vmatrix} 2 & 0 & 14 \\ 3 & -1 & 0 \\ 4 & 2 & -2 \end{vmatrix} = 2 \begin{vmatrix} -1 & 0 \\ 2 & -2 \end{vmatrix} + 14 \begin{vmatrix} 3 & -1 \\ 2 & 2 \end{vmatrix} = 4 + 140 = 144$.

Therefore, $x = \dfrac{-180}{-36} = 5$, $y = \dfrac{180}{-36} = -5$, $z = \dfrac{144}{-36} = -4$, and so the solution is $(5, -5, -4)$.

13. (a) $\dfrac{4x-1}{(x-1)^2(x+2)} = \dfrac{A}{x-1} + \dfrac{B}{(x-1)^2} + \dfrac{C}{x+2}$. Thus,

$$4x - 1 = A(x-1)(x+2) + B(x+2) + C(x-1)^2 = A(x^2+x-2) + B(x+2) + C(x^2-2x+1)$$

$$= (A+C)x^2 + (A+B-2C)x + (-2A+2B+C)$$

which leads to the system of equations

$$\begin{cases} A + C = 0 \\ A + B - 2C = 4 \\ -2A + 2B + C = -1 \end{cases} \Leftrightarrow \begin{cases} A + C = 0 \\ B - 3C = 4 \\ 2B + 3C = -1 \end{cases} \Leftrightarrow \begin{cases} A + C = 0 \\ B - 3C = 4 \\ 9C = -9 \end{cases}$$

Therefore, $9C = -9 \Leftrightarrow C = -1$, $B - 3(-1) = 4 \Leftrightarrow B = 1$, and $A + (-1) = 0 \Leftrightarrow A = 1$.

Therefore, $\dfrac{4x-1}{(x-1)^2(x+2)} = \dfrac{1}{x-1} + \dfrac{1}{(x-1)^2} - \dfrac{1}{x+2}$.

(b) $\dfrac{2x-3}{x^3+3x} = \dfrac{2x-3}{x(x^2+3)} = \dfrac{A}{x} + \dfrac{Bx+C}{x^2+3}$. Then

$$2x - 3 = A(x^2+3) + (Bx+C)x = Ax^2 + 3A + Bx^2 + Cx = (A+B)x^2 + Cx + 3A.$$

So $3A = -3 \Leftrightarrow A = -1$, $C = 2$ and $A + B = 0$ gives us $B = 1$. Thus $\dfrac{2x-3}{x^3+x} = -\dfrac{1}{x} + \dfrac{x+2}{x^2+3}$.

14. (a) $\begin{cases} 2x + y \le 8 \\ x - y \ge -2 \\ x + 2y \ge 4 \end{cases}$ From the graph, the points $(4,0)$ and $(0,2)$ are vertices. The

third vertex occurs where the lines $2x + y = 8$ and $x - y = -2$ intersect. Adding
these two equations gives $3x = 6 \Leftrightarrow x = 2$, and so $y = 8 - 2(2) = 4$.
Thus, the third vertex is $(2,4)$.

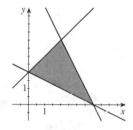

(b) $\begin{cases} x^2 - 5 + y \le 0 \\ \phantom{x^2 - 5 + {}} y \le 5 + 2x \end{cases}$ Substituting $y = 5 + 2x$ into the first equation gives

$x^2 - 5 + (5+2x) = 0 \Leftrightarrow x^2 + 2x = 0 \Leftrightarrow x(x+2) = 0 \Leftrightarrow x = 0$ or
$x = -2$. If $x = 0$, then $y = 5 + 2(0) = 5$, and if $x = -2$, then
$y = 5 + 2(-2) = 1$. Thus, the vertices are $(0,5)$ and $(-2,1)$.

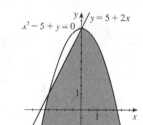

Focus on Modeling: Linear Programming

1.

Vertex	$M = 200 - x - y$
$(0, 2)$	$200 - (0) - (2) = 198$
$(0, 5)$	$200 - (0) - (5) = 195$
$(4, 0)$	$200 - (4) - (0) = 196$

Thus, the maximum value is 198 and the minimum value is 195.

3. $\begin{cases} x \geq 0,\, y \geq 0 \\ 2x + y \leq 10 \\ 2x + 4y \leq 28 \end{cases}$ The objective function is $P = 140 - x + 3y$. From the graph,

the vertices are $(0, 0)$, $(5, 0)$, $(2, 6)$, and $(0, 7)$.

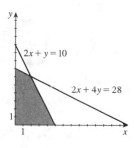

Vertex	$P = 140 - x + 3y$
$(0, 0)$	$140 - (0) + 3\,(0) = 140$
$(5, 0)$	$140 - (5) + 3\,(0) = 135$
$(2, 6)$	$140 - (2) + 3\,(6) = 156$
$(0, 7)$	$140 - (0) + 3\,(7) = 161$

Thus the maximum value is 161, and the minimum value is 135.

5. Let t be the number of tables made daily and c be the number of chairs made daily. Then the data given can be summarized by the following table:

	Tables t	Chairs c	Available time
Carpentry	2 h	3 h	108 h
Finishing	1 h	$\frac{1}{2}$ h	20 h
Profit	\$35	\$20	

Thus we wish to maximize the total profit $P = 35t + 20c$ subject to the constraints $\begin{cases} 2t + 3c \leq 108 \\ t + \frac{1}{2}c \leq 20 \\ t \geq 0,\, c \geq 0 \end{cases}$

From the graph, the vertices occur at $(0, 0)$, $(20, 0)$, $(0, 36)$, and $(3, 34)$.

Vertex	$P = 35t + 20c$
$(0, 0)$	$35\,(0) + 20\,(0) = 0$
$(20, 0)$	$35\,(20) + 20\,(0) = 700$
$(0, 36)$	$35\,(0) + 20\,(36) = 720$
$(3, 34)$	$35\,(3) + 20\,(34) = 785$

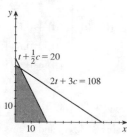

Hence, 3 tables and 34 chairs should be produced daily for a maximum profit of \$785.

7. Let x be the number of crates of oranges and y the number of crates of grapefruit. Then the data given can be summarized by the following table:

	Oranges	Grapefruit	Available
Volume	4 ft^3	6 ft^3	300 ft^3
Weight	80 lb	100 lb	5600 lb
Profit	$2.50	$4.00	

In addition, $x \geq y$. Thus we wish to maximize the total profit $P = 2.5x + 4y$ subject to the constraints

$$\begin{cases} x \geq 0, y \geq 0, x \geq y \\ 4x + 6y \leq 300 \\ 80x + 100y \leq 5600 \end{cases}$$

From the graph, the vertices occur at $(0,0)$, $(30, 30)$, $(45, 20)$, and $(70, 0)$.

Vertex	$P = 2.5x + 4y$
$(0,0)$	$2.5\,(0) + 4\,(0) = \quad 0$
$(30, 30)$	$2.5\,(30) + 4\,(30) = 195$
$(45, 20)$	$2.5\,(45) + 4\,(20) = 192.5$
$(70, 0)$	$2.5\,(70) + 4\,(0) = 175$

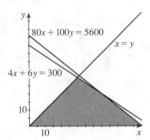

Thus, she should carry 30 crates of oranges and 30 crates of grapefruit for a maximum profit of $195.

9. Let x be the number of stereo sets shipped from Long Beach to Santa Monica and y the number of stereo sets shipped from Long Beach to El Toro. Thus, $15 - x$ sets must be shipped to Santa Monica from Pasadena and $19 - y$ sets to El Toro from Pasadena. Thus, $x \geq 0$, $y \geq 0$, $15 - x \geq 0$, $19 - y \geq 0$, $x + y \leq 24$, and $(15 - x) + (19 - y) \leq 18$. Simplifying, we get

the constraints $\begin{cases} x \geq 0, y \geq 0 \\ x \leq 15, y \leq 19 \\ x + y \leq 24 \\ x + y \geq 16 \end{cases}$

The objective function is the cost $C = 5x + 6y + 4\,(15 - x) + 5.5\,(19 - y) = x + 0.5y + 164.5$, which we wish to minimize. From the graph, the vertices occur at $(0, 16)$, $(0, 19)$, $(5, 19)$, $(15, 9)$, and $(15, 1)$.

Vertex	$C = x + 0.5y + 164.5$
$(0, 16)$	$(0) + 0.5\,(16) + 164.5 = 172.5$
$(0, 19)$	$(0) + 0.5\,(19) + 164.5 = 174$
$(5, 19)$	$(5) + 0.5\,(19) + 164.5 = 179$
$(15, 9)$	$(15) + 0.5\,(9) + 164.5 = 184$
$(15, 1)$	$(15) + 0.5\,(1) + 164.5 = 180$

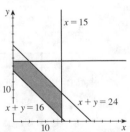

The minimum cost is $172.50 and occurs when $x = 0$ and $y = 16$. Hence, no stereo should be shipped from Long Beach to Santa Monica, 16 from Long Beach to El Toro, 15 from Pasadena to Santa Monica, and 3 from Pasadena to El Toro.

11. Let x be the number of bags of standard mixtures and y be the number of bags of deluxe mixtures. Then the data can be summarized by the following table:

	Standard	Deluxe	Available
Cashews	100 g	150 g	15 kg
Peanuts	200 g	50 g	20 kg
Selling price	$1.95	$2.20	

Thus the total revenue, which we want to maximize, is given by $R = 1.95x + 2.25y$. We have the constraints

$$\begin{cases} x \geq 0, y \geq 0, x \geq y \\ 0.1x + 0.15y \leq 15 \\ 0.2x + 0.05y \leq 20 \end{cases} \Leftrightarrow \begin{cases} x \geq 0, y \geq 0, x \geq y \\ 10x + 15y \leq 1500 \\ 20x + 5y \leq 2000 \end{cases}$$

From the graph, the vertices occur at $(0, 0)$, $(60, 60)$, $(90, 40)$, and $(100, 0)$.

Vertex	$R = 1.95x + 2.25y$
$(0, 0)$	$1.96\,(0) + 2.25\,(0) = 0$
$(60, 60)$	$1.95\,(60) + 2.25\,(60) = 252$
$(90, 40)$	$1.95\,(90) + 2.25\,(40) = 265.5$
$(100, 0)$	$1.95\,(100) + 2.25\,(0) = 195$

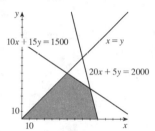

Hence, he should pack 90 bags of standard and 40 bags of deluxe mixture for a maximum revenue of $265.50.

13. Let x be the amount in municipal bonds and y the amount in bank certificates, both in dollars. Then $12000 - x - y$ is the amount in high-risk bonds. So our constraints can be stated as

$$\begin{cases} x \geq 0, y \geq 0, x \geq 3y \\ 12{,}000 - x - y \geq 0 \\ 12{,}000 - x - y \leq 2000 \end{cases} \Leftrightarrow \begin{cases} x \geq 0, y \geq 0, x \geq 3y \\ x + y \leq 12{,}000 \\ x + y \geq 10{,}000 \end{cases}$$

From the graph, the vertices occur at $(7500, 2500)$, $(10000, 0)$, $(12000, 0)$, and $(9000, 3000)$. The objective function is

$$P = 0.07x + 0.08y + 0.12\,(12000 - x - y) = 1440 - 0.05x - 0.04y, \text{ which we wish to maximize.}$$

Vertex	$P = 1440 - 0.05x - 0.04y$
$(7500, 2500)$	$1440 - 0.05\,(7500) - 0.04\,(2500) = 965$
$(10000, 0)$	$1440 - 0.05\,(10{,}000) - 0.04\,(0) = 940$
$(12000, 0)$	$1440 - 0.05\,(12{,}000) - 0.04\,(0) = 840$
$(9000, 3000)$	$1440 - 0.05\,(9000) - 0.04\,(3000) = 870$

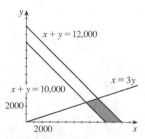

Hence, she should invest $7500 in municipal bonds, $2500 in bank certificates, and the remaining $2000 in high-risk bonds for a maximum yield of $965.

15. Let g be the number of games published and e be the number of educational programs published. Then the number of utility programs published is $36 - g - e$. Hence we wish to maximize profit, $P = 5000g + 8000e + 6000(36 - g - e) = 216{,}000 - 1000g + 2000e$, subject to the constraints

$$\begin{cases} g \geq 4, e \geq 0 \\ 36 - g - e \geq 0 \\ 36 - g - e \leq 2e \end{cases} \Leftrightarrow \begin{cases} g \geq 4, e \geq 0 \\ g + e \leq 36 \\ g + 3e \geq 36. \end{cases}$$

From the graph, the vertices are at $\left(4, \frac{32}{3}\right)$, $(4, 32)$, and $(36, 0)$. The objective function is $P = 216{,}000 - 1000g + 2000e$.

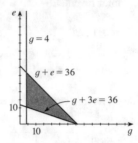

Vertex	$P = 216{,}000 - 1000g + 2000e$
$\left(4, \frac{32}{3}\right)$	$216{,}000 - 1000\,(4) + 2000\left(\frac{32}{3}\right) = 233{,}333.33$
$(4, 32)$	$216{,}000 - 1000\,(4) + 2000\,(32) = 276{,}000$
$(36, 0)$	$216{,}000 - 1000\,(36) + 2000\,(0) = 180{,}000$

So, they should publish 4 games, 32 educational programs, and no utility program for a maximum profit of $276,000 annually.

10 Analytic Geometry

10.1 Parabolas

1. $y^2 = 2x$ is Graph III, which opens to the right and is not as wide as the graph for Exercise 5.

3. $x^2 = -6y$ is Graph II, which opens downward and is narrower than the graph for Exercise 6.

5. $y^2 - 8x = 0$ is Graph VI, which opens to the right and is wider than the graph for Exercise 1.

7. $y^2 = 4x$. Then $4p = 4 \Leftrightarrow p = 1$. The focus is $(1, 0)$, the directrix is $x = -1$, and the focal diameter is 4.

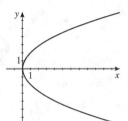

9. $x^2 = 9y$. Then $4p = 9 \Leftrightarrow p = \frac{9}{4}$. The focus is $\left(0, \frac{9}{4}\right)$, the directrix is $y = -\frac{9}{4}$, and the focal diameter is 9.

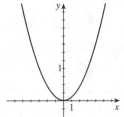

11. $y - 5x^2 \Leftrightarrow x^2 = \frac{1}{5}y$. Then $4p = \frac{1}{5} \Leftrightarrow p = \frac{1}{20}$. The focus is $\left(0, \frac{1}{20}\right)$, the directrix is $y = -\frac{1}{20}$, and the focal diameter is $\frac{1}{5}$.

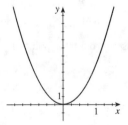

13. $x = -8y^2 \Leftrightarrow y^2 = -\frac{1}{8}x$. Then $4p = -\frac{1}{8} \Leftrightarrow p = -\frac{1}{32}$. The focus is $\left(-\frac{1}{32}, 0\right)$, the directrix is $x = \frac{1}{32}$, and the focal diameter is $\frac{1}{8}$.

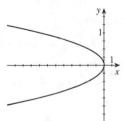

15. $x^2 + 6y = 0 \Leftrightarrow x^2 = -6y$. Then $4p = -6 \Leftrightarrow p = -\frac{3}{2}$. The focus is $\left(0, -\frac{3}{2}\right)$, the directrix is $y = \frac{3}{2}$, and the focal diameter is 6.

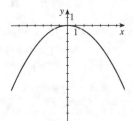

17. $5x + 3y^2 = 0 \Leftrightarrow y^2 = -\frac{5}{3}x$. Then $4p = -\frac{5}{3} \Leftrightarrow p = -\frac{5}{12}$. The focus is $\left(-\frac{5}{12}, 0\right)$, the directrix is $x = \frac{5}{12}$, and the focal diameter is $\frac{5}{3}$.

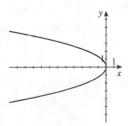

19. $x^2 = 16y$

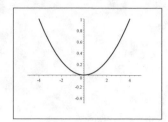

21. $y^2 = -\frac{1}{3}x$

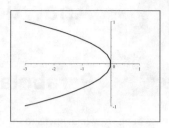

23. $4x + y^2 = 0$

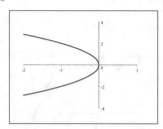

25. Since the focus is $(0, 2)$, $p = 2$ $\Leftrightarrow$ $4p = 8$. Hence, an equation of the parabola is $x^2 = 8y$.

27. Since the focus is $(-8, 0)$, $p = -8$ $\Leftrightarrow$ $4p = -32$. Hence, an equation of the parabola is $y^2 = -32x$.

29. Since the directrix is $x = 2$, $p = -2$ $\Leftrightarrow$ $4p = -8$. Hence, an equation of the parabola is $y^2 = -8x$.

31. Since the directrix is $y = -10$, $p = 10$ $\Leftrightarrow$ $4p = 40$. Hence, an equation of the parabola is $x^2 = 40y$.

33. The focus is on the positive x-axis, so the parabola opens horizontally with $2p = 2$ $\Leftrightarrow$ $4p = 4$. So an equation of the parabola is $y^2 = 4x$.

35. Since the parabola opens upward with focus 5 units from the vertex, the focus is $(5, 0)$. So $p = 5$ $\Leftrightarrow$ $4p = 20$. Thus an equation of the parabola is $x^2 = 20y$.

37. $p = 2$ $\Leftrightarrow$ $4p = 8$. Since the parabola opens upward, its equation is $x^2 = 8y$.

39. $p = 4$ $\Leftrightarrow$ $4p = 16$. Since the parabola opens to the left, its equation is $y^2 = -16x$.

41. The focal diameter is $4p = \frac{3}{2} + \frac{3}{2} = 3$. Since the parabola opens to the left, its equation is $y^2 = -3x$.

43. The equation of the parabola has the form $y^2 = 4px$. Since the parabola passes through the point $(4, -2)$, $(-2)^2 = 4p(4)$ $\Leftrightarrow$ $4p = 1$, and so an equation is $y^2 = x$.

45. The area of the shaded region is width $\times$ height $= 4p \cdot p = 8$, and so $p^2 = 2$ $\Leftrightarrow$ $p = -\sqrt{2}$ (because the parabola opens downward). Therefore, an equation is $x^2 = 4py = -4\sqrt{2}y$ $\Leftrightarrow$ $x^2 = -4\sqrt{2}y$.

47. (a) A parabola with directrix $y = -p$ has equation $x^2 = 4py$. If the directrix is $y = \frac{1}{2}$, then $p = -\frac{1}{2}$, so an equation is $x^2 = 4\left(-\frac{1}{2}\right)y$ $\Leftrightarrow$ $x^2 = -2y$. If the directrix is $y = 1$, then $p = -1$, so an equation is $x^2 = 4(-1)y$ $\Leftrightarrow$ $x^2 = -4y$. If the directrix is $y = 4$, then $p = -4$, so an equation is $x^2 = 4(-4)y$ $\Leftrightarrow$ $x^2 = -16y$. If the directrix is $y = 8$, then $p = -8$, so an equation is $x^2 = 4(-8)y$ $\Leftrightarrow$ $x^2 = -32y$.

(b)

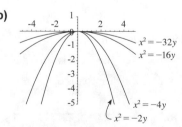

As the directrix moves further from the vertex, the parabolas get flatter.

49. (a) Since the focal diameter is 12 cm, $4p = 12$. Hence, the parabola has equation $y^2 = 12x$.

(b) At a point 20 cm horizontally from the vertex, the parabola passes through the point $(20, y)$, and hence from part (a), $y^2 = 12(20)$ $\Leftrightarrow$ $y^2 = 240$ $\Leftrightarrow$ $y = \pm 4\sqrt{15}$. Thus, $|CD| = 8\sqrt{15} \approx 31$ cm.

51. With the vertex at the origin, the top of one tower will be at the point $(300, 150)$. Inserting this point into the equation $x^2 = 4py$ gives $(300)^2 = 4p(150)$ $\Leftrightarrow$ $90000 = 600p$ $\Leftrightarrow$ $p = 150$. So an equation of the parabolic part of the cables is $x^2 = 4(150)y$ $\Leftrightarrow$ $x^2 = 600y$.

53. Many answers are possible: satellite dish TV antennas, sound surveillance equipment, solar collectors for hot water heating or electricity generation, bridge pillars, etc.

10.2   Ellipses

1. $\dfrac{x^2}{16} + \dfrac{y^2}{4} = 1$ is Graph II. The major axis is horizontal and the vertices are $(\pm 4, 0)$.

3. $4x^2 + y^2 = 4$ is Graph I. The major axis is vertical and the vertices are $(0, \pm 2)$.

5. $\dfrac{x^2}{25} + \dfrac{y^2}{9} = 1$. This ellipse has $a = 5$, $b = 3$, and so $c^2 = a^2 - b^2 = 16$ $\Leftrightarrow$ $c = 4$. The vertices are $(\pm 5, 0)$, the foci are $(\pm 4, 0)$, the eccentricity is $e = \dfrac{c}{a} = \dfrac{4}{5} = 0.8$, the length of the major axis is $2a = 10$, and the length of the minor axis is $2b = 6$.

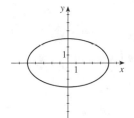

7. $9x^2 + 4y^2 = 36$ $\Leftrightarrow$ $\dfrac{x^2}{4} + \dfrac{y^2}{9} = 1$. This ellipse has $a = 3$, $b = 2$, and so $c^2 = 9 - 4 = 5$ $\Leftrightarrow$ $c = \sqrt{5}$. The vertices are $(0, \pm 3)$, the foci are $(0, \pm\sqrt{5})$, the eccentricity is $e = \dfrac{c}{a} = \dfrac{\sqrt{5}}{3}$, the length of the major axis is $2a = 6$, and the length of the minor axis is $2b = 4$.

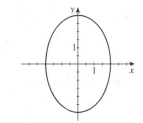

9. $x^2 + 4y^2 = 16$ $\Leftrightarrow$ $\dfrac{x^2}{16} + \dfrac{y^2}{4} = 1$. This ellipse has $a = 4$, $b = 2$, and so $c^2 = 16 - 4 = 12$ $\Leftrightarrow$ $c = 2\sqrt{3}$. The vertices are $(\pm 4, 0)$, the foci are $(\pm 2\sqrt{3}, 0)$, the eccentricity is $e = \dfrac{c}{a} = \dfrac{2\sqrt{3}}{4} = \dfrac{\sqrt{3}}{2}$, the length of the major axis is $2a = 8$, and the length of the minor axis is $2b = 4$.

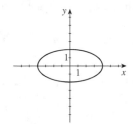

11. $2x^2 + y^2 = 3$ $\Leftrightarrow$ $\dfrac{x^2}{\frac{3}{2}} + \dfrac{y^2}{3} = 1$. This ellipse has $a = \sqrt{3}$, $b = \sqrt{\dfrac{3}{2}}$, and so $c^2 = 3 - \dfrac{3}{2} = \dfrac{3}{2}$ $\Leftrightarrow$ $c = \sqrt{\dfrac{3}{2}} = \dfrac{\sqrt{6}}{2}$. The vertices are $(0, \pm\sqrt{3})$, the foci are $\left(0, \pm\dfrac{\sqrt{6}}{2}\right)$, the eccentricity is $e = \dfrac{c}{a} = \dfrac{\frac{\sqrt{6}}{2}}{\sqrt{3}} = \dfrac{\sqrt{2}}{2}$, the length of the major axis is $2a = 2\sqrt{3}$, and the length of the minor axis is $2b = 2 \cdot \dfrac{\sqrt{6}}{2} = \sqrt{6}$.

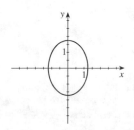

13. $x^2 + 4y^2 = 1 \iff \dfrac{x^2}{1} + \dfrac{y^2}{\frac{1}{4}} = 1$. This ellipse has $a = 1$, $b = \frac{1}{2}$, and so

$c^2 = 1 - \frac{1}{4} = \frac{3}{4} \iff c = \frac{\sqrt{3}}{2}$. The vertices are $(\pm 1, 0)$, the foci are $\left(\pm \frac{\sqrt{3}}{2}, 0\right)$,

the eccentricity is $e = \dfrac{c}{a} = \dfrac{\sqrt{3}/2}{1} = \dfrac{\sqrt{3}}{2}$, the length of the major axis is $2a = 2$,

and the length of the minor axis is $2b = 1$.

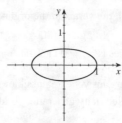

15. $\frac{1}{2}x^2 + \frac{1}{8}y^2 = \frac{1}{4} \iff 2x^2 + \frac{1}{2}y^2 = 1 \iff \dfrac{x^2}{\frac{1}{2}} + \dfrac{y^2}{2} = 1$. This ellipse has

$a = \sqrt{2}$, $b = \frac{1}{\sqrt{2}}$, and so $c^2 = 2 - \frac{1}{2} = \frac{3}{2} \iff c = \sqrt{\frac{3}{2}} = \frac{\sqrt{6}}{2}$. The vertices are

$\left(0, \pm\sqrt{2}\right)$, the foci are $\left(0, \pm\frac{\sqrt{6}}{2}\right)$, the eccentricity is $e = \dfrac{c}{a} = \dfrac{\frac{\sqrt{6}}{2}}{\sqrt{2}} = \dfrac{\sqrt{3}}{2}$, the

length of the major axis is $2a = 2\sqrt{2}$, and length of the minor axis is $2b = \sqrt{2}$.

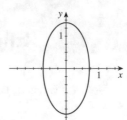

17. $y^2 = 1 - 2x^2 \iff 2x^2 + y^2 = 1 \iff \dfrac{x^2}{\frac{1}{2}} + \dfrac{y^2}{1} = 1$. This ellipse has $a = 1$,

$b = \frac{\sqrt{2}}{2}$, and so $c^2 = 1 - \frac{1}{2} = \frac{1}{2} \iff c = \frac{\sqrt{2}}{2}$. The vertices are $(0, \pm 1)$, the foci

are $\left(0, \pm\frac{\sqrt{2}}{2}\right)$, the eccentricity is $e = \dfrac{c}{a} = \dfrac{1/\sqrt{2}}{1} = \dfrac{\sqrt{2}}{2}$, the length of the major

axis is $2a = 2$, and the length of the minor axis is $2b = \sqrt{2}$.

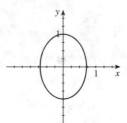

19. This ellipse has a horizontal major axis with $a = 5$ and $b = 4$, so an equation is $\dfrac{x^2}{(5)^2} + \dfrac{y^2}{(4)^2} = 1 \iff \dfrac{x^2}{25} + \dfrac{y^2}{16} = 1$.

21. This ellipse has a vertical major axis with $c = 2$ and $b = 2$. So $a^2 = c^2 + b^2 = 2^2 + 2^2 = 8 \iff a = 2\sqrt{2}$. So an

equation is $\dfrac{x^2}{(2)^2} + \dfrac{y^2}{\left(2\sqrt{2}\right)^2} = 1 \iff \dfrac{x^2}{4} + \dfrac{y^2}{8} = 1$.

23. This ellipse has a horizontal major axis with $a = 16$, so an equation of the ellipse is of the form $\dfrac{x^2}{16^2} + \dfrac{y^2}{b^2} = 1$. Substituting

the point $(8, 6)$ into the equation, we get $\frac{64}{256} + \frac{36}{b^2} = 1 \iff \frac{36}{b^2} = 1 - \frac{1}{4} \iff \frac{36}{b^2} = \frac{3}{4} \iff b^2 = \frac{4(36)}{3} = 48$.

Thus, an equation of the ellipse is $\dfrac{x^2}{256} + \dfrac{y^2}{48} = 1$.

25. $\dfrac{x^2}{25} + \dfrac{y^2}{20} = 1 \iff \dfrac{y^2}{20} = 1 - \dfrac{x^2}{25} \iff$

$y^2 = 20 - \dfrac{4x^2}{5} \implies y = \pm\sqrt{20 - \dfrac{4x^2}{5}}$.

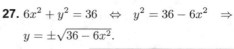

27. $6x^2 + y^2 = 36 \iff y^2 = 36 - 6x^2 \implies$

$y = \pm\sqrt{36 - 6x^2}$.

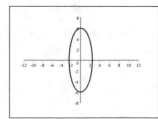

29. The foci are $(\pm 4, 0)$, and the vertices are $(\pm 5, 0)$. Thus, $c = 4$ and $a = 5$, and so $b^2 = 25 - 16 = 9$. Therefore, an equation

of the ellipse is $\dfrac{x^2}{25} + \dfrac{y^2}{9} = 1$.

31. The length of the major axis is $2a = 4 \iff a = 2$, the length of the minor axis is $2b = 2 \iff b = 1$, and the foci are on the y-axis. Therefore, an equation of the ellipse is $x^2 + \dfrac{y^2}{4} = 1$.

33. The foci are $(0, \pm 2)$, and the length of the minor axis is $2b = 6 \iff b = 3$. Thus, $a^2 = 4 + 9 = 13$. Since the foci are on the y-axis, an equation is $\dfrac{x^2}{9} + \dfrac{y^2}{13} = 1$.

35. The endpoints of the major axis are $(\pm 10, 0) \iff a = 10$, and the distance between the foci is $2c = 6 \iff c = 3$. Therefore, $b^2 = 100 - 9 = 91$, and so an equation of the ellipse is $\dfrac{x^2}{100} + \dfrac{y^2}{91} = 1$.

37. The length of the major axis is 10, so $2a = 10 \iff a = 5$, and the foci are on the x-axis, so the form of the equation is $\dfrac{x^2}{25} + \dfrac{y^2}{b^2} = 1$. Since the ellipse passes through $\left(\sqrt{5}, 2\right)$, we know that $\dfrac{\left(\sqrt{5}\right)^2}{25} + \dfrac{(2)^2}{b^2} = 1 \iff \dfrac{5}{25} + \dfrac{4}{b^2} = 1 \iff \dfrac{4}{b^2} = \dfrac{4}{5} \iff b^2 = 5$, and so an equation is $\dfrac{x^2}{25} + \dfrac{y^2}{5} = 1$.

39. Since the foci are $(\pm 1.5, 0)$, we have $c = \dfrac{3}{2}$. Since the eccentricity is $0.8 = \dfrac{c}{a}$, we have $a = \dfrac{\frac{3}{2}}{\frac{4}{5}} = \dfrac{15}{8}$, and so $b^2 = \dfrac{225}{64} - \dfrac{9}{4} = \dfrac{225 - 16 \cdot 9}{64} = \dfrac{81}{64}$. Therefore, an equation of the ellipse is $\dfrac{x^2}{(15/8)^2} + \dfrac{y^2}{81/64} = 1 \iff \dfrac{64x^2}{225} + \dfrac{64y^2}{81} = 1$.

41. $\begin{cases} 4x^2 + y^2 = 4 \\ 4x^2 + 9y^2 = 36 \end{cases}$ Subtracting the first equation from the second gives

$8y^2 = 32 \iff y^2 = 4 \iff y = \pm 2$. Substituting $y = \pm 2$ in the first equation gives $4x^2 + (\pm 2)^2 = 4 \iff x = 0$, and so the points of intersection are $(0, \pm 2)$.

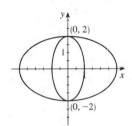

43. $\begin{cases} 100x^2 + 25y^2 = 100 \\ x^2 + \dfrac{y^2}{9} = 1 \end{cases}$ Dividing the first equation by 100 gives $x^2 + \dfrac{y^2}{4} = 1$.

Subtracting this equation from the second equation gives $\dfrac{y^2}{9} - \dfrac{y^2}{4} = 0 \iff$

$\left(\dfrac{1}{9} - \dfrac{1}{4}\right) y^2 = 0 \iff y = 0$. Substituting $y = 0$ in the second equation gives $x^2 + (0)^2 = 1 \iff x = \pm 1$, and so the points of intersection are $(\pm 1, 0)$.

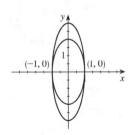

45. (a) $x^2 + ky^2 = 100 \iff ky^2 = 100 - x^2 \iff y = \pm \dfrac{1}{k}\sqrt{100 - x^2}$.

For the top half, we graph $y = \dfrac{1}{k}\sqrt{100 - x^2}$ for $k = 4$, 10, 25, and 50.

(b) This family of ellipses have common major axes and vertices, and the eccentricity increases as k increases.

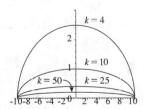

47. Using the perihelion, $a - c = 147{,}000{,}000$, while using the aphelion, $a + c = 153{,}000{,}000$. Adding, we have $2a = 300{,}000{,}000 \iff a = 150{,}000{,}000$. So $b^2 = a^2 - c^2 = \left(150 \times 10^6\right)^2 - \left(3 \times 10^6\right)^2 = 22{,}491 \times 10^{12} = 2.2491 \times 10^{16}$. Thus, an equation of the orbit is $\dfrac{x^2}{2.2500 \times 10^{16}} + \dfrac{y^2}{2.2491 \times 10^{16}} = 1$.

49. Using the perilune, $a - c = 1075 + 68 = 1143$, and using the apolune, $a + c = 1075 + 195 = 1270$. Adding, we get $2a = 2413 \iff a = 1206.5$. So $c = 1270 - 1206.5 \iff c = 63.5$. Therefore, $b^2 = (1206.5)^2 - (63.5)^2 = 1,451,610$. Since $a^2 \approx 1,455,642$, an equation of Apollo 11's orbit is $\dfrac{x^2}{1,455,642} + \dfrac{y^2}{1,451,610} = 1$.

51. From the diagram, $a = 40$ and $b = 20$, and so an equation of the ellipse whose top half is the window is $\dfrac{x^2}{1600} + \dfrac{y^2}{400} = 1$. Since the ellipse passes through the point $(25, h)$, by substituting, we have $\dfrac{25^2}{1600} + \dfrac{h^2}{400} = 1 \iff 625 + 4y^2 = 1600$ $\iff y = \dfrac{\sqrt{975}}{2} = \dfrac{5\sqrt{39}}{2} \approx 15.61$ in. Therefore, the window is approximately 15.6 inches high at the specified point.

53. We start with the flashlight perpendicular to the wall; this shape is a circle. As the angle of elevation increases, the shape of the light changes to an ellipse. When the flashlight is angled so that the outer edge of the light cone is parallel to the wall, the shape of the light is a parabola. Finally, as the angle of elevation increases further, the shape of the light is hyperbolic.

55. The shape drawn on the paper is almost, but not quite, an ellipse. For example, when the bottle has radius 1 unit and the compass legs are set 1 unit apart, then it can be shown that an equation of the resulting curve is $1 + y^2 = 2\cos x$. The graph of this curve differs very slightly from the ellipse with the same major and minor axis. This example shows that in mathematics, things are not always as they appear to be.

10.3   Hyperbolas

1. $\dfrac{x^2}{4} - y^2 = 1$ is Graph III, which opens horizontally and has vertices at $(\pm 2, 0)$.

3. $16y^2 - x^2 = 144$ is Graph II, which pens vertically and has vertices at $(0, \pm 3)$.

5. The hyperbola $\dfrac{x^2}{4} - \dfrac{y^2}{16} = 1$ has $a = 2$, $b = 4$, and $c^2 = 16 + 4 \implies c = 2\sqrt{5}$. The vertices are $(\pm 2, 0)$, the foci are $\left(\pm 2\sqrt{5}, 0\right)$, and the asymptotes are $y = \pm\dfrac{4}{2}x$ $\iff y = \pm 2x$.

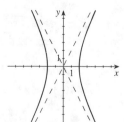

7. The hyperbola $\dfrac{y^2}{1} - \dfrac{x^2}{25} = 1$ has $a = 1$, $b = 5$, and $c^2 = 1 + 25 = 26 \implies c = \sqrt{26}$. The vertices are $(0, \pm 1)$, the foci are $\left(0, \pm\sqrt{26}\right)$, and the asymptotes are $y = \pm\dfrac{1}{5}x$.

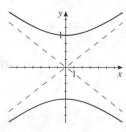

9. The hyperbola $x^2 - y^2 = 1$ has $a = 1$, $b = 1$, and $c^2 = 1 + 1 = 2 \Rightarrow c = \sqrt{2}$. The vertices are $(\pm 1, 0)$, the foci are $(\pm\sqrt{2}, 0)$, and the asymptotes are $y = \pm x$.

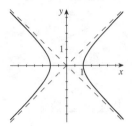

11. The hyperbola $25y^2 - 9x^2 = 225 \Leftrightarrow \dfrac{y^2}{9} - \dfrac{x^2}{25} = 1$ has $a = 3$, $b = 5$, and $c^2 = 25 + 9 = 34 \Rightarrow c = \sqrt{34}$. The vertices are $(0, \pm 3)$, the foci are $(0, \pm\sqrt{34})$, and the asymptotes are $y = \pm\frac{3}{5}x$.

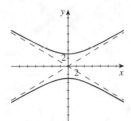

13. The hyperbola $x^2 - 4y^2 - 8 = 0 \Leftrightarrow \dfrac{x^2}{8} - \dfrac{y^2}{2} = 1$ has $a = \sqrt{8}$, $b = \sqrt{2}$, and $c^2 = 8 + 2 = 10 \Rightarrow c = \sqrt{10}$. The vertices are $(\pm 2\sqrt{2}, 0)$, the foci are $(\pm\sqrt{10}, 0)$, and the asymptotes are $y = \pm\frac{\sqrt{2}}{\sqrt{8}}x = \pm\frac{1}{2}x$.

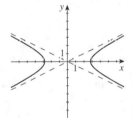

15. The hyperbola $4y^2 - x^2 = 1 \Leftrightarrow \dfrac{y^2}{\frac{1}{4}} - x^2 = 1$ has $a = \frac{1}{2}$, $b = 1$, and $c^2 = \frac{1}{4} + 1 = \frac{5}{4} \Rightarrow c = \frac{\sqrt{5}}{2}$. The vertices are $\left(0, \pm\frac{1}{2}\right)$, the foci are $\left(0, \pm\frac{\sqrt{5}}{2}\right)$, and the asymptotes are $y = \pm\frac{1/2}{1}x = \pm\frac{1}{2}x$.

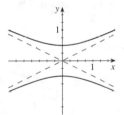

17. From the graph, the foci are $(\pm 4, 0)$, and the vertices are $(\pm 2, 0)$, so $c = 4$ and $a = 2$. Thus, $b^2 = 16 - 4 = 12$, and since the vertices are on the x-axis, an equation of the hyperbola is $\dfrac{x^2}{4} - \dfrac{y^2}{12} = 1$.

19. From the graph, the vertices are $(0, \pm 4)$, the foci are on the y-axis, and the hyperbola passes through the point $(3, -5)$. So the equation is of the form $\dfrac{y^2}{16} - \dfrac{x^2}{b^2} = 1$. Substituting the point $(3, -5)$, we have $\dfrac{(-5)^2}{16} - \dfrac{(3)^2}{b^2} = 1 \Leftrightarrow \dfrac{25}{16} - 1 = \dfrac{9}{b^2} \Leftrightarrow \dfrac{9}{16} = \dfrac{9}{b^2} \Leftrightarrow b^2 = 16$. Thus, an equation of the hyperbola is $\dfrac{y^2}{16} - \dfrac{x^2}{16} = 1$.

21. The vertices are $(\pm 3, 0)$, so $a = 3$. Since the asymptotes are $y = \pm\frac{1}{2}x = \pm\frac{b}{a}x$, we have $\dfrac{b}{3} = \dfrac{1}{2} \Leftrightarrow b = \dfrac{3}{2}$. Since the vertices are on the x-axis, an equation is $\dfrac{x^2}{3^2} - \dfrac{y^2}{(3/2)^2} = 1 \Leftrightarrow \dfrac{x^2}{9} - \dfrac{4y^2}{9} = 1$.

23. $x^2 - 2y^2 = 8 \iff 2y^2 = x^2 - 8 \iff y^2 = \frac{1}{2}x^2 - 4$

$\Rightarrow y = \pm\sqrt{\frac{1}{2}x^2 - 4}$

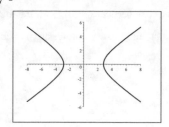

25. $\frac{y^2}{2} - \frac{x^2}{6} = 1 \iff \frac{y^2}{2} = \frac{x^2}{6} + 1 \iff y^2 = \frac{x^2}{3} + 2 \Rightarrow$

$y = \pm\sqrt{\frac{x^2}{3} + 2}$

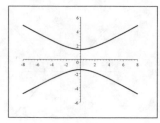

27. The foci are $(\pm 5, 0)$ and the vertices are $(\pm 3, 0)$, so $c = 5$ and $a = 3$. Then $b^2 = 25 - 9 = 16$, and since the vertices are on the x-axis, an equation of the hyperbola is $\frac{x^2}{9} - \frac{y^2}{16} = 1$.

29. The foci are $(0, \pm 2)$ and the vertices are $(0, \pm 1)$, so $c = 2$ and $a = 1$. Then $b^2 = 4 - 1 = 3$, and since the vertices are on the y-axis, an equation is $y^2 - \frac{x^2}{3} = 1$.

31. The vertices are $(\pm 1, 0)$ and the asymptotes are $y = \pm 5x$, so $a = 1$. The asymptotes are $y = \pm\frac{b}{a}x$, so $\frac{b}{1} = 5 \iff b = 5$. Therefore, an equation of the hyperbola is $x^2 - \frac{y^2}{25} = 1$.

33. The foci are $(0, \pm 8)$, and the asymptotes are $y = \pm\frac{1}{2}x$, so $c = 8$. The asymptotes are $y = \pm\frac{a}{b}x$, so $\frac{a}{b} = \frac{1}{2}$ and $b = 2a$. Since $a^2 + b^2 = c^2 = 64$, we have $a^2 + 4a^2 = 64 \iff a^2 = \frac{64}{5}$ and $b^2 = 4a^2 = \frac{256}{5}$. Thus, an equation of the hyperbola is $\frac{y^2}{64/5} - \frac{x^2}{256/5} = 1 \iff \frac{5y^2}{64} - \frac{5x^2}{256} = 1$.

35. The asymptotes of the hyperbola are $y = \pm x$, so $b = a$. Since the hyperbola passes through the point $(5, 3)$, its foci are on the x-axis, and an equation is of the form, $\frac{x^2}{a^2} - \frac{y^2}{a^2} = 1$, so it follows that $\frac{25}{a^2} - \frac{9}{a^2} = 1 \iff a^2 = 16 = b^2$. Therefore, an equation of the hyperbola is $\frac{x^2}{16} - \frac{y^2}{16} = 1$.

37. The foci are $(\pm 5, 0)$, and the length of the transverse axis is 6, so $c = 5$ and $2a = 6 \iff a = 3$. Thus, $b^2 = 25 - 9 = 16$, and an equation is $\frac{x^2}{9} - \frac{y^2}{16} = 1$.

39. (a) The hyperbola $x^2 - y^2 = 5 \iff \frac{x^2}{5} - \frac{y^2}{5} = 1$ has $a = \sqrt{5}$ and $b = \sqrt{5}$. Thus, the asymptotes are $y = \pm x$, and their slopes are $m_1 = 1$ and $m_2 = -1$. Since $m_1 \cdot m_2 = -1$, the asymptotes are perpendicular.

(b) Since the asymptotes are perpendicular, they must have slopes ± 1, so $a = b$. Therefore, $c^2 = 2a^2 \iff a^2 = \frac{c^2}{2}$, and since the vertices are on the x-axis, an equation is $\frac{x^2}{\frac{1}{2}c^2} - \frac{y^2}{\frac{1}{2}c^2} = 1 \iff x^2 - y^2 = \frac{c^2}{2}$.

41. $\sqrt{(x+c)^2+y^2} - \sqrt{(x-c)^2+y^2} = \pm 2a$. Let us consider the positive case only. Then

$\sqrt{(x+c)^2+y^2} = 2a+\sqrt{(x-c)^2+y^2}$, and squaring both sides gives $x^2+2cx+c^2+y^2 = 4a^2+4a\sqrt{(x-c)^2+y^2} + x^2 - 2cx + c^2 + y^2$ $\Leftrightarrow$ $4a\sqrt{(x-c)^2+y^2} = 4cx - 4a^2$. Dividing by 4 and squaring both sides gives

$a^2\left(x^2 - 2cx + c^2 + y^2\right) = c^2x^2 - 2a^2cx + a^4$ $\Leftrightarrow$ $a^2x^2 - 2a^2cx + a^2c^2 + a^2y^2 = c^2x^2 - 2a^2cx + a^4$

$\Leftrightarrow$ $a^2x^2 + a^2c^2 + a^2y^2 = c^2x^2 + a^4$. Rearranging the order, we have $c^2x^2 - a^2x^2 - a^2y^2 = a^2c^2 - a^4$ $\Leftrightarrow$

$\left(c^2 - a^2\right)x^2 - a^2y^2 = a^2\left(c^2 - a^2\right)$. The negative case gives the same result.

43. (a) From the equation, we have $a^2 = k$ and $b^2 = 16 - k$. Thus, $c^2 = a^2 + b^2 = k + 16 - k = 16$ $\Rightarrow$ $c = \pm 4$. Thus the foci of the family of hyperbolas are $(0, \pm 4)$.

(b) $\dfrac{y^2}{k} - \dfrac{x^2}{16-k} = 1$ $\Leftrightarrow$ $y^2 = k\left(1 + \dfrac{x^2}{16-k}\right)$ $\Rightarrow$

$y = \pm\sqrt{k + \dfrac{kx^2}{16-k}}$. For the top branch, we graph $y = \sqrt{k + \dfrac{kx^2}{16-k}}$,

$k = 1, 4, 8, 12$. As k increases, the asymptotes get steeper and the vertices move further apart.

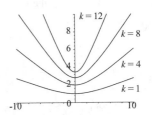

45. Since the asymptotes are perpendicular, $a = b$. Also, since the sun is a focus and the closest distance is 2×10^9, it follows that $c - a = 2 \times 10^9$. Now $c^2 = a^2 + b^2 = 2a^2$, and so $c = \sqrt{2}a$. Thus, $\sqrt{2}a - a = 2 \times 10^9$ $\Rightarrow$ $a = \dfrac{2 \times 10^9}{\sqrt{2} - 1}$

and $a^2 = b^2 = \dfrac{4 \times 10^{18}}{3 - 2\sqrt{2}} \approx 2.3 \times 10^{19}$. Therefore, an equation of the hyperbola is $\dfrac{x^2}{2.3 \times 10^{19}} - \dfrac{y^2}{2.3 \times 10^{19}} = 1$ $\Leftrightarrow$

$x^2 - y^2 = 2.3 \times 10^{19}$.

47. Some possible answers are: as cross-sections of nuclear power plant cooling towers, or as reflectors for camouflaging the location of secret installations.

10.4 Shifted Conics

1. The ellipse $\dfrac{(x-2)^2}{9} + \dfrac{(y-1)^2}{4} = 1$ is obtained from the ellipse $\dfrac{x^2}{9} + \dfrac{y^2}{4} = 1$

by shifting it 2 units to the right and 1 unit upward. So $a = 3$, $b = 2$, and

$c = \sqrt{9 - 4} = \sqrt{5}$. The center is $(2, 1)$, the foci are $\left(2 \pm \sqrt{5}, 1\right)$, the vertices are

$(2 \pm 3, 1) = (-1, 1)$ and $(5, 1)$, the length of the major axis is $2a = 6$, and the

length of the minor axis is $2b = 4$.

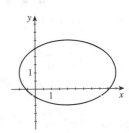

3. The ellipse $\dfrac{x^2}{9} + \dfrac{(y+5)^2}{25} = 1$ is obtained from the ellipse $\dfrac{x^2}{9} + \dfrac{y^2}{25} = 1$ by

shifting it 5 units downward. So $a = 5$, $b = 3$, and $c = \sqrt{25 - 9} = 4$. The center

is $(0, -5)$, the foci are $(0, -5 \pm 4) = (0, -9)$ and $(0, -1)$, the vertices are

$(0, -5 \pm 5) = (0, -10)$ and $(0, 0)$, the length of the major axis is $2a = 10$, and

the length of the minor axis is $2b = 6$.

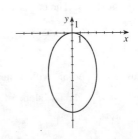

5. The parabola $(x - 3)^2 = 8 (y + 1)$ is obtained from the parabola $x^2 = 8y$ by shifting it 3 units to the right and 1 unit down. So $4p = 8 \Leftrightarrow \quad p = 2$. The vertex is $(3, -1)$, the focus is $(3, -1 + 2) = (3, 1)$, and the directrix is $y = -1 - 2 = -3$.

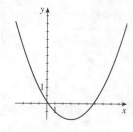

7. The parabola $-4 \left(x + \frac{1}{2}\right)^2 = y \quad \Leftrightarrow \quad \left(x + \frac{1}{2}\right)^2 = -\frac{1}{4}y$ is obtained from the parabola $x^2 = -\frac{1}{4}y$ by shifting it $\frac{1}{2}$ unit to the left. So $4p = -\frac{1}{4} \quad \Leftrightarrow \quad p = -\frac{1}{16}$. The vertex is $\left(-\frac{1}{2}, 0\right)$, the focus is $\left(-\frac{1}{2}, 0 - \frac{1}{16}\right) = \left(-\frac{1}{2}, -\frac{1}{16}\right)$, and the directrix is $y = 0 + \frac{1}{16} = \frac{1}{16}$.

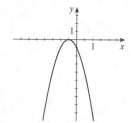

9. The hyperbola $\dfrac{(x + 1)^2}{9} - \dfrac{(y - 3)^2}{16} = 1$ is obtained from the hyperbola $\dfrac{x^2}{9} - \dfrac{y^2}{16} = 1$ by shifting it 1 unit to the left and 3 units up. So $a = 3$, $b = 4$, and $c = \sqrt{9 + 16} = 5$. The center is $(-1, 3)$, the foci are $(-1 \pm 5, 3) = (-6, 3)$ and $(4, 3)$, the vertices are $(-1 \pm 3, 3) = (-4, 3)$ and $(2, 3)$, and the asymptotes are $(y - 3) = \pm \frac{4}{3} (x + 1) \quad \Leftrightarrow \quad y = \pm \frac{4}{3} (x + 1) + 3 \quad \Leftrightarrow \quad 3y = 4x + 13$ and $3y = -4x + 5$.

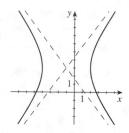

11. The hyperbola $y^2 - \dfrac{(x + 1)^2}{4} = 1$ is obtained from the hyperbola $y^2 - \dfrac{x^2}{4} = 1$ by shifting it 1 unit to the left. So $a = 1$, $b = 2$, and $c = \sqrt{1 + 4} = \sqrt{5}$. The center is $(-1, 0)$, the foci are $\left(-1, \pm\sqrt{5}\right) = \left(-1, -\sqrt{5}\right)$ and $\left(-1, \sqrt{5}\right)$, the vertices are $(-1, \pm 1) = (-1, -1)$ and $(-1, 1)$, and the asymptotes are $y = \pm \frac{1}{2} (x + 1) \quad \Leftrightarrow \quad y = \frac{1}{2} (x + 1)$ and $y = -\frac{1}{2} (x + 1)$.

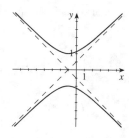

13. This is a parabola that opens down with its vertex at $(0, 4)$, so its equation is of the form $x^2 = a (y - 4)$. Since $(1, 0)$ is a point on this parabola, we have $(1)^2 = a (0 - 4) \quad \Leftrightarrow \quad 1 = -4a \quad \Leftrightarrow \quad a = -\frac{1}{4}$. Thus, an equation is $x^2 = -\frac{1}{4} (y - 4)$.

15. This is an ellipse with the major axis parallel to the x-axis, with one vertex at $(0, 0)$, the other vertex at $(10, 0)$, and one focus at $(8, 0)$. The center is at $\left(\frac{0 + 10}{2}, 0\right) = (5, 0)$, $a = 5$, and $c = 3$ (the distance from one focus to the center). So $b^2 = a^2 - c^2 = 25 - 9 = 16$. Thus, an equation is $\dfrac{(x - 5)^2}{25} + \dfrac{y^2}{16} = 1$.

17. This is a hyperbola with center $(0, 1)$ and vertices $(0, 0)$ and $(0, 2)$. Since a is the distance form the center to a vertex, we have $a = 1$. The slope of the given asymptote is 1, so $\dfrac{a}{b} = 1 \quad \Leftrightarrow \quad b = 1$. Thus, an equation of the hyperbola is $(y - 1)^2 - x^2 = 1$.

19. $9x^2 - 36x + 4y^2 = 0 \quad \Leftrightarrow \quad 9\left(x^2 - 4x + 4\right) - 36 + 4y^2 = 0 \quad \Leftrightarrow$

$9\left(x - 2\right)^2 + 4y^2 = 36 \quad \Leftrightarrow \quad \dfrac{(x-2)^2}{4} + \dfrac{y^2}{9} = 1.$ This is an ellipse with $a = 3$,

$b = 2$, and $c = \sqrt{9 - 4} = \sqrt{5}$. The center is $(2, 0)$, the foci are $\left(2, \pm\sqrt{5}\right)$, the

vertices are $(2, \pm 3)$, the length of the major axis is $2a = 6$, and the length of the

minor axis is $2b = 4$.

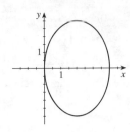

21. $x^2 - 4y^2 - 2x + 16y = 20 \quad \Leftrightarrow$

$\left(x^2 - 2x + 1\right) - 4(y^2 - 4y + 4) = 20 + 1 - 16 \quad \Leftrightarrow \quad (x-1)^2 - 4(y-2)^2 = 5$

$\Leftrightarrow \quad \dfrac{(x-1)^2}{5} - \dfrac{(y-2)^2}{\frac{5}{4}} = 1.$ This is a hyperbola with $a = \sqrt{5}$, $b = \frac{1}{2}\sqrt{5}$, and

$c = \sqrt{5 + \frac{5}{4}} = \frac{5}{2}$. The center is $(1, 2)$, the foci are $\left(1 \pm \frac{5}{2}, 2\right) = \left(-\frac{3}{2}, 2\right)$ and

$\left(\frac{7}{2}, 2\right)$, the vertices are $\left(1 \pm \sqrt{5}, 2\right)$, and the asymptotes are $y - 2 = \pm\frac{1}{2}\left(x - 1\right)$

$\Leftrightarrow \quad y = \pm\frac{1}{2}\left(x - 1\right) + 2 \quad \Leftrightarrow \quad y = \frac{1}{2}x + \frac{3}{2}$ and $y = -\frac{1}{2}x + \frac{5}{2}$.

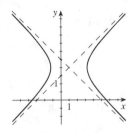

23. $4x^2 + 25y^2 - 24x + 250y + 561 = 0 \quad \Leftrightarrow \quad 4\left(x^2 - 6x + 9\right) +$

$25\left(y^2 + 10y + 25\right) = -561 + 36 + 625 \Leftrightarrow \quad 4\left(x - 3\right)^2 + 25\left(y + 5\right)^2 = 100$

$\Leftrightarrow \quad \dfrac{(x-3)^2}{25} + \dfrac{(y+5)^2}{4} = 1.$ This is an ellipse with $a = 5$, $b = 2$, and

$c = \sqrt{25 - 4} = \sqrt{21}$. The center is $(3, -5)$, the foci are $\left(3 \pm \sqrt{21}, -5\right)$, the

vertices are $(3 \pm 5, -5) = (-2, -5)$ and $(8, -5)$, the length of the major axis is

$2a = 10$, and the length of the minor axis is $2b = 4$.

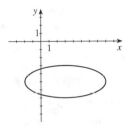

25. $16x^2 - 9y^2 - 96x + 288 = 0 \quad \Leftrightarrow \quad 16\left(x^2 - 6x\right) - 9y^2 + 288 = 0 \quad \Leftrightarrow$

$16\left(x^2 - 6x + 9\right) - 9y^2 = 144 - 288 \quad \Leftrightarrow \quad 16\left(x - 3\right)^2 - 9y^2 = -144 \quad \Leftrightarrow$

$\dfrac{y^2}{16} - \dfrac{(x-3)^2}{9} = 1.$ This is a hyperbola with $a = 4$, $b = 3$, and

$c = \sqrt{16 + 9} = 5$. The center is $(3, 0)$, the foci are $(3, \pm 5)$, the vertices are

$(3, \pm 4)$, and the asymptotes are $y = \pm\frac{4}{3}\left(x - 3\right) \quad \Leftrightarrow \quad y = \frac{4}{3}x - 4$ and

$y = 4 - \frac{4}{3}x$.

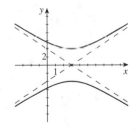

27. $x^2 + 16 = 4\left(y^2 + 2x\right) \quad \Leftrightarrow \quad x^2 - 8x - 4y^2 + 16 = 0 \quad \Leftrightarrow$

$\left(x^2 - 8x + 16\right) - 4y^2 = -16 + 16 \quad \Leftrightarrow \quad 4y^2 = (x - 4)^2 \quad \Leftrightarrow$

$y = \pm\frac{1}{2}\left(x - 4\right).$ Thus, the conic is degenerate, and its graph is the pair of lines

$y = \frac{1}{2}\left(x - 4\right)$ and $y = -\frac{1}{2}\left(x - 4\right)$.

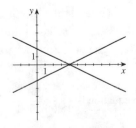

29. $3x^2 + 4y^2 - 6x - 24y + 39 = 0 \iff 3\left(x^2 - 2x\right) + 4\left(y^2 - 6y\right) = -39 \iff$

$3\left(x^2 - 2x + 1\right) + 4\left(y^2 - 6y + 9\right) = -39 + 3 + 36 \iff$

$3\left(x - 1\right)^2 + 4\left(y - 3\right)^2 = 0 \iff x = 1$ and $y = 3$. This is a degenerate conic

whose graph is the point $(1, 3)$.

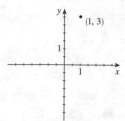

31. $2x^2 - 4x + y + 5 = 0 \iff y = -2x^2 + 4x - 5$.

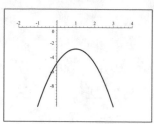

33. $9x^2 + 36 = y^2 + 36x + 6y \iff x^2 - 36x + 36 = y^2 + 6y \iff$

$9x^2 - 36x + 45 = y^2 + 6y + 9 \iff 9\left(x^2 - 4x + 5\right) = (y + 3)^2 \iff$

$y + 3 = \pm\sqrt{9\left(x^2 - 4x + 5\right)} \iff y = -3 \pm 3\sqrt{x^2 - 4x + 5}$

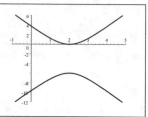

35. $4x^2 + y^2 + 4\left(x - 2y\right) + F = 0 \iff 4\left(x^2 + x\right) + \left(y^2 - 8y\right) = -F \iff$

$4\left(x^2 + x + \frac{1}{4}\right) + \left(y^2 - 8y + 16\right) = 16 + 1 - F \iff 4\left(x + \frac{1}{2}\right)^2 + (y - 1)^2 = 17 - F$

(a) For an ellipse, $17 - F > 0 \iff F < 17$.

(b) For a single point, $17 - F = 0 \iff F = 17$.

(c) For the empty set, $17 - F < 0 \iff F > 17$.

37. (a) $x^2 = 4p\left(y + p\right)$, for

$p = -2, -\frac{3}{2}, -1, -\frac{1}{2}, \frac{1}{2}, 1, \frac{3}{2}, 2$.

(b) The graph of $x^2 = 4p\left(y + p\right)$ is obtained by shifting the graph of

$x^2 = 4py$ vertically $-p$ units so that the vertex is at $(0, -p)$. The

focus of $x^2 = 4py$ is at $(0, p)$, so this point is also shifted $-p$ units

vertically to the point $(0, p - p) = (0, 0)$. Thus, the focus is located

at the origin.

(c) The parabolas become narrower as the vertex moves toward the

origin.

39. Since the height of the satellite above the earth varies between 140 and 440, the

length of the major axis is $2a = 140 + 2\left(3960\right) + 440 = 8500 \iff a = 4250$.

Since the center of the earth is at one focus, we have

$a - c = (\text{earth radius}) + 140 = 3960 + 140 = 4100 \iff$

$c = a - 4100 = 4250 - 4100 = 150$. Thus, the center of the ellipse is $(-150, 0)$.

So $b^2 = a^2 - c^2 = 4250^2 - 150^2 = 18,062,500 - 22500 = 18,040,000$. Hence,

an equation is $\dfrac{(x + 150)^2}{18,062,500} + \dfrac{y^2}{18,040,000} = 1$.

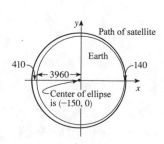

10.5 Rotation of Axes

1. $(x, y) = (1, 1)$, $\phi = 45°$. Then $X = x\cos\phi + y\sin\phi = 1 \cdot \frac{1}{\sqrt{2}} + 1 \cdot \frac{1}{\sqrt{2}} = \sqrt{2}$ and $Y = -x\sin\phi + y\cos\phi = -1 \cdot \frac{1}{\sqrt{2}} + 1 \cdot \frac{1}{\sqrt{2}} = 0$. Therefore, the XY-coordinates of the given point are $(X, Y) = \left(\sqrt{2}, 0\right)$.

3. $(x, y) = \left(3, -\sqrt{3}\right)$, $\phi = 60°$. Then $X = x\cos\phi + y\sin\phi = 3 \cdot \frac{1}{2} - \sqrt{3} \cdot \frac{\sqrt{3}}{2} = 0$ and $Y = -x\sin\phi + y\cos\phi = -3 \cdot \frac{\sqrt{3}}{2} - \sqrt{3} \cdot \frac{1}{2} = -2\sqrt{3}$. Therefore, the XY-coordinates of the given point are $(X, Y) = \left(0, -2\sqrt{3}\right)$.

5. $(x, y) = (0, 2)$, $\phi = 55°$. Then $X = x\cos\phi + y\sin\phi = 0\cos 55° + 2\sin 55° \approx 1.6383$ and $Y = -x\sin\phi + y\cos\phi = -0\sin 55° + 2\cos 55° \approx 1.1472$. Therefore, the XY-coordinates of the given point are approximately $(X, Y) = (1.6383, 1.1472)$.

7. $x^2 - 3y^2 = 4$, $\phi = 60°$. Then $x = X\cos 60° - Y\sin 60° = \frac{1}{2}X - \frac{\sqrt{3}}{2}Y$ and $y = X\sin 60° + Y\cos 60° = \frac{\sqrt{3}}{2}X + \frac{1}{2}Y$. Substituting these values into the equation, we get $\left(\frac{1}{2}X - \frac{\sqrt{3}}{2}Y\right)^2 - 3\left(\frac{\sqrt{3}}{2}X + \frac{1}{2}Y\right)^2 = 4 \quad\Leftrightarrow$
$$\frac{X^2}{4} - \frac{\sqrt{3}XY}{2} + \frac{3Y^2}{4} - 3\left(\frac{3X^2}{4} + \frac{\sqrt{3}XY}{2} + \frac{Y^2}{4}\right) = 4 \quad\Leftrightarrow\quad \frac{X^2}{4} - \frac{9}{4}X^2 + \frac{3Y^2}{4} - \frac{3Y^2}{4} - \frac{\sqrt{3}XY}{2} - \frac{3\sqrt{3}XY}{2} = 4$$
$$\Leftrightarrow\quad -2X^2 - 2\sqrt{3}XY = 4 \quad\Leftrightarrow\quad X^2 + \sqrt{3}XY = -2.$$

9. $x^2 - y^2 = 2y$, $\phi = \cos^{-1}\left(\frac{3}{5}\right)$. So $\cos\phi = \frac{3}{5}$ and $\sin\phi = \frac{4}{5}$. Then
$$(X\cos\phi - Y\sin\phi)^2 - (X\sin\phi + Y\cos\phi)^2 = 2(X\sin\phi + Y\cos\phi) \quad\Leftrightarrow\quad \left(\frac{3}{5}X - \frac{4}{5}Y\right)^2 - $$
$$\left(\frac{4}{5}X + \frac{3}{5}Y\right)^2 = 2\left(\frac{4}{5}X + \frac{3}{5}Y\right) \quad\Leftrightarrow\quad \frac{9X^2}{25} - \frac{24XY}{25} + \frac{16Y^2}{25} - \frac{16X^2}{25} - \frac{24XY}{25} - \frac{9Y^2}{25} = \frac{8X}{5} + \frac{6Y}{5} \quad\Leftrightarrow$$
$$-\frac{7X^2}{25} - \frac{48XY}{25} + \frac{7Y^2}{25} - \frac{8X}{5} - \frac{6Y}{5} = 0 \quad\Leftrightarrow\quad 7Y^2 - 48XY - 7X^2 - 40X - 30Y = 0.$$

11. $x^2 + 2\sqrt{3}xy - y^2 = 4$, $\phi = 30°$. Then $x = X\cos 30° - Y\sin 30° = \frac{\sqrt{3}}{2}X - \frac{1}{2}Y = \frac{1}{2}\left(\sqrt{3}X - Y\right)$ and $y = X\sin 30° + Y\cos 30° = \frac{1}{2}X + \frac{\sqrt{3}}{2}Y = \frac{1}{2}\left(X + \sqrt{3}Y\right)$. Substituting these values into the equation, we get $\left[\frac{1}{2}\left(\sqrt{3}X - Y\right)\right]^2 + 2\sqrt{3}\left[\frac{1}{2}\left(\sqrt{3}X - Y\right)\right]\left[\frac{1}{2}\left(X + \sqrt{3}Y\right)\right] - \left[\frac{1}{2}\left(X + \sqrt{3}Y\right)\right]^2 = 4 \quad\Leftrightarrow$
$$\left(\sqrt{3}X - Y\right)^2 + 2\sqrt{3}\left(\sqrt{3}X - Y\right)\left(X + \sqrt{3}Y\right) - \left(X + \sqrt{3}Y\right)^2 = 16 \quad\Leftrightarrow$$
$$\left(3X^2 - 2\sqrt{3}XY + Y^2\right) + \left(6X^2 + 4\sqrt{3}XY - 6Y^2\right) - \left(X^2 + 2\sqrt{3}XY + 3Y^2\right) = 16 \quad\Leftrightarrow\quad 8X^2 - 8Y^2 = 16 \quad\Leftrightarrow$$
$\frac{X^2}{2} - \frac{Y^2}{2} = 1$. This is a hyperbola.

13. (a) $xy = 8 \quad\Leftrightarrow\quad 0x^2 + xy + 0y^2 = 8$. So $A = 0$, $B = 1$, and $C = 0$, and so the discriminant is $B^2 - 4AC = 1^2 - 4(0)(0) = 1$. Since the discriminant is positive, the equation represents a hyperbola.

(b) $\cot 2\phi = \dfrac{A - C}{B} = 0 \quad\Rightarrow\quad 2\phi = 90° \quad\Leftrightarrow\quad \phi = 45°$. Therefore, $x = \frac{\sqrt{2}}{2}X - \frac{\sqrt{2}}{2}Y$ and $y = \frac{\sqrt{2}}{2}X + \frac{\sqrt{2}}{2}Y$. After substitution, the original equation becomes $\left(\frac{\sqrt{2}}{2}X - \frac{\sqrt{2}}{2}Y\right)\left(\frac{\sqrt{2}}{2}X + \frac{\sqrt{2}}{2}Y\right) = 8 \quad\Leftrightarrow$
$\dfrac{(X - Y)(X + Y)}{2} = 8 \quad\Leftrightarrow\quad \dfrac{X^2}{16} - \dfrac{Y^2}{16} = 1$. This is a hyperbola with $a = 4$, $b = 4$, and $c = 4\sqrt{2}$. Hence, the vertices are $V(\pm 4, 0)$ and the foci are $F\left(\pm 4\sqrt{2}, 0\right)$.

(c)

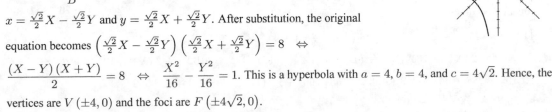

15. (a) $x^2 + 2xy + y^2 + x - y = 0$. So $A = 1$, $B = 2$, and $C = 1$, and so the discriminant is $B^2 - 4AC = 2^2 - 4(1)(1) = 0$. Since the discriminant is zero, the equation represents a parabola.

(c)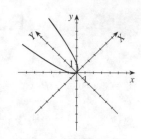

(b) $\cot 2\phi = \dfrac{A - C}{B} = 0 \quad \Rightarrow \quad 2\phi = 90° \quad \Leftrightarrow \quad \phi = 45°$. Therefore,

$x = \frac{\sqrt{2}}{2}X - \frac{\sqrt{2}}{2}Y$ and $y = \frac{\sqrt{2}}{2}X + \frac{\sqrt{2}}{2}Y$. After substitution, the original equation becomes

$$\left(\tfrac{\sqrt{2}}{2}X - \tfrac{\sqrt{2}}{2}Y\right)^2 + 2\left(\tfrac{\sqrt{2}}{2}X - \tfrac{\sqrt{2}}{2}Y\right)\left(\tfrac{\sqrt{2}}{2}X + \tfrac{\sqrt{2}}{2}Y\right)$$

$$+ \left(\tfrac{\sqrt{2}}{2}X + \tfrac{\sqrt{2}}{2}Y\right)^2 + \left(\tfrac{\sqrt{2}}{2}X - \tfrac{\sqrt{2}}{2}Y\right) - \left(\tfrac{\sqrt{2}}{2}X + \tfrac{\sqrt{2}}{2}Y\right) = 0 \quad \Leftrightarrow$$

$$\tfrac{1}{2}X^2 - XY + \tfrac{1}{2}Y^2 + X^2 - Y^2 + \tfrac{1}{2}X^2 + XY + Y^2 - \sqrt{2}Y = 0 \quad \Leftrightarrow \quad 2X^2 - \sqrt{2}Y = 0 \quad \Leftrightarrow \quad X^2 = \tfrac{\sqrt{2}}{2}Y.$$

This is a parabola with $4p = \frac{1}{\sqrt{2}}$ and hence the focus is $F\left(0, \frac{1}{4\sqrt{2}}\right)$.

17. (a) $x^2 + 2\sqrt{3}xy - y^2 + 2 = 0$. So $A = 1$, $B = 2\sqrt{3}$, and $C = -1$, and so the discriminant is $B^2 - 4AC = \left(2\sqrt{3}\right)^2 - 4(1)(-1) > 0$. Since the discriminant is positive, the equation represents a hyperbola.

(c)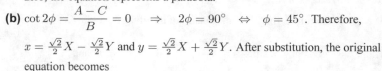

(b) $\cot 2\phi = \dfrac{A - C}{B} = \dfrac{1 + 1}{2\sqrt{3}} = \dfrac{1}{\sqrt{3}} \quad \Rightarrow \quad 2\phi = 60° \quad \Leftrightarrow \quad \phi = 30°$.

Therefore, $x = \frac{\sqrt{3}}{2}X - \frac{1}{2}Y$ and $y = \frac{1}{2}X + \frac{\sqrt{3}}{2}Y$. After substitution, the original equation becomes

$$\left(\tfrac{\sqrt{3}}{2}X - \tfrac{1}{2}Y\right)^2 + 2\sqrt{3}\left(\tfrac{\sqrt{3}}{2}X - \tfrac{1}{2}Y\right)\left(\tfrac{1}{2}X + \tfrac{\sqrt{3}}{2}Y\right) - \left(\tfrac{1}{2}X + \tfrac{\sqrt{3}}{2}Y\right)^2 + 2 = 0 \quad \Leftrightarrow$$

$$\tfrac{3}{4}X^2 - \tfrac{\sqrt{3}}{2}XY + \tfrac{1}{4}Y^2 + \tfrac{\sqrt{3}}{2}\left(\sqrt{3}X^2 + 2XY - \sqrt{3}Y^2\right) - \tfrac{1}{4}X^2 - \tfrac{\sqrt{3}}{2}XY - \tfrac{3}{4}Y^2 + 2 = 0 \quad \Leftrightarrow$$

$$X^2\left(\tfrac{3}{4} + \tfrac{3}{2} - \tfrac{1}{4}\right) + XY\left(-\tfrac{\sqrt{3}}{2} + \sqrt{3} - \tfrac{\sqrt{3}}{2}\right) + Y^2\left(\tfrac{1}{4} - \tfrac{3}{2} - \tfrac{3}{4}\right) = -2 \quad \Leftrightarrow \quad 2X^2 - 2Y^2 = -2 \quad \Leftrightarrow$$

$$Y^2 - X^2 = 1.$$

19. (a) $11x^2 - 24xy + 4y^2 + 20 = 0$. So $A = 11$, $B = -24$, and $C = 4$, and so the discriminant is $B^2 - 4AC = (-24)^2 - 4(11)(4) > 0$. Since the discriminant is positive, the equation represents a hyperbola.

(c)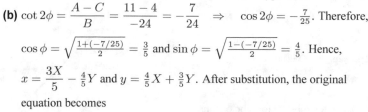

(b) $\cot 2\phi = \dfrac{A - C}{B} = \dfrac{11 - 4}{-24} = -\dfrac{7}{24} \quad \Rightarrow \quad \cos 2\phi = -\dfrac{7}{25}$. Therefore,

$\cos \phi = \sqrt{\frac{1 + (-7/25)}{2}} = \frac{3}{5}$ and $\sin \phi = \sqrt{\frac{1 - (-7/25)}{2}} = \frac{4}{5}$. Hence,

$x = \dfrac{3X}{5} - \tfrac{4}{5}Y$ and $y = \tfrac{4}{5}X + \tfrac{3}{5}Y$. After substitution, the original equation becomes

Since $\cos 2\phi = -\frac{7}{25}$, we have $2\phi \approx 106.26°$, so $\phi \approx 53°$.

$$11\left(\tfrac{3}{5}X - \tfrac{4}{5}Y\right)^2 - 24\left(\tfrac{3}{5}X - \tfrac{4}{5}Y\right)\left(\tfrac{4}{5}X + \tfrac{3}{5}Y\right) + 4\left(\tfrac{4}{5}X + \tfrac{3}{5}Y\right)^2 + 20 = 0 \quad \Leftrightarrow$$

$$\tfrac{11}{25}\left(9X^2 - 24XY + 16Y^2\right) - \tfrac{24}{25}\left(12X^2 - 7XY - 12Y^2\right) + \tfrac{4}{25}\left(16X^2 + 24XY + 9Y^2\right) + 20 = 0 \quad \Leftrightarrow$$

$$X^2(99 - 288 + 64) + XY(-264 + 168 + 96) + Y^2(176 + 288 + 36) = -500 \quad \Leftrightarrow$$

$$-125X^2 + 500Y^2 = -500 \quad \Leftrightarrow \quad \tfrac{1}{4}X^2 - Y^2 = 1.$$

21. (a) $\sqrt{3}x^2 + 3xy = 3$. So $A = \sqrt{3}$, $B = 3$, and $C = 0$, and so the discriminant is $B^2 - 4AC = (3)^2 - 4\left(\sqrt{3}\right)(0) = 9$. Since the discriminant is positive, the equation represents a hyperbola.

(b) $\cot 2\phi = \dfrac{A - C}{B} = \dfrac{1}{\sqrt{3}} \Rightarrow 2\phi = 60° \Leftrightarrow \phi = 30°$. Therefore,

$x = \frac{\sqrt{3}}{2}X - \frac{1}{2}Y$ and $y = \frac{1}{2}X + \frac{\sqrt{3}}{2}Y$. After substitution, the equation

becomes $\sqrt{3}\left(\frac{\sqrt{3}}{2}X - \frac{1}{2}Y\right)^2 + 3\left(\frac{\sqrt{3}}{2}X - \frac{1}{2}Y\right)\left(\frac{1}{2}X + \frac{\sqrt{3}}{2}Y\right) = 3$

$\Leftrightarrow \frac{\sqrt{3}}{4}\left(3X^2 - 2\sqrt{3}XY + Y^2\right) + \frac{3}{4}\left(\sqrt{3}X^2 + 2XY - \sqrt{3}Y^2\right) = 3 \Leftrightarrow$

$X^2\left(\frac{3\sqrt{3}}{4} + \frac{3\sqrt{3}}{4}\right) + XY\left(\frac{-6}{4} + \frac{6}{4}\right) + Y^2\left(\frac{\sqrt{3}}{4} - \frac{3\sqrt{3}}{4}\right) = 3 \Leftrightarrow \frac{3\sqrt{3}}{2}X^2 - \frac{\sqrt{3}}{2}Y^2 = 3 \Leftrightarrow$

$\frac{\sqrt{3}}{2}X^2 - \frac{1}{2\sqrt{3}}Y^2 = 1$. This is a hyperbola with $a = \sqrt{\frac{2}{\sqrt{3}}}$ and $b = \sqrt{2\sqrt{3}}$.

(c)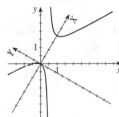

23. (a) $2\sqrt{3}x^2 - 6xy + \sqrt{3}x + 3y = 0$. So $A = 2\sqrt{3}$, $B = -6$, and $C = 0$, and so the discriminant is $B^2 - 4AC = (-6)^2 - 4\left(2\sqrt{3}\right)(0) = 36$. Since the discriminant is positive, the equation represents a hyperbola.

(b) $\cot 2\phi = \dfrac{A - C}{B} = \dfrac{2\sqrt{3}}{-6} = -\dfrac{1}{\sqrt{3}} \Rightarrow 2\phi = 120° \Leftrightarrow \phi = 60°$.

Therefore, $x = \frac{1}{2}X - \frac{\sqrt{3}}{2}Y$ and $y = \frac{\sqrt{3}}{2}X + \frac{1}{2}Y$, and substituting gives

$2\sqrt{3}\left(\frac{1}{2}X - \frac{\sqrt{3}}{2}Y\right)^2 - 6\left(\frac{1}{2}X - \frac{\sqrt{3}}{2}Y\right)\left(\frac{\sqrt{3}}{2}X + \frac{1}{2}Y\right) + \sqrt{3}\left(\frac{1}{2}X - \frac{\sqrt{3}}{2}Y\right) + 3\left(\frac{\sqrt{3}}{2}X + \frac{1}{2}Y\right) = 0 \Leftrightarrow$

$\frac{\sqrt{3}}{2}\left(X^2 - 2\sqrt{3}XY + 3Y^2\right) - \frac{3}{2}\left(\sqrt{3}X^2 - 2XY - \sqrt{3}Y^2\right) + \frac{\sqrt{3}}{2}\left(X - \sqrt{3}Y\right) + \frac{3}{2}\left(\sqrt{3}X + Y\right) = 0 \Leftrightarrow$

$X^2\left(\frac{\sqrt{3}}{2} - \frac{3\sqrt{3}}{2}\right) + X\left(\frac{\sqrt{3}}{2} + \frac{3\sqrt{3}}{2}\right) + XY\left(-3 + 3\right) + Y^2\left(\frac{3\sqrt{3}}{2} + \frac{3\sqrt{3}}{2}\right) + Y\left(-\frac{3}{2} + \frac{3}{2}\right) = 0 \Leftrightarrow$

$-\sqrt{3}X^2 + 2\sqrt{3}X + 3\sqrt{3}Y^2 = 0 \Leftrightarrow -X^2 + 2X + 3Y^2 = 0 \Leftrightarrow 3Y^2 - \left(X^2 - 2X + 1\right) = -1 \Leftrightarrow$

$(X - 1)^2 - 3Y^2 = 1$. This is a hyperbola with $a = 1$, $b = \frac{\sqrt{3}}{3}$, $c = \sqrt{1 + \frac{1}{3}} = \frac{2}{\sqrt{3}}$, and $C(1, 0)$.

(c)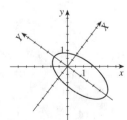

25. (a) $52x^2 + 72xy + 73y^2 = 40x - 30y + 75$. So $A = 52$, $B = 72$, and $C = 73$, and so the discriminant is $B^2 - 4AC = (72)^2 - 4(52)(73) = -10{,}000$. Since the discriminant is decidedly negative, the equation represents an ellipse.

(b) $\cot 2\phi = \dfrac{A - C}{B} = \dfrac{52 - 73}{72} = -\dfrac{7}{24}$. Therefore, as in Exercise 19(b), we get $\cos\phi = \frac{3}{5}$, $\sin\phi = \frac{4}{5}$, and

$x = \frac{3}{5}X - \frac{4}{5}Y$, $y = \frac{4}{5}X + \frac{3}{5}Y$. By substitution,

$52\left(\frac{3}{5}X - \frac{4}{5}Y\right)^2 + 72\left(\frac{3}{5}X - \frac{4}{5}Y\right)\left(\frac{4}{5}X + \frac{3}{5}Y\right) + 73\left(\frac{4}{5}X + \frac{3}{5}Y\right)^2$

$= 40\left(\frac{3}{5}X - \frac{4}{5}Y\right) - 30\left(\frac{4}{5}X + \frac{3}{5}Y\right) + 75 \Leftrightarrow$

$\frac{52}{25}\left(9X^2 - 24XY + 16Y^2\right) + \frac{72}{25}\left(12X^2 - 7XY - 12Y^2\right)$

$+ \frac{73}{25}\left(16X^2 + 24XY + 9Y^2\right) = 24X - 32Y - 24X - 18Y + 75 \Leftrightarrow$

$468X^2 + 832Y^2 + 864X^2 - 864Y^2 + 1168X^2 + 657Y^2 = -1250Y + 1875$

$\Leftrightarrow 2500X^2 + 625Y^2 + 1250Y = 1875 \Leftrightarrow$

$100X^2 + 25Y^2 + 50Y = 75 \Leftrightarrow X^2 + \frac{1}{4}(Y + 1)^2 = 1$. This is an

ellipse with $a = 2$, $b = 1$, $c = \sqrt{4 - 1} = \sqrt{3}$, and center $C(0, -1)$.

(c)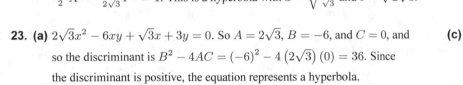

Since $\cos 2\phi = -\frac{7}{25}$, we have

$2\phi = \cos^{-1}\left(-\frac{7}{25}\right) \approx 106.26°$

and so $\phi \approx 53°$.

27. (a) The discriminant is $B^2 - 4AC = (-4)^2 + 4\,(2)\,(2) = 0$. Since the discriminant is 0, the equation represents a parabola.

(b) $2x^2 - 4xy + 2y^2 - 5x - 5 = 0 \quad\Leftrightarrow\quad 2y^2 - 4xy = -2x^2 + 5x + 5$

$\Leftrightarrow \quad 2\left(y^2 - 2xy\right) = -2x^2 + 5x + 5 \quad\Leftrightarrow$

$2\left(y^2 - 2xy + x^2\right) = -2x^2 + 5x + 5 + 2x^2 \quad\Leftrightarrow$

$2\left(y - x\right)^2 = 5x + 5 \quad\Leftrightarrow$

$\left(y - x\right)^2 = \tfrac{5}{2}x + \tfrac{5}{2} \quad\Rightarrow y - x = \pm\sqrt{\tfrac{5}{2}x + \tfrac{5}{2}} \quad\Leftrightarrow$

$y = x \pm \sqrt{\tfrac{5}{2}x + \tfrac{5}{2}}$

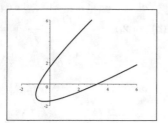

29. (a) The discriminant is $B^2 - 4AC = 10^2 + 4\,(6)\,(3) = 28 > 0$. Since the discriminant is positive, the equation represents a hyperbola.

(b) $6x^2 + 10xy + 3y^2 - 6y = 36 \quad\Leftrightarrow\quad 3y^2 + 10xy - 6y = 36 - 6x^2 \quad\Leftrightarrow$

$3y^2 + 2\,(5x - 3)\,y = 36 - 6x^2 \quad\Leftrightarrow\quad y^2 + 2\left(\tfrac{5}{3}x - 1\right)y = 12 - 2x^2$

$\Leftrightarrow \quad y^2 + 2\left(\tfrac{5}{3}x - 1\right)y + \left(\tfrac{5}{3}x - 1\right)^2 = \left(\tfrac{5}{3}x - 1\right)^2 + 12 - 2x^2 \quad\Leftrightarrow$

$\left[y + \left(\tfrac{5}{3}x - 1\right)\right]^2 = \tfrac{25}{9}x^2 - \tfrac{10}{3}x + 1 + 12 - 2x^2 \quad\Leftrightarrow$

$\left[y + \left(\tfrac{5}{3}x - 1\right)\right]^2 = \tfrac{7}{9}x^2 - \tfrac{10}{3}x + 13 \quad\Leftrightarrow$

$y + \left(\tfrac{5}{3}x - 1\right) = \pm\sqrt{\tfrac{7}{9}x^2 - \tfrac{10}{3}x + 13} \quad\Leftrightarrow$

$y = -\tfrac{5}{3}x + 1 \pm \sqrt{\tfrac{7}{9}x^2 - \tfrac{10}{3}x + 13}$

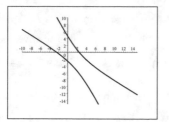

31. (a) $7x^2 + 48xy - 7y^2 - 200x - 150y + 600 = 0$. Then $A = 7$, $B = 48$, and $C = -7$, and so the discriminant is $B^2 - 4AC = (48)^2 - 4\,(7)\,(7) > 0$. Since the discriminant is positive, the equation represents a hyperbola. We now find the equation in terms of XY-coordinates. We have $\cot 2\phi = \dfrac{A - C}{B} = \dfrac{7}{24} \quad\Rightarrow\quad \cos\phi = \tfrac{4}{5}$ and $\sin\phi = \tfrac{3}{5}$. Therefore, $x = \tfrac{4}{5}X - \tfrac{3}{5}Y$ and $y = \tfrac{3}{5}X + \tfrac{4}{5}Y$, and substitution gives

$7\left(\tfrac{4}{5}X - \tfrac{3}{5}Y\right)^2 + 48\left(\tfrac{4}{5}X - \tfrac{3}{5}Y\right)\left(\tfrac{3}{5}X + \tfrac{4}{5}Y\right) - 7\left(\tfrac{3}{5}X + \tfrac{4}{5}Y\right)^2 - 200\left(\tfrac{4}{5}X - \tfrac{3}{5}Y\right) - 150\left(\tfrac{3}{5}X + \tfrac{4}{5}Y\right) + 600 = 0$

$\Leftrightarrow \quad \tfrac{7}{25}\left(16X^2 - 24XY + 9Y^2\right) + \tfrac{48}{25}\left(12X^2 + 7XY - 12Y^2\right) - \tfrac{7}{25}\left(9X^2 + 24XY + 16Y^2\right)$
$\qquad\qquad\qquad\qquad\qquad\qquad\qquad\qquad\qquad\qquad\qquad - 160X + 120Y - 90X - 120Y + 600 = 0$

$\Leftrightarrow \quad 112X^2 - 168XY + 63Y^2 + 576X^2 + 336XY - 576Y^2 - 63X^2 - 168XY - 112Y^2 - 6250X + 15{,}000 = 0$

$\Leftrightarrow \quad 25X^2 - 25Y^2 - 250X + 600 = 0 \quad\Leftrightarrow\quad 25\left(X^2 - 10X + 25\right) - 25Y^2 = -600 + 625 \quad\Leftrightarrow$

$\left(X - 5\right)^2 - Y^2 = 1$. This is a hyperbola with $a = 1$, $b = 1$, $c = \sqrt{1 + 1} = \sqrt{2}$, and center $C\,(5, 0)$.

(b) In the XY-plane, the center is $C\,(5, 0)$, the vertices are $V\,(5 \pm 1, 0) = V_1\,(4, 0)$ and $V_2\,(6, 0)$, and the foci are $F\left(5 \pm \sqrt{2}, 0\right)$. In the xy-plane, the center is $C\left(\tfrac{4}{5} \cdot 5 - \tfrac{3}{5} \cdot 0, \tfrac{3}{5} \cdot 5 + \tfrac{4}{5} \cdot 0\right) = C\,(4, 3)$, the vertices are $V_1\left(\tfrac{4}{5} \cdot 4 - \tfrac{3}{5} \cdot 0, \tfrac{3}{5} \cdot 4 + \tfrac{4}{5} \cdot 0\right) = V_1\left(\tfrac{16}{5}, \tfrac{12}{5}\right)$ and $V_2\left(\tfrac{4}{5} \cdot 6 - \tfrac{3}{5} \cdot 0, \tfrac{3}{5} \cdot 6 + \tfrac{4}{5} \cdot 0\right) = V_2\left(\tfrac{24}{5}, \tfrac{18}{5}\right)$, and the foci are $F_1\left(4 + \tfrac{4}{5}\sqrt{2}, 3 + \tfrac{3}{5}\sqrt{2}\right)$ and $F_2\left(4 - \tfrac{4}{5}\sqrt{2}, 3 - \tfrac{3}{5}\sqrt{2}\right)$.

(c) In the XY-plane, the equations of the asymptotes are $Y = X - 5$ and $Y = -X + 5$. In the xy-plane, these equations become $-x \cdot \tfrac{3}{5} + y \cdot \tfrac{4}{5} = x \cdot \tfrac{4}{5} + y \cdot \tfrac{3}{5} - 5 \quad\Leftrightarrow\quad 7x - y - 25 = 0$. Similarly, $-x \cdot \tfrac{3}{5} + y \cdot \tfrac{4}{5} = -x \cdot \tfrac{4}{5} - y \cdot \tfrac{3}{5} + 5$ $\Leftrightarrow \quad x + 7y - 25 = 0$.

33. We use the hint and eliminate Y by adding: $x = X \cos \phi - Y \sin \phi$ $\Leftrightarrow$ $x \cos \phi = X \cos^2 \phi - Y \sin \phi \cos \phi$ and $y = X \sin \phi + Y \cos \phi$ $\Leftrightarrow$ $y \sin \phi = X \sin^2 \phi + Y \sin \phi \cos \phi$, and adding these two equations gives $x \cos \phi + y$ $\sin \phi = X \left(\cos^2 \phi + \sin^2 \phi \right)$ $\Leftrightarrow$ $x \cos \phi + y \sin \phi = X$. In a similar manner, we eliminate X by subtracting: $x = X \cos \phi - Y \sin \phi$ $\Leftrightarrow$ $-x \sin \phi = -X \cos \phi \sin \phi + Y \sin^2 \phi$ and $y = X \sin \phi + Y \cos \phi$ $\Leftrightarrow$ $y \cos \phi = X \sin \phi \cos \phi + Y \cos^2 \phi$, so $-x \sin \phi + y \cos \phi = Y \left(\cos^2 \phi + \sin^2 \phi \right)$ $\Leftrightarrow$ $-x \sin \phi + y \cos \phi = Y$. Thus, $X = x \cos \phi + y \sin \phi$ and $Y = -x \sin \phi + y \cos \phi$.

35. $Z = \begin{bmatrix} x \\ y \end{bmatrix}$, $Z' = \begin{bmatrix} X \\ Y \end{bmatrix}$, and $R = \begin{bmatrix} \cos \phi & -\sin \phi \\ \sin \phi & \cos \phi \end{bmatrix}$.

Thus $Z = RZ'$ $\Leftrightarrow$ $\begin{bmatrix} x \\ y \end{bmatrix} = \begin{bmatrix} \cos \phi & -\sin \phi \\ \sin \phi & \cos \phi \end{bmatrix} \begin{bmatrix} X \\ Y \end{bmatrix} = \begin{bmatrix} X \cos \phi - Y \sin \phi Y \\ X \sin \phi + Y \cos \phi \end{bmatrix}$. Equating the entries in this matrix equation gives the first pair of rotation of axes formulas. Now

$$R^{-1} = \frac{1}{\cos^2 \phi + \sin^2 \phi} \begin{bmatrix} \cos \phi & \sin \phi \\ -\sin \phi & \cos \phi \end{bmatrix} = \begin{bmatrix} \cos \phi & \sin \phi \\ -\sin \phi & \cos \phi \end{bmatrix}$$ and so $Z' = R^{-1}Z$ $\Leftrightarrow$

$$\begin{bmatrix} X \\ Y \end{bmatrix} = \begin{bmatrix} \cos \phi & \sin \phi \\ -\sin \phi & \cos \phi \end{bmatrix} \begin{bmatrix} x \\ y \end{bmatrix} = \begin{bmatrix} x \cos \phi + y \sin \phi \\ -x \sin \phi + y \cos \phi \end{bmatrix}$$. Equating the entries in this matrix equation gives the second pair of rotation of axes formulas.

37. Let P be the point (x_1, y_1) and Q be the point (x_2, y_2) and let $P'(X_1, Y_1)$ and $Q'(X_2, Y_2)$ be the images of P and Q under the rotation of ϕ. So $X_1 = x_1 \cos \phi + y_1 \sin \phi$, $Y_1 = -x_1 \sin \phi + y_1 \cos \phi$, $X_2 = x_2 \cos \phi + y_2 \sin \phi$, and $Y_2 = -x_2 \sin \phi + y_2 \cos \phi$. Thus $d(P', Q') = \sqrt{(X_2 - X_1)^2 + (Y_2 - Y_1)^2}$, where

$$\begin{aligned} (X_2 - X_1)^2 &= [(x_2 \cos \phi + y_2 \sin \phi) - (x_1 \cos \phi + y_1 \sin \phi)]^2 = [(x_2 - x_1) \cos \phi + (y_2 - y_1) \sin \phi]^2 \\ &= (x_2 - x_1)^2 \cos^2 \phi + (x_2 - x_1)(y_2 - y_1) \sin \phi \cos \phi + (y_2 - y_1)^2 \sin^2 \phi \end{aligned}$$

and

$$\begin{aligned} (Y_2 - Y_1)^2 &= [(-x_2 \sin \phi + y_2 \cos \phi) - (-x_1 \sin \phi + y_1 \cos \phi)]^2 = [-(x_2 - x_1) \sin \phi + (y_2 - y_1) \cos \phi]^2 \\ &= (x_2 - x_1)^2 \sin^2 \phi - (x_2 - x_1)(y_2 - y_1) \sin \phi \cos \phi + (y_2 - y_1)^2 \cos^2 \phi \end{aligned}$$

So

$$\begin{aligned} (X_2 - X_1)^2 + (Y_2 - Y_1)^2 &= (x_2 - x_1)^2 \cos^2 \phi + (x_2 - x_1)(y_2 - y_1) \sin \phi \cos \phi + (y_2 - y_1)^2 \sin^2 \phi \\ &\quad + (x_2 - x_1)^2 \sin^2 \phi - (x_2 - x_1)(y_2 - y_1) \sin \phi \cos \phi + (y_2 - y_1)^2 \cos^2 \phi \\ &= (x_2 - x_1)^2 \cos^2 \phi + (y_2 - y_1)^2 \sin^2 \phi + (x_2 - x_1)^2 \sin^2 \phi + (y_2 - y_1)^2 \cos^2 \phi \\ &= (x_2 - x_1)^2 \left(\cos^2 \phi + \sin^2 \phi \right) + (y_2 - y_1)^2 \left(\sin^2 \phi + \cos^2 \phi \right) = (x_2 - x_1)^2 + (y_2 - y_1)^2 \end{aligned}$$

Thus, $d(P', Q') = \sqrt{(X_2 - X_1)^2 + (Y_2 - Y_1)^2} = \sqrt{(x_2 - x_1)^2 + (y_2 - y_1)^2} = d(P, Q)$.

10.6 Polar Equations of Conics

1. Substituting $e = \frac{2}{3}$ and $d = 3$ into the equation of a conic with vertical directrix, $r = \dfrac{\frac{2}{3} \cdot 3}{1 + \frac{2}{3} \cos \theta}$ $\Leftrightarrow r = \dfrac{6}{3 + 2 \cos \theta}$.

3. Substituting $e = 1$ and $d = 2$ into the equation of a conic with horizontal directrix, $r = \dfrac{1 \cdot 2}{1 + \sin \theta}$ $\Leftrightarrow r = \dfrac{2}{1 + \sin \theta}$.

5. $r = 5\sec\theta \quad\Leftrightarrow\quad r\cos\theta = 5 \Leftrightarrow x = 5$. So $d = 5$ and $e = 4$ gives $r = \dfrac{4\cdot 5}{1 + 4\cos\theta} \quad\Leftrightarrow\quad r = \dfrac{20}{1 + 4\cos\theta}$.

7. Since this is a parabola whose focus is at the origin and vertex at $(5, \pi/2)$, the directrix must be $y = 10$. So $d = 10$ and $e = 1$ gives $r = \dfrac{1\cdot 10}{1 + \sin\theta} = \dfrac{10}{1 + \sin\theta}$.

9. $r = \dfrac{6}{1 + \cos\theta}$ is Graph II. The eccentricity is 1, so this is a parabola. When $\theta = 0$, we have $r = 3$ and when $\theta = \frac{\pi}{2}$, we have $r = 6$.

11. $r = \dfrac{3}{1 - 2\sin\theta}$ is Graph VI. $e = 2$, so this is a hyperbola. When $\theta = 0$, $r = 3$, and when $\theta = \pi$, $r = 3$.

13. $r = \dfrac{12}{3 + 2\sin\theta}$ is Graph IV. $r = \dfrac{4}{1 + \frac{2}{3}\sin\theta}$, so $e = \frac{2}{3}$ and this is an ellipse. When $\theta = 0$, $r = 4$, and when $\theta = \pi$, $r = 4$.

15. (a) $r = \dfrac{4}{1 + 3\cos\theta} \quad\Rightarrow\quad e = 3$, so the conic is a hyperbola.

  (b) The vertices occur where $\theta = 0$ and $\theta = \pi$. Now $\theta = 0 \quad\Rightarrow$
  $r = \dfrac{4}{1 + 3\cos 0} = 1$, and $\theta = \pi \quad\Rightarrow\quad r = \dfrac{4}{1 + 3\cos\pi} = \dfrac{4}{-2} = -2$. Thus the
  vertices are $(1, 0)$ and $(-2, \pi)$.

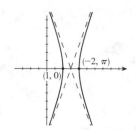

17. (a) $r = \dfrac{2}{1 - \cos\theta} \quad\Rightarrow\quad e = 1$, so the conic is a parabola.

  (b) Substituting $\theta = \pi$, we have $r = \dfrac{2}{1 - \cos\pi} = \dfrac{2}{2} = 1$. Thus the vertex is $(1, \pi)$.

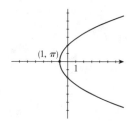

19. (a) $r = \dfrac{6}{2 + \sin\theta} \quad\Leftrightarrow\quad r = \dfrac{\frac{1}{2}\cdot 6}{1 + \frac{1}{2}\sin\theta} \quad\Rightarrow\quad e = \frac{1}{2}$, so the conic is an ellipse.

  (b) The vertices occur where $\theta = \frac{\pi}{2}$ and $\theta = \frac{3\pi}{2}$. Now $\theta = \frac{\pi}{2} \quad\Rightarrow$
  $r = \dfrac{6}{2 + \sin\frac{\pi}{2}} = \dfrac{6}{3} = 2$ and $\theta = \frac{3\pi}{2} \quad\Rightarrow\quad r = \dfrac{6}{2 + \sin\frac{3\pi}{2}} = \dfrac{6}{1} = 6$. Thus, the
  vertices are $\left(2, \frac{\pi}{2}\right)$ and $\left(6, \frac{3\pi}{2}\right)$.

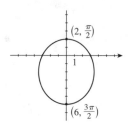

21. (a) $r = \dfrac{7}{2 - 5\sin\theta} \quad\Leftrightarrow\quad r = \dfrac{\frac{7}{2}}{1 - \frac{5}{2}\sin\theta} \quad\Rightarrow\quad e = \frac{5}{2}$, so the conic is a hyperbola.

  (b) The vertices occur where $\theta = \frac{\pi}{2}$ and $\theta = \frac{3\pi}{2}$. $r = \dfrac{7}{2 - 5\sin\frac{\pi}{2}} = \dfrac{7}{-3} = -\dfrac{7}{3}$ and
  $\theta = \frac{3\pi}{2} \quad\Rightarrow\quad r = \dfrac{7}{2 - 5\sin\frac{3\pi}{2}} = \dfrac{7}{7} = 1$. Thus, the vertices are $\left(-\frac{7}{3}, \frac{\pi}{2}\right)$ and
  $\left(1, \frac{3\pi}{2}\right)$.

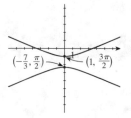

23. (a) $r = \dfrac{1}{4 - 3\cos\theta}$ $\Leftrightarrow$ $r = \dfrac{\frac{1}{4}}{1 - \frac{3}{4}\cos\theta}$ $\Rightarrow$ $e = \frac{3}{4}$. Since $ed = \frac{1}{4}$ we

have $d = \dfrac{\frac{1}{4}}{e} = \dfrac{4}{3} \cdot \dfrac{1}{4} = \dfrac{1}{3}$. Therefore the eccentricity is $\frac{3}{4}$ and the directrix is

$x = -\frac{1}{3}$ $\Leftrightarrow$ $r = -\frac{1}{3}\sec\theta$.

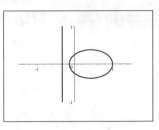

(b) We replace θ by $\theta - \frac{\pi}{3}$ to get $r = \dfrac{1}{4 - 3\cos\left(\theta - \frac{\pi}{3}\right)}$.

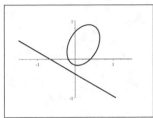

25. The ellipse is nearly circular when e is close to 0 and becomes more elongated as

$e \to 1^-$. At $e = 1$, the curve becomes a parabola.

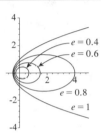

27. (a) Since the polar form of an ellipse with directrix $x = -d$ is $r = \dfrac{ed}{1 - e\cos\theta}$ we need to show that $ed = a\left(1 - e^2\right)$.

From the proof of the Equivalent Description of Conics we have $a^2 = \dfrac{e^2 d^2}{\left(1 - e^2\right)^2}$. Since the conic is an ellipse, $e < 1$

and so the quantities a, d, and $\left(1 - e^2\right)$ are all positive. Thus we can take the square roots of both sides and maintain

equality. Thus $a^2 = \dfrac{e^2 d^2}{\left(1 - e^2\right)^2}$ $\Leftrightarrow$ $a = \dfrac{ed}{1 - e^2}$ $\Leftrightarrow$ $ed = a\left(1 - e^2\right)$. As a result, $r = \dfrac{ed}{1 - e\cos\theta}$ $\Leftrightarrow$

$r = \dfrac{a\left(1 - e^2\right)}{1 - e\cos\theta}$.

(b) Since $2a = 2.99 \times 10^8$ we have $a = 1.495 \times 10^8$, so a polar equation for the earth's orbit (using $e \approx 0.017$) is

$r = \dfrac{1.495 \times 10^8 \left[1 - (0.017)^2\right]}{1 - 0.017\cos\theta} \approx \dfrac{1.49 \times 10^8}{1 - 0.017\cos\theta}$.

29. From Exercise 28, we know that at perihelion $r = 4.43 \times 10^9 = a\left(1 - e\right)$ and at aphelion $r = 7.37 \times 10^9 = a\left(1 + e\right)$.

Dividing these equations gives $\dfrac{7.37 \times 10^9}{4.43 \times 10^9} = \dfrac{a\left(1 + e\right)}{a\left(1 - e\right)}$ $\Leftrightarrow$ $1.664 = \dfrac{1 + e}{1 - e}$ $\Leftrightarrow$ $1.664\left(1 - e\right) = 1 + e$ $\Leftrightarrow$

$1.664 - 1 = e + 1.664$ $\Leftrightarrow$ $0.664 = 2.664e$ $\Leftrightarrow$ $e = \dfrac{0.664}{2.664} \approx 0.25$.

31. The r-coordinate of the satellite will be its distance from the focus (the center of the earth). From the r-coordinate we can

easily calculate the height of the satellite.

10.7   **Plane Curves and Parametric Equations**

1. (a) $x = 2t$, $y = t + 6$

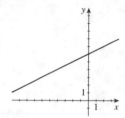

(b) Since $x = 2t$, $t = \dfrac{x}{2}$ and so $y = \dfrac{x}{2} + 6 \Leftrightarrow$
$x - 2y + 12 = 0$.

3. (a) $x = t^2$, $y = t - 2$, $2 \le t \le 4$

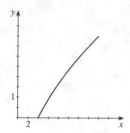

(b) Since $y = t - 2 \quad \Leftrightarrow \quad t = y + 2$, we have $x = t^2$
$\Leftrightarrow \quad x = (y + 2)^2$, and since $2 \le t \le 4$, we have
$4 \le x \le 16$.

5. (a) $x = \sqrt{t}$, $y = 1 - t \quad \Rightarrow \quad t \ge 0$

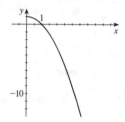

(b) Since $x = \sqrt{t}$, we have $x^2 = t$, and so $y = 1 - x^2$
with $x \ge 0$.

7. (a) $x = \dfrac{1}{t}$, $y = t + 1$

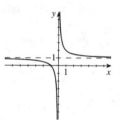

(b) Since $x = \dfrac{1}{t}$ we have $t = \dfrac{1}{x}$ and so $y = \dfrac{1}{x} + 1$.

9. (a) $x = 4t^2$, $y = 8t^3$

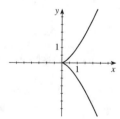

(b) Since $y = 8t^3 \quad \Leftrightarrow \quad y^2 = 64t^6 = \left(4t^2\right)^3 = x^3$, we
have $y^2 = x^3$.

11. (a) $x = 2 \sin t$, $y = 2 \cos t$, $0 \le t \le \pi$

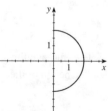

(b) $x^2 = (2 \sin t)^2 = 4 \sin^2 t$ and $y^2 = 4 \cos^2 t$. Hence,
$x^2 + y^2 = 4 \sin^2 t + 4 \cos^2 t = 4 \quad \Leftrightarrow$
$x^2 + y^2 = 4$, where $x \ge 0$.

13. (a) $x = \sin^2 t$, $y = \sin^4 t$

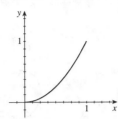

(b) Since $x = \sin^2 t$ we have $x^2 = \sin^4 t$ and so $y = x^2$. But since $0 \le \sin^2 t \le 1$ we only get the part of this parabola for which $0 \le x \le 1$.

15. (a) $x = \cos t$, $y = \cos 2t$

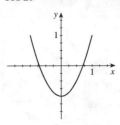

(b) Since $x = \cos t$ we have $x^2 = \cos^2 t$, so $2x^2 - 1 = 2\cos^2 t - 1 = \cos 2t = y$. Hence, the rectangular equation is $y = 2x^2 - 1$, $-1 \le x \le 1$.

17. (a) $x = \sec t$, $y = \tan t$, $0 \le t < \frac{\pi}{2}$ $\Rightarrow$ $x \ge 1$ and $y \ge 0$.

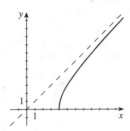

(b) $x^2 = \sec^2 t$, $y^2 = \tan^2 t$, and $y^2 + 1 = \tan^2 t + 1 = \sec^2 t = x^2$. Therefore, $y^2 + 1 = x^2$ $\Leftrightarrow$ $x^2 - y^2 = 1$, $x \ge 1$, $y \ge 0$.

19. (a) $x = e^t$, $y = e^{-t}$ $\Rightarrow$ $x > 0, y > 0$.

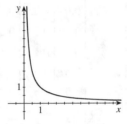

(b) $xy = e^t \cdot e^{-t} = e^0 = 1$. Hence, the equation is $xy = 1$, with $x > 0$, $y > 0$.

21. (a) $x = \cos^2 t$, $y = \sin^2 t$

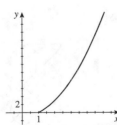

(b) $x + y = \cos^2 t + \sin^2 t = 1$. Hence, the equation is $x + y = 1$ with $0 \le x, y \le 1$.

23. Since the line passes through the point $(4, -1)$ and has slope $\frac{1}{2}$, parametric equations for the line are $x = 4 + t$, $y = -1 + \frac{1}{2}t$.

25. Since the line passes through the points $(6, 7)$ and $(7, 8)$, its slope is $\dfrac{8 - 7}{7 - 6} = 1$. Thus, parametric equations for the line are $x = 6 + t$, $y = 7 + t$.

27. Since $\cos^2 t + \sin^2 t = 1$, we have $a^2 \cos^2 t + a^2 \sin^2 t = a^2$. If we let $x = a\cos t$ and $y = a\sin t$, then $x^2 + y^2 = a^2$. Hence, parametric equations for the circle are $x = a\cos t$, $y = a\sin t$.

29. $x = a\tan\theta$ $\Leftrightarrow$ $\tan\theta = \dfrac{x}{a}$ $\Rightarrow$ $\tan^2\theta = \dfrac{x^2}{a^2}$. Also, $y = b\sec\theta$ $\Leftrightarrow$ $\sec\theta = \dfrac{y}{b}$ $\Rightarrow$ $\sec^2\theta = \dfrac{y^2}{b^2}$. Since $\tan^2\theta = \sec^2\theta - 1$, we have $\dfrac{x^2}{a^2} = \dfrac{y^2}{b^2} - 1$ $\Leftrightarrow$ $\dfrac{y^2}{b^2} - \dfrac{x^2}{a^2} = 1$, which is the equation of a hyperbola.

31. $x = t \cos t, y = t \sin t, t \geq 0$

t	x	y
0	0	0
$\frac{\pi}{4}$	$\frac{\pi\sqrt{2}}{8}$	$\frac{\pi\sqrt{2}}{8}$
$\frac{\pi}{2}$	0	$\frac{\pi}{2}$
$\frac{3\pi}{4}$	$-\frac{3\pi\sqrt{2}}{8}$	$\frac{3\pi\sqrt{2}}{8}$
π	$-\pi$	0

t	x	y
$\frac{5\pi}{4}$	$-\frac{5\pi\sqrt{2}}{8}$	$-\frac{5\pi\sqrt{2}}{8}$
$\frac{3\pi}{2}$	0	$-\frac{3\pi}{2}$
$\frac{7\pi}{4}$	$\frac{7\pi\sqrt{2}}{8}$	$-\frac{7\pi\sqrt{2}}{8}$
2π	2π	0

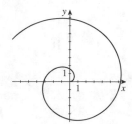

33. $x = \dfrac{3t}{1+t^3}, y = \dfrac{3t^2}{1+t^3}, t \neq -1$

t	x	y
-0.9	-9.96	8.97
-0.75	-3.89	2.92
-0.5	-1.71	0.86
0	0	0
0.5	1.33	0.67
1	1.5	1.5
1.5	1.03	1.54

t	x	y
2	0.67	1.33
2.5	0.45	1.13
3	0.32	0.96
4	0.18	0.74
5	0.12	0.60
6	0.08	0.50

t	x	y
-1.1	9.97	-10.97
-1.25	3.93	-4.92
-1.5	1.89	-2.84
-2	0.86	-1.71
-2.5	0.51	-1.28
-3	0.35	-1.04
-3.5	0.25	-0.88

t	x	y
-4	0.19	-0.76
-4.5	0.15	-0.67
-5	0.12	-0.60
-6	0.08	-0.50
-7	0.06	-0.43
-8	0.05	-0.38

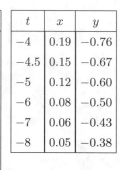
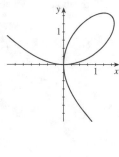

As $t \to -1^-$ we have $x \to -\infty$ and $y \to \infty$. As $t \to -1^+$ we have $x \to \infty$ and $y \to -\infty$. As $t \to \infty$ we have $x \to 0^+$ and $y \to 0^+$. As $t \to -\infty$ we have $x \to 0^+$ and $y \to 0^-$.

35. $x = (v_0 \cos \alpha) t, y = (v_0 \sin \alpha) t - 16t^2$. From the equation for x, $t = \dfrac{x}{v_0 \cos \alpha}$. Substituting into the equation for y gives

$y = (v_0 \sin \alpha) \dfrac{x}{v_0 \cos \alpha} - 16 \left(\dfrac{x}{v_0 \cos \alpha} \right)^2 = x \tan \alpha - \dfrac{16x^2}{v_0^2 \cos^2 \alpha}$. Thus the equation is of the form $y = c_1 x - c_2 x^2$,

where c_1 and c_2 are constants, so its graph is a parabola.

37. $x = \sin t, y = 2 \cos 3t$

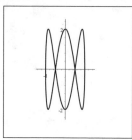

39. $x = 3 \sin 5t, y = 5 \cos 3t$

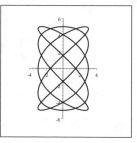

41. $x = \sin(\cos t), y = \cos t^{3/2}, 0 \leq t \leq 2\pi$

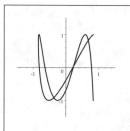

43. (a) $r = e^{\theta/12}, 0 \leq \theta \leq 4\pi \quad \Rightarrow$

$x = e^{t/12} \cos t, y = e^{t/12} \sin t$

(b)

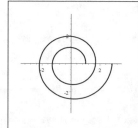

45. (a) $r = \dfrac{4}{2 - \cos\theta}$ $\Leftrightarrow$ $x = \dfrac{4\cos t}{2 - \cos t}, y = \dfrac{4\sin t}{2 - \cos t}$

(b)

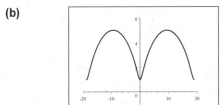

47. $x = t^3 - 2t$, $y = t^2 - t$ is Graph III, since

$$y = t^2 - t = \left(t^2 - t + \tfrac{1}{4}\right) - \tfrac{1}{4} = \left(t - \tfrac{1}{2}\right)^2 - \tfrac{1}{4}, \text{ and so}$$

$y \geq -\tfrac{1}{4}$ on this curve, while x is unbounded.

49. $x = t + \sin 2t$, $y = t + \sin 3t$ is Graph II, since the values of x and y oscillate about their values on the line $x = t$, $y = t$ $\Leftrightarrow$ $y = x$.

51. (a) If we modify Figure 8 so that $|PC| = b$, then by the same reasoning as in Example 6, we see that

$x = |OT| - |PQ| = a\theta - b\sin\theta$ and

$y = |TC| - |CQ| = a - b\cos\theta.$

We graph the case where $a = 3$ and $b = 2$.

(b)

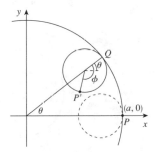

53. (a) We first note that the center of circle C (the small circle) has coordinates $([a - b]\cos\theta, [a - b]\sin\theta)$. Now the arc PQ has the same length as the arc $P'Q$, so $b\phi = a\theta$ $\Leftrightarrow$ $\phi = \dfrac{a}{b}\theta$, and so $\phi - \theta = \dfrac{a}{b}\theta - \theta = \dfrac{a - b}{b}\theta$. Thus the x-coordinate of P is the x-coordinate of the center of circle C plus

$b\cos(\phi - 0) - b\cos\left(\dfrac{a - b}{b}\theta\right)$, and the y-coordinate of P is the

y-coordinate of the center of circle C minus

$b \cdot \sin(\phi - \theta) = b\sin\left(\dfrac{a - b}{b}\theta\right)$. So $x = (a - b)\cos\theta + b\cos\left(\dfrac{a - b}{b}\theta\right)$

and $y = (a - b)\sin\theta - b\sin\left(\dfrac{a - b}{b}\theta\right)$.

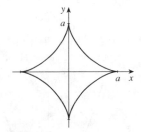

(b) If $a = 4b$, $b = \dfrac{a}{4}$, and $x = \tfrac{3}{4}a\cos\theta + \tfrac{1}{4}a\cos 3\theta$, $y = \tfrac{3}{4}a\sin\theta - \tfrac{1}{4}a\sin 3\theta$.

From Example 2 in Section 7.3, $\cos 3\theta = 4\cos^3\theta - 3\cos\theta$. Similarly, one can prove that $\sin 3\theta = 3\sin\theta - 4\sin^3\theta$. Substituting, we get

$x = \tfrac{3}{4}a\cos\theta + \tfrac{1}{4}a\left(4\cos^3\theta - 3\cos\theta\right) = a\cos^3\theta$

$y = \tfrac{3}{4}a\sin\theta - \tfrac{1}{4}a\left(3\sin\theta - 4\sin^3\theta\right) = a\sin^3\theta$. Thus,

$x^{2/3} + y^{2/3} = a^{2/3}\cos^2\theta + a^{2/3}\sin^2\theta = a^{2/3}$, so $x^{2/3} + y^{2/3} = a^{2/3}$.

55. A polar equation for the circle is $r = 2a\sin\theta$. Thus the coordinates of Q are $x = r\cos\theta = 2a\sin\theta\cos\theta$ and $y = r\sin\theta = 2a\sin^2\theta$. The coordinates of R are $x = 2a\cot\theta$ and $y = 2a$. Since P is the midpoint of QR, we use the midpoint formula to get $x = a(\sin\theta\cos\theta + \cot\theta)$ and $y = a\left(1 + \sin^2\theta\right)$.

57. (a) A has coordinates $(a \cos \theta, a \sin \theta)$. Since OA is perpendicular to AB, $\triangle OAB$ is a right triangle and B has coordinates $(a \sec \theta, 0)$. It follows that P has coordinates $(a \sec \theta, b \sin \theta)$. Thus, the parametric equations are $x = a \sec \theta$, $y = b \sin \theta$.

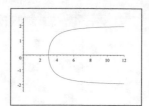

(b) The right half of the curve is graphed with $a = 3$ and $b = 2$.

59. We use the equation for y from Example 6 and solve for θ. Thus for $0 \leq \theta \leq \pi$, $y = a\,(1 - \cos \theta) \Leftrightarrow \dfrac{a - y}{a} = \cos \theta$

$\Leftrightarrow \quad \theta = \cos^{-1}\left(\dfrac{a - y}{a}\right)$. Substituting into the equation for x, we get $x = a\left[\cos^{-1}\left(\dfrac{a - y}{a}\right) - \sin\left(\cos^{-1}\left(\dfrac{a - y}{a}\right)\right)\right]$.

However, $\sin\left(\cos^{-1}\left(\dfrac{a - y}{a}\right)\right) = \sqrt{1 - \left(\dfrac{a - y}{a}\right)^2} = \dfrac{\sqrt{2ay - y^2}}{a}$. Thus, $x = a\left[\cos^{-1}\left(\dfrac{a - y}{a}\right) - \dfrac{\sqrt{2ay - y^2}}{a}\right]$,

and we have $\dfrac{\sqrt{2ay - y^2} + x}{a} = \cos^{-1}\left(\dfrac{a - y}{a}\right) \quad \Rightarrow \quad 1 - \dfrac{y}{a} = \cos\left(\dfrac{\sqrt{2ay - y^2} + x}{a}\right) \quad \Rightarrow$

$y = a\left[1 - \cos\left(\dfrac{\sqrt{2ay - y^2} + x}{a}\right)\right]$.

61. (a) In the figure, since OQ and QT are perpendicular and OT and TD are perpendicular, the angles formed by their intersections are equal, that is, $\theta = \angle DTQ$. Now the coordinates of T are $(\cos \theta, \sin \theta)$. Since $|TD|$ is the length of the string that has been unwound from the circle, it must also have arc length θ, so $|TD| = \theta$. Thus the x-displacement from T to D is $\theta \cdot \sin \theta$ while the y-displacement from T to D is $\theta \cdot \cos \theta$. So the coordinates of D are $x = \cos \theta + \theta \sin \theta$ and $y = \sin \theta - \theta \cos \theta$.

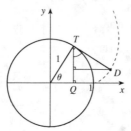

(b)

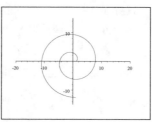

63. $C: x = t, y = t^2; \quad D: x = \sqrt{t}, y = t, t \geq 0 \quad E: x = \sin t, y = 1 - \cos^2 t \quad F: x = e^t, y = e^{2t}$

(a) For C, $x = t, y = t^2 \quad \Rightarrow \quad y = x^2$.

For D, $x = \sqrt{t}, y = t \quad \Rightarrow \quad y = x^2$.

For E, $x = \sin t \quad \Rightarrow \quad x^2 = \sin^2 t = 1 - \cos^2 t = y$ and so $y = x^2$.

For F, $x = e^t \quad \Rightarrow \quad x^2 = e^{2t} = y$ and so $y = x^2$. Therefore, the points on all four curves satisfy the same rectangular equation.

(b) Curve C is the entire parabola $y = x^2$. Curve D is the right half of the parabola because $t \geq 0$, so $x \geq 0$. Curve E is the portion of the parabola for $-1 \leq x \leq 1$. Curve F is the portion of the parabola where $x > 0$, since $e^t > 0$ for all t.

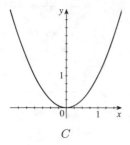

C

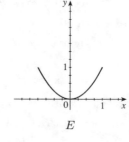

D

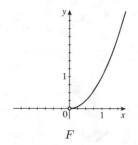

E

F

Chapter 10 Review

1. $y^2 = 4x$. This is a parabola with $4p = 4 \iff p = 1$. The vertex is $(0,0)$, the focus is $(1,0)$, and the directrix is $x = -1$.

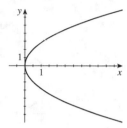

3. $x^2 + 8y = 0 \iff x^2 = -8y$. This is a parabola with $4p = -8 \iff p = -2$. The vertex is $(0,0)$, the focus is $(0,-2)$, and the directrix is $y = 2$.

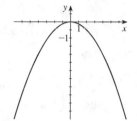

5. $x - y^2 + 4y - 2 = 0 \iff x - \left(y^2 - 4y + 4\right) - 2 = -4 \iff x - (y-2)^2 = -2 \iff (y-2)^2 = x + 2$. This is a parabola with $4p = 1 \iff p = \frac{1}{4}$. The vertex is $(-2,2)$, the focus is $\left(-2 + \frac{1}{4}, 2\right) = \left(-\frac{7}{4}, 2\right)$, and the directrix is $x = -2 - \frac{1}{4} = -\frac{9}{4}$.

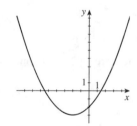

7. $\frac{1}{2}x^2 + 2x = 2y + 4 \iff x^2 + 4x = 4y + 8 \iff x^2 + 4x + 4 = 4y + 8 \iff (x+2)^2 = 4\left(y + 3\right)$. This is a parabola with $4p = 4 \iff p = 1$. The vertex is $(-2,-3)$, the focus is $(-2, -3 + 1) = (-2, -2)$, and the directrix is $y = -3 - 1 = -4$.

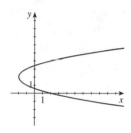

9. $\frac{x^2}{9} + \frac{y^2}{25} = 1$. This is an ellipse with $a = 5$, $b = 3$, and $c = \sqrt{25 - 9} = 4$. The center is $(0,0)$, the vertices are $(0, \pm 5)$, the foci are $(0, \pm 4)$, the length of the major axis is $2a = 10$, and the length of the minor axis is $2b = 6$.

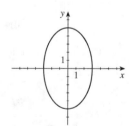

11. $x^2 + 4y^2 = 16 \iff \frac{x^2}{16} + \frac{y^2}{4} = 1$. This is an ellipse with $a = 4$, $b = 2$, and $c = \sqrt{16 - 4} = 2\sqrt{3}$. The center is $(0,0)$, the vertices are $(\pm 4, 0)$, the foci are $\left(\pm 2\sqrt{3}, 0\right)$, the length of the major axis is $2a = 8$, and the length of the minor axis is $2b = 4$.

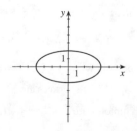

13. $\dfrac{(x-3)^2}{9} + \dfrac{y^2}{16} = 1.$ This is an ellipse with $a = 4$, $b = 3$, and $c = \sqrt{16-9} = \sqrt{7}$.

The center is $(3, 0)$, the vertices are $(3, \pm 4)$, the foci are $\left(3, \pm\sqrt{7}\right)$, the length of the major axis is $2a = 8$, and the length of the minor axis is $2b = 6$.

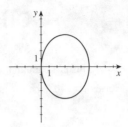

15. $4x^2 + 9y^2 = 36y$ $\Leftrightarrow$ $4x^2 + 9\left(y^2 - 4y + 4\right) = 36$ $\Leftrightarrow$

$4x^2 + 9(y-2)^2 = 36$ $\Leftrightarrow$ $\dfrac{x^2}{9} + \dfrac{(y-2)^2}{4} = 1.$ This is an ellipse with $a = 3$,

$b = 2$, and $c = \sqrt{9-4} = \sqrt{5}$. The center is $(0, 2)$, the vertices are $(\pm 3, 2)$, the

foci are $\left(\pm\sqrt{5}, 2\right)$, the length of the major axis is $2a = 6$, and the length of the

minor axis is $2b = 4$.

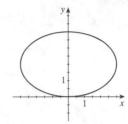

17. $-\dfrac{x^2}{9} + \dfrac{y^2}{16} = 1$ $\Leftrightarrow$ $\dfrac{y^2}{16} - \dfrac{x^2}{9} = 0.$ This is a hyperbola with $a = 4$, $b = 3$, and

$c = \sqrt{16+9} = \sqrt{25} = 5$. The center is $(0, 0)$, the vertices are $(0, \pm 4)$, the foci

are $(0, \pm 5)$, and the asymptotes are $y = \pm\frac{4}{3}x$.

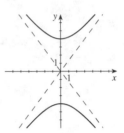

19. $x^2 - 2y^2 = 16$ $\Leftrightarrow$ $\dfrac{x^2}{16} - \dfrac{y^2}{8} = 1.$ This is a hyperbola with $a = 4$, $b = 2\sqrt{2}$,

and $c = \sqrt{16+8} = \sqrt{24} = 2\sqrt{6}$. The center is $(0, 0)$, the vertices are $(\pm 4, 0)$,

the foci are $\left(\pm 2\sqrt{6}, 0\right)$, and the asymptotes are $y = \pm\frac{2\sqrt{2}}{4}x$ $\Leftrightarrow$ $y = \pm\frac{1}{\sqrt{2}}x$.

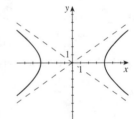

21. $\dfrac{(x+4)^2}{16} - \dfrac{y^2}{16} = 1.$ This is a hyperbola with $a = 4$, $b = 4$ and

$c = \sqrt{16+16} = 4\sqrt{2}$. The center is $(-4, 0)$, the vertices are $(-4 \pm 4, 0)$ which

are $(-8, 0)$ and $(0, 0)$, the foci are $\left(-4 \pm 4\sqrt{2}, 0\right)$, and the asymptotes are

$y = \pm(x+4)$.

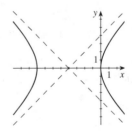

23. $9y^2 + 18y = x^2 + 6x + 18$ $\Leftrightarrow$

$9\left(y^2 + 2y + 1\right) = \left(x^2 + 6x + 9\right) + 9 - 9 + 18$ $\Leftrightarrow$

$9(y+1)^2 - (x+3)^2 = 18$ $\Leftrightarrow$ $\dfrac{(y+1)^2}{2} - \dfrac{(x+3)^2}{18} = 1.$ This is a

hyperbola with $a = \sqrt{2}$, $b = 3\sqrt{2}$, and $c = \sqrt{2+18} = 2\sqrt{5}$. The center is

$(-3, -1)$, the vertices are $\left(-3, -1 \pm \sqrt{2}\right)$, the foci are $\left(-3, -1 \pm 2\sqrt{5}\right)$, and the

asymptotes are $y + 1 = \pm\frac{1}{3}(x+3)$ $\Leftrightarrow$ $y = \frac{1}{3}x$ and $y = -\frac{1}{3}x - 2$.

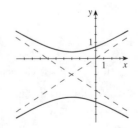

25. This is a parabola that opens to the right with its vertex at $(0, 0)$ and the focus at $(2, 0)$. So $p = 2$, and the equation is $y^2 = 4 (2) x \iff y^2 = 8x$.

27. From the graph, the center is $(0, 0)$, and the vertices are $(0, -4)$ and $(0, 4)$. Since a is the distance from the center to a vertex, we have $a = 4$. Because one focus is $(0, 5)$, we have $c = 5$, and since $c^2 = a^2 + b^2$, we have $25 = 16 + b^2 \iff b^2 = 9$. Thus an equation of the hyperbola is $\dfrac{y^2}{16} - \dfrac{x^2}{9} = 1$.

29. From the graph, the center of the ellipse is $(4, 2)$, and so $a = 4$ and $b = 2$. The equation is $\dfrac{(x-4)^2}{4^2} + \dfrac{(y-2)^2}{2^2} = 1 \iff \dfrac{(x-4)^2}{16} + \dfrac{(y-2)^2}{4} = 1.$

31. $\dfrac{x^2}{12} + y = 1 \iff \dfrac{x^2}{12} = -(y-1) \iff x^2 = -12(y-1)$. This is a parabola with $4p = -12 \iff p = -3$. The vertex is $(0, 1)$ and the focus is $(0, 1 - 3) = (0, -2)$.

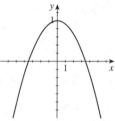

33. $x^2 - y^2 + 144 = 0 \iff \dfrac{y^2}{144} - \dfrac{x^2}{144} = 1$. This is a hyperbola with $a = 12$, $b = 12$, and $c = \sqrt{144 + 144} = 12\sqrt{2}$. The vertices are $(0, \pm 12)$ and the foci are $(0, \pm 12\sqrt{2})$.

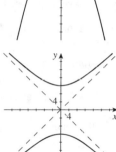

35. $4x^2 + y^2 = 8(x + y) \iff 4(x^2 - 2x) + (y^2 - 8y) = 0 \iff$
$4(x^2 - 2x + 1) + (y^2 - 8y + 16) = 4 + 16 \iff 4(x-1)^2 + (y-4)^2 = 20$
$\iff \dfrac{(x-1)^2}{5} + \dfrac{(y-4)^2}{20} = 1$. This is an ellipse with $a = 2\sqrt{5}$, $b = \sqrt{5}$, and $c = \sqrt{20 - 5} = \sqrt{15}$. The vertices are $(1, 4 \pm 2\sqrt{5})$ and the foci are $(1, 4 \pm \sqrt{15})$.

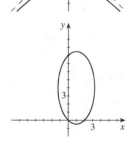

37. $x = y^2 - 16y \iff x + 64 = y^2 - 16y + 64 \iff (y-8)^2 = x + 64$. This is a parabola with $4p = 1 \iff p = \frac{1}{4}$. The vertex is $(-64, 8)$ and the focus is $\left(-64 + \frac{1}{4}, 8\right) = \left(-\frac{255}{4}, 8\right)$.

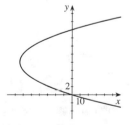

39. $2x^2 - 12x + y^2 + 6y + 26 = 0 \iff 2(x^2 - 6x) + (y^2 + 6y) = -26 \iff$
$2(x^2 - 6x + 9) + (y^2 + 6y + 9) = -26 + 18 + 9 \iff$
$2(x-3)^2 + (y+3)^2 = 1 \iff \dfrac{(x-3)^2}{\frac{1}{2}} + (y+3)^2 = 1$. This is an ellipse with $a = 1$, $b = \frac{\sqrt{2}}{2}$, and $c = \sqrt{1 - \frac{1}{2}} = \frac{\sqrt{2}}{2}$. The vertices are $(3, -3 \pm 1) = (3, -4)$ and $(3, -2)$, and the foci are $\left(3, -3 \pm \frac{\sqrt{2}}{2}\right)$.

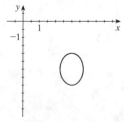

41. $9x^2 + 8y^2 - 15x + 8y + 27 = 0 \Leftrightarrow 9\left(x^2 - \frac{5}{3}x + \frac{25}{36}\right) + 8\left(y^2 + y + \frac{1}{4}\right) = -27 + \frac{25}{4} + 2 \Leftrightarrow$

$9\left(x - \frac{5}{6}\right)^2 + 8\left(y + \frac{1}{2}\right)^2 = -\frac{75}{4}$. However, since the left-hand side of the equation is greater than or equal to 0, there is no point that satisfies this equation. The graph is empty.

43. The parabola has focus $(0, 1)$ and directrix $y = -1$. Therefore, $p = 1$ and so $4p = 4$. Since the focus is on the y-axis and the vertex is $(0, 0)$, an equation of the parabola is $x^2 = 4y$.

45. The hyperbola has vertices $(0, \pm 2)$ and asymptotes $y = \pm\frac{1}{2}x$. Therefore, $a = 2$, and the foci are on the y-axis. Since the

slopes of the asymptotes are $\pm\frac{1}{2} = \pm\frac{a}{b} \Leftrightarrow b = 2a = 4$, an equation of the hyperbola is $\dfrac{y^2}{4} - \dfrac{x^2}{16} = 1$.

47. The ellipse has foci $F_1(1, 1)$ and $F_2(1, 3)$, and one vertex is on the x-axis. Thus, $2c = 3 - 1 = 2 \Leftrightarrow c = 1$, and so the center of the ellipse is $C(1, 2)$. Also, since one vertex is on the x-axis, $a = 2 - 0 = 2$, and thus $b^2 = 4 - 1 = 3$. So an

equation of the ellipse is $\dfrac{(x - 1)^2}{3} + \dfrac{(y - 2)^2}{4} = 1$.

49. The ellipse has vertices $V_1(7, 12)$ and $V_2(7, -8)$ and passes through the point $P(1, 8)$. Thus, $2a = 12 - (-8) = 20 \Leftrightarrow$

$a = 10$, and the center is $\left(7, \dfrac{-8 + 12}{2}\right) = (7, 2)$. Thus an equation of the ellipse has the form $\dfrac{(x - 7)^2}{b^2} + \dfrac{(y - 2)^2}{100} = 1$.

Since the point $P(1, 8)$ is on the ellipse, $\dfrac{(1 - 7)^2}{b^2} + \dfrac{(8 - 2)^2}{100} = 1 \Leftrightarrow 3600 + 36b^2 = 100b^2 \Leftrightarrow 64b^2 = 3600 \Leftrightarrow$

$b^2 = \frac{225}{4}$. Therefore, an equation of the ellipse is $\dfrac{(x - 7)^2}{225/4} + \dfrac{(y - 2)^2}{100} = 1 \Leftrightarrow \dfrac{4(x - 7)^2}{225} + \dfrac{(y - 2)^2}{100} = 1$.

51. The length of the major axis is $2a = 186{,}000{,}000 \Leftrightarrow a = 93{,}000{,}000$. The eccentricity is $e = c/a = 0.017$, and so $c = 0.017\,(93{,}000{,}000) = 1{,}581{,}000$.

(a) The earth is closest to the sun when the distance is $a - c = 93{,}000{,}000 - 1{,}581{,}000 = 91{,}419{,}000$.

(b) The earth is furthest from the sun when the distance is $a + c = 93{,}000{,}000 + 1{,}581{,}000 = 94{,}581{,}000$.

53. (a) The graphs of $\dfrac{x^2}{16 + k^2} + \dfrac{y^2}{k^2} = 1$ for $k = 1, 2, 4$, and 8 are shown in

the figure.

(b) $c^2 = \left(16 + k^2\right) - k^2 = 16 \Rightarrow c = \pm 4$. Since the center is

$(0, 0)$, the foci of each of the ellipses are $(\pm 4, 0)$.

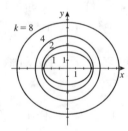

55. (a) $x^2 + 4xy + y^2 = 1$. Then $A = 1$, $B = 4$, and $C = 1$, so the discriminant is $4^2 - 4(1)(1) = 12$. Since the discriminant is positive, the equation represents a hyperbola.

(b) $\cot 2\phi = \dfrac{A - C}{B} = \dfrac{1 - 1}{4} = 0 \Rightarrow 2\phi = 90° \Leftrightarrow \phi = 45°$. Therefore, $x = \frac{\sqrt{2}}{2}X - \frac{\sqrt{2}}{2}Y$ and $y = \frac{\sqrt{2}}{2}X + \frac{\sqrt{2}}{2}Y$.

Substituting into the original equation gives

$\left(\frac{\sqrt{2}}{2}X - \frac{\sqrt{2}}{2}Y\right)^2 + 4\left(\frac{\sqrt{2}}{2}X - \frac{\sqrt{2}}{2}Y\right)\left(\frac{\sqrt{2}}{2}X + \frac{\sqrt{2}}{2}Y\right) + \left(\frac{\sqrt{2}}{2}X + \frac{\sqrt{2}}{2}Y\right)^2 = 1 \Leftrightarrow$

$\frac{1}{2}\left(X^2 - 2XY + Y^2\right) + 2\left(X^2 + XY - XY - Y^2\right) + \frac{1}{2}\left(X^2 + 2XY + Y^2\right) = 1$ **(c)**

$\Leftrightarrow 3X^2 - Y^2 = 1 \Leftrightarrow 3X^2 - Y^2 = 1$. This is a hyperbola with $a = \frac{1}{\sqrt{3}}$, $b = 1$, and

$c = \sqrt{\frac{1}{3} + 1} = \frac{2}{\sqrt{3}}$. Therefore, the hyperbola has vertices $V\left(\pm\frac{1}{\sqrt{3}}, 0\right)$ and foci

$F\left(\pm\frac{2}{\sqrt{3}}, 0\right)$, in XY-coordinates.

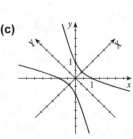

57. (a) $7x^2 - 6\sqrt{3}xy + 13y^2 - 4\sqrt{3}x - 4y = 0$. Then $A = 7$, $B = -6\sqrt{3}$, and $C = 13$, so the discriminant is

$\left(-6\sqrt{3}\right)^2 - 4\,(7)\,(13) = -256$. Since the discriminant is negative, the equation represents an ellipse.

(b) $\cot 2\phi = \dfrac{A - C}{B} = \dfrac{7 - 13}{-6\sqrt{3}} = \dfrac{1}{\sqrt{3}} \;\Rightarrow\; 2\phi = 60° \;\Leftrightarrow\; \phi = 30°$. Therefore, $x = \frac{\sqrt{3}}{2}X - \frac{1}{2}Y$ and

$y = \frac{1}{2}X + \frac{\sqrt{3}}{2}Y$. Substituting into the original equation gives

$7\left(\frac{\sqrt{3}}{2}X - \frac{1}{2}Y\right)^2 - 6\sqrt{3}\left(\frac{\sqrt{3}}{2}X - \frac{1}{2}Y\right)\left(\frac{1}{2}X + \frac{\sqrt{3}}{2}Y\right)$

$\qquad\qquad + 13\left(\frac{1}{2}X + \frac{\sqrt{3}}{2}Y\right)^2 - 4\sqrt{3}\left(\frac{\sqrt{3}}{2}X - \frac{1}{2}Y\right) - 4\left(\frac{1}{2}X + \frac{\sqrt{3}}{2}Y\right) = 0 \quad \Leftrightarrow$

$\frac{7}{4}\left(3X^2 - 2\sqrt{3}XY + Y^2\right) - \frac{3\sqrt{3}}{2}\left(\sqrt{3}X^2 + 3XY - XY - \sqrt{3}Y^2\right)$

$\qquad\qquad + \frac{13}{4}\left(X^2 + 2\sqrt{3}XY + 3Y^2\right) - 6X + 2\sqrt{3}Y - 2X - 2\sqrt{3}Y = 0 \quad \Leftrightarrow$

$X^2\left(\frac{21}{4} - \frac{9}{2} + \frac{13}{4}\right) - 8X + Y^2\left(\frac{7}{4} + \frac{9}{2} + \frac{39}{4}\right) = 0 \quad \Leftrightarrow$ **(c)**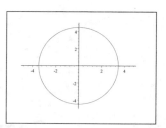

$4X^2 - 8X + 16Y^2 = 0 \quad \Leftrightarrow \quad 4\left(X^2 - 2X + 1\right) + 16Y^2 = 4 \quad \Leftrightarrow$

$(X - 1)^2 + 4Y^2 = 1$. This ellipse has $a = 1$, $b = \frac{1}{2}$, and $c = \sqrt{1 - \frac{1}{4}} = \frac{1}{2}\sqrt{3}$.

Therefore, the vertices are $V\,(1 \pm 1, 0) = V_1\,(0, 0)$ and $V_2\,(2, 0)$ and the foci are

$F\left(1 \pm \frac{1}{2}\sqrt{3}, 0\right)$.

59. $5x^2 + 3y^2 = 60 \quad \Leftrightarrow \quad 3y^2 = 60 - 5x^2 \quad \Leftrightarrow \quad y^2 = 20 - \frac{5}{3}x^2$. This conic is

an ellipse.

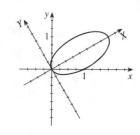

61. $6x + y^2 - 12y = 30 \quad \Leftrightarrow \quad y^2 - 12y = 30 - 6x \quad \Leftrightarrow$

$y^2 - 12y + 36 = 66 - 6x \quad \Leftrightarrow \quad (y - 6)^2 = 66 - 6x \quad \Leftrightarrow$

$y - 6 = \pm\sqrt{66 - 6x} \quad \Leftrightarrow \quad y = 6 \pm \sqrt{66 - 6x}$. This conic is a parabola.

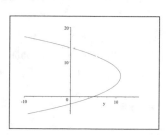

63. (a) $r = \dfrac{1}{1 - \cos\theta} \;\Rightarrow\; e = 1$. Therefore, this is a

parabola.

(b)

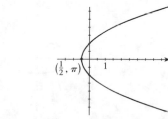

65. (a) $r = \dfrac{4}{1 + 2\sin\theta} \;\Rightarrow\; e = 2$. Therefore this is a

hyperbola.

(b)

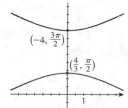

67. (a)

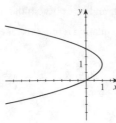

(b) $x = 1 - t^2$, $y = 1 + t$ $\Leftrightarrow$ $t = y - 1$.
Substituting for t gives $x = 1 - (y - 1)^2$ $\Leftrightarrow$
$(y - 1)^2 = 1 - x$ which is the rectangular coordinate equation.

69. (a)

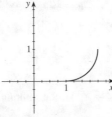

(b) $x = 1 + \cos t$ $\Leftrightarrow$ $\cos t = x - 1$, and
$y = 1 - \sin t$ $\Leftrightarrow$ $\sin t = 1 - y$. Since
$\cos^2 t + \sin^2 t = 1$, it follows that
$(x - 1)^2 + (1 - y)^2 = 1$ $\Leftrightarrow$
$(x - 1)^2 + (y - 1)^2 = 1$. Since t is restricted by
$0 \leq t \leq \frac{\pi}{2}$, $1 + \cos 0 \leq x \leq 1 + \cos \frac{\pi}{2}$ $\Leftrightarrow$
$1 \leq x \leq 2$, and similarly, $0 \leq y \leq 1$. (This is the lower right quarter of the circle.)

71. $x = \cos 2t$, $y = \sin 3t$

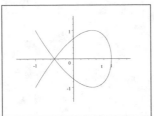

73. The coordinates of Q are $x = \cos \theta$ and $y = \sin \theta$. The coordinates of R are $x = 1$ and $y = \tan \theta$. Hence, the midpoint P is $\left(\dfrac{1 + \cos \theta}{2}, \dfrac{\sin \theta + \tan \theta}{2} \right)$, so parametric equations for the curve are $x = \dfrac{1 + \cos \theta}{2}$ and $y = \dfrac{\sin \theta + \tan \theta}{2}$.

Chapter 10 Test

1. $x^2 = -12y$. This is a parabola with $4p = -12$ $\Leftrightarrow$ $p = -3$. The focus is $(0, -3)$ and the directrix is $y = 3$.

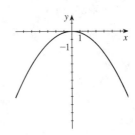

2. $\dfrac{x^2}{16} + \dfrac{y^2}{4} = 1$. This is an ellipse with $a = 4$, $b = 2$, and $c = \sqrt{16 - 4} = 2\sqrt{3}$.
The vertices are $(\pm 4, 0)$, the foci are $(\pm 2\sqrt{3}, 0)$, the length of the major axis is $2a = 8$, and the length of the minor axis is $2b = 4$.

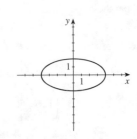

3. $\dfrac{y^2}{9} - \dfrac{x^2}{16} = 1$. This is a hyperbola with $a = 3$, $b = 4$, and $c = \sqrt{9 + 16} = 5$. The

vertices are $(0, \pm 3)$, the foci are $(0, \pm 5)$, and the asymptotes are $y = \pm\frac{3}{4}x$.

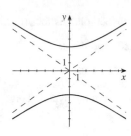

4. This is a parabola that opens to the left with its vertex at $(0, 0)$. So its equation is of the form $y^2 = 4px$ with $p < 0$.

Substituting the point $(-4, 2)$, we have $2^2 = 4p(-4)$ $\Leftrightarrow$ $4 = -16p$ $\Leftrightarrow$ $p = -\frac{1}{4}$. So an equation is

$y^2 = 4\left(-\frac{1}{4}\right)x$ $\Leftrightarrow$ $y^2 = -x$.

5. This is an ellipse tangent to the x-axis at $(0, 0)$ and with one vertex at the point $(4, 3)$. The center is $(0, 3)$, and $a = 4$ and

$b = 3$. Thus the equation is $\dfrac{x^2}{16} + \dfrac{(y - 3)^2}{9} = 1$.

6. This a hyperbola with a horizontal transverse axis, vertices at $(1, 0)$ and $(3, 0)$, and foci at $(0, 0)$ and $(4, 0)$. Thus the center

is $(2, 0)$, and $a = 3 - 2 = 1$ and $c = 4 - 2 = 2$. Thus $b^2 = 2^2 - 1^2 = 3$. So an equation is $\dfrac{(x - 2)^2}{1^2} - \dfrac{y^2}{3} = 1$ $\Leftrightarrow$

$(x - 2)^2 - \dfrac{y^2}{3} = 1$.

7. $16x^2 + 36y^2 - 96x + 36y + 9 = 0$ $\Leftrightarrow$ $16\left(x^2 - 6x\right) + 36\left(y^2 + y\right) = -9$

$\Leftrightarrow$ $16\left(x^2 - 6x + 9\right) + 36\left(y^2 + y + \frac{1}{4}\right) = -9 + 144 + 9$ $\Leftrightarrow$

$16(x - 3)^2 + 36\left(y + \frac{1}{2}\right)^2 = 144$ $\Leftrightarrow$ $\dfrac{(x - 3)^2}{9} + \dfrac{\left(y + \frac{1}{2}\right)^2}{4} = 1$. This is an

ellipse with $a = 3$, $b = 2$, and $c = \sqrt{9 - 4} = \sqrt{5}$. The center is $\left(3, -\frac{1}{2}\right)$, the

vertices are $\left(3 \pm 3, -\frac{1}{2}\right) = \left(0, -\frac{1}{2}\right)$ and $\left(6, -\frac{1}{2}\right)$, and the foci are

$(h \pm c, k) = \left(3 \pm \sqrt{5}, -\frac{1}{2}\right) = \left(3 + \sqrt{5}, -\frac{1}{2}\right)$ and $\left(3 - \sqrt{5}, -\frac{1}{2}\right)$.

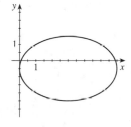

8. $9x^2 - 8y^2 + 36x + 64y = 164$ $\Leftrightarrow$ $9\left(x^2 + 4x\right) - 8\left(y^2 - 8y\right) = 164$ $\Leftrightarrow$

$9\left(x^2 + 4x + 4\right) - 8\left(y^2 - 8y + 16\right) = 164 + 36 - 128$ $\Leftrightarrow$

$9(x + 2)^2 - 8(y - 4)^2 = 72$ $\Leftrightarrow$ $\dfrac{(x + 2)^2}{8} - \dfrac{(y - 4)^2}{9} = 1$. This conic is a

hyperbola.

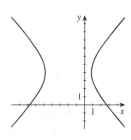

9. $2x + y^2 + 8y + 8 = 0$ $\Leftrightarrow$ $y^2 + 8y + 16 = -2x - 8 + 16$ $\Leftrightarrow$

$(y + 4)^2 = -2(x - 4)$. This is a parabola with $4p = -2$ $\Leftrightarrow$ $p = -\frac{1}{2}$. The

vertex is $(4, -4)$ and the focus is $\left(4 - \frac{1}{2}, -4\right) = \left(\frac{7}{2}, -4\right)$.

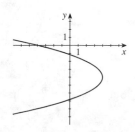

10. The hyperbola has foci $(0, \pm 5)$ and asymptotes $y = \pm \frac{3}{4}x$. Since the foci are $(0, \pm 5)$, $c = 5$, the foci are on the y-axis, and the center is $(0,0)$. Also, since $y = \pm \frac{3}{4}x = \pm \frac{a}{b}x$, it follows that $\frac{a}{b} = \frac{3}{4}$ $\Leftrightarrow$ $a = \frac{3}{4}b$. Then $c^2 = 5^2 = 25 = a^2 + b^2 = \left(\frac{3}{4}b\right)^2 + b^2 = \frac{25}{16}b^2$ $\Leftrightarrow$ $b^2 = 16$, and by substitution, $a = \frac{3}{4}(4) = 3$. Therefore, an equation of the hyperbola is $\dfrac{y^2}{9} - \dfrac{x^2}{16} = 1$.

11. The parabola has focus $(2, 4)$ and directrix the x-axis $(y = 0)$. Therefore, $2p = 4 - 0 = 4$ $\Leftrightarrow$ $p = 2$ $\Leftrightarrow$ $4p = 8$, and the vertex is $(2, 4 - p) = (2, 2)$. Hence, an equation of the parabola is $(x - 2)^2 = 8(y - 2)$ $\Leftrightarrow$ $x^2 - 4x + 4 = 8y - 16$ $\Leftrightarrow$ $x^2 - 4x - 8y + 20 = 0$.

12. We place the vertex of the parabola at the origin, so the parabola contains the points $(3, \pm 3)$, and the equation is of the form $y^2 = 4px$. Substituting the point $(3, 3)$, we get $3^2 = 4p(3)$ $\Leftrightarrow$ $9 = 12p$ $\Leftrightarrow$ $p = \frac{3}{4}$. So the focus is $\left(\frac{3}{4}, 0\right)$, and we should place the light bulb $\frac{3}{4}$ inch from the vertex.

13. (a) $5x^2 + 4xy + 2y^2 = 18$. Then $A = 5$, $B = 4$, and $C = 2$, so the discriminant is $(4)^2 - 4(5)(2) = -24$. Since the discriminant is negative, the equation represents an ellipse.

(b) $\cot 2\phi = \dfrac{A - C}{B} = \dfrac{5 - 2}{4} = \dfrac{3}{4}$. Thus, $\cos 2\phi = \frac{3}{5}$ and so $\cos \phi = \sqrt{\dfrac{1 + (3/5)}{2}} = \dfrac{2\sqrt{5}}{5}$, $\sin \phi = \sqrt{\dfrac{1 - (3/5)}{2}} = \dfrac{\sqrt{5}}{5}$. It follows that $x = \dfrac{2\sqrt{5}}{5}X - \dfrac{\sqrt{5}}{5}Y$ and $y = \dfrac{\sqrt{5}}{5}X + \dfrac{2\sqrt{5}}{5}Y$. By substitution, $5\left(\dfrac{2\sqrt{5}}{5}X - \dfrac{\sqrt{5}}{5}Y\right)^2 + 4\left(\dfrac{2\sqrt{5}}{5}X - \dfrac{\sqrt{5}}{5}Y\right)\left(\dfrac{\sqrt{5}}{5}X + \dfrac{2\sqrt{5}}{5}Y\right) + 2\left(\dfrac{\sqrt{5}}{5}X + \dfrac{2\sqrt{5}}{5}Y\right)^2 = 18$ $\Leftrightarrow$ $4X^2 - 4XY + Y^2 + \frac{4}{5}\left(2X^2 + 4XY - XY - 2Y^2\right) + \frac{2}{5}\left(X^2 + 4XY + 4Y^2\right) = 18$ $\Leftrightarrow$ $X^2\left(4 + \frac{8}{5} + \frac{2}{5}\right) + XY\left(-4 + \frac{12}{5} + \frac{8}{5}\right) + Y^2\left(1 - \frac{8}{5} + \frac{4}{5}\right) = 18$ $\Leftrightarrow$ $6X^2 + Y^2 = 18$ $\Leftrightarrow$ $\dfrac{X^2}{3} + \dfrac{Y^2}{18} = 1$. This is an ellipse with $a = 3\sqrt{2}$ and $b = \sqrt{3}$.

(c)

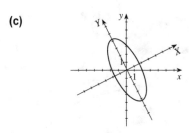

Since $\cos 2\phi = \frac{3}{5}$ we have $2\phi = \cos^{-1}\frac{3}{5} \approx 53.13°$, so $\phi \approx 27°$.

(d) In XY-coordinates, the vertices are $V\left(0, \pm 3\sqrt{2}\right)$. Therefore, in xy-coordinates, the vertices are $x = -\dfrac{3\sqrt{2}}{\sqrt{5}}$ and $y = \dfrac{6\sqrt{2}}{\sqrt{5}}$ $\Rightarrow$ $V_1\left(-\dfrac{3\sqrt{2}}{\sqrt{5}}, \dfrac{6\sqrt{2}}{\sqrt{5}}\right)$, and $x = \dfrac{3\sqrt{2}}{\sqrt{5}}$ and $y = -\dfrac{6\sqrt{2}}{\sqrt{5}}$ $\Rightarrow$ $V_2\left(\dfrac{3\sqrt{2}}{\sqrt{5}}, \dfrac{-6\sqrt{2}}{\sqrt{5}}\right)$.

14. (a) Since the focus of this conic is the origin and the directrix is $x = 2$, the equation has the form $r = \dfrac{ed}{1 + e \cos \theta}$. Subsituting $e = \frac{1}{2}$ and $d = 2$ we get $r = \dfrac{1}{1 + \frac{1}{2} \cos \theta} \quad \Leftrightarrow \quad r = \dfrac{2}{2 + \cos \theta}$.

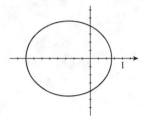

(b) $r = \dfrac{3}{2 - \sin \theta} \quad \Leftrightarrow \quad r = \dfrac{\frac{3}{2}}{1 - \frac{1}{2} \sin \theta}$. So $e = \frac{1}{2}$ and the conic is an ellipse.

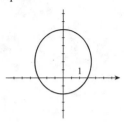

15. (a) $x = 3 \sin \theta + 3$, $y = 2 \cos \theta$, $0 \le \theta \le \pi$. From the work of part (b), we see that this is the half-ellipse shown.

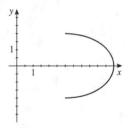

(b) $x = 3 \sin \theta + 3 \Leftrightarrow x - 3 = 3 \sin \theta \Leftrightarrow \dfrac{x - 3}{3} = \sin \theta$.

Squaring both sides gives $\dfrac{(x - 3)^2}{9} = \sin^2 \theta$. Similarly, $y = 2 \cos \theta \Leftrightarrow \dfrac{y}{2} = \cos \theta$, and squaring both sides gives $\dfrac{y^2}{4} = \cos^2 \theta$. Since $\sin^2 \theta + \cos^2 \theta = 1$, it follows that $\dfrac{(x - 3)^2}{9} + \dfrac{y^2}{4} = 1$. Since $0 \le \theta \le \pi$, $\sin \theta \ge 0$, so $3 \sin \theta \ge 0 \Rightarrow 3 \sin \theta + 3 > 3$, and so $x \ge 3$. Thus the curve consists of only the right half of the ellipse.

Focus on Modeling: The Path of a Projectile

1. From $x = (v_0 \cos \theta) t$, we get $t = \dfrac{x}{v_0 \cos \theta}$. Substituting this value for t into the equation for y, we get

$$y = (v_0 \sin \theta) t - \tfrac{1}{2} g t^2 \quad \Leftrightarrow \quad y = (v_0 \sin \theta) \left(\dfrac{x}{v_0 \cos \theta} \right) - \tfrac{1}{2} g \left(\dfrac{x}{v_0 \cos \theta} \right)^2 \quad \Leftrightarrow \quad y = (\tan \theta) x - \dfrac{g}{2 v_0^2 \cos^2 \theta} x^2.$$

This shows that y is a quadratic function of x, so its graph is a parabola as long as $\theta \neq 90°$. When $\theta = 90°$, the path of the projectile is a straight line up (then down).

3. (a) We use the equation $t = \dfrac{2 v_0 \sin \theta}{g}$. Substituting $g \approx 32$ ft/s^2, $\theta = 5°$, and $v_0 = 1000$, we get

$$t = \dfrac{2 \cdot 1000 \cdot \sin 5°}{32} \approx 5.447 \text{ seconds.}$$

(b) Substituting the given values into $y = (v_0 \sin \theta) t - \tfrac{1}{2} g t^2$, we get

$y = 87.2 t - 16 t^2$. The maximum value of y is attained at the vertex of the parabola; thus $y = 87.2 t - 16 t^2 = -16 \left(t^2 - 5.45 t \right) \quad \Leftrightarrow$

$y = -16 \left[t^2 - 2 (2.725) t + 7.425625 \right] + 118.7$. Thus the greatest height is 118.7 ft.

(c) The rocket hits the ground after 5.447 s, so substituting this into the expression for the horizontal distance gives

$x = (1000 \cos 5°) \, 5.447 = 5426$ ft.

(d)

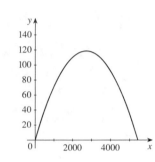

5. We use the equation of the parabola from Exercise 1 and find its vertex: $y = (\tan \theta) x - \dfrac{g}{2 v_0^2 \cos^2 \theta} x^2 \Leftrightarrow$

$$y = -\dfrac{g}{2 v_0^2 \cos^2 \theta} \left[x^2 - \dfrac{2 v_0^2 \sin \theta \cos \theta \, x}{g} \right] \quad \Leftrightarrow \quad y = -\dfrac{g}{2 v_0^2 \cos^2 \theta} \left[x^2 - \dfrac{2 v_0^2 \sin \theta \cos \theta \, x}{g} + \left(\dfrac{v_0^2 \sin \theta \cos \theta}{g} \right)^2 \right] +$$

$$\dfrac{g}{2 v_0^2 \cos^2 \theta} \cdot \left(\dfrac{v_0^2 \sin \theta \cos \theta}{g} \right)^2 \quad \Leftrightarrow \quad y = -\dfrac{g}{2 v_0^2 \cos^2 \theta} \left[x - \dfrac{v_0^2 \sin \theta \cos \theta}{g} \right]^2 + \dfrac{v_0^2 \sin^2 \theta}{2g}. \text{ Thus the vertex is at}$$

$\left(\dfrac{v_0^2 \sin \theta \cos \theta}{g}, \dfrac{v_0^2 \sin^2 \theta}{2g} \right)$, so the maximum height is $\dfrac{v_0^2 \sin^2 \theta}{2g}$.

7. In Exercise 6 we derived the equations $x = (v_0 \cos \theta - w) t$, $y = (v_0 \sin \theta) t - \tfrac{1}{2} g t^2$. We plot the graphs for the given values of v_0, w, and θ in the first figure. We see that the optimal firing angle appears to be between $15°$ and $30°$. The projectile will be blown backwards if the horizontal component of its velocity is less than the speed of the wind, that is, $32 \cos \theta < 24 \quad \Leftrightarrow \quad \cos \theta < \tfrac{3}{4} \quad \Rightarrow \quad \theta > 41.4°$.

In the second figure, we graph the trajectory for $\theta = 20°$, $\theta = 23°$, and $\theta = 25°$. The solution appears to be close to $23°$.

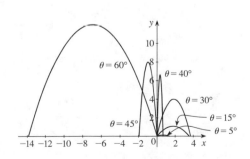

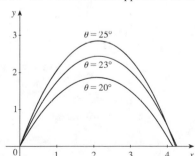

11 Sequences and Series

11.1 Sequences and Summation Notation

1. $a_n = n + 1$. Then $a_1 = 1 + 1 = 2$, $a_2 = 2 + 1 = 3$, $a_3 = 3 + 1 = 4$, $a_4 = 4 + 1 = 5$, and $a_{100} = 100 + 1 = 101$.

3. $a_n = \dfrac{1}{n+1}$. Then $a_1 = \dfrac{1}{1+1} = \dfrac{1}{2}$, $a_2 = \dfrac{1}{2+1} = \dfrac{1}{3}$, $a_3 = \dfrac{1}{3+1} = \dfrac{1}{4}$, $a_4 = \dfrac{1}{4+1} = \dfrac{1}{5}$, and $a_{100} = \dfrac{1}{100+1} = \dfrac{1}{101}$.

5. $a_n = \dfrac{(-1)^n}{n^2}$. Then $a_1 = \dfrac{(-1)^1}{1^2} = -1$, $a_2 = \dfrac{(-1)^2}{2^2} = \dfrac{1}{4}$, $a_3 = \dfrac{(-1)^3}{3^2} = -\dfrac{1}{9}$, $a_4 = \dfrac{(-1)^4}{4^2} = \dfrac{1}{16}$, and $a_{100} = \dfrac{(-1)^{100}}{100^2} = \dfrac{1}{10{,}000}$.

7. $a_n = 1 + (-1)^n$. Then $a_1 = 1 + (-1)^1 = 0$, $a_2 = 1 + (-1)^2 = 2$, $a_3 = 1 + (-1)^3 = 0$, $a_4 = 1 + (-1)^4 = 2$, and $a_{100} = 1 + (-1)^{100} = 2$.

9. $a_n = n^n$. Then $a_1 = 1^1 = 1$, $a_2 = 2^2 = 4$, $a_3 = 3^3 = 27$, $a_4 = 4^4 = 256$, and $a_{100} = 100^{100} = 10^{200}$.

11. $a_n = 2\,(a_{n-1} - 2)$ and $a_1 = 3$. Then $a_2 = 2\,[(3) - 2] = 2$, $a_3 = 2\,[(2) - 2] = 0$, $a_4 = 2\,[(0) - 2] = -4$, and $a_5 = 2\,[(-4) - 2] = -12$.

13. $a_n = 2a_{n-1} + 1$ and $a_1 = 1$. Then $a_2 = 2\,(1) + 1 = 3$, $a_3 = 2\,(3) + 1 = 7$, $a_4 = 2\,(7) + 1 = 15$, and $a_5 = 2\,(15) + 1 = 31$.

15. $a_n = a_{n-1} + a_{n-2}$, $a_1 = 1$, and $a_2 = 2$. Then $a_3 = 2 + 1 = 3$, $a_4 = 3 + 2 = 5$, and $a_5 = 5 + 3 = 8$.

17. **(a)** $a_1 = 7$, $a_2 = 11$, $a_3 = 15$, $a_4 = 19$, $a_5 = 23$, $u_6 = 27$, $a_7 = 31$, $a_8 = 35$, $a_9 = 39$, $a_{10} = 43$

(b)

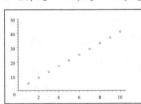

19. **(a)** $a_1 = \dfrac{12}{1} = 12$, $a_2 = \dfrac{12}{2} = 6$, $a_3 = \dfrac{12}{3} = 4$, $a_4 = \dfrac{12}{4} = 3$, $a_5 = \dfrac{12}{5}$, $a_6 = \dfrac{12}{6} = 2$, $a_7 = \dfrac{12}{7}$, $a_8 = \dfrac{12}{8} = \dfrac{3}{2}$, $a_9 = \dfrac{12}{9} = \dfrac{4}{3}$, $a_{10} = \dfrac{12}{10} = \dfrac{6}{5}$

(b)

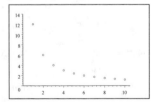

21. **(a)** $a_1 = 2$, $a_2 = 0.5$, $a_3 = 2$, $a_4 = 0.5$, $a_5 = 2$, $a_6 = 0.5$, $a_7 = 2$, $a_8 = 0.5$, $a_9 = 2$, $a_{10} = 0.5$

(b)

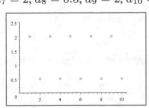

23. $2, 4, 8, 16, \ldots$. All are powers of 2, so $a_1 = 2$, $a_2 = 2^2$, $a_3 = 2^3$, $a_4 = 2^4, \ldots$ Thus $a_n = 2^n$.

25. $1, 4, 7, 10, \ldots$. The difference between any two consecutive terms is 3, so $a_1 = 3\,(1) - 2$, $a_2 = 3\,(2) - 2$, $a_3 = 3\,(3) - 2$, $a_4 = 3\,(4) - 2, \ldots$ Thus $a_n = 3n - 2$.

27. $1, \frac{3}{4}, \frac{5}{9}, \frac{7}{16}, \frac{9}{25}, \ldots$. We consider the numerator separately from the denominator. The numerators of the terms differ by 2, and the denominators are perfect squares. So $a_1 = \dfrac{2(1)-1}{1^2}$, $a_2 = \dfrac{2(2)-1}{2^2}$, $a_3 = \dfrac{2(3)-1}{3^2}$, $a_4 = \dfrac{2(4)-1}{4^2}$, $a_5 = \dfrac{2(5)-1}{5^2}$, ... Thus $a_n = \dfrac{2n-1}{n^2}$.

29. $0, 2, 0, 2, 0, 2, \ldots$. These terms alternate between 0 and 2. So $a_1 = 1-1$, $a_2 = 1+1$, $a_3 = 1-1$, $a_4 = 1+1$, $a_5 = 1-1$, $a_6 = 1+1$, ... Thus $a_n = 1 + (-1)^n$.

31. $a_1 = 1$, $a_2 = 3$, $a_3 = 5$, $a_4 = 7$, ... Therefore, $a_n = 2n-1$. So $S_1 = 1$, $S_2 = 1+3 = 4$, $S_3 = 1+3+5+ = 9$, $S_4 = 1+3+5+7 = 16$, $S_5 = 1+3+5+7+9 = 25$, and $S_6 = 1+3+5+7+9+11 = 36$.

33. $a_1 = \frac{1}{3}$, $a_2 = \frac{1}{3^2}$, $a_3 = \frac{1}{3^3}$, $a_4 = \frac{1}{3^4}$, ... Therefore, $a_n = \dfrac{1}{3^n}$. So $S_1 = \frac{1}{3}$, $S_2 = \frac{1}{3} + \frac{1}{3^2} = \frac{4}{9}$, $S_3 = \frac{1}{3} + \frac{1}{3^2} + \frac{1}{3^3} = \frac{13}{27}$, $S_4 = \frac{1}{3} + \frac{1}{3^2} + \frac{1}{3^3} + \frac{1}{3^4} = \frac{40}{81}$, and $S_5 = \frac{1}{3} + \frac{1}{3^2} + \frac{1}{3^3} + \frac{1}{3^4} + \frac{1}{3^5} = \frac{121}{243}$, $S_6 = \frac{1}{3} + \frac{1}{3^2} + \frac{1}{3^3} + \frac{1}{3^4} + \frac{1}{3^5} + \frac{1}{3^6} = \frac{364}{729}$.

35. $a_n = \dfrac{2}{3^n}$. So $S_1 = \frac{2}{3}$, $S_2 = \frac{2}{3} + \frac{2}{3^2} = \frac{8}{9}$, $S_3 = \frac{2}{3} + \frac{2}{3^2} + \frac{2}{3^3} = \frac{26}{27}$, and $S_4 = \frac{2}{3} + \frac{2}{3^2} + \frac{2}{3^3} + \frac{2}{3^4} = \frac{80}{81}$. Therefore, $S_n = \dfrac{3^n - 1}{3^n}$.

37. $a_n = \sqrt{n} - \sqrt{n+1}$. So $S_1 = \sqrt{1} - \sqrt{2} = 1 - \sqrt{2}$, $S_2 = \left(\sqrt{1} - \sqrt{2}\right) + \left(\sqrt{2} - \sqrt{3}\right) = 1 + \left(-\sqrt{2} + \sqrt{2}\right) - \sqrt{3} = 1 - \sqrt{3}$, $S_3 = \left(\sqrt{1} - \sqrt{2}\right) + \left(\sqrt{2} - \sqrt{3}\right) + \left(\sqrt{3} - \sqrt{4}\right) = 1 + \left(-\sqrt{2} + \sqrt{2}\right) + \left(-\sqrt{3} + \sqrt{3}\right) - \sqrt{4} = 1 - \sqrt{4}$,

$S_4 = \left(\sqrt{1} - \sqrt{2}\right) + \left(\sqrt{2} - \sqrt{3}\right) + \left(\sqrt{3} - \sqrt{4}\right) + \left(\sqrt{4} - \sqrt{5}\right)$

$\quad = 1 + \left(-\sqrt{2} + \sqrt{2}\right) + \left(-\sqrt{3} + \sqrt{3}\right) + \left(-\sqrt{4} + \sqrt{4}\right) - \sqrt{5} = 1 - \sqrt{5}$.

Therefore,

$S_n = \left(\sqrt{1} - \sqrt{2}\right) + \left(\sqrt{2} - \sqrt{3}\right) + \cdots + \left(\sqrt{n} - \sqrt{n+1}\right)$

$\quad = 1 + \left(-\sqrt{2} + \sqrt{2}\right) + \left(-\sqrt{3} + \sqrt{3}\right) + \cdots + \left(-\sqrt{n} + \sqrt{n}\right) - \sqrt{n+1} = 1 - \sqrt{n+1}$

39. $\sum_{k=1}^{4} k = 1 + 2 + 3 + 4 = 10$

41. $\sum_{k=1}^{3} \dfrac{1}{k} = 1 + \frac{1}{2} + \frac{1}{3} = \frac{6}{6} + \frac{3}{6} + \frac{2}{6} = \frac{11}{6}$

43. $\sum_{i=1}^{8} \left[1 + (-1)^i\right] = 0 + 2 + 0 + 2 + 0 + 2 + 0 + 2 = 8$

45. $\sum_{k=1}^{5} 2^{k-1} = 2^0 + 2^1 + 2^2 + 2^3 + 2^4 = 1 + 2 + 4 + 8 + 16 = 31$

47. 385   **49.** 46,438   **51.** 22

53. $\sum_{k=1}^{5} \sqrt{k} = \sqrt{1} + \sqrt{2} + \sqrt{3} + \sqrt{4} + \sqrt{5}$

55. $\sum_{k=0}^{6} \sqrt{k+4} = \sqrt{4} + \sqrt{5} + \sqrt{6} + \sqrt{7} + \sqrt{8} + \sqrt{9} + \sqrt{10}$

57. $\sum_{k=3}^{100} x^k = x^3 + x^4 + x^5 + \cdots + x^{100}$

59. $1 + 2 + 3 + 4 + \cdots + 100 = \sum_{k=1}^{100} k$

61. $1^2 + 2^2 + 3^2 + \cdots + 10^2 = \sum_{k=1}^{10} k^2$

63. $\dfrac{1}{1 \cdot 2} + \dfrac{1}{2 \cdot 3} + \dfrac{1}{3 \cdot 4} + \cdots + \dfrac{1}{999 \cdot 1000} = \sum_{k=1}^{999} \dfrac{1}{k(k+1)}$

65. $1 + x + x^2 + x^3 + \cdots + x^{100} = \sum_{k=0}^{100} x^k$

67. $\sqrt{2}, \sqrt{2\sqrt{2}}, \sqrt{2\sqrt{2\sqrt{2}}}, \sqrt{2\sqrt{2\sqrt{2\sqrt{2}}}}, \ldots$. We simplify each term in an attempt to determine a formula for a_n. So $a_1 = 2^{1/2}$, $a_2 = \sqrt{2 \cdot 2^{1/2}} = \sqrt{2^{3/2}} = 2^{3/4}$, $a_3 = \sqrt{2 \cdot 2^{3/4}} = \sqrt{2^{7/4}} = 2^{7/8}$, $a_4 = \sqrt{2 \cdot 2^{7/8}} = \sqrt{2^{15/8}} = 2^{15/16}$, ... Thus $a_n = 2^{(2^n - 1)/2^n}$.

69. (a) $A_1 = \$2004$, $A_2 = \$2008.01$, $A_3 = \$2012.02$, $A_4 = \$2016.05$, $A_5 = \$2020.08$, $A_6 = \$2024.12$

(b) Since 3 years is 36 months, we get $A_{36} = \$2149.16$.

71. (a) $P_1 = 35{,}700$, $P_2 = 36{,}414$, $P_3 = 37{,}142$, $P_4 = 37{,}885$, $P_5 = 38{,}643$

(b) Since 2014 is 10 years after 2004, $P_{10} = 42{,}665$.

73. (a) The number of catfish at the end of the month, P_n, is the population at the start of the month, P_{n-1}, plus the increase in population, $0.08P_{n-1}$, minus the 300 catfish harvested. Thus $P_n = P_{n-1} + 0.08P_{n-1} - 300 \iff P_n = 1.08P_{n-1} - 300$.

(b) $P_1 = 5100$, $P_2 = 5208$, $P_3 = 5325$, $P_4 = 5451$, $P_5 = 5587$, $P_6 = 5734$, $P_7 = 5892$, $P_8 = 6064$, $P_9 = 6249$, $P_{10} = 6449$, $P_{11} = 6665$, $P_{12} = 6898$. Thus there should be 6898 catfish in the pond at the end of 12 months.

75. (a) Let S_n be his salary in the nth year. Then $S_1 = \$30{,}000$. Since his salary increase by 2000 each year, $S_n = S_{n-1} + 2000$. Thus $S_1 = \$30{,}000$ and $S_n = S_{n-1} + 2000$.

(b) $S_5 = S_4 + 2000 = (S_3 + 2000) + 2000 = (S_2 + 2000) + 4000 = (S_1 + 2000) + 6000 = \$38{,}000$.

77. Let F_n be the number of pairs of rabbits in the nth month. Clearly $F_1 = F_2 = 1$. In the nth month each pair that is two or more months old (that is, F_{n-2} pairs) will add a pair of offspring to the F_{n-1} pairs already present. Thus $F_n = F_{n-1} + F_{n-2}$. So F_n is the Fibonacci sequence.

79. $a_{n+1} = \begin{cases} \dfrac{a_n}{2} & \text{if } a_n \text{ is even} \\ 3a_n + 1 & \text{if } a_n \text{ is odd} \end{cases}$ With $a_1 = 11$, we have $a_2 = 34$, $a_3 = 17$, $a_4 = 52$, $a_5 = 26$, $a_6 = 13$, $a_7 = 40$, $a_8 = 20$, $a_9 = 10$, $a_{10} = 5$, $a_{11} = 16$, $a_{12} = 8$, $a_{13} = 4$, $a_{14} = 2$, $a_{15} = 1$, $a_{16} = 4$, $a_{17} = 2$, $a_{18} = 1$, ... (with 4, 2, 1 repeating). So $a_{3n+1} = 4$, $a_{3n+2} = 2$, and $a_{3n} = 1$, for $n \geq 5$. With $a_1 = 25$, we have $a_2 = 76$, $a_3 = 38$, $a_4 = 19$, $a_5 = 58$, $a_6 = 29$, $a_7 = 88$, $a_8 = 44$, $a_9 = 22$, $a_{10} = 11$, $a_{11} = 34$, $a_{12} = 17$, $a_{13} = 52$, $a_{14} = 26$, $a_{15} = 13$, $a_{16} = 40$, $a_{17} = 20$, $a_{18} = 10$, $a_{19} = 5$, $a_{20} = 16$, $a_{21} = 8$, $a_{22} = 4$, $a_{23} = 2$, $a_{24} = 1$, $a_{25} = 4$, $a_{26} = 2$, $a_{27} = 1$, ... (with 4, 2, 1 repeating). So $a_{3n+1} = 4$, $a_{3n+2} = 2$, and $a_{3n+3} = 1$ for $n \geq 7$.

We conjecture that the sequence will always return to the numbers 4, 2, 1 repeating.

11.2   Arithmetic Sequences

1. (a) $a_1 = 5 + 2(1-1) = 5$,
$a_2 = 5 + 2(2-1) = 5 + 2 = 7$,
$a_3 = 5 + 2(3-1) = 5 + 4 = 9$,
$a_4 = 5 + 2(4-1) = 5 + 6 = 11$,
$a_5 = 5 + 2(5-1) = 5 + 8 - 13$

(b) The common difference is 2.

(c)

3. (a) $a_1 = \frac{5}{2} - (1-1) = \frac{5}{2}$, $a_2 = \frac{5}{2} - (2-1) = \frac{3}{2}$,
$a_3 = \frac{5}{2} - (3-1) = \frac{1}{2}$, $a_4 = \frac{5}{2} - (4-1) = -\frac{1}{2}$,
$a_5 = \frac{5}{2} - (5-1) = -\frac{3}{2}$

(b) The common difference is -1.

(c)

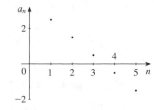

5. $a = 3$, $d = 5$, $a_n = a + d(n-1) = 3 + 5(n-1)$. So $a_{10} = 3 + 5(10-1) = 48$.

7. $a = \frac{5}{2}$, $d = -\frac{1}{2}$, $a_n = a + d(n-1) = \frac{5}{2} - \frac{1}{2}(n-1)$. So $a_{10} = \frac{5}{2} - \frac{1}{2}(10-1) = -2$.

9. $a_4 - a_3 = 14 - 11 = 3$, $a_3 - a_2 = 11 - 8 = 3$, $a_2 - a_1 = 8 - 5 = 3$. This sequence is arithmetic with common difference 3.

11. Since $a_2 - a_1 = 4 - 2 = 2$ and $a_4 - a_3 = 16 - 8 = 8$, the terms of the sequence do not have a common difference. This sequence is not arithmetic.

13. $a_4 - a_3 = -\frac{3}{2} - 0 = -\frac{3}{2}$, $a_3 - a_2 = 0 - \frac{3}{2} = -\frac{3}{2}$, $a_2 - a_1 = \frac{3}{2} - 3 = -\frac{3}{2}$. This sequence is arithmetic with common difference $-\frac{3}{2}$.

15. $a_4 - a_3 = 7.7 - 6.0 = 1.7$, $a_3 - a_2 = 6.0 - 4.3 = 1.7$, $4. - a_1 = 4.3 - 2.6 = 1.7$. This sequence is arithmetic with common difference 1.7.

17. $a_1 = 4 + 7(1) = 11$, $a_2 = 4 + 7(2) = 18$, $a_3 = 4 + 7(3) = 25$, $a_4 = 4 + 7(4) = 32$, $a_5 = 4 + 7(5) = 39$. This sequence is arithmetic, the common difference is $d = 7$ and $a_n = 4 + 7n = 4 + 7n - 7 + 7 = 11 + 7(n-1)$.

19. $a_1 = \dfrac{1}{1 + 2(1)} = \dfrac{1}{3}$, $a_2 = \dfrac{1}{1 + 2(2)} = \dfrac{1}{5}$, $a_3 = \dfrac{1}{1 + 2(3)} = \dfrac{1}{7}$, $a_4 = \dfrac{1}{1 + 2(4)} = \dfrac{1}{9}$, $a_5 = \dfrac{1}{1 + 2(5)} = \dfrac{1}{11}$. Since $a_4 - a_3 = \frac{1}{9} - \frac{1}{7} = -\frac{2}{63}$ and $a_3 - a_2 = \frac{1}{7} - \frac{1}{3} = -\frac{2}{21}$, the terms of the sequence do not have a common difference. This sequence is not arithmetic.

21. $a_1 = 6(1) - 10 = -4$, $a_2 = 6(2) - 10 = 2$, $a_3 = 6(3) - 10 = 8$, $a_4 = 6(4) - 10 = 14$, $a_5 = 6(5) - 10 = 20$. This sequence is arithmetic, the common difference is $d = 6$ and $a_n = 6n - 10 = 6n - 6 + 6 - 10 = -4 + 6(n-1)$.

23. $2, 5, 8, 11, \ldots$. Then $d = a_2 - a_1 = 5 - 2 = 3$, $a_5 = a_4 + 3 = 11 + 3 = 14$, $a_n = 2 + 3(n-1)$, and $a_{100} = 2 + 3(99) = 299$.

25. $4, 9, 14, 19, \ldots$. Then $d = a_2 - a_1 = 9 - 4 = 5$, $a_5 = a_4 + 5 = 19 + 5 = 24$, $a_n = 4 + 5(n-1)$, and $a_{100} = 4 + 5(99) = 499$.

27. $-12, -8, -4, 0, \ldots$. Then $d = a_2 - a_1 = -8 - (-12) = 4$, $a_5 = a_4 + 4 = 0 + 4 = 4$, $a_n = -12 + 4(n-1)$, and $a_{100} = -12 + 4(99) = 384$.

29. $25, 26.5, 28, 29.5, \ldots$. Then $d = a_2 - a_1 = 26.5 - 25 = 1.5$, $a_5 = a_4 + 1.5 = 29.5 + 1.5 = 31$, $a_n = 25 + 1.5(n-1)$, $a_{100} = 25 + 1.5(99) = 173.5$.

31. $2, 2 + s, 2 + 2s, 2 + 3s, \ldots$. Then $d = a_2 - a_1 = 2 + s - 2 = s$, $a_5 = a_4 + s = 2 + 3s + s = 2 + 4s$, $a_n = 2 + (n-1)s$, and $a_{100} = 2 + 99s$.

33. $a_{10} = \frac{55}{2}$, $a_2 = \frac{7}{2}$, and $a_n = a + d(n-1)$. Then $a_2 = a + d = \frac{7}{2} \iff d = \frac{7}{2} - a$. Substituting into $a_{10} = a + 9d = \frac{55}{2}$ gives $a + 9\left(\frac{7}{2} - a\right) = \frac{55}{2} \iff a = \frac{1}{2}$. Thus, the first term is $a_1 = \frac{1}{2}$.

35. $a_{100} = 98$ and $d = 2$. Note that $a_{100} = a + 99d = a + 99(2) = a + 198$. Since $a_{100} = 98$, we have $a + 198 = a_{100} = 98 \iff a = -100$. Hence, $a_1 = -100$, $a_2 = -100 + 2 = -98$, and $a_3 = -100 + 4 = -96$.

37. The arithmetic sequence is $1, 4, 7, \ldots$. So $d = 4 - 1 = 3$ and $a_n = 1 + 3(n-1)$. Then $a_n = 88 \iff 1 + 3(n-1) = 88 \iff 3(n-1) = 87 \iff n - 1 = 29 \iff n = 30$. So 88 is the 30th term.

39. $a = 1$, $d = 2$, $n = 10$. Then $S_{10} = \frac{10}{2}[2a + (10-1)d] = \frac{10}{2}[2 \cdot 1 + 9 \cdot 2] = 100$.

41. $a = 4$, $d = 2$, $n = 20$. Then $S_{20} = \frac{20}{2}[2a + (20-1)d] = \frac{20}{2}[2 \cdot 4 + 19 \cdot 2] = 460$.

43. $a_1 = 55$, $d = 12$, $n = 10$. Then $S_{10} = \frac{10}{2}[2a + (10-1)d] = \frac{10}{2}[2 \cdot 55 + 9 \cdot 12] = 1090$.

45. $1 + 5 + 9 + \cdots + 401$ is a partial sum of an arithmetic series, where $a = 1$ and $d = 5 - 1 = 4$. The last term is $401 = a_n = 1 + 4(n-1)$, so $n - 1 = 100 \iff n = 101$. So the partial sum is $S_{101} = \frac{101}{2}(1 + 401) = 101 \cdot 201 = 20{,}301$.

47. $0.7 + 2.7 + 4.7 + \cdots + 56.7$ is a partial sum of an arithmetic series, where $a = 0.7$ and $d = 2.7 - 0.7 = 2$. The last term is $56.7 = a_n = 0.7 + 2(n-1) \iff 28 = n - 1 \iff n = 29$. So the partial sum is $S_{29} = \frac{29}{2}(0.7 + 56.7) = 832.3$.

49. $\sum_{k=0}^{10}(3 + 0.25k)$ is a partial sum of an arithmetic series where $a = 3 + 0.25 \cdot 0 = 3$ and $d = 0.25$. The last term is $a_{11} = 3 + 0.25 \cdot 10 = 5.5$. So the partial sum is $S_{11} = \frac{11}{2}(3 + 5.5) = 46.75$.

51. Let x denote the length of the side between the length of the other two sides. Then the lengths of the three sides of the triangle are $x - a$, x, and $x + a$, for some $a > 0$. Since $x + a$ is the longest side, it is the hypotenuse, and by the Pythagorean Theorem, we know that $(x - a)^2 + x^2 = (x + a)^2 \iff x^2 - 2ax + a^2 + x^2 = x^2 + 2ax + a^2 \iff x^2 - 4ax = 0 \iff x(x - 4a) = 0 \implies x = 4a$ ($x = 0$ is not a possible solution). Thus, the lengths of the three sides are $x - a = 4a - a = 3a$, $x = 4a$, and $x + a = 4a + a = 5a$. The lengths $3a$, $4a$, $5a$ are proportional to 3, 4, 5, and so the triangle is similar to a 3-4-5 triangle.

53. The sequence $1, \frac{3}{5}, \frac{3}{7}, \frac{1}{3}, \ldots$ is harmonic if $1, \frac{5}{3}, \frac{7}{3}, 3, \ldots$ forms an arithmetic sequence. Since $\frac{5}{3} - 1 = \frac{7}{3} - \frac{5}{3} = 3 - \frac{7}{3} = \frac{2}{3}$, the sequence of reciprocals is arithmetic and thus the original sequence is harmonic.

55. We have an arithmetic sequence with $a = 5$ and $d = 2$. We seek n such that $2700 = S_n = \frac{n}{2} \left[2a + (n-1) \, d \right]$.

Solving for n, we have $2700 = \frac{n}{2} \left[10 + 2 \, (n-1) \right] \;\Leftrightarrow\; 5400 = 10n + 2n^2 - 2n \;\Leftrightarrow\; n^2 + 4n - 2700 = 0 \;\Leftrightarrow\;$ $(n - 50) \, (n + 54) = 0 \;\Leftrightarrow\; n = 50$ or $n = -54$. Since n is a positive integer, 50 terms of the sequence must be added to get 2700.

57. The diminishing values of the computer form an arithmetic sequence with $a_1 = 12500$ and common difference $d = -1875$. Thus the value of the computer after 6 years is $a_7 = 12500 + (7 - 1) \, (-1875) = \$1250$.

59. The increasing values of the man's salary form an arithmetic sequence with $a_1 = 30,000$ and common difference $d = 2300$. Then his total earnings for a ten-year period are $S_{10} = \frac{10}{2} \left[2 \, (30,000) + 9 \, (2300) \right] = 403,500$. Thus his total earnings for the 10 year period are $\$403,500$.

61. The number of seats in the nth row is given by the nth term of an arithmetic sequence with $a_1 = 15$ and common difference $d = 3$. We need to find n such that $S_n = 870$. So we solve $870 = S_n = \frac{n}{2} \left[2 \, (15) + (n-1) \, 3 \right]$ for n. We have $870 = \frac{n}{2} \, (27 + 3n) \;\Leftrightarrow\; 1740 = 3n^2 + 27n \;\Leftrightarrow\; 3n^2 + 27n - 1740 = 0 \;\Leftrightarrow\; n^2 + 9n - 580 = 0 \;\Leftrightarrow\;$ $(x - 20) \, (x + 29) = 0 \;\Rightarrow\; n = 20$ or $n = -29$. Since the number of rows is positive, the theater must have 20 rows.

63. The number of gifts on the 12th day is $1 + 2 + 3 + 4 + \cdots + 12$. Since $a_2 - a_1 = a_3 - a_2 = a_4 - a_3 = \cdots = 1$, the number of gifts on the 12th day is the partial sum of an arithmetic sequence with $a = 1$ and $d = 1$. So the sum is

$$S_{12} = 12 \left(\frac{1 + 12}{2} \right) = 6 \cdot 13 = 78.$$

11.3　Geometric Sequences

1. (a) $a_1 = 5 \, (2)^0 = 5$, $a_2 = 5 \, (2)^1 = 10$,

$a_3 = 5 \, (2)^2 = 20$, $a_4 = 5 \, (2)^3 = 40$,

$a_5 = 5 \, (2)^4 = 80$

(b) The common ratio is 2.

(c)

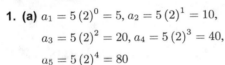

3. (a) $a_1 = \frac{5}{2} \left(-\frac{1}{2} \right)^0 = \frac{5}{2}$, $a_2 = \frac{5}{2} \left(-\frac{1}{2} \right)^1 = -\frac{5}{4}$,

$a_3 = \frac{5}{2} \left(-\frac{1}{2} \right)^2 = \frac{5}{8}$, $a_4 = \frac{5}{2} \left(-\frac{1}{2} \right)^3 = -\frac{5}{16}$,

$a_5 = \frac{5}{2} \left(-\frac{1}{2} \right)^4 = \frac{5}{32}$

(b) The common ratio is $-\frac{1}{2}$.

(c)

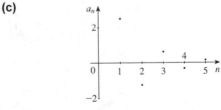

5. $a = 3$, $r = 5$. So $a_n = ar^{n-1} = 3 \, (5)^{n-1}$ and $a_4 = 3 \cdot 5^3 = 375$.

7. $a = \frac{5}{2}$, $r = -\frac{1}{2}$. So $a_n = ar^{n-1} = \frac{5}{2} \left(-\frac{1}{2} \right)^{n-1}$ and $a_4 = \frac{5}{2} \cdot \left(-\frac{1}{2} \right)^3 = -\frac{5}{16}$.

9. $\dfrac{a_2}{a_1} = \dfrac{4}{2} = 2$, $\dfrac{a_3}{a_2} = \dfrac{8}{4} = 2$, $\dfrac{a_4}{a_3} = \dfrac{16}{8} = 2$. Since these ratios are the same, the sequence is geometric with the common ratio 2.

11. $\dfrac{a_2}{a_1} = \dfrac{3/2}{3} = \dfrac{1}{2}$, $\dfrac{a_3}{a_2} = \dfrac{3/4}{3/2} = \dfrac{1}{2}$, $\dfrac{a_4}{a_3} = \dfrac{3/8}{3/4} = \dfrac{1}{2}$. Since these ratios are the same, the sequence is geometric with the common ratio $\frac{1}{2}$.

13. $\dfrac{a_2}{a_1} = \dfrac{1/3}{1/2} = \dfrac{2}{3}$, $\dfrac{a_4}{a_3} = \dfrac{1/5}{1/4} = \dfrac{4}{5}$. Since these ratios are not the same, this is not a geometric sequence.

15. $\dfrac{a_2}{a_1} = \dfrac{1.1}{1.0} = 1.1$, $\dfrac{a_3}{a_2} = \dfrac{1.21}{1.1} = 1.1$, $\dfrac{a_4}{a_3} = \dfrac{1.331}{1.21} = 1.1$. Since these ratios are the same, the sequence is geometric with the common ratio 1.1.

17. $a_1 = 2\,(3)^1 = 6$, $a_2 = 2\,(3)^2 = 18$, $a_3 = 2\,(3)^3 = 54$, $a_4 = 2\,(3)^4 = 162$, $a_5 = 2\,(3)^5 = 486$. This sequence is geometric, the common ratio is $r = 3$ and $a_n = a_1 r^{n-1} = 6\,(3)^{n-1}$.

19. $a_1 = \dfrac{1}{4}$, $a_2 = \dfrac{1}{4^2} = \dfrac{1}{16}$, $a_3 = \dfrac{1}{4^3} = \dfrac{1}{64}$, $a_4 = \dfrac{1}{4^4} = \dfrac{1}{256}$, $a_5 = \dfrac{1}{4^5} = \dfrac{1}{1024}$. This sequence is geometric, the common ratio is $r = \frac{1}{4}$ and $a_n = a_1 r^{n-1} = \frac{1}{4}\left(\frac{1}{4}\right)^{n-1}$.

21. Since $\ln a^b = b \ln a$, we have $a_1 = \ln\left(5^0\right) = \ln 1 = 0$, $a_2 = \ln\left(5^1\right) = \ln 5$, $a_3 = \ln\left(5^2\right) = 2\ln 5$, $a_4 = \ln\left(5^3\right) = 3 \ln 5$, $a_5 = \ln\left(5^4\right) = 4 \ln 5$. Since $a_1 = 0$ and $a_2 \neq 0$, this sequence is not geometric.

23. $2, 6, 18, 54, \ldots$. Then $r = \dfrac{a_2}{a_1} = \dfrac{6}{2} = 3$, $a_5 = a_4 \cdot 3 = 54\,(3) = 162$, and $a_n = 2 \cdot 3^{n-1}$.

25. $0.3, -0.09, 0.027, -0.0081, \ldots$. Then $r = \dfrac{a_2}{a_1} = \dfrac{-0.09}{0.3} = -0.3$, $a_5 = a_4 \cdot (-0.3) = -0.0081\,(-0.3) = 0.00243$, and $a_n = 0.3\,(-0.3)^{n-1}$.

27. $144, -12, 1, -\frac{1}{12}, \ldots$. Then $r = \dfrac{a_2}{a_1} = \dfrac{-12}{144} = -\frac{1}{12}$, $a_5 = a_4 \cdot \left(-\frac{1}{12}\right) = -\frac{1}{12}\left(-\frac{1}{12}\right) = \frac{1}{144}$, $a_n = 144\left(-\frac{1}{12}\right)^{n-1}$.

29. $3, 3^{5/3}, 3^{7/3}, 27, \ldots$. Then $r = \dfrac{a_2}{a_1} = \dfrac{3^{5/3}}{3} = 3^{2/3}$, $a_5 = a_4 \cdot \left(3^{2/3}\right) = 27 \cdot 3^{2/3} = 3^{11/3}$, and $a_n = 3\left(3^{2/3}\right)^{n-1} = 3 \cdot 3^{(2n-2)/3} = 3^{(2n+1)/3}$.

31. $1, s^{2/7}, s^{4/7}, s^{6/7}, \ldots$. Then $r = \dfrac{a_2}{a_1} = \dfrac{s^{2/7}}{1} = s^{2/7}$, $a_5 = a_4 \cdot s^{2/7} = s^{6/7} \cdot s^{2/7} = s^{8/7}$, and $a_n = \left(s^{2/7}\right)^{n-1} = s^{(2n-2)/7}$.

33. $a_1 = 8$, $a_2 = 4$. Thus $r = \dfrac{a_2}{a_1} = \dfrac{4}{8} = \dfrac{1}{2}$ and $a_5 = a_1 r^{5-1} = 8\left(\frac{1}{2}\right)^4 = \dfrac{8}{16} = \dfrac{1}{2}$.

35. $r = \frac{2}{5}$, $a_4 = \frac{5}{2}$. Since $r = \dfrac{a_4}{a_3}$, we have $a_3 = \dfrac{a_4}{r} = \dfrac{5/2}{2/5} = \dfrac{25}{4}$.

37. The geometric sequence is $2, 6, 18, \ldots$. Thus $r = \dfrac{a_2}{a_1} = \dfrac{6}{2} = 3$. We need to find n so that $a_n = 2 \cdot 3^{n-1} = 118{,}098 \iff 3^{n-1} = 59{,}049 \iff n - 1 = \log_3 59{,}049 = 10 \iff n = 11$. Therefore, $118{,}098$ is the 11th term of the geometric sequence.

39. $a = 5$, $r = 2$, $n = 6$. Then $S_6 = 5\dfrac{1 - 2^6}{1 - 2} = (-5)\,(-63) = 315$.

41. $a_3 = 28$, $a_6 = 224$, $n = 6$. So $\dfrac{a_6}{a_3} = \dfrac{ar^5}{ar^2} = r^3$. So we have $r^3 = \dfrac{a_6}{a_3} = \dfrac{224}{28} = 8$, and hence $r = 2$. Since $a_3 = a \cdot r^2$, we get $a = \dfrac{a_3}{r^2} = \dfrac{28}{2^2} = 7$. So $S_6 = 7\dfrac{1 - 2^6}{1 - 2} = (-7)\,(-63) = 441$.

43. $1 + 3 + 9 + \cdots + 2187$ is a partial sum of a geometric sequence, where $a = 1$ and $r = \dfrac{a_2}{a_1} = \dfrac{3}{1} = 3$. Then the last term is $2187 = a_n = 1 \cdot 3^{n-1} \iff n - 1 = \log_3 2187 = 7 \iff n = 8$. So the partial sum is $S_8 = (1)\dfrac{1 - 3^8}{1 - 3} = 3280$.

45. $\sum_{k=0}^{10} 3\left(\frac{1}{2}\right)^k$ is a partial sum of a geometric sequence, where $a = 3$, $r = \frac{1}{2}$, and $n = 11$. So the partial sum is $S_{11} = (3)\dfrac{1 - \left(\frac{1}{2}\right)^{11}}{1 - \left(\frac{1}{2}\right)} = 6\left[1 - \left(\frac{1}{2}\right)^{11}\right] = \dfrac{6141}{1024} \approx 5.997070313$.

47. $1 + \frac{1}{3} + \frac{1}{9} + \frac{1}{27} + \cdots$ is an infinite geometric series with $a = 1$ and $r = \frac{1}{3}$. Therefore, the sum of the series is $S = \dfrac{a}{1 - r} = \dfrac{1}{1 - \left(\frac{1}{3}\right)} = \dfrac{3}{2}$.

49. $1 - \frac{1}{3} + \frac{1}{9} - \frac{1}{27} + \cdots$ is an infinite geometric series with $a = 1$ and $r = -\frac{1}{3}$. Therefore, the sum of the series is

$$S = \frac{a}{1-r} = \frac{1}{1 - \left(-\frac{1}{3}\right)} = \frac{3}{4}.$$

51. $\frac{1}{3^6} + \frac{1}{3^8} + \frac{1}{3^{10}} + \frac{1}{3^{12}} + \cdots$ is an infinite geometric series with $a = \frac{1}{3^6}$ and $r = \frac{1}{3^2} = \frac{1}{9}$. Therefore, the sum of the series

is $S = \frac{a}{1-r} = \frac{\frac{1}{3^6}}{1 - \left(\frac{1}{9}\right)} = \frac{1}{3^6} \cdot \frac{9}{8} = \frac{1}{648}.$

53. $-\frac{100}{9} + \frac{10}{3} - 1 + \frac{3}{10} - \cdots$ is an infinite geometric series with $a = -\frac{100}{9}$ and $r = \frac{\frac{10}{3}}{-\frac{100}{9}} = \frac{3}{10}$. Therefore, the sum of the

series is $S = \frac{a}{1-r} = \frac{-\frac{100}{9}}{1 - \left(-\frac{3}{10}\right)} = \frac{-\frac{100}{9}}{\frac{13}{10}} = -\frac{100}{9} \cdot \frac{10}{13} = -\frac{1000}{117}.$

55. $0.777\ldots = \frac{7}{10} + \frac{7}{100} + \frac{7}{1000} + \cdots$ is an infinite geometric series with $a = \frac{7}{10}$ and $r = \frac{1}{10}$. Thus

$$0.777\ldots = \frac{a}{1-r} = \frac{\frac{7}{10}}{1 - \frac{1}{10}} = \frac{7}{9}.$$

57. $0.030303\ldots = \frac{3}{100} + \frac{3}{10,000} + \frac{3}{1,000,000} + \cdots$ is an infinite geometric series with $a = \frac{3}{100}$ and $r = \frac{1}{100}$. Thus

$$0.030303\ldots = \frac{a}{1-r} = \frac{\frac{3}{100}}{1 - \frac{1}{100}} = \frac{3}{99} = \frac{1}{33}.$$

59. $0.\overline{112} = 0.112112112\ldots = \frac{112}{1000} + \frac{112}{1,000,000} + \frac{112}{1,000,000,000} + \cdots$ is an infinite geometric series with $a = \frac{112}{1000}$ and

$r = \frac{1}{1000}$. Thus $0.112112112\ldots = \frac{a}{1-r} = \frac{\frac{112}{1000}}{1 - \frac{1}{1000}} = \frac{112}{999}.$

61. Since we have 5 terms, let us denote $a_1 = 5$ and $a_5 = 80$. Also, $\frac{a_5}{a_1} = r^4$ because the sequence is geometric, and so $r^4 = \frac{80}{5} = 16 \quad \Leftrightarrow \quad r = \pm 2$. If $r = 2$, the three geometric means are $a_2 = 10$, $a_3 = 20$, and $a_4 = 40$. (If $r = -2$, the three geometric means are $a_2 = -10$, $a_3 = 20$, and $a_4 = -40$, but these are not between 5 and 80.)

63. (a) The value at the end of the year is equal to the the value at beginning less the depreciation, so
$V_n = V_{n-1} - 0.2V_{n-1} = 0.8V_{n-1}$ with $V_1 = 160,000$. Thus $V_n = 160,000 \cdot 0.8^{n-1}$.

(b) $V_n < 100,000 \quad \Leftrightarrow \quad 0.8^{n-1} \cdot 160,000 < 100,000 \quad \Leftrightarrow \quad 0.8^{n-1} < 0.625 \quad \Leftrightarrow \quad (n-1)\log 0.8 < \log 0.625 \quad \Leftrightarrow$
$n - 1 > \frac{\log 0.625}{\log 0.8} = 2.11$. Thus it will depreciate to below \$100,000 during the fourth year.

65. Since the ball is dropped from a height of 80 feet, $a = 80$. Also since the ball rebounds three-fourths of the distance
fallen, $r = \frac{3}{4}$. So on the nth bounce, the ball attains a height of $a_n = 80 \left(\frac{3}{4}\right)^n$. Hence, on the fifth bounce, the ball goes
$a_5 = 80 \left(\frac{3}{4}\right)^5 = \frac{80 \cdot 243}{1024} \approx 19$ ft high.

67. Let a_n be the amount of water remaining at the nth stage. We start with 5 gallons, so $a = 5$. When 1 gallon (that is, $\frac{1}{5}$ of the
mixture) is removed, $\frac{4}{5}$ of the mixture (and hence $\frac{4}{5}$ of the water in the mixture) remains. Thus, $a_1 = 5 \cdot \frac{4}{5}, a_2 = 5 \cdot \frac{4}{5} \cdot \frac{4}{5}, \ldots,$
and in general, $a_n = 5 \left(\frac{4}{5}\right)^n$. The amount of water remaining after 3 repetitions is $a_3 = 5 \left(\frac{4}{5}\right)^3 = \frac{64}{25}$, and after
5 repetitions it is $a_5 = 5 \left(\frac{4}{5}\right)^5 = \frac{1024}{625}.$

69. Let a_n be the height the ball reaches on the nth bounce. From the given information, a_n is the geometric sequence $a_n = 9 \cdot \left(\frac{1}{3}\right)^n$. (Notice that the ball hits the ground for the fifth time after the fourth bounce.)

(a) $a_0 = 9$, $a_1 = 9 \cdot \frac{1}{3} = 3$, $a_2 = 9 \cdot \left(\frac{1}{3}\right)^2 = 1$, $a_3 = 9 \cdot \left(\frac{1}{3}\right)^3 = \frac{1}{3}$, and $a_4 = 9 \cdot \left(\frac{1}{3}\right)^4 = \frac{1}{9}$. The total distance traveled is
$$a_0 + 2a_1 + 2a_2 + 2a_3 + 2a_4 = 9 + 2 \cdot 3 + 2 \cdot 1 + 2 \cdot \frac{1}{3} + 2 \cdot \frac{1}{9} = \frac{161}{9} = 17\frac{8}{9} \text{ ft.}$$

(b) The total distance traveled at the instant the ball hits the ground for the nth time is

$$
\begin{aligned}
D_n &= 9 + 2 \cdot 9 \cdot \frac{1}{3} + 2 \cdot 9 \cdot \left(\frac{1}{3}\right)^2 + 2 \cdot 9 \cdot \left(\frac{1}{3}\right)^3 + 2 \cdot 9 \cdot \left(\frac{1}{3}\right)^4 + \cdots + 2 \cdot 9 \cdot \left(\frac{1}{3}\right)^{n-1} \\
&= 2\left[9 + 9 \cdot \frac{1}{3} + 9 \cdot \left(\frac{1}{3}\right)^2 + 9 \cdot \left(\frac{1}{3}\right)^3 + 9 \cdot \left(\frac{1}{3}\right)^4 + \cdots + 9 \cdot \left(\frac{1}{3}\right)^{n-1}\right] - 9 \\
&= 2\left[9 \cdot \frac{1 - \left(\frac{1}{3}\right)^n}{1 - \frac{1}{3}}\right] - 9 = 27\left[1 - \left(\frac{1}{3}\right)^n\right] - 9 = 18 - \left(\frac{1}{3}\right)^{n-3}
\end{aligned}
$$

71. Let $a_1 = 1$ be the man with 7 wives. Also, let $a_2 = 7$ (the wives), $a_3 = 7a_2 = 7^2$ (the sacks), $a_4 = 7a_3 = 7^3$ (the cats), and $a_5 = 7a_4 = 7^4$ (the kits). The total is $a_1 + a_2 + a_3 + a_4 + a_5 = 1 + 7 + 7^2 + 7^3 + 7^4$, which is a partial sum of a geometric sequence with $a = 1$ and $r = 7$. Thus, the number in the party is $S_5 = 1 \cdot \dfrac{1 - 7^5}{1 - 7} = 2801$.

73. Let a_n be the height the ball reaches on the nth bounce. We have $a_0 = 1$ and $a_n = \frac{1}{2}a_{n-1}$. Since the total distance d traveled includes the bounce up as well and the distance down, we have

$$
\begin{aligned}
d &= a_0 + 2 \cdot a_1 + 2 \cdot a_2 + \cdots = 1 + 2\left(\frac{1}{2}\right) + 2\left(\frac{1}{2}\right)^2 + 2\left(\frac{1}{2}\right)^3 + 2\left(\frac{1}{2}\right)^4 + \cdots \\
&= 1 + 1 + \frac{1}{2} + \left(\frac{1}{2}\right)^2 + \left(\frac{1}{2}\right)^3 + \cdots = 1 + \sum_{i=0}^{\infty}\left(\frac{1}{2}\right)^i = 1 + \frac{1}{1 - \frac{1}{2}} = 3
\end{aligned}
$$

Thus the total distance traveled is about 3 m.

75. (a) If a square has side x, then by the Pythagorean Theorem the length of the side of the square formed by joining the midpoints is, $\sqrt{\left(\frac{x}{2}\right)^2 + \left(\frac{x}{2}\right)^2} = \sqrt{\frac{x^2}{4} + \frac{x^2}{4}} = \frac{x}{\sqrt{2}}$. In our case, $x = 1$ and the side of the first inscribed square is $\frac{1}{\sqrt{2}}$, the side of the second inscribed square is $\frac{1}{\sqrt{2}} \cdot \frac{1}{\sqrt{2}} = \left(\frac{1}{\sqrt{2}}\right)^2$, the side of the third inscribed square is $\left(\frac{1}{\sqrt{2}}\right)^3$, and so on. Since this pattern continues, the total area of all the squares is
$$A = 1^2 + \left(\frac{1}{\sqrt{2}}\right)^2 + \left(\frac{1}{\sqrt{2}}\right)^4 + \left(\frac{1}{\sqrt{2}}\right)^6 + \cdots = 1 + \frac{1}{2} + \left(\frac{1}{2}\right)^2 + \left(\frac{1}{2}\right)^3 + \cdots = \frac{1}{1 - \frac{1}{2}} = 2.$$

(b) As in part (a), the sides of the squares are $1, \frac{1}{\sqrt{2}}, \left(\frac{1}{\sqrt{2}}\right)^2, \left(\frac{1}{\sqrt{2}}\right)^3, \ldots$. Thus the sum of the perimeters is
$$S = 4 \cdot 1 + 4 \cdot \frac{1}{\sqrt{2}} + 4 \cdot \left(\frac{1}{\sqrt{2}}\right)^2 + 4 \cdot \left(\frac{1}{\sqrt{2}}\right)^3 + \cdots, \text{ which is an infinite geometric series with } a = 4 \text{ and } r = \frac{1}{\sqrt{2}}.$$
Thus the sum of the perimeters is $S = \dfrac{4}{1 - \frac{1}{\sqrt{2}}} = \dfrac{4\sqrt{2}}{\sqrt{2} - 1} = \dfrac{4\sqrt{2}}{\sqrt{2} - 1} \cdot \dfrac{\sqrt{2} + 1}{\sqrt{2} + 1} = \dfrac{4 \cdot 2 + 4\sqrt{2}}{2 - 1} = 8 + 4\sqrt{2}.$

77. Let a_n denote the area colored blue at nth stage. Since only the middle squares are colored blue, $a_n = \frac{1}{9} \times$ (area remaining yellow at the $(n-1)$th stage). Also, the area remaining yellow at the nth stage is $\frac{8}{9}$ of the area remaining yellow at the preceding stage. So $a_1 = \frac{1}{9}$, $a_2 = \frac{1}{9}\left(\frac{8}{9}\right)$, $a_3 = \frac{1}{9}\left(\frac{8}{9}\right)^2$, $a_4 = \frac{1}{9}\left(\frac{8}{9}\right)^3, \ldots$. Thus the total area colored blue $A = \frac{1}{9} + \frac{1}{9}\left(\frac{8}{9}\right) + \frac{1}{9}\left(\frac{8}{9}\right)^2 + \frac{1}{9}\left(\frac{8}{9}\right)^3 + \cdots$ is an infinite geometric series with $a = \frac{1}{9}$ and $r = \frac{8}{9}$. So the total area is $A = \dfrac{\frac{1}{9}}{1 - \frac{8}{9}} = 1$.

79. Let $a_1, a_2, a_3, \ldots$ be a geometric sequence with common ratio r. Thus $a_2 = a_1 r$, $a_3 = a_1 \cdot r^2, \ldots, a_n = a_1 \cdot r^{n-1}$. Hence,

$$\frac{1}{a_2} = \frac{1}{a_1 \cdot r} = \frac{1}{a_1} \cdot \frac{1}{r}, \frac{1}{a_3} = \frac{1}{a_1 \cdot r^2} = \frac{1}{a_1} \cdot \frac{1}{r^2} = \frac{1}{a_1} \cdot \left(\frac{1}{r}\right)^2, \ldots \frac{1}{a_n} = \frac{1}{a_1 \cdot r^{n-1}} = \frac{1}{a_1} \cdot \frac{1}{r^{n-1}} = \frac{1}{a_1} \left(\frac{1}{r}\right)^{n-1}, \text{ and}$$

so $\dfrac{1}{a_1}, \dfrac{1}{a_2}, \dfrac{1}{a_3}, \ldots$ is a geometric sequence with common ratio $\dfrac{1}{r}$.

81. Since $a_1, a_2, a_3, \ldots$ is an arithmetic sequence with common difference d, the terms can be expressed as $a_2 = a_1 + d$, $a_3 = a_1 + 2d, \ldots, a_n = a_1 + (n-1)d$. So $10^{a_2} = 10^{a_1+d} = 10^{a_1} \cdot 10^d$, $10^{a_3} = 10^{a_1+2d} = 10^{a_1} \cdot \left(10^d\right)^2, \ldots$, $10^{a_n} = 10^{a_1+(n-1)d} = 10^{a_1} \cdot \left(10^d\right)^{n-1}$, and so $10^{a_1}, 10^{a_2}, 10^{a_3}, \ldots$ is a geometric sequence with common ratio $r = 10^d$.

11.4   Mathematics of Finance

1. $n = 10$, $R = \$1000$, $i = 0.06$. So $A_f = R\dfrac{(1+i)^n - 1}{i} = 1000\dfrac{(1+0.06)^{10} - 1}{0.06} = \$13{,}180.79$.

3. $n = 20$, $R = \$5000$, $i = 0.12$. So $A_f = R\dfrac{(1+i)^n - 1}{i} = 5000\dfrac{(1+0.12)^{20} - 1}{0.12} = \$360{,}262.21$.

5. $n = 16$, $R = \$300$, $i = \dfrac{0.08}{4} = 0.02$. So $A_f = R\dfrac{(1+i)^n - 1}{i} = 300\dfrac{(1+0.02)^{16} - 1}{0.02} = \$5{,}591.79$.

7. $A_f = \$2000$, $i = \dfrac{0.06}{12} = 0.005$, $n = 8$. Then $R = \dfrac{iA_f}{(1+i)^n - 1} = \dfrac{(0.005)(2000)}{(1+0.005)^8 - 1} = \$245.66$.

9. $R = \$200$, $n = 20$, $i = \dfrac{0.09}{2} = 0.045$. So $A_p = R\dfrac{1 - (1+i)^{-n}}{i} = (200)\dfrac{1 - (1+0.045)^{-20}}{0.045} = \$2601.59$.

11. $A_p = \$12{,}000$, $i = \dfrac{0.105}{12} = 0.00875$, $n = 48$. Then $R = \dfrac{iA_p}{1 - (1+i)^{-n}} = \dfrac{(0.00875)(12000)}{1 - (1+0.00875)^{-48}} = \$307.24$.

13. $A_p = \$100{,}000$, $i = \dfrac{0.08}{12} \approx 0.006667$, $n = 360$. Then $R = \dfrac{iA_p}{1 - (1+i)^{-n}} = \dfrac{(0.006667)(100{,}000)}{1 - (1+0.006667)^{-360}} = \$733.76$.

Therefore, the total amount paid on this loan over the 30 year period is $(360)(733.76) = \$264{,}153.60$.

15. $A_p = 100{,}000$, $n = 360$, $i = \dfrac{0.0975}{12} = 0.008125$.

  (a) $R = \dfrac{iA_p}{1 - (1+i)^{-n}} = \dfrac{(0.008125)(100{,}000)}{1 - (1+0.008125)^{-360}} = \$859.15$.

  (b) The total amount that will be paid over the 30 year period is $(360)(859.15) = \$309{,}294.00$.

  (c) $R = \$859.15$, $i = \dfrac{0.0975}{12} = 0.008125$, $n = 360$. So $A_f = 859.15\dfrac{(1+0.008125)^{360} - 1}{0.008125} = \$1{,}841{,}519.29$.

17. $R = \$30$, $i = \dfrac{0.10}{12} \approx 0.008333$, $n = 12$. Then $A_p = R\dfrac{1 - (1+i)^{-n}}{i} = 30\dfrac{1 - (1+0.008333)^{-12}}{0.008333} = \$341.24$.

19. $A_p = \$640$, $R = \$32$, $n = 24$. We want to solve the equation $R = \dfrac{iA_p}{1 - (1+i)^n}$

for the interest rate i. Let x be the interest rate, then $i = \dfrac{x}{12}$. So we can express R

as a function of x by $R(x) = \dfrac{\dfrac{x}{12} \cdot 640}{1 - \left(1 + \dfrac{x}{12}\right)^{-24}}$. We graph $R(x)$ and $y = 32$ in

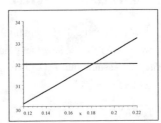

the rectangle $[0.12, 0.22] \times [30, 34]$. The x-coordinate of the intersection is about 0.1816, which corresponds to an interest rate of 18.16%.

21. $A_p = \$189.99$, $R = \$10.50$, $n = 20$. We want to solve the equation

$R = \dfrac{iA_p}{1 - (1 + i)^n}$ for the interest rate i. Let x be the interest rate, then $i = \dfrac{x}{12}$.

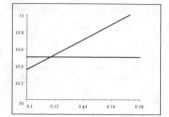

So we can express R as a function of x by $R(x) = \dfrac{\dfrac{x}{12} \cdot 189.99}{1 - \left(1 + \dfrac{x}{12}\right)^{-20}}$. We graph

$R(x)$ and $y = 10.50$ in the rectangle $[0.10, 0.18] \times [10, 11]$. The x-coordinate of the intersection is about 0.1168, which corresponds to an interest rate of 11.68%.

23. (a) The present value of the kth payment is $PV = \dfrac{R}{(1 + i)^k}$. The amount of money to be invested now (A_p) to ensure an annuity in perpetuity is the (infinite) sum of the present values of each of the payments, as shown in the time line.

Time   1   2   3   4 $n - 1$ n

Payment R R R R R R

Present value

$R/(1 + i)$
$R/(1 + i)^2$
$R/(1 + i)^3$
$R/(1 + i)^4$
$\vdots$
$R/(1 + i)^{n-1}$
$R/(1 + i)^n$
$\vdots$

(b) $A_p = \dfrac{R}{1 + i} + \dfrac{R}{(1 + i)^2} + \dfrac{R}{(1 + i)^3} + \cdots + \dfrac{R}{(1 + i)^n} + \cdots$. This is an infinite geometric series with $a = \dfrac{R}{1 + i}$ and

$r = \dfrac{1}{1 + i}$. Therefore, $A_p = \dfrac{\dfrac{R}{1 + i}}{1 - \dfrac{1}{1 + i}} = \dfrac{R}{1 + i} \cdot \dfrac{1 + i}{i} = \dfrac{R}{i}$.

(c) Using the result from part (b), we have $R = 5000$ and $i = 0.10$. Then $A_p = \dfrac{R}{i} = \dfrac{5000}{0.10} = \$50{,}000$.

(d) We are given two different time periods: the interest is compounded quarterly, while the annuity is paid yearly. In order to use the formula in part (b), we need to find the effective annual interest rate produced by 8% interest compounded quarterly, which is $(1 + i/n)^n - 1$. Now $i = 8\%$ and it is compounded quarterly, $n = 4$, so the effective annual yield is $(1 + 0.02)^4 - 1 \approx 0.08243216$. Thus by the formula in part (b), the amount that must be invested is $A_p = \frac{3000}{0.08243216} = \$36{,}393.56$.

11.5   Mathematical Induction

1. Let $P(n)$ denote the statement $2 + 4 + 6 + \cdots + 2n = n(n + 1)$.

Step 1: $P(1)$ is the statement that $2 = 1(1 + 1)$, which is true.

Step 2: Assume that $P(k)$ is true; that is, $2 + 4 + 6 + \cdots + 2k = k(k + 1)$. We want to use this to show that $P(k + 1)$ is true. Now

$$2 + 4 + 6 + \cdots + 2k + 2(k + 1) = k(k + 1) + 2(k + 1) \qquad \text{induction hypothesis}$$
$$= (k + 1)(k + 2) = (k + 1)[(k + 1) + 1]$$

Thus, $P(k + 1)$ follows from $P(k)$. So by the Principle of Mathematical Induction, $P(n)$ is true for all n.

3. Let $P(n)$ denote the statement $5 + 8 + 11 + \cdots + (3n + 2) = \dfrac{n(3n + 7)}{2}$.

Step 1: We need to show that $P(1)$ is true. But $P(1)$ says that $5 = \dfrac{1 \cdot (3 \cdot 1 + 7)}{2}$, which is true.

Step 2: Assume that $P(k)$ is true; that is, $5 + 8 + 11 + \cdots + (3k + 2) = \dfrac{k(3k + 7)}{2}$. We want to use this to show that $P(k + 1)$ is true. Now

$$
\begin{aligned}
5 + 8 + 11 + \cdots + (3k + 2) + [3(k + 1) + 2] &= \frac{k(3k + 7)}{2} + (3k + 5) && \text{induction hypothesis} \\
&= \frac{3k^2 + 7k}{2} + \frac{6k + 10}{2} = \frac{3k^2 + 13k + 10}{2} \\
&= \frac{(3k + 10)(k + 1)}{2} = \frac{(k + 1)[3(k + 1) + 7]}{2}
\end{aligned}
$$

Thus, $P(k + 1)$ follows from $P(k)$. So by the Principle of Mathematical Induction, $P(n)$ is true for all n.

5. Let $P(n)$ denote the statement $1 \cdot 2 + 2 \cdot 3 + 3 \cdot 4 + \cdots + n(n + 1) = \dfrac{n(n + 1)(n + 2)}{3}$.

Step 1: $P(1)$ is the statement that $1 \cdot 2 = \dfrac{1 \cdot (1 + 1) \cdot (1 + 2)}{3}$, which is true.

Step 2: Assume that $P(k)$ is true; that is, $1 \cdot 2 + 2 \cdot 3 + 3 \cdot 4 + \cdots + k(k + 1) = \dfrac{k(k + 1)(k + 2)}{3}$. We want to use this to show that $P(k + 1)$ is true. Now

$$1 \cdot 2 + 2 \cdot 3 + 3 \cdot 4 + \cdots + k(k + 1) + (k + 1)[(k + 1) + 1]$$

$$
\begin{aligned}
&= \frac{k(k + 1)(k + 2)}{3} + (k + 1)(k + 2) && \text{induction hypothesis} \\
&= \frac{k(k + 1)(k + 2)}{3} + \frac{3(k + 1)(k + 2)}{3} = \frac{(k + 1)(k + 2)(k + 3)}{3}
\end{aligned}
$$

Thus, $P(k + 1)$ follows from $P(k)$. So by the Principle of Mathematical Induction, $P(n)$ is true for all n.

7. Let $P(n)$ denote the statement $1^3 + 2^3 + 3^3 + \cdots + n^3 = \dfrac{n^2(n + 1)^2}{4}$.

Step 1: $P(1)$ is the statement that $1^3 = \dfrac{1^2 \cdot (1 + 1)^2}{4}$, which is clearly true.

Step 2: Assume that $P(k)$ is true; that is, $1^3 + 2^3 + 3^3 + \cdots + k^3 = \dfrac{k^2(k + 1)^2}{4}$. We want to use this to show that $P(k + 1)$ is true. Now

$$
\begin{aligned}
1^3 + 2^3 + 3^3 + \cdots + k^3 + (k + 1)^3 &= \frac{k^2(k + 1)^2}{4} + (k + 1)^3 && \text{induction hypothesis} \\
&= \frac{(k + 1)^2[k^2 + 4(k + 1)]}{4} = \frac{(k + 1)^2[k^2 + 4k + 4]}{4} \\
&= \frac{(k + 1)^2(k + 2)^2}{4} = \frac{(k + 1)^2[(k + 1) + 1]^2}{4}
\end{aligned}
$$

Thus, $P(k + 1)$ follows from $P(k)$. So by the Principle of Mathematical Induction, $P(n)$ is true for all n.

9. Let $P(n)$ denote the statement $2^3 + 4^3 + 6^3 + \cdots + (2n)^3 = 2n^2(n+1)^2$.

Step 1: $P(1)$ is true since $2^3 = 2(1)^2(1+1)^2 = 2 \cdot 4 = 8$.

Step 2: Assume that $P(k)$ is true; that is, $2^3 + 4^3 + 6^3 + \cdots + (2k)^3 = 2k^2(k+1)^2$. We want to use this to show that $P(k+1)$ is true. Now

$$
\begin{aligned}
2^3 + 4^3 + 6^3 + \cdots + (2k)^3 + [2(k+1)]^3 &= 2k^2(k+1)^2 + [2(k+1)]^3 \qquad \text{induction hypothesis} \\
&= 2k^2(k+1)^2 + 8(k+1)(k+1)^2 = (k+1)^2(2k^2 + 8k + 8) \\
&= 2(k+1)^2(k+2)^2 = 2(k+1)^2[(k+1)+1]^2
\end{aligned}
$$

Thus, $P(k+1)$ follows from $P(k)$. So by the Principle of Mathematical Induction, $P(n)$ is true for all n.

11. Let $P(n)$ denote the statement $1 \cdot 2 + 2 \cdot 2^2 + 3 \cdot 2^3 + 4 \cdot 2^4 + \cdots + n \cdot 2^n = 2[1 + (n-1)2^n]$.

Step 1: $P(1)$ is the statement that $1 \cdot 2 = 2[1 + 0]$, which is clearly true.

Step 2: Assume that $P(k)$ is true; that is, $1 \cdot 2 + 2 \cdot 2^2 + 3 \cdot 2^3 + 4 \cdot 2^4 + \cdots + k \cdot 2^k = 2[1 + (k-1)2^k]$. We want to use this to show that $P(k+1)$ is true. Now

$$1 \cdot 2 + 2 \cdot 2^2 + 3 \cdot 2^3 + 4 \cdot 2^4 + \cdots + k \cdot 2^k + (k+1) \cdot 2^{(k+1)}$$

$$
\begin{aligned}
&= 2[1 + (k-1)2^k] + (k+1) \cdot 2^{k+1} \qquad \text{induction hypothesis} \\
&= 2[1 + (k-1) \cdot 2^k + (k+1) \cdot 2^k] = 2[1 + 2k \cdot 2^k] \\
&= 2[1 + k \cdot 2^{k+1}] = 2\{1 + [(k+1) - 1]2^{k+1}\}
\end{aligned}
$$

Thus $P(k+1)$ follows from $P(k)$. So by the Principle of Mathematical Induction, $P(n)$ is true for all n.

13. Let $P(n)$ denote the statement $n^2 + n$ is divisible by 2.

Step 1: $P(1)$ is the statement that $1^2 + 1 = 2$ is divisible by 2, which is clearly true.

Step 2: Assume that $P(k)$ is true; that is, $k^2 + k$ is divisible by 2. Now
$(k+1)^2 + (k+1) = k^2 + 2k + 1 + k + 1 = (k^2 + k) + 2k + 2 = (k^2 + k) + 2(k+1)$. By the induction hypothesis, $k^2 + k$ is divisible by 2, and clearly $2(k+1)$ is divisible by 2. Thus, the sum is divisible by 2, so $P(k+1)$ is true. Therefore, $P(k+1)$ follows from $P(k)$. So by the Principle of Mathematical Induction, $P(n)$ is true for all n.

15. Let $P(n)$ denote the statement that $n^2 - n + 41$ is odd.

Step 1: $P(1)$ is the statement that $1^2 - 1 + 41 = 41$ is odd, which is clearly true.

Step 2: Assume that $P(k)$ is true; that is, $k^2 - k + 41$ is odd. We want to use this to show that $P(k+1)$ is true. Now,
$(k+1)^2 - (k+1) + 41 = k^2 + 2k + 1 - k - 1 + 41 = (k^2 - k + 41) + 2k$, which is also odd because $k^2 - k + 41$ is odd by the induction hypothesis, $2k$ is always even, and an odd number plus an even number is always odd. Therefore, $P(k+1)$ follows from $P(k)$. So by the Principle of Mathematical Induction, $P(n)$ is true for all n.

17. Let $P(n)$ denote the statement that $8^n - 3^n$ is divisible by 5.

Step 1: $P(1)$ is the statement that $8^1 - 3^1 = 5$ is divisible by 5, which is clearly true.

Step 2: Assume that $P(k)$ is true; that is, $8^k - 3^k$ is divisible by 5. We want to use this to show that $P(k+1)$ is true. Now,
$8^{k+1} - 3^{k+1} = 8 \cdot 8^k - 3 \cdot 3^k = 8 \cdot 8^k - (8-5) \cdot 3^k = 8 \cdot (8^k - 3^k) + 5 \cdot 3^k$, which is divisible by 5 because $8^k - 3^k$ is divisible by 5 by our induction hypothesis, and $5 \cdot 3^k$ is divisible by 5. Thus $P(k+1)$ follows from $P(k)$. So by the Principle of Mathematical Induction, $P(n)$ is true for all n.

19. Let $P(n)$ denote the statement $n < 2^n$.

Step 1: $P(1)$ is the statement that $1 < 2^1 = 2$, which is clearly true.

Step 2: Assume that $P(k)$ is true; that is, $k < 2^k$. We want to use this to show that $P(k+1)$ is true. Adding 1 to both sides of $P(k)$ we have $k + 1 < 2^k + 1$. Since $1 < 2^k$ for $k \geq 1$, we have $2^k + 1 < 2^k + 2^k = 2 \cdot 2^k = 2^{k+1}$. Thus $k + 1 < 2^{k+1}$, which is exactly $P(k+1)$. Therefore, $P(k+1)$ follows from $P(k)$. So by the Principle of Mathematical Induction, $P(n)$ is true for all n.

21. Let $P(n)$ denote the statement $(1+x)^n \geq 1 + nx$, if $x > -1$.

Step 1: $P(1)$ is the statement that $(1+x)^1 \geq 1 + 1x$, which is clearly true.

Step 2: Assume that $P(k)$ is true; that is, $(1+x)^k \geq 1 + kx$. Now, $(1+x)^{k+1} = (1+x)(1+x)^k \geq (1+x)(1+kx)$, by the induction hypothesis. Since $(1+x)(1+kx) = 1 + (k+1)x + kx^2 \geq 1 + (k+1)x$ (since $kx^2 \geq 0$), we have $(1+x)^{k+1} \geq 1 + (k+1)x$, which is $P(k+1)$. Thus $P(k+1)$ follows from $P(k)$. So the Principle of Mathematical Induction, $P(n)$ is true for all n.

23. Let $P(n)$ be the statement that $a_n = 5 \cdot 3^{n-1}$.

Step 1: $P(1)$ is the statement that $a_1 = 5 \cdot 3^0 = 5$, which is true.

Step 2: Assume that $P(k)$ is true; that is, $a_k = 5 \cdot 3^{k-1}$. We want to use this to show that $P(k+1)$ is true. Now, $a_{k+1} = 3a_k = 3 \cdot (5 \cdot 3^{k-1})$, by the induction hypothesis. Therefore, $a_{k+1} = 3 \cdot (5 \cdot 3^{k-1}) = 5 \cdot 3^k$, which is exactly $P(k+1)$. Thus, $P(k+1)$ follows from $P(k)$. So by the Principle of Mathematical Induction, $P(n)$ is true for all n.

25. Let $P(n)$ be the statement that $x - y$ is a factor of $x^n - y^n$ for all natural numbers n.

Step 1: $P(1)$ is the statement that $x - y$ is a factor of $x^1 - y^1$, which is clearly true.

Step 2: Assume that $P(k)$ is true; that is, $x - y$ is a factor of $x^k - y^k$. We want to use this to show that $P(k+1)$ is true. Now, $x^{k+1} - y^{k+1} = x^{k+1} - x^k y + x^k y - y^{k+1} = x^k(x - y) + (x^k - y^k)y$, for which $x - y$ is a factor because $x - y$ is a factor of $x^k(x - y)$, and $x - y$ is a factor of $(x^k - y^k)y$, by the induction hypothesis. Thus $P(k+1)$ follows from $P(k)$. So by the Principle of Mathematical Induction, $P(n)$ is true for all n.

27. Let $P(n)$ denote the statement that F_{3n} is even for all natural numbers n.

Step 1: $P(1)$ is the statement that F_3 is even. Since $F_3 = F_2 + F_1 = 1 + 1 = 2$, this statement is true.

Step 2: Assume that $P(k)$ is true; that is, F_{3k} is even. We want to use this to show that $P(k+1)$ is true. Now, $F_{3(k+1)} = F_{3k+3} = F_{3k+2} + F_{3k+1} = F_{3k+1} + F_{3k} + F_{3k+1} = F_{3k} + 2 \cdot F_{3k+1}$, which is even because F_{3k} is even by the induction hypothesis, and $2 \cdot F_{3k+1}$ is even. Thus $P(k+1)$ follows from $P(k)$. So by the Principle of Mathematical Induction, $P(n)$ is true for all n.

29. Let $P(n)$ denote the statement that $F_1^2 + F_2^2 + F_3^2 + \cdots + F_n^2 = F_n \cdot F_{n+1}$.

Step 1: $P(1)$ is the statement that $F_1^2 = F_1 \cdot F_2$ or $1^2 = 1 \cdot 1$, which is true.

Step 2: Assume that $P(k)$ is true, that is, $F_1^2 + F_2^2 + F_3^2 + \cdots + F_k^2 = F_k \cdot F_{k+1}$. We want to use this to show that $P(k+1)$ is true. Now

$$
\begin{aligned}
F_1^2 + F_2^2 + F_3^2 + \cdots + F_k^2 + F_{k+1}^2 &= F_k \cdot F_{k+1} + F_{k+1}^2 && \text{induction hypothesis} \\
&= F_{k+1}(F_k + F_{k+1}) \\
&= F_{k+1} \cdot F_{k+2} && \text{by definition of the Fibonacci sequence}
\end{aligned}
$$

Thus $P(k+1)$ follows from $P(k)$. So by the Principle of Mathematical Induction, $P(n)$ is true for all n.

31. Let $P(n)$ denote the statement $\begin{bmatrix} 1 & 1 \\ 1 & 0 \end{bmatrix}^n = \begin{bmatrix} F_{n+1} & F_n \\ F_n & F_{n-1} \end{bmatrix}$.

Step 1: Since $\begin{bmatrix} 1 & 1 \\ 1 & 0 \end{bmatrix}^2 = \begin{bmatrix} 1 & 1 \\ 1 & 0 \end{bmatrix}\begin{bmatrix} 1 & 1 \\ 1 & 0 \end{bmatrix} = \begin{bmatrix} 2 & 1 \\ 1 & 1 \end{bmatrix} = \begin{bmatrix} F_3 & F_2 \\ F_2 & F_1 \end{bmatrix}$, it follows that $P(2)$ is true.

Step 2: Assume that $P(k)$ is true; that is, $\begin{bmatrix} 1 & 1 \\ 1 & 0 \end{bmatrix}^k = \begin{bmatrix} F_{k+1} & F_k \\ F_k & F_{k-1} \end{bmatrix}$. We show that $P(k+1)$ follows from this. Now,

$$\begin{bmatrix} 1 & 1 \\ 1 & 0 \end{bmatrix}^{k+1} = \begin{bmatrix} 1 & 1 \\ 1 & 0 \end{bmatrix}^k \begin{bmatrix} 1 & 1 \\ 1 & 0 \end{bmatrix} = \begin{bmatrix} F_{k+1} & F_k \\ F_k & F_{k-1} \end{bmatrix}\begin{bmatrix} 1 & 1 \\ 1 & 0 \end{bmatrix} \qquad \text{induction hypothesis}$$

$$= \begin{bmatrix} F_{k+1}+F_k & F_{k+1} \\ F_k+F_{k-1} & F_k \end{bmatrix} = \begin{bmatrix} F_{k+2} & F_{k+1} \\ F_{k+1} & F_k \end{bmatrix} \qquad \text{by definition of the Fibonacci sequence}$$

Thus $P(k+1)$ follows from $P(k)$. So by the Principle of Mathematical Induction, $P(n)$ is true for all $n \geq 2$.

33. Since $F_1 = 1$, $F_2 = 1$, $F_3 = 2$, $F_4 = 3$, $F_5 = 5$, $F_6 = 8$, $F_7 = 13$, ... our conjecture is that $F_n \geq n$, for all $n \geq 5$. Let $P(n)$ denote the statement that $F_n \geq n$.

Step 1: $P(5)$ is the statement that $F_5 = 5 \geq 5$, which is clearly true.

Step 2: Assume that $P(k)$ is true; that is, $F_k \geq k$, for some $k \geq 5$. We want to use this to show that $P(k+1)$ is true. Now, $F_{k+1} = F_k + F_{k-1} \geq k + F_{k-1}$ (by the induction hypothesis)$\geq k+1$ (because $F_{k-1} \geq 1$). Thus $P(k+1)$ follows from $P(k)$. So by the Principle of Mathematical Induction, $P(n)$ is true for all $n \geq 5$.

35. (a) $P(n) = n^2 - n + 11$ is prime for all n. This is false as the case for $n = 11$ demonstrates: $P(11) = 11^2 - 11 + 11 = 121$, which is not prime since $11^2 = 121$.

(b) $n^2 > n$, for all $n \geq 2$. This is true. Let $P(n)$ denote the statement that $n^2 > n$.

Step 1: $P(2)$ is the statement that $2^2 = 4 > 2$, which is clearly true.

Step 2: Assume that $P(k)$ is true; that is, $k^2 > k$. We want to use this to show that $P(k+1)$ is true. Now $(k+1)^2 = k^2 + 2k + 1$. Using the induction hypothesis (to replace k^2), we have $k^2 + 2k + 1 > k + 2k + 1 = 3k + 1 > k+1$, since $k \geq 2$. Therefore, $(k+1)^2 > k+1$, which is exactly $P(k+1)$. Thus $P(k+1)$ follows from $P(k)$. So by the Principle of Mathematical Induction, $P(n)$ is true for all n.

(c) $2^{2n+1} + 1$ is divisible by 3, for all $n \geq 1$. This is true. Let $P(n)$ denote the statement that $2^{2n+1} + 1$ is divisible by 3.

Step 1: $P(1)$ is the statement that $2^3 + 1 = 9$ is divisible by 3, which is clearly true.

Step 2: Assume that $P(k)$ is true; that is, $2^{2k+1} + 1$ is divisible by 3. We want to use this to show that $P(k+1)$ is true. Now, $2^{2(k+1)+1} + 1 = 2^{2k+3} + 1 = 4 \cdot 2^{2k+1} + 1 = (3+1)2^{2k+1} + 1 = 3 \cdot 2^{2k+1} + (2^{2k+1} + 1)$, which is divisible by 3 since $2^{2k+1} + 1$ is divisible by 3 by the induction hypothesis, and $3 \cdot 2^{2k+1}$ is clearly divisible by 3. Thus $P(k+1)$ follows from $P(k)$. So by the Principle of Mathematical Induction, $P(n)$ is true for all n.

(d) The statement $n^3 \geq (n+1)^2$ for all $n \geq 2$ is false. The statement fails when $n = 2$: $2^3 = 8 < (2+1)^2 = 9$.

(e) $n^3 - n$ is divisible by 3, for all $n \geq 2$. This is true. Let $P(n)$ denote the statement that $n^3 - n$ is divisible by 3.

Step 1: $P(2)$ is the statement that $2^3 - 2 = 6$ is divisible by 3, which is clearly true.

Step 2: Assume that $P(k)$ is true; that is, $k^3 - k$ is divisible by 3. We want to use this to show that $P(k+1)$ is true. Now $(k+1)^3 - (k+1) = k^3 + 3k^2 + 3k + 1 - (k+1) = k^3 + 3k^2 + 2k = k^3 - k + 3k^2 + 2k + k = (k^3 - k) + 3(k^2 + k)$. The term $k^3 - k$ is divisible by 3 by our induction hypothesis, and the term $3(k^2 + k)$ is clearly divisible by 3. Thus $(k+1)^3 - (k+1)$ is divisible by 3, which is exactly $P(k+1)$. So by the Principle of Mathematical Induction, $P(n)$ is true for all n.

(f) $n^3 - 6n^2 + 11n$ is divisible by 6, for all $n > 1$. This is true. Let $P(n)$ denote the statement that $n^3 - 6n^2 + 11n$ is divisible by 6.

Step 1: $P(1)$ is the statement that $(1)^3 - 6(1)^2 + 11(1) = 6$ is divisible by 6, which is clearly true.

Step 2: Assume that $P(k)$ is true; that is, $k^3 - 6k^2 + 11k$ is divisible by 6. We show that $P(k+1)$ is then also true. Now

$$\begin{aligned}(k+1)^3 - 6(k+1)^2 + 11(k+1) &= k^3 + 3k^2 + 3k + 1 - 6k^2 - 12k - 6 + 11k + 11 \\ &= k^3 - 3k^2 + 2k + 6 = k^3 - 6k^2 + 11k + (3k^2 - 9k + 6) \\ &= (k^3 - 6k^2 + 11k) + 3(k^2 - 3k + 2) - (k^3 - 6k^2 + 11k) + 3(k-1)(k-2)\end{aligned}$$

In this last expression, the first term is divisible by 6 by our induction hypothesis. The second term is also divisible by 6. To see this, notice that $k - 1$ and $k - 2$ are consecutive natural numbers, and so one of them must be even (divisible by 2). Since 3 also appears in this second term, it follows that this term is divisible by 2 and 3 and so is divisible by 6. Thus $P(k+1)$ follows from $P(k)$. So by the Principle of Mathematical Induction, $P(n)$ is true for all n.

11.6   The Binomial Theorem

1. $(x+y)^6 = x^6 + 6x^5y + 15x^4y^2 + 20x^3y^3 + 15x^2y^4 + 6xy^5 + y^6$

3. $\left(x + \dfrac{1}{x}\right)^4 = x^4 + 4x^3 \cdot \dfrac{1}{x} + 6x^2 \left(\dfrac{1}{x}\right)^2 + 4x\left(\dfrac{1}{x}\right)^3 + \left(\dfrac{1}{x}\right)^4 = x^4 + 4x^2 + 6 + \dfrac{4}{x^2} + \dfrac{1}{x^4}$

5. $(x-1)^5 = x^5 - 5x^4 + 10x^3 - 10x^2 + 5x - 1$

7. $(x^2y - 1)^5 = (x^2y)^5 - 5(x^2y)^4 + 10(x^2y)^3 - 10(x^2y)^2 + 5x^2y - 1 = x^{10}y^5 - 5x^8y^4 + 10x^6y^3 - 10x^4y^2 + 5x^2y - 1$

9. $(2x-3y)^3 = (2x)^3 - 3(2x)^2\,3y + 3 \cdot 2x(3y)^2 - (3y)^3 = 8x^3 - 36x^2y + 54xy^2 - 27y^3$

11. $\left(\dfrac{1}{x} - \sqrt{x}\right)^5 = \left(\dfrac{1}{x}\right)^5 - 5\left(\dfrac{1}{x}\right)^4\sqrt{x} + 10\left(\dfrac{1}{x}\right)^3 x - 10\left(\dfrac{1}{x}\right)^2 x\sqrt{x} + 5\left(\dfrac{1}{x}\right)x^2 - x^2\sqrt{x}$

$$= \dfrac{1}{x^5} - \dfrac{5}{x^{7/2}} + \dfrac{10}{x^2} - \dfrac{10}{x^{1/2}} + 5x - x^{5/2}$$

13. $\dbinom{6}{4} = \dfrac{6!}{4!\,2!} = \dfrac{6 \cdot 5 \cdot 4!}{2 \cdot 1 \cdot 4!} = 15$

15. $\dbinom{100}{98} = \dfrac{100!}{98!\,2!} = \dfrac{100 \cdot 99 \cdot 98!}{98! \cdot 2 \cdot 1} = 4950$

17. $\dbinom{3}{1}\dbinom{4}{2} = \dfrac{3!}{1!\,2!}\,\dfrac{4!}{2!\,2!} = \dfrac{3 \cdot 2! \cdot 4 \cdot 3 \cdot 2!}{1 \cdot 2! \cdot 2 \cdot 1 \cdot 2!} = 18$

19. $\binom{5}{0} + \binom{5}{1} + \binom{5}{2} + \binom{5}{3} + \binom{5}{4} + \binom{5}{5} = (1+1)^5 = 2^5 = 32$

21. $(x+2y)^4 = \binom{4}{0}x^4 + \binom{4}{1}x^3 \cdot 2y + \binom{4}{2}x^2 \cdot 4y^2 + \binom{4}{3}x \cdot 8y^3 + \binom{4}{4}16y^4 = x^4 + 8x^3y + 24x^2y^2 + 32xy^3 + 16y^4$

23. $\left(1 + \dfrac{1}{x}\right)^6 = \binom{6}{0}1^6 + \binom{6}{1}1^5\left(\dfrac{1}{x}\right) + \binom{6}{2}1^4\left(\dfrac{1}{x}\right)^2 + \binom{6}{3}1^3\left(\dfrac{1}{x}\right)^3 + \binom{6}{4}1^2\left(\dfrac{1}{x}\right)^4 + \binom{6}{5}1\left(\dfrac{1}{x}\right)^5 + \binom{6}{6}\left(\dfrac{1}{x}\right)^6$

$$= 1 + \dfrac{6}{x} + \dfrac{15}{x^2} + \dfrac{20}{x^3} + \dfrac{15}{x^4} + \dfrac{6}{x^5} + \dfrac{1}{x^6}$$

25. The first three terms in the expansion of $(x+2y)^{20}$ are $\binom{20}{0}x^{20} = x^{20}$, $\binom{20}{1}x^{19} \cdot 2y = 40x^{19}y$, and $\binom{20}{2}x^{18} \cdot (2y)^2 = 760x^{18}y^2$.

27. The last two terms in the expansion of $\left(a^{2/3} + a^{1/3}\right)^{25}$ are $\binom{25}{24}a^{2/3} \cdot \left(a^{1/3}\right)^{24} = 25a^{26/3}$, and $\binom{25}{25}a^{25/3} = a^{25/3}$.

29. The middle term in the expansion of $(x^2 + 1)^{18}$ occurs when both terms are raised to the 9th power. So this term is $\binom{18}{9}(x^2)^9 1^9 = 48{,}620x^{18}$.

31. The 24th term in the expansion of $(a + b)^{25}$ is $\binom{25}{23}a^2 b^{23} = 300a^2 b^{23}$.

33. The 100th term in the expansion of $(1 + y)^{100}$ is $\binom{100}{99}1^1 \cdot y^{99} = 100y^{99}$.

35. The term that contains x^4 in the expansion of $(x + 2y)^{10}$ has exponent $r = 4$. So this term is $\binom{10}{4}x^4 \cdot (2y)^{10-4} = 13{,}440x^4 y^6$.

37. The rth term is $\binom{12}{r}a^r (b^2)^{12-r} = \binom{12}{r}a^r b^{24-2r}$. Thus the term that contains b^8 occurs where $24 - 2r = 8 \;\Leftrightarrow\; r = 8$. So the term is $\binom{12}{8}a^8 b^8 = 495a^8 b^8$.

39. $x^4 + 4x^3 y + 6x^2 y^2 + 4xy^3 + y^4 = (x + y)^4$

41. $8a^3 + 12a^2 b + 6ab^2 + b^3 = \binom{3}{0}(2a)^3 + \binom{3}{1}(2a)^2 b + \binom{3}{2}2ab^2 + \binom{3}{3}b^3 = (2a + b)^3$

43. $\dfrac{(x+h)^3 - x^3}{h} = \dfrac{x^3 + 3x^2 h + 3xh^2 + h^3 - x^3}{h} = \dfrac{3x^2 h + 3xh^2 + h^3}{h} = \dfrac{h\left(3x^2 + 3xh + h^2\right)}{h} = 3x^2 + 3xh + h^2$

45. $(1.01)^{100} = (1 + 0.01)^{100}$. Now the first term in the expansion is $\binom{100}{0}1^{100} = 1$, the second term is $\binom{100}{1}1^{99}(0.01) = 1$, and the third term is $\binom{100}{2}1^{98}(0.01)^2 = 0.495$. Now each term is nonnegative, so $(1.01)^{100} = (1 + 0.01)^{100} > 1 + 1 + .0.495 > 2$. Thus $(1.01)^{100} > 2$.

47. $\binom{n}{1} = \dfrac{n!}{1!\,(n-1)!} = \dfrac{n(n-1)!}{1(n-1)!} = \dfrac{n}{1} = n$. $\quad \binom{n}{n-1} = \dfrac{n!}{(n-1)!\,1!} = \dfrac{n(n-1)!}{(n-1)!\,1} = n$. Therefore, $\binom{n}{1} = \binom{n}{n-1} = n$.

49. (a) $\binom{n}{r-1} + \binom{n}{r} = \dfrac{n!}{(r-1)!\,[n-(r-1)]!} + \dfrac{n!}{r!\,(n-r)!}$.

(b) $\dfrac{n!}{(r-1)!\,[n-(r-1)]!} + \dfrac{n!}{r!\,(n-r)!} = \dfrac{r \cdot n!}{r \cdot (r-1)!\,(n-r+1)!} + \dfrac{(n-r+1)\cdot n!}{r!\,(n-r+1)(n-r)!}$

$\qquad = \dfrac{r \cdot n!}{r!\,(n-r+1)!} + \dfrac{(n-r+1)\cdot n!}{r!\,(n-r+1)!}$

Thus a common denominator is $r!\,(n-r+1)!$.

(c) Therefore, using the results of parts (a) and (b),

$\binom{n}{r-1} + \binom{n}{r} = \dfrac{n!}{(r-1)!\,[n-(r-1)]!} + \dfrac{n!}{r!\,(n-r)!} = \dfrac{r \cdot n!}{r!\,(n-r+1)!} + \dfrac{(n-r+1)\cdot n!}{r!\,(n-r+1)!}$

$\qquad = \dfrac{r \cdot n! + (n-r+1)\cdot n!}{r!\,(n-r+1)!} = \dfrac{n!\,(r+n-r+1)}{r!\,(n-r+1)!} = \dfrac{n!\,(n+1)}{r!\,(n+1-r)!} = \dfrac{(n+1)!}{r!\,(n+1-r)!} = \binom{n+1}{r}$

51. Notice that $(100!)^{101} = (100!)^{100} \cdot 100!$ and $(101!)^{100} = (101 \cdot 100!)^{100} = 101^{100} \cdot (100!)^{100}$. Now $100! = 1 \cdot 2 \cdot 3 \cdot 4 \cdots 99 \cdot 100$ and $101^{100} = 101 \cdot 101 \cdot 101 \cdots 101$. Thus each of these last two expressions consists of 100 factors multiplied together, and since each factor in the product for 101^{100} is larger than each factor in the product for $100!$, it follows that $100! < 101^{100}$. Thus $(100!)^{100} \cdot 100! < (100!)^{100} \cdot 101^{100}$. So $(100!)^{101} < (101!)^{100}$.

53. $0 = 0^n = (-1 + 1)^n = \binom{n}{0}(-1)^0 (1)^n + \binom{n}{1}(-1)^1 (1)^{n-1} + \binom{n}{2}(-1)^2 (1)^{n-2} + \cdots + \binom{n}{n}(-1)^n (1)^0$

$\qquad = \binom{n}{0} - \binom{n}{1} + \binom{n}{2} - \cdots + (-1)^k \binom{n}{k} + \cdots + (-1)^n \binom{n}{n}$

Chapter 11 Review

1. $a_n = \dfrac{n^2}{n+1}$. Then $a_1 = \dfrac{1^2}{1+1} = \dfrac{1}{2}$, $a_2 = \dfrac{2^2}{2+1} = \dfrac{4}{3}$, $a_3 = \dfrac{3^2}{3+1} = \dfrac{9}{4}$, $a_4 = \dfrac{4^2}{4+1} = \dfrac{16}{5}$, and

$a_{10} = \dfrac{10^2}{10+1} = \dfrac{100}{11}$.

3. $a_n = \dfrac{(-1)^n + 1}{n^3}$. Then $a_1 = \dfrac{(-1)^1 + 1}{1^3} = 0$, $a_2 = \dfrac{(-1)^2 + 1}{2^3} = \dfrac{2}{8} = \dfrac{1}{4}$, $a_3 = \dfrac{(-1)^3 + 1}{3^3} = 0$,

$a_4 = \dfrac{(-1)^4 + 1}{4^3} = \dfrac{2}{64} = \dfrac{1}{32}$, and $a_{10} = \dfrac{(-1)^{10} + 1}{10^3} = \dfrac{1}{500}$.

5. $a_n = \dfrac{(2n)!}{2^n n!}$. Then $a_1 = \dfrac{(2 \cdot 1)!}{2^1 \cdot 1!} = 1$, $a_2 = \dfrac{(2 \cdot 2)!}{2^2 \cdot 2!} = 3$, $a_3 = \dfrac{(2 \cdot 3)!}{2^3 \cdot 3!} = \dfrac{6 \cdot 5 \cdot 4}{8} = 15$,

$a_4 = \dfrac{(2 \cdot 4)!}{2^4 \cdot 4!} = \dfrac{8 \cdot 7 \cdot 6 \cdot 5}{16} = 105$, and $a_{10} = \dfrac{(2 \cdot 10)!}{2^{10} \cdot 10!} = 654{,}729{,}075$.

7. $a_n = a_{n-1} + 2n - 1$ and $a_1 = 1$. Then $a_2 = a_1 + 4 - 1 = 4$, $a_3 = a_2 + 6 - 1 = 9$, $a_4 = a_3 + 8 - 1 = 16$, $a_5 = a_4 + 10 - 1 = 25$, $a_6 = a_5 + 12 - 1 = 36$, and $a_7 = a_6 + 14 - 1 = 49$.

9. $a_n = a_{n-1} + 2a_{n-2}$, $a_1 = 1$ and $a_2 = 3$. Then $a_3 = a_2 + 2a_1 = 5$, $a_4 = a_3 + 2a_2 = 11$, $a_5 = a_4 + 2a_3 = 21$, $a_6 = a_5 + 2a_4 = 43$, and $a_7 = a_6 + 2a_5 = 85$.

11. (a) $a_1 = 2(1) + 5 = 7$, $a_2 = 2(2) + 5 = 9$,

$a_3 = 2(3) + 5 = 11$, $a_4 = 2(4) + 5 = 13$,

$a_5 = 2(5) + 5 = 15$

(b)

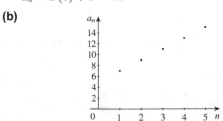

(c) This sequence is arithmetic with common difference 2.

13. (a) $a_1 = \dfrac{3^1}{2^2} = \dfrac{3}{4}$, $a_2 = \dfrac{3^2}{2^3} = \dfrac{9}{8}$, $a_3 = \dfrac{3^3}{2^4} = \dfrac{27}{16}$,

$a_4 = \dfrac{3^4}{2^5} = \dfrac{81}{32}$, $a_5 = \dfrac{3^5}{2^6} = \dfrac{243}{64}$

(b)

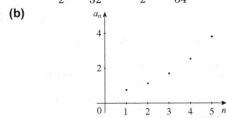

(c) This sequence is geometric with common ratio $\frac{3}{2}$.

15. $5, 5.5, 6, 6.5, \ldots$. Since $5.5 - 5 = 6 - 5.5 = 6.5 - 6 = 0.5$, this is an arithmetic sequence with $a_1 = 5$ and $d = 0.5$. Then $a_5 = a_4 + 0.5 = 7$.

17. $\sqrt{2}, 2\sqrt{2}, 3\sqrt{2}, 4\sqrt{2}, \ldots$. Since $2\sqrt{2} - \sqrt{2} = 3\sqrt{2} - 2\sqrt{2} = 4\sqrt{2} - 3\sqrt{2} = \sqrt{2}$, this is an arithmetic sequence with $a_1 = \sqrt{2}$ and $d = \sqrt{2}$. Then $a_5 = a_4 + \sqrt{2} = 4\sqrt{2} + \sqrt{2} = 5\sqrt{2}$.

19. $t - 3, t - 2, t - 1, t, \ldots$. Since $(t - 2) - (t - 3) = (t - 1) - (t - 2) = t - (t - 1) = 1$, this is an arithmetic sequence with $a_1 = t - 3$ and $d = 1$. Then $a_5 = a_4 + 1 = t + 1$.

21. $\dfrac{3}{4}, \dfrac{1}{2}, \dfrac{1}{3}, \dfrac{2}{9}, \ldots$. Since $\dfrac{\frac{1}{2}}{\frac{3}{4}} = \dfrac{\frac{1}{3}}{\frac{1}{2}} = \dfrac{\frac{2}{9}}{\frac{1}{3}} = \dfrac{2}{3}$, this is a geometric sequence with $a_1 = \dfrac{3}{4}$ and $r = \dfrac{2}{3}$. Then

$a_5 = a_4 \cdot r = \dfrac{2}{9} \cdot \dfrac{2}{3} = \dfrac{4}{27}$.

23. $3, 6i, \ 12, -24i, \ldots$. Since $\dfrac{6i}{3} = 2i$, $\dfrac{-12}{6i} = \dfrac{-2}{i} = \dfrac{-2i}{i^2} = 2i$, $\dfrac{-24i}{-12} = 2i$, this is a geometric sequence with common ratio $r = 2i$.

25. $a_6 = 17 = a + 5d$ and $a_4 = 11 = a + 3d$. Then, $a_6 - a_4 = 17 - 11 \ \Leftrightarrow \ (a + 5d) - (a + 3d) = 6 \ \Leftrightarrow \ 6 = 2d \ \Leftrightarrow$ $d = 3$. Substituting into $11 = a + 3d$ gives $11 = a + 3 \cdot 3$, and so $a = 2$. Thus $a_2 = a + (2 - 1)d = 2 + 3 = 5$.

27. $a_3 = 9$ and $r = \dfrac{3}{2}$. Then $a_5 = a_3 \cdot r^2 = 9 \cdot \left(\dfrac{3}{2}\right)^2 = \dfrac{81}{4}$.

29. (a) $A_n = 32,000 \cdot 1.05^{n-1}$

(b) $A_1 = \$32,000$, $A_2 = 32,000 \cdot 1.05^1 = \$33,600$, $A_3 = 32,000 \cdot 1.05^2 = \$35,280$, $A_4 = 32,000 \cdot 1.05^3 = \$37,044$, $A_5 = 32,000 \cdot 1.05^4 = \$38,896.20$, $A_6 = 32,000 \cdot 1.05^5 = \$40,841.01$, $A_7 = 32,000 \cdot 1.05^6 = \$42,883.06$, $A_8 = 32,000 \cdot 1.05^7 = \$45,027.21$

31. Let a_n be the number of bacteria in the dish at the end of $5n$ seconds. So $a_0 = 3$, $a_1 = 3 \cdot 2$, $a_2 = 3 \cdot 2^2$, $a_3 = 3 \cdot 2^3$, ... Then, clearly, a_n is a geometric sequence with $r = 2$ and $a = 3$. Thus at the end of $60 = 5(12)$ seconds, the number of bacteria is $a_{12} = 3 \cdot 2^{12} = 12,288$.

33. Suppose that the common ratio in the sequence $a_1, a_2, a_3, \ldots$ is r. Also, suppose that the common ratio in the sequence $b_1, b_2, b_3, \ldots$ is s. Then $a_n = a_1 r^{n-1}$ and $b_n = b_1 s^{n-1}$, $n = 1, 2, 3, \ldots$. Thus $a_n b_n = a_1 r^{n-1} \cdot b_1 s^{n-1} = (a_1 b_1)(rs)^{n-1}$. So the sequence $a_1 b_1, a_2 b_2, a_3 b_3, \ldots$ is geometric with first term $a_1 b_1$ and common ratio rs.

35. (a) $6, x, 12, \ldots$ is arithmetic if $x - 6 = 12 - x$ $\Leftrightarrow$ $2x = 18$ $\Leftrightarrow$ $x = 9$.

(b) $6, x, 12, \ldots$ is geometric if $\dfrac{x}{6} = \dfrac{12}{x}$ $\Leftrightarrow$ $x^2 = 72$ $\Leftrightarrow$ $x = \pm 6\sqrt{2}$.

37. $\sum_{k=3}^{6} (k+1)^2 = (3+1)^2 + (4+1)^2 + (5+1)^2 + (6+1)^2 = 16 + 25 + 36 + 49 = 126$

39. $\sum_{k=1}^{6} (k+1) 2^{k-1} = 2 \cdot 2^0 + 3 \cdot 2^1 + 4 \cdot 2^2 + 5 \cdot 2^3 + 6 \cdot 2^4 + 7 \cdot 2^5 = 2 + 6 + 16 + 40 + 96 + 224 = 384$

41. $\sum_{k=1}^{10} (k-1)^2 = 0^2 + 1^2 + 2^2 + 3^2 + 4^2 + 5^2 + 6^2 + 7^2 + 8^2 + 9^2$

43. $\sum_{k=1}^{50} \dfrac{3^k}{2^{k+1}} = \dfrac{3}{2^2} + \dfrac{3^2}{2^3} + \dfrac{3^3}{2^4} + \dfrac{3^4}{2^5} + \cdots + \dfrac{3^{49}}{2^{50}} + \dfrac{3^{50}}{2^{51}}$

45. $3 + 6 + 9 + 12 + \cdots + 99 = 3(1) + 3(2) + 3(3) + \cdots + 3(33) = \sum_{k=1}^{33} 3k$

47. $1 \cdot 2^3 + 2 \cdot 2^4 + 3 \cdot 2^5 + 4 \cdot 2^6 + \cdots + 100 \cdot 2^{102}$

$$= (1) 2^{(1)+2} + (2) 2^{(2)+2} + (3) 2^{(3)+2} + (4) 2^{(4)+2} + \cdots + (100) 2^{(100)+2}$$

$$= \sum_{k=1}^{100} k \cdot 2^{k+2}$$

49. $1 + 0.9 + (0.9)^2 + \cdots + (0.9)^5$ is a geometric series with $a = 1$ and $r = \dfrac{0.9}{1} = 0.9$. Thus, the sum of the series is

$$S_6 = \dfrac{1 - (0.9)^6}{1 - 0.9} = \dfrac{1 - 0.531441}{0.1} = 4.68559.$$

51. $\sqrt{5} + 2\sqrt{5} + 3\sqrt{5} + \cdots + 100\sqrt{5}$ is an arithmetic series with $a = \sqrt{5}$ and $d = \sqrt{5}$. Then $100\sqrt{5} = a_n = \sqrt{5} + \sqrt{5}(n-1)$ $\Leftrightarrow$ $n = 100$. So the sum is $S_{100} = \frac{100}{2}\left(\sqrt{5} + 100\sqrt{5}\right) = 50\left(101\sqrt{5}\right) = 5050\sqrt{5}$.

53. $\sum_{n=0}^{6} 3 \cdot (-4)^n$ is a geometric series with $a = 3$, $r = -4$, and $n = 7$. Therefore, the sum of the series is

$$S_7 = 3 \cdot \dfrac{1 - (-4)^7}{1 - (-4)} = \tfrac{3}{5}\left(1 + 4^7\right) = 9831.$$

55. We have an arithmetic sequence with $a = 7$ and $d = 3$. Then $S_n = 325 = \dfrac{n}{2}[2a + (n-1)d] = \dfrac{n}{2}[14 + 3(n-1)] = \dfrac{n}{2}(11 + 3n)$ $\Leftrightarrow$ $650 = 3n^2 + 11n$ $\Leftrightarrow$ $(3n + 50)(n - 13) = 0$ $\Leftrightarrow$ $n = 13$ (because $n = -\frac{50}{3}$ is inadmissible). Thus, 13 terms must be added.

57. This is a geometric sequence with $a = 2$ and $r = 2$. Then $S_{15} = 2 \cdot \dfrac{1 - 2^{15}}{1 - 2} = 2\left(2^{15} - 1\right) = 65,534$, and so the total number of ancestors is $65,534$.

59. $A = 10,000$, $i = 0.03$, and $n = 4$. Thus, $10,000 = R \dfrac{(1.03)^4 - 1}{0.03}$ $\Leftrightarrow$ $R = \dfrac{10,000 \cdot 0.03}{(1.03)^4 - 1} = \$2390.27$.

61. $1 - \frac{2}{5} + \frac{4}{25} - \frac{8}{125} + \cdots$ is a geometric series with $a = 1$ and $r = -\frac{2}{5}$. Therefore, the sum is $S = \dfrac{a}{1 - r} = \dfrac{1}{1 - \left(-\frac{2}{5}\right)} = \dfrac{5}{7}$.

63. $1 + \dfrac{1}{3^{1/2}} + \dfrac{1}{3} + \dfrac{1}{3^{3/2}} + \cdots$ is an infinite geometric series with $a = 1$ and $r = \dfrac{1}{\sqrt{3}}$. Thus, the sum is

$$S = \dfrac{1}{1 - \frac{1}{\sqrt{3}}} = \dfrac{\sqrt{3}}{\sqrt{3} - 1} = \tfrac{1}{2}\left(3 + \sqrt{3}\right).$$

65. Let $P(n)$ denote the statement that $1 + 4 + 7 + \cdots + (3n - 2) = \dfrac{n(3n-1)}{2}$.

Step 1: $P(1)$ is the statement that $1 = \dfrac{1[3(1)-1]}{2} = \dfrac{1 \cdot 2}{2}$, which is true.

Step 2: Assume that $P(k)$ is true; that is, $1 + 4 + 7 + \cdots + (3k - 2) = \dfrac{k(3k-1)}{2}$. We want to use this to show that $P(k+1)$ is true. Now

$$
\begin{aligned}
1 + 4 + 7 + 10 + \cdots + (3k - 2) + [3(k+1) - 2] &= \frac{k(3k-1)}{2} + 3k + 1 \qquad \text{induction hypothesis} \\
&= \frac{k(3k-1)}{2} + \frac{6k+2}{2} = \frac{3k^2 - k + 6k + 2}{2} \\
&= \frac{3k^2 + 5k + 2}{2} = \frac{(k+1)(3k+2)}{2} \\
&= \frac{(k+1)[3(k+1) - 1]}{2}
\end{aligned}
$$

Thus, $P(k+1)$ follows from $P(k)$. So by the Principle of Mathematical Induction, $P(n)$ is true for all n.

67. Let $P(n)$ denote the statement that $\left(1 + \frac{1}{1}\right)\left(1 + \frac{1}{2}\right)\left(1 + \frac{1}{3}\right) \cdot \cdots \cdot \left(1 + \frac{1}{n}\right) = n + 1$.

Step 1: $P(1)$ is the statement that $1 + \frac{1}{1} = 1 + 1$, which is clearly true.

Step 2: Assume that $P(k)$ is true; that is, $\left(1 + \frac{1}{1}\right)\left(1 + \frac{1}{2}\right)\left(1 + \frac{1}{3}\right) \cdot \cdots \cdot \left(1 + \frac{1}{k}\right) - k + 1$. We want to use this to show that $P(k+1)$ is true. Now

$$
\begin{aligned}
\left(1 + \tfrac{1}{1}\right)\left(1 + \tfrac{1}{2}\right)\left(1 + \tfrac{1}{3}\right) \cdot \cdots \cdot \left(1 + \tfrac{1}{k}\right)\left(1 + \tfrac{1}{k+1}\right) &= \left[\left(1 + \tfrac{1}{1}\right)\left(1 + \tfrac{1}{2}\right)\left(1 + \tfrac{1}{3}\right) \cdot \cdots \cdot \left(1 + \tfrac{1}{k}\right)\right]\left(1 + \tfrac{1}{k+1}\right) \\
&= (k+1)\left(1 + \tfrac{1}{k+1}\right) \qquad \text{induction hypothesis} \\
&= (k+1) + 1
\end{aligned}
$$

Thus, $P(k+1)$ follows from $P(k)$. So by the Principle of Mathematical Induction, $P(n)$ is true for all n.

69. $a_{n+1} = 3a_n + 4$ and $a_1 = 4$. Let $P(n)$ denote the statement that $a_n = 2 \cdot 3^n - 2$.

Step 1: $P(1)$ is the statement that $a_1 = 2 \cdot 3^1 - 2 = 4$, which is clearly true.

Step 2: Assume that $P(k)$ is true; that is, $a_k = 2 \cdot 3^k - 2$. We want to use this to show that $P(k+1)$ is true. Now

$$
\begin{aligned}
a_{k+1} &= 3a_k + 4 \qquad \text{definition of } a_{k+1} \\
&= 3\left(2 \cdot 3^k - 2\right) + 4 \qquad \text{induction hypothesis} \\
&= 2 \cdot 3^{k+1} - 6 + 4 = 2 \cdot 3^{k+1} - 2
\end{aligned}
$$

Thus $P(k+1)$ follows from $P(k)$. So by the Principle of Mathematical Induction, $P(n)$ is true for all n.

71. Let $P(n)$ denote the statement that $n! > 2^n$, for all natural numbers $n \geq 4$.

Step 1: $P(4)$ is the statement that $4! = 24 > 2^4 = 16$, which is true.

Step 2: Assume that $P(k)$ is true; that is, $k! > 2^k$. We want to use this to show that $P(k+1)$ is true. Now

$$
\begin{aligned}
(k+1)! &= (k+1)\,k! > (k+1) \cdot 2^k \qquad \text{induction hypothesis} \\
&> 2 \cdot 2^k \qquad \text{because } k + 1 > 2 \text{ for } k \geq 4 \\
&= 2^{k+1}
\end{aligned}
$$

Thus $P(k+1)$ follows from $P(k)$. So by the Principle of Mathematical Induction, $P(n)$ is true for all $n \geq 4$.

73. $\dbinom{10}{2} + \dbinom{10}{6} = \dfrac{10!}{2!\,8!} + \dfrac{10!}{6!\,4!} = \dfrac{10 \cdot 9}{2} + \dfrac{10 \cdot 9 \cdot 8 \cdot 7}{4 \cdot 3 \cdot 2} = 45 + 210 = 255.$

75. $\sum_{k=0}^{8} \binom{8}{k}\binom{8}{8-k} = 2\binom{8}{0}\binom{8}{8} + 2\binom{8}{1}\binom{8}{7} + 2\binom{8}{2}\binom{8}{6} + 2\binom{8}{3}\binom{8}{5} + \binom{8}{4}\binom{8}{4} = 2 + 2 \cdot 8^2 + 2 \cdot (28)^2 + 2 \cdot (56)^2 + (70)^2 = 12{,}870.$

77. $(2x + y)^4 = \binom{4}{0}(2x)^4 + \binom{4}{1}(2x)^3 y + \binom{4}{2}(2x)^2 y^2 + \binom{4}{3} \cdot 2xy^3 + \binom{4}{4}y^4 = 16x^4 + 32x^3 y + 24x^2 y^2 + 8xy^3 + y^4$

79. The first three terms in the expansion of $\left(b^{-2/3} + b^{1/3}\right)^{20}$ are $\binom{20}{0}\left(b^{-2/3}\right)^{20} = b^{-40/3}$, $\binom{20}{1}\left(b^{-2/3}\right)^{19}$

$\left(b^{1/3}\right) = 20b^{-37/3}$, and $\binom{20}{2}\left(b^{-2/3}\right)^{18}\left(b^{1/3}\right)^2 = 190b^{-34/3}$.

Chapter 11 Test

1. $a_1 = 1^2 - 1 = 0$, $a_2 = 2^2 - 1 = 3$, $a_3 = 3^2 - 1 = 8$, $a_4 = 4^2 - 1 = 15$, and $a_{10} = 10^2 - 1 = 99$.

2. $a_{n+2} = (a_n)^2 - a_{n+1}$, $a_1 = 1$ and $a_2 = 1$. Then $a_3 = a_1^2 - a_2 = 1^2 - 1 = 0$, $a_4 = a_2^2 - a_3 = 1^2 - 0 = 1$, and $a_5 = a_3^2 - a_4 = 0^2 - 1 = -1$.

3. (a) The common difference is $d = 5 - 2 = 3$.

(b) $a_n = 2 + (n - 1)3$

(c) $a_{35} = 2 + 3(35 - 1) = 104$

4. (a) The common ratio is $r = \frac{3}{12} = \frac{1}{4}$.

(b) $a_n = a_1 r^{n-1} = 12\left(\frac{1}{4}\right)^{n-1}$

(c) $a_{10} = 12\left(\frac{1}{4}\right)^{10-1} = \frac{3}{4^8} = \frac{3}{65,536}$

5. (a) $a_1 = 25$, $a_4 = \frac{1}{5}$. Then $r^3 = \frac{\frac{1}{5}}{25} = \frac{1}{125} \quad \Leftrightarrow \quad r = \frac{1}{5}$, so $a_5 = ra_4 = \frac{1}{25}$.

(b) $S_8 = 25\dfrac{1 - \left(\frac{1}{5}\right)^8}{1 - \frac{1}{5}} = \dfrac{5^8 - 1}{12,500} = \dfrac{97,656}{3125}$

6. (a) $a_1 = 10$ and $a_{10} = 2$, so $9d = -8 \quad \Leftrightarrow \quad d = -\frac{8}{9}$ and $a_{100} = a_1 + 99d = 10 - 88 = -78$.

(b) $S_{10} = \frac{10}{2}\left[2a + (10 - 1)d\right] = \frac{10}{2}\left(2 \cdot 10 + 9\left(-\frac{8}{9}\right)\right) = 60$

7. Let the common ratio for the geometric series $a_1, a_2, a_3, \ldots$ be r, so that $a_n = a_1 r^{n-1}$, $n = 1, 2, 3, \ldots$. Then $a_n^2 = \left(a_1 r^{n-1}\right)^2 = \left(a_1^2\right)\left(r^2\right)^{n-1}$. Therefore, the sequence $a_1^2, a_2^2, a_3^2, \ldots$ is geometric with common ratio r^2.

8. (a) $\sum_{n=1}^5 \left(1 - n^2\right) = \left(1 - 1^2\right) + \left(1 - 2^2\right) + \left(1 - 3^2\right) + \left(1 - 4^2\right) + \left(1 - 5^2\right) = 0 - 3 - 8 - 15 - 24 = -50$

(b) $\sum_{n=3}^6 (-1)^n 2^{n-2} = (-1)^3 2^{3-2} + (-1)^4 2^{4-2} + (-1)^5 2^{5-2} + (-1)^6 2^{6-2} = -2 + 4 - 8 + 16 = 10$

9. (a) The geometric sum $\frac{1}{3} + \frac{2}{3^2} + \frac{2^2}{3^3} + \frac{2^3}{3^4} + \cdots + \frac{2^9}{3^{10}}$ has $a = \frac{1}{3}$, $r = \frac{2}{3}$, and $n = 10$. So
$$S_{10} = \frac{1}{3} \cdot \frac{1 - (2/3)^{10}}{1 - (2/3)} = \frac{1}{3} \cdot 3\left(1 - \frac{1024}{59,049}\right) = \frac{58,025}{59,049}.$$

(b) The infinite geometric series $1 + \frac{1}{2^{1/2}} + \frac{1}{2} + \frac{1}{2^{3/2}} + \cdots$ has $a = 1$ and $r = 2^{-1/2} = \frac{1}{\sqrt{2}}$. Thus,
$$S = \frac{1}{1 - 1/\sqrt{2}} = \frac{\sqrt{2}}{\sqrt{2} - 1} = \frac{\sqrt{2}}{\sqrt{2} - 1} \cdot \frac{\sqrt{2} + 1}{\sqrt{2} + 1} = 2 + \sqrt{2}.$$

10. Let $P(n)$ denote the statement that $1^2 + 2^2 + 3^2 + \cdots + n^2 = \dfrac{n(n+1)(2n+1)}{6}$.

Step 1: Show that $P(1)$ is true. But $P(1)$ says that $1^2 = \dfrac{1 \cdot 2 \cdot 3}{6}$, which is true.

Step 2: Assume that $P(k)$ is true; that is, $1^2 + 2^2 + 3^2 + \cdots + k^2 = \dfrac{k(k+1)(2k+1)}{6}$. We want to use this to show that $P(k+1)$ is true. Now

$$1^2 + 2^2 + 3^2 + \cdots + k^2 + (k+1)^2 = \frac{k(k+1)(2k+1)}{6} + (k+1)^2 \qquad \text{induction hypothesis}$$

$$= \frac{k(k+1)(2k+1) + 6(k+1)^2}{6} = \frac{(k+1)(2k^2+k) + (6k+6)(k+1)}{6}$$

$$= \frac{(k+1)(2k^2+k+6k+6)}{6} = \frac{(k+1)(2k^2+7k+6)}{6}$$

$$= \frac{(k+1)(k+2)(2k+3)}{6} = \frac{(k+1)[(k+1)+1][2(k+1)+1]}{6}$$

Thus $P(k+1)$ follows from $P(k)$. So by the Principle of Mathematical Induction, $P(n)$ is true for all n.

11. $(2x + y^2)^5 = \binom{5}{0}(2x)^5 + \binom{5}{1}(2x)^4 y^2 + \binom{5}{2}(2x)^3 (y^2)^2 + \binom{5}{3}(2x)^2 (y^2)^3 + \binom{5}{4}(2x)(y^2)^4 + \binom{5}{5}(y^2)^5$
$$= 32x^5 + 80x^4 y^2 + 80x^3 y^4 + 40x^2 y^6 + 10xy^8 + y^{10}$$

12. $\binom{10}{3}(3x)^3 (-2)^7 = 120 \cdot 27x^3 (-128) = -414{,}720x^3$

13. (a) Each week he gains 24% in weight, that is, $0.24a_n$. Thus, $a_{n+1} = a_n + 0.24a_n = 1.24a_n$ for $n \geq 1$. a_0 is given to be 0.85 lb.

(b) $a_6 = 1.24a_5 = 1.24(1.24a_4) = \cdots = 1.24^6 a_0 = 1.24^6(0.85) \approx 3.1$ lb

(c) The sequence $a_1, a_2, a_3, \ldots$ is geometric with common ratio 1.24.

Focus on Modeling: Modeling with Recursive Sequences

1. (a) Since there are 365 days in a year, the interest earned per day is $\dfrac{0.0365}{365} = 0.0001$. Thus the amount in the account at the end of the nth day is $A_n = 1.0001 A_{n-1}$ with $A_0 = \$275{,}000$.

(b) $A_0 = \$275{,}000$, $A_1 = 1.0001 A_0 = 1.0001 \cdot 275{,}000 = \$275{,}027.50$,

$A_2 = 1.0001 A_1 = 1.0001 \left(1.0001 A_0\right) = 1.0001^2 A_0 = \$275{,}055.00$,

$A_3 = 1.0001 A_2 = 1.0001 \left(1.0001^2 A_0\right) = 1.0001^3 A_0 = \$275{,}082.51$,

$A_4 = 1.0001 A_3 = 1.0001 \left(1.0001^3 A_0\right) = 1.0001^4 A_0 = \$275{,}110.02$,

$A_5 = 1.0001 A_4 = 1.0001 \left(1.0001^4 A_0\right) = 1.0001^5 A_0 = \$275{,}137.53$,

$A_6 = 1.0001 A_5 = 1.0001 \left(1.0001^5 A_0\right) = 1.0001^6 A_0 = \$275{,}165.04$,

$A_7 = 1.0001 A_6 = 1.0001 \left(1.0001^6 A_0\right) = 1.0001^7 A_0 = \$275{,}192.56$

(c) $A_n = 1.0001^n \cdot 275{,}000$

3. (a) Since there are 12 months in a year, the interest earned per day is $\dfrac{0.03}{12} = 0.0025$. Thus the amount in the account at the end of the nth month is $A_n - 1.0025 A_{n-1} + 100$ with $A_0 = \$100$.

(b) $A_0 = \$100$, $A_1 = 1.0025 A_0 + 100 = 1.0025 \cdot 100 + 100 = \$200.25$, $A_2 = 1.0025 A_1 +$
$100 = 1.0025 \left(1.0025 \cdot 100 + 100\right) + 100 = 1.0025^2 \cdot 100 + 1.0025 \cdot 100 + 100 = \$300.75$, $A_3 = 1.0025 A_2 +$
$100 = 1.0025 \left(1.0025^2 \cdot 100 + 1.0025 \cdot 100 + 100\right) + 100 = 1.0025^3 \cdot 100 + 1.0025^2 \cdot 100 + 1.0025 \cdot 100 +$
$100 = \$401.50$, $A_4 = 1.0025 A_3 + 100 = 1.0025 \left(1.0025^3 \cdot 100 + 1.0025^2 \cdot 100 + 1.0025 \cdot 100 + 100\right) +$
$100 = 1.0025^4 \cdot 100 + 1.0025^3 \cdot 100 + 1.0025^2 \cdot 100 + 1.0025 \cdot 100 + 100 = \$502.51$

(c) $A_n = 1.0025^n \cdot 100 + \cdots + 1.0025^2 \cdot 100 + 1.0025 \cdot 100 + 100$, the partial sum of a geometric series, so

$$A_n = 100 \cdot \frac{1 - 1.0025^{n+1}}{1 - 1.0025} = 100 \cdot \frac{1.0025^{n+1} - 1}{0.0025}.$$

(d) Since 5 years is 60 months, we have $A_{60} = 100 \cdot \dfrac{1.0025^{61} - 1}{0.0025} \approx \$6{,}580.83$.

5. (a) The amount A_n of pollutants in the lake in the nth year is 30% of the amount from the preceding year ($0.30 A_{n-1}$) plus the amount discharged that year (2400 tons). Thus $A_n = 0.30 A_{n-1} + 2400$.

(b) $A_0 = 2400$, $A_1 = 0.30\,(2400) + 2400 = 3120$,

$A_2 = 0.30\,[0.30\,(2400) + 2400] + 2400 = 0.30^2\,(2400) + 2400\,(2400) + 2400 = 3336$,

$A_3 = 0.30\,[0.30^2\,(2400) + 2400\,(2400) + 2400] + 2400$
$= 0.03^3\,(2400) + 0.30^2\,(2400) + 2400\,(2400) + 2400 = 3400.8$,

$A_4 = 0.30\,[0.03^3\,(2400) + 0.30^2\,(2400) + 2400\,(2400) + 2400] + 2400$
$= 0.03^4\,(2400) + 0.03^3\,(2400) + 0.30^2\,(2400) + 2400\,(2400) + 2400 = 3420.2$

(c) A_n is the partial sum of a geometric series, so

$$A_n = 2400 \cdot \frac{1 - 0.30^{n+1}}{1 - 0.30} = 2400 \cdot \frac{1 - 0.30^{n+1}}{0.70}$$
$$\approx 3428.6 \left(1 - 0.30^{n+1}\right)$$

(e)

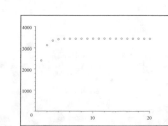

(d) $A_6 = 2400 \cdot \dfrac{1 - 0.30^7}{0.70} = 3427.8$ tons. The sum of a geometric

series, is $A = 2400 \cdot \dfrac{1}{0.70} = 3428.6$ tons.

7. (a) In the nth year since Victoria's initial deposit the amount V_n in her CD is the amount from the preceding year (V_{n-1}), plus the 5% interest earned on that amount ($0.05V_{n-1}$), plus $500 times the number of years since her initial deposit ($500n$). Thus $V_n = 1.05V_{n-1} + 500n$.

(b) Ursula's savings surpass Victoria's savings in the 35th year.

9. (a) $R_1 = 104$, $R_2 = 108.0$, $R_3 = 112.0$, $R_4 = 115.9$, $R_5 = 119.8$, $R_6 = 123.7$, $R_7 = 127.4$

(b)

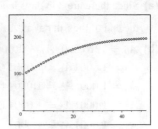

As n becomes large the raccoon population approaches 200.

12 Limits: A Preview of Calculus

12.1 Finding Limits Numerically and Graphically

1.

x	3.9	3.99	3.999	4.001	4.01	4.1
$f(x)$	0.25158	0.25016	0.25002	0.24998	0.24984	0.24845

$\lim\limits_{x \to 4} \dfrac{\sqrt{x} - 2}{x - 4} = 0.25$

3.

x	0.9	0.99	0.999	1.001	1.01	1.1
$f(x)$	0.36900	0.33669	0.33367	0.3330	0.33002	0.30211

$\lim\limits_{x \to 1} \dfrac{x - 1}{x^3 - 1} = 0.33333$

5.

x	± 1	± 0.5	± 0.1	± 0.05	± 0.01
$f(x)$	0.84147	0.95885	0.99833	0.99958	0.99998

$\lim\limits_{x \to 0} \dfrac{\sin x}{x} = 1$

7.

x	$f(x)$
-3.9	-1.11111
-3.99	-1.01010
-3.99	-1.00100
-4.001	-0.99900
-4.01	-0.99010
-4.1	-0.90909

$\lim\limits_{x \to -4} \dfrac{x + 4}{x^2 + 7x + 12} = -1$

9.

x	$f(x)$
-0.1	0.44619
-0.01	0.50396
$-0.0.01$	0.51013
0.001	0.51152
0.01	0.51779
0.1	0.58496

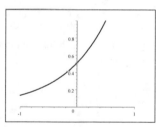

$\lim\limits_{x \to 0} \dfrac{5^x - 3^x}{x} = 0.5108$

11.

x	$f(x)$
0.9	0.50878
0.99	0.50084
0.999	0.50008
1.001	0.49992
1.01	0.49917
1.1	0.49206

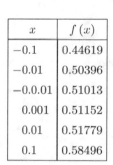

$\lim\limits_{x \to 1} \left(\dfrac{1}{\ln x} - \dfrac{1}{x - 1} \right) = 0.5000$

13. (a) $\lim\limits_{x \to 1^-} f(x) = 2$

(b) $\lim\limits_{x \to 1^+} f(x) = 3$

(c) $\lim\limits_{x \to 1} f(x)$ does not exist; $\lim\limits_{x \to 1^-} f(x) \neq \lim\limits_{x \to 1^+} f(x)$.

(d) $\lim\limits_{x \to 5} f(x) = 4$

(e) $f(5) = 4$.

15. (a) $\lim\limits_{t \to 0^-} g(t) = -1$ **(b)** $\lim\limits_{t \to 0^+} g(t) = -2$

17. $\lim\limits_{x \to 1} \dfrac{x^3 + x^2 + 3x - 5}{2x^2 - 5x + 3} = -8.00$

(c) $\lim\limits_{t \to 0} g(t)$ does not exist; $\lim\limits_{t \to 0^-} g(t) \neq \lim\limits_{t \to 0^+} g(t)$.

(d) $\lim\limits_{t \to 2^-} g(t) = 2$ **(e)** $\lim\limits_{t \to 2^+} g(t) = 0$

(f) $\lim\limits_{t \to 2} g(t)$ does not exist; $\lim\limits_{t \to 2^-} g(t) \neq \lim\limits_{t \to 2^+} g(t)$.

(g) $g(2) = 1$ **(h)** $\lim\limits_{t \to 4} g(t) = 3$

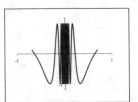

19. $\lim\limits_{x \to 0} \ln\left(\sin^2 x\right)$ does not exist.

21. $\lim\limits_{x \to 0} \cos \dfrac{1}{x}$ does not exist.

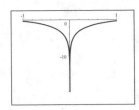

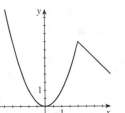

23. $f(x) = \begin{cases} x^2 & \text{if } x \leq 2 \\ 6 - x & \text{if } x > 2 \end{cases}$

(a) $\lim\limits_{x \to 2^-} f(x) = 4$

(b) $\lim\limits_{x \to 2^+} f(x) = 4$

(c) $\lim\limits_{x \to 2} f(x) = 4$

25. $f(x) = \begin{cases} -x + 3 & \text{if } x < -1 \\ 3 & \text{if } x \geq -1 \end{cases}$

(a) $\lim\limits_{x \to -1^-} f(x) = 4$

(b) $\lim\limits_{x \to -1^+} f(x) = 3$

(c) $\lim\limits_{x \to -1} f(x)$ does not exist.

27. There are an infinite number of functions satisfying the given conditions. The graph of one such function is shown.

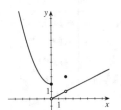

12.2   Finding Limits Algebraically

1. (a) $\lim\limits_{x \to a} [f(x) + h(x)] = \lim\limits_{x \to a} f(x) + \lim\limits_{x \to a} h(x) = -3 + 8 = 5$

(b) $\lim\limits_{x \to a} [f(x)]^2 = \left[\lim\limits_{x \to a} f(x)\right]^2 = (-3)^2 = 9$

(c) $\lim\limits_{x \to a} \sqrt[3]{h(x)} = \sqrt[3]{\lim\limits_{x \to a} h(x)} = \sqrt[3]{8} = 2$

(d) $\lim\limits_{x \to a} \dfrac{1}{f(x)} = \dfrac{1}{\lim\limits_{x \to a} f(x)} = -\dfrac{1}{3}$

(e) $\lim\limits_{x \to a} \dfrac{f(x)}{h(x)} = \dfrac{\lim\limits_{x \to a} f(x)}{\lim\limits_{x \to a} h(x)} = -\dfrac{3}{8}$

(f) $\lim\limits_{x \to a} \dfrac{g(x)}{f(x)} = \dfrac{\lim\limits_{x \to a} g(x)}{\lim\limits_{x \to a} f(x)} = \dfrac{0}{-3} = 0$

(g) $\lim\limits_{x \to a} \dfrac{f(x)}{g(x)}$ does not exist since $\lim\limits_{x \to a} g(x) = 0$.

(h) $\lim\limits_{x \to a} \dfrac{2f(x)}{h(x) - f(x)} = \dfrac{\lim\limits_{x \to a} [2f(x)]}{\lim\limits_{x \to a} [h(x) - f(x)]} = \dfrac{2 \cdot \left[\lim\limits_{x \to a} f(x)\right]}{\left[\lim\limits_{x \to a} h(x)\right] - \left[\lim\limits_{x \to a} f(x)\right]} = \dfrac{2(-3)}{8 - (-3)} = -\dfrac{6}{11}$

3. $\lim\limits_{x \to 4} \left(5x^2 - 2x + 3\right) = 5 \lim\limits_{x \to 4} x^2 - 2 \lim\limits_{x \to 4} x + \lim\limits_{x \to 4} 3$ Laws 1, 2, and 3

$$= 5\left(4\right)^2 - 2\left(4\right) + 3 \qquad \text{Special Limits 1, 2, and 3}$$

$$= 80 - 8 + 3 = 75$$

5. $\lim\limits_{x \to -1} \dfrac{x - 2}{x^2 + 4x - 3} = \dfrac{\lim\limits_{x \to -1} x - 2}{\lim\limits_{x \to -1} x^2 + 4x - 3}$ Law 5

$$= \dfrac{\lim\limits_{x \to -1} x - \lim\limits_{x \to -1} 2}{\lim\limits_{x \to -1} x^2 + 4 \lim\limits_{x \to -1} x - \lim\limits_{x \to -1} 3} \qquad \text{Laws 1, 2, and 3}$$

$$= \dfrac{(-1) - 2}{(-1)^2 + 4(-1) - 3} \qquad \text{Special Limits 1, 2, and 3}$$

$$= \dfrac{-3}{-6} = \dfrac{1}{2}$$

7. $\lim\limits_{t \to -2} \left(t + 1\right)^9 \left(t^2 - 1\right) = \left[\lim\limits_{t \to -2} \left(t + 1\right)^9\right] \left[\lim\limits_{t \to -2} t^2 - 1\right]$ Law 4

$$= \left[\lim\limits_{t \to -2} t + 1\right]^9 \left[\lim\limits_{t \to -2} t^2 - 1\right] \qquad \text{Law 6}$$

$$= \left[\lim\limits_{t \to -2} t + \lim\limits_{t \to -2} 1\right]^9 \left[\lim\limits_{t \to -2} t^2 - \lim\limits_{t \to -2} 1\right] \qquad \text{Laws 1, 2, and 3}$$

$$= \left[(-2) + 1\right]^9 \left[(-2)^2 - 1\right] \qquad \text{Special Limits 1, 2, and 3}$$

$$= (-1)^9 \left(4 - 1\right) = (-1)(3) = -3$$

9. $\lim\limits_{x \to 2} \dfrac{x^2 + x - 6}{x - 2} = \lim\limits_{x \to 2} \dfrac{(x - 2)(x + 3)}{x - 2} = \lim\limits_{x \to 2} x + 3 = 5$

11. $\lim\limits_{x \to 2} \dfrac{x^2 - x + 6}{x + 2} = \dfrac{(2)^2 - (2) + 6}{(2) + 2} = \dfrac{8}{4} = 2$

13. $\lim\limits_{t \to -3} \dfrac{t^2 - 9}{2t^2 + 7t + 3} = \lim\limits_{t \to -3} \dfrac{(t - 3)(t + 3)}{(t + 3)(2t + 1)} = \lim\limits_{t \to -3} \dfrac{t - 3}{2t + 1} = \dfrac{(-3) - 3}{2(-3) + 1} = \dfrac{-6}{-5} = \dfrac{6}{5}$

15. $\lim\limits_{h \to 0} \dfrac{(2 + h)^3 - 8}{h} = \lim\limits_{h \to 0} \dfrac{8 + 12h + 6h^2 + h^3 - 8}{h} = \lim\limits_{h \to 0} \dfrac{12h + 6h^2 + h^3}{h}$

$$= \lim\limits_{h \to 0} \dfrac{h\left(12 + 6h + h^2\right)}{h} = \lim\limits_{h \to 0} 12 + 6h + h^2 = 12$$

17. $\lim\limits_{x \to 7} \dfrac{\sqrt{x + 2} - 3}{x - 7} = \lim\limits_{x \to 7} \dfrac{\left(\sqrt{x + 2} - 3\right)\left(\sqrt{x + 2} + 3\right)}{(x - 7)\left(\sqrt{x + 2} + 3\right)} = \lim\limits_{x \to 7} \dfrac{x + 2 - 9}{(x - 7)\left(\sqrt{x + 2} + 3\right)}$

$$= \lim\limits_{x \to 7} \dfrac{x - 7}{(x - 7)\sqrt{x + 2} + 3} = \lim\limits_{x \to 7} \dfrac{1}{\sqrt{x + 2} + 3} = \dfrac{1}{\sqrt{7 + 2} + 3} = \dfrac{1}{6}$$

19. $\lim\limits_{x \to -4} \dfrac{\dfrac{1}{4} + \dfrac{1}{x}}{4 + x} = \lim\limits_{x \to -4} \dfrac{\left(\dfrac{1}{4} + \dfrac{1}{x}\right) 4x}{(4 + x) 4x} = \lim\limits_{x \to -4} \dfrac{x + 4}{(4 + x) 4x} = \lim\limits_{x \to -4} \dfrac{1}{4x} = \dfrac{1}{4(-4)} = -\dfrac{1}{16}$

21. $\lim\limits_{x \to 1} \dfrac{x^2 - 1}{\sqrt{x} - 1} = \lim\limits_{x \to 1} \dfrac{(x - 1)(x + 1)\left(\sqrt{x} + 1\right)}{\left(\sqrt{x} - 1\right)\left(\sqrt{x} + 1\right)} = \lim\limits_{x \to 1} \dfrac{(x - 1)(x + 1)\left(\sqrt{x} + 1\right)}{x - 1}$

$$= \lim\limits_{x \to 1} (x + 1)\left(\sqrt{x} + 1\right) = \left[(1) + 1\right]\left[\sqrt{1} + 1\right] = 2 \cdot 2 = 4$$

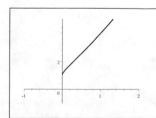

23. $\lim\limits_{x \to -1} \dfrac{x^2 - x - 2}{x^3 - x} = \lim\limits_{x \to -1} \dfrac{(x-2)(x+1)}{x(x-1)(x+1)} = \lim\limits_{x \to -1} \dfrac{x-2}{x(x-1)}$

$\qquad = \dfrac{(-1)-2}{(-1)[(-1)-1]} = -\dfrac{3}{2}$

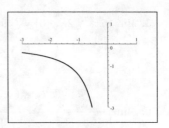

25. (a)

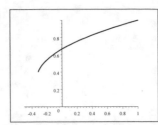

(b)

x	-0.1	-0.01	-0.001	0.001	0.01	0.1
$f(x)$	0.61222	0.66163	0.66617	0.66717	0.67183	0.71339

From the graph,

$\lim\limits_{x \to 0} \dfrac{x}{\sqrt{1+3x}-1} \approx 0.67$

(c) $\lim\limits_{x \to 0} \dfrac{x}{\sqrt{1+3x}-1} = \lim\limits_{x \to 0} \dfrac{x\left(\sqrt{1+3x}+1\right)}{\left(\sqrt{1+3x}-1\right)\left(\sqrt{1+3x}+1\right)}$

$\qquad = \lim\limits_{x \to 0} \dfrac{x\left(\sqrt{1+3x}+1\right)}{(1+3x)-1} = \lim\limits_{x \to 0} \dfrac{x\left(\sqrt{1+3x}+1\right)}{3x}$

$\qquad = \lim\limits_{x \to 0} \dfrac{\sqrt{1+3x}+1}{3} = \dfrac{\sqrt{1+3(0)}+1}{3} = \dfrac{2}{3}$

27. $\lim\limits_{x \to -4^-} |x+4| = \lim\limits_{x \to -4^-} -(x+4) = 0$ and $\lim\limits_{x \to -4^+} |x+4| = \lim\limits_{x \to -4^+} x+4 = 0$. Therefore $\lim\limits_{x \to -4^+} |x+4| = 0$.

29. $\lim\limits_{x \to 2^-} \dfrac{|x-2|}{x-2} = \lim\limits_{x \to 2^-} \dfrac{-(x-2)}{x-2} = -1$ and $\lim\limits_{x \to 2^+} \dfrac{|x-2|}{x-2} = \lim\limits_{x \to 2^+} \dfrac{x-2}{x-2} = 1$. So $\lim\limits_{x \to 2} \dfrac{|x-2|}{x-2}$ does not exist.

31. $\lim\limits_{x \to 0^-} \left(\dfrac{1}{x} - \dfrac{1}{|x|}\right) = \lim\limits_{x \to 0^-} \left(\dfrac{1}{x} - \dfrac{1}{-x}\right) = \lim\limits_{x \to 0^-} \dfrac{2}{x}$ which does not exist.

33. (a) $\lim\limits_{x \to 2^-} f(x) = \lim\limits_{x \to 2^-} (x-1) = 1$ and

$\qquad \lim\limits_{x \to 2^+} f(x) = \lim\limits_{x \to 2^+} (x^2 - 4x + 6) = 2$.

(b) Since $\lim\limits_{x \to 2^-} f(x) \neq \lim\limits_{x \to 2^+} f(x)$, $\lim\limits_{x \to 2} f(x)$ does not exist.

(c)

35. (a) The equation is true only for $x \neq 2$. That is, $x = 2$ is in the domain of $f(x) = x + 3$ but not in the domain of

$\qquad g(x) = \dfrac{x^2 + x - 6}{x - 2}$.

(b) When we take the limit we have $x \neq 2$.

37. (a) Many answers are possible, for example let $f(x) = \dfrac{x+4}{x-2}$ and $g(x) = \dfrac{x-8}{x-2}$. Then neither $\lim\limits_{x \to 2} f(x)$ nor $\lim\limits_{x \to 2} g(x)$

$\qquad$ exist, but $\lim\limits_{x \to 2} f(x) + g(x) = \lim\limits_{x \to 2} \left(\dfrac{x+4}{x-2} + \dfrac{x-8}{x-2}\right) = \lim\limits_{x \to 2} \dfrac{2x-4}{x-2} = \lim\limits_{x \to 2} \dfrac{2(x-2)}{x-2} = \lim\limits_{x \to 2} 2 = 2$.

(b) Many answers are possible, for example let $f(x) = \dfrac{|x-2|}{x-2}$ and $g(x) = \dfrac{x-2}{|x-2|}$. Then neither $\lim\limits_{x \to 2} f(x)$ nor

$\qquad \lim\limits_{x \to 2} g(x)$ exist, but $\lim\limits_{x \to 2} [f(x)g(x)] = \lim\limits_{x \to 2} \left(\dfrac{|x-2|}{x-2} \cdot \dfrac{x-2}{|x-2|}\right) = \lim\limits_{x \to 2} 1 = 1$.

12.3   Tangent Lines and Derivatives

1. $m = \lim\limits_{h \to 0} \dfrac{f(1+h) - f(1)}{h} = \lim\limits_{h \to 0} \dfrac{[3(1+h) + 4] - [3(1) + 4]}{h} = \lim\limits_{h \to 0} \dfrac{7 + 3h - 7}{h} = \lim\limits_{h \to 0} \dfrac{3h}{h} = \lim\limits_{h \to 0} 3 = 3$

3. $m = \lim\limits_{h \to 0} \dfrac{f(-1+h) - f(-1)}{h} = \lim\limits_{h \to 0} \dfrac{\left[4(-1+h)^2 - 3(-1+h)\right] - \left[4(-1)^2 - 3(-1)\right]}{h}$

$= \lim\limits_{h \to 0} \dfrac{4 - 8h + 4h^2 + 3 - 3h - 7}{h} = \lim\limits_{h \to 0} \dfrac{-11h + 4h^2}{h} = \lim\limits_{h \to 0} \dfrac{h(-11 + 4h)}{h}$

$= \lim\limits_{h \to 0} (-11 + 4h) = -11$

5. $m = \lim\limits_{h \to 0} \dfrac{f(2+h) - f(2)}{h} = \lim\limits_{h \to 0} \dfrac{\left[2(2+h)^3\right] - \left[2(2)^3\right]}{h} = \lim\limits_{h \to 0} \dfrac{16 + 24h + 12h^2 + 2h^3 - 16}{h}$

$= \lim\limits_{h \to 0} \dfrac{24h + 12h^2 + 2h^3}{h} = \lim\limits_{h \to 0} \dfrac{h(24 + 12h + 2h^2)}{h} = \lim\limits_{h \to 0} (24 + 12h + 2h^2) = 24$

7. $m = \lim\limits_{h \to 0} \dfrac{\left[(-1+h) + (-1+h)^2\right] - \left[(-1) + (-1)^2\right]}{h} = \lim\limits_{h \to 0} \dfrac{-1 + h + 1 - 2h + h^2}{h}$

$= \lim\limits_{h \to 0} \dfrac{-h + h^2}{h} - \lim\limits_{h \to 0} \dfrac{h(-1+h)}{h} = \lim\limits_{h \to 0} (-1 + h) = -1$

Thus an equation of the tangent line at $(-1, 0)$ is $y - 0 = -1(x + 1)$ $\Leftrightarrow$
$y = -x - 1$.

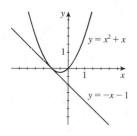

9. $m = \lim\limits_{h \to 0} \dfrac{\dfrac{2+h}{2+h-1} - \dfrac{2}{2-1}}{h} = \lim\limits_{h \to 0} \dfrac{\left(\dfrac{2+h}{1+h} - 2\right)}{h} \cdot \dfrac{(1+h)}{(1+h)}$

$= \lim\limits_{h \to 0} \dfrac{2 + h - 2 - 2h}{h(1+h)} = \lim\limits_{h \to 0} \dfrac{-h}{h(1+h)} = \lim\limits_{h \to 0} \dfrac{-1}{1+h} = -1$

Thus an equation of the tangent line at $(2, 2)$ is $y - 2 = -1(x - 2)$ $\Leftrightarrow$
$y = -x + 4$.

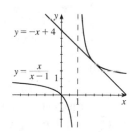

11. $m = \lim\limits_{h \to 0} \dfrac{\sqrt{(1+h) + 3} - \sqrt{1+3}}{h} = \lim\limits_{h \to 0} \dfrac{\sqrt{h+4} - 2}{h} = \lim\limits_{h \to 0} \dfrac{(\sqrt{h+4} - 2)(\sqrt{h+4} + 2)}{h(\sqrt{h+4} + 2)}$

$= \lim\limits_{h \to 0} \dfrac{h + 4 - 4}{h(\sqrt{h+4} + 2)} = \lim\limits_{h \to 0} \dfrac{h}{h(\sqrt{h+4} + 2)} = \lim\limits_{h \to 0} \dfrac{1}{\sqrt{h+4} + 2} = \frac{1}{4}$

Thus an equation of the tangent line at $(1, 2)$ is $y - 2 = \frac{1}{4}(x - 1)$ $\Leftrightarrow$
$y = \frac{1}{4}x + \frac{7}{4}$.

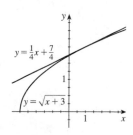

13. $f'(2) = \lim\limits_{h \to 0} \dfrac{f(2+h) - f(2)}{h} = \lim\limits_{h \to 0} \dfrac{\left[1 - 3(2+h)^2\right] - \left[1 - 3(2)^2\right]}{h} = \lim\limits_{h \to 0} \dfrac{1 - 12 - 12h - 3h^2 + 11}{h}$

$= \lim\limits_{h \to 0} \dfrac{-12h - 3h^2}{h} = \lim\limits_{h \to 0} \dfrac{h(-12 - 3h)}{h} = \lim\limits_{h \to 0} (-12 - 3h) = -12$

15. $g'(1) = \lim\limits_{h \to 0} \dfrac{g(1+h) - g(1)}{h} = \lim\limits_{h \to 0} \dfrac{(1+h)^4 - (1)^4}{h} = \lim\limits_{h \to 0} \dfrac{4h + 6h^2 + 4h^3 + h^4}{h} = \lim\limits_{h \to 0} \dfrac{h(4 + 6h + 4h^2 + h^3)}{h}$

$= \lim\limits_{h \to 0} (4 + 6h + 4h^2 + h^3) = 4$

17. $F'(4) = \lim\limits_{h \to 0} \dfrac{F(4+h) - F(4)}{h} = \lim\limits_{h \to 0} \dfrac{\left[\dfrac{1}{\sqrt{4+h}}\right] - \left[\dfrac{1}{\sqrt{4}}\right]}{h} = \lim\limits_{h \to 0} \dfrac{\dfrac{1}{\sqrt{4+h}} - \dfrac{1}{2}}{h}$

$= \lim\limits_{h \to 0} \dfrac{\left(\dfrac{1}{\sqrt{4+h}} - \dfrac{1}{2}\right) 2\sqrt{4+h}}{h \cdot 2\sqrt{4+h}} = \lim\limits_{h \to 0} \dfrac{2 - \sqrt{4+h}}{2h\sqrt{4+h}} = \lim\limits_{h \to 0} \dfrac{\left(2 - \sqrt{4+h}\right)\left(2 + \sqrt{4+h}\right)}{2h\sqrt{4+h}\left(2 + \sqrt{4+h}\right)}$

$= \lim\limits_{h \to 0} \dfrac{4 - (4+h)}{2h\sqrt{4+h}\left(2 + \sqrt{4+h}\right)} = \lim\limits_{h \to 0} \dfrac{-h}{2h\sqrt{4+h}\left(2 + \sqrt{4+h}\right)} = \lim\limits_{h \to 0} \dfrac{-1}{2\sqrt{4+h}\left(2 + \sqrt{4+h}\right)} = -\dfrac{1}{16}$

19. $f'(a) = \lim\limits_{x \to a} \dfrac{f(x) - f(a)}{x - a} = \lim\limits_{x \to a} \dfrac{\left[x^2 + 2x\right] - \left[a^2 + 2a\right]}{x - a} = \lim\limits_{x \to a} \dfrac{x^2 + 2x - a^2 - 2a}{x - a} = \lim\limits_{x \to a} \dfrac{x^2 - a^2 + 2x - 2a}{x - a}$

$= \lim\limits_{x \to a} \dfrac{(x - a)(x + a) + 2(x - a)}{x - a} = \lim\limits_{x \to a} \dfrac{(x - a)[(x + a) + 2]}{x - a} = \lim\limits_{x \to a} (x + a + 2) = 2a + 2$

21. $f'(a) = \lim\limits_{x \to a} \dfrac{f(x) - f(a)}{x - a} = \lim\limits_{x \to a} \dfrac{\left[\dfrac{x}{x+1}\right] - \left[\dfrac{a}{a+1}\right]}{x - a} = \lim\limits_{x \to a} \dfrac{\left(\left[\dfrac{x}{x+1}\right] - \left[\dfrac{a}{a+1}\right]\right)(a+1)(x+1)}{(x - a)(a+1)(x+1)}$

$= \lim\limits_{x \to a} \dfrac{x(a+1) - a(x+1)}{(x - a)(a+1)(x+1)} = \lim\limits_{x \to a} \dfrac{ax + x - ax - a}{(x - a)(a+1)(x+1)} = \lim\limits_{x \to a} \dfrac{x - a}{(x - a)(a+1)(x+1)}$

$= \lim\limits_{x \to a} \dfrac{1}{(a+1)(x+1)} = \dfrac{1}{(a+1)^2}$

23. (a) $f'(a) = \lim\limits_{x \to a} \dfrac{f(x) - f(a)}{x - a} = \lim\limits_{x \to a} \dfrac{\left[x^3 - 2x + 4\right] - \left[a^3 - 2a + 4\right]}{x - a} = \lim\limits_{x \to a} \dfrac{x^3 - 2x + 4 - a^3 + 2a - 4}{x - a}$

$= \lim\limits_{x \to a} \dfrac{x^3 - a^3 - 2x + 2a}{x - a} = \lim\limits_{x \to a} \dfrac{(x - a)\left(x^2 + ax + a^2\right) - 2(x - a)}{x - a}$

$= \lim\limits_{x \to a} \dfrac{(x - a)\left(x^2 + ax + a^2 - 2\right)}{x - a} = \lim\limits_{x \to a} \left(x^2 + ax + a^2 - 2\right) = 3a^2 - 2$

(b) $f(0) = 0^3 - 2(0) + 4 = 4$ and $f'(0) = 3(0)^2 - 2 = -2$. So the equation of line tangent to $f(x)$ at $x = 0$ is $y - 4 = -2(x - 0) \Leftrightarrow y = -2x + 4$. $f(1) = 1^3 - 2(1) + 4 = 3$ and $f'(1) = 3(1)^2 - 2 = 1$. So an equation of the line tangent to $f(x)$ at $x = 1$ is $y - 3 = 1(x - 1) \quad \Leftrightarrow \quad y = x + 2$. $f(2) = 2^3 - 2(2) + 4 = 8$ and $f'(2) = 3(2)^2 - 2 = 10$, so an equation of the line tangent to $f(x)$ at $x = 2$ is $y - 8 = 10(x - 2) \quad \Leftrightarrow \quad y = 10x - 12$.

(c)

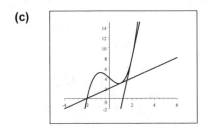

25. Let $s(t) = 40t - 16t^2$. Then

$$v(2) = \lim\limits_{t \to 2} \dfrac{\left(40t - 16t^2\right) - 16}{t - 2} = \lim\limits_{t \to 2} \dfrac{-16t^2 + 40t - 16}{t - 2} = \lim\limits_{t \to 2} \dfrac{-8\left(2t^2 - 5t + 2\right)}{t - 2}$$

$$= \lim\limits_{t \to 2} \dfrac{-8(t - 2)(2t - 1)}{t - 2} = -8 \lim\limits_{t \to 2} (2t - 1) = -8(3) = -24$$

Thus, the instantaneous velocity when $t = 2$ is -24 ft/s.

27. $v(a) = \lim\limits_{h \to 0} \dfrac{s(a+h) - s(a)}{h} = \lim\limits_{h \to 0} \dfrac{\left[4(a+h)^3 + 6(a+h) + 2\right] - \left[4a^3 + 6a + 2\right]}{h}$

$\qquad = \lim\limits_{h \to 0} \dfrac{4a^3 + 12a^2h + 12ah^2 + 4h^3 + 6a + 6h + 2 - 4a^3 - 6a - 2}{h}$

$\qquad = \lim\limits_{h \to 0} \dfrac{12a^2h + 12ah^2 + 4h^3 + 6h}{h} = \lim\limits_{h \to 0} \dfrac{h\left(12a^2 + 12ah + 4h^2 + 6\right)}{h}$

$\qquad = \lim\limits_{h \to 0} \left(12a^2 + 12ah + 4h^2 + 6\right) = 12a^2 + 6$ m/s

So $v(1) = 12(1)^2 + 6 = 18$ m/s, $v(2) = 12(2)^2 + 6 = 54$ m/s, and $v(3) = 12(3)^2 + 6 = 114$ m/s.

29. The slope of the tangent (that is, the rate of change in temperature with respect to time) at $t = 1$ h seems to be about
$\dfrac{147 - 106}{90 - 30} \approx 0.7°$ F/min.

31. (a) For the time interval $[10, 15]$ the average rate is $\dfrac{250 - 444}{15 - 10} = -38.8$ gal/min. For the time interval $[15, 20]$ the

average rate is $\dfrac{111 - 250}{20 - 15} = -27.8$ gal/min.

(b) $V'(15) \approx \dfrac{-38.8 - 27.8}{2} = -33.3$ gal/min.

33. $g'(0)$ is the only negative value. The slope at $x = 4$ is smaller than the slope at $x = 2$ and both are smaller than the slope at $x = -2$. Thus, $g'(0) < 0 < g'(4) < g'(2) < g'(-2)$.

12.4   Limits at Infinity; Limits of Sequences

1. (a) $\lim\limits_{x \to \infty} f(x) = -1$ and $\lim\limits_{x \to -\infty} f(x) = 2$.

(b) Horizontal asymptotes: $y = -1$ and $y = 2$.

3. $\lim\limits_{x \to \infty} \dfrac{6}{x} = 0$

5. $\lim\limits_{x \to \infty} \dfrac{2x + 1}{5x - 1} = \lim\limits_{x \to \infty} \dfrac{2 + \dfrac{1}{x}}{5 - \dfrac{1}{x}} = \dfrac{\lim\limits_{x \to \infty} 2 + \lim\limits_{x \to \infty} \dfrac{1}{x}}{\lim\limits_{x \to \infty} 5 - \lim\limits_{x \to \infty} \dfrac{1}{x}} = \dfrac{2 + 0}{5 - 0} = \dfrac{2}{5}$

7. $\lim\limits_{x \to \infty} \dfrac{4x^2 + 1}{2 + 3x^2} = \lim\limits_{x \to \infty} \dfrac{4 + \dfrac{1}{x^2}}{\dfrac{2}{x^2} + 3} = \dfrac{\lim\limits_{x \to \infty} 4 + \lim\limits_{x \to \infty} \dfrac{1}{x^2}}{\lim\limits_{x \to \infty} \dfrac{2}{x^2} + \lim\limits_{x \to \infty} 3} = \dfrac{4 + 0}{0 + 3} = \dfrac{4}{3}$

9. $\lim\limits_{t \to \infty} \dfrac{8t^3 + t}{(2t - 1)(2t^2 + 1)} = \lim\limits_{t \to \infty} \dfrac{8 + \dfrac{1}{t^2}}{\left(\dfrac{2t - 1}{t}\right)\left(\dfrac{2t^2 + 1}{t^2}\right)} = \lim\limits_{t \to \infty} \dfrac{8 + \dfrac{1}{t^2}}{\left(2 - \dfrac{1}{t}\right)\left(2 + \dfrac{1}{t^2}\right)}$

$\qquad = \dfrac{\lim\limits_{t \to \infty} 8 + \lim\limits_{t \to \infty} \dfrac{1}{t^2}}{\left[\lim\limits_{t \to \infty}\left(2 - \dfrac{1}{t}\right)\right]\left[\lim\limits_{t \to \infty}\left(2 + \dfrac{1}{t^2}\right)\right]} = \dfrac{\lim\limits_{t \to \infty} 8 + \lim\limits_{t \to \infty} \dfrac{1}{t^2}}{\left[\lim\limits_{t \to \infty} 2 - \lim\limits_{t \to \infty} \dfrac{1}{t}\right]\left[\lim\limits_{t \to \infty} 2 + \lim\limits_{t \to \infty} \dfrac{1}{t^2}\right]}$

$\qquad = \dfrac{8 + 0}{(2 - 0)(2 + 0)} = 2$

11. $\lim\limits_{x \to \infty} \dfrac{x^4}{1 - x^2 + x^3} = \lim\limits_{x \to \infty} \dfrac{1}{\dfrac{1}{x^4} - \dfrac{1}{x^2} + \dfrac{1}{x}} = \dfrac{\lim\limits_{x \to \infty} 1}{\lim\limits_{x \to \infty} \dfrac{1}{x^4} - \lim\limits_{x \to \infty} \dfrac{1}{x^2} + \lim\limits_{x \to \infty} \dfrac{1}{x}} = \dfrac{1}{0}$, so the limit does not exist.

13. $\displaystyle\lim_{x\to-\infty}\left(\frac{x-1}{x+1}+6\right)=\lim_{x\to-\infty}\left(\frac{1-\dfrac{1}{x}}{1+\dfrac{1}{x}}+6\right)=\lim_{x\to-\infty}\frac{1-\dfrac{1}{x}}{1+\dfrac{1}{x}}+\lim_{x\to-\infty}6=\frac{\displaystyle\lim_{x\to-\infty}1-\lim_{x\to-\infty}\dfrac{1}{x}}{\displaystyle\lim_{x\to-\infty}1+\lim_{x\to-\infty}\dfrac{1}{x}}+\lim_{x\to-\infty}6$

$$=\frac{1-0}{1+0}+6=7$$

15.

x	$\dfrac{\sqrt{x^2+4x}}{4x+1}$
-10	-0.1986
-100	-0.2456
-1000	-0.2496

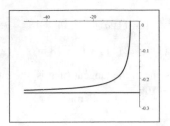

From the table it appears that $\displaystyle\lim_{x\to-\infty}\frac{\sqrt{x^2+4x}}{4x+1}=-0.25$.

17.

x	x^5/e^x
10	4.5399
100	3.720×10^{-34}
1000	0

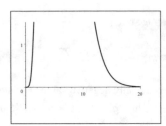

From the table it appears that $\displaystyle\lim_{x\to\infty}\frac{x^5}{e^x}=0$.

19. $\displaystyle\lim_{n\to\infty}a_n=\lim_{n\to\infty}\frac{1+n}{n+n^2}=\lim_{n\to\infty}\frac{\dfrac{1}{n^2}+\dfrac{1}{n}}{\dfrac{1}{n}+1}=\frac{\displaystyle\lim_{n\to\infty}\dfrac{1}{n^2}+\lim_{n\to\infty}\dfrac{1}{n}}{\displaystyle\lim_{n\to\infty}\dfrac{1}{n}+\lim_{n\to\infty}1}=\frac{0+0}{0+1}=0$

21. $a_n=\dfrac{n^2}{n+1}$ is divergent since $\displaystyle\lim_{n\to\infty}a_n=\lim_{n\to\infty}\frac{n^2}{n+1}=\lim_{n\to\infty}\frac{1}{\dfrac{1}{n}+\dfrac{1}{n^2}}=\frac{\displaystyle\lim_{n\to\infty}1}{\displaystyle\lim_{n\to\infty}\dfrac{1}{n}+\lim_{n\to\infty}\dfrac{1}{n^2}}=\frac{1}{0+0}$ which is not

defined.

23. $\displaystyle\lim_{n\to\infty}a_n=\lim_{n\to\infty}\frac{1}{3^n}=0$

25. $a_n=\sin(n\pi/2)$, because of the periodic nature of the sine function, the terms of this sequence repeat the sequence 1, 0, -1, 0 infinitely often and so they don't approach any definite number. Therefore, $\displaystyle\lim_{n\to\infty}a_n$ does not exist, and the sequence is divergent.

27. $\displaystyle\lim_{n\to\infty}a_n=\lim_{n\to\infty}\frac{3}{n^2}\left[\frac{n(n+1)}{2}\right]=\lim_{n\to\infty}\frac{3}{2}\left(\frac{n}{n}\right)\left(\frac{n+1}{n}\right)=\lim_{n\to\infty}\frac{3}{2}(1)\left(1+\frac{1}{n}\right)$

$\displaystyle=\lim_{n\to\infty}\frac{3}{2}\cdot\lim_{n\to\infty}1\cdot\lim_{n\to\infty}\left(1+\frac{1}{n}\right)=\frac{3}{2}\cdot1\cdot1=\frac{3}{2}$

29. $\displaystyle\lim_{n\to\infty}a_n=\lim_{n\to\infty}\frac{24}{n^3}\left[\frac{n(n+1)(2n+1)}{6}\right]=\lim_{n\to\infty}4\left(\frac{n}{n}\right)\left(\frac{n+1}{n}\right)\left(\frac{2n+1}{n}\right)$

$\displaystyle=\lim_{n\to\infty}4(1)\left(1+\frac{1}{n}\right)\left(2+\frac{1}{n}\right)=4\lim_{n\to\infty}\left(1+\frac{1}{n}\right)\cdot\lim_{n\to\infty}\left(2+\frac{1}{n}\right)=4\cdot1\cdot2=8$

31. (a) $C(t)=\dfrac{\text{amount of salt}}{\text{volume of water}}=\dfrac{30\cdot25t}{5000+25t}=\dfrac{30t}{200+t}$.

(b) $\displaystyle\lim_{t\to\infty}\frac{30t}{200+t}=\lim_{t\to\infty}\frac{30}{\dfrac{200}{t}+1}=\frac{\displaystyle\lim_{t\to\infty}30}{\displaystyle\lim_{t\to\infty}\dfrac{200}{t}+\lim_{t\to\infty}1}=\frac{30}{0+1}=30\text{ g/L}.$

33. (a) $a_1 = 0$

$$a_2 = \sqrt{2 + a_1} = \sqrt{2 + 0} = 1.41421356$$
$$a_3 = \sqrt{2 + a_2} = \sqrt{3.41421356} = 1.84775907$$
$$a_4 = \sqrt{2 + a_3} = \sqrt{3.84775907} = 1.96157056$$
$$a_5 = \sqrt{2 + a_4} = \sqrt{3.96157056} = 1.99036945$$
$$a_6 = \sqrt{2 + a_5} = \sqrt{3.99036945} = 1.99759091$$
$$a_7 = \sqrt{2 + a_6} = \sqrt{3.99759091} = 1.99939764$$
$$a_8 = \sqrt{2 + a_7} = \sqrt{3.99939764} = 1.99984940$$
$$a_9 = \sqrt{2 + a_8} = \sqrt{3.99984940} = 1.99996235$$
$$a_{10} = \sqrt{2 + a_9} = \sqrt{3.99996235} = 1.99999059$$

From the table, it appears that $\lim\limits_{n \to \infty} a_n = 2$.

(b) Let $\lim\limits_{n \to \infty} a_n = L$. Then we can also have

$\lim\limits_{n \to \infty} a_{n=1} = L$. Thus, we have

$$L = \lim_{n \to \infty} a_{n+1} = \lim_{n \to \infty} \sqrt{2 + a_n}$$
$$= \sqrt{\lim_{n \to \infty} (2 + a_n)} = \sqrt{\lim_{n \to \infty} 2 + \lim_{n \to \infty} a_n}$$
$$= \sqrt{2 + L}$$

So $L = \sqrt{2 + L} \;\Rightarrow\; L^2 = 2 + L \;\Leftrightarrow\;$
$L^2 - L - 2 = 0 \;\Leftrightarrow\; (L - 2)(L + 1) = 0 \;\Leftrightarrow\;$
$L = 2$ or $L = -1$. But $L \geq 0$, so $L \neq -1$. Therefore,
$\lim\limits_{n \to \infty} a_n = 2$.

12.5   Areas

1. (a) Since f is *increasing*, we can obtain a *lower* estimate by using *left* endpoints. We are instructed to use five rectangles, so $n = 5$.

$$L_5 = \sum_{i=1}^{5} f(x_{i-1}) \, \Delta x \quad [\Delta x = \tfrac{10 - 0}{5} = 2]$$
$$= f(x_0) \cdot 2 + f(x_1) \cdot 2 + f(x_2) \cdot 2 + f(x_3) \cdot 2 + f(x_4) \cdot 2$$
$$= 2 \, [f(0) + f(2) + f(4) + f(6) + f(8)]$$
$$\approx 2 \, (1 + 3 + 4.3 + 5.4 + 6.3) = 2 \, (20) = 40$$

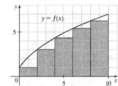

Since f is *increasing*, we can obtain an *upper* estimate by using *right* endpoints.

$$R_5 = \sum_{i=1}^{5} f(x_i) \, \Delta x$$
$$= 2 \, [f(x_1) + f(x_2) + f(x_3) + f(x_4) + f(x_5)]$$
$$= 2 \, [f(2) + f(4) + f(6) + f(8) + f(10)]$$
$$\approx 2 \, (3 + 4.3 + 5.4 + 6.3 + 7) = 2 \, (26) = 52$$

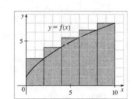

(b) $L_{10} = \sum\limits_{i=1}^{10} f(x_{i-1}) \, \Delta x \quad [\Delta x = \tfrac{10 - 0}{10} = 1]$
$$= 1 \, [f(x_0) + f(x_1) + \cdots + f(x_9)]$$
$$= f(0) + f(1) + \cdots + f(9)$$
$$\approx 1 + 2.1 + 3 + 3.7 + 4.3 + 4.9 + 5.4 + 5.8 + 6.3 + 6.7$$
$$= 43.2$$

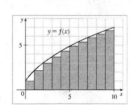

$$R_{10} = \sum_{i=1}^{10} f(x_i) \, \Delta x = f(1) + f(2) + \cdots + f(10)$$
$$= L_{10} + 1 \cdot f(10) - 1 \cdot f(0) \quad \begin{bmatrix} \text{add rightmost rectangle,} \\ \text{subtract leftmost} \end{bmatrix}$$
$$= 43.2 + 7 - 1 = 49.2$$

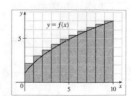

3. $\Delta x = \tfrac{2 - 0}{4} = \tfrac{1}{2}$, so $R_4 = \sum\limits_{i=1}^{4} f(x_i) \, \Delta x = f\!\left(\tfrac{1}{2}\right) \cdot \tfrac{1}{2} + f(1) \cdot \tfrac{1}{2} + f\!\left(\tfrac{3}{2}\right) \cdot \tfrac{1}{2} + f(2) \cdot \tfrac{1}{2} = \tfrac{1}{2} \left(\tfrac{9}{4} + \tfrac{10}{4} + \tfrac{11}{4} + \tfrac{12}{4}\right) = \tfrac{42}{8} = \tfrac{21}{4}$

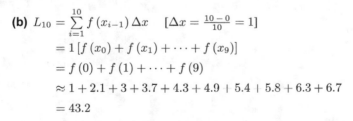
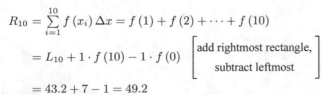

5. $\Delta x = \frac{7-1}{6} = 1$, so

$$R_6 = \sum_{i=1}^{6} f(x_i) \, \Delta x = f(2) \cdot 1 + f(3) \cdot 1 + f(4) \cdot 1 + f(5) \cdot 1 + f(6) \cdot 1 + f(7) \cdot 1 = 2 + \tfrac{4}{3} + 1 + \tfrac{4}{5} + \tfrac{4}{6} + \tfrac{4}{7} = \tfrac{223}{35} \approx 6.37$$

7. (a) $R_4 = \sum_{i=1}^{4} f(x_i) \, \Delta x \quad \left(\Delta x = \dfrac{5-1}{4} = 1\right)$

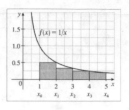

$$= f(x_1) \cdot 1 + f(x_2) \cdot 1 + f(x_3) \cdot 1 + f(x_4) \cdot 1$$

$$= f(2) + f(3) + f(4) + f(5)$$

$$= \tfrac{1}{2} + \tfrac{1}{3} + \tfrac{1}{4} + \tfrac{1}{5} = \tfrac{77}{60} = 1.28\overline{3}$$

Since f is decreasing on $[1, 5]$, an underestimate is obtained by the right endpoint approximation, R_4.

(b) $L_4 = \sum_{i=1}^{4} f(x_{i-1}) \, \Delta x$

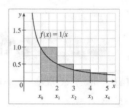

$$= f(1) + f(2) + f(3) + f(4)$$

$$= 1 + \tfrac{1}{2} + \tfrac{1}{3} + \tfrac{1}{4} = \tfrac{25}{12} = 2.08\overline{3}$$

L_4 is an overestimate. Alternatively, we could just add the area of the leftmost rectangle and subtract the area of the rightmost; that is,

$$L_4 = R_4 + f(1) \cdot 1 - f(5) \cdot 1.$$

9. (a) $f(x) = 1 + x^2$ and $\Delta x = \dfrac{2 - (-1)}{3} = 1$, so

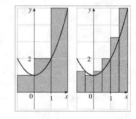

$$R_3 = f(0) \cdot 1 + f(1) \cdot 1 + f(2) \cdot 1 = 1 \, [1 + 2 + 5] = 8.$$

If $\Delta x = \dfrac{2 - (-1)}{6} = 0.5$ then

$$R_6 = 0.5 \, [f(-0.5) + f(0) + f(0.5) + f(1) + f(1.5) + f(2)]$$

$$= 0.5 \, (1.25 + 1 + 1.25 + 2 + 3.25 + 5) = 0.5 \, (13.75) = 6.875$$

(b) $L_3 = f(-1) \cdot 1 + f(0) \cdot 1 + f(1) \cdot 1 = 1 \, [2 + 1 + 2] = 5$

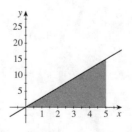

$$L_6 = 0.5 \, [f(-1) + f(-0.5) + f(0) + f(0.5) + f(1) + f(1.5)]$$

$$= 0.5 \, (2 + 1.25 + 1 + 1.25 + 2 + 3.25)$$

$$= 0.5 \, (10.75) = 5.375$$

11. $f(x) = 3x$ and $\Delta x = \dfrac{5 - 0}{n} = \dfrac{5}{n}$ and $x_k = \dfrac{5k}{n}$, so

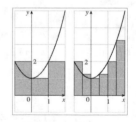

$$A = \lim_{n \to \infty} \sum_{k=1}^{n} f(x_k) \, \Delta x = \lim_{n \to \infty} \sum_{k=1}^{n} 3 \left(\frac{5k}{n}\right) \cdot \frac{5}{n}$$

$$= \lim_{n \to \infty} \sum_{k=1}^{n} \frac{75k}{n^2} = \lim_{n \to \infty} \frac{75}{n^2} \sum_{k=1}^{n} k = \lim_{n \to \infty} \frac{75}{n^2} \cdot \frac{n(n+1)}{2}$$

$$= \lim_{n \to \infty} \frac{75(n+1)}{2n} = \lim_{n \to \infty} \frac{75}{2} \left(1 + \frac{1}{n}\right) = \frac{75}{2} (1 + 0) = \frac{75}{2}$$

Using geometry, the area of the triangle is $\tfrac{1}{2} (5) (15) = \tfrac{75}{2}$.

13. $f(x) = 3x^2$, $a = 0$, $b = 2$, $\Delta x = \dfrac{2-0}{n} = \dfrac{2}{n}$, and $x_k = \dfrac{2k}{n}$, so

$$A = \lim_{n \to \infty} \sum_{k=1}^{n} f(x_k)\,\Delta x = \lim_{n \to \infty} \sum_{k=1}^{n} 3\left(\frac{2k}{n}\right)^2 \cdot \frac{2}{n} = \lim_{n \to \infty} \sum_{k=1}^{n} \frac{24k^2}{n^3} = \lim_{n \to \infty} \frac{24}{n^3} \cdot \sum_{k=1}^{n} k^2$$

$$= \lim_{n \to \infty} \frac{24}{n^3} \cdot \frac{n(n+1)(2n+1)}{6} = \lim_{n \to \infty} \frac{4\left(2n^2 + 3n + 1\right)}{n^2} = \lim_{n \to \infty} 4\left(2 + \frac{3}{n} + \frac{1}{n^2}\right)$$

$$= 4(2 + 0 + 0) = 8$$

15. $f(x) = x^3 + 2$, $a = 0$, $b = 5$, $\Delta x = \dfrac{5-0}{n} = \dfrac{5}{n}$, and $x_k = \dfrac{5k}{n}$, so

$$A = \lim_{n \to \infty} \sum_{k=1}^{n} f(x_k)\,\Delta x = \lim_{n \to \infty} \sum_{k=1}^{n} \left[\left(\frac{5k}{n}\right)^3 + 2\right] \cdot \frac{5}{n} = \lim_{n \to \infty} \sum_{k=1}^{n} \left[\frac{625k^3}{n^4} + \frac{10}{n}\right]$$

$$= \lim_{n \to \infty} \left[\frac{625}{n^4} \cdot \sum_{k=1}^{n} k^3 + \frac{10}{n} \cdot \sum_{k=1}^{n} 1\right] = \lim_{n \to \infty} \left(\frac{625}{n^4} \cdot \frac{n^2(n+1)^2}{4} + \frac{10}{n} \cdot n\right)$$

$$= \lim_{n \to \infty} \left[\frac{625\left(n^2 + 2n + 1\right)}{4n^2} + 10\right] = \lim_{n \to \infty} \left[\frac{625}{4}\left(1 + \frac{2}{n} + \frac{1}{n^2}\right) + 10\right]$$

$$= \tfrac{625}{4}(1 + 0 + 0) + 10 = \tfrac{665}{4} = 166.25$$

17. $f(x) = x + 6x^2$, $a = 1$, $b = 4$, $\Delta x - \dfrac{4-1}{n} = \dfrac{3}{n}$, and $x_k = 1 + \dfrac{3k}{n}$, so

$$A = \lim_{n \to \infty} \sum_{k=1}^{n} f(x_k)\,\Delta x = \lim_{n \to \infty} \sum_{k=1}^{n} \left[\left(1 + \frac{3k}{n}\right) + 6\left(1 + \frac{3k}{n}\right)^2\right] \cdot \frac{3}{n}$$

$$= \lim_{n \to \infty} \sum_{k=1}^{n} \left[\frac{3}{n} + \frac{9k}{n^2} + \frac{18}{n} + \frac{108k}{n^2} + \frac{162k^2}{n^3}\right]$$

$$= \lim_{n \to \infty} \left[\frac{21}{n} \sum_{k=1}^{n} 1 + \frac{117}{n^2} \sum_{k-1}^{n} k + \frac{162}{n^3} \sum_{k=1}^{n} k^2\right]$$

$$= \lim_{n \to \infty} \left(\frac{21}{n} \cdot n + \frac{117}{n^2} \cdot \frac{n(n+1)}{2} + \frac{162}{n^3} \cdot \frac{n(n+1)(2n+1)}{6}\right)$$

$$= \lim_{n \to \infty} \left(21 + \tfrac{117}{2} \cdot \frac{(n+1)}{n} + 27 \cdot \frac{2n^2 + 3n + 1}{n^2}\right)$$

$$= \lim_{n \to \infty} \left[21 + \tfrac{117}{2}\left(1 + \frac{1}{n}\right) + 27\left(2 + \frac{3}{n} + \frac{1}{n^2}\right)\right] = 21 + \tfrac{117}{2} + 54 = 133.5$$

19. (a) $R_{10} \approx 161.2656$, $R_{20} \approx 147.9666$, and $R_{100} \approx 137.8067$.

   (b) (i) For $f(x) = \sin x$ on $[0, \pi]$, $R_{100} \approx 1.99984$.

   (ii) For $f(x) = e^{-x^2}$ on $[-1, 1]$, $R_{100} \approx 1.49360$.

Chapter 12 Review

1.

x	$f(x)$
1.9	1.11111
1.99	1.01010
1.999	1.00100
2.001	0.99990
2.01	0.99100
2.1	0.90909

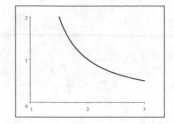

$$\lim_{x \to 2} \frac{x-2}{x^2 - 3x + 2} = 1$$

3.

t	$f(t)$
-0.1	0.66967
-0.01	0.69075
-0.001	0.69291
0.001	0.69339
0.01	0.69556
0.1	0.71773

$$\lim_{x \to 0} \frac{2^x - 1}{x} = 0.693$$

5.

x	$f(x)$
1.5	-0.34657
1.1	-1.15129
1.05	-1.49787
1.01	-2.30258
1.001	-3.45388
1.0001	-4.60517

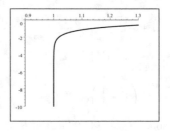

$\lim_{x \to 1^+} \ln \sqrt{x-1}$ does not exist.

7. (a) $\lim_{x \to 2^+} f(x)$ does not exist; f does not approach a finite value.

(b) $\lim_{x \to -3^+} f(x) = 2.4$

(c) $\lim_{x \to -3^-} f(x) = 2.4$

(d) $\lim_{x \to -3} f(x) = 2.4$

(e) $\lim_{x \to 4} f(x) = 0.5$

(f) $\lim_{x \to \infty} f(x) = 1$

(g) $\lim_{x \to -\infty} f(x) = 2$

(h) $\lim_{x \to 0} f(x) f(x) = \left(\lim_{x \to 0} f(x) \right) \left(\lim_{x \to 0} f(x) \right)$
$= 0 \cdot 0 = 0$

9. $\lim_{x \to 2} \frac{x+1}{x-3} = \frac{2+1}{2-3} = -3$

11. $\lim_{x \to 3} \frac{x^2 + x - 12}{x - 3} = \lim_{x \to 3} \frac{(x-3)(x+4)}{x-3} = \lim_{x \to 3} (x+4) = 3 + 4 = 7$

13. $\lim\limits_{u\to 0}\dfrac{(u+1)^2-1}{u}=\lim\limits_{u\to 0}\dfrac{u^2+2u+1-1}{u}=\lim\limits_{u\to 0}\dfrac{u^2+2u}{u}=\lim\limits_{u\to 0}(u+2)=0+2=2$

15. $\lim\limits_{x\to 3^-}\dfrac{x-3}{|x-3|}=\lim\limits_{x\to 3^-}\dfrac{x-3}{-(x-3)}=\lim\limits_{x\to 3^-}-1=-1$

17. $\lim\limits_{x\to\infty}\dfrac{2x}{x-4}=\lim\limits_{x\to\infty}\dfrac{2}{1-\dfrac{4}{x}}=\dfrac{2}{1-0}=2$

19. $\lim\limits_{x\to\infty}\cos^2 x$ does not exist since cosine squared alternates between 0 and 1.

21. $f'(4)=\lim\limits_{h\to 0}\dfrac{f(4+h)-f(4)}{h}=\lim\limits_{h\to 0}\dfrac{[3(4+h)-5]-[3(4)-5]}{h}=\lim\limits_{h\to 0}\dfrac{12+3h-5-12+5}{h}$

$\qquad =\lim\limits_{h\to 0}\dfrac{3h}{h}=\lim\limits_{h\to 0}3=3$

23. $f'(16)=\lim\limits_{h\to 0}\dfrac{f(16+h)-f(16)}{h}=\lim\limits_{h\to 0}\dfrac{\sqrt{16+h}-\sqrt{16}}{h}=\lim\limits_{h\to 0}\dfrac{(\sqrt{16+h}-4)}{h}\cdot\dfrac{(\sqrt{16+h}+4)}{(\sqrt{16+h}+4)}$

$\qquad =\lim\limits_{h\to 0}\dfrac{16+h-16}{h\left(\sqrt{16+h}+4\right)}=\lim\limits_{h\to 0}\dfrac{h}{h\left(\sqrt{16+h}+4\right)}=\lim\limits_{h\to 0}\dfrac{1}{\sqrt{16+h}+4}=\frac{1}{8}$

25. (a) $f'(a)=\lim\limits_{x\to a}\dfrac{f(x)-f(a)}{x-a}=\lim\limits_{x\to a}\dfrac{[6-2x]-[6-2a]}{x-a}=\lim\limits_{x\to a}\dfrac{6-2x-6+2a}{x-a}=\lim\limits_{x\to a}\dfrac{-2x+2a}{x-a}$

$\qquad =\lim\limits_{x\to a}\dfrac{-2(x-a)}{x-a}=\lim\limits_{x\to a}-2=-2$

(b) $f'(2)=-2$ and $f'(-2)=-2$.

27. (a) $f'(a)=\lim\limits_{x\to a}\dfrac{f(x)-f(a)}{x-a}=\lim\limits_{x\to a}\dfrac{\sqrt{x+6}-\sqrt{a+6}}{x-a}=\lim\limits_{x\to a}\dfrac{\left(\sqrt{x+6}-\sqrt{a+6}\right)\left(\sqrt{x+6}+\sqrt{a+6}\right)}{(x-a)\left(\sqrt{x+6}+\sqrt{a+6}\right)}$

$\qquad =\lim\limits_{x\to a}\dfrac{x+6-a-6}{(x-a)\left(\sqrt{x+6}+\sqrt{a+6}\right)}=\lim\limits_{x\to a}\dfrac{x-a}{(x-a)\left(\sqrt{x+6}+\sqrt{a+6}\right)}$

$\qquad =\lim\limits_{x\to a}\dfrac{1}{\sqrt{x+6}+\sqrt{a+6}}=\dfrac{1}{2\sqrt{a+6}}$

(b) $f'(2)=\dfrac{1}{2\sqrt{2+6}}=\dfrac{1}{4\sqrt{2}}=\dfrac{\sqrt{2}}{8}$ and $f'(-2)=\dfrac{1}{2\sqrt{-2+6}}=\frac{1}{4}$.

29. $m=\lim\limits_{h\to 0}\dfrac{f(1+h)-f(1)}{h}=\lim\limits_{h\to 0}\dfrac{\left[4(1+h)-(1+h)^2\right]-\left[4(1)-(1)^2\right]}{h}$

$\qquad =\lim\limits_{h\to 0}\dfrac{4+4h-1-2h-h^2-3}{h}=\lim\limits_{h\to 0}\dfrac{2h-h^2}{h}=\lim\limits_{h\to 0}\dfrac{h(2-h)}{h}=\lim\limits_{h\to 0}(2-h)=2$

So an equation of the line tangent to $y=4x-x^2$ at $(1,3)$ is $y-3=2(x-1)\quad\Leftrightarrow\quad y=2x+1$.

31. $m=\lim\limits_{h\to 0}\dfrac{f(3+h)-f(3)}{h}=\lim\limits_{h\to 0}\dfrac{[2(3+h)]-[2(3)]}{h}=\lim\limits_{h\to 0}\dfrac{6+2h-6}{h}=\lim\limits_{h\to 0}\dfrac{2h}{h}=\lim\limits_{h\to 0}2=2.$

So an equation of the line tangent to $y=2x$ at $(3,6)$ is $y-6=2(x-3)\quad\Leftrightarrow\quad y=2x$.

33. $m=\lim\limits_{h\to 0}\dfrac{f(2+h)-f(2)}{h}=\lim\limits_{h\to 0}\dfrac{\dfrac{1}{2+h}-\dfrac{1}{2}}{h}=\lim\limits_{h\to 0}\dfrac{\left(\dfrac{1}{2+h}-\dfrac{1}{2}\right)}{h}\cdot\dfrac{2(2+h)}{2(2+h)}$

$\qquad =\lim\limits_{h\to 0}\dfrac{2-(2+h)}{2h(2+h)}=\lim\limits_{h\to 0}\dfrac{-h}{2h(2+h)}=\lim\limits_{h\to 0}\dfrac{-1}{2(2+h)}=-\dfrac{1}{4}$

So an equation of the line tangent to $y=\dfrac{1}{x}$ at $\left(2,\frac{1}{2}\right)$ is $y-\frac{1}{2}=-\frac{1}{4}(x-2)\Leftrightarrow y=-\frac{1}{4}x+1$.

35. (a) $v(2) = \lim_{t \to 2} \dfrac{h(t) - h(2)}{t - 2} = \lim_{t \to 2} \dfrac{\left[640 - 16t^2\right] - \left[640 - 16(2)^2\right]}{t - 2} = \lim_{t \to 2} \dfrac{640 - 16t^2 - 640 + 64}{t - 2}$

$= \lim_{t \to 2} \dfrac{-16t^2 + 64}{t - 2} = \lim_{t \to 2} \dfrac{-16(t + 2)(t - 2)}{t - 2} = \lim_{t \to 2} -16(t + 2) = 64 \text{ ft/s}$

(b) $v(a) = \lim_{t \to a} \dfrac{h(t) - h(a)}{t - a} = \lim_{t \to a} \dfrac{\left[640 - 16t^2\right] - \left[640 - 16a^2\right]}{t - a} = \lim_{t \to a} \dfrac{640 - 16t^2 - 640 + 16a^2}{t - a}$

$= \lim_{t \to a} \dfrac{-16t^2 + 16a^2}{t - a} = \lim_{t \to a} \dfrac{-16(t + a)(t - a)}{t - a} = \lim_{t \to a} \dfrac{58h - 1.66ah - 0.83h^2}{h}$

$= \lim_{t \to a} \dfrac{h(58 - 1.66a - 0.83h)}{h} = \lim_{t \to a} -16(t + a) = -32a \text{ ft/s}$

(c) $h(t) = 0$ when $640 - 16t^2 = 0 \Leftrightarrow -16(t^2 - 40) = 0 \quad \Leftrightarrow \quad t^2 = 40 \quad \Rightarrow \quad t = \sqrt{40} \approx 6.32 \text{ s (since } t \geq 0).$

(d) $v(6.32) = -32(6.32) = -202.4 \text{ ft/s}.$

37. $\lim_{n \to \infty} a_n = \lim_{n \to \infty} \dfrac{n}{5n + 1} = \lim_{n \to \infty} \dfrac{1}{5 + \dfrac{1}{n}} = \dfrac{1}{5 + 0} = \dfrac{1}{5}$

39. $\lim_{n \to \infty} a_n = \lim_{n \to \infty} \left(\dfrac{n(n + 1)}{2n^2}\right) = \lim_{n \to \infty} \dfrac{1}{2} \left(\dfrac{n}{n}\right) \left(\dfrac{n + 1}{n}\right) = \lim_{n \to \infty} \dfrac{1}{2}(1) \left(1 + \dfrac{1}{n}\right)$

$= \lim_{n \to \infty} \dfrac{1}{2} \cdot \lim_{n \to \infty} 1 \cdot \lim_{n \to \infty} \left(1 + \dfrac{1}{n}\right) = \dfrac{1}{2} \cdot 1 \cdot 1 = \dfrac{1}{2}$

41. The sequence $a_n = \cos\left(\dfrac{n\pi}{2}\right)$ is the sequence $0, -1, 0, 1, 0, -1, 0, 1, 0, -1, 0, 1, \ldots$ which does not go to any one value. Thus this sequence does not converge.

43. $f(x) = \sqrt{x}$ and $\Delta x = 0.5$, so

$R_6 = \sum_{i=1}^{6} f(x_i)\,\Delta x = f(x_1) \cdot 0.5 + f(x_2) \cdot 0.5 + f(x_3) \cdot 0.5 + f(x_4) \cdot 0.5 + f(x_5) \cdot 0.5 + f(x_6) \cdot 0.5$

$= 0.5\left[f(0.5) + f(1) + f(1.5) + f(2) + f(2.5) + f(3)\right]$

$\approx 0.5\,(0.7071 + 1 + 1.2247 + 1.4142 + 1.5811 + 1.7320) = 0.5\,(7.6591) = 3.8296$

45. $f(x) = 2x + 3$, $a = 0$, $b = 2$, $\Delta x = \dfrac{2 - 0}{n} = \dfrac{2}{n}$, and $x_k = \dfrac{2k}{n}$, so

$A = \lim_{n \to \infty} \sum_{k=1}^{n} f(x_k)\,\Delta x = \lim_{n \to \infty} \sum_{k=1}^{n} \left[2\left(\dfrac{2k}{n}\right) + 3\right] \cdot \dfrac{2}{n} = \lim_{n \to \infty} \sum_{k=1}^{n} \left[\dfrac{8k}{n^2} + \dfrac{6}{n}\right] = \lim_{n \to \infty} \left[\dfrac{8}{n^2} \cdot \sum_{k=1}^{n} k + \dfrac{6}{n} \cdot \sum_{k=1}^{n} 1\right]$

$= \lim_{n \to \infty} \left(\dfrac{8}{n^2} \cdot \dfrac{n(n + 1)}{2} + \dfrac{6}{n} \cdot n\right) = \lim_{n \to \infty} \left[\dfrac{4(n + 1)}{n} + 6\right] = \lim_{n \to \infty} \left[4\left(1 + \dfrac{1}{n}\right) + 6\right] = 4(1 + 0) + 6 = 10$

47. $f(x) = x^2 - x$, $a = 1$, $b = 2$, $\Delta x = \dfrac{2 - 1}{n} = \dfrac{1}{n}$, and $x_k = 1 + \dfrac{k}{n}$, so

$A = \lim_{n \to \infty} \sum_{k=1}^{n} f(x_k)\,\Delta x = \lim_{n \to \infty} \sum_{k=1}^{n} \left[\left(1 + \dfrac{k}{n}\right)^2 - \left(1 + \dfrac{k}{n}\right)\right] \cdot \dfrac{1}{n}$

$= \lim_{n \to \infty} \sum_{k=1}^{n} \left[1 + \dfrac{2k}{n} + \dfrac{k^2}{n^2} - 1 - \dfrac{k}{n}\right] \cdot \dfrac{1}{n} = \lim_{n \to \infty} \sum_{k=1}^{n} \left[\dfrac{k}{n^2} + \dfrac{k^2}{n^3}\right] = \lim_{n \to \infty} \left[\sum_{k=1}^{n} \dfrac{k}{n^2} + \sum_{k=1}^{n} \dfrac{k^2}{n^3}\right]$

$= \lim_{n \to \infty} \left[\dfrac{1}{n^2} \sum_{k=1}^{n} k + \dfrac{1}{n^3} \sum_{k=1}^{n} k^2\right] = \lim_{n \to \infty} \left[\dfrac{1}{n^2} \cdot \dfrac{n(n + 1)}{2} + \dfrac{1}{n^3} \cdot \dfrac{n(n + 1)(2n + 1)}{6}\right]$

$= \lim_{n \to \infty} \left(\dfrac{1}{2} \cdot \dfrac{(n + 1)}{n} + \dfrac{1}{6} \cdot \dfrac{2n^2 + 3n + 1}{n^2}\right) = \lim_{n \to \infty} \left[\dfrac{1}{2}\left(1 + \dfrac{1}{n}\right) + \dfrac{1}{6}\left(2 + \dfrac{3}{n} + \dfrac{1}{n^2}\right)\right]$

$= \dfrac{1}{2}(1 + 0) + \dfrac{1}{6}(2 + 0 + 0) = \dfrac{5}{6} = 0.8\overline{3}$

Chapter 12 Test

1. (a)

x	$f(x)$
-0.1	0.50335
-0.01	0.50003
-0.001	0.50000

x	$f(x)$
0.001	0.50000
0.01	0.50003
0.1	0.50335

$$\lim_{x \to 0} \frac{x}{\sin 2x} = 0.5$$

(b)

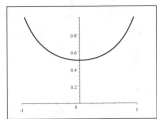

2. (a) $\displaystyle\lim_{x \to -1^-} f(x) = \lim_{x \to -1^-} 1 = 1$

(b) $\displaystyle\lim_{x \to -1^+} f(x) = \lim_{x \to -1^+} x^2 = (-1)^2 = 1$

(c) $\displaystyle\lim_{x \to -1} f(x) = 1$

(d) $\displaystyle\lim_{x \to 0^-} f(x) = \lim_{x \to 0^-} x^2 = (0)^2 = 0$

(e) $\displaystyle\lim_{x \to 0^+} f(x) = \lim_{x \to 0^+} x^2 = (0)^2 = 0$

(f) $\displaystyle\lim_{x \to 0} f(x) = 0$

(g) $\displaystyle\lim_{x \to 2^-} f(x) = \lim_{x \to 2^-} x^2 = (2)^2 = 4$

(h) $\displaystyle\lim_{x \to 2^+} f(x) = \lim_{x \to 2^+} (4 - x) = 4 - (2) = 2$

(i) $\displaystyle\lim_{x \to 2} f(x)$ does not exist; $\displaystyle\lim_{x \to 2^-} f(x) \neq \lim_{x \to 2^+} f(x)$.

3. (a) $\displaystyle\lim_{x \to 2} \frac{x^2 + 2x - 8}{x - 2} = \lim_{x \to 2} \frac{(x - 2)(x + 4)}{x - 2} = \lim_{x \to 2} (x + 4) = 2 + 4 = 6$

(b) $\displaystyle\lim_{x \to 2} \frac{x^2 - 2x - 8}{x + 2} = \frac{2^2 - 2(2) - 8}{2 + 2} = -2$

(c) $\displaystyle\lim_{x \to 2} \frac{1}{x - 2}$ does not exist because $\left|\dfrac{1}{x - 2}\right|$ grows without bound as $x \to 2$.

(d) $\displaystyle\lim_{x \to 2^-} \frac{x - 2}{|x - 2|} = \lim_{x \to 2} \frac{x - 2}{-(x - 2)} = \lim_{x \to 2^-} -1 = -1$ and $\displaystyle\lim_{x \to 2^+} \frac{x - 2}{|x - 2|} = \lim_{x \to 2^+} \frac{x - 2}{x - 2} = \lim_{x \to 2^+} 1 = 1$. Since

$\displaystyle\lim_{x \to 2^-} \frac{x - 2}{|x - 2|} \neq \lim_{x \to 2^+} \frac{x - 2}{|x - 2|}$, $\displaystyle\lim_{x \to 2} \frac{x - 2}{|x - 2|}$ does not exist.

(e) $\displaystyle\lim_{z \to 4} \frac{\sqrt{z} - 2}{z - 4} = \lim_{z \to 4} \frac{\sqrt{x} - 2}{(\sqrt{x} + 2)(\sqrt{x} - 2)} = \lim_{z \to 4} \frac{1}{\sqrt{x} + 2} = \frac{1}{\sqrt{4} + 2} = \frac{1}{4}$

(f) $\displaystyle\lim_{x \to \infty} \frac{2x^2 - 4}{x^2 + x} = \lim_{x \to \infty} \frac{2 - 4/x^2}{1 - 1/x} = \frac{2 - 0}{1 - 0} = 2$

4. (a) $f(x) = x^2 - 2x$, so

$$\begin{aligned} f'(x) &= \lim_{h \to 0} \frac{f(x + h) - f(x)}{h} = \lim_{h \to 0} \frac{\left[(x + h)^2 - 2(x + h)\right] - \left[x^2 - 2x\right]}{h} \\ &= \lim_{h \to 0} \frac{x^2 + 2hx + h^2 - 2x - 2h - x^2 + 2x}{h} = \lim_{h \to 0} \frac{2hx + h^2 - 2h}{h} \\ &= \lim_{h \to 0} \frac{h(2x + h - 2)}{h} = \lim_{h \to 0} (2x + h - 2) = 2x - 2 \end{aligned}$$

(b) $f'(-1) = 2(-1) - 2 = -4 \qquad f'(1) = 2(1) - 2 = 0 \qquad f'(2) = 2(2) - 2 = 2$

5. $m = \displaystyle\lim_{h \to 0} \frac{f(9 + h) - f(9)}{h} = \lim_{h \to 0} \frac{\sqrt{9 + h} - \sqrt{9}}{h} = \lim_{h \to 0} \frac{\sqrt{9 + h} - 3}{h}$

$= \displaystyle\lim_{h \to 0} \frac{\left(\sqrt{9 + h} - 3\right)}{h} \cdot \frac{\left(\sqrt{9 + h} + 3\right)}{\left(\sqrt{9 + h} + 3\right)} = \lim_{h \to 0} \frac{(9 + h) - 9}{h\left(\sqrt{9 + h} + 3\right)} = \lim_{h \to 0} \frac{h}{h\left(\sqrt{9 + h} + 3\right)}$

$= \displaystyle\lim_{h \to 0} \frac{1}{\sqrt{9 + h} + 3} = \frac{1}{3 + 3} = \frac{1}{6}$

So an equation of the line tangent to $f(x) = \sqrt{x}$ at $(9, 3)$ is $y - 3 = \frac{1}{6}(x - 9) \Leftrightarrow y = \frac{1}{6}x + \frac{3}{2}$.

6. (a) $\lim\limits_{n \to \infty} a_n = \lim\limits_{n \to \infty} \dfrac{n}{n^2 + 4} = \lim\limits_{n \to \infty} \dfrac{\dfrac{1}{n}}{1 + \dfrac{4}{n^2}} = \lim\limits_{n \to \infty} \dfrac{0}{1 + 0} = 0$

(b) The sequence $a_n = \sec n\pi$ is the sequence $-1,\ 1,\ -1,\ 1,\ -1,\ 1,\ \ldots$ which does not go to any one value. Thus this sequence does not converge.

7. (a) $f(x) = 4 - x^2$ and $\Delta x = \dfrac{1 - 0}{5} = 0.2$, so

$$R_5 = \sum_{k=1}^{5} f(x_k)\,\Delta x = f(0.2) \cdot 0.2 + f(0.4) \cdot 0.2 + f(0.6) \cdot 0.2 + f(0.8) \cdot 0.2 + f(1) \cdot 0.2$$

$$= 0.2\,(3.96 + 3.84 + 3.64 + 3.36 + 3) = 0.2\,(17.8) = 3.56$$

(b) $f(x) = 4 - x^2$, $a = 0$, $b = 1$, $\Delta x = \dfrac{1 - 0}{n} = \dfrac{1}{n}$, and $x_k = \dfrac{k}{n}$, so

$$A = \lim_{n \to \infty} \sum_{k=1}^{n} f(x_k)\,\Delta x = \lim_{n \to \infty} \sum_{k=1}^{n} \left[4 - \left(\frac{k}{n} \right)^2 \right] \cdot \frac{1}{n} = \lim_{n \to \infty} \sum_{k=1}^{n} \left[\frac{1}{n} - \frac{k^2}{n^3} \right]$$

$$= \lim_{n \to \infty} \left[\frac{4}{n} \cdot \sum_{k=1}^{n} 1 - \frac{1}{n^3} \cdot \sum_{k=1}^{n} k^2 \right] = \lim_{n \to \infty} \left(\frac{4}{n} \cdot n - \frac{1}{n^3} \cdot \frac{n(n+1)(2n+1)}{6} \right)$$

$$= \lim_{n \to \infty} \left[4 - \frac{1}{6} \left(\frac{n+1}{n} \right) \left(\frac{2n+1}{n} \right) \right] = \lim_{n \to \infty} \left[4 - \frac{1}{6} \left(1 + \frac{1}{n} \right) \left(2 + \frac{1}{n} \right) \right]$$

$$= 4 - \tfrac{1}{6}\,(1 + 0)(2 + 0) = \tfrac{11}{3}$$

Focus on Modeling: Interpretations of Area

1. Work $=$ force $\times$ distance, so the work done in moving the tree the kth interval is $w_k = f(x_k)\,\Delta x$, where

$$f(x) = 1500 + 10x - \tfrac{1}{2}x^2,\ a = 0,\ b = 40,\ \Delta x = \frac{40 - 0}{n} = \frac{40}{n},\ \text{and}\ x_k = \frac{40k}{n}.\ \text{Thus,}$$

$$W = \lim_{n\to\infty} \sum_{k=1}^{n} f(x_k)\,\Delta x = \lim_{n\to\infty} \sum_{k=1}^{n} \left[1500 + 10\left(\frac{40k}{n}\right) - \frac{1}{2}\left(\frac{40k}{n}\right)^2\right]\cdot\frac{40}{n}$$

$$= \lim_{n\to\infty} \sum_{k=1}^{n} \left[\frac{60{,}000}{n} + \frac{16{,}000k}{n^2} - \frac{32{,}000k^2}{n^3}\right] = \lim_{n\to\infty} \left[\frac{60{,}000}{n}\sum_{k=1}^{n}1 + \frac{16{,}000}{n^2}\sum_{k=1}^{n}k - \frac{32{,}000}{n^3}\sum_{k=1}^{n}k^2\right]$$

$$= \lim_{n\to\infty} \left(\frac{60{,}000}{n}\cdot n + \frac{16{,}000}{n^2}\cdot\frac{n(n+1)}{2} - \frac{32{,}000}{n^3}\cdot\frac{n(n+1)(2n+1)}{6}\right)$$

$$= \lim_{n\to\infty} \left(60{,}000 + 8{,}000\cdot\frac{n+1}{n} - \frac{16{,}000}{3}\cdot\frac{(n+1)(2n+1)}{n^2}\right)$$

$$= \lim_{n\to\infty} \left[60{,}000 + 8{,}000\cdot\left(1 + \frac{1}{n}\right) - \frac{16{,}000}{3}\cdot\left(1 + \frac{1}{n}\right)\left(2 + \frac{1}{n}\right)\right]$$

$$= 60{,}000 + 8000 - \frac{32{,}000}{3} = 57{,}333.33\ \text{ft-lb}$$

3. (a) The force on the kth strip is $375x_k\,\Delta x$, so to find the force exerted on the window panel we must add the forces on each of the strips, giving $\displaystyle\lim_{n\to\infty}\sum_{k=1}^{n} 375x_k\,\Delta x$.

(b) This is the area under the graph of $p(x) = 375x$ between $x = 0$ and $x = 4$.

(c) Using $\Delta x = \dfrac{4}{n}$, and $x_k = \dfrac{4k}{n}$,

$$P = \lim_{n\to\infty}\sum_{k=1}^{n} 375x_k\,\Delta x = \lim_{n\to\infty}\sum_{k=1}^{n} 375\left(\frac{4k}{n}\right)\cdot\frac{4}{n} = \lim_{n\to\infty}\sum_{k=1}^{n}\left[\frac{6000k}{n^2}\right] = \lim_{n\to\infty}\left[\frac{6000}{n^2}\sum_{k=1}^{n}k\right]$$

$$= \lim_{n\to\infty}\left(\frac{6000}{n^2}\cdot\frac{n(n+1)}{2}\right) = \lim_{n\to\infty}\left[3000\left(\frac{n+1}{n}\right)\right] = \lim_{n\to\infty}\left[3000\left(1 + \frac{1}{n}\right)\right] = 3000\ \text{lb}$$

(d) The area of the kth strip is $3\Delta x$, so the pressure on the kth strip is $187.5x_k\,\Delta x$. Now using $\Delta x = \dfrac{4}{n}$, and $x_k = \dfrac{4k}{n}$, we have

$$P = \lim_{n\to\infty}\sum_{k=1}^{n} 187.5x_k\,\Delta x = \lim_{n\to\infty}\sum_{k=1}^{n} 187.5\left(\frac{4k}{n}\right)\cdot\frac{4}{n} = \lim_{n\to\infty}\sum_{k=1}^{n}\left[\frac{3000k}{n^2}\right] = \lim_{n\to\infty}\left[\frac{3000}{n^2}\sum_{k=1}^{n}k\right]$$

$$= \lim_{n\to\infty}\left(\frac{3000}{n^2}\cdot\frac{n(n+1)}{2}\right) = \lim_{n\to\infty}\left[1500\left(\frac{n+1}{n}\right)\right] = \lim_{n\to\infty}\left[1500\left(1 + \frac{1}{n}\right)\right] = 1500\ \text{lb}$$

5. (a) $D(t) = 61 + \frac{6}{5}t - \frac{1}{25}t^2$, $a = 0$, $b = 24$, $\Delta x = \dfrac{24 - 0}{n} = \dfrac{24}{n}$, and $x_k = \dfrac{24k}{n}$, so the heating capacity generated is

$$\lim_{n \to \infty} \sum_{k=1}^{n} D(t_k)\,\Delta t = \lim_{n \to \infty} \sum_{k=1}^{n} \left[61 + \frac{6}{5}\left(\frac{24k}{n}\right) - \frac{1}{25}\left(\frac{24k}{n}\right)^2 \right] \cdot \frac{24}{n} = \lim_{n \to \infty} \sum_{k=1}^{n} \left[\frac{1464}{n} + \frac{3456k}{5n^2} - \frac{13824k^2}{25n^3} \right]$$

$$= \lim_{n \to \infty} \left[\frac{1464}{n} \sum_{k=1}^{n} 1 + \frac{3456}{5n^2} \sum_{k=1}^{n} k - \frac{13824}{25n^3} \sum_{k=1}^{n} k^2 \right]$$

$$= \lim_{n \to \infty} \left(\frac{1464}{n} \cdot n + \frac{3456}{5n^2} \cdot \frac{n(n+1)}{2} - \frac{13824}{25n^3} \cdot \frac{n(n+1)(2n+1)}{6} \right)$$

$$= \lim_{n \to \infty} \left(1464 + \frac{1728}{5} \cdot \frac{n+1}{n} - \frac{2304}{25} \cdot \frac{(n+1)(2n+1)}{n^2} \right)$$

$$= \lim_{n \to \infty} \left[1464 + \frac{1728}{5} \cdot \left(1 + \frac{1}{n} \right) - \frac{2304}{25} \cdot \left(1 + \frac{1}{n} \right)\left(2 + \frac{1}{n} \right) \right]$$

$$= 1464 + \frac{1728}{5} - \frac{4608}{25} = 1625.28 \text{ heating degree-hours}$$

(b) $D(t) = 61 + \frac{6}{5}t - \frac{1}{25}t^2 = -\frac{1}{25}\left(t^2 - 30t\right) + 61 = -\frac{1}{25}\left(t^2 - 30t + 225\right) + 61 + 9 = -\frac{1}{25}\left(t - 15\right)^2 + 70$. Thus the maximum temperature during the day was $70°$.

(c) In this case, $D(t) = 50 + 5t - \frac{1}{4}t^2$, $a = 0$, $b = 24$, $\Delta x = \dfrac{24 - 0}{n} = \dfrac{24}{n}$, and $x_k = \dfrac{24k}{n}$, so the heating capacity generated is

$$\lim_{n \to \infty} \sum_{k=1}^{n} D(t_k)\,\Delta t = \lim_{n \to \infty} \sum_{k=1}^{n} \left[50 + 5\left(\frac{24k}{n}\right) - \frac{1}{4}\left(\frac{24k}{n}\right)^2 \right] \cdot \frac{24}{n} = \lim_{n \to \infty} \sum_{k=1}^{n} \left[\frac{1200}{n} + \frac{2880k}{n^2} - \frac{3456k^2}{n^3} \right]$$

$$= \lim_{n \to \infty} \left[\frac{1200}{n} \sum_{k=1}^{n} 1 + \frac{2880}{n^2} \sum_{k=1}^{n} k - \frac{3456}{n^3} \sum_{k=1}^{n} k^2 \right]$$

$$= \lim_{n \to \infty} \left(\frac{1200}{n} \cdot n + \frac{2880}{n^2} \cdot \frac{n(n+1)}{2} - \frac{3456}{n^3} \cdot \frac{n(n+1)(2n+1)}{6} \right)$$

$$= \lim_{n \to \infty} \left(1200 + 1440 \cdot \frac{n+1}{n} - 576 \cdot \frac{(n+1)(2n+1)}{n^2} \right)$$

$$= \lim_{n \to \infty} \left[1200 + 1440 \cdot \left(1 + \frac{1}{n} \right) - 576 \cdot \left(1 + \frac{1}{n} \right)\left(2 + \frac{1}{n} \right) \right]$$

$$= 1200 + 1440 - 1152 = 1488 \text{ heating degree-hours}$$

(d) $D(t) = 50 + 5t - \frac{1}{4}t^2 = -\frac{1}{4}\left(t^2 - 20t\right) + 50 = -\frac{1}{4}\left(t^2 - 20t + 100\right) + 50 + 25 = -\frac{1}{4}\left(t - 10\right)^2 + 75$. Thus the maximum temperature during the day was $75°$.

(e) The day described in part (c) was hotter because the number of heating degree-hours was greater, meaning the average temperature of that day was higher.

Programa Sacramental Bilingüe de Sadlier
Siempre contigo
Guía para el catequista

Primera Reconciliación

Dr. Gerard F. Baumbach
Moya Gullage

Rev. Msgr. John F. Barry
Dr. Eleanor Ann Brownell
Helen Hemmer, I.H.M.
Gloria Hutchinson
Dr. Norman F. Josaitis
Rev. Michael J. Lanning, O.F.M.
Dr. Marie Murphy
Dr. Mary O'Grady
Karen Ryan
Joseph F. Sweeney

Traducción y Adaptación
Dulce M. Jiménez–Abreu
Yolanda Torres

Consultor Teológico
Most Rev. Edward K. Braxton, Ph. D., S.T.D.

Consultor Pastoral
Rev. Virgilio P. Elizondo, Ph. D., S.T.D.

Consultores de Liturgia y Catequesis
Dr. Gerard F. Baumbach
Dr. Eleanor Ann Brownell

Consultor Bilingüe
Dr. Frank Lucido

William H. Sadlier, Inc.
9 Pine Street
New York, NY 10005–1002

Contenido

Preparación sacramental completa G4

Alcance y secuencia G6

Preparación con apoyo de la parroquia
y la familia G8

Componentes G12

Rito de preparación G14

1 Siguiendo a Jesús G16
 Referencia para el catequista
 Sugerencias
 Planificación de la lección

2 Cumpliendo la ley de Dios G20
 Referencia para el catequista
 Sugerencias
 Planificación de la lección

3 Arrepentidos y perdonados G24
 Referencia para el catequista
 Sugerencias
 Planificación de la lección

4 Examen de conciencia G28
 Referencia para el catequista
 Sugerencias
 Planificación de la lección

5 Celebrando la Reconciliación G32
 Referencia para el catequista
 Sugerencias
 Planificación de la lección

6 Fomentando la paz G36
 Referencia para el catequista
 Sugerencias
 Planificación de la lección

Rito de paz G40

Sugerencias para las familias G44

Contents

A Complete Sacramental Preparation G5

Scope and Sequence G7

A Family and Parish-Based Preparation G9

Components G13

A Preparation Rite G15

1 Following Jesus G17
  Adult Background
  Preparation Hints
  Plan for the Session

2 Following God's Law G21
  Adult Background
  Preparation Hints
  Plan for the Session

3 Being Sorry, Being Forgiven G25
  Adult Background
  Preparation Hints
  Plan for the Session

4 Examination of Conscience G29
  Adult Background
  Preparation Hints
  Plan for the Session

5 Celebrating Reconciliation G33
  Adult Background
  Preparation Hints
  Plan for the Session

6 Living as Peacemakers G37
  Adult Background
  Preparation Hints
  Plan for the Session

A Peacemaking Rite G42

Suggestions for Families G45

Preparación sacramental completa

Objetivo

El texto *Primera Reconciliación* de Sadlier tiene como objetivo dar a los niños una experiencia inicial de lo que significa distinguir entre lo bueno y lo malo, estar arrepentido y como hacer las paces, o reconciliarse. Ayuda a los niños a entender, de acuerdo a su desarrollo psicológico, que todo el mundo necesita perdonar y ser perdonado. El punto central es que; una experiencia positiva de este sacramento, de paz y perdón, a edad temprana, motivará a los niños a celebrar frecuentemente el sacramento después de la primera reconciliación.

Primera Reconciliación de Sadlier está diseñado para ayudar al catequista a comprometer a los niños que van a recibir el sacramento, a sus familias y a toda la parroquia de forma tal que:

❖ la preparación sacramental sea un momento verdaderamente significativo en la formación de la vida de fe, no sólo de los niños, sino también de toda la familia y la parroquia.

❖ los niños son preparados dentro una fe comunitaria para celebrar por primera vez con reverencia, entendimiento y esperanza el sacramento de Reconciliación.

❖ la catequesis de Reconciliación presentada sea completa precisa y consistente con la teología y liturgia del Concilio Vaticano II y el *Catecismo de la Iglesia Católica.*

El programa para la Primera Reconciliación de Sadlier está presentado en seis lecciones. Cada una contiene lo siguiente:

❖ una **historia bíblica** que provee un marco de referencia para entender el aspecto de la Reconciliación que se ha explicado

❖ **catequesis** de la parte del sacramento que se enseña presentada en lenguaje adecuado para el niño

❖ una página especial para ayudar a los niños a ver, en resumen, las ideas fundamentales de la lección. Entre ellas: *Como tomar decisiones con amor; Viviendo los Diez Mandamientos; Acto de Contrición; Examen de conciencia, Pasos para celebrar el sacramento de la Reconciliación* y *Como llevar paz a los demás*

❖ cada lección contiene **actividades** y **preguntas** para motivar la imaginación, la memoria y el poder de razonar de los niños

❖ las secciones **Para la familia** y **En la casa** estimulan y ayudan a los padres a participar en el proceso de preparación

Opciones para la preparación del sacramento

El Programa Sacramental de Sadlier provee materiales fáciles de usar que ofrecen una variedad de opciones para la parroquia:

❖ la preparación tradicional en la parroquia, dirigida por el catequista, con la participación activa de los padres

❖ los padres preparan a sus hijos para el sacramento con el apoyo del catequista y el personal de la parroquia

❖ la parroquia organiza grupos de familias, que el catequista dirige y ayuda para que sean los principales responsables de la preparación de sus hijos para la primera reconciliación

En cada una de estas opciones los niños y sus familias celebran la primera reconciliación con el apoyo y la oración de toda la comunidad parroquial.

A Complete Sacramental Preparation

Purpose

The purpose of Sadlier's *First Reconciliation* is rooted in giving children a beginning experience of what it means to know right from wrong, to be sorry, and to make up or reconcile. It helps them understand, in a manner consonant with their psychological development, everyone's need both to ask forgiveness and to give forgiveness. The aim is that early positive experience of this sacrament as one of peace and forgiveness will also motivate them to celebrate the sacrament on a regular basis after their First Reconciliation.

Sadlier's *First Reconciliation* is designed to help catechists engage the First Reconciliation children, their families, and the whole parish so that:

❖ sacrament preparation truly becomes a significant moment for ongoing faith formation in the lives, not only of the children, but also of the family and the parish.

❖ the children are prepared within a formative faith community to celebrate with reverence, understanding, and hope the sacrament of Reconciliation for the first time.

❖ the catechesis of Reconciliation presented is accurate, complete, and consistent with Vatican II theology and liturgy and the *Catechism of the Catholic Church*.

Sadlier's *First Reconciliation* does this in six sessions, each containing:

❖ a **Scripture story** that provides a framework for understanding the aspect of Reconciliation being explained

❖ a "child-level" **catechesis** of the part of the sacrament of Reconciliation being presented

❖ a special page set apart to help the children see, in summary fashion, key ideas of the session, including: *How to Make a Loving Choice; Living the Ten Commandments; An Act of Contrition; An Examination of Conscience; Steps to Celebrate the Sacrament;* and, *How to Bring Peace to Others*

❖ creative **activities** and **questions** in every lesson to engage the child's imagination, memory, and reasoning powers

❖ a **Family Focus** section and an **At Home** activity encouraging and assisting parental involvement in the preparation process (Spanish only)

Options for Sacramental Preparation

Sadlier's sacramental program provides easy-to-use materials that offer a variety of options for parish use:

❖ the traditional parish preparation for First Reconciliation, directed by the catechist, actively involving the family

❖ parents preparing their own children for the sacrament with the support of the catechist and the parish staff

❖ parish-organized family groups, which the catechist guides and directs, empowered to take primary responsibility for the First Reconciliation preparation of their children

In each of these options, the children with their families celebrate First Reconciliation with the prayer and support of the whole parish community.

Primera Reconciliación: Alcance y secuencia

Tema del capítulo	Escrituras	Reconciliación	Para la familia
1 *Siguiendo a Jesús* CIC: 386, 1779	El padre que perdona (Lucas 15:11–24)	Jesús nos muestra como tomar decisiones con amor	Preparándonos para elegir
2 *Cumpliendo la ley de Dios* CIC: 1962, 1968	El mayor de los mandamientos (Mateo 22:35–39)	Viviendo los Diez Mandamientos	Entendiendo la ley de Dios
3 *Arrepentidos y perdonados* CIC: 1430–33	La mujer que fue perdonada (Lucas 7:36–40, 44–50)	Significado del arrepentimiento y del perdón; Acto de Contrición	Diciendo "lo siento" en la casa
4 *Examen de conciencia* CIC: 1454, 1779	La oveja perdida (Lucas 15:4–7)	Examen de conciencia	Formación de la conciencia
5 *Celebrando la Reconciliación* CIC: 1443, 1456, 1458	Zaqueo (Lucas 19:1–10)	Celebrando el sacramento	Preparación para celebrar la Reconciliación
6 *Fomentando la paz* CIC: 1829, 1832	Jesús y los niños (Marcos 10:13–16)	Compartiendo la paz de Cristo	La familia trabajando por la paz

CIC = *Catecismo de la Iglesia Católica*

First Reconciliation: Scope and Sequence

	Chapter Theme	Scripture	Reconciliation	Family Focus
1	**Following Jesus** **CCC:** 386, 1779	The Forgiving Father (Luke 15:11–24)	Jesus shows us how to make loving choices	Preparing for choices
2	**Following God's Law** **CCC:** 1962, 1968	The Greatest Commandment (Matthew 22:35–39)	Living the Ten Commandments; sin	Understanding God's law
3	**Being Sorry, Being Forgiven** **CCC:** 1430–33	The Forgiven Woman (Luke 7:36–40, 44–50)	The meaning of sorrow and forgiveness; an Act of Contrition	Saying "I'm sorry" at home
4	**Examination of Conscience** **CCC:** 1454, 1779	The Lost Sheep (Luke 15:4–7)	Examination of conscience	Formation of conscience
5	**Celebrating Reconciliation** **CCC:** 1443, 1456, 1458	Zacchaeus (Luke 19:1–10)	Celebrating the sacrament	Preparing to celebrate Reconciliation
6	**Living as Peacemakers** **CCC:** 1829, 1832	Jesus and the Children (Mark 10:13–16)	Sharing the peace of Christ	The family as peacemakers

CCC = *Catechism of the Catholic Church*

Preparación con apoyo de la parroquia y la familia

El papel del catequista

El catequista en este programa tiene la agradable tarea de trabajar con la familia y exhortarla a participar activamente en la preparación del niño para celebrar la primera reconciliación. El catequista necesita estar preparado, tener entusiasmo, amor y sobre todo, reverencia ante la particularidad de cada niño.

El catequista debe conocer a cada niño bajo su cuidado. Un esfuerzo genuino debe ser hecho para estar en contacto con todas las familias de los niños en el programa. Debe animar a las familias a compartir y participar de la liturgia semanal de la parroquia y a usar la sección *Para la familia* y participar en los ritos de preparación y de paz.

El papel del director

La preparación de los niños para la primera reconciliación es esencial en la vida de la parroquia. El papel del director es un punto central en el engranaje que envuelve a los niños, sus familias, el catequista, el párroco y la parroquia. He aquí algunas formas en las que el director puede ofrecer liderazgo en la preparación de este sacramento:

❖ planificando y dirigiendo reuniones con las familias que participan en la preparación del sacramento;

❖ buscando formas de ayudar a los padres a reflexionar en el significado de la Reconciliación en sus propias vidas;

❖ informando e incluyendo a la comunidad parroquial en la preparación sacramental, los ritos y la celebración de la primera reconciliación.

El papel de la comunidad parroquial

El sacramento de la Reconciliación es un sacramento de paz comunitaria por medio del cual son perdonados los pecados cometidos después del Bautismo. Es un imperativo que la parroquia participe de lleno en la preparación de los niños y las familias en la celebración de la primera reconciliación. Si ambos van a ser fortalecidos en una fe formativa común, la participación de la parroquia es muy importante, especialmente a través de la celebración de una reconciliación comunitaria.

El programa *Primera Reconciliación* de Sadlier facilita este acercamiento con los ritos de preparación y de paz; ambos se deben celebrar con la comunidad.

La comunidad parroquial, no sólo debe participar en los ritos con sus oraciones y presencia, sino que debe dar todo el apoyo y valor que pueda para animar a los jóvenes creyentes.

A Family and Parish-Based Preparation

The Role of the Catechist

The catechist in this program has the delightful task of actively involving and working with the family to prepare the child to celebrate First Reconciliation. The catechist needs to be prepared, enthusiastic, loving, and, above all, reverent before the uniqueness and dignity of each child.

The catechist, therefore, needs to know each child under his/her care. A genuine effort should be made to be in touch with the families of all the children in the program, encouraging their participation, especially through the *Family Focus* section and in the opening and closing rites.

The Role of the Director

The preparation of children for First Reconciliation is essential to the ongoing life of the parish. The director's role is at the heart of the network that involves the children, their families, the catechist, the pastor, and the parish. Ways in which the director can provide leadership in sacramental preparation include:

❖ planning and directing meetings with families involved in sacramental preparation;

❖ discerning ways to help parents reflect on the meaning of Reconciliation in their own lives;

❖ informing and involving the parish community in the sacramental preparation, rites, and celebration of First Reconciliation.

The Role of the Parish Community

The sacrament of Reconciliation is a sacrament of communal peace through which sins committed after Baptism are forgiven. As such it is imperative that the parish be involved as much as possible in the preparation of its children and their families for the celebration of First Reconciliation. If both are to be nourished in a formative faith community, the participation of the parish, especially through a communal celebration of Reconciliation, is very important.

Sadlier's *First Reconciliation* preparation facilitates this with the opening and closing rites—both of which are intended to be celebrated with the community.

The parish community should not only participate in these rites by their prayers and presence, but do all it can to support and encourage the young believers.

El papel de la familia

Aunque algunas familias pueden elegir preparar a sus propios hijos para el sacramento de la Reconciliación, es muy importante que *todas* las familias entiendan que los niños no necesariamente desarrollan una comprensión del sacramento en las sesiones formarles de catecismo. Los niños comprenden el constante y persistente amor de Dios según lo ven ejemplarizado en sus familias. Aprenden el significado de la reconciliación cuando esta es celebrada en la casa, aprenden a perdonar al ser perdonados.

Para ayudar en esta importante tarea se ofrece la sección, *Sugerencias para las familias*, en las páginas G44 y 46. Estas páginas se pueden fotocopiar para su distribución.

Cuando el programa es dirigido por un catequista sugerimos que los niños lleven sus libros a la casa para compartirlo con sus familias. Cada lección contiene las secciones *Para la familia* y *En la casa*, estas son actividades para fomentar la participación de los padres. Se debe pedir a toda la familia participar en la celebración de los ritos de bienvenida y de paz.

Para la familia

En esta lección los niños aprenden las dos formas en que celebramos el sacramento de la Reconciliación: solos con el sacerdote y juntos con el sacerdote y la comunidad.

El niño puede estar confundido y nervioso sobre lo que va a pasar en la primera reconciliación. Repasen la lección despacio y con confianza. Esto ayudará al niño a esperar confiado este importante evento.

1. Invite a todos los miembros de la familia a participar en la obra bíblica al inicio de la lección. Después lean la lección. Ayude al niño a empezar a comprender los efectos del pecado en la comunidad. Porque estamos unidos en Cristo, nuestros actos buenos o no afectan a toda la comunidad.

2. Repase con el niño los pasos de la celebración. Anímelo a escoger la forma en que celebrará el sacramento. Repase con él, el Acto de Contrición en la página 38.

3. Repasen los cinco pasos para celebrar la Reconciliación en la página 62.

4. Invite a toda la familia a participar de la actividad **En la casa**.

En la casa

Nuestras acciones afectan a todo el que está a nuestro alrededor, especialmente los miembros de nuestras familias. Nuestras buenas acciones nos ayudan a crecer. Haz un árbol "acciones hechas con amor" de tu familia, como el que mostramos abajo.

Dibuja una rama por cada miembro de tu familia. Cuando alguien haga una acción con amor, añade una hoja en la rama de esa persona.

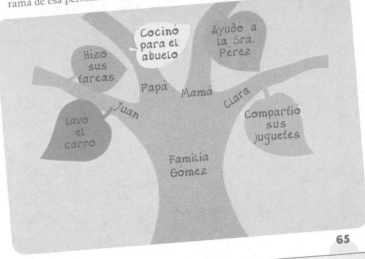

65

G10

The Role of the Family

While some families might choose to prepare their own children for the sacrament of Reconciliation, it is important that *all* families see that it is not necessarily (or entirely) in formal catechetical sessions that children develop an understanding of the sacrament. Children come to understand God's constant and persistent love as they see it modeled in that of their families. They learn what it means to reconcile when reconciliation is celebrated in the home and they learn forgiveness by being forgiven.

To help in these important tasks, a take-home section, *Suggestions for Families*, is provided on pages G45 and 47. Duplication of these pages is permitted and encouraged.

Where the program is catechist-directed, we suggest that the children bring their books home to share with their families. In each session there is a *Family Focus* section and an *At Home* activity (Spanish only) to encourage parental involvement. Parents and families are also asked to participate in the opening and closing prayer celebrations.

Para la familia

Esta lección sobre el examen de conciencia es muy importante para los niños. El examen de conciencia debe presentarse en el contexto del amor y el cuidado que Dios tiene por nosotros expresado especialmente, en el amor y cuidado en la casa y en la comunidad de fe. No queremos que nuestros niños tengan una conciencia escrupulosa. Debemos ayudarles a estar conscientes de sus responsabilidades como miembros bautizados de la Iglesia. También queremos ayudarles a estar conscientes del gran amor y misericordia de Cristo, quien los apoya cuando hacen lo que es correcto y los perdona cuando hacen algo malo.

La conciencia es el conocimiento que tenemos de lo que es bueno y lo que es malo. En los pequeños debe desarrollarse con delicadeza y consistencia.

1. Lean la lección. Invite al niño a contarle la historia de la Oveja Perdida. Pregúntele cómo nosotros podemos ser ovejas perdidas cuando hacemos lo que está mal.

2. Repasen las preguntas del examen de conciencia de la página 48. Su niño puede sugerir otras preguntas. Usted puede añadir otras que crea útiles.

3. Recen la oración que su niño aprendió en la página 50. Ayude al niño a hacer la actividad **En la casa**.

En la casa

Ayuda al pastor a encontrar la oveja perdida. Usa un lápiz de color o un marcador.

Después de ayudar al pastor a encontrar la oveja perdida, reza la oración con tu familia.

✝ Jesús, eres el Buen Pastor. Guíanos y protégenos. Ayúdanos siempre a tomar buenas decisiones con amor. Amén.

51

Componentes

Texto para el niño: Primera Reconciliación

El texto para el niño contiene 6 lecciones que incluyen activides para la familia y en la casa. Estas actividades son para ayudar a los padres a participar en el proceso de preparación.

El libro incluye dos ritos para celebrar con la comunidad parroquial: *Rito de preparación* al inicio de la preparación y el *Rito de paz* para finalizar el proceso.

El libro también incluye:

❖ *Repaso: Recordaré*—revisión de las ideas principales

❖ folletos *Preparándome para la Reconciliación*—uno para cada lección—para que los niños los compartan en la casa

❖ los *Ritos de Reconciliación*— fácil referencia de los pasos a seguir en los ritos de reconciliación individual y comunitario

❖ oraciones y canciones adicionales

❖ *Para recordar mantener la paz*—ideas para llevar paz a otros

❖ *Invitación a ser compañeros de oración*— sugerencias para invitar a los miembros de la parroquia a participar con los niños en la oración

❖ certificado de Primera Reconciliación

❖ actividades para recortar para dos lecciones y el *Rito de preparación*

Guía bilingüe para el catequista/dirigente

Esta guía consta de 48 páginas con una clara presentación del material en el libro del niño. El alcance y secuencia del programa es incluido así como sugerencias fáciles de seguir. Estas sugerencias se ofrecen para cada lección en un simple formato de "introducción presentación y conclusión".

Misal para el niño: Siempre con Jesús (Disponible sólo en inglés)

Este pequeño libro de recuerdo está disponible en dos ediciones, cubierta rústica y de lujo. La intensión del misal no es sólo ofrecer un recuerdo de la Primera Comunión y Primera Reconciliación sino como una fuente de oración.

Además de las oraciones y respuestas de la Misa, tiene una sección en como prepararse para celebrar el sacramento de la Reconciliación. También incluye oraciones y prácticas tradicionales de la Iglesia Católica.

Música grabada (sólo en inglés)

Songs: First Reconciliation, canciones e himnos apropiados para la Reconciliación en cinta o CD. Cada canción ha sido arreglada y es cantada por niños en una forma simple.

Certificado de Primera Reconciliación

Además del certificado incluido en este libro, se ofrece una edición de lujo que puede ser enmarcada.

Corazón recuerdo de la Primera Reconciliación

Un corazón en tela dorada fuerte con las palabras "Jesús, te doy mi corazón" bordadas, está disponible para que los niños lo usen durante su primera reconciliación y lo guarden de recuerdo.

Components

Child's Book: Primera Reconciliación

The child's book presents six sessions, including a *Family Focus* and *At Home* activity page in Spanish for each session to encourage and assist parental involvement in the preparation process.

It also includes two rites to be celebrated with the community: *A Preparation Rite* at the beginning of the preparation and *A Peacemaking Rite* at its end.

The book includes in Spanish only:

❖ *Summary: I Will Remember*—a review of key ideas

❖ *Preparing for Reconciliation Booklets*—one for each session—for the child to share at home

❖ the *Rites of Reconciliation*—easy reference to the steps involved in the individual and communal rites

❖ additional prayers

❖ a *Peacemaker Checklist*—ideas for bringing peace to others

❖ *Prayer Partners Invitation*—suggestions for involving parishioners and children as prayer partners

❖ songs for Reconciliation

❖ certificate of First Reconciliation in English

❖ activity cutouts to accompany two sessions and the *Preparation Rite*

Catechist's/Leader's Guide

This guide provides a clear 48-page presentation of the material in the child's book. A scope and sequence for the program is included and easy-to-use suggestions are made for each session in a simple "beginning, middle, end" format.

A Children's Mass Book: With Jesus Always

This little keepsake book is available in two editions, soft cover and deluxe hard cover. It is intended to serve, not only as a beautiful memento of the child's celebration of First Reconciliation and First Eucharist, but as an ongoing source of prayer.

Besides the prayers of the Mass, it contains a section on how to prepare for and celebrate the sacrament of Reconciliation. Traditional prayers and practices of the Catholic Church are also included.

First Reconciliation Music

The cassette or compact disk, *Songs: First Reconciliation*, contains in English only, songs and hymns that can be used for a Reconciliation service. Each song is arranged for and sung by children in a simple and inviting way.

A First Reconciliation Certificate

Besides the certificate contained in the child's book, a separate deluxe edition, suitable for framing, is available.

A First Reconciliation Heart Memento

A sturdy golden-roped heart embossed with the words "Jesus, I give You my heart" is available for the children to wear as they celebrate Reconciliation and to keep as a memento.

Rito de preparación

Objetivo

Desde el principio, el proceso de preparación de la primera reconciliación, debe centrarse en que la celebración del sacramento es un evento eclesiástico, una celebración de la Iglesia. Así como el pecado tiene un efecto negativo en toda la comunidad, también la reconciliación sana, no sólo al pecador, sino también a todo el pueblo de Dios. Por esta razón los niños que son preparados para la Reconciliación se presentan ante la comunidad parroquial durante una Misa de domingo para pedir oración y apoyo.

Momento para celebrar el rito

Se sugiere que el *Rito de preparación* sea celebrado durante una misa regular de un domingo (o sábado en la tarde) después de la primera lección. Esto permite que los niños tengan su libro y que se les haya explicado el rito. Los padres o tutores deben ser personalmente invitados por el catequista a participar.

Es muy importante también hablar con el párroco y el celebrante para decidir en que momento de la Misa tendrá lugar el rito. Un momento apropiado es antes de la bendición final de la Misa. Copia del rito debe ser dada con anticipación al párroco y al celebrante.

Adapte el rito al número de niños y a las posibilidades de la parroquia. Por ejemplo, puede elegir que los padres se sienten directamente detrás de los niños para que la bendición de los padres pueda hacerse fácilmente.

Participación de la comunidad parroquial

Es bueno que el celebrante o el catequista ofrezca, a la asamblea, una pequeña introducción del rito a celebrar una explicación del deseo de los niños de recibir el sacramento, la bendición de los padres y el reconocimiento de la comunidad de su responsabilidad de apoyar y rezar por esos pequeños miembros de la Iglesia.

Participación de los padres y tutores

Sugerimos que a los padres o tutores se les envíe una carta solicitando su participación en el rito. También se les debe llamar por teléfono para recordarles la fecha. Si quiere puede inviarle una copia del rito y pedirle que la lleven a la Misa. Recuerde a las familias pedir a los niños llevar su libro a la Misa también.

Lleve copias extras a la Misa, en caso de que algún niño olvide llevar su libro.

Pida a las familias llegar unos minutos antes de la Misa para que tenga tiempo de sentarlos y revisar el rito.

Preparación de los niños

❖ Lea el rito junto con los niños, explicándoles lo que tendrá lugar. Ayude a los niños a tomar conciencia de su pertenencia a una comunidad parroquial que los quiere apoyar y que reza por ellos.

❖ Ayude a los niños a recortar la figura del "Buen Pastor", que está en la parte atrás del libro. Explíqueles como se usará durante el rito. Sugerimos recoger las figuras y guardarlas para que usted las lleve usted a la Misa.

❖ Ensaye la canción que cantarán durante el rito para que los niños la escuchen y se familiaricen con ella.

❖ Pídale llevar sus libros a la casa y revisar el rito con la familia.

❖ Pida a los niños escribir en sus libros la hora en que la Misa será celebrada.

A Preparation Rite

Purpose

From the very beginning the preparation process for First Reconciliation should be rooted in realization that the celebration of the sacrament is an *ecclesial* event, a celebration of the Church. Just as sin has a harmful effect on the whole community, reconciliation heals not only the sinner but the whole people of God.

For this reason the children preparing to receive Reconciliation come before their parish community at Sunday Mass to ask for prayers and support.

Scheduling the Rite

It is suggested that this *Preparation Rite* be celebrated at a regularly scheduled Sunday liturgy (or Saturday evening) after the first session of preparation. This allows for the children to receive their books and to have the rite explained to them ahead of time. Parents or guardians can be apprised of their part in the rite through a personal invitation from the catechist.

It will be important also to speak to the pastor and the celebrant to decide at which point in the Mass the rite will take place. An appropriate time would be immediately before the final blessing of the Mass. Copies of the rite should be given in advance to the pastor and the celebrant.

Adapt the rite to the number of children involved and to the constraints and possibilities of your parish church. For example, you might choose to seat parents directly behind their child so that the parental blessing may be easily done.

Involvement of the Parish Community

It is appropriate that the presiding priest or the catechist give the assembly a *brief* introduction to the rite—an explanation of the children's desire to receive the sacrament, the parents' blessing of their children, and the community's recognition of its responsibility to support and pray for these young members of the Church.

Parent/Guardian Involvement

We suggest that parents or guardians be sent a letter requesting their participation in the preparation rite. A follow-up reminder call would be helpful as well. You might want to send them a copy of the rite and encourage them to bring it to Mass with them. Remind the families to have the children bring their books to Mass also. Just in case (young children can be notoriously forgetful), have extra copies of the rite on hand at Mass.

Ask the families to come a little early for Mass so that you can arrange seating and go over the rite together.

Preparation with the Children

❖ Read through the rite together, explaining what will take place. Help the children become more aware that they belong to a parish community that wants to support and pray for them.

❖ Help the children cut out the "Jesus the Good Shepherd" figure in the back of their books. Explain how it will be used during the rite. You might want to collect and save all the cutouts until the Mass.

❖ Have the children listen to the song on the cassette or CD, *Songs: First Reconciliation*, and sing along until they are comfortable with it.

❖ Encourage them to bring their books home and go over the rite with the family member(s) who will be with them at Mass.

❖ Have each child write in his or her book the time for the Mass.

1 Siguiendo a Jesús

Referencia para el catequista

Recuerde a los niños la historia de nuestros primeros padres quienes, al desobedecer a Dios, trajeron el pecado al mundo. Este pecado original nos separa a todos de la vida de Dios. Jesucristo nos redimió del pecado por medio de su muerte y resurrección. En el sacramento del Bautismo somos liberados del pecado original y vueltos a la gracia. Sin embargo, Dios nos da libre albedrío y somos libres de escoger el bien o el mal, como lo ilustra Jesús en la historia del padre que perdona.

Al igual que en la historia del padre que perdona, el padre puede rechazar o acoger al hijo desobediente. La decisión del hijo de arrodillarse ante la misericordia de su padre es salvadora. El hijo mayor estaba enojado y se sentía herido, se negó a ir a la fiesta.

Somos formados por las decisiones que tomamos con o sin amor. Sin embargo, es importante recordar que, aún cuando vivimos la Ley de Amor, siempre hay formas de volver a casa. El sacramento de la Reconciliación nos ofrece una oportunidad igual a la dada al hijo pródigo.

Por medio del ministerio de la Iglesia, somos perdonados y se renueva nuestra relación completa con Dios y la comunidad de fe. De acuerdo al *Catecismo de la Iglesia Católica*, "Los niños deben acceder al sacramento de la Penitencia antes de recibir por primera vez la Sagrada Comunión" (1457).

Sugerencias

De antemano prepare el lugar donde el grupo se va a reunir. Prepare un ambiente agradable que invite a rezar. Por ejemplo: prepare un lugar para rezar donde tenga una Biblia abierta, toque música suave cuando los niños estén entrando, exhiba carteles y flores, arregle las sillas en círculo en la parte atrás del aula y las mesas en el frente. Algunas veces ayuda tener un sonido especial, como por ejemplo un campanazo para señalar el momento de la oración.

Para niños con necesidades especiales

Prepare un ambiente de aceptación donde todos los niños se den cuenta de que son especiales.

Necesidades visuales
❖ un cartel con los pasos para tomar buenas decisiones impresos en letras grandes

Necesidades auditivas
❖ audífonos y cintas con las historias bíblicas grabadas

Necesidades motoras y de tacto
❖ compañeros que ayuden a hacer la actividad "Qué es elegir" y a preparar el primer folleto *Preparándome para la Reconciliación*

Recursos

We Celebrate God's Peace (video)
Children of Praise series, vol. 2
Treehaus Communications, Inc.
P. O. Box 249
Loveland, OH 45140–0249
(1-800–638–4287)

Materiales para esta lección

❖ *Songs: First Reconciliation*, cinta o CD de Sadlier

1 Following Jesus

Adult Background

Remind the children of the story of our first parents who disobeyed God and brought sin into the world. This original sin separated all of us from God's life. Jesus Christ redeemed us from sin through his death and resurrection. In the sacrament of Baptism we are freed from original sin and restored to grace. God gives us free will, however, and we have the choice to do what is right or wrong, as Jesus illustrates in the story of the forgiving father.

Likewise in the story of the forgiving father, the father can either reject his wayward son or welcome him home. Love dictates forgiveness. And the son's choice to throw himself on his father's mercy is vindicated. Because the elder son chooses to be angry and self-righteous, he refuses to join the feast.

We are formed by the choices we make for or against love. It is important to remember however, that even when we violate the Law of Love, there is always a way to come home again.

The sacrament of Reconciliation offers us an opportunity like that given to the lost son.

Through the ministry of the Church, we are forgiven and restored to full relationship with God and the faith community. According to the *Catechism of the Catholic Church*, "children must go to the sacrament of Penance before receiving Holy Communion for the first time" (1457).

Preparation Hints

Prepare in advance the place where your group will meet. Make the environment as pleasing, welcoming, and prayerful as possible. Some ways to do this include: preparing a prayer corner with an open Bible, having soft music playing as the children enter, displaying flowers and posters, arranging chairs in a circle in one part of the room and desks or working surfaces in another. Sometimes it helps to have a special sound, such as a chime, to signal a time of prayer.

Special-Needs Child

Provide an atmosphere of acceptance in which all the children can realize how special they are.

Visual Needs
❖ large print chart of steps in making choices

Auditory Needs
❖ headphones, tape recording of the Scripture story

Tactile-Motor Needs
❖ partners to assist in the "What Is a Choice?" activity, and booklet 1

Resources

We Celebrate God's Peace (video)
Children of Praise series, vol. 2
Treehaus Communications, Inc.
P.O. Box 249
Loveland, OH 45140–0249
(1–800–638–4287)

Materials for This Session

❖ Sadlier's *Songs: First Reconciliation* cassette or CD

Planificación de la lección

Introducción ___ minutos

❖ Dé una cálida bienvenida a los niños, llame a cada uno por su nombre. Dé a cada uno un ejemplar del libro *Primera Reconciliación*. Lean juntos el título e invite a los niños a hacer comentarios acerca de la portada.

Pida a los niños abrir el libro en la página 8. Hábleles de las muchas formas en que ellos crecen especialmente en su conocimiento y amor a Dios. Lea los dos primeros párrafos e invite a los niños a hacer la señal de la cruz despacio y con reverencia.

Lea los tres últimos párrafos de la página 8 e invite a los niños a compartir sus ideas. Pídales explicar que decisiones está pensando tomar el niño en la foto. Luego presente la historia bíblica leyendo el último párrafo.

Presentación ___ minutos

❖ Señale la imagen de la vela y la biblia en la página 10. Explique a los niños que esa imagen señala la página donde aparecerá la historia bíblica. Pida a los niños atender para escuchar una historia contada por Jesús. Invite a los niños mirar las ilustraciones en las páginas 11 y 13. Pídales identificar la parte de la historia que se ilustra. Luego discuta las reacciones de los niños haciendo las preguntas al final de la página 12. Ponga énfasis en que Jesús contó la historia

para que la gente entendiera la grandeza del amor perdonador de Dios.

❖ Hable con los niños sobre tomar decisiones. Explique que podemos tomar buenas y malas decisiones. Dígales que Jesús nos mostró como tomar buenas decisiones. Lea en voz alta los tres primeros párrafos de la página 14.

Escriba en la pizarra las palabras, *elegir, error y accidente*. Ayude a los niños a entender la diferencia entre elección libre, accidente y error.

Algunos ejemplos de accidentes son: derramar la leche en el piso, romper una ventana mientras se juega a la pelota. Ayude a los niños a ver que esas cosas son *accidentes*. No fueron hechas a propósito.

Algunos ejemplos de errores son: tomar la caja de lápices de colores de otro compañero creyendo que es la propia; no hacer la tarea porque se olvidó el libro en la escuela. Ayude a los niños a ver que esas cosas son *errores*. No fueron hechas a propósito.

❖ Revise los conceptos de error y accidente leyendo el cuarto párrafo. Haga la pregunta al final de la página. Revise los pasos para tomar buenas decisiones en la página 16.

Pida a los niños identificar las elecciones hechas en cada ilustración.

Conclusión ___ minutos

❖ Ayude a los niños a recordar la diferencia entre una mala decisión tomada libremente y un error o un accidente mientras lee los ejemplos en la página 18. Luego pida a los niños hacer la actividad en parejas.

❖ Pida a los niños llevar su libro a la casa y compartir la página 19 con la familia así como el folleto número uno *Preparándome para la Reconciliación*. Anime a los niños a que hagan la actividad *En la casa* y el folleto con sus familias.

❖ Pida a los niños pensar en alguien que puede ser un compañero de oración para ellos. Pídale completar la invitación en las páginas 99–100.

Plan for the Session

Beginning ___ min.

❖ Greet the children warmly, calling each one by name. Give each child a copy of *Primera Reconciliación*. Read the title together and invite comments about the front cover.

Have the children open their books to page 9. Talk about the many ways in which the children are growing—especially in their knowledge and love of God. Read the first two paragraphs and invite the children to share their responses. Continue the reading and invite them to make the sign of the cross slowly and reverently.

Read the next three paragraphs on page 9 and invite the children to share their ideas. Ask them to explain what choice the boy in the picture is thinking about. Then introduce the Bible story by reading the last paragraph.

Middle ___ min.

❖ Point out the image of the candle and Bible on page 10. Tell the children that this image marks the Scripture story page. Have the children gather to listen to a wonderful story that Jesus told. Call attention to the illustration on page 11. Begin reading the story and invite the children to tell what might happen next. Continue reading the story on page 12. Ask the children to explain what is happening in the illustration on page 13. Then discuss the children's reactions to the story by asking the questions at the bottom of the page. Emphasize that Jesus told the story so that people would understand the greatness of God's forgiving love for us.

❖ Talk together with the children about making choices. Explain that we can make good choices or bad choices. Then tell the children that Jesus showed us how to make good choices. Read the first three paragraphs on page 15.

Display the words *choice, mistake,* and *accident*. Help the children to understand the difference between a free choice and an accident or mistake.

Some examples of accidents: spilling milk on the floor; breaking a window while playing ball. Help the children to see that such things are *accidents*. They were not chosen on purpose.

Some examples of mistakes: picking up someone's box of crayons thinking they were yours; not doing homework because the book was left at school. Help the children see that such things are *mistakes*. They were not done on purpose.

❖ Review the concepts of mistakes and accidents by reading the fourth paragraph. Ask the questions at the end of the page. Have the children identify the choice being made in the pictures. Then go over the steps for making loving choices on page 17.

End ___ min.

❖ Help the children recall the difference between a deliberate wrong choice and a mistake or an accident by reading over the case studies on page 18. Then divide the group into pairs to work on the activity.

❖ Have the children take home their books to share the family activity on page 19 and booklet 1 on page 81.

❖ Ask the children to think of someone who might be a prayer partner to them. Have them complete *Compañeros de oración*, the prayer partner invitation (Spanish only) on pages 99–100.

2 Cumpliendo la ley de Dios

Referencia para el catequista

La persona que elige actuar de forma inmoral muestra que está temporalmente "sorda como una piedra". Cuando estudiamos la raíz latina de la palabra "obediencia" notamos que significa "escuchar". Mostramos que hemos escuchado los mandamientos de Dios cuando respondemos a ellos con activa a amorosa conformidad. Escuchar, entonces, dirige a la felicidad de vivir en armonía con la voluntad de Dios.

Al revelar los Diez Mandamientos a Moisés, en el Monte Sinaí, Dios claramente marca una ruta para la vida. Los que se mantienen en esa ruta caminan en libertad. Los enredos del pecado (idolatría, falta de respeto a Dios y a los demás, enojo, infidelidad, avaricia) no pueden desatarlos. Cuando un joven rico preguntó a Jesús cómo ganar la vida eterna, él le respondió: "Si quieres entrar a la vida, cumple los mandamientos" (Mateo 19:17).

Jesús vino a cumplir el Espíritu de la ley. Para él, todos los mandamientos se resumen en lo siguiente: "Amarás al Señor, tu Dios, con todo tu corazón, con toda tu alma y con toda tu mente. Amarás al prójimo como a ti mismo" (Mateo 22:37, 39).

Felices seremos cuando nuestros oídos se abran a esos mandamientos. Felices los niños con quienes compartimos el verdadero significado de la obediencia.

Sugerencias

En esta lección los mandamientos son enseñados como reglas positivas que nos guían para tomar decisiones correctamente. Familiarice a los niños con formas específicas de cumplir esos mandamientos. Explíqueles que las leyes de Dios son para nuestro beneficio y felicidad, no sólo a nivel individual sino también en nuestra comunidad. Cuando se quebrantan todos somos perjudicados. Mientras anima a los niños a tomar decisiones correctamente, asegúrese de que entienden que Dios nunca deja de amarnos, aun cuando tomemos una mala decisión.

Para niños con necesidades especiales

Trate a los niños con necesidades especiales de la misma forma que trata a los demás. Espere el mismo comportamiento.

Necesidades visuales
❖ siéntelos en un lugar de preferencia, actividades escritas en letras grandes

Necesidades auditivas
❖ audífonos, cinta con las historias bíblicas grabadas

Necesidades motoras y de tacto
❖ compañeros que ayuden a recortar los grabados

Recursos

Listen to the Maker Commandments in General (video)
Sacred Heart Kids' Club series
Don Bosco Multimedia
475 North Avenue, P.O. Box T
New Rochelle, NY 10802–0845
(1–800–342–5850)

God's Rules for Me (video)
St. Paul Books and Media
50 St. Paul's Avenue
Boston, MA 02130
(1–800–876–4463)

Materiales para esta lección

❖ *Songs: First Reconciliation*, cinta o CD de Sadlier

2 Following God's Law

Adult Background

The person who chooses to act immorally reveals that he or she is temporarily "stone deaf." When we look at the Latin roots of the word "obedience," we are reminded that it means "to hear." We show that we have heard God's commands by responding to them with loving and active compliance. Hearing, then, leads to the happiness of living in harmony with God's will.

By revealing the Ten Commandments to Moses on Mount Sinai, God clearly marked out a path of life. Those who remain on the path walk in freedom. The snares of sin (idolatry, disrespect for God or others, anger, infidelity, greed) cannot entangle them. When a rich young man asked Jesus how to gain eternal life, the Teacher responded, "If you wish to enter into life, keep the commandments" (Matthew 19:17).

Jesus came to fulfill the spirit of the Law. For Him, all the commandments are summed up as follows: "You shall love the Lord, your God, with all your heart, with all your soul, and with all your mind. You shall love your neighbor as yourself" (Matthew 22:37, 39).

Happy are we when our ears are open to these commands. And happy are those children with whom we share the true meaning of obedience.

Preparation Hints

In this session the commandments are taught as positive rules that guide us in making right choices. Familiarize the children with specific ways of carrying out these commandments in their own lives. Explain to them that God's laws are for our well-being and happiness—not just as individuals but as a whole community. Therefore, when God's laws are broken, all of us are hurt. While encouraging them to make right decisions, be sure the children understand that God never stops loving them, even when they have made bad choices.

Special-Needs Child

Treat mainstreamed children the same as other children. Expect the same standards of behavior.

Visual Needs
❖ preferential seating; closing activity in large type

Auditory Needs
❖ tape of Scripture story; headphones

Tactile-Motor Needs
❖ peer helper for cutout activity

Resources

Listen to the Maker Commandments in General (video)
Sacred Heart Kids' Club series
Don Bosco Multimedia
475 North Avenue, P.O. Box T
New Rochelle, NY 10802–0845
(1–800–342–5850)

God's Rules for Me (video)
St. Paul Books and Media
50 St. Paul's Avenue
Boston, MA 02130
(1–800–876–4463)

Materials for This Session

❖ Sadlier's *Songs: First Reconciliation* cassette or CD

Planificación de la lección

Introducción ___ minutos

❖ Con reverencia, haga junto con los niños, la señal de la cruz.

❖ Pida a los niños decidir si las siguientes "leyes" ayudan o no:

• Jugar en los rieles del tren.

• Ir a la cama después de media noche.

• Mirar a ambos lados antes de cruzar la calle.

Revise esas "leyes" con los niños. Invítelos a responder las preguntas en la página 20. Juntos lean las seis situaciones imaginarias y compartan sus reacciones. En grupo discutan la actividad en la segunda columna de la página 20. Pida a los niños compartir varias reglas que pueden aparecer en las señales. Haga una lista de esas reglas. Luego pida a cada niño elegir una regla de la lista y escribirla en la ilustración apropiada.

Lea el párrafo sobre las leyes de Dios. Haga notar que Dios nos ha dado esas leyes para nuestra seguridad y felicidad. Invite a los niños a, juntos, rezar la oración.

Presentación ___ minutos

❖ Haga la pregunta que se encuentra al principio de la página 22 y dé tiempo para que los niños respondan. Invite a los niños a mirar la ilustración en la página 23 mientras escuchan la historia bíblica. Pregunte por qué creen que la ley de amar a Dios y a los demás es la más importante de todas las leyes.

Pida a los niños leer la Ley del Amor varias veces para que la aprendan de memoria.

❖ Empiece a hablar de los Diez Mandamientos leyendo los dos primeros párrafos en la página 24. Ponga énfasis en que estos mandamientos son las leyes que Dios dio a su pueblo para ayudarle a amar a Dios y a los demás.

Presente el concepto *pecado* leyendo el resto de la página. Para repasar el material pregunte: "¿Deja Dios de amarnos cuando pecamos? ¿Cuándo Dios nos perdona?"

❖ Revise los Diez Mandamientos en la página 26. Aquí los mandamientos se expresan en lenguaje simple para ayudar a los niños a entender como estos mandamientos afectan sus vidas. Si el tiempo lo permite, pida a los niños dar ejemplos de como podemos cumplir los mandamientos. (Las fotografías en las páginas 24–25 ilustran algunos ejemplos).

❖ Cante con los niños la canción "Yo tengo un amigo" que se encuentra al final de libro. Si quiere puede usarla en la celebración de la Primera Reconciliación.

Conclusión ___ minutos

❖ Pida a los niños recordar la mayor cantidad de mandamientos que puedan. Pídale ver la página 26 para ayudarles a recordar. Luego lean juntos los mandamientos.

Revise las instrucciones para realizar la actividad en la página 28. Haga la primera frase con el grupo y luego deje a los niños explicar sus elecciones. Dé tiempo para que los niños terminen la actividad. Cuando terminen pida a algunos compartir voluntariamente sus respuestas. Si quiere puede hacer de esta una actividad en grupo. Pida a los niños hacer una máscara con un plato de papel. Pídales mostrar el lado feliz o triste a medida que contestan.

❖ Pida a los niños hacer un círculo para orar y que tengan sus libros con ellos. Prepare de antemano a los niños que van a leer cada mandamiento. Pida al grupo responder con reverencia y oración.

❖ Pida a los niños llevar sus libros a la casa para compartir con la familia la página 29 y el folleto número dos *Preparándome para la Reconciliación.* Anime a los niños a hacer la actividad *En la casa* y el folleto con sus familias.

Plan for the Session

Beginning ___ min.

❖ Make the sign of the cross prayerfully with the children.

❖ Ask the children to decide if the following "laws" are helpful or not:

• Play on the railroad tracks.

• Do not go to bed before midnight.

• Look both ways before crossing the street.

Go over these "laws," with the children. Then invite reponses to the opening three questions on page 21. Read together the six imaginary situations and share reactions. As a group, discuss the activity. Have the children share various rules that could appear on the signs. List these rules. Then have each child choose a rule from the list and write it next to the appropriate picture.

Read the paragraph about God's laws. Emphasize that God's laws are given to us for our safety and happiness. Invite the children to pray the prayer together.

Middle ___ min.

❖ Ask the questions at the top of page 22 and allow time for the children to respond. Invite the children to look at the picture on page 23 as they listen to the Scripture story. Ask them why they think the law to love God and others is the greatest law of all.

Have the children then read the Law of Love several times to help them learn it by heart.

❖ Introduce the Ten Commandments by reading the first two paragraphs on page 25. Emphasize that these commandments are the laws God gave His people to help them love God and one another.

Introduce the word *sin* by reading the rest of the page. Review the children's understanding of the material by asking: "Does God stop loving us when we sin? When does God forgive us?"

❖ Go over the paraphrasing of the Ten Commandments on page 27. The commandments are expressed here in simple language to help the children understand how they affect their lives. If time allows, ask the children to provide examples of how we can keep each commandment. (The pictures on pages 24–25 illustrate some examples.)

End ___ min.

❖ Ask the children to recall as many commandments as they can. Have them look at page 27 for help. Then read the commandments together.

Go over the directions for the activity on page 28. Do the first sentence as a group and have the children explain their choices. Allow time for the children to complete the activity. Then, when all have finished, invite volunteers to share their responses. You might want to make this a group activity. Have the children make a face mask out of a paper plate. Have them show the happy or sad side as their response.

❖ Invite the children to bring their books to the prayer circle. Prepare in advance the children who will read each commandment. Encourage the group to respond reverently in prayer.

❖ Have the children take home their books to share the family activity on page 29 and booklet 2 on page 83.

3 Arrepentidos y perdonados

Referencia para el catequista

La palabra "contrición" se deriva del latín y significa "espíritu roto". Podemos experimentar esta gracia que trae el arrepentimiento de nuestros pecados como la suavización del corazón o el freno de una voluntad testaruda. Como ligera lluvia sobre la tierra, la contrición repone el proceso de crecimiento espiritual. Es el primer paso en la preparación para el sacramento de Reconciliación.

La contrición es nuestra respuesta a la invitación inicial de Jesús en el Evangelio de Marcos: "Arrepiéntanse y crean en el evangelio" (1:15). Nos ayuda a reconocer que la gracia de Dios es mayor que nuestros pecados. Abre nuestros corazones a la sinceridad y la verdad en que se basa la santidad.

El sacramento de la Reconciliación nos ofrece efectos maravillosos:

• reconciliación con Dios y la Iglesia

• perdón del castigo eterno

• paz y gozo interior

• aumento de la fortaleza espiritual. (Ver *Catecismo de la Iglesia Católica,* 1496.)

Sugerencias

Esta lección enseña la importancia de expresar arrepentimiento por nuestros pecados, a Dios y a aquellos a quienes nuestros pecados han herido. Para algunos niños es más difícil expresar arrepentimientos que para otros. Refuerce en los niños como expresar arrepentimiento dramatizando la historia de la mujer pecadora en la casa de Simón. La representación puede hacerse con títeres u otra forma artística o musical. Dirija a los niños a ver que expresar arrepentimiento por las cosas malas que hemos hecho nos trae paz.

Para niños con necesidades especiales

Asigne un niño que acepte las diferencias de los niños especiales para que los ayude a realizar sus actividades.

Necesidades visuales
❖ cintas grabadas con la historia bíblica y el Acto de Contrición

Necesidades auditivas
❖ siéntelos en un lugar preferencial

Necesidades motoras y de tacto
❖ las palabras del Acto de Contrición pegadas al escritorio del niño

Recursos

Joey (video)
St. Paul Books and Media
50 St. Paul's Avenue
Boston, MA 02130
(1–800–876–4463)

Jesus Heals (video)
Jesus Stories series
EcuFilm
810 Twelfth Ave. So.
Nashville, TN 37203
(1–615–242–6277)

Materiales para esta lección

❖ *Songs: First Reconciliation,* cinta o CD de Sadlier

3 Being Sorry, Being Forgiven

Adult Background

The word *contrition* comes from the Latin for "broken in spirit." We may experience this grace-prompted remorse for our sins as a softening of the heart or a breaking of stubborn willfulness. Like a gentle shower on parched earth, contrition restores the process of spiritual growth. It is the first step in preparing for sacramental Reconciliation.

Contrition is our response to the initial invitation of Jesus in Mark's good news: "Repent, and believe in the gospel" (1:15). It enables us to recognize that God's grace is greater than our sinfulness. It opens our hearts to the sincerity and truth in which holiness is rooted.

The sacrament of Reconciliation brings about in us wonderful effects:

• reconciliation with God and the Church

• remission of eternal punishment incurred by mortal sin

• peace of conscience; interior joy

• increase of spiritual strength. (See *Catechism*, 1496.)

Preparation Hints

This session focuses on the importance of expressing sorrow for our sins—to God and to those whom our sins have hurt. Some children may find it more difficult than others to express sorrow. Encourage this expression by the dramatization of the story of the woman in Simon's house, creative play with puppets, or the use of some other artistic or musical medium. Lead the children to see that expressing sorrow for something wrong we have done brings us peace.

Special-Needs Child

Assign to the special-needs child a partner who is accepting of differences and can help the special-needs child with activities.

Visual Needs
❖ recordings of Scripture story and Act of Contrition

Auditory Needs
❖ preferential seating

Tactile-Motor Needs
❖ Act of Contrition taped to desk

Resources

Joey (video)
St. Paul Books and Media
50 St. Paul's Avenue
Boston, MA 02130
(1–800–876–4463)

Jesus Heals (video)
Jesus Stories series
EcuFilm
810 Twelfth Ave. So.
Nashville, TN 37203
(1–615–242–6277)

Materials for This Session

❖ Sadlier's *Songs*: *First Reconciliation* cassette or CD

Planificación de la lección

Introducción ___ minutos

❖ Reúna a los niños para orar. Pídales repetir esta oración después de usted:

✝ Jesús, cuando hacemos algo malo, enséñanos a arrepentirnos sinceramente.

❖ Explique a los niños que van a terminar algunas historias en la página 30. Lea la primera historia y discuta como esta puede terminar en perdón. Escriba las ideas de los niños y pídale elegir un final para escribir en sus libros. Haga lo mismo con las otras historias.

❖ Haga la pregunta al final de la página 30. Refuerce que decir "lo siento" es algo importante que tenemos que hacer, pero más importante es mostrar que estamos arrepentidos. Pida a los niños sugerir formas para mostrar arrepentimiento.

Presentación ___ minutos

❖ Inicie esta sesión leyendo el primer párrafo de la historia bíblica en la página 32. Explique que, en los tiempos de Jesús, en Palestina las calles no tenían pavimento. Los pies de la gente se empolvaban mucho y el lavar los pies de un invitado era una señal de hospitalidad.

Lea la historia e invite a los niños a examinar la ilustración en la página 33.

Revise la historia haciendo estas preguntas u otras similares: ¿Dio Simón una buena bienvenida a Jesús? ¿Por qué? ¿Por qué no? ¿Qué dijo Simón de la mujer? ¿Cómo le contestó Jesús?

Lea la historia de nuevo y pida voluntarios para representar los diferentes personajes. Pida al grupo compartir las respuestas dadas en la página 35.

❖ Lea los dos primeros párrafos en la página 36. Haga notar que Jesús perdonó a la mujer no sólo porque ella *dijo* lo siento sino porque también lo *demostró*. Escriba en la pizarra la palabra *reconciliación* y pida a los niños buscar el significado en el párrafo. Pregunte a los niños cómo las ilustraciones en las páginas 36–37 muestran reconciliación.

Lea los dos párrafos finales, pida a los niños estar atentos para escuchar el significado de la palabra *contrición*.

❖ Revise una por una las partes del Acto de Contrición en la página 38. Pida a los niños ver que el significado de cada una de las partes está resumida en la columna de la derecha. Pida a los niños recitar juntos la oración varias veces. Explíqueles la importancia de aprenderlo de memoria.

❖ Cante con los niños una canción.

Conclusión ___ minutos

❖ Pida a los niños trabajar en pareja para explicar lo que pasa en la reconciliación. Asegúrese de que incluyen los puntos importantes del cuarto párrafo de la página 36.

❖ Reúna a los niños para orar. Lea despacio todas las preguntas en la página 40 e invite a los niños a reflexionar en ellas. Es importante respetar su privacidad, así que no les pida compartir las respuestas. Anime a los niños a prometer pedir perdón o perdonar a esa persona.

Revise con los niños las palabras de la oración. Récenla juntos.

❖ Pida a los niños llevar el libro a la casa y compartir con la familia la página 41 y el folleto número tres *Preparándome para la Reconciliación.*

Plan for the Session

Beginning ___ min.

❖ Gather the children for prayer. Have the children repeat this prayer after you:

✝ Jesus, when we have done wrong, teach us how to be truly sorry.

❖ Explain to the children that they are going to finish some stories on page 31. Read the first story and discuss how the story might end in forgiveness. List the children's ideas and have them choose an ending to write in their books. Do the same with the other story.

❖ Ask the closing question on page 31. Stress that saying "I'm sorry" is an important thing to do; even more important is to *show* we are sorry. Ask the children to suggest ways to do this.

Middle ___ min.

❖ Introduce the Scripture story by reading the first paragraph on page 32. Explain that in Palestine in Jesus' time, there were no paved roads. People's feet would get very dusty, so washing a guest's feet was a very hospitable thing to do.

Read the story on pages 32 and 34 and invite the children to examine the illustration on page 33. Review the story through these or similar questions: Did Simon welcome Jesus properly? Why or why not? What did Simon say about the woman? How did Jesus answer him?

Read the story again and have volunteers take the parts of Simon, Jesus, and the woman. Then ask the closing questions on page 34. Have the children share their responses to the activity, "Forgiveness in Action" on page 35.

❖ Read the first two paragraphs on page 37. Point out that Jesus forgave the woman because she didn't just *say* she was sorry, she *showed* it. Display the word *reconciliation* and have the children find the meaning of this word in the next paragraph. Ask the children to tell how the pictures on pages 36–37 illustrate being reconciled.

Read the final two paragraphs asking the children to listen for the meaning of *contrition*.

❖ Go over, part by part, the Act of Contrition on page 39. Have the children note how the meaning of each part is summarized in the right-hand column. Have the children say the prayer several times together. Tell them that it is important to learn the prayer by heart.

End ___ min.

❖ Have the children work with a partner to explain what happens in Reconciliation. Make sure they include the important points from paragraph four on page 37.

❖ Gather the children in a prayer circle. Read each question on page 40 slowly and invite the children to reflect quietly. It is important to respect their privacy, so do not call for shared responses. Encourage them to make a promise to ask (or to give) forgiveness of this person soon.

Go over the words of the prayer with the children. Then invite them to pray it together.

❖ Have the children take home their books to share the family activity on page 41 and booklet 3 on page 85.

4 Examen de conciencia

Referencia para el catequista

En los muñequitos, la conciencia es generalmente mostrada como un *ego alterno* que pelea contra las tácticas del demonio. Cuando el *ego alterno* dice no a la tentación, la conciencia gana otra batalla en la lucha diaria de dar cuenta a Dios por nuestras actitudes y acciones.

La conciencia en la Biblia es visualizada como el "corazón". El salmista reza: "Ponme a prueba y conoce lo que siento. Fíjate si es que voy por mal camino" (Salmo 139:23, 24). Para saber si nuestros caminos están equivocados, iniciamos un proceso de discernimiento conocido como examen de conciencia. Al escuchar la voz de Dios dentro de nosotros, nos damos cuenta de que tan fieles hemos sido a lo que nos ha dictado nuestra conciencia, a la palabra de Dios y a las enseñanzas de la Iglesia. Pecado es rechazar escuchar la conciencia y fallar en amar.

Dios tiene muchas formas de probar nuestros corazones. Podemos reflexionar en la palabra de Dios en la liturgia, peguntándonos: ¿He vivido estas palabras? ¿Me revelan estas palabras cualquier actitud o hábito pecaminoso que he dejado de examinar?

Los niños pueden examinar sus corazones preguntándose: ¿Cómo he mostrado mi amor por Dios y por los demás? ¿Cómo he fallado en demostrar ese amor? (dejando de rezar, faltando el respeto o desobedeciendo, negándome a cooperar con otros)

Sugerencias

Ayude a los niños a entender que el examen de conciencia es una forma de crecer en nuestra relación con Dios. No es sólo una preparación para la Reconciliación; puede ser parte de nuestra vida diaria. Ayúdelos a ver que Jesús quiere que seamos mejores cada día, que descubramos que necesitamos cambiar para seguirle más de cerca.

Tome tiempo para escuchar los comentarios y respuestas de los niños. Así puede ver quien necesita ayuda y ver las consecuencias de sus palabras y acciones y el valor de reconocer las elecciones equivocadas y estar arrepentido.

Para niños con necesidades especiales

Cuando trabaje con niños con necesidades especiales, refuerce sus puntos fuertes y ayúdeles a ver sus limitaciones en forma realista.

Necesidades visuales
❖ escriba con letras grandes las preguntas de la página 48

Necesidades auditivas
❖ audífonos para escuchar la música

Necesidades motoras y de tacto
❖ pegue las preguntas del examen de conciencia a los escritorios

Recursos

Skateboard (video)
Mass Media Ministries
2116 North Charles Street
Baltimore, MD 21218
(1–800–828–8825)

Keep Love Alive (video)
Sacred Heart Kids' Club, series III
Don Bosco Multimedia
475 North Avenue, P.O. Box T
New Rochelle, NY 10802–0845
(1–800–342–5850)

Materiales para esta lección

❖ *Songs: First Reconciliation*, cinta o CD de Sadlier

4 Examination of Conscience

Adult Background

In cartoons conscience is often depicted as a highly moral *alter ego* who contends against the devil's high-pressure sales tactics. When the *alter ego* says no to temptation, conscience wins another battle in the lifelong struggle to be accountable to God for our attitudes and actions.

Conscience in the Bible is visualized as "heart." The psalmist prays: "Probe me, God, know my heart. . . . See if my way is crooked" (Psalm 139:23, 24). To discover whether our way is crooked, we undertake a process of discernment known as an examination of conscience. Listening to the voice of God within us, we explore how faithful we have been to the dictates of our conscience, to the word of God, and to the teaching of the Church. Sin is a refusal to listen to a right conscience, and a failure to love.

God has many ways of probing our hearts. We can reflect on God's word in the liturgy, asking ourselves: How have I lived or failed to live this word? Does

it reveal any sinful attitudes or habits I may have overlooked in the past?

Children can examine their hearts by asking: How have I shown my love for God and others? How have I failed to show love? (not praying, being disrespectful or dishonest, refusing to cooperate with others)

Preparation Hints

Help the children to understand that examination of conscience is a way of growing in our friendship with God. It is not just a preparation for Reconciliation; it should also be a part of our daily lives. Help them to see that Jesus wants us to do better each day, to discover what we need to change in order to follow Him more closely.

Take time to listen to the comments and responses of the children. In this way you will discover who needs help in discerning the consequences of their words and actions, and the value there is in recognizing and being sorry for unloving choices.

Special-Needs Child

When working with mainstreamed children, stress their strengths and help them assess their limitations realistically.

Visual Needs
❖ enlargement of questions on page 49

Auditory Needs
❖ headphones for music

Tactile-Motor Needs
❖ examination of conscience questions taped to desk

Resources

Skateboard (video)
Mass Media Ministries
2116 North Charles Street
Baltimore, MD 21218
(1–800–828–8825)

Keep Love Alive (video)
Sacred Heart Kids' Club, series III
Don Bosco Multimedia
475 North Avenue, P.O. Box T
New Rochelle, NY 10802–0845
(1–800–342–5850)

Materials for This Session

❖ Sadlier's *Songs: First Reconciliation* cassette or CD

Planificación de la lección

Introducción ___ minutos

❖ Empiece la lección diciendo a los niños que Dios nos ama a todos y quiere que nos amemos unos a otros. Revise las instrucciones para la actividad inicial. Luego canten una canción.

❖ Lea la página 42. Discuta las respuestas del grupo sobre las formas de tomar buenas decisiones. Luego anime a cada niño a hacer y compartir una oración al Espíritu Santo pidiendo que los guíe. Lea el último párrafo para presentar la historia bíblica.

Presentación ___ minutos

❖ Pregunte a los niños quién es y que hace un pastor. Explique que el trabajo de un pastor es proteger y cuidar de las ovejas. Pregúnteles: "¿Qué harían si tienen cien ovejas y una de ellas se pierde?"

❖ Invite a los niños a mirar la ilustración en la página 45 mientras lee la historia bíblica. Haga notar que el pastor está lleno de gozo porque encontró a la oveja perdida. Explique que Jesús nos dice que él se alegra profundamente cuando alguien que ha hecho algo malo se arrepiente.

❖ Lea los primeros dos párrafos de la página 46. Explique la palabra *conciencia.* Puntualice que a diferencia de la oveja, nosotros tenemos la habilidad de saber lo que está mal y lo que está bien. Pida voluntarios para hablar de momentos, en sus propias vidas, cuando se dieron cuenta de que estaban actuando bien o mal.

❖ Lea los próximos dos párrafos para explicar el *examen de conciencia.* Explique que cuando "examinamos" algo lo miramos cuidadosamente. Cuando examinamos nuestra conciencia pensamos con cuidado sobre nuestras elecciones. Los niños a esta edad pueden preguntarse simplemente las cosas que han hecho mal y las buenas cosas que dejaron de hacer. Puntualice que podemos preguntarnos a nosotros mismos si hemos vivido como Jesús quiere.

❖ Revise las preguntas sugeridas en la página 48 (basadas en los Diez Mandamientos) para ayudar a los niños a examinar sus elecciones. Invítelos a pedir al Espíritu Santo que los ayude. Luego, despacio, lea cada pregunta, dé tiempo para la reflexión personal después de cada una. Nota: estas preguntas deben ser contestadas en silencio, y sus respuestas no deben compartirse con los demás.

Anime a los niños a usar esta página para examinar sus conciencias cuando se estén preparando para el sacramento de la Reconciliación.

En este momento puede llamar la atención de los niños a las páginas 95–96. Explique a los niños que esas oraciones son para que ellos las recen todos los días.

Conclusión ___ minutos

❖ Invite a los niños a hacer una dramatización de la historia de la Oveja Perdida. Guíe la dramatización usando las direcciones y preguntas en el primer párrafo de la página 50.

❖ Revisen las palabras de la oración. Discuta la relación de esta oración con la historia bíblica. Revise las palabras y luego canten juntos para terminar la lección.

❖ Pida a los niños llevar el libro a la casa y compartir con la familia el folleto número cuatro *Preparándome para la Reconciliación* y la activdad *En la casa.*

Plan for the Session

Beginning ___ min.

❖ Begin the session by telling the children that God loves all of us and asks us to welcome and love one another. Go over the directions for the opening activity on page 43. Introduce the melody and words of the song. Gather the children in a "love ring" to do the activity. Then discuss with the group the paragraph that follows the song.

❖ Continue the reading on page 43. Discuss the group's responses to the questions about ways to make good choices. Then encourage each child to make up a prayer to the Holy Spirit for guidance, and to share it. Read the last paragraph to introduce the Scripture story.

Middle ___ min.

❖ Ask the children what a shepherd is and does. Stress that a shepherd's work is to protect and care for the sheep. Then ask: "What if you had one hundred sheep and one of them was lost, what would you do?"

❖ Invite the children to look at the picture on page 45 as you read the Scripture story. Point out that the shepherd is full of joy because he has found the lost sheep. Stress that Jesus tells us He is full of joy when someone who has done wrong is truly sorry.

❖ Read the first two paragraphs on page 47. Introduce the word *conscience*. Point out that, unlike sheep, we have the ability to know right from wrong. Invite volunteers to tell of times in their own lives when they knew what was right and what was wrong.

❖ Read the next two paragraphs introducing *examination of conscience*. Explain that when we "examine" something we look at it carefully. When we examine our consciences we think carefully about our choices. Children at this age should simply ask themselves about the things they have done wrong and the good things they could have done, but did not. Point out that we should ask ourselves if we have been living as Jesus wants.

❖ Go over the suggested questions on page 49 (based on the Ten Commandments) to help the children examine their choices. Invite them to ask the Holy Spirit to help them. Then slowly read each question, allowing time for personal reflection after each one. Note: these questions are to be answered silently, and are not to be shared aloud.

Encourage the children to use this page to examine their consciences as their immediate preparation for the sacrament of Reconciliation.

You might wish at this time to call the children's attention to pages 95–96. Point out the prayers are in Spanish and encourage the children to pray them each day.

End ___ min.

❖ Invite the children to act out the story of the lost sheep. Guide the dramatization by using the direction and question in the first paragraph on page 50.

❖ Go over the words of the prayer. Discuss the relationship of this prayer with the Bible story. Then pray it together to end the session.

❖ Have the children take home their books to share the family activity on page 51 and booklet 4 on page 87.

Punto de referencia *Catecismo de la Iglesia Católica* ❖1443, 1456, 1458, 1495

5 Celebrando la Reconciliación

Referencia para el catequista

Reconciliación es un sacramento de muchos nombres. Cada uno de ellos contribuye a nuestra comprensión de este encuentro sanador con el divino médico. La Iglesia lo llama el sacramento de:

• la Penitencia (arrepentimiento y reparación de los pecados);

• conversión (vuelta al Padre);

• confesión (declaración de nuestros pecados);

• perdón (absolución);

• Reconciliación (amor de Dios que reconcilia).

(Ver el *Catecismo de la Iglesia Católica* 1423–1424).

Los beneficios de este sacramento son muchos: renueva las fuerzas del espíritu, perdona los pecados, da paz y consuelo interior, reúne con Cristo y con su Iglesia. Los que celebran la Reconciliación con corazón sincero sienten el gozo del paralítico a quien Jesús le dijo: "Ten confianza. Hijo tus pecados te son perdonados" (Mateo 9:2).

En el sacramento de la Reconciliación confesamos nuestros pecados al sacerdote quien recibió la autorización de perdonar los pecados en nombre de Jesucristo durante su ordenación.

Por nuestro deseo y preparación para la Reconciliación, podemos animar a los niños a desear este gozoso encuentro con Jesús. En él Jesús nos da su paz y nos hace embajadores de su paz.

Sugerencias

Para calmar cualquier preocupación que los niños puedan tener en relación a la celebración del rito individual, prepare una visita al lugar de reconciliación de la parroquia. Invite a los padres a participar de esta visita. Para estar seguro de que el lugar este dispuesto correctamente debe visitarlo de antemano.

Es importante recordar que aun en el rito comunitario de la Reconciliación la confesión es necesaria.

Para niños con necesidades especiales

Cuando seleccione las parejas para las actividades, asigne un niño con impedimentos a otro niño que sea capaz de aceptar las diferencias y quiera ayudar.

Necesidades visuales
❖ ampliación de la representación bíblica

Necesidades auditivas
❖ audífonos para escuchar la música

Necesidades motoras y de tacto
❖ escribir en letras grandes *Reconciliación, confesión y absolución*

Recursos

First Reconciliation (video)
St. Anthony Messenger and Franciscan Communications
1615 Republic Street
Cincinnati, OH 45210
(1–800–488–0488)

Materiales para esta lección

❖ Songs: *First Reconciliation*, cinta o CD de Sadlier

5 Celebrating Reconciliation

Adult Background

It is the sacrament of many names. Yet each name contributes to our understanding of this healing encounter with the divine Physician. The Church calls it the sacrament of:

- Penance (repentance and satisfaction for sin);
- conversion (turning back to God);
- confession (confronting our sin);
- forgiveness (absolution);
- Reconciliation (healing and restoring relationships).

(See *Catechism of the Catholic Church*, 1423–1424.)

The benefits of the sacrament are many: renewed spiritual strength, remission of sin, interior peace and consolation, unity with Christ and His Church. For those who celebrate Reconciliation with sincere hearts, there is the great joy of the paralytic to whom Jesus said, "Courage, child, your sins are forgiven" (Matthew 9:2).

In the sacrament of Reconciliation we confess our sins to the priest who receives the authority at his ordination to forgive sins in the name of Christ.

By our own eager and prayerful preparation for Reconciliation, we encourage children to desire this joyful encounter with Jesus. In it He gives us His peace and makes us His ambassadors of peace to others.

Preparation Hints

To allay any worries the children might have regarding the celebration of the individual rite, plan a visit to the reconciliation room in the parish church. Invite the parents to be part of this visit. To make sure the room is arranged correctly, you may need to check it in advance.

It is important to remember that even in the Communal Rite of Reconciliation, individual confession is necessary.

Special-Needs Child

When pairing the group members for activities, assign the mainstreamed children a partner who is accepting of differences and a capable helper.

Visual Needs
❖ enlarged copies of the gospel play

Auditory Needs
❖ headphones for music

Tactile-Motor Needs
❖ large word cards for *Reconciliation, confession,* and *absolution*

Resources

First Reconciliation (video)
St. Anthony Messenger and Franciscan Communications
1615 Republic Street
Cincinnati, OH 45210
(1–800–488–0488)

Materials for This Session

❖ Sadlier's *Songs: First Reconciliation* cassette or CD

Planificación de la lección

Introducción ___ minutos

❖ Esta lección se inicia con la dramatización de una historia bíblica (páginas 52–54). Explique que en los tiempos de Jesús muchos recaudadores de impuestos no eran honestos.

Luego asigne las diferentes partes a los niños. Invite a los niños a empezar la actuación.

Discutan las preguntas al final de la obra. Ponga énfasis en que Zaqueo se reconcilió con Jesús y con toda la comunidad. Ayude a los niños a ver que Jesús *quiere* brindarnos gozo, perdón y paz. Pida a los niños hacer la actividad en la página 55.

Presentación ___ minutos

❖ Lea los dos primeros párrafos en la página 56. Explique que celebramos el perdón y la paz de Dios cuando celebramos el sacramento de la Reconciliación.

Pida a los niños mirar atentamente la fotografía en la página 56. Como actividad de grupo, pídale preparar una historia o una pequeña obra de teatro acerca del perdón y la reconciliación en la fotografía.

❖ El tercer y cuarto párrafos de la página 56 presentan los dos ritos o formas en la que celebramos el sacramento.

Puntualice que en cada rito decimos nuestros pecados al sacerdote. Explique que el sacerdote nunca dice a nadie lo que escucha en confesión. Luego juntos lean el párrafo final.

❖ Para la segunda parte de esta sesión, arregle el lugar de forma tal que parezca el lugar de confesar de la iglesia.

Explique la existencia del confesionario (para arrodillarse) para aquellos que no se sienten cómodos hablando cara a cara con el sacerdote.

❖ Pida a los niños abrir sus libros en la página 58 para revisar el *Rito Individual de Reconciliación*. Explique que cuando examinamos nuestra conciencia (ver página 48) nos preguntamos si hemos estado viviendo como Jesús quiere.

Pida a los niños seguirla mientras lee cada paso. Revise el Acto de Contrición (ver página 38).

❖ Pida a los niños mirar las fotografías en las páginas 58–59. Pida voluntarios para identificar los pasos que muestra cada fotografía. Escriba la palabra *absolución*.

❖ Pida a los niños pasar a la página 60. Explíqueles que los católicos celebramos la Reconciliación, durante fiestas especiales del año, junto a los miembros de nuestra familia parroquial.

Lea los pasos que explican como

celebramos el sacramento con otros. Pida voluntarios para identificar los pasos que cada persona da cuando se confiesa solo con el sacerdote.

❖ Revise los pasos que son siempre parte del sacramento de Reconciliación en la página 62.

Conclusión ___ minutos

❖ Prepare un tiempo para visitar el lugar de reconciliación de la iglesia. Pida a los niños mirar las fotos en la página 64. Pregunte cual es la diferencia en las formas de recibir el sacramento. Pida a los niños compartir sus pensamientos sobre la celebración, ayúdelos en este aspecto. Luego pida a los niños ofrecer sus ideas en como prepararse para este sacramento.

❖ Permita a los niños recortar el corazón que está en la parte atrás del libro. Si quiere puede pedir a los niños usarlo para celebrar la Primera Reconciliación para recordar el amor incondicional de Jesús.

Cante una canción con los niños, si quiere puede usar una de las que se encuentran al final del libro.

❖ Recuerde a los niños llevar su libro a la casa y compartir con la familia la página 65 y el folleto número cinco *Preparándome para la Reconciliación*.

Plan for the Session

Beginning ___ min.

❖ This session begins with a gospel-play (pages 53–54). Point out that in Jesus' day many tax collectors were dishonest.

Go over the story and then assign children to their parts in the play. Invite the children to act out the gospel story.

Discuss the closing questions on page 54 with the children. Emphasize how Zacchaeus reconciles with Jesus and also with the community. Help the children see that Jesus *wants* to bring us joy, forgiveness, and peace. Allow time for the children to complete and share the drawing activity on page 55.

Middle ___ min.

❖ Read the first two paragraphs on page 57. Stress that we celebrate God's forgiveness and peace when we celebrate the sacrament of Reconciliation.

Call attention to the photographs on pages 56 and 57. As a group activity, make a story or play about forgiveness and reconciliation for each picture.

❖ Paragraphs three and four introduce the two rites, or ways we can celebrate the sacrament. Point out that in each rite we tell our sins to the priest.

Emphasize that the priest never reveals what he is told in confession. Then read together the closing paragraph.

❖ For the next part of the session, arrange a special setting to simulate the reconciliation room in church.

Emphasize the availability of a screen (with a kneeler) for anyone who feels more comfortable talking to the priest without seeing him face-to-face.

❖ Have the children turn to the *Individual Rite of Reconciliation* on page 59. Emphasize that when we examine our conscience (see page 49) we ask ourselves if we have been living as Jesus wants.

Have the children follow along as you read each of the steps. Review the Act of Contrition (see page 39).

❖ Have the children look at the pictures on pages 58–59. Call on volunteers to identify the step that is shown in each picture. Display the word *absolution*.

❖ Have the children turn to page 61. Explain that at special times of the year we also celebrate Reconciliation with the members of our parish family.

Read the steps that tell how we celebrate the sacrament with others. Ask volunteers to identify the steps that each person does with the priest alone.

❖ Go over the steps on page 63 that are always part of the sacrament of Reconciliation.

End ___ min.

❖ Set aside time to visit the reconciliation room in church. Call attention to the photos on page 64. Ask the children what is different about each way to receive the sacrament. As the children share their thoughts on celebrating the sacrament, be reassuring and supportive. Then ask the children to offer their ideas on ways to prepare for this sacrament.

❖ Have the children cut out the heart in the back of the book. You may wish to have the children wear these when they celebrate First Reconciliation as a reminder of Jesus' never-ending love.

❖ Have the children take home their books to share the family activity on page 65 and booklet 5 on page 89.

6 Fomentando la paz

Referencia para el catequista

El regalo que recibimos en la Reconciliación debemos compartirlo con los demás. Jesús dijo: "Mi paz os dejo, mi paz os doy" (Juan 14:27). Tal como hemos sido perdonados debemos perdonar, reconciliarnos y llevar paz. Como leemos en las escrituras: "La amargura está en el corazón que trama el mal; la alegría, en los que procuran la paz" (Proverbios 12:20).

La palabra *shalom* que con frecuencia encontramos en la Biblia significa algo más que "paz". Implica que tenemos todo lo que necesitamos y que nuestras relación (con Dios y con el prójimo) es armoniosa. Describe una comunión duradera con Jesús y su Iglesia. "El es nuestra paz, él que de los dos pueblos ha hecho un solo, destruyendo la pared divisoria del enemigo" (Efesios 2:14).

Como ministros de reconciliación y paz, vamos a Jesús y a los santos por guía. Santa Catalina de Siena trabajó para atraer a los enemigos a la Iglesia. Isabel de Portugal hizo lo mismo con las facciones políticas. Francisco Xavier y San Martín de Porres fueron ministros de los separados por diferencias raciales y culturales. San Francisco de Asís hizo la paz entre las personas, las comunidades y la creación. Cuando seguimos sus huellas llenas de gracia, compartimos la paz que se nos ha dado. (Ver Isaías 52:7).

Sugerencias

Ayude a los niños a entender que la celebración del sacramento no termina con la primera reconciliación. Jesús los envía a vivir la Ley del Amor de Dios, a perdonar a otros y a ser señales de paz y justicia en el mundo.

Anime a los niños a formar un profunda relación con Jesús y la comunidad rezando a menudo, ayudando a los demás y trabajando por la paz. Discuta con ellos sus esperanzas por la paz en el mundo. Guíeles a sugerir formas en que ellos pueden contribuir a la paz.

Para niños con necesidades especiales

Los niños con necesidades especiales tienen dificultad para concentrarse. Haga que participen pidiendo que le ayuden durante toda la lección.

Necesidades visuales
❖ haga una copia en letras grandes de la "Oración de San Francisco"

Necesidades auditivas
❖ direcciones concisas y claras

Necesidades motoras y de tacto
❖ asistencia de los compañeros para ayudar a realizar las actividades

Recursos

Saint Francis of Assisi (video)
Saints Alive series
William H. Sadlier, Inc.
9 Pine Street
New York, NY 10005–1002
1–800–221–5175

Materiales para esta lección

❖ *Songs: First Reconciliation,* cinta o CD de Sadlier

6 Living As Peacemakers

Adult Background

What we have received as a gift in Reconciliation we are called to give to others. Jesus says to those who have been restored to unity in the Body of Christ, "Peace I leave with you; my peace I give to you" (John 14:27). As we have been forgiven, so we go forth to forgive, to reconcile, and to teach peace. The Scripture writer promises, "Those who counsel peace have joy" (Proverbs 12:20).

The biblical concept of *shalom* encompasses a broader blessing than does our English word "peace." It implies that we have all that we need and that our relationships (with God and neighbor) are harmonious. It describes a lasting communion with Jesus and His Church. "For he is our peace, he who made both one and broke down the dividing wall of enmity" (Ephesians 2:14).

As ministers of reconciliation and peace, we look to Jesus and the saints for guidance. Catherine of Siena worked to bring enemies within the Church together. Elizabeth of Portugal did the same with political factions. Francis Xavier and Martin de Porres ministered to those divided by racial and cultural differences. Francis of Assisi made peace between persons, communities, and with all creation. When we follow in their grace-filled footprints, we share the peace we have been given. (See Isaiah 52:7.)

Preparation Hints

Help the children to understand that their celebration of the sacrament does not end with First Reconciliation. Jesus sends them out to live God's Law of Love, to forgive others, and to be signs of peace and justice in the world.

Encourage the children to form a deeper relationship with Jesus and the community by praying often, helping others, and being peacemakers. Discuss with the children their hopes for peace in our world. Guide them to suggest ways they can contribute to that peace.

Special-Needs Child

Children with special needs may have difficulty concentrating. Involve them in helping you throughout the lesson.

Visual Needs
❖ enlargement of "Prayer of Saint Francis"

Auditory Needs
❖ clear, concise directions

Tactile-Motor Needs
❖ peers to assist with activities

Resources

Saint Francis of Assisi (video)
Saints Alive series
William H. Sadlier, Inc.
9 Pine Street
New York, NY 10005–1002
1–800–221–5175

Materials for This Session

❖ Sadlier's *Songs: First Reconciliation* cassette or CD

Planificación de la lección

Introducción ___ *minutos*

❖ Empiece tocando música suave a la entrada de los niños al aula. En silencio reúna a los niños en círculo. Mientras lee la historia bíblica invite a los niños a mirar la ilustración en las páginas 66–67.

❖ Pida a los niños compartir lo que más les gustó de la historia y de la ilustración. Invítelos a usar la imaginación. Lea el último párrafo en la página 66. Lea la pregunta despacio, meditada. Dirija a los niños a contestar la pregunta en silencio. Después, los que así lo deseen pueden compartir sus respuestas.

Presentación ___ *minutos*

❖ Lea en voz alta el primer párrafo de la página 68. Invite a los niños a hablar sobre cuando creen ellos que se debe celebrar la Reconciliación. (Nota: Diga a los niños que pueden celebrar el sacramento, cuando lo necesiten, en cualquier momento y lugar). Continúe leyendo el resto de la página. Explique que el sacramento de la Reconciliación hace una diferencia en nuestras vidas. Es una señal de que estamos creciendo como amigos de Jesús y que somos llamados a llevar la paz de Dios a otros.

❖ Llame la atención de los niños al cuadro en la página 70. Invite a los niños a dar ejemplos de como podemos vivir fomentando la paz de Dios, usando la lista como guía. Luego pida a los niños describir cómo las fotografías en las páginas 68–71 muestran varias formas de compartir la paz.

❖ Puede que quiera tomar algunos minutos para revisar las intrucciones para la lista "Para recordar mantener la paz" en las páginas 97–98. Explique a los niños que ellos pueden completar esta actividad en la casa con su familia.

Conclusión ___ *minutos*

❖ Lea la pregunta en la parte arriba de la página 72. Invite a los niños a compartir sus ideas. Luego pídalse concentrar su atención en la página. Pregúnteles si pueden identificar la persona. Explique que San Francisco trató de ser como Jesús. Lo más importante de todo es que él quiso llevar la paz como lo hizo Jesús.

❖ Lea en voz alta el párrafo introductorio. Luego invite a los niños a leer junto con usted la *Oración de San Francisco*. Tome cada línea de la oración y pida a los niños sugerir formas en ellos pueden llevar amor, perdón, fe, esperanza, luz y gozo a las personas que lo necesiten.

❖ Sugiera gestos para acompañar cada línea de la oración. Por ejemplo:

línea 1: manos extendidas hacia arriba CAMBIAR A manos cruzadas sobre el pecho

línea 2: puños cerrados CAMBIAR A manos sobre el corazón

línea 3: puño derecho cerrado, estirado en forma rígida hacia la derecha CAMBIAR A dos golpes ligeros en el corazón con el puño derecho

línea 4: los brazos sueltos a los lados CAMBIAR A manos en posición de oración

línea 5: brazos tapando los ojos CAMBIAR A manos a nivel de la barbilla con las palmas hacia arriba

línea 6: manos sobre los ojos cerrados CAMBIAR A ojos mirando hacia arriba con la barbilla entre las palmas de las manos

línea 7: cabeza inclinada, brazos a los lados CAMBIAR A cabeza y brazos levantados

Practique estos gestos, luego recen la oración.

❖ Lea la página 74. Invite a los niños a contestar las preguntas y explicar como los niños en las fotos están compartiendo la paz de Dios.

❖ Enseñe a los niños una canción. Puede practicar una de las que se encuentran al final de libro y puede usarla en el día de la primera reconciliación de los niños.

❖ Pida a los niños recordar llevar sus libros a la casa para compartir con la familia la página 75 y el folleto número seis.

Plan for the Session

Beginning ___ min.

❖ Have music playing softly as the children enter. Then quietly gather the children in a circle. As you read the Scripture story with expression and feeling, invite the children to look at the illustration on pages 66–67.

❖ Have the children share what they liked best about the story and picture. Ask the children to use their imaginations as you read the last paragraph on page 67. Read the question in a gentle, meditative style. Direct the children to answer the question in the quiet of their hearts. Afterwards, those who wish may share their answers.

Middle ___ min.

❖ Read aloud the first paragraph on page 69. Invite the children to talk about when we should celebrate Reconciliation. (Note: Tell the children that the sacrament is always available to them in the Church whenever they need it.) Continue reading the rest of the page. Emphasize that the sacrament of Reconciliation makes a difference in our lives. It is a sign that we are growing as friends of Jesus and that we are called to give God's peace to others.

❖ Call attention to the list on page 71. Invite the children to give examples of how we can live as God's peacemakers, using the list as a guide. Then ask the children to describe how the pictures on pages 68–71 show various ways of sharing peace.

End ___ min.

❖ Read the question at the top of page 73. Invite the children to share their ideas. Then call attention to the illustration on pages 72–73. Ask them if they can identify this person. Explain that St. Francis tried to be as much like Jesus as he possibly could. Most of all, he wanted to be a peacemaker like Jesus.

❖ Read aloud the introductory paragraph. Then invite the children to read along with you the *Prayer of Saint Francis*. Take each line of the prayer and ask the children to suggest ways they might bring love, pardon, faith, hope, light, and joy to people who lack these gifts.

❖ Suggest gestures to go with each line of the prayer. For example:

line 1: arms extended up CHANGE TO arms crossed over chest

line 2: clenched fists CHANGE TO hands on heart

line 3: right fist clenched, right arm swung out to side stiffly CHANGE TO two short taps on heart with right fist

line 4: arms hanging at sides CHANGE TO hands folded in prayer

line 5: arm across eyes CHANGES TO hands at chin level with palms facing up

line 6: hands over closed eyes CHANGE TO eyes looking up with hands cupping chin

line 7: head bowed, arms at sides CHANGE TO head uplifted, arms raised high

Practice the gestures, then pray the prayer together.

❖ Read "Sharing God's Peace" on page 74. Invite the children to share their responses to the closing questions. Ask the group to explain how the people in the pictures on this page are sharing God's peace.

❖ You may wish to teach the children a song to be used at their First Reconciliation. Sadlier's *Songs: First Reconciliation* cassette or CD offers various selections.

❖ Have the children take home their books to share the family activity on page 75 and booklet 6 on page 91.

Rito de paz

Objetivo

Así como el tiempo de preparación empieza con la celebración de un rito en la presencia de la asamblea parroquial, también termina con este *Rito de paz*. De nuevo los padres o tutores de los niños participan solemnemente reconociendo la importancia de este paso que los niños han dado en su vida sacramental y espiritual. El rito, tiene lugar en el centro de la comunidad, reafirmando a los niños la presencia reconciliadora de Jesús en sus vidas y enviándolos a fomentar la paz. Los niños reciben en ese momento sus certificados de Primera Reconciliación.

Momento para el rito

Un momento apropiado para celebrar este rito es en una misa regular el domingo siguiente a la celebración de la Reconciliación. El rito puede llevarse a cabo antes de la bendición final de la Misa. Hable con el párroco sobre el momento en que el *Rito de paz* pueda tener lugar durante una misa de domingo o de sábado por la tarde. Copie el rito para darlo al párroco y al celebrante de la Misa. Adapte el rito al número de niños que van a participar y a las posibilidades de la iglesia. Por ejemplo, quizás quiera sentar a los padres al *lado* de sus hijos para el rito.

Participación de la comunidad parroquial

Es importante que el sacerdote celebrante o el catequista ofrezca a la asamblea una *breve* introducción del rito, invitando a la comunidad a participar cantando el himno final.

Participación de los padres o tutores

Asegúrese de que los padres o tutores estén completamente informados por escrito de su participación en el rito. Llame a los padres o tutores para recordarles la fecha. Pida a los padres llegar un poco temprano a la Misa para preparar la ceremonia y revisar el rito juntos.

Preparación de los niños

❖ Revise el rito con los niños. Explique que las familias y la comunidad parroquial quieren apoyarlos y rezar por ellos durante este importante paso, que ellos van a dar, en su vida de fe.

❖ Pida a los niños mirar el certificado al final del libro y léanlo juntos. Luego pídale que, con cuidado, lo despeguen. Recoja los certificados.

❖ Ensaye la canción que van a catar durante el rito. Si tiene la música escúchela con los niños varias veces al tiempo que cantan.

❖ Asegúrese de comunicarse con los padres o tutores, para informarles todos los detalles de la Misa, incluyendo el rito. Lleve copias adicionales del rito a la misa.

Rito de la paz

Niño 1: Nuestra familia parroquial se regocija con nosotros. Hemos celebrado el sacramento de la Reconciliación por primera vez. Jesús nos ha dado su regalo de [...] y paz. Jesús dijo: "Mi paz os dejo, [...] doy". Vamos a darnos unos a otro[...] de la paz de Dios.

Vamos juntos a hacer una oración [...] de gracias.

Niño 2: Por el regalo de la paz de Dio[...] nosotros en el sacramento de la Reconciliación,

Todos: Jesús, te damos gracias.

Niño 3: Por la ayuda de nuestros fam[...] amigos,

Todos: Jesús te damos gracias.

Niño 4: Por enseñarnos a compartir a[...] con los demás,

Todos: Jesús te damos gracias.

Guía: Padres, ustedes han preparado a sus hijos para celebrar el maravilloso sacramento de misericordia y perdón.

El Señor es mi Pastor

♫ El Señor es mi Pastor, nada me falta;
en praderas de hierba tierna
El me hace reposar;
a las aguas de descanso me guía,
mi alma reconforta.
El me guía por veredas de justicia,
por amor de su nombre;
aunque marche por el valle de tinieblas,
ningún mal temeré;
junto a mí tu vara y tu cayado:
ellos me confortan.
Tú preparas ante mí una mesa,
frente a aquellos que me odian;
unges con aceite mi cabeza,
desbordando está mi copa. ♫

A Peacemaking Rite

Purpose

Just as the time of preparation began with a celebratory rite in the presence of the parish assembly, so too does it close with this *Peacemaking Rite.* Again, the parents (or guardians) of the children participate in solemnly recognizing the important step the children have taken in their sacramental and spiritual lives. The rite, taking place within the heart of the community, reaffirms for the children the reconciling presence of Jesus in their lives and sends them forth to be His peacemakers. The children are given their First Reconciliation certificates.

Scheduling the Rite

An appropriate time for this rite is within the liturgy for a regularly scheduled parish Mass the weekend following their celebration of Reconciliation. The rite takes place just before the final blessing of the Mass. Talk with the pastor about scheduling the *Peacemaking Rite* within the parish Sunday (or Saturday evening) Mass. Copies of the rite should be given to the pastor and to the celebrant of the Mass. Adapt the rite to the number of children involved and to the constraints and possibilities of your parish church. For example, you might wish to seat the parents *beside* their child for this rite.

Involvement of the Parish Community

It is important that the presiding priest or the catechist give the assembly a *brief* introduction to the meaning and purpose of the rite, inviting the community to participate and to sing the closing hymn.

Parent/Guardian Involvement

Make sure the parents or guardians are fully informed by letter as to their participation in the rite. A follow-up reminder call would be helpful as well. Ask the parents to come to Mass a little early so that you can arrange seating and go over the rite together.

Preparation with the Children

❖ Go over the rite with the children. Explain that their families and their parish community want to support and pray for them in this important step they have taken in their life of faith.

❖ Have the children look at the certificate in the back of their books. Read it together. Then have them carefully remove it. Collect the certificates.

❖ Have the children listen to the closing song from the cassette or CD *Songs: First Reconciliation.* Go over it a few times and then ask them to sing along.

❖ Make sure to communicate with parents or guardians, informing them of all the details of the Mass, including the rite. Have extra copies of the rite available at the Mass.

A Peacemaking Rite

Child 1: Our parish family is rejoicing with us. We have celebrated the sacrament of Reconciliation for the first time. Jesus has given us His healing gift of peace. He said, "Peace I leave you, my peace I give you." Let us share with one another a sign of God's peace.

Now let us join together in prayer of thanksgiving.

Child 2: For the gift of God's peace given us in the sacrament of Reconciliation,

All: Jesus, we thank You.

Child 3: For the help of our family and others,

All: Jesus, we thank You.

Child 4: For teaching us to share love with others,

All: Jesus, we thank You.

Leader: Parents, you have prepared your children to celebrate this wonderful sacrament of mercy and forgiveness.

When your child's name is called, please come forward with your child to receive the certificate.

78

Begin

With Me!

Let There Be Peace on Earth
Sy Miller and Jill Jackson

♫ Let there be peace on earth
And let it begin with me.
Let there be peace on earth
A peace that was meant to be.

With God as our Father
We are family.
Let us walk now together
In perfect harmony.

Let peace begin with me;
Let this be the moment now.
With every step I take
Let this be my solemn vow:
To take each moment and
Live each moment
In peace eternally.
Let there be peace on earth
And let it begin with me! ♫

79

G43

Sugerencias para las familias

Es en la casa donde los niños aprenden, por sus experiencias, a perdonar y a ser perdonados. ¿Cuándo tiene lugar la reconciliación en la casa? ¿Cómo la familia celebra la reconciliación?

❖ Tome tiempo para revisar la lección que su hijo ha terminado. Lea la sección *Para la familia*. Su entusiasmo avivará el interés del niño para realizar la actividad *En la casa* con usted.

❖ Pregunte al niño por qué hace algunas cosas. Haga preguntas sobre las buenas y las malas acciones. Celebre las "buenas" y ayude al niño a ver lo agradable que es ser bueno.

❖ Anime al niño, en forma de cuento, a hablar sobre su día en la escuela o en la casa, mencione las cosas buenas y las malas que pasaron. Buscar los "por qué" de las cosas ayuda al niño a formar la conciencia. Luego guíelo a cambiar acciones y comportamientos dependiendo de la respuesta a los "por qué".

❖ Aproveche las oportunidades para discutir con el niño como reconciliarse cuando sea necesario. Busque formas de celebrar la reconciliación, por ejemplo, un bizcocho especial, jugar juntos su juego favorito.

❖ Enseñe al niño a respetar la ley. Cuando usted disponga reglas en la familia, sea consistente en su aplicación. Los niños se confunden cuando las reglas no siempre se cumplen. Si se hace una excepción a la regla, asegúrese de explicarlo.

❖ Deje que el niño elija cuando se pueda. Permítale ver las consecuencias de sus actos, luego hablen de ello.

❖ Imite a Jesús: asegúrese de que su hijo sabe que es amado aun cuando haga algo malo. Por ejcmplo: "te amo, pero no me gusta la manera en que tratas a tu hermana".

Suggestions for Families

It is in the home that children learn by their experiences of forgiving and being forgiven. When does reconciliation take place in the home? How does the family celebrate reconciliation?

❖ Take time to review the lesson your child has finished. Read over the note for the family (Spanish only). Your enthusiam will enhance your child's interest in doing the home activity with you.

❖ Ask your child why he or she does certain actions. Ask the question about good actions as well as bad actions. Celebrating the "good" helps a child discover how pleasing it is to be good.

❖ Encourage your child, in a story-telling form, to talk about the day at school or at home, mentioning good and bad things that happened. Finding the "why" in these things helps the child form his or her conscience. Then guide the child about ways to change actions and behaviors depending on the answer to "why."

❖ Take advantage of opportunities to discuss with your child how to reconcile when reconciliation is needed. Find ways to celebrate that reconciliation—for example, a special cake, playing a favorite game together.

❖ Give your child a respect for law. When you set rules for the family, be consistent in their applications. Children become confused when rules are sometimes enforced, sometimes overlooked. If an exception is made to a rule, be sure to explain why.

❖ Offer your child choices whenever you can. Let him or her discover the consequence of the choice—then talk about it.

❖ Imitate Jesus: make sure your child knows he or she is loved even when something wrong has been done. For example: "I love you, but I don't like the way you treated your sister."

❖ Anime al niño a decir "lo siento" cuando esté arrepentido. Por ejemplo, diga: "si te sientes tan mal que le tiraste ese juguete a Pedro, puedes decírselo".

❖ Cuando usted haga algo de lo que esté arrepentido, permita a los niños escucharle decir las palabras a quien usted ha herido.

❖ Sea modelo de espíritu de reconciliación con su propio comportamiento hacia los vecinos y amigos. Hable con su niño de las formas en que se pueden manejar los conflictos: hablando calmadamente y escuchando con respeto.

❖ ¿Cuál es su actitud hacia los que le piden que cambie? Hable con su niño de la importancia de aprender como aceptar la crítica constructiva como una oportunidad para crecer.

❖ Busque tiempo para escuchar y compartir con su niño. Esta atención ayuda a construir autoestima.

❖ Pida a un miembro de la familia escribir una nota a Jesús de las experiencias que han herido a la familia. Juntos quemen la nota como señal de la sanación que piden a Jesús. Luego, celebren juntos en forma especial.

❖ Planee un día de "obras de caridad" en el cual toda la familia participe. Al final del día hablen de lo que hizo cada uno.

❖ Anime a celebrar el sacramento de la Reconciliación regularmente a todos los miembros de la familia para crecer en la vida cristiana.

Las páginas de las sugerencias para las familias pueden duplicarse.

❖ Encourage your child to say "I'm sorry" if he or she is sorry. For example, say: "If you feel badly that you threw that toy at Peter, you can tell him."

❖ When you have done something for which you are sorry, let your children hear you say the words to whomever you have hurt.

❖ Model the spirit of reconciliation by your own behavior toward neighbors and friends. Talk with your child about ways to handle conflict: by talking calmly and listening respectfully.

❖ What is your attitude toward those who ask you to change? With your child, talk about the importance of learning how to accept and to grow from constructive criticism.

❖ Make time to listen and to share with your child. This undivided attention builds feelings of self-worth.

❖ Have family members write a note to Jesus about experiences within the family that have hurt. Come together and burn the notes as a sign of the healing that you ask of Jesus. Then celebrate together in a special way.

❖ Plan an "act of kindness" day in which the whole family participates. At the end of the day talk about what each has done.

❖ Encourage the celebration of the sacrament of Reconciliation regularly as a way for family members to grow in the Christian life.

Acknowledgments

Excerpts and adaptations from *Good News Bible*,
copyright © American Bible Society 1966, 1971, 1976, 1979.

Excerpts from the *New American Bible*, copyright © 1991,
1986, 1970 by the Confraternity of Christian Doctrine (CCD),
Washington, D.C. Used with permission.

Excerpts from the *Ritual de la Penitencia*, copyright © 1990
Comisión Episcopal de Liturgia. Used with permission.

Excerpts from the English translation of the *Catechism of the
Catholic Church* for use in the United States of America,
copyright © 1994, United States Catholic Conference, Inc. –
Librería Editrice Vaticana.

Excerpts from the *Catecismo de la Iglesia Católica*, © 1992,
Librería Editrice Vaticana.

Primera Reconciliación

Dr. Gerard F. Baumbach
Moya Gullage

Rev. Msgr. John F. Barry
Dr. Eleanor Ann Brownell
Helen Hemmer, I.H.M.
Dr. Norman F. Josaitis
Rev. Michael J. Lanning, O.F.M.
Dr. Marie Murphy
Karen Ryan
Joseph F. Sweeney

Traducción y Adaptación
Dulce M. Jiménez-Abreu
Yolanda Torres

Consultor Teológico
Most Rev. Edward K. Braxton, Ph. D., S.T.D.

Consultor Pastoral
Rev. Virgilio P. Elizondo, Ph. D., S.T.D.

Consultores de Liturgia y Catequesis
Dr. Gerard F. Baumbach
Dr. Eleanor Ann Brownell

Consultores Bilingüe
Rev. Elías Isla
Dr. Frank Lucido

con
Dr. Thomas H. Groome
Boston College

William H. Sadlier, Inc.
9 Pine Street
New York, NY 10005-1002

Contenido

Rito de preparación 4
Juan 10:15 *El Buen Pastor*

1 Siguiendo a Jesús 8
Lucas 15:11–24 *El padre que perdona*
Somos reconciliadores con Dios:
   Como tomar decisiones con amor
Para la familia: Como usar el don de libertad que
   Dios nos da
   Actividad: regalos de Dios

2 Cumpliendo la ley de Dios 20
Mateo 22:35–39 *El mayor de los mandamientos*
Somos reconciliadores con Dios:
   Viviendo los Diez Mandamientos
Para la familia: Aprender sobre las leyes de Dios
   Actividad: Ley del Amor

3 Arrepentidos y perdonados 30
Lucas 7:36–40, 44–50 *Jesús perdona*
Somos reconciliadores con Dios:
   Acto de Contrición
Para la familia: Como entender la necesidad
   de ser perdonados
   Actividad: palabra de amor

4 Examen de conciencia 42
Lucas 15:4–7 *La Oveja Perdida*
Somos reconciliadores con Dios:
   Examen de conciencia
Para la familia: Desarrollar la conciencia
   Actividad: la oveja perdida

5 Celebrando la Reconciliación 52
Lucas 19:1–10 *Zaqueo*
Somos reconciliadores con Dios:
   Pasos para celebrar el sacramento
Para la familia: Introducción a los Ritos
   de Reconciliación
   Actividad: tomando decisiones con amor

6 Fomentando la paz 66
Marcos 10:13–16 *Jesús y los niños*
Somos reconciliadores con Dios:
   Como llevar paz a los demás
Para la familia: Compartiendo la paz del sacramento
   Actividad: mensaje de paz

Rito de paz 76
Juan 14:27 *Mi paz os doy*

Repaso: Recordaré 80
Folletos Preparándome para la Reconciliación 81
Ritos de Reconciliación 93
Oraciones 95

Para recordar mantener la paz 97
Invitación a ser compañeros de oración 99
Canciones 101
Grabados para recortar . . . . **Final del libro**

Contents

A Preparation Rite........................ 6
John 10: 15 *The Good Shepherd*

1 Following Jesus 9
Luke 15: 11–24 *The Forgiving Father*
We Are God's Reconcilers:
  How to Make a Loving Choice
Family Focus: Using God's gift of freedom
  God's Gift Activity

2 Following God's Law 21
Matthew 22: 35–39 *The Greatest Commandment*
We Are God's Reconcilers:
  Living the Ten Commandments
Family Focus: Learning about God's laws
  Law of Love Activity

3 Being Sorry, Being Forgiven 31
Luke 7: 36–40, 44–50 *Jesus Forgives*
We Are God's Reconcilers:
  An Act of Contrition
Family Focus: Understanding the need to be forgiven
  Word of Love Activity

4 Examination of Conscience 43
Luke 15: 4–7 *The Lost Sheep*
We Are God's Reconcilers:
  An Examination of Conscience
Family Focus: Developing conscience
  Lost Sheep Activity

5 Celebrating Reconciliation................ 53
Luke 19: 1–10 *Zacchaeus*
We Are God's Reconcilers:
  Steps to Celebrate the Sacrament
Family Focus: Introducing the Rites of Reconciliation
  Loving Choices Activity

6 Living as Peacemakers..................... 67
Mark 10: 13–16 *Jesus and the Children*
We Are God's Reconcilers:
  How to Bring Peace to Others
Family Focus: Sharing the peace of the sacrament
  Message of Peace Activity

A Peacemaking Rite........................ 78
John 14: 27 *My Peace I Give You*

First Reconciliation Certificate 103

Nihil Obstat
✠ Most Reverend George O. Wirz
Censor Librorum

Imprimatur
✠ Most Reverend William H. Bullock
Bishop of Madison
May 24, 1996

The *Nihil Obstat* and *Imprimatur* are official declarations that a book
or pamphlet is free of doctrinal or moral error. No implication is
contained therein that those who have granted the *Nihil Obstat* and
Imprimatur agree with the contents, opinions, or statements expressed.

S® is a registered trademark of William H. Sadlier, Inc.

Home Office: 9 Pine Street
New York, NY 10005–1002

ISBN: 0–8215–1276–5
56789/2109

Guía: Jesús dijo: "Yo soy el Buen Pastor. Conozco mis ovejas y ellas me conocen a mí".

Basado en Juan 10:15

Todos: (Cantemos)

♫ Yo tengo un amigo que me ama,
me ama, me ama,
yo tengo un amigo que me ama;
su nombre es Jesús
que me ama, que me ama,
que me ama con su tierno amor. ♫

Guía: Como familia parroquial, damos la bienvenida a aquellos que se están preparando para el sacramento de la Reconciliación. Nos regocijamos con ustedes mientras se preparan para celebrar la misericordia y el amor de Dios. Como discípulos de Jesús, el Buen Pastor, nos ayudamos unos a otros rezando:

Guía: Jesús, ayúdanos a crecer en fe y confianza.

Todos: Jesús, Buen Pastor, escúchanos.

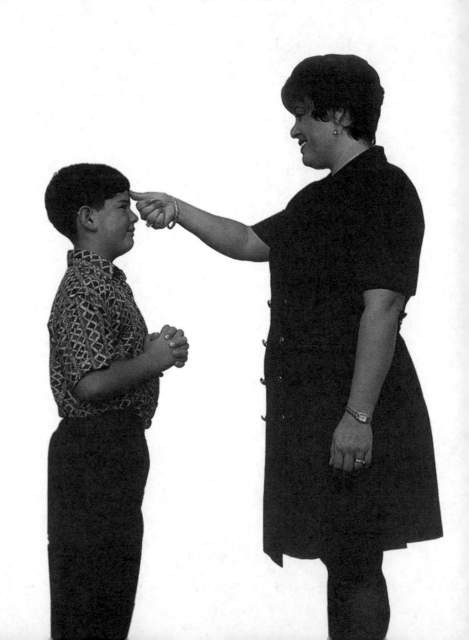

Guía: Jesús, ayúdanos a amarte y a seguirte.

Todos: Jesús, Buen Pastor, escúchanos.

Guía: Jesús, ayúdanos a compartir
tu paz con los demás.

Todos: Jesús, Buen Pastor, escúchanos.

Guía: Padres colóquense frente a sus hijos
y hagan la señal de la cruz en sus frentes.

Padres: Hijo de Dios, te signo en el nombre
de Jesús, el Buen Pastor, quien nunca
te dejará. El te llama al sacramento de
la Reconciliación, síguele.

Guía: Niños, por favor, acérquense sosteniendo
las figuras del Buen Pastor. Terminaremos
nuestra oración cantando.

Todos:
♫ Yo tengo un amigo que me ama,
me ama, me ama,
yo tengo un amigo que me ama;
su nombre es Jesús
que me ama, que me ama,
que me ama con su tierno amor. ♫

Leader: Jesus says, "I am the Good Shepherd. I know My sheep and they know Me."
Based on John 10:15

All: (To the tune of "Did You Ever See A Lassie?")
♫ Oh, Jesus is our Friend, and our
  Brother and Shepherd.
Jesus teaches us to love and to
  follow His way.
In joy and in faith and in hope and
  thanksgiving,
Jesus teaches us to love and to
  follow His way. ♫

Leader: As a parish family, we welcome you as you begin to prepare for the sacrament of Reconciliation. We join with you as you get ready to celebrate God's great love and mercy. As followers of Jesus, the Good Shepherd, we help each other by praying:

Leader: Jesus, help us to grow in faith and trust.

All: Jesus, Good Shepherd, hear us.

Leader: Jesus, help us to love and follow You.

All: Jesus, Good Shepherd, hear us.

6

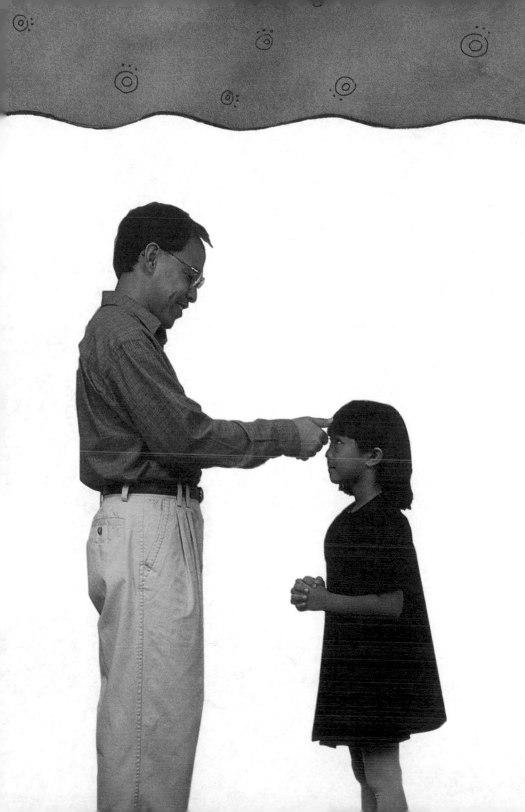

Leader: Jesus, help us to share Your peace with others.

All: Jesus, Good Shepherd, hear us.

Leader: Parents, turn to your children and trace the sign of the cross on their foreheads.

Parents: Child of God, I sign you in the name of Jesus, the Good Shepherd, who will never leave you. Follow Him as He calls you to the sacrament of Reconciliation.

Leader: Children, please come forward holding your Good Shepherd figure. We will end our prayer by singing our song together.

All: (To the tune of "Did You Ever See a Lassie?")
♫ Oh, we are friends of Jesus, our
    Brother and Shepherd.
Jesus teaches us to love and to follow
    His way.
Our friends and our family will help
    us get ready.
For Your peace and Your forgiveness,
    dear Jesus, we pray. ♫

1 Siguiendo a Jesús

Están creciendo.
Están creciendo en altura y fortaleza.
Como católicos, también están
aprendiendo a crecer en amor y
conocimiento de nuestra fe.

Piensen por un momento en:
cosas que aman y saben de Dios, Padre.
cosas que aman y saben de Dios, Hijo.
cosas que aman y saben de Dios,
Espíritu Santo.

Pronto van a celebrar el maravilloso
sacramento de la Reconciliación.
Empecemos nuestra preparación.

¿Recuerdas la historia de los primeros
humanos? Ellos desobedecieron a Dios,
pecaron. Su pecado es llamado pecado
original. Todos nacemos con el pecado
original. El Bautismo borra el pecado
original y nos hace hijos de Dios.

Dios también nos dio la libertad de elegir.
Elegimos libremente, por nuestra propia
voluntad. Somos libres de elegir hacer lo
correcto. Podemos también elegir lo que
está mal.

Hoy vamos a escuchar una historia bíblica
acerca de alguien que primero tomó una
mala decisión y luego tomó una decisión
correcta.

8

Think for a minute.
Tell something you love or understand about God the Father.
Tell something you love or understand about Jesus, who is God the Son.
Tell something you love or understand about God the Holy Spirit.

Soon you will celebrate the wonderful sacrament of Reconciliation. Let's begin our preparation time together.

Do you remember the story of the first people? They disobeyed God. They sinned. Their sin is called original sin. We are all born with original sin. Baptism takes away original sin and makes us God's children.

God gives us the gift of choice.
Choices are things we do on purpose.
We are free to choose to do what is right.
We can also choose to do what is wrong.

Today we are going to hear a story from the Bible about someone who first made a wrong choice and then made a right choice!

You are growing up.
You are growing taller and stronger.
As a Catholic, you are also learning to grow in love and understanding of your faith.

El padre que perdona

Había una vez un señor que tenía dos hijos. Un día el menor le dijo:

"Padre, dame mi herencia". Quería irse de la casa y pasarlo bien.

El padre se puso muy triste pero le dio el dinero y le vio partir.

Al principio el joven lo pasó muy bien. Dio fiestas e hizo muchos amigos. Sin embargo, muy pronto el dinero se acabó. Sus amigos le dejaron. Quedó pobre, sin casa y con hambre.

Empezó a pensar en lo que había elegido. Recordó su casa y el amor de su padre.

The Forgiving Father

There was a loving father who had two sons. One day the younger son said to his father:

"Father, give me my share of the family money." He wanted to leave home and have some fun.

The father was very sad but he gave his son the money and watched him leave home.

At first the young man had a wonderful time. He gave parties and made many new friends. Soon, however, his money was gone. His friends left him. He was poor and homeless and hungry.

Now he began to think about the choice he had made. The son remembered his home and his father's great love for him!

El joven pensó:

"Regresaré a casa y diré a mi padre: 'Padre he pecado contra Dios y contra ti. No soy digno de llamarme hijo tuyo. Trátame como a uno de tus sirvientes'".

El joven se dirigió a su casa.

Su padre esperaba que un día su hijo regresara. Todos los días esperaba y miraba. Cuando vio a su hijo venir corrió hacia él y lo abrazó. Luego dijo a los sirvientes:

"Póngale la mejor ropa y zapatos nuevos. Ahora vamos a celebrar, porque mi hijo que había muerto está vivo. Estaba perdido y fue encontrado".

Basado en Lucas 15:11–24

¿Cuál fue la mala decisión del hijo?
¿Qué buena decisión tomó él?
¿Qué decisiones tomó el padre?
¿Qué aprendieron de esa historia sobre el gran amor de Dios por nosotros?

The young man said:

"I will go home to my father. I will say, 'Father, I have sinned against God and against you. I am not fit to be your son. Treat me as one of your servants.'"

Then he began his long trip home.

His father kept hoping that one day his son would return. Each day he watched and waited. When he saw his son coming down the road, he ran to meet him and hugged him. Then the father said to his servants:

"Put the best robe on my son and new shoes on his feet. Now we will celebrate, for my son who was dead is alive again. He was lost, but now he's found!"

Based on Luke 15:11–24

What wrong choice did the son make?
What right choice did he make?
What choices did the father make?
What do you learn from this story about God's great love for us?

Tomando decisiones con amor

Jesús nos mostró como tomar decisiones con amor. Fue bondadoso con los demás. Curó enfermos. Perdonó pecados. Llevó paz a la gente. Nos enseñó que el amor es lo más importante entre todas las cosas.

No es siempre fácil tomar la decisión correcta con amor.

Debemos siempre empezar pidiendo a Dios que nos ayude a tomar la decisión correcta para seguir a Jesús. Si la decisión que vamos a tomar es seria o difícil, debemos hablar con alguien de confianza; uno de nuestros padres, u otro adulto. Luego, con la ayuda del Espíritu Santo, tomamos la decisión correcta con amor.

Algunas veces lo que hacemos puede crear problemas. Podemos cometer un error. Podemos tener un accidente. En ese caso no es nuestra culpa. Los errores y accidentes no son pecados.

¿Cómo puedes mostrar que eres un seguidor de Jesús?
¿Cómo puedes tomar decisiones con amor?

14

Making Loving Choices

Jesus showed us how to make good and loving choices. He was kind to others. He healed the sick. He forgave sins. He brought people peace. He taught us that love is the most important thing of all.

It is not always easy to make right and loving choices.

We should always begin by asking God to help us make the right choice in following Jesus. Then, if what we have to choose is hard or something serious, we need to talk about it with someone we trust—a parent, or another grown-up. Then, with the help of the Holy Spirit, we choose the right and loving thing to do.

Sometimes what we do may cause a problem. We may make a mistake. We may do something by accident. Then it is not our fault. Mistakes and accidents are not sins.

How can you show you are Jesus' follower? How can you make loving choices?

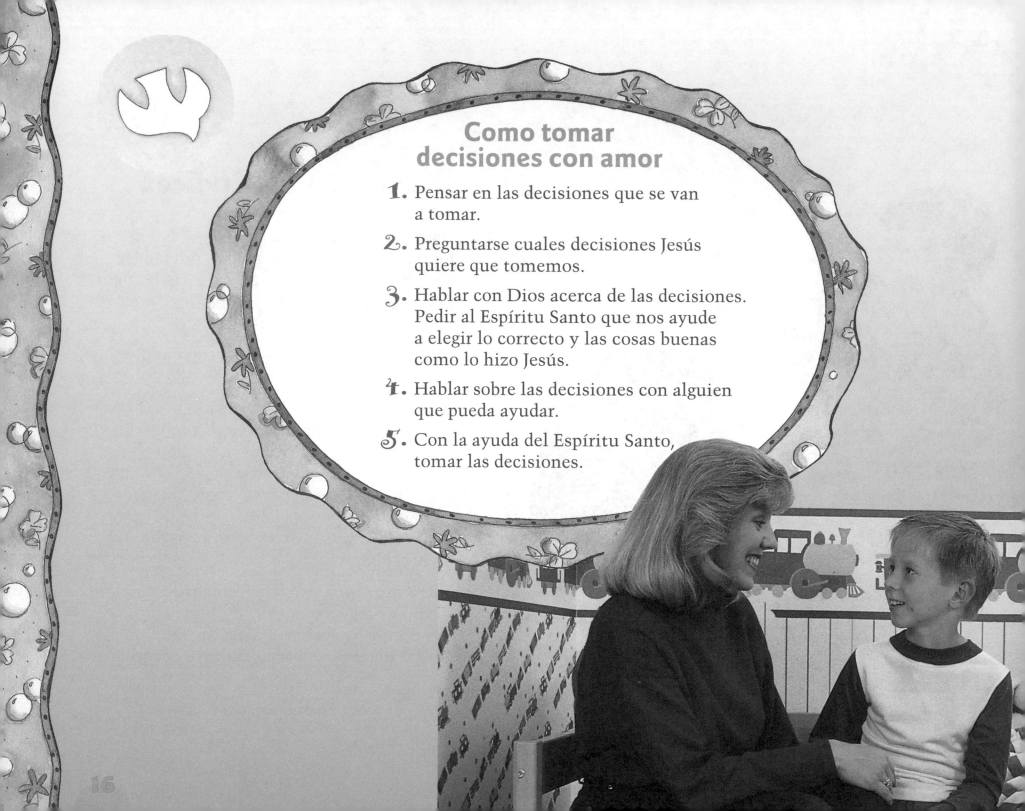

Como tomar decisiones con amor

1. Pensar en las decisiones que se van a tomar.

2. Preguntarse cuales decisiones Jesús quiere que tomemos.

3. Hablar con Dios acerca de las decisiones. Pedir al Espíritu Santo que nos ayude a elegir lo correcto y las cosas buenas como lo hizo Jesús.

4. Hablar sobre las decisiones con alguien que pueda ayudar.

5. Con la ayuda del Espíritu Santo, tomar las decisiones.

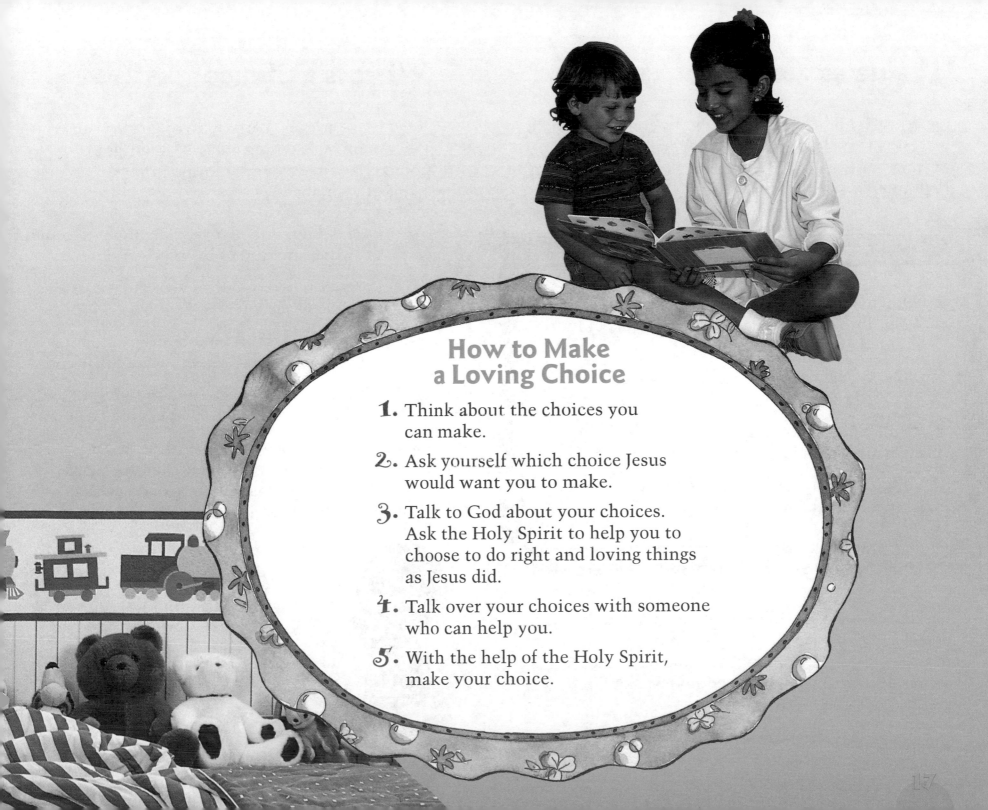

How to Make a Loving Choice

1. Think about the choices you can make.

2. Ask yourself which choice Jesus would want you to make.

3. Talk to God about your choices. Ask the Holy Spirit to help you to choose to do right and loving things as Jesus did.

4. Talk over your choices with someone who can help you.

5. With the help of the Holy Spirit, make your choice.

¿Qué es elegir?

Lean las siguientes frases. Trabajen con un compañero y escriban en el triángulo C (una decisión correcta), M (una mala decisión), A (un accidente); E (un error). Expliquen sus respuestas.

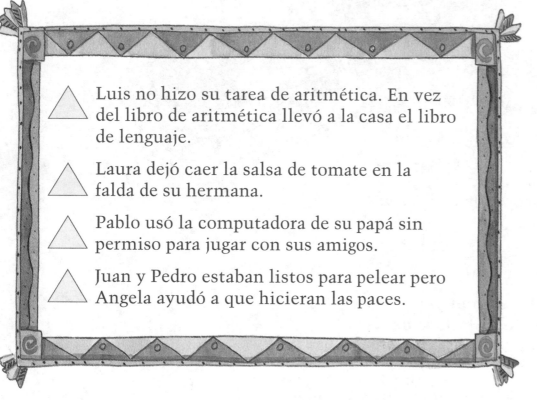

Luis no hizo su tarea de aritmética. En vez del libro de aritmética llevó a la casa el libro de lenguaje.

Laura dejó caer la salsa de tomate en la falda de su hermana.

Pablo usó la computadora de su papá sin permiso para jugar con sus amigos.

Juan y Pedro estaban listos para pelear pero Angela ayudó a que hicieran las paces.

Cierren los ojos. Quédense en silencio. Den gracias a Dios por haberles dado la libertad de tomar decisiones. Pidan a Dios que les ayude a tomar decisiones con amor como Jesús quiere que hagan sus amigos.

18

What Is a Choice?

Read these stories. Work with a partner and label them W (a wrong choice), R (a right choice), A (an accident), or M (a mistake). Explain your answers.

 Luis did not do his math. He brought home his reader instead of his math book.

 Bonnie spilled tomato sauce on her sister's favorite sweater.

 Hal used his father's computer without permission to play a game with his friends.

 Tim and Corey were ready to fight but Angie helped them to shake hands instead.

Close your eyes. Be very still. Thank God for giving you the freedom to make choices. Ask God to help you to make loving choices that Jesus wants His friends to make.

Durante la preparación para el sacramento de la Reconciliación, refuerce en el niño la idea de que la Reconciliación es un sacramento maravilloso del perdón, el gozo y la paz de un Dios amoroso. Es importante que desde el principio trate de ofrecer al niño una actitud positiva hacia este sacramento. La primera lección centra su atención en la libertad que Dios nos da de elegir y como aprendemos a tomar decisiones con amor.

1. Lea la lección con el niño. Pídale que le cuente la historia del hijo perdido y las decisiones que tomó. Hágale notar que Dios es como el padre de la historia quien siempre nos ama y perdona cuando nos arrepentimos.

2. Algunas veces tenemos que tomar decisiones difíciles. Asegure al niño que usted siempre estará con él cuando tenga que tomar decisiones difíciles. Revise con su niño los pasos para tomar decisiones en la página 16.

3. Refuerce que las decisiones, correctas o no, las tomamos deliberadamente y a propósito. No desobedecemos a Dios cuando cometemos un error o tenemos un accidente; así que no son pecados. Asegúrese de que el niño entiende este principio repasando la actividad en la página 18.

En la casa

En los espacios en blanco escribe la letra que corresponde al color de la figura.

A	B	C	D	E	G	H	I	L	N	O	R	S	T	U
●	■	▲	▬	◆	●	■	▲	▬	◆	●	■	▲	▬	◆

1. Aprendemos a _D E c i d i r_ lo bueno y lo malo.

2. Debemos _h a b L a r_ con Dios sobre nuestras decisiones.

3. Quercmos hacer las cosas _b u E n a s_ que hizo Jesús.

4. No es fácil _E l e G i r_ amar como Jesús.

5. Podemos tener un _a c c I d e n T e_.

6. Algunas veces cometemos _e r r o R e s_.

Ahora escribe las letras encerradas en ◯ para completar esta oración.

Dios nos da el regalo de _E l e g i r_
1 2 3 4 5 6

¿Cómo usarás hoy ese regalo de Dios?

2 Cumpliendo la ley de Dios

¿Por qué crees que las leyes y las reglas son importantes?

¿Cuáles son algunas reglas y leyes que tenemos que cumplir? ¿Cómo nos ayudan?

¿Cómo sería la familia, la escuela, la comunidad, sin ellas?

¿Qué pasaría si …

* jugaras en la computadora toda la noche?

* no hubieran semáforos?

* pudieras llevar a la escuela todo lo que quisieras?

¿Qué pasaría si …

* todos obedeciéramos las leyes de recircular materiales?

* los niños nunca jugaran con fósforos?

* todo el mundo fuera tratado justamente?

Escriban que ley o regla pueden ver en las señales de estos lugares.

* en un parque zoológico

* en el cruce de una vía de tren

* en una biblioteca

¿Por qué son buenas reglas?

Porque Dios nos ama, nos dio leyes para ayudarnos. ¿Por qué el pueblo de Dios necesita reglas y leyes? Compartan sus ideas.

Oremos:

† Querido Dios, enséñanos tu ley. Ayúdanos a seguirla.

Do you think rules and laws are important? Tell why.

Tell about some rules and laws that you have to follow. How do they help you?

What would your family, your school, or your community be like without them?

Tell what might happen if . . .

* you played with the computer all night.
* there were no traffic lights.
* you could talk in class anytime you wanted.

Tell what might happen if . . .

* everyone obeyed the recycling rules.
* children never played with matches.
* everyone were treated fairly.

Write what rule or law you might see on signs in these places.

* at a zoo park
* at a railroad crossing
* in a library

Tell why these are good rules.

Because God loves us so much, He gives us laws to help us. Why do God's people need rules and laws? Share your ideas.

Let's pray.

† Dear God, teach us Your law. Help us to follow it.

La ley más importante

¿Qué contestarían si alguien les preguntara cuál es la ley más importante?

Una vez, alguien hizo esta pregunta a Jesús:

"Maestro, ¿cuál es el mandamiento más grande que Dios nos ha dado?"

Jesús le contestó:

"El mayor de los mandamientos es: amarás al Señor tu Dios con todo tu corazón, con toda tu alma y con toda tu mente. Amarás al prójimo como a ti mismo".
Basado en Mateo 22:35–39

A este gran mandamiento le llamamos la Ley del Amor.

Jesús dijo que la ley más importante es el amor; amar a Dios, amar a los demás y amarnos a nosotros mismos. Cuando obedecemos esta gran Ley del Amor, hacemos lo que Dios quiere que hagamos.

Vamos todos a repetir la Ley del Amor. ¿Pueden recitarla de memoria?

The Most Important Law

What if someone asked you to name the most important law of all? What would you say?

One day someone asked Jesus that question.

"Teacher," he said to Jesus, "which is the greatest commandment that God gave us?"

Jesus answered,

"The greatest commandment is this: Love the Lord your God with all your heart, with all your soul, and with all your mind. Love your neighbor as you love yourself."
Based on Matthew 22:35–39

We call this greatest commandment the Law of Love.

Jesus said that the most important law is love—love of God, love of others, and love of ourselves. When we obey this great Law of Love, we do what God wants us to do.

Let's say the Law of Love together. Can you learn it by heart?

La ley de Dios

Mostramos que amamos a Dios, a los demás y a nosotros mismos cuando cumplimos los Diez Mandamientos. Ellos nos ayudan a vivir la Ley del Amor, como lo hizo Jesús.

Los Diez Mandamientos nos dicen como Dios quiere que mostremos amor. Algunas veces la gente decide no cumplir la ley de Dios. Se aleja del amor de Dios. Peca.

Pecado es elegir libremente hacer lo que sabemos está mal. Quiere decir que desobedecemos la ley de Dios a propósito. Todo pecado es malo.

El pecado hiere a los miembros de la familia de Dios y también al que lo comete. Cuando pecamos, elegimos no amar a Dios ni a nosotros. Aun cuando pecamos, Dios nos ama. Dios siempre nos perdona cuando nos arrepentimos y tratamos de no pecar otra vez.

Miren la página 26 para aprender como los Diez Mandamientos nos enseñan a amar como Dios quiere que amemos. Explica como las personas en las fotos en estas páginas están cumpliendo los mandamientos.

God's Law

We show that we love God, others, and ourselves when we follow the Ten Commandments. They help us to live the Law of Love, as Jesus did.

The Ten Commandments tell us how God wants us to show our love. Sometimes people choose not to follow God's law. They turn away from God's love. They sin.

Sin is freely choosing to do what we know to be wrong. It means disobeying God's law on purpose. All sins are wrong.

Sin hurts us and hurts the members of God's family, too. When we sin, we choose not to love God or others or ourselves. Even when we sin, God does not stop loving us. God always forgives us when we are sorry and try not to sin again.

Look at page 27 to learn how the Ten Commandments teach us to love as God wants. Tell how the people in the pictures on these pages are following the commandments.

Viviendo los Diez Mandamientos

Mostramos que amamos a Dios cuando:

1. Al tomar decisiones primero pensamos en lo que Dios quiere.

2. Usamos el nombre de Dios con amor y respeto.

3. Hacemos del domingo un día especial para Dios descansando y rezando.

Mostramos que amamos a los demás y a nosotros mismos cuando:

4. Escuchamos y obedecemos a los que nos cuidan.

5. Nos preocupamos por las cosas vivientes.

6. Respetamos nuestros cuerpos y el cuerpo de los demás.

7. No tomamos lo que pertenece a otros.

8. Decimos la verdad.

9. Somos fieles a los que amamos.

10. Ayudamos a los demás a tener lo que necesitan para vivir.

Living the Ten Commandments

We show we love God when:

1. We think first of what God wants when we make choices.

2. We use God's name only with love and respect.

3. We keep Sunday as God's special day of prayer and rest.

We show we love ourselves and others when:

4. We listen to and obey those who care for us.

5. We care for all living things.

6. We respect our own bodies and the bodies of others.

7. We do not take anything that is not ours; we are fair to everyone.

8. We are truthful in what we say and do.

9. We are faithful to those we love.

10. We help people to have what they need to live.

Haciendo lo que Dios quiere

Dibuja una 😊 al lado de la oración que expresa como seguir los mandamientos de Dios.

Dibuja una 🙁 al lado de la oración que no expresa como seguir la ley de Dios.

- ○ Cuando al tomar decisiones, sólo pensamos en lo que queremos.
- ○ Hago del domingo un día especial rezando a Dios con mi parroquia en la Misa.
- ○ Escucho y obedezco lo que mis padres dicen.
- ○ Cuando no soy amable con personas que no me caen bien.
- ○ Pido permiso para usar la bicicleta de mi amigo.
- ○ Cumpliré los mandamientos de Dios hoy

_____

Los niños se van a turnar para leer las frases en la página 26. Después de cada una vamos a rezar:

† Dios de amor, ayúdanos a hacer lo correcto.

Doing What God Wants

Draw a 😊 beside the sentences that tell how to follow God's commandments.

Draw a 🙁 beside the sentences that do not tell about following God's laws.

- 🙁 When I make a choice, I think only of what I want.
- 😊 I keep Sunday as a special day to pray to God with my parish at Mass.
- 😊 I listen to and follow what my parents tell me.
- 🙁 I am unkind to people I don't like.
- 😊 I ask to use my friend's bike to go to the park.
- 😊 I will keep God's commandments today by

_____

Now, with your group, read in turn one of the sentences on page 27. After each one, pray together:

† Loving God, help us to do what is right.

En esta lección los niños aprenden que la Ley del Amor y los Diez Mandamientos son las leyes que Dios nos ha dado para ayudarnos a vivir como El quiere que vivamos. Discuta con el niño algunas de las reglas de la familia. Luego hablen de las leyes de Dios. Recalque que Dios nos da las leyes para ayudarnos a vivir una vida sana y feliz.

Se dará cuenta de que los verdaderos Diez Mandamientos no son enseñados. A los niños se les enseña como vivir los mandamientos. Son explicados en forma tal que los niños puedan entenderlos y relacionarse con ellos. Si quiere revisar los mandamientos, vea la página 26. (También puede encontrarlos en la Biblia en Exodo 20:1–17).

1. Pida a su niño le explique la historia bíblica sobre el mayor de los mandamientos. Repasen la Ley del Amor y las explicaciones de los Diez Mandamientos en la página 26.

2. Ayude al niño a entender que el pecado es una decisión libre de hacer lo que es malo. No pecamos si no elegimos hacerlo. Asegúrese de que su niño sabe que Dios siempre nos perdona cuando estamos arrepentidos.

3. Juntos hagan la actividad **En la casa**.

Habla con tu familia acerca de las formas en que tratarás de vivir la Ley del Amor esta semana.

Corta el grabado del molinete que está al final del libro.

Lee el mensaje en el molinete.
Compártelo con tu familia.
Luego usa el molinete como centro
dc mcsa en la casa.

corazón, mente y alma.

Ama a Dios con todo tu.

como a ti mismo.

Ama al prójimo

3 Arrepentidos y perdonados

¿Cómo terminarían cada historia?
Vamos a compartirlo con el grupo.

Carlos y Pedro pelearon. Ambos se pusieron nombres. Querían herirse uno al otro. El hermano mayor de Carlos los separó. "Quietos, esa no es la forma de resolver los problemas", dijo. Carlos y Pedro respiraron profundamente. Se calmaron. Luego ellos

_____

_____

Laura recibió una nueva computadora como regalo de cumpleaños. La llevó a la escuela para mostrarla a sus amigos. Cuando Marcos la vio se puso celoso. Desde hacía mucho tiempo quería una igual. Arrebató el juguete de las manos de Laura y lo tiró al piso. Luego Marcos hizo esto

_____

_____

¿Qué creen que Dios quiere que hagamos cuando hacemos algo malo?

How would you end each story? Share with your group.

Ben and Tony had a fight. They called each other bad names. They wanted to hurt each other. Tony's big brother pulled them apart. "Calm down," he said. "This is no way to settle things." Ben and Tony took deep breaths. They calmed down. Then they

_____

_____

Laura received a new computer game for her birthday. She brought it to school to show her friends. When Mark saw it, he was jealous. He had wanted one like that for a long time. So he grabbed the game and threw it. Then this is what Mark did.

_____

_____

What do you think God wants us to do when we do something wrong?

La que fue perdonada

En los tiempos de Jesús la gente usaba sandalias. Las calles eran de tierra. Cuando alguien era invitado a una casa, el anfitrión pedía a un sirviente lavar los pies del visitante. Era un acto de cortesía y bienvenida.

Un día, Simón, un hombre importante del pueblo, invitó a Jesús a comer en su casa. Sin embargo, Simón no fue cortés con Jesús. No le ofreció agua para lavarse los pies.

Durante la comida, una mujer que había pecado mucho entró a la casa. Ella se arrodilló a los pies de Jesús. Lloró tanto, que sus lágrimas lavaron los pies empolvados de Jesús. Ella quería que Jesús viera lo arrepentida que estaba por sus pecados.

The One Who Was Forgiven

In Jesus' time people wore sandals. The roads were very dusty. When guests were invited to someone's house, the host would have a servant wash their feet with water to make them feel comfortable. It was an act of welcome, of courtesy.

One day, Simon, an important man in town, invited Jesus to his house for dinner. Simon, however, did not welcome Jesus with courtesy. He did not offer Jesus water to have His feet washed.

During the dinner, a woman who had committed many sins came in. She knelt at Jesus' feet. She cried so hard that her tears washed the dust from His feet. She wanted Jesus to know how sorry she was for her sins.

Simón se enojó y dijo a Jesús: "¿no conoces a esa mujer? Ella es una pecadora. No debes permitir que esté cerca de ti".

Jesús le dijo: "Simón, cuando entré a tu casa no me ofreciste agua para mis pies. Esta mujer ha lavado mis pies con sus lágrimas. Te digo Simón, todos sus pecados han sido perdonados por su gran amor".

Luego Jesús dijo a la mujer: "Tus pecados te son perdonados. Vete en paz".
Basado en Lucas 7:36–40, 44–50

¿Por qué Jesús perdonó a la mujer?

¿Qué quiere Jesús que hagamos cuando cometemos un pecado?

¿Qué quiere Jesús que hagamos cuando alguien nos hace algo malo? ¿Por qué?

Simon was very angry. He said to Jesus, "Don't you know this woman? She is a sinner. You shouldn't let her be near you!"

Jesus said, "Simon, when I came to your house, you gave me no water for my feet. This woman has washed my feet with her tears. I tell you, Simon, all her sins have been forgiven because of her great love."

Then He said to the woman, "Your sins are forgiven. Go in peace."
Based on Luke 7:36–40, 44–50

Why did Jesus forgive the woman?

What do you think Jesus wants us to do when we have done something wrong?

What does Jesus want us to do when someone does something wrong to us? Why?

Perdón en acción

Demuestro que estoy arrepentido cuando…

yo enseno perdon
a sendo comeda.

Demuestro que perdono cuando…

les doy algo

Forgiveness in Action

I show I am sorry by…

I show I forgive someone by…

Arrepentido, reconciliado

Jesús sabía que la mujer estaba arrepentida de sus pecados. Jesús sabe cuando estamos arrepentidos. Al igual que la mujer, seremos perdonados, sin importar lo que hagamos, si nos arrepentimos.

Algunas veces no es suficiente decir "lo siento". Estar arrepentido también significa querer hacer las paces, o reconciliarse, con aquellos a quienes hemos herido. Significa tratar de no pecar otra vez.

Reconciliación es el sacramento por medio del cual celebramos la misericordia de Dios y el perdón de nuestros pecados.

Cuando celebramos el sacramento de la Reconciliación, decimos a Dios que estamos arrepentidos de haber hecho mal. Prometemos no pecar otra vez y tratar de hacer las cosas bien. Dios siempre nos perdona.

Hacemos una oración especial de arrepentimiento cuando celebramos la Reconciliación. Es llamada Acto de Contrición. Contrición es arrepentimiento del pecado.

Being Sorry, Being Reconciled

Jesus knew that the woman was sorry for all her sins. Jesus understands when we are sorry, too. Like the woman, we will be forgiven, no matter what we have done, when we are sorry.

Sometimes it is not enough just to say "I'm sorry." Being sorry also means wanting to make up, or to be reconciled, with those we have hurt. It means trying not to sin again.

Reconciliation is the sacrament in which we celebrate God's mercy and forgiveness of our sins.

When we celebrate the sacrament of Reconciliation, we tell God that we are sorry for what we have done wrong. We promise not to sin again and to try to make things right. God always forgives us.

We say a special prayer of sorrow when we celebrate Reconciliation. It is called an Act of Contrition. Contrition is sorrow for sin.

Acto de Contrición

Dios mío,
con todo mi corazón me arrepiento
de todo el mal que he hecho y de todo
lo bueno que he dejado de hacer.
Al pecar, te he ofendido a ti, que eres
el supremo bien y digno de ser amado
sobre todas las cosas.

Decimos a Dios que estamos arrepentidos.

Propongo firmemente, con la ayuda
de tu gracia, hacer penitencia, no
volver a pecar y huir de las ocasiones
de pecado.

Prometemos no pecar otra vez. Tratamos de hacer reparación por nuestros pecados.

Señor, por los méritos de la pasión de
nuestro Salvador Jesucristo, apiádate
de mí. Amén.

Pedimos a Dios que nos perdone en el nombre de Jesús.

Act of Contrition

My God,
I am sorry for my sins with all my heart.
In choosing to do wrong
and failing to do good,
I have sinned against you
whom I should love above all things.

We tell God we are sorry.

I firmly intend, with your help,
to do penance,
to sin no more,
and to avoid whatever leads me to sin.

We promise not to sin again. We try to make up for our sins.

Our Savior Jesus Christ
suffered and died for us.
In his name, my God, have mercy.

We ask God to forgive us in Jesus' name.

Perdón y paz

Explica a alguien lo que pasa en el sacramento de la Reconciliación.

¿Hay alguien a quien tienes que decir "lo siento"? ¿Lo harás? ¿Cómo? ¿Hay alguien a quien necesitas perdonar? ¿Lo harás? ¿Cómo?

Vamos a rezar esta oración que nos habla del perdón de Dios.

†Querido Dios:

Siempre estás dispuesto a perdonarnos
cuando hacemos algo malo.
Gracias por amarnos tanto.
Ayúdanos a vivir como Tú quieres que
vivamos.
Amén.

Vamos a hacer un acto de contrición.

Forgiveness and Peace

Explain to someone what happens in the sacrament of Reconciliation.

Is there someone to whom you need to say "I'm sorry?" Will you? How? Is there someone you need to forgive? Will you? How?

Together with your friends pray this prayer that tells about God's forgiveness.

†Dear God,

You are always ready to forgive us
when we have done wrong.
Thank you for loving us so much.
Help us to live as you want us
to live.
Amen.

Then pray the Act of Contrition together.

En la casa

Para la familia

*L*a Iglesia nos enseña a que el sacramento de la Reconciliación nos ofrece efectos maravillosos:

• reconciliación con Dios y la Iglesia

• perdón del castigo eterno

• paz y gozo interior

• aumento de la fortaleza espiritual.
   (Ver *Catecismo de la Iglesia Católica*, 1496.)

En esta lección su niño aprendió acerca del perdón. Pregunte a su niño lo que significa decir "lo siento".

1. Luego lea las historias al principio del capítulo para ver cómo el niño entiende que estar arrepentido de los pecados requiere más que palabras. Debemos hacer las paces con la persona que hemos herido. Debemos prometer no pecar más.

2. Invite al niño a contar la historia de la mujer a quien Jesús perdonó. Pregúntele *por qué* Jesús la perdonó.

3. En el sacramento de la Reconciliación, rezamos una oración especial de arrepentimiento llamada Acto de Contrición. Ayude al niño a memorizarla. Hay diferentes actos de contrición que se pueden usar. Sugerimos que el niño aprenda de memoria el que aparece en la página 38.

Cuando hacemos algo malo, decimos:

"Por favor _____".

Cuando una persona nos ha herido decimos:

"Te _____". Hemos aprendido que cuando estamos

arrepentidos, Dios siempre nos _____.

Encuentra una palabra al colorear los espacios
donde hay una "X".

Reza un Padre Nuestro con tu familia.
Escucha atentamente las palabras al tiempo que lo rezas.

4 Examen de conciencia

Vamos a sentarnos en un círculo. Mientras todos cantamos una canción, un niño camina alrededor del círculo y toca a alguien en el hombro. Ese niño se para y toma de la mano al niño que ya está fuera del círculo. El segundo niño entonces toca a otro que también se une a ellos fuera del círculo.

Canten la siguiente canción hasta que todos estén de pie agarrados de las manos.

♪ Somos hijos de Dios,
somos hijos de Dios,
somos hijos de Dios,
rezamos con amor. ♪

Hablen de lo que significa ser hijos de un Dios que ama.
¿Cómo sabes cuando estás viviendo el amor de Dios?

Algunas veces es fácil distinguir lo malo de lo bueno. Algunas veces es difícil saber cual es la mejor decisión que podemos tomar.

¿Qué haces para tomar buenas decisiones?
¿Qué preguntas haces?
¿Quiénes te ayudan?

Reza al Espíritu Santo pidiéndole te dirija. Comparte tu oración con un amigo.

Jesús quiere que sepamos cuanto Dios nos ama y cuida, aun cuando hacemos algo malo. He aquí una historia contada por Jesús.

Sing the song (to the tune of "Go Round and Round the Village") until everyone is standing up holding hands.

♫ Go round and round God's love ring,
Go round and round God's love ring,
Go round and round God's love ring,
And find someone who cares. ♫

Talk about what it means to be loving children of God.
How do you know when you are living God's love?

Sometimes it is easy to tell right from wrong. Sometimes it is hard to know the best choices we should make.

What do you do to make good choices?
What questions do you ask?
What people help you?

Make up a prayer asking the Holy Spirit to guide you. Share your prayer with a friend.

Jesus wanted us to know how much God loves and cares for us — cvcn when we do things that are wrong. Here is a story He told.

Sit in a circle. As everyone sings the song, one child walks around the circle and taps someone on the shoulder. That person stands up and joins hands with the child outside the circle. The second child taps another who then joins the outside circle.

La Oveja Perdida

Había una vez un pastor que tenía cien ovejas. El las quería a todas. Un día una de las ovejas se perdió. El pastor estaba tan preocupado que dejó todas las demás para ir a buscarla.

Después de una larga búsqueda, el pastor encontró a la oveja perdida. El la tomó con delicadeza y la llevó en sus hombros a la casa.

El pastor estaba muy contento. Llamó a sus amigos: "Vengan a celebrar, encontré mi oveja perdida".

Luego Jesús dijo a la gente que hay un gran gozo en el cielo cuando un pecador se arrepiente verdaderamente.

Basado en Lucas 15:4–7

Jesús es el Buen Pastor. El nos ama y nos cuida. Cuando hacemos algo malo y verdaderamente nos arrepentimos, él se llena de gozo.

The Lost Sheep

Once there was a shepherd who had one hundred sheep. He cared for all of them. One day one of the sheep got lost. The shepherd was so worried about the lost sheep that he left all the others to go and look for it.

After a long search, the shepherd found the lost sheep. He picked it up gently and carried it home on his shoulders.

The shepherd was full of joy. He called to his friends, "Come, and celebrate! I have found my lost sheep."

Then Jesus told the people that there is great joy in heaven when a sinner is truly sorry.

Based on Luke 15:4–7

Jesus is our Good Shepherd. He loves and cares for us. When we do what is wrong and are truly sorry, He is full of joy.

Sabemos lo que está bien y lo que está mal

En la historia Jesús no dice que la oveja no sabía que estaba haciendo algo malo.

Las personas somos diferentes a las ovejas. Nosotros sabemos si la decisión que estamos tomando es buena o no. Llamamos conciencia a saber distinguir entre lo bueno y lo malo. La conciencia nos ayuda a saber lo que es malo y lo que es bueno.

Antes de celebrar el sacramento de la Reconciliación, pedimos a Dios Espíritu Santo que nos ayude a recordar nuestros pecados. Esto es llamado examen de conciencia.

Pensamos en cuando hemos tomado malas decisiones, o cuando hemos hecho algo malo. También recordamos cuando debimos haber hecho algo bueno y no lo hicimos. Nos preguntamos si hemos vivido como Jesús quiere que vivamos.

We Know Right from Wrong

In the story Jesus told, the lost sheep did not know it was doing something wrong.

People are different from sheep. We can know whether our choices are good or bad. We call this way of knowing right from wrong our conscience. Conscience helps us to know what is right and what is wrong.

Before we celebrate the sacrament of Reconciliation, we ask God the Holy Spirit to help us remember our sins. This is called an examination of conscience.

We think about the times we made a bad choice, or did what was wrong. We also remember the times we should have done good things but did not. We ask ourselves whether we have been living as Jesus wants us to live.

He aquí algunas preguntas para ayudarles a examinar la conciencia.

Examen de conciencia

1. Cuando tomo mis decisiones, ¿olvido algunas veces pensar primero en lo que Dios quiere que haga? ¿He hecho lo que Dios quiere?

2. ¿He usado el nombre de Dios en vano?

3. ¿He ido a misa todos los domingos?

4. ¿He desobedecido a los mayores que me cuidan?

5. ¿Me he enojado o he sido cruel con alguien?

6. ¿He olvidado respetar mi cuerpo o el cuerpo de otros?

7. ¿He tomado algo que no es mío o he tratado a otro injustamente?

8. ¿He dicho siempre la verdad?

9. ¿He herido a alguien con lo que he dicho o hecho? ¿He estado celoso de alguien?

10. ¿Me he negado a ayudar a alguien en necesidad? ¿He sido egoísta?

Here are some questions to help you to examine your conscience.

Examination of Conscience

1. When I make choices, do I sometimes forget to think first about what God wants me to do? Have I done what God wants?

2. Have I used the name of God or Jesus in a bad way?

3. Did I worship God at Mass each Sunday?

4. Have I disobeyed the grown-ups who take care of me?

5. Have I been angry with or cruel to others?

6. Have I forgotten to show respect for my body and the bodies of others?

7. Have I taken anything that is not mine or treated others unfairly?

8. Have I always told the truth?

9. Have I hurt someone by what I have said or done? Have I been jealous of others?

10. Have I refused to help people who are in need? Have I been selfish?

El Buen Pastor

Escenifiquen la historia de la Oveja Perdida.
Muestren como creen se sintió la oveja cuando se
perdió y como se sintió cuando fue encontrada.
¿Cómo se sintió el pastor cuando encontró a la
oveja y la llevó a la casa?

Vamos a rezar esta oración.

† Jesús, estás siempre dispuesto
a perdonarnos. Cuando estamos
perdidos, tú nos traes a casa.

The Good Shepherd

Act out the story of the lost sheep with your
friends. Show how you think the sheep felt
when it was lost, and how it felt to be found.
How did the shepherd feel when he found
and carried his sheep home?

Pray this prayer together.

† Jesus you are always ready
to forgive us.
When we have strayed,
You carry us back home.

Esta lección sobre el examen de conciencia es muy importante para los niños. El examen de conciencia debe presentarse en el contexto del amor y el cuidado que Dios tiene por nosotros expresado especialmente, en el amor y cuidado en la casa y en la comunidad de fe. No queremos que nuestros niños tengan una conciencia escrupulosa. Debemos ayudarles a estar conscientes de sus responsabilidades como miembros bautizados de la Iglesia. También queremos ayudarles a estar conscientes del gran amor y misericordia de Cristo, quien los apoya cuando hacen lo que es correcto y los perdona cuando hacen algo malo.

La conciencia es el conocimiento que tenemos de lo que es bueno y lo que es malo. En los pequeños debe desarrollarse con delicadeza y consistencia.

1. Lean la lección. Invite al niño a contarle la historia de la Oveja Perdida. Pregúntele cómo nosotros podemos ser ovejas perdidas cuando hacemos lo que está mal.

2. Repasen las preguntas del examen de conciencia de la página 48. Su niño puede sugerir otras preguntas. Usted puede añadir otras que crea útiles.

3. Recen la oración que su niño aprendió en la página 50. Ayude al niño a hacer la actividad **En la casa**.

En la casa

Ayuda al pastor a encontrar la oveja perdida. Usa un lápiz de color o un marcador.

Después de ayudar al pastor a encontrar la oveja perdida, reza la oración con tu familia.

† Jesús, eres el Buen Pastor. Guíanos y protégenos. Ayúdanos siempre a tomar buenas decisiones con amor. Amén.

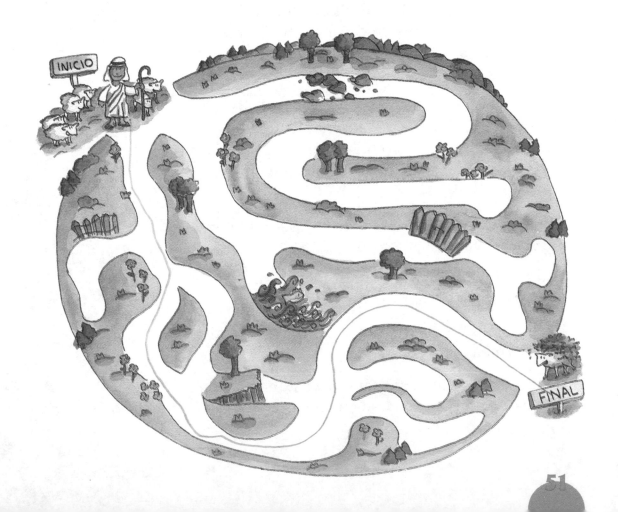

5 Celebrando la Reconciliación

Vamos a escenificar esta historia bíblica.

Lector 1: Un hombre llamado Zaqueo vivía en el pueblo de Jericó. El era cobrador de impuestos y muy rico. La gente del pueblo no quería saber de él porque él los había engañado.

Un día Jesús fue a Jericó. Una multitud le esperaba. Zaqueo también quería ver a Jesús. Pero Zaqueo no podía ver por encima de las cabezas de la gente porque era muy pequeño.

Zaqueo: ¡No puedo ver a Jesús! ¿Qué puedo hacer? Subiré a este árbol.

Lector 2: Zaqueo subió al árbol. Cuando Jesús pasó por el lugar miró y dijo:

Jesús: Zaqueo, baja rápido. Quiero quedarme en tu casa hoy.

Lector 3: Zaqueo bajó rápido. ¡Estaba contento! Jesús quería quedarse en *su* casa.

Act out this gospel play together.

Reader 1: A man named Zacchaeus lived in the town of Jericho. He was a tax collector and a very rich man. The people of the town did not like him because he had cheated them.

One day Jesus was going to Jericho. A large crowd had gathered to see Him. Zacchaeus also wanted to see Jesus. But Zacchaeus could not see over the people's heads because he was short.

Zacchaeus: I can't see Jesus! I know what I'll do. I'll climb up this tree.

Reader 2: So Zacchaeus climbed the tree. Soon Jesus came by. He looked up and said,

Jesus: Zacchaeus, come down quickly! I want to stay at your house today.

Reader 3: Zacchaeus jumped down. He was so happy! Jesus wanted to stay at *his* house.

Todos: (descontentos) Jesús se va a quedar en la casa de este cobrador de impuestos. Zaqueo es un pecador. El nos ha engañado.

Zaqueo: Jesús, estoy arrepentido de todo el mal que he hecho. Voy a dar la mitad de lo que tengo a los pobres. Si he engañado a alguien, prometo devolverle cuatro veces lo que le debo.

Lector 4: Jesús sabía que Zaqueo estaba verdaderamente arrepentido de sus pecados. Jesús perdonó a Zaqueo y dijo:

Jesús: Zaqueo, hoy te traigo el perdón y la paz.

¿Por qué crees que Jesús perdonó a Zaqueo?

¿Estaba Zaqueo verdaderamente arrepentido?
¿Cómo lo demostró?
Dibújalo.

¿Por qué crees que Jesús nos perdona?

All: (grumbling) Jesus is going to stay at the house of this tax collector. Zacchaeus is a sinner. He cheated us.

Zacchaeus: Jesus, I am sorry I have done wrong things. I am going to give half of all I have to the poor. If I have cheated anyone, I promise to give back four times what I owe.

Reader 4: Jesus knew Zacchaeus was truly sorry for his sins. Jesus forgave Zacchaeus. He said,

Jesus: Today, Zacchaeus, I bring you forgiveness and peace.

Why do you think Jesus forgave Zacchaeus?

Was Zacchaeus really sorry?
How did he show it?
Draw the picture.

Why do you think Jesus forgives us?

Zaqueo muestra arrepentimiento.

Zacchaeus shows he is sorry.

El sacramento de la paz

En la Reconciliación, Jesús comparte con nosotros, de forma especial, el perdón y la paz de Dios. El perdona nuestros pecados. Jesús nuevamente nos hace uno con él y la Iglesia.

Jesús dio a los apóstoles el poder de perdonar los pecados en su nombre. El dijo: "Reciban el Espíritu Santo, a quien le perdonen los pecados le serán perdonados". Por el poder del Espíritu Santo el sacerdote continúa el trabajo de los apóstoles. El perdona los pecados en nombre de Jesús.

Celebramos el sacramento de la Reconciliación de dos formas. Celebramos el sacramento *solos* con el sacerdote. También lo celebramos *junto* con la familia parroquial y el sacerdote.

En ambas celebraciones, vamos a hablar con el sacerdote. Podemos hablar con él cara a cara o en el confesionario. Le decimos nuestros pecados a Dios al decirlos al sacerdote. Esto es *confesar*.

En ambas formas de Reconciliación le decimos a Dios que estamos arrepentidos de nuestros pecados. Prometemos no pecar más. Dios nos perdona y estamos en paz con Dios y con los demás.

The Sacrament of Peace

Jesus shares with us God's forgiveness and peace in a special way in the sacrament of Reconciliation. He forgives our sins. Jesus makes us one again with Him and with the Church.

Jesus gave His apostles the power to forgive sins in His name. Jesus said to them, "Receive the Holy Spirit. Whose sins you shall forgive will be forgiven." By the power of the Holy Spirit, the priest continues the work of the apostles. He forgives sins in Jesus' name, too.

We can celebrate the sacrament of Reconciliation in two ways. We can celebrate the sacrament *alone* with the priest. Or we can also celebrate the sacrament *together* with the priest and our parish family.

In each of these celebrations, we go one by one to talk to the priest. We can talk to him face-to-face or from behind a screen. We tell our sins to God by telling them to the priest. This is called making our *confession*.

In both ways of celebrating Reconciliation, we tell God we are sorry for our sins. We promise not to sin again. God forgives us, and we are at peace with God and one another.

Rito de Reconciliación individual

Cuando celebramos la Reconciliación solos con el sacerdote, lo hacemos así:

* Nos preparamos para el sacramento haciendo un examen de conciencia.

* Entramos donde está el sacerdote. El nos recibe en nombre de la Iglesia. Juntos hacemos la señal de la cruz.

* Escuchamos. El sacerdote puede leernos una historia bíblica sobre el amor y el perdón de Dios.

* Confesamos nuestros pecados a Dios cuando los decimos al sacerdote. El sacerdote nunca dice a nadie lo que le decimos bajo confesión.

* El sacerdote nos ayuda a recordar como Jesús quiere que amemos a Dios y a los demás. Prometemos no pecar más. El sacerdote nos da la penitencia. *Penitencia* es una oración o una obra buena que debemos hacer para mostrar nuestro arrepentimiento a Dios.

* Rezamos un acto de contrición. Prometemos tratar de no volver a pecar.

* El sacerdote dice las palabras de la absolución. El perdona nuestros pecados en el nombre del Padre, del Hijo y del Espíritu Santo. *Absolución* significa que nuestros pecados son perdonados.

* Damos gracias a Dios por perdonar nuestros pecados en este maravilloso sacramento.

Individual Rite of Reconciliation

When we celebrate Reconciliation by ourselves with the priest, this is what we do.

- We get ready to celebrate the sacrament by making an examination of conscience.

- We go into the reconciliation room to meet with the priest. He greets us in God's name and in the name of the Church. We make the sign of the cross together.

- We listen. The priest may read a story to us from the Bible about God's love and forgiveness.

- We confess our sins to God. We do this by telling our sins to the priest. The priest will never tell anyone what we say in confession!

- The priest helps us remember how Jesus wants us to love God and one another. We promise not to sin again. The priest then gives us a penance. A *penance* is a prayer or good work we do to show God we are sorry.

- We pray an act of contrition. We promise to try not to sin again.

- The priest says the words of absolution. He forgives our sins in the name of the Father, and of the Son, and of the Holy Spirit. *Absolution* means that our sins are forgiven.

- We thank God because our sins have been forgiven in this wonderful sacrament.

Rito de Reconciliación con la comunidad

Cuando celebramos el sacramento de la Reconciliación con el sacerdote y otras personas de la parroquia lo hacemos así:

* Nos reunimos con nuestra familia parroquial y cantamos una canción. El sacerdote nos da la bienvenida en nombre de toda la Iglesia.

* Escuchamos una historia bíblica sobre la misericordia de Dios. El sacerdote o un diácono explica la historia. Nos recuerda que Dios siempre nos ama y perdona cuando estamos arrepentidos de nuestros pecados.

* Examinamos nuestra conciencia. Pensamos las veces en que no hemos vivido como seguidores de Jesús.

* Juntos rezamos un acto de contrición y un Padre Nuestro. Pedimos a Dios nos ayude a no pecar más.

* El sacerdote se reúne con cada persona. Nos confesamos. El sacerdote nunca dice a nadie lo que le decimos en la confesión.

* El sacerdote nos da la penitencia.

* Luego dice las palabras de absolución. Significa que nuestros pecados son perdonados.

* Después que todos terminamos de confesarnos con el sacerdote nos reunimos.

* Damos gracias a Dios por perdonar nuestros pecados. Sabemos que somos amigos de Dios.

* El sacerdote nos bendice. Nos pide llevar la paz de Jesús a otros.

* Cantamos una canción de gracias a Dios por su perdón.

Celebrating with Others

When we celebrate the sacrament of Reconciliation with the priest and with other people in our parish, here is what we do.

- We gather with our parish family and sing a song. The priest welcomes us in the name of the whole Church.

- We listen to a story from the Bible about God's mercy. The priest or deacon explains the story. He reminds us that God always loves us and that God forgives us when we are sorry for our sins.

- We examine our conscience. We think about the times we may not have lived as followers of Jesus.

- Together we pray an act of contrition and the Our Father. We ask God to help us not to sin again.

- The priest meets with us one by one. We make our confession. Remember, the priest never tells anyone what we say to him!

- The priest gives us a penance.

- Then the priest says the words of absolution. This means that our sins are forgiven.

- After all have had a turn to meet with the priest alone for confession, we gather together again.

- We thank God because our sins have been forgiven. We are sure that we are God's friends.

- The priest blesses us. He asks us to bring Jesus' peace to others.

- We sing a song to thank God for forgiving us.

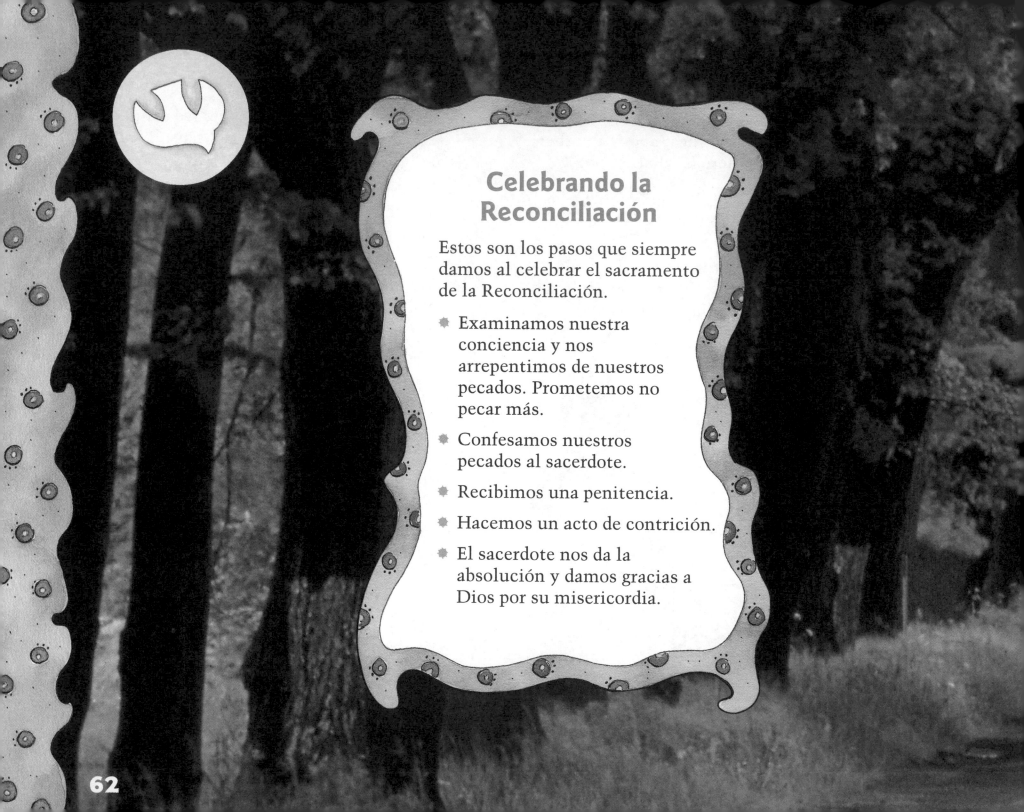

Celebrando la Reconciliación

Estos son los pasos que siempre damos al celebrar el sacramento de la Reconciliación.

* Examinamos nuestra conciencia y nos arrepentimos de nuestros pecados. Prometemos no pecar más.

* Confesamos nuestros pecados al sacerdote.

* Recibimos una penitencia.

* Hacemos un acto de contrición.

* El sacerdote nos da la absolución y damos gracias a Dios por su misericordia.

Celebrating Reconciliation

These steps are always part of the celebration of the sacrament of Reconciliation.

* We examine our conscience and are sorry for our sins. We promise not to sin again.

* We confess our sins to the priest.

* We receive a penance.

* We pray an act of contrition.

* The priest gives us absolution, and we thank God for His mercy.

Nos preparamos

Después de la visita del grupo al lugar de confesar de la parroquia. Hablen de las cosas que vieron. Escojan la forma en la que recibirán el sacramento.

Compartan sus sentimientos y pensamientos sobre el sacramento de Reconciliación que por primera vez van a celebrar.

Recorten el corazón que está al final del libro. Recen la oración. Aten una cinta al corazón y pónganlo en su cuello.

We Prepare

With your group, visit the reconciliation room in your parish church. Talk about the things you see there. Choose the way you would like to receive the sacrament.

Share together your thoughts and feelings about celebrating the sacrament of Reconciliation for the first time.

Cut out the heart in the back of the book. Pray the prayer. Attach a ribbon to the heart and place it around your neck.

En esta lección los niños aprenden las dos formas en que celebramos el sacramento de la Reconciliación: solos con el sacerdote y juntos con el sacerdote y la comunidad.

El niño puede estar confundido y nervioso sobre lo que va a pasar en la primera reconciliación. Repasen la lección despacio y con confianza. Esto ayudará al niño a esperar confiado este importante evento.

1. Invite a todos los miembros de la familia a participar en la obra bíblica al inicio de la lección. Después lean la lección. Ayude al niño a empezar a comprender los efectos del pecado en la comunidad. Porque estamos unidos en Cristo, nuestros actos buenos o no afectan a toda la comunidad.

2. Repase con el niño los pasos de la celebración. Anímelo a escoger la forma en que celebrará el sacramento. Repase con él, el Acto de Contrición en la página 38.

3. Repasen los cinco pasos para celebrar la Reconciliación en la página 62.

4. Invite a toda la familia a participar de la actividad **En la casa**.

En la casa

Nuestras acciones afectan a todo el que está a nuestro alrededor, especialmente los miembros de nuestras familias. Nuestras buenas acciones nos ayudan a crecer. Haz un árbol "acciones hechas con amor" de tu familia, como el que mostramos abajo.

Dibuja una rama por cada miembro de tu familia. Cuando alguien haga una acción con amor, añade una hoja en la rama de esa persona.

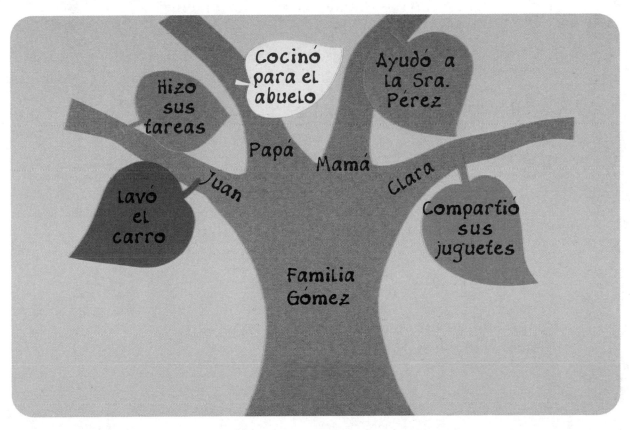

6 Fomentando la paz

Un día algunos padres llevaron sus hijos a Jesús. Querían que Jesús impusiera sus manos sobre los niños y los bendijera.

Jesús había estado enseñando todo el día. Había una multitud a su alrededor. Los discípulos vieron a los niños y los padres tratando de llegar a Jesús. Ellos los alejaron.

"Llévense a los niños, Jesús está muy ocupado", dijeron los discípulos.

Jesús dijo: "No, no los despidan". Les puso las manos en la cabeza y los bendijo. Jesús amaba mucho a los niños y dijo:

"Dejen que los niños vengan a mí, no se lo impidan. El reino de Dios pertenece a los que son como estos niños".

Basado en Marcos 10:13–16

Imaginen que son uno de esos niños cerca de Jesús. ¿Qué dirían a Jesús?

One day some mothers and fathers brought their children to Jesus. They wanted Jesus to lay His hands on the children and bless them.

Jesus had been teaching the people all day. There was a crowd all around Him. The disciples saw the children and their parents trying to reach Jesus. They stopped them.

"Take the children away," the disciples said. "Jesus is too busy."

Jesus said, "No, do not send them away." He called the children to Him. He put His hands on their heads and blessed them. Jesus loved children very much. He said to his disciples,

"Let the children come to Me and do not stop them. The kingdom of God belongs to children like these."
Based on Mark 10:13–16

Imagine you are one of the children close to Jesus. What do you say to Him?

Después de la Reconciliación

Desayuno parroquia

Debemos tratar de celebrar el sacramento de la Reconciliación con frecuencia. Lo hacemos principalmente cuando nos preparamos para fiestas importantes del año litúrgico tales como Navidad y Pascua de Resurrección.

Cuando celebramos el sacramento de la Reconciliación, somos como los niños de Jesús. El no quiere que nada nos separe de él. Quiere que estemos llenos de su paz. Somos amigos de Jesús. Estamos en paz con nosotros y con el pueblo de Dios.

Jesús quiere que compartamos su paz con nuestra familia, nuestra comunidad parroquial y con todos los que conozcamos.

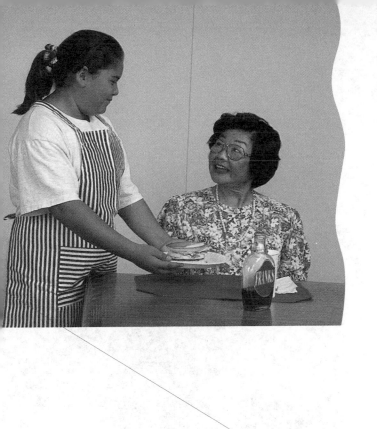

After Reconciliation

We should try to celebrate the sacrament of Reconciliation often. We celebrate it especially to prepare for important times in the Church year such as Christmas and Easter.

When we celebrate the sacrament of Reconciliation, we are like the children with Jesus. He doesn't want anything to keep us from being with Him. He wants us to be filled with His peace. We are friends with Jesus. We are at peace with ourselves and with all God's people.

Jesus wants us to share His peace with our families, with our parish community, and with everyone we meet.

Como llevar paz
a los demás

Podemos:

* vivir la Ley del Amor y los Diez Mandamientos.

* agradecer el perdón de Dios y perdonar a otros.

* ser bondadosos y amar a los miembros de la Iglesia, en la casa y en la escuela.

* tratar de ayudar a aquellos que no han sido tratados con justicia o amor.

How to Bring Peace to Others

We can:

- live the Law of Love and the Ten Commandments.

- be thankful for God's forgiveness and forgive others.

- be kind and loving members of the Church both at home and at school.

- try to help those who are not being treated justly or kindly.

¿Cómo pueden llevar la paz de Jesús a alguien hoy?

San Francisco de Asís vivió en paz con todos. Esta oración que él hizo les recordará muchas formas en que podemos compartir la paz de Jesús con otros. Vamos a rezarla:

Oración de San Francisco

Señor, hazme un instrumento de tu paz:
  donde haya odio, siembre yo amor;
  donde haya injuria, perdón;
  donde haya duda, fe;
  donde haya desaliento, esperanza;
  donde haya sombras, luz;
  donde haya tristeza, alegría.

How can you bring the peace of Jesus to someone today?

Saint Francis of Assisi was a great peacemaker. His special prayer will remind you of ways you can share the peace of Jesus with others. Join together to pray his prayer.

Prayer of Saint Francis

Lord, make me an instrument of Your peace:

where there is hatred, let me sow love;
where there is injury, pardon;
where there is doubt, faith;
where there is despair, hope;
where there is darkness, light;
where there is sadness, joy.

73

Compartiendo la paz de Dios

El sacramento de la Reconciliación nos da la paz de Dios. Cuando el sacerdote dice las palabras de absolución escuchamos las palabras de perdón de Dios. El sacerdote dice:

Por el ministerio de la Iglesia que Dios te de el perdón y la paz. "Y yo te absuelvo de tus pecados en el nombre del Padre y del Hijo ✝ y del Espíritu Santo".

Somos reconciliados y estamos en paz con Dios y con los demás. Tenemos que compartir esa paz.

¿Con quién vas a compartir la paz de Dios hoy? ¿Cómo lo harás?

Sharing God's Peace

The sacrament of Reconciliation brings us God's peace. When the priest says the words of absolution we hear the words of God's forgiveness. The priest says:

"Through the ministry of the Church may God give you pardon and peace, and I absolve you from your sins in the name of the Father, and of the Son, ✝ and of the Holy Spirit."

We are now reconciled and at peace with God and one another. We are to share this peace.

With whom will you share God's peace today? How will you do this?

¡Felicidades! Usted ha sido un buen pastor para su niño que va a celebrar su primera reconciliación. Al preparar a su niño para este sacramento de sanación, usted ha sido ministro de reconciliación y paz. Continúe animando a su niño, con palabras y ejemplos, para que tenga una actitud positiva hacia este sacramento de la misericordia de Dios. Es muy importante que ayude a su niño a sentirse bien, celebrando el sacramento con frecuencia.

Esta lección final es una parte muy importante en la comprensión de que el sacramento vive en nosotros al obedecer la Ley del Amor y al cumplir los mandamientos, al actuar con justicia y al hacer las paces con los demás.

Empiece esta lección abrazando al niño y agradeciéndole que ha sido fiel al prepararse para su primera reconciliación.

1. Invite al niño a contarle la historia de Jesús y los niños. Compartan las respuestas.

2. Hablen de lo que hacemos para trabajar por la paz de Jesús después que celebramos el sacramento. Recen la oración de San Francisco en la página 72.

3. Ayude al niño a hacer la actividad **En la casa**.

En la casa

¿Cómo puedes compartir la paz de Cristo con otros?

Haz un círculo de paz y cuélgalo cerca de tu puerta. En un lado escribe "La paz de Cristo para todos". En el otro pega fotografías que demuestren paz. Puede usar fotos de la familia mostrando momentos felices.

1. Corta dos círculos del mismo tamaño.
2. Decóralos y pégalos.
3. Haz un agujero en la parte de arriba. Pasa un hilo por el agujero para colgarlo.

La paz de Cristo para todos

Rito de la paz

Niño 1: Nuestra familia parroquial se regocija con nosotros. Hemos celebrado el sacramento de la Reconciliación por primera vez. Jesús nos ha dado su regalo de sanación y paz. Jesús dijo: "Mi paz os dejo, mi paz os doy". Vamos a darnos unos a otros el saludo de la paz de Dios.

Vamos juntos a hacer una oración de acción de gracias.

Niño 2: Por el regalo de la paz de Dios dado a nosotros en el sacramento de la Reconciliación,

Todos: Jesús, te damos gracias.

Niño 3: Por la ayuda de nuestros familiares y amigos,

Todos: Jesús te damos gracias.

Niño 4: Por enseñarnos a compartir amor y paz con los demás,

Todos: Jesús te damos gracias.

Guía: Padres, ustedes han preparado a sus hijos para celebrar el maravilloso sacramento de misericordia y perdón.

Cuando sus niños sean llamados, por favor venga a recibir el diploma.

Ahora tomados de las manos recemos la oración que nos ayuda a vivir en paz: Padre Nuestro….

El Señor es mi Pastor

♫ El Señor es mi Pastor, nada me falta;
en praderas de hierba tierna
El me hace reposar;
a las aguas de descanso me guía,
mi alma reconforta.
El me guía por veredas de justicia,
por amor de su nombre;
aunque marche por el valle de tinieblas,
ningún mal temeré;
junto a mí tu vara y tu cayado:
ellos me confortan.
Tú preparas ante mí una mesa,
frente a aquellos que me odian;
unges con aceite mi cabeza,
desbordando está mi copa. ♫

A Peacemaking Rite

Child 1: Our parish family is rejoicing with us. We have celebrated the sacrament of Reconciliation for the first time. Jesus has given us His healing gift of peace. Jesus said, "Peace I leave you, my peace I give to you." Let us share with one another a sign of God's peace.

Now let us join together in prayer and thanksgiving.

Child 2: For the gift of God's peace given to us in the sacrament of Reconciliation,

All: Jesus, we thank You.

Child 3: For the help of our family and friends,

All: Jesus, we thank You.

Child 4: For teaching us to share love and peace with others,

All: Jesus, we thank You.

Leader: Parents, you have prepared your children to celebrate this wonderful sacrament of mercy and forgiveness.

When your child's name is called, please come forward with your child to receive the certificate.

Now let us join hands and pray the prayer that helps us to be peacemakers: Our Father. . . .

Let There Be Peace on Earth
Sy Miller and Jill Jackson

♪ Let there be peace on earth
And let it begin with me.
Let there be peace on earth
A peace that was meant to be.

With God as our Father
We are family.
Let us walk now together
In perfect harmony.

Let peace begin with me;
Let this be the moment now.
With every step I take
Let this be my solemn vow:
To take each moment and
Live each moment
In peace eternally.
Let there be peace on earth
And let it begin with me! ♪

Repaso: Recordaré

1. ¿Cuál es la Ley del Amor?

La Ley del Amor es: "Amar a Dios con todo tu corazón y amar al prójimo como a ti mismo".

2. ¿Qué son los Diez Mandamientos?

Los Diez Mandamientos son leyes que nos dicen lo que Dios quiere que hagamos. Nos ayudan a vivir sanos y felices.

3. ¿Qué es pecar?

Pecar es elegir libremente hacer lo que sabemos es malo. Quiere decir que desobedecemos la ley de Dios a propósito.

4. ¿Qué es el sacramento de Reconciliación?

Reconciliación es el sacramento con el cual celebramos el perdón de nuestros pecados y la misericordia de Dios.

5. ¿Qué pasos forman siempre parte del sacramento de la Reconciliación?

Examen de conciencia; confesión de los pecados; penitencia; hacer un acto de contrición; la absolución.

6. ¿Qué hacemos después de la Reconciliación?

Después de la Reconciliación, compartimos la paz de Jesús con nuestros familiares, nuestra comunidad parroquial y con todos los que conocemos.

Jesús, ayúdanos a tomar buenas decisiones con amor.

Me preparo para celebrar la Reconciliación

1. Jesús nos ayuda a tomar buenas

_____.

2. Para tomar las decisiones correctas,

empezamos pidiendo al _____

_____ nos ayude.

3. Los accidentes y los errores no son

_____.

Recuerdo la palabra de Dios

Muestra como el hijo perdido encontró el camino hacia su casa. Colorea las piedras al escoger las palabras correctas para completar la historia.

dos   feliz   fue

tres   mala   encontrado

padre   arrepintió   buena

buena

Un Señor tenía _____ hijos.

Uno tomó una _____ decisión y se fue de la casa.

Después se _____ y regresó.

El tomó una _____ decisión y su padre dijo: "Vamos a celebrar, mi

hijo que estaba perdido ha sido _____".

Dios de amor: Tú siempre nos perdonas cuando estamos arrepentidos.

Me preparo para celebrar la Reconciliación

1. Cuando amamos a Dios, a los demás y a

nosotros mismos estamos viviendo la

_____ del

_____ .

2. Elegir libremente hacer lo que sabemos está

mal es _____ .

3. El _____ _____

nos dice lo que Dios quiere que hagamos

para mostrar nuestro amor.

doblar aquí

Recuerdo la palabra de Dios

Jesús dijo que el mayor de los mandamientos
es: Amar al Señor tu Dios con todo tu corazón,
1 5   9   10

con toda tu alma y con toda tu mente
7   3   4   8   2

y al prójimo como a ti mismo.
6

¿Cómo llamamos a este mandamiento?
Usa las letras que corresponden a los
números para encontrar la respuesta.

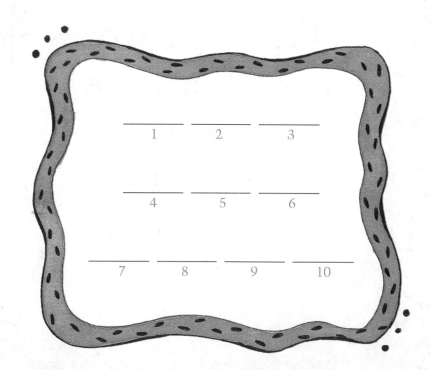

___ ___ ___
1   2   3

___ ___ ___
4   5   6

___ ___ ___ ___
7   8   9   10

Gracias Jesús, por tu gozo, perdón y paz.

Me preparo para celebrar la Reconciliación

1. Jesús nos perdona sin importar lo que hayamos hecho si estamos _____ .

2. Estar arrepentido significa hacer las paces, o estar _____ , con quienes hemos herido.

3. El _____ de _____ es una oración de arrepentimiento.

Recuerdo la palabra de Dios

Con las palabras de la historia bíblica llena el crucigrama.

Un día Jesús fue invitado a comer a la casa de Simón. Una mujer pecadora entró.

1. Ella estaba _____ de sus pecados.

2. Jesús la perdonó por su gran _____ .

3. El le dijo: "Tus pecados te son _____ .

4. Vete en _____ ".

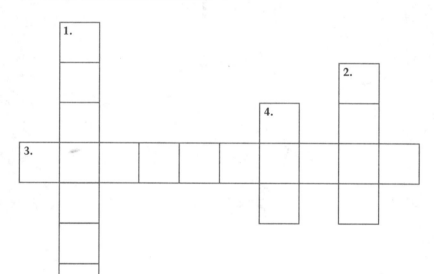

doblar aquí

86

Jesús, nuestro Buen Pastor, nos encuentras si estamos perdidos. Gentílmente nos devuelve a casa. Jesús, tu amor y cuidado nunca terminan.

Me preparo para celebrar la Reconciliación

1. Nuestra _____ nos dice

cuando no estamos amando a Dios

y a los demás.

2. Hacemos un _____ de

_____ para ayudarnos

a recordar las decisiones que hicimos.

3. Cuando nos preguntamos si hemos estado

viviendo como Jesús quiere que vivamos

estamos _____ nuestra

_____.

Recuerdo la palabra de Dios

Escribe por qué Jesús es como el pastor en la historia de la Oveja Perdida.

_____

_____

_____

_____

_____

_____

_____

doblar aquí

Jesús,
bendice
mi corazón
para que pueda
conocer
tu amor.

Me preparo para celebrar la Reconciliación

1. Jesús dio a sus discípulos el poder de

_____ _____

en su nombre.

2. Al decir nuestros pecados a Dios frente al

sacerdote estamos _____.

3. Una oración o una buena obra para mostrar

nuestro arrepentimiento es una

_____.

doblar aquí

Recuerdo la palabra de Dios

Organiza las letras para completar cada oración. Luego lee la historia bíblica.

Zaqueo quería ver a _Jesús_____.
sesJú

Zaqueo subió a un árbol porque era _____.
ñqpoeue

Jesús se paró y habló a _____.
aZqoeu

Zaqueo se _____ de haber engañado
pitarernó
a la gente.

Zaqueo _____ devolver todo lo que
mpitroeó
había tomado.

Jesús _____ a Zaqueo porque
ópdenor
estaba verdaderamente
arrepentido.

¿Qué quiere Jesús que
hagamos cuando hemos
hecho algo malo?

Señor, hazme un instrumento de tu paz.

Me preparo para celebrar la Reconciliación

1. Jesús quiere que compartamos

su _____ con los demás.

2. Llevamos paz a los demás cuando vivimos

la _____ del _____.

3. Cuando necesitamos perdón celebramos

el sacramento de la

_____.

Recuerdo la palabra de Dios

Completa las oraciones. Luego encierra en un círculo tus respuestas en el cuadro de letras.

Un día unos padres llevaron a sus

_____ a Jesús. Ellos querían

que Jesús _____ a los niños. Los discípulos

dijeron: "_____ a los niños. Jesús

está muy _____".

Jesús dijo: "No, dejen que los _____

vengan a _____".

L	P	O	P	N	R	E	M	T
N	L	O	C	U	P	A	D	O
H	M	E	N	L	D	M	E	C
I	K	A	V	Q	I	R	U	A
J	E	S	W	E	R	Y	U	R
O	T	I	J	F	N	T	W	A
S	Z	N	B	P	L	S	E	Q
L	N	I	Ñ	O	S	I	E	L

Celebrando la Reconciliación con otros

Cantamos una canción de entrada y el sacerdote nos saluda y reza una oración.

Escuchamos una lectura bíblica y una homilía.

Examinamos nuestra conciencia.
Hacemos un acto de contrición.

Podemos hacer una oración o cantar una canción, y luego rezar el Padre Nuestro.

Confesamos nuestros pecados al sacerdote.
En el nombre de Dios y de la comunidad cristiana, el sacerdote nos da la penitencia y la absolución.

Rezamos para concluir nuestra celebración.
El sacerdote nos bendice y nos vamos con la paz y el gozo de Cristo.

Celebrando la Reconciliación solo

El sacerdote me saluda.

Hago la señal de la cruz.
El sacerdote me pide confiar en la misericordia de Dios.

Uno de los dos puede leer una historia bíblica.

Hablo con el sacerdote. Confieso mis pecados;
las faltas que cometí y por qué.
El sacerdote me habla sobre amar a Dios y a los demás.
El sacerdote me da la penitencia.

Hago un acto de contrición.
En nombre de Dios y de la Iglesia, el sacerdote
me da la absolución. (El puede poner
sus manos sobre mi cabeza).
Esto quiere decir que Dios ha perdonado mis pecados.

Juntos, el sacerdote y yo damos gracias
por el perdón de Dios.

Oraciones

Padre Nuestro

Padre nuestro, que estás en el cielo,
santificado sea tu nombre;
venga tu reino;
hágase tu voluntad así en la tierra
como en el cielo.
Danos hoy nuestro pan de cada día;
perdona nuestras ofensas,
como también nosotros perdonamos
a los que nos ofenden;
no nos dejes caer en tentación,
y líbranos del mal.

Ave María

Dios te salve María,
llena eres de gracia,
el Señor es contigo;
bendita tú eres entre todas las mujeres,
y bendito es el fruto de tu vientre, Jesús.
Santa María, Madre de Dios,
ruega por nosotros pecadores, ahora
y en la hora de nuestra muerte.
Amén.

Gloria al Padre

Gloria al Padre, y al Hijo,
y al Espíritu Santo.
Como era en el principio,
ahora y siempre,
por los siglos de los siglos.
Amén.

Oración en la mañana

Dios mío, te ofrezco hoy
todo lo que piense o haga,
uniendo mis acciones
a lo que Jesucristo, tu Hijo,
hizo en la tierra.

Oración en la noche

Dios de amor, antes de ir a dormir
quiero darte las gracias por este
día lleno de bondad y gozo. Cierro
mis ojos y descanso seguro de tu
amor.

Oraciones

Meditación

Sentado en posición cómoda relájate y respira lentamente. Trata de no poner atención a los sonidos. Cada vez que respires pronuncia el nombre "Jesús".

Salmo de alabanza

Oh Dios,
tú grandeza se ve en toda
la tierra.

Basado en el Salmo 8:9

Salmo de arrepentimiento

Recuerda Señor, tu bondad y
constante amor.
Perdona mis pecados.

Basado en el Salmo 25:6–7

Salmo de acción de gracias

Te doy gracias oh Dios, con todo
mi corazón.
Canto alabanzas a ti.

Basado en el Salmo 138:1

Salmo de confianza

Que tu constante amor
esté siempre conmigo, oh Dios,
porque pongo mi esperanza en ti.

Basado en el Salmo 33:22

Salmo de ayuda

Recuérdame, oh Dios, cuando
ayudes a tu pueblo.

Basado en el Salmo 106:4

Acto de Contrición

Ver página 38.

Para recordar mantener la paz

Esta lista puede ayudar a ti y a tu familia a mantener la paz. Cada vez que camine por la senda de la paz, dibuja una carita feliz en el círculo. Juntos ayúdense a vivir en paz.

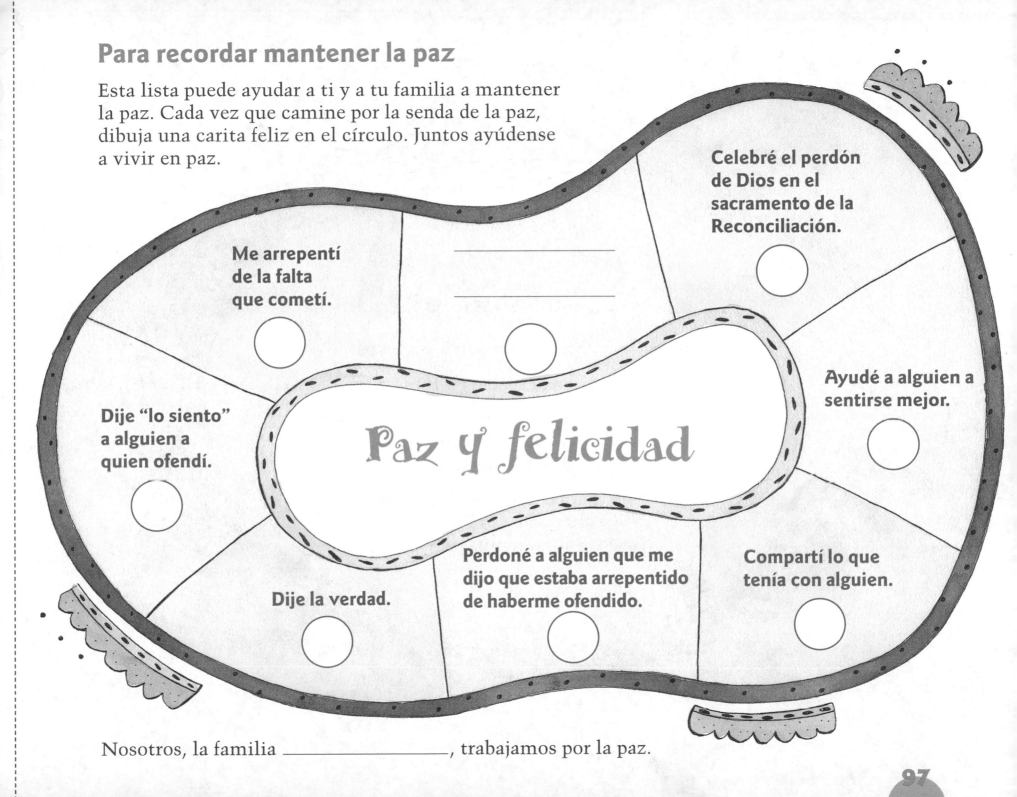

Celebré el perdón de Dios en el sacramento de la Reconciliación.

Me arrepentí de la falta que cometí.

Ayudé a alguien a sentirse mejor.

Dije "lo siento" a alguien a quien ofendí.

Paz y felicidad

Dije la verdad.

Perdoné a alguien que me dijo que estaba arrepentido de haberme ofendido.

Compartí lo que tenía con alguien.

Nosotros, la familia _____, trabajamos por la paz.

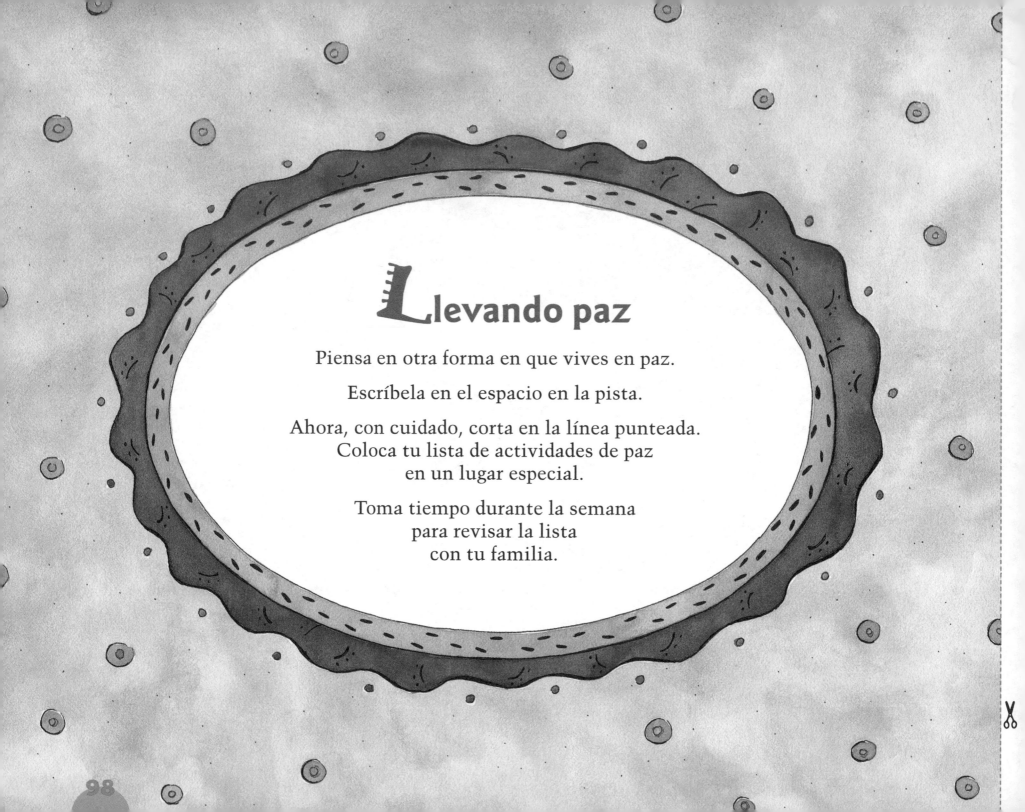

Llevando paz

Piensa en otra forma en que vives en paz.

Escríbela en el espacio en la pista.

Ahora, con cuidado, corta en la línea punteada.
Coloca tu lista de actividades de paz
en un lugar especial.

Toma tiempo durante la semana
para revisar la lista
con tu familia.

Compañeros de oración

Un compañero de oración puede ser cualquier persona, joven o vieja, niño o niña, pariente o no. Esta persona es especial. Al tiempo que te preparas para recibir el regalo del perdón de Dios en la Reconciliación, tu compañero de oración te ayudará. El te recuerda en pensamiento y oración.

Pregunta a tu maestra el nombre de algún enfermo o una persona que viva en un asilo de ancianos. Tú también puedes ayudar a esa persona. El pedirle que sea tu compañero de oración ayudará a esa persona a sentirse necesitada y especial.

Completa esta carta. Recuerda poner tu nombre. Puedes añadir tu propio mensaje. Con cuidado corta en la línea de puntos y envía el mensaje.

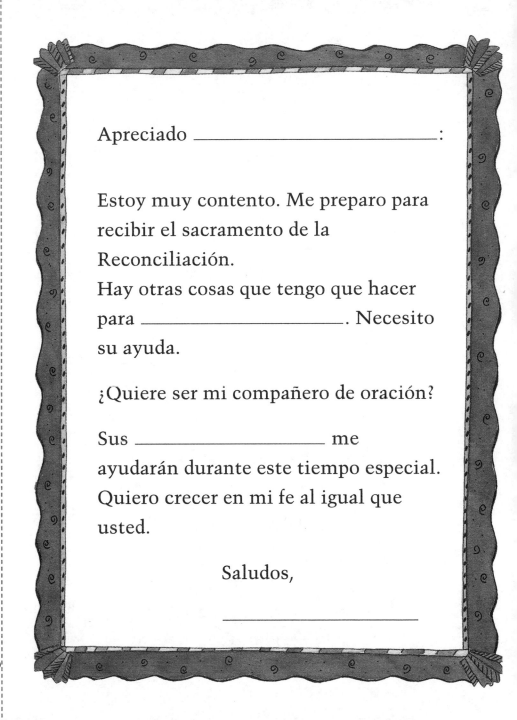

Apreciado _____:

Estoy muy contento. Me preparo para recibir el sacramento de la Reconciliación.
Hay otras cosas que tengo que hacer para _____. Necesito su ayuda.

¿Quiere ser mi compañero de oración?

Sus _____ me ayudarán durante este tiempo especial. Quiero crecer en mi fe al igual que usted.

Saludos,

_____

Una Invitación

(upside-down text) Una Invitación

(doblar aquí)

Una Invitación

Se le invita a apoyar a este joven
con sus oraciones durante
estas semanas de preparación para
el sacramento de la Reconciliación.
Esperamos que se una a
nosotros durante este
tiempo tan especial.

Canciones

Amémonos de corazón

Amémonos de corazón,
no de labios solamente. (Bis)

Para cuando Cristo venga,
para cuando Cristo venga
nos encuentre bien unidos. (Bis)

¿Cómo puedes tú orar
enojado con tu hermano? (Bis)

Dios no escucha la oración,
no escucha la oración
si no estás reconciliado. (Bis)

¿Cuántas veces debo yo
perdonar al que me ofende? (Bis)

Setenta veces siete,
setenta veces siete,
perdonar al que me ofende. (Bis)

Yo tengo un gozo

Yo tengo un gozo en el alma, gozo en el alma,
gozo en el alma y en mi ser,
aleluya, gloria a Dios;
y es como un río de agua viva,
río de agua viva, río de agua viva en mi ser.

Alza tus brazos y alaba a tu Señor.
Alza tus brazos y alaba a tu Señor.
Da gloria a Dios, gloria a Dios, gloria a El.
Alza tus brazos y alaba a tu Señor.

Cierra los ojos y alaba a tu Señor.
Cierra los ojos y alaba a tu Señor.
Da gloria a Dios, gloria a Dios, gloria a El.
Cierra los ojos y alaba a tu Señor.

No te avergüences y alaba a tu Señor.
No te avergüences y alaba a tu Señor.
Da gloria a Dios, gloria a Dios, gloria a El.
No te avergüences y alaba a tu Señor.

Quiero ser, Señor

Quiero ser, Señor,
instrumento de tu paz.
Quiero ser, oh Señor,
instrumento de tu paz.

Que donde hay odio, Señor,
ponga yo el amor;
donde haya ofensa,
ponga perdón.

Que donde hay discordia, Señor,
ponga yo unión;
donde haya error,
ponga verdad.

Que donde haya duda, Señor,
ponga yo la fe;
donde haya angustia,
ponga esperanza.

Donde haya tinieblas, Señor,
ponga vuestra luz;
donde haya tristeza,
ponga alegría.

Que bueno es mi Señor

¡Qué bueno es mi Señor! ¡Qué bueno es mi Señor!
El hace por mí maravillas.
¡Qué bueno es mi Señor! ¡Qué bueno es mi Señor!
Yo quiero cantarle mi amor.

Señor, Tú me amas; Señor, Tú me amas,
me amas sin fin, sí, sí.
Señor, Tú me amas; Señor, Tú me amas
y mueres por mí, sí, sí.

Señor, yo te amo; Señor, yo te amo
y te serviré, sí, sí.
Señor, yo te amo; Señor, yo te amo
y te serviré, sí, sí.

Oremos unidos, oremos unidos
en un corazón, sí, sí.
Oremos unidos, oremos unidos
buscando al Señor, sí, sí.

Certificate of First Reconciliation

The parish of

_____

embraces with the merciful love of God

_____

who celebrated for the first time
the
Sacrament of Reconciliation

on _____ in _____

Pastor _____